XML

et les bases de données

CHEZ LE MÊME ÉDITEUR

Dans la collection Wrox/Solutions développeurs

D. Hunter, et coll. – **Initiation à XML**.
N°9248, 2000, 850 pages.

C. Ullman, D. Buser. – **Initiation à ASP 3.0**.
N°9236, 2000, 1100 pages.

A. Homer, D. Sussman, B. Francis. – **ASP 3.0 professionnel**.
N°9151, 2000, 1 150 pages.

S. Allamaraju *et al.* – **Programmation J2EE**. *Servlets, JSP et EJB.*
N°9260, 2001, 1 000 pages.

K. Avedal, et coll. – **JSP professionnel**.
Avec sept études de cas combinant JavaServer Pages, JDBC, JNDI, EJB, XML, XSLT et WML.
N°9247, 2001, 950 pages.

N. McFarlane. – **JavaScript professionnel**.
N°9141, 2000, 950 pages.

J. Castagnetto, *et al.* – **PHP professionnel**.
Avec quatre études de cas détaillées pour PHP 3 et PHP 4, avec MySQL et mSQL.
N°9235, 2000, 954 pages.

P. Wainwright – **Apache professionnel**.
N°9150, 2000, 650 pages.

Autres ouvrages

F. Berqué, S. Frezefond, L. Sorriaux. – **Java-XML et Oracle**.
E-Commerce – EAI – Portails d'entreprise – Applications mobiles.
N°9149, 2001, 650 pages + 2 CD-Rom.

J.-C. Bernadac, F. Knab, F. Lepoivre, F. Rivard, C. Sannier. – **XML et Java**.
N°9148, 2000, 450 pages.

A. Michard. – **XML : langage et applications**.
N°9206, 2e édition 2000, 400 pages.

I. Graham. – **XHTML : guide de référence du langage**.
N°9239, 2001, 640 pages.

K. Fields, M.A. Kolb. – **JSP (JavaServer Pages)**.
N°9228, 2000, 500 pages + CD-Rom.

S. Holzner. – **Total Java**.
N°9208, 2001, 1 000 pages + CD-Rom.

L. Avignon, D. Joguet, L. Pezziardi. – **Intégration d'applications**. *L'EAI au cœur du e-business.*
N°9198, 2000, 250 pages.

M. Rizcallah. – **Contruire un annuaire d'entreprise avec LDAP**.
N°9154, 2000, 360 pages.

L. Letourmy, T. Papiernik, A. Helaïli, X. Martzel. – **Construire une application Wap**.
N°9174, 2000, 360 pages.

XML
et les bases de données

Kevin Williams • Michael Brundage • Patrick Dengler
Jeff Gabriel • Andy Hoskinson • Michael Kay • Thomas Maxwell
Marcelo Ochoa • Johnny Papa • Mohan Vanmane

Traduit de l'anglais par Fabrice Lemainque, Paola Appelius-Roy
Yolaine Rochetaing, Ingrid Pigueron

ÉDITIONS EYROLLES
61, Bld Saint-Germain
75240 Paris Cedex 05
www.editions-eyrolles.com

WROX PRESS FRANCE
164, rue Ordener
75018 Paris
www.wrox.fr

Traduction de l'ouvrage en langue anglaise intitulé :
Professional XML Databases, Wrox Press
ISBN 1-861003-58-7
Traduit par Fabrice Lemainque, Paola Appelius-Roy,
Yolaine Rochetaing, Ingrid Pigueron
Coordination éditoriale : Alexandra Cavignaux avec la collaboration de Virginie Maréchal
Relecture technique : Philippe David et Eric Letellier
Localisation du code : Jean-Luc Berbudeau

Table des matières

Chapitre 8 : XSLT et XPath 297

Chapitre 12 : Fichiers à plat 455

Chapitre 13 : ADO, ADO+ et XML 509

Chapitre 15 : Vues XML dans SQL Server 2000 611

Chapitre 16 : JDBC 659

Chapitre 17 : Entreposer, archiver et référencer des données 703

Chapitre 18 : Transmettre des données 737

Chapitre 19 : Ordonner et présenter des données 761

Chapitre 20 : Exemples d'applications XML avec SQL Server 2000 805

Annexe B : Concepts essentiels des bases de données relationnelles 951

Annexe C : Types de données des schémas XML 967

Introduction

En très peu de temps, XML est devenu un format de balisage des données excessivement populaire, capable de baliser aussi bien un contenu web que des données utilisées par les applications. Ce langage peut servir à toutes les étapes du développement, à savoir le stockage, le transport et l'affichage, et il est utilisé par les développeurs écrivant des programmes dans divers langages.

Parallèlement, les bases de données relationnelles sont actuellement le type de base de données le plus couramment utilisé, et de loin, dans la plupart des entreprises. Bien qu'il existe de nombreux formats de stockage des données, les bases de données relationnelles resteront un outil central pour les programmeurs pendant encore un certain nombre d'années dans la mesure où elles peuvent fournir des données à un grand nombre d'utilisateurs, tout en offrant un accès rapide et des mécanismes de sécurité intégrés à la base de données elle-même.

On ne compte plus les nombreux avantages du langage XML et de la technologie des bases de données. L'utilisation combinée de ces deux méthodes offre également au programmeur un grand nombre de possibilités. D'une part, les bases de données relationnelles apportent une gestion et des fonctionnalités de sécurité fiables. Elles permettent à un grand nombre de personnes de se connecter à une même source de données, et l'intégrité de cette source est garantie grâce à des mécanismes de verrouillage. D'autre part, dans la mesure où le langage XML est composé uniquement de texte, il peut facilement être transmis sur un réseau, et d'une plate-forme à l'autre. Vous pouvez d'ailleurs l'utiliser dans le cadre de tout langage de programmation pour lequel vous pouvez écrire un parseur. De plus, il peut facilement être traduit d'un langage à l'autre.

L'association de ces deux technologies constitue une méthode idéale de stockage et de traitement des données lors de la création d'applications librement combinées en réseau. En effet, cette opération vous permet de lier la force des bases de données relationnelles en matière de format de stockage des données à la souplesse offerte par XML en tant que mécanisme d'échange des données. Vous pouvez alors facilement partager des données avec des clients de niveaux de développement différents sans problème de sécurité, et rendre ainsi les données plus accessibles.

Si vous examinez la structure de ces deux entités, vous constaterez qu'il y a de nombreuses leçons à tirer d'une utilisation parallèle. La structure hiérarchique de XML permet de créer des modèles qui ne s'intègrent pas facilement au paradigme des bases de données relationnelles pour les tables composées de relations. Certaines structures imbriquées complexes ne peuvent pas être représentées dans les scripts de création des tables. De la même façon, certaines contraintes modelées dans les DTD ne peuvent pas être représentées entre les tables et les clés. C'est pourquoi, lorsque nous fournissons des données au format XML, nous devons tenir compte d'un grand nombre de problèmes associés au traitement ainsi que des technologies qui ont été construites autour de XML pour pouvoir utiliser les données.

Pourquoi associer XML et les bases de données ?

De nombreuses raisons peuvent vous pousser à utiliser un contenu de base de données au format XML ou à stocker des documents XML dans une base de données. Dans ce livre, nous détaillerons comment vous pouvez utiliser XML pour améliorer les performances de vos systèmes et réduire le temps de codage.

Tout d'abord, XML a l'avantage évident de fournir une méthode de représentation des données structurées sans ajout d'informations. Dans la mesure où cette structure est inhérente au document XML, qui n'a donc pas besoin d'être mené par un document supplémentaire décrivant le mode d'affichage de la structure (comme c'est le cas avec un fichier à plat), il devient très aisé de transmettre des informations structurées à divers systèmes. Les documents XML étant tout simplement des fichiers textuels, ils peuvent également être produits et utilisés par des systèmes d'héritage, facilitant ainsi l'accès aux données d'héritage pour différents consommateurs.

Deuxièmement, XML peut être utilisé par des outils, déjà disponibles ou en début de diffusion, permettant des comportements plus recherchés. Par exemple, XSLT peut servir à styliser les documents XML, et donc à produire des documents HTML, des supports WML ou tout autre type de document textuel. Les serveurs XML tels que Biztalk permettent l'encapsulation de XML dans les informations de routage, qui peuvent ensuite servir à acheminer les documents vers les consommateurs appropriés dans le cadre du workflow.

Troisièmement, les données sérialisées au format XML fournissent la souplesse nécessaire à la transmission et à la présentation des données. En raison de l'explosion récente de l'informatique sans fil, de nombreux développeurs s'efforcent de trouver une solution au problème de réutilisation facile des données afin de piloter les couches de présentation traditionnelles (par exemple, les navigateurs HTML) et les nouvelles technologies (par exemple, les téléphones portables compatibles avec WML). Nous montrerons comment XML favorise la déstructuration de la structure de données à partir de leur présentation syntaxique exacte. De plus, dans la mesure où XML contient les données et la structure, vous n'aurez pas à faire face aux problèmes de transmission de données qui surgissent généralement lors de l'envoi de données normalisées d'un système à un autre. Il peut notamment s'agir de problèmes tels que la dénormalisation, la découverte de types d'enregistrement, etc.

N'oubliez pas que, tout au moins pour l'instant, les bases de données relationnelles ont de meilleures performances que les documents XML. Cela signifie que, pour de nombreuses utilisations internes, s'il n'existe pas de barrières provenant du réseau ou de l'usage, les bases de données relationnelles seront plus adaptées au stockage de nos données que XML. Gardez cette particularité présente à l'esprit si vous essayez d'effectuer une recherche parmi les données. En effet, une base de données relationnelle est beaucoup mieux adaptée à ce type d'opération que les documents XML. Nous analyserons ces approches et leur utilisation ultérieurement, et indiquerons comment une structure hybride peut être créée afin de combiner les avantages du monde des bases de données relationnelles et de celui de XML.

Supposons que vous exécutiez un système de commerce électronique et que vous receviez vos commandes au format XML. Vous devrez parfois envoyer certaines informations à une source interne (par exemple, un service clients) ou à un partenaire externe (un service externe). Dans ce cas, il peut être utile de stocker les détails des commandes passées par les clients dans une base de données relationnelle, et surtout de rendre ces données accessibles à ces deux intervenants. XML est le format idéal permettant l'exposition de ces données. En effet, elles pourraient alors être lues quel que soit le langage d'écriture de l'application ou sa plate-forme d'exécution. Le système peut alors se connecter à d'autres systèmes plus facilement sans que vous ayez à écrire un code vous liant à une partie de l'application ou l'autre. Dans cet exemple, où de nombreux utilisateurs (particulièrement des B2B et B2C externes) ont besoin de diverses vues des mêmes données, XML peut présenter un énorme avantage.

De quoi traite ce manuel ?

Ce livre nous indique comment intégrer XML dans nos stratégies actuelles de sources de données relationnelles. Outre l'analyse des problèmes structurels afin de faciliter la conception des fichiers XML, nous couvrirons les modes de stockage et de gestion des données traitées. Plus précisément, nous étudierons le mode de stockage de XML au format natif dans une base de données relationnelle, ainsi que le mode de création des modèles permettant un accès rapide et efficace aux données (par exemple, dans le cas des pages web pilotées par les données). Nous nous pencherons ensuite sur les similitudes et les différences entre la conception d'une base de données relationnelle et la conception XML, tout en détaillant certains algorithmes de transfert de données entre les deux.

Puis nous passerons à la boîte à outils du développeur XML et discuterons de technologies telles que DOM, SAX, XLink, Xpointer et XML. Nous étudierons également les tâches les plus communes de gestion des données et aborderons certaines stratégies mettant en application ces concepts.

Que vous utilisiez XML pour stocker les données, en tant que format d'échange, ou pour les afficher, ce livre traitera des éléments importants suivants :

- directives de traduction d'une structure XML en modèle de base de données relationnelle ;
- règles de modélisation XML basée sur une structure de base de données relationnelle ;
- techniques courantes de stockage, transfert et affichage du contenu ;
- mécanismes d'accès aux données pour exposer les données relationnelles au format XML ;
- mode d'utilisation des technologies associées lors du traitement des données XML ;
- support XML dans SQL Server 2000.

Si vous avez besoin de vous rafraîchir la mémoire en matière de bases de données relationnelles ou de langage XML, vous trouverez des informations utiles dans les annexes.

À qui s'adresse ce manuel ?

Même si ce livre aborde les concepts de base, il se concentre essentiellement sur le développement et l'implémentation. Il est donc destiné aux programmeurs et aux analystes qui se sont déjà familiarisés avec XML et l'utilisation des bases de données relationnelles. Cependant, si vous connaissez peu XML, nous vous conseillons de lire **Initiation à XML** *Wrox Press (ISBN 2212092482)*. En fait, les trois catégories suivantes de lecteurs peuvent bénéficier des informations contenues dans ce livre.

Analystes de données

Les analystes de données, qui sont chargés de prendre les directives en matière de données de travail, et de les convertir en stratégies de référentiels de données, trouveront de nombreuses informations utiles dans ce livre. Nous abordons en effet les problèmes de compatibilité entre les structures de données XML et les structures de données relationnelles, ainsi que les stratégies d'architecture du système permettant de bénéficier des avantages de chaque technologie. Les technologies facilitant l'ordonnancement des données relationnelles à l'aide de XML vers la logique de travail et/ou la couche de présentation sont également traitées.

Développeurs de bases de données relationnelles

Les développeurs ayant de bonnes connaissances en matière de bases de données relationnelles et souhaitant améliorer leurs compétences XML trouveront aussi ce livre utile. En effet, les premiers chapitres traitent plus particulièrement de la conception des bases de données relationnelles et démontrent comment cette conception correspond à celle de la structure XML. Un chapitre est consacré au problème de la transmission des données, il y est indiqué comment XML peut faciliter cette opération. Des stratégies de services des données supplémentaires sont également expliquées, par exemple l'utilisation de XSLT pour transformer un document XML en vue de sa présentation, plutôt que le traitement des données à l'aide d'une étape centrale personnalisée.

Développeurs XML

Les développeurs maîtrisant déjà l'utilisation de XML afin de représenter des documents, mais souhaitant passer à une approche plus centrée sur les données, trouveront également des informations utiles dans ce livre. En effet, nous définissons clairement la différence entre l'utilisation de XML pour le balisage des documents par rapport à son utilisation pour la représentation des données. De plus, nous décrivons les pièges courants liés à la conception des données XML, de même que les stratégies permettant de les éviter. Les algorithmes permettant la persistance des documents XML dans les bases de données relationnelles sont fournis, de même que des stratégies d'indexation utilisant les bases de données susceptibles d'accélérer l'accès aux documents XML tout en conservant leur souplesse et indépendance vis-à-vis des plates-formes.

Problèmes auxquels nous devons faire face

Les premiers utilisateurs de XML, qui est né par ailleurs il y a très peu de temps, ont eu l'occasion de tirer quelques leçons fort intéressantes. Parmi elles, nous citerons les deux plus importantes :

- comment modéliser les données afin d'y accéder rapidement et efficacement ;
- comment conserver la souplesse des données afin qu'elles correpondent à des besoins en perpétuelle évolution.

Lorsque nous exposons le contenu de la base de données au format XML, nous devons nous pencher sur des problèmes tels que le mode de création de la structure XML à partir de la structure de table, ou le mode de description des relations entre les représentations XML de ces données.

Lorsque nous parlons de stockage de XML dans une base de données, nous devons penser à une méthode de reproduction des modèles contenant les structures hiérarchiques des tables avec des colonnes et des lignes. Nous devons également penser à la représentation de fonctionnalités telles que l'imbrication avec des relations et au mode d'expression de formulaires complexes structurés.

Dans ces deux cas, nous devons nous assurer que le XML est créé dans un format susceptible d'être traité et échangé.

Un certain nombre de technologies telles que DOM, SAX et XSLT sont venues augmenter la boîte à outils du développeur. Chacune de ces technologies a un rôle à jouer dans la gestion et la manipulation de données et son choix est primordial. Certaines d'entre elles sont encore en cours de développement, mais il est important de connaître les fonctionnalités qu'elles proposeront dans un futur proche, ainsi que de savoir comment elles vous permettront de résoudre certains problèmes ou comment elles influenceront la conception à long terme.

Structure du livre

Afin de faciliter la lecture de cet ouvrage, nous avons divisé ce dernier en quatre sections :

- techniques de conception ;
- technologies ;
- technologies d'accès aux données ;
- tâches courantes.

Ces quatres sections sont complétées par deux chapitres d'étude de cas illustrant l'application de certains des concepts appris et par deux annexes destinées aux lecteurs maîtrisant moins bien les concepts fondamentaux de ce livre.

Techniques de conception

La première section est consacrée aux meilleurs techniques de conception des bases de données relationnelles et des documents XML. Elle est composée des chapitres 1 à 4.

- Le chapire 1, **Créer des documents XML contenant des données**, propose des stratégies de conception des structures XML afin de représenter les données. Il souligne les différences entre un document XML à utiliser pour la balisage et un document XML à utiliser pour les données. Il donne également des stratégies de conception en fonction du public concerné et de la performance demandée. Par ailleurs, il définit l'application de ces conceptions à la base de données relationnelles, et inversement.

- Le chapitre 2, **Structures XML pour bases de données existantes**, contient des stratégies d'algorithme pour la représentation de données relationnelles existantes au format XML. Il aborde également les problèmes les plus courants, tels que la modélisation de relations complexes et l'approche de l'imbrication par rapport à celle du pointage.
- Le chapitre 3, **Structurer des bases de données à partir de documents XML existants,** comprend des stratégies d'algorithmes pour la représentation de documents XML existants dans une base de données relationnelle. Il décrit les stratégies de traitement de structures prédéfinies (DTD ou schémas), de même que les documents non structurés. De plus, il aborde des concepts aussi intéressants que le traitement du modèle de contenu de l'élément `ANY` et celui du modèle de contenu de l'élément `MIXED`.
- Le chapitre 4, **Concevoir un standard**, aborde la conception de standards pour les données, c'est-à-dire de représentations courantes de données pouvant être utilisées par différents consommateurs et/ou producteurs. Il couvre des problèmes souvent rencontrés lors de la conception des standards, à savoir l'accord sur le type, la mise en correspondance de l'énumération, les niveaux de résumé et les techniques de collaboration.

Technologies

La deuxième section présente les différentes technologies XML, existantes ou émergentes, utilisées par les développeurs afin de créer des solutions de données XML. Pour finir, nous aborderons également les formats de fichier à plat. Cette section est composée des chapitres 5 à 12.

- Le chapitre 5, **Schémas XML**, couvre le nouveau langage de définition des documents en cours de création par le W3C. Il aborde le statut des schémas XML et fournit une liste des processeurs qui effectuent la validation de documents en fonction des schémas XML. Il donne également une longue liste des avantages d'utilisation des schémas XML pour les documents de données par rapport aux DTD, avant d'aborder brièvement la syntaxe des schémas XML et de finir avec des exemples de schémas en démontrant les avantages.
- Le chapitre 6, **DOM**, aborde le modèle d'objet de document. Il comprend une liste de parseurs compatibles avec DOM et traite de la syntaxe et de l'utilisation du DOM. Les points forts de ce dernier sont résumés et des exemples d'applications du DOM sont également fournis.
- Le chapitre 7, **L'API simplifiée de XML (SAX)**, décrit l'API simplifiée de XML. Il comprend également une liste de parseurs compatibles avec SAX et aborde sa syntaxe et son usage. Il compare ensuite les points forts et les points faibles de SAX par rapport à DOM afin de vous aider à décider quelle API utiliser selon la situation. En dernier lieu, vous trouverez des exemples d'applications utilisant SAX.
- Le chapitre 8, **XSLT et XPath**, aborde les technologies de transformation XML créées par le W3C. Il couvre la syntaxe de XSLT et de Xpath. Vous y trouverez des exemples d'utilisation de XSLT/XPath pour la manipulation et la présentation des données.
- Le chapitre 9, **Références relationnelles avec XLink**, contient des informations sur le mécanisme des liens entre les ressources XML tel qu'il est défini par le W3C. Il couvre la spécification XLink (liens simples et étendus) ainsi que les modes d'utilisation de XLink en vue de la description des relations entre les données à l'aide d'exemples spécifiques.

- Le chapitre 10, **Autres techniques (XBase, XPointer, XInclude, XHTML, Xforms)**, couvre d'autres technologies XML associées à la liaison, à l'extraction et à la description des relations entre les données. Il indique comment ces technologies peuvent être appliquées à la conception et au développement des données.
- Le chapitre 11, **Langage de requêtes XML**, aborde le nouveau langage de requête développé par le W3C. Il traite du statut des spécifications de XML Query et décrit comment il peut être utilisé afin de faciliter l'accès aux documents XML. Il passe ensuite aux autres méthodes de requête au sein des documents XML et en compare les capacités.
- Le chapitre 12, **Fichiers à plat**, couvre les fichiers à plat ainsi que certains des problèmes rencontrés lorsque vous transférez des données entre différents fichiers à plat et XML (par exemple, à l'aide du DOM). Il présente également des stratégies de mise en correspondance de XML avec les fichiers à plat (à l'aide de XSLT) ainsi que les problèmes auxquels vous devrez parfois faire face au cours de cette opération.

Accès aux données

La troisième section commence par l'étude de deux technologies spécifiques d'accès aux données, JDBC et ADO (ADO+ sera brièvement abordé). Elle présente ensuite le support XML offert dans SQL Server 2000.

- Le chapitre 13, **ADO, ADO+ et XML**, illustre l'utilisation d'ADO afin de rendre disponibles des données au format XML et de fournir des mises à jour sous ce format. Il se base sur la nouvelle fonctionnalité proposée par SQL Server 2000 et montre comment l'exploiter à partir du modèle d'objet ADO. Pour finir, vous aurez la chance de lire un aperçu des capacités de la nouvelle technologie ADO+.
- Le chapitre 14, **Stocker et récupérer du XML avec SQL Server 2000**, couvre le support XML ajouté à SQL Server 2000. Il explique comment écrire des requêtes SQL qui renverront XML à partir de SQL Server et comment envoyer des documents XML vers SQL Server pour qu'il les stocke. Pour finir, il décrit le mode de gestion des chargements de masse de XML vers SQL Server.
- Le chapitre 15, **Vues XML dans SQL Server 2000**, se sert des notions étudiées dans le chapitre précédent pour expliquer le mode d'utilisation des schémas afin de créer des vues de données stockées dans SQL Server et d'établir une correspondance avec XML pour exécuter des requêtes, ajouter, supprimer et mettre à jour des enregistrements. Les vues utilisent deux nouvelles fonctions appelées modèles (*templates*) et programmes d'actualisation (*updategrams*).
- Le chapitre 16, **JDBC**, analyse comment XML et les technologies associées peuvent améliorer l'utilisation de JDBC (et inversement), et produire des architectures évolutives et extensibles avec un minimum de codage. Les deux parties qui composent ce chapitre se penchent plus particulièrement sur la génération de XML à partir d'une source de données JDBC et sur l'utilisation de XML pour mettre à jour une source de données JDBC.

Tâches courantes

La quatrième section de ce livre aborde les applications courantes de XML aux implémentations de données et propose des stratégies permettant la résolution de chaque type de problème soulevé. Elle est composée des chapitres 17 à 19.

- Le chapitre 17, **Entreposer, archiver et référencer des données**, couvre les stratégies de l'archivage et de l'extraction de documents XML. Il décrit également les stratégies d'indexation des documents XML à l'aide d'une base de données relationnelle et inclut des exemples d'archivage et de stockage.
- Le chapitre 18, **Transmettre des données**, aborde le problème omniprésent de la transmission des données entre des référentiels différents et l'utilisation de XML pour faciliter cette transmission. Il se penche sur les techniques d'importation et d'exportation, ainsi que sur les moyens d'ignorer les pare-feu de votre entreprise lors de la transmission de documents XML (à l'aide de technologies telles que XML-RPC ou SOAP).
- Le chapitre 19, **Ordonner et présenter des données**, décrit l'utilisation de XML en tant que pilote en vue de l'ordonnancement des données à partir des bases de données relationnelles et pour la couche de présentation. Vous y trouverez des exemples de pilotage de ces traitements par SQL script et VBScript, ainsi que de l'utilisation de Xform pour transférer les données vers d'autres directions (du client vers le serveur).

Études de cas

Ce livre est complété par deux chapitres d'études très différents l'un de l'autre :

- Le chapitre 20, **Exemples d'application XML avec SQL Server 2000**, présente et à illustre le mode d'obtention de résultats à partir de certaines des fonctionnalités les plus avancées de XML dans SQL Server 2000 ainsi que leur mode de programmation. Pour cela, nous mettrons en place deux projets séparés, chacun d'entre eux étant conçu afin de tirer le meilleur parti de certaines fonctionnalités. Le premier projet illustre l'accès direct à SQL Server 2000 via HTTP, et le second se concentre sur la conception d'un exemple de site de commerce électronique, eLimonade.
- Le chapitre 21, **DB Prism : un cadre pour générer du code XML dynamique à partir d'une base de données**, étudie DB Prism, un outil *Open Source* permettant de générer du code XML dynamique à partir d'une base de données, soit en exécutant une servlet autonome, soit en fonctionnant comme un adaptateur capable de connecter une base de données à un cadre de publication tel que Cocoon qui est utilisé dans notre exemple. Cette étude illustre l'implémentation et le mode d'utilisation de cette technologie.

Annexes

Nous avons également inclus deux annexes contenant les concepts essentiels de XML et des bases de données relationnelles. Ces annexes sont destinées aux lecteurs qui ne maîtrisent pas ces notions ou ont besoin d'une petite révision.

- L'annexe A, **Concepts essentiels de XML**, contient une révision rapide de XML destinée aux lecteurs qui ne connaissent pas les concepts de XML ou ont juste besoin qu'on les leur rappelle. Elle aborde l'origine de XML, les différents composants qui constituent un document XML, les élements, les attributs, les nœuds de texte, les nœuds CDATA, etc., ainsi que l'utilisation des DTD (définitions de types de documents).
- L'annexe B, **Concepts essentiels des bases de données relationnelles**, offre une remise à niveau similaire sur les bases de données relationnelles. Elle couvre les blocs de bases de données relationnelles, les tables, les colonnes, les relations, etc. Elle aborde également la normalisation, qui sera une notion primordiale lorsque nous parlerons de la structure des documents XML, ainsi que les relations entre les constructions RDBMS et XML.

Ces deux annexes sont suivies par des annexes sur les types de données des schémas, SAX et le paramétrage de répertoires virtuels dans SQL Server.

Technologies utilisées dans ce livre

Ce livre aborde l'accès aux données et leur manipulation dans un certain nombre de langages. Vous trouverez ainsi des exemples en ECMAScript, Java, Visual Basic et ASP. Dans la mesure où certains d'entre vous ne maîtrisent pas les langages utilisés dans tous les chapitres, nous nous sommes efforcés de donner des descriptions vous permettant d'appliquer les concepts abordés au langage de votre choix. De plus, les algorithmes sont très souvent présentés de façon conceptuelle ou pseudo-codée pour qu'ils puissent s'appliquer à la plate-forme choisie.

Dans nos exemples, nous nous sommes volontairement concentrés sur les définitions de types de documents (ou DTD), plutôt que sur les schémas XML dont le niveau technique est plus élevé. La raison de ce choix est évidente : tant que le W3C n'aura pas rédigé de statut complet de recommandation pour les documents standard des schémas XML, nous manquerons de processeurs pouvant réellement valider par rapport aux schémas XML. Ce livre a pour but de vous rendre opérationnel dès sa lecture ; en d'autres termes, de vous donner de vrais exemples de code adaptables à vos solutions professionnelles. Tous les exemples présentés (à l'exception, bien entendu, de ceux inclus dans les chapitres sur les technologies émergentes, c'est-à-dire les chapitres sur XLink et Schémas XML) fonctionneront tout de suite avec les processeurs disponibles couramment utilisés.

Conventions utilisées

Afin de vous aider à comprendre nos explications et de conserver une cohérence globale, nous avons adopté un certain nombre de conventions tout au long de ce manuel. Vous trouverez ci-après des exemples du style utilisé ainsi que son explication.

Nous avons utilisé plusieurs polices de caractères pour le code. S'il s'agit d'un terme abordé dans le texte, par exemple, lorsque nous traitons d'un `For...Next` loop, nous adoptons cette police de caractères. S'il s'agit d'un bloc de code susceptible d'être tapé comme un programme et exécuté, il apparaît dans une boîte grisée :

```
<?xml version 1.0?>
```

Vous trouverez parfois du code présenté à l'aide de plusieurs styles, comme illustré ci-dessous :

```
<?xml version 1.0?>
<Facture>
   <unite>
      <nom>Truc</nom>
      <prix>70 FF</prix>
   </unite>
</Facutre>
```

Ici, le code présenté sur un fond blanc a déjà été vu et celui présenté sur un fond gris est un ajout au code connu.

Les avis, les astuces et les informations de second plan sont signalés à l'aide de cette police de caractères.

Les informations importantes sont encadrées de cette façon.

Les puces sont indentées et indiquées de la façon suivante :

- **les mots importants** sont indiqués en gras ;
- les mots qui apparaissent à l'écran, dans des menus tels que Fichier ou Fenêtre, sont dans une police de caractères similaire à celle qui apparaîtrait si vous êtes sous Windows ;
- les touches du clavier telles que *Ctrl* et *Entrée* sont en italique.

Support client

Nous avons essayé de réaliser un livre aussi exact et agréable que possible, mais ce qui compte est ce que ce livre peut réellement vous apporter. N'hésitez pas à nous communiquer votre opinion, soit en renvoyant la carte de réponse située à la fin du livre, soit en nous contactant par mail sur le site suivant : http://www.wrox.fr.

Code source et mises à jour

A mesure que nous étudierons les exemples de ce livre, vous pourrez décider de taper tout le code à la main. C'est le choix fait par de nombreux lecteurs qui préfèrent se familiariser avec les techniques de codage utilisées. Si vous décidez de procéder différemment, nous avons mis le code source de ce livre à votre disposition sur notre site web à l'adresse suivante :

http://www.wrox.fr

Si vous faites partie des lecteurs qui préfèrent taper le code eux-mêmes, vous pouvez utiliser nos fichiers afin de vérifier le résultat à obtenir. La consultation de ces fichiers doit être votre premier réflexe si vous pensez avoir tapé une erreur. Si vous faites partie des lecteurs qui n'aiment pas taper, vous avez la chance de pouvoir télécharger le code source de notre site web !

Que vous choisissiez une méthode ou une autre, les informations disponibles sur notre site vous faciliteront la tâche en matière de mises à jour et de débogage.

Errata

Nous avons fait en sorte que cet ouvrage ne comporte aucune erreur, tant au niveau du texte que du code. Cependant, l'erreur est humaine, c'est pourquoi nous nous engageons à vous informer de toutes les erreurs à mesure que nous les identifierons et que nous les corrigerons. Des pages d'errata sont disponibles pour tous nos ouvrages sur le site http://www.wrox.fr. Si vous trouvez une erreur qui n'a pas encore été identifiée, n'hésitez pas à nous le faire savoir.

Notre site web centralise également d'autres informations, le support des exemples (notamment le code de tous nos ouvrages), un avant-goût des titres à venir, des articles, ainsi que des forums consacrés à divers sujets.

Créer des documents XML contenant des données

Dans ce chapitre, nous examinerons certains points et stratégies nécessaires à la conception de la structure de nos documents XML. Outre certains aspects de décisions et quelques conseils techniques, nous aborderons la modélisation de données, laquelle aura un effet direct et significatif sur les performances, la lisibilité, la taille du document et celle du code.

Nous traiterons de ces répercussions en début de chapitre après avoir fait un tour d'horizon des différences considérables existant entre les documents XML se composant de texte balisé et ceux représentant des données selon un modèle de contenu mixte. En effet, il importe notamment de comprendre qu'elles existent lors de la création de modèles de stockage de données en XML.

Par ailleurs, pour répondre à une partie des questions susceptibles de se poser, nous nous référons aux concepts relatifs aux bases de données relationnelles. Si vous n'êtes pas familiarisé avec ces derniers, reportez-vous auparavant à l'annexe B.

Notez également que les scripts de création de tables sont conçus pour être exécutés avec SQL Server (si vous vous servez d'une autre plate-forme, vous aurez peut-être besoin de les modifier pour qu'ils fonctionnent correctement).

En résumé, nous découvrirons :

- la manière dont les types de données balisées influent sur la modélisation des informations ;
- les structures de données ;
- la présentation de points de données ;
- le moyen d'établir des relations entre les structures ;
- l'illustration des meilleurs usages.

Texte et données

Avant de commencer à modéliser nos données, il est important de saisir exactement ce que nous essayons de modéliser. Jetons donc un coup d'œil à deux utilisations de XML :

- le balisage de documents-textes ;
- la représentation de données brutes.

Observons également de quelle manière elles varient.

XML destiné aux documents-textes

XML s'est développé à partir de SGML, langage de balisage visant à obtenir des documents numériques. C'est pourquoi, la plupart des premiers ouvrages sur XML consultés par les développeurs, se sont intéressés aux explications ajoutées aux blocs de texte à l'aide de XML. Par exemple, si nous balisions le chapitre d'un livre, nous pourrions l'écrire ainsi :

```
<paragraphe>
   <citation orateur="Eustace">"Je ne crois pas avoir déjà vu ce modèle
   d'assiette avec une tarte à l'orange,"</citation>dit Eustace. Il l'examina
   attentivement et fit remarquer <point> une tache violette vers le milieu du
   pourtour.
   </point><citation orateur="Eustace">"Bizarre,"</citation>déclara-t-il.
</paragraphe>
```

Dans cet exemple, il convient de noter deux points importants.

- Sans balisage, le paragraphe aurait la même signification dans un document non-XML.
- L'ordre des informations revêt une importance capitale pour la compréhension (il est impossible de garder le sens après réorganisation).

Cette caractéristique est propre au balisage XML dans des documents contenant du texte.

Comme nous le constaterons ci-dessous, il existe cependant un contraste marqué entre ce balisage et l'utilisation de XML pour conserver des données brutes.

Documents XML contenant des données

Ce deuxième type d'informations balisées représente plus d'intérêt à nos yeux puisque le sujet de cet ouvrage concerne les bases de données et XML. Dans notre cas, elles comportent tous les renseignements commerciaux. Désormais, nous nous concentrerons sur les conseils de balisage s'appliquant à cette sorte d'informations. Comme nous le verrons, nous disposons de plusieurs possibilités évitant le changement de sens de ces données.

Ce balisage se distingue principalement de celui utilisé pour les documents-textes par l'ordre dans lequel le texte est présenté. Même s'il ne doit pas en général être modifié, les données peuvent être représentées de différentes manières tout en gardant la même fonctionnalité. Par ailleurs, le balisage explicite le texte. Pour faire ressortir la différence, voici un document destiné à contenir des données contrairement à l'exemple de balisage de texte présenté précédemment :

```
<Facture
   dateCommande="23/07/2000"
   dateExpedition="28/07/2000">
   <Client
      nom="Homer Simpson"
      adresse="742 Evergreen Terrace"
      ville="Springfield"
      etat="KY"
      codePostal="12345" />
   <LignedeCommande
      descriptionProduit="Trucs (1,27 cm)"
      quantite="17"
      prixUnitaire="0,70" />
   <LignedeCommande
      descriptionProduit="Machins (5,08 cm)"
      quantite="22"
      prixUnitaire="0,35" />
</Facture>
```

Comme vous pouvez le constater, il s'agit d'un exemple de facture contenant des balises XML.

Dans un document non-XML, nous pourrions maintenant afficher ces données de différentes manières. Par exemple, nous pourrions les représenter ainsi :

```
Facture

Homer Simpson
742 Evergreen Terrace
Springfield, KY 12345

Date de la commande :  23/07/2000
Date de l'expédition : 28/07/2000

Produit                 Quantité                 Prix
Trucs (1,27 cm)             17                    0,70
Machins (5,08 cm)           22                    0,35
```

Un autre moyen valide serait le suivant :

```
Homer Simpson|742 Evergreen Terrace|Springfield|KY|12345
23072000|28072000
Trucs (1,27 cm)|17|0,70
Machins (5,08 cm)|22|0,35
```

Lorsque nous examinons ce type de données, l'ordre dans lequel elles sont stockées a moins d'importance pour la compréhension qu'elle n'en revêtait pour le balisage de l'ouvrage étudié dans la section précédente.

Par exemple, le fait que la date de la commande soit conservée avant ou après celle d'expédition dans un document XML, n'a pas d'influence sur le sens tant qu'elles sont identifiables et associées à la facture correspondante. Il en va de même pour l'agencement des articles.

Ainsi, nous avons déjà constaté une distinction évidente entre les types d'informations balisées. Lorsque nous appliquons XML à des données dont l'ordre n'est pas forcément strict, nous pouvons nous montrer moins rigides en ce qui concerne leur stockage, ce qui facilite leur récupération et leur traitement.

Représenter les données en XML

Comme XML nous permet une telle souplesse en matière de balisage de données, jetons un coup d'œil à une partie des restrictions que nous devrions apporter.

Modèles de contenu élémentaire pur

Nous commencerons notre discussion par la structuration de notre vocabulaire XML en examinant la modélisation d'un **contenu élémentaire pur** Lorsque nous utilisons une DTD pour décrire cette application XML, cinq possibilités sont offertes :

- uniquement des éléments ;
- un contenu mixte ;
- un texte seul, cas particulier de la structure précédente ;
- EMPTY ;
- ANY.

Passons en revue chacune d'entre elles.

Contenu constitué uniquement d'éléments

Nous nous servons de ce modèle lorsqu'un élément ne contient que des éléments, comme illustré ci-dessous :

```
<!ELEMENT Facture (Client, LignedeCommande+)>
```

Dans ce cas, nous disposons de `Facture` comme élément racine. Il contient un élément `Client` suivi d'un ou de plusieurs `LignedeCommande`. Conformément à une telle déclaration, nous pourrions écrire :

```
<Facture>
   <Client />
   <LignedeCommande />
   <LignedeCommande />
</Facture >
```

Ainsi, l'emboîtement de chaque structure apparaît clairement. Nous privilégierons donc cette manière de représenter les éléments imbriqués.

Contenu mixte

Dans la DTD correspondante, les éléments fils peuvent se présenter zéro ou plusieurs fois, dans n'importe quel ordre et la longueur du texte ainsi que sa place ne sont pas limitées. Ce modèle pourrait être conçu comme illustré ci-dessous :

```
<!ELEMENT Facture (#PCDATA | LignedeCommande | Client)*>
```

Quant au document, voici un premier exemple :

```
<Facture>
   Facture à l'ordre de <Client>Kevin Williams</Client>
</Facture>
```

Un deuxième pourrait être :

```
<Facture>
   <LignedeCommande />
   <Client>Kevin Williams</Client>
   <LignedeCommande />
</Facture>
```

L'ensemble de règles présenté dans cette partie ne convient pas lorsqu'elle s'applique à des données. En effet, les sous-éléments autorisés pourraient apparaître à n'importe quel endroit et se répéter souvent, ce qui rendrait très difficile l'établissement de correspondances avec des éléments de données, et cauchemardesque l'écriture du code destiné à la manipulation de documents ainsi que leur exportation (vers une base de données relationnelle par exemple). Nous devrions donc éviter une telle définition.

Contenu de texte seul

Dans le modèle de contenu de texte seul, illustré ci-dessous, les éléments peuvent seulement renfermer des chaînes de textes :

```
<!ELEMENT Client (#PCDATA)>
```

Nous pourrions donc concevoir l'échantillon de document suivant :

```
<Client>Kevin Williams</Client>
```

L'utilisation de texte seul constitue un moyen d'inclure des **points de données** dans notre document.

Dans ce contexte, nous entendons par points de données des valeurs uniques analogues à des colonnes dans une base de données relationnelle ou à des champs dans un fichier à plat.

Cependant, nous pourrions également nous servir d'**attributs**, ce qui comporte des avantages par rapport à cette méthode comme nous le verrons un peu plus loin dans ce chapitre.

Contenu EMPTY

Avec cette option, il est impossible d'inclure des données à l'intérieur du balisage : l'élément doit être représenté comme une balise d'élément vide ou comme une balise d'ouverture suivie immédiatement d'une balise de fermeture (la première notation est privilégiée).

Exemple de modèle :

```
<!ELEMENT Client EMPTY>
```

Échantillon de document :

```
<Client />
```

EMPTY s'avérera utile dans une situation où les seuls renseignements supplémentaires associés à un élément sont des points de données. Prenons un exemple : un élément `Client` est constitué de `prenom` et `NomFamille`. Étant donné que ces renseignements constituent des points de données, c'est-à-dire des valeurs uniques, nous pourrions nous en servir en tant qu'attributs dans un modèle de contenu vide pour l'élément `Client`. Cette réalisation sera traitée un peu plus loin.

Contenu ANY

Avec cette dernière possibilité, tout élément ou texte peut apparaître comme contenu et dans n'importe quel ordre.

Voici un exemple de modèle :

```
<!ELEMENT Client ANY>
```

Nous pourrions alors avoir le document suivant :

```
<Client>Kevin Williams</Client>
```

Une autre solution pourrait être :

```
<Client>
   <Client>
      <Client>Kevin Williams</Client>
   </Client>
</Client>
```

Comme le modèle de contenu mixte, celui-ci s'avère trop « permissif » pour les données. En effet, il sera extrêmement difficile d'agir sur ces dernières si nous n'avons aucune idée de l'agencement et de l'ordre des structures. C'est pourquoi nous éviterons d'en concevoir à l'aide du mot clé `ANY`.

Utiliser les attributs

Pour représenter des points de données, il est également possible d'utiliser des **attributs**, ce qui est recommandé dans les documents contenant des données.

Exemple de déclaration :

```
<!ELEMENT Client EMPTY>
<!ATTLIST Client
   Prenom CDATA #REQUIRED
   NomFamille CDATA #REQUIRED>
```

Application possible :

```
<Client
   Prenom="Kevin"
   NomFamille="Williams"/>
```

Par rapport à l'utilisation d'éléments ne contenant que du texte, cette approche comporte plusieurs avantages. Nous traiterons certains d'entre eux plus loin dans ce chapitre.

Autres facteurs

Jusqu'à présent, nous avons examiné une partie des facteurs dont il faut évidemment tenir compte en cas de modélisation de données mais nous devrions toujours nous demander si toutes les données pertinentes sont représentées de manière aussi efficace et accessible que possible. Aussi, lorsque nous concevons des structures XML, nous devrions également considérer :

- les utilisateurs ;
- les performances ;
- l'importance des données.

Utilisateurs

Pour créer des structures XML, nous devrions tenir compte de l'univers des producteurs et des consommateurs susceptibles de manipuler des documents fondés sur cet agencement.

En effet, il est nécessaire de nous poser les questions suivantes.

- **Notre document a-t-il besoin d'être lu par l'homme ?**
  En fonction de son utilisation, il pourrait être uniquement traité automatiquement. Dans ce cas, des abréviations et d'autres modifications peuvent être apportées pour réduire la taille du document.
- **Le document est-il destiné principalement à être affiché ou traité ?**
  Si nos documents ont en général une structure à plat, il se peut que nous souhaitions agir de même avec la structure XML de sorte que la charge de travail du moteur XSLT soit réduite.
- **Combien de consommateurs vont traiter le document ?**
  Pour rendre nos données disponibles au plus grand nombre d'utilisateurs, comme dans le cas d'une norme concernant l'ensemble d'une industrie, nous pourrions tenter de rester aussi souple que possible. En revanche, la structure peut être figée en fonction des contraintes d'une application particulière si elle est la seule à effectuer le traitement.

- **Le document est-il conçu conformément à une norme ?**
  Si notre structure est prévue pour BizTalk ou dans le cadre d'une autre initiative de commerce électronique, il se peut que nous représentions les points de données à l'aide d'éléments de texte seul et non d'attributs puisqu'une telle structure est recommandée pour les messages BizTalk.

Performances

Elles dépendent souvent des utilisateurs. Plus la cible visée est étroite, plus les structures du document peuvent être bien adaptées, ce qui améliore les performances. À titre d'exemple, imaginons le document XML suivant sachant qu'il se trouve en mémoire ou qu'il est diffusé sur le Web :

```
<Facture
   nomClient="Kevin Williams">
   <LignedeCommande
      nomProduit="Machins (5,08 cm)"
      quantite="17"
      prix="0,70" />
</Facture>
```

Pour faciliter sa compréhension par des êtres humains, le nom du client ainsi que celui du produit sont écrits en toutes lettres. Par ailleurs, des espaces sont ajoutés. Maintenant, supposons que cette lisibilité ne soit pas un facteur à prendre en compte contrairement aux performances. Nous pourrions alors concevoir la solution suivante :

```
<f c="c17"><a p="p22" q="17" pr="0,7" /></f>
```

Dans ce cas, nous avons :

- abrégé le nom de l'élément et celui des attributs car le traitement est réalisé par une machine ;
- supprimé les espaces inutiles puisque la lisibilité n'est pas non plus un facteur dans ce cas ;
- utilisé les références du client et celles du produit au lieu d'écrire leur nom en toutes lettres.

Cette dernière méthode fonctionne très bien lorsqu'elle est appliquée à deux systèmes reconnaissant les abréviations obscures mais elle n'est pas aussi bonne en cas de lecture par l'homme. La version que nous choisissons découle entièrement de l'usage prévu pour le document et des autres facteurs à considérer lors de sa création.

Importance des données

Lorsque nous concevons des structures XML destinées à des documents contenant des données, il est important de se concentrer sur ces dernières et non sur leur représentation courante dans le monde réel. À titre d'exemple, imaginons que nous disposions de la facture suivante :

```
Trucs, Inc.
Facture
Client :              Kevin Williams
                      742 Evergreen Terrace
                      Springfield, KY 12345
Destinataire :        Kevin Williams
                      742 Evergreen Terrace
```

```
                      Springfield, KY 12345
Transporteur :        FedEx
Code de l'article     Description            Quantité       Prix          Total

1A2A3AB               Trucs (7,62 cm)            17         0,70 FF       11,90 FF
2BC3DCB               Machins (5,08 cm)          22         0,35 FF        7,70 FF

Total                                                                     19,60 FF
```

Nous pourrions être tentés de concevoir un document XML de la manière suivante :

```
<Facture>
Trucs, Inc.
Facture

Client :       <nomClient>Kevin Williams</nomClient>
               <adresseCommande>742 Evergreen Terrace</adresseCommande>
               <villeCommande>Springfield</villeCommande>,
               <etatCommande>KY</etatCommande>
               <codePostalCommande>12345</codePostalCommande>

Destinataire : <nomExpedition>Kevin Williams</nomExpedition>
               <adresseExpedition>742 Evergreen Terrace</adresseExpedition>
               <villeExpedition>Springfield</villeExpedition>,
               <etatExpedition>KY</etatExpedition>
               <codePostalExpedition>12345</codePostalExpedition>
Transporteur : <compagnieLivraison>FedEx</compagnieLivraison>

Code de l'article        Description         Quantité       Prix        Total
   <LignedeCommande>
      <codeArticle>1A2A3AB</codeArticle>
      <descriptionArticle>Trucs (7,62 cm)</descriptionArticle>
      <quantite>17</quantite>
      <prix>0,70 FF</prix>
      <totalPartiel>11,90 FF</totalPartiel>
   </LignedeCommande>
   <LignedeCommande>
      <codeArticle>2BC3DCB</codeArticle>
      <descriptionArticle>Machins (1,27 cm)</descriptionArticle>
      <quantite>22</quantite>
      <prix>0,35 FF</prix>
      <totalPartiel>7,70 FF</totalPartiel>
   </LignedeCommande>

Total
   <prixTotal>19,60 FF</prixTotal>
</Facture>
```

Dans cet exemple, nous créons un modèle à partir de la forme courante d'un document sans chercher à représenter les données elles-mêmes. Cette approche pose certains problèmes en XML.

- **La mise en forme est conservée.**
  L'information relative aux structures de données dans un document non-XML ne doit pas être retenue en XML. Pour la convertir si nécessaire, il est recommandé d'utiliser XSLT ou d'autres systèmes de formatage.

- **Les données synthétiques ne sont pas supprimées.**
  Comme dans une base de données relationnelle, ce type d'informations ne devrait pas être retenu sauf en cas de contrainte. Les données synthétiques telles que les calculs intermédiaires et le total peuvent toujours être extrapolées à partir des détails fournis. Par conséquent, elles ne sont pas forcément nécessaires dans un document XML. Si une valeur incluse dans ce dernier ne peut pas être transférée vers une autre application, le support de données n'a pratiquement aucune valeur sauf lorsqu'il est nécessaire par exemple d'accéder directement à l'information à partir des données synthétiques, peut-être via XSLT.
- **La présentation des champs est la même.**
  En guise d'illustration, l'abréviation des francs français n'appartient pas au champ `prix` (elle n'indique pas le contenu de ce dernier mais la forme du prix).

La structure suivante serait bien meilleure :

```
<Facture
   nomClient="Kevin Williams">
   <Adresse
     typeAdresse="adresse de facturation"
     rue="742 Evergreen Terrace"
     ville="Springfield"
     etat="KY"
     codePostal="12345" />
   <Adresse
     typeAdresse="adresse de livraison"
     rue="742 Evergreen Terrace"
     ville="Springfield"
     etat="KY"
     codePostal="12345" />
   <LignedeCommande
      codeArticle="1A2A3AB"
      descriptionArticle="Trucs (7,62 cm)"
      quantite="17"
      prix="0,70"
      devise="FF" />
   <LignedeCommande
      codeArticle="2BC3DCB"
      descriptionArticle="Machins (1,27 cm)"
      quantite="22"
      prix="0,35"
      devise="FF" />
</Facture>
```

Dans cet échantillon, toute l'information relative à la mise en forme a été écartée et les données représentées dans le document XML sont pures.

Structures XML de données en bref

Nous venons d'aborder une partie des questions à considérer lors de la réalisation de structures XML de données. Par ailleurs, nous avons appris qu'il valait mieux éviter en général les éléments de contenu mixte/ANY et que les structures définies devaient être conçues comme supports des données et non de leurs représentations. Il serait encore plus important de tenir compte des utilisateurs de notre document et de toute contrainte de performances susceptible d'être exigée par les producteurs ou les consommateurs.

Dans la partie suivante, nous examinerons les diverses structures SGBDR et XML ainsi que le moyen d'établir des correspondances entre elles.

Établir des correspondances entre SGBDR et XML

Dans cette section, nous verrons comment convertir les tables de bases de données relationnelles en documents XML et comment modéliser les structures, les points de données ainsi que les liens en XML. Par ailleurs, nous examinerons quelques pièges courants et la manière de les éviter. Cette discussion sera suivie d'un exercice permettant de mettre en pratique les techniques apprises.

Structure

Apprenons maintenant à établir des correspondances entre les tables de bases de données et les éléments XML. Nous commencerons par la modélisation de quelques renseignements commerciaux provenant d'une base de données relationnelle. Ensuite, nous examinerons deux possibilités pour les stocker en XML.

Dans une base de données relationelle, un ensemble de points de données décrivant un concept plus large est representé par une table constituée de colonnes. Comme illustré ci-dessous, nous pouvons créer cette dernière pour conserver tous les éléments d'une adresse :

```
CREATE TABLE Client (
   prenom varchar(50),
   nomFamille varchar(50),
   adresseEnvoi varchar(50),
   villeEnvoi varchar(60),
   etatEnvoi char(2),
   codePostalEnvoi varchar(10))
```

Cette table apparaîtrait ainsi :

	prenom	nomFamille	adresseEnvoi	villeEnvoi	etatEnvoi	codePostalEnvoi
▶	Kevin	Williams	742 Springfield Road	Springfield	KY	12345
*						

En XML, les points de données, peuvent être regroupés à l'intérieur d'un élément décrivant un concept plus large. Dans le cas de l'adresse, nous pourrions nous servir d'un élément `<Client>` pour représenter les mêmes informations que celles dont nous disposions dans notre table Client.

> **En cas de transfert de données entre un document XML et une base de données relationnelle, une table devrait toujours être convertie en élément ne contenant que des éléments et ce dernier devrait toujours être transformé en table (sauf si nous avons apporté des modifications en matière de norme).**

À l'intérieur de <Client>, les informations peuvent être représentées :

- soit en utilisant des éléments ne contenant que du texte ;
- soit en se servant d'attributs.

Éléments

Leur utilisation constitue le premier moyen de représentation des points de données dans des documents XML. Dans le cas de texte seul, nous pourrions définir notre élément <Client> ainsi :

```
<!ELEMENT Client (prenom, nomFamille, adresseEnvoi, villeEnvoi,
                 etatEnvoi, codePostal)>
<!ELEMENT prenom (#PCDATA)>
<!ELEMENT nomFamille (#PCDATA)>
<!ELEMENT adresseEnvoi (#PCDATA)>
<!ELEMENT villeEnvoi (#PCDATA)>
<!ELEMENT etatEnvoi (#PCDATA)>
<!ELEMENT codePostalEnvoi (#PCDATA)>
```

Il en résulterait une imbrication d'éléments séparés à l'intérieur de <Client>, comme suit :

```
<Client>
   <prenom>Kevin</prenom>
   <nomFamille>Williams</nomFamille>
   <adresseEnvoi>742 Evergreen Terrace </adresseEnvoi>
   <villeEnvoi>Springfield</villeEnvoi>
   <etatEnvoi>KY</etatEnvoi>
   <codePostalEnvoi>12345</codePostalEnvoi>
</Client>
```

Lors de la représentation de données dans un document XML, tout élément contenant seulement du texte et défini à l'aide du mot-clé `#PCDATA` correspondra à une colonne dans une base de données relationnelle.

Attributs

Un autre moyen de représenter des points de données dans des documents XML est de se servir d'attributs. Dans cette approche, les éléments représentant des tables sont associés à des attributs correspondant à des colonnes :

```
<!ELEMENT Client EMPTY>
<!ATTLIST Client
   prenom CDATA #REQUIRED
   nomFamille CDATA #REQUIRED
   adresseEnvoi CDATA #REQUIRED
   villeEnvoi CDATA #REQUIRED
   etatEnvoi CDATA #REQUIRED
   codePostalEnvoi CDATA #REQUIRED>
```

Dans ce cas, nous stockons les informations relatives au client sous forme d'attributs de l'élément <Client> :

```
<Client
   prenom="Kevin"
   nomFamille="Williams"
   adresseEnvoi="742 Evergreen Terrace"
   villeEnvoi="Springfield"
   etatEnvoi="KY"
   codePostalEnvoi="12345" />
```

Examinons plus en détail ces deux solutions pour représenter des points de données.

Points de données

Comme nous venons de le voir, il existe deux stratégies principales pour convertir des colonnes en structures XML :

- l'imbrication d'éléments fils, enfants de l'élément représentant un ensemble d'informations ;
- l'ajout d'attributs à l'élément correspondant à un ensemble d'informations.

Chaque approche a ses adeptes, lesquels ont assez tendance à exprimer leurs opinions. Quels sont donc les avantages et les inconvénients de chacune d'entre elles ?

En vue de comparer les différentes possibilités de représentation des données, servons-nous de la facture établie par l'usine fabricant des « trucs » et rappelons sa présentation :

```
Trucs, Inc.
Facture
Client :            Kevin Williams
                    742 Evergreen Terrace
                    Springfield, KY 12345
Destinataire :      Kevin Williams
                    742 Evergreen Terrace
                    Springfield, KY 12345
Transporteur :      FedEx
Code de l'article   Description          Quantité       Prix          Total
1A2A3AB             Trucs (7,62 cm)         17           0,70 FF       11,90 FF
2BC3DCB             Machins (1,27 cm)       22           0,35 FF        7,70 FF
Total                                                                  19,60 FF
```

Pour cette facture, les points de données suivants nous intéressent :

- le nom du client ;
- l'adresse de facturation ;
- la ville de facturation ;
- l'état de facturation ;
- le code postal de facturation ;
- l'adresse de livraison ;
- la ville de livraison ;

- l'état de livraison ;
- le code postal de livraison ;
- la compagnie de transport ;
- le code de l'article ;
- la description du produit ;
- la quantité achetée ;
- le prix unitaire.

Nous supposons que l'utilisateur de notre document XML calculera si nécessaire les totaux partiels et le montant de la facture, ces opérations étant réalisables grâce à nos données XML, comme nous l'avons indiqué plus haut, faute de quoi notre code n'aurait pas beaucoup de valeur !

La facture se compose de deux ensembles de points de données :

- « Facture » ;
- « LignedeCommande ».

Dans ce cas, nous traitons de la structure interne de la facture et non de la relation à un système externe. Le client concerné est susceptible de nous passer une nouvelle commande à condition de lui avoir fourni ses « trucs » et ses « machins » dans les délais. Dans notre base de données, nous garderons donc probablement une table `client` contenant les renseignements relatifs à chacun de nos clients. Néanmoins, dans la mesure où chacun de nos documents représente une facture, nous stockerons ces données dans la partie réservée à la facture en raison de la relation un-à-un.

Dans certaines situations, nous ne devrions pas appliquer cette relation un-à-un mais elle est en général préférable pour éviter l'augmentation de la taille du document et le ralentissement du traitement. Nous examinerons beaucoup plus en détail la conception XML au chapitre 4.

Établir une facture à l'aide d'éléments

Reprenons maintenant notre comparaison grâce à cette première approche, nous permettant d'obtenir la structure suivante (`ch01_ex1.dtd`) :

```
<!ELEMENT Facture (nomClient, adresseFacturation, villeFacturation,
                   etatFacturation, codePostalFacturation, adresseLivraison,
                   villeLivraison, etatLivraison, codePostalLivraison,
                   compagnieLivraison, LignedeCommande+)>
<!ELEMENT nomClient (#PCDATA)>
<!ELEMENT adresseFacturation (#PCDATA)>
<!ELEMENT villeFacturation (#PCDATA)>
<!ELEMENT etatFacturation (#PCDATA)>
<!ELEMENT codePostalFacturation (#PCDATA)>
<!ELEMENT adresseLivraison (#PCDATA)>
<!ELEMENT villeLivraison (#PCDATA)>
<!ELEMENT etatLivraison (#PCDATA)>
<!ELEMENT codePostalLivraison (#PCDATA)>
<!ELEMENT compagnieLivraison (#PCDATA)>
<!ELEMENT LignedeCommande (codeArticle, descriptionArticle, quantite, prix)>
<!ELEMENT codeArticle (#PCDATA)>
<!ELEMENT descriptionArticle (#PCDATA)>
```

```
<!ELEMENT quantite (#PCDATA)>
<!ELEMENT prix (#PCDATA)>
```

Voici un exemple de données balisées à l'aide du modèle ci-dessus (`ch01_ex1.xml`) :

```
<?xml version="1.0" encoding="ISO-8859-1"?>
<!DOCTYPE Facture SYSTEM "http://monserveur/xmldb/ch01_ex1.dtd">

<Facture>
   <nomClient>Kevin Williams</nomClient>
   <adresseFacturation>742 Evergreen Terrace</adresseFacturation>
   <villeFacturation>Springfield</villeFacturation>
   <etatFacturation>KY</etatFacturation>
   <codePostalFacturation>12345</codePostalFacturation>
   <adresseLivraison>742 Evergreen Terrace</adresseLivraison>
   <villeLivraison>Springfield</villeLivraison>
   <etatLivraison>KY</etatLivraison>
   <codePostalLivraison>12345</codePostalLivraison>
   <compagnieLivraison>FedEx</compagnieLivraison>
   <LignedeCommande>
      <codeArticle>1A2A3AB</codeArticle>
      <descriptionArticle>Trucs (7,62 cm)</descriptionArticle>
      <quantite>17</quantite>
      <prix>0,70</prix>
   </LignedeCommande>
   <LignedeCommande>
      <codeArticle>2BC3DCB</codeArticle>
      <descriptionArticle>Machins (1,27 cm)</descriptionArticle>
      <quantite>22</quantite>
      <prix>0,35</prix>
   </LignedeCommande>
</Facture>
```

Établir une facture à l'aide d'attributs

Si nous nous servions d'attributs au lieu d'utiliser des éléments, la DTD apparaîtrait ainsi (`ch01_ex1_attributs.dtd`) :

```
<!ELEMENT Facture (LignedeCommande+)>
<!ATTLIST Facture
   nomClient CDATA #REQUIRED
   adresseFacturation CDATA #REQUIRED
   villeFacturation CDATA #REQUIRED
   etatFacturation CDATA #REQUIRED
   codePostalFacturation CDATA #REQUIRED
   adresseLivraison CDATA #REQUIRED
   villeLivraison CDATA #REQUIRED
   etatLivraison CDATA #REQUIRED
   codePostalLivraison CDATA #REQUIRED
   compagnieLivraison (FedEx | USPS | UPS) #REQUIRED>

<!ELEMENT LignedeCommande EMPTY>
<!ATTLIST LignedeCommande
```

```
    codeArticle CDATA #REQUIRED
    descriptionArticle CDATA #REQUIRED
    quantite CDATA #REQUIRED
    prix CDATA #REQUIRED>
```

Le fichier XML correspondant se présenterait ainsi (`ch01_ex1_attributs.xml`) :

```
<?xml version="1.0" encoding="ISO-8859-1"?>
<!DOCTYPE Facture SYSTEM "http://monserveur/xmldb/ch01_ex1_attributs.dtd">

<Facture
   nomClient="Kevin Williams"
   adresseFacturation="742 Evergreen Terrace"
   villeFacturation="Springfield"
   etatFacturation="KY"
   codePostalFacturation="12345"
   adresseLivraison="742 Evergreen Terrace"
   villeLivraison="Springfield"
   etatLivraison="KY"
   codePostalLivraison="12345"
   compagnieLivraison="FedEx">
   <LignedeCommande
      codeArticle="1A2A3AB"
      descriptionArticle="Trucs (7,62 cm)"
      quantite="17"
      prix="0,70" />
   <LignedeCommande
      codeArticle ="2BC3DCB"
      descriptionArticle="Machins (1,27 cm)"
      quantite="22"
      prix="0,35" />
</Facture>
```

Après avoir établi deux factures en se fondant soit sur un contenu élémentaire pur soit sur des attributs stockant l'information, examinons quelques critères élémentaire.

Comparer les deux approches

Les points suivants seront traités :

- lisibilité ;
- compatibilité avec des bases de données ;
- typage fort des données ;
- complexité de la programmation ;
- taille du document.

Lisibilité

Dans les deux échantillons présentés ci-dessus, les documents ont le même degré de lisibilité. Pour un élément déterminé, tous les points de données sont rassemblés. Par ailleurs, les structures sont clairement décrites.

Compatibilité avec des bases de données

Dans les bases de données relationnelles, le contenu (points de données) et la structure sont bien séparés. Cette dernière est représentée par des tables ainsi que des liens et les points de données par des colonnes. Étant donné que nous allons probablement passer beaucoup de temps à stocker des informations dans des bases de données relationnelles et à en extraire, nous aimerions que nos documents XML nous permettent également de distinguer clairement le contenu et la structure.

Malheureusement, ce souhait n'est pas réalisable si nous utilisons des éléments de texte seul pour représenter des points de données : parfois, les éléments représentent la structure et, d'autres fois, le contenu. Tout code analysant ces structures doit les reconnaître et les gérer de manière adéquate. Il faut aussi vérifier si les éléments contiennent du texte avant de déterminer le moyen de les manipuler.

Cependant, si nous utilisons des attributs pour les points de données, la structure et le contenu sont séparés et distincts : les éléments et leur imbrication constituent la structure alors que les attributs correspondent au contenu. Il s'agit peut-être de l'argument le plus solide en faveur des attributs.

En outre, l'ordre des attributs est variable. Examinons les deux documents suivants :

```
<?xml version="1.0" encoding="ISO-8859-1" ?>
<ouvrage auteur="Ron Obvious" DateCreation="23/07/2000">
  Il s'agit d'un document XML simple.
</ouvrage>
```

```
<?xml version="1.0" encoding="ISO-8859-1"?>
<ouvrage DateCreation="23/07/2000" Auteur="Ron Obvious">
  Il s'agit d'un document XML simple.
</ouvrage>
```

Ils sont identiques du point de vue d'un parseur XML, lequel n'attache aucune importance particulière à l'ordre dans lequel il trouve les attributs dans l'original. Par ailleurs, dans une base de données relationnelle, le sens d'un point de données est simplement indiqué par son nom et non par la combinaison de celui-ci et de son emplacement.

Bien que l'ordre des éléments puisse s'avérer utile pour saisir par exemple la signification d'un texte, paragraphe par paragraphe, il perd de l'importance lorsque nous représentons des données. Par conséquent, il apporte seulement des complications inutiles.

Typage fort de données

Lorsque nous utilisons une DTD pour gérer le contenu de structures XML, peu de possibilités sont offertes en matière de typage fort de données. Parmi elles, figure la fonction permettant de limiter les attributs à une liste de valeurs autorisées. En guise d'illustration, le point de données `compagnie_transport` pourrait prendre l'une des trois valeurs suivantes : `FedEx`, `USPS` ou `UPS`. Si nous le décrivons avec un attribut, nous sommes en mesure de limiter la quantité à trois, ce qui a été mis en pratique dans la deuxième DTD. Néanmoins, nous ne pouvons avoir recours à cette méthode lorsque le point de données est exprimé comme élément.

Complexité de la programmation

Lorsque nous concevons des documents XML, l'une des plus grandes préoccupations concerne la complexité de la programmation ainsi que la vitesse du parseur pour des solutions mises en œuvre autour de structures XML. En guise d'illustration, examinons l'extraction d'informations à partir de la facture établie selon le modèle d'éléments et celui d'attributs.

Sans entrer dans les détails au sujet du DOM et de SAX qui sont traités respectivement dans les chaptitres 6 et 7, comparons chaque approche en comptant le nombre d'étapes nécessaires à la recherche de la quantité du premier `LignedeCommande`. Pour cela, nous étudierons successivement les technologies d'analyses présentées dans les deux prochaines parties.

DOM

Lorsqu'un fichier XML est analysé à l'aide du **modèle objet de document** (DOM), il est mis en mémoire sous la forme d'un arbre qui peut ensuite être parcouru. Dans le cas du modèle d'éléments, il faudrait suivre les étapes ci-dessous pour accéder à la quantité du premier `LignedeCommande` commandé :

1. Obtenir l'élément racine `Facture`.
2. Passer au premier `LignedeCommande`, élément fils de `Facture`.
3. Descendre à `quantite`, élément enfant de `LignedeCommande`.
4. Au niveau du nœud de type texte, retourner la valeur indiquée.

Si nous avons opté pour les attributs, le processus suivant est nécessaire :

1. Accéder à l'élément racine `Facture`.
2. Passer au premier `LignedeCommande`, élément fils de `Facture`.
3. Parcourir l'élément `LignedeCommande` jusqu'à la paire nom-valeur de l'attribut désignée sous `quantite` et retourner sa valeur.

En d'autres termes, il faut moins d'étapes pour obtenir la valeur d'un attribut via le DOM par rapport à la récupération de la valeur d'un élément de texte seul. Dans la mesure où le DOM met tout en mémoire, il est étrange de constater qu'il existe peu ou pas de différences de performances entre les deux stratégies. En revanche, le code sera plus simple si nous choisissons des attributs.

SAX

SAX (Simple API for XML) constitue une solution orientée événement. Nous la détaillerons au chapitre 7 mais il suffit de savoir qu'elle occupe beaucoup moins de place que le DOM. Toutefois, SAX rend la gestion de documents plus compliquée. Comme SAX est orienté événement, il est nécessaire de suivre quelques étapes supplémentaires pour obtenir la valeur du texte contenue dans un élément.

Pour les détailler, reprenons l'exemple avec des éléments.

1. Pour commencer, régler les variables booléennes `bdansFacture`, `bdansLignedeCommande`, et `bdansquantite` sur `false` et la valeur du compteur `iLignedeCommande` sur « zero ». Déclarer également `squantite` comme chaîne vide.
2. Lorsque la balise d'ouverture `Facture` est trouvée, un événement `startElement` démarre. Régler alors la valeur de `bdansFacture` sur `true`.
3. À l'événement `startElement`, à la rencontre de la balise d'ouverture `LignedeCommande`, choisir `true` pour `bdansLignedeCommande` si l'expression `bdansfacture` est vraie pour indiquer que le traitement en cours est à l'intérieur d'une

balise `LignedeCommande`. Augmenter également la valeur du compteur `iLignedeCommande` pour indiquer quelle `LignedeCommande` est en lecture.

4. À l'événement `startElement` déclenché par la balise d'ouverture `quantite`, le compteur devrait être à `1`. Dans ce cas, déclarer `true` pour `bdansquantite` si l'expression est vraie.
5. Si elle l'est, ajouter le texte reçu dans la chaîne `squantite` à l'événement `characters`.
6. Si la balise de fermeture `quantite` est rencontrée à l'événement `endElement`, régler `bdansquantite` sur `false`. La quantité recherchée est désormais disponible.
7. À l'événement `endElement`, si la balise de fermeture `LignedeCommande` est trouvée, spécifier `false` pour `bdansLignedeCommande` et agir de même pour `bdansFacture` si la balise de fermeture `Facture` est rencontrée.

Dans le cas d'attributs, le processus serait le suivant.

1. Pour commencer, régler `bdansFacture` sur `false` et le compteur `iLignedeCommande` sur `zero`.
2. Lorsque la balise d'ouverture `Facture` est trouvée, un événement `startElement` est déclenché. Régler alors la valeur de `bdansFacture` sur `true`.
3. À l'événement `startElement` envoyé par la balise d'ouverture `LignedeCommande`, si l'expression `bdansFacture` est vraie, augmenter la valeur du compteur `iLignedeCommande`. S'il est à 1, extraire la valeur de l'attribut `quantite` de la paire nom/valeur fournie comme paramètre à l'événement `startElement`.La quantité recherchée est désormais disponible.
4. À l'événement `endElement`, si la balise de fermeture `LignedeCommande` est trouvée, spécifier `false` pour `bdansLignedeCommande`.
5. Agir de même pour `bdansFacture` si la balise de fermeture `Facture` est rencontrée à l'événement `endElement`.

Comme vous pouvez le constater, il faut moins de gestionnaires d'événements pour représenter des points de données à l'aide d'attributs. Il en résulte un code plus simple. La réduction de sa taille est significative pour des gestionnaires plus complexes. Du point de vue des performances, très peu de différences seront probablement observées (les gestionnaires d'événements supplémentaires ne sont pas particulièrement complexes).

Taille du document

Lorsqu'un élément sert à décrire un point de données, cette structure XML comprend la valeur du point de données entre la balise d'ouverture et celle de fermeture, comme illustré ci-dessous :

```
<adresseLivraison>742 Evergreen Terrace</adresseLivraison>
```

Si nous optons pour un attribut, nous devons écrire le nom de l'attribut, le signe égal et la valeur de l'attribut entre guillemets :

```
adresseLivraison="742 Evergreen Terrace"
```

Dans ce cas, la taille du document est évidemment plus avantageuse puisque nous évitons la répétition du nom de point de données dans la balise de fermeture contrairement au premier exemple. Par conséquent, davantage de bande passante réseau sera utilisée lors de la transmission des fichiers conçus avec des éléments, et davantage d'espace disque sera occupé par les documents. Si cela revêt de l'importance à nos yeux, nous devrions penser à recourir aux attributs pour réduire la taille du document.

Éléments ou attributs

D'après l'auteur, les attributs conviennent mieux que les éléments de texte seul à la représentation de points de données. En d'autres termes, ils sont plus appropriés lorsque des valeurs uniques, c'est-à-dire des points de données, sont prévues alors que l'utilisation d'éléments s'avère nécessaire lorsque les valeurs sont multiples comme `LignedeCommande` dans l'exemple ci-dessus. Si nous optons pour les attributs :

- l'accès à l'information en sera facilité ;
- la taille des documents sera réduite ;
- la structure et les données seront plus clairement séparées, pratiquement comme dans une base de données relationnelle.

Dans la suite de cet ouvrage, nous utiliserons donc des attributs pour représenter les points de données dans nos échantillons de structures.

Relations

Lorsque nous avons besoin d'associer des groupes de points de données les uns avec les autres dans une base de données relationnelle, nous établissons une **relation** entre les deux tables concernées. Pour apprendre à utiliser cette possibilité en XML, examinons deux tables dénommées respectivement `Facture` et `LignedeCommande` ainsi que leurs relations. Voici un script SQL permettant de créer ces tables (`ch01_ex3.sql`) :

```
CREATE TABLE Facture (
   IDFacture integer PRIMARY KEY,
   IDClient integer,
   dateCommande datetime,
   dateExpedition datetime)
CREATE TABLE LignedeCommande (
   IDlignedeCommande integer,
   IDFacture integer,
   descriptionProduit varchar(255),
   quantite integer,
   prixUnitaire float,
   CONSTRAINT fk_FactureLignedeCommande
      FOREIGN KEY (IDFacture)
      REFERENCES Facture (IDFacture))
```

Pour mémoire, les scripts utilisés dans ce chapitre sont conçus pour SQL Server (si vous souhaitez les exécuter dans une autre base de données, vous devrez peut-être y apporter des modifications telles que le changement de `float` par `number` dans le cas d'Oracle).

Voici les tables créées à partir de ce script et leurs relations :

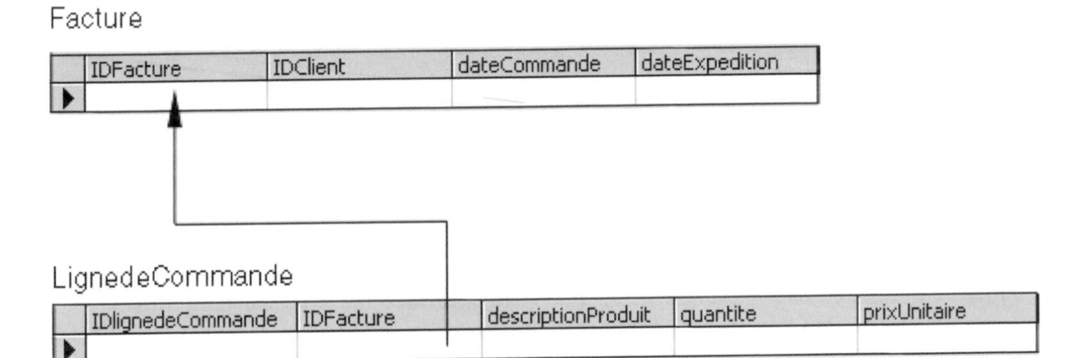

La flèche sert à indiquer les relations établies entre les tables à l'aide de clés. Elle part de la clé étrangère de la table `LignedeCommande` et pointe vers la clé primaire de la table Facture. Nous pourrions dire que la seconde table « fait référence à » la première. Nous rencontrerons souvent ces diagrammes au fur et à mesure que nous avancerons dans cet ouvrage.

Dans la définition des tables ci-dessus, nous avons ajouté dans la table `LignedeCommande` une clé externe `IDFacture` à laquelle est reliée la clé primaire de la table `Facture`, ce qui indique que la valeur d'`IDFacture` de la table `LignedeCommande` doit toujours correspondre à la valeur de l'`IDFacture` pour l'enregistrement concernant un client.

Imbrication

En XML, des relations de type un-à-un ou un-à-plusieurs, illustrées ci-dessus entre `Facture` et `LignedeCommande`, sont traduites par une **imbrication** en élément fils de la table référencée (`ch01_ex2.dtd`) :

```
<!ELEMENT Facture (LignedeCommande+)>
<!ATTLIST Facture
   dateCommande CDATA #REQUIRED
   dateExpedition CDATA #REQUIRED>
<!ELEMENT LignedeCommande EMPTY>
<!ATTLIST LignedeCommande
   descriptionProduit CDATA #REQUIRED
   quantite CDATA #REQUIRED
   prixUnitaire CDATA #REQUIRED>
```

Un exemple de document se conformant à cette structure ressemblerait à ceci (`ch01_ex2.xml`) :

```
<?xml version="1.0" encoding="ISO-8859-1" ?>
<!DOCTYPE Facture SYSTEM "http://monserveur/xmldb/ch01_ex2.dtd">

<Facture
   dateCommande="23/07/2000"
```

```
    dateExpedition="28/07/2000">
    <LignedeCommande
       descriptionProduit="Trucs (7,62 cm)"
       quantite="17"
       prixUnitaire="0,70" />
    <LignedeCommande
       descriptionProduit="Machins (1,27 cm)"
       quantite="22"
       prixUnitaire="0,35" />
</Facture>
```

Ici, il est évident que l'information `LignedeCommande` fait partie de `Facture`. L'imbrication constitue la meilleure solution pour faire apparaître des relations un-à-un ou un-à-plusieurs tels que celles existant entre `Facture` et `LignedeCommande`. Elle peut être la seule adoptée dans des bases de données relationnelles où les relations seraient plus complexes.

Relations plus complexes à l'aide de pointeurs

Élargissons notre exemple relatif aux tables en y ajoutant une autre dénommée `Produit` (`ch01_ex3.sql`) :

```
CREATE TABLE Facture (
   IDFacture integer PRIMARY KEY,
   IDClient integer,
   dateCommande datetime,
   dateExpedition datetime)
CREATE TABLE Produit (
   IDProduit integer PRIMARY KEY,
   designationProduit varchar (50),
   descriptionProduit varchar(255))
CREATE TABLE LignedeCommande (
   IDlignedeCommandeinteger PRIMARY KEY,
   IDFacture integer
   CONSTRAINT fk_FactureLignedeCommande
      FOREIGN KEY (IDFacture)
      REFERENCES Facture (IDFacture),
   IDProduit integer
   CONSTRAINT fk_ProduitLignedeCommande
      FOREIGN KEY (IDProduit)
      REFERENCES produit (IDProduit),
   quantite integer,
   prixUnitaire float)
```

Il en résulte les tables et les relations suivantes :

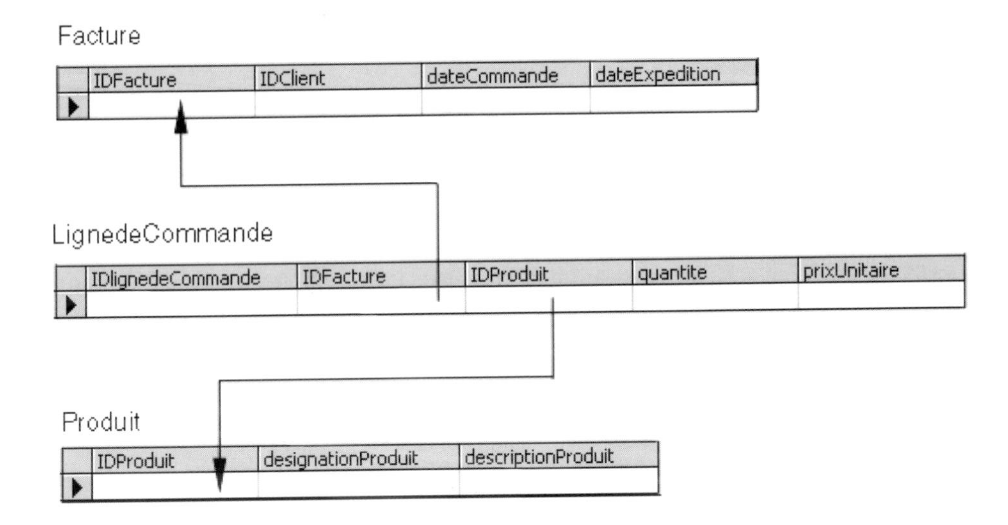

Dans ce cas, une relation plusieurs-à-plusieurs est exprimée entre `Facture` et `produit`. De nombreux produits peuvent apparaître sur une facture et un produit sur plusieurs factures. Dans la base de données relationnelle, la relation est introduite grâce à la table `LignedeCommande`. Une facture peut comporter plusieurs `LignedeCommande` et un produit figurer dans plusieurs structures dénommées `LignedeCommande`.

Cherchons à montrer cette relation plus complexe avec XML. Voici une autre version de modèle de données (`ch01_ex3.dtd`) :

```
<!ELEMENT DonneesCommande (Facture+, produit+)>
<!ELEMENT Facture (LignedeCommande+)>
<!ATTLIST Facture
   dateCommande CDATA #REQUIRED
   dateExpedition CDATA #REQUIRED>
<!ELEMENT LignedeCommande EMPTY>
<!ATTLIST LignedeCommande
   IDREFProduit  IDREF #REQUIRED
   quantite CDATA #REQUIRED
   prixUnitaire CDATA #REQUIRED>
<!ELEMENT produit EMPTY>
<!ATTLIST produit
   IDProduit ID #REQUIRED
   designationProduit CDATA #REQUIRED
   descriptionProduit CDATA #REQUIRED>
```

Dans ce cas, nous nous servons d'une paire `ID/IDREF` pour indiquer l'association d'un produit à une `LignedeCommande`. Nous agissons ainsi parce que, si nous avions imbriqué `produit` à l'intérieur de `LignedeCommande`, nous aurions répété l'information relative au produit chaque fois qu'elle serait apparue sur une facture.

Voici un exemple de document pourrait (`ch01_ex3.xml`) :

```
<?xml version="1.0" encoding="ISO-8859-1"?>
<!DOCTYPE DonneesCommande SYSTEM "http://monserveur/xmldb/ch01_ex3.dtd">

<DonneesCommande>
   <Facture
      dateCommande="23/07/2000"
      dateExpedition="28/07/2000">
      <LignedeCommande
         IDREFProduit ="prod1"
         quantite="17"
         prixUnitaire="0,70" />
      <LignedeCommande
         IDREFProduit ="prod2"
         quantite="22"
         prixUnitaire="0,35" />
   </Facture>
   <Facture
      dateCommande="23/07/2000"
      dateExpedition="28/07/2000">
      <LignedeCommande
         IDREFProduit ="prod2"
         quantite="30"
         prixUnitaire="0,35" />
      <LignedeCommande
         IDREFProduit ="prod3"
         quantite="19"
         prixUnitaire="1,05" />
   </Facture>
   <produit
      IDProduit="prod1"
      designationProduit="Trucs (7,62 cm)"
      descriptionProduit="Trucs marron en caoutchouc (7,62 cm)" />
   <produit
      IDProduit="prod2"
      designationProduit="Machins (1,27 cm)"
      descriptionProduit="Machins orange vulcanisé(1,27 cm)" />
   <produit
      IDProduit="prod3"
      designationProduit="Chose (2,54 cm)"
      descriptionProduit="Chose anodisée de couleur argentée (2,54 cm)" />
</DonneesCommande>
```

Dans ce cas, la première facture concerne les « trucs » et les « machins » alors que la seconde traite des « machins » et des « choses ». Cependant, nous n'avons inclus les renseignements particuliers sur les « machins » qu'une seule fois grâce aux pointeurs.

Inconvénients des pointeurs

Même si l'agencement que nous venons d'aborder semble meilleur d'un point de vue relationnel, il pose des problèmes.

- **Il ralentit le traitement**. En effet, ni le DOM ni SAX n'offrent la possibilité de naviguer facilement à travers les relations `ID/IDREF`. (Certes, le parseur MSXML de Microsoft, mettant en œuvre le DOM, donne le moyen de rechercher un élément grâce à sa valeur `ID` mais de telles fonctions constituent des extensions de l'architecture élémentaire du DOM Niveau 1 comme défini par le W3C. Le DOM Niveau 2 vient toutefois de sortir et pourra peut-être aplanir la difficulté une fois que des parseurs s'y conformant commenceront à apparaître.

- **Il peut obliger à analyser le document plusieurs fois.** Si notre document est disposé de telle sorte que l'élément ayant un ID peut apparaître avant celui comportant un IDREF relié à cet ID, l'utilisation de SAX se révélera encore plus complexe. Nous aurons besoin soit d'effectuer plusieurs passages à travers le document pour trouver un élément, soit d'enregistrer ce dernier lorsqu'il est analysé pour la première fois.
- **Les relations ID/IDREF ou ID/IDREFS sont unidirectionnelles.** En effet, il est facile de passer d'un IDREF à l'ID associé mais la navigation n'est pas aussi simple d'un ID à tout IDREF associé. Le problème est plus délicat pour la relation ID/IDREFS. Dans ce cas, il est nécessaire de marquer tous les IDREFS et de confronter chaque jeton à l'ID en cours de traitement.

Relations plus complexes par imbrication

Examinons donc une autre structure pour les mêmes tables de bases de données sachant que l'élément LignedeCommande contient les données relatives au produit (ch01_ex4.dtd) :

```
<!ELEMENT DonneesCommande (Facture+)>
<!ELEMENT Facture (LignedeCommande+)>
<!ATTLIST Facture
   dateCommande CDATA #REQUIRED
   dateExpedition CDATA #REQUIRED>
<!ELEMENT LignedeCommande (produit)>
<!ATTLIST LignedeCommande
   quantite CDATA #REQUIRED
   prixUnitaire CDATA #REQUIRED>
<!ELEMENT produit EMPTY>
<!ATTLIST produit
   designationProduit CDATA #REQUIRED
   descriptionProduit CDATA #REQUIRED>
```

Voici le nouvel échantillon de document (ch02_ex4.xml) :

```
<?xml version="1.0" encoding="ISO-8859-1" ?>
<!DOCTYPE commande SYSTEM "http://monserveur/xmldb/ch01_ex4.dtd">

<DonneesCommande>
   <Facture
      dateCommande="23/07/2000"
      dateExpedition="30/07/2000">
      <LignedeCommande
         quantite="17"
         prixUnitaire="0,70">
         <produit
            designationProduit="Trucs (7,62 cm)"
            descriptionProduit="Trucs marron en caoutchouc(7,62 cm)" />
      </LignedeCommande>
      <LignedeCommande
         quantite="22"
         prixUnitaire="0,35">
         <produit
            designationProduit="Machins (1,27 cm)"
            descriptionProduit="Machins orange vulcanisé (1,27 cm)" />
```

```
        </LignedeCommande>
    </Facture>
    <Facture
        dateCommande="23/07/2000"
        dateExpedition="30/07/2000">
        <LignedeCommande
            quantite="30"
            prixUnitaire="0,35">
            <produit
                designationProduit="Machins (5,08 cm)"
                descriptionProduit="Machins orange vulcanisé (5,08 cm)" />
        </LignedeCommande>
        <LignedeCommande
            quantite="19"
            prixUnitaire="1,05">
            <produit
                designationProduit="Chose (2,54 cm)"
                descriptionProduit="Chose anodisée de couleur argentée (2,54 cm)" />
        </LignedeCommande>
    </Facture>
</DonneesCommande>
```

Contrairement à l'exemple donné plus haut, ce code répète des informations relatives au produit pour les « machins » mais il se révèle d'une plus grande utilité dans la plupart des applications. Seule la méthode d'imbrication est appliquée, ce qui ne pose pas de problèmes pour le DOM ou SAX. Certes le document est un peu plus long mais cela ne représente pas une difficulté majeure puisque XML est de toute manière un langage assez verbeux.

Lorsque nous avons besoin de savoir si les références de « machins » sont les mêmes dans les deux factures, nous pouvons ajouter un champ à la structure `produit` pour mettre en évidence ces informations :

```
<DonneesCommande>
    <Facture
        dateCommande="23/07/2000"
        dateExpedition="30/07/2000">
        <LignedeCommande
            quantite="17"
            prixUnitaire="0,70">
            <produit
                numeroProduit="tru-b-1"
                designationProduit="Trucs (7,62 cm)"
                descriptionProduit="Trucs marron en caoutchouc (7,62 cm)" />
        </LignedeCommande>
        <LignedeCommande
            quantite="22"
            prixUnitaire="0,35">
            <produit
                numeroProduit="mac-c-2"
                designationProduit="Machins (1,27 cm)"
                descriptionProduit="Machins orange vulcanisé (1,27 cm)" />
        </LignedeCommande>
    </Facture>
    <Facture
        dateCommande="23/07/2000"
```

```
      dateExpedition="30/07/2000">
      <LignedeCommande
         quantite="30"
         prixUnitaire="0,35">
         <produit
            numeroProduit="mac-c-2"
            designationProduit="Machins (1,27 cm)"
            descriptionProduit="Machins orange vulcanisé (1,27 cm)" />
      </LignedeCommande>
      <LignedeCommande
         quantite="19"
         prixUnitaire="1,05">
         <produit
            numeroProduit="cho-d-3"
            designationProduit="Chose (2,54 cm)"
            descriptionProduit="Chose anodisée de couleur argentée (2,54 cm)" />
      </LignedeCommande>
   </Facture>
</DonneesCommande>
```

Au niveau des attributs `numeroProduit`, l'utilisateur pourrait alors identifier les produits dont la référence est exactement la même, ce qui lui permettrait par exemple de normaliser les données relatives aux produits dans une SGBDR. Sans ces attributs, il devrait faire correspondre les produits en fonction de leur désignation et de leur description, ce qui est moins pratique.

Conclusion sur les relations

Lorsque nous concevons des structures XML de données, nous devrions nous montrer prudents quant aux relations établies entre les éléments dans la DTD. Plus particulièrement, l'utilisation de pointeurs tels que les attributs `IDREF(S)` et `ID` peut avoir de profondes répercussions sur les performances, notamment pour le moteur SAX.

En outre, le recours abusif aux pointeurs pour établir des relations peut poser des problèmes aux développeurs du point de vue de la compréhension d'une structure et de la complexité du code. Cependant, de telles relations peuvent être recherchées dans certains cas, notamment si la taille du document est en question. Nous devrions garder tout cela en mémoire pour nous assurer que notre conception correspond bien à notre objectif.

Exercice de modélisation

Pour illustrer certains points étudiés, prenons deux factures établies fictivement par une usine fabricant des « trucs » en vue de modéliser ces exemples pratiques de structures de données en XML :

```
Trucs, Inc.
Facture
Date de la commande :  23/07/2000
Date de l'expédition : 28/07/2000
Client :        Kevin Williams
                742 Evergreen Terrace
                Springfield, KY 12345
Transporteur : FedEx
```

```
Code de l'article     Description           Quantité       Prix          Total
1A2A3AB               Trucs (7,62 cm)          17         0,70 FF       11,90 FF
2BC3DCB               Machins (1,27 cm)        22         0,35 FF        7,70 FF
Total                                                                   19,60 FF
Trucs, Inc.
Facture
Date de la commande :  23/07/2000
Date de l'expédition : 28/07/2000

Client :        Homer J. Simpson
                742 Evergreen Terrace
                Springfield, KY 12345
Transporteur : UPS
Code de l'article     Description           Quantité       Prix          Total
1A2A3AB               Trucs (1,27 cm)          17         0,70 FF       11,90 FF
3D1F2GX               Choses (5,08 cm)         22         1,40 FF       30,80 FF
Total                                                                   42,70 FF
```

Pour commencer

Lorsque nous étudions le meilleur moyen de modéliser ces informations en XML, il est nécessaire de nous interroger d'abord sur :

- la portée de notre document ;
- les structures à modéliser ;
- les relations entre les entités ;
- les points de données à associer à chaque structure.

C'est pourquoi nous passerons en revue chacun de ces points avant d'étudier la création d'une DTD XML.

Portée de notre document

Il est important de la déterminer en premier car un référentiel XML pourrait s'avérer très souple ou très rigide en fonction de la granularité des documents XML. Jusqu'à présent, nous avions besoin de modéliser deux factures. Aussi, il s'agit de savoir si chaque document XML doit représenter une seule facture ou potentiellement plusieurs. Examinons les avantages et les inconvénients de ces deux cas.

Utiliser un document XML par facture

- Avantages :
  - Meilleure gestion des documents, vérouillés si nécessaire et accès individuel à une facture unique assez rapide.
- Inconvénients :
  - Imbrication des informations qui proviennent de nombreuses factures nécessitant un certain temps puisqu'il sera nécessaire d'accéder, d'analyser et de traiter beaucoup de sources différentes.
  - Lorsqu'il s'agit de renseignements pouvant être partagés comme la description de produits, leur répétition est recommandée dans chaque facture pour garder son indépendance.

Utiliser un document XML pour un grand nombre de factures

- Avantage :
    - Meilleurs regroupement et partage d'informations.
- Inconvénients :
    - Quantité de travail plus importante pour le processeur puisque la taille des documents sera plus importante.
    - Nécessité probable de se frayer un accès à travers les informations non pertinentes du document XML en cas de recherche d'une facture particulière.

Il sera donc nécessaire de prévoir la portée de notre document avant de choisir entre l'une de ces deux solutions. Conformément à nos objectifs, supposons que chaque document XML puisse contenir un grand nombre de factures.

Choix des structures à modéliser

Maintenant, nous avons besoin d'identifier les structures à modéliser. Celles-ci correspondront aux éléments utilisés dans nos structures XML. Dans notre exemple, il sera nécessaire de modéliser cinq entités différentes :

- `DonneesCommande`. Il s'agira de l'élément racine utilisé pour le document. Qu'il contienne des informations sémantiques comme une indication de délais ou non, il doit être ajouté car chaque document XML nécessite un élément racine ;
- `Facture`. Chaque élément `Facture` se rapportera à une facture courante ;
- `Client`. Chaque structure `Client` correspondra à un client ;
- `Unite`. Chaque élément `Unite` se rapportera à un produit pouvant figurer sur une facture ;
- `LignedeCommande`. Cette structure est importante car elle permet de relier des produits à une facture tout en fournissant des renseignements supplémentaires sur leur rôle.

Relations entre entités

Abordons maintenant les relations entre les entités que nous avons identifiées. Grâce à l'examen de nos factures, les relations suivantes apparaissent clairement.

- La structure `DonneesCommande` comporte plusieurs entités `Facture`. Chacune d'entre elles peut être associée à une seule `DonneesCommande`.

  Chaque `Facture` comporte une entité `Client` liée à plus d'une `Facture`.

  Dans cette dernière, apparaît une ou plusieurs fois `LignedeCommande` associée chacune à une seule `Facture`.
- Chaque entité `LignedeCommande` est liée à une structure Unite. Cette dernière peut être associée à plus d'une `LignedeCommande`.

Points de données associés à chaque structure

Il nous reste à déterminer les points de données associés à chacune des structures que nous venons de définir. Nous avons donc établi ces correspondances à travers les éléments suivants :

- `DonneesCommande`
  - `dateDebut` (la date la plus ancienne sur la facture)
  - `dateFin` (la date la plus récente sur ce document)

- `Facture`
  - `dateCommande` (la date à laquelle la facture a été soumise)
  - `dateExpedition` (la date de l'envoi au client)
  - `transporteur` (l'entreprise chargée d'expédier la commande)

- `Client`
  - `nom` (le nom du client)
  - `adresse` (la rue où il habite)
  - `ville` (la ville où il se habite)
  - `etat` (l'état correspondant)
  - `codePostal` (le code postal approprié)

- `Unite`
  - `codeArticle` (le code alphanumérique identifiant l'article pour des systèmes internes)
  - `description` (la description de l'article)

- `LignedeCommande`
  - `quantite` (la quantité de l'article associé à la LignedeCommande commandé).
  - `prix` (le prix unitaire de l'article associé à cette LignedeCommande).

Nous n'avons pas inclus les totaux partiels et le montant de la facture. Il s'agit d'un choix délibéré qui doit s'appuyer sur les exigences des créateurs et des utilisateurs de ce document en matière de performances et de concision. Nous avons décidé qu'il valait mieux disposer de documents plus concis et donc de ne pas ajouter des renseignements redondants à propos des totaux. Si ces derniers s'avèrent plus tard nécessaires, il faudra les calculer.

Examinons à present le résultat dans le cadre d'une base de données relationnelle :

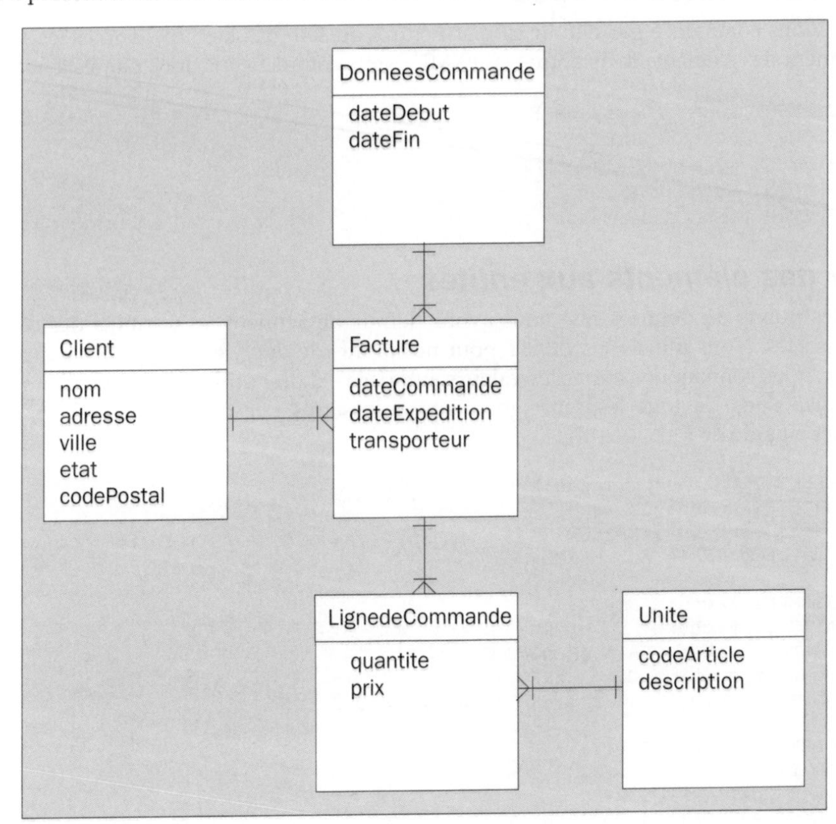

Pour plus d'explications sur la notation utilisée dans ce schéma, consulter l'annexe B.

Dans notre base de données, la relation entre les structures `Client`, `Facture`, `LignedeCommande` ou `Unite` pourrait être un-à-zéro-ou-plusieurs au lieu de un-à-un-ou-plusieurs. Un client ou un article pourrait ne figurer sur aucune facture. Néanmoins, en raison de nos objectifs par rapport au document, nous supposerons que seuls les clients et les articles nécessaires à la description des factures seront inclus.

Traduisons maintenant notre approche en DTD XML.

Créer la DTD XML

Nous aborderons l'écriture de la DTD de manière à refléter nos choix. En agissant méthodiquement, nous verrons plus facilement les étapes de la création de notre modèle. Voici l'ordre dans lequel nous créerons la DTD :

- insertion des entités définies ;
- ajout des éléments aux entités ;
- création de relations.

Insérer des entités définies

Nous avions commencé par définir cinq structures au sein des factures. Toutes les structures identifiées deviennent des éléments dans notre DTD XML. Nous commençons donc par les ajouter ainsi :

```
<!ELEMENT DonneesCommande EMPTY>
<!ELEMENT Facture EMPTY>
<!ELEMENT Client EMPTY>
<!ELEMENT Unite EMPTY>
<!ELEMENT LignedeCommande EMPTY>
```

Ajouter des éléments aux entités

Tous les points de données que nous avons définis deviennent les attributs des éléments auxquels ils sont associés. Nous utiliserons `CDATA` pour nos points de données sauf pour `transporteur.` Pour ce dernier, nous connaissons toutes les valeurs autorisées, d'où l'utilisation d'une énumération. Par ailleurs, nous disposons de tous les renseignements nécessaires sur les attributs. C'est pourquoi ils seront spécifiés à l'aide de `#REQUIRED` :

```
<!ELEMENT DonneesCommande EMPTY>
<!ATTLIST DonneesCommande
   dateDebut CDATA #REQUIRED
   dateFin CDATA #REQUIRED>

<!ELEMENT Facture EMPTY>
<!ATTLIST Facture
   dateCommande CDATA #REQUIRED
   dateExpedition CDATA #REQUIRED
   transporteur (FedEx | UPS | USPS) #REQUIRED>

<!ELEMENT Client EMPTY>
<!ATTLIST Client
   nom CDATA #REQUIRED
   adresse CDATA #REQUIRED
   ville CDATA #REQUIRED
   etat CDATA #REQUIRED
   codePostal CDATA #REQUIRED>

<!ELEMENT Unite EMPTY>
<!ATTLIST Unite
   codeArticle CDATA #REQUIRED
   description CDATA #REQUIRED>

<!ELEMENT LignedeCommande EMPTY>
<!ATTLIST LignedeCommande
   quantite CDATA #REQUIRED
   prix CDATA #REQUIRED>
```

Créer des relations

Il nous reste à modéliser les relations que nous avons définies dans notre structure. Cette étape est assez délicate. L'important à retenir est d'utiliser l'imbrication autant que possible et de n'avoir recours aux pointeurs que lorsqu'ils sont requis pour des règles de gestion ou de performances. Par exemple, supposons que nous souhaitions la taille la plus petite pour nos documents. Nous utiliserons alors les pointeurs pour éviter la répétition de données.

À titre de rappel, nous avons identifié quatre relations à modéliser :

- La structure `DonneesCommande` comporte plusieurs entités `Facture`. Chacune d'elles peut être associée à une seule `DonneesCommande`.
  - Chaque `Facture` comporte une entité `Client` associée à plus d'une `Facture`.
  - Dans cette dernière, apparaît une ou plusieurs fois `LignedeCommande` associé chacun à une seule `Facture`.
- Chaque entité `LignedeCommande` est liée à une structure `Unite`. Cette dernière peut être associée à plus d'une `LignedeCommande`.

La relation entre `DonneesCommande` et `Facture` est assez simple : nous ajouterons un élément fils à `DonneesCommande`, ce qui lui permet de contenir un ou plusieurs éléments dénommés `Facture`. La relation qui existe entre `Facture` et `LignedeCommande` est gérée de la même manière. Il en résulte la structure suivante :

```
<!ELEMENT DonneesCommande (Facture+)>
<!ATTLIST DonneesCommande
   dateDebut CDATA #REQUIRED
   dateFin CDATA #REQUIRED>

<!ELEMENT Facture (LignedeCommande+)>
<!ATTLIST Facture
   dateCommande CDATA #REQUIRED
   dateExpedition CDATA #REQUIRED
   transporteur (FedEx | UPS | USPS) #REQUIRED>

<!ELEMENT Client EMPTY>
<!ATTLIST Client
   nom CDATA #REQUIRED
   adresse CDATA #REQUIRED
   ville CDATA #REQUIRED
   etat CDATA #REQUIRED
   codePostal CDATA #REQUIRED>

<!ELEMENT Unite EMPTY>
<!ATTLIST Unite
   codeArticle CDATA #REQUIRED
   description CDATA #REQUIRED>

<!ELEMENT LignedeCommande EMPTY>
<!ATTLIST LignedeCommande
   quantite CDATA #REQUIRED
   prix CDATA #REQUIRED>
```

En ce qui concerne la relation un-à-plusieurs entre `Client et Facture`, nous pourrions inclure un élément requis `Client` pour chaque `Facture` mais, dans le cas où deux factures concerneraient le même client, nous serions obligés de répéter les données. C'est pourquoi nous créerons plutôt un attribut `IDREF` à l'intérieur de `Facture` relié à `Client`. En agissant ainsi, nous aurons toujours besoin d'introduire une ligne dans `Client`.

En général, la relation à priviliégier est celle d'enfant, de l'élément auquel ils se rapportent. Par exemple, si `client` était seulement relié à une `Facture` particulière, il apparaîtrait comme enfant de `Facture` et les relations fondées sur les pointeurs constitueraient des informations redondantes. Dans notre cas,

`Client` peut être lié à un ou plusieurs éléments nommés `Facture` et sera alors placé dans `DonneesCommande` en tant que fils.

Quant à la relation `Unite/LignedeCommande`, il nécessite le recours à un attribut `IDREF` et la déclaration de `Unite` comme enfant de `DonneesCommande`.

Bien entendu, pour chaque élément associé, nous avons besoin d'ajouter un attribut `ID` comme cible du pointeur. L'une des limites de notre conception était la nécessité d'avoir la taille la plus petite pour nos documents, ce qui explique notre préférence pour cette approche par rapport à l'utilisation de structures répétées.

(`ch01_ex5.dtd`) :

```
<!ELEMENT DonneesCommande (Facture+, Client+, Unite+)>
<!ATTLIST DonneesCommande
   dateDebut CDATA #REQUIRED
   dateFin CDATA #REQUIRED>

<!ELEMENT Facture (LignedeCommande+)>
<!ATTLIST Facture
   dateCommande CDATA #REQUIRED
   dateExpedition CDATA #REQUIRED
   transporteur (FedEx | UPS | USPS) #REQUIRED
   IDREFClient IDREF #REQUIRED>

<!ELEMENT Client EMPTY>
<!ATTLIST Client
   IDClient ID #REQUIRED
   nom CDATA #REQUIRED
   adresse CDATA #REQUIRED
   ville CDATA #REQUIRED
   etat CDATA #REQUIRED
   codePostal CDATA #REQUIRED>

<!ELEMENT Unite EMPTY>
<!ATTLIST Unite
   IDUnite ID #REQUIRED
   codeArticle CDATA #REQUIRED
   description CDATA #REQUIRED>

<!ELEMENT LignedeCommande EMPTY>
<!ATTLIST LignedeCommande
   quantite CDATA #REQUIRED
   prix CDATA #REQUIRED
   IDREFUnite IDREF #REQUIRED>
```

Échantillon de documents XML

Nous avons traité des entités, des attributs et des relations nécessaires pour développer une structure correspondant à nos besoins. En fonction des structures que nous avons définies, voyons la manière dont les échantillons relatifs aux deux factures seraient représentés dans un document XML (`ch01_ex5.xml`) :

```
<?xml version="1.0" encoding="ISO-8859-1"?>
<!DOCTYPE DonneesCommande SYSTEM "http://monserveur/xmldb/ch01_ex5.dtd">

<DonneesCommande
```

```
    dateDebut="12/09/2000"
    dateFin="13/09/2000">
    <Facture
       dateCommande="12/09/2000"
       dateExpedition="13/09/2000"
       transporteur="FedEx"
       IDREFClient="Client1">
       <LignedeCommande
          quantite="17"
          prix="0,70"
          IDREFUnite="unite1" />
       <LignedeCommande
          quantite="22"
          prix="0,35"
          IDREFUnite="unite2" />
    </Facture>
    <Facture
       dateCommande="12/09/2000"
       dateExpedition="13/09/2000"
       transporteur="UPS"
       IDREFClient="Client2">
       <LignedeCommande
          quantite="11"
          prix="0,70"
          IDREFUnite="unite1" />
       <LignedeCommande
          quantite="9"
          prix="1,40"
          IDREFUnite="unite3" />
    </Facture>
    <Client
       IDClient="client1"
       nom="Kevin Williams"
       adresse="742 Evergreen Terrace"
       ville="Springfield"
       etat="KY"
       codePostal="12345" />
    <Client
       IDClient="client2"
       nom="Homer J. Simpson"
       adresse="742 Evergreen Terrace"
       ville="Springfield"
       etat="KY"
       codePostal="12345" />
    <unite
       IDUnite="unite1"
       codeArticle="1A2A3AB"
       description="Truc (7,62 cm)" />
    <unite
       IDUnite="unite2"
       codeArticle="2B3CDCB"
       description="Machin (1,27 cm)" />
    <unite
       IDUnite="unite3"
       codeArticle="3D1F2GX"
       description="Chose (5,08 cm)" />
</DonneesCommande>
```

Comme vous pouvez le constater, la structure est simple et lisible par l'homme. Le recours à des ID déchiffrables nous aide à comprendre vers quel article ou vers quel client chaque `IDREF` pointe. Nous avons saisi la structure, les points de données et les relations identifiés dans la première partie du processus de développement et limité la répétition de données via les relations fondés sur les pointeurs.

Résumé

Dans ce chapitre, nous avons étudié quelques stratégies pour créer des structures XML permettant d'utiliser des données. Nous avons constaté que le public et les performances pouvaient avoir un effet sur notre conception. En outre, nous avons examiné les moyens de normaliser nos structures XML en vue de garder une certaine cohérence et d'adopter les meilleures pratiques.

Pour commencer, nous avons traité des différences entre le balisage de documents-textes et la représentation de données brutes. Dans cet ouvrage, nous nous concentrerons sur cette dernière utilisation du langage XML. Dans ce cas, l'ordre dans lequel le contenu est présenté s'avère moins important, ce qui confère une plus grande souplesse à la structuration de données.

Nous sommes ensuite passés aux représentations XML de données. Outre ce thème, nous avons appris à établir des correspondances entre les bases de données relationnelles et XML. Suite à cette étude, nous avons noté les points suivants :

- le contenu mixte et `ANY` ne conviennent pas à la représentation de données ;
- le modèle d'élément seul s'avère utile pour l'imbrication. En général, les tables de bases de données relationnelles sont converties en structures contenant des éléments seuls ;
- le modèle de texte seul et `EMPTY` peuvent servir à inclure des points de données (valeurs uniques) dans nos documents. Néanmoins, nous pouvons également recourir à des attributs dans ce même objectif. De bonnes raisons nous ont incités à conclure que cette utilisation était la plupart du temps la meilleure méthode ;
- les relations un-à-un et un-à-plusieurs entre deux éléments sont généralement mieux représentées par imbrication ;
- elles peuvent également être décrites par des pointeurs (paire `ID/IDREF`). Ces dernières s'avèrent surtout utiles dans des relations plusieurs-à-plusieurs et dans les cas où la taille du document est en question. Cependant, elles peuvent avoir de profondes répercussions sur les performances et la complexité, d'où la nécessité de se montrer prudent quant à leur utilisation.

À l'aide des informations présentées dans ce chapitre, nous devrions être en mesure de nous servir de XML pour modéliser tous les ensembles de structures de données que nous pourrions rencontrer. Dans le prochain chapitre, nous appliquerons cette conception à des bases de données existantes.

2

Structures XML pour bases de données existantes

Dans ce chapitre, nous examinerons des méthodes permettant l'exportation d'une base de données relationnelle existante vers XML.

Sachant qu'un grand nombre de nos données commerciales sont stockées dans des bases de données relationnelles, plusieurs raisons justifient leur exportation vers XML :

- le partage de ces données avec d'autres systèmes ;
- l'interopérabilité avec des systèmes incompatibles ;
- l'utilisation de données réelles par des applications faisant appel à XML ;
- les transactions entre entreprises ;
- la pérennité des objets grâce à XML ;
- le regroupement de données éparses.

Une base de données relationnelle constitue une technologie avancée. Cette évolution a permis aux utilisateurs la modélisation de relations complexes entre les informations qu'ils ont besoin de stocker. Dans ce chapitre, nous nous intéresserons à la modélisation avec XML de certaines structures de données complexes provenant de bases de données relationnelles.

Pour ce faire, nous allons examiner quelques structures de bases de données avant de créer des modèles de contenu à l'aide de DTD XML. Nous allons également présenter quelques exemples XML en guise d'illustration. Parallèlement, nous proposerons un ensemble de directives qui s'avéreront utiles lors de la création des modèles XML à l'aide d'informations de type relationnel.

Il existe déjà des mécanismes proposant une stratégie « par défaut » permettant d'obtenir du XML à partir de structures de bases de données relationnelles existantes. Ainsi, ADO 2.5 retourne un jeu d'enregistrements « aplati » dans XML alors que SQL Server 2000 permet l'extraction directe de jointures en XML. Cependant, ces technologies, qui continuent à évoluer, ne permettent pas de gérer des situations plus complexes, telles que les relations plusieurs à plusieurs, nécessitant l'emploi des pointeurs IDREF/ID. Dans ce chapitre, nous chercherons à représenter ce type de relations. Pour cela, nous allons apprendre à créer correctement des structures et à les adapter de manière à optimiser les performances et réduire la taille des documents.

Exporter une base de données vers XML

À travers l'exemple présenté dans ce chapitre, nous appliquerons les règles établies par nos soins à une situation réelle : un système de suivi de factures. La structure que nous exporterons vers XML se présente comme suit :

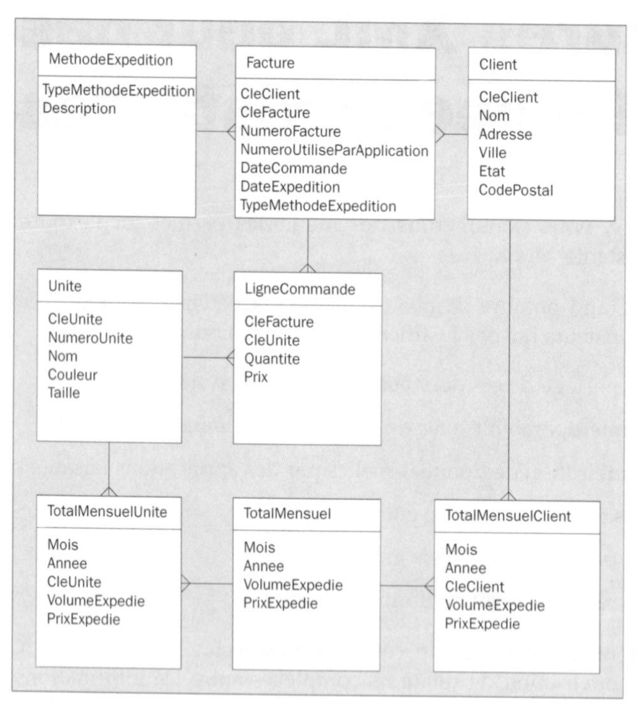

Elle conservera des informations de notre base de données sur les factures, les pièces commandées et des données synthétiques les concernant.

Au cours de ce chapitre, vous allez peut-être rencontrer des difficultés au niveau des DTD qui résultent de cette création, surtout en cas de repérage de déclarations d'éléments orphelins. Toutefois, le produit final devrait être géré correctement par tout programme.

Déterminer la portée d'un document XML

Lorsque nous concevons une structure XML, la première règle pour conserver des données de type relationnel consiste à déterminer la **portée** de notre document. Cette dernière désigne les données et les relations que nous souhaitons copier : il se peut que nous n'ayons pas besoin de tout le contenu de notre base de données.

Grâce à une requête, nous pouvons obtenir uniquement un sous-ensemble d'informations gardées en mémoire. Ainsi, un site de commerce électronique stocke des données avec des relations modélisant toutes les commandes, même celles qui ne sont pas en cours de traitement. Si nous écrivions une application de gestion de la relation client, nous n'aurions pas forcément besoin de récupérer toutes les commandes (les plus récentes suffiraient).

Bref, la portée du document conçu, autrement dit l'utilisation que nous prévoyons pour les données, dépend de nos **besoins commerciaux** lesquels peuvent être très divers.

Par exemple, il peut s'agir de la transmission de montants calculés par mois en fonction de chaque client pour permettre à notre service de comptabilité d'établir des factures. Dans ce cas, seule une partie peut nous intéresser (voir les tables grisées) :

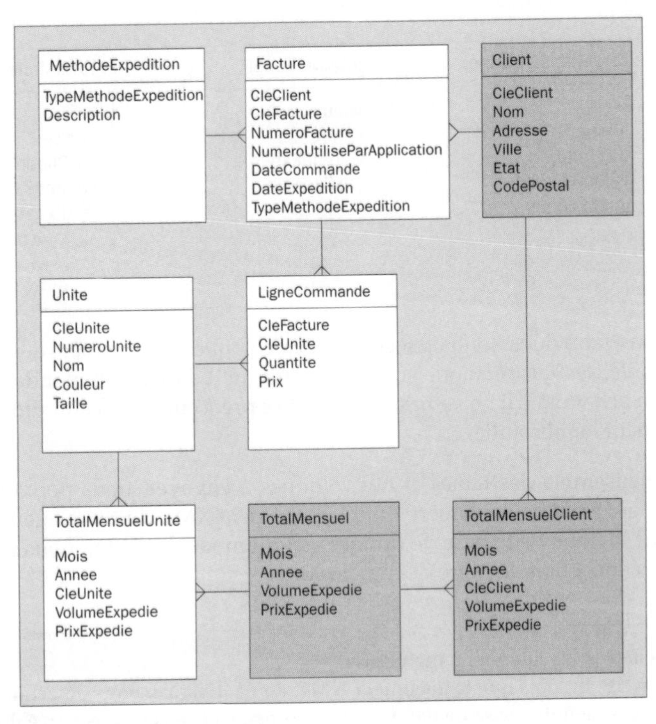

Un autre besoin peut être, à chaque commande, l'envoi au client d'un exemplaire XML de la facture. Le sous-ensemble d'informations transmis apparaîtrait ainsi :

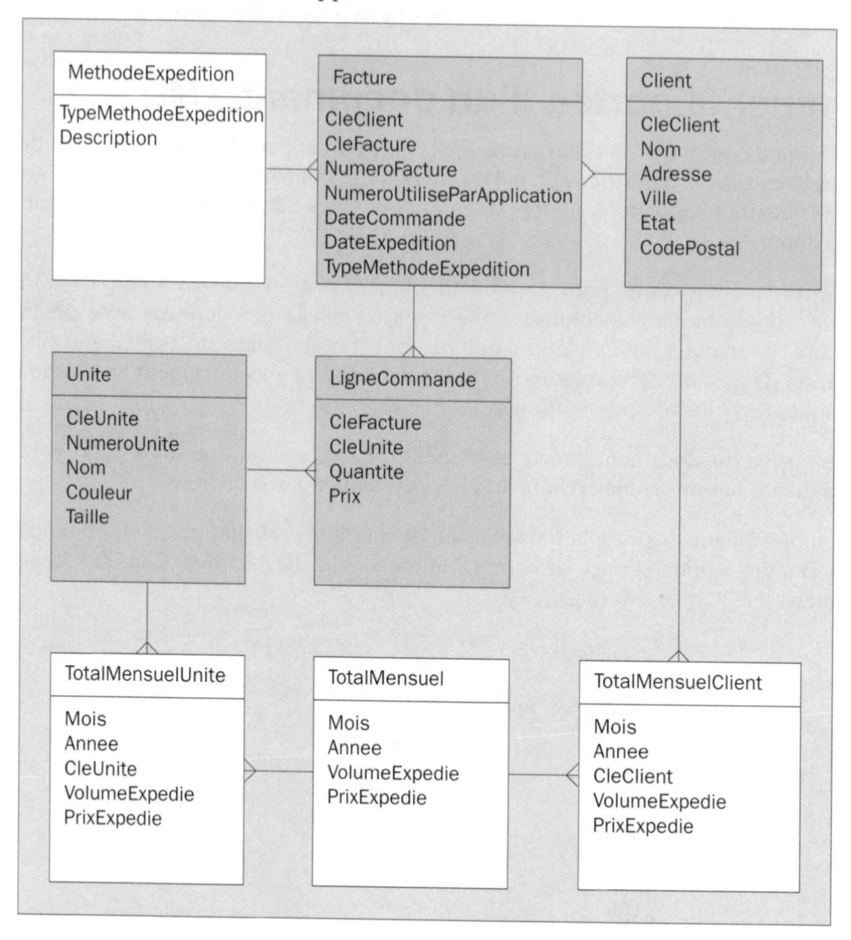

Par ailleurs, nous pourrions souhaiter choisir des colonnes à transmettre. Par exemple, imaginons que notre client veuille des informations sur un produit qu'il a déjà commandé. Il dispose d'un numéro de facture pour son achat mais il ne va pas forcément se préoccuper de celui utilisé par notre application. En fait, ce dernier peut l'embrouiller.

En identifiant l'ensemble des tables et des colonnes à envoyer, nous pouvons commencer à nous faire une impression générale de la manière dont le document XML doit être agencé. Si nous pouvons accéder à un diagramme logique de la base de données tel un modèle ErWIN, nous pourrons également nous en servir lors de la conception de notre document XML.

Règle 1 : Choisir les données à inclure.
En fonction des besoins que le document XML doit satisfaire, nous déterminons les tables et les colonnes de notre base de données relationnelle à insérer dans notre document.

Dans le cadre de notre exemple, nous partons du principe que toutes les informations de notre structure sont pertinentes, sauf les clés produites par le système, que nous pouvons écarter.

Créer l'élément racine

Une fois la portée de notre document définie en fonction de nos besoins, il nous faut spécifier l'**élément racine** dans lequel notre représentation XML de données s'imbrique.

Dans notre exemple, nous allons créer un élément racine dénommé `<DonneesVentes>` qui va contenir les autres éléments :

```
<DonneesVente>
...D'autres éléments sont placés ici.
</DonneesVente>
```

Il est possible que nous souhaitions ajouter à notre document XML des informations ne faisant pas partie de notre base de données relationnelle pour indiquer des données relatives à la transmission, au routage ou au comportement. Par exemple, il pourrait s'agir d'un attribut source qui permettrait au programme lecteur du fichier XML de déterminer le gestionnaire personnalisé à exécuter pour analyser le document. Si nous choisissons ce type d'informations, le plus logique est de déclarer cet attribut dans notre élément racine. Comme nous le verrons au chapitre 18, un grand nombre de serveurs XML émergents tels que BizTalk proposent justement un tel mécanisme désigné sous le terme d'**enveloppe**.

Dans notre exemple, nous allons ajouter un attribut `Statut` à notre élément racine pour permettre au client de traiter le document reçu en fonction des informations qu'il contient ; à savoir : est-ce une nouvelle version, une mise à jour de données existantes ou une copie.

Jusqu'à présent, nous avons donc la structure suivante :

```
<!ELEMENT DonneesVente EMPTY>
<!ATTLIST DonneesVente
   Statut (NouvelleVersion | MiseajourVersion | Copie #REQUIRED>
```

Règle 2 : Créer un élément racine.
Nous l'ajoutons à notre DTD dans laquelle nous déclarons tous les attributs nécessaires au stockage d'informations sémantiques supplémentaires telles que des informations de routage. Le nom d'un élément racine doit décrire son contenu.

Modéliser les tables

Après avoir défini notre élément racine, nous passons à la modélisation des tables que nous souhaitons inclure dans notre document XML. Comme nous l'avons vu dans le chapitre précédent, les tables correspondent à des éléments XML.

D'une manière assez libre, nous désignons :

- Des **tables de contenu** qui contiennent simplement, pour nos besoins, un jeu d'enregistrements comme l'ensemble des adresses des clients pour une société ;
- Des **tables de référence** qui comportent une liste de paires ID/description utilisées pour un classement plus précis des informations sur une ligne particulière de table en stockant une description pour chaque ID rencontré dans une table de contenu.

Il existe également la table de relation dont le seul objectif est d'exprimer une relation plusieurs-à-plusieurs entre deux autres tables. Pour nos besoins, nous la modéliserons comme une table de contenu.

À ce stade, nous ne traiterons que les tables de contenu. En réalité, les tables de référence seront présentées plus loin sous la forme d'attributs énumérés.

Pour chaque table à insérer dans notre base de données relationnelle, il est nécessaire de créer un élément dans notre DTD. Conformément à cette règle, nous ajouterons `<Facture>`, `<Client>`, `<Unite>`, `<TotalMensuel>` et d'autres éléments à notre modèle dans l'exemple suivant :

```
<!ELEMENT DonneesVente EMPTY>
<!ATTLIST DonneesVente
   Statut (NouvelleVersion | MiseajourVersion | Copie) #REQUIRED>
<!ELEMENT Facture EMPTY>
<!ELEMENT Client EMPTY>
<!ELEMENT Unite EMPTY>
<!ELEMENT TotalMensuel EMPTY>
<!ELEMENT TotalMensuelClient EMPTY>
<!ELEMENT TotalMensuelUnite EMPTY>
<!ELEMENT LignedeCommande EMPTY>
```

Pour l'instant, nous allons simplement ajouter la définition des éléments à la DTD. Nous y reviendrons pour nous assurer de leur conformité avec leurs modèles de contenu, y compris ceux de l'élément racine, au moment de la modélisation des relations entre les tables.

Nous n'avons pas modélisé la table `methodeExpedition` car il s'agit d'une table de référence. Nous l'étudierons avec la règle 6.

> **Règle 3 : Modéliser les tables des matières.**
> **Il s'agit de créer un élément dans la DTD pour chaque table de contenu à modéliser et de le déclarer à l'aide du mot-clé EMPTY pour le moment.**

Modéliser les colonnes de clés non étrangères

Conformément à ce qui précède, nous créerons des attributs dans les éléments déjà définis pour stocker les valeurs des colonnes provenant de notre base de données. Dans une DTD, chaque attribut devrait apparaître dans la déclaration `!ATTLIST` de l'élément correspondant à la table dans laquelle la colonne figure.

Cette règle ne s'applique pas dans le cas d'une colonne de clé étrangère que nous traiterons plus loin lorsque nous modéliserons les relations entre les éléments créés.

Par ailleurs, déclarez chaque attribut créé de cette façon à l'aide du type CDATA. Si la colonne de votre base de données est définie de manière à ne pas accepter de valeurs NULL, utilisez alors #REQUIRED sinon servez-vous de l'attribut #IMPLIED.

Quatre choix sont possibles : #FIXED signifie que la DTD fournit la valeur. #REQUIRED implique que cette dernière doit figurer dans le document. #IMPLIED indique qu'elle y apparaîtra peut-être. Lorsqu'elle n'est pas fournie dans le document, le processeur doit fournir la valeur de l'attribut. L'emploi d'#IMPLIED constitue le seul moyen autorisé d'omettre une valeur d'attribut.

Si vous choisissez de stocker les valeurs des colonnes d'une table comme contenu d'éléments plutôt qu'avec les attributs, la même approche est également envisageable, à savoir, pour chaque point de données, créer un élément à ajouter dans la liste du contenu de l'élément pour la table dans laquelle la colonne figure. Si la colonne n'accepte pas NULL, écartez tout suffixe. Dans le cas contraire, vous pouvez opter pour le suffixe (?). Attention aux éventuels conflits entre noms au niveau des colonnes de différentes tables ! Pour les attributs, le problème ne se pose pas.

En résumé :

La colonne accepte-t-elle NULL ?	Éléments	Attributs
Oui	Utilisation du suffixe (?)	Déclaration à l'aide d'#IMPLIED
Non	Absence de suffixe	Utilisation de #REQUIRED

Pour mémoire, dans notre exemple, nous souhaitons garder toutes les colonnes de clés non étrangères, sauf dans le cas de clés primaires produites par le système :

```
<!ELEMENT DonneesVente EMPTY>
<!ATTLIST DonneesVente
   Statut (NouvelleVersion | MiseajourVersion | Copie) #REQUIRED>
<!ELEMENT Facture EMPTY>
<!ATTLIST Facture
   NumeroFacture CDATA #REQUIRED
   NumeroUtiliseParApplication CDATA #REQUIRED
   DateCommande CDATA #REQUIRED
   DateExpedition CDATA #REQUIRED>
<!ELEMENT Client EMPTY>
<!ATTLIST Client
   Nom CDATA #REQUIRED
   Adresse CDATA #REQUIRED
   Ville CDATA #REQUIRED
   Etat CDATA #REQUIRED
   CodePostal CDATA #REQUIRED>
<!ELEMENT Unite EMPTY>
<!ATTLIST Unite
   NumeroUnite CDATA #REQUIRED
   Nom CDATA #REQUIRED
   Couleur CDATA #REQUIRED
   Taille CDATA #REQUIRED>
<!ELEMENT TotalMensuel EMPTY>
<!ATTLIST TotalMensuel
   Mois CDATA #REQUIRED
   Annee CDATA #REQUIRED
   VolumeExpedie CDATA #REQUIRED
   PrixExpedie CDATA #REQUIRED>
```

```
<!ELEMENT TotalMensuelClient EMPTY>
<!ATTLIST TotalMensuelClient
   VolumeExpedie CDATA #REQUIRED
   PrixExpedie CDATA #REQUIRED>
<!ELEMENT TotalMensuelUnite EMPTY>
<!ATTLIST TotalMensuelUnite
   VolumeExpedie CDATA #REQUIRED
   PrixExpedie CDATA #REQUIRED>
<!ELEMENT LignedeCommande EMPTY>
<!ATTLIST LignedeCommande
   Quantite CDATA #REQUIRED
   Prix CDATA #REQUIRED>
```

Nous avons renoncé à `Mois` et à `Année` dans `<TotalMensuelUnite>` puisque ces structures seront définies par l'élément associé `<TotalMensuel>`.

Règle 4 : Modéliser les colonnes de clés non étrangères.
Créer un attribut pour chaque colonne que nous avons choisie d'inclure dans notre document XML, sauf dans le cas de colonnes de clés étrangères. Il devrait apparaître dans la déclaration `!ATTLIST` de l'élément correspondant à la table dans laquelle il figure. Spécifier chaque attribut à l'aide de `CDATA`, `#IMPLIED` ou `#REQUIRED` selon que la colonne initiale accepte ou non NULL.

Ajouter des attributs ID

La prochaine étape consiste à spécifier un attribut `ID` pour chacun des éléments (qui ne sont pas des points de données) définis jusqu'à présent dans notre base de données XML (à l'exception de l'élément racine). Cette création sert à identifier de manière unique les éléments destinés à être référencés par d'autres.

En ce qui concerne le nom de l'attribut, nous utiliserons celui de l'élément suivi d'`ID`. S'il en résultait des conflits entre noms avec les attributs XML déjà créés, il serait nécessaire de changer de nom de manière adéquate. Par ailleurs, les attributs ID, qui devraient être de type `ID`, doivent être déclarés à l'aide de `#REQUIRED`. Même si nous les insérons tous pour le moment, nous pourrons choisir d'en supprimer certains des structures XML créées lorsque nous parviendrons à la modélisation de toutes les relations.

Lorsque nous remplirons ces structures, nous aurons besoin de créer un ID unique pour chaque instance d'élément générée. Il faut être sûr que ces ID sont non seulement uniques parmi les éléments d'un type précis mais également pour l'ensemble des éléments du document. Pour ce faire, nous pouvons utiliser la clé primaire, pour la ligne concernée, avec le nom de la table dans laquelle elle figure comme préfixe (en partant du principe que nous utilisons l'incrémentation automatique d'entiers pour les clés primaires dans notre base de données).

Par exemple, pour le client ayant l'ID numéro 17 dans notre base de données, nous pourrions utiliser la chaîne `Client17` pour la valeur de l'attribut `IDClient` dans l'élément `Client`. Si nous disposions soit de clés non numériques dans notre base de données soit de noms similaires de tables avec des suffixes numériques, comme `Client` et `Client1`, nous devrions faire attention comme d'habitude aux éventuels conflits entre les noms.

Dans notre exemple, nous avons donc :

```
<!ELEMENT DonneesVente EMPTY>
<!ATTLIST DonneesVente
   Statut (NouvelleVersion | MiseajourVersion | Copie) #REQUIRED>
<!ELEMENT Facture EMPTY>
<!ATTLIST Facture
   IDFacture ID #REQUIRED
   NumeroFacture CDATA #REQUIRED
   NumeroUtiliseParApplication CDATA #REQUIRED
   DateCommande CDATA #REQUIRED
   DateExpedition CDATA #REQUIRED>
<!ELEMENT Client EMPTY>
<!ATTLIST Client
   IDClient ID #REQUIRED
   Nom CDATA #REQUIRED
   Adresse CDATA #REQUIRED
   Ville CDATA #REQUIRED
   Etat CDATA #REQUIRED
   CodePostal CDATA #REQUIRED>
<!ELEMENT Unite EMPTY>
<!ATTLIST Unite
   IDUnite ID #REQUIRED
   NumeroUnite CDATA #REQUIRED
   Nom CDATA #REQUIRED
   Couleur CDATA #REQUIRED
   Taille CDATA #REQUIRED>
<!ELEMENT TotalMensuel EMPTY>
<!ATTLIST TotalMensuel
   IDTotalMensuel ID #REQUIRED
   Mois CDATA #REQUIRED
   Annee CDATA #REQUIRED
   VolumeExpedie CDATA #REQUIRED
   PrixExpedie CDATA #REQUIRED>
<!ELEMENT TotalMensuelClient EMPTY>
<!ATTLIST TotalMensuelClient
   IDTotalMensuelClient ID #REQUIRED
   VolumeExpedie CDATA #REQUIRED
   PrixExpedie CDATA #REQUIRED>
<!ELEMENT TotalMensuelUnite EMPTY>
<!ATTLIST TotalMensuelUnite
   IDTotalMensuelUnite ID #REQUIRED
   VolumeExpedie CDATA #REQUIRED
   PrixExpedie CDATA #REQUIRED>
<!ELEMENT LignedeCommande EMPTY>
<!ATTLIST LignedeCommande
   IDlignedeCommande ID #REQUIRED
   Quantite CDATA #REQUIRED
   Prix CDATA #REQUIRED>
```

Règle 5 : Ajouter des attributs ID aux éléments.
Déclarer un attribut ID pour chacun des éléments créés dans notre structure XML (à l'exception de l'élément racine). Utiliser le nom de l'élément suivi par ID pour le nom du nouvel attribut en faisant attention comme d'habitude aux conflits entre noms. Déclarer l'attribut comme étant de type ID, et `#REQUIRED`

Gérer les clés étrangères

Dans des structures de bases de données relationnelles, le seul moyen de signaler une relation entre les données stockées dans différentes tables est de passer par une clé étrangère. Comme nous l'avons vu dans le chapitre précédent, il existe deux possibilités d'atteindre cet objectif sous XML. Nous pouvons créer des structures hiérarchiques ce qui nous permet d'utiliser l'**imbrication** (en imbriquant des informations associées à l'intérieur d'éléments parents). Si nous souhaitons garder des structures XML distinctes, à l'image des tables d'une base de données, une seconde option consiste à utiliser un `ID` pour **pointer** vers une structure correspondante qui dispose d'un attribut `IDREF`.

Chaque solution a ses avantages et ses inconvénients. L'utilisation de pointeurs est plus souple que l'imbrication mais, lors du traitement, elle se caractérise par une navigation bidirectionnelle qui a tendance à être plus lente que celle entre pères et fils.

Nous aurons donc à faire un choix pour représenter les relations entre nos tables. Nous devons, auparavant, apprendre à insérer des attributs énumérés correspondant aux tables de référence utilisées.

Insérer des attributs énumérés pour les tables de référence

Lorsqu'une clé étrangère d'une table pointe vers une table de référence, nous ajoutons un attribut énuméré à l'élément représentant cette première table.

Avant d'adapter notre exemple en fonction de ce besoin, nous déterminons la nature des relations entre les tables choisies pour nos structures XML. En effet, il est nécessaire d'identifier :

- la relation, à savoir si elle se réfère à la table de contenu ou à celle de consultation ;
- le sens de navigation lorsqu'il s'agit d'une relation avec la table de contenu.

Ce dernier point est important en cas de structures plus importantes car certaines relations peuvent être multidirectionnelles en fonction de celles visées. En règle générale, nous devrions considérer le sens dans lequel un programme traiterait le plus souvent les relations. Dans notre exemple, il est beaucoup plus probable d'aller de `Facture` à `LignedeCommande` plutôt que l'inverse.

Le choix du sens est nécessaire car il détermine la place des relations `ID/IDREF`. À titre de rappel, ceux-ci sont en fait unidirectionnels : il est relativement facile de passer d'une valeur `IDREF` à une valeur `ID` dans une structure mais l'inverse ne l'est pas. Le choix du sens naturel de traversée de la structure aide à déterminer cette structure. Pour naviguer d'un élément à un autre et inversement, il se peut que nous ayons besoin d'un `IDREF` supplémentaire pour que chaque élément d'une relation pointe l'un vers l'autre. Toutefois, le temps de création et la taille du document en seront augmentés.

Comme nous souhaitons utiliser des factures et des informations récapitulées par mois dans notre document, nous décidons de choisir des relations permettant de passer des factures aux renseignements qui leurs sont associés. Par exemple, nous pourrions chercher à aller d'une facture aux articles correspondants et aux pièces associées aux articles ou d'une facture au client concerné. Dans d'autres circonstances, comme dans le cas d'un document XML axé sur le client, l'ordre de nos relations pourrait varier.

Après avoir déterminé toutes les relations de notre structure, nous pouvons conclure que la navigation entre les tables ressemblerait à celle de la page suivante.

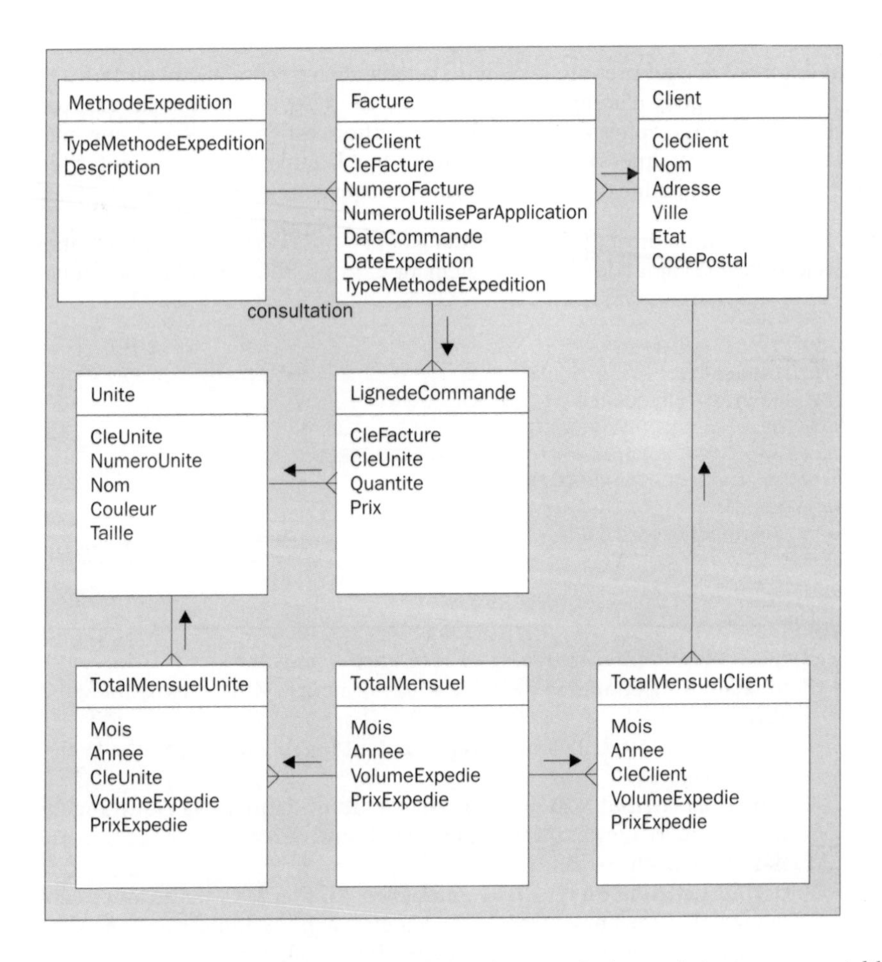

Nous avons une clé étrangère dénommée `TypeMethodeExpedition` pointant vers une table désignée sous le nom de `MethodeExpedition`. Par conséquent, nous avons besoin d'ajouter une valeur énumérée pour `MethodeExpedition` à l'élément `<Facture>`. Supposons que la table `MethodeExpedition` de notre base de données contienne les valeurs suivantes :

MethodeExpedition	Description
1	US Postal Service
2	Federal Express
3	UPS

L'attribut énuméré devrait prendre le nom de la table de référence et être déclaré à l'aide de #REQUIRED lorsque la clé étrangère n'accepte pas NULL ou de #IMPLIED dans le cas contraire. La décision concernant les valeurs autorisées pour l'énumération est le résultat d'une méthode subjective et dépendra d'autres contraintes de conception telles que la taille. Les valeurs autorisées devraient être des versions lisibles par l'homme de la description de chaque enregistrement.

Grâce à la création d'un attribut dont les trois valeurs autorisées pour l'énumération proviennent de la table de référence et à l'ajout de celui-ci à l'élément <Facture>, nous obtenons donc :

```
...
<!ELEMENT Facture EMPTY>
<!ATTLIST Facture
   IDFacture ID #REQUIRED
   NumeroFacture CDATA #REQUIRED
   NumeroUtiliseParApplication CDATA #REQUIRED
   DateCommande CDATA #REQUIRED
   DateExpedition CDATA #REQUIRED>
   MethodeExpedition (USPS | FedEx | UPS) #REQUIRED>
<!ELEMENT Client EMPTY>
...
```

Règle 6 : Représenter les tables de référence.
Pour chaque clé étrangère destinée à nos structures XML renvoyant à une table de référence :
1. créer un attribut de l'élément représentant la table dans laquelle la clé étrangère figure ;
2. donner à l'attribut le même nom que la table à laquelle la clé étrangère se rattache et spécifier #REQUIRED si la clé étrangère n'accepte pas NULL ou #IMPLIED dans le cas contraire ;
3. Définir l'attribut du type liste énumérée. Ajouter les valeurs autorisées pour l'énumération sous une forme compréhensible par l'homme en fonction de toutes les lignes de la colonne « Description » de la table de référence.

Ajouter un contenu d'éléments à l'élément racine

Lorsque nous avons créé l'élément racine pour la DTD et ajouté les éléments fils pour les tables, nous n'avons pas défini les modèles de contenu des éléments sachant que nous allions y revenir.

Par conséquent, la règle suivante consiste à ajouter à la DTD le modèle de contenu pour l'élément racine. Le choix doit être approprié par rapport au type d'informations que nous essayons de communiquer dans nos documents.

Dans notre exemple, nous avons décidé que les concepts fondamentaux que nous souhaitions transmettre se rapportaient à Facture et TotalMensuel. Lorsque ces éléments représentant le contenu sont ajoutés à l'élément racine, nous obtenons l'illustration suivante :

```
<!ELEMENT DonneesVente (Facture*, TotalMensuel*)>
<!ATTLIST DonneesVente
   Etat (NouvelleVersion | MiseajourVersion | Copie) #REQUIRED>
```

```
<!ELEMENT Facture EMPTY>
...
```

Règle 7 : Ajouter un contenu d'éléments à l'élément racine.
Pour chaque table modélisant le type d'informations que nous souhaitons représenter dans notre document, insérer un ou plusieurs éléments fils au contenu autorisé de l'élément racine.

Suivre les relations

La règle suivante est un peu compliquée. Il est nécessaire de suivre les relations au niveau d'une ou de plusieurs tables pour ajouter le contenu ou les paires `ID/IDREF(S)` approprié. Ce processus est similaire à celui qui serait utilisé dans une structure de données arborescente : nous traitons chacune de ces relations puis chaque relation du niveau inférieur et ainsi de suite jusqu'à ce que le processeur passe par toutes les relations contenues dans le sous-ensemble de tables choisi pour notre document XML sachant que celles qui mènent à l'extérieur n'ont pas besoin d'être traitées.

Comme nous l'avons appris plus haut, lorsque nous avons à décider du sens d'une relation, nous choisissons celui qui serait adopté la plupart du temps. Dans notre exemple commercial, nous aurons probablement besoin de passer de `Facture` à `LignedeCommande` assez fréquemment mais beaucoup moins souvent que l'inverse. Par ailleurs, il arrive qu'une relation telle que celle existant entre `Client` et `Facture` nécessite d'être souvent parcourue dans n'importe quel sens ce qui implique qu'elle soit alors définie dans les deux sens. La détermination du sens est nécessaire pour choisir de représenter les relations à l'aide de pointeurs ou de l'imbrication.

Relations un-à-un ou un-à-plusieurs

Examinez d'abord si la relation est un-à-un ou un-à-plusieurs dans le sens adopté pour le suivi et si elle est la seule dans le sous-ensemble de tables choisi. Ensuite, nous devrions représenter la relation en ajoutant l'élément fils en tant que contenu de l'élément père.

Indiquez le nombre d'occurrences d'un élément en fonction du tableau suivant :

Relation	Caractère
un-à-un	?
un-à-plusieurs	*

Dans notre DTD exemple, l'ajout des relations permettant l'imbrication produit le résultat suivant :

```
<!ELEMENT DonneesVente (Facture*, TotalMensuel*)>
<!ATTLIST DonneesVente
   Etat (NouvelleVersion | MiseajourVersion | Copie) #REQUIRED>
<!ELEMENT Facture (LignedeCommande*)>
<!ATTLIST Facture
   IDFacture ID #REQUIRED
   NumeroFacture CDATA #REQUIRED
   NumeroUtiliseParApplication CDATA #REQUIRED
   DateCommande CDATA #REQUIRED
   DateExpedition CDATA #REQUIRED>
   MethodeExpedition (USPS | FedEx | UPS) #REQUIRED>
```

```
...
<!ELEMENT TotalMensuel (TotalMensuelClient*, TotalMensuelUnite*)>
<!ATTLIST TotalMensuel
   IDTotalMensuel ID #REQUIRED
   Mois CDATA #REQUIRED
   Annee CDATA #REQUIRED
   VolumeExpedie CDATA #REQUIRED
   PrixExpedie CDATA #REQUIRED>
...
```

Règle 8 : Insérer des relations via l'imbrication.
Pour chaque relation définie, si la relation est un-à-un ou un-à-plusieurs dans le sens de navigation et si aucune autre relation ne conduit à l'enfant à l'intérieur du sous-ensemble choisi, ajouter alors l'élément fils, en tant que contenu d'éléments de l'élément père, avec la cardinalité adéquate.

Relations plusieurs-à-un ou un-à-plusieurs

Si la relation est de type plusieurs-à-un ou si l'enfant a plusieurs parents, il faut recourir à des pointeurs pour décrire la relation grâce à l'ajout d'un attribut `IDREF` ou `IDREFS` à l'élément parent. `IDREF` devrait pointer vers l'`ID` de l'élément enfant. Dans le cas où la relation est de type un-à-plusieurs et où l'enfant a plusieurs parents, nous devrions privilégier l'emploi d'un attribut `IDREFS`.

Si nous avons défini une relation de manière à ce qu'elle puisse être multidirectionnelle, pour les besoins de cette analyse, elle compte en réalité comme deux relations distinctes.

Il convient également de noter que ces règles mettent l'accent sur l'utilisation de l'imbrication au détriment du pointage dès que possible en raison des inconvénients propres à ce dernier en matière de performances lorsqu'il est utilisé avec le DOM ou SAX. Cependant, dans une situation où le pointage s'avérerait indispensable et où son recours au niveau de nos structures entraînerait beaucoup trop de ralentissement dans le traitement, il se peut que nous souhaitions reconsidérer le changement de relations au profit d'une relation d'imbrication et la répétition des informations pointées.

En appliquant cette règle à notre exemple grâce à l'ajout des attributs `IDREF/IDREFS`, nous arrivons au résultat suivant :

```
<!ELEMENT DonneesVente (Facture*, TotalMensuel*)>
<!ATTLIST DonneesVente
   Statut (NouvelleVersion | MiseajourVersion | Copie) #REQUIRED>
<!ELEMENT Facture (LignedeCommande*)>
<!ATTLIST Facture
   IDFacture ID #REQUIRED
   NumeroFacture CDATA #REQUIRED
   NumeroUtiliseParApplication CDATA #REQUIRED
   DateCommande CDATA #REQUIRED
   DateExpedition CDATA #REQUIRED
   MethodeExpedition (USPS | FedEx | UPS) #REQUIRED
   IDREFClient IDREF #REQUIRED>
<!ELEMENT Client EMPTY>
...
<!ELEMENT TotalMensuelClient EMPTY>
```

```
<!ATTLIST TotalMensuelClient
   IDTotalMensuelClient ID #REQUIRED
   VolumeExpedie CDATA #REQUIRED
   PrixExpedie CDATA #REQUIRED
   IDREFClient IDREF #REQUIRED>
<!ELEMENT TotalMensuelUnite EMPTY>
<!ATTLIST TotalMensuelUnite
   IDTotalMensuelUnite ID #REQUIRED
   VolumeExpedie CDATA #REQUIRED
   PrixExpedie CDATA #REQUIRED
   IDREFUnite IDREF #REQUIRED>
<!ELEMENT LignedeCommande EMPTY>
<!ATTLIST LignedeCommande
   IDlignedeCommande ID #REQUIRED
   Quantite CDATA #REQUIRED
   Prix CDATA #REQUIRED
   IDREFUnite IDREF #REQUIRED>
```

Règle 9 : Introduire des relations grâce à IDREF/IDREFS.
Identifier chaque relation plusieurs-à-un dans le sens que nous avons déterminé ou dans laquelle le fils est un enfant dans plusieurs relations. Pour chacune de ces relations, ajouter un attribut `IDREF` ou `IDREFS` à l'élément côté parent qui pointe vers l'`ID` de l'élément côté enfant.

Nous approchons de notre résultat final mais il reste les deux sections suivantes pour parachever la structure.

Ajouter des éléments manquants à l'élément racine

Un défaut significatif peut avoir été constaté dans la structure précédente : lorsque nous créons des documents à l'aide de cette DTD, aucune place n'est prévue pour un élément `<Client>`. Il ne s'agit pas de l'élément racine du document et il n'apparaît dans aucun des modèles de contenu des autres éléments de la structure. En effet, il ne sert pas comme contenu d'éléments mais seulement comme cible d'une relation.

Cependant, il est nécessaire d'ajouter les éléments seulement ciblés par `IDREF(S)` comme contenu de l'élément racine de DTD. Lors de la création du document, les éléments **orphelins** sont donc créés à l'intérieur de l'élément racine et peuvent être ainsi pointés par des IDREF(S).

En appliquant cette règle à notre exemple, nous nous apercevons qu'il nous manque les éléments `<Client>` et `<Unite>`. Grâce à leur insertion en tant que contenu structurel dans notre élément racine, nous obtenons le résultat suivant :

```
<!ELEMENT DonneesVente (Facture*, Client*, Unite*, TotalMensuel*)>
<!ATTLIST DonneesVente
   Statut (NouvelleVersion | MiseajourVersion | Copie) #REQUIRED>
<!ELEMENT Facture (LignedeCommande*)>
...
```

Règle 10 : Ajouter les éléments manquants.
Insérer chaque élément visé par un pointeur dans la structure créée à ce stade. Ajoutez-le comme contenu autorisé de l'élément racine et définissez-le avec le suffixe de cardinalité *.

Supprimer des attributs ID sans référence

En ce qui concerne notre structure finale, il nous reste à supprimer, parmi les attributs `ID` déclarés au moment de la présentation de la règle 5, ceux qui ne disposent pas d'`IDREF(S)` pointant vers eux. Étant donné que nous les avons créés lors du développement des structures XML, leur suppression n'entraîne pas le sacrifice d'informations s'ils n'ont pas été utilisés et évite le problème de génération de valeurs uniques pour les attributs.

Règle 11 : Supprimer les attributs ID superflus.
Supprimer ceux qui n'ont pas les attributs `IDREF` ou `IDREFS` comme référence dans les autres structures XML.

L'application de la règle 11 à notre exemple nous donne une structure finale : comme les attributs ID, dénommés respectivement `IDFacture`, `IDlignedeCommande`, `IDTotalMensuelUnite`, `IDTotalMensuel` et `IDTotalMensuelClient`, ne sont pas renvoyés à un attribut `IDREF` ou `IDREFS` quelconque, nous les supprimons dans `ch02_ex01.dtd`.

```
<!ELEMENT DonneesVente (Facture*, Client*, Unite*, TotalMensuel*)>
<!ATTLIST DonneesVente
   Statut (NouvelleVersion | MiseajourVersion | Copie) #REQUIRED>
<!ELEMENT Facture (LignedeCommande*)>
<!ATTLIST Facture
   NumeroFacture CDATA #REQUIRED
   NumeroUtiliseParApplication CDATA #REQUIRED
   DateCommande CDATA #REQUIRED
   DateExpedition CDATA #REQUIRED
   MethodeExpedition (USPS | FedEx | UPS) #REQUIRED
   IDREFClient IDREF #REQUIRED>
<!ELEMENT Client EMPTY>
<!ATTLIST Client
   IDClient ID #REQUIRED
   Nom CDATA #REQUIRED
   Adresse CDATA #REQUIRED
   Ville CDATA #REQUIRED
   Etat CDATA #REQUIRED
   CodePostal CDATA #REQUIRED>
<!ELEMENT Unite EMPTY>
<!ATTLIST Unite
   IDUnite ID #REQUIRED
   NumeroUnite CDATA #REQUIRED
   Nom CDATA #REQUIRED
   Couleur CDATA #REQUIRED
   Taille CDATA #REQUIRED>
<!ELEMENT TotalMensuel (TotalMensuelClient*, TotalMensuelUnite*)>
<!ATTLIST TotalMensuel
   Mois CDATA #REQUIRED
```

```
    Annee CDATA #REQUIRED
    VolumeExpedie CDATA #REQUIRED
    PrixExpedie CDATA #REQUIRED>
 <!ELEMENT TotalMensuelClient EMPTY>
 <!ATTLIST TotalMensuelClient
    VolumeExpedie CDATA #REQUIRED
    PrixExpedie CDATA #REQUIRED
    IDREFClient IDREF #REQUIRED>
 <!ELEMENT TotalMensuelUnite EMPTY>
 <!ATTLIST TotalMensuelUnite
    VolumeExpedie CDATA #REQUIRED
    PrixExpedie CDATA #REQUIRED
    IDREFUnite IDREF #REQUIRED>
 <!ELEMENT LignedeCommande EMPTY>
 <!ATTLIST LignedeCommande
    Quantite CDATA #REQUIRED
    Prix CDATA #REQUIRED
    IDREFUnite IDREF #REQUIRED>
```

Exemple de document XML

Finalement, nous présentons un exemple conforme à la DTD ci-dessus (`ch02_ex01.xml`) :

```
<?xml version="1.0" encoding="ISO-8859-1" ?>
<!DOCTYPE DonneesVente SYSTEM "http://monserveur/xmldb/ch02 ex01.dtd" >
<DonneesVente Statut="NouvelleVersion">
   <Facture NumeroFacture="1"
            NumeroUtiliseParApplication="1"
            DateCommande="01/01/2000"
            DateExpedition="07/01/2000"
            MethodeExpedition ="FedEx"
            IDREFClient ="Client2">
      <LignedeCommande  Quantite="2"
                        Prix="5"
                        IDREFUnite="Unite2" />
   </Facture>
   <Client   IDClient ="Client2"
             Nom="BobSmith"
             Adresse="2Touterue"
             Ville="Touteville"
             Etat="AS"
             CodePostal="TOUTCODE" />
   <Unite IDUnite="Unite2"
          NumeroUnite="13"
          Nom="Littorina"
          Couleur="Rouge"
          Taille="10" />
   <TotalMensuel  Mois="janvier"
                  Annee="2000"
                  VolumeExpedie ="2"
                  PrixExpedie="10">
      <TotalMensuelClient   VolumeExpedie="5"
                            PrixExpedie="25"
                            IDREFClient="Client2" />
```

```
        <TotalMensuelClient    VolumeExpedie="8"
                               PrixExpedie="40"
                               IDREFUnite="Unite2" />
    </TotalMensuel>
</DonneesVente>
```

Résumé

Dans ce chapitre, nous avons traité de quelques directives permettant la création de structures XML destinées à stocker des données existant déjà dans une base de données relationnelle. Cette approche ne constitue pas une science exacte : un grand nombre de décisions dépendent entièrement du type d'informations que nous souhaitons représenter dans notre document.

Un point de ce chapitre en particulier est à retenir : il faut tenter de représenter les relations de nos documents XML à l'aide de l'imbrication aussi souvent que possible. XML est conçu autour du concept d'imbrication : le DOM et XSLT traitent les documents XML comme des arbres alors que les parseurs SAX et ses dérivés les exécutent comme des événements de début et de fin au niveau des branches ainsi que comme des événements au niveau des feuilles. Plus nous utilisons de relations avec des pointeurs, plus la navigation dans notre document sera compliquée et plus les performances de notre processeur seront affectées, surtout si nous utilisons SAX ou un dérivé.

Lors de toute création de structures, nous devons garder en mémoire qu'il existe en général un grand nombre de structures XML susceptibles de servir à représenter les données d'une base relationnelle. Les techniques décrites dans ce chapitre devraient nous permettre d'optimiser la vitesse de traitement de nos documents et de limiter leur taille. En appliquant celles traitées dans ce chapitre et dans le suivant, nous devrions être en mesure de transférer facilement des informations entre notre base de données relationnelle et des documents XML.

Voici les onze règles que nous avons définies pour le développement de structures XML à partir de bases de données relationnelles existantes :

- **Règle 1 : Choisir les données à inclure.**
  En fonction des besoins que le document XML doit satisfaire, nous déterminons les tables et les colonnes de notre base de données relationnelle à insérer dans notre document.
- **Règle 2 : Créer un élément racine.**
  Nous l'ajoutons à notre DTD dans laquelle nous déclarons tous les attributs nécessaires au stockage d'informations sémantiques supplémentaires telles que des informations de routage. Le nom d'un élément racine doit décrire son contenu.
- **Règle 3 : Modéliser les tables des matières.**
  Il s'agit de créer un élément dans la DTD pour chaque table de contenu à modéliser et de le déclarer à l'aide du mot-clé `EMPTY` pour le moment.
- **Règle 4 : Modéliser les colonnes de clés non étrangères.**
  Créer un attribut pour chaque colonne que nous avons choisie d'inclure dans notre document XML, sauf dans le cas de colonnes de clés étrangères. Il devrait apparaître dans la déclaration `!ATTLIST` de l'élément correspondant à la table dans laquelle il

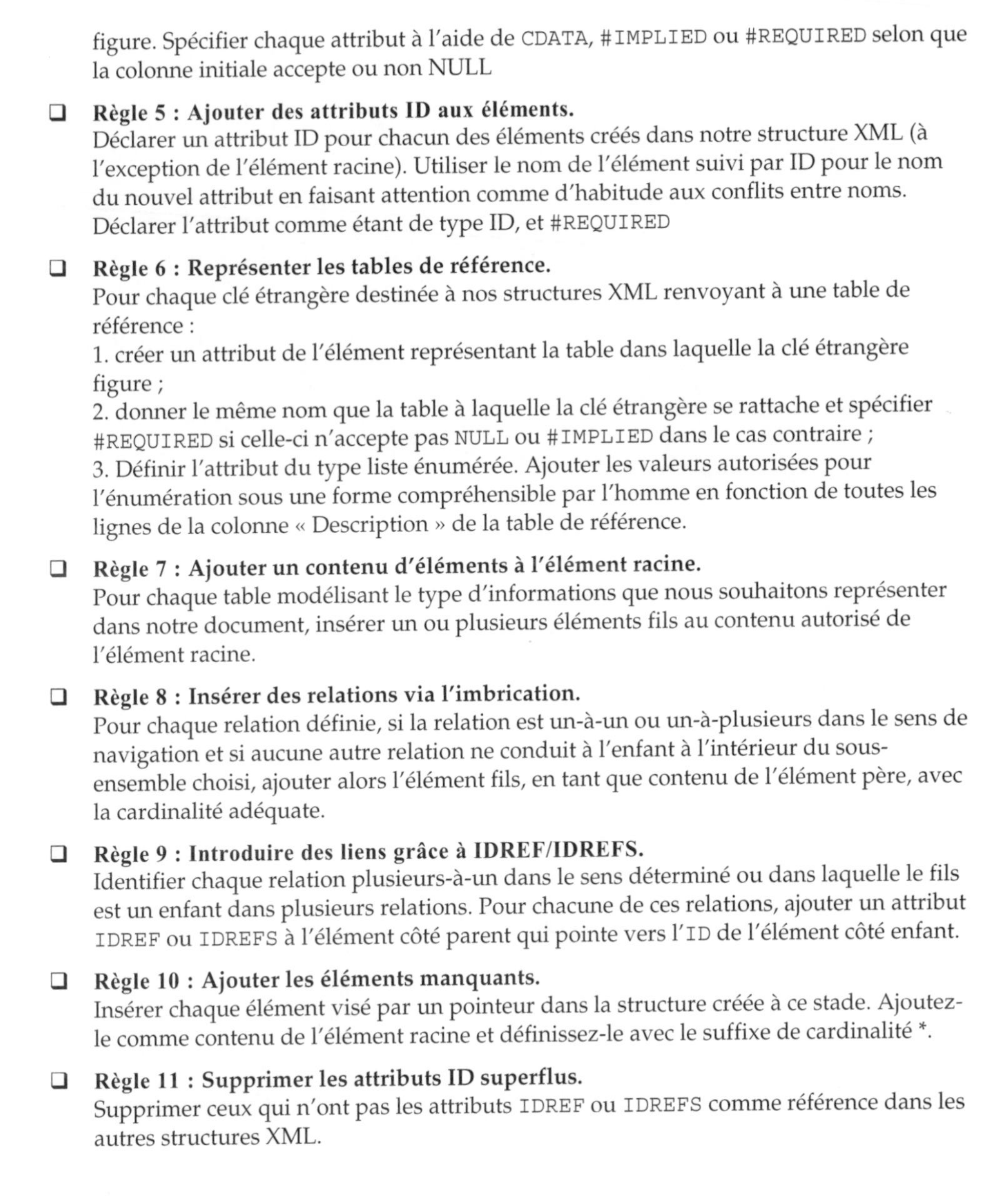

figure. Spécifier chaque attribut à l'aide de `CDATA`, `#IMPLIED` ou `#REQUIRED` selon que la colonne initiale accepte ou non NULL

- **Règle 5 : Ajouter des attributs ID aux éléments.**
  Déclarer un attribut ID pour chacun des éléments créés dans notre structure XML (à l'exception de l'élément racine). Utiliser le nom de l'élément suivi par ID pour le nom du nouvel attribut en faisant attention comme d'habitude aux conflits entre noms. Déclarer l'attribut comme étant de type ID, et `#REQUIRED`

- **Règle 6 : Représenter les tables de référence.**
  Pour chaque clé étrangère destinée à nos structures XML renvoyant à une table de référence :
  1. créer un attribut de l'élément représentant la table dans laquelle la clé étrangère figure ;
  2. donner le même nom que la table à laquelle la clé étrangère se rattache et spécifier `#REQUIRED` si celle-ci n'accepte pas `NULL` ou `#IMPLIED` dans le cas contraire ;
  3. Définir l'attribut du type liste énumérée. Ajouter les valeurs autorisées pour l'énumération sous une forme compréhensible par l'homme en fonction de toutes les lignes de la colonne « Description » de la table de référence.

- **Règle 7 : Ajouter un contenu d'éléments à l'élément racine.**
  Pour chaque table modélisant le type d'informations que nous souhaitons représenter dans notre document, insérer un ou plusieurs éléments fils au contenu autorisé de l'élément racine.

- **Règle 8 : Insérer des relations via l'imbrication.**
  Pour chaque relation définie, si la relation est un-à-un ou un-à-plusieurs dans le sens de navigation et si aucune autre relation ne conduit à l'enfant à l'intérieur du sous-ensemble choisi, ajouter alors l'élément fils, en tant que contenu de l'élément père, avec la cardinalité adéquate.

- **Règle 9 : Introduire des liens grâce à IDREF/IDREFS.**
  Identifier chaque relation plusieurs-à-un dans le sens déterminé ou dans laquelle le fils est un enfant dans plusieurs relations. Pour chacune de ces relations, ajouter un attribut `IDREF` ou `IDREFS` à l'élément côté parent qui pointe vers l'`ID` de l'élément côté enfant.

- **Règle 10 : Ajouter les éléments manquants.**
  Insérer chaque élément visé par un pointeur dans la structure créée à ce stade. Ajoutez-le comme contenu de l'élément racine et définissez-le avec le suffixe de cardinalité *.

- **Règle 11 : Supprimer les attributs ID superflus.**
  Supprimer ceux qui n'ont pas les attributs `IDREF` ou `IDREFS` comme référence dans les autres structures XML.

3

Structurer des bases de données à partir de documents XML existants

Jusqu'à présent, nous avons considéré quelques points généraux sur la conception des structures XML. Nous avons notamment étudié la meilleure manière de créer des documents XML à partir des structures de bases de données existantes. Dans ce chapitre, nous examinerons le problème inverse.

De nombreuses raisons expliquent cette nécessité de transférer des données d'un dépôt XML à une base de données relationnelle. Par exemple, nous pourrions avoir besoin d'effectuer une recherche dans un gros volume d'informations stockées en XML. Avec les outils actuellement disponibles, XML n'est pas très bon dans ce domaine, surtout si l'examen concerne plusieurs documents. Dans ce cas, nous pourrions souhaiter l'extraction de données ou d'une partie d'entre elles dans une base relationnelle à partir du dépôt XML. À titre de rappel, les points forts de XML résident dans la transparence et la présentation de sa plate-forme multiple alors que les bases relationnelles se révèlent bien meilleures en matière de requêtes et de concision de données. Par ailleurs, nous pourrions profiter des caractéristiques intégrées de ces dernières : le système de verrouillage et le mode transactionnel. Finalement, nos documents étant susceptibles de contenir d'énormes quantités d'informations sans que toutes soient nécessaires pour les requêtes et/ou la réduction, le transfert vers une base relationnelle nous permettra d'obtenir seulement les données qui nous intéressent.

Dans ce chapitre, nous apprendrons à modéliser les divers types de contenu d'éléments et d'attributs possibles en XML dans une base de données relationnelle. En parallèle, nous continuerons l'élaboration d'un ensemble de règles utilisables pour convertir globalement les DTD XML en scripts SQL de création de tables.

Gestion de divers types de déclarations de DTD

À travers la structuration de base de données envisagée dans ce chapitre, nous examinerons quatre types de déclaration pouvant apparaître dans les DTD :

- les déclarations **d'éléments** ;
- les déclarations de **listes d'attributs** ;
- les déclarations **d'entités** ;
- les déclarations de **notation**.

Nous apprendrons donc la meilleure manière de les modéliser dans des structures de bases de données relationnelles. En guise d'illustration, nous transformerons des documents XML en table SQL et présenterons des scripts SQL de création. Commençons donc par les déclarations d'éléments.

Déclarations d'éléments

Comme nous l'avons indiqué, il existe cinq sortes de déclarations d'éléments dans les DTD. Ces déclarations diffèrent par le contenu de l'élément déclaré :

- uniquement des éléments ;
- du texte seul ;
- `EMPTY` ;
- un contenu mixte ;
- `ANY`.

Aussi, passons en revue chacune d'entre elles et considérons leur modélisation dans une base de données relationnelle.

Élément ne contenant que des éléments

Dans ce modèle de contenu, l'élément ne peut contenir que d'autres éléments. Commençons par un exemple simple.

Élément ne contenant que des éléments simples

Dans la DTD suivante, nous disposons d'un modèle de contenu simple pour l'élément `Facture` (`ch03_ex01.dtd`) :

```
<!ELEMENT Facture (Client, LignedeCommande*)>
<!ELEMENT Client (#PCDATA)>
<!ELEMENT LignedeCommande(#PCDATA)>
```

Cet élément peut avoir deux fils : `Client` (une fois) et `LignedeCommande` (zéro ou plusieurs fois). Voyons maintenant un échantillon XML décrit par cette DTD (`ch03_ex01.xml`).

```
<?xml version="1.0"?> encoding="ISO-8859-1" ?>
<!DOCTYPE listing SYSTEM "ch03 ex01.dtd" >
<Facture>
   <Client> </Client>
   <LignedeCommande> </LignedeCommande>
   <LignedeCommande> </LignedeCommande>
</Facture>
```

Bien entendu, le type d'élément, ici `Facture`, est représenté dans une base de données relationnelle par un ensemble de tables.

Dans `ch03_ex01.sql`, nous pouvons modéliser les relations entre un tel élément et ses fils en incluant une référence dans la table constituée des sous-éléments vers la table constituée des éléments, comme suit :

```
CREATE TABLE Client (
   CleClient integer PRIMARY KEY
   CleFacture integer
   CONSTRAINT FK Client Facture FOREIGN KEY (CleFacture)
   REFERENCES facture (CleFacture)
   ).
CREATE TABLE Facture (
   CleFacture integer PRIMARY KEY,
   )
CREATE TABLE LignedeCommande (
   CleLignedeCommande integer,
   CleFacture integer
   CONSTRAINT FK Facture LignedeCommande FOREIGN KEY (CleFacture)
      REFERENCES Facture (CleFacture)
   )
```

Lorsque le script ci-dessus s'exécute, il génère l'ensemble de tables suivant :

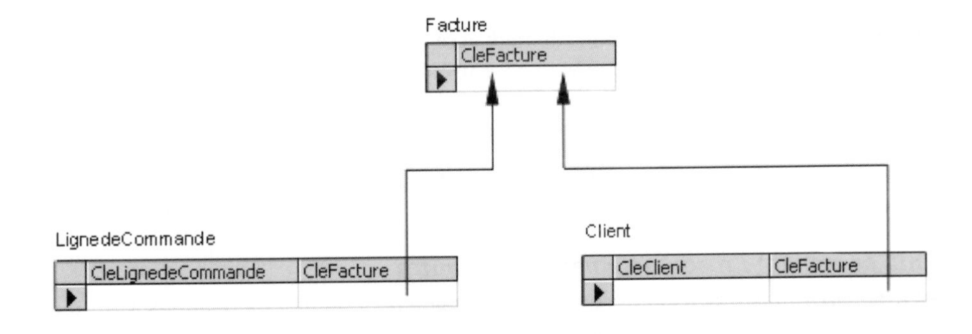

Notez que nous avons ajouté des colonnes de clés à chaque table et indiqué la relation entre les clés étrangères des tables dénommées respectivement `Client` et `LignedeCommande` et la clé primaire dans la table `Facture` par des flèches.

Lorsque nous développons des bases de données relationnelles, une bonne pratique consiste à garder un ID « sans données », valeur qui identifie d'une manière unique chaque enregistrement sans contenir des données applicatives, dans chaque table. Étant donné que XML ne fournit pas d'ID *per se*, il est logique d'en générer un chaque fois qu'une ligne est ajoutée à l'une de nos tables de bases de données relationnelles (les attributs ID sont manipulés un peu différemment, comme nous le verrons plus loin).

> **Règle 1 : Toujours créer une clé primaire.**
> **Chaque fois qu'une table est créée dans la base de données relationnelle :**
> **1. ajouter une colonne contenant un entier automatiquement incrémenté ;**
> **2. donner le nom de l'élément à la colonne et attacher « Clé » à la suite ;**
> **3. désigner cette colonne comme clé primaire dans la table créée.**

Notez que dans le script de création de tables, il est impossible de spécifier que chaque Facture doit comporter un seul client ou qu'elle peut avoir zéro ou plusieurs lignes de commande. Cela signifie que les structures relationnelles peuvent techniquement contenir des données inutilisables pour créer un document XML valide :

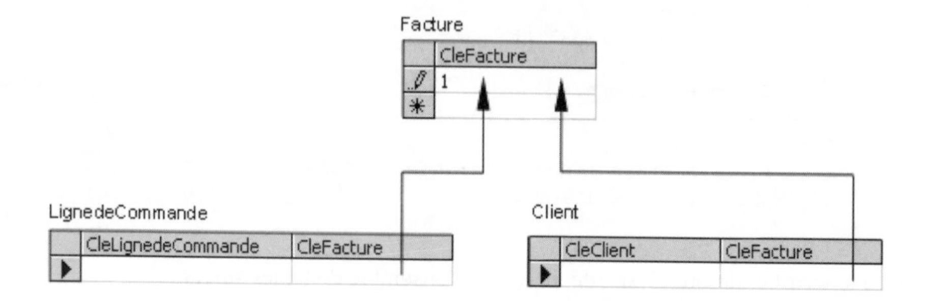

Bien que ces informations soient parfaitement acceptables du point de vue de la structure des tables, elles ne sont donc pas valides par rapport aux contraintes XML que nous avons définies : aucune ligne de commande n'est associée à la facture `1`. Pour appliquer les règles de la DTD dans notre base de données relationnelle, nous aurons besoin d'introduire des déclencheurs ou d'autres mécanismes.

Par conséquent, nous avons simplement appris à transférer un modèle de contenu simple à une structure relationnelle. Examinons maintenant ce qui se produit avec un modèle de contenu plus complexe.

Éléments contenant un sous-élément ou un autre

Des problèmes plus sérieux peuvent survenir lors de la définition de relations XML plus complexes, que les scripts de création de tables ne permettent pas de représenter. Par exemple, supposons que nous disposions du modèle de données suivant :

```
<!ELEMENT A (B | (C, D))>
<!ELEMENT B (...)>
<!ELEMENT C (...)>
<!ELEMENT D (...)>
```

Dans ce cas, l'élément A peut renfermer soit l'élément B soit l'élément C suivi de l'élément D. Selon ce modèle, la meilleure réalisation ressemble à la suivante :

```
CREATE TABLE A (
   ACle integer,
   )

CREATE TABLE B (
   BCle integer,
   ACle integer,
   )

CREATE TABLE C (
   CCle integer,
   ACle integer,
   )

CREATE TABLE D (
   DCle integer,
   ACle integer,
   )
```

À partir du script ci-dessus, la structure de tables apparaît ainsi :

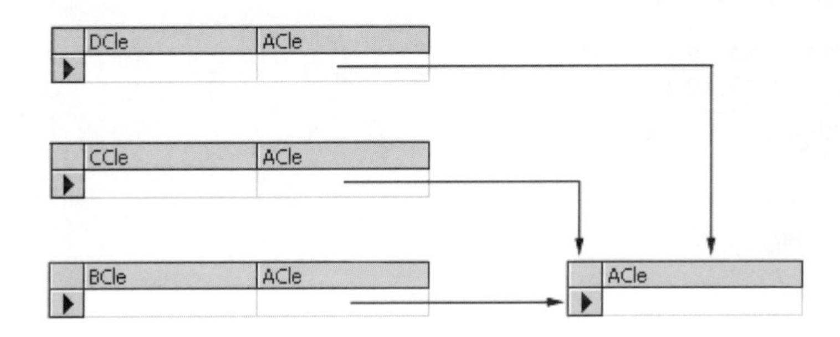

Comme il n'est pas possible de forcer un choix dans notre base de données relationnelle, aucun moyen n'est prévu pour spécifier une ligne B ou des lignes C et D pour la ligne A au lieu d'avoir les deux B, C et D.

Si nous souhaitons établir de telles relations dans notre base, nous aurons besoin d'introduire des déclencheurs ou un mécanisme empêchant les cas non-valides. Ainsi, nous pourrions en créer un dans la table B, qui supprimerait les lignes C et D pour la ligne A référencée par la ligne B et vice versa.

Règle 2 : Créer une table élémentaire.
Pour chaque élément structurel rencontré dans la DTD :
1. créer une table dans la base de données relationnelle ;
2. si l'élément structurel comporte un seul élément père autorisé ou s'il s'agit de l'élément racine de la DTD, ajouter une colonne, laquelle constituera une clé étrangère qui référencera l'élément père ;
3. rendre la clé étrangère obligatoire ;

Sous-éléments pouvant être contenus dans plusieurs éléments

Autre problème : celui où un sous-élément déterminé peut figurer dans plusieurs éléments. Jetons un coup d'œil à un exemple (`ch03_ex02.dtd`) :

```
<!ELEMENT Facture (Client, LignedeCommande*)>
<!ELEMENT Client (Adresse)>
<!ELEMENT LignedeCommande (Produit)>
<!ELEMENT Produit (Fabricant)>
<!ELEMENT Fabricant (Adresse)>
<!ELEMENT Adresse (#PCDATA)>
```

Dans ce cas, il est intéressant de noter que l'élément `adresse` peut être un fils de `Client` ou de `Fabricant`. Voici un échantillon XML représentant la structure de cette DTD (`ch03_ex02.xml`) :

```
<?xml version="1.0" encoding="ISO-8859-1" ?>
<!DOCTYPE listing SYSTEM "ch03 ex02.dtd" >

<Facture>

   <Client>
      <Adresse> </Adresse>
   </Client>

   <LignedeCommande>
      <Produit>
         <Fabricant>
            <Adresse> </Adresse>
         </Fabricant>
      </Produit>
   </LignedeCommande>

   <LignedeCommande>
...
   </LignedeCommande>

</Facture>
```

Comment représenter l'élément `Adresse` dans ce cas ? Nous ne pouvons pas simplement ajouter une table `Adresse` comportant à la fois `CleFabricant` et `CleClient`, contrairement au premier exemple où `Client` et `LignedeCommande` avaient toutes les deux des clés étrangères par rapport à `Facture`. Si nous le faisions, nous devrions associer le fabricant à la même adresse que le client (en utilisant les clés étrangères, nous devrions toujours lier les deux enregistrements à une adresse particulière).

Pour surmonter ce problème, nous devons adopter une approche légèrement différente. Plusieurs solutions existent. Aussi, commençons en examinant ce qui se produit lorsque nous n'ajoutons pas de clé étrangère.

Ne pas ajouter de clé étrangère

Le premier moyen de contourner la difficulté serait de créer une structure où la table `Adresse` renfermerait les champs `CleFabricant` et `CleClient` sans clés étrangères, comme illustré dans `ch03_ex02.sql` :

```
CREATE TABLE Client (
   CleClient integer,
   )
CREATE TABLE Fabricant (
   CleFabricant integer,
```

```
    )
CREATE TABLE Adresse (
    CleClient integer NULL,
    CleFabricant integer NULL,
    )
```

Voici les tables que ce script générerait :

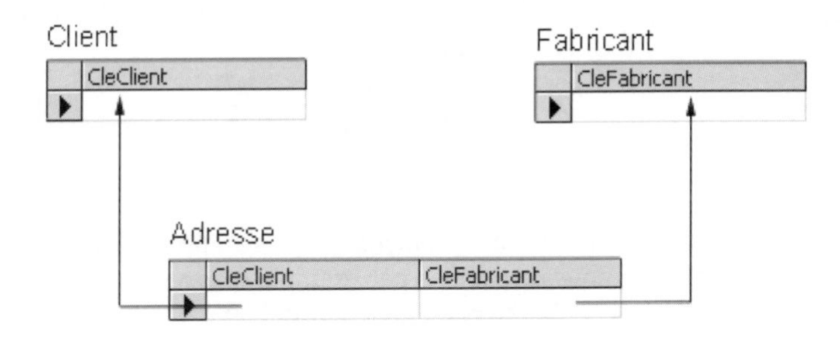

Cela fonctionnerait mais ce n'est généralement pas une bonne idée car cela pourrait conduire à des performances inférieures sur la plupart des plates-formes de bases de données relationnelles en fonction de la manière dont les jointures sont gérées de manière interne. Aussi, examinons d'autres options.

Utiliser plutôt un champ CleAdresse dans Client et Fabricant

Une autre possibilité serait de déplacer `CleAdresse` vers les tables `Client` et `Fabricant`, comme présenté dans le script suivant (`ch03_ex03.sql`) :

```
CREATE TABLE Adresse (
    CleAdresse integer, PRIMARY KEY (CleAdresse)
    )

CREATE TABLE Client (
    CleClient integer,
    CleAdresse integer,

    CONSTRAINT FK Adresse Client FOREIGN KEY (CleAdresse)
        REFERENCES Adresse (CleAdresse))

CREATE TABLE Fabricant (
    CleFabricant integer,
    CleAdresse integer,

    CONSTRAINT FK Adresse Fabricant FOREIGN KEY (CleAdresse)
        REFERENCES Adresse (CleAdresse))
```

Ce script sert à créer la structure de tables suivante :

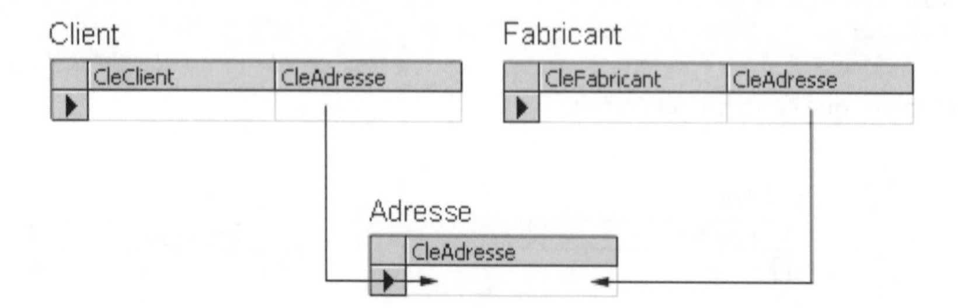

Cela fonctionne très bien lorsque le sous-élément `Adresse` apparaît seulement une fois dans chaque élément. Qu'adviendrait-il si nous disposions par exemple d'adresses séparées pour la facturation et la livraison ? Dans ce cas, un seul `CleAdresse` ne suffirait pas pour rendre possible la représentation contrairement à la DTD via le modificateur (+) ou (*).

Transférer les points de données vers le niveau supérieur

Si toutes les relations concernant le sous-élément sont un-à-un, le transfert des points de données à une structure de niveau supérieur, comme nous pouvons le constater ci-dessous dans `ch03_ex04.sql`, constitue une bonne solution :

```
CREATE TABLE Client (
   CleClient integer,
   AdresseClient varchar(30),
   VilleClient varchar(30),
   EtatClient char(2),
   CodePostalClient varchar(10))

CREATE TABLE Fabricant (
   CleFabricant integer,
   AdresseFabricant varchar(30),
   VilleFabricant varchar(30),
   EtatFabricant char(2),
   CodePostalFabricant varchar(10))
```

Ce script crée les tables suivantes :

Fabricant

CleFabricant	AdresseFabricant	VilleFabricant	EtatFabricant	CodePostalFabricant

Client

CleClient	AdresseClient	VilleClient	EtatClient	CodePostalClient

Cette solution fonctionne tout aussi bien que celle du déplacement de la clé étrangère vers des éléments parents. Du point de vue d'une base de données relationnelle, elle peut également être logique en raison d'une recherche plus rapide. Combien de bases de données connaissez-vous sur lesquelles des adresses et des informations relatives au destinataire sont stockées séparément ?

Ajouter des tables intermédiaires

Cette option, qui correspond au cas le plus général, permettra de gérer la situation où plusieurs adresses peuvent apparaître pour un client/fabricant (voir `ch03_ex05.sql` ci-dessous) :

```
CREATE TABLE Client (
   CleClient,
   ...)

CREATE TABLE Fabricant (
   CleFabricant,
   ...)

CREATE TABLE Adresse (
   CleAdresse,
   ...)

CREATE TABLE AdresseClient (
   CleClient,
   CleAdresse)
CONSTRAINT FK_Client_AdresseClient FOREIGN KEY (CleClient)
   REFERENCES Client (CleClient)
CONSTRAINT FK_Adresse_AdresseClient FOREIGN KEY (CleAdresse)
   REFERENCES Adresse (CleAdresse)

CREATE TABLE AdresseFabricant (
   CleFabricant,
   CleAdresse)
CONSTRAINT FK_Fabricant_AdresseFabricant FOREIGN KEY (CleFabricant)
   REFERENCES Fabricant (CleFabricant)
CONSTRAINT FK_Adresse_AdresseFabricant FOREIGN KEY (CleAdresse)
   REFERENCES Adresse (CleAdresse)
```

Ce script génère la structure de tables présentée ci-dessous :

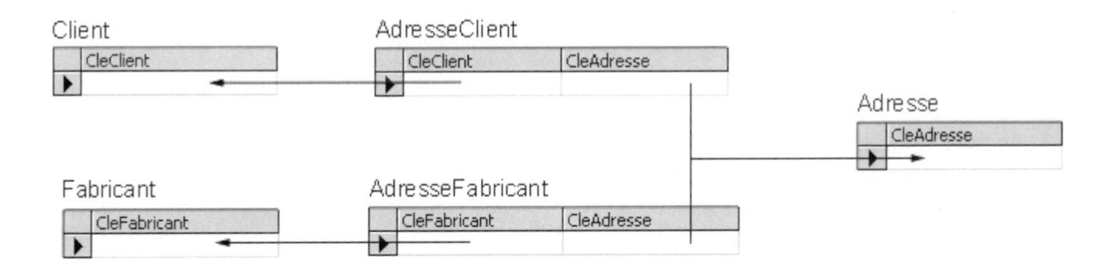

Il convient de noter qu'il entraînera un rendement très inférieur lorsque nous extrairons une adresse associée à un client/fabricant déterminé puisque le moteur de recherche aura besoin de repérer l'enregistrement dans la table intermédiaire avant d'extraire le résultat final. Néanmoins, cette solution s'avère la plus souple en termes de relations entre différentes données. En fonction de la nécessité de recourir à celle-ci, notre approche variera.

Conclusion

Plusieurs solutions sont offertes pour représenter divers modèles de contenu d'éléments. Dans le cas d'un contenu composé d'éléments seuls que nous avons étudié, nous devrions créer une table pour chaque élément dans notre base de données. Néanmoins, en raison des contraintes de code imposées par la DTD à XML, la modélisation de celles-ci peut s'avérer difficile au niveau de la base de données.

Heureusement, nous ne devrions pas rencontrer très souvent la situation où un élément peut être l'enfant de plusieurs pères et avoir différents types de contenu. Si nous devions cependant y faire face, nous devrions essayer de déplacer la clé étrangère vers les éléments pères (deuxième solution présentée) ou élever les points de données à une structure de niveau supérieur (troisième solution). En cas d'impossibilité, nous devrions adopter la solution des tables intermédiaires tout en étant conscients de ses conséquences sur les performances.

Règle 3 : Gérer plusieurs éléments pères.
Si un enfant déterminé peut avoir plusieurs pères et figurer zéro ou plusieurs fois dans ces derniers :
1. ajouter une clé étrangère, soit optionnelle soit requise en fonction de ce que voudrait la logique, à la table représentant l'élément père qui pointe vers l'enregistrement correspondant dans la table relative à l'enfant ;
2. si ce dernier apparaît zéro/une ou plusieurs fois, ajouter une table intermédiaire à la base de données, ce qui permet d'exprimer la relation entre le père et l'enfant.

En résumé, nous avons appris à créer des tables représentant le contenu structurel des éléments et à les lier à un autre contenu structurel. Cependant, cette possibilité n'existe que pour les sous-éléments dont la forme ne correspond pas à du texte seul. Voyons à présent la manière de gérer le texte seul.

Modèle de contenu de texte seul

En cas de texte seul, l'élément devrait être représenté dans notre base de données par une colonne ajoutée à la table correspondant à l'élément dans lequel il apparaît. En guise d'illustration, examinons la DTD suivante (`ch03_ex06.dtd`) :

```
<!ELEMENT Client (Nom, Adresse, Ville?, Etat?, CodePostal)>
<!ELEMENT Nom (#PCDATA)>
<!ELEMENT Adresse (#PCDATA)>
<!ELEMENT Ville (#PCDATA)>
<!ELEMENT Etat (#PCDATA)>
<!ELEMENT CodePostal (#PCDATA)>
```

Dans ce cas, nous tentons de stocker les informations relatives au client. Voici maintenant un échantillon XML (`ch03_ex06.xml`) :

```
<?xml version="1.0" encoding="ISO-8859-1" ?>
<!DOCTYPE listing SYSTEM "ch03 ex06.dtd" >
<Client>
   <Nom> </Nom>
   <Adresse> </Adresse>
   <Ville> </Ville>
   <Etat> </Etat>
```

```
    <CodePostal> </CodePostal>
  </Client>
```

Le script de création de tables correspondant pourrait apparaître ainsi (ch03_ex06.sql) :

```
CREATE TABLE Client (
   CleClient integer,
   Nom varchar(50),
   Adresse varchar(100),
   Ville varchar(50) NULL,
   Etat char(2) NULL,
   CodePostal varchar(10))
```

Il en résulterait la table suivante :

	CleClient	Nom	Adresse	Ville	Etat	CodePostal
▶						

Notez que nous avons arbitrairement attribué des tailles aux diverses colonnes car les DTD, très faiblement typées, nous indiquent bien que chacun de ces éléments peut contenir une chaîne mais de taille inconnue. Pour imposer de telles contraintes à notre base de données, il faut nous assurer que tous les documents XML stockés dans ces structures satisfont ces contraintes. Si nous optons pour des schémas XML, quand ils seront disponibles, ce problème disparaîtra.

Étant donné que `Ville` et `Etat` constituent des champs optionnels dans notre structure `Client`, nous leur avons attribué le type `NULL` dans notre table (si les éléments n'ont aucune valeur dans le document XML, utiliser NULL pour les colonnes concernées dans la table).

> **Règle 4 : Représenter les éléments contenant uniquement du texte.**
> **Si un élément ne contenant que du texte apparaît une fois tout au plus dans un élément père déterminé :**
> **1. pour stocker son contenu, ajouter une colonne à la table représentant l'élément père ;**
> **2. selon cet objectif, s'assurer que la taille de la colonne créée est suffisamment grande ;**
> **3. si l'élément est optionnel, utiliser NULL pour la colonne.**

Cette règle couvre les éléments spécifiés avec ou sans modificateur. Cependant, des cas plus complexes existent.

Plusieurs éléments contenant uniquement du texte

Il se peut que nous ayons affaire à plusieurs éléments de texte seul. Examinons un exemple dans lequel il existe plusieurs noms de client (ch4_ex07.dtd) :

```
<!ELEMENT Client (Nom+, Adresse, Ville?, Etat?, CodePostal)>
<!ELEMENT Nom (#PCDATA)>
<!ELEMENT Adresse (#PCDATA)>
<!ELEMENT Ville (#PCDATA)>
<!ELEMENT Etat (#PCDATA)>
<!ELEMENT CodePostal (#PCDATA)>
```

Dans ce cas, nous avons besoin d'ajouter une autre table pour représenter le nom du client :

```
CREATE TABLE Client (
   CleClient integer,
   Adresse varchar(100),
   Ville varchar(50) NULL,
   Etat char(2) NULL,
   CodePostal varchar(10),
   PRIMARY KEY (CleClient))
CREATE TABLE NomClient (
   CleClient integer,
   Nom varchar(50)
   CONSTRAINT FK Client NomClient FOREIGN KEY (CleClient)
      REFERENCES Client (CleClient))
```

Ce script nous donne la structure de tables suivante :

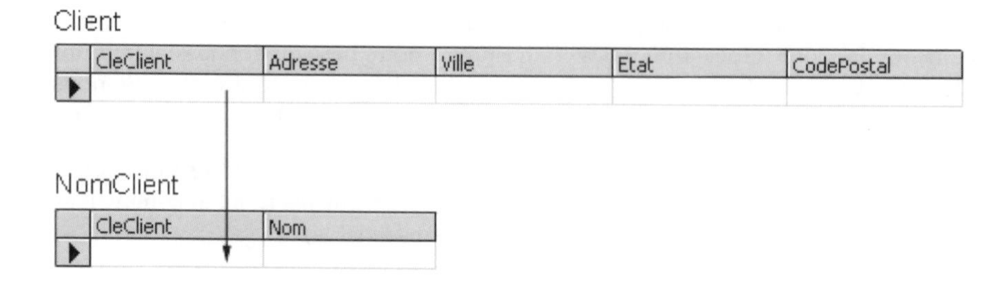

Pour chaque instance du sous-élément `nom` de `Client`, un nouvel enregistrement est ajouté à la table `NomClient` avec `CleClient` renvoyant à l'élément `Client`.

Si l'élément ne contenant que du texte est susceptible d'apparaître dans plusieurs éléments père, il est nécessaire d'ajouter une table intermédiaire, similaire à celle utilisée dans la règle 3, pour montrer la relation entre le père et l'enfant.

Règle 5 : Représenter plusieurs éléments contenant uniquement du texte.
Si un élément de texte seul figure plusieurs fois dans l'élément père :
1. créer une table pour stocker les valeurs du premier ainsi qu'une clé étrangère renvoyant à l'élément père ;
2. si l'enfant est susceptible d'apparaître plus d'une fois dans plusieurs éléments père, créer des tables intermédiaires pour exprimer la relation entre chaque père et cet enfant.

Il sera souvent nécessaire de se servir des trois règles précédentes à la fois. Par exemple, dans une structure XML utilisant des éléments ne contenant que du texte pour représenter les données, nous pourrions avoir ce qui suit :

```
<!ELEMENT Facture (DateFacture, NumeroFacture, Client, LignedeCommande*)>
<!ELEMENT Client (...)>
```

```
<!ELEMENT LignedeCommande(...)>
<!ELEMENT DateFacture (#PCDATA)>
<!ELEMENT NumeroFacture (#PCDATA)>
```

Dans ce cas, l'application entière de la règle 5 produit simultanément la structure suivante (ch03_ex08.sql) :

```
CREATE TABLE Facture (
   CleFacture integer,
   DateFacture datetime,
   NumeroFacture integer,
   PRIMARY KEY (CleFacture))

CREATE TABLE Client (
   CleClient integer,
   CleFacture integer,

   CONSTRAINT FK Facture Client FOREIGN KEY (CleFacture)
      REFERENCES Facture (CleFacture))

CREATE TABLE LignedeCommande(
   CleLignedeCommande integer,
   CleFacture integer,

   CONSTRAINT FK Facture LignedeCommande FOREIGN KEY (CleFacture)
      REFERENCES Facture (CleFacture))
```

Ce script générerait les tables suivantes :

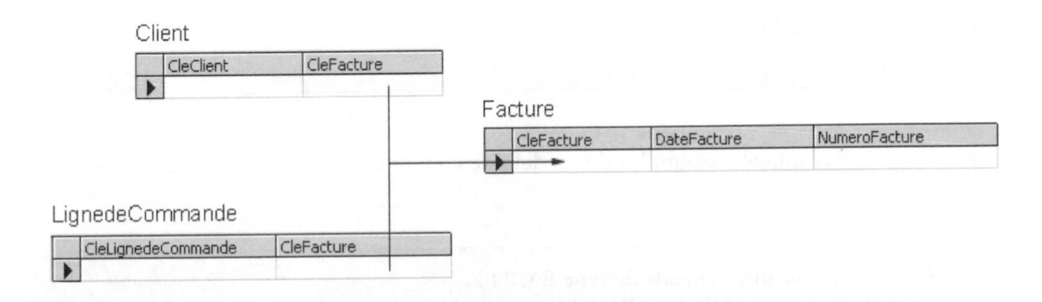

La conception de nos structures à l'aide de ces tables intermédiaires nous permettra d'exprimer plusieurs occurrences d'un élément de type texte, à l'intérieur d'un élément père, dans notre base de données relationnelle.

Modèle de contenu EMPTY

Vous rencontrerez souvent le modèle de contenu EMPTY dans un système où les attributs sont utilisés pour contenir des points de données. Dans un tel modèle, un élément devrait être présenté sous forme de table. Les colonnes de cette table découleront soit des relations de cet élément avec ses pères (clés étrangères) ou de tous les attributs associés à cet élément (nous traiterons de ce point un peu plus loin). Par exemple, nous pourrions avoir la structure suivante (`ch03_ex09.dtd`) :

```
<!ELEMENT Client EMPTY>
<!ATTLIST Client
   Nom CDATA #REQUIRED
   Adresse CDATA #REQUIRED
   Ville CDATA #IMPLIED
   Etat CDATA #IMPLIED
   CodePostal CDATA #IMPLIED>
```

Une telle DTD pourrait servir de modèle au document XML suivant (`ch03_ex09.xml`) :

```
<?xml version="1.0" encoding="ISO-8859-1" ?>
<!DOCTYPE listing SYSTEM "ch03 ex09.dtd" >
<Client   Nom="Bob"
          Adresse="Quelquepart"
          Ville="Unecertaineville"
          Etat="Uncertainendroit"
          CodePostal="SC" />
```

Cela se traduirait par le script suivant dans notre base de données relationnelle (`ch03_ex09.sql`) :

```
CREATE TABLE Client (
   CleClient integer,
   Nom varchar(50),
   Adresse varchar(100),
   Ville varchar(50) NULL,
   Etat char(2) NULL,
   CodePostal varchar(10))
```

Il en résulterait la table suivante :

CleClient	Nom	Adresse	Ville	Etat	CodePostal

Nous verrons davantage d'exemples de modèle de contenu `EMPTY` lorsque nous traiterons de la gestion appropriée des attributs.

Règle 6 : Gérer des éléments de type EMPTY.
Pour chaque élément de type EMPTY rencontré dans la DTD :
1. créer une table dans la base de données relationnelle.
2. si l'élément structurel comporte un seul élément père autorisé, ajouter une colonne, qui constituera une clé étrangère référençant l'élément père, à la table.
3. rendre la clé étrangère obligatoire.

Nous devrions rencontrer le plus souvent les trois modèles de contenu présentés ci-dessus, surtout dans des structures conçues pour stocker des données. Néanmoins, la malchance pourrait nous amener à faire face aux difficultés liées au modèle de contenu mixte ou `ANY`. Jetons-y donc un coup d'œil maintenant.

Modèle de contenu mixte

Outre la possibilité d'introduire du texte, rappelons qu'un élément dont le contenu est mixte fournit une liste des éléments fils pouvant éventuellement apparaître, dans n'importe quel ordre et un nombre indéterminé de fois. En guise d'illustration, examinons le modèle de l'élément paragraphe sous XHTML 1.0 (`ch03_ex10.dtd`) :

```
<!ELEMENT p (#PCDATA | a | br | largeur | bdo | objet | img | plan | tt | i | b |
            gros | petit | em | fort | dfn | code | q | sub | sup | samp |
            kbd | var | citation | abbr | sigle | entree | selection | zonetexte |
            etiquette | bouton | ins | del | script | nonscript)*>
```

Quelle liste ! Tous les éléments contenus, ainsi que des données caractères via `#PCDATA`, peuvent ainsi figurer dans un élément `<p>`, sous XHTML 1.0, dans n'importe quel ordre et sous n'importe quelle combinaison. Leur stockage dans une base de données relationnelle ne s'avérerait pas des plus aisés mais il n'est pas impossible. Étudions une solution éventuelle (`ch03_ex10.sql`) :

```
CREATE TABLE p (
   pCle integer,
   PRIMARY KEY (pCle))

CREATE TABLE TabledeReference (
   CleTabledeReference integer,
   NomTable varchar(255),
   PRIMARY KEY (CleTabledeReference))

CREATE TABLE ContenuTexte (
   CleContenuTexte integer,
   NomElement varchar(255) NULL,
   ContenuTexte varchar(255))

CREATE TABLE pSouselements (
   pCle integer
   CONSTRAINT FK_pSouselements_p FOREIGN KEY (pCle)
      REFERENCES p (pCle),
   CleTabledeReference integer
   CONSTRAINT FK_pSouselements_TabledeReference FOREIGN KEY (CleTabledeReference)
      REFERENCES TabledeReference (CleTabledeReference),
   CleTable integer,
   Sequence integer

   )
```

Il en résulte la structure de tables suivante :

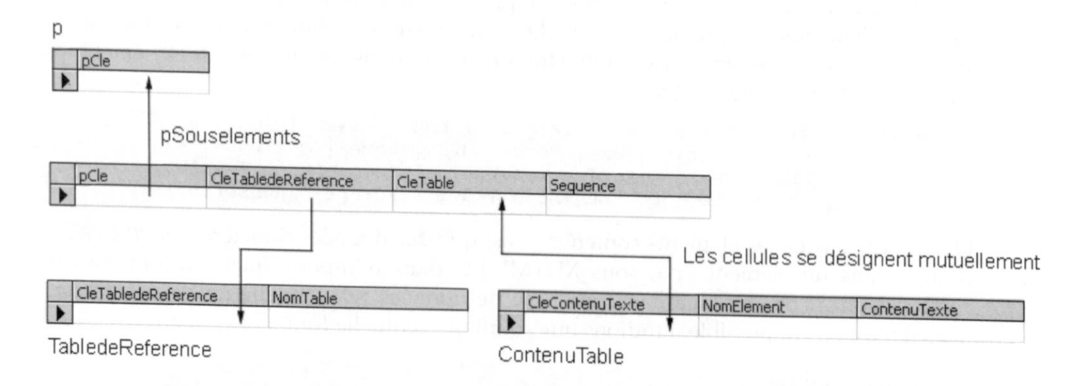

Son fonctionnement peut être ainsi décrit : la table p correspond à l'élément <p> (une ligne pour chacun). Il deviendra intéressant lorsque nous approfondirons le sujet. Auparavant, reprenons notre ancienne définition :

```
<!ELEMENT p (#PCDATA | a | br | largeur | bdo | objet | img | plan | tt | i | b |
            gros | petit | em | fort | dfn | code | q | sub | sup | samp |
            kbd | var | citation | abbr | sigle | entree | selection | zonetexte |
            etiquette | bouton | ins | del | script | nonscript)*>
```

En guise d'illustration, prétendons que d'autres structures sont imbriquées dans tous ces éléments. Nous traiterons de la gestion de texte seul imbriqué, dans un modèle de contenu mixte, un peu plus loin dans ce chapitre. En attendant, considérons le fragment suivant :

```
<p>Voici la portion d'un texte<b>gras</b>, une autre <i>italique</i>et la dernière.</p>
```

Pour représenter cette partie, nous aurons bien entendu une colonne dans la table p :

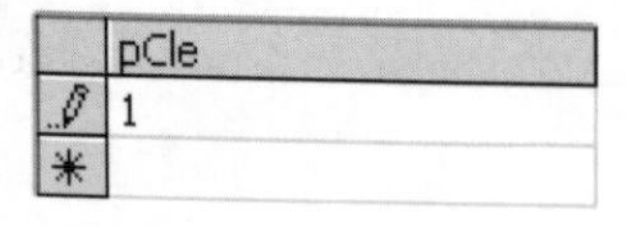

	pCle
✎	1
*	

Nous compléterons à l'avance tabledeReference avec une ligne pour chaque élément correspondant à une table dans notre base de données. Par ailleurs, nous ajouterons un enregistrement avec une clé de 0 correspondant à notre table de texte générique nommée ContenuTexte (comme suit).

CleTabledeReference	NomTable
0	ContenuTexte
1	p
2	a
3	br
4	largeur
5	bdo
6	objet
7	img
8	plan
9	tt
10	i
11	b
12	gros
13	petit
14	em
15	fort
16	dfn
17	code
18	q
19	sub
20	sup
21	samp
22	kbd
23	var
24	citation
25	abbr
26	sigle
27	entree
28	selection
29	zonetexte
30	etiquette
31	bouton
32	ins
33	del
34	script
35	nonscript

Maintenant, examinons la table `pSouselements`. Pour chaque nœud contenu dans un élément déterminé, `<p>`, nous relierons un nouvel enregistrement dans cette table à une partie précise des informations qui lui sont associées. Si nous décomposons l'élément `<p>` dans notre exemple, nous constaterons qu'il a les enfants suivants :

- un nœud de texte : `Voici la portion d'un texte.`
- un élément `<b>` ;
- un nœud de texte : `, une autre ;`
- un élément `<i>` ;
- un nœud de texte : `et la dernière.`

Ces informations sont ainsi représentées dans nos tables :

pSouselements

	pCle	CleTabledeReference	CleTable	Sequence
	1	0	1	1
	1	11	1	2
	1	0	2	3
	1	10	1	4
	1	0	3	5
*				

ContenuTexte

	CleContenuTexte	NomElement	ContenuTexte
	1	<NULL>	Voici la portion d'un texte.
	2	<NULL>	, une autre
	3	<NULL>	et la dernière.
*			

La table `pSouselements` nous indique qu'il en existe cinq dans l'élément `p`. Le premier morceau, le troisième et le cinquième sont constitués de texte. C'est pourquoi l'ID de référence de table est `0`. Pour découvrir la valeur de ces chaînes de texte, nous utilisons `CleTable`, ce qui permet de consulter la chaîne appropriée dans la table `ContenuTexte`. En ce qui concerne la deuxième partie des informations et la quatrième, nous nous servons de la valeur de `CleTabledeReference` pour rechercher le type d'éléments correspondant à ces situations, respectivement un élément `<b>` et un élément `<i>`. Nous pouvons ensuite passer aux tables représentant ces éléments pour découvrir leur contenu.

Une autre colonne dans `ContenuTexte` n'a pas encore servi. Il s'agit de `NomElement`. Cette colonne devrait être utilisée lorsqu'un sous-élément suit le modèle de contenu de texte seul. Cela nous évite d'ajouter une autre table contenant simplement une valeur texte et ressemble à notre approche relative au contenu de texte seul pour les sous-éléments de structures.

Par conséquent, si nous supposons que tous les sous-éléments éventuels peuvent renfermer uniquement du texte dans notre exemple précédent, nous représenterons de la manière suivante le contenu des tables dans notre base de données :

pSouselements

pCle	CleTabledeReference	CleTable	Sequence
1	0	1	1
1	11	1	2
1	0	2	3
1	10	1	4
1	0	3	5

ContenuTexte

CleContenuTexte	NomElement	ContenuTexte
1	<NULL>	Voici la portion d'un texte.
2	"b"	gras
3	<NULL>	, une autre
4	"i"	italique
5	<NULL>	et la dernière.

La définition du contenu d'un élément nous indique les valeurs autorisées pour `NomElement` et/ou `CleTabledeReference`. Si nous souhaitons imposer cette contrainte dans la base de données, nous avons besoin d'inclure un mécanisme de déclenchement ou d'un autre type pour empêcher les valeurs inacceptables d'apparaître dans ces colonnes réservées aux éléments `p` ou à leurs sous-éléments texte.

Règle 7 : Représenter des éléments de contenu mixte.
Si un élément suit le modèle de contenu mixte :
1. créer une table en la nommant TabledeReference, sauf si elle existe déjà, insérer des lignes pour chaque table de la base de données ainsi qu'une ligne zéro pointant vers une table nommée ContenuTexte ;
2. ajouter une clé, une chaîne représentant le nom de l'élément dans le cas de texte seul et une valeur texte ;
3. créer ensuite deux tables (une pour l'élément et une autre pour relier les différentes parties de cet élément) désignées respectivement sous le nom de l'élément et sous le nom de l'élément suivi de celui du sous-élément ;
4. dans la table des sous-éléments, inclure une clé étrangère renvoyant à la table de l'élément principal, une clé de référence de table qui pointe vers la table de l'élément pour le contenu des sous-éléments, une clé de table dirigée vers une ligne spécifique à l'intérieur de cette table ainsi qu'un compteur de séquence indiquant la place d'un sous-élément ou d'un élément texte à l'intérieur de l'élément.

À ce moment, il est probable que la raison exacte pour laquelle nous devrions éviter le modèle de contenu mixte pour la représentation de données apparaît clairement : les structures relationnelles qui en résultent sont difficiles à parcourir et à rechercher et le processus d'analyse et de stockage est relativement complexe. Avant de revenir à des sujets plus simples, nous avons cependant besoin de traiter brièvement du modèle de contenu ANY.

Modèle de contenu ANY

Heureusement ou malheureusement, le cas du contenu ANY est simplement plus général que celui du contenu mixte défini ci-dessus. La même stratégie peut servir à stocker un élément avec un modèle de contenu ANY. La seule différence réside dans l'absence de contrainte par rapport aux valeurs autorisées de `NomElement` et de `CleTabledeReference`. Par définition, le modèle de contenu ANY permet à tout élément défini dans la DTD d'apparaître. Dans ce cas, nous nous passerons d'un autre exemple étant donné que la technique de stockage d'un élément à l'aide du modèle de contenu ANY est exactement la même que celle utilisée pour un élément de contenu mixte.

Règle 8 : Gérer des éléments de contenu ANY.
Si un élément suit le modèle de contenu ANY :
1. créer une table en la nommant TabledeReference sauf si elle existe déjà et insérer des lignes pour chaque table de la base de données ;
2. ajouter une ligne zéro pointant vers une table nommée ContenuTexte ;
3. créer cette table avec une clé, une chaîne représentant le nom de l'élément dans le cas de texte seul et une valeur texte ;
4. créer ensuite deux tables, une pour l'élément et une autre pour relier les différentes parties de cet élément, désignées respectivement sous le nom de l'élément et sous le nom de l'élément suivi de celui du sous-élément ;
5. dans la table des sous-éléments, inclure une clé étrangère renvoyant à la table de l'élément principal, une clé de référence de table pointée vers la table de l'élément pour le contenu des sous-éléments, une clé de table dirigée vers une ligne spécifique à l'intérieur de cette table ainsi qu'un compteur de séquence indiquant la place d'un sous-élément ou d'un élément texte à l'intérieur de l'élément.

Passons maintenant aux attributs et à leur représentation dans une base de données relationnelle.

Déclarations de listes d'attributs

Il existe six types d'attributs dont nous aurons besoin pour développer une stratégie de gestion de leur stockage dans notre base de données relationnelle :

- ❑ `CDATA` ;
- ❑ listes d'énumération ;
- ❑ `ID` ;
- ❑ `IDREF/IDREFS` ;
- ❑ `NMTOKEN/NMTOKENS` ;
- ❑ `ENTITY/ENTITIES`.

Nous passerons chacun d'eux en revue et apprendrons à concevoir des structures durables.

CDATA

Les attributs de type CDATA sont les plus courants. À titre de rappel, ces attributs peuvent prendre n'importe quelle valeur de chaîne, ce qui les rend idéals pour les colonnes associées à la table relative à l'élément auquel ils appartiennent. En guise d'exemple, prenons cette DTD (ch03_ex11.dtd) :

```
<!ELEMENT Client EMPTY>
<!ATTLIST Client
   Nom CDATA #REQUIRED
   Adresse CDATA #REQUIRED
   Ville CDATA #REQUIRED
   Etat CDATA #REQUIRED
   CodePostal CDATA #REQUIRED>
```

Celle-ci correspondrait au script de table suivant (ch03_ex11.sql) :

```
CREATE TABLE Client (
   CleClient integer,
   Nom varchar(50),
   Adresse varchar(100),
   Ville varchar(50) NULL,
   Etat char(2) NULL,
   CodePostal varchar(10))
```

Une fois exécuté, ce dernier apparaît ainsi :

	CleClient	Nom	Adresse	Ville	Etat	CodePostal
▶						

À titre de rappel, les attributs CDATA peuvent être spécifiés à l'aide de #REQUIRED, #IMPLIED ou #FIXED. De même que dans l'exemple ci-dessus, si un attribut CDATA est accompagné de #REQUIRED, sa valeur devrait être obligatoire dans la base de données relationnelle. En revanche, s'il est défini avec #IMPLIED, la valeur autorisée devrait être NULL. Quant à l'indication #FIXED, elle devrait probablement être écartée, sauf si votre base de données relationnelle requiert ce renseignement pour d'autres objectifs (tels que des informations de routage dans des documents issus de plusieurs sources).

Règle 9 : Attributs CDATA.
Pour chaque attribut de type CDATA :
1. ajouter une colonne à la table correspondant à l'élément associé à cet attribut et donner le nom de l'élément à la table :
2. pour la colonne, déclarer une chaîne de longueur variable ainsi qu'une taille maximale suffisamment grande pour ne pas la dépasser lors de la manipulation des valeurs prévues pour l'attribut.

Règle 10 : Attributs REQUIRED/IMPLIED/FIXED.
1. Si un attribut est spécifié à l'aide de #REQUIRED, il devrait être requis dans la base de données.
2. Dans le cas de #IMPLIED, utiliser NULL dans toutes les colonnes qui en résultent.
3. Avec #FIXED, l'attribut devrait être stocké puisqu'il pourrait par exemple être nécessaire en tant que constante dans un calcul effectué au niveau de la base de données. Dans ce cas, appliquer la première partie de la règle relative à #REQUIRED.

Listes d'énumération

Lorsqu'un attribut peut prendre l'une des valeurs spécifiées dans une liste d'énumération, une table de référence sert à la modélisation dans une base de données relationnelle. Prenons ci-dessous un exemple dans lequel le type de client est indiqué :

```
<!ELEMENT Client EMPTY>
<!ATTLIST Client
   TypeClient (Entreprise | Consommateur | Gouvernement) #REQUIRED>
```

Dans ce cas, l'attribut `TypeClient` doit avoir l'une des trois valeurs suivantes : `Entreprise`, `Consommateur` ou `Gouvernement`. L'exemple ci-dessous détaille la table de référence nécessaire pour ajouter les contraintes de cet attribut dans notre base de données (`ch03_ex12.sql`) :

```
CREATE TABLE ReferenceTypeClient (
   TypeClient smallint,
   DescTypeClient varchar(100)
   PRIMARY KEY (TypeClient))

CREATE TABLE Client (
   CleClient integer,
   TypeClient smallint
   CONSTRAINT FK_Client_ReferenceTypeClient FOREIGN KEY (TypeClient)
      REFERENCES ReferenceTypeClient (TypeClient))

INSERT ReferenceTypeClient (TypeClient, DescTypeClient)
   VALUES (1, 'Entreprise')

INSERT ReferenceTypeClient (TypeClient, DescTypeClient)
   VALUES (2, 'Consommateur')

INSERT ReferenceTypeClient (TypeClient, DescTypeClient)
   VALUES (3, 'Gouvernement')
```

Ce script génère l'ensemble de tables suivant :

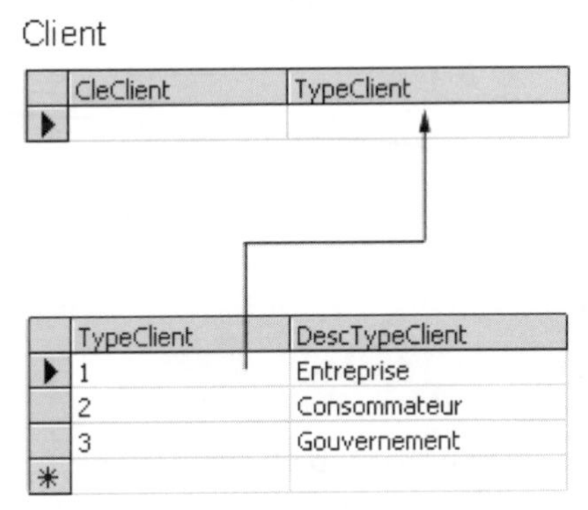

Maintenant, tous les enregistrements ajoutés à la table `Client` doivent établir des correspondances avec les valeurs de Type`Client` rencontrées dans la table `ReferenceTypeClient`.

Lorsque nous recourons à cette technique, le seul avertissement à donner est de faire attention aux attributs multiples de même nom ayant des valeurs autorisées différentes. En guise d'exemple, prenons ce fragment DTD :

```
<!ELEMENT Client EMPTY>
<!ATTLIST Client
   TypeClient (Entreprise | Consommateur | Gouvernement) #REQUIRED>

<!ELEMENT Facture EMPTY>
<!ATTLIST Facture
   TypeClient (Nouveau | Régulier | Privilégié) #REQUIRED>
```

Dans ce cas, il existe deux attributs dénommés `TypeClient` avec une signification différente selon le contexte de l'élément auquel il est lié : `TypeClient` se réfère au statut pour l'élément `Client` et aux prix pour `Facture`. Bien entendu, nous ne pouvons pas simplement inclure les deux listes dans une table dénommée `ReferenceTypeClient`. Deux tables de référence différentes sont nécessaires au lieu d'une. Lorsque le cas se produit, une approche consiste à ajouter le nom de l'élément à celui de l'attribut en préfixe pour les besoins de la table de référence. Ainsi, `ReferenceTypeClient` deviendrait `ClientReferenceTypeClient` et `FactureReferenceTypeClient`.

Règle 11 : Valeurs d'attributs de type ÉNUMÉRÉ.
Pour de tels attributs :
1. créer un champ de deux octets qui contiendra un entier correspondant à la valeur énumérée ;
2. produire une table de référence qui portera le même nom que l'attribut avec le terme « Référence » attaché à la suite ;
3. insérer une ligne dans la table de l'élément pour chaque valeur éventuelle de l'attribut énuméré ;
4. transformer cette valeur en entier.

ID et IDREF

Les attributs ID servent à identifier de manière unique les éléments à l'intérieur d'un document XML. Ceux de type IDREF renvoient à d'autres éléments dont les attributs ID correspondent. Pour stocker des informations de type ID, deux approches, en fonction des circonstances, sont possibles. Voici quelques exemples :

Exemple 1

Dans ce premier exemple, IDClient représentera peut-être une clé dans la base de données relationnelle relative au client.

```
<!ELEMENT Client EMPTY>
<!ATTLIST Client
   IDClient ID #REQUIRED>
<Client IDClient="Client3917" />
```

Des informations transmises comme faisant partie du document XML pourraient être insérées ou mises à jour dans une base de données relationnelle en fonction de l'existence d'une ligne correspondant à la clé. Par exemple, avec IDClient="Client3917", nous devrions garder la valeur provenant de XML en l'insérant ou en la mettant à jour dans la colonne IDClient.

Dans le cas suivant, les attributs ID servent à apporter des précisions supplémentaires dans le document XML : pour une facture, ils indiquent si un client déterminé est un client à facturer (ClientFacturation) ou un client à livrer (ClientLivraison).

```
<!ELEMENT Client EMPTY>
<!ATTLIST Client
   IDClient ID #REQUIRED>
<Client IDClient="ClientFacturation" />
<Client IDClient="ClientLivraison" />
```

Les informations devraient alors être conservées dans un champ non-clé comme s'il s'agissait du type CDATA puisque les valeurs elles-mêmes ont une signification (outre celle de pointage).

Exemple 2

Dans l'exemple suivant, l'attribut IDClient peut être seulement conçu pour autoriser l'expression des liens entre ID et IDREF(S). Quant à la valeur ClientUn, elle n'a pas de signification intrinsèque en dehors du document XML dans lequel elle apparaît :

```
<!ELEMENT Client EMPTY>
<!ATTLIST Client
   IDClient ID #REQUIRED>
<Client IDClient="ClientUn" />
```

Dans ce cas, nous stockerions l'ID dans une table de référence, ce qui permettrait à d'autres données d'être reliées à cet enregistrement lorsque IDREF(S) apparaît pour les référencer.

Élargissons maintenant notre approche à l'aide de la DTD suivante (ch03_ex12.dtd) :

```
<!ELEMENT Commande (Client, Facture)>

<!ELEMENT Client EMPTY>
<!ATTLIST Client
   IDClient ID #REQUIRED>
```

```
<!ELEMENT Facture EMPTY>
<!ATTLIST Facture
   IDFacture ID #REQUIRED
   IDREFClient IDREF #REQUIRED>
```

Voici un document XML conforme à ce modèle (`ch03_ex12.xml`) :

```
<?xml version="1.0" encoding="ISO-8859-1" ?>
<!DOCTYPE listing SYSTEM "ch03_ex12.dtd" >

<Commande>
   <Client IDClient="Client3917" />
   <Facture IDFacture="Facture19283" IDREFClient="Client3917" />
</Commande>
```

Dans ce cas, nous pouvons constater le lien entre l'`ID` et l'`IDREF` à l'intérieur d'une structure du document. L'ID du client est associé au numéro de la facture. Dans une base de données, l'attribut `IDREF` devrait apparaître sous forme de clé étrangère renvoyant à la ligne correspondant à l'élément contenant la valeur `ID`.

Voyons son fonctionnement dans la base de données. Dans le script suivant, `ch03_ex12.sql`, nous créons une table `Client`, puis une autre dénommée `Facture`. Cette dernière renferme la clé étrangère renvoyant à la clé primaire de la table `Client` :

```
   CREATE TABLE Client (
      CleClient integer,
      PRIMARY KEY (CleClient))

   CREATE TABLE Facture (
      CleFacture integer,
      CleClient integer
      CONSTRAINT FK_Client_Facture FOREIGN KEY (CleClient)
         REFERENCES Client (CleClient))
```

Voici la structure de tables que nous avons créée :

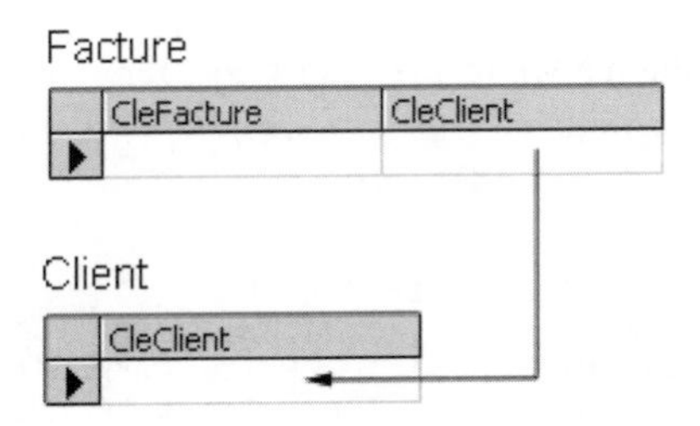

Lorsque l'élément `Facture` est analysé, nous constatons l'existence d'une référence à un élément `Client`. Nous faisons alors correspondre le `CleClient` apparaissant avec `IDREF` dans `Facture` et celui figurant avec `ID` dans `Client`.

Par ailleurs, il se pourrait que l'élément `Facture` soit placé avant l'élément `Client` vers lequel il pointe. C'est pourquoi nous devons nous montrer prudents lorsque nous relions les clés étrangères : pendant l'analyse du document, il se peut que nous ayons besoin de nous « souvenir » des ID rencontrés et des lignes qui en résultent pour pouvoir agir en conséquence sur les clés étrangères.

Si nous n'avons pas conçu les structures XML, nous devrions également guetter les attributs `IDREF` qui ne mettent pas bien en évidence le type d'élément vers lequel ils pointent. Prenons l'exemple suivant :

```
<!ELEMENT Client EMPTY>
<!ATTLIST Client
   IDClient ID #REQUIRED>

<!ELEMENT Facture EMPTY>
<!ATTLIST Facture
   IDFacture ID #REQUIRED
   IDREFClient IDREF #REQUIRED>

<Client IDClient="Client3917" />
<Facture IDFacture="Facture19283" IDREFClient="Client3917" />
```

Certes, la structure ci-dessus est parfaitement acceptable sous XML mais, en réalité, `IDREFClient` renvoie à un élément `Client`, ce qui serait seulement révélé par une analyse.

Finalement, la structure XML pourrait être conçue de telle manière qu'un attribut `IDREF` pointerait vers un type d'élément inconnu. Illustrons ce point (`ch03_ex13.dtd`) :

```
<!ELEMENT Commande (Business, Consommateur, Facture)>

<!ELEMENT Business EMPTY>
<!ATTLIST Business
   IDBusiness ID #REQUIRED>

<!ELEMENT Consommateur EMPTY>
<!ATTLIST Consommateur
   IDConsommateur ID #REQUIRED>

<!ELEMENT Facture EMPTY>
<!ATTLIST Facture
   IDFacture ID #REQUIRED
   IDREFclient IDREF #REQUIRED>
```

Voici maintenant un échantillon XML (`ch03_ex13.xml`) :

```
<?xml version="1.0" encoding="ISO-8859-1"?>
<!DOCTYPE listing SYSTEM "ch03_ex13.dtd" >

<Commande>
   <Business IDBusiness="Business281" />
   <Consommateur IDConsommateur="Consommateur27615" />
   <Facture IDFacture="Facture19283" IDREFclient="Business281" />
   <Facture IDFacture="Facture19284" IDREFclient="Consommateur27615" />
</Commande>
```

Dans ce cas, il est nécessaire de recourir à une sorte de discrimination pour indiquer l'élément pointé. Cette méthode est similaire à celle utilisée pour la gestion des éléments de contenu mixte. D'abord, nous devons créer une table de référence qui renferme toutes les tables des structures SQL. Ensuite, nous insérons `CleTabledeReference` dans la structure `Facture`, en mettant en évidence l'élément pointé par la clé étrangère. Ces opérations nous donnent le script de création de tables présenté ci-après (`ch03_ex13.sql`).

```
CREATE TABLE TabledeReference (
   CleTabledeReference integer,
   NomTable varchar(255),
   PRIMARY KEY(CleTabledeReference))

CREATE TABLE Business (
   CleBusiness integer)

CREATE TABLE Consommateur (
   CleConsommateur integer)

CREATE TABLE Facture (
   CleFacture integer,
   CleClientCleTabledeReference integer,
   CleClient integer
   CONSTRAINT FK_Facture_TabledeReference FOREIGN KEY (CleClientCleTabledeReference)
      REFERENCES TabledeReference (CleTabledeReference))
```

Après avoir complété les résultats avec quelques valeurs servant d'exemples, les tables apparaissent ainsi :

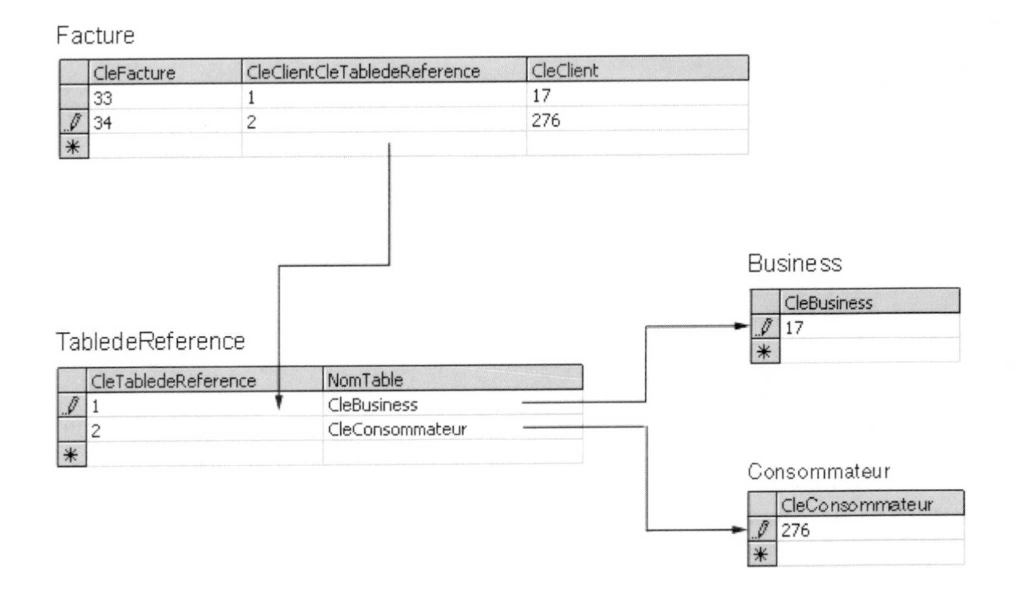

La table `Facture` référence celle dénommée `TabledeReference` via la colonne `CleClientCleTabledeReference` en vue de trouver le nom de la table stockant `CleClient`. Avant de retourner la valeur correcte de ce dernier, `TabledeReference` établit un lien avec d'autres tables : `Business` et `Consommateur`.

Règle 12 : Gérer des attributs ID.
1. Si un attribut de type ID a une signification hors du contexte du document XML, stocker cet attribut dans la base de données.
2. S'il s'agit d'une représentation de la valeur de la clé primaire, nous pouvons nous en servir pour insérer ou mettre à jour des enregistrements dans la base de données.
3. À part cela, nous pouvons simplement le garder de manière à le relier à tout IDREF ou IDREFS pointant vers lui à un autre endroit du document.

Règle 13 : Gérer des attributs IDREF.
1. Si un attribut IDREF pointe toujours vers un type d'élément déterminé, ajouter une clé étrangère à l'élément qui référence la clé primaire de l'élément vers lequel l'attribut pointe.
2. Si l'attribut IDREF pointe vers plusieurs types d'élément, ajouter une clé de référence de table indiquant la table à laquelle la clé correspond.

IDREFS

Les attributs de type `IDREFS` doivent être gérés un peu différemment puisqu'ils acceptent l'expression de relations plusieurs-à-plusieurs. Examinons un exemple (`ch03_ex14.dtd`) :

```
<!ELEMENT Commande (Facture, Article)>

<!ELEMENT Facture EMPTY>
<!ATTLIST Facture
   IDFacture ID #REQUIRED>

<!ELEMENT Article EMPTY>
<!ATTLIST Article
   IDArticle ID #REQUIRED
   IDREFSFacture IDREFS #REQUIRED>
```

Nous pouvons nous servir du modèle ci-dessus pour écrire un échantillon XML illustrant une relation plusieurs-à-plusieurs : la facture peut contenir beaucoup d'articles différents et un article peut apparaître sur différentes factures (sur deux factures, nous trouvons `Article1` comme dans `ch03_ex14.dtd`).

```
<?xml version="1.0" encoding="ISO-8859-1" ?>
<!DOCTYPE listing SYSTEM "ch03_ex14.dtd" >

<Commande>
   <Facture IDFacture="Facture1" />
   <Facture IDFacture="Facture2" />
   <Article IDArticle="Article1" IDREFSFacture="Facture1 Facture2" />
   <Article IDArticle="Article2" IDREFSFacture="Facture1" />
</Commande>
```

Pour représenter cela dans une base de données relationnelle, nous avons besoin de créer une table de jointure pour prendre la relation en charge. Voyons la manière d'atteindre cet objectif (`ch03_ex14.sql`) :

```
   CREATE TABLE Facture (
      CleFacture integer,
      PRIMARY KEY (CleFacture))
```

```
CREATE TABLE Article (
   CleArticle integer,
   PRIMARY KEY (CleArticle))

CREATE TABLE ArticleFacture (
   CleFacture integer
CONSTRAINT FK Facture ArticleFacture FOREIGN KEY (CleFacture)
      REFERENCES Facture (CleFacture),
   CleArticle integer
   CONSTRAINT FK Facture ArticleFacture FOREIGN KEY (CleArticle)
      REFERENCES Article (CleArticle))
```

Dans ce cas, nous avons désigné une table de jointure sous le nom d'`ArticleFacture`, laquelle renferme des clés étrangères référençant `Facture` et `Article`. De cette manière, la relation plusieurs-à-plusieurs entre deux tables peut être exprimée, comme présenté ci-dessous :

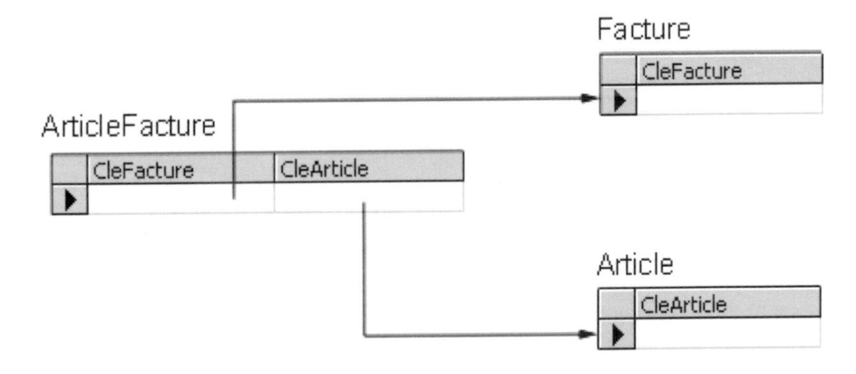

Cette stratégie fonctionne correctement à condition que l'attribut `IDREFS` pointe seulement vers des éléments d'un type déterminé.

Dans le cas contraire, nous avons besoin d'ajouter une clé de référence de table à la table de jointure pour indiquer le type d'élément référencé. En guise d'illustration, voici un exemple de modélisation (`ch03_ex15.dtd` et `ch03_ex15.xml`) :

```
<!ELEMENT Commande (Facture, PDV, Article)>

<!ELEMENT Facture EMPTY>
<!ATTLIST Facture
   IDFacture ID #REQUIRED>

<!ELEMENT PDV EMPTY>
<!ATTLIST PDV
   IDPDV ID #REQUIRED>

<!ELEMENT Article EMPTY>
<!ATTLIST Article
```

```
    IDArticle ID #REQUIRED
    IDREFSLivraison IDREFS #REQUIRED>
```

```
<?xml version="1.0" encoding="ISO-8859-1" ?>
<!DOCTYPE listing SYSTEM "ch03 ex15.dtd" >
<Commande>
   <Facture IDFacture="Facture1" />
   <PDV PDVID="PDV1" />
   <Article IDArticle="Article1" IDREFSLivraison="Facture1 PDV1" />
   <Article IDArticle="Article2" IDREFSLivraison="Facture1" />
</Commande>
```

Pour gérer ce cas, le script SQL de création de tables apparaît ainsi (`ch03_ex15.sql`) :

```
CREATE TABLE TabledeReference (
   CleTabledeReference integer,
   NomTable varchar(255),
   PRIMARY KEY (CleTabledeReference))

CREATE TABLE Facture (
   CleFacture integer)
CREATE TABLE PDV (
   ClePDV integer)

CREATE TABLE Article (
   CleArticle integer,
   PRIMARY KEY (CleArticle))

CREATE TABLE LivraisonFacture (
   CleTabledeReference integer
CONSTRAINT FK TabledeReference ArticleLivraison FOREIGN KEY
(CleTabledeReference)
      REFERENCES TabledeReference (CleTabledeReference),
   CleLivraison integer,
   CleArticle integer
   CONSTRAINT FK Article ArticleLivraison FOREIGN KEY (CleArticle)
      REFERENCES Article (CleArticle))
```

Dans le schéma ci-dessous, nous compléterions alors la colonne de clé de référence de table, à peu près comme dans le cas où `IDREF` pouvait pointer vers plusieurs types d'élément :

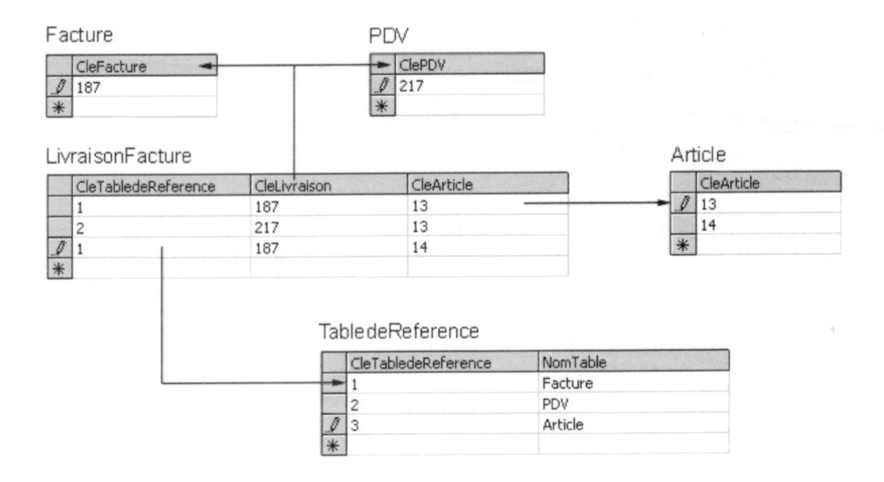

Règle 14 : Gestion des attributs IDREFS.
1. Si un attribut IDREFS est présent pour un élément, insérer une table de jointure nommée à partir de l'élément qui contient l'attribut et de celui pointé via la concaténation, ces deux éléments étant référencés grâce à une clé étrangère.
2. Si IDREFS pointe vers des éléments de différents types, supprimer la clé étrangère et ajouter une clé de référence de table indiquant le type d'élément pointé.
3. Ajouter une relation de clé étrangère entre la table mentionnée et celle de référence. Cette dernière contient les noms de toutes les tables de la base de données SQL.

NMTOKEN et NMTOKENS

Un attribut de type NMTOKEN doit avoir une valeur composée de lettres, de chiffres, de points, de tirets, de traits de soulignement et de deux-points. En réalité, nous pouvons l'assimiler à un attribut de type CDATA même si des restrictions importantes existent quant à ses valeurs éventuelles. Par conséquent, nous pouvons le stocker de la même manière qu'un attribut de type CDATA, comme illustré dans les fragments de la DTD et XML suivants :

```
<!ELEMENT Client EMPTY>
<!ATTLIST Client
   NumeroReference NMTOKEN #REQUIRED>
<Client NumeroReference="H127X9Y57" />
```

La table correspondante serait la suivante :

```
CREATE TABLE Client (
   NumeroReference varchar(50))
```

En cas d'utilisation de NMTOKENS, l'attribut doit contenir une série de jetons qui obéissent aux règles relatives à NMTOKEN à la différence près qu'elles sont délimitées par des espaces. Ainsi, nous pourrions disposer de la définition suivante (ch03_ex16.dtd et ch03_ex16.xml) :

```
<!ELEMENT Client EMPTY>
<!ATTLIST Client
   NumeroReference NMTOKENS #REQUIRED>
```

```
<?xml version="1.0" encoding="ISO-8859-1" ?>
<!DOCTYPE listing SYSTEM "ch03 ex16.dtd" >
<Client NumeroReference="H127X9Y57 B235Z2X99" />
```

Dans ce cas, nous avons besoin de créer une table supplémentaire pour stocker les numéros de référence étant donné que la plupart peuvent figurer dans le même élément `Client`, comme présenté ci-dessous dans `ch03_ex16.sql` :

```
CREATE TABLE Client (
   CleClient integer)
CREATE TABLE NumeroReference (
   CleNumeroReference integer,
   CleClient integer,
   CONSTRAINT FK Client NumeroReference FOREIGN KEY (CleCLient)
   REFERENCES Client (CleClient)
   NumeroReference varchar(50))
```

Il en résulte les tables suivantes :

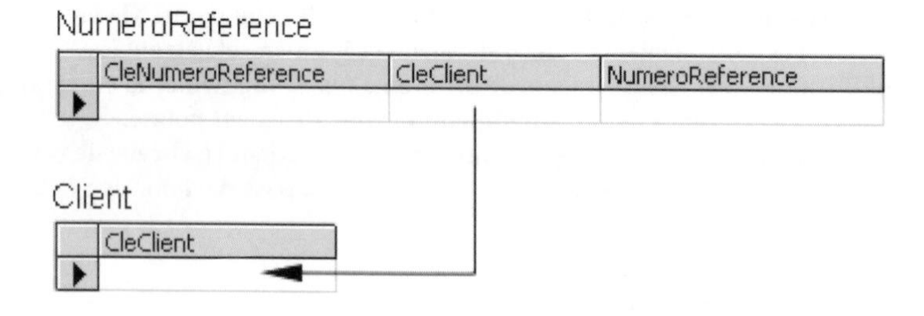

Dans l'exemple XML précédent, nous avions créé des lignes : une pour `Client` et deux pour `NumeroReference` (en fonction du nombre de jetons de l'attribut NMTOKENS).

> **Règle 15 : Attributs NMTOKEN.**
> **Pour chacun d'eux, créer une colonne dans la table correspondant à l'élément stockant la valeur de l'attribut.**

> **Règle 16 : Attributs NMTOKENS.**
> **1. Pour chacun d'eux, créer une table avec une clé primaire automatiquement incrémentée, une clé étrangère référençant la ligne de la table qui correspond à l'élément dans lequel l'attribut figure et une chaîne qui renfermera la valeur de chaque jeton existant dans la valeur de l'attribut.**
> **2. Insérer une ligne dans cette table chaque fois qu'un jeton figure dans la valeur de l'attribut destinée à l'élément.**

ENTITY et ENTITIES

Les attributs déclarés de type ENTITY ou ENTITIES servent à spécifier des entités non analysées, lesquelles sont associées à un élément. Ils contiennent un ou plusieurs jetons, ce dernier cas s'appliquant aux attributs de type ENTITIES. Chacune de ces valeurs doit correspondre au nom d'une entité déclarée dans la DTD. Apprenons à stocker ces informations.

```
<!NOTATION gif PUBLIC "GIF">
<!ENTITY LigneBleue SYSTEM "LigneBleue.gif" NDATA gif>
<!ELEMENT LigneSeparation EMPTY>
<!ATTLIST LigneSeparation
   img ENTITY #REQUIRED>
```

```
<LigneSeparation img="LigneBleue" />
```

En réalité, nous examinerons ce point plus loin lorsque nous traiterons de la déclaration d'entités et de celle de notation. Pour l'instant, l'important est d'être en mesure d'identifier l'entité référencée par l'attribut `ENTITY` dans l'élément `LigneSeparation`. Pour les besoins de cette étude, nous supposerons que l'objectif de la continuité XML consiste à stocker les informations du document XML contrairement aux définitions d'entités de la DTD associée. Dans cette intention, nous devrions simplement conserver la valeur de l'attribut comme si sa déclaration comprenait `NMTOKEN` or `NMTOKENS`. Quant aux détails relatifs à l'entité non analysée et à la notation correspondante, ils dépassent la portée de ce processus et se trouvent seulement dans la DTD.

> **Règle 17 : Attributs ENTITY et ENTITIES.**
> **Les attributs `ENTITY` et `ENTITIES` devraient être respectivement manipulés de la même manière que `NMTOKEN` ou `NMTOKENS` (voir les règles 15 et 16).**

Déclarations d'entités

Une déclaration d'entités apparaît dans la DTD. Par ailleurs, elle est appelée à l'aide d'une référence dans le document XML. Pour que le parseur gère cette référence, les trois possibilités suivantes existent :

1. Concernant une entité analysable, soit interne soit externe, que le parseur choisit de développer, la référence à l'entité ne sera pas retournée contrairement au contenu développé qui sera transmis comme s'il était déclaré dans une ligne du document. Dans ce cas, le stockage du contenu dépendra du modèle de contenu déclaré dans la DTD.

2. Quant à une entité non analysée, elle apparaîtra sous forme d'un attribut d'élément, comme illustré dans l'exemple ci-dessus.

3. En ce qui concerne une entité externe analysée, si le parseur est non validateur il peut choisir de ne pas développer la référence lorsqu'il retourne les informations concernant le document. Cependant, nous avons délibérément limité notre discussion actuelle à des parseurs validateurs. Par conséquent, les entités externes devraient toujours être analysées.

Étant donné que ces possibilités entraînent soit la suppression de l'entité du point de vue du parseur soit son référencement à partir d'un attribut, la déclaration d'entités ne nécessite pas une modélisation dans notre base de données SQL.

Déclarations de notation

Une déclaration de notation sert à décrire la gestion des entités non analysées par le parseur. Dans ce cas, il s'agit d'aspects de la DTD et non du document lui-même. Par conséquent, la modélisation de cette déclaration dans notre base de données SQL n'est pas non plus nécessaire.

Attention aux conflits entre les noms !

Grâce à l'ensemble de règles mentionnées ci-dessus, il est assez facile de prévoir une situation dans laquelle un conflit entre les noms pourrait se produire : deux tables ou colonnes, déterminées à partir de la DTD XML, ont le même nom. Par exemple, imaginons que nous ayons la DTD suivante :

```
<!ELEMENT Client (CleClient)>
<!ELEMENT CleClient(#PCDATA)>
```

Selon les règles exposées, cela se traduirait par la définition de table suivante :

```
CREATE TABLE Client (
   CleClient integer,
   CleClient varchar(10))
```

Il est évident qu'elle est invalide. Lorsque le cas se présente, l'un des noms de colonnes doit être changé pour éviter un conflit avec l'autre. Dans cette intention, il est plus logique de modifier le nom de champ qui ne correspond pas à une clé puisqu'il ne sera pas référencé dans d'autres tables. Par conséquent, nous pourrions définir la table ainsi :

```
CREATE TABLE Client (
   CleClient integer,
   CleClientXML varchar(10))
```

Règle 18 : Rechercher d'éventuels conflits entre les noms.
Après avoir appliqué toutes les règles précédentes, vérifier les résultats. S'il existe des conflits entre les noms, changer les noms des colonnes ou des tables concernées pour résoudre ce problème.

Résumé

Au cours du chapitre, nous avons imaginé 18 règles pouvant servir à créer un schéma de base de données relationnelle à partir d'une DTD XML. À l'aide de celles-ci, nous devrions être en mesure d'utiliser toute déclaration de type de document à notre disposition pour élaborer une base relationnelle capable de stocker le contenu du document. Leur application nous permettra également d'extraire autant de données XML que possible, ce qui rendra ces informations disponibles pour une requête ou d'autres traitements dans la base. À titre d'information, toutes ces règles ont été rassemblées à la fin du chapitre. Maintenant, examinons un exemple pour apprendre à combiner une grande partie d'entre elles.

Exemple

Voici un exemple dans lequel la plupart des instructions définies ci-dessus sont appliquées. Il correspond à une simple commande adaptée au cours de cet ouvrage. À travers lui, apprenons à appliquer ces règles pour convertir la DTD XML suivante en script de création de bases de données relationnelles (`ch03_ex17.dtd`) :

```
<!ELEMENT DonneesCommande (Facture+, Client+, Unite+)>

<!ELEMENT Facture (Adresse,
                   LignedeCommande+)>
<!ATTLIST Facture
   dateFacture CDATA #REQUIRED
   dateExpedition CDATA #IMPLIED
   methodeExpedition (FedEx | USPS | UPS) #REQUIRED
   IDREFClient IDREF #REQUIRED>

<!ELEMENT Adresse EMPTY>
<!ATTLIST Adresse
   Rue CDATA #REQUIRED
   Ville CDATA #IMPLIED
   Etat CDATA #IMPLIED
   CodePostal CDATA #REQUIRED>

<!ELEMENT LignedeCommande EMPTY>
<!ATTLIST LignedeCommande
   IDREFUnite IDREF #REQUIRED
   Quantite CDATA #REQUIRED
   Prix CDATA #REQUIRED>

<!ELEMENT Client (Adresse,
                  methodeExpedition+)>
<!ATTLIST Client
   prenom CDATA #REQUIRED
   nomFamille CDATA #REQUIRED
   adresseElectronique CDATA #IMPLIED>

<!ELEMENT methodeExpedition (#PCDATA)>
<!ELEMENT Unite EMPTY>
<!ATTLIST Unite
   nom CDATA #REQUIRED
   taille CDATA #IMPLIED
   couleur CDATA #IMPLIED>
```

Cette DTD est destinée à une Facture plus détaillée que celle étudiée jusqu'à présent. Examinons maintenant un échantillon XML (`ch03_ex17.xml`) :

```
<?xml version="1.0" encoding="ISO-8859-1" ?>
<!DOCTYPE listing SYSTEM "ch03 ex17.dtd" >

<DonneesCommande>

  <Facture dateFacture="05/05/2000"
           dateExpedition="12/05/2000"
           methodeExpedition ="FedEx">
    <Adresse Rue="Touterue"
             Ville="Touteville"
             Etat="AS"
             CodePostal="Toutcode" />
    <LignedeCommande IDREFUnite="2015"
             Quantite="2"
             Prix="146,95" />
  </Facture>

  <Client>
    <Adresse Rue="Touterue"
             Ville="Touteville"
             Etat="AS"
             CodePostal="Toutcode" />
    <methodeExpedition> FedEx </methodeExpedition>
  </Client>

  <Unite nom="Littorina"
         taille="26,67"
         couleur="bleue" />
</DonneesCommande>
```

Choisissons d'abord les tables que nous avons besoin de créer dans notre base de données pour représenter ces éléments.

En appliquant la règle 2, nous constatons que les tables à élaborer sont `Commande`, `Facture`, `LignedeCommande`, `Client` et `Unite` sachant que `Commande` est l'élément racine et que les autres ont un seul type d'élément comme père. Selon la même règle, une clé étrangère renvoyant à la table d'un père est également à définir. Il en résulte le fichier `ch03_ex17a.sql` :

```
CREATE TABLE DonneesCommande (
   CleDonneesCommande integer,
   PRIMARY KEY (CleDonneesCommande))

CREATE TABLE Facture (
   CleFacture integer,
   PRIMARY KEY (CleFacture),
   CleDonneesCommande integer
CONSTRAINT FK DonneesCommande Facture FOREIGN KEY (CleDonneesCommande)
   REFERENCES DonneesCommande (DonneesCommande))

CREATE TABLE LignedeCommande(
   CleLignedeCommande integer,
   CleFacture integer
CONSTRAINT FK_Facture_LignedeCommande FOREIGN KEY (CleFacture)
```

```
    REFERENCES Facture (CleFacture))

CREATE TABLE Client (
     CleClient integer,
     CleDonneesCommande integer
CONSTRAINT FK DonneesCommande Client FOREIGN KEY (CleDonneesCommande)
   REFERENCES DonneesCommande (CleDonneesCommande))

CREATE TABLE Unite (
   CleUnite integer,
   CleDonneesCommande integer
CONSTRAINT FK DonneesCommande Unite FOREIGN KEY (CleDonneesCommande)
   REFERENCES DonneesCommande (CleDonneesCommande))
```

Cela donne la structure de tables suivante :

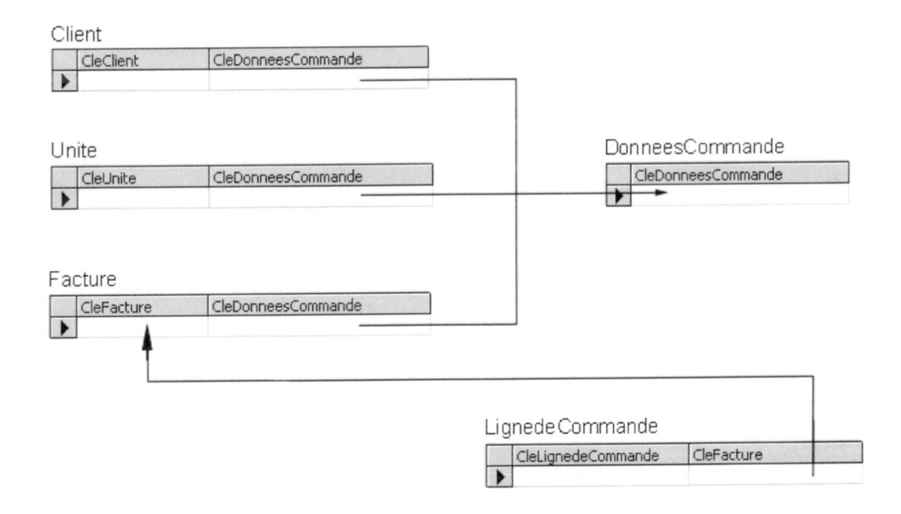

Cependant, il reste à répondre à une question : que faisons-nous de l'élément `Adresse` ? Étant donné qu'il a plus d'un père, c'est-à-dire `Client` ou `Facture`, nous appliquons la règle 3. Par ailleurs, l'élément `Adresse` pouvant apparaître une seule fois dans chacun de ces éléments pères, nous pouvons simplement ajouter une clé étrangère pointant vers l'élément `Adresse` à partir de chaque père. Il en résulte le fichier `ch03_ex17b.sql` :

```
CREATE TABLE DonneesCommande (
   CleDonneesCommande integer,
   PRIMARY KEY (CleDonneesCommande))

CREATE TABLE Adresse (
   CleAdresse integer,
   PRIMARY KEY (CleAdresse))

CREATE TABLE Facture (
   CleFacture integer,
   PRIMARY KEY (CleFacture),
```

```
    CleDonneesCommande integer
 CONSTRAINT FK_DonneesCommande_Facture FOREIGN KEY (CleDonneesCommande)
    REFERENCES DonneesCommande (CleDonneesCommande),
    CleAdresse integer
 CONSTRAINT FK Adresse Facture FOREIGN KEY (CleAdresse)
    REFERENCES Adresse (CleAdresse))

 CREATE TABLE LignedeCommande(
    CleLignedeCommande integer,
    CleFacture integer,
 CONSTRAINT FK_Facture_LignedeCommande FOREIGN KEY (CleFacture)
    REFERENCES Facture (CleFacture))

 CREATE TABLE Client (
    CleClient integer,
    CleDonneesCommande integer
 CONSTRAINT FK_DonneesCommande_Client FOREIGN KEY (CleDonneesCommande)
    REFERENCES DonneesCommande (CleDonneesCommande),
    CleAdresse integer
 CONSTRAINT FK Adresse Client FOREIGN KEY (CleAdresse)
    REFERENCES Adresse (CleAdresse))

 CREATE TABLE Unite (
    CleUnite integer,
    CleDonneesCommande integer,
 CONSTRAINT FK_DonneesCommande_Unite FOREIGN KEY (CleDonneesCommande)
    REFERENCES DonneesCommande (CleDonneesCommande))
```

La mise à jour de notre script nous fournit cet ensemble de tables :

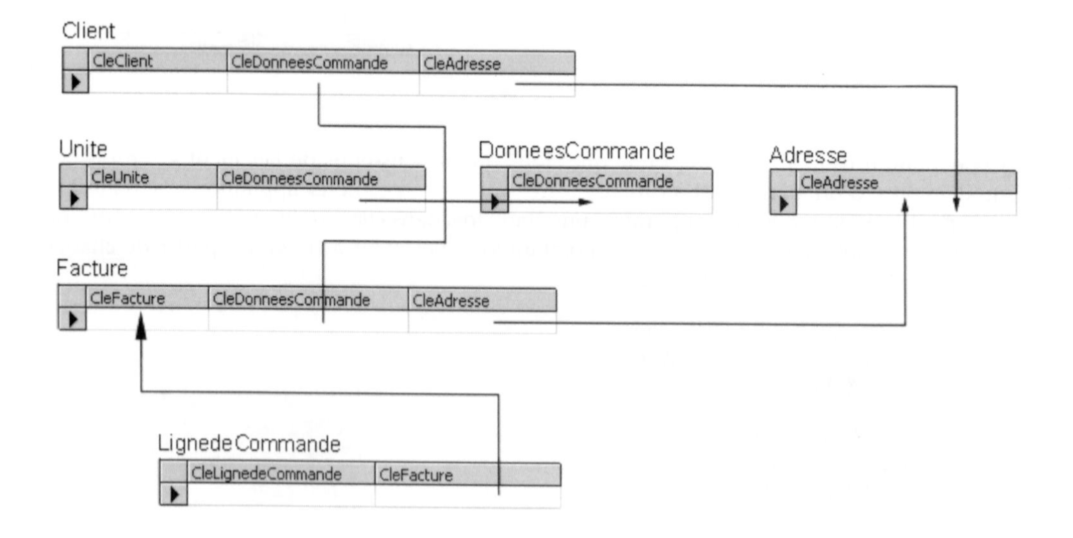

En établissant une comparaison avec notre DTD de départ, nous constatons que tous les éléments, excepté `Transporteur`, sont couverts. Dans notre exemple, nous n'allons pas nous servir de ce dernier pour stocker le nom de tous les transporteurs à la disposition d'un client. Nous pouvons constater qu'il est défini à l'aide de `#PCDATA`, ce qui implique l'application de la règle 4 ou 5. Nous opterons pour cette dernière puisque `Transporteur` peut figurer plusieurs fois dans un élément père unique (`Client`). Selon cette règle, nous avons besoin d'insérer une table pour `Transporteur` et une clé étrangère renvoyant à `Client`. Ainsi, nous obtenons le script `ch03_ex17c.sql` :

```
CREATE TABLE DonneesCommande (
   CleDonneesCommande integer,
   PRIMARY KEY (CleDonneesCommande))

CREATE TABLE Adresse (
   CleAdresse integer,
   PRIMARY KEY (CleAdresse))

CREATE TABLE Facture (
   CleFacture integer,
   PRIMARY KEY (CleFacture),
   CleDonneesCommande integer
CONSTRAINT FK_DonneesCommande_Facture FOREIGN KEY (CleDonneesCommande)
   REFERENCES DonneesCommande (CleDonneesCommande),
   CleAdresse integer
CONSTRAINT FK_Adresse_Facture FOREIGN KEY (CleAdresse)
   REFERENCES Adresse (CleAdresse))

CREATE TABLE LignedeCommande(
   CleLignedeCommande integer,
   CleFacture integer,
CONSTRAINT FK_Facture_LignedeCommande FOREIGN KEY (CleFacture)
   REFERENCES Facture (CleFacture))

CREATE TABLE Client (
   CleClient integer,
   PRIMARY KEY (CleClient),
   DonneesCommande integer
CONSTRAINT FK_DonneesCommande_Client FOREIGN KEY (CleDonneesCommande)
   REFERENCES DonneesCommande (CleDonneesCommande),
   CleAdresse integer
CONSTRAINT FK_Adresse_Client FOREIGN KEY (CleAdresse)
   REFERENCES Adresse (CleAdresse))

CREATE TABLE MethodeExpedition (
   CleMethodeExpedition integer,
   CleClient integer,
   methodeExpedition varchar(10),
CONSTRAINT FK_Client_MethodeExpedition FOREIGN KEY (CleClient)
   REFERENCES Client (CleClient))

CREATE TABLE Unite (
   CleUnite integer,
   CleDonneesCommande integer,
CONSTRAINT FK_DonneesCommande_Unite FOREIGN KEY (CleDonneesCommande)
   REFERENCES DonneesCommande (CleDonneesCommande))
```

Maintenant, la structure de tables de bases de données apparaît ainsi :

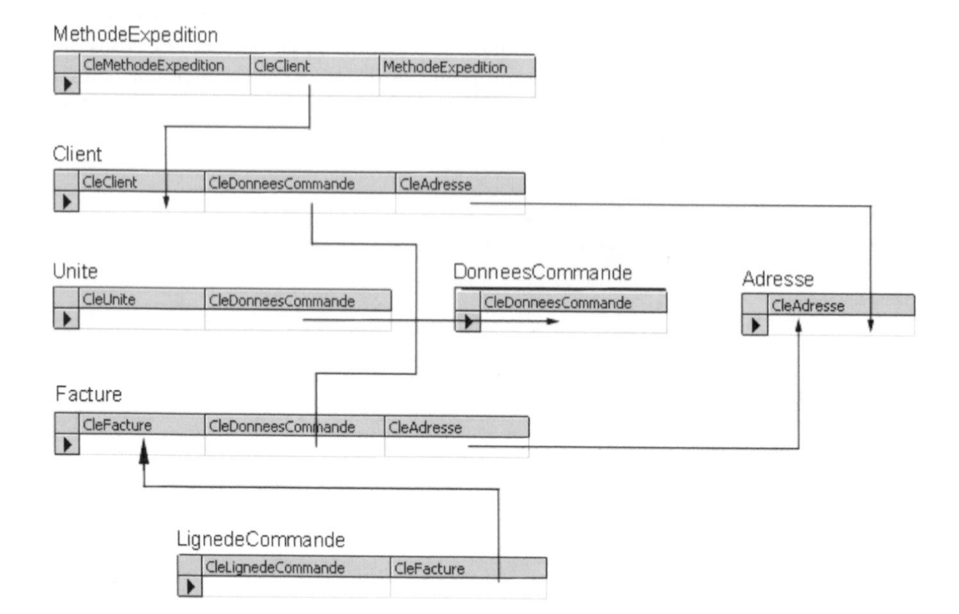

Notez que nous avons arbitrairement attribué la taille de dix octets à `MethodeExpedition`.

Modélisation des attributs

Maintenant, examinons les attributs de chaque élément. Nous pouvons sauter l'élément `Commande` car aucun attribut n'a été déclaré à ce niveau. Ensuite, nous disposons de l'élément `Facture` :

```
<!ATTLIST Facture
   dateFacture CDATA #REQUIRED,
   dateExpedition CDATA #IMPLIED,
   methodeExpedition (FedEx | USPS | UPS) #REQUIRED,
   IDREFClient IDREF #REQUIRED>
```

Pour gérer les attributs listés ci-dessus, trois règles différentes sont nécessaires. En appliquant la règle 9 aux attributs `dateFacture` et `dateExpedition`, nous constatons que deux colonnes doivent être ajoutées à la table `Facture`. Par ailleurs, la règle 11 nous indique la nécessité d'insérer une colonne de valeurs de référence à la table `Facture` et de créer une table `methodeExpedition`. Quant à la règle 13, elle nous signale le besoin d'ajouter une clé étrangère renvoyant à la table `Client`. Nous obtenons donc :

```
CREATE TABLE Facture (
   CleFacture integer,
   CleDonneesCommande integer
CONSTRAINT FK_DonneesCommande_Facture FOREIGN KEY (CleDonneesCommande)
   REFERENCES DonneesCommande (CleDonneesCommande),
   CleAdresse integer,
```

```
   dateFacture datetime,
   dateExpedition datetime,
   cleMethodeExpedition integer,
   CleClient integer)

CREATE TABLE transporteur (
   cleMethodeExpedition integer,
   methodeExpedition varchar(5))

INSERT methodeExpedition (cleMethodeExpedition, methodeExpedition) VALUES (1, "FedEx")
INSERT methodeExpedition (cleMethodeExpedition, methodeExpedition) VALUES (2, "USPS")
INSERT methodeExpedition (cleMethodeExpedition, methodeExpedition) VALUES (3, "UPS")
```

Dans ce cas, nous avons ajouté un typage plus fort, lequel peut nécessiter une vérification au moment du stockage de documents valides dans notre base de données.

Ensuite, abordons `Adresse` :

```
<!ATTLIST Adresse
   Rue CDATA #REQUIRED,
   Ville CDATA #IMPLIED,
   Etat CDATA #IMPLIED,
   CodePostal CDATA #REQUIRED>
```

La règle 9 s'applique aux quatre attributs listés ci-dessus :

```
CREATE TABLE Adresse (
   CleAdresse integer,
   Rue varchar(50),
   Ville varchar(40) NULL,
   Etat varchar(2) NULL,
   CodePostal varchar(10))
```

Considérons ensuite `LignedeCommande`:

```
<!ATTLIST LignedeCommande
   IDREFUnite IDREF #REQUIRED,
   Quantite CDATA #REQUIRED,
   Prix CDATA #REQUIRED>
```

Une application de la règle 13 et deux utilisations de la règle 9 nous conduisent au résultat suivant :

```
CREATE TABLE LignedeCommande(
   CleLignedeCommande integer,
   CleFacture integer
CONSTRAINT FK_Facture_LignedeCommande FOREIGN KEY (CleFacture)
   REFERENCES Facture (CleFacture),
   CleUnite integer
CONSTRAINT FK_Unite_LignedeCommande FOREIGN KEY (CleUnite)
   REFERENCES Unite (CleUnite),
   Quantite integer,
   Prix float)
```

Bien entendu, pour que cette opération soit complète, nous devons également ajouter la ligne `PRIMARY KEY (CleUnite)` au script de création de la table `Unite`. Passons ensuite à `Client` :

```
<!ATTLIST Client
   prenom CDATA #REQUIRED,
   nomFamille CDATA #REQUIRED,
   adresseElectronique CDATA #IMPLIED>
```

Cela nécessite trois applications de la règle 9 en matière de gestion des attributs CDATA, ce qui nous donne le résultat suivant :

```
CREATE TABLE Client (
   CleClient integer,
   CleDonneesCommande integer
CONSTRAINT FK_DonneesCommande_Client FOREIGN KEY (CleDonneesCommande)
   REFERENCES DonneesCommande (CleDonneesCommande),
   CleAdresse integer,
   prenom varchar(30),
   nomFamille varchar(30),
   adresseElectronique varchar(100) NULL)
```

Finalement, nous avons l'élément `unite` qui apparaît ainsi :

```
<!ATTLIST Unite
   nom CDATA #REQUIRED,
   taille CDATA #IMPLIED,
   couleur CDATA #IMPLIED>
```

En appliquant la règle 9 trois fois, nous obtenons :

```
CREATE TABLE Unite (
   CleUnite integer,
   CleDonneesCommande integer
CONSTRAINT FK_DonneesCommande_Unite FOREIGN KEY (CleDonneesCommande)
   REFERENCES DonneesCommande (CleDonneesCommande),
   nom varchar(20),
   taille varchar(10) NULL,
   couleur varchar(10) NULL)
```

Après avoir abordé tous les éléments et tous les attributs, nous avons la structure suivante (`ch03_ex17d.sql`) :

```
CREATE TABLE DonneesCommande (
   CleDonneesCommande integer,
   PRIMARY KEY (CleDonneesCommande))

CREATE TABLE Adresse (
   CleAdresse integer,
   PRIMARY KEY (CleAdresse),
   Rue varchar(50),
   Ville varchar(40) NULL,
   Etat varchar(2) NULL,
   CodePostal varchar(10))

CREATE TABLE Facture (
   CleFacture integer,
   PRIMARY KEY (CleFacture),
   CleDonneesCommande integer
CONSTRAINT FK_DonneesCommande_Facture FOREIGN KEY (CleDonneesCommande)
   REFERENCES DonneesCommande (CleDonneesCommande),
   CleAdresse integer
CONSTRAINT FK_Adresse_Facture FOREIGN KEY (CleAdresse)
   REFERENCES Adresse (CleAdresse),
   dateFacture datetime,
   dateExpedition datetime,
   cleMethodeExpedition integer,
   CleClient integer)
```

```
CREATE TABLE Unite (
   CleUnite integer,
   PRIMARY KEY (CleUnite),
   CleDonneesCommande integer,
CONSTRAINT FK_DonneesCommande_Unite FOREIGN KEY (CleDonneesCommande)
   REFERENCES DonneesCommande (CleDonneesCommande))

CREATE TABLE LignedeCommande(
   CleLignedeCommande integer,
   CleFacture integer,
CONSTRAINT FK_Facture_LignedeCommande FOREIGN KEY (CleFacture)
   REFERENCES Facture (CleFacture),
   CleUnite integer,
CONSTRAINT FK_ligne_de_Commande_Unite FOREIGN KEY (CleUnite)
   REFERENCES Unite (CleUnite),
   Quantite integer,
   Prix float)

CREATE TABLE Client (
   CleClient integer,
   PRIMARY KEY (CleClient),
   CleDonneesCommande integer
CONSTRAINT FK_DonneesCommande_Client FOREIGN KEY (CleDonneesCommande)
   REFERENCES DonneesCommande (CleDonneesCommande),
   CleAdresse integer
CONSTRAINT FK_Adresse_Client FOREIGN KEY (CleAdresse)
   REFERENCES Adresse (CleAdresse),
   prenom varchar(30),
   nomFamille varchar(30),
   adresseElectronique varchar(100) NULL)

CREATE TABLE MethodeExpedition (
   CleMethodeExpedition integer,
   CleClient integer,
   MethodeExpedition varchar(10),
CONSTRAINT FK_Client_MethodeExpedition FOREIGN KEY (CleClient)
   REFERENCES Client (CleClient))
INSERT methodeExpedition (cleMethodeExpedition, methodeExpedition) VALUES (1,
'FedEx')
INSERT methodeExpedition (cleMethodeExpedition, methodeExpedition) VALUES (2,
'USPS')
INSERT methodeExpedition (cleMethodeExpedition, methodeExpedition) VALUES (3,
'USPS')
```

Cependant, un autre problème se pose : un conflit entre les noms avec `MethodeExpedition` et `methodeExpedition`. Certes, l'un commence par une majuscule et l'autre par une minuscule mais cela entraînera un problème si votre base de données fonctionne sans opérer cette distinction. En tout cas, la création de tables ayant des noms très similaires ne cessera d'être à l'origine de confusions lorsque les développeurs tenteront d'écrire des scripts de bases de données. En gardant cela à l'esprit, appliquons la règle 18 et changeons la deuxième table, c'est-à-dire celle qui est issue de l'élément `MethodeExpedition`, par une autre nommée `MethodeExpeditionClient`. Il en résulte le script `ch03_ex17final.sql` suivant :

```
CREATE TABLE DonneesCommande (
   CleDonneesCommande integer,
   PRIMARY KEY (CleDonneesCommande))
```

```
CREATE TABLE Adresse (
   CleAdresse integer,
   PRIMARY KEY (CleAdresse),
   Rue varchar(50),
   Ville varchar(40) NULL,
   Etat varchar(2) NULL,
   CodePostal varchar(10))

CREATE TABLE Facture (
   CleFacture integer,
   PRIMARY KEY (CleFacture),
   CleDonneesCommande integer
CONSTRAINT FK_DonneesCommande_Facture FOREIGN KEY (CleDonneesCommande)
   REFERENCES DonneesCommande (CleDonneesCommande),
   CleAdresse integer
CONSTRAINT FK_Facture_adresse FOREIGN KEY (CleAdresse)
   REFERENCES Adresse (CleAdresse),
   dateFacture datetime,
   dateExpedition datetime,
   cleMethodeExpedition integer,
   CleClient integer)

CREATE TABLE Unite (
   CleUnite integer,
   PRIMARY KEY (CleUnite),
   CleDonneesCommande integer,
CONSTRAINT FK_DonneesCommande_Unite FOREIGN KEY (CleDonneesCommande)
   REFERENCES DonneesCommande (CleDonneesCommande))

CREATE TABLE LignedeCommande(
   CleLignedeCommande integer,
   CleFacture integer,
CONSTRAINT FK_Facture_LignedeCommande FOREIGN KEY (CleFacture)
   REFERENCES Facture (CleFacture),
   CleUnite integer,
CONSTRAINT FK_Unite_LignedeCommande FOREIGN KEY (CleUnite)
   REFERENCES Unite (CleUnite),
   Quantite integer,
   Prix float)

CREATE TABLE Client (
   CleClient integer,
   PRIMARY KEY (CleClient),
   CleDonneesCommande integer
CONSTRAINT FK_DonneesCommande_Client FOREIGN KEY (CleDonneesCommande)
   REFERENCES DonneesCommande (CleDonneesCommande),
   CleAdresse integer
CONSTRAINT FK_Adresse_Client FOREIGN KEY (CleAdresse)
   REFERENCES Adresse (CleAdresse),
   prenom varchar(30),
   nomFamille varchar(30),
   adresseElectronique varchar(100) NULL)

CREATE TABLE MethodeExpedition (
   CleMethodeExpedition integer,
   CleClient integer,
   MethodeExpedition varchar(10),
CONSTRAINT FK_Client_MethodeExpedition FOREIGN KEY (CleClient)
   REFERENCES Client (CleClient))

INSERT methodeExpedition (cleMethodeExpedition, methodeExpedition) VALUES (1,
'FedEx')
INSERT methodeExpedition (cleMethodeExpedition, methodeExpedition) VALUES (2,
'USPS')
```

```
INSERT methodeExpedition (cleMethodeExpedition, methodeExpedition) VALUES (3,
'USPS')
```

```
CREATE TABLE MethodeExpeditionClient (
   CleMethodeExpedition Client integer,
   CleClient integer,
   MethodeExpeditionClient varchar(10))
```

Notre structure finale de tables apparaît ainsi :

Les chiffres romains indiquent l'endroit où sont utilisées les clés pour lier les tables

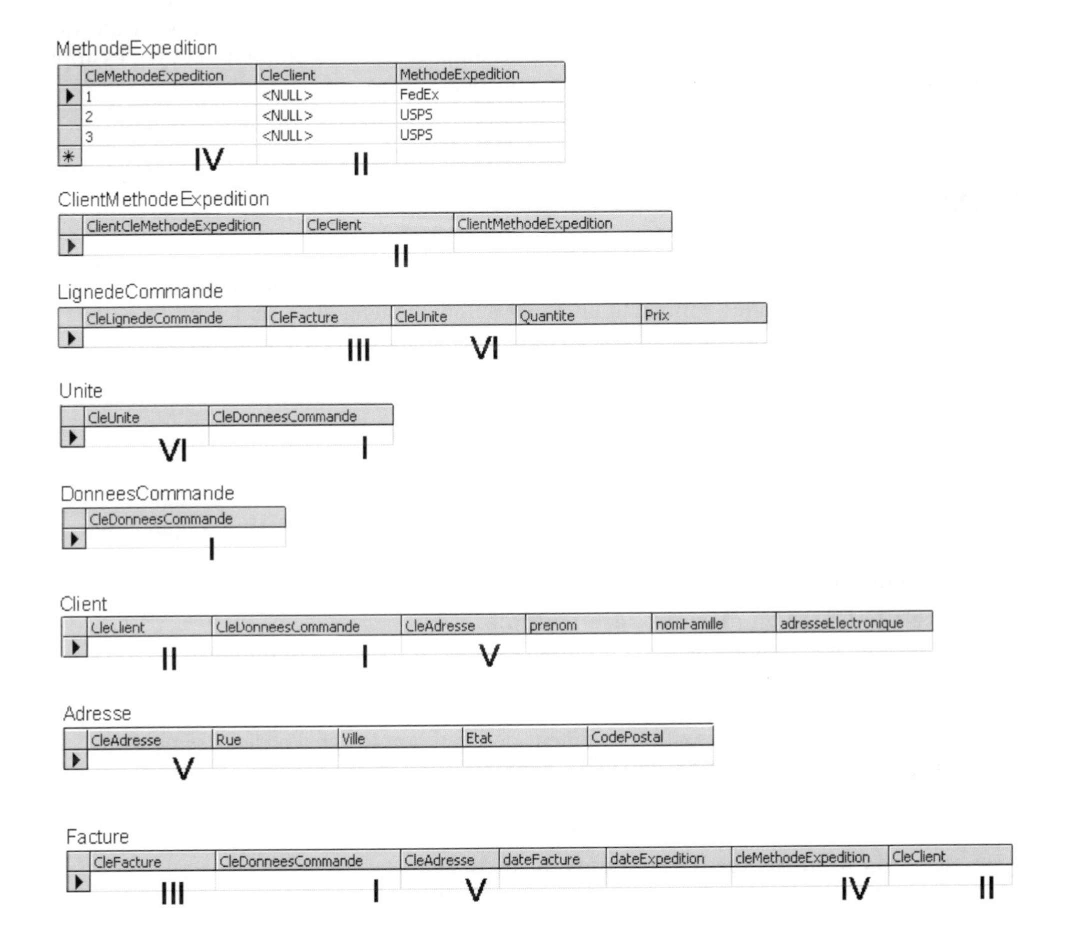

MethodeExpedition

CleMethodeExpedition	CleClient	MethodeExpedition
1	<NULL>	FedEx
2	<NULL>	USPS
3	<NULL>	USPS
IV	II	

ClientMethodeExpedition

ClientCleMethodeExpedition	CleClient	ClientMethodeExpedition
	II	

LignedeCommande

CleLignedeCommande	CleFacture	CleUnite	Quantite	Prix
	III	VI		

Unite

CleUnite	CleDonneesCommande
VI	I

DonneesCommande

CleDonneesCommande
I

Client

CleClient	CleDonneesCommande	CleAdresse	prenom	nomFamille	adresseElectronique
II	I	V			

Adresse

CleAdresse	Rue	Ville	Etat	CodePostal
V				

Facture

CleFacture	CleDonneesCommande	CleAdresse	dateFacture	dateExpedition	cleMethodeExpedition	CleClient
III	I	V			IV	II

Résumé

Dans ce chapitre, nous avons appris à construire des structures relationnelles pour stocker du contenu XML conforme à une déclaration connue de type de document. Nous devrions donc être en mesure de créer une structure de tables à partir de toute DTD existante à l'aide des 18 règles que nous avons définies. À titre de rappel, ces règles sont conçues pour deux applications : l'extraction du maximum de données nécessaires à partir de XML, ce qui nous permet d'effectuer des requêtes ainsi qu'une réduction de données, et la possibilité de reconstituer notre original XML grâce aux informations stockées dans la base de données. Si notre problème commercial impose d'autres contraintes, comme la nécessité de disposer du document XML sans forcément avoir à lancer une recherche, il se peut que nous ayons besoin d'une autre approche telle que le choix de la continuité d'une chaîne de document XML mise en série dans notre base de données au niveau d'un champ de texte. Néanmoins, ces règles apportent une bonne solution aux problèmes de requête et de réduction.

Règles

- **Règle 1 : Toujours créer une clé primaire**
  Chaque fois qu'une table est créée dans la base de données relationnelle :
  1. ajouter une colonne contenant un entier automatiquement incrémenté ;
  2. donner le nom de l'élément à la colonne et attacher « Clé » à la suite ;
  3. désigner cette colonne comme clé primaire dans la table créée.
- **Règle 2 : Créer une table élémentaire.**
  Pour chaque élément structurel rencontré dans la DTD :
  1. créer une table dans la base de données relationnelle ;
  2. si l'élément structurel comporte un seul élément père autorisé ou s'il s'agit de l'élément racine de la DTD, ajouter une colonne, laquelle constituera une clé étrangère qui référencera l'élément père ;
  3. rendre la clé étrangère obligatoire.
- **Règle 3 : Gérer un élément père multiple.**
  Si un enfant déterminé peut avoir plusieurs pères et figurer zéro ou plusieurs fois dans ces derniers :
  1. ajouter une clé étrangère, soit optionnelle soit requise en fonction de ce que voudrait la logique, à la table représentant l'élément père qui pointe vers l'enregistrement correspondant dans la table relative à l'enfant ;
  2. si ce dernier apparaît zéro/une ou plusieurs fois, ajouter une table intermédiaire à la base de données, ce qui permet d'exprimer le lien entre le père et l'enfant.
- **Règle 4 : Représenter les éléments de texte seul.**
  Si un élément ne contenant que du texte apparaît une fois tout au plus dans un élément père déterminé :
  1. pour stocker son contenu, ajouter une colonne à la table représentant l'élément père ;
  2. selon cet objectif, s'assurer que la taille de la colonne créée est suffisamment grande ;
  3. si l'élément est optionnel, utiliser NULL pour la colonne.

- **Règle 5 : Représenter plusieurs éléments contenant uniquement du texte.**
  Si un élément de texte seul figure plus d'une fois dans l'élément père :
  1. créer une table pour stocker les valeurs du premier ainsi qu'une clé étrangère renvoyant à l'élément père ;
  2. si l'enfant est susceptible d'apparaître plus d'une fois dans plusieurs éléments père, créer des tables intermédiaires pour exprimer le lien entre chaque père et cet enfant.
- **Règle 6 : Gérer des éléments de type EMPTY.**
  Pour chaque élément de type EMPTY rencontré dans la DTD :
  1. créer une table dans la base de données relationnelle.
  2. si l'élément structurel comporte un seul élément père autorisé, ajouter une colonne, qui constituera une clé étrangère référençant l'élément père, à la table.
  3. rendre la clé étrangère obligatoire.
- **Règle 7 : Représenter des éléments de contenu mixte.**
  Si un élément suit le modèle de contenu mixte :
  1. créer une table en la nommant TabledeReference, sauf si elle existe déjà, insérer des lignes pour chaque table de la base de données ainsi qu'une ligne zéro pointant vers une table nommée ContenuTexte ;
  2. ajouter une clé, une chaîne représentant le nom de l'élément dans le cas de texte seul et une valeur texte ;
  3. créer ensuite deux tables, une pour l'élément et une autre pour relier les différentes parties de cet élément, désignées respectivement sous le nom de l'élément et sous le nom de l'élément suivi de celui du sous-élément ;
  4. dans la table des sous-éléments, inclure une clé étrangère renvoyant à la table de l'élément principal, une clé de référence de table qui pointe vers la table de l'élément pour le contenu des sous-éléments, une clé de table dirigée vers une ligne spécifique à l'intérieur de cette table ainsi qu'un compteur de séquence indiquant la place d'un sous-élément ou d'un élément texte à l'intérieur de l'élément.
- **Règle 8 : Gérer des éléments de contenu ANY.**
  Si un élément suit le modèle de contenu ANY :
  1. créer une table en la nommant TabledeReference sauf si elle existe déjà et insérer des lignes pour chaque table de la base de données ;
  2. ajouter une ligne zéro pointant vers une table nommée ContenuTexte ;
  3. créer cette table avec une clé, une chaîne représentant le nom de l'élément dans le cas de texte seul et une valeur texte ;
  4. créer ensuite deux tables, une pour l'élément et une autre pour relier les différentes parties de cet élément, désignées respectivement sous le nom de l'élément et sous le nom de l'élément suivi de celui du sous-élément ;
  5. dans la table des sous-éléments, inclure une clé étrangère renvoyant à la table de l'élément principal, une clé de référence de table pointée vers la table de l'élément pour le contenu des sous-éléments, une clé de table dirigée vers une ligne spécifique à l'intérieur de cette table ainsi qu'un compteur de séquence indiquant la place d'un sous-élément ou d'un élément texte à l'intérieur de l'élément.
- **Règle 9 : Attributs CDATA.**
  Pour chaque attribut de type CDATA :
  1. ajouter une colonne à la table correspondant à l'élément associé à cet attribut et donner le nom de l'élément à la table ;
  2. pour la colonne, déclarer une chaîne de longueur variable ainsi qu'une taille maximum

suffisamment grande pour ne pas la dépasser lors de la manipulation des valeurs prévues pour l'attribut.

- **Règle 10 : Attributs REQUIRED/IMPLIED/FIXED.**
  1. Si un attribut est spécifié à l'aide de #REQUIRED, il devrait être requis dans la base de données.
  2. Dans le cas de #IMPLIED, utiliser NULL dans toutes les colonnes qui en résultent.
  3. Avec #FIXED, l'attribut devrait être stocké puisqu'il pourrait par exemple être nécessaire en tant que constante dans un calcul effectué au niveau de la base de données. Dans ce cas, appliquer la première partie de la règle relative à #REQUIRED.
- **Règle 11 : Valeurs d'attributs de type ÉNUMÉRÉ.**
  Pour de tels attributs :
  1. créer un champ de deux octets qui contiendra un entier correspondant à la valeur énumérée ;
  2. produire une table de référence qui portera le même nom que l'attribut avec le terme « Référence » attaché à la suite ;
  3. insérer une ligne dans la table de l'élément pour chaque valeur éventuelle de l'attribut énuméré ;
  4. transformer cette valeur en entier.
- **Règle 12 : Gérer des attributs ID.**
  1. Si un attribut de type ID a une signification hors du contexte du document XML, stocker cet attribut dans la base de données.
  2. S'il s'agit d'une représentation de la valeur de la clé primaire, nous pouvons nous en servir pour insérer ou mettre à jour des enregistrements dans la base de données.
  3. À part cela, nous pouvons simplement le garder de manière à le relier à tout IDREF ou IDREFS pointant vers lui à un autre endroit du document.
- **Règle 13 : Gérer des attributs IDREF.**
  1. Si un attribut IDREF pointe toujours vers un type d'élément déterminé, ajouter une clé étrangère à l'élément qui référence la clé primaire de l'élément vers lequel l'attribut pointe.
  2. Si l'attribut IDREF pointe vers plusieurs types d'élément, ajouter une clé de référence de table indiquant la table à laquelle la clé correspond.
- **Règle 14 : Gestion des attributs IDREFS.**
  1. Si un attribut IDREFS est présent, insérer une table de jointure nommée à partir de l'élément qui contient l'attribut et de celui pointé via la concaténation, ces deux éléments étant référencés grâce à une clé étrangère.
  2. Si IDREFS pointe vers des éléments de différents types, supprimer la clé étrangère et ajouter une clé de référence de table indiquant le type d'élément pointé.
  3. Ajouter un lien de clé étrangère entre la table mentionnée et celle de référence. Cette dernière contient les noms de toutes les tables de la base de données SQL.
- **Règle 15 : Attributs NMTOKEN.**
  Pour chacun d'eux, créer une colonne dans la table correspondant à l'élément stockant la valeur de l'attribut.
- **Règle 16 : Attributs NMTOKENS.**
  1. Pour chacun d'eux, créer une table avec une clé primaire automatiquement incrémentée, une clé étrangère référençant la ligne de la table qui correspond à l'élément dans lequel l'attribut figure et une chaîne qui renfermera la valeur de chaque jeton existant dans la valeur de l'attribut.
  2. Insérer une ligne dans cette table chaque fois qu'un jeton figure dans la valeur de l'attribut destinée à l'élément.

- **Règle 17 : Attributs ENTITY et ENTITIES.**
  Les attributs `ENTITY` et `ENTITIES` devraient être respectivement manipulés de la même manière que `NMTOKEN` ou `NMTOKENS` (voir les règles 15 et 16).
- **Règle 18 : Rechercher d'éventuels conflits entre les noms.**
  Après avoir appliqué toutes les règles précédentes, vérifier les résultats. S'il existe des conflits entre les noms, changer les noms des colonnes ou des tables concernées pour résoudre ce problème.

4

Concevoir un standard

L'un des plus grands défis du développeur XML sur le marché actuel est la conception de standards. Qu'il s'agisse de deux machines installées dans des pièces voisines ou de mille et une solutions d'entreprise à l'échelle planétaire, elles ont besoin d'un moyen de communiquer entre elles de façon claire et non ambiguë. XML fournit une syntaxe pour cet échange mais un vocabulaire s'avère également nécessaire (celui-ci constituant un standard XML).

Dans ce chapitre, nous allons étudier certaines des questions qui peuvent se poser lors du développement d'un standard XML, et notamment :

- les méthodes permettant de rationaliser le processus de conception de standards ;
- le moyen de garantir que le résultat convient à tout participant à ce processus ;
- la façon de faciliter l'adoption et la mise en œuvre du standard une fois qu'il est créé.

Identifier la solution

Lorsque le besoin d'un standard XML est identifié, la première étape consiste à comprendre l'objectif et la manipulation de structure(s) de documents composant le standard : sources créatrices du document et utilisateur(s) ciblé(s), objet du document (vecteur d'informations, moyen d'archivage, support à la couche présentation). L'identification de ces objectifs vous aidera à déterminer la méthode de conception et de mise en œuvre de votre solution.

Types de standards

Dans cette section, trois types de standards seront traités.

Standards internes à un système

Le type de standard le plus facile à concevoir est celui destiné en interne à un système déterminé. Par exemple, nous pourrions décider de conserver les enregistrements de toutes les factures traitées par notre système comme des documents XML de manière à faciliter leur présentation (via le HTML, le WAP ou une autre stratégie) et leur archivage (en stockant des documents atomiques sur un support tel que le DVD-RAM).

Dans le cadre d'un standard de ce type, un très petit groupe (ou une personne) sera chargé(e) d'élaborer la structure du document. Tous les membres de l'équipe partageront les mêmes objectifs concernant cette structure et seront probablement en mesure de parvenir assez rapidement à un consensus sur sa présentation. En outre, les systèmes étant souvent dédiés à la gestion de bases de données relationnelles, ces dernières peuvent servir à gérer directement les structures XML à créer (à l'aide de quelques techniques apprises dans le chapitre 3).

Standards partagés par plusieurs systèmes

Un type de standard plus complexe est celui partagé par plusieurs systèmes. En reprenant notre exemple, supposons que deux équipes décident de créer un standard XML leur permettant d'échanger des informations entre la gestion des stocks et le système comptable dont elles ont respectivement la responsabilité.

Dans ce cas, les systèmes qui communiquent entre eux peuvent disposer d'architectures internes très différentes (l'une pourrait être un système d'information propriétaire utilisant une base de données à séquentiel indexé et l'autre un Sparc sur lequel fonctionne la base de données Oracle 8i sous Solaris). Par ailleurs, il faut tenir compte des exigences éventuellement différentes des diverses plates-formes en matière de performances, de compatibilité de parseurs, etc. Les équipes « bases de données » chargées du développement de standards pour chaque système devront se rencontrer, partager des informations relatives aux exigences liées à la production et à la consommation, débattre des formats de données ainsi que des valeurs énumérées et s'entendre afin de satisfaire tous les participants.

Ce processus peut être facilité par un responsable « standards », ce que nous considérerons plus loin dans le chapitre. Par ailleurs, des précisions sur la transmission de données seront apportées dans le chapitre 18.

Standards appliqués à une industrie

L'élaboration de standards la plus complexe concerne celle s'appliquant à une industrie. Dans ce type de réalisation, les structures en cours de développement sont conçues pour servir à une grande variété de membres d'un type particulier d'entreprise ou de courtiers concernés par des informations déterminées. Parmi ces structures, figurent notamment MISMO (www.mismo.org) pour des données hypothécaires, SMBXML, (www.smbxml.org) visant des fournisseurs de services applicatifs destinés aux petites et moyennes entreprises, et le consortium HR-XML qui cherche à fournir un standard pour des offres d'emplois et des curriculums (voir www.hr-xml.org/channels/home.htm pour plus de détails).

La conception de ces structures constitue souvent un processus très long et lourd impliquant des dizaines de participants qui ont tous des exigences très précises pour les structures en cours de création. La plupart du temps, ces conditions seront en conflit les unes avec les autres, ce qui nécessitera une sorte d'opération de médiation pour poursuivre. Dans des réalisations de cette portée, il est crucial de prendre des garanties en définissant des règles de base et des restrictions au début du processus de standardisation pour qu'il se poursuive sans problème et aboutisse à un bon compromis pour tous ceux qui sont impliqués.

Très souvent, lorsque nous développons des standards de cette portée, la question de leur adoption se pose par rapport à celles qui sont concurrentes ou propriétaires. Par conséquent, plus le nouveau standard est simple et compréhensible, plus il est susceptible d'être accepté par une industrie dans son ensemble. En matière de conception, cela peut conduire à des décisions contraires à l'intuition en répétant par exemple un même enfant dans des éléments pères différents au lieu de créer un élément contenant l'information unique vers lequel pointe un attribut `IDREF`.

Une autre préoccupation existe : en théorie, de nombreux services informatiques, qui utiliseront les standards industriels en fin de compte, ne participeront pas à leur création. Lors de l'élaboration de standards, il incombe alors aux développeurs de tenter de se montrer prévoyants en tenant compte de tous les participants éventuels.

Il peut cependant s'avérer utile de rechercher des standards existants avant de vous lancer (à titre d'exemple, une liste peut être obtenue à partir de http://www.xml.com).

Après avoir déterminé le public cible pour le standard, il est nécessaire de nous pencher un court instant sur l'utilisation prévue pour les structures que nous concevons.

Manipuler des documents

Le rôle que jouera un type de document particulier dans le système, une entreprise ou une industrie, se révèle également très important lors de l'élaboration de structures XML. Si le document sert à archiver des informations, à les transmettre d'un système à un autre ou comme support à la couche présentation, l'ensemble des objectifs concernant sa création devrait varier. Exposons maintenant la manière de gérer chacune de ces situations.

Documents d'archives

Lorsque nous concevons des documents destinés à l'archivage de données, ceux-ci devraient être conçus de manière aussi autonome que possible. En d'autres termes, ils ne devraient pas dépendre de l'utilisation d'un identificateur ou de toute autre information qui rendrait impossible l'interprétation des documents sans la connaissance de l'environnement dans lequel ils ont été créés.

Par exemple, imaginons que nous souhaitions créer une structure de document renfermant des factures provenant de notre système d'informations et que nous ayons les données structurées suivantes à stocker dans nos documents XML.

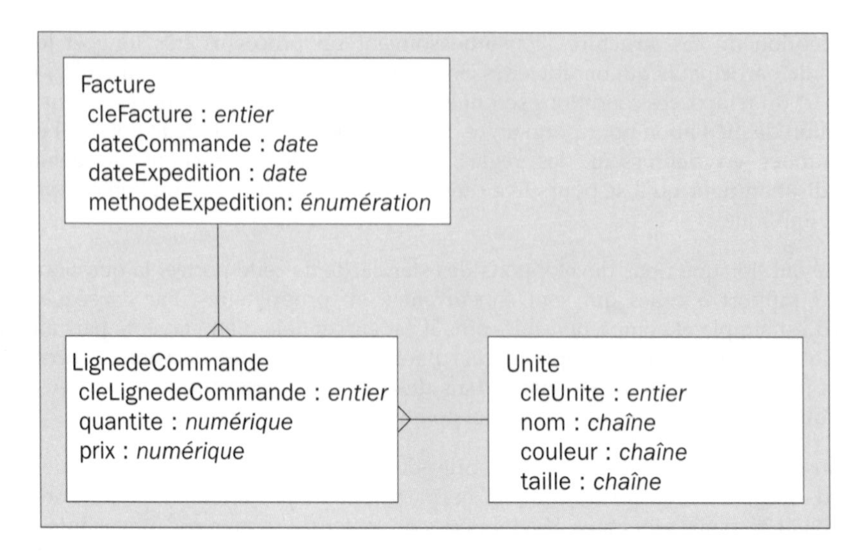

Notre premier réflexe pourrait être de concevoir des structures utilisant l'identificateur `unite` (après tout, si nous avions besoin d'accéder à des informations dans les archives, nous pourrions toujours nous reporter à notre base de données relationnelle en vue de découvrir les détails de la pièce référencée). Il en résulterait la structure suivante (`ch04_ex01.dtd`) :

```
<!ELEMENT Facture (Client, LignedeCommande+)>
<!ATTLIST Facture
   dateCommande CDATA #REQUIRED
   dateExpedition CDATA #REQUIRED
   methodeExpedition CDATA #REQUIRED>
<!ELEMENT Client EMPTY>
<!ATTLIST Client
   nom CDATA #REQUIRED
   adresse CDATA #REQUIRED
   ville CDATA #REQUIRED
   etat CDATA #REQUIRED
   codePostal CDATA #REQUIRED>
<!ELEMENT LignedeCommande EMPTY>
<!ATTLIST LignedeCommande
   cleUnite CDATA #REQUIRED
   quantite CDATA #REQUIRED
   prix CDATA #REQUIRED>
```

Cependant, qu'adviendrait-t-il si le système devait être éliminé progressivement cinq ans plus tard et si les détails d'une facture établie sur celui-ci étaient ensuite sollicités par téléphone par un client ? Avec un seul identificateur appartenant à l'ancien système, une longue nuit attendrait la personne à qui serait confiée la tâche de retrouver exactement les unités figurant sur la facture. Par ailleurs, ce n'est pas le seul problème : les détails pouvant changer au cours du temps, les numéros des clients et des unités peuvent disparaître et/ou être rééditées.

Une meilleure représentation consisterait à inclure toutes les informations relatives à l'unité de manière à garder le sens du document lorsque celui-ci apparaît sous toute autre forme, comme illustré ci-après dans `ch04_ex02.dtd`.

```
<!ELEMENT Facture (Client, LignedeCommande+)>
<!ATTLIST Facture
   dateCommande CDATA #REQUIRED
   dateExpedition CDATA #REQUIRED
   methodeExpedition CDATA #REQUIRED>
<!ELEMENT Client EMPTY>
<!ATTLIST Client
   nom CDATA #REQUIRED
   adresse CDATA #REQUIRED
   ville CDATA #REQUIRED
   etat CDATA #REQUIRED
   codepostal CDATA #REQUIRED>
<!ELEMENT LignedeCommande EMPTY>
<!ATTLIST LignedeCommande
   numeroUnite CDATA #REQUIRED
   nom CDATA #REQUIRED
   couleur CDATA #REQUIRED
   taille CDATA #REQUIRED
   quantite CDATA #REQUIRED
   prix CDATA #REQUIRED>
```

De cette manière, les informations actuelles, contrairement aux manipulations de la représentation sous un autre environnement, peuvent être récupérées directement à partir du document. Par ailleurs, cela peut nous faire gagner un temps précieux lorsque nous tentons de retrouver le sens du document plus tard dans son cycle de vie.

Néanmoins, comme nous l'avons indiqué plus haut, le choix de votre représentation dépend de l'utilisation prévue pour le document. Si le document est destiné à l'envoi de données à un système cible qui ne comprendra jamais les clés du système comme `cleUnite` dans l'exemple précédent, `cleUnite` est une information absolument inutile. En revanche, si un document est créé dans le seul but de transférer des informations entre deux systèmes reconnaissant les mêmes identificateurs, l'emploi de ces identificateurs convient. Examinons cette dernière situation plus en détail.

Documents transactionnels

Les documents conçus pour transmettre des informations entre deux processus nécessitent une approche très différente. En général, ces documents sont écartés : le consommateur isole un document, extrait les bits d'information nécessaires pour gérer la transaction. C'est pourquoi le document n'a pas besoin d'être atomique. Si la portée du standard le permet, les documents peuvent référencer des identificateurs internes du système ou d'autres informations incompréhensibles hors contexte.

Si plusieurs transactions différentes doivent être prises en charge, nous pourrions également souhaiter la mise en œuvre d'un système englobant décrivant les actions que nous attendons du système recevant le document XML. En guise d'illustration, imaginons que nous souhaitions utiliser le même document pour mettre à jour une unité ou en demander le prix courant. Nous pourrions concevoir la structure suivante (`ch04_ex03.dtd`) :

```
<!ELEMENT RequeteUnite (Unite)>
<!ATTLIST RequeteUnite
   typeRequete (MiseajourUnite | ObtentionPrixCourant) #REQUIRED
   cleRequete CDATA #REQUIRED>
<!ELEMENT Unite EMPTY>
```

```
<!ATTLIST Unite
   cleUnite CDATA #REQUIRED
   numeroUnite CDATA #IMPLIED
   nom CDATA #IMPLIED
   couleur CDATA #IMPLIED
   taille CDATA #IMPLIED>
```

La structure de la réponse pourrait apparaître ainsi (`ch04_ex04.dtd`) :

```
<!ELEMENT ReponseUnite EMPTY>
<!ATTLIST ReponseUnite
   cleRequete CDATA #REQUIRED
   etat (Reussite | Echec) #REQUIRED
   prix CDATA #IMPLIED>
```

Nous utilisons l'attribut `cleRequete` de manière à pouvoir exécuter la requête et la réponse de manière asynchrone. Le fait de retourner `cleRequete` dans la réponse permet au programme d'interrogation d'établir une correspondance avec les informations se rapportant à la requête d'origine.

Pour actualiser les informations relatives à l'unité à l'aide de la clé `17`, vous enverriez donc le document suivant (`ch04_ex03a.xml`) :

```
<?xml version="1.0" encoding="ISO-8859-1" ?>
<!DOCTYPE listing SYSTEM "ch04_ex03.dtd" >
<RequeteUnite
   typeRequete ="MiseajourUnite"
   cleRequete ="1028">
   <Unite
      cleUnite ="17"
      numeroUnite ="1A2A3AB"
      nom="Chose"
      couleur="Bleue"
      taille="5,08 cm" />
</RequeteUnite>
```

En réponse, vous pourriez recevoir :

```
<ReponseUnite
   cleRequete ="1028"
   etat="Echec" />
```

Une autre possibilité serait :

```
<ReponseUnite
   cleRequete = "1028"
   etat="Reussite" />
```

Dans ce cas, l'attribut `prix` est omis car il ne fait pas partie de la paire requête/réponse concernant `MiseajourUnite`.

Pour solliciter le prix de la pièce à l'aide de la clé `17`, vous transmettriez le document suivant (`ch04_ex03b.xml`) :

```
<?xml version="1.0" encoding="ISO-8859-1"?>
<!DOCTYPE listing SYSTEM "ch04_ex03.dtd" >
```

```
<RequeteUnite
   typeRequete ="ObtentionPrixCourant"
   cleRequete ="1028">
   <Unite
      cleUnite ="17" />
</RequeteUnite>
```

Une réponse pourrait être :

```
<RequeteUnite
   cleRequete ="1028"
   etat="Echec" />
```

Une autre serait :

```
<ReponseUnite
   cleRequete ="1028"
   etat="Reussite"
   prix="0,70" />
```

Concernant cette stratégie, deux écoles de pensée existent. D'après l'une, moins le nombre de structures à tenir à jour est important, plus leur développement s'avère simple. Si un attribut nommé `matiere` est ajouté à l'élément `Unite`, il devra probablement être inclus dans chaque structure contenant l'élément `Unite`. Selon l'autre école, une structure plus souple a tendance à se révéler plus difficile à utiliser (il suffit de constater le nombre d'attributs présents ou absents en fonction des structures auxquelles nous avons recours dans les exemples ci-dessus). Entre ces deux méthodes, vous devriez choisir celle qui répond le mieux à vos besoins.

En ce qui concerne les documents transmis, il faut également garder à l'esprit qu'ils sont généralement conçus pour être traités seulement par la machine. Par conséquent, ils peuvent être adaptés en vue d'obtenir un document de taille minimale au détriment de la lisibilité. En guise d'illustration, reprenons la structure `RequeteUnite` (`ch04_ex03.dtd`) :

```
<!ELEMENT RequeteUnite (Unite)>
<!ATTLIST RequeteUnite
   typeRequete (MiseajourUnite | ObtentionPrixCourant) #REQUIRED
   cleRequete CDATA #REQUIRED>
<!ELEMENT Unite EMPTY>
<!ATTLIST Unite
   cleUnite CDATA #REQUIRED
   numeroUnite CDATA #IMPLIED
   nom CDATA #IMPLIED
   couleur CDATA #IMPLIED
   taille CDATA #IMPLIED>
```

Si nous adaptions ce document pour en obtenir un de taille minimale, nous pourrions utiliser la structure suivante à la place (`ch04_ex05.dtd`) :

```
<!ELEMENT Q (P)>
<!ATTLIST Q
   t (U | G) #REQUIRED
   k CDATA #REQUIRED>
<!ELEMENT P EMPTY>
```

```
<!ATTLIST P
   k CDATA #REQUIRED
   n CDATA #IMPLIED
   m CDATA #IMPLIED
   c CDATA #IMPLIED
   s CDATA #IMPLIED>
```

Un exemple de requête créé à l'aide de cette DTD minimale apparaîtrait ainsi (`ch04_ex05.xml`) :

```
<?xml version="1.0" encoding="ISO-8859-1" ?>
<!DOCTYPE listing SYSTEM "ch04_ex05.dtd" >
<Q t="U" k="1028"><P k="17" n="1A2A3AB" m="Chose" c="Bleue" s="5,08 cm" /></Q>
```

Ce document occupe 151 octets par opposition à l'échantillon d'origine de 279 octets (la diminution est significative mais, bien entendu, elle sera d'autant plus grande que le document conçu pour effectuer des requêtes sera long). En minimisant ainsi la taille de vos documents, vous pouvez réduire tout problème de bande passante réseau que vous pourriez avoir si vos systèmes acheminent et retournent des millions de documents de transactions. C'est particulièrement astucieux si vous vous servez du DOM dans votre application en raison de la grande place qu'il occupe.

Néanmoins, lorsque vous travaillez avec des documents de ce type, il existe des problèmes liés à l'accélération pour les développeurs (à cause du caractère obscur du nom des éléments et de celui des attributs) et des questions de lisibilité du code (la documentation est une nécessité absolue). Comme dans la plupart des cas en programmation, cette décision implique un compromis.

Documents comme support à la couche présentation

Souvent, vos systèmes peuvent avoir besoin de rendre facilement un contenu sous différents environnements. En cette ère émergente de technologies sans fil, un exemple évident est celui des appareils de poche et des téléphones cellulaires qui disposent tous de leurs propres langages de balisage pour la représentation de contenu. Un bon moyen d'offrir cette fonctionnalité (et, en même temps, de supprimer le caractère ambigu du contenu et de la présentation) consiste à rendre d'abord des informations dans XML et à convertir ensuite le document XML à l'aide de XSLT pour produire une représentation appropriée à la plate-forme cible.

Lors de la conception de structures dont l'unique objectif est de permettre l'utilisation d'une représentation de contenu précise, le document XML devrait être conçu pour correspondre le plus possible à la couche présentation qui est prévue, ce qui éviterait le ralentissement de la transformation de ces données par XSLT. Imaginons par exemple que vous vouliez voir la présentation générale de sortie d'un document contenant plusieurs factures pour un client déterminé à partir de notre échantillon de données, comme illustré ci-dessous :

Facture

Date de commande : 01/12/2000

Date d'expédition : 04/12/2000

Méthode d'expédition : UPS

Unité	Quantité	Prix unitaire	Prix
Machin bleu de 5,08 cm	17	0,70	11,90
Truc argenté de 7,62 cm	22	1,40	30,80
Total			42,70

Facture

Date de commande : 02/12/2000

Date d'expédition : 05/12/2000

Méthode d'expédition : USPS

Unité	Quantité	Prix unitaire	Prix
Chose rouge de 2,54 cm	13	2,10	27,30
Machin bleu de 5,08 cm	11	0,70	7,70
Total			35,00

Vous pourriez être tenté d'élaborer votre structure de manière à minimiser la répétition de données et à influer sur la manière dont les données sont normalement stockées dans votre système, comme illustré dans les exemples suivants (`ch04_ex06.dtd` et `ch04_ex06.xml`) :

```
<!ELEMENT DonneesFacture (Facture+, Unite+)>
<!ELEMENT Facture (LignedeCommande+)>
<!ATTLIST Facture
   dateCommande CDATA #REQUIRED
   dateExpedition CDATA #REQUIRED
   methodeExpedition (UPS | USPS | FedEx) #REQUIRED>
<!ELEMENT LignedeCommande EMPTY>
<!ATTLIST LignedeCommande
   IDREFUnite IDREF #REQUIRED
   quantite CDATA #REQUIRED
   prix CDATA #REQUIRED>
<!ELEMENT Unite EMPTY>
<!ATTLIST Unite
   IDUnite ID #REQUIRED
   nom CDATA #REQUIRED
   taille CDATA #REQUIRED
   couleur CDATA #REQUIRED>
```

```
<?xml version="1.0" encoding="ISO-8859-1" ?>
<!DOCTYPE listing SYSTEM "ch04_ex06.dtd" >
<DonneesFacture>
```

```
<Facture
   dateCommande="01/12/2000"
   dateExpedition="04/12/2000"
   methodeExpedition="UPS">
   <LignedeCommande
      IDREFUnite="p1"
      quantite="17"
      prix="0,70" />
   <LignedeCommande
      IDREFUnite="p2"
      quantite="22"
      prix="1,40" />
</Facture>
<Facture
   dateCommande="02/12/2000"
   dateExpedition="05/12/2000"
   methodeExpedition ="USPS">
   <LignedeCommande
     IDREFUnite ="p3"
      quantite="13"
      prix="2,10" />
   <LignedeCommande
     IDREFUnite ="p1"
      quantite="11"
      prix="0,70" />
</Facture>
<Unite
   IDUnite="p1"
   nom="Machin"
   taille="5,08 cm"
   couleur="bleu" />
<Unite
   IDUnite ="p2"
   nom="Truc"
   taille="7,62 cm"
   couleur="argenté" />
<Unite
   IDUnite ="p3"
   nom="Chose"
   taille="2,54 cm"
   couleur="rouge" />
</DonneesFacture>
```

Toutefois, une structure similaire à celle de sortie conviendrait certainement mieux, comme celle présentée ci-dessous (`ch04_ex07.dtd` et `ch04_ex07.xml`) :

```
<!ELEMENT DonneesFacture (LignedeCommande+)>
<!ELEMENT Facture (Article+)>
<!ATTLIST Facture
   dateCommande CDATA #REQUIRED
   dateExpedition CDATA #REQUIRED
   methodeExpedition (UPS | USPS | FedEx) #REQUIRED
   total CDATA #REQUIRED>
<!ELEMENT LignedeCommande EMPTY>
<!ATTLIST LignedeCommande
   descriptionUnite CDATA #REQUIRED
   quantite CDATA #REQUIRED
   prix CDATA #REQUIRED
```

```
      totalPartiel CDATA #REQUIRED>
   <?xml version="1.0" encoding="ISO-8859-1"?>
   <!DOCTYPE listing SYSTEM "ch04_ex07.dtd" >
   <DonneesFacture>
      <Facture
         dateCommande="01/12/2000"
         dateExpedition="04/12/2000"
         methodeExpedition="UPS"
         total="42,70">
         <LignedeCommande
            descriptionUnite ="Machin bleu de 5,08 cm"
            quantite="17"
            prix="0,70"
            totalPartiel="11,90" />
         <LignedeCommande
            descriptionUnite ="Truc argenté de 7,62 cm"
            quantite="22"
            prix="1,40"
            totalPartiel="30,80" />
      </Facture>
      <Facture
         dateCommande="02/12/2000"
         dateExpedition="05/12/2000"
         methodeExpedition ="USPS"
         total="35,00">
         <LignedeCommande
            descriptionUnite ="Chose rouge de 2,54 cm"
            quantite="13"
            prix="2,10"
            totalPartiel="27,30" />
         <LignedeCommande
            descriptionUnite ="Machin bleu de 5,08 cm"
            quantite="11"
            prix="0,70"
            totalPartiel="7,70" />
      </Facture>
   </DonneesFacture>
```

La raison est simple : le premier exemple nécessite une navigation fondée sur des relations de pointage, le calcul de valeurs et, en général, le traitement que XSLT n'est pas capable d'effectuer. En réalité, les actions de base de XSLT ne permettent même pas de calculer le montant final de chaque facture à partir de la première structure ! Néanmoins, XSLT peut transformer rapidement et aisément le deuxième exemple au format(s) de sortie souhaité(s).

Une fois que vous avez défini le public et l'utilisation prévue pour les structures XML, vous devriez rendre ces informations disponibles à tous les participants du processus de standardisation. Cela permettra aux créateurs d'apporter des restrictions à leurs structures pour s'assurer que les résultats escomptés sont bien obtenus.

En vue de faciliter le processus d'élaboration de standards, passons brièvement à d'autres exercices de préparation.

Règles de base

Avant d'entreprendre la réalisation de standards, il est important de s'accorder sur certaines règles de base concernant les structures à concevoir, surtout s'il s'agit de standards de portée étendue car cela a tendance à impliquer simultanément davantage de personnes exerçant des fonctions variées habitant dans des lieux divers. Par ailleurs, XML constitue une grammaire souple et il existe une myriade de moyens différents pour exprimer le même contenu sémantique dans une structure XML.

Maintenant, penchons-nous un court instant sur certains moyens permettant d'imposer des contraintes dans le cadre de la conception et de vous aider à garantir un résultat final cohérent.

Hypothèses sur la mise en œuvre

Avant de poursuivre l'élaboration de vos structures, vous avez d'abord besoin de déterminer les plates-formes et les logiciels susceptibles de vous aider à accéder aux structures. À l'aide de ces informations, vous pouvez fixer des limites concernant la méthode de création de vos structures de manière à ce qu'elles fonctionnent aussi harmonieusement que possible grâce au logiciel auquel les créateurs et les utilisateurs de documents ont recours.

Dans ce cas, la portée est à nouveau un facteur de premier ordre. Si vous concevez simplement une structure à utiliser en interne par un système, il devrait être assez facile d'identifier les technologies s'appliquant à la création et à l'utilisation de documents pour cette structure. Dans le cas d'une industrie, il est cependant nécessaire de s'attendre à ce que les utilisateurs accèdent à vos documents à l'aide de toute sorte de matériels et de logiciels imaginables et donc de garder un niveau de complexité de la structure aussi faible que possible.

Si vous aviez le moindre doute au sujet des logiciels et du matériel utilisés pour accéder aux documents, l'hypothèse la plus défavorable serait le recours à des mises en œuvre de base du DOM, de XSLT et de SAX comme défini par le W3C et par David Megginson, développeur principal des outils SAX (pour plus de détails sur SAX, visitez son site web à http://www.megginson.com).

La fonction d'extension `nodeFromID()` de MSXML en constitue un parfait exemple. Cette fonction est une extension de DOM du W3C qui permet à un nœud d'être rapidement identifié dans l'arbre du document à partir d'une valeur ID donnée. Si vous savez que les créateurs et les utilisateurs utiliseront la bibliothèque MSXML pour accéder aux documents, la navigation fondée sur des relations de pointage d'`IDREF(S)` à `ID` sera relativement facile. Cependant, si le traitement consiste à accéder au document à l'aide d'une mise en œuvre DOM qui ne fournit pas une telle fonction utilitaire, cette navigation est un peu plus compliquée (et nécessite l'itération manuelle des éléments d'un arbre parmi lesquels nous recherchons celui qui a un attribut de type ID correspondant à l'IDREF que nous tentons de repérer).

Bien entendu, les répercussions sur la conception sont importantes. La création, les performances et la complexité du code sont toutes inextricablement liées. Si les pointeurs exigent des performances trop importantes, évitez-les à tout prix, mais en cas d'utilisation d'une fonction utilitaire sur les plates-formes que vous envisagez, vous n'avez pas besoin de vous en inquiéter autant.

Éléments et attributs

Il s'agit d'un point qui suscitera probablement les débats les plus animés parmi les participants de votre processus de standardisation. Tous ont une opinion sur le choix à opérer entre les éléments ou les attributs pour le contenu de données et, dans la plupart des cas, ils sont fermement convaincus. D'autres facteurs peuvent également influencer votre décision : la réutilisation du code, la conformité avec des serveurs XML tels que BizTalk, etc.

Que vous optiez pour les éléments ou les attributs pour le contenu texte, votre décision devrait intervenir avant le début de création des structures et vous devriez vous y tenir tout au long de cette élaboration. Dans le cas contraire, les définitions d'éléments suivantes commenceront à apparaître (`ch04_ex08.dtd` et `ch04_ex08.xml`) :

```
<!ELEMENT Facture (dateCommande, dateExpedition, methodeExpedition,
LignedeCommande+)>
<!ELEMENT dateCommande (#PCDATA)>
<!ELEMENT dateExpedition (#PCDATA)>
<!ELEMENT methodeExpedition (#PCDATA)>
<!ELEMENT LignedeCommande EMPTY>
<!ATTLIST LignedeCommande
   IDUnite ID #REQUIRED
   quantite CDATA #REQUIRED
   prix CDATA #REQUIRED>
```

```
<?xml version="1.0" encoding="ISO-8859-1"?>
<!DOCTYPE listing SYSTEM "ch04_ex08.dtd" >
<Facture>
   <dateCommande>01/12/2000</dateCommande>
   <dateExpedition>04/12/2000</dateExpedition>
   <methodeExpedition>UPS</methodeExpedition>
   <LignedeCommande
      IDUnite="p17"
      quantite="11"
      prix="0,70" />
</Facture>
```

De telles structures sont difficiles à retenir et à coder, ce qui allonge le temps de leur implémentation et augmente la quantité de code nécessaire pour permettre leur prise en charge. Si vous choisissez d'utiliser uniquement des éléments ou seulement des attributs pour représenter vos points de données et si vous appliquez cette décision, les structures qui en résultent seront plus accessibles et plus aisées à implémenter.

De manière plus complète, nous avons confronté les éléments aux attributs pour les points de données dans le chapitre 3.

Restreindre le contenu d'éléments

Étant donné que XML tire son origine du SGML, il accepte de nombreux et divers types de structures. Parmi les structures autorisées sous XML, certaines conviennent mieux à des fins de balisage de texte que des structures de données et, pour cette raison, elles devraient être écartées chaque fois que possible.

Si vous fixez une règle de base auparavant pour éviter ces structures axées sur le texte, l'utilisation des vôtres en sera facilitée.

Examinons maintenant quelques recommandations permettant de restreindre le contenu d'éléments.

Interdire l'élément de type ANY

Comme nous l'avons noté dans les chapitres précédents, l'élément de type ANY permet beaucoup de souplesse quant à son contenu. Imaginons que nous ayons la DTD suivante :

```
<!ELEMENT a ANY>
<!ELEMENT b (#PCDATA)>
<!ELEMENT c (#PCDATA)>
```

Dans ce cas, les structures suivantes seraient toutes parfaitement valides :

```
<a>
<a><b>une chaîne</b><c>une autre</c></a>
<a>Cet élément dispose d'un contenu <b>texte</b></a>
<a><b /><c>foo</c>foo<b>foo</b>foo<c>foo</c></a>
<a><a><a><a /></a></a></a>
```

Comme vous pouvez le constater, la liberté de mélanger du contenu texte et du contenu d'éléments rend le traitement de ces éléments cauchemardesque. Si vous interdisez aux développeurs travaillant sur les standards de recourir à ce type de contenu, vous pouvez éviter les casse-tête que cette utilisation peut entraîner.

Proscrire le type d'élément de contenu mixte

Les structures de ce type ont le même genre de problèmes que celles de type ANY. Le texte et les éléments peuvent être librement mélangés dans n'importe quelle combinaison conforme à la déclaration du contenu. Vous pouvez également spécifier que ce type de contenu d'éléments ne doit pas être présent dans vos structures. Bien entendu, un élément de texte seul, qui est réellement un cas particulier de type d'élément de contenu mixte, constitue une exception : ce type sert en cas de représentation des points de données sous forme d'éléments.

Limiter les éléments de contenu structuré

XML permet aux créateurs de spécifier un contenu structurel complexe pour les éléments à l'aide du regroupement, de l'expression d'un choix et des opérateurs de cardinalité. Bien que ces structures permettent d'exercer un contrôle excellent sur l'ordre et la fréquence des éléments apparaissant en tant qu'enfants de l'élément en cours de définition, leur codage peut se révéler quelque peu problématique.

En général, vous devriez limiter le contenu structuré à des éléments séquentiels utilisant seulement des virgules pour distinguer les éléments susceptibles d'apparaître. En cas de modélisation d'une véritable relation « soit (...) soit », cela ne s'applique pas strictement.

Imaginons par exemple la structure suivante (ch04_ex09.dtd) :

```
<!ELEMENT Utilisateur (Fournisseur | Client)>
<!ATTLIST Utilisateur
   login CDATA #REQUIRED
   motdePasse CDATA #REQUIRED>
```

```
<!ELEMENT Fournisseur EMPTY>
<!ATTLIST Fournisseur
   nom CDATA #REQUIRED
   frequenceApprovisionnement CDATA #REQUIRED
   IDREFSUniteIDREFS #REQUIRED>
<!ELEMENT Client EMPTY>
<!ATTLIST Client
   nom CDATA #REQUIRED
   adresse CDATA #REQUIRED
   ville CDATA #REQUIRED
   etat CDATA #REQUIRED
   codePostal CDATA #REQUIRED>
```

Si l'`Utilisateur` pouvait être un `Fournisseur`, un `Client` ou les deux, le modèle de contenu correct pour l'élément `Utilisateur` devrait être :

```
<!ELEMENT Utilisateur (Fournisseur?, Client?)>
```

L'argument selon lequel la structure réellement correcte serait la suivante pourrait alors être formulé :

```
<!ELEMENT Utilisateur ((Fournisseur, Client) | Fournisseur | Client)>
```

Cependant, comme vous pouvez l'imaginer, les structures deviendraient rapidement assez complexes si vous aviez souvent recours à ce type. À la place, il vaut mieux vous assurer que votre code compte au moins un `Fournisseur` ou un `Client`.

Saisir des informations de typage fort

Lorsque nous recueillons des points de données pour le standard, il est important de saisir les informations de typage fort pour ces données. Même si le typage fort ne peut pas s'appliquer aux DTD, les informations disponibles sous une certaine forme aideront les utilisateurs à reconnaître le format exact et l'objectif de chaque point de données inclus dans le standard. Par ailleurs, lorsqu'il devient possible d'accéder aux schémas XML et de typer fortement les points de données, l'exportation sera moins laborieuse puisque vous évitez l'étape supplémentaire consistant à saisir à nouveau les informations de typage pour chaque point de données.

Imaginons que vous ayez la structure suivante :

```
<!ELEMENT Facture EMPTY>
<!ATTLIST Facture
   dateCommande CDATA #REQUIRED
   dateExpedition CDATA #REQUIRED
   methodeExpedition (USPS | UPS | FedEx) #REQUIRED>
```

Il est important de spécifier le format de la date, surtout si l'entreprise fait des affaires dans le monde entier. En effet, certains pays représentent les dates sur le modèle MM/JJ/AAAA tandis que d'autres utilisent JJ/MM/AAAA. Aux États-Unis, par exemple, 07/04/2000 signifie 4 juillet 2000 alors que la même chaîne indiquerait 7 avril 2000 en France. Le meilleur moyen d'ajouter ce genre d'informations à votre DTD est de les faire apparaître ainsi dans un bloc de commentaires :

```
<!-- Élement: Facture                                              -->
<!-- Attributs :                                                   -->
```

```
<!-- DateCommande                                                             -->
<!-- Type de données : date                                                   -->
<!-- Format :          JJ/MM/AAAA                                             -->
<!-- Description : ce champ contient la date à laquelle la facture a été soumise -->
<!-- dateExpedition                                                           -->
<!-- Type de données : date                                                   -->
<!-- Format:           JJ/MM/AAAA                                             -->
<!-- Description : ce champ renferme la date à laquelle les unités commandées -->
<!--               sur la facture ont été expédiées au client                 -->
<!-- methodeExpedition                                                        -->
<!-- Type de données : attribut énuméré                                       -->
<!-- Format :          USPS : United States Postal Service                    -->
<!--                   UPS : United Parcel Service                            -->
<!--                   FedEx : Federal Express                                -->
<!-- Description : ce champ indique la methodeExpedition utilisée pour        -->
<!--               expédier les unités au client                              -->
<!ELEMENT Facture EMPTY>
<!ATTLIST Facture
   dateCommande CDATA #REQUIRED
   dateExpedition CDATA #REQUIRED
   methodeExpedition (USPS  | UPS | FedEx) #REQUIRED>
```

Bien que cela augmente considérablement la taille de votre DTD, de nombreux processeurs analysent et mettent en cache les DTD, ce qui rend les commentaires supplémentaires non pertinents. Si vous trouvez que les performances de votre processeur sont diminuées lorsque vous chargez vos DTD avec des commentaires, vous pourriez souhaiter stocker ces derniers sur un autre support (tel que le guide d'implémentation dont nous traiterons plus loin).

Conventions de nommage

Pour que le contenu de votre standard soit cohérent et intelligible, une convention de nommage doit s'appliquer à tous les éléments et à tous les attributs. Celle-ci doit être suffisamment détaillée pour permettre à une personne mettant en œuvre le standard de déterminer, d'un coup d'œil, ce qu'un élément ou un attribut particulier représente. À titre d'exemple, voici la convention de nommage que vous pourriez appliquer :

- les noms d'éléments doivent être formés à partir de termes concaténés avec la première lettre de chaque mot en majuscule ;
- les noms d'attributs doivent également être constitués de termes concaténés dont la première lettre prend une majuscule, excepté pour le premier mot ;
- les noms d'attributs ne doivent pas répéter le nom de l'élément dans lequel ils apparaissent (par exemple, dans l'élément `Facture`, utiliser le nom de l'attribut `dateCommande` et non `dateCommandeFacture`) ;

- les noms d'attributs doivent être facultativement composés d'un ou de plusieurs préfixes indiquant le rôle d'un point de données dans la structure d'ensemble, puis d'un nom principal décrivant le point de données et enfin d'un suffixe spécifiant le type de données que la valeur peut contenir (y compris des informations de mise à l'échelle) ;
- les attributs qui représentent des valeurs booléennes prennent le préfixe `is` ;

La structure suivante concorderait donc avec la convention de nommage présentée ci-dessus :

```
<!ELEMENT ImpotChiffreAffaires EMPTY>
<!ATTLIST ImpotChiffreAffaires
   etatTexte CDATA #REQUIRED
   valeurPourcentage CDATA #REQUIRED
   isExempt (O | N) #REQUIRED>
```

En revanche, cette structure ne serait pas conforme :

```
<!ELEMENT impotchiffreaffaires EMPTY>             (ne suit pas la convention
                                                  de nommage conncernant les
                                                  éléments)
<!ATTLIST impotchiffreaffaires
   etat CDATA #REQUIRED                           (n'indique pas le type
                                                  d'informations)
   pourcentageValeur CDATA #REQUIRED              (ne représente pas le type de
                                                  données sous forme
                                                  de suffixe)
   impotExempt (O | N) #REQUIRED                  (répète le préfixe et ne commence
                                                  pas par "is")
```

Les détails exacts de la convention de nommage ne revêtent pas autant d'importance que l'existence de la convention elle-même. Tant que la convention facilite la compréhension du rôle et de la signification de chaque élément et attribut par un simple regard sur son nom, vous pouvez adopter le style syntaxique qui convient le mieux au groupe de standardisation.

Bien entendu, les décisions que vous prenez concernant ces règles de base affecteront l'ensemble du projet à venir, d'où la nécessité de bien faire. Par conséquent, nous avons ensuite besoin d'évaluer exactement ce qu'elles prennent en compte.

Comprendre l'influence des décisions de conception

Lorsque nous concevons des structures XML, nous sommes fortement tentés d'opter pour la solution la plus élégante sans nous soucier des implications qu'elle aura sur le développement des structures créées. Cependant, il est essentiel de tenir compte des conséquences de vos décisions sur l'élaboration et la production dès le début. Examinons maintenant quelques aspects courants.

Performances

Les performances constituent le critère de productivité le plus évident. Avec toute implémentation XML, une attention toute particulière doit être portée sur la construction des documents, leur taille et la manière dont ils sont analysés pour éviter que la mémoire et le réseau ne soient saturés. Étudions quelques décisions courantes de conception qui peuvent avoir un effet défavorable sur les performances.

Taille des documents

Si un développeur se sert du DOM, d'un ensemble d'outils ou d'une bibliothèque fondée sur le DOM, la totalité du document XML est mise en mémoire et analysée en hiérarchie des nœuds avant d'entreprendre des actions sur le document. Bien entendu, cela entraîne une saturation de la mémoire si les documents sont trop longs ou si trop de sessions simultanées du parseur DOM (ou de dérivés du DOM) sont instanciées sur une machine unique.

Si la consommation de mémoire vous préoccupe, plusieurs méthodes existent pour atténuer ce problème :

- **Réduire la taille des balises.**

  Comme nous l'avons vu auparavant dans le document, la réduction de la taille des balises au niveau des éléments peut considérablement diminuer la taille des documents. Cela se traduit directement par un encombrement limité pour chaque instance des documents lus et chargés par le processeur DOM. Il s'agit probablement du meilleur moyen d'aborder le problème mais il a un inconvénient majeur en rendant les documents moins lisibles pour l'homme.

- **Ajouter de la mémoire ou du matériel.**

  Comme pour toute saturation de systèmes de production, vous pouvez améliorer leurs performances si vous partagez la charge entre des systèmes supplémentaires. Il est également possible d'ajouter de la mémoire au système saturé. Malheureusement, cela présente un inconvénient évident, à savoir l'achat et l'installation de nouveaux matériels ou de mémoires.

- **Limiter la portée des structures.**

  Si les documents XML couvrent une gamme variée d'informations, un moyen de réduire l'encombrement de la mémoire consiste à supprimer, à l'intérieur de vos structures, les informations inaccessibles à vos utilisateurs. Peut-être avez-vous choisi d'ajouter des informations pour aider d'éventuels utilisateurs ou tenté de créer une structure « taille unique ». Dans ce cas, il serait utile de considérer la subdivision de structures, laquelle peut servir à répondre séparément aux besoins particuliers des utilisateurs pour gérer la charge du système.

- **Préférer la technologie SAX.**

  Des parseurs SAX ou des processeurs fondés sur SAX encombrent bien moins que les parseurs DOM puisqu'ils font passer le flux du document à travers une fenêtre d'analyse au lieu de charger l'ensemble du document en mémoire. Cependant, les parseurs SAX sont souvent réputés pour leur difficulté de fonctionnement, surtout si votre document comporte des relations de pointage (navigation `ID/IDREF`) qu'il faut parcourir. Si une relation de pointage est une référence en arrière (c'est-à-dire l'`ID` vers lequel pointe l'`IDREF`, apparaissant plus tôt dans le document), il sera indispensable d'avoir plusieurs passages ou une sorte de mise en cache pour parcourir la relation, ce qui va à l'encontre de l'objectif d'un faible encombrement de mémoire.

Surabondance de standards

Un autre facteur qui peut influer sur les performances est la manière dont votre structure est standardisée (en d'autres termes, le nombre de nœuds augmentant les niveaux de l'arbre créé). En fonction de l'implémentation spécifique d'un processeur, un arbre plus profond peut être plus long à parcourir. Si vous pensez que vos structures sont probablement trop standardisation, cherchez des relations un-à-un entre les éléments et leur contenu. Celles-ci peuvent normalement être faciles à « déstandardiser » en introduisant les attributs d'un fils dans l'élément père.

Surabondance de relations de pointage

Une surabondance de relations de pointage dans vos structures peut avoir de graves conséquences sur les performances des processeurs. Comme nous l'avons mentionné plus haut dans ce chapitre, la plupart des implémentations DOM ne disposent pas d'un moyen prédéfini pour parcourir les relations `ID/IDREF`. Par itération, elles doivent naviguer dans toute la liste de nœuds d'éléments à la recherche de l'élément dont l'`ID` correspond à l'`IDREF` que vous possédez.

Le problème est seulement aggravé en cas d'utilisation du processeur SAX. Plus il existe de relations de pointage dans vos structures, plus il est probable que l'une d'entre elles pointera en arrière dans le document, ce qui oblige les concepteurs à réaliser des systèmes de mise en cache ou à exécuter de multiples passages d'analyse des documents.

Si vous constatez que le nombre de relations de pointage a des conséquences sur les performances, vous pourriez tenter de transformer une partie des pointeurs de manière à obtenir des relations d'intégration. Ainsi, votre document peut être un peu plus volumineux mais, en réalité, il sera traité plus rapidement que celui comportant des relations de pointage. Illustrons ce propos.

Pour cela, reprenons l'échantillon de DTD relatif à des factures, ayant servi à présenter la façon dont XML pourrait être utilisé comme support à la couche présentation (`ch04_ex06.dtd` et `ch04_ex06.xml`) :

```
<!ELEMENT DonneesFacture (Facture+, Unite+)>
<!ELEMENT Facture (LignedeCommande+)>
<!ATTLIST Facture
   dateCommande CDATA #REQUIRED
   dateExpedition CDATA #REQUIRED
   methodeExpedition (UPS | USPS | FedEx) #REQUIRED>
<!ELEMENT LignedeCommande EMPTY>
<!ATTLIST LignedeCommande
   IDREFUniteIDREF #REQUIRED
   quantite CDATA #REQUIRED
   prix CDATA #REQUIRED>
<!ELEMENT Unite EMPTY>
<!ATTLIST Unite
   IDUnite ID #REQUIRED
   nom CDATA #REQUIRED
   taille CDATA #REQUIRED
   couleur CDATA #REQUIRED>
<DonneesFacture>
   <Facture
      dateCommande="01/12/2000"
      dateExpedition="04/12/2000"
      methodeExpedition="UPS">
      <LignedeCommande
```

```
            IDREFUnite="p1"
            quantite="17"
            prix="0,70" />
         <LignedeCommande
            IDREFUnite="p2"
            quantite="22"
            prix="1,40" />
      </Facture>
      <Facture
         dateCommande="02/12/2000"
         dateExpedition="05/12/2000"
         methodeExpedition="USPS">
         <LignedeCommande
            IDREFUnite="p3"
            quantite="13"
            prix="2,10" />
         <LignedeCommande
            IDREFUnite="p1"
            quantite="11"
            prix="0,70" />
      </Facture>
      <Unite
         IDUnite="p1"
         nom="Machin"
         taille="5,08 cm"
         couleur="bleu" />
      <Unite
         IDUnite="p2"
         nom="truc"
         taille="7,62 cm"
         couleur="argenté" />
      <Unite
         IDUnite="p3"
         nom="chose"
         taille="2,54 cm"
         couleur="rouge" />
   </DonneesFacture>
```

Dans cet exemple, il est indispensable de naviguer d'`ID` à `IDREF` (de la valeur de `IDREFUnite` aux informations appropriées concernant l'unité). Nous pouvons améliorer les performances du document en changeant cette navigation en relation d'intégration : il suffit de déstandardiser cette navigation grâce à l'introduction des attributs se rapportant à ID dans la structure `LignedeCommande` et à la répétition des données concernant l'unité aux endroits nécessaires (`ch04_ex10.dtd` et `ch04_ex10.xml`).

```
<!ELEMENT DonneesFacture (Facture+)>
<!ELEMENT Facture (LignedeCommande+)>
<!ATTLIST Facture
   dateCommande CDATA #REQUIRED
   dateExpedition CDATA #REQUIRED
   methodeExpedition (UPS | USPS | FedEx) #REQUIRED>
<!ELEMENT LignedeCommande EMPTY>
<!ATTLIST LignedeCommande
   nom CDATA #REQUIRED
   taille CDATA #REQUIRED
   couleur CDATA #REQUIRED
   quantite CDATA #REQUIRED
   prix CDATA #REQUIRED>
```

```
<?xml version="1.0" encoding="ISO-8859-1"?>
<!DOCTYPE listing SYSTEM "ch04_ex10.dtd" >
<DonneesFacture>
   <Facture
      dateCommande="01/12/2000"
      dateExpedition="04/12/2000"
      methodeExpedition="UPS">
      <LignedeCommande
         nom="machin"
         taille="5,08 cm"
         couleur="bleu"
         quantite="17"
         prix="0,70" />
      <LignedeCommande
         nom="truc"
         taille="7,62 cm"
         couleur="argenté"
         quantite="22"
         prix="1,40" />
   </Facture>
   <Facture
      dateCommande="02/12/2000"
      dateExpedition="05/12/2000"
      methodeExpedition="USPS">
      <LignedeCommande
         nom="chose"
         taille="2,54 cm"
         couleur="rouge"
         quantite="13"
         prix="2,10" />
      <LignedeCommande
         nom="machin"
         taille="5,08 cm"
         couleur="bleu"
         quantite="11"
         prix="0,70" />
   </Facture>
</DonneesFacture>
```

Pour savoir, si nécessaire, que le machin référencé dans la première facture est le même que dans la deuxième facture, le parseur aura besoin de concilier ces informations en comparant le nom, la taille, etc. La version `ch04_ex06` sera plus petite alors que l'analyse de `ch04_ex10` sera plus rapide (tout dépend de vos exigences spécifiques de performances).

Temps de codage

Un autre facteur important à prendre en considération lors du développement de structures XML est le temps qu'il faudra aux processeurs de codes pour les produire et les exécuter. En effet, la conception de votre structure peut influer de plusieurs manières sur le temps d'écriture du code.

Complexité des documents

La complexité de la structure peut avoir une influence sur le temps de codage nécessaire à sa construction. Plus la structure d'un document est complexe, plus le nombre de lignes de code à écrire pour la produire et l'exécuter sera important.

Bien qu'un certain degré de complexité ne puisse être évité (après tout, le document XML a besoin de renfermer toutes les informations pertinentes par rapport à la tâche à gérer), il est possible de diminuer la complexité des documents en évitant l'excès de standardisation. Si un élément a une relation un-à-un avec un autre élément et si aucune raison n'oblige à les séparer, introduire les attributs d'un fils dans l'élément père et écarter l'enfant réduira la dispersion dans le document qui sera plus facile à analyser.

Relations de pointage

Plus le nombre de relations de pointage utilisées dans votre document est important, plus il s'avérera difficile d'écrire un code pour le produire et l'exécuter. En matière de création, il sera nécessaire de produire des identifiants et de s'assurer que toutes les références renvoient correctement aux identifiants. Quant au parseur, il devra sauter dans l'arbre à la recherche de relations de pointage pour extraire les informations requises. Lorsque la suppression de relations de pointage est réalisable, elle contribue à écourter le cycle de codage.

Niveaux d'abstraction

Lors de la conception de structures de données, le développeur peut choisir le niveau d'abstraction auquel les structures seront prises. Certes, plus d'abstraction peut présenter de réels avantages dans un modèle relationnel mais il ne fait qu'ajouter un traitement inutile pour le créateur ou l'utilisateur d'un document XML étant donné que le niveau d'abstraction doit être modifié avant de pouvoir accéder aux informations.

À titre d'exemple, imaginons que nous ayons la structure suivante pour l'élément `Facture` :

```
<!ELEMENT Facture (Date+)>
<!ELEMENT Date EMPTY>
<!ATTLIST Date
   typeDate (dateCommande | dateExpedition) #REQUIRED
   valeurDate CDATA #REQUIRED>
<Facture>
   <Date typeDate ="dateCommande" valeurDate ="01/12/2000" />
   <Date typeDate ="dateExpedition" valeurDate ="04/12/2000" />
</Facture>
```

De nombreux développeurs sont attirés par ce type d'implémentation dans la mesure où il semble plus compatible avec des versions antérieures : si vous voulez ajouter un type de date différent pour la facture, il suffit d'ajouter simplement une valeur possible à la valeur énumérée. Cependant, des problèmes sont liés à ce type de structure sous XML.

En effet, il n'existe aucun moyen de déclarer qu'une seule `dateCommande` et une seule `dateExpedition` peuvent apparaître. Par conséquent, le document suivant serait parfaitement valide :

```
<Facture>
   <Date typeDate ="dateCommande" valeurDate ="01/12/2000" />
   <Date typeDate ="dateCommande" valeurDate ="04/12/2000" />
</Facture>
```

En outre, un utilisateur doit maintenant récupérer tous les enfants `Date` de l'élément `Facture`, examiner `typeDate` pour découvrir chaque type de `Date` et agir en conséquence. Une bien meilleure structure qui sera bien plus facile à coder est celle qui déclare explicitement chaque type de date :

```
<!ELEMENT Facture EMPTY>
<!ATTLIST Facture
   dateCommande CDATA #REQUIRED
   dateExpedition CDATA #REQUIRED>
<Facture
   dateCommande="01/12/2000"
   dateExpedition="04/12/2000" />
```

Temps d'adaptation pour le développeur

Une autre question à considérer lors de votre conception est le temps d'adaptation, autrement dit le temps que mettra le développeur pour comprendre la représentation des données de la structure XML créée. Ce point est similaire au temps de codage et peut être abordé de la même manière. Les problèmes d'allongement du temps d'adaptation pour le développeur sont liés à la complexité du document, au nombre de ses relations de pointage ainsi qu'à son degré d'abstraction.

Extensibilité

Lors de la conception de vos structures XML, gardez à l'esprit qu'elles sont susceptibles de changer au cours du temps. Bien qu'une véritable compatibilité avec des versions antérieures soit difficile à obtenir avec XML, vous pouvez néanmoins créer votre structure pour facilement exporter d'anciens documents vers de nouvelles versions.

Pour vous faciliter la tâche lors de modifications, limitez le nombre de relations de pointage. Par ailleurs, interrogez-vous sur les éléments et les attributs : doivent-ils être obligatoires ou optionnels. Si vous essayez d'obtenir une compatibilité ascendante, tous les éléments et les attributs ajoutés par vos soins devraient être optionnels. Néanmoins, vous devez être conscient que vous perdrez certaines possibilités d'application de règles de gestion si vous choisissez d'agir ainsi.

Durant le développement

Maintenant, nous avons besoin d'examiner des questions susceptibles de se poser durant le développement de vos documents.

Répartir la charge de travail

Étant donné que l'élaboration de standards est normalement un travail d'équipe, des moyens clairement définis sont nécessaires pour déterminer les personnes qui travaillent sur telle portion de document. Habituellement, la meilleure méthode consiste à répartir le travail et à permettre aux experts d'un domaine de concentrer leurs efforts, du moins au début, sur les parties du document qui relèvent de leurs compétences.

En guise d'illustration, imaginons que vous développiez le système de facture que nous avons utilisé comme exemple. Vous pourriez affecter la conception des structures d'unités à votre développeur de données pour le contrôle des stocks, les structures de factures à celui chargé des données relatives au point de vente, et les tableaux récapitulatifs à votre développeur en comptabilité. Il est en général astucieux de répartir les tâches entre les personnes ou les équipes étant le plus directement intéressées par la conception d'une telle partie de structure.

Pour ce faire, il convient notamment de réunir dans un premier temps une équipe pour dresser la structure d'ensemble du document. Par exemple, vous pourriez tous convenir du contenu d'un document : des factures dont chacune, récapitulée dans un élément mensuel, référence les unités. Une fois que vous vous êtes mis d'accord sur ce sujet, il est recommandé de distribuer aux développeurs chaque élément particulier ou groupe d'éléments sur lequel ils travailleront. Dès que chaque membre de l'équipe a achevé le travail qui lui était imparti, il est bon d'organiser une nouvelle rencontre pour rassembler les structures (cette opération sera traitée plus loin dans le chapitre).

Questions sur les données

Lors du développement de structures, des questions classiques sur les données sont susceptibles de survenir. Elles peuvent provenir d'un désaccord entre les participants ou de questions associées aux structures qui en résultent. Dans ce contexte, nous examinerons les points suivants et la manière dont ils peuvent être abordés :

- généralité et spécificité ;
- obligation et option ;
- « méli-mélo de balises » ;
- préservation de « l'indépendance vis-à-vis de la présentations » de la structure

Généralité et spécificité

Ce problème est celui qui se présente le plus souvent, surtout dans le cas de standards de portée plus étendue. Imaginons que nous concevions une facture et un document récapitulatif pour permettre leur navette entre le système de point de vente et celui de comptabilité. Dans la perspective du point de vente, le moyen habituel de référencer les prix va être employé au niveau des lignes de commande : le client paie un certain prix pour chaque unité déterminée et une certaine quantité d'unités est commandée. Cependant, du point de vue de la comptabilité, les prix sont normalement référencés au niveau de la facture : de cette manière, tous les clients peuvent être assurés de recevoir une facture exacte sans avoir à recalculer les montants pour chacune. Quelle représentation est correcte dans les structures que nous créons ?

L'un des moyens de résoudre cette difficulté est de partir du principe que les représentations générales et spécifiques sont toutes les deux appropriées mais elles devraient alors être déclarées comme optionnelles, pour permettre à tous les créateurs du document de stocker simplement toutes les informations disponibles. Néanmoins, cela pose un problème : qu'adviendra-t-il si le système de comptabilité produit un document que le système de point de vente tente d'utiliser ? Les informations nécessaires, celles de la ligne de commande, n'apparaîtront pas, d'où l'impossibilité pour le système de point de vente de recréer les lignes de commande de la facture. D'habitude, un créateur incluant des informations spécifiques peut élaborer un document utilisable par une personne à la recherche d'informations générales mais l'inverse ne se vérifie pas.

Cette situation se retrouve également lorsqu'il s'agit de valeurs énumérées. Par exemple, imaginons que le créateur du système de point de vente propose la structure suivante pour `methodeExpedition` :

```
<!ATTLIST Facture
   methodeExpedition (USPS | UPS | FedEx) #REQUIRED>
```

En revanche, le créateur du système de gestion et de l'envoi des commandes fournit celle-ci :

```
<!ATTLIST Facture
   methodeExpedition (USPSDeBase |
                      USPSPrioritaire |
                      UPSDeBase |
                      UPSDeNuit |
                      FedExDeBase |
                      FedExDeNuit) #REQUIRED>
```

Dans ce cas, nous avons à nouveau un créateur qui propose des valeurs générales et un autre qui fournit des valeurs plus spécifiques. Des techniques similaires doivent être utilisées pour définir la représentation à utiliser dans le standard. Alors, la structure idéale ressemble probablement à celle–ci :

```
<!ATTLIST Facture
   transporteur      (USPS |
                      UPS |
                      FedEx) #REQUIRED
methodeExpedition     (DeBase |
                      DeNuit) #OPTIONAL>
```

Caractère obligatoire ou optionnel

Une autre question est de savoir si un élément ou un attribut particulier doit être requis ou optionnel. Par exemple, le créateur du système de point de vente pourrait insister pour que l'enfant `LignedeCommande` de l'élément `Facture` soit obligatoire : après tout, vous ne pouvez pas avoir une facture sans lignes de commande, n'est-ce pas ? De son côté, le créateur du système de comptabilité insiste pour que l'élément fils `LignedeCommande` soit optionnel : quand la facture lui parviendra, sa seule préoccupation est le client et le montant dû.

Cette décision se prend généralement à pile ou face : soit vous déclarez l'élément optionnel en perdant un peu de votre capacité à gérer le contenu du document XML (puisqu'un système de point de vente pourrait maintenant renoncer aux enfants `LignedeCommande` de l'élément `Facture`), soit vous rendez l'élément obligatoire (ce qui signifie que le système de comptabilité doit maintenant retenir les lignes de commande pour chaque facture). En général, plus l'élaboration des standards XML est libre, plus les articles sont susceptibles d'être plutôt optionnels qu'obligatoires.

« Méli-mélo de balises »

Les développeurs qui sont familiarisés avec la conception de bases de données relationnelles mais pas avec XML ont souvent tendance à employer excessivement des relations de pointage puisque ces dernières rappellent beaucoup les relations de clés étrangères dans les bases de données relationnelles. Cependant, la surabondance de relations de pointage entraîne un « méli-mélo de balises » (en d'autres termes, au lieu d'avoir une structure arborescente, le document est simplement constitué d'un amas de feuilles avec des pointeurs reliés entre eux).

Nous avons déjà noté qu'il était dangereux pour un document d'avoir trop de relations de pointage. Il est important que les questions de « mélis-mélos de balises » soient abordées et résolues durant les revues de projet (dont nous traiterons plus loin).

Préservation de « l'autonomie de présentation »

Les nouveaux développeurs XML commettent souvent l'erreur de se limiter à une représentation spécifique des données contenues dans leurs structures. Le plus grand avantage du XML réside dans sa capacité à détourner des données de leur représentation spécifique.

À titre d'exemple, imaginons que nous ayons la facture imprimée suivante, laquelle constitue notre document standard depuis vingt ans :

Facture

Date de commande : 01/12/2000

Date d'expédition : 04/12/2000

Méthode d'Expédition : UPS

Unité	Quantité	Prix unitaire	Prix
machin bleu de 5,08 cm	17	0,70	11,90
truc argenté de 7,62 cm	22	1,40	30,80
Total			42,70

Un développeur pourrait être tenté de concevoir la structure suivante (`ch04_ex11.dtd`) :

```
<!ELEMENT Facture (dateCommande, dateExpedition, methodeExpedition, Ligne1,
Ligne2, Ligne3)>
<!ELEMENT dateCommande (#PCDATA)>
<!ELEMENT dateExpedition (#PCDATA)>
<!ELEMENT methodeExpedition (#PCDATA)>
<!ELEMENT Ligne1 EMPTY>
<!ATTLIST Ligne1
   descriptionUnite CDATA #REQUIRED
   quantite CDATA #REQUIRED
   prix CDATA #REQUIRED>
<!ELEMENT Ligne2 EMPTY>
<!ATTLIST Ligne2
   descriptionUnite CDATA #REQUIRED
   quantite CDATA #REQUIRED
   prix CDATA #REQUIRED>
<!ELEMENT Ligne3 EMPTY>
<!ATTLIST Ligne3
   descriptionUnite CDATA #REQUIRED
   quantite CDATA #REQUIRED
   prix CDATA #REQUIRED>
```

La difficulté réside à présent dans les noms de balises XML renvoyant à une représentation spécifique des données, la facture imprimée, et non aux données elles-mêmes. Ce problème tend plus souvent à se présenter en cas de formulaires d'usage courant dans une branche industrielle, tel un formulaire de demande d'hypothèque ou un imprimé fiscal. Vous devriez éviter dès que possible de faire mention des aspects particuliers d'une représentation unique de données, comme les numéros de ligne. La seule exception à cette règle serait le cas où votre XML serait seulement destiné à commander une couche présentation et toutes les représentations de données envisagées auraient la même apparence générale.

Dans ce cas, la meilleure structure serait bien entendu la suivante (ch04_ex11a.dtd) :

```
<!ELEMENT Facture (dateCommande, dateExpedition, methodeExpedition, Ligne+)>
<!ELEMENT dateCommande (#PCDATA)>
<!ELEMENT dateExpedition (#PCDATA)>
<!ELEMENT methodeExpedition (#PCDATA)>
<!ELEMENT Ligne EMPTY>
<!ATTLIST Ligne
    descriptionUnite CDATA #REQUIRED
    quantite CDATA #REQUIRED
    prix CDATA #REQUIRED>
```

Regrouper des portions de structure

Une fois que les développeurs ont tous produit leurs portions de structures XML, il est temps de toutes les rassembler pour former un standard cohérent. Cependant, comme vous pouvez vous en douter, les difficultés surviennent souvent lorsque nous tentons d'agir ainsi. Voyons quelques moyens d'aborder ces problèmes et de préparer le regroupement des informations pour rendre l'adoption du standard aussi indolore que possible.

Révision de projet

Il est important que l'ensemble de la structure soit soumis à des révisions de projet. Cela permet de garantir que le travail effectué par chaque membre de l'équipe est correct et en harmonie avec celui des autres participants. À ce stade, des problèmes tels que la surabondance de relations de pointage et d'applications spécifiques peuvent être identifiés et résolus.

La structure est révisée par ses créateurs, mais doit aussi l'être par des développeurs qui n'ont pas participé à sa conception. Ceux-ci ne sont pas forcément des créateurs XML mais ils doivent avoir une bonne compréhension du fonctionnement des données commandant les structures. Dans la mesure où les difficultés sont identifiées grâce à des révisions de projet, elles devraient être abordées et résolues soit par le développeur responsable soit par l'équipe toute entière.

Rechercher des solutions aux conflits

Lorsque tout le monde se réunit pour discuter des structures, des conflits surviennent inévitablement et ils ne peuvent pas se régler par une simple discussion. La plupart des développeurs de données sont fermement convaincus de la manière dont les données doivent être représentées (par exemple, tous les taux d'intérêt sous forme de rapports ou tous les points de données de types similaires rassemblés). Aucun débat n'est susceptible de créer un consensus sur ce genre de questions. Lorsque l'arbitrage échoue, la solution consiste à les soumettre à un vote. Si l'équipe est composée d'un nombre pair de membres, le développeur en chef peut décider d'infléchir en faveur de l'un ou l'autre groupe de votants. De cette manière, les structures qui en résulteront satisferont la majorité des participants au processus.

Guide d'implémentation

Lorsque vous fournissez les structures XML créées, aux développeurs qui les utiliseront, vous devriez également proposer un **guide d'implémentation**. Ce document doit inclure :

- un bref exposé de l'objectif de la structure ;
- un dictionnaire décrivant les éléments et les attributs de la structure ;
- un schéma de la structure ;
- quelques échantillons de documents dans lesquels diverses permutations autorisées de la structure sont mises en pratique.

Passons en revue chaque partie du guide à créer.

Exposé de l'objectif

La première partie du guide doit traiter de l'objectif du document dont la description recommandée est la suivante :

- la portée de la structure, c'est-à-dire les utilisateurs ;
- le type de données défini dans la structure ;
- l'objectif attribué aux documents utilisant la structure ;
- toute autre considération dont vous tenez compte lors de la conception de la structure.

Cela devrait faciliter la détermination du rôle du document et dissuader les développeurs de se servir du document pour un objectif auquel il n'était pas destiné au départ (même si vous pouvez être presque certain qu'une personne agira ainsi de toute façon et se plaindra ensuite du fait que ses besoins ne sont pas entièrement satisfaits).

Dictionnaire

Dans la deuxième partie, vous devez décrire les divers éléments et attributs du document de manière à ce qu'ils soient lisibles par l'homme. À l'intérieur de ce dictionnaire, vous devez fournir des définitions détaillées ainsi que la description de la structure en employant des expressions similaires à « ceci pointe vers cela » ou « ceci contient un ou plus de cela ».

Pour fournir un exemple de dictionnaire, reprenons une structure sur laquelle nous avons travaillé dans ce chapitre (`ch04_ex06.dtd`) :

```
<!ELEMENT DonneesFacture (Facture+, Unite+)>
<!ELEMENT Facture (LignedeCommande+)>
<!ATTLIST Facture
   dateCommande CDATA #REQUIRED
   dateExpedition CDATA #REQUIRED
   methodeExpedition (UPS | USPS | FedEx) #REQUIRED>
<!ELEMENT LignedeCommande EMPTY>
<!ATTLIST LignedeCommande
   IDREFUnite IDREF #REQUIRED
   quantite CDATA #REQUIRED
   prix CDATA #REQUIRED>
<!ELEMENT Unite EMPTY>
```

```
<!ATTLIST Unite
   IDUnite ID #REQUIRED
   nom CDATA #REQUIRED
   taille CDATA #REQUIRED
   couleur CDATA #REQUIRED>
```

À partir de ce modèle, notre dictionnaire pourrait apparaître ainsi :

Élément	Description
`DonneesFacture`	**Renferme :** `Facture` (un ou plus) suivi de `Unite` (un ou plus) **Contenu dans :** rien **Pointé par :** rien **Description :** cet élément est l'élément racine du document **Attributs :** aucun
`Facture`	**Renferme :** `LignedeCommande` (un ou plus) **Contenu dans :** `DonneesFacture` **Pointé par :** rien **Description :** cet élément représente matériellement une facture **Attributs :** `dateCommande` Type de données : date Format : JJ/MM/AAAA

`Facture`	Description : il s'agit de la date à laquelle la facture a été soumise (celle où la commande a été passée)
	`dateExpedition`
	Type de données : date
	Format : JJ/MM/AAAA
	Description : il s'agit de la date à laquelle les unités mentionnées sur cette facture sont expédiées ou celle à laquelle l'envoi est prévu
	`methodeExpedition`
	Type de données : énuméré
	Format : `USPS` (United States Postal Service)
	`UPS` (United Parcel Service)
	`FedEx` (Federal Express)
	Description : il s'agit de l'entreprise chargée d'expédier les pièces mentionnées sur cette facture ou celle qui est prévue

(Suite du tableau)

Élément	Description

`LignedeCommande`	**Renferme :** rien
	Contenu dans : `Facture`
	Pointé par : rien
	Description : cet élément représente une ligne de détails sur une facture
	Attributs :
	`IDREFUnite`
	Type de données : IDREF (pointe vers un élément `Unite`)
	Format : N/A
	Description : cet attribut pointe vers l'élément `Unite` décrivant la pièce commandée sur cette ligne de facture
	`quantite`
	Type de données : numérique
	Format : #####
	Description : cet attribut indique le nombre d'unités de cette catégorie commandées sur cette ligne de facture
	`prix`
	Type de données : numérique
	Format : #######
	Description : cet attribut indique le prix unitaire payé par le client pour l'unité commandée sur cette ligne de facture

`Unite`	**Attributs** :
	`IDUnite`
	Type de données : ID (identifie uniquement cet élément à l'intérieur du document)
	Format : N/A
	Description : cet attribut identifie cet élément à l'intérieur du document de manière à pouvoir être pointé depuis l'élément `LignedeCommande`
	`nom`
	Type de données : chaîne
	Format : longueur maximale de 50 caractères
	Description : cet attribut contient le nom de l'unité en cours de description dans cet élément `Unite`
	`couleur`
	Type de données : chaîne
	Format : longueur maximale de 10 caractères
	Description : cet attribut définit la couleur de l'unité en cours de description dans cet élément `Unite`
	`taille`
	Type de données : chaîne
	Format : longueur maximale de 20 caractères
	Description : cet attribut définit la taille de l'unité en cours de description dans cet élément `Unite`

Schéma de structures de document

Il est important de créer un schéma de vos structures XML. Il peut vous aider durant le processus de conception ou à la fin de celui-ci pour identifier les problèmes tels que les éléments orphelins mal reliés. En outre, ce modèle, accompagné des structures, devrait être distribué aux développeurs qui sont censés l'utiliser (cela les aidera à se familiariser avec les structures et à améliorer leur délai de livraison).

Le W3C fournit un exemple de représentation « Elm tree » pour les structures XML (http://www.w3.org/XML/1998/06/xmlspec-report-v21.htm). Cependant, il ne va pas suffisamment loin en matière de relations de pointage. Nous vous recommandons donc d'utiliser une proposition de représentation du W3C sous une forme modifiée à l'aide d'un type de lien supplémentaire pour indiquer les relations de pointage. Par ailleurs, nous vous conseillons de faire la liste des points de données associés à un élément, qu'il s'agisse d'éléments de texte ou d'attributs, à l'intérieur de la boîte représentant cet élément (pratiquement comme vous pourriez le faire pour un schéma de base de données relationnelle).

Reprenons notre exemple pour illustrer cette méthode :

```
<!ELEMENT DonneesFacture (Facture+, Unite+)>
<!ELEMENT Facture (LignedeCommande+)>
<!ATTLIST Facture
   dateCommande CDATA #REQUIRED
   dateExpedition CDATA #REQUIRED
   methodeExpedition (UPS | USPS | FedEx) #REQUIRED>
<!ELEMENT LignedeCommande EMPTY>
<!ATTLIST LignedeCommande
   IDREFUnite IDREF #REQUIRED
   quantite CDATA #REQUIRED
   prix CDATA #REQUIRED>
<!ELEMENT Unite EMPTY>
<!ATTLIST Unite
   IDUnite ID #REQUIRED
   nom CDATA #REQUIRED
   taille CDATA #REQUIRED
   couleur CDATA #REQUIRED>
```

Pour cet échantillon de structure, le schéma correspondant serait (comme suit).

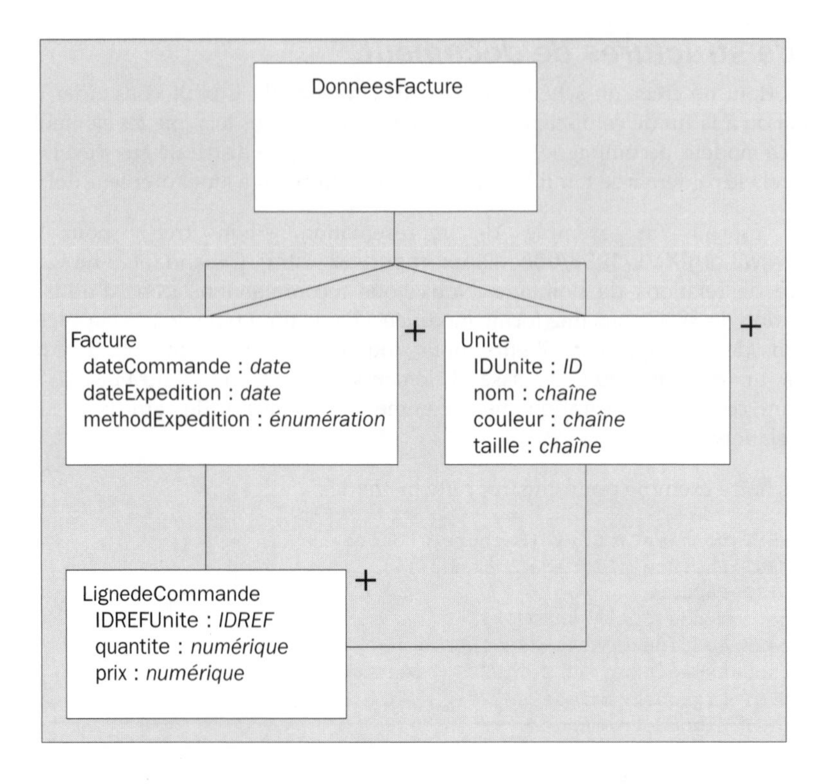

Échantillons de documents

Enfin, vous devez inclure des échantillons de documents dans votre guide d'implémentation. Ces documents doivent couvrir toutes les utilisations prévues pour les structures que vous concevez et mettre en pratique autant de variantes de structures que possible. Pour chaque échantillon de document, vous devez ajouter une description de ce qu'il représente et tout autre commentaire sur les parties moins claires de la structure (par exemple, la manière dont les relations de pointage sont utilisées).

Résumé

Comme XML est de plus en plus utilisé, il est nécessaire de développer des standards le concernant. Ces standards peuvent constituer un simple moyen de communication entre deux systèmes de votre entreprise ou être suffisamment complexes pour aider à l'échelle mondiale une industrie ayant des milliers de compagnies participantes.

Dans ce chapitre, nous avons abordé brièvement le développement des structures, notamment comment :

- comprendre l'influence du type de standard et de la manipulation du document sur la détermination de la structure que nous concevons ;
- comprendre la nécessité d'évaluer l'influence de nos décisions de conception sur la solution définitive ;

- prendre en considération certains facteurs durant le processus de développement ;
- s'assurer que le standard final peut être mis en œuvre aussi facilement que possible.

À l'aide des techniques présentées dans ce chapitre, vous devriez être en mesure de créer des standards qui seront à la fois faciles à comprendre et bien adaptés aux tâches à gérer.

Ce chapitre nous amène à la fin de la section réservée aux techniques de conception. Nous allons maintenant passer à certaines des technologies spécifiques que nous aurons besoin d'utiliser plus en détail. Commençons par les schémas XML.

5

Schémas XML

Tout au long de cet ouvrage, nous considérons, pour nos documents XML, les possibilités de contraintes offertes par les DTD (Document Type Definitions). Cependant, comme vous avez pu vous en rendre compte, le W3C a développé un autre type de solution : **XML Schema**.

Les technologies XML et celles des bases de données ont peu de caractéristiques communes, excepté pour les schémas. Comme nous l'apprendrons tout au long de ce chapitre, il existe une relation bien plus étroite entre les schémas XML et ceux des bases de données relationnelles qu'entre ces derniers et les DTD.

À proprement parler, une DTD est une forme de schéma, de même que les dictionnaires de données et les schémas utilisés avec des systèmes de gestion de bases de données relationnelles. Toutefois, nous entendons généralement par schémas XML la proposition en attente du W3C relative à la norme XML Schema. Lorsque nous emploierons le terme « schéma » dans ce chapitre, sauf indication contraire, nous nous référerons à cette proposition.

L'un des aspects les plus intéressants des schémas XML est qu'ils sont en réalité écrits en XML. Par conséquent, ils constituent eux-mêmes un vocabulaire XML. Dans ce chapitre, nous examinerons :

- les différences entre les schémas XML et les DTD ;
- l'écriture des schémas XML ;
- les raisons pour lesquelles ils peuvent être considérés comme une solution plus puissante et leur impact pour les développeurs de bases de données ;
- les cas où l'emploi de schémas XML est préférable à celui des DTD.

Au moment de la rédaction de cet ouvrage, les schémas XML étaient l'objet d'une proposition de recommandation par le W3C. Cela signifie que cette technologie a été considérablement revue par une communauté d'experts dans le domaine. D'un point de vue technique, le W3C cherche également à connaître les réactions liées aux premières implémentations avant d'élaborer une recommandation finale. Par conséquent, des modifications peuvent encore être apportées à la syntaxe mais ce chapitre vous donnera une bonne idée des possibilités offertes par les schémas XML et de leur écriture.

Présenter les schémas

Commençons par une définition générale d'un schéma de base de données : « organisation ou structure d'une base de données, provenant généralement de la modélisation de données ». Cette structure est décrite à l'aide d'un vocabulaire contrôlé qui nomme des éléments de données et répertorie les contraintes pouvant s'appliquer (type de données, valeurs légales/illégales, formatage spécial, etc.). Les relations entre les éléments de données (l'objet des modèles de données) constituent également une part importante d'un schéma.

Au début de son activité sur les schémas XML, le W3C a publié des directives relatives aux fonctionnalités du langage de schémas (dans un document publié en février 1999 et disponible à l'adresse http://www.w3.org/TR/NOTE-xml-schema-req). Parmi ses objectifs principaux, le groupe cherchait à :

- fournir un ensemble de types de données plus riche que celui d'une DTD (par exemple, les chaînes, les données booléennes ou les nombres à virgule flottante) ;
- offrir un système de type de données permettant de créer des types intégrés ou bien définis par l'utilisateur avec définition de contraintes et capable de prendre en charge l'importation et l'exportation de données à partir des SGBDR ou des SGBD-OO ;
- distinguer la représentation des données lexicales des informations sous-jacentes (nous en discuterons par la suite).

En conséquence, la spécification XML Schema du W3C se compose de trois parties :

- **XML Schemas Part 0: Primer**[1] (introduction). La première partie constitue une introduction aux schémas (leur définition, leur différence par rapport aux DTD et leur création).
- **XML Schemas Part 1: Structures** (document relatif aux structures). La deuxième partie, qui propose des méthodes pour décrire la structure et imposer des contraintes de contenu de documents XML, établit des règles de validation de documents.
- **XML Schemas Part 2: Datatypes** (document concernant les types de données). La dernière partie définit un ensemble de types de données simples pouvant être associés à des types d'éléments XML et à des attributs, ce qui permet au logiciel XML une meilleure gestion des dates, des nombres et d'autres types d'informations.

Dans cette section, nous commencerons par un échantillon de schéma XML pour nous donner une idée des documents que nous allons créer. En effet, sans exemple, certains concepts peuvent être difficiles à

[1] Note : non disponible en français

saisir. Puis, nous examinerons les différences entre les DTD et les schémas XML ainsi que les raisons de la préférence pour ces derniers. Ensuite, nous étudierons la syntaxe et l'écriture des schémas XML.

Autres technologies de schémas

En attendant la norme W3C, dans la mesure où il est si important pour XML de pouvoir valider des documents et de décrire des vocabulaires, plusieurs autres langages de schémas sont apparus. Certains étaient seulement des propositions alors que d'autres ont été mis en œuvre dans des logiciels pour permettre aux utilisateurs XML de bénéficier de la fonctionnalité des schémas.

Peut-être connaissez-vous ou avez-vous déjà utilisé de tels langages de schémas non W3C sous XML. **XML-Data Reduced** (**XDR**) de Microsoft en est un exemple. Il a été mis en œuvre dans MSXML 2 et IE5 et est utilisé dans des stratégies telles que BizTalk. Par ailleurs, il est fondé sur une proposition de XML-Data au W3C, qui a eu un impact considérable sur le développement de XML Schema. De profondes similitudes existent donc entre les deux mais des différences apparaissent tout aussi nettement dans la mesure où Microsoft a pris l'initiative d'implémenter les schémas avec son parseur XML avant que ces derniers ne deviennent une recommandation du W3C. Les schémas XDR ont permis à de nombreuses personnes de travailler sur des projets inimaginables sans leur mise en œuvre. Toutefois, Microsoft s'est également engagé à favoriser l'utilisation de XML Schema lorsque la version finale sera diffusée.

Tout au long de ce chapitre, nous traiterons des schémas proposés par le W3C.

Entrer directement au cœur des schémas

L'échantillon ci-dessous nous permettra de comprendre ce que les schémas représentent et ce qu'ils offrent. Ne vous inquiétez pas si tout n'est pas compréhensible dans un premier temps ! L'utilisation de cette référence s'avérera utile à mesure que nous étudierons les concepts de ce chapitre.

Schémas : de simples fichiers XML

Comme nous le savons déjà, les schémas sont écrits en XML. La spécification des schémas définit un vocabulaire XML destiné à la description du contenu de nos schémas XML (ainsi, il y a une DTD pour la syntaxe de Schéma XML).

Étant donné que XML est censé être auto-descriptif et que les schémas XML sont écrits en XML, il n'est pas très surprenant de déclarer comme ci-dessous les éléments grâce à `<element>` et leur nom à l'aide d'un attribut `name` :

```
<element name="Facture" />
```

Quant aux attributs, ils sont déclarés à l'aide d'un élément nommé `attribute`. Par ailleurs, `name` est également utilisé pour leur nom :

```
<attribute name="IdClient" />
```

Cet exemple illustre le type de balisage dont nous nous servirons dans les schémas. Les éléments et les attributs constituent probablement les deux informations les plus importantes à déclarer dans un document XML. Aussi, poursuivons notre exemple.

Premier schéma simple

Imaginons que nous souhaitions créer un schéma pour cette simple `Commande` :

```
<Commande>
<Client
   prenom="Bob"
   nomFamille="Warren"
   adresseElectronique="bob@mymailaddress.com" />
<Facture type="string" />
</Commande>
```

Pour l'instant, `Facture` contient seulement des données textuelles de manière à éviter de trop compliquer l'exemple au début. Si nous avions à écrire une DTD pour imposer des contraintes au document ci-dessus, elle pourrait ressembler à celle-ci :

```
<!ELEMENT Commande (Client, Facture)>
<!ELEMENT Client>
<!ATTLIST Client
   prenom CDATA #REQUIRED
   nomFamille CDATA #REQUIRED
   adresseElectronique CDATA #IMPLIED>
<!ELEMENT Facture (#PCDATA) >
```

Il peut vous paraître inutile d'indiquer que l'élément `Commande` a un enfant nommé `Client` et que l'élément `Client` a trois attributs. Cependant, dans les schémas, une distinction importante est faite entre les éléments contenant des enfants ou des attributs et ceux qui n'en ont pas.

- Les éléments ayant des enfants ou des attributs sont définis à l'aide de **types complexes**.
- Ceux qui ne contiennent ni attributs ni enfants sont appelés **types simples**.
- Toutes les valeurs d'attributs sont des **types simples** car ils ne peuvent pas avoir d'enfants ou d'attributs eux-mêmes.

Nous en verrons l'intérêt dans l'exemple suivant (`ch05_ex1.xsd`) :

```
<schema xmlns="http://www.w3.org/2000/10/XMLSchema">
   <element name="Commande" type="TypeCommande" />
   <complexType name="TypeCommande">
      <sequence>
         <element name="Client" type="TypeClient" />
         <element name="Facture" type="string" />
      </sequence>
   </complexType>
   <complexType name="TypeClient">
      <attribute name="prenom" type="string" use="required"/>
      <attribute name="nomFamille" type="string" use="required"/>
      <attribute name="adresseElectronique" type="string" use="required"/>
   </complexType>
</schema>
```

> **Les schémas ont l'extension de fichier `.xsd`.**

Notez également que nous avons défini le **type** de l'élément `Commande` et non son modèle de contenu. L'association d'un nom à un type constitue la déclaration d'un élément. La nature de ce type est spécifiée à part au sein d'un élément `complexType`.

Un élément dont le contenu est de type simple peut être défini dans un élément tel que Facture. En cas de type complexe, les éléments doivent être d'abord déclarés à l'aide de deux attributs nommés respectivement name et type. L'attribut name correspond au nom de l'élément. Quant à type, il est utilisé pour associer le nom avec la description du contenu de son type. Il s'agit de la définition qui détermine le modèle de contenu pour ce type (lequel peut alors être également utilisé par tout autre élément). Bien entendu, le type complexe est décrit dans un élément nommé complexType. Il est également possible d'imbriquer complexType dans la déclaration d'un élément à condition qu'il ne s'applique qu'à cet élément (dans ce cas, l'attribut type n'est pas nécessaire).

Examinons maintenant l'élaboration de ce document en commençant par l'élément racine du schéma. Comme vous pouvez vous y attendre en raison de sa nature autodescriptive, il s'agit de <schema>. Celui-ci contient l'espace de noms pour la spécification du schéma.

```
<schema xmlns="http://www.w3.org/2000/10/XMLSchema">
...Déclarations de schéma
</schema>
```

Ensuite, nous déclarons l'élément racine (Commande) :

```
    <element name="Commande" type="TypeCommande" />
```

En définissant le nom de l'élément à l'aide de l'attribut name, nous avons également un attribut type dont la valeur est TypeCommande. En effet, l'élément Commande n'a ni contenu textuel ni type intégré : il dispose de deux enfants dont l'un a plusieurs attributs. Nous définissons le contenu de cet élément dans <complexType> :

```
<complexType name="TypeCommande">
      <sequence>
         <element name="Client" type="TypeClient" />
         <element name="Facture" type="string" />
      </sequence>
   </complexType>
```

Cet exemple illustre la manière de définir le type TypeCommande, qui est, dans ce cas, le modèle de contenu de l'élément Commande. L'attribut name de la balise d'ouverture <complexType> renferme la même valeur que celle de l'attribut type déclaré dans l'élément Commande. Par une telle complémentarité, les modèles de contenu d'éléments peuvent être définis.

Par ailleurs, nous pouvons constater qu'il existe un élément sequence. Celui-ci indique que les éléments enfants contenus en son sein doivent être présents dans le document et apparaître les uns à la suite des autres. Si leur présence était facultative ou si leur ordre d'apparition pouvait différer, ils figureraient dans un élément choice et non dans sequence.

Deux autres déclarations d'éléments viennent ensuite pour Client et Facture. Nous savons que Client, qui contient plusieurs attributs, constitue un type complexe car un type simple, par définition, s'applique uniquement à des valeurs d'attributs et au contenu d'un élément constitué seulement de texte. Par conséquent, nous devons ajouter une définition de type s'appliquant au type de l'élément client, ce qui spécifiera son contenu. Voici le modèle de contenu de l'élément Client :

```
<complexType name="TypeClient">
      <attribute name="prenom" type="string" use="required"/>
      <attribute name="nomFamille" type="string" use="required"/>
      <attribute name="adresseElectronique" type="string" use="required"/>
   </complexType>
```

Tous les attributs faisant partie de l'élément `Client` sont de type simple. Aussi, il suffit de les ajouter à la déclaration d'attribut correspondante, laquelle prend elle-même deux attributs :

- `name` pour déclarer le nom de l'attribut ;
- `type` pour définir son type de données.

À ce stade, cela peut sembler un peu plus compliqué qu'une DTD. Toutefois, si vous n'êtes pas familiarisé avec le langage EBNF dans lequel les DTD sont écrites, il convient de savoir que les descriptions des schémas sont beaucoup plus logiques et, en réalité, beaucoup plus puissantes. À partir de notre exemple simple, nous allons maintenant être en mesure d'expliquer pourquoi les schémas sont si puissants.

Raisons du recours aux schémas

Jusqu'à présent, nous avons recouru aux DTD pour définir et imposer des contraintes à nos documents XML. À travers cette utilisation, nous avons déjà découvert leurs limites. Au lieu de rester dans le passé, étudions les possibilités offertes par le langage de schéma que nous abordons dans ce chapitre :

- la description et les contraintes de documents à l'aide de la syntaxe XML ;
- la prise en charge des types de données ;
- la description de modèles de contenu et la réutilisation des éléments via l'héritage ;
- l'extensibilité ;
- la capacité d'écrire des schémas dynamiques ;
- les possibilités d'autodocumentation lorsqu'une feuille de style est appliquée.

Examinons d'un peu plus près chacun de ces avantages.

Syntaxe XML

Le fait que les schémas XML soient en réalité écrits en XML constitue probablement la différence la plus évidente entre les schémas XML et les DTD, et, à notre avis, leur atout le plus significatif. La spécification XML Schema décrit un vocabulaire utilisable pour imposer des contraintes aux documents XML.

En apprenant XML, de nombreux débutants considèrent que la notation utilisée pour écrire des DTD est difficile à comprendre : les DTD sont écrites en Extended Backus Naur Form (EBNF). Quant aux schémas XML, ils se servent de XML pour décrire un document, ce qui permet d'éviter aux utilisateurs l'apprentissage d'une autre syntaxe. Dans de nombreux cas, ils ne se révèlent pas trop difficiles lorsque nous savons les utiliser, mais sont souvent beaucoup plus complexes que les données qu'ils décrivent.

Bien qu'il existe des outils développés pour travailler avec EBNF, la plupart d'entre eux sont chers et ardus. En revanche, comme les schémas XML emploient la syntaxe XML, ils peuvent immédiatement utiliser de nombreux outils facilement disponibles (les parseurs XML standard, le DOM, SAX, XSLT et les navigateurs compatibles XML).

Ainsi, l'élaboration des schémas ou leur transformation rapide est également possible à l'aide de technologies XML standard telles que le DOM ou XSLT. Cela revêt de l'importance lorsque nous envisageons d'utiliser XML dans un programme en vue d'échanger des informations.

Typage de données

Comme nous l'avons déjà vu, les schémas de bases de données nous permettent d'imposer des contraintes au type de données contenu dans les champs de bases de données. Outre le fait d'empêcher la taille de la base de données d'augmenter, cela contribue à connaître le format des données qui vont être reçues par les applications concernées, lesquelles n'ont pas à convertir les données à partir d'une chaîne (comme elles devraient le faire dans le cas de l'utilisation de DTD pour imposer des contraintes au document).

À la différence des DTD, les schémas XML offrent à peu près tous les types de données souhaités. Les applications peuvent désormais utiliser la plupart des types de données traditionnels exploités par les langages de programmation et profiter de l'héritage orienté objet des types de données et des structures. Il en résulte une puissance incroyable : en cas de création d'une balise telle que `<Nombre>`, nous pourrions nous assurer de son contenu, c'est-à-dire un nombre.

Néanmoins, l'ajout de typage fort de données n'implique pas seulement une meilleure description et validation de nos documents. En effet, les programmes, qui comprendront le type de données, en tireront des avantages considérables. Ainsi, les programmes pourront effectuer directement des calculs sur des données numériques sans avoir à découvrir le type de données ni à transformer ces informations à partir d'une chaîne de manière appropriée. En outre, nous pourrons chercher plus particulièrement des dates ou des périodes. Nous serons également en mesure de mieux valider les données reçues dans nos applications du point de vue du domaine de définition et du type de ces données, d'où l'absence de nécessité de l'écriture d'un code complexe de validation.

Modèles de contenu

Les modèles de contenu des DTD sont faibles car ils nous permettent seulement de contraindre le document à une liste ordonnée ou de choix. Ils sont inutilisables pour valider des modèles de contenu mixte (d'éléments pouvant renfermer des données textuelles ainsi que d'autres balises). Par ailleurs, ils peuvent uniquement contenir zéro, une ou plusieurs occurrences d'un élément, de plus les éléments nommés ou les groupes d'attributs sont absents (ce qui nous aurait permis de réutiliser les modèles de contenu). Les schémas, quant à eux, nous offrent des modèles de contenu plus détaillés et solides. Ils n'excluent pas un contenu mixte. En outre, ils peuvent servir à spécifier un nombre exact d'occurrences et à nommer un groupe d'éléments. Tous ces ajouts peuvent être considérés que nous cherchions à représenter du texte ou d'autres formes de données.

Les applications telles que le commerce électronique, l'échange de données et les RPC (remote procedure calls, appels de procédure à distance) dépendent des fonctions plus avancées des schémas, y compris la capacité à créer des modèles de contenu complexes. Elles profitent largement des fonctions supérieures de description et de validation d'un contenu mixte.

Extensibilité

Lorsque nous réfléchissons à la signification du sigle XML, il est un peu ironique que le langage de description ne soit pas extensible comme indiqué dans son nom complet. Cet autre inconvénient des DTD est cependant éliminé grâce aux schémas XML. En effet, des caractéristiques telles que les types de données dérivés par l'utilisateur et la possibilité de définir des structures complexes fournissent des moyens évolutifs d'étendre des schémas. La capacité à référencer plusieurs schémas dans partir d'un seul document (il est possible soit d'utiliser des espaces de noms dans le document soit d'éviter complètement la spécification du schéma) et l'aptitude à réutiliser des parties d'un schéma dans un autre (en particulier, leurs types de contenu) nous permettent également une bien meilleure gestion de vocabulaires partagés et standard. Au lieu d'inventer chacun notre propre vocabulaire, nous serons en mesure de fusionner des schémas standard nécessaires à la définition de nos documents.

Il suffit de penser à XML comme moyen d'échange d'informations et à quelques exemples de documents XML générés à la volée à partir de plusieurs sources, pour saisir combien la possibilité de prise en charge des modèles de contenu provenant de schémas différents est importante. Le partage des données s'intensifiant entre services et entre entreprises grâce à l'envoi de ces mêmes données à différents programmes, la capacité à prendre en charge plusieurs schémas s'avérera utile.

Imaginons que nous écrivions une application nécessitant des ensembles de données provenant de notre fournisseur et de notre service de comptabilité et que nous recevions les données provenant de ces deux sources dans une seule application. Nous pourrions alors créer un schéma XML dont l'application de traitement se servira pour valider les documents (y compris un contenu mixte et des types de données) ou déclencher une partie du système (en se fondant sur le partage des deux vocabulaires).

Schémas dynamiques

Les schémas XML permettent d'utiliser un sous-ensemble dynamique des schémas normalisés, c'est-à-dire des parties de schémas sélectionnées selon l'entrée d'un utilisateur. Il s'agit d'un système vraiment très puissant. Ainsi, après avoir effectué une recherche bibliographique à l'aide d'un schéma approprié, un utilisateur pourrait acheter un livre en ligne grâce à un schéma de commande totalement différent. Même si cette méthode est théoriquement applicable aux DTD via des entités externes, elle se révèle terriblement complexe et sujette aux erreurs. Cette approche est encore plus compliquée lorsque plusieurs entreprises sont impliquées. En cas de recours aux schémas XML, elle est relativement directe.

Autodocumentation

Comme nous le constaterons par la suite, les schémas XML nous permettent d'utiliser des éléments nommés `annotation` pour commenter le code. Étant donné que les schémas sont écrits en XML, il suffit de relier une feuille de style à un schéma correctement commenté et de créer une documentation à cet effet. Comme dans toute programmation, le recours aux commentaires constitue tout simplement une bonne pratique et permet une mise à jour plus régulière du code. Dans les schémas, il en va de même pour l'annotation des documents servant à décrire les intentions de l'auteur et à faciliter leur utilisation.

Parseurs XML et prise en charge des schémas

À ce jour, rares sont les parseurs et les outils XML pouvant prendre en charge les schémas XML en cours de développement. Microsoft a choisi de mettre en œuvre son propre langage de schéma propriétaire (XDR) mais il a promis de suivre la recommandation XML Schema lorsque le W3C la rendra officielle. IBM et Oracle ont tous deux décidé de suivre cette norme et ont rapidement mis à jour leurs parseurs après la publication du document de travail. Plusieurs éditeurs XML destinés à la vente ont également été développés (certains acceptent les schémas XML).

- Il s'agit par exemple de **Xerces** issu du projet XML Apache, fondé sur la technologie IBM à travers les parseurs XML4C et XML4J (http://xml.apache.org). Toutefois, IBM conserve encore les deux parseurs XML, **XML4C** (C++) et **XML4J** (Java) car ils sont basés sur le code Xerces. Vous trouverez davantage d'informations ainsi que des téléchargements à cette adresse : http://www.alphaworks.ibm.com/. IBM fournit également un support XML dans son produit **DB2** et d'autres applications.

- Vous pourrez trouver des informations sur le **parseur XML pour Java version 2** d'Oracle à cette adresse : http://technet.oracle.com/tech/xml/. Il est intégré dans le SGBD (système de gestion de base de données) **Oracle 8i** et fournit par conséquent un support XML pour tous les systèmes pouvant exécuter ce SGBD.
- **XML Spy 3.0** de Icon Informations-System GmbH (Icon Information-Systems) prend en charge plusieurs types de schéma, y compris les DTD de XML 1.0, les schémas XML mentionnés dans le document de travail du 7 Avril 2000, XDR (External Data Representation) plus BizTalk, et même DCD (Document Content Description). Ce produit était à l'origine un éditeur XML structuré qui s'est développé dans un IDE (Integrated Development Environment) pour XML. Des informations sur ce produit sont disponibles à cette adresse : http://new.xmlspy.com/features_intro.html. Quant au site web de la société, il se trouve à : http://www.icon-is.com.
- **XML Authority 1.2** est l'environnement de conception des schémas XML de la société Extensibility qui offre un support pour les DTD, XDR, sous-ensemble de XML Schema, le serveur Tamino de Software AG et BizTalk. Un éditeur (**XML Instance**) et un nouvel outil de conversion (**XML Console**) sont également proposés. Le site web de la société se trouve à cette adresse : http://www.extensibility.com.

De nombreux autres parseurs pourront probablement prendre en charge les schémas dès qu'ils deviendront une recommandation du W3C.

Apprendre le nouveau vocabulaire

Ayant appris certains atouts des schémas XML, commençons à nous intéresser à la spécification XML Schema. Comme expliqué précédemment, trois parties la composent : l'introduction présentant les thèmes clés des schémas d'une manière inhabituelle pour une spécification (instructive sans être exhaustive, elle nous fait commencer par les concepts principaux) et deux autres références respectivement sur les **structures** et les **types de données**.

- Les types de données, à l'origine des composants plus complexes d'un schéma, constituent les bases fondamentales de XML Schema.
- Les structures ressemblent davantage à des composés : elles peuvent être élaborées à partir des types de données et utilisées pour décrire un élément, un attribut ou une structure de validation d'un type de document.

Penchons-nous un court instant sur les types de données et les structures avant d'étudier la syntaxe des schémas dans ces trois parties de spécification.

Types de données

À l'instar de la plupart des langages de programmation modernes, le document XML Schema fournit deux sortes de types de données principaux.

- Les **types de données primitifs**, non définis à partir des autres types, constituent en quelque sorte la base la plus fondamentale des schémas XML. Ressemblant généralement à des atomes, ils sont en effet à l'origine de tous les autres types. Ainsi, `string`, `Boolean`, `Float`,

`Double`, `ID`, `IDREF`, et `Entity` sont des exemples de types de données primitifs dans les schémas XML.

- Les **types de données dérivés** sont définis à partir des types existants. Les nouveaux types tirent leur origine soit d'un type primitif soit d'un autre type dérivé. Ainsi, le type `CDATA` de XML Schema, qui représente une chaîne de caractères légale pouvant comporter des espaces, dérive du type primitif `string` qui constitue son type de base.

Ces **types de données** devraient nous donner l'idée d'élaborer des **types** simples et des types complexes. D'après notre premier exemple, un type simple s'appliquait à l'élément vide ayant un type de données déclaré et un type complexe à l'élément disposant d'un modèle de contenu complexe. La découverte de la spécification de schémas pourrait nous rappeler un problème éternel : *qui vient en premier ? L'œuf ou la poule ?* Certes, il rend la description des schémas intéressante car les types de données sont indispensables pour la définition des types simples et des types complexes constituant la structure du document mais les types de données s'avéreraient inutiles sans structure.

À l'instar de la plupart des langages de programmation, il existe des types de données prédéfinis. Nommés **types intégrés**, ils peuvent être utilisés dans tout schéma écrit conformément à la spécification XML Schema. Par définition, tous les types primitifs sont également des types intégrés. Par conséquent, nous ne pouvons pas ajouter nos propres types primitifs sauf si le W3C met à jour la spécification de XML Schema.

Il est intéressant de noter ici que le W3C a également défini un ensemble de types *dérivés* intégrés. Les types intégrés paraissaient si universels qu'ils finissaient par être réinventés de toute façon par la plupart des concepteurs de schémas. Parmi les exemples, figurent CDATA que nous venons d'aborder dans un exemple de type dérivé, `integer`, `long`, `Short`, `Byte`, et `date`.

Il existe également des **types dérivés par l'utilisateur**, qui n'appartiennent pas à la spécification mais sont issus des types de données existants. Ainsi, il se peut que nous souhaitions créer un type dérivé pour représenter notre système d'identifiants des commandes (ID).

Structures

Comme nous avons maintenant une idée de ce que sont les types de données et les types simples/complexes, examinons brièvement l'autre partie importante de la spécification de schémas : la structure du document et ses **modèles de contenu**.

Tout comme les DTD, les modèles de contenu permettent d'identifier la structure valide des éléments et des autres composants comme un **type de document**. À l'instar d'une DTD, le schéma peut être utilisé pour valider les documents qui sont censés être écrits avec cette structure.

Par ailleurs, il existe deux types de balisage dans les schémas XML, qui correspondent à peu près à ces deux parties de la spécification :

- **les définitions**, qui créent de nouveaux types (simples et complexes) ;
- **les déclarations**, qui décrivent les modèles de contenu des éléments et des attributs.

À part une exception dont nous traiterons par la suite, il existe deux **types de déclarations** destinés à la création des structures :

- Les **déclarations simples**, à l'origine des **types simples**, décrivent la façon de créer des types de données dérivés mentionnés plus haut, y compris ceux qui sont inclus dans la spécification relative aux schémas. Rappelez-vous que ces types de données dérivés ont été considérés comme une forme de structure.

- Les **déclarations complexes**, à l'origine des **types complexes**, sont utilisées principalement pour décrire les modèles de contenu.

Préambule d'un schéma XML : l'élément <schema>

Un schéma XML est constitué d'un **préambule** suivi ou non de déclaration(s) bien qu'un schéma vide ne soit évidemment pas très utile. Le préambule peut contenir trois attributs facultatifs situés au sein de la balise d'ouverture `<schema>`. Il ne s'agit pas nécessairement de l'élément document du schéma : un schéma peut être imbriqué dans un autre document XML. En réalité, il n'est pas obligatoire qu'un schéma soit un document texte : par exemple, il peut être créé via le DOM.

L'élément `<schema>`, qui comprend des références à des vocabulaires XML couramment utilisés, est illustré ci-dessous :

```
<schema
    xmlns="http://www.w3.org/2000/10/XMLSchema/"
    xmlns:xsd="http://www.w3.org/2000/10/XMLSchema-datatypes"
    xmlns:xsi="http://www.w3.org/2000/10/XMLSchema-instances"
    version="1.42.57" >
 ...
<schema>
```

Les attributs de l'élément `<schema>` servent à identifier des schémas externes utilisés par cet élément et tous ses enfants.

Spécifier les espaces de noms

Les deux premiers attributs utilisent les espaces de noms XML pour identifier les deux schémas W3C utilisés dans pratiquement tous les schémas XML. Le premier inclut les éléments fondamentaux des schémas XML tels que `<element>`, `<attribute>`, `<group>`, `<simpleType>`, `<complexType>`, etc. Le deuxième schéma définit les types de données standard, tels que `string`, `float`, `integer`, etc.

Il n'est pas nécessaire d'utiliser le préfixe `xsd` ou `xsi` comme identifiant d'espace de noms : `foo`, `bar` ou un autre identifiant n'entrant pas en conflit avec nos propres espaces de noms peuvent tout aussi bien être employés à la place. Néanmoins, `xsd` et `xsi` *sont* recommandés.

Au lieu d'utiliser un préfixe, l'espace de noms le plus largement utilisé pourrait également être défini comme valeur par défaut :

```
<schema xmlns="http://www.w3.org/2000/10/XMLSchema" ...
```

De cette manière, nous n'avons pas besoin d'inclure un préfixe dans chaque déclaration de schéma XML et nous pouvons utiliser des noms non qualifiés, ce qui améliore considérablement la lisibilité de nos schémas.

Spécifier la version

L'attribut `version` est purement informatif et représente le numéro de version du schéma dans lequel il se trouve. L'application XML pourrait vérifier qu'un numéro de version spécifique est utilisé pour valider nos documents. Nous pourrions également utiliser plusieurs versions : une pour le développement, une autre pour les tests et encore une autre pour la production.

Déclaration d'attribut

Comme nous l'avons déjà vu, les attributs peuvent être déclarés à l'aide de `<attribute>`. Pour ces déclarations, nous utilisons la syntaxe suivante :

```
<attribute name="prenom" />
```

Dans ce cas, nous nous servons du nom de l'attribut pour `name`. Si nous souhaitons que l'attribut soit disponible dans différents modèles de contenu, nous le déclarons, en haut du document, à l'extérieur de `complexType`. Lorsque nous cherchons à le faire apparaître dans la définition d'un type complexe, nous utilisons l'attribut `ref` à la place de `name`.

```
<attribute name="prenom" />
<element name="nomComplet" type="typeNomComplet" />
<complexType name="typeNomComplet">
      <attribute ref="prenom" />
      <attribute name="nomFamille" />
</complexType>
<element name="detailsContact" type="typeDetailsContact" />
<complexType name="typeDetailsContact">
      <attribute ref="prenom" />
</complexType>
```

Dans cet exemple, alors que nous employons uniquement l'attribut `nomFamille` dans l'élément `nomComplet`, nous recourrons à l'attribut `prenom` dans deux éléments différents, d'où la portée globale de `prenom` ainsi que la possibilité de réutiliser la déclaration d'attribut et de fixer des valeurs par défaut à l'emplacement central.

Dans la construction de `attribute`, d'autres attributs utiles peuvent être déclarés.

- Nous pouvons spécifier une valeur de `attribute` par défaut à l'aide de l'attribut `value`, lequel prend une chaîne.
- Nous sommes en mesure de définir un type primitif ou intégré grâce à un attribut `type`.
- Nous pouvons également spécifier l'une des valeurs suivantes pour l'attribut `use` : `default`, `fixed`, `optional`, `required` ou `prohibited`. Si aucune d'entre elles n'apparaît, la déclaration par défaut est `optional`.
  Que représentent ces valeurs ?
  - `default` : l'attribut est déclaré comme valeur par défaut (précisée par l'attribut `value`).
  - `fixed` : une valeur constante est attribuée à l'attribut (précisée par l'attribut `value`).
  - `optional` : l'attribut est facultatif (valeur par défaut de l'attribut `use`).
  - `required` : l'attribut est obligatoire et doit toujours être utilisé avec l'élément parent.
  - `prohibited` : aucun attribut ne doit se trouver dans l'élément parent.

Voici un autre exemple illustrant l'utilisation de certains de ces attributs :

```
<attribute name="longueurTruc" type="xsd:float" value="1,27" use="required" />
```

Définition d'élément

De même que pour la déclaration d'attribut, nous définissons les éléments à l'aide de la construction `element` (qui est elle-même un élément) :

```
<element name="TypeLivre" />
```

Si nous déclarons le type complexe pour cet élément en haut du document, nous serons en mesure de le réutiliser dans le reste du document à l'aide de l'attribut `ref`.

```
<element name="Livre" />
   <complexType>
      <element name="titre" />
      <element name="auteur" />
   </complexType>
</element>
<element name="Catalogue">
   <complexType>
       <element ref="Livre">
   </complexType>
<element>
```

Dans ce cas, nous déclarons un `complexType` (servant à décrire un modèle de contenu).

Nous pourrions également spécifier un type simple, ce qui correspond à la manière de déclarer nos propres types de données dérivés :

```
<element name="MonElement" type="monTypeSimple"/>
```

Nous allons apprendre à définir ces types dérivés dans la suite du chapitre. Pour l'instant, il convient de savoir que `MonElement` sera soumis à des contraintes imposées par notre type de données dérivé `monTypeSimple`.

Si nous ne déterminons pas de type pour l'élément, il suit la définition **ur-type** (laquelle est sans contrainte et constitue le type de base de tous les types simples/complexes) :

```
<element name="nonContraint" />
```

Contenu d'éléments par défaut ou déterminé

Nous pouvons également fournir l'attribut `default` ou `fixed` à une définition d'élément. Si un élément est vide dans un document et si `default` est spécifié, la valeur de type `string` est adoptée comme contenu de cet élément. Si `fixed` est précisé, le contenu de l'élément doit soit être vide (dans ce cas, `fixed` se comportera comme une valeur par défaut) soit correspondre à la valeur fournie (`string`).

Spécifier les valeurs NULL dans des documents

Pour attribuer à un élément la valeur NULL lorsque nous échangeons des informations avec notre base de données, nous pouvons nous servir de l'attribut `nullable` dans la déclaration d'élément (avec des données booléennes et `false` comme valeur par défaut). Dans ce cas, une valeur NULL n'est pas envoyée en tant que contenu d'élément. En revanche, elle est spécifiée comme attribut. Ainsi :

```
<element name="accusedereception" nullable="true" />
```

Dans le document, nous indiquons alors que l'élément `accusedereception` a une valeur NULL à l'aide de l'attribut NULL (sa définition réside dans l'espace de noms de XML Schema pour les instances [reportez-vous à l'adresse http://www.w3.org/2000/10/XMLSchema-instance] et le préfixe `xsi` de l'espace de noms doit donc être utilisé) :

```
<accusedeReception xsi:null="true"></accusedeReception >
```

> **Nous pouvons également spécifier un attribut `ID`, qui revêt une grande importance, surtout dans la description de relations mais nous reviendrons sur ce point par la suite.**

Cardinalité : minOccurs et maxOccurs

Pour spécifier les occurrences de l'enfant d'un élément, deux attributs facultatifs peuvent nous aider : `minOccurs` et `maxOccurs`. Si les deux attributs sont omis, il n'existera qu'une seule occurrence de l'élément et elle est obligatoire (comme dans le cas où l'opérateur de cardinalité est absent d'une DTD).

Bien entendu, ils ne sont utilisables qu'au niveau des déclarations d'éléments car les attributs de même nom peuvent seulement apparaître une fois dans un élément donné. Le tableau suivant illustre la correspondance des opérateurs de cardinalité d'une DTD avec les valeurs équivalentes des attributs de schéma `minOccurs` et `maxOccurs` :

Opérateur de cardinalité	Valeur minOccurs	Valeur maxOccurs	Nombre d'élément(s) enfant(s)
[aucun]	1	1	Un seul
?	0	1	Zéro ou un
*	0	unbounded	Zéro ou plusieurs
+	1	unbounded	Un ou plusieurs

Si nous ne spécifions pas de valeur pour `minOccurs`, elle est par défaut égale à `1`. En revanche, l'attribut `maxOccurs` ne présente pas de valeur par défaut.

Si `minOccurs` est présent et si `maxOccurs` est omis, la valeur de ce dernier est supposée égale à celle de `minOccurs`.

```
<element ref="adresseElectronique" minOccurs="1" />
```

Selon cette définition, l'élément `adresseElectronique`, précédemment déclaré, doit apparaître au moins une fois.

La valeur spéciale de `unbounded`, autorisée uniquement pour `maxOccurs`, est simplement une manière formelle de dire dans un schéma « … ou plus (sans limite) ».

Par exemple, si nous limitons le nombre de commandes qu'un client peut passer, nous pourrions souhaiter restreindre le nombre d'éléments `article` dans une commande.

Définitions de type complexe

Comme nous l'avons constaté dans le premier exemple, l'élément `<complexType>`, ses attributs et toute facette de contrainte valide sont utilisés pour définir un nouveau type complexe. En général, dans de telles définitions, il existe un ensemble de déclarations d'éléments/d'attributs et des références d'éléments.

Comme nous l'avons observé, les éléments sont déclarés à l'aide de `element` et les attributs via `attribute`. Dans l'exemple suivant, nous pouvons définir un type complexe pour l'élément `Client`, ce qui permettra de présenter son modèle de contenu.

```
<element name="Client">
   <complexType name="TypeClient">
      <attribute name="prenom" type="string"/>
      <attribute name="nomFamille" type="string" />
      <attribute name="adresseElectronique" type="string" />
   </complexType>
</element>
```

Chaque fois qu'un élément `Client` est utilisé, il doit donc disposer de trois attributs, chacun d'entre eux ayant une chaîne comme valeur. Cependant, si nous souhaitons des éléments enfants, nous pourrions les déclarer ainsi :

```
<element name="Client">
   <complexType name="TypeClient">
      <sequence>
         <element name="prenom" type="string"/>
         <element name="nomFamille" type="string" />
         <element name="adresseElectronique" type="string" />
      </sequence>
   </complexType>
</element>
```

Dans ce cas, nous avons ajouté l'élément `sequence`, ce qui signifie que les éléments doivent apparaître dans l'ordre selon lequel ils sont déclarés.

Pour insister sur l'idée des types, les attributs et les éléments `prenom`, `nomFamille` et `adresseElectronique` ont ici le type de données simple `string` alors que l'élément `Client` est un type complexe (décrivant le modèle de contenu). Toutefois, les deux utilisent le même attribut `type` pour identifier le type.

Groupes de choix, de séquences : <choice>, <sequence> et <all>

La description de ces deux premiers éléments est à peu près évidente : ils correspondent aux opérateurs de liste de choix (|) et ordonnée (,) d'une DTD.

Bien que la représentation d'un schéma soit plus riche que celle d'une DTD, il est plus facile de lire et de comprendre le modèle de contenu d'un schéma, en particulier si nous utilisons un éditeur ou un navigateur XML (les modèles de contenu de DTD complexes comporteraient des parenthèses, sources de confusion et très difficiles à lire). Là encore, preuve est faite que la syntaxe XML est vraiment avantageuse : le modèle de contenu peut être extrait et manipulé comme un document XML, à l'aide d'une interface graphique permettant de réduire/développer l'arbre des éléments du modèle de contenu.

Si nous souhaitons proposer une liste d'éléments qui *peuvent* apparaître, sans nous préoccuper de leur ordre et de leur présence, nous pouvons nous servir de l'élément <all>. Chaque élément enfant est facultatif et aucun d'entre eux ne peut apparaître plusieurs fois.

Cet élément de groupe est également limité au niveau supérieur du modèle de contenu et aucun des enfants ne peut être un groupe d'éléments.

Ainsi, imaginons que nous voulions négocier avec des clients qui n'ont peut-être pas d'adresse électronique et pour lesquels l'ordre des éléments enfants, c'est-à-dire le prénom et le nom de famille, n'importe pas. Nous pourrions avoir une nouvelle définition comme ci-dessous :

```
<element name="NomPersonne">
  <complexType>
    <all>
      <element name="Prenom" minOccurs="1" />
      <element name="NomFamille" minOccurs="1" />
      <element ref="adresseElectronique" minOccurs="0" maxOccurs="1" />
    </all>
  </complexType>
</element>
```

En raison des restrictions de la déclaration <all>, nous avons dû limiter les occurrences de l'élément enfant <adresseElectronique> à zéro ou une au lieu d'autoriser plusieurs adresses électroniques comme auparavant.

Un document utilisant ce modèle de contenu est illustré ci-dessous :

```
<Client>
  <NomFamille>Rivers</NomFamille>
  <Prenom>Joan</Prenom>
</Client>
```

Voici un deuxième exemple :

```
<Client>
  <adresseElectronique>joan@rivers.org</adresseElectronique>
  <Prenom>Joan</Prenom>
  <NomFamille>Rivers</NomFamille>
</Client>
```

Bien que l'attribut name ne soit pas nécessaire pour l'élément <all> (en raison des limites définies), il se peut que nous ayons un identifiant unique (attribut ID) pour en faciliter la référence.

Contenu en provenance d'un autre schéma : <any>

Cet élément permet de fournir un modèle de contenu semblable au modèle ANY d'une DTD mais uniquement avec des espaces de noms. Un texte XML bien formé quelconque peut être ajouté ainsi : si nous faisons fonctionner un site de commerce électronique servant « d'intermédiaire » vis-à-vis de nos fournisseurs, nous pourrions utiliser leur schéma catalogue dans notre catalogue, présenté comme suit.

```
<element name="monCatalogue">
<complexType>
    <any
      namespace="http://www.ourSupplier.com/catalog"
      minOccurs="0" maxOccurs="unbounded"
      processContents="skip" />
  </complexType>
</element>
```

Ce fragment de schéma permet à un élément `<monCatalogue>` de contenir des données XML bien formées qui apparaissent dans l'espace de noms précisé du fournisseur.

La valeur `"skip"` de l'attribut `processContents` indique au parseur XML qu'il ne lui est pas nécessaire de valider le contenu du fournisseur. Si la valeur `"strict"` est affectée à l'attribut (valeur par défaut), le parseur doit obtenir le schéma associé à l'espace de noms et valider les données XML du fournisseur. S'il ne peut trouver le schéma, le parseur signale une erreur. La valeur intermédiaire est `"lax"` : si le parseur trouve le schéma, il validera les données au mieux mais, si le schéma est introuvable, aucune erreur ne sera signalée.

Groupes de modèles nommés : <group>

Si nous souhaitons réutiliser un ensemble d'éléments dans plusieurs définitions de type de contenu (modèles de contenu d'éléments), nous pouvons nous servir d'un **groupe de modèle** pour décrire un ensemble d'éléments pouvant se répéter. Le groupe de modèle s'avère très utile lorsque nous établissons des définitions de type complexe et se comporte plutôt comme une entité paramètres dans les DTD. Les modèles de groupes peuvent être davantage restreints à l'aide des éléments enfants `sequence`, `choice`, `all`,ou `group`.

> **Lorsque nous créons une définition de type complexe pour un élément, sans recourir à l'élément `group`, le modèle de contenu est connu sous le nom de groupe non nommé.**

Un groupe de modèle est constitué de déclarations d'éléments, de caractères génériques et d'autres groupes de modèles. Pour l'instant, dans nos définitions de type complexe, le groupe d'éléments est implicite, mais il est également possible de créer des groupes de modèles **nommés** qui peuvent être utilisés comme référence dans un schéma. Dans les groupes de modèles nommés, l'élément `<group>` est utilisé et doit être déclaré au niveau supérieur du schéma.

Ainsi, nous pouvons créer un groupe de modèle pour limiter les occurrences `LignesdeCommande` à un nombre compris entre 1 et 5 :

```
<group name="LignesdeCommande">
  <sequence>
    <element name="LignesdeCommande" minOccurs="1" maxOccurs="5" />
  </sequence>
</group>
```

Dans la suite du schéma, nous pouvons nous référer au groupe simplement par son nom et il obtiendra cette description, comme s'il était inclus dans la liste de choix ci-dessous :

```
<element name="Commande">
  <complexType>
```

```
...
    <choice>
      <element name="Client" minOccurs="1" />
      <group ref="LignesdeCommande" minOccurs="0" maxOccurs="1" />
    </choice>
  </complexType>
</element>
```

Notez que l'élément <group> est utilisé pour la définition d'un groupe et une référence à un groupe nommé. Dans la première partie de cette section, le groupe est défini à l'aide de <group name="LignesdeCommande"...>. Dans la deuxième partie, il est utilisé comme référence au sein de la définition de type complexe (c'est-à-dire <group ref="LignesdeCommande"...>).

Groupes d'attributs

De la même manière que nous pouvons créer des groupes d'éléments grâce à l'élément <group>, qui facilite l'élaboration de déclarations ardues de type complexe via la réutilisation d'ensembles d'éléments, nous sommes en mesure de regrouper des ensembles d'attributs. Bien entendu, nous n'avons pas besoin de leur imposer un ordre mais tous les attributs peuvent être placés dans les éléments d'attributs que nous avons rencontrés dans la section sur la déclaration d'attributs.

Les modèles de groupes ayant été examinés, la syntaxe s'avère très simple :

```
<attributeGroup name="nomComplet">
    <attribute name="prenom" use="required" />
    <attribute name="MI" use="optional" />
    <attribute name="nomFamille" use="required" />
</attributeGroup>
```

Maintenant, si nous souhaitons un groupe d'attributs pour un nom complet dans un élément, il suffit donc d'y ajouter une référence à l'aide de l'attribut ref de l'élément attributeGroup :

```
<element name="Client">
<complexType>
        <attributeGroup ref="nomComplet" />
    </complexType>
</element>
```

Déclaration de notation

Une déclaration de notation associe un nom à un identifiant en vue d'une notation. Bien qu'elle ne participe pas à la validation, elle est référencée lors de la validation de chaînes qui font partie des définitions de type simple de NOTATION. Ainsi, pour inclure un fichier .jpeg et lui associer un élément visuel, nous utiliserions la déclaration suivante :

```
<image typeimage="jpeg">...</image>
```

Le contenu de cet élément constituerait une définition binaire de jpeg. Voici un exemple de définition de cet élément (ne vous préoccupez pas de l'élément extension pour le moment ; nous le rencontrerons dans la section sur les types de données) :

```
<notation name="jpeg" public="image/jpeg" system="viewer.exe" />
<element name="image">
 <complexType>
```

```
    <complexContent>
     <extension base="xs:binary">
      <attribute name="typeimage" type="NOTATION"/>
     </extension>
    </complexContent>
   </complexType>
  </element>
```

L'attribut de l'élément notation prend un identifiant officiel provenant de la spécification ISO 8879 alors que l'attribut `system` prend une référence URI.

Annotations

Puisqu'un schéma XML est un document XML bien formé classique, il peut inclure des commentaires dont la syntaxe est celle de XML :

```
<!-- Voici un commentaire XML en ligne ! -->
```

Toutefois, en raison des règles d'analyse XML 1.0, un parseur XML n'a pas besoin de transmettre les commentaires à l'application : les commentaires apparaissant dans un document XML doivent être simplement ignorés. Bien que cette décision trouve son sens dans la pratique généralisée et problématique de l'intégration des langages de script au sein des commentaires HTML, il est parfois nécessaire d'annoter un schéma et de conserver ces annotations.

Les schémas XML fournissent trois éléments de métadonnées pour les applications et les lecteurs humains :

- `<annotation>` : parent des deux autres, il peut apparaître presque partout dans un schéma, généralement comme premier enfant d'un autre élément.
- `<appInfo>` : cet élément est conçu pour les informations relatives au schéma utiles aux applications externes.
- `<documentation>` : cet élément est l'emplacement des « commentaires » destinés aux utilisateurs du schéma, et peuvent être un sommaire ou des informations légales comme celles relatives au copyright.

> **Rappelez-vous que les éléments `<appInfo>` et `<documentation>` ne peuvent pas être utilisés seuls : ils doivent être les enfants de l'élément `<annotation>`.**

Un exemple intéressant de l'utilisation de l'élément `<appInfo>` se trouve dans la spécification XML elle-même. Le schéma décrivant les facettes de contrainte des types de données simples contient cet élément d'annotation. Une application utilise ensuite ces éléments pour générer du texte supplémentaire pour la partie relative aux types de données de la spécification.

En utilisant correctement ces éléments, nous pouvons rendre notre schéma « autodocumenté ». Reliée au schéma, une feuille de style permettrait de créer une version lisible expliquant son usage. Cette possibilité s'avère particulièrement utile lorsque nous souhaitons partager notre schéma avec d'autres ou le transformer en norme industrielle.

Utiliser les éléments d'annotation

Nous pouvons ajouter plusieurs éléments d'annotation dans divers endroits de notre schéma.

Modifiez l'exemple précédent de cette façon :

```
<?xml version="1.0" encoding="ISO-8859-1" ?>
<schema xmlns="http://www.w3.org/2000/10/XMLSchema">
  <annotation>
    <appInfo>Exemple d'annotations : schéma Wrox</appInfo>
    <documentation> Wrox Press Ltd détient le copyright 2000 de schéma.
    </documentation>
  </annotation>
...
  <element name="NomPersonne">
<complexType content="elementOnly">
      <annotation>
        <documentation>
          L'utilisation de l'élément &lt; NomUnique; résout le problème du
          terme "cher".
        </documentation>
      </annotation>
      <choice>
...
      </choice>
...
    </complexType>
  </element>
</schema>
```

Comme l'espace de noms du schéma XML est devenu la valeur par défaut, nous n'avons pas besoin d'ajouter le préfixe `xsd:` à chaque nom de type d'élément.

L'élément `<appInfo>` fournit à ce schéma un titre que l'application XML peut afficher ou traiter de façon quelconque. Les éléments `<documentation>` fourniront des informations à l'auteur et aux autres lecteurs de ce schéma.

Utiliser d'autres espaces de noms

Nous pouvons également référencer d'autres schémas à l'aide d'un enfant de l'élément `schema` en utilisant un élément spécial nommé `include`, ce qui nous permet d'utiliser les modèles de contenu et les types de données dérivés à partir d'autres schémas au lieu de les redéfinir dans chaque schéma où ils sont nécessaires.

```
<schema xmlns="http://www.w3.org/2000/10/XMLSchema"
        xmlns:xsd="http://www.w3.org/2000/10/XMLSchema-datatypes"
        targetNamespace="http://www.monsite.com">
...
</schema>
<include xmlns:wrox="http://www.wrox.com/schemas/books/catalog.xsd" />
```

Dans ce schéma, les définitions et les déclarations provenant du schéma `catalog` sont disponibles comme parties intégrantes. Par conséquent, si nous créons un *nouveau* schéma, nous pouvons emprunter des schémas existants. Une autre option, visant à fusionner les données à partir de documents balisés selon deux schémas, serait de créer un schéma qui validerait nos nouveaux documents. Dans un document balisé selon ce schéma, il nous suffit de déclarer le schéma (pas les schéma inclus).

Vous pouvez imbriquer plusieurs schémas tant qu'ils font partie du même `targetNamespace`.

Cela s'avérerait particulièrement utile en cas de création de nouveaux documents XML fondés sur des données issues de sources disparates. Dans l'exemple ci-dessous, nous disposons du début d'un schéma du service de marketing, lequel inclut des modèles de contenu provenant du schéma général Wrox `books` (dans lequel les modèles de contenu pour `livre` et `auteur` sont définis) :

```
<schema xmlns="http://www.w3.org/2000/10/XMLSchema"
        targetNamespace="http://www.wrox.com/schemas/marketing">
<import schemaLocation="http://www.wrox.com/schemas/books.xsd" />
   <element name="catalogue" type="typeCatalogue" />
   <complexType name="typeCatalogue">
      <sequence>
         <element name="livre" type="marketing: Typelivre" />
         <element name="auteur" type="marketing: Typeauteur" />
      </sequence>
      <attribute name="monISBN" type="marketing:ISBN" />
   </complexType>
</schema>
```

Dans ce cas, le premier élément que nous déclarons, `catalogue`, a une définition de type complexe que nous incluons dans ce schéma. En terme de définition de type complexe, nous déclarons deux éléments supplémentaires (`livre` et `auteur`) mais nous empruntons leur modèle de contenu au schéma général Wrox books (au lieu de répéter leur déclaration). Notez la manière dont les types du schéma général Wrox books ont été réellement ajoutés : nous n'avons pas à nous servir de l'espace de noms de départ comme s'ils étaient dans un autre schéma. L'élément `catalogue` a également un attribut portant le nom `monISBN` bien que la définition de ce type soit toujours placée dans le schéma de Wrox.

Résumé des structures

Nous avons déjà examiné de nombreux modèles de contenu décrivant la structure d'un vocabulaire XML et les instances de document valides. Un modèle de contenu peut limiter un document à un certain ensemble de types d'éléments et d'attributs, décrire et restreindre les relations entre les différents composants ainsi qu'identifier des éléments spécifiques de manière unique. Le partage d'un modèle de contenu permet à des partenaires commerciaux d'échanger des informations structurées et de surmonter les difficultés liées aux différences existant entre les représentations de données internes disparates. Les déclarations, qui décrivent un modèle de contenu dans un schéma XML se révèlent un peu plus complexes que celles d'une DTD mais elles sont également bien plus puissantes. Toutefois, pour élaborer des modèles de contenu, des structures et des composants, nous avons besoin de comprendre les atomes qui les constituent. C'est pourquoi nous allons maintenant étudier les types de données.

Types de données

Nous avons déjà vu que les types de données présentaient des avantages et que les schémas XML fournissaient deux sortes de types de données principaux :

- **les types de données primitifs**, non définis par les autres types de données ;
- **les types de données dérivés**, définis par les types existants.

Apprenons donc maintenant à limiter le contenu de nos documents XML grâce aux types de données.

Types de données primitifs

Les types de données primitifs constituent la base des autres types et sont eux-mêmes indéfinissables par des composants moindres. Par définition, les types primitifs ne présentent aucun contenu d'élément ni attribut, puisqu'ils forment les **types de base** à partir desquels tous les autres types sont dérivés.

> **Les types primitifs peuvent être utilisés pour les valeurs d'élément ou d'attribut, mais ils ne peuvent pas contenir des éléments enfants ou des attributs. Ils sont toujours intégrés.**

Une chaîne de caractères constitue un type primitif courant, connu sous le nom de `string`.

La distinction entre les types primitifs et dérivés est quelque peu arbitraire ; par conséquent, les classifications de schémas ne correspondent pas forcément à celles d'un langage de programmation spécifique. De même que la définition exacte de `string` ou `float` est différente sous Java ou C++, la définition de ces types diffère également dans les schémas XML.

Type primitif	Description
`string`	Toute chaîne de caractères XML légale.
`Boolean`	« true » (vrai) ou « false » (faux).
`Float`	Concept courant de nombres réels correspondant à des nombres à virgule flottante de 32 bits de données en simple précision.
`double`	Concept courant de nombres réels correspondant à des nombres à virgule flottante de 64 bits de données en simple précision.
`Decimal`	Nombre décimal en précision arbitraire.
`TimeDuration`	Durée de temps.
`RecurringDuration`	Laps de temps se répétant à une fréquence déterminée à partir d'un moment précis.
`Binary`	Données binaires arbitraires.
`uriReference`	URI
`ID`	Type d'attribut ID conformément à la recommandation XML 1.0
`IDREF`	Type d'attribut IDREF conformément à la recommandation XML 1.0

(Suite du tableau)

Type primitif	Description
ENTITY	Type d'attribut ENTITY conformément à la recommandation XML 1.0
Qname	Nom qualifié conformément à la recommandation XML 1.0

Types de données dérivés

Un type de données dérivé est défini selon un type de données existant (type de **base**). Il peut comprendre des attributs et un contenu d'éléments ou les deux.

Des exemples de types dérivés peuvent contenir un texte XML quelconque bien formé et valide selon la définition du type de données. Ils peuvent être intégrés ou dérivés par l'utilisateur.

Les nouveaux types peuvent dériver d'un type primitif ou d'un autre type dérivé. Ainsi, les nombres entiers sont un sous-ensemble des nombres réels. Par conséquent, le type `integer` des schémas XML est dérivé du type `decimal`, type de base. Nous pouvons alors dériver un type de nombres entiers encore plus restreint. Dans l'exemple suivant de structure de schéma XML nommée **définition de type simple,** l'élément `<simpleType>` est utilisé pour décrire le type de données dérivé de nombres entiers limité aux valeurs négatives :

```
<simpleType name="NegativeInteger" >
   <restriction base="xsi:integer">
      <minInclusive value="unbounded" />
      <maxInclusive value="-1" />
   </restriction>
</simpleType>
```

Ne vous inquiétez pas trop au sujet des détails du code dans cet extrait : nous étudierons l'élément `<simpleType>` et son compagnon, l'élément `<complexType>` (définition de type complexe), dans la section « Structures ».

À l'instar des types primitifs, le W3C a défini un ensemble de types de données dérivés intégrés. Couramment utilisés, ils se devaient de figurer dans la spécification XML Schema.

Types dérivés intégrés des schémas XML

Voici certains types de données dérivés intégrés aux schémas XML :

Type dérivé	Description	Type de base
`CDATA`	Chaîne légale pouvant comporter des espaces.	`string`
`token`	Chaîne marquée par un jeton.	`CDATA`
`language`	Identifiant de langage naturel tel que l'ID XML "fr".	`Token`
`NMTOKEN`	`NMTOKEN` XML version 1.0.	`Token`
`NMTOKENS`	`NMTOKENS` XML version 1.0.	`NMTOKEN`
`Name`	Nom XML.	`Token`
`NCName`	Nom XML « non colonisé ».	`Name`
`integer`	Nombre entier.	`Integer`
`long`	Dérive de `integer`, la valeur de `maxInclusive` étant fixée à 9223372036854775807 et celle de `minInclusive` à -9223372036854775808.	`Integer`
`short`	Dérive de `int`, la valeur de `maxInclusive` étant fixée à 32767 et celle de `minInclusive` à -32768.	`Int` dérivant de `long`
`byte`	Dérive de `short`, la valeur de `maxInclusive` étant fixée à 127 et celle de `minInclusive` à -128.	`Short`
`date`	Jour particulier.	`TimePeriod` provenant de `recurringDuration`

Types de données atomiques/liste/mixtes

Les types de données des schémas XML peuvent encore entrer dans les catégories suivantes :

- **les types de données atomiques** : dont les *valeurs* sont indivisibles ;
- **les types de données liste** : définis selon une séquence autorisée de valeurs de type atomique ;
- **les types de données mixtes** : alliant les types atomiques aux types liste.

Nous allons à présent étudier chacun d'entre eux.

Types de données atomiques

Un type de données atomique possède une valeur indivisible, du moins dans le contexte des schémas XML.

> **Notez qu'atomique n'est pas synonyme de primitif.**

Les types atomiques peuvent être primitifs ou dérivés. Prenons un exemple : les nombres et les chaînes sont des types atomiques puisque leur valeur ne peut pas être décrite à l'aide d'éléments plus petits. Pour les nombres, cela est évident ; mais quant aux chaînes, ne peuvent-elles pas être définies par un composant plus réduit, tel qu'un caractère ? Bien que cela soit en théorie possible, les schémas XML ne considèrent pas un caractère comme un type de données ; par conséquent, une chaîne est atomique en plus d'être de type primitif (`string`) :

```
<atome> Cette chaîne peut également être divisée en données textuelles. Dans les
schémas XML, les atomes caractères n'existent pas.</atome>
```

Le deuxième exemple est un type atomique dérivé. Il s'agit d'une date indivisible qui pourrait être dérivée du type primitif `string` bien qu'elle le soit indirectement de trois autres types dans les schémas XML :

```
<atome2>16/01/1927</atome2>
```

Le troisième exemple est également du type atomique dérivé : un `integer` dérive du type primitif `float`.

```
<atome3>469557</atome3>
```

Types de données liste

La valeur du type liste est constituée d'une séquence délimitée de valeurs atomiques. À la différence de la plupart des langages de programmation, le type liste des schémas XML ne peut pas provenir d'autres listes. Ce type est un cas particulier d'un type de données plus général d'agrégat ou de collection.

Les types liste sont toujours des types dérivés et doivent être délimités par un espace, à l'instar des types d'attribut `IDREFS` ou `NMTOKENS` définis dans XML 1.0. Par conséquent, le type liste doit accepter les espaces mais ne peut pas les utiliser au sein des valeurs individuelles des éléments de la liste.

Une des caractéristiques importantes du type liste est sa longueur : cette valeur descriptive correspond toujours au nombre d'éléments de la liste et ne se réfère pas au nombre de caractères représentant les éléments.

Nous pouvons, par exemple, définir un type liste simple dérivé par l'utilisateur permettant de répertorier des tailles anglo-saxonnes :

```
<simpleType name="tailles">
   <list itemType="taille" />
</simpleType>
```

Ce nouveau type de données pourrait alors être utilisé à l'intérieur d'un élément plus spécifique du document :

```
<taillesRobes type="tailles">small medium large xlarge</taillesRobes>
```

Toutefois, les espaces utilisés comme délimiteurs peuvent gêner la création d'une liste de chaînes. Dans ce contexte, l'exemple suivant n'est pas bon : il s'agit d'une liste de *six* éléments :

```
<mauvaise_liste>Cette liste comporte un seul élément<mauvaise_liste>
```

Les types liste s'avèrent très utiles pour représenter des suites de nombres ou des types d'attribut standard XML 1.0 tels que `IDREFs` ou `NMTOKENS`. Cependant, ils ne sont pas indispensables pour la manipulation des données textuelles qui impliquent des éléments autres que les mots : les phrases et les groupes de texte plus importants ne peuvent pas être représentés à l'aide d'un type liste.

Types de données mixtes

Les types mixtes nous permettent de créer la valeur d'un élément ou d'un attribut à partir de types atomiques et/ou de types liste. Imaginons que nous ayons des abréviations courtes pour les tailles des vêtements (`s`, `m`, `l`, `xl`), appelées `petiteTaille`. Nous pourrions alors créer un type qui permettrait soit d'utiliser le nom complet de la taille ou l'abréviation.

Maintenant, nous pourrions créer un mélange et le définir avec l'attribut `typesMembres` :

```
<simpleType name="melange>
   <union typesMembres="tailles petiteTaille" />
<simpleType />
```

Facettes des types de données

Tous les types de données des schémas XML comprennent trois parties :

- un **espace de valeurs** (ensemble de valeurs distinctes dont chacune est désignée par un ou plusieurs caractères dans l'espace lexical du type de données) ;
- un **espace lexical** (ensemble des représentations lexicales, en d'autres termes des chaînes de caractères constantes valides représentant les valeurs) ;
- un ensemble de **facettes** (propriétés de l'espace de valeurs, ses valeurs individuelles et/ou les éléments lexicaux).

Afin d'illustrer la différence entre les espaces lexicaux et les espaces de valeurs, nous allons utiliser un fragment de document. Nous supposons que l'élément `<Article>` est un type de données `string` et que l'élément `<Quantite>` est défini comme un type `integer` :

```
<Commande>
   <Article>Truc</Article>
   <Quantite>465000</Quantite>
</Commande>
```

Dans l'élément `<Article>`, l'espace de valeurs et l'espace lexical sont une seule et même chose : la représentation lexicale d'une chaîne correspond également à sa valeur.

L'élément `<Quantite>`, quant à lui, est représenté dans XML sous forme de chaîne mais sa valeur est le concept mathématique de « quatre cent soixante-cinq mille ». Une comparaison des éléments `<Quantite>`, en les multipliant par exemple par un prix pour obtenir un total, impliquerait l'utilisation de leur valeur numérique et non leur représentation lexicale (chaîne). Par conséquent, les trois formes `465000`, `465000.00` (465000,00) et `4650.00E2` (4650,00 x 10^2) ont la même valeur, même si elles sont lexicalement différentes.

Étudions ces concepts de plus près.

Espaces de valeurs

Chaque type de données des schémas XML dispose d'un certain nombre de valeurs possibles. Ces espaces de valeurs sont implicites dans la définition d'un type de données primitif. Par exemple, le type de données `float` intégré contient un espace de valeurs compris entre l'infini négatif et l'infini positif. Le type de données `string` est constitué de valeurs correspondant à tout caractère XML légal.

> **Les types dérivés héritent leur espace de valeurs du type de base et peuvent également limiter cet espace à un sous-ensemble explicite de l'espace de valeurs du type de base.**

Un type de données dérivé tel que `integer` accepte toutes les valeurs positives ou négatives mais non les décimaux. Un autre type de nombre entier pourrait dériver du type `integer` mais il pourrait alors limiter les valeurs autorisées aux nombres positifs ou aux nombres à trois chiffres uniquement. Les espaces de valeurs peuvent également comprendre un ensemble de valeurs explicitement énumérées ou dériver des membres d'une liste de types.

Les espaces de valeurs sont toujours définis par certaines facettes (ou propriétés abstraites) telles que l'**égalité**, l'**ordre**, les **bornes**, la **cardinalité** et l'éternelle division **numérique/non numérique**.

Espaces lexicaux

Un espace lexical est l'ensemble des chaînes de caractères qui *représentent* les valeurs d'un type de données. Ces chaînes comprennent toujours des caractères de « texte », issus du sous-ensemble XML légal du jeu de caractères Unicode.

Ainsi,

```
<une_chaine>Le nom de l'association était ΑΓΔ, et leur devise était "plus ça
change, plus c'est la même chose"</une_chaine>
```

Par définition, les chaînes de caractères n'ont qu'une seule représentation lexicale (reportez-vous à l'étude sur la facette « Égalité » dans la section suivante). Toutefois, les valeurs numériques peuvent avoir plusieurs représentations lexicales équivalentes et identiquement valides. Par exemple, les chaînes de caractères constantes `100`, `10²` et `1.0E2` (1,0 x 10^2) présentent évidemment différentes valeurs lexicales mais leurs valeurs numériques sont identiques dans l'espace de valeurs des nombres à virgule flottante.

Facettes

Une facette est la propriété d'un type de données permettant de le différencier des autres types de données. Les facettes incluent des propriétés telles que la longueur de la chaîne ou les bornes d'un type de données numérique.

Les propriétés abstraites qui définissent les caractéristiques sémantiques d'un espace de valeurs sont nommées **facettes fondamentales** du type de données. Les **facettes de contrainte** existent également ; il s'agit de limites facultatives sur les valeurs autorisées de l'espace de valeurs d'un type de données. Nous allons les étudier de plus près.

Facettes fondamentales

Il existe cinq facettes fondamentales :

- égalité (différentes valeurs peuvent être comparées et définies pour être égales ou non) ;
- ordre (pour certains types de données, des relations définies existent entre les valeurs [les nombres, par exemple, peuvent avoir des valeurs ordonnées]) ;
- bornes (les types de données ordonnés peuvent être limités à une plage de valeurs) ;
- cardinalité (le nombre de valeurs comprises dans l'espace de valeurs) ;
- numériques/non numériques.

Étudions plus en détail ces facettes fondamentales. Vous pouvez également vous reporter à l'annexe C pour de plus amples informations.

Égalité

Cette propriété s'applique à tous les types, numériques ou non. Soit deux valeurs **A** et **B** auxquelles les règles suivantes s'appliquent :

- il est toujours vrai que **A = A** (identité) ; l'égalité est réflexive ;
- si **A = B** alors **A ≠ B** n'est jamais possible ; l'égalité est antisymétrique ;
- si **A = B** alors **B = A** (l'égalité de valeur est commutative ou ne dépend pas de l'ordre) ;
- si **A = B** et **B = C** alors **A = C** (l'égalité de valeur est transitive) ;
- l'opération **Equal(A,B)** est vraie (True) si **A = B**.

Si vous traitez des types non numériques, rappelez-vous que XML respecte la casse ; par conséquent, la chaîne `OUI` n'est *pas* égale aux chaînes `oui` ou `Oui`.

De nombreux caractères accentués et idéographiques peuvent avoir plusieurs représentations. Ainsi, la lettre `n` accentuée d'un tilde peut être représentée en ASCII (ou pour un dispositif d'entrée tel qu'un clavier) comme la séquence à deux lettres : `~n`. Une autre représentation, utilisant l'encodage Latin-1, serait une seule lettre accentuée : `ñ`. Par définition, ces représentations sont égales uniquement si leur forme est identique (`~n` n'est *pas* égal à `ñ`).

Ordre

Un type de données est ordonné si une **relation d'ordre** totale et stricte existe entre les valeurs. Cette propriété s'applique également aux valeurs numériques et non numériques. Une relation d'ordre suit les règles suivantes :

- pour chaque valeur **A**, les relations **A < A** et **A > A** ne sont jamais vraies ;
- pour les valeurs (**A, B**), une des relations suivantes doit être vraie : **A = B**, **A < B** ou **A > B** ;
- pour les valeurs (**A, B, C**), il est vrai que, si **A < B** et **B < C**, alors **A < C**.

L'ordre numérique est intrinsèque à la définition mathématique des nombres. Toutefois, l'ordre des caractères ou des chaînes de caractères dépend de la valeur numérique *encodée* (c'est-à-dire le point code UCS) des caractères : `0` (zéro ASCII) est inférieur à `a`, `a` est inférieur à `b`, `e` est inférieur à `è`, etc.

Ne croyez pas que les majuscules soient toujours inférieures aux minuscules. Bien que cela soit vrai pour les encodages ASCII et Latin-1, les encodages Latin Extended-A et –B permettent les deux possibilités. Rappelez-vous également que le concept de casse n'existe pas dans de nombreux alphabets autres que l'alphabet Latin.

Bornes

Les valeurs des types de données peuvent avoir soit des bornes inférieures ou supérieures, soit les deux.

- Une borne supérieure est la valeur unique **U** pour laquelle, pour toutes les valeurs **v** de l'espace de valeurs, la relation **v ≤ U** est vraie. **U** est appelé la borne supérieure et l'espace est dit **borné supérieurement**.
- Une borne inférieure est la valeur unique **L** pour laquelle il est toujours vrai que **v ≥ L**. Dans ce cas, l'espace de valeurs est dit **borné inférieurement** et **L** constitue la borne inférieure.

Si un espace de valeurs présente une borne supérieure et inférieure, le type de données est considéré comme **borné**, en supposant que les bornes sont bien supérieures et inférieures.

Ces bornes peuvent être inclusives ou exclusives, comme nous le verrons dans un exemple de définition de type simple :

```
<simpleType name="NegativeInteger" base="xsi:integer">
  <minInclusive value="unbounded" />
  <maxExclusive value="0" />
</simpleType>
```

Cet exemple illustre un espace de valeurs avec une borne **supérieure** (valeur maximale finie), mais qui ne présente pas de borne **inférieure** (pas de valeur minimale).

Cardinalité

Tous les espaces de valeurs sont liés au concept de cardinalité : nombre de valeurs comprises dans l'espace de valeurs. Ce dernier peut être :

- fini, tel une liste de valeurs énumérées ;
- infini, de façon dénombrable ;
- infini, de façon indénombrable.

Numériques / non numériques

Un type de données et l'espace de valeurs qui lui est associé sont considérés comme numériques si les valeurs sont des quantités numériques appartenant à un système de nombres. Inversement, un type de données dont les valeurs ne sont pas représentées par des nombres est bien entendu considéré comme non numérique.

Rappelez-vous que XML ne se limite pas aux chiffres ASCII : les caractères Unicode « numériques » peuvent être utilisés pour représenter les valeurs numériques. Ainsi, les chiffres arabes bien connus, utilisés en ASCII ne sont en fait pas *arabes. Unicode utilise les dix chiffres arabes ainsi que ceux de nombreux autres langages.*

Facettes de contrainte

Les facettes de contrainte limitent l'espace de valeurs d'un type de données *dérivé*, qui limite à son tour l'espace lexical de ce type. À proprement parler, les types *primitifs* ne présentent pas de facettes de contrainte mais ces dernières peuvent être ajoutées en créant un type de données **dérivé par restriction** (cf. la section sur ce sujet).

Il existe plusieurs types de facettes de contrainte répartis dans trois groupes de types simples.

Certaines s'appliquent uniquement à des types simples **ordonnés** :

- `length, minLength, maxLength`
- `pattern`
- `enumeration`

D'autres s'appliquent seulement à des types simples **bornés** :

- `minExclusive, maxExclusive, minInclusive, maxInclusive`
- `precision, scale`
- `encoding`

Il existe également des facettes s'appliquant à des types simples **temporels** :

- `duration, period`

Observons en détail ces facettes de contrainte.

length, minLength, maxLength

Ces trois facettes traitent le nombre d'unités de longueur d'un type de données dont la valeur doit toujours être un nombre entier non négatif. La nature des unités variera selon le type de base :

- Pour les types dérivés du **type chaîne** (string), `length` est le nombre de points code Unicode (« caractères »). N'oubliez pas que la longueur de chaque caractère Unicode est de 8, 16 ou 32 bits ou qu'il est constitué de séquences à longueur variable de valeurs de 8 bits.
- La longueur des types dérivés du **type binaire** est le nombre d'octets des données binaires.
- Les **types listes** définissent la longueur (`length`) comme le nombre d'éléments répertoriés dans la liste.

Les facettes `minLength` et `maxLength` sont respectivement le nombre minimal et le nombre maximal d'unités autorisées dans le type de données. Nous pourrions les utiliser par exemple si nous voulions limiter un type de données à un nombre à trois chiffres (tel qu'un indicatif) :

```
<simpleType name="Indicatif">
   <restriction base="xsi:string">
      <minLength value="3" />
      <maxLength value="3" />
   </restriction>
</simpleType>
```

Notez que les contraintes sont contenues dans un élément `restriction` et le type de base que nous dérivons dans un attribut `base`.

pattern (modèle)

Cette facette est une contrainte de l'espace *lexical* du type de données qui limite indirectement l'espace de valeur. Un modèle (`pattern`) est une expression régulière (« **regex** ») à laquelle doit correspondre la représentation lexicale d'un type de données pour que la chaîne de caractères soit valide. Le langage « regex » utilisé par les schémas XML est semblable à celui défini pour le langage de programmation Perl (Practical Extraction and Report Language).

Pour plus d'informations sur l'utilisation des expressions régulières, reportez-vous au site web principal sur Perl à l' adresse http://www.perl.com/pub *ou à* ***l'annexe E*** *de* ***XML Schema Part 2: Datatypes*** *à* http://www.w3.org/TR/xmlschema-2/#regexs.

whitespace (espaces)

Cette facette est une contrainte d'espaces autorisés ou non.

Voici un tableau présentant les facettes de contrainte applicables à des types de données simples :

Types simples	**Facettes**					
	`length`	`minLength`	`maxLength`	`pattern`	`enumeration`	`whitesp ace`
`string`	o	o	o	o	o	o
`CDATA`	o	o	o	o	o	o
`token`	o	o	o	o	o	o
`byte`				o	o	
`unsignedByte`				o	o	
`binary`	o	o	o		o	
`integer`				o	o	
`positive Integer`				o	o	
`negative Integer`				o	o	
`nonNegative Integer`				o	o	

(Suite du tableau)

Types simples	Facettes					
	length	minLength	maxLength	pattern	enumeration	whitespace
nonPositive Integer				o	o	
int				o	o	
unsignedInt				o	o	
long				o	o	
unsignedLong				o	o	
short				o	o	
unsigned Short				o	o	
decimal				o	o	
float				o	o	
double				o	o	
boolean				o		
time				o	o	
timeInstant				o	o	
timePeriod				o	o	
timeDuration				o	o	
date				o	o	
month				o	o	
year				o	o	
century				o	o	
recurringDay				o	o	
recurring Date				o	o	
recurring Duration				o	o	
Name	o	o	o	o	o	
QName	o	o	o	o	o	
NCName	o	o	o	o	o	
uriReference	o	o	o	o	o	
language	o	o	o	o	o	
ID	o	o	o	o	o	

(Suite du tableau)

Types simples	Facettes					
	length	minLength	maxLength	pattern	enumeration	whitespace
IDREF	o	o	o	o	o	
IDREFS	o	o	o		o	
ENTITY	o	o	o	o	o	
ENTITIES	o	o	o		o	
NOTATION	o	o	o	o	o	
NMTOKEN	o	o	o	o	o	
NMTOKENS	o	o	o		o	

enumeration (énumération)

Cette propriété est très semblable à une spécification de DTD d'une liste de choix de types d'élément ou aux valeurs énumérées d'un attribut. L'énumération limite l'espace de valeurs à un ensemble particulier de valeurs : si la valeur n'est pas spécifiée dans le schéma, elle n'est pas valide.

Cette facette n'impose *pas* une relation d'ordre différente ou supplémentaire à l'espace de valeurs en raison de l'ordre issu des valeurs énumérées : une propriété ordonnée du type de données dérivé est identique à celle du type de base.

minExclusive, maxExclusive, minInclusive, maxInclusive

Toutes ces facettes peuvent uniquement s'appliquer à un type de données présentant une relation d'ordre (reportez-vous à la description précédente de la propriété fondamentale de l'ordre).

- Les deux facettes « minimales » définissent la borne inférieure de l'espace de valeurs.
- Les deux facettes « maximales » définissent la borne supérieure de cet espace.
- Une borne exclusive signifie que la valeur de la borne n'est *pas* comprise dans l'espace de valeurs ; par conséquent, pour toutes les valeurs **V** comprises dans cet espace, **minExclusive < V < maxExclusive**.
- Une borne inclusive *est* incluse dans l'espace de valeurs (**minInclusive ≤ V ≤ maxInclusive**).

Bien évidemment, ces deux types de bornes ne vont pas de pair : une borne inférieure peut être *ex*clusive alors que la borne supérieure est *in*clusive. Nous devons choisir un type de borne pour chaque extrémité du spectre : une borne ne peut jamais être *in*clusive et *ex*clusive en même temps.

> **Si l'élément `minOccurs` est égal à `0`, assurez-vous que la colonne le représentant dans une base de données peut contenir des valeurs NULL.**

precision (précision), scale (échelle)

Ces deux facettes s'appliquent à tous les types de données dérivés du **type décimal**. La propriété `precision` est le nombre maximal de chiffres significatifs autorisés pour la partie entière (qui doit toujours être positif) et la facette `scale` est le nombre maximal de chiffres (toujours un nombre entier non négatif) autorisés dans la partie décimale du nombre.

encoding (encodage)

Cette propriété est une contrainte pour l'espace *lexical* des types de données dérivés du type de base `binary`. La valeur de cette facette doit être `hex` ou `base64`.

Si la valeur de la facette est `hex`, chaque octet binaire est encodé comme un nombre hexadécimal à deux chiffres, à l'aide des dix chiffres ASCII et des lettres comprises entre A et F ; les lettres minuscules et majuscules sont autorisées. Ainsi, la chaîne encodée en nombres hexadécimaux `312D322D33` est la version encodée de la chaîne ASCII `1-2-3` (`2D` est l'encodage hexadécimal du trait d'union et `3`*x* est la représentation hexadécimale des chiffres « *x* » en ASCII).

Si la valeur est `base64`, la chaîne binaire est encodée à l'aide de la norme Internet Base64 Content-Transfer-Encoding (code de représentation des données transmises).

L'encodage Base64 est défini dans la ***RFC 2045: Multipurpose Internet Mail Extensions (MIME) Part One: Format of Internet Message Bodies*** *(1996) à cette adresse : http://www.ietf.org/rfc/rfc2045.txt.*

Types simples	Facettes						
	max Inclusive	max Exclusive	min Inclusive	min Exclusive	precision	scale	encoding
byte	o	o	o	o	o	o	
unsigned Byte	o	o	o	o	o	o	
binary							o
integer	o	o	o	o	o	o	
positive Integer	o	o	o	o	o	o	
negative Integer	o	o	o	o	o	o	
non Negative Integer	o	o	o	o	o	o	
non Positive Integer	o	o	o	o	o	o	
int	o	o	o	o	o	o	
unsigned Int	o	o	o	o	o	o	
long	o	o	o	o	o	o	

(Suite du tableau)

Types simples	Facettes					
	max Inclusive	max Exclusive	min Inclusive	min Exclusive	precision	scale	encoding
unsigned Long	o	o	o	o	o	o	
short	o	o	o	o	o	o	
unsigned Short	o	o	o	o	o	o	
decimal	o	o	o	o	o	o	
float	o	o	o	o			
double	o	o	o	o			
time	o	o	o	o			
time Instant	o	o	o	o			
time Period	o	o	o	o			
time Duration	o	o	o	o			
date	o	o	o	o			
month	o	o	o	o			
year	o	o	o	o			
century	o	o	o	o			
recurring Day	o	o	o	o			
recurring Date	o	o	o	o			
recurring Duration	o	o	o	o			

duration (durée), period

Ces facettes s'appliquent uniquement au type de données `recurringDuration` et à ses types dérivés. La valeur doit toujours être une durée de temps (`timeDuration`).

- La facette `duration` est la durée des valeurs `recurringDuration`.
- La facette `period` est la fréquence de répétition de ces valeurs.

Pour plus d'informations sur ces deux propriétés, reportez-vous à l'étude sur `recurringDuration` *dans l'annexe C.*

Types simples	Facettes	
	period	duration
time	o	o
timeInstant	o	o
timePeriod	o	o
timeDuration		
date	o	o
month	o	o
year	o	o
century	o	o
recurringDay	o	o
recurringDate	o	o
recurringDuration	o	o

Facettes de contrainte dans une base de données

Lorsque nous créons un type de données dérivé, l'idéal serait de créer également un type de données défini par l'utilisateur pour le champ correspondant dans votre base de données en se conformant de près aux contraintes qui s'exercent sur le type de données XML.

Si nous sommes en mesure de valider des documents avant leur exportation vers la base de données, grâce aux schémas qui se révèlent tellement plus puissants que les DTD en matière de contrainte de contenu de documents, cela ne revêt finalement pas autant d'importance. Dans le cas contraire, nous pourrions valider, si nécessaire, les valeurs avant l'importation dans la base de données. Cependant, comme dans la vie, il existe toujours une exception à la règle : l'énumération (cf. l'exemple sur ce sujet dans la suite de ce chapitre).

Définitions de type simple

Une définition de type simple est un ensemble de contraintes sur l'espace de valeurs *et* l'espace lexical d'un type de données.

Ces contraintes sont une **restriction** du type de base ou la spécification d'un type **liste** limité par une autre définition de type simple.

Les définitions de type simple relatives à tous les types de données primitifs et dérivés intégrés se trouvent dans chaque schéma, dans l'espace de noms cible des schémas XML (http://www.w3.org/2000/10/XMLSchema).

Élément <simpleType>

Une définition de type simple utilise l'élément `<simpleType>`, ainsi que ses attributs et ses propriétés de contrainte valides. Les noms d'attribut et le type de données primitif de la valeur de l'attribut ou ses valeurs énumérées sont les suivants :

- `name` - `NCName`
- `base` - `QName` - FACULTATIF
- `abstract` - `boolean` - FACULTATIF
- `derivedBy` - `(list | restriction)` - FACULTATIF (la valeur par défaut est `restriction`)

La signification de l'attribut `name` est évidente : il s'agit du nom du type de données que nous décrivons. À l'instar des noms dans les schémas XML, ce dernier doit suivre les règles relatives aux noms dans XML 1.0 et, dans le cas présent, il doit être un nom simple non qualifié.

L'attribut `base` est le nom du type de données primitif. Il doit utiliser un nom qualifié, c'est-à-dire un nom comportant un identifiant d'espace de noms. Si ce n'est pas le cas, l'ur-type est considéré comme type de base.

Si la valeur de `abstract` est `true`, ce type ne peut pas être le type dans une déclaration d'élément (il est plutôt utilisé pour dériver d'autres types de données) ni être référencé comme attribut `xsi:type` dans un document (nous étudierons la définition de cet attribut dans la suite de ce chapitre). Cet attribut est facultatif et sa valeur par défaut est `false`.

L'attribut `derivedBy` est utilisé pour définir le type de `<simpleType>` : type liste ou atomique (dérivé d'un autre type et limitant une facette de ce type de base).

Les types simples sont identifiés par un nom et un espace de noms cible et doivent être uniques dans un schéma. Les définitions de type simple ne peuvent avoir le même nom que les autres définitions de type simple ou complexe : les noms de type comprennent les types simples et complexes. Toutefois, les noms de types peuvent être identiques aux noms d'élément ou d'attribut.

Le contenu de `<simpleType>` est constitué d'une ou de plusieurs facettes de contrainte, étudiées ci-dessus et représentées par des éléments enfants vides. Nous pouvons également inclure un élément d'annotation dans le contenu. Comme nous l'avons vu, la liste des propriétés légales de contrainte dépend du type de données primitif.

Dérivation par restriction

Le type dérivé intégré `negativeInteger` est un exemple de type dérivé par restriction :

```
<simpleType name="negativeInteger" base="xsi:integer">
  <maxInclusive value="-1" />
</simpleType>
```

Dans cette définition, nous avons nommé le nouveau type de données simple `negativeInteger` et nous l'avons défini comme dérivé du type intégré `integer`. Rappelez-vous que la restriction est la valeur par défaut de l'attribut `derivedBy` ; par conséquent, elle peut ne pas figurer ici.

Puisque l'ensemble des entiers est infini, nous ne définissons pas de borne inférieure mais la borne supérieure est l'essence même de la définition. Cette facette de contrainte aurait pu être tout aussi facilement exprimée ainsi :

```
  <maxExclusive value="0" />
```

Observons un type de données simple plus élaboré, qui utilise la facette `pattern`. Tous les numéros de téléphone de l'Amérique du Nord sont composés de dix chiffres dont les trois premiers constituent l'indicatif de la région, les trois suivants l'indicatif local et les quatre derniers le numéro local. Les indicatifs de région et local présentent des restrictions supplémentaires. Le premier chiffre ne peut jamais être zéro ou un, puisqu'ils sont respectivement utilisés pour passer par l'opérateur et pour les communications directes longue distance.

Autrefois, les indicatifs de région exigeaient également que le deuxième chiffre soit à zéro ou un, afin de distinguer les appels locaux (à sept chiffres) ou longue distance (à dix chiffres). Cette particularité des indicatifs de région pourrait être spécifiée de la sorte :

```
<simpleType name="Indicatif" base="xsi:string">
  <minLength value="3" />
  <maxLength value="3" />
  <pattern value="[2-9][0-1][0-9]" />
</simpleType>
```

Voici un exemple de ce type de données dérivé dans un document :

```
<NumeroDeTelephone>
  <Indicatif>312</Indicatif>
  <IndicatifLocal>555</IndicatifLocal>
  <NumeroLocal>1212</NumeroLocal>
</NumeroDeTelephone>
```

Puisque les matrices de commutation des relais câblés ont été remplacées par l'électronique, cette restriction n'est plus nécessaire. Par conséquent, nous pourrions définir plus simplement cet indicatif de région moins restreint sous la forme d'un nombre entier compris entre 200 et 999 inclus :

```
<simpleType name="Indicatif" base="xsi:integer">
  <minInclusive value="200" />
  <maxInclusive value="999" />
</simpleType>
```

Ce nouvel aspect autorise un indicatif jusqu'alors non valide, tel que :

```
  <Indicatif>925</Indicatif>
```

Puisque ce nouvel indicatif de région est *moins* restrictif que le premier, nous ne pouvons pas dériver le nouveau type à partir de l'ancien : la dérivation par extension est limitée aux types de données complexes. Une autre raison empêchant cette dérivation est la modification du type de base que nous avons effectuée de `string` à `integer`.

Dérivation par liste

Les types de données dérivés par `list` contiennent une liste de valeurs délimitée par des espaces et conforme au type de base. Un type de données liste *doit* dériver d'un type de données atomique : il ne peut pas dériver d'un autre type liste. Le type atomique doit également accepter les intégrations dans une liste. Rappelez-vous que les chaînes non contraintes contenant des espaces gênent la création de liste de chaînes.

Ainsi, nous pourrions créer une liste simple illimitée de nombres à virgule flottante :

```
<simpleType name="ListeElementsFlottants" base="xsi:float" derivedBy="list" />
```

Voici un exemple de ce type de données liste dans un document :

```
<ListeElementsFlottants>-INF -1.02E01 -0.42e1 0</ListeElementsFlottants>
```

La longueur illustrée dans cet exemple est quatre ; rappelez-vous que les unités de longueur dépendent du type de données et que les types liste comptent le nombre d'éléments de la liste. Si nous souhaitons limiter davantage le type de données afin d'obtenir une longueur de quatre, nous devons utiliser la facette `length`. La définition du nouveau type ressemblerait à ceci :

```
<simpleType name="ListeElementsFlottants" base="xsi:float" derivedBy="list">
  <length value="4" />
</simpleType>
```

Le type est alors constitué d'une liste de quatre éléments exactement. Pour obtenir une liste de longueur variable mais limitée à une longueur définie, nous pourrions indiquer une gamme de valeurs à la place :

```
<simpleType name="ListeElementsFlottants" base="xsi:float" derivedBy="list">
  <minLength value="1" />
  <maxLength value="100" />
</simpleType>
```

Cette nouvelle définition autorise toute liste de nombres à virgule flottante allant de un à cent.

À l'instar de `<simpleType>`, le contenu de `<complexType>` est constitué d'une ou de plusieurs facettes de contrainte représentées comme des éléments enfants vides. D'autres enfants supplémentaires tels que `<element>` et `<attribute>` sont utilisés pour décrire le modèle de contenu du type de données complexe. Là encore, les éléments d'annotation peuvent également être inclus dans le contenu.

Portée des définitions de type simple

À l'instar des définitions d'éléments et d'attributs, celles de type simple offrent une portée globale ou locale.

Portée globale des définitions de type simple

Si nous déclarons un type simple au début d'un document, nous pouvons nous servir de ses définitions pour limiter le contenu des éléments et des attributs dans tout le document. Prenons l'exemple d'un type destiné à un classement :

```
<simpleType name="Classement"  base="positiveInteger">
  <minInclusive value="1" />
  <maxInclusive value="50" />
</simpleType>
```

Dans tout le document, nous pouvons l'utiliser dans un élément :

```
<element name="bestseller" type="classement" />
```

Une autre possibilité est de se servir du type dans un attribut :

```
<attribute name="bestseller" type="classement" />
```

Dans ce cas, la valeur sera limitée à un entier positif compris entre 1 et 50 (inclus).

Portée locale des définitions de type simple

Une autre façon de déclarer le type d'un attribut est une méthode « en ligne » utilisant un élément enfant `<simpleType>` au sein de `<attribute>`, ce qui limite la portée de la définition du type à l'élément ou à l'attribut en question sans empêcher l'ajout d'informations supplémentaires. Pour cette option, l'attribut `type` ne doit pas apparaître :

```
<attribute name="classement" use="default" value="50" >
  <simpleType base="positiveInteger">
    <minInclusive value="1" />
    <maxInclusive value="50" />
  </simpleType>
</attribute>
```

Cet exemple présente une déclaration dans laquelle le `type` de l'attribut est défini explicitement. Cependant, nous avons été en mesure d'inclure une valeur par défaut.

ID, IDREF et IDREFS

Dans le chapitre 2, nous avons appris, à l'aide de `ID`, `IDREF` et `IDREFS`, à exprimer des relations entre les éléments XML qui représentent des tables (ce qui a favorisé la normalisation des données). Lorsque la relation définie était de type un-à un ou un-à-plusieurs dans le sens de navigation et lorsqu'aucune autre relation ne menait à l'enfant dans le sous-ensemble choisi, nous vous avions suggéré le recours à l'imbrication pour représenter cette relation. Il s'agissait d'ajouter l'élément enfant comme contenu de l'élément parent avec la cardinalité appropriée. Cette solution permettait surtout d'éviter le surcroît de temps système nécessaire au processeur pour passer de l'attribut `ID` à l'attribut `IDREF`. Toutefois, en cas de relation plusieurs-à-un ou d'un enfant ayant plusieurs parents, nous avons déclaré que le pointage serait nécessaire pour décrire la relation, ce qui implique l'utilisation des attributs `ID/IDREF`.

L'idée était de pouvoir déclarer des relations entre les tables à l'aide d'un `ID` XML, destiné à représenter une clé primaire SQL, dans le cadre d'un document. Un `IDREF` pourrait alors être utilisé comme clé étrangère car il se rapporte à une valeur `ID` dans le document (alors que `IDREFS` constitue une liste de valeurs `IDREF` séparées par des espaces).

En cas d'utilisation de `ID` dans une DTD, la valeur de `ID` doit être unique au sein du document. Néanmoins, étant donné que `ID`, `IDREF` et `IDREFS` correspondent à des types simples dans des schémas, ils peuvent être à l'origine d'un nouveau type simple que nous dérivons en introduisant une contrainte d'unicité. Pour ce faire, nous appliquons le type à nos propres attributs ainsi qu'aux éléments (nous pouvons donc créer des attributs fonctionnant comme `ID` et `IDREF`).

Utiliser ID comme clé primaire et IDREF pour les clés étrangères

Dans le chapitre 2, nous avons utilisé un `ID` pour identifier un élément de manière unique (c'est-à-dire une table à laquelle se rapporterait un `IDREF`). Pour les déclarations, nous nous sommes conformés à la DTD. Quant au sens de navigation, il revêtait de l'importance car il devait être le même que celui supposé pour le programme. Ainsi, si nous écrivons une application pour centre téléphonique, nous sommes davantage susceptibles de passer d'une facture à un client pour vérifier des détails à partir du numéro de facture. Si la relation est une à plusieurs et si les enfants ont plusieurs parents, nous utiliserions un attribut IDREFS à la place.

En cas de sens bidirectionnel, la relation ainsi définie compte en réalité pour deux.

Ainsi, pour rechercher un client à partir d'un numéro de facture, nous pourrions ajouter un attribut IDREF à l'élément Facture et un ID à l'élément Client. Comme ID et IDREF constituent des types simples, tout nom les représentant peut convenir. C'est pourquoi nous pouvons déclarer l'attribut suivant dans les éléments Facture :

```
<attributeType name="IDREFClient" type="IDREF" use="required" />
```

IDREF se référerait à l'élément Client contenant l'attribut ID dans sa définition :

```
<attributeType name="client" type="ID" use="required" />
```

De cette manière, la normalisation est considérablement favorisée. Toutefois, la puissance de traitement nécessaire pour parcourir ces relations préoccupe toujours. Une autre solution beaucoup plus puissante et souple que les attributs ID et IDREF consiste à exprimer une *nouvelle* sorte de contrainte grâce aux schémas XML : **Identity-Constraint (contrainte d'identité)**.

Contraintes d'unicité

En plus de permettre l'utilisation de ID, IDREF et IDREFS pour définir des relations entre les données, les schémas XML introduisent de nouveaux éléments, unique, key et keyref, ce qui offre la possibilité de spécifier un caractère unique et des repères lorsque plusieurs éléments et attributs sont présents dans un document.

En outre, ils utilisent la syntaxe XPath pour faciliter la navigation entre les éléments, ce qui réduit considérablement la puissance de traitement nécessaire pour parcourir les relations ou garantir un caractère unique.

Comme nous pouvions nous y attendre, l'élément unique nous permet de spécifier qu'une valeur d'élément ou d'attribut doit être unique à l'intérieur d'un document. Quant aux éléments key et keyref, ils fonctionnent comme des clés à l'intérieur de nos documents.

Valeurs uniques

Il arrive que nous ayons besoin de garantir des valeurs uniques pour les éléments et les attributs. Le cas peut se présenter si une valeur sert d'identifiant unique. En outre, si nous utilisons un élément ou un attribut pour représenter une clé primaire, nous souhaitons être sûrs de son caractère unique dans une table et pas forcément dans un document. Dans des schémas XML, l'élément unique nous offrirait cette possibilité (et il reviendrait au processeur validateur de garantir les valeurs uniques recherchées).

Pour obtenir plus facilement des valeurs uniques à travers le document et dans une gamme d'éléments ou d'attributs, un moyen intelligent d'utiliser des déclarations XPath est employé.

Par exemple, pour être sûrs du caractère unique de l'attribut `IDClient` de l'élément `Client` dans notre élément `Commande`, nous pouvons recourir à la syntaxe suivante :

```
<unique name="IDUtilisateur">
      <selector xpath="Clients/Client"/>
      <field xpath="@IDCli"/>
   </unique>
```

Dans ce cas, il existe trois étapes clés :

- D'abord, nous spécifions l'élément `unique` et nous lui donnons un nom.
- Puis, nous employons une expression XPath pour choisir la gamme d'éléments en nous assurant qu'ils présentent une valeur unique, ce qui est réalisable avec l'élément `selector` dont l'attribut `xpath` renferme l'expression Xpath, laquelle récupère la gamme d'éléments et dans ce cas tous les éléments `Client`.
- Dans notre cas, nous souhaitons que la valeur de l'attribut `IDCli` de l'élément `Client` soit en effet unique (après tout, nous ne voudrions pas que deux clients aient le même ID). C'est pourquoi, nous choisissons un autre attribut `xpath` avec une deuxième expression spécifiant la valeur que nous voulons toujours unique. Dans ce cas, il s'agit de l'attribut `IDCli` de la gamme donnée.

Cela garantira que toutes les valeurs de l'attribut `IDCli` dans `Client` seront uniques. Cependant, cela correspond aux éléments `Client`. Si nous faisions une distinction entre les éléments nommés `ClientPrive` et `ClientPublic` (chacun d'entre eux ayant un attribut `IDCli`), la valeur ne devrait être unique que pour le type d'élément spécifié dans l'attribut `xpath` de l'élément `selector`.

Pour imposer une contrainte d'unicité sur plusieurs valeurs dans le document, il suffirait d'ajouter davantage de `field` :

```
<unique name="numeroTel">
      <selector xpath="Clients/"/>
      <field xpath="ClientPrive/@IDCli"/>
      <field xpath="ClientPublic/@IDCli"/>
   </unique>
```

Dans ce cas, lorsqu'un nouveau client est ajouté (qu'il s'agisse d'une entreprise ou d'un client particulier), nous nous assurons qu'un ID unique leur est attribué.

Key et KeyRef

Lorsque nous considérons `ID`, `IDREF`, et `IDREFS` comme un moyen de décrire des relations et de normaliser des données, nous savons que la navigation entre les attributs exige beaucoup de ressources. Comme nous l'avons vu également, il existe des contraintes puisque la valeur de ID est unique au niveau de ce document (en conséquence, dans le chapitre 2, nous avons employé le nom du client suivi par les numéros de la clé primaire d'une table pour constituer la valeur d'un ID).

Néanmoins, les nouveaux attributs `key` et `keyref` dans les schémas, nous offrent une plus grande souplesse. Au lieu de répéter les valeurs dans les documents XML et de représenter la fonctionnalité de correspondances de tables dans des bases de données relationnelles, nous pouvons nous servir de l'élément `key` pour garantir qu'un élément d'information n'a besoin d'apparaître qu'une seule fois, et que d'autres éléments leur sont reliés. Les valeurs qu'ils prennent doivent seulement être uniques au niveau d'une gamme d'éléments spécifiée. Par conséquent, il est possible de créer une clé qui sera unique seulement dans la table déterminée, si la table est représentée par un élément.

Par exemple, comme dans le cas de ID/IDREF, si nous disposons de plusieurs factures pour un même client, nous n'avons pas besoin de stocker leurs détails plusieurs fois. Nous pouvons plutôt utiliser un élément key pour associer les clients à leurs factures qui seront déclarées avec keyref. Dans ce cas, key fonctionne comme une clé primaire et keyref comme une clé étrangère. Voici un exemple :

```
<key name="IDClient">
    <selector xpath="DonneesVente/" />
    <field xpath="Client/@IDCli" />
  </key>
  <keyref name="article" refer="IDClient">
    <selector xpath="DonneesVente/" />
    <field xpath="/Facture/@IDFacture" />
  </keyref>
```

Notez que la syntaxe est similaire à celle de l'élément unique. Par ailleurs, nous utilisons les éléments selector et field comme enfants de key et keyref pour indiquer la place souhaitée pour la relation key et la gamme concernée. L'attribut refer dans keyref est le nom de key auquel il est renvoyé.

Les contraintes peuvent être spécifiées indépendamment des types d'attributs et d'éléments impliqués. Par conséquent un entier peut également servir de clé mais cela voudrait dire que 3.0 (c'est-à-dire 3,0) et 3 seraient des clés en conflit.

En outre, comme il s'agit en réalité d'une méthode de contrainte, nous ne pouvons pas créer un élément Facture sauf s'il contient un attribut IDFacture dont la valeur correspond à un attribut IDCli existant dans un élément Client donné.

Cela nous amène à la fin de notre étude sur la syntaxe utilisée dans les schémas XML. Maintenant passons à la pratique à l'aide de quelques exemples.

Exemples de schémas

Dans cette dernière section, nous examinerons quelques exemples pour confirmer la notion que nous avons des schémas. Nous commencerons par la conversion d'une DTD existante en schéma XML, puis nous considérerons les trois types particuliers de contenu que nous pouvons être amenés à présenter (groupes d'attributs pouvant apparaître dans plusieurs éléments, modèles de contenu mixte, et énumération).

Exemple 1 : désignation détaillée

Dans ce premier exemple, nous souhaitons être en mesure de définir un modèle de contenu pour un élément <NomPersonne> renfermant les informations sur la désignation d'une personne :

```
<NomPersonne titre="M." suffixe="Fils">
   <Prenom>Matthew</Prenom>
   <Prenom2>Warren</Prenom2>
   <Nom>Jones</Nom>
</NomPersonne>
```

Selon nos objectifs de représentation, NomPersonne contient soit un élément Prenom2 facultatif (page précédente), soit NomUnique sans Prenom2 (ci-dessous) :

```
<NomPersonne titre="M." suffixe="Fils">
   <NomUnique>Matthew Jones</NomUnique>
</NomPersonne>
```

Voici un exemple de description du type d'élément <NomPersonne> à l'aide d'une DTD :

```
<!ELEMENT  Prenom   (#PCDATA) >
<!ELEMENT  Prenom2 (#PCDATA) >
<!ELEMENT  Nom    (#PCDATA) >
<!ELEMENT  NomUnique (#PCDATA) >
```

```
<!ELEMENT  NomPersonne (NomUnique | (Prenom, Prenom2*, Nom)) >
<!ATTLIST  NomPersonne
  titre   (M. | Mme | Dr. | Rev.)  #IMPLIED
  suffixe  (Fils | Pere | I | II | III | IV | V | VI | VII | VIII)  #IMPLIED
>
```

Cela implique cinq types d'élément (<NomPersonne> et ses quatre enfants) et deux attributs facultatifs (chacun utilisant un type d'attribut énuméré). Le modèle de contenu de <NomPersonne> est simple : une liste ordonnée (pour un nom complet) imbriquée dans une liste de choix qui autorise pour <NomUnique> une autre forme de nom.

Tous les enfants de <NomPersonne> doivent être de simples #PCDATA (données textuelles uniquement), et tous, excepté un, doivent être présents et uniques. L'exception, <Prenom2>, est facultative et aucune ou plusieurs occurrences sont autorisées (comme l'indique l'opérateur de cardinalité *).

Voici une représentation des définitions de types d'éléments et d'attribut avec un Schema XML :

```
<?xml version="1.0" encoding="ISO-8859-1"?>

<schema xmlns="http://www.w3.org/2000/10/XMLSchema">

<simpleType name="titrePersonne">
   <restriction base="string">
      <enumeration value="M." />
      <enumeration value="Mme" />
      <enumeration value="Dr." />
      <enumeration value="Rev." />
   </restriction>
</simpleType>

<complexType name="Text" content="textOnly" >
   <restriction base="string" />
 </complexType>

<element name="NomPersonne">
  <complexType content="element">
  <choice>
    <element name="NomUnique" type="Text" minOccurs="1" maxOccurs="1" />
   <sequence>
```

```
    <element name="Prenom" type="Text" minOccurs="1" maxOccurs="1" />
    <element name="Prenom2" type="Text" minOccurs="0"
             maxOccurs="unbounded" />
     <element name="Nom" type="Text" minOccurs="1" maxOccurs="1" />
    </sequence>
   </choice>

   <attribute name="titre" ref="titrePersonne" />

   <attribute name="suffixe">
    <simpleType>
      <restriction base="string">
         <enumeration value="Fils" />
         <enumeration value="Pere" />
         <enumeration value="I" />
         <enumeration value="II" />
         <enumeration value="III" />
         <!-- ..etc... -->
       </restriction>
    </simpleType>
   </attribute>

 </complexType>
</element>

</schema>
```

La plupart de ces noms et valeurs sont communs à la DTD et au schéma mais examinons d'un peu plus près ce nouveau type de déclarations.

La première ligne est la déclaration XML qui *doit* introduire tous les fichiers XML, schémas ou autres :

```
<?xml version="1.0" encoding="ISO-8859-1"?>
```

Nous avons omis l'attribut `encoding` puisque nous utilisons la valeur par défaut. Cependant, l'encodage peut être tout encodage XML valide.

La deuxième ligne vous est probablement familière puisque nous en avons vu une identique au début de ce chapitre :

```
<schema xmlns="http://www.w3.org/2000/10/XMLSchema">
```

La définition suivante utilise une définition `<simpleType>` :

```
<simpleType name="titrePersonne">
   <restriction base="string">
      <enumeration value="M." />
      <enumeration value="Mme" />
      <enumeration value="Dr." />
      <enumeration value="Rev." />
   </restriction>
</simpleType>
```

Nous avons utilisé la propriété de contrainte <enumeration> pour limiter ce type de données à une courte liste de valeurs de chaîne légales, comme nous l'avons fait avec un type d'attribut énuméré dans la DTD.

La première définition <complexType> illustre une forme simple de ce composant de schéma :

```
<complexType name="Text" content="textOnly">
   <restriction base="string" />
</complexType>
```

Ce raccourci sera très utile dans les déclarations <element> suivantes. Le problème majeur à ce stade est l'attribut content : tout élément déclaré de type Text peut contenir uniquement des données textuelles et les éléments enfants ne sont pas autorisés. Cet attribut est l'équivalent du type d'attribut #PCDATA dans la DTD.

Nous pouvons maintenant déclarer le type d'élément <NomPersonne>, avec un contenu d'éléments uniquement :

```
<element name="NomPersonne">
  <complexType content="element">
  <choice>
    <element name="NomUnique" type="Text" minOccurs="1" maxOccurs="1" />
   <sequence>
    <element name="Prenom" type="Text" minOccurs="1" maxOccurs="1" />
    <element name="Prenom2" type="Text" minOccurs="0"
             maxOccurs="unbounded" />
     <element name="Nom" type="Text" minOccurs="1" maxOccurs="1" />
    </sequence>
   </choice>
```

L'élément <element> est analogue à une partie de la déclaration <!ELEMENT..> d'une DTD.

L'élément <choice> est semblable à l'opérateur | d'une DTD. Par conséquent, nous pouvons choisir entre un élément <NomUnique> unique et une liste ordonnée (analogue à une liste d'éléments séparés par une virgule dans une DTD) proposant des noms de personne.

À l'instar des types de données et des déclarations des schémas XML, <NomPersonne> hérite ses propriétés des autres composants du schéma, tels que le type de données Text dérivé par l'utilisateur, qui hérite à son tour ses propriétés du type de données primitif intégré string.

L'attribut <complexType> sans nom ajouté illustre l'utilisation d'un **type anonyme**. Ce type intermédiaire est nécessaire dans la mesure où un <element> ne peut pas utiliser l'attribut content pour spécifier le modèle de contenu constitué d'éléments uniquement. Dans les schémas XML, <element> est utilisé pour nommer le type d'élément, mais les modèles de contenu doivent être décrits à l'aide du type <complexType>, qu'ils soient nommés ou anonymes.

Nous avons déclaré l'élément <NomPersonne> à un niveau **global** : il s'agit d'un enfant direct de <schema>. Par conséquent, cette définition d'élément peut être utilisée dans tout le schéma et partagée avec un autre schéma externe. Cependant, les enfants de <NomPersonne> sont déclarés au sein d'un type <complexType> anonyme et ont, par conséquent, une portée **locale**.

Nous déclarons également deux attributs de <NomPersonne> ici. Le premier utilise le <simpleType> nommé défini auparavant dans cet exemple :

```
<attribute name="titre" ref="titrePersonne" />
```

Le second attribut utilise un type anonyme pour relier une série de valeurs énumérées à la déclaration générale <attribute>. Cette déclaration est semblable à la déclaration <!ATTLIST..> d'une DTD.

```
<attribute name="suffixe">
 <simpleType>
   <restriction base="string">
      <enumeration value="Fils" />
      <enumeration value="Pere" />
      <enumeration value="I" />
      <enumeration value="II" />
      <enumeration value="III" />
      <!-- ..etc... -->
    </restriction>
 </simpleType>
</attribute>
```

Pour finir, nous devons fermer l'élément <schema> pour indiquer la fin du schéma. Bien que, dans cet exemple, <schema> soit l'élément du document, il aurait pu être contenu dans un autre élément. Nous pouvons ainsi inclure un schéma au sein d'un autre document XML, qui peut lui-même être un schéma ou un document de texte décrivant le schéma intégré.

Exemple 2 : utilisation d'un groupe d'attributs pour représenter des lignes

S'il existe des groupes d'éléments partageant un ensemble d'attributs, au lieu de les déclarer pour chaque élément, nous pouvons utiliser un groupe d'attributs comme référence de chaque élément. Par ailleurs, si nous avons à employer des attributs pour modéliser les valeurs de colonnes, nous pouvons nous servir de groupes d'attributs pour modéliser clairement les colonnes d'une table.

L'exemple suivant illustre un autre moyen de modéliser la désignation d'une personne, à l'aide d'attributs renfermant tous les détails relatifs à un client. Nous définissons <attributeGroup> et l'utilisons plus tard comme référence dans le modèle de contenu de <Client> :

```
<attributeGroup name="DetailsClient">
    <attribute name="titre" type="string" />
    <attribute name="prenom" type="string" />
    <attribute name="prenom2" type="string" />
    <attribute name="nomFamille" type="string" />
</attributeGroup>
<element name="Client">
  <complexType>
    <attributeGroup ref="DetailsClient" />
  </complexType>
</element>
```

L'élément vide <attributeGroup> au sein de la déclaration de l'élément <Client> est équivalent du point de vue fonctionnel à l'ensemble des déclarations <attribute> car l'élément vide déclare le groupe d'attributs contenant ces informations.

Exemple 3 : modèles de contenu

Avec une DTD, lorsque nous spécifions un contenu mixte (en d'autres termes, le premier composant dans le modèle de contenu est #PCDATA), nous perdons la possibilité d'imposer la suite d'éléments enfants à l'intérieur de leur parent. Par conséquent, malgré *l'apparition* d'une liste ordonnée pouvant être validée à l'aide d'une DTD, les enfants peuvent en réalité apparaître dans n'importe quel ordre dans le document. Dans un schéma, la suite des enfants à l'intérieur de la déclaration `<element>` est respectée, et l'ordre des enfants selon lequel les enfants apparaissent dans un document peut donc être validé.

Les schémas XML sont fournis pour l'élaboration de schémas dans lesquels les données textuelles peuvent accompagner les éléments enfants et ne sont pas limitées aux sous-éléments les plus bas. Examinons un autre exemple. Cette fois-ci, nous utilisons des données textuelles qui pourraient expliquer les détails d'une commande en même temps que des éléments enfants contenant des données. Voici un exemple de facture utilisant un contenu mixte ; les informations principales sont renfermées dans les valeurs d'éléments plutôt que dans les attributs :

```
<facture>
   <ExpedieA>
      <Client>
         <prenom>Lenny</prenom>
         <nomFamille>Bruce</nomFamille>
         <IDClient>lb10023w</IDClient>
      </Client>
      <Adresse>
         <IDAdresse>212</IDAdresse>
         <rue>101 South Blvd.</rue>
         <ville>Columbus</ville>
         <etat>OH</etat>
      </Adresse>
   </ExpedieA>
   <Commande>Votre commande
      <IDCommande>bm123</IDCommande>
      <quantite>1</quantite>
      <nomProduit>interphone de surveillance</nomProduit>
      expédié depuis notre entrepôt le
      <dateExpedition>21/05/2000</dateExpedition>.
   </Commande>
</facture>
```

Maintenant développons un schéma pour ce document, ce qui permettra de valider son contenu. Notez la manière dont l'élément `Commande` a un attribut `content`, lequel prend une valeur `mixed` :

```
<schema
    xmlns="http://www.w3.org/2000/10/XMLSchema"
    version="1.42.57" >
<key name="client">
    <selector xpath="facture" />
    <field xpath="/IDClient" />
  </key>
  <keyref name="article" refer="client">
    <selector xpath="facture/Adresse" />
    <field xpath="/IDAdresse" />
  </keyref>
  <keyref name="article" refer="client">
    <selector xpath="facture/Facture" />
    <field xpath="/IDFacture" />
```

```
    </keyref>
  <element name="Client" type="typeClient">
  <element name="Client" type="typeClient">
  <complexType name="typeClient">
     <sequence>
        <element name="prenom" type="string" />
        <element name="nomFamille" type="string" />
        <element name="IDClient" type="ID" />
     </sequence>
  </complexType>
  <element name="Adresse" type=typeAdresse" />
  <complexType name="typeAdresse">
     <sequence>
        <element name="IDAdresse" type="IDREF" />
        <element name="rue" type="string" />
        <element name="ville" type="string" nullable="true" />
        <element name="etat" type="string" />
     </sequence>
  </complexType>
  <element name="facture">
     <complexType>
        <sequence>
           <element name="ExpedieA">
              <complexType>
                 <sequence>
                    <element ref="Client" />
                    <element ref="Adresse" />
                 </sequence>
              </complexType>
           </element>
           <element name="Commande" content="mixed">
              <complexType>
                 <sequence>
                    <element name="IDCommande" type="string" />
                    <element name="quantite" type="positiveInteger"/>
                    <element name="nomProduit" type="string"/>
                    <element name="dateExpedition" type="date" minOccurs="0"/>
                 </sequence>
              </complexType>
           </element>
        </sequence>
     </complexType>
  </element>
  </schema>
```

Les éléments apparaissant dans la facture établie pour la commande ainsi que leurs types sont définis à l'aide de cet élément et des constructions de l'élément `complexType` que nous avons vu auparavant. Pour permettre aux données textuelles d'apparaître entre les éléments enfants de `Commande`, l'attribut `content` dans la définition d'élément est fixé à `mixed`. En cas d'ajout à l'élément, l'ordre et le nombre des éléments enfants apparaissant dans une instance doivent concorder avec l'ordre et le nombre des éléments enfants spécifiés dans le modèle.

Dans l'exemple, nous avons utilisé l'attribut `nullable` dans l'élément `ville`. Nous avons également relié l'attribut `key` à l'attribut `IDClient` grâce à une référence `keyref` vers `IDCommande` et `IDAdresse` (dans une base de données, une telle relation pourrait être modélisée avec une clé étrangère).

Pour terminer cet exemple, voici comment pourrait apparaître notre base de données pour ce modèle de contenu mixte.

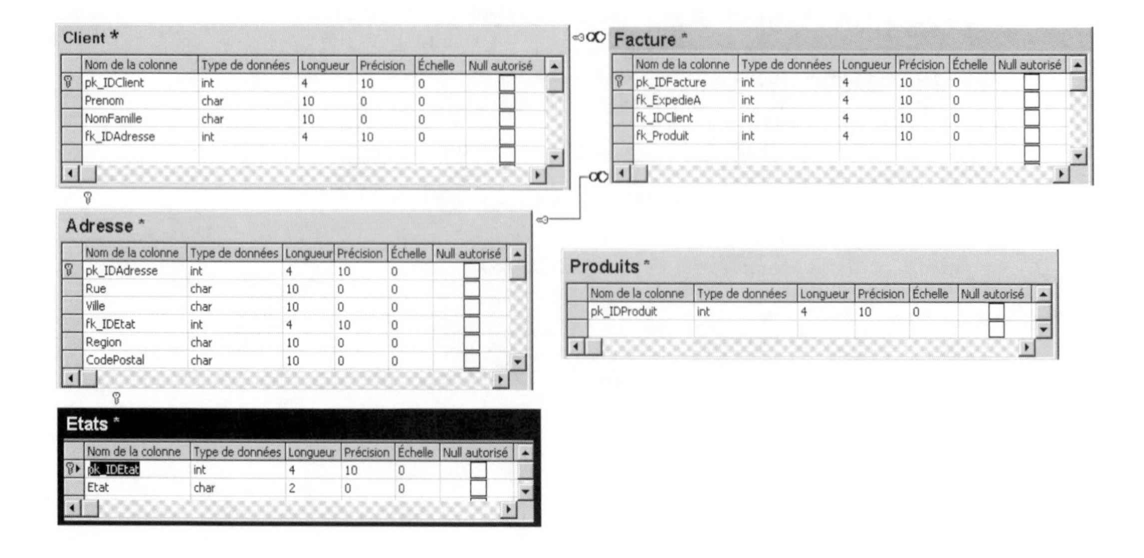

Client *

Nom de la colonne	Type de données	Longueur	Précision	Échelle	Null autorisé
pk_IDClient	int	4	10	0	
Prenom	char	10	0	0	
NomFamille	char	10	0	0	
fk_IDAdresse	int	4	10	0	

Facture *

Nom de la colonne	Type de données	Longueur	Précision	Échelle	Null autorisé
pk_IDFacture	int	4	10	0	
fk_ExpedieA	int	4	10	0	
fk_IDClient	int	4	10	0	
fk_Produit	int	4	10	0	

Adresse *

Nom de la colonne	Type de données	Longueur	Précision	Échelle	Null autorisé
pk_IDAdresse	int	4	10	0	
Rue	char	10	0	0	
Ville	char	10	0	0	
fk_IDEtat	int	4	10	0	
Region	char	10	0	0	
CodePostal	char	10	0	0	

Produits *

Nom de la colonne	Type de données	Longueur	Précision	Échelle	Null autorisé
pk_IDProduit	int	4	10	0	

Etats *

Nom de la colonne	Type de données	Longueur	Précision	Échelle	Null autorisé
pk_IDEtat	int	4	10	0	
Etat	char	2	0	0	

Exemple 4 : énumération

La plupart des bases de données modernes permettent aux utilisateurs de créer leurs propres types de données et, comme nous l'avons vu auparavant, nous devrions tenter d'imposer des contraintes à notre base de données à l'aide d'un type défini par l'utilisateur se rapprochant de ce que nous avons défini dans notre schéma XML. Il existe cependant une exception : celle de l'énumération. Imaginons que nous devions énumérer les états des USA dans notre base de données comme ci-après :

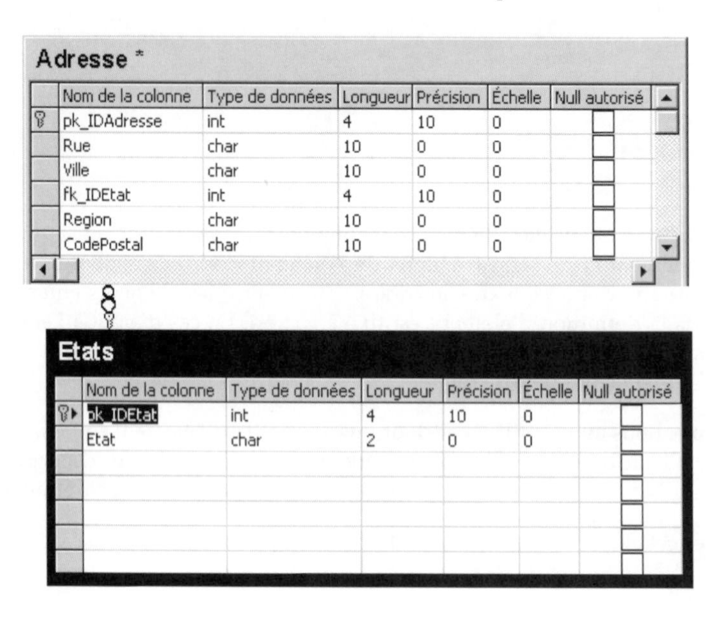

Adresse *

Nom de la colonne	Type de données	Longueur	Précision	Échelle	Null autorisé
pk_IDAdresse	int	4	10	0	
Rue	char	10	0	0	
Ville	char	10	0	0	
fk_IDEtat	int	4	10	0	
Region	char	10	0	0	
CodePostal	char	10	0	0	

Etats

Nom de la colonne	Type de données	Longueur	Précision	Échelle	Null autorisé
pk_IDEtat	int	4	10	0	
Etat	char	2	0	0	

Il pourrait sembler plus logique de conserver une table `etat` à part, et d'avoir une table `Adresse` s'y reférant via la `primaryKey` de l'état.

usIDEtat	AbreviationEtat	NomEtat	NumeroEtat
1	AL	ALABAMA	01
2	AZ	ARIZONA	02
3	AR	ARKANSAS	03
4	CA	CALIFORNIA	04
5	CO	COLORADO	05
6	CT	CONNECTICUT	06
7	DE	DELAWARE	07
8	DC	DISTRICT OF COLL	08
9	FL	FLORIDA	09
10	GA	GEORGIA	10
11	ID	IDAHO	11
12	IL	ILLINOIS	12
13	IN	INDIANA	13
14	IO	IOWA	14
15	KS	KANSAS	15
16	KY	KENTUCKY	16
17	LA	LOUISIANA	17
18	ME	MAINE	18
19	MD	MARYLAND	19
20	MA	MASSACHUSETTS	20
21	MI	MICHIGAN	21
22	MN	MINNESOTA	22
23	MS	MISSISSIPPI	23
24	MO	MISSOURI	24
25	MT	MONTANA	25
26	NE	NEBRASKA	26
27	NV	NEVADA	27
28	NH	NEW HAMPSHIRE	28
29	NJ	NEW JERSEY	29
30	NM	NEW MEXICO	30
31	NY	NEW YORK	31
32	NC	NORTH CAROLINA	32
33	ND	NORTH DAKOTA	33

Cela nous permettrait d'énumérer ces états dans notre schéma :

```
<element name="Etats">
   <attribute name="IDEtat" type="ID">
      <simpleType>
         <restriction base=" string">
            <enumeration value="AL" />
            <enumeration value="AZ" />
```

```
            <enumeration value="AR" />
            <enumeration value="CA" />
            <enumeration value="CO" />
            <enumeration value="CT" />
            <enumeration value="DE" />
            <!-- etc. -->
         </restriction>
      </simpleType>
   </attribute>
</element>
```

Si nous considérons ce point de vue pour chaque élément ayant un type d'énumération, nous devrions créer une table dans une base de données relationnelles. Nous ajoutons donc une colonne à la table représentant la valeur d'énumération. Incluez également une clé primaire « d'auto-incrémentation » à la table.

Résumé

Nous avons appris qu'il existait de plus grandes similitudes entre les schémas XML et un schéma de base de données qu'entre les DTD et les schémas de bases de données. Nous avons découvert que les schémas XML permettaient plus de solidité en vue de définir et d'imposer des contraintes à nos documents et à nos bases de données. En particulier, nous pouvons décrire des types de données définis par l'utilisateur pour limiter le contenu des éléments et celui des attributs et nous pouvons même créer nos propres types de données dérivés pour nous assurer que les valeurs sont celles souhaitées. Cette possibilité supplémentaire de valider des documents nous épargnera la programmation du code de validation étant donné que les contraintes sont bien plus puissantes. En outre, il existe des caractéristiques supplémentaires garantissant le caractère unique et facilitant la modélisation de relations.

Dans ce chapitre nous avons appris à :

- écrire des schémas XML ;
- imposer des contraintes à nos documents avec une bien plus grande précision qu'avec les DTD ;
- créer nos propres types de données ;
- élaborer des modèles de contenu complexes intégrés ;
- valider des modèles de contenu mixte ;
- modéliser des relations clés à l'aide des attributs `key` et `keyref` ;
- garantir des valeurs uniques dans des documents ;

Par ailleurs, nous avons constaté que XML Schema offre une autre solution bien plus puissante et descriptive. Nous pouvons maintenant regarder vers l'avenir en ce qui concerne la mise en œuvre de XML Schema dans des produits plus largement disponibles dès que celui-ci sera normalisé par le W3C.

6

DOM

Après avoir vu comment modeler des données XML, il est maintenant nécessaire de savoir comment travailler avec ces données. Les deux prochains chapitres vont vous permettre d'apprendre à manipuler, à ajouter, à mettre à jour et à supprimer des données encore situées dans un document XML, et comment rendre celui-ci disponible pour l'application de traitement.

Le modèle objet de document (**DOM**, pour *Document Object Model*) permet de travailler avec des documents XML (ou d'ailleurs avec tout autre type de documents) à l'aide de code, et constitue un moyen d'obtenir une interface avec ce code dans les programmes que vous écrivez. Pour être bref, le modèle objet de document procure un accès standardisé aux différentes parties d'un document XML. Le DOM permet par exemple de :

- créer des documents et des parties de documents ;
- parcourir le document ;
- déplacer, copier et supprimer des parties du document ;
- ajouter ou modifier des attributs.

Ce chapitre s'intéresse à la façon de travailler avec le DOM pour parvenir à ces résultats, ainsi qu'aux points suivants :

- présentation du DOM ;
- nature des interfaces, et présentation de leurs différences avec les autres objets ;

- présentation des interfaces relatives à XML existant dans le DOM, et de ce qu'il est possible de réaliser avec elles ;
- mode d'emploi des exceptions.

La spécification DOM a été construite en plusieurs étapes, ou niveaux (*level*). Autrement dit, lorsque le W3C a diffusé la première recommandation DOM, il s'agissait de **DOM Niveau 1**. Celle-ci a été complétée pour aboutir au **Niveau 2**. Au moment de la rédaction de ce livre, DOM Niveau 3 était encore en cours de développement, ce chapitre traite donc du DOM Niveau 2.

> *Vous pouvez trouver la spécification DOM Niveau 2 à l'adresse http://www.w3.org/TR/DOM-Level-2/[1], tandis que des informations complémentaires peuvent être trouvées sur http://www.w3.org/TR/1999/CR-DOM-Level-2-19991210/core.html[2].*

Qu'est-ce que le DOM ?

Comme il est possible de créer vos propres vocabulaires XML, et des instances de documents se conformant à ces vocabulaires, il faut disposer d'une façon standard d'interagir avec ces données. Le DOM procure un modèle objet pouvant modéliser n'importe quel document XML, quelle que soit sa structure, permettant ainsi d'accéder à son contenu. C'est pourquoi, tant que vous créez vos documents conformément aux règles définies dans la spécification XML 1.0, le DOM est capable de les représenter et de vous fournir des interfaces pour travailler avec eux par programmation.

Bien que le DOM soit un modèle objet, celui-ci est abstrait : le DOM n'est pas lui-même un programme, et la spécification n'indique pas comment implémenter les interfaces qu'il expose. En fait, la spécification DOM se borne à définir un ensemble d'interfaces de programmation d'applications (**API**, pour ***Application Programming Interface***), établissant comment un logiciel compatible DOM doit permettre l'accès à un document et la manipulation de son contenu.

Lorsque vous avez regardé comment utiliser XML en association avec des bases de données, vous avez vu qu'il s'agissait d'un puissant outil dans la panoplie de n'importe quel développeur. Il dispose de méthodes permettant la création et l'actualisation de documents XML, l'ajout ou la suppression d'enregistrements, la modification d'attributs, etc.

Comment fonctionne le DOM ?

Comme cela vient d'être dit, la spécification DOM définit les interfaces pouvant être implémentées par un programme qui se veut compatible DOM. Cela est accompli indépendamment du langage de programmation, de sorte que des implémentations DOM peuvent être écrites dans le langage de votre choix. Plutôt que d'écrire les implémentations des interfaces spécifiées par le DOM, sachez cependant que de nombreux logiciels les ont déjà implémentées.

---

[1] Note : non disponible en français.

[2] Note : non disponible en français.

Le DOM est en général ajouté comme couche intermédiaire entre le parseur XML et l'application qui a besoin des informations du document, ce qui signifie que le parseur lit les données du document XML puis les transmet à un DOM. Ce dernier est ensuite utilisé par une application de plus haut niveau. Cette application peut faire ce qu'elle veut de ces informations, y compris les placer dans un autre modèle objet propriétaire si elle le souhaite.

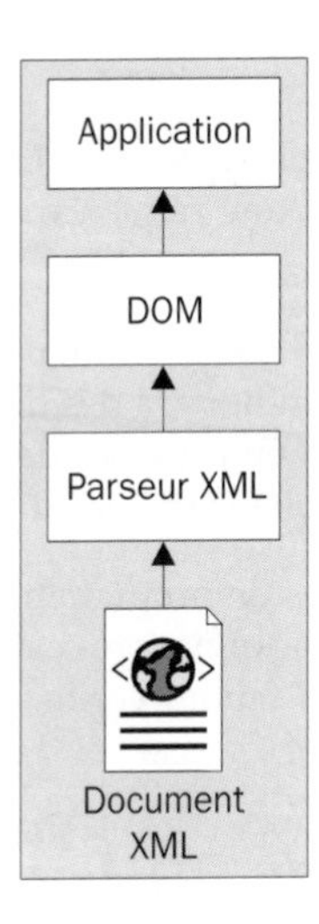

Aussi, pour écrire une application capable d'accéder à un document XML par l'intermédiaire du DOM, vous devez disposer d'un parseur XML et d'une implémentation du DOM installés sur votre machine. Certaines implémentations du DOM, comme MSXML (http://msdn.microsoft.com/downloads/default.asp), possèdent un parseur intégré, tandis que d'autres peuvent être configurées pour se placer au-dessus d'un parseur choisi parmi un certain nombre.

Dans la plupart des cas, alors que vous travaillez avec le DOM, le développeur n'a même pas à savoir qu'un parseur XML est impliqué, puisque celui-ci se situe à un niveau inférieur au DOM, et est de ce fait masqué. Voici quelques autres implémentations intéressantes :

Xerces	Appartenant au projet Apache, Xerces dispose de parseurs pleinement validateurs pour Java et C++, implémentant les standards W3C XML et DOM (Niveau 1 et 2). Visitez http://xml.apache.org.
4DOM	4DOM a été conçu pour procurer aux développeurs Python un outil leur permettant de concevoir rapidement des applications capables de lire, d'écrire ou de manipuler des documents HTML et XML.
ActiveDOM	ActiveDOM est un contrôle Active-X permettant le chargement et la création de fichiers XML fondés sur la spécification W3C DOM 1.0.
SDK DOM Docuverse	Le SDK DOM Docuverse est une implémentation complète de l'API DOM du W3C en Java.
PullDOM et MiniDOM	PullDOM est une API simple permettant de travailler avec des objets DOM avec Python en flux tendu.
TclDOM	TclDOM est une liaison DOM pour le langage de script Tcl.
XDBM	XDBM est un gestionnaire de bases de données XML proposant une base de donnée intégrée à utiliser dans d'autres applications, à l'aide d'une API fondée sur le DOM.

DOMString

Pour que toutes les implémentations DOM fonctionnent de la même façon, ce dernier comporte le type `DOMString`. Il s'agit d'une séquence d'unités de 16 bits (ou caractères), utilisée à chaque fois qu'une chaîne est attendue.

En d'autres termes, le DOM indique que toutes les chaînes doivent être au format UTF-16. La spécification du DOM indique, à des fins pratiques uniquement, que le type `DOMString` doit être utilisé chaque fois que l'on est en présence de chaînes. En fait, des objets de ce type ne sont pas indispensables dans les différentes implémentations du DOM.

La plupart des langages de programmation, comme Java, JavaScript et Visual Basic, gèrent des chaînes d'unités de 16 bits de façon native, ce qui signifie qu'un objet `DOMString` peut le plus souvent être pris en charge. Attention : il faudra vérifier que les chaînes sont formatées en unités de 16 bits lorsque vous utilisez les langages C et C++ car ces derniers peuvent recourir à des unités de 8 bits comme de 16 bits.

Implémentations du DOM

Comme il existe différents types d'implémentation du DOM, le DOM comporte un module commun pour les documents de base (le DOM Core) et des modules optionnels pour d'autres documents : **DOM HTML**, **DOM CSS**, etc. Le DOM peut par exemple être utilisé pour travailler avec des feuilles de style en cascade (CSS) HTML. Ces modules sont des jeux d'interfaces supplémentaires qu'il est possible d'implémenter selon les besoins.

La spécification DOM Niveau 2 définit les modules facultatifs suivants :

DOM Views	Permet aux programmes et aux scripts d'accéder ou de mettre à jour de façon dynamique le contenu de la représentation d'un document (http://www.w3.org/TR/DOM-Level-2-Views).
DOM Events	Procure aux programmes et aux scripts un système générique d'événements (http://www.w3.org/TR/DOM-Level-2-Events).
DOM HTML	Permet aux programmes et aux scripts d'accéder ou de mettre à jour de façon dynamique le contenu et la structure de documents HTML (http://www.w3.org/TR/DOM-Level-2-HTML).
DOM Style Sheets and Cascading Style Sheets (CSS)	Permet aux programmes et aux scripts d'accéder ou de mettre à jour de façon dynamique le contenu et la structure de documents feuilles de style (http://www.w3.org/TR/DOM-Level-2-Style).
DOM Traversal and Range	Permet aux programmes et aux scripts de parcourir de façon dynamique et d'identifier une plage de contenu dans un document. (http://www.w3.org/TR/DOM-Level-2-Traversal-Range).

Le reste de ce chapitre se concentre sur le DOM Core (noyau de DOM).

Interfaces du DOM

Le nom « *Document Object Model* » comprend de toute évidence le mot « objet ». Cela parce que l'implémentation du DOM crée en mémoire un arbre représentant le document sous forme d'objets. Ces objets ne sont qu'une représentation interne, et portent le nom de **Nodes (*nœuds*)**. Si bien qu'en considérant la représentation DOM d'un document, vous parlerez en termes de nœuds.

Ces objets, ou nœuds, exposent un ensemble d'**interfaces** : la spécification DOM indique ce que sont ces interfaces et ce que vous pouvez en attendre en appelant sur celles-ci une méthode ou une propriété. Ainsi, puisqu'il s'agit de programmation, vous manipulez les objets à travers les interfaces. Par exemple, en utilisant les interfaces fournies, vous pouvez dire « *récupérez l'objet Client [du document chargé] et indiquez-moi ses propriétés* ». Vous pouvez alors manipuler les propriétés de cet objet.

Puisqu'il en est ainsi, il est nécessaire de regarder de plus près ces interfaces, et voir à quoi elles servent. Pour disposer d'une idée sur les interfaces relatives au DOM, vous allez partir d'un document XML très simple, présenté ci-dessous :

```
<parent>
  <enfant id="123">le texte va ici</enfant>
</parent>
```

Chargé dans une implémentation du DOM, il produit l'ensemble de nœuds suivants :

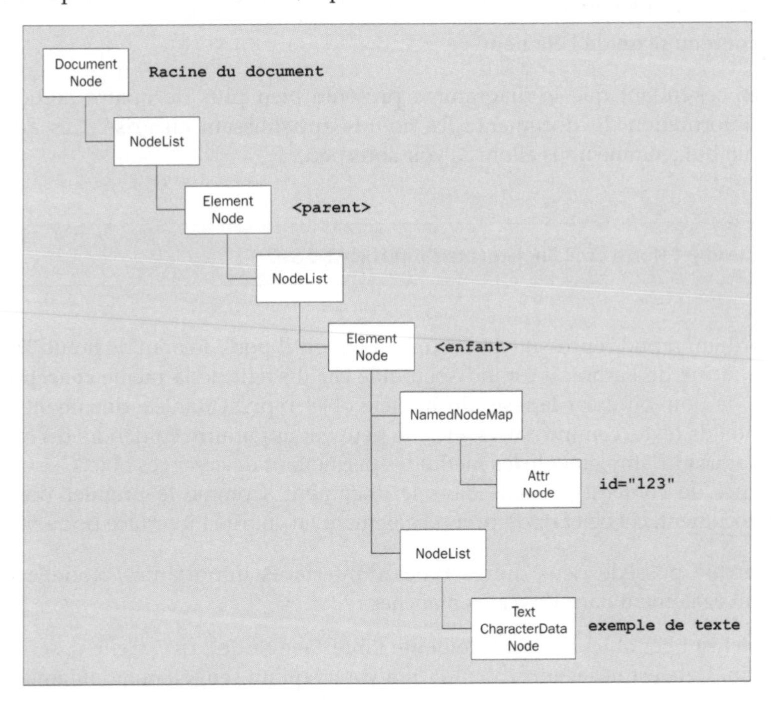

Comme vous pouvez le voir dans ce diagramme, la représentation créée en mémoire est une structure hiérarchique, reflétant le document, chacune des cases représentant un **objet Nœud** devant être créée.

Certains de ces nœuds possèdent des nœuds enfants, d'autres sont des nœuds **feuille**, ce qui signifie qu'ils ne possèdent pas d'enfant.

Les noms des boîtes correspondent aux interfaces implémentées par chaque objet. Par exemple, nous disposons de nœuds représentant le document entier et d'autres représentant les éléments. Chaque objet implémente un certain nombre d'interfaces appropriées, telles que `Text`, `CharacterData` et `Node` pour celui représentant les données textuelles « exemple de texte ». Regardons maintenant plus en détail ce que signifient ces interfaces.

Modèle de structure

Lorsque le document est chargé dans le DOM, celui-ci en crée une représentation en mémoire afin que vous puissiez modifier le document et travailler avec lui. Pendant qu'il se trouve en mémoire, ce sont les interfaces exposées par le DOM qui permettent la manipulation du contenu du document.

Dans l'exemple précédent, il existe quatre éléments clés d'information avec lesquels vous voulez travailler, et qui doivent donc être représentés :

- l'élément `<parent>` ;
- l'élément `<enfant>` ;
- l'attribut `id` de l'enfant et sa valeur ;
- le contenu texte de l'élément `<enfant>`.

Vous voyez cependant que le diagramme présente bien plus de quatre nœuds représentant chaque élément d'information du document : les nœuds apparaissant en grisé. Ces autres nœuds possèdent également un but, comme nous allons le voir sous peu.

> **Chaque objet `Node` créé implémente l'interface `Node`.**

Tout d'abord, un nœud représente le document entier. Il porte le nom de nœud **Document**. Vous pouvez le voir à la racine de l'arbre. Il est indispensable car il s'agit de la racine **conceptuelle** de l'arbre. Il doit être là afin de pouvoir créer le reste du modèle objet représentant le document, dans la mesure où les éléments, nœuds texte, commentaires, etc., ne peuvent apparaître en dehors du contexte d'un document. Le nœud `Document` implémente les méthodes permettant de créer ces objets, et va créer des nœuds pour tous les types de contenu présents dans le document. Comme le premier nœud de cet exemple est l'élément document, cet objet `Node` prend également en charge l'interface `Document`.

Cette hiérarchie possède deux autres types d'interfaces importantes, `NodeList` et `NamedNodeMap`, apparaissant également dans des cases blanches :

- **NodeList :** cet objet `Node` implémente l'interface `NodeList`. Celle-ci sert à gérer les listes de `Node`. Cela est nécessaire, même s'il n'y a ici qu'un seul élément enfant, car on peut souhaiter utiliser le DOM pour ajouter un élément à ce niveau. Bien que `NodeList` gère les `Node`, il ne prend pas lui-même en charge l'interface `Node` : considérez-le plutôt comme un gestionnaire. Ces objets sont automatiquement insérés entre les éléments et tout autre balisage, et servent à gérer d'autres nœuds de même niveau ;

- **NamedNodeMap :** nécessaire afin de gérer des ensembles de nœuds non ordonnés référencés par leur nom d'attribut, comme les attributs d'un élément. Ils sont également insérés automatiquement.

Les objets `NodeList` ainsi que les objets `NamedNodeMap` changent de façon dynamique lorsque le document est modifié. Par exemple, si vous ajoutez un autre élément enfant à une `NodeList`, cela est immédiatement reflété dans la `NodeList`.

Comme un document XML ne doit posséder qu'une et une seule balise racine, le nœud `Document` ne peut posséder qu'un élément enfant. Il s'agit ici de l'élément `<parent>`. Il pourrait cependant posséder tout balisage XML licite, comme une instruction de traitement (IT), un commentaire, une déclaration de type de document), ce qui explique pourquoi il faut y trouver un objet `NodeList`.

L'élément racine de ce document est `<Parent>`. Comme vous le voyez dans le diagramme, ce nœud prend en charge l'interface `Element` et l'interface `Node`, puisqu'il représente un élément.

Vient ensuite un autre nœud `NodeList`, suivi de l'élément `<enfant>`. Il faut encore un objet `NodeList` pour gérer tout autre type de balisage pouvant se situer au même niveau, ainsi que pour permettre l'ajout de tout autre élément à ce niveau.

L'élément `<enfant>`, comme l'élément `<parent>`, est représenté comme un objet nœud élément, et implémente les interfaces `Node` et `Element`.

Viennent ensuite les objets nœuds `NamedNodeMap` et `NodeList`. Dans cet exemple, `NamedNodeMap` gère l'attribut `id` et sa valeur, alors que `NodeList` gère le contenu élémentaire pur.

De ce fait, l'attribut `id` est représenté comme un enfant de `NamedNodeMap`, et implémente les interfaces `Node` et `Attribute`. Le contenu élémentaire pur est représenté comme un enfant de `NodeList` et implémente les interfaces `Text`, `CharacterData` et `Node`.

Comme vous l'avez vu, chaque nœud implémente l'interface `Node`. En descendant dans l'arbre, vous découvrirez des interfaces plus spécialisées **héritées** de l'interface `Node`.

Héritage et vues aplaties

Lorsque vous examinerez sous peu l'interface `Node`, vous verrez qu'elle est en fait d'une rare puissance. Vous pouvez accomplir bien des choses avec chaque objet implémentant uniquement cette interface. Mais, comme vous l'avez vu, les nœuds peuvent implémenter d'autres interfaces plus spécifiques, héritant des interfaces des parents. Le DOM permet en pratique d'utiliser deux sous-ensembles d'interfaces pour un document :

- une vue « **simplifiée** » permettant d'effectuer toutes les manipulations à l'aide de l'interface `Node` ;
- une approche « **orientée objet** » avec une hiérarchie d'héritage.

Le DOM autorise ces deux approches, car l'approche orientée objet nécessite des transtypages en Java ou autre langage de type C, ou lance des appels à l'interface requête dans un environnement COM, et ces deux techniques sont gourmandes en ressources. Pour travailler avec les documents sans surcharger la mémoire, il est possible d'utiliser un document à l'aide de la seule interface `Node`, ce qui constitue la vue simplifiée ou **aplatie**. En revanche, comme l'approche par héritage est plus facile à comprendre que de considérer tout comme un nœud, les interfaces de plus haut niveau ont été ajoutées afin de se rapprocher d'une orientation objet.

Cela signifie que l'on peut avoir l'impression que de nombreuses redondances existent dans cette API. Par exemple, comme vous allez le voir, l'interface `Node` permet des choses comme un attribut `nodeName`, alors que l'interface `Element` est plus spécifique et utilise un attribut `tagName`. Bien que les deux puissent posséder la même valeur, cet ajout est considéré comme intéressant.

Comme ce chapitre s'intéresse à l'interface `Node`, vous allez surtout voir la vue simplifiée (ou aplatie), mais toutes les interfaces DOM Core disponibles seront toutefois abordées.

DOM Core

Le DOM Core (noyau du DOM) comporte les interfaces suivantes :

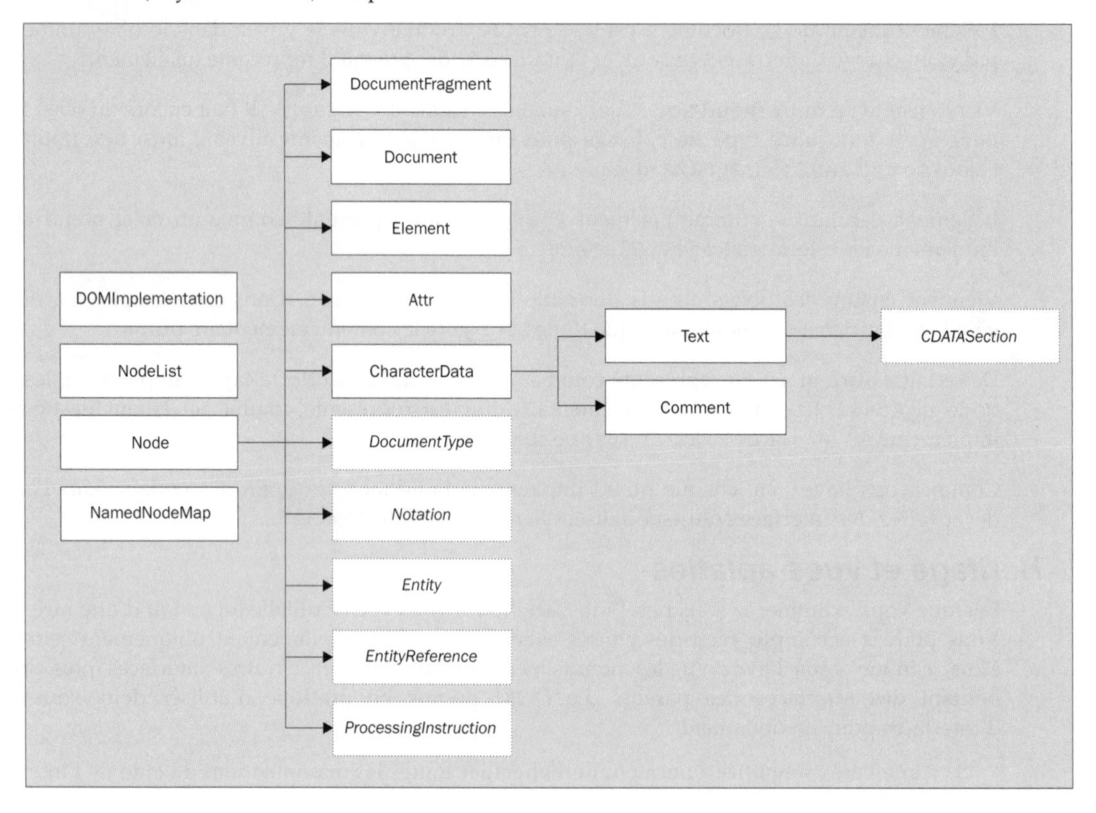

Ces interfaces sont divisées en **interfaces fondamentales** et en **interfaces étendues** :

- les interfaces fondamentales doivent être mises en œuvre par toutes les implémentations du DOM, y compris celles qui n'acceptent pas les documents non XML (comme des documents HTML et des feuilles de style CSS) ;
- les interfaces étendues ne doivent être mises en œuvre que par les implémentations du DOM comprenant le langage XML : elles ne sont pas nécessaires pour HTML.

On peut se demander pourquoi les interfaces étendues ont été intégrées dans le DOM Core au lieu de faire l'objet d'un module XML optionnel. Cela tient à l'évolution de la syntaxe HTML vers XHTML.

Souvenez-vous qu'il existe plusieurs modules optionnels construits dans l'implémentation noyau du DOM, afin de pouvoir travailler avec tous types de documents : DOM HTML, DOM CSS, etc. Ce livre étant consacré à XML, nous n'étudierons que les interfaces fondamentales de DOM Core mais la plupart des concepts sont utiles pour comprendre les modules optionnels.

Interfaces fondamentales

Les interfaces fondamentales portent ce nom car elles sont considérées comme fondamentales pour toute application souhaitant être compatible DOM : toute application de ce type doit implémenter ces interfaces. Dans cette section, vous allez examiner rapidement chacune d'entre elles :

- `Node` ;
- `Document` ;
- `DOMImplementation` ;
- `DocumentFragment` ;
- `NodeList` ;
- `Element` ;
- `NamedNodeMap` ;
- `Attr` ;
- `CharacterData` ;
- `Text` ;
- `Comments` ;
- `DOMException`.

Pour commencer, vous allez voir dans cette section quelques exemples d'utilisation du DOM sous IE5.x avec MSXML (il est ici utilisé MSXML 3, mais le code présenté devrait fonctionner aussi bien avec toute version antérieure) : plus précisément, avec du HTML et du JavaScript côté client. Pour rester simple, vous allez voir un cannevas de code, puis utiliser de petites routines pouvant lui être ajoutées pour illustrer certaines des fonctionnalités.

Pour pouvoir travailler avec ce cannevas, vous devez enregistrer le document suivant dans le même dossier lui (`ch06_ex1.xml`) :

```
<racine>
  <ElementDemo AttributDemo="truc">Voici le PCDATA</ElementDemo>
</racine>
```

Voici le canevas utilisé (`ch06_ex1.html`) :

```
<HTML>
<HEAD><TITLE>Démo DOM</TITLE>
<SCRIPT language="JavaScript">
  var objDOM;
```

```
    objDOM = new ActiveXObject("MSXML2.DOMDocument");
    objDOM.async = false;
    objDOM.load("ch06_ex1.xml");
    //instructions...
  </SCRIPT>
  </HEAD>
  <BODY>
    <P>Cette page illustre certaines des capacités du DOM.</P>
  </BODY>
  </HTML>
```

Si vous utilisez une ancienne version de MSXML, il peut être nécessaire de modifier `MSXML2.DOMDocument` *en* `MSXML.DOMDocument`.

La page HTML en elle-même ne fait pas grand chose, si ce n'est afficher le texte Cette page illustre certaines des capacités du DOM. Tout le travail est en fait accompli dans le bloc `<SCRIPT>`, et tout résultat à afficher apparaîtra dans une boîte de message.

Remarquez que la spécification DOM ne fournit aucune instruction sur la façon dont doit être chargé un document. Dans cet exemple, le document XML est chargé dans l'implémentation Microsoft du DOM, MSXML, à l'aide de deux des extensions Microsoft ajoutées au DOM : la propriété `async`, et la méthode `load`. La méthode `load` part d'une URL vers un fichier XML, et charge celui-ci. La propriété `async` indique au parseur s'il doit charger le fichier de façon **synchrone** ou **asynchrone**.

Si vous chargez le fichier de façon synchrone, `load` *ne renvoie rien avant la fin du chargement du fichier. Le fait de charger le fichier de façon asynchrone permet au code d'effectuer autre chose pendant le chargement du fichier, ce qui n'est pas nécessaire ici.*

Commençons par l'interface `Node`.

Node

`Node` est l'interface la plus importante du DOM. Presque tous les objets abordés ici étendent les fonctionnalités de cette interface, ce qui est logique puisque tout élément d'un document XML est un nœud.

Bien que `Node` soit implémentée dans les objets du DOM, quelques unes de ses propriétés et méthodes ne sont pas adaptées à certains types de nœuds. Elles sont fournies pour des raisons pratiques. Si vous traitez une variable de type `Node`, vous avez accès à certaines fonctionnalités des autres interfaces sans devoir transtyper vers l'un de ses types.

L'objet `Node` permet de réaliser trois actions clés :

- **Traverser l'arbre**. Afin d'interroger l'arbre, ou d'y apporter une quelconque modification, il faut pouvoir s'y placer au bon endroit.
- **Extraire des informations sur le nœud**. En interrogeant l'objet `Node` à l'aide des méthodes disponibles sur cette interface, vous pouvez obtenir des informations : le type de nœud, ses attributs, son nom et sa valeur.
- **Ajouter, supprimer et actualiser des nœuds**. Si vous voulez modifier la structure du document, vous devez pouvoir ajouter, supprimer ou remplacer des nœuds. Par exemple, vous pouvez vouloir ajouter une autre ligne à une facture.

Voici les propriétés disponibles avec les objets `Node`. Comme vous pouvez le voir, certains de ces attributs (comme `nodeName` et `nodeValue`) permettent d'obtenir des informations sur un nœud sans devoir transtyper l'interface dérivée spécifique :

Propriété	**Description**
`nodeName`	Le nom du nœud. Renvoie différentes valeurs en fonction du `nodeType`, comme énumérées dans l'annexe C.
`nodeValue`	La valeur du nœud. Renvoie différentes valeurs en fonction du `nodeType`, comme énumérées dans l'annexe C.
`nodeType`	Le type du nœud. C'est une des valeurs du tableau de l'annexe C.
`parentNode`	Le nœud qui est le parent du nœud.
`childNodes`	Un `NodeList` contenant tous les enfants du nœud. S'il n'y a pas d'enfants, c'est un `NodeList` vide qui est renvoyé, pas `NULL`.
`firstChild`	Le premier enfant de ce nœud. S'il n'y a pas d'enfants, renvoie `NULL`.
`lastChild`	Le dernier enfant de ce nœud. S'il n'y a pas d'enfants, renvoie `NULL`.
`previousSibling`	Le précédent nœud au même niveau que ce nœud. S'il n'y en a pas, renvoie `NULL`.
`nextSibling`	Le nœud suivant au même niveau que le nœud concerné. S'il n'y en a pas, renvoie `NULL`.
`attributes`	Un `NamedNodeMap` contenant les attributs de ce nœud. Si le nœud n'est pas un élément, renvoie `NULL`.
`ownerDocument`	Le document auquel appartient le nœud.
`namespaceURI`	L'URI d'espace de noms de ce nœud. Renvoie `NULL` si aucun espace de noms n'est spécifié.
`prefix`	Le préfixe d'espace de noms de ce nœud. Renvoie `NULL` si aucun espace de noms n'est spécifié.
`localName`	Renvoie la partie locale du Qname (nom qualifié) du nom.

Les valeurs des propriétés `nodeName` et `nodeValue` dépendent de la valeur de la propriété `nodeType`, qui peut renvoyer une constante.

Voici les méthodes exposées par l'objet `Node` :

Méthode	**Description**
`insertBefore(`*`newChild`*`, `*`refChild`*`)`	Insère le nœud *`newChild`* avant le nœud *`refChild`*. Si *`refChild`* est `NULL`, insère le nœud à la fin de la liste. Renvoie le nœud inséré.
`replaceChild(`*`newChild`*`, `*`oldChild`*`)`	Remplace *`oldChild`* par *`newChild`*. Sert à mettre à jour des enregistrements existants. Renvoie *`oldChild`*.
`removeChild(`*`oldChild`*`)`	Supprime de la liste *`oldChild`* et le renvoie.
`appendChild(`*`newChild`*`)`	Ajoute *`newChild`* à la fin de la liste et le renvoie.
`hasChildNodes()`	Renvoie une valeur booléenne : `true` si le nœud possède au moins un enfant, `false` dans le cas contraire.

(Suite du tableau)

Méthode	Description
`cloneNode(deep)`	Renvoie une copie de ce nœud. Si le paramètre booléen *deep* est `true`, copie de façon récursive le sous-arbre du nœud. Dans le cas contraire, ne copie que le nœud lui-même.
`normalize()`	S'il existe plusieurs nœuds enfants `Text` adjacents (suite à un appel précédent à `Text.splitText`, que vous verrez par la suite), cette méthode les concatène à nouveau. Ne renvoie pas de valeur.
`supports(feature, version)`	Indique si cette implémentation du DOM prend en charge la *fonctionnalité* spécifiée. Renvoie une valeur booléenne, `true` si la fonctionnalité est prise en charge, `false` dans le cas contraire.

Extraire les informations d'un nœud

Comme vous pouvez le voir, l'interface `Node` possède plusieurs propriétés permettant d'extraire des informations sur le nœud concerné. Pour illustrer l'obtention d'informations concernant un nœud, vous devez naviguer dans l'arbre jusqu'à ce nœud. Vous verrez bientôt comment procéder. Pour naviguer dans ces exemples, vous utiliserez une simple notation de type point (*dot notation*).

Propriété nodeType

Cette propriété indique le type du nœud traité (toutes ses valeurs possibles sont disponibles à l'annexe C). Pour vérifier si le nœud est de type `Element`, nous utiliserons l'instruction suivante :

```
if(objNode.nodeType == 1)
```

Heureusement, la plupart des implémentations du DOM comportent des constantes prédéfinies pour ces types de nœuds. Par exemple, il est possible d'attribuer la valeur 1 à une constante appelée `NODE_ELEMENT`, et d'écrire le code suivant :

```
if(objNode.nodeType == NODE_ELEMENT)
```

Cela permet d'indiquer clairement la valeur contrôlée sans avoir à se rappeler que `nodeType` renvoie 1 pour un élément.

Propriété attributes

La propriété `attributes` est un excellent exemple d'une propriété de `Node` qui ne s'applique pas à tous les types de nœud mais uniquement à ceux de type élément doté d'attributs. La propriété `attributes` renvoie un `NamedNodeMap` contenant tous les attributs du nœud. Si ce dernier n'est pas un élément ou est un élément sans attribut, la propriété `attributes` renvoie `null`.

Propriétés nodeName et nodeValue

Le nom et la valeur d'un nœud sont les informations que l'on utilise le plus. À cet effet, `Node` fournit les attributs `nodeName` et `nodeValue`. `nodeName` est en **lecture seule**, ce qui signifie que la valeur de la propriété peut être lue mais non modifiée, à la différence de `nodeValue` qui est en **lecture-écriture**, et peut donc être modifiée, le cas échéant.

Les valeurs renvoyées par ces propriétés varient d'un type de nœud à un autre. Par exemple, nodeName renvoie le nom de l'élément, ou la chaîne "#text" pour un nœud texte puisque les nœuds PCDATA n'ont pas de nom.

Prenons un exemple. Si une variable objNode fait référence à un élément <nom>John</nom>, il est possible d'écrire le code suivant :

```
alert(objNode.nodeName);
//affichage d'une boîte de message indiquant "nom"
objNode.nodeName = "prénom";
//génération d'une exception car nodeName est en lecture seule
alert(objNode.nodeValue);
//affichage de "null" dans une boîte de message"
```

Le second avertissement a de quoi surprendre. Pourquoi retourne-t-il "null" au lieu de "John" ? Le texte à l'intérieur de l'élement appartient non pas à celui-ci mais au nœud texte qui est enfant du nœud élément.

Avec la variable objText, désignant l'enfant nœud texte de cet élément, il serait possible d'écrire :

```
alert(objText.nodeName);
//affichage de "#text"
alert(objText.nodeValue);
//affichage de "John"
objText.nodeValue = "Bill";
//l'élément est désormais <nom>Bill</nom>
```

Accéder aux éléments d'informations à l'aide de Node

Vous pouvez parcourir les nœuds de l'arbre, en utilisant ici documentElement et firstChild, et afficher nodeName et nodeValue dans une boîte d'alerte.

Pour voir comment cela fonctionne, ouvrez le fichier HTML créé auparavant, et saisissez ce qui suit après le commentaire //instructions.

Pour afficher le nodeName, vous utilisez le code suivant (ch06_ex2.html) :

```
//instructions...
  var objMainNode;
  objMainNode = objDOM.documentElement.firstChild;
  alert(objMainNode.nodeName);
```

En voici le résultat :

Si vous voulez afficher sa valeur, modifiez ce qui précède en :

```
var objMainNode;
objMainNode = objDOM.documentElement.firstChild;
alert(objMainNode.nodeValue);
```

Voici maintenant le résultat :

Le texte de l'élément ne figure pas dans l'élément lui-même mais dans un enfant `Text`. En d'autres termes, un élément ne contient jamais de valeurs. Seuls ses descendants peuvent en contenir.

Naviguer dans l'arbre

Les documents XML peuvent être représentés comme des arbres d'informations en raison de leur structure hiérarchique. Les relations entre ces nœuds ont tendance à être exprimées comme celles d'un arbre généalogique, en termes de parent/enfant, ancêtre/descendant, etc. Le DOM expose des propriétés permettant de naviguer dans l'arbre en utilisant ce type de terminologie. Parmi ces propriétés, citons `parentNode`, `firstChild`, `lastChild`, `previousSibling` et `nextSibling`, qui renvoient toutes un nœud (`Node`), et la propriété `childNodes` qui renvoie une liste de nœuds (`NodeList`).

Être capable de parcourir l'arbre est indispensable afin de pouvoir atteindre le nœud sur lequel vous voulez travailler, qu'il s'agisse seulement de récupérer une valeur, de mettre à jour son contenu, d'ajouter quelque chose à cette position dans la structure du document, ou bien simplement de le supprimer.

Les nœuds n'ont pas nécessairement des descendants (c'est le cas des attributs) même ceux qui peuvent en avoir. Dans ce cas, les propriétés censées retourner les enfants renvoient `null` (ou une `NodeList` vide pour la propriété `childNodes`).

Le diagramme suivant représente un nœud (dans la case grisée) ainsi que les relations entre ce nœud et les autres nœuds de l'arbre. Il indique la susceptibilité d'être renvoyé par chaque propriété :

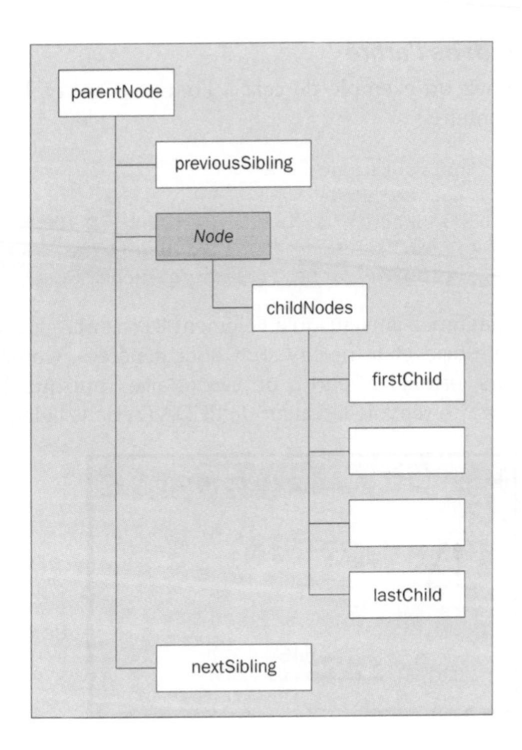

Ce diagramme montre les relations en utilisant la terminologie DOM. Si la propriété `childNodes` permet d'accéder aux enfants d'un nœud de la case grisée. Pour extraire le premier ou le dernier enfant, il existe un moyen plus simple que de parcourir cette propriété. Si un nœud ne comporte qu'un enfant, les propriétés `firstChild` et `lastChild` renvoient celui-ci.

La propriété `parentNode` renvoie le nœud parent du nœud courant. Les propriétés `previousSibling` et `nextSibling` renvoient les deux nœuds enfants du nœud parent de part et d'autre du nœud traité.

Méthodes hasChildNodes

Pour vérifier si le nœud a des enfants, vous pouvez utiliser la méthode `hasChildNodes()` qui renvoie une valeur booléenne en cas de réussite. Notez que, s'il comporte des nœuds texte, la méthode renvoie `true`.

Par exemple, on affiche le nom du premier enfant associé à un nœud :

```
if(objNode.hasChildNodes())
{
  alert(objNode.firstChild.nodeName);
}
```

Propriété ownerDocument

Chaque nœud devant appartenir à un document, la propriété `ownerDocument` renvoie un objet qui implémente l'interface `Document` à laquelle appartient ce nœud. Presque tous les objets du DOM implémentent l'interface `Node`, ce qui permet de connaître le document propriétaire de n'importe quel objet du modèle.

Naviguer dans l'arbre

Examinez un exemple de cela à l'œuvre. Ouvrez le fichier modèle et ajoutez le code suivant sous le commentaire :

```
//instructions...
var objMainNode;
objMainNode = objDOM.selectSingleNode("/racine/ElementDemo");
alert(objMainNode.firstChild.nodeName);
alert(objMainNode.firstChild.nodeValue);
```

Vous naviguez ainsi jusqu'à l'élément `ElementDemo` depuis la `racine`, deux boîtes d'alerte comportant le `nodeName` et le `nodeValue` sont générées. Comme nous l'avons vu, les nœuds `Text` retournent toujours "#text" à partir de `nodeName`, puisque les nœuds PCDATA ne portent pas de noms. `nodeValue` renvoie la valeur de PCDATA dans l'élément.

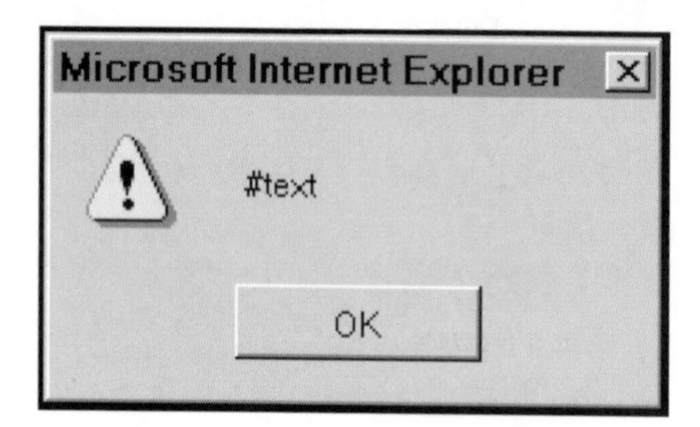

Ajouter, mettre à jour et supprimer des nœuds

Toutes les propriétés de navigation dans l'arbre décrites précédemment sont en lecture seule : elles permettent uniquement d'accéder aux enfants mais en interdisent l'ajout ou la suppression. Ces opérations sont réalisables à l'aide d'un certain nombre de méthodes fournies par l'interface `Node`.

Méthode appendChild

La méthode la plus simple, `appendChild()`, accepte en paramètre un objet implémentant `Node` et l'ajoute à la fin de la liste des enfants. Pour ajouter un nœud à un autre, utilisez l'instruction suivante :

```
objParentNode.appendChild(objChildNode);
```

Le nœud `objChildNode` est maintenant le dernier nœud de `objParentNode`, quel que soit son type.

Méthode insertBefore

Cette méthode confère un meilleur contrôle pour l'insertion du nœud. Elle accepte deux paramètres : le nœud à insérer et un « nœud de référence » ou celui avant lequel le nœud doit être inséré. Si la valeur de référence est `NULL`, le résultat est identique à l'utilisation de la méthode `appendChild`.

L'instruction suivante ajoute le même `objChildNode` au même `objParentNode`, mais l'enfant est ajouté en tant que second à partir de la fin :

```
objParentNode.insertBefore(objChildNode, objParentNode.lastChild);
```

Si vous essayez un `insertBefore` et que celui-ci découvre que le même nœud existe déjà, il se contente de le mettre à jour (comme avec `replaceChild`, que vous allez découvrir sous peu) plutôt que d'ajouter un nouveau nœud.

Méthode removeChild

Cette méthode permet de retirer un enfant qui est passé en paramètre, et renvoie l'objet au cas où vous en auriez besoin ultérieurement. Même supprimé de l'arbre, le nœud appartient toujours au document. La sauvegarde d'un document après avoir effectué la suppression entraîne la perte de l'information.

Pour supprimer le dernier enfant d'un nœud et le stocker dans une variable, on utilise l'instruction suivante :

```
objOldChild = objParent.removeChild(objParent.lastChild);
```

Cette méthode permet de supprimer un nœud et de le remplacer par un autre. Elle évite d'appeler `removeChild()`, puis `appendChild()` ou `insertBefore()`. Souvenez-vous cependant que si vous appelez `insertBefore` alors que le nœud existe déjà, vous parvenez au même résultat qu'en appelant `replaceChild)`. Cette fois encore, l'enfant supprimé est renvoyé par la méthode pour une utilisation ultérieure.

Pour remplacer le premier enfant d'un nœud par un autre nœud, entrez l'instruction suivante :

```
objOldChild = objParent.replaceChild(objNewChild, objParent.firstChild);
```

Méthode cloneNode

La méthode `cloneNode()` permet de copier à l'identique un nœud de document XML comme un nouveau nœud distinct : `cloneNode`. Elle accepte un paramètre indiquant le type du clone : **intégral** (`true`) ou **partiel** (`false`). Si le clone est intégral, la méthode duplique de façon récursive le sous-arbre du nœud (c'est-à-dire tous ses descendants). Dans le cas contraire, seul le nœud est copié.

Un clone partiel ne copie pas le contenu du PCDATA du nœud si celui-ci est un élément car le PCDATA est lui-même enfant, bien que ses attributs et ses valeurs soient dupliqués. Avec un objet nœud, appelé `objNode`, contenant un élément tel que `<nom id="1">John</nom>`, le clonage s'effectuerait de la façon suivante :

```
objNewNode = objNode.cloneNode(false);
//objNewNode correspond à <nom id="1"/>
objNewNode = objNode.cloneNode(true);
//objNewNode correspond à <nom id="1">John</nom>
```

Cette fois l'attribut est copié même s'il est associé à un clone partiel.

Notez que les nœuds créés à l'aide de la méthode `cloneNode()` ne sont utilisables que dans le document du nœud d'origine. Il est interdit de cloner un nœud d'un document pour l'insérer dans un autre.

Modifier l'arbre à l'aide de l'interface Node

Revenons à notre simple fichier HTML et regardons comment modifier la structure de l'arbre (`ch06_ex4.xml`) :

```
var objMainNode;
objMainNode = objDOM.documentElement.firstChild;
var objNewNode;
objNewNode = objMainNode.cloneNode(false);
objMainNode.appendChild(objNewNode);
alert(objDOM.xml);
```

Dans cet exemple, le nœud copié puis ajouté à l'arbre XML est un clone partiel, ce qui signifie que ses descendants n'ont pas été dupliqués.

Notez que la dernière ligne est une extension propriétaire du DOM de Microsoft, affichant le XML contenu dans un nœud. Vous l'utilisez ici pour renvoyer la totalité du document XML sous forme de chaîne et l'afficher facilement. Cette propriété est très utile lors du débogage d'applications, ou lorsque vous voulez récupérer le contenu d'un fragment. La propriété `xml` est simplement ajoutée au nœud présent en mémoire.

Voici le résultat :

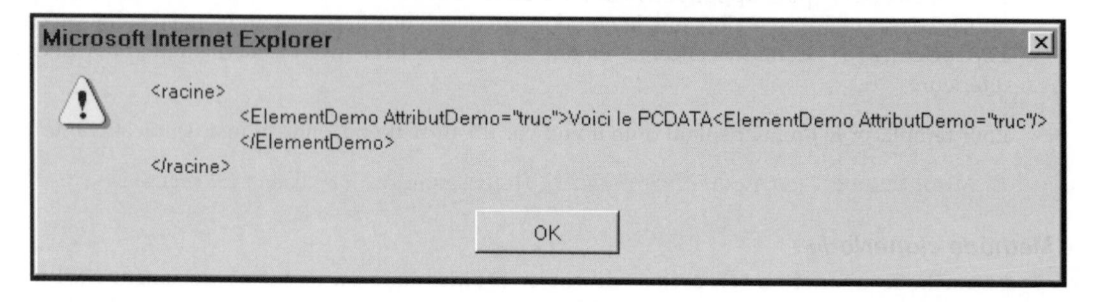

Vous pouvez constater que seuls l'attribut et la valeur de `<ElementDemo>` ont été dupliqués.

Il est également possible d'insérer cet élément avant le texte. Pour cela, procédons comme suit :

```
//instructions...
  var objMainNode;
  objMainNode = objDOM.selectSingleNode("/racine/ElementDemo");
  var objNewNode;
  objNewNode = objMainNode.cloneNode(false);
  objMainNode.insertBefore(objNewNode, objMainNode.firstChild);
  alert(objDOM.xml);
```

Pour le nœud de référence, nous nous contentons d'utiliser la propriété `firstChild`. Le code XML se présente alors ainsi :

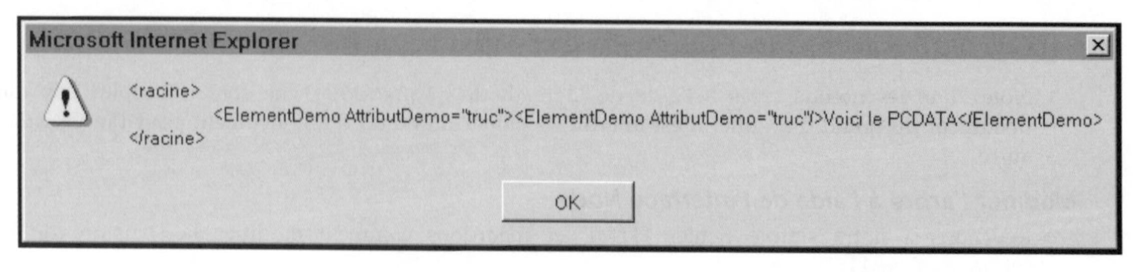

Il suffit d'associer la valeur `true` au paramètre `cloneNode()` pour copier tous les enfants du nœud :

```
var objNewNode;
objNewNode = objMainNode.cloneNode(true);
objMainNode.insertBefore(objNewNode, objMainNode.firstChild);
alert(objDOM.xml);
```

Dans ce cas, il n'y a que le nœud `Text`. Le code XML ressemble à ceci :

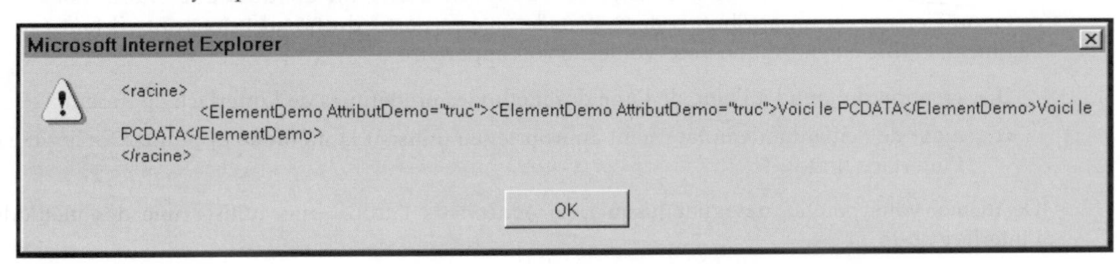

Document

L'interface `Document` représente le document XML complet. Elle hérite de l'interface `Node` ce qui signifie que les propriétés et les méthodes de `Node` sont également disponibles dans un objet `Document`. Pour un tel objet, le nœud est la racine du document et non pas l'élément racine. Tous les nœuds doivent appartenir à un seul et même document.

Rappelons que la racine d'un document XML est un nœud conceptuel contenant l'ensemble du document, y compris l'élément racine.

Outre les propriétés et les méthodes de navigation dans l'arbre fournies par l'interface `Node`, l'interface `Document` comporte des fonctionnalités de navigation supplémentaires. Cela est particulièrement utile pour identifier des éléments dans un document et créer des documents XML.

La plus fréquemment utilisée est la propriété `documentElement` qui renvoie un objet `Element` correspondant à l'élément racine. Il existe deux autres fonctions très intéressantes :

- `getElementsByTagName` pour trouver des éléments dans le document d'après leurs noms. Partant du nom de l'élément recherché sous forme de chaîne, elle renvoie un objet `NodeList` contenant tous les éléments correspondants (l'interface `NodeList` est étudiée en détail plus loin dans ce chapitre) ;
- `getElementsByID` qui permet d'identifier des éléments d'après leur attribut ID. Une fois encore, elle renvoie une `NodeList` contenant tous les éléments correspondants. Cela est bien pratique si vous avez utilisé des `ID` pour modéliser les relations.

L'objet `Document` est également important lorsque vous voulez créer un document XML à partir de zéro.

> **Il est impossible de créer un objet `Node` sans créer auparavant l'objet `Document`. Une fois le `Document` créé, vous pouvez utiliser d'autres méthodes pour y ajouter des nœuds.**

L'interface `Document` fournit des **méthodes de construction** permettant de créer d'autres objets. Le nom d'une telle méthode a pour préfixe `create` suivi du type du nœud à créer, sous la forme `create`*`TypeNoeud`*` () ; par exemple, createElement` ou `createAttribute`. Lorsque vous créez un élément ou un attribut, comme vous le faites à partir du nœud `Document`, il faut également l'ajouter à l'arbre à l'endroit où vous voulez le voir apparaître :

- création du nœud à l'aide de l'une des méthodes prédéfinies de l'interface `Document` ;
- ajout de l'enfant à l'emplacement approprié (en utilisant la méthode `append`*`xxxx`* héritée de l'interface `Node`).

De même, vous pouvez naviguer jusqu'à cet endroit de l'arbre, puis utiliser une des méthodes de l'interface `Node`.

Il est intéressant de remarquer ici que, jusqu'à ce que vous insériez le nœud dans l'arbre, celui-ci appartient au document tout en étant en dehors de l'arbre.

Regardez comment il est possible de créer un document XML à partir de zéro. Ouvrez de nouveau le fichier cannevas, et supprimez les lignes :

```
objDOM.async = false;
  objDOM.load("ch06_ex1.xml");
```

Nous allons créer l'objet `Document objDom` qui servira à créer un élément et un nœud texte à l'aide du code suivant :

```
//instructions...
  var objNode, objText;
  objNode = objDOM.createElement("racine");
  objText = objDOM.createTextNode("racine PCDATA");
```

La méthode `createElement()` accepte le nom de l'élément à créer en paramètre ; `createTextNode()`, le texte à insérer dans le nœud.

Une fois ces objets créés, passez à la seconde étape consistant à ajouter l'élément au document. Cet élément doit être l'élément racine, le nœud texte étant ajouté à cet élément. Insérez le code suivant après celui que vous venez de saisir :

```
  objDOM.appendChild(objNode);
  objNode.appendChild(objText);
  alert(objDOM.xml);
```

La première commande ajoute les balises, la seconde se charge du PCDATA.

Enregistrez le document sous le nom `ch06_ex5.html`, puis affichez-le dans IE5. La boîte de message suivante apparaît :

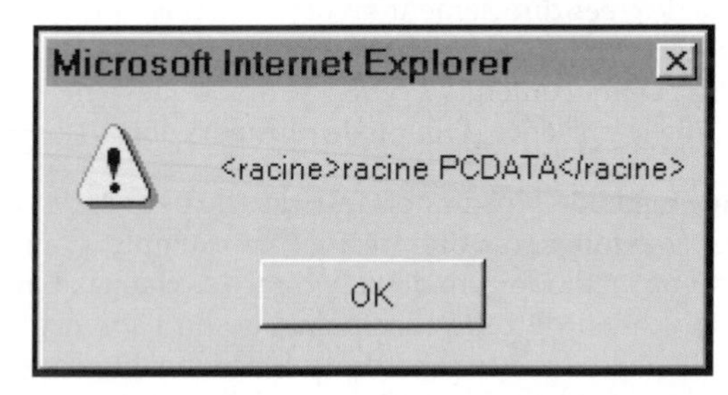

Si vous voulez maintenant ajouter un attribut à ce nœud, rien de plus simple (`ch06_ex6.html`) :

```
    objNode.appendChild(objText);

    var objAttr;
    objAttr = objDOM.createAttribute("id");
  //initialisation de la valeur de l'attribut
    objAttr.nodeValue = "123";
  //ajout de l'attribut à l'élément
    objNode.attributes.setNamedItem(objAttr);

    alert(objDOM.xml)
```

La méthode `createAttribute()` prend le nom de l'attribut en paramètre. Ici, l'attribut créé s'appelle `id` et est initialisé à 123, puis il est ajouté au nœud. Notez qu'il existe une façon plus simple d'y parvenir, en utilisant la méthode `setAttribute`. Nous l'aborderons ultérieurement.

Notre document XML se présente ainsi :

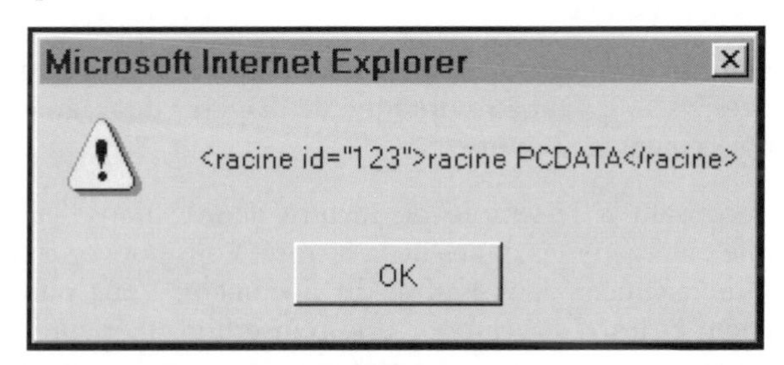

Dans cet exemple, nous avons créé un document XML uniquement à partir de code.

DOMImplementation

L'interface `DOMImplementation` fournit des méthodes qui s'appliquent à n'importe quel document interface de cette implémentation de DOM. À l'instar de la plupart des autres types d'objets DOM, un objet `DOMImplementation` ne peut être créé directement. Il est, en revanche, possible de le récupérer à l'aide de la propriété `implementation` de l'interface `Document`.

La première méthode étudiée, `createDocument()`, fonctionne comme les méthodes `create`*`TypeNoeud`*`()` de l'interface `Document`. Vous ne l'utiliserez sans doute pas très souvent puisqu'il est impossible de créer directement un objet `DOMImplementation`. Pour pouvoir s'en servir, il faut, en effet, créer un objet `Document` et accéder à la propriété `implementation` pour en extraire un objet `DOMImplementation`. Toutefois, cette méthode devient pratique si vous créez plusieurs documents, ce qui signifie la présence d'un ou de plusieurs objets `Document`.

`hasFeature()` est une méthode plus importante car elle permet de savoir si l'implémentation du DOM active prend en charge une fonctionnalité précise (par exemple, pour MSXML 3, vous pouvez penser à `XML`, `DOM` et `MS-DOM`). Cette méthode gère deux paramètres chaîne : l'un correspondant à la fonctionnalité recherchée, l'autre à la version de cette fonctionnalité. En l'absence du second paramètre, la méthode `hasFeature()` renvoie *toutes* les versions de la fonctionnalité supportées par le DOM. Cela est très pratique pour savoir si un navigateur spécifique prend en charge certaines fonctionnalités. Dans ce cas, on peut définir et exécuter des séquences de code différentes selon le navigateur utilisé.

Imaginez que vous vouliez savoir si le DOM implémente des interfaces étendues (Extended Interfaces) et s'appuie sur la version 2.0 ou ultérieure de la spécification DOM :

- `hasFeature("XML", "2.0")` renverra `true` si tel est le cas. Remarquez que cela fait référence à la spécification DOM, plutôt qu'à une seconde version de la spécification XML.
- `hasFeature("XML")` renverra `true` si le DOM prend en charge les interfaces étendues *quelle que soit* la version de la spécification du DOM.

Le plus souvent, le développeur ne crée pas d'objet `DOMImplementation` séparé mais se contente d'appeler ses méthodes directement à partir de la propriété `implementation` de l'interface `Document`. Exemple :

```
objDoc.implementation.hasFeature("XML", "2.0")
```

DocumentFragment

Comme vous le savez, un document XML ne peut comporter qu'un élément racine. Cependant, lors du traitement de données XML, il peut être pratique de disposer de fragments de code plus ou moins bien formés dans un emplacement temporaire.

Par exemple, en repensant à l'exemple de facture abordé dans les chapitres précédents, cela est particulièrement utile pour gérer les lignes de la facture. Vous pouvez créer un certain nombre de nœuds pour les insérer simultanément dans l'arbre du document. Vous pouvez aussi supprimer plusieurs nœuds d'un document et les réserver pour une réinsertion ultérieure, à la façon d'une opération de couper-coller. Toutes ces possibilités sont offertes par l'interface `DocumentFragment`.

Comme c'est le cas pour l'interface elle-même, il n'existe pas de propriétés et de méthodes autres que celles de l'interface `Node`.

Les enfants d'un objet `DocumentFragment` comportent entre zéro et plusieurs nœuds. Il s'agit généralement de nœuds d'éléments. Une interface `DocumentFragment` peut très bien ne comporter qu'un nœud texte. Des objets `DocumentFragment` peuvent être passés à des méthodes d'insertion de nœuds dans un arbre. Parmi ces méthodes, citons `appendChild()` de l'interface `Node`. À la différence de l'objet racine lui-même, les enfants du `DocumentFragment` sont, dans ce cas, copiés dans l'objet `Node` de destination.

Pour avoir un aperçu de l'action de l'interface `DocumentFragment`, écrivons du code utilisant un répertoire de stockage temporaire des fragments XML.

Pour commencer, on crée un élément racine, en modifiant le code HTML comme suit :

```
<HTML>
<HEAD><TITLE>Démo du DOM</TITLE>
<SCRIPT language="JavaScript">
  var objDOM;
  objDOM = new ActiveXObject("MSXML2.DOMDocument");
  var objNode;
  objNode = objDOM.createElement("racine");
  objDOM.appendChild(objNode);
</script>
</HEAD>
<BODY>

<P>Cette page illustre quelques-unes des fonctionnalités du DOM.</P>

</BODY>
</html>
```

Il s'agit ensuite de créer un `DocumentFragment` pour y stocker deux éléments :

```
  var objFrag;
  objFrag = objDOM.createDocumentFragment();
  objNode = objDOM.createElement("enfant1");
  objFrag.appendChild(objNode);
  objNode = objDOM.createElement("enfant2");
  objFrag.appendChild(objNode);
```

On réutilise la variable `objNode` à plusieurs reprises, au lieu de créer des variables pour tous les nœuds concernés. Cela simplifie le codage de ne pas avoir à déclarer une variable pour chaque nœud. Les nœuds de ce fragment n'ont pas d'élément racine. Le document XML n'est pas bien formé, l'objectif étant de conserver des fragments pour les réutiliser ultérieurement.

Nous allons créer un nœud texte enfant pour chaque élément vide :

```
  objFrag.firstChild.appendChild(objDOM.createTextNode("Premier noeud enfant"));
  objFrag.lastChild.appendChild(objDOM.createTextNode("Second noeud enfant "));
```

Dans ce cas, la variable créée est simplement ajoutée à l'élément (elle n'est pas destinée à recevoir le nœud `Text`).

Enfin, ajoutons les éléments de l'objet `DocumentFragment` à l'élément racine du document :

```
  objDOM.documentElement.appendChild(objFrag);
  alert(objDOM.xml);
```

Comme nous l'avons indiqué précédemment, cette opération ajoute les *enfants* de `DocumentFragment`, et non pas l'objet lui-même. En enregistrant ce fichier sous le nom `ch06_ex7.html`, le document XML final se présente ainsi :

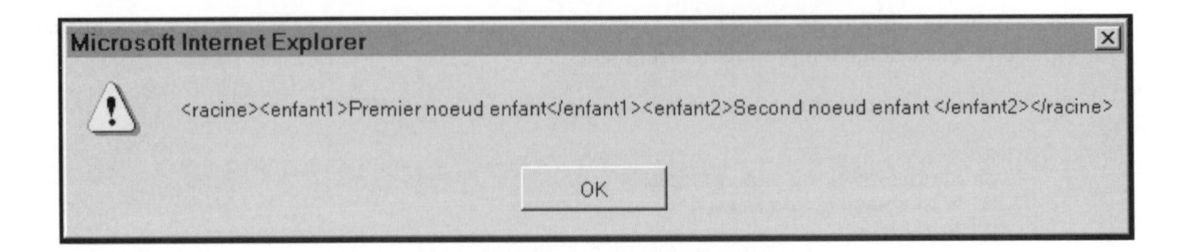

NodeList

Abordons maintenant l'interface `NodeList` que nous avons déjà vue à plusieurs reprises. La plupart des propriétés et des méthodes du DOM renvoient une liste ordonnée de nœuds (`Nodes`), et non pas un seul nœud, ce qui explique l'existence de l'interface `NodeList`.

Cette interface est en fait très simple puisqu'elle comporte une propriété et une méthode :

- la propriété `length` renvoie le nombre d'éléments de la `NodeList` ;
- la méthode `item()` renvoie un élément particulier de la liste. Elle accepte donc l'**index** du nœud souhaité comme paramètre.

Comme pour un tableau classique, les éléments d'une `NodeList` sont numérotés à partir de 0. Prenons un exemple. Pour une `NodeList` contenant cinq éléments, la propriété `length` renvoie `5`. Pour accéder au premier et au dernier élément de la liste, on appellera `item(0)` et `item(4)` respectivement. Le dernier nœud de la `NodeList` se trouve toujours à la position (`length - 1`). Si le nombre fourni à `item()` se trouve hors de l'intervalle de la liste, la valeur `null` est renvoyée.

Une liste de nœuds est « vivante », ce qui signifie que tout ajout ou suppression de nœud dans le document est répercuté dans la liste. Prenons un exemple. Si on ajoute à la liste de tous les éléments du document appelée « premier » un élément également appelé « premier », cet élément sera ajouté automatiquement à la liste sans avoir à recalculer cette liste.

Element

Les items que l'on référence dans un document XML ne sont pas toujours des « nœuds ». Il est bien plus courant de vouloir accéder à des éléments. C'est pourquoi DOM propose une interface `Element`. Comme vous l'avez vu dans les chapitres précédents, vous sélectionnerez souvent un élément pour représenter une table ou une ligne d'information d'une base de données.

Outre les propriétés et les méthodes disponibles dans l'interface `Node`, `Element` comporte également la propriété `tagName` et la méthode `getElementsByTagName`. La propriété `tagName` renvoie exactement le même résultat que la propriété `nodeName` de `Node`, et `getElementsByTagName` fonctionne exactement comme la méthode de même nom dans l'interface `Document`.

Notez que la méthode `getElementsByTagName()` de l'interface `Element` ne peut renvoyer que des éléments enfants de celui sur lequel la méthode est appelée. Cette caractéristique concerne également la méthode `getElementsByTagName` de l'interface `Document` bien que cette dernière inclue de toute façon tous les éléments du document. Cela signifie que vous pouvez utiliser ces méthodes sur une table spécifique si vous possédez dans le document deux éléments portant le même nom.

Toutes les autres méthodes de l'interface `Element` concernent les attributs. Citons tout d'abord les méthodes `getAttribute()` et `getAttributeNode()`. Alors que ces méthodes ont toutes deux pour paramètre le nom de l'attribut souhaité, `getAttribute()` renvoie la valeur de cet attribut dans une chaîne et `getAttributeNode()` retourne un objet implémentant l'interface `Attr`. Celle-ci permet de récupérer des données devant être traitées.

Si vous souhaitez modifier des valeurs de données ou d'autres attributs, il existe également la méthode `setAttribute` et la méthode `setAttributeNode`. `setAttribute` accepte deux paramètres chaîne : à savoir, le nom de l'attribut à initialiser, et la valeur à lui assigner. Selon qu'il existe ou non, l'attribut est remplacé ou créé. `setAttributeNode` gère un seul paramètre, correspondant à un objet implémentant l'interface `Attr`. De la même façon, si un attribut de même nom existe, il est remplacé par le nouveau, mais, dans ce cas, l'ancien attribut est renvoyé par la méthode pour une utilisation ultérieure éventuelle.

Enfin, citons les méthodes `removeAttribute` et `removeAttributeNode`. `removeAttribute` prend en charge un paramètre chaîne, indiquant le nom de l'attribut à supprimer, `removeAttributeNode`, un paramètre `Attr` correspondant à l'attribut à supprimer. `removeAttributeNode` renvoie l'objet `Attr` supprimé.

La plupart des fonctionnalités de l'interface `Element` s'articulent autour d'attributs. Voyons comment elles sont implémentées dans un petit document XML.

Enregistrez le fichier sous le nom `ch06_ex8.xml` :

```
<?xml version="1.0" encoding="ISO-8859-1"?>
<racine prénom ='John' nom='Doe'/>
```

Apportez ensuite les modifications suivantes au fichier HTML, chargez-le dans MSXML puis créez une variable `Element` désignant `documentElement` (`ch06_ex8.html`) :

```
<HTML>
<HEAD><TITLE>Démo du DOM</TITLE>
<SCRIPT language="JavaScript">
  var objDOM;
  objDOM = new ActiveXObject("MSXML2.DOMDocument");
  objDOM.async = false;
  objDOM.load("ch06_ex8.xml");
  //instructions...
  var objElement;
  objElement = objDOM.documentElement;
  alert(objElement.getAttribute("prénom"));
</SCRIPT>
</HEAD>
</html>
```

L'extraction de la valeur d'un attribut est un jeu d'enfant. Il suffit d'ajouter ce qui suit :

```
alert(objElement.getAttribute("prénom"));
```

La valeur de l'attribut `prénom` est récupérée. Enregistrez la page sous le nom `domelement.htm` puis affichez-la. La zone de message contient le mot `John` :

Modifiez la valeur du premier attribut en lui ajoutant la ligne de code suivante :

```
var objElement;
objElement = objDOM.documentElement;
objElement.setAttribute("prénom", "Bill");
alert(objElement.getAttribute("prénom"));
```

La zone de message contient désormais :

Comme nous l'avons vu, il est possible d'effectuer la même opération à l'aide d'un objet `Attr`. Remplacez la ligne de code précédente par celle-ci :

```
objElement = objDOM.documentElement;
var objAttr;
objAttr = objElement.getAttributeNode("prénom");
objAttr.nodeValue = "Bill";
alert(objElement.getAttribute("prénom"));var objAttr;
```

On peut aussi utiliser l'objet `Element` :

```
objElement.getAttributeNode("prénom").nodeValue = "Bill";
```

Ces deux méthodes renvoient la même boîte de message contenant le nom Bill.

Enfin, nous disposons de deux façons d'ajouter un attribut `prénom2` à l'élément. Pour cela, on ajoute un objet `Attr` : (`ch06_ex9.html`) :

```
objElement.getAttributeNode("prénom").nodeValue = "Bill";
alert(objElement.getAttribute("prénom"));
var objAttr;
objAttr = objDOM.createAttribute("prénom2");
```

```
objAttr.nodeValue = "Fitzgerald Johansen";
objElement.setAttributeNode(objAttr);
alert(objDOM.xml);
```

Le document XML se présente alors ainsi :

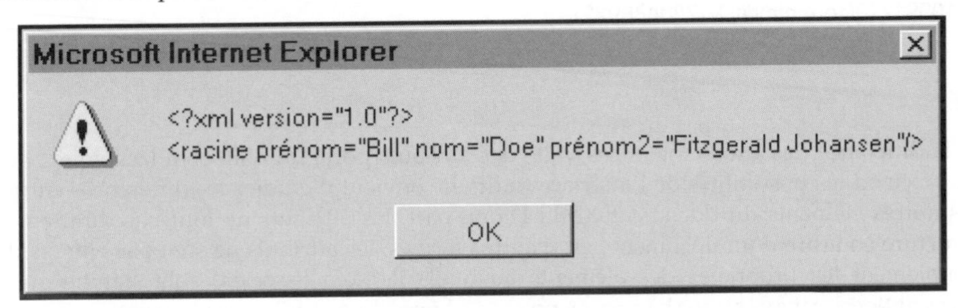

On obtient exactement le même résultat avec la méthode `setAttribute` :

```
objElement.getAttributeNode("prénom").nodeValue = "Bill";
alert(objElement.getAttribute("prénom"));
objElement.setAttribute("prénom2", "Fitzgerald Johansen");
alert(objDOM.xml);
```

Il n'existe pas de moyen d'intercaler l'attribut `prénom2` entre les attributs `prénom` et `nom`, mais cela est sans importance puisque l'ordre des attributs d'un élément XML est indifférencié. L'accès aux attributs s'effectue en effet sur le nom.

NamedNodeMap

Cette interface permet de représenter une liste non ordonnée de nœuds dont les éléments sont extraits à l'aide de leur nom.

Comme les objets `NodeList`, les objets contenus dans une `NamedNodeMap` sont vivants, ce qui signifie que le contenu reflète dynamiquement les modifications.

Il est possible d'accéder aux objets implémentant `NamedNodeMap` à l'aide d'un index ordinal, mais comme la collection n'est pas ordonnée (et plus encore parce que les attributs ne sont pas ordonnés dans un document XML) il est peu sage d'utiliser cette méthode pour extraire ou fixer les valeurs d'objets dans une `NamedNodeMap` : elle est plus adaptée à l'obtention d'une énumération du contenu.

Comme son nom l'indique, la méthode `getNamedItem()` prend en charge un paramètre chaîne correspondant au nom du nœud, puis renvoie un objet `Node`. Cette méthode est particulièrement utile lorsque vous voulez effectuer une opération particulière sur un attribut précis du document XML. Comme elle est spécifique à un élément, vous pouvez la considérer comme permettant d'obtenir une donnée située dans une ligne précise.

Quant à la méthode `removeNamedItem()`, elle prend en charge un paramètre chaîne indiquant le nom de l'élément à supprimer, puis renvoie le nœud supprimé. La méthode `setNamedItem()` gère un paramètre correspondant au nœud à insérer dans l'interface `NamedNodeMap`.

Même s'ils ne sont pas ordonnés, les éléments d'un `NamedNodeMap` peuvent être consultés un par un, de façon itérative. Pour cette raison, `NamedNodeMap` fournit une propriété `length` et une méthode `item`, fonctionnant comme la propriété et la méthode de même nom pour l'interface `NodeList`. `item` peut faire référence à tout nœud situé entre la position 0 à `length-1` incluse ; mais selon la spécification, le modèle n'a pas à indiquer l'ordre de ces nœuds (voir le document correspondant à l'adresse http://www.w3.org/TR/1999/CR-DOM-Level-2-19991210/core.html#ID-1780488922).

Attr

À la différence des autres interfaces, celle des attributs porte un nom bien laconique : `Attr`. L'interface `Attr` étend les possibilités de l'interface `Node`. Il convient d'étudier les différences entre les attributs et les autres éléments du document XML. D'une part, les attributs ne font pas directement partie de la structure en arbre d'un document ; en d'autres termes, les attributs ne sont pas enfants d'éléments mais simplement les propriétés des éléments auxquels ils sont associés. Cela signifie que les propriétés `parentNode`, `previousSibling` et `nextSibling` d'un attribut renverront toujours `null`. Puisque `parentNode` renvoie `null`, `Attr` fournit en remplacement une propriété `ownerElement`, retournant l'élément auquel appartient l'attribut.

`Attr` fournit également des propriétés `name` et `value` renvoyant le nom et la valeur de l'attribut. Ces propriétés ont les mêmes valeurs que les propriétés `nodeName` et `nodeValue` de `Node`.

La dernière propriété de l'interface `Attr` est la propriété `specified`. Cette propriété indique cet attribut est un attribut physique de l'élément, avec une valeur réelle, ou simplement un attribut *implicite* avec une valeur par défaut.

CharacterData et Text

La gestion de documents XML implique la gestion de gros volumes de texte : tantôt dans le PCDATA du document XML, tantôt ailleurs, comme des valeurs d'attributs ou des commentaires. À cet effet, le DOM définit deux interfaces :

- l'interface `CharacterData` dont les propriétés et les méthodes permettent de gérer du texte ;
- l'interface `Text`, qui est une extension `CharacterData`, et permet spécifiquement de traiter le PCDATA du document XML.

`CharacterData` étendant `Node`, les objets `CharacterData` et `Text` sont également des objets `Node`. Les nœuds `CharacterData`, comme les noeuds `Attr` n'ont jamais de descendants. Les mêmes règles gérant les propriétés enfants de l'interface `Attr` s'appliquent aux objets CharacterData.

Gérer des chaînes complètes

Le moyen le plus simple de récupérer ou d'initialiser le PCDATA d'un `CharacterData` est de lire la propriété `data`. Elle définit ou renvoie la chaîne complète.

La propriété `length` renvoie le nombre de caractères Unicode de la chaîne.

Notez que les caractères chaîne des objets `CharacterData` *sont numérotés à partir de 0. Dans la chaîne « fr », par exemple,* `f` *est le caractère* `0`, `r`, *la lettre* `1`.

Prenons un exemple. Si l'objet nœud `Text` appelé `objText` contient la chaîne `John`, l'instruction suivante affichera le chiffre 4 :

```
alert(objText.length);
```

La boîte de message générée par l'instruction ci-dessous contient John :

```
alert(objText.data);
```

Gérer les sous-chaînes

Pour ne traiter qu'une partie d'une chaîne de caractères, il existe la méthode `substringData()` qui gère deux paramètres :

- la position à partir de laquelle les caractères sont traités ;
- le nombre de caractères à traiter.

La méthode `substringData` ne renvoie que les caractères contenus dans la chaîne. Si vous spécifiez plus de caractères que n'en contient la chaîne, la méthode renvoie un résultat tronqué au dernier caractère, puis arrête le traitement.

Supposons que l'objet `objText de type CharacterData` contienne la chaîne `Ceci est une longue chaîne`. L'instruction :

```
alert(objText.substring(13, 6));
```

affiche le message longue et l'instruction :

```
alert(objText.substringData(13, 2000));
```

affiche le message longue chaîne.

Modifier des chaînes

L'ajout de texte à la fin d'une chaîne est possible grâce à la fonction `appendData`. Celle-ci accepte en paramètre le texte à adjoindre au texte existant.

Supposons que nous utilisions le même nœud `objText` que précédemment. Dans ce cas, l'instruction :

```
objText.appendData(".");
```

ajoutera un point à la chaîne `Ceci est une longue chaîne.`

La méthode `insertData` permet de copier des caractères au milieu d'une chaîne. Elle accepte les deux paramètres suivants :

- la position à laquelle l'insertion de texte doit être effectuée (comme pour les autres paramètres de cette méthode, la numérotation débute à 0) ;
- la chaîne à insérer.

L'instruction ci-dessous génère la chaîne `Ceci est une très longue chaîne. :`

```
objText.insertData(13, "très ");
```

La suppression de texte dans une chaîne s'effectue à l'aide de la méthode `deleteData`, d'une utilisation identique à celle de la méthode `substringData`. Ainsi, l'instruction :

```
objText.deleteData(13, 5);
```

exécutée sur le nœud `CharacterData` aura pour effet de rétablir la chaîne `Ceci est une longue chaîne.` en supprimant `très`.

Pour remplacer des caractères par d'autres dans une chaîne, il suffit d'utiliser la méthode `replaceData`, au lieu des méthodes `deleteData` et `insertData`. Cette méthode accepte trois arguments :

- la position à partir de laquelle commence le remplacement ;
- le nombre de caractères à remplacer ;
- la chaîne de remplacement.

Notez que le nombre de caractères à insérer n'est pas nécessairement égal au nombre de caractères à remplacer.

Reprenons le nœud `objText` contenant `Ceci est une longue chaîne.` L'instruction :

```
objText.replaceData(9, 10, "la");
```

qui remplace `une longue` par `la` produit `Ceci est la chaîne.`

Fractionner du texte

L'interface `Text` ajoute une seule nouvelle méthode à celles qui sont héritées de `CharacterData`. Il s'agit de `splitText`. Cette méthode accepte un objet `Text` qu'elle fractionne en deux éléments frères. Le paramètre correspond à la position à partir de laquelle commence le fractionnement.

Le premier nœud `Text` contient alors le texte de l'ancien nœud jusqu'au caractère immédiatement avant la position indiquée ; le second nœud `Text` comporte le reste du texte de l'ancien nœud. Si le décalage est égal à la longueur du texte, le premier nœud `Text` contient l'ancienne chaîne en totalité, et le nouveau nœud est vide. Si le décalage est supérieur à la longueur de la chaîne, une exception de type `DOMException` est générée.

Si, par exemple, nous écrivons l'instruction suivante :

```
objText.splitText(12);
```

Le résultat produit se présente ainsi :

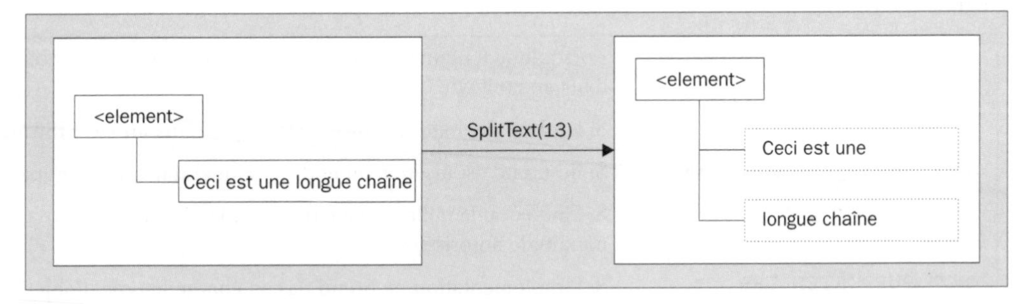

Bien entendu, la modification serait perdue si le document XML était enregistré dans cet état, puisque le PCDATA redeviendrait une chaîne de caractères. `splitText` est idéale pour l'insertion de caractères au milieu d'une chaîne.

Comment

Cette interface est l'une des plus faciles à comprendre. `Comment` est dérivée de l'interface `CharacterData`, mais elle ne comprend pas de propriété ni de méthode nouvelles ! Un commentaire du DOM est donc géré comme n'importe quel autre texte.

En fait, le seul avantage lié à l'utilisation de cette interface est est l'ajout automatique de balises spécifiques lors de l'insertion du commentaire dans le DOM : `<!-- -->`.

DOMException

Les opérations DOM lancent une exception lorsqu'une opération demandée ne peut être effectuée, soit parce que les données sont perdues ou parce que l'implémentation est devenue instable. Les méthodes du DOM ont tendance à renvoyer une valeur d'erreur spécifique lors de situations ordinaires, comme des erreurs de type « en dehors des limites » avec `NodeList`.

Certains langages et systèmes objets (comme Java) exigent que les exceptions soient capturées pour qu'un programme poursuive son exécution, tandis que d'autres, comme VB ou C, ne connaissent pas le concept d'exceptions. Si un langage ne prend pas en charge la gestion des erreurs, vous pouvez en général utiliser des mécanismes natifs de rapport d'erreurs (une méthode peut par exemple renvoyer un code d'erreur).

À part cela, une implémentation peut lancer d'autres erreurs si celles-ci sont nécessaires à l'implémentation, comme lorsqu'un argument null est transmis.

Voici quelques exemples d'exceptions pouvant être lancées (vous en trouverez davantage dans l'annexe C) :

NOT_FOUND_ERR	Lorsqu'une tentative de référence est effectuée vers un nœud dans un contexte où il n'existe pas.
DOMSTRING_SIZE_ERR	Si la plage de texte spécifiée ne tient pas dans un DOMString.
HIERARCHY_REQUEST_ERR	Si un nœud est inséré à un endroit auquel il n'appartient pas.
INDEX_SIZE_ERR	Si l'index ou la taille est négatif, ou supérieur à la valeur maximale autorisée.
NOT_SUPPORTED_ERR	Si l'implémentation ne prend pas en charge le type d'objet demandé.

Interfaces étendues

Les interfaces étendues (*Extended Interfaces*) appartiennent à la spécification DOM Core, mais les objets exposés par ces interfaces ne se rencontrent que dans les représentations DOM d'un document XML.

Pour savoir si une application DOM implémente ces interfaces, vous pouvez utiliser la méthode `hasFeature` de l'interface `DOMImplementation`. La chaîne `feature` de toutes les interfaces énumérées dans cette section est « XML » et la version est « 2.0 ».

Voici les interfaces étendues :

- `CDATASection`.
- `DocumentType`.
- `Notation`.
- `Entity`.
- `EntityReference`.
- `ProcessingInstruction`.

Elles seront étudiées plus sommairement que les précédentes, puisque vous savez maintenant ce que sont les interfaces offertes par le DOM.

CDataSection

L'interface `CDATASection` est aussi simple que l'interface `Comment` rencontrée plus tôt. `CDATASection` est dérivée de `Text` mais ne comprend de propriété ni de méthode nouvelles. Une section CDATA est donc gérée comme n'importe quel texte.

En fait, le seul avantage lié à l'utilisation de cette interface est l'ajout automatique de balises spécifiques lors de l'insertion du commentaire dans le DOM : `<![CDATA[ ]]>`.

DocumentType

L'interface documentType se borne à offrir une liste des entités définies pour le document, celle-ci n'étant pas modifiable.

Notation

L'interface Notation représente une notation déclarée dans la DTD. Cela peut être soit le format d'une entité non analysable à partir de son nom, ou la déclaration formelle de cibles d'instructions de traitement. L'attribut nodeName hérité de Node est fixé au nom déclaré de la notation. Il s'agit de valeurs en lecture seule, dépourvues de parents.

EntityReference

Les objets EntityReference ne peuvent être insérés dans le modèle de structure que lorsqu'une référence d'entité est présente dans le document source, ou lorsque l'utilisateur souhaite insérer une référence d'entité. Les nœuds EntityReference et tous leurs descendants sont en lecture seule.

Remarquez cependant que le processeur XML peut développer totalement les références vers des entités lorsqu'il construit le modèle de structure, au lieu de fournir des objets EntityReference. Même s'il fournit de tels objets, pour un nœud EntityReference donné il peut ne pas exister de nœud Entity représentant l'entité référencée.

Entity

Cette interface représente une entité, analysable ou non, dans un document XML (mais pas dans sa déclaration). L'attribut nodeName contient le nom de l'entité.

Remarquez que, si le DOM est implémenté au-dessus d'un processeur XML développant les entités avant de transmettre le modèle de structure au DOM, il n'existera aucun nœud EntityReference dans l'arbre du document.

Les nœuds Entity et tous leurs descendants sont en lecture seule. Cela signifie que si vous voulez modifier le contenu de l'Entity, vous devez cloner chaque EntityReference et remplacer les anciennes par les nouvelles.

ProcessingInstruction

Enfin, aucun DOM ne serait complet en l'absence d'une méthode permettant l'ajout d'instructions de traitement. L'interface ProcessingInstruction étend Node et ajoute deux nouvelles propriétés, target et data.

La propriété target est le nom de la cible à laquelle doit être transmise l'IT, data étant l'instruction elle-même. La propriété data peut être modifiée, mais target est en lecture seule.

Travailler avec nos données

Revenez maintenant en arrière, et reconsidérez l'enregistrement de facture sur lequel vous avez travaillé tout au long de ce livre, pour voir ce que le DOM permet d'en faire.

Accéder au DOM depuis JavaScript

Dans cette section, vous allez utiliser certaines pages côté client simples afin d'apprendre à manipuler un document XML dans le DOM. Elles vont générer des boîtes d'alerte simples, comme celles étudiées auparavant dans ce chapitre, tout en présentant :

- la méthode d'accès à des valeurs dans le DOM ;
- la mise à jour des documents dans le DOM.

Voici le document auquel vous allez accéder (`DonneesVente.xml`) :

```
<?xml version="1.0" encoding="ISO-8859-1"?>
<DonneesVente Statut="NouvelleVersion">
   <Facture NumeroFacture="1"
            NumeroUtiliseParApplication="1"
            dateCommande="01012000"
            dateExpedition="07012000"
            MethodeExpedition="FedEx"
            IDREFClient="Client2">
      <LignedeCommande Quantite="2"
                Prix="5"
                IDREFUnite="Unite2" />
   </Facture>
   <Client ID="Client2"
             prenom="Bob"
             nom="Smith"
             Adresse="164 rue Ordener"
             Ville="Paris"
             Etat="RP"
             CodePostal="75018" />
   <Unite IDUnite="Unite2"
         numeroUnite="13"
         Nom="Bigorneau"
         Couleur="Rouge"
         Taille="10" />
</DonneesVente>
```

Il y a un élément racine, `DonneesVente`, avec comme enfants `Facture`, `Client` et `Unite`. Vous allez principalement travailler avec l'élément `Client`. Celui-ci est doté des attributs suivants :

- `Client ID;`
- `prenom;`
- `nomFamille;`
- `Adresse;`
- `Ville;`
- `Etat;`
- `CodePostal.`

Commencez par regarder comment extraire des données du document.

Extraire des données d'un document XML à l'aide du DOM

Dans cet exemple, vous allez extraire des valeurs d'un document chargé en mémoire. Vous y verrez en action plusieurs méthodes pouvant s'utiliser pour récupérer diverses valeurs, et les écrire dans un navigateur. Vous allez extraire :

- un élément ;
- un attribut ;
- une valeur d'attribut ;
- le nom de balise d'un élément.

À l'aide de ces informations, vous allez créer une page affichant le prénom et le nom du client, ainsi que son numéro de client.

Voici la page qui va être utilisée (`ch06_ex11.html`) :

```
<HTML>
<HEAD>
<TITLE>Démo du DOM</TITLE>
<SCRIPT language="JavaScript">
  var objDOM;
  objDOM = new ActiveXObject("MSXML2.DOMDocument");
  objDOM.async = false;
  objDOM.load("DonneesVente.xml");
  //Obtenir l'élément racine
document.write("<B>élément racine trouvé : </B>");
varDonneesVente = objDOM.documentElement;
  alert(varDonneesVente.tagName);
  document.write(varDonneesVente.tagName);
//Trouver les éléments Client et sélectionner le premier
  document.write
      ("<B><P>Nous avons trouvé le premier élement Client, son nom est : </B>");
  varElemCli1 = varDonneesVente.getElementsByTagName("Client").item(0);
  alert(varElemCli1.xml);
  document.write(varElemCli1.tagName);
//Trouver l'attribut ID de Client
  document.write
       ("<B><P>Nous pouvons maintenant récupérer l'attribut ID de Client, c'est
: </B>");
  varAttrIDCli = varElemCli1.getAttribute("ID");
  alert(varAttrIDCli);
  document.write(varAttrIDCli);
//Trouver l'attribut suivant Nom
  document.write("<B><P>Le nom du client est : </B>");
  varAttrPrenom = varElemCli1.getAttribute("prenom");
  alert(varAttrPrenom);
  document.write(varAttrPrenom);

  varAttrNomFamille = varElemCli1.getAttribute("nomFamille");
  alert(varAttrNomFamille);
  document.write(varAttrNomFamille);
//Écrivez maintenant l'adresse
  document.write("<B><P>Son adresse est : </B>");
```

```
    varAttrAddr = varElemCli1.getAttribute("Adresse");
    alert(varAttrAddr);
    document.write(varAttrAddr);
    //Trouver l'attribut suivant Ville
    varAttrVille = varElemCli1.getAttribute("Ville");
    alert(varAttrVille);
    document.write(varAttrVille);
  </SCRIPT>
  </HEAD>
  <BODY>
  <P>Nous avons retrouvé bien des choses<P>
  </BODY>
  </HTML>
```

Voyons un peu comment cela fonctionne. Nous commençons par une simple page HTML. Tout le travail réel de cette page se passe dans le bloc `<script>` :

```
<HTML>
<HEAD>
<TITLE>Démo du DOM</TITLE>
<SCRIPT language="JavaScript">
```

Nous commençons par créer une instance du parseur Microsoft MSXML. Comme le DOM ne précise pas comment un document doit être chargé dans une instance de parseur, nous utilisons la méthode `load` de MSXML. Le document est alors placé dans une variable nommée `objDOM`, afin que nous puissions travailler dessus :

```
var objDOM;
objDOM = new ActiveXObject("MSXML2.DOMDocument");
objDOM.async = false;
objDOM.load("DonneesVente.xml");
```

Nous pouvons maintenant extraire l'élément document (ou élément racine de l'instance de document) à l'aide de l'attribut `documentElement`, et l'écrire en sortie à l'aide de l'attribut `tagName`. Il s'affiche dans une boîte d'alerte (comme pour les autres valeurs récupérées) afin de pouvoir voir ce qui se passe. Il est également écrit vers la page à l'aide de la méthode `write` du modèle objet du navigateur :

```
//Obtenir l'élément racine
  document.write("<B>élément racine trouvé : </B>");

  varDonneesVente = objDOM.documentElement;
  alert(varDonneesVente.tagName);
  document.write(varDonneesVente.tagName);
```

L'élément document est stocké dans une variable, afin que nous puissions utiliser plus tard la même référence. Voici l'alerte affichée :

Souvenez-vous que le document possède trois enfants. Nous voulons trouver celui du milieu : `Client`. Si nous possédons un modèle de contenu mixte, ou ignorons combien d'enfants se trouvent avant `Client`, nous pouvons utiliser la méthode `getElementByTagName`. Telle est la façon dont nous récupérons `Client`, pour mettre en évidence ce point :

```
("<B><P>Nous avons trouvé le premier élement Client, son nom est : </B>");
  varElemCli1 = varDonneesVente.getElementsByTagName("Client").item(0);
  alert(varElemCli1.xml);
  document.write(varElemCli1.tagName);
```

Nous gardons une référence vers cet élément enfant dans une nouvelle variable (`varElemCli1`) qui pourra être réutilisée plus tard dans le document. Nous avons ici écrit la valeur de l'élément `Client` vers la boîte d'alerte.

Nous pouvons également voir cela dans la capture d'écran suivante. Ici, nous avons également écrit l'élément document juste rencontré, et nous sommes prêts à écrire le nom de la balise sur laquelle nous nous trouvons :

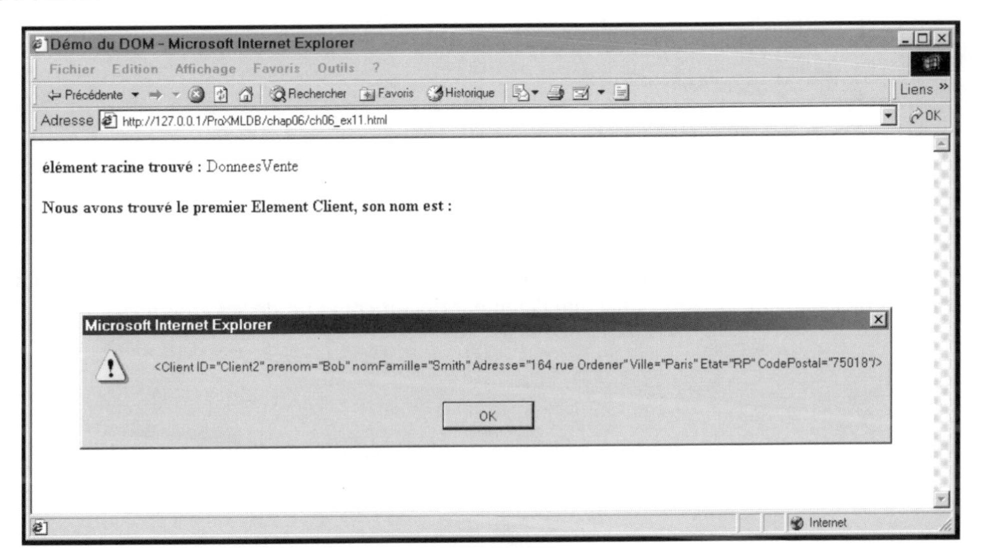

Nous souhaintons maintenant trouver l'attribut ID de Client. Pour y parvenir, nous utilisons la méthode getAttribut :

```
//Trouver l'attribut ID de Client
  document.write
       ("<B><P>Nous pouvons maintenant récupérer l'attribut ID de Client, c'est
: </B>");
  varAttrIDCli = varElemCli1.getAttribute("ID");
  alert(varAttrIDCli);
  document.write(varAttrIDCli);
```

Nous créons encore une variable pour l'y stocker, et nous l'écrivons vers une boîte d'alerte ainsi que sur la page.

Les tâches suivantes impliquent l'obtention des valeurs des attributs restants de leurs nœuds respectifs. Nous y parvenons en utilisant les mêmes méthodes que précédemment :

```
//Trouver l'attribut suivant Nom
  document.write("<B><P>Le nom du client est : </B>");
  varAttrPrenom = varElemCli1.getAttribute("prenom");
  alert(varAttrPrenom);
  document.write(varAttrPrenom);

  varAttrNomFamille = varElemCli1.getAttribute("nomFamille");
  alert(varAttrNomFamille);
  document.write(varAttrNomFamille);
//Écrivez maintenant l'adresse
  document.write("<B><P>Son adresse est : </B>");
  varAttrAddr = varElemCli1.getAttribute("Adresse");
  alert(varAttrAddr);
  document.write(varAttrAddr);
  //Trouver l'attribut suivant Ville
  varAttrVille = varElemCli1.getAttribute("Ville");
  alert(varAttrVille);
  document.write(varAttrVille);
</SCRIPT>
</HEAD>
<BODY>
<P>Nous avons retrouvé bien des choses<P>
</BODY>
</HTML>
```

Après avoir terminé cette page, nous voyons que nous avons récupéré toutes les informations des attributs de l'élément Client, ainsi que l'élément document et un de ses enfants :

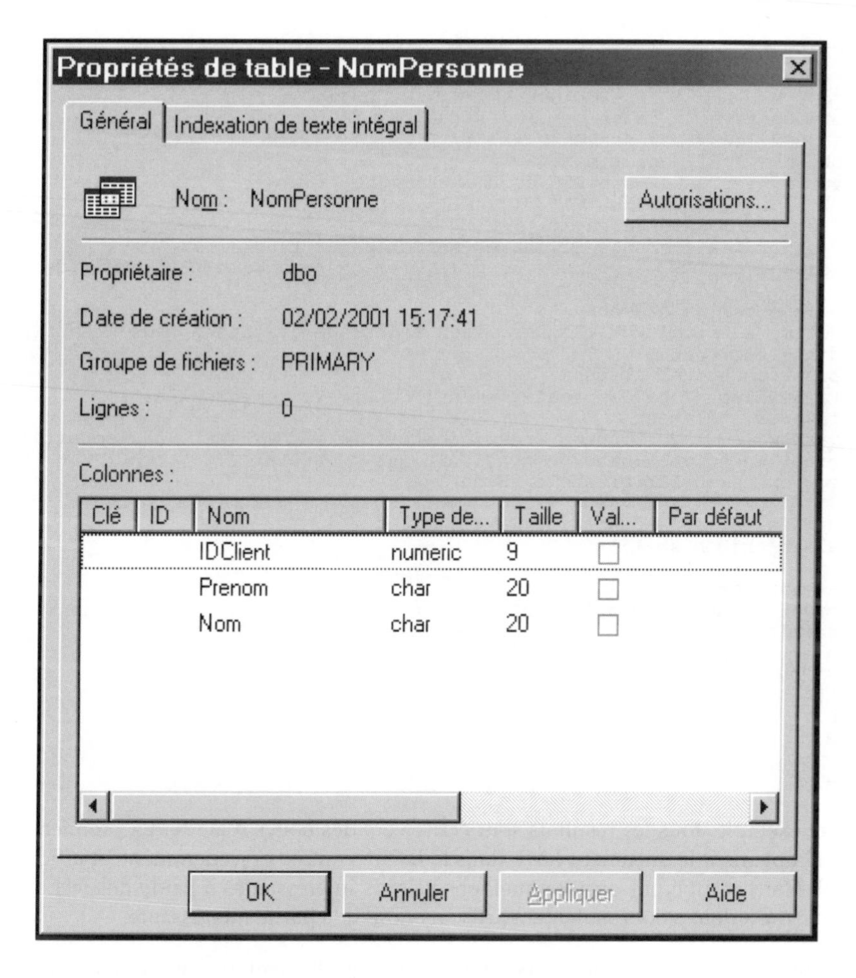

Ce n'est sans doute pas la présentation la plus attrayante qu'il soit possible de concevoir : elle n'en illustre pas moins comment extraire des valeurs depuis le DOM. Nous allons maintenant examiner comment mettre à jour le contenu du DOM.

Ajouter du contenu dans un document à l'aide du DOM

Cette section présente la mise en œuvre de plusieurs techniques utiles :

- ajout d'éléments à un document ;
- ajout de texte au nouvel élément ;
- ajout des attributs à un document ;
- définition de la valeur du nouvel attribut.

Voici le code utilisé à cet effet (`ch06_ex11a.htm`) :

```
<HTML>
<HEAD>
<TITLE>DOM Demo</TITLE>
```

```
<SCRIPT language="JavaScript">
  var objDOM;
  objDOM = new ActiveXObject("MSXML2.DOMDocument");
  objDOM.async = false;
  objDOM.load("DonneesVente.xml");
//Obtenir l'élément racine
  varDonneesVente = objDOM.documentElement;
//Montrer le document XML original
  alert(varDonneesVente.xml);
//Trouver les éléments Client et sélectionner le premier
  varElemCust1 = varDonneesVente.getElementsByTagName("Client").item(0);

<!-- ajouter un élément -->
  document.write("<HR><H1>Les mises à jour apparaissent dans des boîtes
  d'alertes:</H1>");
//créer un nouvel élément
  varNewElem = objDOM.createElement("DonneesVenteMensuelles");
//insérer l'élément
  varNewElem = varDonneesVente.insertBefore(varNewElem, varElemCust1);
//créer un nouveau nœud de type texte et l'insérer
  newText = objDOM.createTextNode
                    ("Pouvez-vous voir que vous avez créé un nouvel élément ?");
  varNewElem.appendChild(newText);
  alert(objDOM.xml);

<!-- ajouter un attribut -->
//créer un nouvel attribut et lui donner une valeur
  varElemCust1.setAttribute("NumeroTéléphone", "3591765524");
  alert(objDOM.xml);
</SCRIPT>
</HEAD>
<BODY>
<HR>
</BODY>
</HTML>
```

Dans cet exemple, tous les résultats sont écrits vers des boîtes d'alerte. La première partie de l'exemple charge simplement le document XML dans le DOM, comme précédemment, et affiche le document XML original. Nous récupérons ensuite quelques valeurs intéressantes à l'aide des techniques abordées dans l'exemple précédent. Alors seulement arrivons-nous à la partie intéressante.

Nous commençons par ajouter au document un nouvel élément. Il s'agit d'un processus en deux étapes :

- il faut d'abord créer le nœud à partir de l'élément document ;
- puis l'ajouter à l'arbre à l'emplacement souhaité.

Le nouvel élément est appelé `DonneesVenteMensuelles`. Nous avons choisi de l'ajouter dans l'arbre avant l'élément `Client` :

```
//créer un nouvel élément
  varNewElem = objDOM.createElement("DonneesVenteMensuelles ");
//insérer l'élément
  varNewElem = varDonneesVente.insertBefore(varNewElem, varElemCli1);
```

Nous devons ensuite doter cet élément de contenu. Nous créons, pour ce faire, un nouveau nœud et nous l'insérons dans l'arbre en deux étapes distinctes. Cela exige un nœud `Text` dont la valeur est écrite comme paramètre de la méthode. Nous insérons ensuite ce nouvel élément :

```
//créer un nouveau nœud de type texte et l'insérer
  newText = objDOM.createTextNode
                  ("Pouvez-vous voir que vous avez créé un nouvel élément ?");
  varNewElem.appendChild(newText);
```

Enfin, nous écrivons le contenu du fichier vers une boîte d'alerte :

```
alert(objDOM.xml);
```

Nous pouvons en voir ici le résultat. Nous avons créé le nouvel élément `DonneesVenteMensuelles` avec une valeur avant l'élément `Client` :

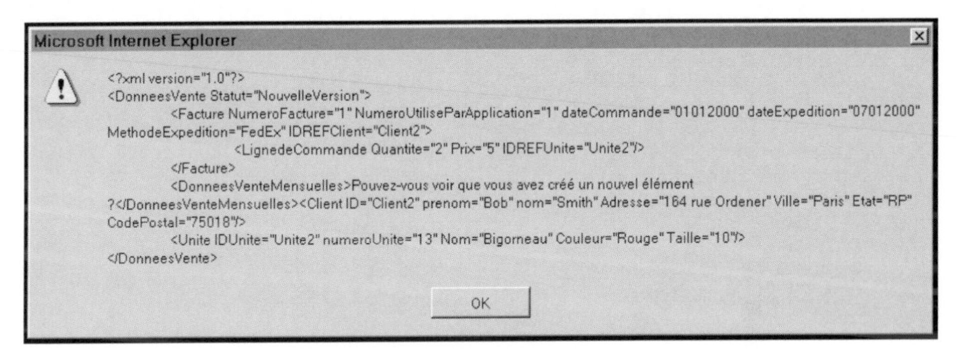

Apprenons maintenant à ajouter l'attribut `telephoneNo` à l'élément `Client`. Pour ce faire, nous utilisons `setAttribute`, à qui nous fournissons le nom (`telephoneNo`) et la valeur de l'attribut à insérer :

```
//créer un nouvel attribut et lui donner une valeur
 varElemCli1.setAttribute("telephoneNo", "3591765524");
  alert(objDOM.xml);
```

et voici l'attribut résultant présenté dans le document XML :

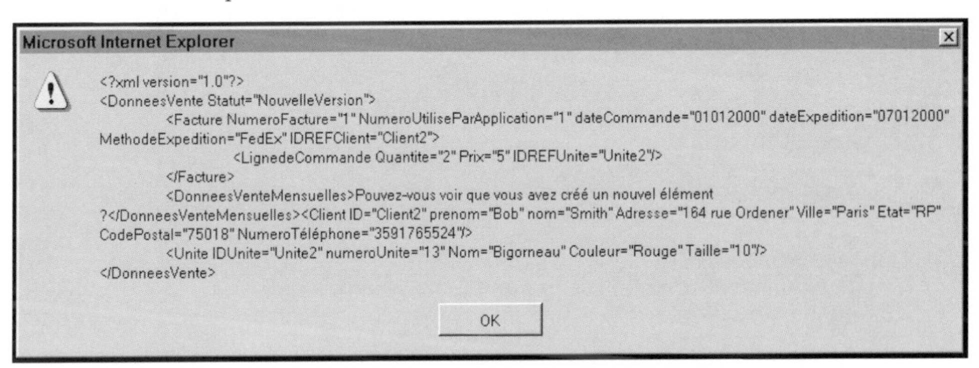

Ajouter des informations provenant d'un autre arbre DOM

Nous allons maintenant tenter de faire fusionner des informations provenant de deux sources XML différentes. Nous allons ainsi injecter des données client provenant d'un second fichier nommé `DonneesVente2.xml` :

```
<?xml version="1.0" encoding="ISO-8859-1"?>
<DonneesVente Statut="NouvelleVersion">
   <Facture NumeroFacture="1"
            NumeroUtiliseParApplication="1"
            DateCommande="01012000"
            DateExpedition="07012000"
            MethodeExpedition="FedEx"
            IDREFClient="Client2">
      <LignedeCommande Quantite="2"
                Prix="5"
                IDREFUnite="Unite2" />
   </Facture>
   <Client ID="Client1"
             prenom="Tom"
             nomFamille="Boswell"
             Adresse="55 rue Ste Anne"
             Ville="Uneautreville"
             Etat="RP"
             CodePostal="UNAUTRECODE" />
   <Unite IDUnite="Unite2"
         NumeroUnite="13"
         Nom="Winkle"
         Couleur="Red"
         Taille="10" />
</DonneesVente>
```

La page qui y parvient porte le nom de `ch06_ex12.html` :

```
<HTML>
<HEAD>
<TITLE>Démo DOM</TITLE>
<SCRIPT language="JavaScript">
  var objDOM;
  objDOM = new ActiveXObject("MSXML.DOMDocument");
  objDOM.async = true;
  objDOM.load("DonneesVente.xml");
//Atteindre l'élément racine
  varDonneesVente = objDOM.documentElement;
//seconde instance du DOM
  var objSecondDOM;
  objSecondDOM = new ActiveXObject("MSXML2.DOMDocument");
  objSecondDOM.async = true;
  objSecondDOM.load("DonneesVente2.xml");
//Atteindre l'élément racine
  varDonneesVenteB = objSecondDOM.documentElement;
  varImportCli1 = varDonneesVenteB.getElementsByTagName("Client").item(0);

<!—ajouter un élément -->
  document.write("<HR><H1>Les mises à jour apparaissent dans des boîtes
  d'alerte:</H1>");
//cloner le nœud depuis le second DOM
   varClone = varImportCli1.cloneNode(true);
//insérer le nœud dans le premier DOM
varDonneesVente.appendChild(varClone);
alert(objDOM.xml);
</SCRIPT>
</HEAD>
<BODY>
<HR>
```

```
</BODY>
</HTML>
```

Nous commençons comme dans les deux exemples précédents par charger le document XML dans le parseur. Cette fois, cependant, nous ajoutons une seconde instance du DOM devant contenir le document depuis lequel nous souhaitons extraire des informations. Nous devons récupérer les éléments à insérer dans le premier arbre depuis ce second arbre DOM : nous les stockons pour ce faire dans `varImportCli1` :

```
//seconde instance du DOM
  var objSecondDOM;
  objSecondDOM = new ActiveXObject("MSXML2.DOMDocument");
  objSecondDOM.async = true;
  objSecondDOM.load("DonneesVente2.xml");
//Atteindre l'élément racine
  varDonneesVenteB = objSecondDOM.documentElement;
  varImportCli1 = varDonneesVenteB.getElementsByTagName("Client").item(0);
```

Afin d'insérer l'élément `Client` depuis le second document dans le premier, nous le clonons. Ce qui explique que nous l'ayons stocké. Nous le faisons à l'aide de la méthode `cloneNode`. Il s'agit d'un clone partiel, qui va récupérer les attributs de cet élément :

```
//cloner le nœud depuis le second DOM
   varClone = varImportCli1.cloneNode(true);
```

Si `Client` possède des attributs enfants, nous devons nous assurer que le clone les a copiés également en fixant le paramètre de la méthode `cloneNode` à `true`, créant ainsi un clone intégral (et non plus partiel).

Après avoir cloné le nœud, nous l'insérons simplement dans l'arbre représentant le premier document, puis écrivons le nouveau document dans une boîte d'alerte :

```
//insérer le nœud dans le premier DOM
varDonneesVente.appendChild(varClone);
alert(objDOM.xml);
```

En voici le résultat :

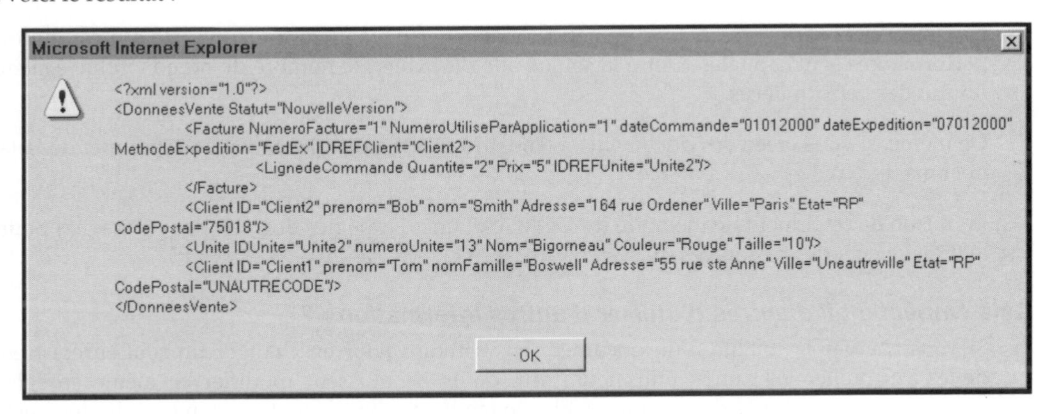

Quand utiliser ou non le DOM

Comme nous l'avons vu, le modèle objet de document (DOM) offre une représentation standardisée d'un document XML permettant le traitement du contenu de ce document, ainsi qu'un ensemble d'interfaces exposant des propriétés et des méthodes utiles à l'intégration de XML dans des programmes et des stratégies de données. Comme des implémentations DOM ont été écrites pour la plupart des langages principaux de script et de programmation, le langage de programmation que nous souhaitons utiliser lors de la création de notre application ne revêt que peu d'importance.

Voici plutôt les deux préoccupations majeures :

- la taille du document sur lequel nous allons travailler ;
- le type de traitement devant être appliqué au document chargé.

Nous allons examiner tour à tour ces deux sujets, bien qu'il faille posséder un raisonnement global pour décider de la manière dont traiter nos documents. Après avoir examiné certains des points fondamentaux permettant de déterminer si DOM représente la technique adéquate, nous allons aborder certaines des autres techniques envisageables.

Taille du document

Pour déterminer si DOM est une technique pertinente dans vos objectifs de programmation, vous devez prendre en compte la taille des documents que vous êtes susceptibles de rencontrer. La raison en tient à la façon dont les implémentations DOM exposent le contenu de documents XML.

Souvenez-vous que le DOM crée une représentation en mémoire du document XML, pour pouvoir travailler avec celui-ci. Une représentation DOM est susceptible de consommer cinq à dix plus de mémoire que le fichier XML lui-même. Cela signifie que vous pouvez aboutir à des situations de mobilisation intensive de la mémoire si la masse des données à traiter est importante. Afin qu'un gros document soit accessible, l'implémentation du DOM doit la charger en mémoire avant que vous ne puissiez travailler dessus.

La chargement d'un gros fichier demande également davantage de temps, ce qui est important si les performances sont capitales. Outre la seule taille du fichier, le nombre de nœuds influe également sur le niveau des performances.

De même, si vous créez des documents à l'aide du DOM, vous devez vous préoccuper de la taille de ces documents.

En raison de cet appétit de mémoire du DOM, certaines stratégies doivent être envisagées pour diminuer le prélèvement des ressources du système.

Cela empêche-t-il d'autres d'utiliser d'autres informations ?

Si vous chargez la totalité d'un document en mémoire pour en changer un seul enregistrement, vous devez verrouiller les autres utilisateurs afin qu'ils ne puissent modifier ce même enregistrement et compromettre l'intégrité du document. Plus le temps de chargement en mémoire du document est long, et plus longtemps les autres utilisateurs seront bloqués. Si vous ne possédez pas de mécanisme de verrouillage, les autres utilisateurs accédant aux mêmes informations pourraient récupérer un enregistrement incorrect ou tenter d'actualiser les mêmes données. Et, si vous validez après eux, leurs modifications seront perdues.

Utiliser des fragments de document pour réduire la demande en bande passante

Est-il raisonnable de transmettre sur le réseau l'intégralité du document ? N'est-il pas plutôt possible de n'en transmettre qu'un fragment, ou un ensemble de fragments, afin de ne travailler qu'avec un petit sous-ensemble plutôt qu'avec la totalité du document ? Si, par exemple, vous ne désirez modifier qu'un enregistrement, il est parfaitement inutile de charger en mémoire la totalité du document. Sélectionnez plutôt uniquement le fragment concerné.

Heureusement, comme vous l'avez vu, il est facile de travailler à l'aide du DOM sur un fragment de document. Il est toujours intéressant de limiter la granularité d'un document aux informations précises avec lesquelles vous souhaitez travailler. Si vous désirez seulement agir sur une facture, mieux vaut ne récupérer que cette facture plutôt que le fichier de toutes celles du mois écoulé.

Bien entendu, il faut quand même charger en mémoire la totalité du document avant de pouvoir accéder à un fragment. Vous devez le récupérer préalablement, avant de commencer à agir dessus à l'aide du DOM.

Comment le DOM traite un document

Vous avez vu précédemment que l'implémentation du DOM se place au-dessus d'un parseur (ou lui est intégré). Le document XML est lu dans le parseur : celui-ci expose le document XML comme un arbre DOM, ou bien une implémentation de l'implémentation du DOM peut se trouver au-dessus du parseur. La représentation DOM reste en mémoire tant que l'application veut travailler avec ce document. Une fois que vous avez terminé avec le document, celui-ci peut persister sous une forme ou sous une autre.

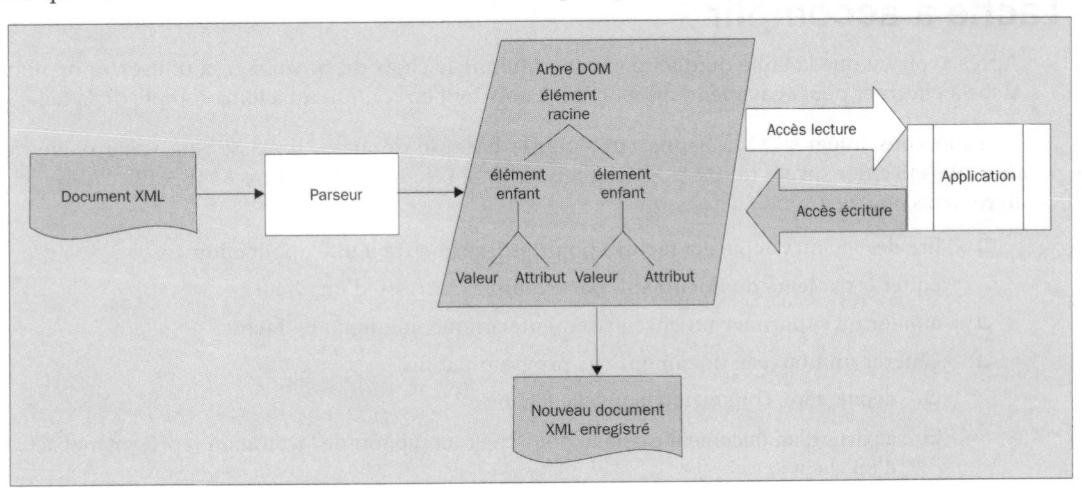

Dans le cas de documents de grande taille, cela signifie que les ressources monopolisées pour conserver un document sous la forme d'un arbre DOM peuvent être très importantes.

Alternatives au DOM

Une autre approche consiste à permettre au document d'être transmis en tant que flux, plutôt que de devoir résider en mémoire. Ce flux pourrait alors être utilisé pour déclencher des événements vers les applications de traitement. C'est exactement le modèle retenu par **SAX (*Simple API for XML*)**, comme vous allez le voir dans le prochain chapitre.

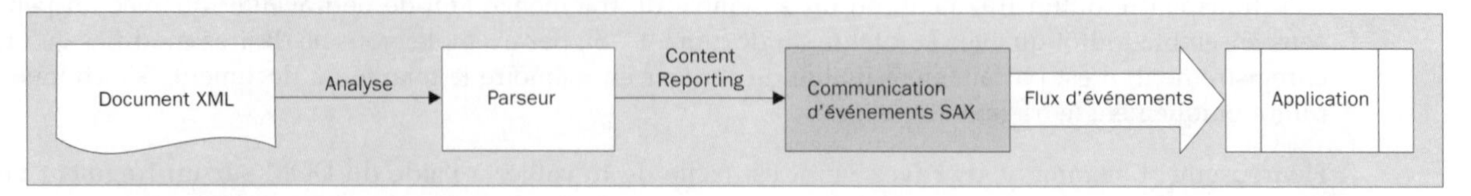

L'utilisation de cette approche ne nécessite pas de conserver en mémoire le document, ce qui signifie consommer moins de ressources. Il est en revanche bien plus délicat de faire autre chose que lire le document au fur à mesure de l'arrivée du flux. Si vous voulez ajouter, actualiser, modifier ou créer un document, il peut être nécessaire de faire analyser plusieurs fois le document par le parseur. Vous en apprendrez plus sur la façon dont SAX traite un document, ainsi que sur les tâches qui lui conviennent le mieux dans le prochain chapitre.

Cela prouve combien la taille peut influencer le choix du traitement des documents. Bien évidemment, si vous ne possédez que de petits documents XML, vous n'avez pas à trop vous préoccuper de la mémoire monopolisée par l'arbre en mémoire qui permet à DOM de traiter le document. Mais, si la taille va en augmentant, il est nécessaire de vous préoccuper de la taille et du nombre de documents à traiter, et d'envisager à la place de concevoir la solution SAX ou le recours à d'autres stratégies.

Tâche à accomplir

Après avoir vu que la taille du document conditionne le choix du processeur à utiliser, apprenons que la tâche à effectuer peut également influencer ce choix tout en continuant à tenir compte de la taille.

Lorsque vous intégrez XML à une stratégie de base de données, il existe une vaste plage de tâches devant s'effectuer sur les données XML. En pensant à l'exemple de facture XML, utilisé jusqu'ici dans ce livre, vous pourriez souhaiter :

- lire des valeurs depuis la facture pour les transmettre à une application ;
- éditer les valeurs du document, par exemple l'adresse d'un client ;
- ajouter ou supprimer un enregistrement, comme une ligne de facture ;
- générer un nouveau document par programmation :
  - depuis zéro, comme une nouvelle facture,
  - à partir d'un document existant, pour créer un rapport de facturation représentant l'activité d'un client ;
- afficher la facture dans un navigateur ;
- afficher la facture dans un programme en utilisant un frontal personnalisé, par exemple Visual Basic ;
- transformer la facture du vocabulaire XML utilisé en un autre vocabulaire, par exemple pour transmission à une société devant exécuter les commandes.

Lorsque vous travaillez avec du XML, l'outil à utiliser et à mettre à disposition d'autres applications dépend de la tâche à réaliser. Il est possible de répartir ces tâches en quatre groupes généraux :

- ajout, mise à jour, modification ;
- transformations de structure ;
- lecture et filtrage ;
- création de documents.

Nous allons les examiner tout à tour.

Lire et filtrer

Imaginez que vous vouliez simplement lire des valeurs depuis un document XML vers une application de traitement, puis laisser celle-ci travailler avec ce qu'elle a trouvé plutôt que de modifier le document. Dans un tel cas, la création d'une représentation en mémoire du document uniquement pour y lire des valeurs peut être moins efficace que l'interception des événements alors que le document passe à travers le processeur.

Par ailleurs, si vous souhaitez obtenir un sous-ensemble du document, il est également préférable d'adopter une approche de type flux.

Vous pouvez récupérer les éléments voulus et les écrire vers un fichier ou toute autre destination, plutôt que de charger en mémoire la totalité du document uniquement pour en extraire une portion.

Ces deux réalités se vérifient notamment lorsque vous désirez lire ou filtrer des valeurs depuis un très gros document. Si les documents sont petits, et que la charge du système reste faible, cela peut ne pas être un problème : cela dépend de la granularité de l'information concernée. Pour lire et filtrer des documents, le DOM n'est pas toujours le meilleur choix.

Ajouter, mettre à jour, supprimer

Et si vous désirez faire davantage que seulement lire des valeurs vers une application ? Après avoir récupéré l'information sous format XML, vous pouvez souhaiter la mettre à jour, autrement dit ajouter des enregistrements, mettre à jour des entrées existantes, ou en supprimer. Comme vous l'avez vu, dans la mesure où le DOM offre une riche palette d'interfaces permettant la manipulation et la mise à jour du contenu d'un document XML, il est un candidat idéal. L'approche DOM permet aux développeurs de tirer parti de la logique intégrée à toute implémentation du DOM pour la gestion de contenu XML, plutôt que d'avoir à concevoir leur propre logique.

Le fait que le DOM, lors de la modification d'enregistrements, conserve en mémoire la représentation du document constitue un avantage clé. Au moment de la création de nouveaux nœuds et de leur insertion dans l'arbre, vous avez vu que tout pouvait être accompli alors que le DOM est en mémoire. En revanche, en fonctionnant avec une approche de type flux, il est nécessaire de placer en mémoire, dans l'application, le contenu devant être ajouté/modifié, afin de pouvoir procéder aux modifications pendant le passage du document.

Bien sûr, vous pouvez simplement supprimer des enregistrements alors qu'ils transitent dans le flux, en ne transmettant vers la sortie que ce qui doit demeurer. Les application réalisant cependant ce type d'opérations effectuent le plus souvent davantage que de simples suppressions. En passant à un centre d'appel clientèle, vous devez permettre aux opérateurs de mettre à jour les enregistrements aussi bien que d'en créer ou d'en supprimer.

De ce fait, le DOM constitue le meilleur choix pour modifier un document XML et le conserver modifié en mémoire, puisqu'il permet de mettre à jour la source, ou s'il est nécessaire de parcourir les enregistrements à actualiser.

Transformations de structure

Voici les buts principaux de la transformation d'un document :

- transformer le XML pour le présenter à un client web (par exemple en HTML) ;
- transformer les données en un autre vocabulaire XML pouvant s'utiliser dans l'application d'un partenaire, ou pour inclusion dans une base de données ;
- assembler des données provenant de différents fichiers XML de plus petite taille d'une base de données répartie.

Le DOM peut ne pas toujours constituer la meilleure solution pour ces transformations. En réfléchissant à la façon dont il effectue les transformations, il faut lui indiquer les nœuds à supprimer et à insérer ailleurs. Peut-être même devra-t-il modifier des noms d'attributs et d'éléments. En fait, il sera nécessaire de lui indiquer bien des choses. Une approche classique consiste à lui préférer en ce cas XSLT. Vous étudierez XSLT dans le chapitre 8.

Il est intéressant de remarquer que la plupart des processeurs XSLT utilisent en fait une représentation DOM pour effectuer leurs transformations, les préoccupations à propos de la taille sont donc encore d'actualité. Elles sont même amplifiées, car un processeur XSLT génère trois représentations du document à gérer :

- l'arbre source ;
- l'arbre de résultat ;
- l'arbre de feuille de style.

Les ressources mémoire nécessaires peuvent donc être considérables lors de la transformation de gros documents. Cela a été reproché à XSLT depuis sa conception, et certains suggèrent même qu'il est peu adapté à la transformation de documents de grande taille. Son adoption par la communauté des développeurs semble cependant suggérer que XSLT va perdurer encore quelque temps, et il est parfois toujours employé dans les implémentations de certains moteurs de transformation.

Les avantages de XSLT résident en ce qu'il est un langage **déclaratif**. Autrement dit vous indiquez à un processeur XSLT comment le document résultant doit apparaître, en le laissant implémenter à votre place la transformation. Il est superflu de lui indiquer les nœuds à supprimer puis à insérer ailleurs, il suffit de spécifier le format selon lequel l'arbre doit apparaître et lui laisser accomplir son travail. Bien qu'il faille passer quelque temps à apprendre à utiliser ce nouveau langage et cette façon de travailler, cela peut se révéler rentable à long terme. Particulièrement si vous réalisez que vous pouvez utiliser une unique feuille de style pour transformer de multiples documents ne possédant pas tout à fait la même structure, tout en respectant la même DTD ou schéma.

Créer un document

Une autre tâche qu'il est possible de vouloir réaliser consiste à créer par pure programmation un nouveau document XML. Par exemple :

- lorsqu'il faut créer une facture totalement nouvelle ;
- pour concevoir un résumé mensuel de toutes les factures du mois écoulé.

Un peu comme lorsque vous deviez décider d'utiliser ou non le DOM pour ajouter, mettre à jour ou supprimer des enregistrements, cela dépend de la façon dont vous construisez le document. S'il faut bâtir un document dont la structure n'est pas encore connue, il est nécessaire de recourir à l'approche « en mémoire ».

La conservation du document en mémoire est bien plus utile ici, car vous pouvez le parcourir. Il est possible d'utiliser la structure présente en mémoire comme de gérer des données entrantes. Vous pouvez même conserver en mémoire diverses représentations d'un même document et les insérer dans un nouveau document.

Il peut être souhaitable de fusionner plusieurs documents : imaginez que vous vouliez créer un rapport mensuel contenant toutes les factures du mois écoulé. Pour ce faire, créez un nouveau document dans le DOM, ajoutez-lui un nœud racine doté de toutes les informations de résumés nécessaires, puis les instances des autres documents factures.

De même, pour fusionner des données de factures et d'autres informations clients, vous pouvez charger le document facture puis y insérer le second document. Après quoi vous accomplissez les opérations nécessaires pour effectuer la fusion (comme déplacer ou réorganiser les nœuds).

Une fois encore, cela nous ramène à la question relative à la taille du document qui va être créé, mais il existe quelques façons plus simples de créer un document par programmation. En envisageant une approche de type flux pour créer un document, il reste nécessaire de conserver en mémoire les portions devant être insérées, afin qu'elles puissent l'être lors du transit du flux du document : ils devraient être conservés de façon persistante quelque part.

Résumé

Ce chapitre a exploré le modèle objet document, ou DOM (*Document Object Model*) qui procure une API permettant de travailler avec des documents XML. Vous avez vu comment une implémentation du DOM fonctionne avec un parseur, qui charge un document XML en mémoire pour vous permettre d'y accéder et d'en modifier les valeurs.

Vous avez appris à :

- utiliser les interfaces exposées par l'API DOM ;
- modifier les valeurs dans la représentation DOM d'un document XML ;
- utiliser les méthodes des interfaces du DOM pour ajouter, supprimer, cloner et mettre à jour des éléments ;
- fixer différents attributs ;
- définir quand l'utilisation du DOM est adéquate ;
- créer quelques exemples simples de l'utilisation du DOM avec JavaScript.

Les exemples abordés montrent comment charger en mémoire un document et y accéder par programmation. Comme le DOM est une API de référence, et comme il en existe des implémentations dans de nombreux langages de programmation, vous êtes désormais capable de l'intégrer à vos applications, quel que soit leur langage d'écriture.

En outre, bien que le chapitre se focalise sur le noyau de niveau 2 (*Level 2 Core*), vous devriez désormais pouvoir travailler avec les versions ultérieures ainsi qu'avec les autres extensions proposées par le DOM.

Vous avez également constaté que, parfois, le DOM n'est pas la meilleure réponse à certains problèmes. En conclusion, vous avez décidé que :

- les développeurs devant construire des applications répondant à des objectifs spécifiques peuvent considérer plus efficace de recourir à SAX pour lire le document, puis de gérer l'information dans leur structure interne de données ;
- les développeurs devant modifier la structure d'un document, soit dans un autre vocabulaire soit à des fins de présentation peuvent préférer l'utilisation de XSLT.

XSLT fait l'objet du chapitre 8. Vous allez auparavant porter votre attention sur SAX.

7

L'API simplifiée de XML (SAX)

SAX (*Simple API for XML*) diffère légèrement de la plupart des autres techniques de la boîte à outils du programmeur XML. Plutôt qu'être une spécification développée par un organisme de standardisation, il s'agit du fruit du travail des membres d'une liste de diffusion nommée XML-Dev (sous la responsabilité de David Megginson). Si vous êtes intéressé, vous pouvez en découvrir plus sur son histoire à l'adresse http://www.megginson.com/SAX/index.html.

Outre le fait que son nom clame sa simplicité, qu'est-ce qui peut motiver de s'intéresser à SAX ? En une phrase, SAX est une alternative au DOM, en tant que méthode d'accès à un document XML - ou tout au moins un complément à ce dernier. Comme vous allez le voir dans la suite de ce chapitre, il existe des avantages à utiliser les deux techniques offertes par DOM et SAX pour accéder et pour manipuler des données en XML, selon le type de document sur lequel vous travaillez et ce que vous voulez en faire.

Ce chapitre suppose que vous connaissiez le DOM.

En disant que SAX est une alternative au DOM, mieux vaudrait ne pas penser aux deux en termes exclusifs. SAX constitue plutôt une autre arme dans l'arsenal de résolution des problèmes relatifs à XML. L'objet de cet ouvrage n'est pas de vous présenter SAX sous toutes ses coutures mais ce chapitre traite des sujets suivants :

- vue d'ensemble de SAX ;
- possibilités d'utilisation de SAX ;
- mode d'emploi de SAX agrémenté d'exemples en Java et en Visual Basic ;
- conditions d'utilisation de SAX de préférence au DOM.

Si vous souhaitez en apprendre davantage sur SAX, vous trouverez quelques éléments de références à la fin de ce chapitre.

Parseurs SAX

Il faut bien comprendre que SAX est une API, tout comme le DOM, et peut être implémentée dans un parseur. Autrement dit, SAX n'accomplit rien de plus que d'offrir des interfaces et des classes devant être implémentées par un parseur ou une application. Cela signifie par ailleurs qu'un « parseur SAX » constitue en fait l'implémentation particulière d'un parseur compatible SAX, et non du standard lui-même.

Plusieurs parseurs SAX étant disponibles gratuitement, nul besoin d'en écrire un vous-même. Le tableau suivant propose une liste des parseurs et des endroits où les trouver.

Nom du parseur	Créateur	Version SAX prise en charge	Emplacement	Langage(s) pris en charge
Aelfred	David Megginson (version 2 par David Brownell)	2.0	http://home.pacbell.net/david-b/xml/#utilities	Java
Saxon	Michael Kay	2.0	http://users.iclway.co.uk/mhkay/saxon/index.html (Saxon utilise une implémentation d'Aelfred, et n'est pas lui-même un parseur à strictement parler)	Java
MSXML3	Microsoft	2.0	http://msdn.microsoft.com/downloads/default.asp	C++, VB et tout langage compatible COM
Parseur Xerces C++	Apache XML Project	2.0	http://xml.apache.org/xerces-c/index.html	C++
Xerces Java	Apache	2.0	http://xml.apache.org/xerces-j/index.html	Java
JAXP	Sun	2.0	http://java.sun.com/xml/download.html	Java
XP	James Clark	1.0	http://www.jclark.com/xml/xp/index.html	Java

La version actuelle de SAX est la version 2, et tous les exemples de ce chapitre implémentent cette version. Nous allons utiliser ici les implémentations Saxon d'Aelfred et MSXML3.

Comprendre SAX

La différence essentielle entre SAX et le DOM est que SAX est une **interface pilotée par des événements** qui exige la déclaration de certaines méthodes pouvant « capturer » des événements depuis le parseur.

Lorsqu'un parseur fondé sur le DOM analyse un document XML, il stocke en mémoire une représentation du document sous forme d'arborescence. SAX, en revanche, envoie le document sous forme de flux du début à la fin, en examinant les différents éléments qu'il rencontre pendant le « passage » du document. Pour chaque élément structurel du document, SAX appelle une méthode que vous avez rendue disponible.

Par exemple, lorsque le parseur rencontre la balise d'ouverture d'un élément, il peut dire « Hé, j'ai trouvé une balise nommée 'X' », mais il vous laisse alors le soin de déterminer ce qu'il faut faire de cette information. À partir de là, il continue sans plus se préoccuper de cet élément. Autrement dit, il vous est indispensable de maintenir l'**état**, ou le **contexte**, lorsque vous travaillez avec un parseur SAX.

Ainsi, si vous aviez ce fragment de code XML analysé par un gestionnaire de contenu :

```
<Debut>
<ici>Voici du texte</ici>
</Debut>
```

Cela aboutit aux événements suivants :

Événements	Renvoie	Valeur
startElement	LocalName	« Debut »
startElement	LocalName	« ici »
characters	Text	« Voici du texte»
endElement	LocalName	« ici »
endElement	LocalName	« Debut »

Chacun des événements déclenchés demande une implémentation de l'interface SAX afin de travailler avec l'information fournie par le parseur. Le début d'un élément est « capturé » par la méthode `startElement`, la fin par la méthode `endElement` et ainsi de suite, comme cela est expliqué ci-dessous. Ces méthodes sont habituellement regroupées dans une classe implémentant la classe `ContentHandler`.

Une des implications de cette approche orientée événements est que l'application que vous construisez doit conserver une trace des noms d'éléments et autres données capturées par le gestionnaire de contenu. Par exemple, imaginez que vous vouliez relier les données textuelles `Voici du texte` à son élément `<ici>`. La méthode `startElement` nécessite alors la définition d'une variable quelconque, pouvant être vérifiée dans la méthode `characters`, comme dans ce pseudocode :

```
declare variable - boolean bInElement
//Début de réception des événements
startElement → localName = "Debut"
startElement → localName = "ici"
si localName = "ici" donc bInElement = Vrai

characters → text = "Voici du texte"
si bInElement donc ces caractères appartiennent à l'élément "ici"
```

Vous découvrirez la notion de **contexte** dans le second exemple de ce chapitre, et travaillerez en détail avec celui-ci dans l'exemple final.

En examinant quelques-unes des implications de cette approche, vous pouvez commencer à comprendre où il est possible d'utiliser SAX. Vous disposez d'un moyen d'analyser un document en vous dispensant de la surcharge de travail liée à la construction en mémoire d'une arborescence. Vous pouvez également éviter d'analyser tout le document, puisque n'importe laquelle des méthodes de capture des événements peut redonner le contrôle à l'application avant que la totalité du document ne soit lue. Ces fonctionnalités signifient que SAX va constituer un moyen très pratique d'analyser d'énormes documents XML. Vous pouvez tout aussi bien ignorer, modifier ou transmettre tout élément identifié par le parseur lors de sa lecture. Cela constitue une excellente opportunité de ne conserver que les portions du document qui vous intéressent.

SAX n'est pas excellent en tout. Comme cela a été mentionné auparavant, il ne permet pas de parcourir l'arborescence, et n'est guère adapté à une navigation d'avant en arrière dans un document : comme vous ne disposez que d'une passe alors qu'il parcourt le parseur, il vaut mieux le considérer comme un outil complémentaire. Nous allons commencer par une approche simple du travail avec SAX.

Exemple 1 : une simple application SAX

SAX étant réputé être simple, nous allons voir s'il est possible de bâtir un exemple capable de fonctionner rapidement. Celui-ci va être écrit en Java, et utilisera un parseur compatible SAX2.

> *Cette application est appelée* `SaxApp`, *et vous pouvez télécharger le fichier* `saxapp.jar`, *ou chacun des fichiers distincts de l'application, à partir du site web de Wrox à l'adresse* *http://www.wrox.fr*

Cet exemple présente une méthode d'implémentation de trois interfaces :

- `XMLReader` : permettant de lire un document XML à l'aide de fonctions de rappels (*callbacks*) ;
- `ContentHandler` : permettant de recevoir des notifications selon le contenu logique du document ;
- `ErrorHandler` : fondamentale pour la gestion des erreurs SAX.

Tous les parseurs SAX devraient implémenter ces interfaces, puisqu'il s'agit de trois des interfaces fondamentales du paquetage `org.xml.sax`. Il n'existe qu'un autre paquetage, `org.xml.sax.helpers`.

L'application doit localiser un petit document XML à partir d'un argument de ligne de commande, et le transmettre au parseur SAX spécifié dans la classe `XMLReader`. Alors que le document est analysé, le `XMLReader` va alerter le `ContentHandler` des événements qu'il a été prévenu de recevoir. Les gestionnaires d'événements vont simplement écrire le nom de chaque événement ainsi géré, et le nom de l'élément (ou le type de donnée textuelles) qu'ils ont reçu. La sortie va être écrite vers la console.

Après avoir terminé cet exemple, vous devriez savoir :

- implémenter un `XMLReader` et un `ContentHandler` fondamentaux ;
- quel est le rôle de `XMLReader` en relation avec le `ContentHandler` ;
- utiliser les différentes méthodes de la classe `ContentHandler` pour répondre à des événements spécifiques du parseur.

Nous allons travailler le premier exemple en Java, en utilisant le parseur Aelfred tel qu'il est proposé par Saxon de Michael Kay. Vous verrez ainsi l'implémentation d'origine de SAX, ainsi que les rudiments du travail avec SAX en langage Java. Les autres exemples de ce chapitre seront en revanche écrits en Visual Basic et utilisés avec MSXML3 (version de MSXML de Microsoft diffusée en septembre 2000).

Afin de pouvoir exécuter cet exemple, vous devez disposer de SAX2 et de SAX2-ext, tous deux disponibles à l'adresse http://www.megginson.com/SAX/, ainsi que de Saxon, disponible à l'adresse http://users.iclway.co.uk/mhkay/saxon/index.html.

Il est nécessaire de créer une classe application contenant le `XMLReader`, et permettant de définir le contenu du document et les gestionnaires d'événements. Il est possible d'y parvenir à l'aide d'une seule classe, mais vous allez ici utiliser des classes distinctes pour les implémentations du `XMLReader`, du `ContentHandler` et du `ErrorHandler`. Vous vous servirez également de `DefaultHandler`, la classe de base de gestionnaires d'événements par défaut de SAX2, située dans le paquetage `org.xml.sax.helpers`.

Préparer la classe XMLReader

La classe `XMLReader` (`SAXApp.java`) commence comme suit :

```
import com.icl.saxon.*; // Le classpath pour l'implémentation SAXON de
                        // Aelfred, le parseur SAX choisi pour cet exemple.
                        // Le tableau ci-dessus propose d'autres choix
possibles.
import java.io.*;
import org.xml.sax.InputSource;
import org.xml.sax.XMLReader;
import org.xml.sax.SAXException;
public class SAXApp
{
```

SAX étant une API, vous devez, pour travailler avec elle, posséder un parseur implémentant SAX. Dans cet exemple, vous utilisez le parseur Aelfred, tel qu'il est proposé par Saxon. Il vous faut donc une nouvelle instance du parseur retenu dans la classe `main` pour créer le parseur. Il est nécessaire d'indiquer à `XMLReader` d'utiliser ce parseur lorsque l'application charge le document, afin que le parseur puisse déclencher des événements vers celle-ci.

```
   public static void main (String args[]) throws SAXException
   {
      XMLReader xr = new com.icl.saxon.aelfred.SAXDriver();
```

Comme le parseur va envoyer des messages sur ce qu'il trouve dans le document XML analysé, vous devez lui indiquer où il peut trouver les gestionnaires d'événements. Ces derniers servent à recevoir les notifications d'événements déclenchés par le parseur alors que celui-ci parcourt le document, tandis que les gestionnaires d'erreurs capturent les exceptions lancées par le parseur, lorsque quelque chose se passe mal.

```
      SaxHandler handler = new SaxHandler();
      SAXErrors errHandler = new SAXErrors();
```

```
        xr.setContentHandler(handler);
        xr.setErrorHandler(errHandler);
```

Tout ce qu'il faut désormais à cette classe est de savoir ce qu'elle doit analyser, et d'appeler la méthode `parse` de `XMLReader`. Voici la totalité de la classe `SAXApp`, y compris la méthode `parse` :

```
import com.icl.saxon.*;
import java.io.*;
import org.xml.sax.InputSource;
import org.xml.sax.XMLReader;
import org.xml.sax.SAXException;
public class SAXApp
{
    public static void main (String args[]) throws SAXException
    {
        XMLReader xr = new com.icl.saxon.aelfred.SAXDriver();
        SaxHandler handler = new SaxHandler();
        SAXErrors errHandler = new SAXErrors();
        xr.setContentHandler(handler);
        xr.setErrorHandler(errHandler);
        // Analyser chaque fichier spécifié sur la ligne de commande.
        for (int i = 0; i < args.length; i++) {
            try {
                FileReader r = new FileReader(args[i]);
                xr.parse(new InputSource(r));
            } catch (SAXException se) {
                System.err.println("Erreur d'analyse du fichier : " + se);
            } catch(FileNotFoundException fnfe) {
                System.err.println("Erreur, fichier inconnu : " +
                                            args[i] + ": " + fnfe);
            } catch(IOException ioe) {
                System.out.println("Erreur de lecture du fichier : " +
                                            args[i] + ": " + ioe);
            }
        }
    }
}
```

`InputSource` est une classe SAX qui détecte le type d'entrée XML reçue par le parseur. Vous allez prendre chaque document spécifié dans la ligne de commande et l'analyser. Il s'y trouve également quelques très simples gestionnaires d'erreurs capturant les exceptions du lecteur de fichier et du parseur. L'application va simplement écrire à l'écran quelques informations alors qu'il reçoit des événements du parseur.

Bien évidement, cette application ne va pas encore fonctionner, puisqu'elle signale les événements SAX à des classes qui n'existent pas encore. Il faut donc créer les classes gérant les messages du parseur.

Vous trouverez une documentation complète sur l'API à l'adresse
http://www.megginson.com/SAX/Java/javadoc/index.html

Capturer des événements du XMLReader

Il existe de nombreux événements pouvant être capturés lorsqu'un document traverse SAX, mais vous allez pour le moment vous limiter aux méthodes `startDocument`, `endDocument`, `startElement`, `endElement` et `characters`. Ce sont les méthodes les plus fréquemment utilisées.

Remarquez la paire de méthodes `startElement` et `endElement`. Comme cela a été dit auparavant, SAX va signaler les événements selon l'ordre du document, si bien que l'ouverture et la fermeture d'éléments constituent des événements distincts.

Dans cet exemple, les événements vont être transmis à `SAXHandler`, qui étend les méthodes de la classe `DefaultHandler`. Cette classe n'implémente que les méthodes des événements dont l'application doit être consciente. Si l'événement `endDocument` ne vous intéresse pas, vous pouvez simplement supprimer cette méthode de la classe.

Cela devrait vous montrer une autre différence par rapport au DOM. En faisant référence à un nœud non existant dans l'arborescence créée par un parseur DOM, vous obtenez une erreur. Avec un parseur SAX, les nœuds dont vous n'avez pas besoin sont simplement ignorés, et vous n'obtiendrez aucun message relatif à des nœuds qui n'existent pas.

Chaque méthode déclarée doit recevoir certains arguments, comme cela est défini dans l'API.

Il est intéressant de consulter les informations relatives à `DefaultHandler` dans l'API. Cette classe consiste en une classe pratique fondamentale pour toute application SAX2. Elle procure une implémentation par défaut de tous les rappels des quatre classes gestionnaires du noyau SAX2 : `EntityResolver`, `DTDHandler`, `ContentHandler` et `ErrorHandler`. Les développeurs d'application peuvent étendre cette classe lorsqu'ils ont besoin de n'implémenter qu'une partie de l'interface. Les rédacteurs de parseurs peuvent instancier cette classe pour disposer des gestionnaires par défaut, lorsque l'application ne propose pas les siens.

En tant que développeur d'application, votre objectif est donc de substituer les méthodes proposées par l'interface `ContentHandler` à travers la classe `DefaultHandler`. Ces méthodes ne font rien par défaut, si bien qu'il n'y a aucun mal à ne pas les substituer. La classe `SaxHandler` débute comme suit :

```
import org.xml.sax.helpers.DefaultHandler;
import org.xml.sax.Attributes;
//////////////////////////////////////////////////////////////////////
// Gestionnaires d'événements.
//////////////////////////////////////////////////////////////////////
public class SaxHandler extends DefaultHandler
{
    public void startDocument()
    {
        System.out.println("Debut du document");
    }
    public void endDocument()
    {
        System.out.println("Fin du document");
    }
```

Remarquez dans la déclaration de classe le modificateur capital `extends DefaultHandler`. Cela permet au compilateur de savoir que vous substituez les méthodes de la classe importée portant ce nom.

En outre, comme vous avez implémenté les méthodes `startDocument` et `endDocument` de l'interface `ContentHandler`, vous serez averti par le parseur de ces événements. C'est uniquement à vous de déterminer que faire de cette information. Bien que cette méthode puisse être compliquée à souhait, cet exemple va se contenter d'alerter l'utilisateur en écrivant un message vers la console à l'aide de `System.out.println`.

Le reste des méthodes de cette classe est similaire :

```
    public void startElement(String uri, String name,
                             String qName, Attributes atts)
    {
        System.out.println("Debut de l'element :  {" + qName + "}" + name);
    }
    public void endElement(String uri, String name, String qName)
    {
        System.out.println("Fin de l'element :   {" + uri + "}" + qName);
    }
    public void characters(char ch[], int start, int length)
    {
        System.out.print("Caracteres :    \"");
        for(int i = start; i < start + length; i++) {
            switch (ch[i]) {
                case '\\':
                    System.out.print("\\\\");
                    break;
                case '"':
                    System.out.print("\\\"");
                    break;
                case '\n':
                    System.out.print("\\n");
                    break;
                case '\r':
                    System.out.print("\\r");
                    break;
                case '\t':
                    System.out.print("\\t");
                    break;
                default:
                    System.out.print(ch[i]);
                    break;
            }
        }
        System.out.print("\"\n");
    }
}
```

La méthode `characters` propose un peu plus d'action, en raison de la façon dont il faut gérer les espaces vierges. Tout espace vierge trouvé dans un élément va être envoyé vers la méthode `characters`. Comme le but de l'application est d'écrire tous les événements vers la console, il est plus pratique d'utiliser le caractère d'espace pour les espaces vierges, plutôt que ces derniers.

ErrorHandler

Enfin, une classe `SAXErrors` permet de gérer les trois types d'erreurs que vous êtes susceptible de rencontrer durant l'analyse : les erreurs fatales, les erreurs simple et les avertissements :

```
import org.xml.sax.SAXParseException ;
public class SAXErrors implements org.xml.sax.ErrorHandler
{
    public void fatalError(SAXParseException spe){
        system.err.println ("Erreur fatale : " + spe);
    }
    public void error(SAXParseException spe){
        system.err.println ("Erreur d'analyse : " + spe);
    }
    public void warning(SAXParseException spe){
        system.err.println ("Avertissement d'analyse : " + spe);
    }
}
```

Résultat

Afin d'exécuter cette application simple, ouvrez une console de commande et saisissez l'emplacement de l'application compilée, avec comme argument un quelconque document XML. Si vous utilisez un système d'exploitation Microsoft, n'oubliez pas les guillemets autour de l'emplacement de l'application :

```
C:\>"c:\emplacement_dossier_compilation\saxapp" exemple.xml
```

En utilisant le document XML simple rencontré précédemment :

```
<?xml version="1.0" encoding="ISO-8859-1" ?>
<Debut>
<ici>
Voici du texte
</ici>
</Debut>
```

et en le nommant `exemple.xml`, vous devriez aboutir au résultat suivant :

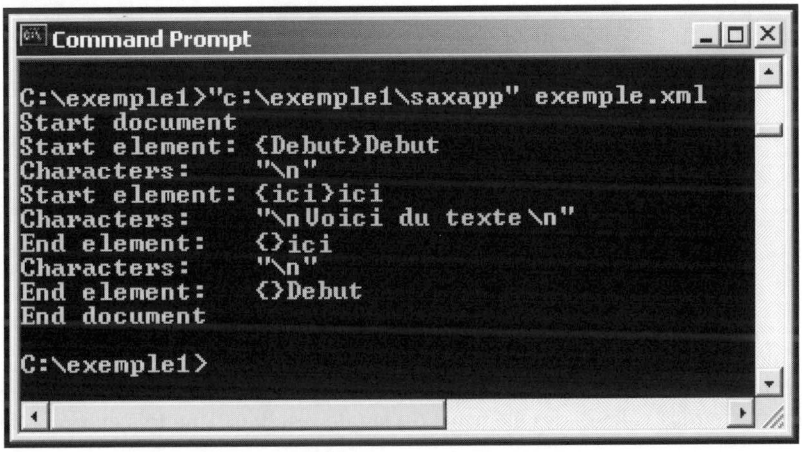

```
Command Prompt

C:\exemple1>"c:\exemple1\saxapp" exemple.xml
Start document
Start element: <Debut>Debut
Characters:    "\n"
Start element: <ici>ici
Characters:    "\nVoici du texte\n"
End element:   <>ici
Characters:    "\n"
End element:   <>Debut
End document

C:\exemple1>
```

D'accord, cela ne présente guère d'utilité, mais prouve que le parseur lit bien le document spécifié. Une fois cette application opérationnelle, vous pouvez jouer avec les méthodes pour voir ce que vous pouvez faire en réponse aux événements déclenchés par le parseur.

Un moment avec le DOM

Pour situer les choses, regardez ce qui se passerait si nous avions utilisé le DOM plutôt que SAX. D'abord, en recourant au parseur Microsoft MSXML et Visual Basic, le document XML serait chargé en mémoire, et la totalité du document serait donc disponible pour inspection.

```
Dim xmlDoc As MSXML2.DOMDocument30
Set xmlDoc = New MSXML2.DOMDocument30
Dim nodes As MSXML2.IXMLDOMNodeList
Dim node As MSXML2.IXMLDOMNode
Dim sXML As String
Dim i As Integer
'Charger le texte comme document XML
xmlDoc.loadXML ("<Debut> <ici>Voici du texte</ici> </Debut>")
```

Une fois chargé en mémoire, si vous voulez écrire les noms des éléments, vous devez manipuler le document contenu en mémoire à l'aide de :

```
Set nodes = xmlDoc.selectNodes("//")
For i = 0 To (nodes.length - 1)
  Set node = nodes.Item(i)
    If node.nodeType = NODE_TEXT Then
      sXML = sXML & "Node" & node.parentNode.nodeName & _
                    " value = " & node.Text & vbCrLf
    Else
      sXML = sXML & "Node" & i & " name = " & node.nodeName & vbCrLf
    End If
Next
MsgBox "XML: " & vbCrLf & sXML, vbOKOnly, "XML through DOM"
```

Ce qui aboutit à la boîte de message :

Lorsque nous utilisons la méthode MSXML `selectNodes`, nous obtenons une liste complète des nœuds, comme spécifié par l'expression XPath. Il est alors possible de parcourir cette liste et d'obtenir un à un les noms ou les valeurs des éléments du jeu de résultats. Une fois encore, cela est faisable dans la mesure où la totalité du document est chargée et accessible au parseur. Nous pouvons parcourir le document, plutôt que d'en collecter des portions au fur et à mesure qu'elles sont annoncées.

Il est possible, sans recharger le document, de sélectionner un nœud d'un élément dont le nom est déjà connu en utilisant cette syntaxe :

```
xmlDoc.selectSingleNode("Debut").text
```

Cela prouve une fois encore que vous percevez le document tout à fait différemment lorsque vous utilisez les différentes API.

> **Avec le DOM, nous partons du principe que nous avons les valeurs, et nous cherchons comment les conserver.**
> **Avec SAX, nous devons envisager que nous pouvons recevoir des événements, et voir comment nous souhaitons les gérer.**

Choisir entre SAX et DOM

Avant de passer à quelques exemples plus compliqués, voyons pourquoi et à quel moment SAX peut se révéler plus utile que le DOM. Durant cette étude, une attention toute particulière sera portée aux points suivants :

- **Gérer de gros documents XML.** Il ne fait aucun doute que la méthode d'analyse de SAX est bien plus performante que celle du DOM, dès qu'il s'agit de documents de grande taille. « Grand » est un terme relatif, mais souvenez-vous qu'un document analysé par le DOM occupe une place mémoire pouvant atteindre dix fois la taille du fichier de départ. S'il s'agit d'un fichier de 2 ou 3 Mo, cela peut ne pas être grave. Mais s'il s'agit d'un fichier atteignant les 100 Mo, les gains de performances obtenus avec SAX sont spectaculaires.
- **Créer votre propre document comme sous-ensemble.** SAX peut être utile pour préparer un document pour le DOM ou pour un autre parseur, en permettant la création d'un nouveau document de plus petite taille, ne contenant que les éléments dont vous avez besoin. Comme vous répondez à des événements, vous pouvez conserver ce que vous voulez et abandonner le reste.
- **Filtrer des documents dans un flux d'événement.** SAX propose l'interface `XMLFilter` pour définir des classes interceptant des événements alors qu'ils passent du `XMLReader` à un `ContentHandler`. La définition d'une chaîne de filtres, dotés de différentes fonctions de traitement, permet d'obtenir des transformations de document à différents niveaux.
- **Interrompre le traitement.** Cela s'applique de nouveau à de gros documents : vous pouvez interrompre le traitement SAX depuis n'importe quel gestionnaire d'événements. Lorsque vous avez obtenu ce que vous voulez depuis la source de données, vous arrêtez tout.

> **Il est important de noter que les parseurs SAX ne garantissent le gain en mémoire que s'il s'agit d'implémentations pures, uniquement SAX. Certains parseurs peuvent en toutes circonstances construire l'arborescence en mémoire, annihilant les intérêts du modèle piloté par les événements SAX : choisissez donc avec soin votre parseur SAX.**

Soulignons maintenant les domaines où le DOM s'avère supérieur :

- **Modifier et enregistrer le document original.** SAX ne peut réellement modifier un document XML : il est considéré comme étant en lecture seule. Vous pouvez faire en sorte que SAX modifie *en apparence* l'original en créant un nouveau document, ou même qu'il en écrive un en envoyant vos propres événements vers les gestionnaires d'événements, mais cela reste plus compliqué que d'écrire directement vers le document en mémoire à l'aide du DOM.
- **Modifier la structure du document.** Ici encore, vous modifiez la structure d'un document avec SAX en écrivant un nouveau document. Le DOM permet d'effectuer explicitement de telles modifications.
- **Procéder à un accès aléatoire : problème de contexte.** Si vous souhaitez parcourir le document XML, en allant d'avant en arrière et en travaillant avec divers nœuds à différents moments, SAX peut être d'utilisation très délicate. Comme il ne se préoccupe nullement des détails du document qu'il analyse, ni de la façon dont chaque élément est lié à un autre (sauf en ce qui concerne l'ordre du document), vous devez maintenir le contexte par programmation. Si vous envisagez de maintenir le contexte, quelle que soit la façon dont vous utilisez SAX, vous aurez besoin de recourir au DOM pour effectuer toute gestion complexe du document. SAX pose plusieurs problèmes lorsqu'il s'agit de revenir en arrière ou de progresser dans un document. Il faut savoir ce que vous recherchez lors d'une première passe, le récupérer, puis effectuer une seconde passe, pour obtenir une autre valeur, et ainsi de suite.

Bref, vous pouvez accomplir n'importe quoi avec n'importe laquelle des deux API, mais elles sont en réalité complémentaires. Chacune possède ses forces et ses faiblesses, dont vous pouvez tirer profit selon la tâche à effectuer. Examinez quelques cas d'utilisation de ces deux approches.

Situations mieux adaptées au DOM

- Pour modifier un document XML fondé sur une saisie utilisateur dans une application et enregistrer le XML situé en mémoire avant de passer à une autre partie de l'application.
- Pour toute structure complexe : celle-ci est présente en mémoire comme représentation arborescente du document.

Situations mieux adaptées à SAX

- Pour manipuler un gros document ne comportant qu'une faible portion pertinente : nul besoin de se préoccuper des éléments dont vous n'avez pas besoin.
- Dans toutes les situations où vous ne devez effectuer qu'une passe dans le document pour en retirer des valeurs.
- Lorsqu'il faut quitter le document dès qu'une valeur ou un nœud précis a été récupéré. Toute méthode de gestionnaire d'événements peut être utilisée pour mettre fin au traitement si vous avez identifié la donnée recherchée.
- Lorsque le serveur analysant le document possède des ressources limitées. Un très gros document peut facilement épuiser les ressources en mémoire d'un ordinateur si vous utilisez le DOM.

SAX : un monde sans état

Bien que le contexte soit important, SAX n'en possède aucun. Alors que vous pourriez vouloir par exemple connaître le contexte du document actif (comme l'élément sur lequel vous vous trouvez), afin de déterminer à quel élément appartient un certain bloc de PCDATA, les parseurs SAX ne génèrent d'événements que dans l'ordre où ceux-ci se présentent dans le document.

Souvenez-vous qu'à partir du fragment XML étudié au début de ce chapitre :

```
<Debut>
<ici>Voici du texte</ici>
</Debut>
```

vous pouvez répondre aux événements suivants :

Événement	Renvoie	Valeur
startElement	localName	« Debut »
startElement	localName	« ici »
characters	text	« Voici du texte »
endElement	localName	« ici »
endElement	localName	« Debut »

Afin de pouvoir faire quelque chose d'intelligent à partir de ces informations, vous devez savoir que vous vous trouvez dans l'élément `ici` lorsque que vous rencontrez les données textuelles. Sinon, le texte ne possède pas de qualificateur. Nous allons examiner un exemple dans lequel un document XML fondé sur des éléments est transformé en document fondé sur des attributs. Cela peut être utile lorsque vous recevez un document d'un type, et devez le transmettre à une application ne comprenant que des documents de l'autre type.

Dans cet exemple, nous allons maintenir le contexte à l'aide de drapeaux et de compteurs déclarés à un niveau global, et référencés dans les méthodes de la classe `ContentHandler`. Chaque drapeau est une valeur booléenne pouvant être fixée à « on » ou à « off » au cours de l'exécution en définissant la variable comme étant `True` ou `False`. Cela est appréciable lorsqu'une règle ou une valeur a été évaluée dans une méthode et que vous vouliez le savoir pour une autre. Bien qu'il ne soit pas obligatoire de connaître la sortie réelle, nous souhaitons être avertis que quelque chose s'est produit. Les compteurs serviront à connaître la profondeur de l'élément courant dans le document.

Dans tous les prochains exemples du chapitre, nous allons utiliser Microsoft Visual Basic 6. Chaque projet, avec tout le code associé et les documents XML, est disponible sur le site web de Wrox. Le seul autre élément dont vous ayez besoin est MSXML, version 3.0 ou ultérieure. Le code de ce chapitre est conçu pour fonctionner avec la version distribuée en octobre 2000, disponible en téléchargement à l'adresse http://msdn.microsoft.com/downloads/default.asp.

Exemple 2 : créer un contenu fondé sur des attributs à partir d'un contenu fondé sur des éléments

Nous allons apprendre avec cet exemple à créer un document utilisant un modèle de contenu fondé sur les attributs à partir d'un document fondé sur les éléments. Cela nous explique comment utiliser SAX pour apporter des modifications au document original, alors même qu'il écrit à la volée un document. Nous allons également découvrir une technique de maintien du contexte dans la classe `ContentHandler`, à l'aide de drapeaux et de compteurs.

Pour ce faire :

- Lancez un nouveau projet Visual Basic EXE standard appelé `SaxExemple`. Ajoutez une référence à la version la plus récente du parseur MSXML en sélectionnant dans la barre de menus Projet | Références..., puis en cochant Microsoft XML, v3.0. Si `msxml.dll` n'a pas été enregistré sur votre système, la fonctionnalité Parcourir... permet de pointer directement vers le fichier lui-même.
- Créez une feuille Visual Basic nommée `frmAttsCentric` pour héberger l'application. Cette feuille nécessite :
  - une zone de texte, `txtInputDoc`, avec comme propriété `Text c:\epicerie.xml`. Il s'agit du nom du document XML à convertir ;
  - un bouton de commande, `cmdParse`, dont la propriété `Caption` est fixée à `Analyser`. lorsque vous cliquez sur ce bouton, le document XML spécifié est chargé ;
  - un bouton de commande nommé `cmdExitSub`, dont la propriété `Caption` est fixée à `Quitter`. Ce bouton ferme l'application ;
  - une zone de texte, `txtResults`, avec une propriété `Text` vierge. C'est là que les résultats seront affichés.

Cette feuille simple ressemble à quelque chose comme cela :

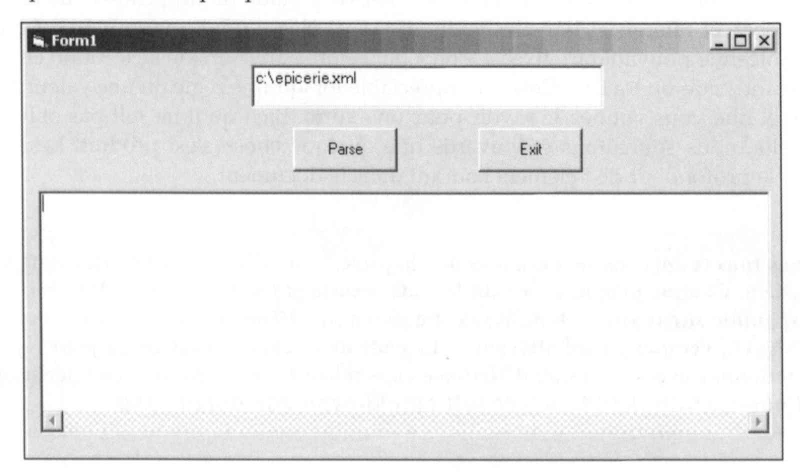

Assurez-vous que la propriété `Multiline` de la zone de texte est bien fixée à `True`, faute de quoi le résultat ne sera guère lisible.

Passez maintenant au code. Il vous faut :

- Établir l'instance de `XMLReader` dans la méthode `cmdParse_Click()`.
- Appeler les méthodes `setContentHandler()` et `setErrorHandler()` de `XMLReader` pour assigner respectivement les classes `saxElemstoAtts` et `saxErrorHandler`.
- Créer la classe `saxElemstoAtts` implémentant l'interface `IVBSAXContentHandler`, et la classe `saxErrorHandler` implémentant l'interface `IVBSAXErrorHandler`.
- Créer le code des méthodes des gestionnaires pour générer le document résultat souhaité.

Feuille frmAttsCentric

Il faut d'abord instancier `XMLReader`, lui indiquer où envoyer ses événements d'analyse et où envoyer les messages d'erreurs. Ajoutez à la feuille le code suivant :

```
Option Explicit
Private Sub cmdParse_Click()
    Dim reader As SAXXMLReader
    Dim contentHandler As saxElemstoAtts
    Dim errorHandler As saxErrorHandler
    txtResults.Text = ""
    Set reader = New SAXXMLReader
    Set contentHandler = New saxElemstoAtts
    Set errorHandler = New saxErrorHandler
    ' Équivalent aux méthodes setContentHandler() et setErrorHandler() de l'API
Java.
    '  Indique au parseur les classes devant recevoir les événements et celles
    '  devant recevoir les messages d'erreur.
    Set reader.contentHandler = contentHandler
    Set reader.errorHandler = errorHandler
```

Le fait de fixer les propriétés `contentHandler` et `errorHandler` de `XMLReader` permet de faire pointer le lecteur sur les classes correctes de cette application particulière. Le lecteur doit avoir ces propriétés fixées avant que vous ne puissiez appeler sa méthode `parseURL()`. Faute de quoi rien ne se produira, parce que le lecteur n'a personne à qui signaler les événements.

Après avoir procédé ainsi, vous pouvez laisser le lecteur analyser le document :

```
    On Error GoTo HandleError
    reader.parseURL(txtInputDoc.Text)
    Exit Sub
HandleError:
    txtResults.Text = txtResults.Text & "*** Erreur *** " & Err.Number & _
                                         " : " & Err.Description
End Sub
```

La méthode `parseURL()` de l'objet `SAXXMLReader` permet de spécifier directement l'emplacement d'un document. Cette application récupère l'emplacement depuis la zone de texte `txtInputDoc` de la feuille.

Remarquez que les noms de classes définis par l'API Java y sont présents, mais précédés d'un préfixe pour les classes et les interfaces.

Maintenant qu'un lecteur XML est en mesure de déclencher les événements, nous définissons les gestionnaires d'événements. Lorsque nous examinerons la classe `contentHandler`, nous étudierons attentivement le contexte pour pouvoir transformer la structure du document XML.

Avant de regarder de plus près ce que va accomplir chaque événement, examinons le document qui va être analysé par l'application.

Document XML

Cette application suppose qu'il s'agit d'un document XML bien formé possédant un élément de niveau document, puis un élément de niveau supérieur récurrent renfermant tous les autres types d'éléments pour répondre au format générique suivant :

```
<ElementDocument>
   <ElementNiveauSup1>
      <QualifiantA/>
         ...
      <QualifiantN/>
   </ElementNiveauSup1>
   ...
   <ElementNiveauSupN>
      ...
   </ElementNiveauSupN>
</ElementDocument>
```

Par exemple, ce pourrait être un document issu d'une base de données d'inventaire, possédant des nœuds répétitifs pour chaque article en stock, comme le document `epicerie.xml` utilisé dans cet exemple :

```
<?xml version="1.0" encoding="ISO-8859-1" ?>
<Epicerie>
    <Article>
        <CleArticle>1</CleArticle>
        <Nom type="Produitlaitier" calories="200">Lait</Nom>
        <Prix>2.000 F</Prix>
        <PourcentageVitamineA>75%</PourcentageVitamineA>
        <DJRecommandee>450 g</DJRecommandee>
    </Article>
    <Article>
        <CleArticle>2</CleArticle>
        <Nom type="Produitlaitier" calories="150">Fromage</Nom>
        <Prix>1.500 F</Prix>
        <Origine>Wisconsin</Origine>
        <PourcentageVitamineA>75%</PourcentageVitamineA>
        <DJRecommandee>142 g</DJRecommandee>
    </Article>
    <Article>
        <CleArticle>3</CleArticle>
        <Nom type="Céréales" calories="50">Pain</Nom>
        <Prix>2.150 F</Prix>
        <Origine>Iowa</Origine>
        <PourcentageVitamineA>15%</PourcentageVitamineA>
```

```
        <DJRecommandee>2 tranches</DJRecommandee>
    </Article>
    <Article>
        <CleArticle>4</CleArticle>
        <Nom type="Grignotage" calories="350">Pâtisseries</Nom>
        <Prix>4.250 F</Prix>
        <PourcentageVitamineA>Inférieur à 1%</PourcentageVitamineA>
        <DJRecommandee>néant</DJRecommandee>
    </Article>
</Epicerie>
```

Classe ContentHandler

Nous allons commencer par étudier la classe `ContentHandler`. Ajoutons à l'application un module de classe appelé `saxElemstoAtts`, puis plaçons-y le code suivant :

```
Option Explicit
Implements IVBSAXContentHandler
' Définir quelques *variables de niveau module pour maintenir le contexte
' d'un événement d'analyse à un autre
Private bContext As Boolean
Private iCompteur As Integer
Private sCurrentName, sTopName, sTopChar As String
' Initialiser les variables de niveau module
Private Sub class_Initialize()
    bContext = False
    iCompteur = 0
    sCurrentName = ""
    sTopName = ""
    sTopChar = ""
End Sub
```

Nous commençons par quelques déclarations de variables pouvant être fixées lors de l'initialisation. Ces variables vont aider l'application à maintenir le contexte alors que l'analyse des événements déclenche les méthodes les unes après les autres. Le drapeau booléen `bContext` sera la principale variable de contexte de cette application, indiquant à celle-ci si un élément enfant devant devenir un attribut est ou non dans le bon contexte tout moment. Ce drapeau est initialement fixé à `False`, afin d'indiquer qu'aucun élément ne l'est.

La variable `iCompteur` va servir à indiquer que nous sommes dans le contexte de l'élément document, et lorsque c'est également le cas des éléments de niveau supérieur. Les autres variables chaînes vont contenir les valeurs d'éléments particuliers pendant l'exécution de l'application. Cela permet à celle-ci d'écrire les valeurs vers le document résultat, même après le déclenchement de l'événement suivant. En l'absence de telles variables, il faudrait soit écrire les informations dans le document résultat pendant un événement particulier, soit en perdre la valeur à jamais.

Drapeaux, compteurs et conteneurs de valeurs constituent un bon point de départ pour présenter l'implémentation du contexte. Nous allons découvrir dans un prochain exemple un mécanisme de gestion d'états bien plus complexe, destiné à de plus grosses applications.

La classe `ContentHandler` doit posséder une méthode pour chacun des événements pouvant être envoyés par le parseur. En Java, les méthodes auxquelles l'application est susceptible de ne pas répondre peuvent être laissées en dehors du gestionnaire de contenu. En revanche, Visual Basic exige par le mot clé `Implements` que la classe implémente chaque méthode définie dans l'interface spécifiée.

Méthode startElement

Vous allez maintenant ajouter du code pour la méthode `startElement()` :

```
Private Sub IVBSAXContentHandler_startElement( _
                              sNamespaceURI As String, _
                              sLocalName As String, _
                              sQName As String, _
                              ByVal attributes As MSXML2.IVBSAXAttributes)
```

Remarquez l'utilisation de la classe des attributs SAX au sein de la méthode `startElement()`. Les attributs de chaque élément sont en fait envoyés en tant qu'objets séparés renfermant le type, l'URI, le nom qualifié, le nom local et la valeur de chaque attribut. Vous pouvez accéder à n'importe laquelle des valeurs d'un objet `attributes` lorsque que vous vous trouvez dans la méthode the `startElement()`.

Débutez ensuite l'analyse du document `epicerie.xml`. L'application va produire en sortie un fragment de document se concentrant sur l'élément `Article` en temps qu'élément de niveau supérieur, et traite chacun de ses enfants comme attribut qualifiant. Chaque élément enfant va être ajouté à l'élément `Article` en tant qu'attribut :

```
Dim i As Integer
    Dim sVal
    iCompteur = iCompteur + 1
    If iCompteur > 2 And sLocalName <> sTopName Then
        sCurrentName = sLocalName
        bContext = True
        frmAttsCentric.txtResults.Text = frmAttsCentric.txtResults.Text & _
                                         " " & sCurrentName & "="""
```

Nous vérifions immédiatement le `iCompteur` et `sLocalName` car il est nécessaire d'isoler l'élément `Article` pendant des appels ultérieurs, mais il faut également sauter la racine. `iCompteur` étant simplement incrémenté chaque fois que nous entrons dans la méthode `startElement`, nous pouvons ignorer le premier élément et passer au second. Une fois encore, cette application concerne un certain type de structure de document XML. Si nous souhaitons capturer le cinquième élément, il est possible de vérifier `iCompteur` différemment. De même, nous pourrions modifier l'application pour procéder à une vérification en fonction du nom de l'élément.

La variable de contexte est également fixée à `True` à l'intérieur de l'instruction `If` afin que, par la suite, lorsque nous examinerons les données textuelles, nous puissions décider si elles doivent être écrites comme attribut.

Il faut ensuite vérifier à nouveau le compteur, pour voir si le nœud actif est désormais le second :

```
ElseIf iCompteur = 2 Then
        ' Ceci est le nœud élément principal (le second rencontré par le
        '  parseur). Il est donc supposé qu'il existe un élément de plus haut
```

```
niveau
          ' à ignorer, et que l'élément suivant est l'élément 'principal'.
          sTopName = sLocalName
     End If
```

Lorsque la valeur de iCompteur est 2, nous disposons du nom de l'élément supérieur répétitif, que nous stockons dans une variable `sTopName` comme moyen de modifier le traitement sur cet élément particulier en fonction d'événements d'analyse ultérieurs.

```
     If sLocalName = sTopName Then
          ' Vous répétez le processus chaque fois que vous atteignez cet élément
          frmAttsCentric.txtResults.Text = frmAttsCentric.txtResults.Text & _
                                          vbCrLf & "<" & sLocalName
```

Maintenant, si l'élément de plus haut niveau possède déjà des attributs, ceux-ci doivent être préservés, nous parcourons donc la collection `attributes` :

```
          If attributes.length > 0 Then
               For i = 0 To (attributes.length - 1)
                    frmAttsCentric.txtResults.Text = _
                              frmAttsCentric.txtResults.Text & " " & _
                              attributes.getLocalName(i) & "="
                    frmAttsCentric.txtResults.Text = _
                              frmAttsCentric.txtResults.Text & """" & _
                              attributes.getValue(i) & """"
               Next
          End If
     End If
End Sub
```

Les valeurs des attributs peuvent être référencées soit par un nom, soit par un numéro d'index. Ici, nous obtenons les valeurs en utilisant les numéros d'index séquentiels. Nous n'écrivons pas ici la parenthèse fermante de l'élément de plus haut niveau, car nous désirons écrire de futurs événements `startElement` dans ce même élément. Après avoir fermé les structures logiques, nous voilà prêts à passer à la méthode `characters()`.

Méthode characters

Avec les données textuelles, cette application doit chercher à tout conserver sauf le texte apparaissant à l'extérieur d'éléments `<Article>`. Toutes les données textuelles situées dans un élément `<Article>` de plus haut niveau doivent être stockées pour utilisation ultérieure, puisqu'elles devront être écrites dans le document résultat, mais seulement après que tous les autres éléments situés dans `<Article>` auront été écrits.

Si le texte actuellement analysé concerne un élément devant devenir un attribut (comme le signale `bContext`), il est écrit directement dans le résultat :

```
Private Sub IVBSAXContentHandler_characters(sText As String)
     sText = strip(sText)
     If bContext Then
          ' S'il s'agit de la racine, toute donnée caractère est ignorée
          frmAttsCentric.txtResults.Text = _
               frmAttsCentric.txtResults.Text & sText
```

```
    ElseIf sTopName <> "" Then
        sTopChar = sTopChar & sText & " "
    End If
End Sub
```

Alors que le texte transite, il est envoyé à la fonction `strip()` qui se borne à éliminer tout saut de ligne afin d'améliorer la lisibilité dans la fenêtre `txtResults` :

```
Private Function strip(sText As String)
    Select Case sText
        Case vbCrLf
            sText = Replace(sText, vbCrLf, "")
        Case vbCr
            sText = Replace(sText, vbCr, "")
        Case vbLf
            sText = Replace(sText, vbLf, "")
    End Select
    strip = sText
End Function
```

En utilisant MSXML, tout le texte situé dans un élément particulier est renvoyé par un unique appel à la méthode `characters()`. De façon générale cependant, chaque parseur est libre de déterminer la façon dont il regroupe les caractères qu'il renvoie.

Méthode endElement

Nous allons maintenant travailler avec les balises de fin des éléments. Ajoutons à la classe le code suivant :

```
Private Sub IVBSAXContentHandler_endElement(sNamespaceURI As String, _
                                            sLocalName As String, _
                                            sQName As String)
    If sLocalName = sTopName Then
        frmAttsCentric.txtResults.Text = frmAttsCentric.txtResults.Text & _
            ">" & vbCrLf & Trim(sTopChar) & "</" & sLocalName & ">" & vbCrLf
        sTopChar = ""
    ElseIf bContext Then
        ' Fermer les guillemets de la valeur de l'attribut
        frmAttsCentric.txtResults.Text = _
            frmAttsCentric.txtResults.Text & """" ' Fin de la valeur de
l'élément
        ' Réinitialisation pour le traitement de l'élément suivant
        bContext = False
    End If
End Sub
```

Les actions qui doivent s'effectuer à l'intérieur de la méthode `endElement()` peuvent sembler quelque peu moins intuitives que celles étudiées jusqu'à présent. En fait, c'est en parvenant à la fin d'un élément que l'application devrait nettoyer la sortie vers le document résultat, et préparer les variables pour la prochaine série d'événements d'analyse. Ici, deux éléments de fin particuliers sont importants.

Tout d'abord, s'il s'agit de l'élément de niveau supérieur, la balise d'ouverture de l'élément devrait elle-même être fermée par le signe supérieur >, et les caractères conservés jusque-là dans la variable sTopChar être enfin écrits dans le résultat. Il est également opportun d'écrire la balise de fermeture, et de nettoyer la variable sTopChar pour la préparer au prochain élément <Article> :

```
If sLocalName = sTopName Then
    frmAttsCentric.txtResults.Text = frmAttsCentric.txtResults.Text & _
        ">" & vbCrLf & Trim(sTopChar) & "</" & sLocalName & ">" & vbCrLf
    sTopChar = ""
```

Le second cas intéressant se présente lorsque nous atteignons la fin d'éléments qui ont été maintenant écrits comme attributs de <Article>. La variable bContext est gentiment prête à nous aider à déterminer si la balise de fin courante appartient à un tel élément. Après avoir vérifié si bContext est true, nous écrivons simplement les guillemets de fermeture de la valeur du nouvel attribut :

```
ElseIf bContext Then
    frmAttsCentric.txtResults.Text = _
        frmAttsCentric.txtResults.Text & """"
    bContext = False
```

Il est également important de réinitialiser bContext, puisque l'élément suivant à analyser peut être un élément de niveau supérieur. Si le drapeau bContext n'est pas réinitialisé ici, les événements textuels envoyés entre les éléments ne seront pas capables d'indiquer si le texte doit être écrit comme attribut texte ou comme texte de niveau supérieur.

Il est également nécessaire d'implémenter des procédures vides pour les autres méthodes IVBSAXContentHandler afin de pouvoir compiler le projet. Il s'agit de : documentLocator, endDocument, endPrefixMapping, ignorableWhitespace, skippedEntity, startDocument et startPrefixMapping.

Classe ErrorHandler

Ce projet comprend également le code de gestion d'erreurs suivant. Dans la mesure où MSXML considère toutes les erreurs comme fatales, il suffit de se préoccuper de la méthode fatalError() :

```
Option Explicit
Implements IVBSAXErrorHandler
Private Sub IVBSAXErrorHandler_fatalError(ByVal lctr As IVBSAXLocator, _
                                          msg As String, _
                                          ByVal errCode As Long)
  frmAttsCentric.txtResults.Text = frmAttsCentric.txtResults.Text & _
                                   "*** error *** " & msg
End Sub
' Rien à faire pour error() et warning(), MSXML considère toutes les erreurs
comme fatales.
Private Sub IVBSAXErrorHandler_error(ByVal lctr As IVBSAXLocator, _
                                     msg As String, _
                                     ByVal errCode As Long)
End Sub
Private Sub IVBSAXErrorHandler_ignorablewarning( _
                                     ByVal lctr As IVBSAXLocator, _
                                     msg As String, ByVal errCode As Long)
End Sub
```

Résultat

Compilez maintenant l'application, et pointez vers l'exemple d'inventaire `epicerie.xml`. Vous devriez voir le résultat suivant :

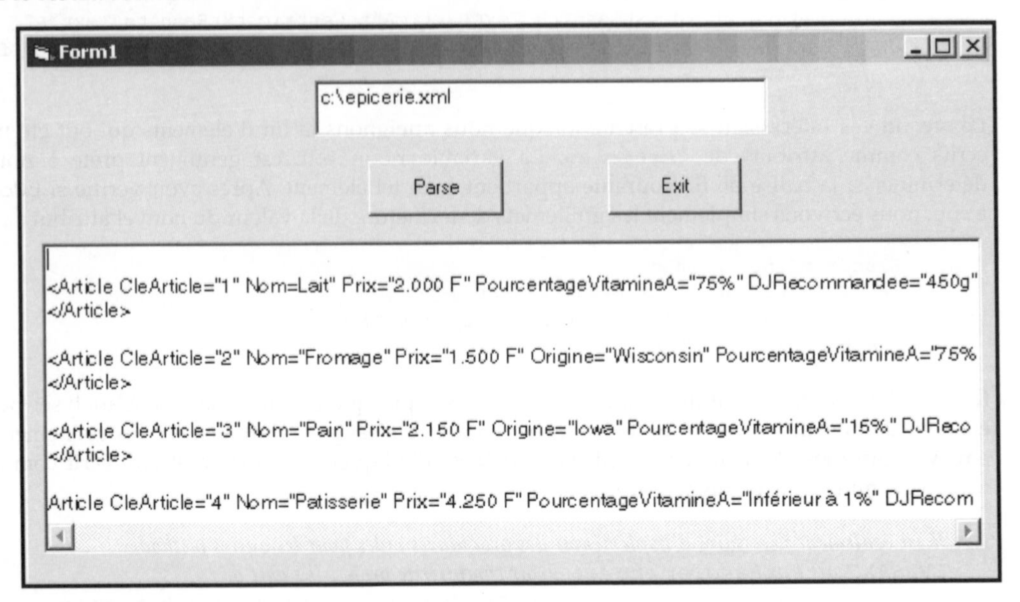

Résumé sur le contexte

Afin de pouvoir prendre des décisions intelligentes sur ce qui doit être fait avec les données provenant du `XMLReader`, il faut maintenir le contexte du document au sein de l'application. L'idée générale est qu'il faut disposer de valeurs extérieures aux méthodes d'événements pouvant s'utiliser avec chaque événement. Il est possible de maintenir le contexte avec le nom d'un élément particulier, un numéro d'index ou un compteur, ou bien de recourir à une valeur booléenne pour activer ou désactiver à volonté un contexte plus général. Ce type d'analyse de document est parfaitement adapté à la méthodologie SAX, puisque vous pouvez aisément vous déplacer de façon linéaire sans avoir besoin de modifier des valeurs dans le document original. Si le document d'inventaire exemple contenait des centaines de milliers d'articles, l'économie en ressources serait prodigieuse.

Gérer de gros documents

Il arrive souvent qu'un fichier XML comporte des informations superflues pour un besoin particulier. Dans une base de données, les colonnes d'un ensemble de données ne sont pas toujours pertinentes selon les situations. Vous pouvez retenir de façon sélective certaines colonnes, à l'aide d'une instruction `SELECT` dans une requête SQL. En XML, l'homologue de SQL est XSLT.

XSLT prend un document en entrée et le transforme en un document résultat. SAX peut être utilisé de façon similaire, en raison de sa capacité à transmettre chaque élément d'un document XML à une fonction avant d'écrire le document résultat. SAX peut être brutal, ne retirant que ce dont il a besoin du document XML et se débarrassant du reste sans scrupule. Heureusement, dans le monde des données, la brutalité peut être synonyme d'efficacité.

Cette section examine les capacités de SAX à travailler avec un très gros document pouvant ne posséder qu'une faible portion de données intéressantes. Nous allons d'abord découvrir un exemple de transformations simples, utilisant la plus grande partie de l'implémentation déjà abordée, puis passer aux filtres SAX.

Exemple 3 : bâtir un document XML efficace à partir d'un document dithyrambique

Cet exemple va avoir recours à une interface simple pour indiquer à l'application quel document constitue la source et spécifier un emplacement pour le document résultat. Vous disposez de deux possibilités : produire un autre document XML, ou produire un nouveau document auquel est ajouté un balisage HTML.

Ce projet est appelé `saxTransformExample`. L'interface est une feuille nommée `frmTransform`, ressemblant à ceci :

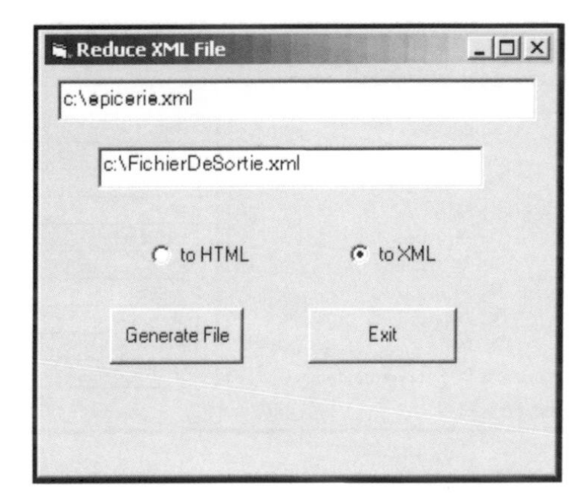

Le code de cette feuille ne présente rien de compliqué :

```
Private Sub Frame1_DragDrop(Source As Control, X As Single, Y As Single)
End Sub
Private Sub cmdCreateFile_Click()
  Dim retval
  If optXML.Item(0) Then
    Dim xOutput As New saxTransformXML
    Call xOutput.StartitUp(txtInputFile.Text, txtOutputFile.Text)
  Else
    Dim hOutput As New saxXMLtoHTML
    Call hOutput.StartitUp(txtInputFile.Text, txtOutputFile.Text)
  End If
End Sub
Private Sub cmdExit_Click()
  End
End Sub
```

Les boutons appellent simplement des fonctions définies par l'utilisateur, `StartitUp`, pour définir les variables d'entrée et de sortie des documents pour le `XMLReader`.

L'option pour la sortie HTML n'est pas documentée ici, mais elle est implémentée dans les fichiers téléchargeables. Cette option se contente d'illustrer une autre façon de filtrer un document XML. Légèrement développée, elle pourrait permettre de produire du XHTML. La même technique pourrait également être utilisée pour produire un document de type quelconque, y compris un simple fichier CSV.

Ici, le fichier `epicerie.xml`, vu à l'exemple 2, sera le document source. Le but de l'application est de ne conserver que les éléments `<Nom>`, `<Prix>` et `<DJRecommandee>`, en les enveloppant dans un nouvel élément générique de niveau document nommé `<MONXML>`. Par ailleurs, l'attribut `type` de l'élément `<Nom>` va être converti en un élément `enfant`, dont la valeur sera affichée comme la valeur texte de l'élément `<Nom>`.

Le fichier original affiché par le Microsoft XMLReader se présente sous la forme suivante :

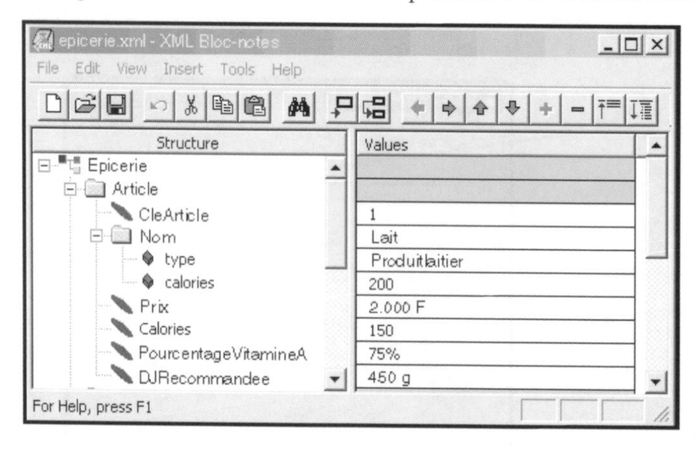

Une fois l'application exécutée, le document résultat `FichierDeSortie.xml` se présente comme suit :

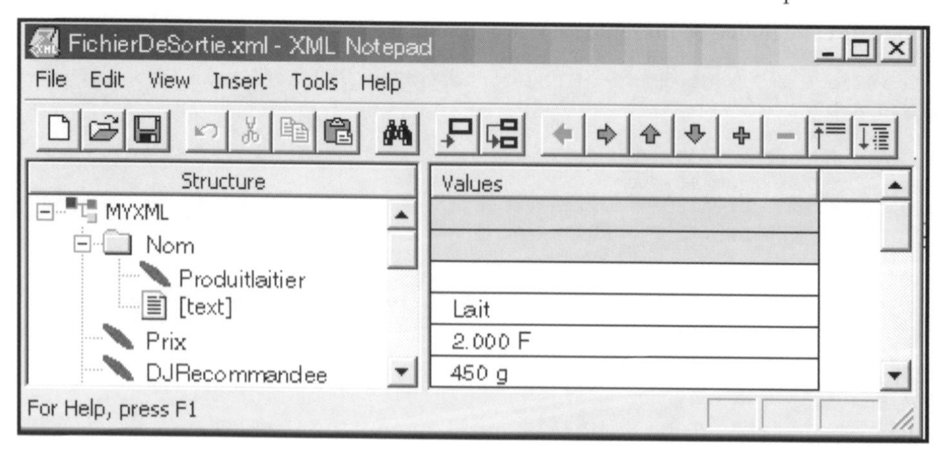

Après avoir terminé cet exemple, vous devriez être capable de :

- recourir à SAX comme méthode alternative de transformation de documents XML depuis XSLT ;
- écrire des fonctions dans la classe `ContentHandler` pour ajouter des fonctionnalités ;
- modifier le type de document de XML en n'importe quel autre.

Préparer la classe XMLReader

La classe gestionnaire de contenu est appelée `saxTransformXML`, et débute par les conventionnelles déclarations de variables de maintien du contexte :

```
Option Explicit
Implements IVBSAXContentHandler
Private ts As TextStream
Private fso As FileSystemObject
Private iElementCounter As Integer
Private sFfirstelement As String
Private bContext As Boolean
```

`TextStream` et `FileSystemObject` vont servir à générer le fichier de sortie. Remarquez également que la variable `bContext` de l'exemple 2 est revenue. Elle va constituer l'unique mécanisme de gestion d'états, puisqu'à nouveau notre objectif est de parcourir le document et d'écrire aussi vite que possible le document résultat. L'intérêt n'est pas ici de collecter quoi que ce soit.

Cette classe gestionnaire particulière possède une fonction définie par l'utilisateur, répondant au nom de `StartitUp`. Elle est appelée par la feuille pour définir les variables du document d'entrée et de sortie pour le `XMLReader` :

```
Public Sub StartitUp(infile As String, FichierDeSortie As String)
  Set fso = New FileSystemObject

  On Error Resume Next
  fso.DeleteFile (FichierDeSortie) 'nettoyer le fichier.

  Set ts = fso.OpenTextFile(FichierDeSortie, ForWriting, True)

  Dim reader As SAXXMLReader30
  Dim errorhandler As saxErrorHandler

  Set reader = New SAXXMLReader30
  Set errorhandler = New saxErrorHandler

  Set reader.contentHandler = Me
  Set reader.errorhandler = errorhandler

reader.parseURL (infile)          ' L'analyser
End Sub
```

Dans cet exemple, le lecteur a été écrit dans la classe gestionnaire, et la propriété `reader` est fixée à l'aide de `Me`. Il s'agit du mot réservé utilisé par VB pour indiquer la classe courante.

```
Set reader.contentHandler = Me
```

Rien dans SAX n'impose de classes différentes pour une quelconque des implémentations de classes : la séparation des tâches est uniquement un choix de pratique d'écriture de code. Nous souhaitons ici ouvrir un objet `TextStream` à l'aide des variables provenant de la feuille, en rendant l'objet disponible partout dans la classe. Comme nous ne désirons pas commencer l'analyse avant de connaître le fichier de sortie, il est logique d'instancier ici le lecteur.

Commencer l'analyse des événements

L'objectif de cette transformation particulière est d'obtenir un document XML de plus faible taille répondant à vos besoins particuliers, et non de modifier le type du document. De ce fait, vous devez vous assurer que le fragment de document XML produit à l'autre bout puisse être utilisé comme un XML bien formé par le client suivant. Vous utilisez les méthodes `startDocument` et `endDocument` pour insérer les balises adéquates au début et à la fin du nouveau document résultat :

```
Private Sub IVBSAXContentHandler_startDocument()
ts.Write ("<?xml version="1.0" encoding="ISO-8859-1" ?><MONXML>")
  bContext = False
End Sub
Private Sub IVBSAXContentHandler_endDocument()
  ts.Write ("</MONXML>")
End Sub
```

Le gestionnaire de contenu est utilisé pour n'enregistrer que certains éléments choisis : `<Nom>`, `<Prix>` et `<DJRecommandee>`. Le processus d'élimination des autres éléments débute dans la méthode `startElement`. Les éléments souhaités sont sélectionnés d'après leur nom pour être écrits dans le flux. Les éléments qui ne sont pas nommés sont simplement ignorés, et n'ont en fait pas du tout besoin d'être « gérés » :

```
Private Sub IVBSAXContentHandler_startElement(sNamespaceURI As String, _
                                              sLocalName As String, _
                                              sQName As String, _
                                  ByVal Attributes As MSXML2.IVBSAXAttributes)
  Select Case sLocalName
    Case "Nom"
      ts.Write ("<" & caseChange(sLocalName, 1) & ">")
      If Attributes.length <> 0 Then
        ts.Write ("<" & Attributes.getValueFromName(sNamespaceURI, "type") _
                  & "/>")
        bContext = True
      End If
    Case "Prix"
      ts.Write ("<" & caseChange(sLocalName, 2) & ">")
      bContext = True
    Case "DJRecommandee"
      ts.Write ("<" & sLocalName & ">")
      bContext = True
    End Select
End Sub
```

Afin d'illustrer certaines transformations à la volée, nous modifions la casse de différents éléments à l'aide de la fonction `caseChange`, qui transforme en majuscules ou en minuscules selon un paramètre entier, `iChangeType` :

```
Private Function caseChange(sText As String, iChangeType As Integer) _
                            As String
  Select Case iChangeType
    Case 1
      caseChange = StrConv(sText, vbProperCase)
    Case 2
      caseChange = StrConv(sText, vbLowerCase)
    End Select
End Function
```

Bien entendu, les fonctions implémentées pour filtrer les valeurs envoyées par le parseur SAX peuvent être aussi élaborées que vous pourriez le souhaiter.

En rencontrant un élément recherché, nous ne nous contenterons pas d'écrire son nom, mais de fixer aussi le mécanisme de gestion d'états :

```
bContext = True
```

Cet état de `True` pour `bContext` indique à l'application que, pour le moment, le parseur lance des événements relatifs à un élément qui vous intéresse. Ensuite, en arrivant à la méthode `characters`, nous pouvons éliminer les caractères des éléments non désirés en vérifiant simplement la valeur de `bContext` :

```
Private Sub IVBSAXContentHandler_characters(sCars As String)
  If bContext Then
    ts.Write (sCars)
  End If
End Sub
```

La fermeture des éléments ressemble beaucoup à leur ouverture. Les noms des éléments doivent à nouveau passer par `caseChange`, afin que le XML résultat soit bien formé, et nous réinitialisons le mécanisme de gestion d'états :

```
Private Sub IVBSAXContentHandler_endElement(sNamespaceURI As String, _
                                            sLocalName As String,
                                            sQName As String)
  Select Case sLocalName
    Case "Nom"
      ts.Write ("</" & caseChange(sLocalName, 1) & ">" & vbCrLf)
      bContext = False
    Case "Prix"
      ts.Write ("</" & caseChange(sLocalName, 2) & ">" & vbCrLf)
      bContext = False
    Case "DJRecommandee"
      ts.Write ("</" & sLocalName & ">" & vbCrLf)
      bContext = False
  End Select
End Sub
```

Ça y est : nous disposons d'un nouveau document bien formé, de taille inférieure de moitié au document original, et respectant les spécifications du mécanisme d'entrée ou de récupération.

Le projet proposé en téléchargement comporte une classe supplémentaire, `saxXMLtoHTML`, s'occupant de la sortie HTML, ainsi qu'une classe de gestion d'erreurs similaire à celle de l'exemple précédent.

Résultat

En utilisant `epicerie.xml`, le fichier de sortie devrait ressembler à ce qui suit :

```
<?xml version="1.0" encoding="ISO-8859-1" ?>
<MONXML><Nom><produitlaitier/>Lait</Nom>
<prix>2.000 F</prix>
<DJRecommandee>450 g.</DJRecommandee>
<Nom><produitlaitier/>Fromage</Nom>
<prix>1.500 F</prix>
<DJRecommandee>142 g.</DJRecommandee>
<Nom><céréales/>Pain</Nom>
<prix>2.1500 F</prix>
<DJRecommandee>2 tranches</DJRecommandee>
<Nom><Grignotage/>Pâtisseries</Nom>
<prix>4.250 F</prix>
<DJRecommandee>néant</DJRecommandee>
</MONXML>
```

Vous devriez être capable de comprendre combien cela est utile dans le cas de documents plus verbeux que nécessaire, ou encore ne respectant pas les règles de votre DTD ou de votre schéma. SAX offre une merveilleuse façon de passer les données dans le format de votre choix, et ce à la volée.

Filtres SAX

Il est très classique d'utiliser une classe `ContentHandler` comme dispositif d'interception entre le `XMLReader` et le `ContentHandler` qui va écrire le document. Des contributeurs à l'API SAX ont amélioré cette fonctionnalité sous la forme d'une extension de `XMLReader` nommée **XMLFilter**.

La classe `XMLFilter` part d'une référence à une classe parent `XMLReader`. La propriété parente est fixée à une autre instance de `XMLReader`, qu'il s'agisse d'un `XMLReader` de base ou d'une implémentation de `XMLFilter`. Ainsi, les événements d'analyse du `XMLReader` sont d'abord envoyés au parent de plus haut niveau, qui répondra (au moins) à chaque événement en envoyant un autre événement SAX au `XMLReader` enfant. Cela peu sembler un peu troublant, mais nous allons examiner le code dans un instant.

Pour pouvoir utiliser un filtre, il faut implémenter les méthodes et les propriétés d'un `XMLFilter` dans une nouvelle classe.

> **L'API SAX propose une classe utilitaire nommée `XMLFilterImpl` qui n'est pas incluse dans MSXML. Une traduction VB de cette classe utilitaire est fournie dans les fichiers proposés en téléchargement relatifs à cet exemple. Elle est appelée `VBXMLFilterImpl.cls`, et contient uniquement les méthodes par défaut, transmettant sans modification le document XML au lecteur suivant.**

Exemple 4 : utiliser une implémentation de la classe XMLFilter

Nous allons, pour cet exemple, construire une application implémentant un `XMLFilter` plutôt banal. Une interface utilisateur va récupérer l'emplacement d'un document d'entrée, ainsi que le nom de deux éléments devant être supprimés du document XML avant de le transmettre finalement au `ContentHandler`.

Il n'est pas vraiment important de savoir ce qui est implémenté dans les filtres, ou si cet exemple contient ou non des classes séparées. Le fait de posséder le `XMLFilterImpl`, et de voir comment les filtres sont enchaînés, permet de créer toute application fondée sur des filtres. La classe de gestionnaire de contenu (`saxContentHandler`) va simplement écrire le document XML vers la zone de texte `txtResults` de l'interface utilisateur de l'application. L'application vous permet de choisir d'afficher le document résultat avec le filtre ou sans, pour comparer facilement les sorties. Voici à quoi ressemble l'interface :

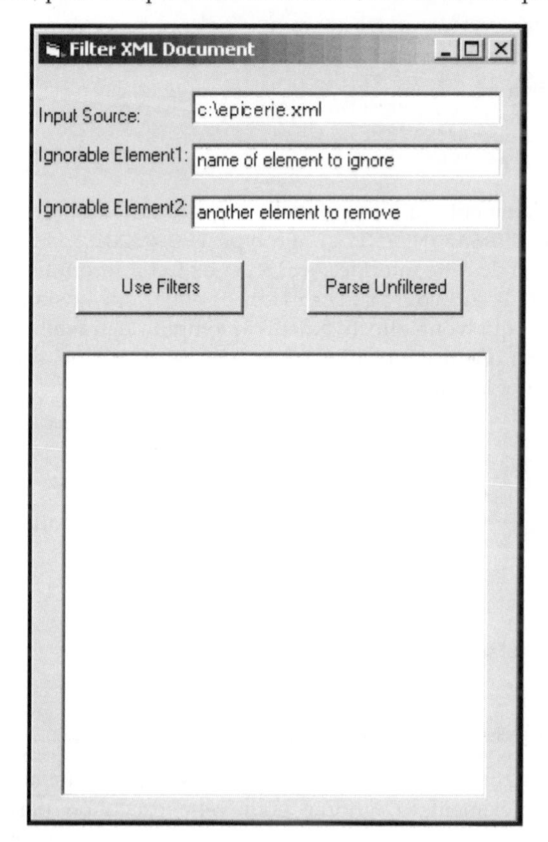

Parvenu à la fin de cet exemple, vous devriez être capable :

- d'implémenter l'interface `XMLFilter` dans une classe pouvant être utilisée pour filtrer des événements SAX avant de les transmettre à un `ContentHandler` ;

- d'instancier un lecteur utilisé comme parent de l'implémentation `XMLFilter` ;
- de comprendre comment utiliser une chaîne de filtres dans une application.

La façon dont sont appelés les filtres est la plus importante leçon de cet exemple, puisque nous avons déjà vu, à travers les exemples précédents, comment répondre à des événements dans un filtre et étudié le ContentHandler.

Se préparer à utiliser une chaîne de XMLFilters

Les implémentations de `XMLReader` et de `XMLFilter` sont configurées dans le code de la feuille (`frmReadtoFilter`). `XMLFilterImpl` est créé dans une classe appelée `saxXMLFilterImpl`, et le gestionnaire de contenu est créé comme une autre classe nommée `saxContentHandler`.

Cette feuille offre deux options. Celle qui nous intéresse vraiment filtre le XML :

```
Private Sub cmdUseFilter_Click()
  Dim reader As SAXXMLReader
  Dim filterImpl1 As saxXMLFilterImpl
  Dim filterImpl2 As saxXMLFilterImpl
  Dim xmlFilter1 As IVBSAXXMLFilter
  Dim xmlFilter2 As IVBSAXXMLFilter
```

Vous voyez immédiatement qu'une nouvelle déclaration d'interface est utilisée pour déclarer les interfaces des filtres : `IVBSAXXMLFilter`. Le type `IVBSAXXMLFilter` constitue l'interface XMLFilter, et *non* l'implémentation de cette interface. `xmlFilter1` et `2` seront fixés à la classe de filtre créée d'après le modèle `saxXMLFilterImpl`. `filterImpl1` et `2` sont instanciés en tant qu'objets de type `saxXMLFilterImpl`, qui vont effectivement accomplir le travail. Remarquez que le premier filtre définit pour son parent une instance réelle d'un `XMLReader`. Cela doit être fait pour le filtre de niveau supérieur, pour terminer la chaîne.

```
  Set reader = New SAXXMLReader
  Set filterImpl1 = New saxXMLFilterImpl
  filterImpl1.setIgnorableElement (txtIgnore.Text)

  Set xmlFilter1 = filterImpl1
  Set xmlFilter1.parent = reader

  Set filterImpl2 = New saxXMLFilterImpl
  filterImpl2.setIgnorableElement (txtIgnoreMore.Text)

  Set xmlFilter2 = filterImpl2
  Set xmlFilter2.parent = filterImpl1
```

Les valeurs des deux zones de texte sont transmises tour à tour aux implémentations de filtre pour identifier les noms d'éléments à ignorer pour cette exécution particulière du filtre. La procédure `setIgnorableElement` contenue dans la classe `saxXMLFilterImpl` (vous y reviendrez sous peu) définit une valeur de variable pouvant être référencée pendant le traitement :

```
Public Sub setIgnorableElement(sElementLocalName)
  sIgnoreElement = sElementLocalName
End Sub
```

Après la définition de chaque filtre dans la méthode `cmdUseFilter_Click` de `frmReadtoFilter`, la variable `reader` est réinitialisée au nom du dernier filtre de la chaîne, en l'occurrence `filterImpl2`. Enfin, la classe ContentHandler (`saxContentHandler`) est déclarée et instanciée comme `xmlHandler`. Le morceau suivant devrait vous être familier : la propriété `reader` de `contentHandler` est fixée à l'instance de `saxContentHandler`. Et la méthode `parseURL` est appelée pour mettre en œuvre l'application :

```
    Set reader = filterImpl2
    Dim xmlHandler As saxContentHandler
    Set xmlHandler = New saxContentHandler
    Set reader.contentHandler = xmlHandler
  ' analyser et afficher la sortie
    reader.parseURL txtFileLoc.Text
  End Sub
```

En appelant la méthode `parseURL` sur le `contentHandler`, nous appelons en fait la méthode `parseURL` de la seconde instance de l'implémentation de filtre. Dans `saxXMLFilterImpl`, cette méthode ressemble à ceci :

```
Private Sub IVBSAXXMLReader_parseURL(ByVal sURL As String)
  setupParse
  saxFilterParent.parseURL sURL
End Sub
```

`saxFilterParent` est déclaré comme étant de type `XMLReader` dans la section déclaration de la classe. La méthode `setupParse` va fixer cette instance du lecteur comme parent du filtre, ici un autre filtre, `filterImpl1`. De ce fait, lorsque la méthode `parseURL` de `saxFilterParent` est appelée, l'événement de l'analyse va être conduit le long de la chaîne jusqu'à la première instance de filtrage.

L'autre bouton de la feuille est bien plus simple : il analyse juste le document sans filtrage.

```
Private Sub cmdParse_Click()
  Dim reader As SAXXMLReader

  Set reader = New SAXXMLReader
  Dim xmlHandler As saxContentHandler
  Set xmlHandler = New saxContentHandler
  Set reader.contentHandler = xmlHandler

reader.parseURL txtFileLoc.Text          ' L'analyser
End Sub
```

Avant de poursuivre notre étude, il faut examiner la classe d'implémentation.

Utiliser la classe d'implémentation XMLFilter

L'implémentation réelle du filtre possède une introduction plutôt longue dans la section déclaration de `saxXMLFilterImpl`, parce qu'elle doit prendre en compte chacun des types d'interface pouvant être implémenté par `XMLReader` :

```
Option Explicit
' implémentation Visual Basic de la classe utilitaire XMLFilterImpl
' distribuée comme composant de l'API SAX2.
Implements IVBSAXXMLFilter 'Définition de l'interface annexe spéciale
```

```
Implements IVBSAXXMLReader
Implements IVBSAXContentHandler
Implements IVBSAXErrorHandler
Implements IVBSAXDTDHandler
Implements IVBSAXEntityResolver
Private saxFilterParent As IVBSAXXMLReader
Private saxErrorHandler As IVBSAXErrorHandler
Private saxContentHandler As IVBSAXContentHandler
Private saxDTDHandler As IVBSAXDTDHandler
Private saxEntityResolver As IVBSAXEntityResolver
Private sBaseURL As String
Private sSecureBaseURL As String
Private saxLocator As IVBSAXLocator
'permet aux appelants du filtre de définir le nom d'un élément à supprimer du
résultat XML
'transmis au gestionnaire de contenu suivant. Utilise une valeur booléenne pour
le contexte afin
'd'ignorer également les caractères des éléments à ne pas prendre en
considération.
Private bIgnore As Boolean
Private bNextElem As Boolean
Private sIgnoreElement As String
```

À l'aide de ces déclarations, le filtre doit être capable de recevoir tout appel de propriété, fonctionnalité ou événement pouvant être envoyé au `XMLReader`, lui permettant de se situer effectivement entre le lecteur et le contenu et de prêter attention à tout message destiné à l'autre côté.

Ainsi, la méthode `setupParse` est appelée sur le filtre de niveau inférieur, `filterImpl2`. Cette méthode fixe les classiques propriétés `XMLReader` pour la classe de filtre courante, mais elle les fixe au parent de ce filtre particulier. En conséquence, la propriété `contentHandler` fixée sur l'instance de `filterImpl2` transmet une référence vers elle-même à l'instance de `filterImpl1` et définit sa propriété `contentHandler` :

```
Public Sub setupParse()
  Set saxFilterParent.contentHandler = Me
  Set saxFilterParent.errorHandler = Me
  Set saxFilterParent.dtdHandler = Me
  'EntityResolver pas encore implémenté dans MSXML
  '(version beta de septembre 2000)
  'Set saxFilterParent.entityResolver = Me
  End Sub
```

La même routine permet de définir `filterImpl2` comme `errorHandler`, `dtdHandler` et `entityResolver` pour `filterImpl1`. À présent, lorsque la méthode `parseURL` de `saxFilterParent` est appelée, elle retransmet l'URL vers le haut de la chaîne à `filterImpl1`.

```
Private Sub IVBSAXXMLReader_parseURL(ByVal sURL As String)
  setupParse
  saxFilterParent.parseURL sURL
End Sub
```

Bien entendu, `filterImpl1` possède la même méthode `parseURL` que `filterImpl2`, et appelle également `setupParse`. Cette fois cependant, l'instance de `saxFilterParent` est une réelle implémentation de `XMLReader`, et la chaîne finit en envoyant ses événements au `ContentHandler` d'enregistrement de `filterImpl1`, soit `filterImpl2`. Ainsi, les événements d'analyse SAX sont retransmis le long de la chaîne jusqu'à atteindre le `ContentHandler` du dernier filtre de la chaîne, à savoir l'implémentation réelle de `ContentHandler`, ici `saxContentHandler`.

Perdu ? Eh bien, en bref, l'application fixe les propriétés et les appels d'analyse vers le haut de la chaîne, et à l'autre bout l'instance de `XMLReader` transmet les événements d'analyse vers le bas de la chaîne à l'instance du gestionnaire de contenu.

Événements d'analyse

Les gestionnaires d'événements d'analyse des filtres se comportent exactement comme les gestionnaires d'événements que nous avons vus dans les implémentations `ContentHandler`. En revanche, chacun doit transmettre l'information qu'il reçoit en tant qu'événement d'analyse SAX, exactement comme il l'a reçu. De ce fait, les méthodes effectuant le travail procèdent aux modifications nécessaires, ou appels de jugement, puis retransmettent l'événement le long de la chaîne vers le `ContentHandler` suivant :

```
Private Sub IVBSAXContentHandler_startDocument()
  bIgnore = False 'initialise le drapeau de contexte d'élément à ignorer à false
  bNextElem = True 'initialise le drapeau de contexte d'élément à true
  saxContentHandler.startDocument
End Sub
Private Sub IVBSAXContentHandler_startElement(sNamespaceURI As String, _
                                             sLocalName As String, _
                                             sQName As String, _
                               ByVal oAttributes As MSXML2.IVBSAXAttributes)
  'Transmet les événements xmlReader, sauf pour les noms d'éléments spécifiés
comme
  'pouvant être ignorés
  If sLocalName <> sIgnoreElement Then
    bNextElem = True
'fixe ou réinitialise le drapeau de contexte à true pour un élément non ignoré.
    saxContentHandler.startElement sNamespaceURI, sLocalName, _
                                   sQName, oAttributes
  Else
    bIgnore = True 'drapeau de contexte pour la méthode characters afin
                   'd'ignorer les caractères des éléments à ne pas conserver
  End If

End Sub
Private Sub IVBSAXContentHandler_characters(sCars As String)
  If Not bIgnore And bNextElem Then
    saxContentHandler.characters sCars
  Else
    bNextElem = False
    'continuer à ignorer les caractères jusqu'à ce que l'élément suivant
commence à
    '  éliminer les espaces vierges
    bIgnore = False 'réinitialiser le drapeau de contexte pour les éléments à
ignorer
  End If
End Sub
Private Sub IVBSAXContentHandler_endElement(sNamespaceURI As String,_
                                           sLocalName As String, _
                                           sQName As String)
  If sLocalName <> sIgnoreElement Then
    saxContentHandler.endElement sNamespaceURI, sLocalName, sQName
```

```
    End If
  End Sub
  Private Sub IVBSAXContentHandler_endDocument()
    saxContentHandler.endDocument
  End Sub
```

Chaque interface de méthode est en réalité une implémentation des méthodes de l'interface `ContentHandler` : il n'y a en fait rien d'original ici. La seule modification est l'appel de méthode à la fin de chaque méthode. Par exemple, `endElement` appelle :

```
saxContentHandler.endElement sNamespaceURI, sLocalName, sQName
```

Pour mémoire, dans la section de déclarations, la variable `saxContentHandler` a été définie comme étant de type `IVBSAXContentHandler`. Cette variable est fixée dans l'instruction `Property Set` du filtre :

```
  Private Property Set IVBSAXXMLReader_contentHandler_
                              (ByVal handler As MSXML2.IVBSAXContentHandler)
    Set saxContentHandler = handler
  End Property
```

Une fois encore, cette propriété a été fixée pour le premier filtre lorsque nous avons tout défini dans `frmReadtoFilter` :

```
  Set reader.contentHandler = xmlHandler
```

Cette propriété a été envoyée le long de la chaîne tour à tour à chaque filtre par la méthode `setupParse`, à l'intérieur de l'implémentation des filtres.

Vous trouverez la totalité du code de cet exemple dans les fichiers proposés en téléchargement sur le site web de Wrox.

Classe saxContentHandler

Le dernier `ContentHandler` de cet exemple se contente d'écrire ce qu'il reçoit de `filterImpl2` exactement comme cela arrive, en ajoutant toutefois les balises « > » d'ouverture et de fin pour chaque élément.

De ce fait, le code de cette classe est banal :

```
  Option Explicit
  Implements IVBSAXContentHandler
  Dim sResult As String
  Private Sub IVBSAXContentHandler_startElement(sNamespaceURI As String, _
                                                sLocalName As String, _
                                                sQName As String, _
                                 ByVal attributes As MSXML2.IVBSAXAttributes)
    sResult = sResult & "<" & sLocalName & ">"
  End Sub
  Private Sub IVBSAXContentHandler_endElement(sNamespaceURI As String, _
                                              sLocalName As String, _
```

```
                                        sQName As String)
  sResult = sResult & "</" & sLocalName & ">"
End Sub
Private Sub IVBSAXContentHandler_characters(sText As String)
    sResult = sResult & sText
End Sub
Private Sub IVBSAXContentHandler_endDocument()
  frmReadtoFilter.txtResults.Text = sResult
End Sub
```

Résultat

En analysant le document `epicerie.xml`, les éléments `<CleArticle>` et `<Prix>` étant définis comme ceux à ignorer, nous obtenons le résultat suivant :

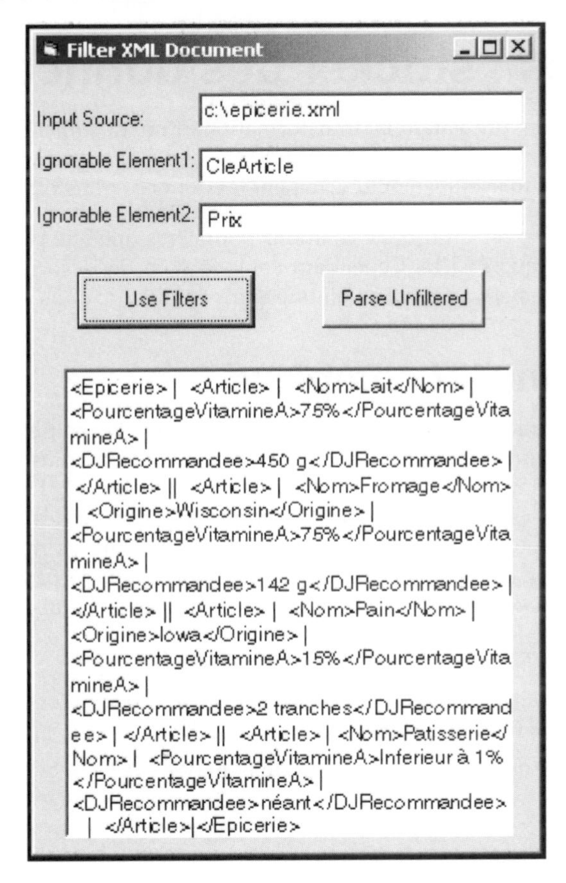

Résumé sur les filtres

Cette section a montré comment de gros documents renfermant des données ou des nœuds non adaptés à la situation présente peuvent être transformés par le `ContentHandler` SAX pour devenir plus efficaces et utiles au but recherché. Outre l'utilisation directe d'un `ContentHandler`, nous avons étudié l'implémentation d'un `XMLFilter` SAX, situé entre les classes `XMLReader` et `ContentHandler`. Un filtre constitue un moyen idéal de procéder à des transformations XML dans des blocs logiques distincts.

La transformation de documents XML s'avère un excellent moyen de préparer un document résultat pour notre application correspondant exactement aux besoins de la situation. La prochaine section s'intéresse à la récupération de données dans le document résultat, et au stockage de ces valeurs.

Servez-vous : stocker des données résultat

La section précédente présentait la transformation d'un document en un nouveau fichier ou une nouvelle structure pouvant s'utiliser à la place du document original. L'exemple qui suit ne s'arrête pas au document résultat, mais transmet directement les données transformées à une base de données.

Nous allons travailler avec un flux de cotations boursières quelque peu fantaisistes contenant différents nœuds décrivant chaque société. Cependant seuls le nom de la société, la cotation courante, le prix à l'ouverture et le classement actuel ainsi qu'une analyse mineure nous intéressent.

Exemple 5 : un état complexe

Cette dernière application revêt la même forme globale que l'exemple 2 : en fait, l'interface utilisateur y est directement empruntée. Cette fois cependant, nous allons être plus explicites à propos de ce que nous nous attendons à trouver, et nous allons analyser la chaîne XML pour n'y récupérer que certains éléments de données afin d'écrire la base de données d'analyse des cotations. La feuille de l'interface utilisateur possède une petite application incorporée affichant les informations de synthèse que nous souhaitons y voir. Bien évidemment, comme une unique feuille sert à activer les deux processus, dans le monde réel la classe `saxDeserialize` devrait être exécutée en coulisses.

Une fois cet exemple entièrement étudié, nous pourrons :

- créer un mécanisme de gestion d'états complexe traquant les valeurs de plusieurs éléments pendant l'exécution du parseur ;
- compter désormais parmi les maîtres de l'analyse SAX.

Cet exemple utilise Microsoft SQL Server 7.0 (ou 2000). Le fichier de commandes SQL utilisé pour configurer la base de données, ainsi qu'une feuille de calcul Excel comportant les données sont disponibles en téléchargement avec le reste du code de cet ouvrage. Vous y trouverez également les procédures stockées qui doivent être définies dans le paquetage de code, ainsi que le projet VB contenant tout le reste.

Afin de pouvoir tester cela par nous-même, nous devons disposer d'une base de données nommée `Bulletin` et possédant la configuration suivante :

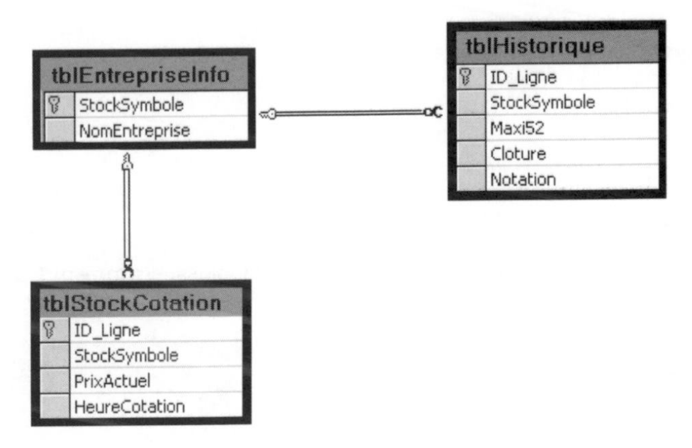

Document XML

Le document XML recherché (`bulletin.xml`) est un ensemble d'éléments de cotations, arbitrairement contenu dans un élément `BandeDeCotation`. Il représente un flux d'informations boursières. Chaque élément cotation possède le format suivant :

```
<BandeDeCotation>
  <Titre symbole="LKSQW">
    <Nom>société X</Nom>
    <Prix>112.1224</Prix>
    <PE>2.4</PE>
    <R>0.7</R>
    <Historique>
      <Cloture>111</Cloture>
      <Maxi52>154</Maxi52>
      <Mini52>98</Mini52>
      <Ecart52>56</Ecart52>
      <VolumeActionsEchangees>12,421,753</VolumeActionsEchangees>
      <VolumeActionsActives>981,420,932</VolumeActionsActives>
      <Notation>HOLD</Notation>
    </Historique>
    <PlaceBoursiere>NYSE</PlaceBoursiere>
    <HeureCotation>14:12:33</HeureCotation>
  </Titre>
  <Titre>
    ...
  </Titre>
</BandeDeCotation>
```

L'objectif est de se débarrasser de plusieurs des éléments superflus, pour ne conserver que les informations que nous considérons utiles. S'il existait un document de résultat, il se présenterait sous la forme du fragment XML suivant :

```
<Nom>Société X</Nom>
      <Prix>112.1224</Prix>
      <Historique>
         <Cloture>111</Cloture>
         <Maxi52>154</Maxi52>
         <Notation>HOLD</Notation>
      </Historique>
      <HeureCotation>14:12:33</HeureCotation>
```

ContentHandler

Nous débutons par la section des déclarations de la classe `ContentHandler`, nommée cette fois `saxDeserialize` :

```
Option Explicit
'La ligne suivante est importante : elle dit ce qui est implémenté
Implements IVBSAXContentHandler
Dim iCompteur As Integer
'Collection des variables de contexte (état)
Dim colContext As valCollect
Dim cotations As New streamToDb
'Stockage des variables pour les valeurs des éléments
Dim cours Symbole As String
Dim cours Prix As Currency
Dim cours Prec As Currency
Dim cours Maxi As Currency
Dim Notation Cours As String
'Définition de variables globales pour l'état des éléments
'l'énumération est numérotée consécutivement si aucune valeur n'est fournie
Private Enum BulletinEtat
    etatBulletin = 1
    etatTitre = 2
    etatPrix = 3
    etatHistorique = 4
    etatPrec = 5
    etatMaxi = 6
    etatNotation = 7
End Enum
Private Sub class_initialize()
  iCompteur = 0
  Set colContext = New valCollect
End Sub
```

Il avait été promis plus haut que nous découvririons un mécanisme plus complexe de maintien de l'état. Dans cet exemple, outre quelques variables globales renfermant des valeurs, une énumération de constantes a été configurée, ce qui ressemble davantage à l'exemple 2. Nous allons utiliser cette énumération de pair avec la collection de contexte `colContext`, déclarée juste avant. Les valeurs de l'énumération vont être transmises à la collection, et celle-ci sera lue pendant l'exécution d'autres méthodes. Cette configuration d'énumération et la collection constituent ce que l'on nomme la **machine à état**.

La machine à état est configurée dans la méthode `startElement`, en ajoutant la valeur des variables de l'énumération à la collection pour l'élément actif, s'il correspond à un élément recherché :

```
Private Sub IVBSAXContentHandler_startElement(sNamespaceURI As String, _
                                              sLocalName As String, _
                                              sQName As String, _
                               ByVal oAttributes As MSXML2.IVBSAXAttributes)

Select Case sLocalName
    Case "BandeDeCotation"
      colContext.Collect (etatBulletin)
    Case "Titre"
      colContext.Collect (etatTitre)
    Case "Prix"
      colContext.Collect (etatPrix)
    Case "Historique"
      colContext.Collect (etatHistorique)
    Case "Cloture"
      colContext.Collect (etatPrec)
    Case "Maxi52"
      colContext.Collect (etatMaxi)
    Case "Notation"
      colContext.Collect (etatNotation)
    Case Else
  End Select

  If sLocalName = "Titre" Then
    If oAttributes.length > 0 Then
      cours Symbole = oAttributes.getValue(0)
    End If
  End If
End Sub
```

Tous les éléments transmis au `ContentHandler` ne nous sont pas utiles. C'est là que nous pouvons nous débarrasser de tout ce dont nous ne voulons pas. Il suffit en fait d'être réactif en ce qui concerne les éléments dont nous avons besoin, et de laisser simplement les autres aux oubliettes. Chaque fois que nous trouvons le nom local d'un élément recherché, nous ajoutons les valeurs énumérées à la collection `colContext`. L'objet collection a tout simplement été enveloppé dans sa propre classe, `valCollect`.

Classe valCollect

Voici la totalité de cette classe :

```
Dim valCol As Collection
Public Sub Collect(ByVal var As Variant)
  valCol.Add var
End Sub
Public Function Delete() As Variant
  Delete = Peek()
  If valCol.Count > 1 Then
    valCol.Remove valCol.Count
  End If
End Function
```

```
Public Function Peek() As Variant
  Peek = valCol.Item(valCol.Count)
End Function
Public Sub Clear()
  Set valCol = Nothing
  Set valCol = New Collection
End Sub
Private Sub class_initialize()
  Set valCol = New Collection
End Sub
```

La méthode `startElement` de la classe `saxDeserialize` appelle la méthode `Collect` de son implémentation de pile, laquelle ajoute la valeur de la variable en haut de la collection `valCol`. Cette valeur sera alors disponible pour les autres méthodes de `ContentHandler`.

Nous avons pisté l'élément racine `<BandeDeCotation>` afin d'initialiser la pompe de la machine à état. Si nous n'ajoutions pas de valeur initiale, nous ne pourrions remonter (*peek*) à la valeur de plus haut niveau. Cette valeur initiale est alors protégée à l'intérieur de la méthode `Delete` afin de conserver la validité des appels à `Peek`.

Gestionnaire de caractères

Le gros du travail de cet exemple s'effectue dans le gestionnaire de caractères. Comme nous sommes intéressés par le contenu des éléments qui ont été repérés précédemment, nous devons savoir si nous avons affaire à des caractères pertinents ou non. C'est pourquoi nous effectuons un appel vers la machine à état pour récupérer sa valeur courante à l'aide de la méthode `Peek` :

```
Private Sub IVBSAXContentHandler_characters(sText As String)
Select Case colContext.Peek()
    Case etatPrix
      cours Prix = sText
    Case etatPrec
      cours Prec = sText
    Case etatMaxi
      cours Maxi = sText
    Case etatNotation
      Notation Cours = sText
    End Select
End Sub
```

En effectuant un « *peek* », nous obtenons la valeur du dernier membre de l'énumération ajouté à la collection. La valeur énumérée définie dans la méthode `startElement` place un drapeau sur l'état courant, signalant l'appartenance à cet élément.

Cette machine à état va visiblement permettre de posséder un gestionnaire de document bien plus solide. Imaginez combien la logique initiale serait devenue désordonnée s'il avait fallu définir une variable interne pour chaque élément. Il n'aurait plus été possible d'effectuer les simples instructions `Select Case`. Il aurait fallu à la place disposer d'une instruction `If... Then` pour chaque élément à vérifier.

Après avoir identifié des données textuelles comme appartenant à un élément recherché, les variables globales entrent en jeu, en étant affectées à leur valeur courante dans la méthode `character` :

```
Case etatNotation
      Notation_Cours = sText
```

Le fait d'affecter aux variables uniquement le contenu des éléments qui nous intéressent, élimine proprement les espaces vierges liés à la mise en forme d'un document. Vous pouvez éliminer totalement les chaînes uniquement composées d'espaces vierges en plaçant ce qui suit dans la méthode `characters` :

```
sWhiteSpace = " " & Chr(9) & Chr(10) & Chr(13)
Dim i As Integer
For i = 1 To Len(sCars)
  If (InStr(sWhiteSpace, Mid(sCars, i, 1)) = 0) Then
    WriteIt(sCars)
  End If
Next
Exit Sub
WriteIt(sCars)
textStream.Write sCars
'écrit ici vers un flux texte, mais vous pouvez faire ce que vous voulez du
contenu
```

Vous pouvez bien sûr ajouter d'autres structures logiques pour ne travailler que sur certains éléments, ou pour laisser des espaces vierges à l'intérieur de ceux-ci, ou pour faire en vérité ce que vous devez faire selon votre implémentation.

En ayant défini les valeurs pour cette exécution sur l'élément stock, vous pouvez agir sur les données. Vous savez que vous en avez fini avec ce groupe de valeurs de `<Titre>` parce que vous avez atteint la méthode `endElement` :

```
Private Sub IVBSAXContentHandler_endElement(sNamespaceURI As String, _
                                            sLocalName As String, _
                                            sQName As String)

  Select Case sLocalName
Case "Titre" 'Si Titre a pris fin, vous pouvez actualiser le prix en toute
sécurité
      cotations.addQuote cours Symbole, cours Prix
      cours Symbole = ""
      cours Prix = 0
    Case "Historique" 'Si l'historique est terminé, mettre à jour la base de
données.
      cotations.updateHistorique cours Symbole, cours Prec, cours Maxi,
Notation Cours
      cours Prec = 0
      cours Maxi = 0
      Notation Cours = ""
    End Select

  colContext.Delete
End Sub
```

Remarquez qu'il y a ici deux éléments enfants sur lesquels vous pouvez agir. Comme l'historique d'une valeur boursière est stocké séparément dans la base de données, vous pouvez aller de l'avant et appeler la méthode `updateHistorique` dès que vous en avez fini avec l'élément `Historique`. Alors que, dans cette application, il n'y a pas grand-chose entre la fin de l'élément `<Historique>` et celle de l'élément `<Titre>`, le but est la vitesse, si bien que vous écrivez dans la base de données dès que possible. En arrivant à la fin d'une valeur boursière particulière (l'élément `Titre`), vous l'écrivez et nettoyez les variables de contexte.

> **N'oubliez pas l'appel à delete dans la classe `colContext`, car il rafraîchit la machine à état pour le prochain élément.**

Écrire dans la base de données

Pour en terminer avec cette application, vous devez écrire les valeurs rassemblées dans la base de données. Cela s'accomplit dans la classe `streamToDB` :

```
Option Explicit
Dim oCmnd As ADODB.Command
Dim oConn As ADODB.Connection
Private Sub class_initialize()
  Dim sConnectme As String
  Set oConn = New ADODB.Connection
  sConnectme = "Provider=SQLOLEDB;User ID=sa;Password=;" & _
               "Initial Catalog=Bulletin;Data Source=(local)"
  oConn.ConnectionString = sConnectme
End Sub
Public Sub addQuote(ByVal sSymbole As String, ByVal cPrix As Currency)
  Set oCmnd = New ADODB.Command
  oConn.Open
  With oCmnd
    oCmnd.ActiveConnection = oConn
    'Peuple la collection de paramètres de l'objet commande
.Parameters.Append .CreateParameter("@Symbole", adVarChar, _
                                         adParamInput, 8, sSymbole)
    .Parameters.Append .CreateParameter("@Prix", adCurrency, _
                         adParamInput, , cPrix)
    'Exécute la procédure stockée sur la oConnection spécifiée
    .CommandText = "addQuote"
    .CommandType = adCmdStoredProc
    .Execute
  End With
  oConn.Close
End Sub
```

Vous faites quelque chose de similaire avec l'historique :

```
Public Sub updateHistorique(ByVal sSymbole As String, ByVal cPrec As Currency, _
                         ByVal cMaxi As Currency, ByVal sNotation As String)
  Set oCmnd = New ADODB.Command
  oConn.Open

  With oCmnd
    .ActiveConnection = oConn
    'Peuple la collection de paramètres de l'objet commande
    .Parameters.Append .CreateParameter("@Symbole", adVarChar, _
                                         adParamInput, 8, sSymbole)
```

```
    .Parameters.Append .CreateParameter("@Cloture", adCurrency, _
                                     adParamInput, , cPrec)
    .Parameters.Append .CreateParameter("@Maxi52", adCurrency, _
                                     adParamInput, , cMaxi)
    .Parameters.Append .CreateParameter("@Notation", adVarChar, _
                                     adParamInput, 20, sNotation)
    'Exécute la procédure stockée sur la oConnection spécifiée
    .CommandText = "updateHistorique"
     .CommandType = adCmdStoredProc
    .Execute
  End With
  oConn.Close
End Sub
```

Puis vient l'étape de nettoyage :

```
Private Sub class_Terminate()
  Set oCmnd = Nothing
  Set oConn = Nothing
End Sub
```

Résultat

En interrogeant la base de données à un moment quelconque vous pouvez obtenir le résultat suivant :

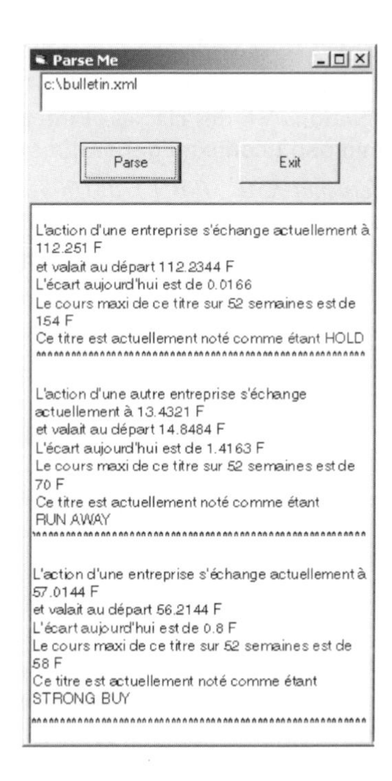

Cet exemple nous permet de nous faire une idée de ce qui est exigé dans une grosse application SAX. Pour pouvoir gérer un document XML comme une série de parties, il faut construire les paquets d'informations liées. Chaque fois que nous assemblons un paquetage, nous pouvons en faire quelque chose. Nous avons ici plusieurs variables travaillant conjointement dans un appel de fonction. Dès que nous avons récupéré tous les membres liés, nous appelons une classe distincte qui peut utiliser ces valeurs de façon intelligente, en les écrivant dans une base de données à l'aide d'une procédure stockée.

Résumé

Ce chapitre présente les domaines d'application de SAX permettant de :

- diminuer la taille des données ;
- modifier à la volée le format de données ;
- récupérer quelques valeurs dans un gros flux de données.

L'efficacité de SAX est un thème récurent : il n'impose pas le stockage de la totalité d'un document mais peut en parcourir les valeurs et vous laisser décider de ce qui est important.

SAX ne permet toutefois pas de résoudre tous les problèmes XML : le DOM joue encore un rôle majeur. Cependant, tandis que votre expérience avec SAX ira grandissante, vous trouverez qu'il s'agit d'un outil très utile dans votre boîte à outils. Si vous voulez en savoir plus, consultez les ressources suivantes :

- Le SDK XML de Microsoft pour la distribution de MSXML v3.0 contient une référence complète des implémentations VB des classes et interfaces de l'API SAX. Téléchargez-le à l'adresse http://msdn.microsoft.com/xml/general/msxmlprev.asp.
- Les chapitres 6 de *Professional XML*[1], *ISBN 1-861003-11-0*, et le chapitre 7 d'*Initiation à XML*, *ISBN 1-861003-41-2*, tous les deux chez Wrox, proposent des introductions à SAX.
- XML.COM : un excellent site riche en ressources hébergé par la maison d'édition O'Reilly. Heureusement, sans présenter une trop lourde obédience vers son propriétaire, il regorge d'articles, d'extraits et de tutoriels sur XML.

---

[1] Note : ouvrage non disponible en français.

8

XSLT et XPath

Le but de ce chapitre est de vous fournir suffisamment d'informations sur XSLT, le langage de transformation XML, pour vous permettre d'écrire des feuilles de style utiles, ainsi que sur XPath, le langage de requête utilisé par les feuilles de style XSLT pour accéder aux données XML.

La place manque ici pour réaliser une description complète de ces langages ou un guide détaillé montrant comment en tirer le meilleur parti : pour ce faire, reportez-vous au livre *XSLT Programmer's Reference*[1], écrit par Michael Kay et publié par Wrox Press (ISBN 1861003129). L'objectif est plutôt d'en traiter assez pour vous procurer une connaissance pratique suffisante.

Ce chapitre s'intéresse aux points suivants :

- survol du langage XSLT - ses objectifs et son mode de fonctionnement ;
- étude détaillée du langage de requête XPath, utilisé dans les feuilles de style XSLT pour accéder aux données du document source ;
- examen du rôle des règles modèle et des motifs de correspondances d'une feuille de style XSLT, étudiant tour à tour toutes les instructions pouvant s'utiliser dans un modèle ;
- découverte des éléments de niveau supérieur pouvant être utilisés dans une feuille de style afin de définir les options de traitement.

---

[1] Note : ouvrage non disponible en français.

Dans la mesure où cela implique nombre de détails techniques, la fin sera plus distrayante puisqu'elle propose d'utiliser XSLT pour afficher des résultats de football à partir d'un fichier XML.

Qu'est-ce que XSLT ?

XSLT est un langage de haut niveau pour la définition de transformations XML. En règle générale, une transformation part d'un document d'entrée XML, et produit en sortie un autre document XML (ou en fait HTML, WML, texte brut, etc.).

En ce sens il ressemble un peu à ce qui peut se faire en SQL, qui transforme des tables source en tables résultat et utilise des requêtes déclaratives similaires pour exprimer le traitement nécessaire. La différence évidente est que les données (tant l'entrée que la sortie) sont organisées en hiérarchies ou arborescences plutôt qu'en tables.

Les transformations XML peuvent posséder de nombreux rôles dans une architecture système, par exemple :

- L'application la plus classique de XSLT consiste à mettre en forme des informations en vue de leur affichage. Ici, la transformation s'effectue depuis des « données pures » (quelle qu'en soit la signification) en données pourvues d'informations de mise en forme : la cible est le plus souvent HTML ou XHTML, bien qu'il puisse également s'agir d'autres formats comme SVG, PDF ou RTF (format de Microsoft). Bien évidemment, ce ne sont pas tous des formats de type XML, mais cela n'a aucune importance car vous verrez qu'ils peuvent être modelés sous forme d'arbre, et c'est là tout ce qui compte.
- XSLT est également très utile pour la gestion d'échange de données entre différents systèmes informatiques. Il peut intervenir dans un échange de commerce électronique, avec des clients ou des fournisseurs, ou simplement pour intégrer des applications dans l'entreprise. L'utilisation croissante de XML ne signifie pas que la conversion de données va devenir obsolète, mais seulement qu'à l'avenir les conversions de données vont souvent consister à traduire un format de message XML en un autre format XML.
- XSLT peut effectuer la plupart des tâches traditionnellement réalisées par des rédacteurs d'états ou des produits L4G. Outre une simple mise en forme, il peut accomplir des fonctions comme la sélection ou l'agrégation d'informations et la mise en évidence d'exceptions. Par exemple, si votre site de commerce électronique génère un journal de transactions au format XML, il est tout à fait possible d'utiliser XSLT pour obtenir un journal rapport mettant en évidence les parties du site générant le meilleur profit ainsi que les catégories de clients ayant visité ces zones.

Un programme écrit en XSLT porte le nom de feuille de style. Cela reste la mission originale du langage, à savoir définir des règles de présentation de XML à l'écran. XSLT est issu d'un projet de plus grande envergure nommé XSL (*eXtensible Stylesheet Language*), qui visait à offrir cette prise en charge non seulement pour un affichage à l'écran mais également pour tout type de périphérique de sortie, y compris la publication à haute qualité d'impression. XSLT est devenu un sous-projet indépendant, car on a réalisé que la transformation des données d'entrée constituait une étape fondamentale du rendu final, et qu'un langage de transformation était utilisable dans bien d'autres contextes. L'autre partie de XSL, qui gère les spécifications de mise en forme, est encore en cours de développement.

Les transformations XSLT peuvent être effectuées sur le serveur ou chez le client. Elles peuvent être réalisées juste avant que l'utilisateur ne voie les données, ou plus tôt, lors de la rédaction. Elles peuvent être appliquées à de minuscules fichiers XML de quelques octets comme à d'énormes ensembles de données. Il n'existe ici pas de limites : comme SQL, le langage XSLT est un outil polyvalent pouvant être utilisé de nombreuses façons.

De nombreux vendeurs proposent des processeurs XSLT, et ce chapitre se borne à décrire le langage tel qu'il est spécifié par le W3C plutôt que de s'intéresser à un quelconque produit spécifique. Il existe des produits *Open Source* disponibles (Saxon et Xalan étant des choix classiques), ainsi que des produits propriétaires gratuits (Microsoft et Oracle) et quelques outils de développement commerciaux. La plupart d'entre eux sont écrits en Java, si bien qu'ils peuvent s'exécuter sur n'importe quelle plate-forme, mais il existe également des processeurs écrits en C++ et en Python. Voici quelques adresses de sites web :

- Microsoft (MSXML3) : http://msdn.microsoft.com/xml ;
- Oracle (parseur Oracle XML) : http://technet.oracle.com/ ;
- Saxon : http://users.iclway.co.uk/mhkay/saxon/ ;
- Xalan : http://xml.apache.org/xalan/overview.html.

Un bon endroit où rechercher des informations sur XSLT, proposant des liens vers les produits disponibles, est http://www.xslinfo.com/.

Un mot d'avertissement : lorsque Microsoft a lancé Internet Explorer 5, en 1998, celui-ci comportait un processeur gérant un langage fondé sur un brouillon précoce de XSLT, comportant aussi bien de nombreuses omissions que des extensions Microsoft. Microsoft fait référence à ce langage comme étant XSL, mais ce n'est qu'un lointain cousin du XSLT finalement standardisé par le W3C. Ce langage est désormais dépassé et Microsoft possède maintenant un processeur compatible XSLT, mais des millions de copies ont été diffusées et le seront encore avec chaque IE5 et IE5.5, si bien qu'il n'est pas près de disparaître. Ce chapitre concerne XSLT, pas le dialecte XSL Microsoft de 1998 : ne confondez pas les deux !

La plupart des lecteurs trouveront certainement plus simple de débuter avec le processeur XSLT de Microsoft (MSXML3). Au moment de l'écriture de ce livre, il est disponible en téléchargement sur le site web MSDN, mais il devrait être intégré en son temps à Internet Explorer 6. Entre-temps, lisez avec le plus grand soin les instructions d'installation, car il est courant de se retrouver à tenter d'exécuter des feuilles de style XSLT à l'aide du vieux processeur XSL 1998, et de se demander pourquoi rien ne se passe. Remarquez que MSXML3 contient également un utilitaire de conversion des vieilles feuilles de style. Il ne fait que 90 % du travail, mais cela vaut mieux que de devoir tout réécrire.

Processus de transformation

XSLT a été décrit comme étant un moyen de transformer un document XML en un autre : cela reste toutefois une simplification grossière. Le diagramme ci-dessous présente ce qui se passe réellement :

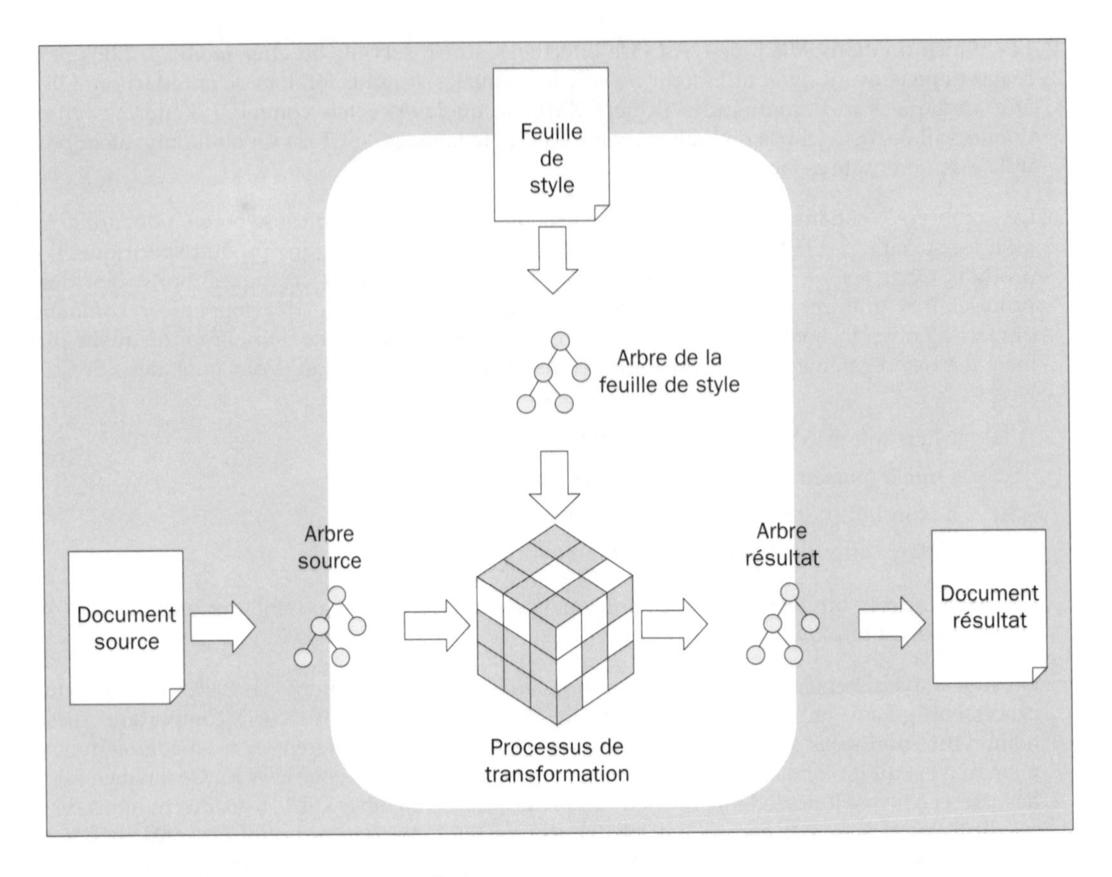

Le traitement s'effectue en trois étapes distinctes :

- un parseur XML part du document source XML et le transforme en une représentation arborescente ;
- le processeur XSLT, suivant les règles exprimées dans une feuille de style, transforme cet arbre en un autre ;
- un « sérialiseur » prend l'arbre résultat et le transforme en un document XML.

Le plus souvent, ces trois morceaux logiciels sont rassemblés dans un même produit, si bien que les frontières ne semblent pas évidentes. Il reste néanmoins utile de comprendre ces trois étapes fondamentales car elles conditionnent ce qu'une transformation peut et ne peut pas accomplir.

Du côté de l'entrée, cela signifie que la feuille de style ne contrôle pas l'analyse XML et ne peut effectuer de traitement sur des informations présentes dans la source mais non dans l'arbre résultant de l'analyse. Par exemple, il est impossible d'écrire dans la feuille de style une logique dépendant du fait qu'un attribut XML a été écrit avec des guillemets ou des apostrophes. Peut-être moins évident, et parfois bien plus frustrant :

- Vous ne pouvez dire dans quel ordre sont écrits les attributs d'une balise d'ouverture.
- Vous ne pouvez savoir si le document source contenait ou non des références d'entités ou de caractères, puisqu'elles sont développées au moment où le processeur XSLT les voit. Que l'utilisateur écrive à l'origine © ou `©` ne fait aucune différence : lorsque le processeur XSLT le voit, la distinction a disparu.
- Vous ne pouvez pas dire si l'utilisateur a écrit un élément vide comme `<a></a>` ou comme `<a/>`.

Dans la plupart des cas, ces distinctions ne représentant que deux façons d'exprimer la même information, il ne devrait pas être nécessaire de savoir comment l'entrée a été écrite. C'est seulement frustrant si vous voulez que la sortie soit physiquement similaire à l'entrée, car vous ne possédez aucun moyen d'y parvenir, ce qui peut être exaspérant quand la sortie XML doit être ultérieurement éditée à nouveau.

De même, à la sortie, vous ne pouvez contrôler ces détails. Il est impossible de demander au sérialiseur d'écrire les attributs dans un ordre particulier, d'utiliser `©` de préférence à © ou de générer des éléments vides sous la forme `<a></a>` plutôt que `<a/>`. Ces constructions sont supposées équivalentes, et vous n'êtes donc pas censé vous en préoccuper. XSLT s'occupe de la transformation des informations contenues dans le document, pas de la transformation de leur représentation lexicale.

En fait, en ce qui concerne la sortie, les concepteurs du langage ont fait preuve d'un peu de pragmatisme et ont fourni quelques fonctionnalités de langage permettant de donner des indices au sérialiseur. Ils sont cependant parfaitement clairs sur le fait qu'il ne s'agit que d'indices et qu'aucun processeur n'est tenu de les suivre.

Le fait que les feuilles de style lisent et écrivent des arbres entraîne une autre conséquence importante : vous lisez et écrivez un élément en tant qu'unité, plutôt que de traiter indépendamment chaque balise. Il n'existe tout simplement aucun moyen d'écrire une balise de début sans balise de fin correspondante, car l'écriture d'un nœud élément dans l'arbre est une opération unitaire et insécable (atomique).

La structure arborescente utilisée par XSLT est très proche de celle du modèle DOM (décrit dans le chapitre 6), tout en présentant quelques différences importantes, soulignées par la suite. Nombreux sont les produits à utiliser en fait une représentation DOM, car elle permet le recours à des parseurs et des sérialiseurs standard, mais, comme cette approche présente des faiblesses, d'autres produits ont préféré représenter plus directement la structure arborescente XSLT. Il est important de comprendre cette structure, c'est pourquoi elle sera étudiée en détail plus loin.

XSLT en tant que langage de programmation

Vous pouvez enseigner un sous-ensemble simple de XSLT à des auteurs HTML sans connaissance de la programmation, en suggérant qu'il ne s'agit que d'une façon d'écrire le HTML à générer en y ajoutant quelques balises supplémentaires pour insérer des données variables à partir d'un fichier d'entrée. XSLT est cependant bien plus puissant que cela, et ce livre s'adresse à des professionnels de la programmation, aussi est-il plus sensé de considérer XSLT comme un langage de programmation et de le comparer aux autres langages que vous avez pu utiliser dans le passé. Cette section met en évidence certaines de ses fonctionnalités les plus frappantes.

Syntaxe XML

Tout d'abord, une feuille de style XSLT est un document XML. À la place des crochets et des points-virgules de la plupart des langages de programmation, il utilise les signes > et < et les balises XML. Vous pouvez donc écrire des instructions comme suit :

```
<xsl:if test="titre='Introduction'">
   <b>RESUME</b>
</xsl:if>
```

Dans un langage plus conventionnel, vous pourriez écrire quelque chose comme cela :

```
if (titre='Introduction')
{
   write('<b>Introduction</b>');
}
```

Il y a à cela de nombreuses raisons. L'une est que vous pouvez écrire le XML de sortie que vous voulez générer comme partie de la feuille de style, comme le `<b>RESUME</b>` de l'exemple précédent. En fait, certaines feuilles de style se composent principalement d'un texte de sortie fixe avec quelques instructions XSLT incorporées. Une autre raison est que vous pouvez facilement concevoir des feuilles de style en transformant d'autres, ce qui peut paraître bizarre, mais se révèle en fait extrêmement utile. Pratiquement, cela signifie que les feuilles de style sont parfaitement cohérentes avec XML pour des opérations comme la gestion d'encodage de caractères, la syntaxe des noms, les espaces vierges et autres choses apparentées.

L'inconvénient est qu'il est plutôt prolixe ! Saisir des centaines de balises n'a rien d'amusant. Certains préfèrent utiliser des éditeurs spécialisés pour faciliter le travail, mais, à être franc, les efforts de saisie ne sont rien au regard de la vraie facilité d'utilisation de ce langage.

Piloté par des règles

Il existe une forte tradition dans les éditeurs de texte, comme Perl et awk, visant à exprimer les traitements à effectuer comme un ensemble de règles : lorsque l'entrée correspond à un modèle particulier, la règle définit le traitement à effectuer. XSLT suit cette tradition, en l'étendant toutefois au traitement d'une hiérarchie plutôt que d'un fichier texte séquentiel.

En XSLT, les règles portent le nom de règles modèle et sont écrites dans la feuille de style sous forme d'éléments `<xsl:template>`. Chaque règle possède une correspondance de motif définissant le type de nœud de l'arbre auquel elle s'applique, ainsi qu'un corps de modèle définissant ce qui doit être fait lorsque la règle est appliquée. Le corps de modèle peut être constitué d'un mélange de nœuds résultat devant être copiés directement dans l'arbre de sortie et d'instructions XSLT pouvant effectuer des choses comme lire des données depuis la position courante dans l'arbre source ou écrire des résultats calculés dans l'arbre de sortie. Une règle modèle simple peut donc dire :

```
<xsl:template match="prix">
   <b>$<xsl:value-of select="format-number(., '#0.00')" /></b>
</xsl:template>
```

Le motif est ici « prix », qui identifie tout élément <prix>, l'action consiste à sortir la valeur de l'élément <prix>, mis en forme comme un nombre possédant deux chiffres après le séparateur décimal, précédé par un signe $ et placé dans un élément <b>.

Une des instructions XSLT les plus importantes est <xsl:apply-templates>, qui indique au processeur où aller ensuite. Alors que dans un langage de traitement de texte chaque ligne peut être traitée en séquence, une hiérarchie permet de traiter les nœuds dans un ordre quelconque. Normalement, toutefois, la règle modèle d'un élément contient une instruction <xsl:apply-templates> pour traiter ses enfants. En procédant ainsi, chacun des enfants est traité en identifiant la règle modèle de la feuille de style correspondant à ce nœud.

Voici un exemple de collection de règles modèle traitant des éléments <article> situés à l'intérieur d'éléments <enregistrement>. La règle des éléments <enregistrement> produit un élément <tr>, y plaçant le résultat de l'application de la règle appropriée à chacun des éléments enfants. Il existe deux règles modèle pour les éléments <article>, selon qu'ils possèdent ou non un contenu texte. S'il en existe un, un élément <td> renfermant la valeur textuelle (string value) de l'élément est produit. Dans le cas contraire, c'est un élément <td> qui est produit, contenant un caractère d'espace insécable (ce qui est familier aux auteurs HTML comme valeur de la référence d'entité   , mais est ici écrit comme une référence de caractère numérique Unicode).

```
<xsl:template match="enregistrement">
   <tr><xsl:apply-templates /></tr>
</xsl:template>
<xsl:template match="article[.!='']">
   <td><xsl:value-of select="." /></td>
</xsl:template>
<xsl:template match="article[.='']">
   <td> </td>
</xsl:template>
```

Requêtes XPath

Lorsque vous écrivez une feuille de style XSLT, vous écrivez en fait deux langages différents. Vous utilisez XSLT pour décrire la logique du processus de transformation, et dans celui-ci vous utilisez des expressions XPath incorporées, ou des requêtes pour récupérer les données que vous recherchez dans le document source. Cela est comparable à l'utilisation de Visual Basic avec SQL.

Bien que son rôle soit similaire, la syntaxe de XPath diffère totalement de celle de SQL. Tout simplement parce qu'il est conçu pour traiter des données hiérarchisées (arbres) plutôt que des tables. Une bonne partie de la syntaxe SQL ne sert qu'à gérer les relations ou jointures entre les différentes tables. Dans un document hiérarchique XML (ou arbre), la plupart des relations étant implicites dans la hiérarchie, la syntaxe XPath a été conçue afin de faciliter la référence à une donnée en fonction de sa position dans la hiérarchie. En fait, la plus forte ressemblance tient à la façon dont sont écrits les noms de fichier pour accéder aux fichiers dans un système de fichiers hiérarchisé.

Il est plus facile d'illustrer cela en examinant quelques exemples d'expressions XPath :

Expression	Signification
`/facture/adresse-facturation/codepostal`	Démarrer à la racine du document, obtenir l'élément `facture`, puis dans celui-ci l'élément `adresse-facturation`, et enfin dans celui-ci l'élément `codepostal`.
`../@titre`	Démarrer au nœud courant, obtenir l'attribut `titre` de l'élément parent du nœud.
`/livre/chapitre[3]/section[2]/para[1]`	Obtenir le premier élément `<para>`, enfant du second élément `<section>`, lui-même enfant du troisième élément `<chapitre>`, lui-même enfant de l'élément <livre>, ce dernier étant un enfant de la racine de l'arbre.

Programmation fonctionnelle

La plupart des langages de programmation sont par nature séquentiels : le programme traite une séquence d'instructions, modifiée par des conditions de test et des boucles. Il peut créer des variables pour conserver des valeurs et, plus tard dans l'exécution, accéder à ces variables pour récupérer les résultats calculés auparavant.

D'une certaine façon, XSLT semble très similaire. Il possède des constructions comme `<xsl:if>` pour tester des conditions et `<xsl:for-each>` pour effectuer des boucles, et vous pouvez écrire une séquence d'instructions, après quoi la feuille de style ressemble de très près à un programme conventionnel de type séquentiel. En revanche, sous la surface, il n'en est rien : XSLT est soigneusement conçu afin que les instructions puissent être exécutées dans n'importe quel ordre. La construction précédente `<xsl:for-each>`, par exemple, peut ressembler à une boucle traitant une liste de nœuds, un par un, dans un ordre défini, mais elle est conçue avec soin afin que le traitement d'un quelconque nœud ne dépende en rien de la façon dont le nœud précédent a été géré, ce qui signifie qu'elle est capable de le faire dans un ordre quelconque, voire en parallèle.

Pour aboutir à cela, la théorie sous-jacente à XSLT est celle de la programmation fonctionnelle, rencontrée souvent dans les langages plus académiques comme Lisp ou Scheme. L'idée est que chaque morceau de la sortie est défini comme une fonction d'un morceau particulier de l'entrée. Comme ces fonctions sont parfaitement indépendantes, elles peuvent être exécutées dans n'importe quel ordre : en théorie au moins, cela signifie que, si une infime pièce de l'entrée est modifiée, vous pouvez disposer d'une façon de modifier en conséquence la sortie sans avoir à exécuter de nouveau la totalité de la feuille de style. Cette approche offre comme intérêt complémentaire qu'il est ainsi bien plus facile d'éviter qu'une feuille de style ne se retrouve coincée dans une boucle infinie.

En pratique, cela signifie que, bien qu'une feuille de style puisse présenter l'apparence d'un programme séquentiel, il n'existe pas d'espace de stockage de travail. Comme vous allez le voir, bien que XSLT possède des variables, celles-ci n'ont rien à voir avec les variables des langages de programmation séquentiels, car elles sont en fait en « lecture seule ». Dans la mesure où il est impossible d'actualiser une variable, elle ne peut servir à accumuler un total temporaire lors de l'exécution pour être lue à nouveau par la suite, ni pour dénombrer les passages dans une boucle, car cela ne pourrait être ainsi que si les choses étaient accomplies dans un ordre déterminé. Dans le cas de feuilles de style simples, la différence passerait sans doute inaperçue, mais, pour des transformations plus importantes, vous verrez qu'il vous faudra vous habituer à un style de programmation plutôt différent. Cela peut sembler frustrant au début, mais persévérer en vaut la peine, car une fois que vous aurez appris à penser en termes de programmation fonctionnelle, vous découvrirez que cette méthode constitue une façon aussi élégante que concise d'exprimer des solutions à des problèmes de transformation.

Types de données

La plupart des propriétés des différents langages de programmation sont déterminées selon le système de types de données. En XSLT, le système de types est essentiellement défini par le langage de requête, XPath.

Le type de données caractéristique de XPath est l'ensemble de nœuds, ou *node-set*. Exactement comme une requête SQL renvoie un ensemble de lignes de table(s), les requêtes XPath comme celles vues dans la section précédente renvoient un ensemble de nœuds depuis l'arbre d'entrée. Même si une requête ne renvoie qu'un unique nœud, celui-ci est toujours traité comme un ensemble de nœuds qui se trouve ne posséder qu'un seul membre. Un ensemble de nœuds se comporte comme un ensemble mathématique : les membres nœuds n'y possèdent pas d'ordre intrinsèque, et il ne peut exister de doublons (le même nœud ne peut pas être présent plusieurs fois).

De nombreuses instructions gérant des ensembles de nœuds le font en réalité selon l'**ordre associé au document**. Il s'agit fondamentalement de l'ordre dans lequel les nœuds figurent dans le document XML originel. Par exemple, un élément apparaît avant ses enfants, et ses enfants avant le frère adjacent de leur nœud parent. L'ordre associé au document n'est parfois pas totalement défini : il n'existe par exemple aucune garantie quant à l'ordre des attributs d'un élément donné. L'existence d'un ordre « naturel » des nœuds n'empêche aucunement les nœuds de constituer un ensemble non ordonné, de la même façon que l'existence de l'ordre naturel des nombres {1,2,3,5,11} ne l'empêche de constituer un ensemble quelconque.

Les ensembles de nœuds ne sont pas le seul type de données pouvant être renvoyé par des requêtes XPath. Il peut également s'agir de chaînes de caractères, de nombres ou de valeurs booléennes. Par exemple, vous pouvez demander le nom d'un nœud (une chaîne de caractères), le nombre d'enfants qu'il possède (un nombre) ou s'il possède au moins un attribut (une valeur booléenne) :

- En XPath, les chaînes de caractères suivent les mêmes règles qu'en XML. Elles peuvent être de longueur quelconque (depuis zéro) et peuvent contenir tout caractère Unicode utilisable dans un document XML.
- Les nombres en XPath sont en général des nombres en virgule flottante, entiers inclus. Les entiers se comportent en principe de la façon dont vous l'espérez, à quelques erreurs d'arrondis près. Par exemple, les pourcentages peuvent ne pas totaliser exactement 100. L'arithmétique en virgule flottante suit les mêmes règles qu'en Java ou en JavaScript (plus précisément, les règles définies par la spécification IEEE 754). Il n'est pas nécessaire de comprendre en détail ces règles, sauf à connaître qu'il existe une valeur spéciale `NaN` (*Not a Number*), obtenue lorsque vous tentez de convertir une chaîne de caractères non numérique (comme « Inconnu ») en nombre. `NaN` se comporte de façon très similaire à `Null` en SQL. Pratiquement toute opération effectuée sur `NaN` produit comme résultat `NaN`. Par exemple, l'addition d'un ensemble de valeurs dont l'une est la chaîne de caractères « Inconnu » renvoie un total de `NaN`.

- Les valeurs booléennes sont uniquement les deux valeurs `true` et `false`. Contrairement à SQL, XPath ne possède pas de logique à trois valeurs : les valeurs absentes dans les données sources ne sont pas représentées par une valeur spéciale Null, mais comme un ensemble de nœuds vide. Comme pour les Null SQL, les ensembles de nœuds vides donnent parfois des résultats contraires à l'intuition : par exemple, un ensemble de nœuds vide n'est pas égal à lui-même.

Une feuille de style XSLT peut déclarer des variables. Celles-ci peuvent contenir le résultat d'une requête XPath quelconque, autrement dit un ensemble de nœuds, une chaîne, un nombre ou une valeur booléenne. Une variable peut également renfermer un arbre temporaire construit par la feuille de style elle-même : dans la plupart des cas, cette variable est équivalente à un ensemble de nœuds ne contenant qu'un seul nœud, plus précisément la racine de l'arbre. Ces arbres sont nommés **fragments de l'arbre résultat**.

Comme nous l'avons signalé auparavant, les variables XSLT sont des variables en « lecture seule » : ce ne sont que des noms pour des valeurs. Certains ont suggéré qu'elles devraient être en fait nommées constantes, mais cela n'est pas plus exact puisque ces variables peuvent renfermer différentes valeurs au cours du temps. Par exemple, à l'intérieur d'une règle modèle traitant un élément `<chapitre>`, une variable peut être définie pour renfermer le nombre de paragraphes de ce chapitre. La variable possédera une valeur différente pour chaque chapitre traité, mais, pour un chapitre précis, la valeur n'est pas modifiée pendant l'ensemble du traitement.

Voici quelques exemples des différents types de variables :

Déclaration de variable	Explication
<xsl:variable name="x" select="//article" />	La valeur est un ensemble de nœuds contenant tous les éléments `<article>` du document source.
<xsl:variable name="y" select="count(@*)" />	La valeur est un nombre contenant le nombre d'attributs du nœud courant. `@*` est une expression XPath sélectionnant tous les attributs.
<xsl:variable name="z" select="@type='T'" />	La valeur est true si le nœud courant possède un attribut d `type` ont la valeur est 'T', false si tel n'est pas le cas.
<xsl:variable name="arbre"> <table> <tr> <td> <img src="bouton1.gif"/> </td> <td> <img src="bouton2.gif"/> </td> </tr> </table> </xsl:variable>	La valeur est un arbre (ou un fragment d'arbre résultat) dont la racine contient la structure du tableau tel qu'il est écrit.

Bien que les valeurs possèdent différents types de données, ceux-ci n'ont pas à être déclarés dans les déclarations de variables. XSLT est en ce sens un langage à types dynamiques, comme JavaScript.

En général, les conversions de type se produisent automatiquement lorsque cela est nécessaire. Si, par exemple, vous écrivez `<xsl:value-of select="@name" />`, l'ensemble de nœuds renvoyé par l'expression `@name` (contenant zéro ou un nombre quelconque de nœuds attributs) est convertie automatiquement en chaîne. Il existe certaines situations où des conversions explicites sont nécessaires : elles sont fournies par les fonctions XPath `boolean()`, `number()` et `string()`, décrites dans la suite de ce chapitre.

Modèle de données XPath

La compréhension du modèle d'arbre XPath est cruciale en matière de programmation de feuilles de style.

La structure arborescente utilisée en XSLT et en XPath est similaire en de nombreux points à celle du DOM, mais il existe néanmoins plusieurs différences. Par exemple, dans le DOM, chaque nœud possède une propriété `nodeValue`, alors qu'en XPath chaque nœud possède une propriété `string-value`. En revanche, la `nodeValue` d'un nœud élément du DOM est nulle, alors qu'en XSLT et XPath la propriété `string-value` d'un élément est la concaténation de tous ses descendants nœuds texte.

Les propriétés disponibles pour chaque type de nœud d'un arbre XSLT sont les mêmes. Chaque nœud possède un nom et une propriété `string-value`. Vous pouvez également rechercher les enfants du nœud, son parent, ses attributs et ses espaces de noms. Lorsque la propriété est inapplicable (les commentaires sont par exemple dépourvus de noms), vous pouvez quand même demander l'information : vous obtiendrez simplement un résultat vide.

Un arbre XSLT peut posséder sept types de nœuds :

<table>
<tr><th>Type de nœud</th><th>Utilisation</th></tr>
<tr><td>Racine</td><td>Représente la racine de l'arbre, ce qui correspond au nœud Document du DOM. Cela est différent de l'« élément document » (l'élément le plus externe de l'arbre). En fait un arbre XSLT n'étant pas toujours un document bien formé, la racine peut renfermer plusieurs nœuds éléments et/ou nœuds texte. Dans un document bien formé, l'élément le plus externe est représenté par un nœud élément, qui doit être un enfant du nœud racine.

Voici les propriétés du nœud racine :
❑ son nom est une chaîne vide ;
❑ sa propriété string-value est la concaténation de tous les nœuds texte du document ;
❑ son parent est toujours null ;
❑ ses enfants peuvent être une collection quelconque d'éléments, de nœuds texte, d'instructions de traitement et de commentaires ;
❑ il ne possède ni espace de nom ni attribut.</td></tr>
</table>

(Suite du tableau)

Type de nœud	Utilisation
Élément	Chaque nœud élément correspond à un élément du document source : autrement dit, soit à une paire de balises d'ouverture et de fermeture, soit à une balise d'élément vide comme `<A/>`. Voici les propriétés d'un nœud élément : ❑ son nom dérive de la balise utilisée dans le document source, expansé à l'aide des déclarations d'espaces de noms en application pour cet élément ; ❑ sa propriété `string-value` est la concaténation de tout le texte présent entre les balises d'ouverture et de fermeture ; ❑ son parent est soit un autre élément, soit le nom racine, s'il s'agit de l'élément le plus extérieur ; ❑ ses enfants peuvent être une collection quelconque d'éléments, de nœuds texte, d'instructions de traitement et de commentaires ; ❑ ses attributs sont les attributs figurant dans la balise d'ouverture, plus tout attribut possédant une valeur par défaut dans la DTD, à l'exclusion toutefois de tout attribut `xmlns` servant comme déclaration d'espace de nom ; ❑ ses espaces de noms sont les déclarations d'espaces de noms applicables à cet élément, qu'ils soient définis sur cet élément ou sur un élément extérieur.
Attribut	Il y aura un nœud attribut pour chaque attribut explicitement présent dans une balise d'élément du document source ou dérivé d'une valeur par défaut dans le DTD. Cependant, les attributs `xmlns` utilisés comme déclarations d'espaces de noms ne sont pas représentés comme nœuds attribut dans l'arbre. Un attribut possède toujours un nom, et sa propriété `string-value` est la valeur donnée à l'attribut dans le XML source. Les propriétés d'un nœud attribut sont les suivantes : ❑ son nom dérive du nom d'attribut utilisé dans le document source, expansé à l'aide des déclarations d'espaces de noms en vigueur pour l'élément conteneur ; ❑ sa propriété `string-value` est la valeur de l'attribut ; ❑ son parent est l'élément conteneur (bien que l'attribut ne soit pas considéré comme enfant de son parent) ; ❑ un nœud attribut ne possède ni enfant, ni attribut ni espace de noms.

(Suite du tableau)

<table>
<tr><th>Type de nœud</th><th>Utilisation</th></tr>
<tr><td>Texte</td><td>Les nœuds texte servent à représenter le contenu textuel (PCDATA) du document. Les nœuds texte adjacents étant toujours fusionnés, l'arbre ne peut jamais renfermer deux nœuds texte à la suite l'un de l'autre. Il est cependant possible que deux nœuds texte ne soient séparés que par un simple commentaire.

Voici les propriétés d'un nœud texte :
❑ son nom est <code>Null</code> ;
❑ sa propriété <code>string-value</code> est le contenu texte, après développement de toutes les références de caractères, des références d'entités et des sections CDATA ;
❑ son parent est l'élément conteneur (ou, dans le cas d'un fragment d'arbre de résultat, un nœud texte peut également être l'enfant du nœud racine) ;
❑ un nœud texte ne possède ni enfant, ni attribut, ni espace de noms.

Toute référence d'entité, référence de caractère ou section CDATA présente dans le document XML est développée par le parseur XML, si bien que l'arbre XSLT n'en contient plus aucune trace. Tout ce qui reste dans l'arbre est la chaîne de caractères représentée par ces constructions.

Les nœuds texte composés uniquement d'espaces vierges peuvent être traités particulièrement. La feuille de style XSLT peut indiquer que de tels nœuds doivent être supprimés de l'arbre. Par défaut cependant, les espaces vierges présents entre les éléments du document source seront présents dans l'arbre en tant que nœuds texte et peuvent affecter certaines opérations, comme le dénombrement des nœuds.</td></tr>
<tr><td>Instruction de traitement</td><td>Les nœuds d'instructions de traitement de l'arbre représentent les instructions de traitement (IT) du document XML source. Les instructions de traitement XML sont rédigées sous la forme <code><?cible données?></code>, où la cible est un simple nom et les données tout ce qui suit.

Les propriétés d'un nœud d'instruction de traitement sont les suivantes :
❑ son nom est la partie cible de l'instruction de traitement ;
❑ sa propriété <code>string-value</code> est la partie « données » ;
❑ son parent est le nœud conteneur, toujours soit un nœud élément soit la racine ;
❑ il ne possède ni enfant, ni attribut, ni espace de noms.

Remarquez que la déclaration XML au début d'un document, par exemple <code>< ?xml version= »1.0 » ?></code>, ressemble à une instruction de traitement, mais n'en est pas une techniquement, si bien qu'elle n'apparaît pas dans l'arbre XPath.</td></tr>
</table>

(Suite du tableau)

Type de nœud	Utilisation
Commentaire	Les nœuds commentaires de l'arbre représentent les commentaires du XML source. Voici les propriétés d'un nœud commentaire : ❑ son nom est `Null` ; ❑ sa propriété `string-value` est le texte du commentaire ; ❑ son parent est le nœud conteneur, toujours soit un nœud élément, soit la racine ; ❑ il ne possède ni enfant, ni attribut, ni espace de noms.
Espace de noms	Les déclarations d'espaces de noms sont de plus en plus utilisées en programmation XML, mais vous n'aurez que très rarement besoin d'effectuer des références explicites aux nœuds d'espaces de noms de l'arbre XPath, car l'URI d'espace de nom applicable à un élément ou à un attribut donné est automatiquement incorporé au nom de ce nœud. Les nœuds d'espaces de noms sont présents dans ce modèle à seule fin d'exhaustivité : par exemple, ils vous permettent de repérer des déclarations d'espaces de noms qui ne sont utilisées dans aucun nom d'élément ou d'attribut. Un élément possède un nœud d'espace de noms pour chaque espace de noms dans la portée de cet élément, qu'il ait été déclaré dans l'élément lui-même ou dans un élément conteneur. Les propriétés d'un nœud d'espace de noms sont les suivantes : ❑ son nom est le préfixe d'espace de noms ; ❑ sa propriété `string-value` est l'URI d'espace de noms ; ❑ son parent est l'élément conteneur ; ❑ il ne possède ni enfant, ni attribut, ni espace de noms.

Noms et espaces de noms

Les espaces de noms jouent un rôle important dans les traitements XPath et XSLT, il est donc préférable de bien comprendre son fonctionnement. Contrairement aux standards de base XML et du DOM, où les espaces de noms ont été le fruit d'une réflexion ultérieure, ils sont ici inhérents aux philosophies XPath et XSLT.

Dans le XML source, le nom d'un élément ou d'un attribut est écrit à l'aide de deux composants : le préfixe d'espace de noms et le nom local. Ils constituent ensemble le nom qualifié ou QName. Par exemple, dans le QName `fo:block`, le préfixe est `fo` et le nom local `block`. Si le nom est écrit sans préfixe, celui-ci est considéré comme étant une chaîne vide.

Lorsqu'un préfixe est utilisé, le document XML doit contenir une déclaration d'espace de noms pour ce préfixe. La déclaration d'espace de noms définit un URI d'espace de noms correspondant au préfixe. Par exemple, si le document contient un élément `<fo:block>`, alors, il doit se trouver soit sur cet élément, soit dans un élément conteneur, une déclaration d'espace se présentant sous la forme `xmlns:fo="http://www.w3.org/XSL/"`. La valeur `http://www.w3.org/XSL/` est l'URI d'espace de noms, et sert à distinguer de façon unique des éléments `<block>` définis dans un type de document ou un schéma de tout élément `<block>` défini dans un autre.

L'URI d'espace de noms est dérivé en trouvant la déclaration d'espace de noms adéquate pour chaque préfixe utilisé dans le QName. Dans la comparaison de deux noms, ce sont les noms locaux et les URI d'espace de noms qui doivent être identiques, le préfixe étant sans intérêt. La combinaison du nom local et de l'URI d'espace de noms est appelée nom expansé du nœud. Dans le modèle d'arbre XPath, le nom d'un nœud est son nom expansé (URI d'espace de noms plus nom local). Les préfixes d'espaces de noms sont en général conservés intacts, mais le système peut les modifier s'il le souhaite, tant qu'il préserve les URI d'espaces de noms.

Lorsqu'un nom qualifié ne possède pas de préfixe d'espace de noms, les règles XML de formation du nom expansé sont légèrement différentes entre les noms d'éléments et les noms d'attributs. Pour les éléments, l'URI d'espace de noms est l'URI d'espace de noms par défaut, obtenu en recherchant une déclaration d'espace de noms se présentant sous la forme « `xmlns="..."` ». Pour les attributs, l'URI d'espace de noms est une chaîne vide. Examinez l'exemple ci-dessous :

```
<template match="para" xmlns="http://www.w3.org/1999/XSL/Transform"/>
```

Le nom expansé de l'élément possède ici comme nom local `template` et l'URI d'espace de noms est `http://www.w3.org/1999/XSL/Transform`. Le nom expansé de l'attribut possède en revanche comme nom local `match` et un URI d'espace de noms nul. L'URI d'espace de noms par défaut affecte le nom d'élément, mais pas le nom d'attribut.

Les expressions XPath ont fréquemment besoin de sélectionner des nœuds du document source d'après leur nom. Ce nom écrit dans l'expression XPath est également un nom qualifié, devant être transformé en nom expansé afin de pouvoir être comparé aux noms du document source. Cela s'effectue à l'aide des déclarations d'espaces de noms de la feuille de style, et plus spécifiquement avec celles se trouvant dans la portée de l'expression correspondante XPath.

Si un nom dans une expression XPath n'utilise pas de préfixe d'espace de noms, le nom expansé est formé à partir des mêmes règles que pour un nom d'attribut : l'URI d'espace de noms est Null.

Dans l'exemple précédent, qui peut être rencontré dans une feuille de style XSLT, `para` est le nom d'un type d'élément que cette règle modèle est conçue pour identifier. Parce que `para` est écrit sans préfixe d'espace de noms, il ne correspondra qu'aux éléments dont le nom expansé possède comme nom local `para`, et comme URI d'espace de noms Null. L'URI d'espace de noms n'affecte pas le nom écrit dans le motif de correspondance. Si vous voulez identifier des éléments dont le nom local est `para` et l'URI d'espace de noms, `urn:un-espace-de-noms`, vous devez affecter un préfixe explicite à cet espace de noms dans la feuille de style, par exemple :

```
<template match="mon:para"
   xmlns="http://www.w3.org/1999/XSL/Transform"
   xmlns:mon="urn:un-espace-de-noms" />
```

XSLT utilise de nombreux noms pour identifier des choses autres que des éléments et attributs XML : par exemple, pour les modèles, les variables, les modes, les clés, les formats décimaux, les ensembles d'attributs et les propriétés système. Tous ces noms suivent les mêmes conventions que les noms d'attributs XML. Ils sont écrits comme noms qualifiés : tout préfixe d'espace de noms utilisé doit être présent dans une déclaration d'espace de noms. L'équivalence de deux noms dépend de l'URI d'espace de noms, pas du préfixe. S'il n'y a pas de préfixe, l'URI d'espace de noms est null (la déclaration d'espace de noms par défaut n'est pas utilisée).

Le contrôle les déclarations d'espaces de noms dans le document de sortie peut parfois s'avérer problématique. En général, une déclaration d'espace de noms est automatiquement ajoutée au document de sortie chaque fois que cela est nécessaire, puisque le document de sortie utilise un nom d'élément ou d'attribut préfixé. Il peut parfois contenir des espaces vierges non précisés dans les exigences. Ceux-ci ne posent le plus souvent pas de problème, mais ce peut être cependant le cas si le document résultat doit être valide par rapport à une DTD. Il vaut alors mieux s'en débarrasser en utilisant l'attribut `exclude-result-prefixes` sur l'élément `<xsl:stylesheet>`.

Dans certains cas très exceptionnels, vous voulez connaître les déclarations d'espaces de noms présentes dans le document source (même si elles ne sont pas utilisées). C'est la seule situation où il est nécessaire d'identifier explicitement les nœuds d'espaces de noms de l'arbre, ce que vous pouvez réaliser en utilisant une requête XPath suivant l'axe des espaces de noms.

Expressions XPath

Pour écrire une feuille de style XSLT, vous devez écrire des expressions XPath. Quand bien même vous seriez impatient d'enfin voir une feuille de style en action, vous allez d'abord vous intéresser aux expressions XPath, puis étudier leur utilisation par XSLT dans une feuille de style. Bien que XPath ait principalement été conçu pour être utilisé dans un contexte XSLT, il a pris corps dans sa propre spécification parce qu'il a été reconnu comme utile par lui-même. En fait, il est de plus en plus fréquent de voir XPath utilisé comme langage de requête indépendamment de XSLT.

Cette section résume les règles d'écriture des expressions XPath. Il n'est guère envisageable d'espérer vous présenter la totalité de la syntaxe, et encore moins l'ensemble des règles d'évaluation des expressions, en raison de la portée forcément limitée de ce livre, mais nous allons néanmoins tenter d'examiner tous les cas courants et vous signaler quelques pièges.

Contexte

Le résultat d'une expression XPath peut dépendre du contexte dans lequel elle est utilisée. Les principaux aspects de ce contexte sont le nœud, la taille et la position contextuelle. Le nœud contextuel est le nœud de l'arbre source pour laquelle l'expression est évaluée. La position contextuelle est la position de ce nœud dans la liste des nœuds actuellement traités, et la taille contextuelle est le nombre de nœuds de cette liste. Vous pouvez accéder directement au nœud contextuel en utilisant l'expression `.` (point), et respectivement à la position et à la taille contextuelle à l'aide des fonctions `position()` et `last()`.

Parmi les autres aspects du contexte d'une expression XPath, obtenus depuis la feuille de style XSLT conteneur, se trouvent les valeurs des variables, la définition des clés et des formats décimaux, le nœud actif en cours de traitement par la feuille de style (en général identique au nœud contextuel, mais différent à l'intérieur d'un prédicat XPath), l'URI de base de la feuille de style et la déclaration d'espace de noms active.

Primaires

Les blocs de constructions fondamentaux d'une expression XPath sont appelés primaires. Il en existe cinq, présentés dans le tableau ci-dessous :

Construction	Signification	Exemples
Chaîne littérale	Une constante chaîne, écrite entre guillemets ou entre apostrophes (obligatoirement différente de la notation utilisée pour encadrer l'attribut XML conteneur).	`'Londres'` `"Paris"`

Nombre	Une constante numérique, écrite en notation décimale. Bien que les nombres XPath soient en virgule flottante, vous ne pouvez utiliser de notation scientifique.	`12`
		`0.0001`
		`5000000`

Référence à une variable	Une référence à une variable définie ailleurs dans la feuille de style. Toujours écrite précédée d'un signe `$`.	`$x` `$my:variable-name`

Appel de fonction	Un appel soit à une fonction proposée par le système, soit à une fonction d'extension proposée par l'éditeur ou l'utilisateur, accompagnée de ses éventuels arguments. Chaque argument est une expression XPath valide.	`position()`
		`contains($x, ';')`
		`ms:extension('Bill', 'Gates')`

Expressions entre parenthèses	Une expression XPath placée entre parenthèses. Des crochets permettent de contrôler la priorité des opérateurs, comme dans d'autres langages.	`3 * ($x + 1)` `(//article)[1]`

Opérateurs

La plupart des opérateurs utilisés en XPath sont classiques, mais certains sont plus inhabituels. Le tableau ci-dessous en dresse la liste par ordre de priorité : ceux apparaissant en tête de liste sont évalués avant ceux figurant plus bas dans le tableau.

<table>
<tr><th>Opérateur</th><th>Signification</th></tr>
<tr><td>A [B]</td><td>Une expression de filtre. Le premier opérande (A) doit être un ensemble de nœuds. Le second opérande (B), connu sous le nom de prédicat, est une expression évaluée une fois pour chaque nœud de l'ensemble de nœuds, ce nœud représentant le nœud contextuel. Le résultat de l'expression est un ensemble de nœuds contenant les nœuds de A pour lesquels le prédicat est vrai.

Si le prédicat est un nombre, il est vrai si ce nombre est égal à la position du nœud dans l'ensemble de nœuds, dénombrée à partir de un. Si bien que $para[1] sélectionne le premier nœud de l'ensemble de nœuds $para.

Si ce n'est pas un nombre, il est vrai si la valeur, après conversion en une valeur booléenne à l'aide des règles de la fonction boolean(), est true. Ainsi $para[@nom] sélectionne tous les nœuds de l'ensemble de nœuds $para possédant un attribut nom.</td></tr>
<tr><td>A / B
A // B</td><td>Un chemin de localisation vers un emplacement. Les chemins de localisation sont décrits en détail ci-dessous. Le premier opérande, A, définit un nœud ou un ensemble de nœuds de début. Le second, B, décrit une étape ou une route de navigation depuis le nœud de départ vers les autres nœuds de l'arbre.</td></tr>
<tr><td>A | B</td><td>Une expression d'union. Les deux opérandes doivent être des ensembles de nœuds. Le résultat contient tous les nœuds présents soit dans A, soit dans B, les doublons étant éliminés.</td></tr>
<tr><td>- A</td><td>Changement de signe. La valeur de A est convertie si nécessaire en un nombre (en utilisant la fonction number()) et le signe est modifié.</td></tr>
<tr><td>A * B
A div B
A mod B</td><td>Multiplication, division et modulo (reste après division). Les deux arguments sont convertis en nombres à l'aide de la fonction number() et le résultat est un nombre en virgule flottante. Ces opérateurs sont souvent pratiques dans la mise en forme de tableaux : par exemple, <xsl:if test="position() mod 2 = 1"> est vrai (true) pour les lignes impaires d'un tableau, et faux (false) pour les autres.</td></tr>
<tr><td>A + B
A - B</td><td>Addition et soustraction. Les deux arguments sont convertis en nombre à l'aide de la fonction number(). Comme un nom peut contenir un tiret, il doit y avoir un espace ou un autre signe de ponctuation avant le signe moins.</td></tr>
<tr><td>A > B
A >= B
A < B
A <= B</td><td>Teste si un opérande est numériquement supérieur ou inférieur à l'autre. Lorsque l'expression XPath est écrite dans une feuille de style, souvenez-vous d'utiliser les entités XML : < pour <, > pour >. Des règles spéciales s'appliquent lorsqu'un ou les deux opérandes sont des ensembles de nœuds : reportez-vous ci-dessous à la section sur la comparaison des ensembles de nœuds.

Si les opérandes sont des chaînes ou des valeurs booléennes, ils sont convertis en nombres à l'aide des règles de la fonction number(). Si l'un quelconque des deux opérandes ne peut être converti en nombre, le résultat sera toujours false.</td></tr>
</table>

(Suite du tableau)

Opérateur	Signification
`A = B` `A != B`	Teste si les deux opérandes sont ou non égaux. Des règles spéciales s'appliquent lorsqu'un ou les deux opérandes sont des ensembles de nœuds : reportez-vous ci-dessous à la section sur la comparaison des ensembles de nœuds. Pour les autres cas, si un opérateur est un booléen, l'autre est converti en booléen. Si l'un est un nombre, l'autre est converti en nombre. Dans tous les autres cas, ils sont comparés comme des chaînes. Les comparaisons de chaînes sont sensibles à la casse : 'Paris' est différent de 'PARIS'.
`A and B`	Et (AND) booléen aussi représenté par le signe ^. Convertit les deux arguments en valeurs booléennes et renvoie `true` si les deux sont `true`.
`A or B`	Ou booléen (OR) aussi représenté par le signe v. Convertit les deux arguments en valeurs booléennes et renvoie `true` si l'un des deux est `true`.

Comparer des ensembles de nœuds

Lorsque vous utilisez les opérateurs de comparaison `=`, `!=`, `<`, `>`, `<=` ou `>=`, si l'un quelconque (ou les deux) des opérandes est un ensemble de nœuds, la comparaison est effectuée avec chaque membre de l'ensemble de nœuds, renvoyant `true` en cas d'une quelconque réussite de l'un d'entre eux. Par exemple, l'expression `//@secure='yes'` renvoie `true` s'il existe un attribut, n'importe où dans le document, dont le nom est `secure` et la valeur `yes`. De même, `//@secure!='yes'` renvoie `true` s'il existe un attribut, n'importe où dans le document, dont le nom est `secure` et la valeur autre que `yes`.

Lors de la comparaison de deux ensembles de nœuds, la comparaison porte sur la totalité des paires possibles. Par exemple, `//auteur=//artiste` renvoie `true` s'il existe dans le document au moins un élément `<auteur>` possédant la même valeur textuelle qu'un élément `<artiste>` du document. En termes relationnels, cette expression renvoie `true` si l'interaction des deux ensembles n'est pas vide (selon le degré d'habileté du processeur en matière d'optimisation, cela peut bien évidemment être une requête extrêmement coûteuse en ressources pour un gros document).

Cette règle entraîne des conséquences pas forcément intuitives :

- La comparaison d'un élément quelconque avec un ensemble de nœuds vide (même un autre ensemble de nœuds vide) renvoie toujours `false`, quel que soit l'opérateur utilisé. Une exception toutefois : la comparaison d'un ensemble de nœuds vide avec la valeur booléenne `false`, qui renvoie `true`.
- Lorsque `A` ou `B` est un ensemble de nœuds, tester `A!=B` ne donne pas le même résultat que tester `not(A=B)`. Le plus souvent, c'est cette dernière expression qui est souhaitée.
- L'expression `.=/` ne vérifie pas que le nœud contextuel est la racine, mais si la propriété `string-value` du nœud contextuel est identique à celle du nœud racine. Cela a par exemple de bonnes chances d'être vrai si le nœud contextuel est le nœud le plus extérieur du document. Pour vérifier l'identité de nœuds, servez-vous de la fonction `generate-id()`.

Chemins de localisation

Les chemins de localisation sont les pierres angulaires du langage XPath, la construction qui a donné son nom au langage.

Comme les chemins de localisation sont fréquemment utilisés, le langage dispose de nombreuses abréviations pour les cas les plus courants. Il est utile de savoir quand vous utilisez une forme abrégée, vous allez donc découvrir d'abord la forme explicite avant d'en voir l'abréviation.

Vous allez commencer par quelques exemples avant de passer aux règles.

Exemples de chemins de localisation

Le tableau suivant présente quelques exemples :

Chemin de localisation	Signification
`Para`	Sélectionne les éléments `<para>` enfants du nœud contextuel. Abréviation de `./child::para`.
`@titre`	Sélectionne l'attribut `titre` du nœud courant (s'il en possède un). Abréviation de `./attribute::titre`.
`../heading`	Sélectionne les éléments `<heading>` enfants du parent du nœud contextuel. Abréviation de `./parent::node()/child::heading`.
`//article`	Sélectionne tous les éléments `<article>`du document. Abréviation de `/descendant-or-self::node()/article`.
`section[1]/clause[2]`	Sélectionne le second élément `<clause>` enfant du premier élément `<section>` enfant du nœud contextuel.
`heading [starts-with(titre,'A')]`	Sélectionne tous les éléments `<heading>` enfant du nœud contextuel possédant un élément enfant `<titre>` dont la `valeur textuelle (string-value)` commence par le caractère 'A'.

Règles de syntaxe pour les chemins de localisation

Un chemin de localisation complet se présente sous une des formes suivantes :

Format	Signification
/	Sélectionne le nœud racine.
/ étape	Sélectionne les nœuds pouvant être atteints depuis la racine en suivant l'étape spécifiée. Les étapes sont définies dans la section suivante. Par exemple, `/comment()` sélectionne tout nœud commentaire de plus haut niveau, autrement dit les commentaires non contenus dans un élément.

(Suite du tableau)

Format	Signification
E / étape	Sélectionne les nœuds pouvant être atteints depuis les nœuds de `E` en suivant les étapes spécifiées. `E` peut être toute expression renvoyant un ensemble de nœuds. Il peut s'agir par exemple d'un autre chemin de localisation (mais pas l'expression racine /), ou d'une référence à une variable, ou d'un appel à une fonction comme `document()`, `id()` ou `key()`, ou une expression d'union `(A|B)` placée entre parenthèses. Par exemple, `../@titre` sélectionne l'attribut `titre` du nœud parent.
étape	Sélectionne les nœuds pouvant être atteints depuis le nœud contextuel en suivant les étapes spécifiées. Par exemple, `descendant::figure` sélectionne tous les éléments `<figure>` qui sont des descendants du nœud contextuel.

Étapes

Dans ces constructions, une étape définit une route à travers la représentation de l'arbre du document source. Une étape se divise en trois composants :

- Un axe, qui définit la relation des nœuds requis avec le nœud de départ. Par exemple, si sont exigés des nœuds enfants, des nœuds frères qui se suivent ou des nœuds ancêtres. Si aucun axe n'est spécifié explicitement, l'axe enfant est retenu par défaut.
- Un test de nœud, définissant deux choses : le type de nœud à sélectionner, par exemple nœuds élément, de texte ou commentaire, et les noms des nœuds à sélectionner. Il est également possible de sélectionner des nœuds d'un type quelconque. Il existe trois sortes de test de noms : un test de nom complet, ne sélectionnant que les nœuds portant ce nom, un test d'espace de noms, sélectionnant tous les nœuds d'un espace de noms particulier et un test de nom générique, sélectionnant les nœuds quel que soit leur nom. Le nœud test est toujours présent sous une de ces formes.
- Zéro ou plusieurs prédicat(s), des expressions restreignant encore plus l'ensemble de nœuds sélectionné par cette étape. Si aucun prédicat n'est spécifié, tous les nœuds de cet axe satisfaisant au nœud test sont sélectionnés.

Voici la syntaxe complète d'une étape :

```
nom-axe «::» test-noeud ( «[» predicat «]» )*
```

Vous allez examiner séparément le nom d'axe, le test de nœud et les prédicats, puis vous verrez comment cette syntaxe complète peut être abrégée.

Nom d'axes

XPath définit les axes suivants, pouvant être utilisés pour naviguer à travers la structure arborescente.

Nom d'axe	Contenu
`Ancestor`	Contient le parent du nœud de départ, son grand-parent, et ainsi de suite jusqu'à la racine.
`ancestor-or-self`	Contient le nœud lui-même et tous ses ancêtres.
`Attribute`	Pour tout nœud autre qu'un élément, cet axe est vide. Pour un élément, il contient les attributs de celui-ci, y compris ceux ayant pu être définis avec des valeurs par défaut dans la DTD. Les déclarations d'espace de noms ne sont pas traitées comme des attributs.
`Child`	Contient les enfants du nœud de départ. Les seuls nœuds possédant des enfants sont la racine et les nœuds éléments : cet axe est vide dans tous les autres cas. Les enfants d'un élément comprennent tous les nœuds directement présents dans cet élément, mais pas les attributs ou les espaces de noms.
`Descendant`	Contient les enfants du nœud de départ, leurs propres enfants, et ainsi de suite de façon récursive.
`descendant-or-self`	Contient le nœud lui-même et tous ses descendants.
`following`	Contient tous les nœuds du document suivant le nœud de départ selon l'ordre associé au document, autres que ses propres descendants. En termes de source XML, cela signifie tous les nœuds débutant après la balise de fermeture de l'élément de départ.
`following-sibling`	Contient tous les nœuds enfants du même parent que le nœud de départ, et qui le suivent dans l'ordre associé au document.
`namespace`	Contient les nœuds représentant toutes les déclarations d'espace de noms dans la portée de cet élément. Les nœuds autres que des nœuds éléments ne possèdent pas de nœuds d'espace de noms.
`parent`	Contient le parent de l'élément de départ. Cet axe est vide si l'élément de départ est la racine.
`preceding`	Contient tous les nœuds du document précédant le nœud de départ dans l'ordre associé au document, autres que ses propres ancêtres. En termes de source XML, cela signifie tous les nœuds prenant fin avant la balise d'ouverture de l'élément de départ.
`preceding-sibling`	Contient tous les nœuds enfants du même parent que le nœud de départ, et précédant celui-ci dans l'ordre associé au document.
`self`	Contient le nœud de départ lui-même.

Test de nœud

Le test de nœud d'une étape apparaît après le ::, et sert à sélectionner le type de nœud qui vous intéresse, plaçant des restrictions sur leurs noms. Il peut être l'un de ce qui suit :

`QName`	Un nom éventuellement qualifié avec un préfixe d'espace de noms, par exemple `para` ou `fo:block`. Sélectionne les nœuds portant le même nom appartenant au type principal de nœuds de l'axe. Pour l'axe attribut, les nœuds principaux sont des attributs, pour l'axe espace de noms, ce sont les nœuds d'espace de noms, et, dans tous les autres cas, il s'agit d'éléments.
`prefix:*`	Sélectionne les nœuds du type de nœud principal de l'axe, appartenant à l'espace de noms défini par le préfixe donné.
`*`	Sélectionne tous les nœuds du type de nœud principal pour cet axe.
`node()`	Sélectionne tous les nœuds, quel que soit leur type et leur nom.
`text()`	Sélectionne tous les nœuds de texte.
`comment()`	Sélectionne tous les nœuds commentaire.
`processing-instruction()`	Sélectionne tous les nœuds d'instructions de traitement.
`processing-instruction('nom')`	Sélectionne tous les nœuds d'instructions de traitement portant le nom spécifié. Remarquez que le nom doit être placé entre apostrophes.

Prédicats

Une étape peut facultativement comporter une liste de prédicats, qui définissent plus avant les conditions à remplir par les nœuds sélectionnés. Chaque prédicat est une expression XPath valide, encadrée par des crochets droits ([]). Il agit comme un filtre sur l'ensemble de nœuds. Celui-ci passe à tour de rôle par chaque filtre, seuls les nœuds satisfaisant à tous les prédicats étant sélectionnés.

Par exemple, le prédicat `[@titre='Introduction']` sélectionne un nœud si et seulement s'il possède un attribut `titre` dont la valeur est `Introduction`. Le prédicat `[position() != 1]` sélectionne un nœud si et seulement s'il ne s'agit pas du premier nœud de l'ensemble de nœuds passé à travers un quelconque filtre précédent.

Le prédicat est évalué pour chaque nœud à tour de rôle. Le contexte d'évaluation du prédicat est différent du contexte de l'expression conteneur : plus spécifiquement, le nœud contextuel est le nœud étant testé, la taille contextuelle est le nombre de nœuds délaissés dans l'opération de filtrage précédente, alors que la position contextuelle est la position du nœud contextuel dans cette liste de nœuds restants. Si bien que le prédicat `[position()=last()]` n'est vrai que si le nœud testé est le dernier de la liste.

Si l'axe est un axe avant, `position()` donne la position de chaque nœud de l'ensemble de nœuds considérés dans l'ordre associé au document. S'il s'agit d'un axe inverse, les nœuds sont classés selon l'ordre inverse du document. Les seuls axes inverses sont `ancestor`, `ancestor-or-self`, `preceding` et `preceding-sibling`.

Un prédicat peut être numérique ou booléen. Si la valeur est un nombre `N`, cela est interprété comme une abréviation de l'expression `position() = N`. Aussi `following-sibling::*[1]` sélectionne l'élément frère suivant immédiatement (puisqu'il s'agit d'un axe avant), tandis que `preceding-sibling::*[1]` sélectionne l'élément frère précédant immédiatement (il s'agit d'un axe inverse, si bien que `[1]` correspond au dernier élément dans l'ordre associé au document).

Les syntaxes des prédicats dans une étape, ainsi que celles des prédicats dans une expression filtre sont très proches, et il est facile de confondre les deux. Dans les deux exemples suivants, le prédicat appartient à une étape :

```
article[1]
preceding-sibling::*[@type='D'][1]
```

Dans les deux exemples suivants, le prédicat appartient à une expression filtre :

```
$article[1]
(preceding-sibling::*)[@type='D'][1]
```

La seule différence réelle est que, dans une expression filtre, les nœuds sont toujours considérés comme suivant l'ordre associé au document, alors que, dans une étape, cela dépend de l'ordre de l'axe. Cela signifie que, dans le second exemple ci-dessus, le dernier frère possédant `@type='D'` est retenu, alors que dans le quatrième c'est le premier frère possédant cet attribut qui est utilisé. Cela ne présente d'importance que si le prédicat est numérique, ou se sert de la fonction `position()`.

Abréviations

Vous avez déjà vu quelques notations raccourcies pour les chemins de localisation, mais il est temps de les décrire plus formellement :

- Le symbole `.` (point) est une abréviation pour l'étape `self::node()`. Il fait référence au nœud contextuel lui-même. Il ne peut être suivi d'un prédicat : si vous voulez tester si le nœud contextuel est un élément `<para>`, écrivez `<xsl:if test="self::para">`.
- Le symbole `..` est une abréviation pour l'étape `parent::node()`. Les mêmes remarques s'appliquent.
- L'axe enfant (`child`) étant l'axe par défaut, vous pouvez toujours omettre `child::` dans une étape. Par exemple, `/section/article` est la forme raccourcie de `/child::section/child::article`.
- Le symbole `@` peut être utilisé pour indiquer l'axe attribut : c'est l'abréviation de `attribute::`. Si bien que `@titre` signifie la même chose que `attribute::titre`.
- L'opérateur `//` est un raccourci pour `/descendant-or-self::node()/`. C'est une abréviation utile lorsque vous recherchez tous les descendants d'un nœud. Par exemple, `//article` récupère tous les éléments `<article>` du document. Prenez garde lorsque vous utilisez des prédicats de position : `//article[1]` ne sélectionne pas le premier `<article>` du document (il faut pour cela utiliser `(//article)[1]`), mais sélectionne à la place chaque élément `<article>` qui est le premier enfant de son élément parent. La raison en est que le prédicat ne s'applique qu'à la dernière étape du chemin d'emplacement développé, qui utilise implicitement l'axe enfant.

Fonctions XPath

Les exemples précédents ont utilisé diverses fonctions XPath : il est maintenant temps d'en dresser la liste complète. La plupart de ces fonctions sont définies dans la spécification XPath elle-même. Quelques-unes ont été ajoutées dans la spécification XSLT, ce qui signifie qu'elles ne seront disponibles que lors de l'utilisation de XPath dans le contexte d'une feuille de style XSLT.

Les éditeurs peuvent y ajouter des fonctions qui leur sont propres, ou fournir des mécanismes permettant aux utilisateurs d'implémenter leurs propres fonctions, le plus souvent dans un langage externe comme Java ou JavaScript. Ces fonctions externes ont toujours recours à un préfixe d'espace de noms afin de pouvoir les distinguer des fonctions intégrées. Pour plus de détails sur ces extensions, reportez-vous à la documentation de l'éditeur.

Dans les descriptions des fonctions, il est souvent précisé qu'un argument particulier doit être une chaîne, un nombre ou une valeur booléenne. Dans pratiquement tous les cas, cela signifie que vous pouvez fournir une valeur d'un type quelconque et que celle-ci sera automatiquement convertie dans le type exigé : les règles de conversion sont celles décrites lors de l'étude des fonctions `boolean()`, `number()` et `string()`, qui peuvent être appelées directement si vous voulez rendre la conversion explicite.

En raison de la limite de place, les descriptions des fonctions sont très brèves. Si vous voulez une explication complète sur le comportement d'une fonction, ou disposer de plus d'exemples d'utilisation, vous les trouverez dans le livre des éditions Wrox Press *XSLT Programmer's Reference*[2].

boolean(arg1)

La fonction `boolean()` convertit son argument en une valeur booléenne.

L'argument peut être de n'importe quel type de données. Voici les règles de conversion :

Type de données de l'argument	Règles de conversion
Booléen	Pas de conversion.
Nombre	0 est `false`, tout le reste est `true`.
Chaîne	Une chaîne de longueur zéro est `false`, tout le reste est `true`.
Ensemble de nœuds	Un ensemble de nœuds vide est `false`, tout le reste est `true`.
Arbre	Toujours `true`.

ceiling(arg1)

L'argument `arg1` est un nombre. La fonction `ceiling()` renvoie le plus petit entier supérieur ou égal à la valeur numérique de `arg1`. Par exemple, `ceiling(1.2)` renvoie 2.

[2] Note : ouvrage non disponible en français.

concat(arg1, arg2,...)

La fonction concat() reçoit deux arguments ou plus. Chaque argument est converti en une chaîne et les chaînes obtenues sont concaténées.

contains(arg1, arg2)

La fonction contains() teste si arg1 contient arg2 sous forme de sous-chaîne. Si oui, elle renvoie true, sinon false. Les deux arguments sont des chaînes. Comme toute autre comparaison de chaînes en XPath, elle est sensible à la casse : contains('Paris', 'A') est false.

count(arg1)

La fonction count() reçoit comme argument un ensemble de nœuds et renvoie le nombre de nœuds présents dans l'ensemble de nœuds. L'argument doit être un ensemble de nœuds. Évitez d'utiliser count() pour vérifier si un ensemble de nœuds est vide : vous pouvez le faire plus efficacement en convertissant l'ensemble de nœuds en une valeur booléenne, soit explicitement à l'aide de la fonction boolean(), soit implicitement en utilisant l'ensemble de nœuds dans un contexte attendant une valeur booléenne, comme un prédicat.

current()

La fonction current() ne possède pas d'argument et renvoie un ensemble de nœuds contenant un unique nœud, le nœud courant. Il s'agit du nœud en cours de traitement par la plus récente des instructions <xsl:for-each> ou <xsl:apply-templates>. C'est le plus souvent le même que le nœud contextuel, référencé plus simplement par . : dans un prédicat cependant, les deux sont en général différents. Cela vous permet par exemple d'écrire :

```
//article[@code=current()/@code]
```

pour trouver tous les éléments <article> possédant le même code que l'élément courant.

C'est une fonction XSLT : elle ne peut être utilisée que dans des expressions XPath contenues dans une feuille de style XSLT.

document(arg1 [, arg2])

La fonction document() identifie un document XML externe en résolvant une référence d'URI et renvoie son nœud racine.

Dans l'usage le plus fréquent, arg1 est une chaîne et arg2 est omis. Par exemple, document("consultation.xml") identifie le fichier nommé consultation.xml dans le même répertoire que celui de la feuille de style, l'analyse et renvoie un ensemble de nœuds contenant un seul nœud, la racine de l'arbre résultant. Lorsque arg1 est une chaîne, les URI relatifs sont résolus relativement à l'emplacement de la feuille de style. Comme cas particulier, document("") récupère la feuille de style elle-même.

arg1 peut également être un ensemble de nœuds. Par exemple, document(@href) identifie un fichier XML externe utilisant l'URI contenu dans l'attribut href du nœud contextuel. Comme l'URI est maintenant obtenu à partir du document source, tout URI relatif est résolu par rapport au document source plutôt qu'à la feuille de style. Si l'ensemble de nœuds fourni comme argument contient plusieurs nœuds, la fonction `document()` charge tous les documents référencés et renvoie un ensemble de nœuds contenant le nœud racine de chacun.

Le second argument est optionnel et rarement utilisé. Il sert à fournir un URI de base différent de l'URI du document source ou de la feuille de style pour résoudre les URI relatifs présents dans le premier argument.

Un document chargé à l'aide de la fonction `document()` peut être traité par la feuille de style exactement de la même façon que le document source original.

`document()` est une fonction XSLT, ne pouvant donc être utilisée que dans des expressions XPath contenues dans une feuille de style XSLT.

element-available(arg1)

Cette fonction sert à tester si une instruction XSLT particulière ou un élément d'extension est disponible. Les éditeurs sont autorisés à fournir des extensions propriétaires au langage XSLT, à condition qu'elles utilisent leurs propres espaces de noms. Certains éditeurs permettent également aux utilisateurs d'implémenter leurs propres extensions. Cette fonction donne également à l'auteur de la feuille de style la possibilité de tester si une extension éditeur particulière est disponible avant de l'utiliser.

L'argument est une chaîne contenant le nom d'un élément et le résultat est `true` si le processeur reconnaît celui-ci comme le nom d'une instruction XSLT ou d'un élément d'extension.

Il s'agit d'une fonction XSLT : elle ne peut être utilisée que dans une instruction XPath contenue dans une feuille de style XSLT.

false()

Cette fonction renvoie la valeur booléenne `false`. Elle ne possède pas d'argument. Elle est nécessaire, car XPath ne dispose pas de constante littérale pour la valeur `false`.

floor(arg1)

L'argument `arg1` est un nombre. La fonction `floor()` renvoie le plus grand entier inférieur ou égal à la valeur de `arg1`. Par exemple, `floor(3.6)` est 3.

format-number(arg1, arg2 [, arg3])

La fonction `format-number()` est utilisée pour convertir des nombres en chaînes mises en forme, en général afin d'être affichées pour un utilisateur humain, mais également pour répondre aux exigences de mise en forme de standards de données héritées, comme la présence obligatoire d'un nombre fixe de zéros au début du nombre. Le format du résultat est contrôlé par l'élément `<xsl:decimal-format>`. Le premier argument `arg1` est le nombre à convertir, le deuxième est une chaîne contenant le motif indiquant le format de sortie exigé.

Le troisième argument `arg3` est facultatif. S'il est présent, c'est une chaîne contenant le nom d'un élément `<xsl:decimal-format>` de la feuille de style définissant les règles de mise en forme. Un résumé sur `<xsl:decimal-format>` est proposé plus loin dans la section portant sur les éléments de niveau supérieur, mais les détails sont au-delà de la portée de ce chapitre. Il permet, par exemple, de modifier les caractères utilisés comme séparateur décimal et séparateur de milliers. Si `arg3` est absent, le système recherche un élément `<xsl:decimal-format>` non nommé dans la feuille de style ou utilise la valeur par défaut intégrée.

Les caractères les plus utilisés dans le motif de mise en forme sont les suivants :

Caractère	Signification
0	Place toujours un chiffre à cet endroit, même s'il n'est pas significatif.
#	Ne place un chiffre à cet endroit que s'il est significatif.
. (point)	Définit la position du séparateur décimal.
, (virgule)	Définit la position du séparateur de milliers.
%	Affiche le nombre comme pourcentage.

Par exemple, le tableau suivant montre comment est affiché le nombre 1234.56 en fonction des différents motifs de mise en forme.

Motif de mise en forme	Sortie
#	1235
#.#	1234.6
#.#####	1234.56
#,###.000	1,234.560
0,000,000.###	0,001,234.56

`format-number()` est une fonction XSLT, ne pouvant donc être utilisée que dans des expressions XPath contenues dans une feuille de style XSLT.

function-available(arg1)

Cette fonction sert à tester si une fonction particulière est disponible. Les éditeurs sont autorisés à ajouter leurs propres fonctions à celles définies dans le standard, à condition d'utiliser leur propre espace de noms, et nombre d'entre eux permettent aux utilisateurs de définir des fonctions d'extensions personnalisées. `function-available()` peut être utilisé pour vérifier la disponibilité tant des fonctions système standard que des fonctions d'extension. L'argument est une chaîne contenant le nom de la fonction. Dans le cas d'une fonction d'extension, il possédera toujours un préfixe d'espace de noms.

Le résultat est une valeur booléenne : `true` si la fonction spécifiée est disponible, `false` dans le cas contraire.

C'est une fonction XSLT, ne pouvant donc être utilisée que dans des expressions XPath contenues dans une feuille de style XSLT.

generate-id([arg1])

La fonction `generate-id()` génère une chaîne, se présentant sous la forme d'un nom XML identifiant de façon unique un nœud. L'argument est facultatif. S'il est présent, ce doit être un ensemble de nœuds. L'`id` renvoyé est celui du premier nœud de l'ensemble de nœuds, dans l'ordre associé au document. Si l'ensemble de nœuds est vide, `generate-id()` renvoie une chaîne vide. Si l'argument est omis, le nœud contextuel est pris par défaut.

Chaque processeur XSLT possède sa propre façon de générer des identificateurs uniques pour les nœuds : les réponses seront différentes selon les processeurs. Si vous appelez deux fois la fonction sur le même nœud pendant une transformation particulière, vous obtiendrez la même réponse, alors que si vous exécutez à nouveau la même feuille de style, les réponses peuvent être différentes. Le résultat est un identifiant fabriqué, ne possédant aucune relation avec toute valeur ID pouvant être présente dans le document source. Les seules contraintes sur cette valeur sont que l'identificateur doit être un nom XML à syntaxe valide et qu'il doit être différent pour chaque nœud : cela lui permet d'être utilisé comme valeur d'un attribut ID dans le document de sortie. Cela peut être utile si vous créez un document HTML et que vous vouliez générer des références croisées internes du type `<a href="#n1234">`.

Tester `generate-id($A) = generate-id($B)` est un bon moyen de vérifier si `$A` et `$B` sont le même nœud, à condition toutefois que ces deux ensembles de nœuds ne contiennent pas de doublons. N'utilisez pas `$A=$B` pour faire cela : vous compareriez les `valeurs textuelles` des nœuds, qui peuvent être identiques même si `$A` et `$B` sont des nœuds différents.

`generate-id()` est une fonction XSLT, ne pouvant donc être utilisée que dans des expressions XPath contenues dans une feuille de style XSLT.

id(arg1)

La fonction `id()` renvoie un ensemble de nœuds contenant le ou les nœuds du document source possédant l'attribut ID spécifié. Cela suppose l'existence d'une DTD identifiant un attribut précis comme étant du type ID. Si le document contient de tels attributs, ceux-ci doivent être uniques (en partant du principe que le document est valide).

L'argument peut être une chaîne, auquel cas il est traité comme une liste de valeurs ID séparées par des espaces vierges. De même, ce peut être un ensemble de nœuds, auquel cas la `valeur textuelle` de chaque nœud de l'ensemble est considérée comme étant une liste de valeurs ID séparées par des espaces vierges. Toutes ces valeurs ID sont assemblées, et le résultat de la fonction est l'ensemble des éléments possédant des valeurs ID présentes dans cette liste. Bien évidemment, le cas le plus fréquent se présente lorsque `arg1` est une unique valeur ID, le résultat ne contient donc qu'un nœud, si cette valeur ID est présente dans le document, ou aucun si ce n'est pas le cas.

key(arg1, arg2)

La fonction `key()` sert à identifier les nœuds possédant une valeur donnée pour une clé particulière. Le premier argument est une chaîne contenant le nom d'une clé : elle doit correspondre au nom d'un élément `<xsl:key>` de la feuille de style, comme cela est décrit dans la section portant sur les éléments de niveau supérieur, un peu plus loin. Le second argument fournit la ou les valeur(s) clé(s) recherchée(s). Ce peut être une chaîne contenant une unique valeur clé ou un ensemble de nœuds renfermant une série de valeurs clés, une dans chaque nœud. Le résultat de la fonction est un ensemble de nœuds composé de tous les nœuds du document source possédant une clé présente dans la liste.

C'est une fonction XSLT : elle ne peut être utilisée que dans des expressions XPath contenues dans une feuille de style XSLT.

lang(arg1)

La fonction `lang()` teste si la langue du nœud contextuel, comme définie par l'attribut `xml:lang`, correspond à la langue spécifiée, dans la mesure où l'argument `xml:lang` est l'un des rares attributs dont la signification est définie dans la spécification XML elle-même.

L'argument est une chaîne identifiant la langue exigée, par exemple `en` pour l'anglais, `de` pour l'allemand ou `cy` pour le gallois. Le résultat est `true` si le nœud contextuel se trouve dans une partie du document source pourvue d'un attribut `xml:lang` identifiant le texte comme étant en cette langue, `false` dans le cas contraire. Les règles de contrôle de la langue sont plutôt complexes (pour prendre en compte des choses comme le français canadien par rapport au français belge ou au français standard, par exemple) et dépassent l'objectif de ce chapitre : vous les trouverez dans l'ouvrage de Wrox Press *XSLT Programmer's Reference*[3].

last()

La fonction `last()` renvoie la valeur de la taille contextuelle. Lors du traitement d'une liste de nœuds, si ceux-ci sont numérotés à partir de un, `last()` renvoie le nombre affecté au dernier numéro de la liste.

Le test `position()=last()` est souvent utilisé pour vérifier si le nœud contextuel est le dernier de la liste.

local-name([arg1])

La fonction `local-name()` renvoie la partie locale du nom d'un nœud, autrement dit la partie du `QName` située après les deux-points si elle existe, ou le `QName` complet dans le cas contraire. Par exemple, pour un élément dont le nom est écrit `<para>`, le nom local est `para`. S'il avait été écrit `<fo:block>`, ce serait `block`. Si l'argument est omis, la fonction renvoie le nom local du nœud contextuel. Si l'argument est présent, ce doit être un ensemble de nœuds, et le résultat est le nom local du premier nœud de cet ensemble, selon l'ordre associé au document. Si l'ensemble de nœuds est vide, le résultat est une chaîne vide.

name([arg1])

La fonction `name()` renvoie une chaîne contenant le nom qualifié d'un nœud, autrement dit le nom tel qu'il est écrit dans le document XML source, avec tout préfixe d'espace de noms. Si l'argument est absent, la fonction renvoie le nom du nœud contextuel. S'il est présent, ce doit être un ensemble de nœuds et le résultat est le nom du premier nœud de cet ensemble, selon l'ordre associé au document. Si l'ensemble de nœuds est vide, le résultat est une chaîne vide.

La fonction `name()` est utile afin d'afficher le nom d'un nœud. Essayez d'éviter de l'utiliser dans un contexte tel que `[name()='mon:element']` pour tester le nom d'un nœud, car cela ne fonctionnera pas en cas d'utilisation d'un autre préfixe d'espace de noms. Préférez-lui `[self::mon:element]`, qui teste en réalité l'URI d'espace de noms correspondant au préfixe `mon` plutôt que le préfixe lui-même.

---

[3] Note : ouvrage non disponible en français.

namespace-uri([arg1])

La fonction `namespace-uri()` renvoie une chaîne représentant l'URI de l'espace de noms du nom expansé d'un nœud. Il s'agit de l'URI utilisé dans une déclaration d'espace de noms, autrement dit la valeur d'un attribut `xmlns` ou `xmlns:*`.

Si l'argument est omis, la fonction renvoie l'URI d'espace de noms du nœud contextuel. S'il est présent, ce doit être un ensemble de nœuds et le résultat est l'URI d'espace de noms du premier nœud de cet ensemble, pris selon l'ordre associé au document. Si l'ensemble de nœuds est vide, le résultat est une chaîne vide.

normalize-space([arg1])

L'argument `arg1` est une chaîne. S'il est omis, c'est la `valeur textuelle (string value)` du nœud contextuel qui est utilisé. La fonction `normalize-space()` supprime les espaces vierges de début et de fin de l'argument, et remplace des séquences internes d'espaces vierges par un unique caractère espace. Le résultat est une chaîne.

not(arg1)

L'argument `arg1` est un booléen. S'il est `true`, la fonction `not()` renvoie `false`, et *vice versa.*

number([arg1])

La fonction `number()` convertit son argument en un nombre. Si l'argument est omis, il convertit la `valeur textuelle` du nœud contextuel en un nombre.

Les règles de conversion sont les suivantes :

Type de données source	Règles de conversion
Booléen	`False` est convertit en zéro, `true` en un.
Chaîne	La chaîne est analysée comme un nombre décimal. Il peut y avoir des caractères d'espaces vierges au début et à la fin, de même qu'un caractère de signe (plus ou moins). Si la chaîne ne peut être analysée comme nombre, le résultat est NaN (*Not a Number*). Les règles de conversion d'une chaîne en un nombre sont fondamentalement les mêmes que les règles d'écriture d'un nombre dans une expression XPath : la conversion échoue par exemple si le nombre utilise une notation scientifique ou contient en tête un signe $ ou un autre signe monétaire.
Ensemble de nœuds	Prend la `valeur textuelle` du premier nœud de l'ensemble de nœuds, dans l'ordre associé au document, et la convertit en une chaîne en utilisant les règles de conversion de chaîne en nombre. Si l'ensemble de nœuds est vide, le résultat est NaN.
Arbre	Traite l'arbre comme un ensemble de nœuds contenant le nœud racine de l'arbre, et convertit cet ensemble de nœuds en un nombre.

position()

La fonction `position()` renvoie la valeur de la position contextuelle. Lors du traitement d'une liste de nœuds, si ceux-ci sont numérotés à partir de un, `position()` donne le numéro affecté dans la liste au nœud courant. Il n'y a pas d'arguments.

round(arg1)

L'argument `arg1` est un nombre. La fonction `round()` renvoie l'entier le plus proche de la valeur numérique de `arg1`. Par exemple, `round(1.8)` renvoie 2 et `round(3.1)` renvoie 3. L'arrondi est effectué par défaut si la valeur est juste entre deux entiers.

starts-with(arg1, arg2)

La fonction `starts-with()` teste si la chaîne `arg1` débute par la chaîne `arg2`. Les deux arguments sont des chaînes et le résultat est un booléen. Comme pour toutes les autres comparaisons de chaînes XPath, celle-ci est sensible à la casse : `starts-with('Paris', 'p')` est `false`.

string([arg1])

La fonction `string()` convertit son argument en une valeur chaîne. Si l'argument est omis, elle renvoie la `valeur textuelle` du nœud contextuel. Cela dépend du type de nœud : reportez-vous au tableau de la section portant sur le modèle de données XPath pour plus de détails.

Voici les règles de conversion :

Type de données source	**Règles de conversion**
Booléen	Renvoie la chaîne "true" ou "false".
Nombre	Renvoie une représentation chaîne de ce nombre, avec autant de places décimales que nécessaire pour exprimer sa précision.
Ensemble de nœuds	Si l'ensemble de nœuds est vide, renvoie la chaîne vide "". Sinon, la fonction prend le premier nœud dans l'ordre associé au document et renvoie sa `valeur textuelle`. Tous les autres nœuds de l'ensemble sont ignorés. La `valeur textuelle` d'un nœud est définie pour chaque type de nœud dans le tableau de la section *Modèle de données XPath*, plus haut dans ce chapitre.
Arbre	Renvoie la concaténation de tous les nœuds texte de l'arbre.

string-length(arg1)

L'argument `arg1` est une chaîne. La fonction `string-length()` renvoie le nombre de caractères de `arg1`.

substring(arg1, arg2 [, arg3])

La fonction `substring()` renvoie la partie de la chaîne fournie dans `arg1`, déterminé par les positions de caractères à l'intérieur de la chaîne.

`arg2` est un nombre donnant la position de départ de la sous-chaîne exigée. Les positions de caractères sont comptées à partir de un. La valeur fournie est arrondie en utilisant les règles de la fonction `round()`. La fonction n'échoue pas si la valeur est hors de portée : elle ajuste la position de départ comme étant le début ou la fin de la chaîne.

`arg3` donne le nombre de caractères devant être présents dans la chaîne résultat. La valeur est arrondie de la même façon que pour `arg2`. Si `arg3` est omis, vous récupérez tous les caractères jusqu'à la fin de la chaîne. Si la valeur est hors de portée, elle est ajustée de façon à récupérer soit aucun caractère, soit tous les caractères jusqu'à la fin de la chaîne.

substring-after(arg1, arg2)

Les arguments `arg1` et `arg2` sont des chaînes. La fonction `substring-after()` renvoie une chaîne contenant les caractères de `arg1` trouvés après la première occurrence de `arg2`. Si `arg2` n'est pas une sous-chaîne de `arg1`, la fonction renvoie une chaîne vide.

substring-before(arg1, arg2)

Les arguments `arg1` et `arg2` sont des chaînes. La fonction `substring-before()` renvoie une chaîne contenant les caractères de `arg1` trouvés avant la première occurrence de `arg2`. Si `arg2` n'est pas une sous-chaîne de `arg1`, la fonction renvoie une chaîne vide.

sum(arg1)

L'argument `arg1` doit être un ensemble de nœuds. La fonction `sum()` calcule la somme des valeurs numériques contenues dans les nœuds de cet ensemble de nœuds. Elle récupère la `valeur textuelle` de chaque nœud de l'ensemble de nœuds, la convertit en un nombre en utilisant les règles de la fonction `number()` et additionne cette valeur au total. Si l'une quelconque des valeurs ne peut être convertie en nombre, le résultat de la fonction `sum()` est `NaN` (*Not a Number*).

system-property(arg1)

La fonction `system-property()` renvoie des informations sur l'environnement de traitement. L'argument `arg1` est une chaîne contenant un `QName` : un nom qualifié identifiant la propriété système exigée. Trois propriétés système sont définies dans le standard XSLT, mais les éditeurs peuvent en avoir ajouté d'autres. Voici les trois propriétés système standard :

`xsl:version`	La version de la spécification XSLT implémentée par ce processeur, par exemple 1.0 ou 1.1.
`xsl:vendor`	Identifie l'éditeur de ce processeur XSLT.
`xsl:vendor-url`	L'URL du site web du vendeur.

Si vous spécifiez une propriété système non reconnue par ce processeur, la fonction renvoie une chaîne vide.

C'est une fonction XSLT : elle ne peut être utilisée dans une expression XPath en dehors d'une feuille de style XSLT.

translate(arg1, arg2, arg3)

La fonction `translate()` substitue les caractères de la chaîne fournie par des caractères de remplacement nommés. Elle peut également permettre de supprimer des caractères désignés d'une chaîne.

Les trois arguments sont des chaînes : `arg1` est la chaîne à traduire, `arg2` donne la liste des caractères à remplacer et `arg3` stipule les caractères de remplacement.

Le processus suivant est appliqué à chaque caractère de `arg1` :

- Si le caractère apparaît à la position `n` dans la liste des caractères de `arg2`, alors s'il existe un caractère à la position `n` dans `arg3`, il est remplacé par ce caractère, sinon il est supprimé de la chaîne.
- Si le caractère est absent de la chaîne `arg2`, il est copié sans modification dans la chaîne résultat.

Par exemple, `translate("ABC-123", "0123456789-", "9999999999")` renvoie `ABC999`, parce que son effet est de transformer tous les chiffres en `9`, de supprimer tous les tirets et de laisser inchangés les autres caractères.

true()

Cette fonction renvoie la valeur booléenne `true`. Elle ne possède pas d'argument. Cette fonction est nécessaire car XPath ne dispose pas de constante représentant la valeur `true`.

unparsed-entity-uri(arg1)

La fonction `unparsed-entity-uri()` donne accès aux déclarations d'entités non analysables de la DTD du document source. L'argument est évalué comme chaîne contenant le nom de l'entité non analysable exigée. La fonction renvoie une chaîne contenant l'URI (l'identificateur système) de l'entité non analysable portant le nom spécifié, si elle existe, et une chaîne vide dans le cas contraire.

C'est une fonction XSLT : elle ne peut être utilisée que dans une expression XPath contenue dans une feuille de style XSLT.

Feuilles de style, modèles et motifs

Nous avons terminé l'étude des expressions XPath. Revenons maintenant à XSLT pour examiner la structure d'une feuille de style et les modèles qu'elle définit. Cette section utilise largement des exemples d'expressions XPath.

Élément <xsl:stylesheet>

Une feuille de style est en général un document XML en lui-même et son élément le plus extérieur est un élément `<xsl:stylesheet>`, bien que vous puissiez également utiliser le synonyme `<xsl:transform>`. L'élément `<xsl:stylesheet>` ressemble le plus souvent à quelque chose comme :

```
<xsl:stylesheet
   xmlns:xsl="http://www.w3.org/1999/XSL/Transform"
   version="1.0">
</xsl:stylesheet>
```

L'URI d'espace de noms doit être écrit exactement comme ici, faute de quoi le processeur ne reconnaîtrait pas le document comme feuille de style XSLT. Vous pouvez, si vous le souhaitez, utiliser un autre préfixe (certains préfèrent xslt), mais il faudra alors vous y tenir strictement. L'attribut `version` est obligatoire et signale si cette feuille de style n'utilise que les fonctionnalités de la version XSLT 1.0.

Si vous rencontrez une feuille de style utilisant comme espace de noms `http://www.w3.org/TR/WD-xsl`, ce n'est pas une feuille de style XSLT, mais une utilisant l'ancien dialecte Microsoft accompagnant IE5 et IE5.5. Il existe tant de différences entre ces dialectes qu'il vaut mieux les considérer comme des langages distincts : ce chapitre ne concerne que XSLT. Le processeur XSLT Microsoft, MSXML3 (actuellement disponible à l'adresse http://msdn.microsoft.com/xml) s'accompagne d'un outil permettant de convertir des feuilles de style à partir de l'ancien dialecte Microsoft en XSLT.

L'élément `<xsl:stylesheet>` comporte en général un certain nombre d'autres déclarations d'espaces de noms : par exemple pour définir les espaces de noms de toute fonction d'extension utilisée, ou les espaces de noms des éléments de votre document source que vous voulez identifier. Cet élément peut posséder plusieurs autres attributs :

Nom de l'attribut	Utilisation
`id`	Tout nom identifiant la feuille de style. Non utilisé par XSLT lui-même.
`extension-element-prefixes`	Liste des préfixes d'espaces de noms (séparés par un espace vierge) utilisés pour des instructions de feuille de style définies par l'éditeur ou par l'utilisateur (également nommées éléments d'extension).
`exclude-result-prefixes`	Liste des préfixes d'espaces de noms (séparés par un espace vierge) devant être exclus du document résultat à moins d'être effectivement référencés.

Dans une feuille de style typique, la plupart des éléments situés immédiatement dans l'élément `<xsl:stylesheet>` (et connus, de façon plutôt inadéquate, sous le nom d'**éléments de niveau supérieur**) possèdent de fortes chances d'être des éléments `<xsl:template>`. Vous allez les examiner maintenant, et revenir aux autres types d'éléments de niveau supérieur dans une section ultérieure.

Élément <xsl:template>

Les modèles constituent les blocs de constructions fondamentaux d'une feuille de style XSLT, de la même façon que les procédures et les fonctions d'un programme conventionnel. Lorsqu'un modèle est déclenché (ou « instancié », selon le jargon du standard), cela provoque le plus souvent l'écriture de diverses choses dans l'arbre résultat. Le contenu d'un modèle dans une feuille de style se décompose en deux types de nœuds : instructions et données. Lorsque le modèle est déclenché, toute instruction est exécutée et tous les nœuds de données (dénommés éléments résultats littéraux et nœuds texte) sont directement copiés vers la sortie.

Par exemple, lors du déclenchement du modèle suivant, celui-ci écrit un élément <para> dans l'arbre résultat, contenant le texte du nœud actif du document source :

```
<xsl:template match="auteur">
   <para>De : <xsl:value-of select="."/></para>
</xsl:template>
```

Ce petit modèle contient un élément résultat littéral (l'élément <para>), le texte résultat littéral De :, et une instruction (l'élément <xsl:value-of>).

Un modèle peut être déclenché de deux façons : il peut être invoqué explicitement, à l'aide de l'instruction <xsl:call-template>, ou implicitement en utilisant <xsl:apply-templates>.

L'instruction <xsl:call-template> ressemble beaucoup à un appel traditionnel à une sous-routine. Elle possède un attribut name, devant correspondre à l'attribut name d'un élément <xsl:template> quelque part dans la feuille de style. Lors de l'exécution de l'instruction <xsl:call-template name="table-des-matieres"/>, le modèle déclaré comme <xsl:template name="table-des-matieres"> entre en action.

L'autre mécanisme, utilisant <xsl:apply-templates>, est plus subtil. Cette instruction possède un attribut select dont la valeur est une expression XPath sélectionnant l'ensemble de nœuds à traiter. Par défaut, il s'agit de select="child::node()", qui sélectionne tous les enfants du nœud courant. Pour chacun de ces nœuds, le système recherche parmi tous les modèles de la feuille de style celui qui correspond le mieux à ce nom. Cette recherche est fondée sur l'attribut match de l'élément <xsl:template>, qui définit le motif auquel doit correspondre le nœud pour pouvoir être sélectionné.

Vous verrez sous peu les détails de fonctionnement des motifs. Examinez d'abord une feuille de style complète utilisant des règles modèle pour définir le traitement à effectuer.

Cet exemple consiste en une transformation très simple : extraire un sous-ensemble d'enregistrements répondant à certaines exigences. L'entrée est un fichier de produits similaire à ceci :

```
<?xml version="1.0" encoding="ISO-8859-1" ?>
<produits>
   <produit code="Z123-888" category="outils">
      <description>Marteau panne fendue (GM)</description>
      <poids units="g">850</poids>
      <prix>12.99</prix>
   </produit>
   <produit code="X853-122" category="livres">
      <titre>La plomberie pour les débutants</titre>
      <ISBN>0-123-456-9876</ISBN>
      <prix>10.95</prix>
   </produit>
   <produit code="S14-8532" category="outils">
      <description>Clé à molette</description>
      <poids units="g">330</poids>
      <prix>5.25</prix>
   </produit>
</produits>
```

L'exigence est d'obtenir un autre fichier de produits, possédant la même structure, mais en ne sélectionnant que les produits dont le prix est supérieur à 10 euros, et en éliminant le prix dans la sortie.

C'est ce que réalise la feuille de style suivante :

```
<?xml version="1.0" encoding="ISO-8859-1" ?>
<xsl:stylesheet xmlns:xsl="http://www.w3.org/1999/XSL/Transform" version="1.0">
   <xsl:template match="*">
      <xsl:copy>
         <xsl:copy-of select="@*" />
         <xsl:apply-templates />
      </xsl:copy>
   </xsl:template>
   <xsl:template match="produit[prix &lt; 10.00]" />
   <xsl:template match="prix" />
</xsl:stylesheet>
```

Comment cela fonctionne-t-il ?

Il y a trois règles modèle. La première identifie tous les éléments (`match="*"`). Cette règle modèle utilise l'instruction `<xsl:copy>` pour copier le nœud élément de l'arbre source vers l'arbre résultat. Elle copie également les attributs de l'élément à l'aide de `<xsl:copy-of>` : l'expression `select="@*"` sélectionne tous les nœuds attributs de l'élément actif. Elle appelle ensuite `<xsl:apply-templates/>` pour traiter les enfants de l'élément actif, chacun utilisant pour ce faire la règle appropriée.

Les deux règles modèle suivantes sont vides : elles identifient un élément d'entrée sans produire de sortie, éliminant de la sorte cet élément et son contenu du fichier. La première des deux identifie les éléments `<produit>` possédant un élément enfant `<prix>` dont la valeur est inférieure à 10.00, alors que la seconde identifie les éléments `<prix>`. Comme ces deux règles possèdent un motif de correspondance plus spécifique que la première règle modèle, elles ont priorité lorsque les conditions spécifiées sont satisfaites.

Les autres nœuds de l'arbre (par exemple le nœud racine et les nœuds de texte) sont gérés par les règles intégrées, utilisées lorsqu'aucune règle spécifique n'est spécifiée. Pour la racine, cette règle modèle intégrée se borne à appeler `<xsl:apply-templates />` pour traiter les enfants du nœud racine. Pour un nœud texte, elle copie le texte vers l'arbre résultat.

La sortie de cette feuille de style ressemble à ceci (avec quelques espaces vierges ajoutés pour plus de clarté).

```
<?xml version="1.0" encoding="ISO-8859-1" ?>
<produits>
   <produit code="Z123-888" category="outils">
      <description>Marteau panne fendue (GM)</description>
<poids units="g">850</poids>
   </produit>
   <produit code="X853-122" category="livres">
      <titre>La plomberie pour les débutants</titre>
      <ISBN>0-123-456-9876</ISBN>
   </produit>
</produits>
```

Si vous voulez essayer par vous-même cet exemple, suivez les étapes suivantes :

- téléchargez les fichiers exemples de ce livre depuis l'adresse http://www.wrox.com ;
- téléchargez Instant Saxon depuis l'adresse http://users.iclway.co.uk/mhkay/saxon/ ;
- décompactez l'exécutable `saxon.exe` dans un répertoire adapté, par exemple `c:\saxon` ;
- ouvrez une console MS-DOS ;
- changez de répertoire vers le dossier contenant les exemples Wrox, puis lancez comme suit le processeur :

```
cd chemin-du-téléchargement-wrox
c:\saxon\saxon.exe produits.xml produits.xsl
```

Bien évidemment, si vous disposez déjà d'un processeur XSLT installé, comme Xalan ou Oracle XSL, vous pouvez également exécuter l'exemple avec celui-ci, en modifiant la ligne de commande.

Motifs

Les motifs que vous pouvez écrire dans l'attribut `match` de `<xsl:template>` sont très similaires aux expressions XPath. Ils constituent en fait un sous-ensemble des expressions XPath, et chaque motif est une expression XPath valide. La réciproque n'est toutefois pas vraie.

Le type de motif le plus répandu (et de loin !) est un simple nom d'élément, par exemple `auteur` dans l'exemple précédent. Cela identifie tous les éléments `<auteur>` (mais souvenez-vous d'inclure un préfixe d'espace de noms si l'élément possède un URI d'espace de noms).

Plutôt qu'un nom, vous pouvez utiliser tout test de nœud. Les différents types de tests de nœud ont été énumérés dans une section précédente. Par exemple, vous pouvez écrire `text()` pour identifier tous les nœuds de texte, ou `svg:*` pour identifier tous les éléments de l'espace de noms `svg`.

Vous pouvez également ajouter après le nom un ou plusieurs prédicats. Le prédicat peut être toute expression XPath, tant qu'il n'utilise pas de variables ni la fonction `current()` (ce qui serait sans intérêt). Par exemple, vous pouvez écrire `section[@titre='Introduction']` pour identifier un élément `<section>` possédant un attribut `titre` dont la valeur est `Introduction`. Vous pouvez aussi utiliser `para[1]` pour identifier tout élément `<para>` qui est le premier élément `<para>` fils de son élément parent.

Vous pouvez également qualifier le motif en spécifiant le nom d'éléments parent ou ancêtre, en utilisant la même syntaxe que pour un chemin de localisation dans une expression XPath. Par exemple, `scene/titre` identifie tout élément `<titre>` dont le parent est un élément `<scene>`, tandis que `chap//note` identifie tout élément `<note>` descendant d'un élément `<chap>`.

Si vous voulez définir un modèle unique identifiant plusieurs motifs différents, vous pouvez utiliser l'opérateur d'union | pour les séparer. Par exemple, le motif `scene | prologue | epilogue` identifie les éléments `<scene>`, `<prologue>` et `<epilogue>`.

Les règles complètes pour les motifs sont un peu plus complexes que cela, mais il est conseillé de s'en tenir à des motifs raisonnablement simples, si bien que les exemples décrits ici devraient être plus qu'adaptés à la plupart des feuilles de style.

Sélectionner une règle modèle

Lorsque <xsl:apply-templates> est utilisé pour traiter un ensemble de nœuds, il n'est pas obligatoire qu'il y ait exactement une règle modèle correspondant à chaque nœud. Il peut n'y en avoir aucune, comme il peut s'en trouver plusieurs.

Il est possible de gouverner le processus en utilisant des modes. Si l'instruction <xsl:apply-templates> possède un attribut mode, l'élément <xsl:template> sélectionné doit posséder un attribut mode correspondant. Si l'élément <xsl:apply-templates> ne possède pas d'attribut mode, seuls seront identifiés les éléments <xsl:template> dépourvus d'attribut mode. Les modes sont utiles lorsqu'il existe plusieurs façons de traiter les mêmes nœuds d'entrée, par exemple lorsque vous voulez les traiter d'une façon pendant la génération du corps du document, et d'une autre façon afin de générer un index.

Voici un exemple sortant toutes les sections d'un chapitre, précédées par une table des matières. Les entrées de la table constituent des liens hypertextes vers les sections pertinentes, les identificateurs des liens étant construits à l'aide de la fonction XPath generate-id() :

```
<xsl:template match="chapitre">
   <h2>Table des mati&egrave;res</h2>
   <xsl:apply-templates select="section" mode="toc"/>
   <xsl:apply-templates select="section" mode="body"/>
</xsl:template>
<xsl:template match="section" mode="toc">
   <p><a href="#{generate-id()}">
   <xsl:value-of select="titre"/>
   </a></p>
</xsl:template>
<xsl:template match="section" mode="body">
   <h2><a name="{generate-id()}">
   <xsl:value-of select="titre"/>
   </a></h2>
   <xsl:apply-templates select="para"/>
</xsl:template>
```

S'il n'existe aucune règle modèle correspondante pour un nœud, une règle par défaut est invoquée. Le traitement par défaut dépend du type de nœud, comme suit :

- Pour le nœud racine et les nœuds élément, <xsl:apply-templates /> est invoqué afin de traiter les enfants de ce nœud. Il peut trouver des règles explicites pour ces enfants ou invoquer à nouveau la règle par défaut.
- Dans le cas des nœuds de texte et des nœuds attribut, il copie la valeur textuelle du nœud dans l'arbre résultat.
- Pour les autres nœuds, il ne se passe rien.

S'il existe plusieurs règles, un schéma de priorité entre en action. Celui-ci fonctionne comme suit :

- Le processeur doit d'abord voir si les règles de correspondance possèdent différentes priorités d'importation, et rejeter, si tel est le cas, celles possédant une priorité inférieure aux autres. Cela ne se produit que si un modèle se trouve dans une feuille de style distincte importée à l'aide de <xsl:import>, élément qui sera décrit plus en détail dans une section ultérieure portant sur les éléments de niveau supérieur dans les modèles.

- Ensuite, le processeur examine les priorités des règles. Vous pouvez définir explicitement une priorité pour une règle à l'aide de son attribut `priority`. Par exemple, une règle avec `priority="2"` sera préférée à une règle dotée d'une `priority="1"`. S'il n'existe pas de priorité explicite, le système alloue une priorité par défaut fondée sur la syntaxe utilisée dans le motif de correspondance. Celle-ci tente de faire en sorte que les motifs hautement sélectifs comme `section[@titre='Introduction']` bénéficient d'une priorité supérieure aux motifs universels comme `node()`, mais c'est un processus à risque et il vaut mieux définir explicitement les priorités.
- Si, malgré tout, il demeure plusieurs candidats possibles, la spécification considère qu'il s'agit d'une erreur. Elle laisse cependant le choix au processeur quant à sa réaction. Un processeur strict signale l'erreur et arrête le traitement. Un processeur plus tolérant peut retenir la dernière règle figurant dans la feuille de style et l'utiliser. Certains processeurs adoptent une position intermédiaire, signalant l'erreur par un message d'avertissement mais poursuivant le traitement.

Paramètres

Lorsqu'une règle modèle est appelée à l'aide de `<xsl:call-template>` ou de `<xsl:apply-templates>`, il est possible de transmettre des paramètres avec l'appel. L'instruction appelante utilise `<xsl:with-param>` pour définir une valeur pour un paramètre. Le modèle appelé utilise `<xsl:param>` pour recevoir la valeur. Si l'appelant fixe un paramètre non attendu par le modèle appelé, celui-ci est simplement ignoré. En revanche, si l'appelant ne fournit pas un paramètre attendu, celui-ci reçoit une valeur par défaut pouvant être spécifiée dans l'élément `<xsl:param>`.

Les éléments `<xsl:param>` et `<xsl:with-param>` possèdent une syntaxe identique : un attribut `name` pour fournir le nom du paramètre et un attribut `select` contenant une expression XPath pour donner sa valeur. Pour `<xsl:param>`, c'est la valeur par défaut. Ils peuvent également posséder un contenu, afin d'exprimer la valeur comme arbre, de la même façon que `<xsl:variable>` décrit plus loin dans ce chapitre.

Voici un exemple d'un modèle copiant un nœud et ses descendants, jusqu'à une profondeur spécifiée. Le modèle s'appelle lui-même de façon récursive : cela est un style de programmation très classique dès que vous voulez faire quelque chose d'un peu compliqué avec XSLT. Chaque fois que le modèle s'appelle lui-même, il réduit la profondeur d'une unité, jusqu'à ce que celle-ci soit égale à zéro, auquel cas le modèle ne fait rien et s'arrête.

```
<xsl:template match="/ | * | text()" mode="basfonds-copy">
   <xsl:param name="profondeur"/>
   <xsl:if test="$profondeur &gt; 0">
      <xsl:copy>
         <!-- copier tous les attributs -->
         <xsl:copy-of select="@*"/>
         <!-- traiter tous les enfants -->
         <xsl:apply-templates mode="basfonds-copy">
            <xsl:with-param name="profondeur" select="$profondeur- 1"/>
         </xsl:apply-templates>
      </xsl:copy>
   </xsl:if>
</xsl:template>
```

Vous pouvez appeler cela pour copier le nœud racine jusqu'à une profondeur de trois à l'aide de l'appel suivant :

```
<xsl:apply-templates select="/" mode="basfonds-copy">
    <xsl:with-param name="profondeur" select="3"/>
  </xsl:apply-templates>
```

Le motif de correspondance du modèle utilise un motif d'union pour spécifier que le modèle doit identifier le nœud racine `/`, tout élément `*` ou tout nœud texte `text()`. En cas de rencontre de commentaires ou d'instructions de traitement, le modèle intégré entre en action, ce qui aboutit à ignorer ces types de nœuds.

Contenu d'un modèle

Le contenu d'un élément `<xsl:template>` (après tout élément `<xsl:param>`, devant figurer en tête) constitue un corps de modèle.

Un corps de modèle consiste en une séquence de nœuds élément et texte. La feuille de style peut également renfermer des commentaires et des instructions de traitement, mais ceux-ci sont totalement ignorés, si bien qu'ils ne sont pas étudiés ici. Tout nœud texte composé uniquement d'espaces vierges sera également supprimé.

Les nœuds éléments d'un corps de modèle se répartissent en catégories ultérieures :

- Les éléments de l'espace de noms XSLT sont des instructions. Par convention, elles possèdent comme préfixe `xsl:`, mais vous pouvez utiliser le préfixe de votre choix.
- Les éléments d'un espace de noms désigné comme espace de noms d'éléments d'extension sont des instructions. La signification de celles-ci dépend de l'éditeur.
- Tous les autres éléments sont des éléments résultats littéraux. Ils sont copiés vers l'arbre résultat.

Les nœuds texte apparaissant dans un corps de modèle sont également copiés vers l'arbre résultat.

L'étude des éléments d'extension dépasse l'objectif de ce livre : reportez-vous à la documentation de l'éditeur si vous souhaitez les utiliser. Cette section s'intéresse aux instructions définies pour XSLT, puis regarde plus en détail les éléments résultats littéraux.

Le corps de modèle a été présenté comme étant le contenu de l'élément `<xsl:template>`, alors qu'en réalité de nombreux autres éléments, parmi lesquels `<xsl:if>` et `<xsl:element>`, possèdent un contenu respectant les mêmes règles et géré de la même façon qu'un corps de modèle contenu directement dans un élément `<xsl:template>`. Ainsi, le terme corps de modèle est utilisé pour décrire de façon générique le contenu de tous ces éléments.

Modèles de valeur d'attribut

Certains attributs d'une feuille de style XSLT sont conçus comme modèles de valeur d'attribut. C'est par exemple le cas de l'attribut `name` des instructions `<xsl:attribute>` et `<xsl:element>`. Pour cet attribut, plutôt que d'écrire une valeur fixe, comme `name="description"`, vous pouvez paramétrer la valeur en écrivant une expression XPath encadrée par des accolades, par exemple `name="{$prefix}:{$nomlocal}"`. Lors de l'exécution de l'instruction, ces expressions XPath sont évaluées et la valeur d'attribut résultante est substituée à l'expression comme valeur de l'attribut.

Si le document source XML utilise des accolades dans la valeur d'attribut et que vous ne vouliez pas que cela déclenche ce mécanisme, doublez-les, par exemple `value="{{pas un MVA}}"`.

Une des erreurs les plus fréquentes en matière de modèle de valeur d'attribut est de supposer que vous pouvez les utiliser partout. Tel n'est pas le cas : ils ne sont licites qu'à certains endroits précis. Ceux-ci sont signalés ci-dessous dans la description de chaque élément XSLT. N'essayez pas, par exemple, d'écrire `<xsl:call-template name="{$tnom}" />` : cela ne fonctionne pas.

Un point particulier est de ne jamais utiliser d'accolades **dans** une expression XPath, mais uniquement pour encadrer une telle expression dans un attribut qui, serait sinon, interprété comme valeur texte.

Instructions XSLT

Les instructions XSLT constituent un sous-ensemble d'éléments XSLT : fondamentalement, ceux qui peuvent être utilisés directement comme parties d'un corps de modèle.

Les instructions définies en XSLT 1.0 sont les suivantes :

```
<xsl:apply-imports>        <xsl:fallback>
<xsl:apply-templates>      <xsl:for-each>
<xsl:attribute>            <xsl:if>
<xsl:call-template>        <xsl:message>
<xsl:choose>               <xsl:number>
<xsl:comment>              <xsl:processing-instruction>
<xsl:copy>                 <xsl:text>
<xsl:copy-of>              <xsl:value-of>
<xsl:element>              <xsl:variable>
```

Les sections suivantes les examinent tour à tour.

<xsl:apply-imports>

Il s'agit d'une instruction très rarement utilisée. Elle est dépourvue d'attributs et est toujours vide. Elle sert lors du traitement d'un nœud particulier afin d'invoquer des règles modèle provenant d'une feuille de style importée, outrepassant les règles normales de sélection de modèle fondées sur la priorité d'importation.

<xsl:apply-templates>

Nous avons déjà examiné cette instruction plus tôt dans ce chapitre. Elle provoque le traitement d'un ensemble de nœuds sélectionnés, chaque nœud utilisant la règle modèle adéquate d'après les motifs de correspondance et les priorités.

Cette instruction possède deux attributs, tous deux facultatifs. L'attribut `select` est une expression XPath définissant l'ensemble de nœuds à traiter : par défaut, il s'agit des enfants du nœud courant. L'attribut `mode` donne le nom d'un mode de traitement : seuls les éléments `<xsl:template>` possédant le même nom de mode constituent des candidats valables pour les correspondances.

À l'intérieur des modèles invoqués, toute expression XPath est évaluée dans le contexte défini par l'instruction <xsl:apply-templates>. Spécifiquement, le nœud contextuel est le nœud actuellement traité, la position contextuelle (le résultat de la fonction position()) est 1 pour le premier nœud traité, 2 pour le second, etc., et la taille contextuelle (le résultat de la fonction last()) est le nombre total de nœuds à traiter.

L'instruction <xsl:apply-templates> est souvent écrite comme un élément vide, bien qu'elle puisse facultativement contenir deux autres éléments : <xsl:with-param>, pour définir tout paramètre à transmettre au modèle appelé, et <xsl:sort>, qui définit l'ordre de tri des nœuds à traiter. En l'absence de <xsl:sort>, les nœuds sont traités dans l'ordre associé au document. <xsl:sort> est décrit plus loin, dans la section nommée *Tri*.

<xsl:attribute>

<xsl:attribute> a pour effet d'écrire un nœud attribut dans l'arbre résultat. Cela n'est possible que si la dernière chose écrite était un élément ou un autre attribut. L'instruction <xsl:attribute> possède deux attributs, name et namespace. L'attribut name procure le nom du nouvel attribut (il est obligatoire), tandis que l'attribut namespace donne l'URI d'espace de noms. En l'absence de namespace, l'espace de noms est obtenu à partir du préfixe de name, s'il y en a un.

Les attributs name et namespace sont tous deux considérés comme modèles de valeur d'attribut (*Attribute Value Templates*). La valeur du nouvel attribut est construite à partir du contenu de l'élément <xsl:attribute>. C'est un autre corps de modèle, mais qui ne doit générer que des nœuds de texte. Par exemple :

```
<xsl:attribute name="couleur">
   <xsl:value-of select="concat('#', $bgcouleur)"/>
</xsl:attribute>
```

<xsl:call-template>

Cette instruction a déjà été présentée dans la section portant sur l'élément <xsl:template>. Elle possède un attribut obligatoire name, nommant le modèle à appeler. Il doit exister dans la feuille de style un modèle portant ce nom.

Les seuls éléments autorisés dans le contenu de <xsl:call-template> sont des éléments <xsl:with-param>. Ceux-ci définissent les valeurs de tous les paramètres à transmettre au modèle appelé. Les noms utilisés dans les éléments <xsl:with-param> doivent correspondre aux noms utilisés dans les éléments <xsl:param> du modèle appelé.

<xsl:choose>

De façon similaire à If-else en Visual Basic, cette instruction sert à effectuer un traitement conditionnel. L'élément <xsl:choose> lui-même ne possède pas d'attribut. Il contient une séquence d'un ou plusieurs éléments <xsl:when>, facultativement suivis par un élément <xsl:otherwise>. Chaque élément <xsl:when> spécifie une condition, et le premier dont la condition est satisfaite est exécuté. Si aucune des conditions n'est remplie, c'est l'élément <xsl:otherwise> qui est utilisé. Par exemple :

```
<xsl:choose>
   <xsl:when test="lang('en')">Welcome</xsl:when>
   <xsl:when test="lang('de')">Willkommen</xsl:when>
   <xsl:when test="lang('fr')">Bienvenue</xsl:when>
```

```
<xsl:otherwise>Erreur système !</xsl:otherwise>
</xsl:choose>
```

L'attribut test de <xsl:when> est une expression XPath, dont le résultat est converti en une valeur booléenne. Le contenu des éléments <xsl:when> et <xsl:otherwise> n'est pas obligatoirement du texte simple, comme dans cet exemple : ce peut être n'importe quel corps de modèle.

<xsl:comment>

Cette instruction sert à produire un nœud commentaire dans l'arbre résultat. Elle ne possède pas d'attribut. Le contenu de l'élément <xsl:comment> est un corps de modèle, mais ne devant rien générer d'autre que des nœuds texte. Par exemple :

```
<xsl:comment>
   Généré avec param1=<xsl:value-of select="$param1"/>
</xsl:comment>
```

<xsl:copy>

Cette instruction effectue une copie superficielle du nœud courant : autrement dit, elle copie celui-ci, mais pas ses enfants. Lorsque le nœud courant est un nœud racine ou élément, le contenu de l'instruction <xsl:copy> est pris comme corps de modèle, instancié afin de créer le contenu du nœud de sortie copié. Lorsque le nœud courant est un nœud attribut, un nœud de texte, un commentaire ou une instruction de traitement, le contenu de l'élément <xsl:copy> est ignoré.

L'instruction <xsl:copy> possède un attribut optionnel : use-attribute-sets. Il ne possède de signification que lors de la copie d'un élément. Il possède le même effet que l'attribut use-attribute-sets de <xsl:element>, décrit plus loin.

<xsl:copy-of>

Cette instruction effectue une copie en profondeur de tous les nœuds sélectionnés par l'expression XPath de son attribut select. Autrement dit, elle copie ces nœuds et tous leurs descendants, ainsi que leurs attributs et leurs espaces de noms, dans l'arbre résultat.

Si le résultat de l'évaluation de l'expression de l'attribut select est une chaîne simple, un nombre ou un booléen, l'instruction <xsl:copy-of> se comporte comme <xsl:value-of> : elle convertit la valeur en une chaîne et l'écrit dans l'arbre résultat en tant que nœud de texte. Par exemple :

```
<xsl:copy-of select="@*" />
```

Cela copie tous les attributs du nœud courant dans l'arbre résultat.

L'instruction suivante (qui peut être la seule chose accomplie par une feuille de style) copie tous les nouveaux éléments dont le status est « courant » dans l'arbre résultat, ainsi que leur contenu :

```
<xsl:copy-of select="/nouveaux/article[@status='courant']" />
```

L'instruction <xsl:copy-of> est toujours vide.

<xsl:element>

L'instruction `<xsl:element>` écrit un nœud élément dans l'arbre résultat. Le contenu de l'instruction `<xsl:element>` est un corps de modèle, instancié afin de construire le contenu de l'élément généré.

Cette instruction possède comme attributs `name` et `namespace`. L'attribut `name` donne le nom du nouvel élément (il est obligatoire), tandis que l'attribut `namespace` donne l'URI d'espace de noms. Si aucun `namespace` n'est spécifié, il est tiré du préfixe du nom d'élément fourni, s'il en possède un.

Les attributs `name` et `namespace` sont tous deux interprétés comme modèles de valeur d'attributs (*Attribute Value Templates*). L'exemple suivant crée un élément `<html>` en utilisant un URI d'espace de noms transmise comme paramètre :

```
<xsl:element name="html" namespace="{$html-namespace}">
   <head>
      <title><xsl:value-of select="titre"/></title>
   </head>
   <body>
      <xsl:call-template name="generate-body"/>
   </body>
</xsl:element>
```

L'instruction `<xsl:element>` peut également posséder un attribut `use-attribute-sets`. S'il est présent, il s'agit d'une liste de noms séparés par des espaces vierges, dont chacun doit être le nom d'un élément `<xsl:attribute-set>` de niveau supérieur de la feuille de style. La conséquence est que le nouvel élément dispose de tous les attributs définis dans cette liste d'attributs.

<xsl:fallback>

C'est une instruction très rarement rencontrée. Elle est utilisée à l'intérieur du contenu d'un élément d'extension éditeur pour définir le traitement devant prendre place en cas d'indisponibilité de l'élément d'extension. Elle peut également être utilisée si votre feuille de style spécifie `version="2.0"` (parce qu'elle utilise des fonctionnalités définies uniquement dans XSLT version 2.0) pour définir ce qui doit se passer si la feuille de style est exécutée par un processeur XSLT ne prenant pas en charge les fonctionnalités de la version 2.0.

<xsl:for-each>

L'instruction `<xsl:for-each>` sert à définir le traitement à accomplir sur chaque membre d'un ensemble de nœuds. L'ensemble de nœuds à traiter doit être défini par une expression XPath dans l'attribut `select`, qui est obligatoire. Le traitement lui-même est défini par le corps de modèle contenu dans l'élément `<xsl:for-each>`.

L'exemple suivant crée un nœud attribut dans l'arbre résultat, correspondant à chaque élément enfant du nœud courant de l'arbre source :

```
<xsl:for-each select="*">
   <xsl:attribute name="{name()}">
      <xsl:value-of select="."/>
   </xsl:attribute>
</xsl:for-each>
```

L'ensemble de nœuds est normalement traité selon l'ordre associé au document. Pour traiter les nœuds dans un autre ordre, placez un ou plusieurs éléments `<xsl:sort>` immédiatement à l'intérieur de l'instruction `<xsl:for-each>`. Pour plus de détail, reportez-vous à la section portant sur le *Tri*.

L'instruction `<xsl:for-each>` modifie le nœud courant : chaque nœud de l'ensemble de nœuds devient à son tour le nœud courant, tant que le corps de modèle est actif. `<xsl:for-each>` est parfois utilisé uniquement à cet effet, pour fixer le nœud courant pour une instruction comme `<xsl:number>` ou comme `<xsl:copy>` qui ne fonctionne que sur le nœud courant. Par exemple :

```
<xsl:for-each select="..">
   <xsl:number/>
</xsl:for-each>
```

Cela produit le numéro de séquence du nœud parent. Il ne se produit aucune itération : comme il n'y a qu'un nœud parent, le corps de modèle n'est instancié qu'une fois.

Tandis que l'instruction `<xsl:for-each>` est active, toutes les expressions XPath sont évaluées dans le contexte défini par `<xsl:for-each>`. Spécifiquement, le nœud contextuel est le nœud actuellement en cours de traitement, la position contextuelle est 1 pour le premier nœud traité, 2 pour le second, et ainsi de suite, tandis que la taille contextuelle est le nombre total de nœuds à traiter. Une erreur classique consiste à écrire :

```
<xsl:for-each select="article">
   <xsl:value-of select="article" />
</xsl:for-each>
```

Cela échoue (ou de moins ne produit aucun résultat) car l'expression XPath de l'instruction `<xsl:value-of>` est évaluée avec un `<article>` comme nœud contextuel, et que l'expression `article` est l'abréviation de `child::article`, alors que le contexte `<article>` ne possède aucun élément `<article>` comme enfant. Utilisez à la place `<xsl:value-of select="."/>`.

Les deux instructions `<xsl:apply-templates>` et `<xsl:for-each>` sont les seules instructions changeant le nœud courant dans l'arbre source. Elles représentent deux styles de programmation, parfois nommés respectivement **poussé** (*push*) et **tiré** (*pull*). La programmation de type « poussé » (en utilisant `<xsl:apply-templates>`) est fondée sur la correspondance de motifs et fonctionne mieux lorsque la structure de l'entrée est hautement variable, par exemple lorsque des éléments `<b>` peuvent être trouvés dans de nombreux contextes différents. La programmation de type « tiré » (en utilisant `<xsl:for-each>`) est mieux adaptée lorsque la structure de la source est rigide et prévisible. Mieux vaut vous familiariser avec les deux.

<xsl:if>

L'instruction `<xsl:if>` effectue une action si la condition est `true`. Il n'existe pas de branchement `else` : s'il vous en faut un, utilisez `<xsl:choose>`. `<xsl:if>` possède comme attribut obligatoire `test`, qui définit la condition à tester sous la forme d'une expression XPath dont le résultat est automatiquement converti en une valeur booléenne. L'élément `<xsl:if>` contient un corps de modèle instancié si et seulement si la condition est `true`.

Cet exemple produit un message contenant le mot « erreurs » à moins qu'il n'y en ait eu qu'une, auquel cas il utilise le singulier « erreur ». Il utilise également à cet effet un `<xsl:choose>` :

```
Il y a eu<xsl:choose><xsl:when test="count($errors)=1">une
</xsl:when><xsl:otherwise>des </xsl:otherwise></xsl:choose>
</ <xsl:value-of select="count($errors)" />
erreur<xsl:if test="count($errors)!=1">s</xsl:if>
```

<xsl:message>

L'instruction `<xsl:message>` sert à produire un message. La spécification n'est guère précise quant à ce qui se passe pour ce message : cela dépend de l'implémentation. L'élément `<xsl:message>` contient un corps de modèle instancié afin de construire le message. Celui-ci peut contenir tout type de balisage XML, bien que le comportement de messages texte soit plus prévisible.

Il existe un attribut optionnel, `terminate="yes"`, provoquant l'arrêt immédiat de l'exécution de la feuille de style. Par exemple :

```
<xsl:if test="not(/facture)">
   <xsl:message terminate="yes">
      Cette feuille de style ne doit traiter que des documents de type facture
   </xsl:message>
</xsl:if>
```

<xsl:number>

L'instruction `<xsl:number>` est conçue afin de réaliser une numérotation séquentielle des nœuds. Elle calcule un nombre pour le nœud courant selon sa position dans l'arbre source, met en forme ce nombre comme spécifié et écrit le résultat dans l'arbre de sortie en tant que nœud de texte.

Il s'agit d'une instruction complexe, possédant de nombreux attributs contrôlant le calcul du nombre et sa mise en forme. Une analyse détaillée dépasse l'objet de ce chapitre : vous pouvez trouver des informations complètes dans le livre de Wrox *XSLT Programmers Reference*[4] (ISBN 1861003129).

Utilisée sans attributs, par exemple `<xsl:number />`, cette instruction donne un résultat obtenu en calculant le nombre de frères précédant le nœud courant possédant les mêmes types et noms de nœuds, ajoute un pour le nœud lui-même, puis met en forme le résultat en utilisant les mêmes règles que la fonction `string()`. De ce fait, si le nœud courant est le cinquième élément `<para>` d'un élément `<section>`, la sortie est `5`.

La façon dont sont dénombrés les nœuds peut être modifiée de diverses manières à l'aide d'attributs :

Attribut	Signification
`level`	La valeur par défaut est `single`, dénombrant les frères précédents du nœud courant. La valeur `any` dénombre les nœuds précédents n'importe où dans le document, ce qui est utile par exemple pour numéroter des figures ou des équations. La valeur `multiple` produit une numérotation à plusieurs niveaux, comme 10.1.3 ou 17a(iv).

[4] Note : ouvrage non disponible en français.

(Suite du tableau)

Attribut	Signification
`count`	Ce motif définit les nœuds à dénombrer. Par exemple, `count="*"` compte tous les nœuds et non uniquement ceux portant le même nom que le nœud courant. Dans le cas d'une numérotation à plusieurs niveaux, spécifiez tous les niveaux à dénombrer, par exemple `count="chapitre | section | clause"`.
`from`	Ce motif indique le point de départ du dénombrement. Par exemple, `count="p" from="h2"` dénombre les éléments `<p>` depuis le dernier élément `<h2>`.

La mise en forme du résultat peut également être modifiée à l'aide de divers attributs. Le principal est `format`, qui définit un motif de mise en forme (il s'agit d'un modèle de valeur d'attribut, si bien que vous pouvez le construire dynamiquement si vous le souhaitez). Les exemples suivants montrent comment peut être mis en forme le nombre `4` à l'aide de différents motifs de mise en forme :

Motif de mise en forme	Sortie
1	4
(a)	(d)
-- i --	-- iv --

Dans le cas d'une numérotation à plusieurs niveaux, vous pouvez utiliser un motif de mise en forme comme 1.1(a) pour obtenir une séquence de sortie de la forme 1.1(a), 1.1(b), 1.1(c), 1.2(a), 1.2(b), 2.1(a).

L'instruction `<xsl:number>` possède également un attribut `value`. Il sert à indiquer directement la valeur, permettant d'utiliser les capacités de mise en forme de `<xsl:number>` sans sa fonctionnalité de dénombrement. Cette instruction est souvent utilisée ainsi :

```
<xsl:number value="position()" format="(a)" />
```

La fonction `position()` procure la position du nœud courant dans la séquence dans laquelle sont traités les nœuds, plutôt que sa position dans l'arbre source. Cette option est particulièrement utile lors de la réalisation d'une sortie triée.

<xsl:processing-instruction>

Cette instruction sert à produire un nœud instruction de traitement dans l'arbre résultat. Elle possède un attribut obligatoire `name` définissant le nom de l'instruction de traitement générée. La partie « données » de l'instruction de traitement est obtenue en instanciant le corps de modèle contenu dans l'élément `<xsl:processing-instruction>`.

<xsl:text>

L'instruction <xsl:text> est utilisée pour insérer un nœud texte dans l'arbre résultat. Cette instruction peut contenir un nœud de texte mais doit être dépourvue de tout élément enfant.

Le texte contenu directement dans la feuille de style est écrit automatiquement dans l'arbre résultat, qu'il soit ou non inclus dans un élément <xsl:text>. La raison de l'existence de l'élément <xsl:text> est de fournir davantage de contrôle sur la gestion des espaces vierges. Le texte présent dans un élément <xsl:text> sera sorti exactement comme il est écrit, même s'il ne contient que des espaces vierges, alors que dans tout autre contexte un espace vierge présent à l'extérieur de balises d'éléments est supprimé de la feuille de style avant le traitement.

Par exemple, pour sortir deux noms séparés par un espace, vous devez écrire :

```
<xsl:value-of select="prenom-name"/>
   <xsl:text> </xsl:text>
<xsl:value-of select="nomfamille-name"/>
```

L'élément <xsl:text> possède également un attribut optionnel, disable-output-escaping="yes", supprimant l'action normale du sérialiseur visant à convertir les caractères spéciaux comme < et > en < et >. Il s'agit d'une fonctionnalité inélégante qu'il vaut mieux éviter d'employer, mais qui reste néanmoins parfois utile si vous voulez sortir des formats pas tout à fait XML, comme des pages ASP, PHP ou JSP.

<xsl:value-of>

L'instruction <xsl:value-of> est utilisée pour écrire du texte calculé dans l'arbre résultat. Elle utilise un attribut select dont la valeur est une expression XPath. Celle-ci est évaluée, le résultat est converti en une chaîne (à l'aide des règles de la fonction string()), et écrit comme nœud texte dans l'arbre résultat. Son utilisation la plus fréquente est la suivante :

```
<xsl:value-of select="." />
```

Cela se résume à écrire la valeur textuelle du nœud courant.

Il existe un attribut facultatif, disable-output-escaping="yes", possédant le même effet qu'avec <xsl:text>.

<xsl:variable>

L'élément <xsl:variable>, lorsqu'il est utilisé comme instruction dans un corps de modèle, déclare une variable locale. Il peut également être utilisé comme élément de niveau supérieur dans la feuille de style pour déclarer une variable globale.

Le nom de la variable est fourni par l'attribut name. Ce nom doit différer de toute autre variable présente dans la portée à cet emplacement de la feuille de style, bien que cette variable puisse prendre le pas sur une variable globale du même nom.

La portée d'une variable locale (autrement dit, la portion de la feuille de style où des expressions XPath peuvent faire référence à cette variable) comprend tous les éléments de la feuille qui sont les frères suivants de l'élément <xsl:variable> ou les descendants de ceux-ci. À l'aide de la notation XPath, si l'élément <xsl:variable> est le nœud contextuel, la portée de la variable est l'ensemble de nœuds défini par :

```
following-sibling::*/descendant-or-self::*
```

Cela signifie, par exemple, que si vous déclarez une variable locale dans une branche <xsl:when> d'une instruction <xsl:choose>, vous ne pourrez accéder à la variable à l'extérieur du <xsl:when>.

La valeur de la variable peut être déterminée de trois façons :

- si l'élément <xsl:variable> possède un attribut select, cet attribut est une expression XPath qui est évaluée pour donner la valeur de la variable ;
- si l'élément <xsl:variable> possède un contenu, celui-ci est un corps de modèle. Il est instancié afin de créer un nouvel arbre (nommé fragment d'arbre résultat) et la valeur de la variable est l'ensemble de nœuds contenant la racine de cet arbre ;
- si l'élément <xsl:variable> ne possède pas d'attribut select et est vide, sa valeur est une chaîne vide.

Voici un exemple d'utilisation d'attribut select :

```
<xsl:variable name="nombre-d'-articles" select="count(//article)" />
```

En voici un qui crée un fragment d'arbre résultat :

```
<xsl:variable name="resultat-table">
<table>
   <xsl:for-each select="article">
   <tr>
      <td><xsl:value-of select="@description"/></td>
      <td><xsl:value-of select="@prix"/></td>
   </tr>
   </xsl:for-each>
</table>
</xsl:variable>
```

Il existe en XSLT 1.0 des restrictions sur la façon dont un fragment d'arbre résultat peut être utilisé. Dans la pratique, la seule chose que vous puissiez en faire est de le transformer en une chaîne ou de la copier (en utilisant <xsl:copy-of>) dans l'arbre résultat final. Vous ne pouvez le traiter à l'aide de requêtes XPath. De nombreux éditeurs ont levé cette restriction en proposant des fonctionnalités permettant de convertir un fragment d'arbre résultat en un ensemble de nœuds. Une façon standard d'y parvenir devrait être présente dans la prochaine version de la spécification.

Comme cela a déjà été mentionné, les variables ne peuvent être utilisées exactement comme avec les langages de programmation ordinaires, car elles sont en « lecture seule » : elles ne peuvent être actualisées vu qu'il n'existe pas d'instruction d'affectation. Dans la pratique, cela signifie qu'une variable n'est qu'un nom raccourci pour une expression, ce qui vous évite d'écrire répétitivement la même expression. Les variables peuvent également être utiles pour éviter des problèmes liés aux changements de contexte. Par exemple, si vous écrivez :

```
<xsl:variable name="cette" select="."/>
```

Alors, en plaçant cela comme la première chose dans une boucle <xsl:for-each>, vous pourrez toujours faire référence au nœud courant de cette boucle, même depuis des boucles imbriquées.

Éléments résultats littéraux

Tout élément trouvé dans un corps de modèle qui n'est pas reconnu comme une instruction est traité comme un élément résultat littéral. Cet élément est copié dans l'arbre résultat, avec tous ses attributs et ses espaces de noms. Si l'élément n'est pas vide, son contenu est un corps de modèle, qui est instancié pour créer le contenu de l'élément généré dans l'arbre résultat. Par exemple :

```
<td valign="sommet"><xsl:value-of select="." /></td>
```

Il s'agit d'un élément résultat littéral `<td>`, dont le corps de modèle provoque l'insertion de la `valeur textuelle` du nœud courant du document source dans l'élément `<td>` généré dans l'arbre résultat.

Les attributs d'un élément résultat littéral étant interprétés comme des modèles de valeur d'attribut, ils peuvent être générés à l'aide d'expressions XPath. Par exemple :

```
<td valign="{$align}"><xsl:value-of select="." /></td>
```

Il existe deux autres moyens de générer des attributs pour l'élément résultat :

- utiliser l'instruction `<xsl:attribute>` dans le corps de modèle ;
- utiliser un attribut `xsl:use-attribute-sets` dans la balise d'ouverture de l'élément résultat littéral. Celui-ci possède le même effet que l'attribut `use-attribute-sets` de `<xsl:element>`. Il est préfixé de `xsl` afin de le distinguer des attributs que vous voulez copier dans le résultat.

Un élément résultat littéral peut également posséder des attributs `xsl:version`, `xsl:extension-element-prefixes` et `xsl:exclude-result-prefixes`. Ceux-ci outrepassent les attributs portant le même nom de l'élément `<xsl:stylesheet>` pour la région de la feuille de style placée dans l'élément résultat littéral. Une fois encore, le préfixe `xsl` sert à opérer la distinction avec les attributs destinés à l'arbre résultat.

Tri

Il existe deux instructions pour traiter un ensemble de nœuds, `<xsl:apply-templates>` et `<xsl:for-each>`, qui permettent toutes deux de trier les nœuds en spécifiant un ou plusieurs éléments `<xsl:sort>`. Si vous ne spécifiez pas d'ordre de tri, les nœuds seront traités dans l'ordre associé au document, autrement dit dans l'ordre dans lequel ils apparaissent dans le document source.

Chaque élément `<xsl:sort>` spécifie une clé de tri. S'il existe plusieurs éléments `<xsl:sort>`, ils spécifient les clés de tri de la plus à la moins importante : par exemple, si la première clé de tri est `nomfamille-nom`, et la seconde `surnom-nom`, vous traitez les données selon les `surnom-nom` croissants à l'intérieur des `nomfamille-nom` croissants.

L'élément `<xsl:sort>` dispose de plusieurs attributs permettant de contrôler le tri :

Attribut	Signification
`select`	Une expression XPath dont la valeur représente la clé de tri. Si elle est absente, les nœuds sont triés selon leur `valeur textuelle`.
`order`	Peut être `ascending` ou `descending`. Spécifier `descending` renverse l'ordre de tri. Par défaut, c'est `ascending`.
`data-type`	Peut être `text` ou `number`. Spécifier `number` signifie que les clés de tri sont converties en nombres et triées numériquement. La valeur par défaut est `text`.
`lang`	Le code de langue, par exemple `en` ou `fr`. Permet au tri d'utiliser des conventions d'assemblage nationales. La valeur par défaut dépend de l'implémentation.
`case-order`	Peut être `upper-first` ou `lower-first`. Indique si les majuscules doivent précéder leurs équivalents minuscules, ou *vice versa*. La valeur par défaut dépend de l'implémentation.

L'expression donnant la clé de tri est évaluée avec le nœud en cours de tri servant de nœud contextuel. Par exemple, pour trier un ensemble d'éléments `<livre>` selon leur attribut `auteur`, écrivez :

```
<xsl:for-each select="livre">
   <xsl:sort select="@auteur"/>
</xsl:for-each>
```

Ou :

```
<xsl:apply-templates select="livre">
   <xsl:sort select="@auteur"/>
</xsl:apply-templates>
```

Éléments de niveau supérieur

Nous venons d'examiner tous les éléments XSLT pouvant être utilisés dans un corps de modèle. Revenons maintenant au niveau supérieur de la feuille de style pour étudier les éléments pouvant être utilisés comme enfants d'un élément `<xsl:stylesheet>` ou `<xsl:transform>`. En voici la liste :

`<xsl:attribute-set>`	`<xsl:output>`
`<xsl:decimal-format>`	`<xsl:param>`
`<xsl:import>`	`<xsl:preserve-space>`
`<xsl:include>`	`<xsl:strip-space>`
`<xsl:key>`	`<xsl:template>`
`<xsl:namespace-alias>`	`<xsl:variable>`

Ils vont tous être étudiés, par ordre alphabétique. Dans la feuille de style elle-même, le principe général est que les éléments de niveau supérieur peuvent apparaître dans un ordre quelconque, à l'exception des éléments `<xsl:import>` qui doivent précéder tous les autres.

Une feuille de style peut également contenir des éléments définis par l'utilisateur à son niveau supérieur, tant qu'ils disposent de leur propre espace de noms. Ils seront ignorés par le processeur XSLT, mais peuvent être utiles pour des tableaux de correspondance et autres données constantes. Depuis une expression XPath, vous pouvez accéder au contenu de la feuille de style en écrivant `document("")` pour faire référence à la racine de l'arborescence de la feuille de style.

<xsl:attribute-set>

Cet élément définit un ensemble nommé d'attributs. Il est utile lorsque vous voulez créer de nombreux éléments résultats à l'aide des mêmes valeurs d'attributs, ce qui se produit parfois lorsque vous préparez des documents en vue de leur affichage.

L'élément `<xsl:attribute-set>` possède un attribut `name`, qui procure un nom unique à cet ensemble d'attributs. Son contenu est un ensemble d'instructions `<xsl:attribute>` pour générer les valeurs des attributs. Pour inclure cet ensemble d'attributs dans un élément résultat, servez-vous de l'attribut `use-attribute-sets` de `<xsl:copy>` ou de `<xsl:element>`, ou utilisez l'attribut `xsl:use-attribute-sets` sur un élément résultat littéral.

<xsl:decimal-format>

Cet élément définit un ensemble de règles de mise en forme de nombres décimaux. Ces règles peuvent être référencées depuis la fonction `format-number()` utilisée dans une expression XPath ou avec la fonction `format-number()` ailleurs dans la feuille de style. Un élément `<xsl:decimal-format>` peut posséder un attribut `name`, auquel cas celui-ci est utilisé lorsque le troisième argument de `format-number()` se sert de ce nom, ou demeurer non nommé, ce qui fait qu'il est utilisé lorsque la fonction `format-number()` ne possède pas de troisième attribut.

L'élément `<xsl:decimal-format>` permet de nommer des caractères et des chaînes afin d'être utilisés dans des mises en forme de nombres, ainsi que dans un motif de mise en forme utilisé par la fonction `format-number()`. Ceux qui sont le plus utilisés sont `decimal-separator`, qui définit le caractère à utiliser comme séparateur décimal, et `grouping-separator`, qui définit le caractère utilisé comme séparateur de milliers. Par exemple, si vous voulez que `format-number()` utilise la convention européenne consistant à se servir d'un point (`.`) comme séparateur de milliers et d'une virgule (`,`) comme séparateur décimal, vous écrirez :

```
<xsl:decimal-format decimal-point="," grouping-separator="." />
```

L'étude des autres attributs dépasse l'objet de ce chapitre, ils sont détaillés dans le livre de Wrox *XSLT Programmers Reference*[5] (ISBN 1861003129).

[5] Note : ouvrage non disponible en français.

<xsl:import>

L'élément `<xsl:import>` permet à votre feuille de style d'incorporer des définitions provenant d'une autre feuille de style. Cet élément possède un attribut `href` contenant l'URI de la feuille de style à importer. Toutes les définitions de niveau supérieur de la feuille de style importée sont intégrées à la feuille de style appelante, mais avec une préséance inférieure ; ce qui signifie qu'en cas de dilemme la préférence est donnée aux définitions de la feuille de style ayant réalisé l'importation.

Cela ressemble de bien des façons à un sous-classement : la feuille de style qui importe hérite des définitions de la feuille de style importée, en les outrepassant si nécessaire. Ceci reflète la façon dont la fonctionnalité doit être utilisée. La feuille de style importée devrait contenir des définitions d'ordre général utilisées dans de nombreuses circonstances, tandis que la feuille de style réalisant l'importation doit les outrepasser par des définitions applicables dans des cas plus précis.

La feuille de style importée peut contenir tous les éléments de niveau supérieur, mais il existe de légères différences dans la façon dont fonctionne le mécanisme de priorité pour différents éléments. Dans la plupart des cas, un objet de la feuille de style importée n'est utilisé que lorsqu'il n'existe pas d'objet applicable dans la feuille de style réalisant l'importation. Dans certains cas (définitions `<xsl:key>` et `<xsl:output>`), les définitions des deux feuilles de style sont fusionnées.

La feuille de style importée pouvant renfermer d'autres éléments `<xsl:import>`, cela constitue une hiérarchie similaire à la hiérarchie des classes dans un langage de programmation orienté objet.

<xsl:include>

L'élément `<xsl:include>` est similaire à `<xsl:import>`, si ce n'est qu'il incorpore les définitions de la feuille de style importée au même niveau de priorité que celui des définitions de la feuille qui importe. Une fois encore, l'attribut `href` contient l'URI de la feuille de style à inclure. Alors que `<xsl:import>` permet à la feuille qui importe d'outrepasser les définitions de la feuille de style importée, `<xsl:include>` est utile si celles-ci ne doivent pas être outrepassées.

L'effet pratique est de copier tous les éléments de niveau supérieur de la feuille de style incluse dans la feuille de style qui importe à l'endroit où se trouve l'instruction `<xsl:include>`. Elle doit bien évidemment se situer au niveau supérieur, comme un enfant immédiat de l'élément `<xsl:stylesheet>`.

Remarquez cependant que les attributs de l'élément `<xsl:stylesheet>` (comme `exclude-result-prefixes`) ne s'appliquent qu'aux éléments présents physiquement dans cette feuille de style, pas aux éléments incorporés en utilisant `<xsl:include>`.

<xsl:key>

L'élément `<xsl:key>` permet de créer une définition de clé nommée, référencée lorsque la fonction `key()` est utilisée dans une expression XPath.

Cet élément possède trois attributs :

Nom de l'attribut	Signification
Name	Définit le nom de la clé, correspondant au premier argument de la fonction `key()`.
match	Définit un motif déterminant quels nœuds du document source participent à cette clé.
use	Définit une expression XPath établissant la valeur à utiliser pour identifier ces nœuds, correspondant au second argument de la fonction `key()`.

Mieux vaut expliquer les clés en termes SQL. Dans la pratique, le système maintient une table, `KEYTABLE`, dotée de quatre colonnes, `DOC`, `KEY`, `NODE` et `VALUE`.

L'effet d'une définition `<xsl:key>` est que, pour chaque document source (c'est-à-dire le document d'entrée original plus tout document chargé à l'aide de la fonction `document()`), une entrée est créée dans la table pour chaque nœud correspondant au motif `match` de la définition `<xsl:key>`. Ces entrées reçoivent comme valeur pour `DOC`, l'identificateur du document, pour `KEY`, le nom de la clé et pour `NODE`, l'identificateur du nœud identifié. Pour chacun de ces nœuds identifiés, l'expression `use` est évaluée. Si le résultat est une chaîne, celle-ci est placée dans la colonne `VALUE`. Si le résultat est un ensemble de nœuds, une ligne est ajoutée à la table pour chaque nœud de l'ensemble de nœuds, la colonne `VALUE` recevant la `valeur textuelle` de ce nœud.

L'effet de la fonction `key()` est alors d'effectuer une recherche comme suit dans cette table :

```
SELECT distinct NODE FROM KEYTABLE WHERE DOC = document-courant AND
   KEY = argument1 AND VALUE = argument2
```

Ici, `current_document` est le document contenant le nœud contextuel.

L'ensemble résultat d'identificateurs `NODE` constitue l'ensemble de nœuds renvoyé par la fonction `key()`. Remarquez qu'il peut y avoir plusieurs définitions `<xsl:key>` portant le même nom (elles sont additives), qu'il peut y avoir plusieurs nœuds possédant la même valeur pour une clé et qu'un nœud peut posséder plusieurs valeurs pour la même clé.

Un exemple simple : pour indexer des livres en fonction de l'auteur, écrivez :

```
<xsl:key name="cle-auteur" match="livre" use="auteur" />
```

Pour retrouver tous les livres dont l'auteur est Milton, servez-vous de l'expression XPath suivante :

```
key('cle-auteur', 'Milton')
```

Remarquez que cela fonctionne même si le livre possède plusieurs auteurs.

<xsl:namespace-alias>

Il s'agit d'un élément rarement utilisé, dont le but principal est de permettre d'écrire une feuille de style générant comme sortie une autre feuille de style.

Il possède deux attributs, `stylesheet-prefix` et `result-prefix`. Dans les deux cas, la valeur est un préfixe d'espace de noms, qui doit correspondre à une déclaration d'espace de noms se trouvant à portée.

Son effet est que tout élément résultat littéral, apparaissant dans la feuille de style et utilisant l'URI d'espace de noms correspondant au `stylesheet-prefix`, sera écrit dans le document de sortie sous l'URI d'espace de noms correspondant au `result-prefix`.

<xsl:output>

Cet élément est utilisé pour influencer la façon dont l'arbre résultat est sérialisé. Comme cela a été vu auparavant dans ce chapitre, la sérialisation ne fait pas réellement partie du travail du processeur XSLT, ce qui explique que celui-ci soit autorisé à ignorer totalement cet élément. Dans la pratique cependant, la plupart des processeurs comprennent un sérialiseur et ont fait de leur mieux pour honorer l'élément `<xsl:output>` : celui-ci ne sera ignoré que si vous avez choisi de gérer vous-même la sérialisation.

Le principal attribut est `method`, pouvant recevoir la valeur `xml`, `html`, `text`, ou une méthode définie par le vendeur, désignée par un préfixe d'espace de noms. La valeur `xml` indique que la sortie doit se présenter sous le format XML 1.0, `html` qu'il doit s'agir d'un document HTML et `text` qu'il devra être un fichier texte brut.

La signification des autres attributs dépend de la méthode retenue, comme le montre le tableau suivant :

Attribut	S'applique à	Signification
`cdata-section-elements`	`xml`	Une liste d'éléments séparés par un espace vierge, dont le contenu doit être encodé à l'aide de sections `CDATA`.
`doctype-public`	`xml`, `html`	L'identificateur public à utiliser dans la déclaration `DOCTYPE`.
`doctype-system`	`xml`, `html`	L'identificateur système à utiliser dans la déclaration `DOCTYPE`.
`encoding`	`xml`, `html`, `text`	L'encodage de caractère à utiliser, par exemple ISO-8859-1. Il s'agit par défaut de Unicode UTF-8.
`indent`	`xml`, `html`	Défini comme `yes` ou `no` afin d'indiquer si la sortie doit être indentée pour en améliorer la lisibilité.
`media-type`	`xml`, `html`, `text`	Le type MIME (ou média) de la sortie.

(Suite du tableau)

Attribut	S'applique à	Signification
omit-xml-declaration	xml	Une valeur de yes indique que la déclaration XML du début du fichier doit être omise.
standalone	xml	Fixe la valeur de standalone dans la déclaration XML.
version	xml, html	La version XML ou HTML à utiliser (par défaut XML 1.0 et HTML 4.0).

Vous ne possédez aucun contrôle sur de nombreux aspects de la sérialisation : par exemple, il vous est impossible de définir si, dans une sortie HTML, les lettres accentuées doivent être sorties directement telles quelles ou transformées en noms d'entités standard comme `ä`. Différents processeurs le font de façon différente. Cela ne représente cependant pas beaucoup d'importance, car le résultat est le même affiché dans un navigateur.

<xsl:param>

Vous avez déjà rencontré `<xsl:param>` en tant qu'élément pouvant être utilisé à l'intérieur de `<xsl:template>`, afin d'indiquer à un modèle les paramètres qui peuvent être fournis lors de son appel. Il est également possible d'utiliser `<xsl:param>` en tant qu'élément de niveau supérieur pour définir des paramètres devant être fournis lorsque la feuille de style est invoquée dans sa totalité : la syntaxe est la même. La façon dont sont transmis les paramètres n'est pas standardisée : chaque éditeur possède sa propre syntaxe d'API ou de ligne de commande, mais dans la feuille de style, vous pouvez accéder aux paramètres en utilisant une référence de variable dans une expression XPath, comme pour une variable globale.

Si l'élément `<xsl:param>` spécifie une valeur, celle-ci est utilisée par défaut lorsque aucune valeur explicite n'est fournie lors de l'invocation de la feuille de style.

<xsl:preserve-space> et <xsl:strip-space>

Ces deux éléments de niveau supérieur servent à contrôler la façon dont les espaces vierges du document source sont gérés. Dans la plupart des documents XML orientés données, les espaces vierges entre les balises d'éléments ne servent qu'à la clarté de la conception, et mieux vaut les éliminer avant de débuter le traitement effectif, en spécifiant `<xsl:strip-space éléments="*" />`. Dans le cas de documents XML « orientés balise », les espaces entre balises peuvent posséder une signification, auquel cas il vaut mieux les conserver dans le document, ce qui est le comportement par défaut.

Tant `<xsl:preserve-space>` que `<xsl:strip-space>` possèdent un attribut `elements`, une liste de **NameTests** séparés par un espace. Un `NameTest` est soit `*`, ce qui signifie tous les éléments, soit `prefix:*`, ce qui correspond à tous les éléments d'un espace de noms particulier, soit un nom d'élément indiquant un élément spécifique. Si vous souhaitez éliminer les espaces uniquement de certains éléments, dressez-en la liste dans `<xsl:strip-space>`. Si vous préférez supprimer les espaces de la plupart des éléments à l'exception de certains, préférez `<xsl:strip-space="*" />`, puis dressez la liste des exceptions dans `<xsl:preserve-space>`.

Les espaces vierges ne sont supprimés du document source que lorsqu'ils composent la totalité d'un nœud texte. Rappelez-vous qu'il s'agit des quatre caractères espace, tabulation, retour chariot et saut de ligne. Un espace adjacent à un texte « réel » n'est jamais supprimé. Votre fichier source est donc le suivant :

```
<president>
    <nom>
     George W. Bush
    </nom>
    <adresse>
     La Maison Blanche Washington DC
    </adresse>
</president>
```

Les caractères de saut de ligne situés juste avant l'élément `<nom>` élément, entre les éléments `<nom>` et `<adresse>` et après l'élément `<adresse>`, sont susceptibles d'être éliminés dans l'opération. En revanche, les caractères de saut de ligne situés immédiatement avant « George », immédiatement après «Bush », ainsi qu'au début et à la fin de l'adresse seront toujours conservés, puisqu'ils appartiennent à des nœuds texte qui ne sont pas exclusivement composés d'espaces vierges. Si vous voulez éliminer ces caractères, vous devez le faire pendant le processus de transformation à l'aide de la fonction `normalize-space()`.

Remarque destinée aux utilisateurs Microsoft : lorsque vous invoquez une transformation XSLT à l'aide du processeur MSXML3, la procédure normale consiste tout d'abord à construire une représentation DOM du document d'entrée à l'aide de la méthode `Document.Load()`, puis de transformer le DOM à l'aide de la méthode `transformNode()`. Par défaut, le DOM est créé sans nœud d'espaces vierges. Ce processus est effectué sans tenir compte de ce que peut dire la feuille de style à propos des espaces vierges. Si vous voulez les conserver, donnez à la propriété `preserveWhitespace` de l'objet Document la valeur true.

<xsl:template>

Vous avez déjà vu l'élément `<xsl:template>` en action antérieurement dans ce chapitre. Uniquement pour récapituler, et parce qu'il s'agit de l'élément le plus important en XSLT, cet élément peut soit posséder un attribut `name` (afin de lui permettre d'être appelé à l'aide de `<xsl:call-template>`), soit un attribut `match` (pour lui permettre d'être appelé à l'aide de `<xsl:apply-templates>`), soit enfin des deux (auquel cas il peut être appelé des deux façons). Il peut en outre disposer d'attributs `mode` et `priority`.

Le fait de posséder dans la même feuille de style deux modèles portant le même nom et la même priorité d'importation est une erreur.

<xsl:variable>

Vous avez déjà vu `<xsl:variable>` utilisé dans un corps de modèle pour définir une variable locale. Il peut également être utilisé comme élément de niveau supérieur pour définir une variable globale. Une variable globale peut être référencée depuis n'importe quel endroit de la feuille de style : contrairement aux variables locales, rien n'interdit des références successives. Les variables globales peuvent même faire référence les unes aux autres, du moment que ces définitions ne sont pas circulaires.

Excepté cela, une définition de variable globale ressemble à une définition de variable locale. Elle est toujours évaluée avec le nœud racine du document source en tant que nœud contextuel, alors que la taille et la position contextuelle sont toutes deux fixées à 1.

Deux variables globales ne peuvent porter le même nom et posséder la même priorité d'importation. Si, portant le même nom, elles possèdent une priorité différente, c'est celle portant la priorité la plus haute (autrement dit, soit celle de la feuille importée, soit celle de la feuille réalisant l'importation) qui l'emporte toujours.

Quelques exemples

Vous voici parvenu à la fin des spécifications techniques de ce chapitre. Pour obtenir une description aussi complète que possible de XSLT et de XPath dans l'espace imparti, il a été utilisé de nombreuses définitions et quelques rares exemples. Pour compenser, voici quelques exemples de feuilles de style complètes et réalistes (ou presque).

Exemple : afficher des résultats de football

Vous allez utiliser un fichier de données XML contenant les résultats de matchs de football, tel que vous pourriez le trouver dans une base de données sur un site concernant la Coupe du monde de football, et vous allez découvrir deux feuilles de style mettant en forme ces données de façons différentes.

Source

Le fichier source est `football.xml`. Si cela vous intéresse, il s'agit des résultats des matchs du groupe A de la Coupe du monde 1998 :

```
<?xml version="1.0" encoding="ISO-8859-1" ?>
<?xml-stylesheet type="text/xsl" href="soccer1.xsl" ?>
<resultats group="A">
<match>
   <date>1998-06-10</date>
   <equipe score="2">Bresil</equipe>
   <equipe score="1">Ecosse</equipe>
</match>
<match>
   <date>1998-06-16</date>
   <equipe score="3">Bresil</equipe>
   <equipe score="0">Maroc</equipe>
</match>
<match>
   <date>1998-06-23</date>
   <equipe score="1">Bresil</equipe>
   <equipe score="2">Norvege</equipe>
</match>
<match>
   <date>1998-06-10</date>
   <equipe score="2">Maroc</equipe>
```

```
    <equipe score="2">Norvege</equipe>
  </match>
  <match>
    <date>1998-06-16</date>
    <equipe score="1">Ecosse</equipe>
    <equipe score="1">Norvege</equipe>
  </match>
  <match>
    <date>1998-06-23</date>
    <equipe score="0">Ecosse</equipe>
    <equipe score="3">Maroc</equipe>
  </match>
  </resultats>
```

Première feuille de style

La première feuille de style, `football1.xsl`, affiche les résultats de tous les matchs de façon plutôt simple.

Vous donnez d'abord l'en-tête standard de feuille de style, puis vous définissez une variable devant contenir les en-têtes de tableau utilisés pour afficher chaque résultat :

```
<xsl:stylesheet version="1.0"
   xmlns:xsl="http://www.w3.org/1999/XSL/Transform">
   <xsl:variable name="table-heading">
      <tr>
         <td><b>Date</b></td>
         <td><b>Domicile</b></td>
         <td><b>Visiteur</b></td>
         <td><b>Resultat</b></td>
      </tr>
   </xsl:variable>
```

Vous définissez ensuite un modèle pour mettre en forme les dates. Celui-ci reçoit comme paramètre une date de type ISO-8601 (par exemple « 2000-10-11 ») et la met en forme pour l'affichage sous la forme « 11 Oct 2000 ». Cela implique une utilisation très simple des fonctions de chaînes de XPath.

```
   <xsl:template name="format-date">
      <xsl:param name="iso-date"/>
      <xsl:variable name="months"
         select="'JanFévMarAvrMaiJunJulAouSepOctNovDéc'" />
      <xsl:value-of select="substring($iso-date, 9, 2)" />
      <xsl:text> </xsl:text>
      <xsl:variable name="month" select="substring($iso-date, 6, 2)" />
      <xsl:value-of select="substring($months, ($month - 1)*3 + 1, 3)" />
      <xsl:text> </xsl:text>
      <xsl:value-of select="substring($iso-date, 1, 4)" />
   </xsl:template>
```

Pour la partie principale du traitement, vous définissez une règle modèle pour le nœud racine, qui appelle `<xsl:apply-templates>` afin de traiter tous les éléments `<match>`, en les triant par date, et, à l'intérieur de la même date, selon le nom de la première équipe de la liste.

```
<xsl:template match="/">
<html><body>
   <h1>Matchs du groupe <xsl:value-of select="/*/@group"/></h1>
   <xsl:apply-templates select="/resultats/match">
      <xsl:sort select="date" />
      <xsl:sort select="equipe[1]" />
   </xsl:apply-templates>
</body></html>
</xsl:template>
```

Enfin, il faut parler de la logique permettant d'afficher les détails d'un match précis. Celle-ci appelle le modèle nommé pour mettre en forme la date dans une variable, puis construit un tableau HTML, copie les données dans le tableau, soit du document source, soit des variables, selon ce qui est nécessaire. L'attribut `match="match"` peut sembler troublant : il s'agit d'une pure coïncidence qu'un des éléments du document source possède le même nom qu'un attribut défini par XSLT.

```
<xsl:template match="match">
   <xsl:variable name="date-out">
      <xsl:call-template name="format-date">
         <xsl:with-param name="iso-date" select="date" />
      </xsl:call-template>
   </xsl:variable>
   <h2><xsl:value-of select="concat(equipe[1], ' versus ', equipe[2])"/></h2>
   <table bgcolor="#cccccc" border="1" cellpadding="5">
      <xsl:copy-of select="$table-heading"/>
      <tr>
         <td><xsl:value-of select="$date-out"/></td>
         <td><xsl:value-of select="equipe[1]"/></td>
         <td><xsl:value-of select="equipe[2]"/></td>
         <td><xsl:value-of select="concat(equipe[1]/@score, '-',
            equipe[2]/@score)"/></td>
      </tr>
   </table>

</xsl:template>
</xsl:stylesheet>
```

Exécuter l'exemple

Vous pouvez exécuter directement cet exemple à l'aide d'un processeur comme Instant Saxon, comme dans l'exemple précédent, mais la façon la plus simple est de le faire directement dans le navigateur.

En supposant que vous utilisez Internet Explorer 5 ou 5.5, vous pouvez télécharger et installer MSXML3 depuis le site web de Microsoft (`http://msdn.microsoft.com/xml`). Prenez garde à télécharger et à exécuter le nouvel utilitaire Windows Installer (`instmsi.exe` ou `instmsia.exe`), à préférer dorénavant à l'ancien `xmlinst.exe`, qui fait de MSXML3 le parseur par défaut de votre système. N'essayez pas d'exécuter cet exemple avec le vieux parseur MSXML livré avec IE5 et IE5.5 : cela ne fonctionnerait pas.

Après avoir installé ce logiciel, cliquez simplement deux fois sur le fichier `football.xml` depuis l'explorateur Windows : c'est aussi simple que cela. Cela charge le fichier XML dans Internet Explorer et, puisqu'il commence par une instruction de traitement `<?xml-stylesheet?>`, il invoque cette feuille de style pour convertir le document en un HTML affichable.

Sortie

Voici le résultat de cette première feuille de style dans le navigateur (et oui, je sais que ces matchs ont été joués en France) :

Seconde feuille de style

Écrivez maintenant une autre feuille de style affichant les mêmes données, mais de façon totalement différente. Une des motivations sous-jacentes à XSLT est bien, après tout, de séparer l'information de la logique permettant son affichage.

Cette feuille de style, `football2.xsl`, effectue quelques calculs pour créer un tableau de ligue. Vous allez commencer cette fois par `<xsl:transform>`, uniquement pour montrer que ceci fonctionne, et vous allez créer deux variables globales, une pour l'ensemble de toutes les équipes, et l'autre pour l'ensemble de tous les matchs. Si vous sélectionnez tous les éléments `<equipe>` du document, vous allez obtenir des doublons : pour les éliminer, vous devez ne sélectionner que les éléments `<equipe>` différents de ceux d'une précédente équipe.

```
<xsl:transform
   xmlns:xsl="http://www.w3.org/1999/XSL/Transform"
   version="1.0">
<xsl:variable name="equipes" select="//equipe[not(.=preceding::equipe)]" />
<xsl:variable name="matches" select="//match" />
```

La logique complète de cette feuille de style tient en une seule règle modèle, que vous allez définir comme devant être déclenchée lors du traitement de l'élément `<resultats>`. Cela débute par la sortie d'un en-tête standard :

```
<xsl:template match="resultats">
<html><body>
   <h1>Résultats du groupe <xsl:value-of select="@group"/></h1>
   <table cellpadding="5">
      <tr>
         <td>Equipe</td>
         <td>Matches joues</td>
         <td>Gagnes</td>
         <td>Nuls</td>
         <td>Perdus</td>
         <td>Buts marques</td>
         <td>Buts encaisses</td>
      </tr>
```

Maintenant, le modèle traite chaque équipe à son tour. Vous ne vous intéressez qu'au totaux des matchs gagnés et perdus, ainsi qu'au nombre de buts, aussi peu importe l'ordre dans lequel le traitement est réalisé.

Vous débutez logiquement en définissant une variable nommée `cette` pour faire référence à l'équipe courante.

```
<xsl:for-each select="$equipes">
   <xsl:variable name="cette" select="." />
```

Le nombre de matchs joués est facile à déterminer : il s'agit du nombre de nœuds de l'ensemble de nœuds `$matches` possédant un élément `equipe` correspondant à cette équipe :

```
<xsl:variable name="Matchesjoues"
   select="count($matches[equipe=$cette])"/>
```

Le nombre de matchs gagnés est un peu plus délicat. Il s'agit du nombre de matchs pour lesquels le score de l'équipe est supérieur à celui de l'autre équipe, ce qui peut être écrit comme suit :

```
<xsl:variable name="Gagnes"
   select="count($matches[equipe[.=$cette]/@score &gt;
   equipe[.!=$cette]/@score])"/>
```

Le nombre de matchs perdus et nuls suit la même logique, puisqu'il suffit de modifier le test de supérieur en inférieur dans le premier cas, et en égal dans le second :

```
<xsl:variable name="Perdus"
   select="count($matches[equipe[.=$cette]/@score &lt;
   equipe[.!=$cette]/@score])"/>
```

```
<xsl:variable name="Nuls"
   select="count($matches[equipe[.=$cette]/@score =
   equipe[.!=$cette]/@score])"/>
```

Le nombre de buts marqués par cette équipe peut être obtenu à l'aide de la fonction `sum()`, appliquée à l'ensemble de nœuds composé des scores de cette équipe dans tous les matchs :

```
<xsl:variable name="Butsmarques"
   select="sum($matches/equipe[.=$cette]/@score)"/>
```

Le moyen le plus simple de trouver le nombre de buts marqués contre cette équipe consiste à totaliser les scores des équipes ayant participé à des matchs où cette équipe était présente, puis d'en soustraire le total précédent :

```
<xsl:variable name="Butsencaisses"
   select="sum($matches[equipe=$cette]/equipe/@score) - $Butsmarques" />
```

Ces calculs effectués, vous pouvez produire les résultats :

```
<tr>
<td><xsl:value-of select="."/></td>
   <td><xsl:value-of select="$Matchesjoues"/></td>
   <td><xsl:value-of select="$Gagnes"/></td>
   <td><xsl:value-of select="$Nuls"/></td>
   <td><xsl:value-of select="$Perdus"/></td>
   <td><xsl:value-of select="$Butsmarques"/></td>
   <td><xsl:value-of select="$Butsencaisses"/></td>
</tr>
</xsl:for-each>
</table>
</body></html>
</xsl:template>
</xsl:transform>
```

Exécuter l'exemple

Vous pouvez exécuter cette feuille de style de la même façon que la précédente. Modifiez l'instruction de traitement `<?xml-stylesheet?>` dans `football.xml` afin qu'elle fasse référence à `football2.xsl` plutôt qu'à `football1.xsl`, puis chargez de nouveau `football.xml` dans le navigateur. Si toutefois IE5 est encore ouvert, vous pouvez simplement cliquer sur Actualiser.

Ce n'est bien évidemment pas la façon dont vous procéderiez dans la pratique. L'approche `<?xml-stylesheet?>`, définissant une feuille de style par défaut pour un document XML particulier, ne fonctionne en réalité que si vous traitez toujours un document XML à l'aide de la même feuille de style. Si vous voulez sélectionner différentes feuilles de style en diverses occasions, vous devez créer une page HTML qui charge explicitement le document source et la feuille de style. Vous allez voir sous peu comment y parvenir.

Sortie

Voici à quoi ressemble le résultat dans le navigateur :

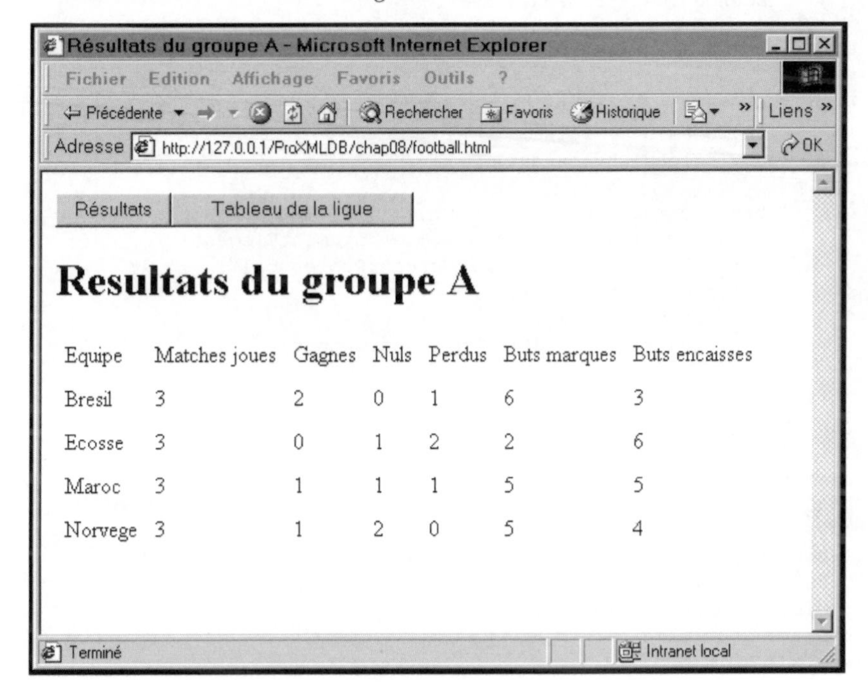

Sélectionner dynamiquement une feuille de style

Vous pouvez effectuer une transformation XSLT soit sur le serveur, soit dans le navigateur : en fait, XSLT peut être utilisé comme partie d'une application par lot n'ayant rien à voir avec le Web. En conséquence, la façon dont vous invoquez la transformation est largement tributaire tant des circonstances que du processeur XSLT retenu.

Il demeure cependant que la conversion de XML en HTML dans le navigateur reste sans doute une des utilisations les plus frappantes de XSLT, si bien que tel est l'objet du prochain exemple. Celui-ci comporte l'inclusion d'un peu de logique dans une page HTML afin d'invoquer une transformation selon la sélection de l'utilisateur.

Voici comment se présente la page HTML `football.html` :

```
<html>
<head>
   <title>Résultats du groupe A</title>
   <script>
      var source = null;
      var style = null;
      var transformer = null;
      function init()
      {
```

```
         source = new ActiveXObject("MSXML2.FreeThreadedDOMDocument");
         source.async = false;
         source.load('football.xml');
      }
      function apply(stylesheet)
      {
         style = new ActiveXObject("MSXML2.FreeThreadedDOMDocument");
         style.async = false;
         style.load(stylesheet);

         transformer = new ActiveXObject("MSXML2.XSLTemplate");
         transformer.stylesheet = style.documentElement;
         var xslproc = transformer.createProcessor();
         xslproc.input = source;
         xslproc.transform();
         displayarea.innerHTML = xslproc.output;
      }
   </script>
   <script for="window" event="onload">
      init();
   </script>
</head>
<body>
   <button onclick="apply('football1.xsl')">Résultats</button>
   <button onclick="apply('football2.xsl')">Tableau de la ligue</button>
   <div id="displayarea"></div>
</body>
</html>
```

Le but est d'afficher deux boutons à l'écran, comme cela est montré ci-dessous :

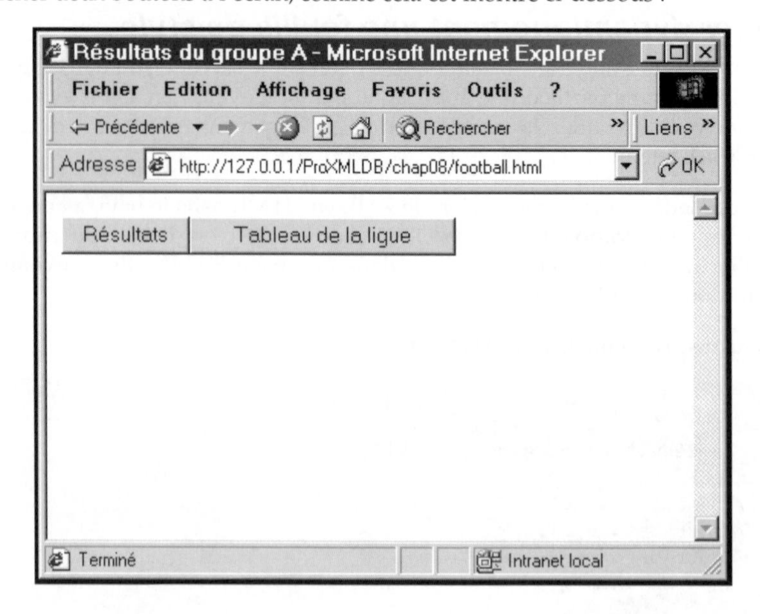

Lorsque vous cliquez sur Résultats, le fichier XML s'affiche en utilisant la feuille de style `football1.xsl`, tandis que si vous cliquez sur Tableau de la ligue, il s'affiche d'après `football2.xsl`.

Vous trouverez plus de détails sur les API utilisées dans cet exemple dans la documentation de Microsoft ou dans l'ouvrage de Wrox *XSLT Programmers Reference*[6] (ISBN 1861003129).

XSLT et bases de données

Ceci est un chapitre sur XSLT et XPath, dans un livre concernant l'utilisation de XML avec des bases de données. Il peut donc sembler curieux de ne presque rien dire sur les bases de données. Il existe cependant à cela une excellente raison : il ne se produit que très peu de connexions directes. Traditionnellement, votre application récupère le XML de la base de données, puis fait passer ce XML à travers une feuille de style afin de l'afficher. L'application relie la base de données à la feuille de style, mais sans que l'une ou l'autre n'ait connaissance de l'existence de son comparse.

À ce niveau de codage il se produit une séparation claire des tâches. Ce n'est pas le cas du niveau de la conception, où les options sont multiples :

- Quelle est la quantité de travail à accomplir dans la logique SQL pour sélectionner exactement les données nécessaires, et que faut-il laisser à la logique de la feuille de style ?
- Est-il préférable de récupérer un vaste ensemble de données de la base de données en une seule fois ou d'aller en rechercher si nécessaire selon les désirs de l'utilisateur ?
- Le traitement XSLT doit-il s'effectuer côté serveur ou côté client ?

Ces questions ne possèdent pas de réponses définitives. Soyez conscient du fait que vous pouvez effectuer des choix, sans partir du principe que la première solution qui vous vient à l'esprit est obligatoirement la meilleure. Rappelez-vous bien que :

- La transformation d'un gros fichier de données (supérieur à un mégaoctet) peut être très coûteuse en ressources. Servez-vous de la logique SQL pour limiter la taille des données à traiter.
- XSLT travaille bien lorsque la structure des données est explicite, par exemple lorsque des ensembles d'éléments associés sont regroupés dans un élément plutôt que de l'être de façon implicite à travers des valeurs communes. Servez-vous des logiques SQL et d'application pour générer un document XML dans lequel la structure est aussi explicite que possible.
- En traitant les données dans le navigateur, vous déchargez le serveur d'une part importante du travail. En fait, vous pouvez parfois réduire de façon considérable le nombre de visites effectuées sur le serveur par l'utilisateur si vous permettez à ce dernier de naviguer localement dans un ensemble de données. Soyez cependant prêt à expliquer à votre direction les raisons de cette chute du nombre de visites sur le site web !

---

[6] Note : ouvrage non disponible en français.

Résumé

Ce chapitre s'intéresse au rôle de XSLT en tant que langage de transformation de documents XML ainsi qu'au rôle joué par les requêtes XPath dans une feuille de style XSLT. Un examen rapide de la syntaxe XPath a notamment mis en évidence le rôle majeur joué par les chemins de localisation comme moyen de navigation dans la structure hiérarchique du document source.

Nous avons ensuite vu comment une feuille de style XSLT utilise ses règles modèle et ses motifs de correspondance pour définir le traitement de chaque partie du document source. Nous avons étudié les différentes instructions pouvant être utilisées dans un corps de modèle, puis nous sommes revenus en arrière pour passer en revue les éléments de niveau supérieur utilisables dans une feuille de style afin de contrôler les options de traitement.

Nous nous sommes enfin reposés en regardant un peu de football, pour terminer par un bref examen de la collaboration entre XSLT et les bases de données SQL.

Références relationnelles avec XLink

Le langage de liens XML (XLink, pour XML *Linking Language*) est une spécification qui, d'après le W3C, « permet l'insertion d'éléments dans un document XML pour créer et pour décrire des liens entre ressources ». XLink dispose de six types d'éléments pouvant être utilisés pour créer et pour décrire les caractéristiques de ces liens. Seuls deux d'entre eux créent des liens XLink :

- les XLinks **simples** reproduisent les fonctionnalités des liens HTML ;
- il existe également les éléments **étendus**, qui proposent une puissance supérieure au prix d'une syntaxe plus complexe.

Ces deux types de liens XLink peuvent posséder plusieurs attributs ou éléments XLink enfants pour décrire plus en détail leur comportement et leurs caractéristiques. Avant de poursuivre, vous devez être averti de certaines choses pour appréhender la puissance de XLink :

- Vous pouvez utiliser comme liens vos propres noms d'éléments : vous n'êtes pas contraint de vous en tenir à la balise `<A>` de HTML, n'importe quel élément peut donc devenir un lien.
- Dans le cas de liens étendus, votre élément de lien ne se trouve pas obligatoirement dans le document depuis lequel vous effectuez la liaison : imaginez-vous être capable de créer un lien vers un document que vous ne possédez pas encore, ou de vous lier depuis un document en lecture seule ou une ressource non XML.

- Les liens étendus permettent de disposer de **LinkBases**, constituant une base de données fort utile des liens étendus pouvant concerner toute autre ressource. Il est par exemple possible de stocker dans un `linkbase` tous vos liens favoris vers des articles sur XML, et de référencer dans n'importe quel document tous ces liens à l'aide d'une référence de lien étendu. Vous pouvez ainsi actualiser ou modifier les liens dans l'ensemble des documents en une seule opération, en modifiant le `linkbase`.
- XLink peut être utilisé pour décrire les relations entre plusieurs documents (un peu comme les clés d'une base de données relationnelle).

Vous allez bientôt découvrir la syntaxe XLink, très simple, permettant de comprendre l'espace de noms XLink, l'utilisation de certains attributs classiques des liens et la différence entre ressources locales et distantes. Le reste du chapitre est ensuite consacré à la façon d'exploiter la puissance des liens étendus. Ce sont ces liens qui permettent de créer des relations dépassant largement ce qu'il est possible de faire à l'aide d'ancres HTML ou d'autres liens unidirectionnels. Vous verrez que les liens étendus multidirectionnels peuvent constituer des liens relationnels associant différents jeux de données.

Une des difficultés liées à l'étude de XLink est que le standard n'est pas terminé à l'heure de la rédaction de ce livre, ce qui signifie que rares sont les programmes possédant des implémentations de XLink et permettant d'en illustrer les concepts. Il demeure cependant que cette étude en vaut la peine, car XLink sera utilisé dans un futur proche, et ses possibilités sont trop riches pour être ignorées. En outre, si vous lisez ce livre, vous souhaitez utiliser XML avec des bases de données, et XLink permet de décrire des relations de type base de données dans un contexte XML. XLink propose en outre un moyen de description de ces relations entre des ressources non XML ! Comme vous le verrez dans le prochain chapitre, cela peut également fonctionner avec Xpointer, afin de permettre de créer des liens entre différentes parties d'un même document.

La spécification XLink en l'état actuel est ce que le W3C appelle un « candidat à recommandation ». Cela signifie qu'il s'agit d'une recommandation stable, mais nécessitant encore deux étapes avant de devenir une recommandation à part entière. Cela est important, car la plupart des développeurs hésitent à écrire pour une spécification avant que celle-ci ne soit stable, tandis que nombreux sont ceux à préférer ne pas y investir d'effort avant la diffusion d'une recommandation officielle. Vérifiez la page d'accueil de la spécification à l'adresse www.w3.org/XML/Linking afin de voir la liste des applications implémentant le standard.

Ce chapitre s'intéresse aux points suivants :

- comprendre la spécification XLink en son état actuel ;
- voir comment un XLink simple permet de reproduire les fonctionnalités de liaison HTML pour un élément quelconque ;
- voir comment un XLink étendu permet d'obtenir des relations bien plus complexes et des liens entre des ressources ;
- présenter l'utilisation de liens étendus pour la définition de relations correspondant à des bases de données relationnelles.

Le travail actuel du W3C sur XLink peut être examiné à l'adresse http://www.w3.org/TR/2000/CR-xlink-20000703/.

Le prochain chapitre s'intéresse à d'autres techniques développant XLink, parmi lesquelles Xpointer et XInclude.

Lier des ressources

L'idée de **lier des ressources** depuis un document est un sujet déjà largement développé. La principale qualité du Web réside en sa capacité à passer d'une ressource à une autre à l'aide de liens hypertextes. Comme vous le savez, les liens hypertextes sont définis dans un document HTML à l'aide de la balise d'ancre `<A>`. Si cette balise possède un attribut `href` dont la valeur est un URI, elle devient un lien.

```
<A HREF="http://www.mondomain.com/ressource.html">TEXTE AFFICHE</A>
```

Cela est parfait, et a permis à plus d'un jeune de 18 ans de lâcher les études pour devenir millionnaire. Imaginez cependant que vous possédiez les tables suivantes dans une base de données de gestion des commandes (telle que décrite au chapitre 3) :

Facture

CleFacture
187
188

Article

CleArticle
13
14

ArticleFacture

CleFacture	CleArticle
187	13
188	13
187	14

Les clés `Facture` et `Article` sont les clés primaires de leurs tables respectives, tandis que la table `ArticleFacture` met en jeu des clés externes pour chaque clé présentée, si bien que `ArticleFacture` permet de récupérer toute facture contenant chacune des articles précédents.

Si nous ne disposions que des balises d'ancrage HTML, comment être en mesure de décrire les relations entre ces ressources (les données présentes dans chaque table) ? En termes pratiques, est-il possible d'afficher des liens vers les détails de commande de chaque commande ? Non. Dans le meilleur des cas, il est possible de pointer depuis le document actif vers une des ressources, pour l'afficher, mais aucune relation n'est définie. En conséquence, dans la pratique, il est uniquement possible de disposer d'un lien « montrer le détail de la commande » envoyant les données à une application serveur qui récupère les informations pertinentes. Au cours de la lecture de ce chapitre, vous verrez comment utiliser XLink pour décrire des relations telles que celle-ci, dans une base de données relationnelle. Pour le moment, contentez-vous cependant de voir comment XLink met en œuvre les liens simples.

Élément XLink simple

Un élément XLink simple ressemble à l'ancre HTML dans la mesure où il décrit une relation de lien unidirectionnel : nous pouvons ajouter à notre document un lien pointant vers une autre ressource.

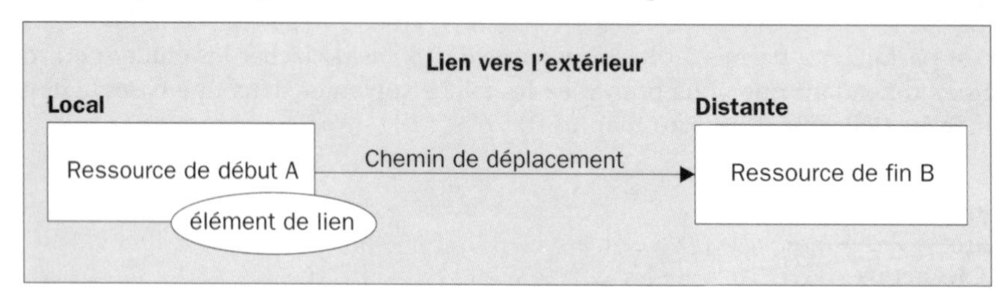

Ce diagramme présente :

- La **ressource locale** : l'enfant d'un élément lien, ou l'élément lien lui-même. Dans une ancre HTML unidirectionnelle, la ressource locale est la balise d'ancrage (ou le texte visible fournissant un lien à l'utilisateur).
- La **ressource distante** : le document, ou la partie de document cible de l'élément lien. Toute ressource étant la cible d'une référence d'URI est considérée comme étant distante. Une fois encore, en HTML, la référence de type signet pointant vers une ancre nommée située quelque part dans le même document est quand même considérée comme pointant vers une ressource distante.
- Un **chemin de passage** entre la ressource locale et la ressource distante, signifiant simplement que vous pouvez passer de la ressource A à la ressource B en suivant le lien défini.

Avec un lien simple, vous ne pouvez effectuer de liaison depuis la ressource locale qu'avec une ressource externe, et ce lien peut être suivi depuis l'endroit où il a été ajouté au document. Cette relation de type local vers distant porte le nom de **lien vers l'extérieur**.

Afin de mieux comprendre cela, pour exprimer l'exemple HTML précédent selon la syntaxe XLink, vous devez l'écrire ainsi :

```
<monLien
   xmlns:xlink="http://www.w3.org/1999/xlink"
   xlink:type="simple"
   xlink:href="http://www.mondomaine.com/ressource.html">
   TEXTE AFFICHE
</monLien>
```

À l'aide de cette syntaxe, l'application XLink devrait offrir le même comportement que l'ancre HTML. Bien que le XLink simple ne puisse réellement accomplir ce qui est souhaité en termes de relations de bases de données, il reste utilisable afin d'illustrer certains des concepts les plus fondamentaux de XLink, qui seront ultérieurement développés lors de l'étude des liens étendus, plus loin dans ce chapitre.

La première chose dont il faut être conscient est la présence nécessaire d'une déclaration d'espace de noms.

```
xmlns:xlink="http://www.w3.org/1999/xlink"
```

Il s'agit de l'espace de noms adéquat à utiliser avec la spécification XLink. Les espaces de noms servent à déclarer à un parseur ou à une application le vocabulaire XML ou la spécification implémentée par un élément ou un attribut particulier.

Le premier attribut XLink utilisé est `type` :

```
xlink:type="simple"
```

Comme cela a été dit précédemment, il existe des liens simples et des liens étendus. Comme il s'agit pour le moment de liens simples, vous allez lui donner la valeur `simple`.

L'attribut `type` de l'espace de noms XLink possède une signification particulière en XLink, dans la mesure où il définit le rôle d'un élément lors de la création et de la description d'un lien. L'attribut `type` est obligatoire pour tout élément XLink. Cette méthode d'écriture des éléments est ce qui les décrit comme appartenant à un lien XLink. Tout élément d'un document XML de type XLink est évalué d'après la recommandation W3C par une application XLink.

L'attribut d'emplacement `href` est utilisé exactement de la même façon qu'en HTML, incluant comme valeur un URI pour une ressource quelconque :

```
xlink:href="http://mon.domaine/ressource.html"
```

En XLink, l'attribut `href` n'est pas obligatoire pour un lien simple. Un lien dépourvu d'attribut `href` se comporte comme une simple ressource, pouvant renfermer des propriétés concernant le document dans lequel il se trouve. Pensez encore une fois à la balise d'ancrage HTML, dont l'attribut `href` est également facultatif. Une balise `<A>` utilisant un attribut `name` emmène vers une destination dans un document, sans procurer de lien externe. Un lien simple sans `href` est simplement non navigable, tout en pouvant encore contenir n'importe lequel des attributs suivants afin de fournir des propriétés pour la ressource locale.

role

L'attribut `role` est une référence d'URI facultative décrivant comment le lien se relie à la ressource distante.

Par exemple, un lien se référant à une liste d'auteurs peut contenir l'attribut `role` :

```
xlink:role="http://mon.domaine/lienproprietes/auteurs"
```

La ressource identifiée par l'URI contient des informations décrivant la liste des auteurs, puisqu'elle est liée au document dans lequel est défini le lien. Il reste à voir comment une application XLink peut utiliser cette information, mais le but recherché est de permettre de disposer de plus de détails sur une ressource qu'il n'en est affiché *via* le contenu du lien ou l'attribut **title**. Ce dernier serait utilisé par une application plutôt que par l'utilisateur. La référence peut servir comme identificateur catégoriel, afin de permettre à une application de savoir, par exemple, qu'un lien particulier concerne les auteurs plutôt que les titres. Le but pourrait être de permettre à l'application de catégoriser les liens lors d'une recherche de ressources. Une autre utilisation pourrait être d'afficher des liens de différents types, en fonction des règles définies dans la ressource **role**. La recommandation W3C ne spécifie pas la nature du contenu de la ressource spécifiée décrivant le rôle.

arcrole

Les arcs servent dans les structures XLink à déterminer les règles de passage, par exemple pour savoir si un lien va de la ressource A à la ressource B ou inversement. Un lien simple ne permet toutefois pas la spécification d'un arc, puisqu'il s'agit explicitement d'un lien externe un à un. Mais, comme le lien simple possède un arc implicite, l'attribut **arcrole** reste utilisable. Sa définition et son utilisation sont identiques à celles de l'attribut **role**, bien que s'appliquant à la nature du passage plutôt qu'aux ressources impliquées. La recommandation W3C ne spécifie pas la nature du contenu de la ressource spécifiée décrivant le rôle.

title

Un unique attribut `title` peut être facultativement défini afin de fournir une description lisible par un humain du lien concerné. Cet attribut est défini comme suit :

```
xlink:title="Aller vers une autre ressource"
```

Un tel titre peut être utilisé soit pour afficher un lien disponible, si l'élément de lien est dépourvu de contenu, soit pour fournir une information à l'utilisateur lorsqu'il entame un passage à partir de ce lien.

show

Il s'agit d'un attribut comportemental facultatif pouvant posséder comme valeur `new`, `replace`, `embed`, `other` ou `none`. Il décrit à l'application XLink comment le lien doit être parcouru par l'utilisateur. Si aucune valeur n'est spécifiée, XLink ne fournit aucune valeur par défaut :

- `new` permet d'ouvrir une nouvelle fenêtre d'affichage pour le contenu de la ressource distante. Cela est similaire au comportement d'un lien HTML doté d'une valeur de l'attribut `target` non reconnaissable ou égale à `_blank`.
- Préférez `replace` pour remplacer le contenu de la ressource courante dans la fenêtre d'affichage. Cela est similaire au comportement par défaut des liens des navigateurs web.
- `embed` sert à insérer la ressource distante dans la ressource courante, à l'emplacement de l'élément de lien. Cela permet d'insérer dans un document un contenu non XML, comme une image ou une application.
- Servez-vous de `other` pour des comportements définis par l'utilisateur ou par l'application. En ce cas, l'application XLink doit rechercher dans la définition du lien d'autres balisages pour trouver le comportement du lien.
- `none` sert d'espace réservé, capable de dire à l'application de se comporter autrement que si l'attribut était simplement vide. Par exemple, `none` peut permettre d'outrepasser un

comportement par défaut si vous souhaitez que le lien ne soit pas utilisable, alors que l'attribut href reste disponible pour d'autres raisons. Par exemple, des références d'emplacement (locator) peuvent être lues par une autre application, alors que l'interface utilisateur ne doit pas permettre d'exploiter les liens. Aucun comportement n'étant cependant défini explicitement pour cette valeur d'attribut, le comportement peut différer selon les applications.

actuate

Cet attribut comportemental facultatif décrit comment le lien doit être parcouru. Sa valeur doit être onLoad, onRequest, other ou none. Si aucune valeur n'est spécifiée, XLink ne fournit aucune valeur par défaut :

- onLoad actualise le comportement show du lien au chargement de la page, fonctionnant de ce fait comme une redirection avec xlink:show="replace" ou une inclusion avec xlink:show="embed".
- onRequest actualise le lien suite à une action de l'utilisateur, agissant comme un lien hypertexte standard avec new ou replace, ou comme une zone de texte dynamique (ou toute autre possibilité encore inconnue) avec embed.
- À nouveau, other offre un moyen de disposer d'une actualisation personnalisée d'un comportement.
- none outrepasse le réglage par défaut de l'application, en déclarant explicitement qu'il est impossible d'actualiser le lien.

Nous allons revoir la plupart de ce qui précède lors de l'étude des éléments étendus.

Simplifier le lien simple à l'aide d'une DTD

Par rapport à la balise HTML <A>, les liens simples que nous venons de voir peuvent paraître horriblement compliqués, mais il est possible de nous simplifier considérablement la vie. Comme le sujet porte sur XML, nous pouvons utiliser une DTD afin de décrire de façon générique les attributs récurrents. Regardez le fragment de DTD suivant, pouvant être utilisé pour des liens simples :

```
<!ELEMENT monLien ANY>
<!ATTLIST monLien
   xmlns:xlink      CDATA        #FIXED "http://www.w3.org/1999/xlink"
   xlink:type       (simple)     #FIXED "simple"
   xlink:href       CDATA        #IMPLIED
   xlink:role       NMTOKEN      #FIXED
"http://www.mondomaine.com/liensimple.html"
   xlink:arcrole    CDATA        #IMPLIED
   xlink:title      CDATA        #IMPLIED
   xlink:show       (new
                    |replace
                    |embed
                    |other
                    |none)       #FIXED "replace"
   xlink:actuate    (onLoad
                    |onRequest
                    |other
                    |none)       #FIXED "onRequest">
```

Si le document précédent était validé à l'aide d'une DTD contenant cette définition pour l'élément `monLien`, il suffit d'écrire un élément simple :

```
<monLien xlink:href="http://www.mondomaine.com/ressource.html">TEXTE
AFFICHE</monLien>
```

La DTD permet de disposer de valeur par défaut, ou fixées, pour les attributs revenant régulièrement. Cela signifie qu'il est inutile d'écrire chaque fois, et que tous les liens d'un document peuvent être créés en utilisant l'élément `<monLien>` de la même façon que vous utiliseriez `<A>` dans un document HTML.

Seuls les navigateurs offrant un minimum de compatibilité XLink peuvent afficher les exemples proposés ici. Au moment de la rédaction, Microsoft Explorer 5.5 et Netscape Communicator 4.6 ne peuvent charger un document XML comportant une définition d'espace de noms XLink. Netscape 6 beta 2 peut charger le document, mais reste incapable d'afficher le lien.

Vous disposez ainsi de quelque chose de plus conforme à votre expérience HTML. Souvenez-vous bien de ces points, car ils s'appliquent aussi aux liens étendus.

Il est utile de comprendre que XLink ne possède pas les mêmes contraintes sur les noms des éléments que HTML. L'idée globale de pouvoir vous-même définir et étendre des liens, sous un format souple, est un des objectifs des créateurs de XLink. Vous avez vu qu'il est possible de nommer un élément `<monLien>`*, puis, en lui affectant un espace de noms et quelques attributs obligatoires, de le doter d'un comportement de liaison. En procédant ainsi, vous ne cantonnez pas obligatoirement l'élément* `<monLien>` *à être uniquement un élément de lien. Tout autre contenu ou attribut de l'élément de lien est simplement ignoré par l'application XLink tout en restant riche de signification pour d'autres parseurs ou applications.*

Éléments XLink étendus

En parlant de lien à l'aide d'une balise d'ancrage HTML, nous nous demandions s'il était possible de définir des relations entre les données et les liens. La réponse était non, et il en va de même pour l'élément XLink simple. Ce chapitre resterait bien creux s'il était impossible d'y parvenir d'une quelconque façon, donc, sans autre atermoiement, voici les liens étendus.

Le dernier coup d'œil sur les ressources A et B montrait que A contient un lien et est par définition local. Le lien pointe d'une façon unidirectionnelle vers une unique ressource distante, B. À l'aide des liens étendus, la ressource participant au lien peut être développée à la fois en nombre (un lien peut pointer vers plusieurs ressources) et dans le comportement de cheminement (les liens peuvent indiquer un cheminement bidirectionnel sans qu'il soit nécessaire de le préciser explicitement dans toutes les ressources : rappelez-vous qu'il a été dit qu'il était possible de créer un lien depuis une ressource que vous ne possédez pas et/ou qui est en lecture seule sur votre serveur local).

En contraste avec le lien simple, le lien étendu permet à la direction de liaison d'être définie à l'aide de l'élément **arc-type** en combinaison avec un nombre quelconque d'éléments de type **resource** et

locator. Alors que le lien simple est un élément comportant plusieurs attributs, le lien étendu est un élément parent avec plusieurs éléments enfants et attributs.

Pour commencer, voici un exemple où il s'agit de créer des liens entre des domiciles et des magasins locaux afin de décrire une relation. Cet exemple va montrer que des ressources distantes sont créées à l'aide de l'élément `locator`, et des ressources locales, avec l'élément `resource-type`. Ces ressources se voient alors attribuer une direction de lien, ou **règle de passage**, à l'aide de l'élément `arc`. Cela peut sembler un peu complexe de prime abord, mais tout va devenir rapidement clair :

```
<ROUTE xmlns:xlink="http://www.w3.org/1999/xlink"
   xlink:type="extended"
   xlink:title="Exemple de lien étendu">
   <MAISON xlink:type="resource"
      xlink:href="maison.xml"
      xlink:label="mamaison"
xlink:title="Itinéraire vers mon domicile" />
   <MAGASIN xlink:type="locator"
      xlink:href="magasin.xml"
      xlink:label="lemagasin" />
   <CHERCHERLAIT xlink:type="arc"
      xlink:from="lemagasin"
      xlink:to="mamaison" />
</ROUTE>
```

Vous pouvez être surpris qu'il faille autant de code pour écrire un lien, mais celui-ci possède une puissance rare par rapport à un lien HTML.

Ici, `ROUTE` est l'élément de lien étendu. Il possède trois éléments enfants : `MAISON`, `MAGASIN` et `CHERCHERLAIT` :

- `MAISON` représente les détails d'accès au domicile, situés dans le fichier `maison.xml`, et constitue la ressource locale définie dans un élément `resource-type` ;
- `MAGASIN` représente un magasin où vous vous procurez votre lait et constitue la ressource distante définie dans un élément `locator-type` ;
- `CHERCHERLAIT`, l'élément `arc-type`, définit une relation entre le `MAGASIN` et la `MAISON`, afin que le magasin puisse savoir où livrer le lait qui lui a été commandé. En examinant les attributs `to` et `from` de cet élément, vous pouvez voir que vous créez un lien depuis le `MAGASIN` vers votre `MAISON`.

Penchez-vous à nouveau sur la syntaxe. `ROUTE` a été défini comme élément de lien **extended-type** (à l'aide de l'attribut `type` doté de la valeur `extended`).

```
<ROUTE xmlns:xlink="http://www.w3.org/1999/xlink"
   xlink:type="extended"
   xlink:title="Exemple de lien étendu">
```

Vous avez remarqué en regardant avec attention que les éléments enfants possèdent des valeurs différentes pour leur attribut `type`, et que ces éléments enfants héritent de l'espace de noms de l'élément `ROUTE`, si bien qu'il n'est pas nécessaire de le redéclarer.

Nous voyons ici que les XLinks étendus utilisent à la fois des éléments et des attributs pour décrire les relations souhaitées entre les données : ici, les éléments enfants contenus dans le lien ainsi que leurs attributs.

Les éléments enfants de l'élément de lien étendu (souvenez-vous qu'il s'agit de `ROUTE`) possèdent des valeurs différentes pour leur attribut `type` :

- la valeur de l'attribut `type` de l'élément `MAISON` est `resource` ;
- la valeur de l'attribut `type` de l'élément `MAGASIN` est `locator` ;
- tandis que le comportement de passage est déclaré dans `CHERCHERLAIT`, en définissant sa valeur pour `type` comme `arc`.

`arc` constitue ici la clé, puisqu'il décrit un lien entre `MAISON` et `MAGASIN`. Les arcs indiquent à l'application ce qui doit être accompli avec chacun des éléments `locator` et `resource-type` trouvés dans le lien étendu. Dans un lien simple, `arc` est implicite, mais certains de ses attributs étaient présents. Dans un lien étendu, c'est dans `arc` que vous définissez non seulement la direction, mais également les comportements `show` et `actuate`. `arc` utilise les labels qui ont été définis pour chaque ressource participante.

```
<MAGASIN xlink:type="locator"
   xlink:href="magasin.xml"
   xlink:label="lemagasin" />
```

L'attribut `label` est facultatif pour les éléments `locator` et `resource`, mais doit être présent si l'élément doit participer à un lien.

```
<CHERCHERLAIT xlink:type="arc"
   xlink:from="lemagasin"
   xlink:to="mamaison"/>
```

Vous verrez plus loin que les labels peuvent être réutilisés dans plusieurs ressources, afin de définir plusieurs structures de liens dans un même `arc`.

En revenant au diagramme des ressources A et B, vous voyez que vous avez créé un lien vers l'intérieur, car vous avez défini la ressource locale, `mamaison` comme ressource de fin de `lemagasin`, la ressource distante de début. C'est l'ajout de l'élément de passage `CHERCHERLAIT`, de type `arc`, qui rend cela possible.

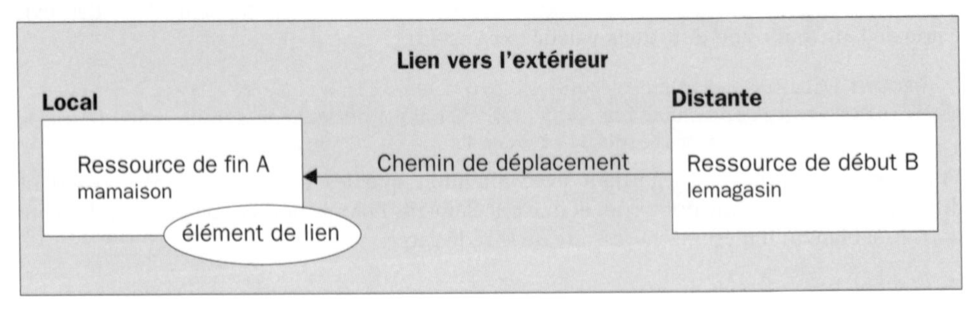

C'est une astuce propre, si vous y pensez, puisqu'il n'est pas nécessaire de posséder la ressource `lemagasin` pour pouvoir suggérer qu'il se lie à `mamaison` : le magasin peut posséder le fichier `magasin.xml`, mais il est quand même possible de réaliser un lien à partir de celui-ci.

Si une application compatible XLink analyse un document XML doté de ce lien exemple, il effectue un préchargement de la ressource distante après identification de l'élément `locator` de l'élément lien étendu de la ressource locale. Si bien qu'avant d'afficher quoi que ce soit, la ressource `magasin.xml` est lue en mémoire et un fichier temporaire créé. Un tel fichier peut être créé à la volée par un navigateur ou mis en cache dans une base de données avant d'être rendu disponible : l'implémentation réelle dépend de l'application. Dans les deux cas, vous vous retrouvez avec une copie de la ressource distante appartenant maintenant à votre application, et pouvant recevoir de nouvelles informations.

Si l'application était écrite pour créer des liens vers la ressource locale à la fin de la page, sous l'en-tête « Ressources utiles », vous obtiendriez :

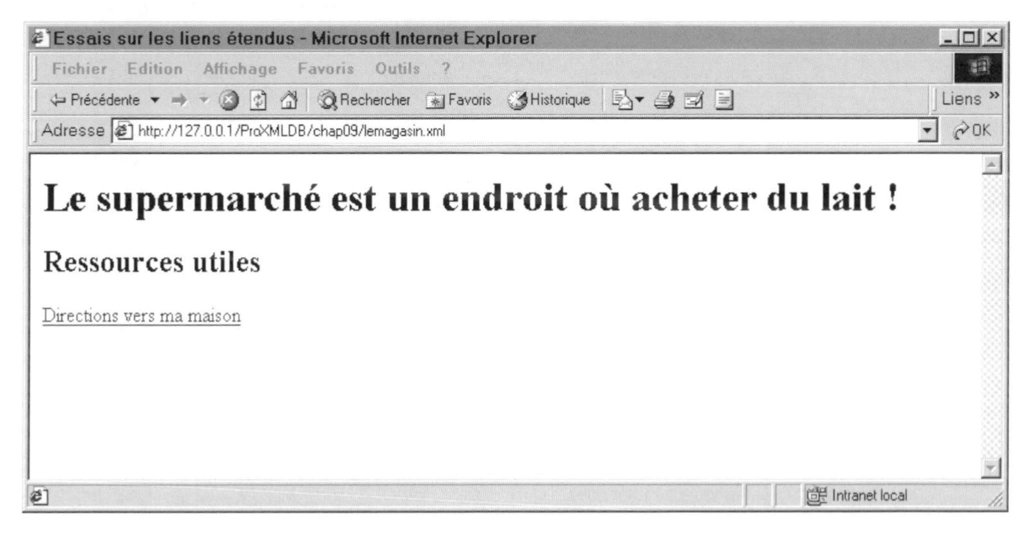

La ressource distante, `magasin.xml`, ne contenait qu'une simple phrase concernant le magasin. La ressource locale offre un itinéraire vers votre domicile, et le document magasin a maintenant été amélioré par la capacité de fournir cet itinéraire. Comme `arc` peut être spécifié à l'aide des attributs comportementaux `show` et `actuate`, les itinéraires vers le domicile peuvent être incorporés dans le document au lieu de ne proposer qu'un lien vers le document `maison.xml`.

L'élément de lien reste dans le document, mais n'est pas explicitement défini comme étant unidirectionnel. Si vous regardez la structure du lien étendu et réalisez qu'il n'existe aucune limite au nombre d'éléments `resource`, `locator` et `arc` qu'il est possible de définir, vous commencez à prendre conscience de la puissance de cette structure de liaison.

Je suppose qu'il demeure quelque confusion à ce stade, mais il s'agissait d'exciter votre appétit avant d'entrer dans le détail. Il est désormais temps d'y aller et de mettre en application ce que vous venez de lire.

Éléments liens de style étendu

Comme cela a été évoqué précédemment, un élément étendu est composé des attributs et des éléments enfants qui y sont inclus. Chaque élément possède alors des éléments définissant son propre rôle au sein du lien étendu, ainsi que son comportement particulier. Mieux vaut examiner un diagramme, et l'expliquer.

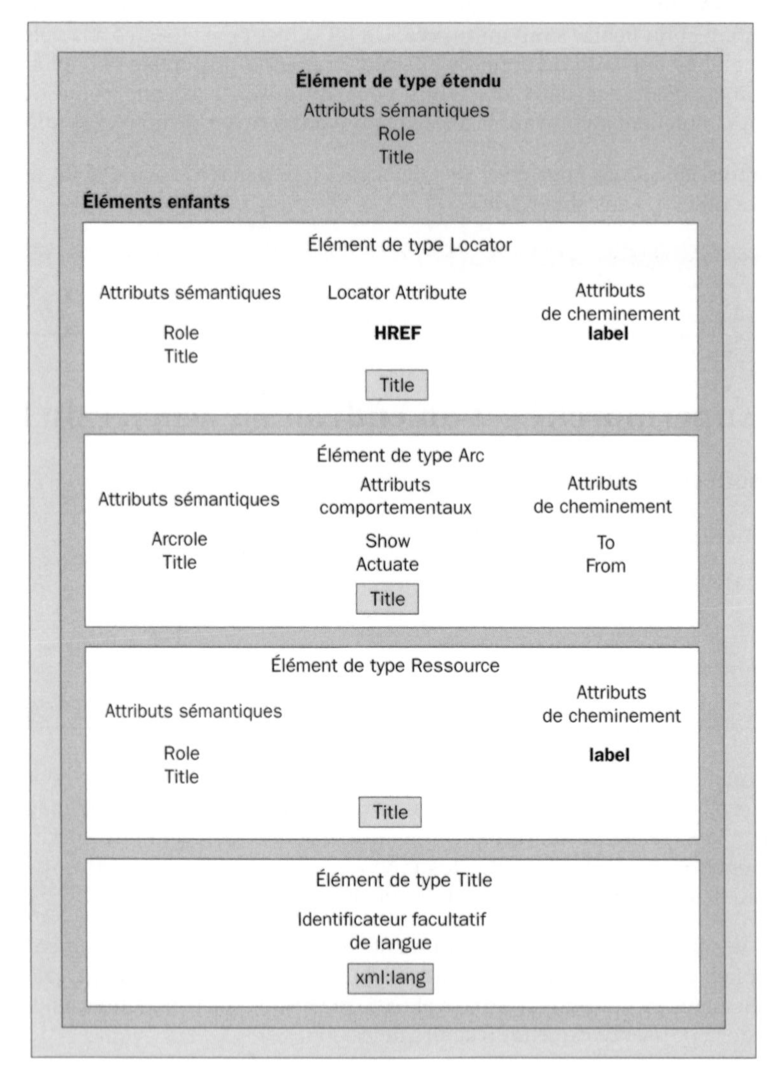

La totalité du cadre représente l'élément de lien étendu, avec ses éléments enfants. Comme vous l'avez vu dans l'exemple précédent, les éléments enfants peuvent posséder une valeur pour l'attribut `type` différente de celle de l'élément parent de lien. Chaque cadre interne représente une des valeurs possibles de l'attribut `type` :

- `locator;`
- `arc;`
- `resource;`
- `title.`

Vous allez toutes les examiner successivement sous peu. À l'intérieur de chaque cadre, les attributs disponibles sont énumérés dans une colonne correspondant à son type d'attribut.

L'attribut `type` est obligatoire pour tout élément enfant et décrit le type de l'élément. Les autres attributs sont répartis selon la classification suivante :

Classification	**Signification**
Sémantique	Décrit le but de la ressource dans le contexte du lien (`role`, `arcrole` et `title`).
Passage	Utilisé pour écrire les règles de passage (`label`, `to` et `from`).
Comportement	Décrit ce qui se passe lors du parcours d'un `arc` (`show` et `actuate`).
Localisation	Le classique attribut `href` provenant de HTML, possédant comme valeur un URI.

Title peut être à la fois un attribut et un élément, tous les deux contenus dans un élément XLink étendu et dans chacun de ses enfants. Cela peut prêter à confusion, et la recommandation W3C n'aide pas franchement à expliquer ce que doit faire une application rencontrant différentes valeurs title. Une utilisation possible des éléments `title` serait de déclarer plusieurs types de titles pour un lien étendu, dans l'idéal un par langage.

L'élément `title` possède un attribut complémentaire, `xml:lang`. La recommandation W3C stipule que celui-ci peut être inclus afin d'identifier le choix de la langue courante dans une application. La mise en œuvre de cet ajout à l'élément `title` reste entièrement du ressort du concepteur d'une application XLink.

Examinons maintenant chacun des types d'élément.

Élément arc-type

Un élément possédant une valeur `arc` pour l'attribut `type` décrit le comportement de liaison d'un lien étendu. Dans l'exemple précédent, l'élément `arc` définissait que le lien se situait entre :

```
<CHERCHERLAIT xlink:type="arc"
   xlink:from="lemagasin"
   xlink:to="mamaison" />
```

Comme nous venons de le voir, un élément dont l'attribut `type` possède comme valeur `arc` peut disposer des attributs suivants :

Attributs sémantiques

- arcrole
- title

Attributs comportementaux

- show
- actuate

Attributs de passage

- to
- from

L'attribut title et les attributs comportementaux ont été abordés dans la discussion sur les liens simples. Les nouveaux venus sont arcrole (sur lequel vous allez revenir) et les attributs de passage.

Les attributs to et from sont utilisés à l'intérieur de l'arc lui-même pour indiquer le sens du trajet. Ces attributs reçoivent comme valeur celle de l'attribut label de la ressource ou de l'élément du type de l'élément. Dans l'exemple précédent, la ressource représentant le domicile possédait un attribut label de valeur mamaison :

```
<MAISON xlink:type="resource"
   xlink:href="maison.xml"
   xlink:label="mamaison"/>
```

Modifiez maintenant le lien étendu précédent afin d'aller au long de la ROUTE dans deux magasins différents : un magasin d'EPICERIE et une autre ressource nommée LIBRAIRIE. Comme les arcs décrivent un comportement générique, si vous utilisez le même label sur différentes ressources, l'élément arc définit une relation entre tous les éléments avec le même label. Si les deux magasins reçoivent un label générique magasin, vous pouvez voir comment l'arc est étendu. Les modifications sont présentées en grisé dans ce qui suit :

```
<ROUTE xmlns:xlink="http://www.w3.org/1999/xlink"
   xlink:type="extended"
   xlink:title="Exemple de lien étendu">
   <MAISON xlink:type="resource"
      xlink:label="mamaison" adresse="123, Grand-Rue">
      J'habite dans ma maison
   </MAISON>
   <EPICERIE xlink:type="locator"
      xlink:href="alimentation.xml"
      xlink:label="magasin"/>
   <LIBRAIRIE xlink:type="locator"
      xlink:href="livres.xml"
      xlink:label="magasin"/>
   <ACHETERCHOSE xlink:type="arc"
      xlink:from="magasin"
      xlink:to="mamaison"/>
</ROUTE>
```

Le cheminement des liens ainsi définis permet à la fois à la librairie et à l'épicerie d'être liés à mamaison. Vous pouvez le voir dans le diagramme suivant :

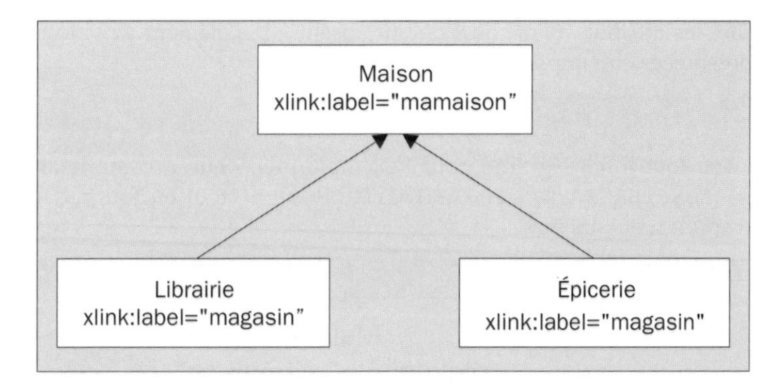

En définissant un arc doté d'attributs `to` et `from`, vous créez une règle de passage. Une telle règle définit explicitement le comportement d'un ensemble de ressources. De ce fait, il est important de remarquer que chaque élément `arc` d'un lien étendu doit définir une règle de passage unique. Cela est sensé, puisqu'une fois qu'il est possible de naviguer dans une certaine direction d'une ressource vers une autre, il n'est nul besoin de définir à nouveau ce cheminement.

Une règle, permettant d'aller de la ressource A à la ressource B, est définie une et une seule fois.

Souvenez-vous bien que la direction étant explicite, si vous intervertissez les valeurs des attributs `to` et `from` :

```
<RENVOYERCHOSE
...
   xlink:from="mamaison"
   xlink"to="magasin" />
```

vous obtenez une autre règle de passage, même si celle-ci implique les mêmes ressources.

Si vous devez définir une règle permettant d'aller de la ressource B à la ressource A, il s'agit d'un passage différent du précédent, exigeant donc une nouvelle règle.

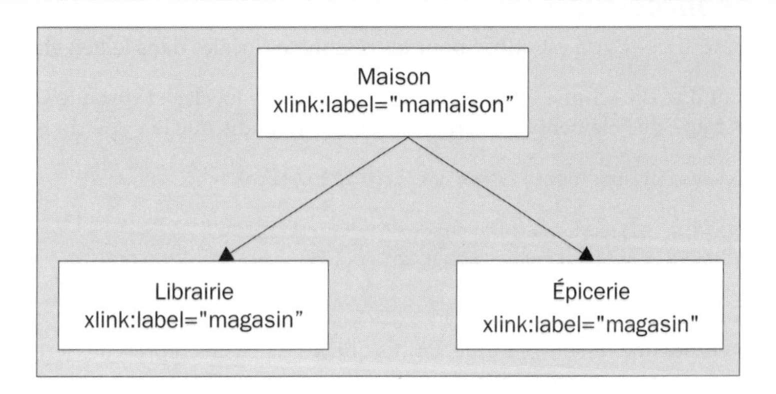

Si, en revanche, les attributs from ou to sont absents de l'élément arc, toutes les ressources du lien étendu sont présumées être impliquées. En d'autres termes :

```
<STUFF xlink:type="arc">
```

Ce serait un arc tout à fait légitime pour l'exemple précédent, accomplissant la même chose que les éléments arc <ACHETERCHOSE/> et <RENVOYERCHOSE/>, tout en fournissant un cheminement entre les éléments magasin eux-mêmes.

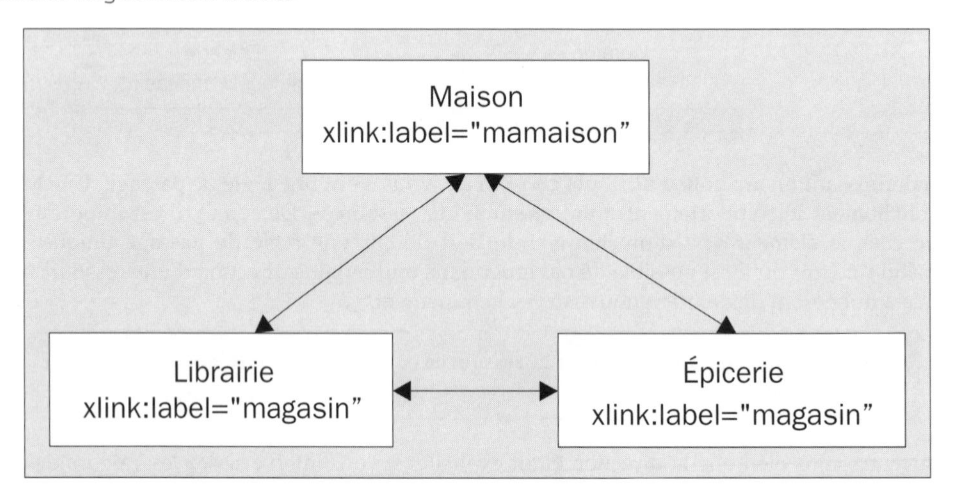

Selon les règles XLink, il serait illicite de définir <STUFF/> dans le même lien étendu que les deux précédents, car <STUFF/> rend ces deux éléments redondants.

Si vous avez défini une règle pour aller de la ressource A à la ressource B et pour aller de la ressource B à la ressource A, vous ne pouvez également définir une règle permettant d'aller dans les deux directions.

Élément resource-type

L'élément resource-type est utilisé pour les ressources locales dans le lien étendu.

Remarquez qu'il existe ici une distinction entre ressources locales et distantes. En revenant à l'exemple précédent, le type de l'élément MAISON est resource, tandis que le type du magasin est locator.

```
<ROUTE xmlns:xlink="http://www.w3.org/1999/xlink"
...
      <MAISON xlink:type="resource" ...></MAISON>
      <ÉPICERIE xlink:type="locator" .../>
...
</ROUTE>
```

MAISON représente une ressource locale, tandis que les magasins représentent des ressources distantes.

Dans l'élément `resource`, le lien lui-même, ainsi que tout son contenu, est considéré comme étant une ressource locale. Cet élément possède les attributs suivants :

Sémantique

- ❑ `role`
- ❑ `title`

Passage

- ❑ `label`

La ressource locale peut être à la fois une ressource de début et une ressource de fin du même lien étendu. Nous avons déjà parlé des possibilités des liens vers l'intérieur, et c'est là que débute leur magie. Essayez de placer un contenu significatif dans votre élément `resource` :

```
<MAISON xlink:type="resource"
   xlink:label="mamaison" adresse="123, Grand-Rue">
   Allez vers l'ouest jusqu'à atteindre la Grand-Rue. Suivez celle-ci vers l'est
jusqu'au numéro 123.
   J'habite au cinquième étage.
</MAISON>
```

Vous pouvez doter `arc` d'un comportement :

```
<ACHETERCHOSE xlink:type="arc"
   xlink:from="magasin"
   xlink:to="mamaison"
   xlink:show="embed"
   xlink:actuate="onRequest" />
```

Vous avez maintenant accompli quelque chose de propre. L'application XLink sait qu'elle doit afficher l'itinéraire vers le domicile, incorporé au document actif, lorsque quelqu'un regardant une ressource magasin clique sur la route.

Imaginez une application conçue pour charger un document XML nommé `commandes.xml`. Le document `commandes` contient un élément `route` pour chaque emplacement présent dans une base de données clients. En outre, les éléments `route` ont été écrits avec les mêmes arcs, afin de référencer les documents d'information de commande pour chaque type de magasin. Si un utilisateur demande le document `commandes.xml`, l'application charge chaque document ressource `magasin` dans un fichier temporaire, soit sur le disque, soit en mémoire. Cela repose sur le fait que l'application compatible XLink s'aperçoit que `alimentation.xml` et `livres.xml` sont des ressources distantes comme défini par les éléments `locator-type`.

Après le chargement de chaque fichier distant, son contenu est examiné à la recherche des espaces réservés prédéfinis. Dans ce cas, vous pourriez travailler avec un document vous appartenant et le structurer de la façon dont vous voulez, mais il serait en lecture seule pendant l'analyse par l'application. Considérez une des ressources distantes, `alimentation.xml`, et donnez-lui la structure suivante :

```
<Alimentation>
<Magasin type="Epicerie">
   <Commande id="383232" location="mamaison">
      <Article id="232" name="lait" />
      <Article id="565" name="fromage" />
```

```
    </Commande>
  </Magasin>
  </Alimentation>
```

Vous pouvez construire votre application afin qu'elle se focalise sur l'attribut `location` de l'élément `<Commande>` de chaque ressource distante. L'application peut alors insérer le lien défini à chaque emplacement dans chaque document ressource `magasin` où le label `mamaison` est identifié, attachant effectivement les itinéraires à chaque commande de magasin. Ensuite, un document final contenant toutes les informations sur les ressources distantes peut être affiché pour l'utilisateur.

Cela peut être délicat à imaginer en l'absence d'une telle application, aussi envisagez l'interprétation suivante :

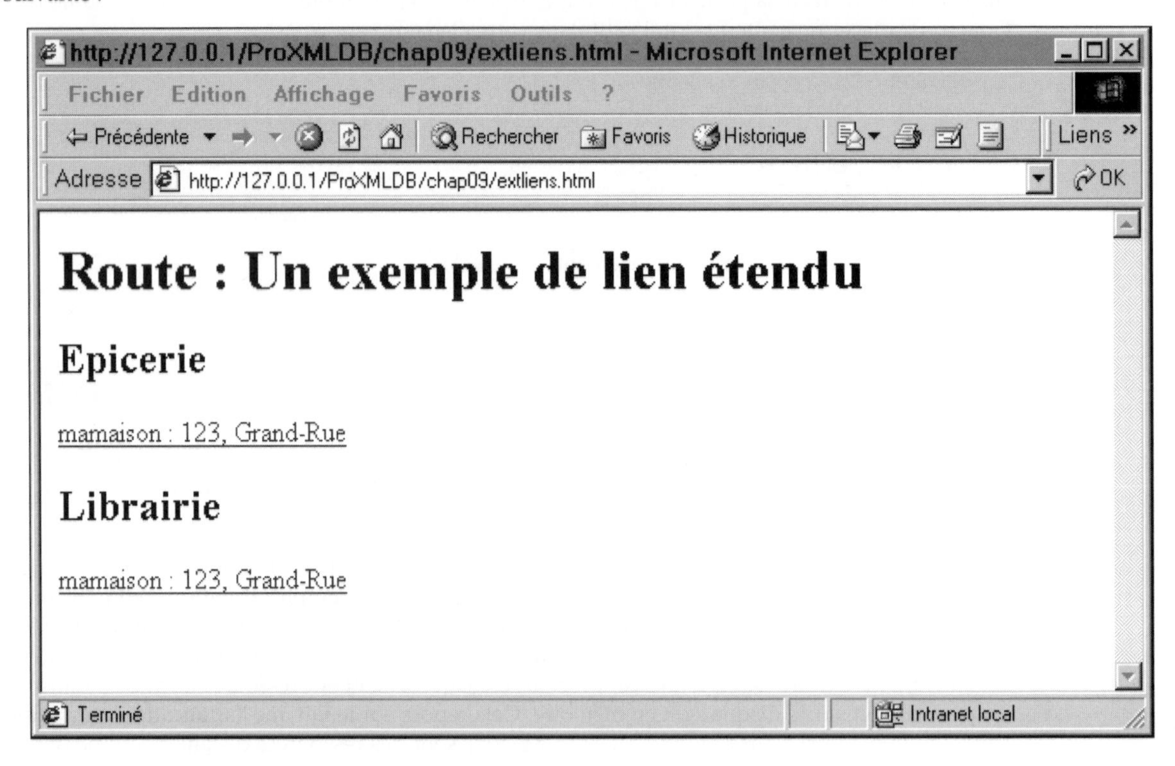

Cet affichage serait possible si une application devait afficher les noms et les attributs de l'élément lien étendu. Comme vous pouvez le voir, `mamaison` peut être lié depuis les deux éléments `magasin`. Si l'utilisateur clique sur l'élément `mamaison` avec l'élément `arc` défini ci-dessous, il obtient :

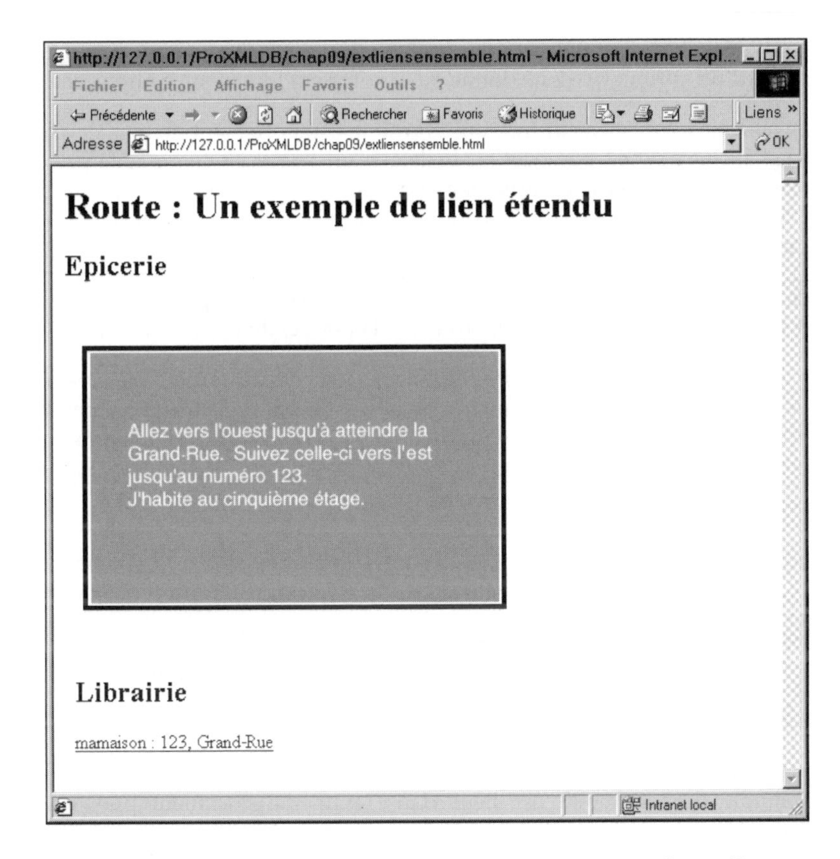

Le document chargé pour l'utilisateur n'est aucune des ressources avec lesquelles vous avez travaillé. L'utilisateur a demandé à voir le document `commandes.xml`, qui n'est rien d'autre qu'un espace réservé pour les informations consommateurs. Celles-ci sont devenues utiles grâce à des liens vers l'intérieur contenant les informations de commande. Le document `commandes.xml` tel qu'affiché semble renfermer toutes ces informations en un seul endroit. En fait, il a chargé deux ressources en lecture seule en arrière-plan, puis a amélioré l'affichage en y intégrant les informations du client local.

Élément locator-type

Comme vous l'avez vu, l'élément `locator-type` est la ressource distante définie par l'élément de lien étendu. Il peut posséder quatre attributs :

Sémantique

- `role`
- `title`

Localisateur

- `href`

Passage

- `label`

Il n'existe qu'un seul attribut obligatoire, `href`, devant posséder comme valeur un URI. Cependant, la seule présence d'un attribut `href` ne donne pas à l'élément locator un comportement de lien.

Souvenez-vous que c'est l'élément `arc` qui fournit le comportement de lien, et que l'élément `arc` utilise la valeur de l'attribut `label` pour définir le lien. Si un `locator` ne possède pas d'attribut `label`, il ne peut tout simplement pas être identifié dans un `arc`, bien qu'il puisse rester utile pour une application XLink en tant qu'élément descriptif. Il lui sera toutefois impossible de participer à une quelconque liaison XLink.

C'est l'élément `locator` qui procure sa puissance au lien étendu, parce qu'il est capable d'identifier des ressources pouvant être en dehors du contrôle (de la portée) du document définissant le lien.

Si un `arc` identifie une règle de passage entre deux éléments `locator`, cela crée un lien de **tierce partie**. Un lien de tierce partie contient au moins deux ressources distantes liées par l'élément de lien d'un document local. La capacité de décrire des liens depuis des ressources distantes est fournie par un `arc` spécial nommé `linkbase`.

Linkbases

Une collection particulière de ressources distantes identifiées à l'aide d'éléments `locator` peut être définie à l'aide d'un `linkbase` de **localisation**. Un `linkbase` est un type spécial de définition d'`arc`, permettant une gestion simple de ressources distantes.

Vous spécifiez cet `arc` spécial à l'aide de l'attribut `arcrole` défini comme suit :

```
xlink:arcrole="http://www.w3.org/1999/xlink/properties/linkbase"
```

Si vous possédez de nombreuses ressources distantes que vous souhaitez lier les unes aux autres, il peut être plus simple de rassembler ces liens dans un même document pouvant être chargé par vos documents locaux.

Cela peut être utile pour :

- créer une référence entre des documents que vous ne possédez pas ;
- annoter des documents écrits par d'autres ;
- maintenir un dépôt central de liens afin de faciliter la maintenance.

Par exemple, imaginez que vous possédiez un certain nombre de magasins et que tous doivent être capables de se lier à, ou depuis, une liste d'achats. Plutôt que de définir tous ces magasins dans un élément étendu particulier, vous pouvez charger une liste préétablie de magasins à l'aide d'une règle de passage afin d'aller des magasins à `mamaison`. Pour que l'application XLink puisse utiliser ces liens, vous définissez un arc `linkbase` possédant la liste des liens comme ressource de fin.

> **Un linkbase doit être rédigé comme document XML bien formé, suivant la recommandation W3C (candidat à Recommandation). Cela est sensé puisque le document `linkbase` sera traité afin de récupérer les informations de lien étendu qu'il contient.**

Ainsi, si vous possédez plusieurs ressources distantes pouvant aller vers, ou depuis des magasins, et non uniquement la liste d'achats, vous pouvez réutiliser les ressources `magasin` encore et encore sans avoir à placer tous les magasins dans chaque élément de lien étendu.

```
<ROUTE xmlns:xlink="http://www.w3.org/1999/xlink" xlink:type="extended">
   <MAISON adresse="123, Grand Rue"
      xlink:type="locator"
      xlink:label="mamaison"
      xlink:href="maison.xml">
      Tous les magasins
   </MAISON>
   <MAGASINS xlink:type="locator"
      xlink:href="magasinliens.xml"
      xlink:label="tousmagasins"/>
   <GROUPOLINKS xlink:type="arc"
      xlink:arcrole="http://www.w3.org/1999/xlink/properties/linkbase"
      xlink:from="mamaison"
      xlink:to="tousmagasins"
      xlink:actuate="onRequest"/>
</ROUTE>
```

Ici, vous avez dans l'élément `ROUTE` :

- `MAISON`, qui fait référence à un document contenant les itinéraires vers le domicile ;
- `MAGASINS`, le `locator`, qui spécifie la liste des magasins où des achats peuvent être effectués, pointant vers le document `linkbase`. Ce **n'est pas** une ressource participant au lien. Le document qu'elle spécifie va fournir les participants au lien ;
- `GROUPOLINKS`, spécifiant l'attribut spécial `arcrole`. L'`arc` avec ce spécial `arcrole` charge les liens étendus du document spécifié par le locator libellé figurant comme ressource de fin dans l'`arc`.

Examinez le diagramme suivant :

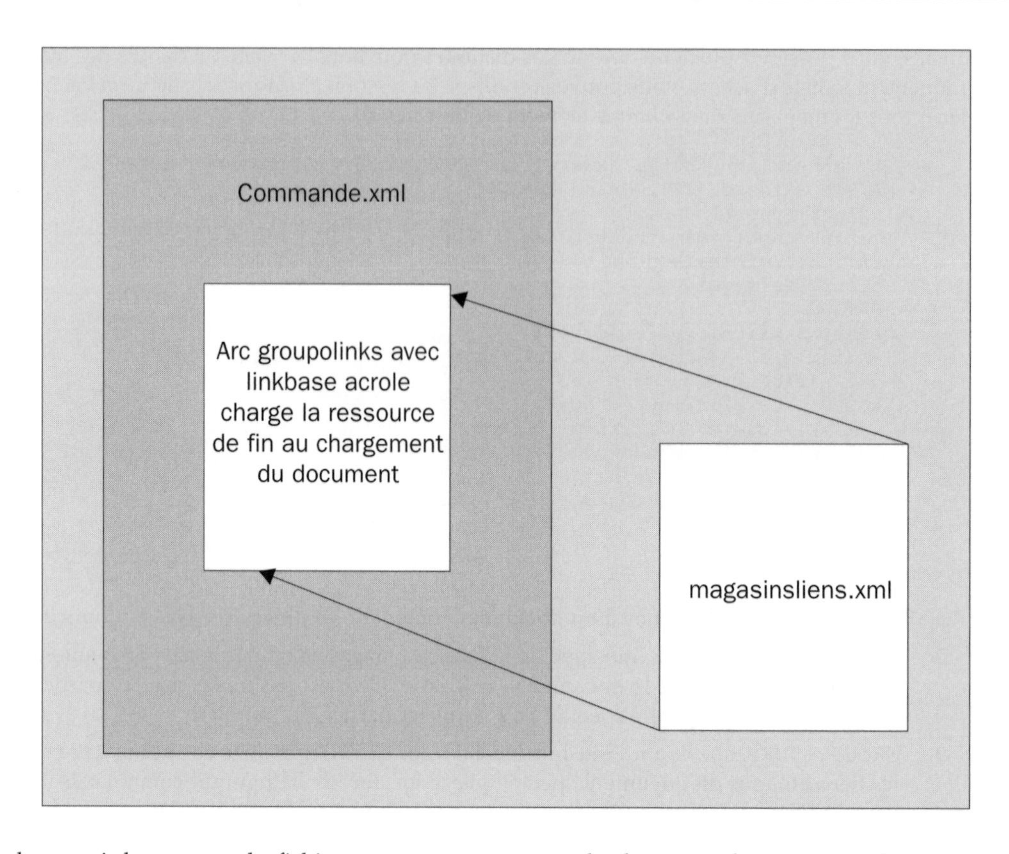

Quel que soit le contenu du fichier magasinliens.xml, les liens étendus contenus dans celui-ci sont préchargés lors du chargement du document commandes.xml. Les liens définis ici sont alors disponibles pour utilisation par ce document. Il s'agit d'un moyen fort pratique pour localiser toute ressource nécessaire au traitement du document commandes.xml, avant d'afficher quoi que ce soit vers l'utilisateur. Cela permet également de conserver la liste des magasins séparément du document commandes.xml.

Le document magasinliens.xml, constituant le document linkbase, peut ressembler à ce qui suit :

```
<?xml version="1.0" encoding="ISO-8859-1" ?>
<LINKS xmlns:xlink="http://www.w3.org/1999/xlink" xlink:type="extended">
   <EPICERIE xlink:type="locator" xlink:href="epiceries.xml"
      xlink:label="magasin"/>
   <LIBRAIRIE xlink:type="locator" xlink:href="livres.xml"
xlink:label="magasin"/>
   <VETEMENTS xlink:type="locator" xlink:href="habits.xml"
xlink:label="magasin"/>
   <SERVICES xlink:type="locator" xlink:href="electricite.xml"
      xlink:label="magasin"/>
   <PLACESTOSHOP xlink:type="arc" xlink:from="magasin"  xlink:show="new"
      xlink:actuate="onRequest"/>
</LINKS>
```

Ici, un seul lien étendu permet à tous les magasins d'atteindre le document maison.xml. Remarquez qu'alors l'attribut to doit être laissé vierge afin de faire référence depuis tous les locators magasin à toutes les ressources du document commandes. Les liens d'un linkbase peuvent cependant spécifier n'importe quelle règle de passage, même si cela demande un retraitement du document d'origine (commandes.xml) afin de gérer les liens. Lorsque commandes.xml est chargé, la seule chose à montrer à l'utilisateur peut être un lien disant Tous les magasins. C'est lors de la sélection de ce lien que les informations sur les magasins deviennent disponibles. Cela diffère de l'exemple précédent, qui chargeait la totalité des ressources magasin ainsi que les itinéraires au moment du chargement.

Remarquez que les linkbases ne sont pas conçus pour être parcourus. Plus exactement, ils fournissent à un document une liste de liens pouvant être parcourus, mais, lors du chargement des linkbases eux-mêmes, ils ne procurent au document que les informations relatives à l'emplacement des ressources distantes. Cela signifie que l'attribut show ne possède aucune signification dans un linkbase. L'attribut actuate reste intéressant, car vous pouvez souhaiter que tous les liens n'apparaissent pas avant que l'utilisateur ne les ait requis.

Utiliser les liens étendus

Avant de poursuivre, vérifiez que vous avez bien compris le rôle des liens étendus en examinant un exemple complet. Il s'agit de l'envoi d'une facture XML.

Le document facture contient des éléments standard tels Article, idfacture, clients et directions à l'emplacement d'un client particulier. Les attributs de l'espace de noms XLink ayant été ajoutés aux différents éléments, vous possédez maintenant les types XLink suivants :

Noms d'éléments de Factures.xml	Type XLink	Emplacement du lien
Facture	Lien étendu	
Description	Title	
idfacture	Resource (ressource locale)	Locale : dans le document
Article	Locator (ressource distante)	/inventaire/Articles.xml
client	Locator (ressource distante)	/contacts/clients.xml
directions	Resource (ressource locale)	Locale : dans le document
obtenirdetail	Arc	

Voici la DTD de la facture XML, afin de pouvoir travailler avec un document XML validé et tirer en outre tous les profits de pouvoir écrire les éléments réels d'une façon simplifiée (`ch09_ex1.dtd`) :

```
<!ELEMENT facture
((description|idfacture|Article|client|directions|obtenirdetail)*)>
<!ATTLIST facture
   xlink:type       (extended)  #FIXED "extended"
   xlink:role       CDATA       #IMPLIED
   xlink:title      CDATA       #IMPLIED>
<!ELEMENT description ANY>
<!ATTLIST description
   xlink:type       (title)     #FIXED "title">
<!ELEMENT idfacture ANY>
<!ATTLIST idfacture
   xlink:type       (resource)  #FIXED "resource"
   xlink:role       CDATA       #IMPLIED
   xlink:title      CDATA       #IMPLIED
   xlink:label      CDATA       #FIXED "idfacture">
<!ELEMENT Article EMPTY>
<!ATTLIST Article
   IdArticle           CDATA       #REQUIRED
   qty              CDATA       #REQUIRED
   xlink:type       (locator)   #FIXED "locator"
   xlink:href       CDATA       #REQUIRED
   xlink:role       CDATA       #IMPLIED
   xlink:title      CDATA       #IMPLIED
   xlink:label      NMTOKEN     #FIXED "Article">
<!ELEMENT client EMPTY>
<!ATTLIST client
   idclient         CDATA       #REQUIRED
   xlink:type       (locator)   #FIXED "locator"
   xlink:href       CDATA       #REQUIRED
   xlink:role       CDATA       #IMPLIED
   xlink:title      CDATA       #IMPLIED
   xlink:label      NMTOKEN     #FIXED "client">
<!ELEMENT directions ANY>
<!ATTLIST directions
   xlink:type       (resource)  #FIXED "resource"
   xlink:role       CDATA       #IMPLIED
   xlink:title      CDATA       #IMPLIED
   xlink:label      NMTOKEN     #FIXED "directions">
<!ELEMENT obtenirdetail EMPTY>
<!ATTLIST obtenirdetail
   xlink:type        (arc)                            #FIXED "arc"
   xlink:arcrole     CDATA                            #IMPLIED
   xlink:title       CDATA                            #IMPLIED
   xlink:show (new|replace|embed|other|none)          #IMPLIED
   xlink:actuate (onLoad|onRequest|other|none)        #IMPLIED
   xlink:from        NMTOKEN                          #IMPLIED
   xlink:to          NMTOKEN                          #IMPLIED>
```

Rappelez-vous que vous pouvez soit saisir cela si vous voulez vous exercer, soit le télécharger simplement avec tous les autres exemples de ce livre, depuis le site web http://www.wrox.fr.

La DTD procure la structure nécessaire, rassemblant au même endroit la plupart des détails ennuyeux. Cela est surtout important dans le monde réel, puisque, contrairement à cet exemple simple, vous auriez probablement besoin de générer de nombreuses instances d'un même type d'élément. Cela dit, voici le document XML (`ch09_ex1.xml`) :

```
<?xml version="1.0" encoding="ISO-8859-1" ?>
<!DOCTYPE facture SYSTEM " ch09 ex1.dtd">
   <facture xmlns:xlink="http://www.w3.org/1999/xlink"
      xlink:title="Détails de facture pour la commande numéro 123456">
      <description xlink:type="title">
     Détails client pour les factures</description>
      <idfacture>123456</idfacture>
      <Article IdArticle="9876" qty="500"
            xlink:href="/inventaire/Articles.xml"
            xlink:title="articles de la facture client"/>
      <Article IdArticle="4321" qty="25"
            xlink:href="/inventaire/Articles.xml"/>
      <client idclient="765423"
            xlink:href="/contacts/clients.xml"
            xlink:role="http://exemple.grandentrepot.ex/client/factureref"/>
      <directions>Tourner à gauche à partir de l'entrepôt, conduire 5 km vers
Johnson.
                  Tourner à gauche à Johnson et continuer vers la Grand-Rue.
      </directions>
      <obtenirdetail arcrole="http://exemple.grandentrepot.ex/facture/details"
              xlink:show="replace"
              xlink:actuate="onRequest"
              xlink:from="idfacture"/>
</facture>
```

Bien que ce document XML soit bien formé et valide, il est improbable qu'un tel document existe seul dans le monde réel. Il s'agirait plutôt d'une facture provenant d'une liste de factures d'un document. Comme vous le verrez dans la section suivante, un document comme celui-ci peut facilement représenter les données d'une table d'une base de données relationnelle.

Avant de poursuivre, il faut cependant insister sur un point particulier de cet exemple, à savoir l'utilisation conjointe d'un attribut `title` et d'un élément `title` :

```
   <facture xmlns:xlink="http://www.w3.org/1999/xlink"
      xlink:title="Détails de facture pour la commande numéro 123456">
      <description xlink:type="title">
      Détails client pour les factures</description>
```

La prolifération de « titles » en XLink peut sembler excessive, mais rappelez-vous que l'attribut peut être utilisé comme un outil « astuce » pour le lien `facture`, alors que l'élément de type `title` peut servir à l'ensemble du document résultant.

Remarquez également l'ajout d'attributs non XLink dans les éléments `locator`. XLink n'est pas uniquement un ensemble de noms d'éléments se bornant à décrire des liens, mais bien un ensemble de types d'éléments déclarés *via* l'utilisation d'attributs préfixés par un espace de noms. D'autres attributs, éléments enfants et contenus non XLink des éléments utilisés pour créer un lien ne constituent en rien une entrave au travail de XLink.

Résumé sur les liens étendus

Vous venez de voir comment utiliser le langage XLink pour créer des éléments de liens simples ou étendus. Lors de l'examen des liens étendus, l'utilité des arcs a été mise en évidence, montrant la possibilité de disposer de liens multidirectionels. Plus importante encore est la notion de lien vers l'intérieur, possédant un lien distant comme ressource de début. La prochaine section montre comment un lien étendu peut être utilisé conjointement à XPointer afin de créer des structures décrivant des données relationnelles.

Liens étendus et données relationnelles

D'accord, vous disposez maintenant d'une bonne approche de l'écriture de liens étendus, et ceux-ci semblent aussi utiles que sympathiques, mais pourquoi en parler dans un livre consacré aux bases de données XML ? Eh bien ! La raison est qu'ils constituent un moyen astucieux de décrire des données relationnelles au sein d'un document XML. Revenez aux tables de la base de données simple examinée au début de ce chapitre, écrite en XML. Cette base se nomme `Commandes` :

```
<Commandes>
   <Facture CleFacture="187">
      <ArticleFacture CleArticle="13"/>
      <ArticleFacture CleArticle="14"/>
   </Facture>
   <Facture CleFacture="188">
      <ArticleFacture CleArticle="13"/>
   </Facture>
</Commandes>
```

Les tables sont exprimées sous forme d'éléments, à raison d'un par ligne. Chaque valeur d'une ligne de la table est présentée comme une valeur d'attribut, mais elles pourraient tout aussi bien être une valeur de contenu texte de l'élément si vous le vouliez. Dans le concept hiérarchique de XML, la jointure `ArticleFacture` est exprimée par une imbrication adéquate d'éléments.

Ce point de vue spécifique est centré sur la facture. Si vous souhaitez examiner les factures selon les articles, il faudrait inverser l'imbrication et effectuer un tri selon `CleArticle`*. Pour mieux comprendre le transfert entre XML et tables relationnelles, reportez-vous au chapitre 2.*

Comme vous le verrez dans le chapitre 14, il est possible d'obtenir une sortie à l'aide de SQL Server 2000 en utilisant les nouvelles fonctionnalités compatibles XML. Pour obtenir la sortie avec SQL Server 2000, vous devez utiliser la requête suivante :

```
SELECT 1 AS Tag, Null AS Parent, facture.CleFacture AS [Facture!1!CleFacture],
   Null AS [ArticleFacture!2!CleArticle] FROM facture
UNION
SELECT 2,1,facture.CleFacture,ArticleFacture.CleArticle FROM
facture,ArticleFacture
   WHERE facture.CleFacture = ArticleFacture.CleFacture
ORDER BY [facture!1!CleFacture],[ArticleFacture!2!CleArticle] FOR xml EXPLICIT
```

Exprimer les relations avec XLink

Disposant maintenant de l'ensemble de données défini en XML, vous pouvez utiliser le pouvoir de XLink pour en faire un document encore plus utile. Tout d'abord, il faut concevoir une étude de cas plausible. Imaginez le scénario suivant :

- Vous avez construit une application XML pour un entrepôt recevant des documents de commande d'une application de saisie de données. Ces documents de commande contiennent des informations de facturation, liant les clients aux factures et affichant les articles nécessaires pour honorer la commande.
- L'application présente ensuite cette information à un magasinier pour traitement. Ce dernier doit savoir où récupérer dans l'entrepôt chaque article énuméré dans la facture.
- Le document reçu est en lecture seule et les informations sur l'emplacement de stockage des articles se situent dans un autre document. En d'autres termes, il vous faut disposer d'un moyen de baliser la facture à l'aide d'informations de stockage pour aider les magasiniers, sans pouvoir directement éditer les factures.

Dans cet exemple, les documents `commandes` sont liés aux emplacements de stockages adéquats depuis les documents d'entreposage afin de pouvoir baliser la facture de telle façon que les magasiniers n'aient besoin d'examiner qu'un unique document pour disposer de toutes les informations nécessaires.

Si `CleArticle` est un SKU (*Stock Keeping Unit* ou unité de stockage) ou tout autre ID reconnu par le donneur d'ordre et l'entrepôt, le document d'entreposage peut être balisé comme suit :

```
<?xml version="1.0" encoding="ISO-8859-1" ?>
<ArticleLocations
   xmlns:xlink="http://www.w3.org/1999/xlink"
   xlink:type="extended">
   <Articlelocation
      xlink:type="resource"
      xlink:label="location"
      CleArticle="13">
      R15L5
   </Articlelocation>
   <Article
      xlink:type="locator"
      xlink:href="acme.mfg.com/facture.xml#CleArticle(13)"
      xlink:label="Article" />
   <Articlelocation
       xlink:type="resource"
       xlink:label="location"
       CleArticle="14">
       R3L1
   </Articlelocation>
   <Article
      xlink:type="locator"
      xlink:href="acme.mfg.com/facture.xml#CleArticle(14)"
      xlink:label="Article" />
   <Articlelocation
      xlink:type="resource"
      xlink:label="location"
      CleArticle="15">
```

```
        R5L6
    </Articlelocation>
    <Article
        xlink:type="locator"
        xlink:href="acme.mfg.com/facture.xml#CleArticle(15)"
        xlink:label="Article" />
    <Articlelocation
        xlink:type="resource"
        xlink:label="location"
        CleArticle="16">
        R13L3
    </Articlelocation>
    <Article
        xlink:type="locator"
        xlink:href="acme.mfg.com/facture.xml#CleArticle(16)"
        xlink:label="Article" />
    <Articlelocation
        xlink:type="resource"
        xlink:label="location"
        CleArticle="17">
        R11L3
    </Articlelocation>
    <Article
        xlink:type="locator"
        xlink:href="acme.mfg.com/facture.xml#CleArticle(17)"
        xlink:label="Article" />
    <obtenirdetail
        xlink:type="arc"
        xlink:show="embed"
        xlink:actuate="onRequest"
        xlink:to="location"
        xlink:from="Article" />
</ArticleLocations>
```

Le document d'entreposage des articles a été déclaré comme lien étendu, si bien que tout élément enfant possédant des attributs XLink peut être compris comme affichant un certain comportement XLink. Ce document est générique et n'offre que deux informations, l'emplacement du casier et le nom du document XML à recevoir de l'application de commande. En tant qu'entrepôt, vous contrôlez ce document et pouvez modifier les informations qui y sont présentes. En revanche, vous ne voulez pas que les magasiniers voient ce document, mais plutôt les commandes entrantes. La déclaration `locator` :

```
<Article
    xlink:type="locator"
    xlink:href="acme.mfg.com/facture.xml#CleArticle(14)"
    xlink:label="Article" />
```

pointe vers le document principal. Ce `locator` possède la référence XPointer simplissime :

```
    xlink:href="acme.mfg.com/facture.xml#CleArticle(14)"
```

Celle-ci déclare : obtenez un ensemble de résultats de `facture.xml` pour lequel la valeur de `CleArticle` est 14. Cela renvoie une portion du document facture, plutôt que son intégralité. Il vous est ainsi possible de ne récupérer que les informations de stockage d'un article particulier, à afficher ici, au lieu d'afficher les emplacements de tous les articles. Vous en apprendrez plus sur XPointer dans le prochain chapitre, traitant d'autres techniques XML, ou dans le livre *Professional XML*[1], également chez Wrox Press (ISBN 18610031110).

Vous savez que `ch09_ex1.xml` doit être le document ressource de départ grâce à la déclaration `arc` :

```
<obtenirdetail
   xlink:type="arc"
   xlink:show="embed"
   xlink:actuate="onRequest"
   xlink:to="location" xlink:from="Article" />
```

Celle-ci montre que l'élément dont le libellé est Article doit être la ressource `xlink:from`. Ainsi, l'application compatible XLink est capable d'afficher vers l'utilisateur le document `facture.xml`, tout en pouvant fournir les informations de stockage incorporées dans le document si l'utilisateur le souhaite (probablement en cliquant sur un lien). Il est également délicat de dire comment une application va gérer les références spécifiques aux articles. Elle peut choisir de rassembler tous les liens simultanément à l'écran, puisqu'ils sont tous déclarés dans le même document, ou préférer s'en tenir à un affichage strictement unitaire. Dans ce dernier cas, il doit exister un quelconque mécanisme capable d'avertir l'application que l'utilisateur en a fini avec un lien et qu'elle doit préparer le suivant.

Les développeurs d'applications doivent soigeusement étudier comment il faut gérer le cas où une ressource locale contient plus d'une ressource distante comme ressource de début des liens contenus dans le document. Une solution possible consiste à n'afficher que le premier lien. De ce fait, il faut prendre garde à ne pas dépendre d'un second lien vers l'intérieur : dans la pratique, mieux vaut éviter de se trouver dans une telle situation.

Que s'est-il passé ici ? Vous possédez une source de données propre à l'entrepôt et vous avez effectué une relation avec des données provenant d'une tierce partie. Comme vous ne possédez de contrôle que sur votre document, il aurait été impossible de créer de tels liens en HTML. En outrez, il aurait fallu disposer soit d'un SGBDR à interroger pour les informations d'entreposage, soit traiter le document XML avant son affichage pour parvenir à un tel résultat.

Résumé

Ce chapitre démontre que XLink constitue un nouveau et puissant standard, permettant de réaliser des mécanismes de liaison dépassant largement les liens HTML unidirectionnels. L'élément multidirectionnel de lien étendu XLink permet de définir facilement des relations significatives entre documents. Alors que XLink s'approche du statut final de recommandation W3C, vous pouvez être certain que les développeurs de navigateurs vont intégrer ce puissant mécanisme de liaison. De simples ajouts à des documents existants ou de nouveaux documents de liaison peuvent être créés afin de tirer

[1] Note : ouvrage non disponible en français.

parti de XLink dans un laps de temps relativement court. Au moment même où vous parcourez cet ouvrage, certaines applications sont probablement disponibles. Essayez et appréciez !

Ressources complémentaires

Vous pouvez voir les récents efforts de Fujitsu en matière de XLink à l'adresse : http://www.fujitsu.co.jp/hypertext/free/xlp/en/sample.html.

Cette application utilise des linkbases sur un serveur spécial afin de créer des liens dans des documents en lecture seule. Il existe également une implémentation de serveur de liens étendus, conçue par Empolis UK et nommée X2X à l'adresse : http://www.empolis.co.uk/products/prod_X2X.asp.

Cette application de démonstration donne une idée de ce que peuvent faire des liens, bien que, pour le moment, ils ne fassent pas grand-chose. Elle ne prend pas en charge les DTD. Aucune de ces applications n'est une implémentation XLink complète, mais elles restent les meilleurs exemples disponibles et devraient être améliorées au fil du temps.

10

Autres techniques (XBase, XPointer, XInclude, XHTML, XForms)

Dans la première partie de ce livre, la plupart des rubriques concernaient directement XML 1.0 et son utilisation avec des bases de données. La seconde partie s'intéressait aux spécifications associées et à la façon dont elles se sont développées en leurs propres techniques. Comme cela a été signalé dans le chapitre précédent, XLink est un exemple de ce type de spécification, même si nous sommes toujours dans l'attente d'implémentations réelles. Ce chapitre a pour but de vous faire découvrir quelques-unes des autres techniques associées. La plupart d'entre elles ne manipulent pas directement les données d'une base de données, mais offrent différentes méthodes d'affichage des données.

- **XBase** : étaye les techniques de liaison en définissant les URL de base utilisé par les URL relatives. Il suffit donc de modifier l'URL de base pour « translater » une application ;
- **XPointer** : le langage de pointage XML, utilisé avec XLink, permettant de pointer vers un emplacement précis d'un document XML ;
- **XInclude** : une puissante méthode d'inclusion, pour éviter la réplication de données en plusieurs endroits ;
- **XHTML** : un standard existant appliquant la syntaxe XML à l'écriture de code HTML, garantissant ainsi que le document est bien formé et peut être traité par un processeur XML ;
- **XForms** : la prochaine génération de formulaires fondés sur XML.

XBase, XPointer et XInclude ne seront pas étudiés en détail car ils sont encore largement susceptibles d'évoluer. En revanche, exactement comme XLink, il reste capital de comprendre ce que vous pourrez faire pour exploiter la puissance qu'ils offrent. D'abord, comme il s'agit de techniques complémentaires, certains étendant des fonctions proposées par d'autres, il peut être délicat de bien percevoir les différences exactes ou le but précis de chacun. Ce chapitre va vous aider à répondre à de telles questions.

XHTML est la dernière mouture de HTML. Vous verrez combien et en quoi il diffère de HTML, et d'abord pourquoi ce dernier devait être amélioré.

XForms est la prochaine génération de formulaires web : son but est la création de structures de formulaires indépendantes de l'interface utilisateur finale. XForms y parvient en séparant l'interface utilisateur du modèle de données et de la couche logique. Cela signifie que XForms se divise en trois couches distinctes, constituant un moyen d'échanger des données entre un client et une base de données.

Nous allons commencer par explorer les possibilités de XBase.

XBase

Comme nous l'avons appris dans le chapitre précédent, XLink est le langage de liaison XML permettant de décrire des liens entre des ressources. Celles-ci peuvent être des documents XML, des objets données, une liste de liens HTML ou toute source de données à exposer à une autre technique. Une des exigences définies par le groupe de travail XLink du W3C (à l'origine de la création du standard XLink) est la prise en charge de la construction de liaison HTML. Cela a eu ses partisans et ses opposants, mais permet d'utiliser une construction de type Base similaire à l'élément HTML `<BASE>`. Cette version XML se nomme XBase.

> *Au moment de la rédaction de ce livre, XBase est à l'état de candidat à recommandation, si bien qu'il est temps de faire part de vos opinions sur cette technique* via *le site web du W3C (http://www.w3.org/XML/Linking). Dans la mesure où XBase va probablement encore évoluer, il est actuellement peu pris en charge.*

En HTML, l'élément `<BASE>` est placé dans l'élément `<HEAD>` et définit l'URL de base, soit l'emplacement original du document. Si `<BASE>` est présent, l'URL qu'il spécifie sert à créer des adresses absolues pour les adresses relatives. Cela signifie que lorsqu'un document est déplacé, il suffit de modifier l'URL dans l'élément `<BASE>`, et tous les liens relatifs fonctionneront encore (les liens ne comprenant pas le chemin complet du serveur ou du répertoire, cela parce que l'URL de base est définie comme étant l'URL nouvelle et active du document).

Nous déclarons en HTML un élément `<BASE>` comme suit :

```
<BASE HREF="http://monserveur.org/danscedossier/nomfichier.html">
```

Ainsi, lorsque nous utilisons un lien comme celui-ci dans un document HTML :

```
<A HREF="#section2">
```

celui-ci se résout en http://monserveur.org/danscedossier/nomfichier.html#section2.

XBase offre une fonctionnalité similaire dans un unique attribut `xml:base`. Cette simplicité apporte la souplesse. Il peut être utilisé en combinaison avec XLink, afin de spécifier l'URI de base comme quelque chose d'autre que celui du document. Par exemple, si vous voulez résoudre un lien vers plusieurs ressources différentes, inclure des images, des données objets et des documents XML, vous pouvez spécifier un URI relatif en utilisant `xml:base` pour définir l'URI de base de la ressource.

Regardez comme cela est simple, en examinant cette liste de liens XLink :

```
<?xml version="1.0" encoding="ISO-8859-1" ?>
<EmplacementsArticle xml:base="http://acme.mfg.com/facture.xml/"
   xmlns:xlink="http://www.w3.org/1999/xlink"
   xlink:type="extended">
   <emplacementArticle xlink:type="ressource"
      xlink:label="emplacement"
      CleArticle="13">
      R15L5
   </emplacementArticle>
   <Article xlink:type="Dispositifdelocalisation"
      xlink:href="#CleArticle(13)"
      xlink:label="Article" />
   <emplacementArticle xlink:type="ressource"
      xlink:label="emplacement"
      CleArticle="14">
      R3L1
   </emplacementArticle>
   <Article xlink:type="Dispositifdelocalisation"
      xlink:href="#CleArticle(14)"
      xlink:label="Article" />
   <emplacementArticle xlink:type="ressource"
      xlink:label="emplacement"
      CleArticle="15">
      R5L6
   </emplacementArticle>
   <Article xlink:type="Dispositifdelocalisation"
      xlink:href="#CleArticle(15)"
      xlink:label="Article"/>
   <emplacementArticle xlink:type="ressource"
      xlink:label="emplacement"
      CleArticle="16">R13L3</emplacementArticle>
    <Article xlink:type="Dispositifdelocalisation"
       xlink:href="#CleArticle(16)"
       xlink:label="Article"/>
   <emplacementArticle xlink:type="ressource"
      xlink:label="emplacement"
      CleArticle="17">
      R11L3
   </emplacementArticle>
   <Article xlink:type="Dispositifdelocalisation"
      xlink:href="#CleArticle(17)"
      xlink:label="Article"/>
   <obtenirdetail xlink:type="arc"
      xlink:show="embed"
      xlink:actuate="onRequest"
      xlink:to="emplacement"
      xlink:from="Article"/>
</EmplacementsArticles>
```

Cela est presque identique à l'un des exemples du chapitre précédent, à quelques modifications près. L'URI complet n'est plus spécifié comme ressource. Avant, le XLink était déclaré comme suit :

```
<Article
   xlink:type="Dispositifdelocalisation"
   xlink:href="acme.mfg.com/facture.xml#CleArticle(17)"
   xlink:label="Article" />
```

Dans ce nouvel exemple, l'attribut XML `xml:base` est utilisé pour identifier l'URI racine ou de base :

```
xml:base="http://acme.mfg.com/facture.xml/"
```

Remarquez le / final. Il est indispensable avec XLink, mais pas avec HTML. Cela permet au nouveau XLink :

```
xlink:href="#CleArticle(17)"
```

de se résoudre en http://acme.mfg.com/facture.xml# CleArticle (17). C'est le cœur de XBase.

XBase « avancé »

Vous avez vu le concept sous-jacent à XBase, qui ne comprend guère de choses supplémentaires. Vous pouvez cependant définir plusieurs URI de base.

Dans le dernier exemple, tous les URI se résolvaient sur le même fichier, `facture.xml`, situé dans http://acme.mfg.com. Si cependant vous vouliez également fournir des liens vers d'autres documents, vous pouvez avoir recours à l'imbrication pour y parvenir.

Par exemple, imaginez que le chemin vers votre document XML pour le service fabrication d'ACME est http://acme.mfg.com/fabrication, et que vous vouliez également ajouter des liens se résolvant en http://acme.mfg.com/approvisionnement, où se trouve un document hypothétique XML pour le service approvisionnement d'ACME. Vous pourriez faire quelque chose comme cela :

```
<?xml version="1.0" encoding="ISO-8859-1" ?>
<EmplacementArticles xml:base="http://acme.mfg.com"
   xmlns:xlink="http://www.w3.org/1999/xlink"
   xlink:type="extended">
   <emplacementArticle xlink:type="ressource"
      xlink:label="emplacement"
      CleArticle="13">R15L5</emplacementArticle>
<facturesociete idsociete="1"
   xml:base="/fabrication/">
   <Article xlink:type="Dispositifdelocalisation"
      xlink:href="facture.xml#CleArticle(13)"
      xlink:label="Article"/>
...
   <obtenirdetail xlink:type="arc"
      xlink:show="embed"
      xlink:actuate="onRequest"
      xlink:to="emplacement"
      xlink:from="Article"/>
</facturesociete>
<facturesociete idsociete="2" xml:base="/approvisionnement/">
   <emplacementArticle xlink:type="ressource"
```

```
         xlink:label="emplacement"
         CleArticle="16">R13L3</emplacementArticle>
      <Article xlink:type="Dispositifdelocalisation"
         xlink:href="facture.xml#CleArticle(16)"
         xlink:label="Article"/>
      <emplacementArticle xlink:type="ressource"
         xlink:label="emplacement"
         CleArticle="17">R11L3</emplacementArticle>
      <Article xlink:type="Dispositifdelocalisation"
         xlink:href="facture.xml#CleArticle(17)"
         xlink:label="Article"/>
      <obtenirdetail xlink:type="arc"
         xlink:show="embed"
         xlink:actuate="onRequest"
         xlink:to="emplacement"
         xlink:from="Article"/>
   </facturesociete>
   </EmplacementArticles>
```

L'exemple a subi quelques modifications, donc mieux vaut examiner successivement ce qui se passe.

La base du document fait référence à http://acme.mfg.com, qui est la base parent incorporée dans l'élément parent du contenu du document :

```
<EmplacementsArticle xml:base="http://acme.mfg.com"
   xmlns:xlink="http://www.w3.org/1999/xlink"
   xlink:type="extended">
```

Tous les autres éléments enfants faisant référence à XBase se résolvent alors en une extension de la base parent. Des bases enfants ont été ajoutées dans les éléments `<facturesociete>`. Dans le premier de ceux-ci, vous pointez vers le service fabrication :

```
<facturesociete idsociete="1" xml:base="/fabrication/">
<Article xlink:type="Dispositifdelocalisation"
      xlink:href="facture.xml#CleArticle(13)"
      xlink:label="Article"/>
```

Cette adresse se résout en http://acme.mfg.com/fabrication/facture.xml#CleArticle (13).

Dans le second élément `<facturesociete>`, l'adresse se résout en revanche en http://acme.mfg.com/approvisionnement/facture.xml#CleArticle (16) :

```
<facturesociete idsociete="2" xml:base="/approvisionnement/">
   <emplacementArticle xlink:type="ressource"
      xlink:label="emplacement"
      CleArticle="16">R13L3</emplacementArticle>
```

Il existe quelques règles simples à suivre lors de l'utilisation de XBase.

Déterminer l'URI de base et les URI relatifs

Dans un document XML, la valeur d'un URI relatif est déterminé par rapport à un élément, ou au document : la granularité ne descend pas en dessous du niveau élément.

La recommandation W3C spécifie les règles suivantes gouvernant la façon dont l'URI de base d'un élément est déterminé :

1. Si l'attribut `xml:base` est spécifié dans l'élément, il s'agit de l'URI de base de l'élément.
2. Si l'attribut `xml:base` n'est pas spécifié dans l'élément lui-même, mais que celui-ci possède un élément parent doté d'un attribut `xml:base`, l'élément prend l'URI de base de son ancêtre.
3. Si l'attribut `xml:base` n'est pas spécifié, l'URI de base est l'URI utilisé pour récupérer le document XML (ou, avec XLink ou XPointer, sur lequel vous reviendrez sous peu, l'URI depuis lequel sont récupérées les données).

Par exemple, dans le premier exemple, l'élément `Article` ne possède pas d'attribut `xml:base` spécifié :

```
<Article xlink:type="Dispositifdelocalisation"
      xlink:href="#CleArticle(13)"
      xlink:label="Article" />
```

Conformément à la règle 2, il prend alors l'URI de base de son parent `emplacementsArticle` :

```
<emplacementsArticle xml:base="http://acme.mfg.com/facture.xml/"
```

Les URI relatifs sont alors résolus selon leur URI de base correspondant comme suit :

1. Si la référence d'URI relatif apparaît dans un contenu texte, l'URI de base est celui de l'élément contenant le texte.
2. Si la référence d'URI relatif apparaît dans l'attribut `xml:base` d'un élément, l'URI de base est celui du parent de cet élément. Si aucun URI de base n'est spécifié pour le parent, l'URI de base est celui du document contenant l'élément.
3. Si la référence d'URI relatif apparaît dans toute autre valeur d'attribut (y compris une valeur d'attribut par défaut), l'URI de base est celui de l'élément doté de cet attribut.
4. Si la référence d'URI relatif apparaît dans une instruction de traitement, l'URI de base est celui de l'élément parent de l'instruction de traitement. S'il n'y en a pas, c'est l'URI de base du document qui est utilisé.

Si bien que dans le second exemple, où un URI relatif est spécifié dans l'attribut `xml:base` de l'élément `facturesociete` :

```
<facturesociete idsociete="2" xml:base="/approvisionnement/">
```

l'URI de base est celui de l'élément parent, `emplacementsArticle` :

```
<emplacementsArticle  xml:base="http://acme.mfg.com"
```

Résumé sur XBase

Comme vous l'avez vu, XBase est d'une grande simplicité. Il sert à répondre à l'exigence du W3C selon laquelle les liens XML doivent prendre en charge les fonctionnalités offertes par les constructions de liens HTML 4.0, et il peut se révéler très utile en dépit de sa simplicité. Vous avez également vu comment spécifier plusieurs documents de base et comment l'imbrication peut fournir une grande souplesse quant à l'endroit où pointent les liens.

Au moment de la rédaction de cet ouvrage, XBase est une recommandation pouvant être sujette à modification. Les détails de son implémentation ne sont forcément qu'esquissés, mais gardez un œil sur le site W3C pour les dernières mises à jour (http://www.w3.org/XML/Linking et http://www.w3.org/TR/xmlbase).

XBase s'utilise préférentiellement en combinaison avec XPointer et XLink. Le chapitre précédent présentait XLink, mais à quoi sert donc XPointer ?

XPointer

XPointer étend XPath et peut être utilisé en combinaison avec XLink. Il permet l'identification de données spécifiques dans une ressource décrite par un XLink.

Imaginez que vous disposiez d'un ensemble de très gros documents XML, par exemple la totalité d'une facturation annuelle, chaque document comportant l'ensemble des factures d'un mois. Si vous souhaitez extraire des factures individuelles de l'enregistrement mensuel, vous pouvez souhaiter ne pas traiter la totalité du document. XLink permet de spécifier le document renfermant les factures d'un mois donné. XPath va un peu plus loin en permettant de pointer vers l'instance spécifique de la facture (ou vers toute autre partie du document) recherchée, si bien qu'une application peut alors la récupérer.

XPointer fonctionne en étendant la syntaxe de XPath. Le pouvoir de XPointer réside dans le fait que vous pouvez l'utiliser pour récupérer des données à une échelle quelconque dans un document : la totalité de celui-ci, les éléments, des sections de données textuelles ou toute partie valide d'une entité XML. Il n'est même pas obligatoire de récupérer l'intégralité d'un nœud : vous pouvez, par exemple, sélectionner uniquement les quelques premiers caractères d'un nœud de texte ou les quelques derniers caractères du nœud de texte d'un élément et les quelques premiers caractères du nœud de texte de l'élément suivant.

XPath a été créé afin d'être utilisé à la fois pour les liaisons et avec XSLT.

Remarquez que XPointer ne fonctionne qu'avec des ressources de type MIME `text/xml` ou `application/xml`.

La spécification XPointer permettra également aux documents de s'identifier eux-mêmes, et permettra un adressage alternatif de langages comme SVG ou SMIL. Rappelez-vous que XPointer pointe simplement ou expose une cible.

État de la technique

Au moment de l'écriture du livre, XPointer est au stade de « candidat à recommandation ». Pour examiner la spécification complète et les derniers détails sur l'évolution de cette technique, consultez http://www.w3.org/XML/Linking et http://www.w3.org/TR/xptr.

Voici les implémentations actuelles de XPointer, telles qu'énumérées par le W3C :

- Fujitsu XLink Processor : une implémentation de XLink et de XPointer, développée par Fujitsu Laboratories Ltd (http://www.fujitsu.co.jp/hypertext/free/xlp/en/index.html) ;
- libxml : la bibliothèque XML Gnome possède un implémentation beta de XPointer, prenant en charge la totalité de la syntaxe, bien que tous les aspects ne soient pas couverts (http://xmlsoft.org/) ;
- 4XPointer : un processeur XPointer écrit en Python par Fourthought, Inc (http://fourthought.com/4Suite/4XPointer/).

Positions et cibles

XPointer permet d'examiner la structure interne de données XML, appelant ces détails internes **ensembles de positions**. Plus spécifiquement, il définit comment exposer un document XML pour obtenir des **cibles** (des éléments, des chaînes de caractères et toute autre partie d'un document XML) qu'elles possèdent ou non un attribut ID explicite.

Alors que l'utilisation d'attributs ID en XML est souhaitable, cela n'est pas obligatoire. Bien sûr, les cibles souhaitées peuvent être récupérées à l'aide du DOM ou de SAX, mais que faire si la cible souhaitée est un morceau de données, comme cette facture spécifique située dans un document XML ? Il serait superflu d'effectuer une liaison avec le document XML, de le charger, puis de parcourir le DOM jusqu'au nœud spécifique ou à la cible que vous voulez exposer.

En exprimant cela dans le jargon classique des SGBDR, imaginez utiliser une API pour ouvrir un système de bases de données, d'ouvrir par programmation une base de données, de sélectionner ensuite tous les champs avant d'arriver finalement à l'élément de données recherché. Dans la pratique, vous vous contentez d'écrire une requête. Par exemple, si vous voulez rechercher dans la base de données utilisée dans le chapitre précédent, vous procéderiez à peu près comme cela :

```
SELECT ArticleFacture FROM facture WHERE CleFacture = 187
```

À l'aide de XPath, vous pouvez effectuer ce type de requête avec XPointer.

Rappelez-vous que XPointer n'effectue pas une requête dans un document, mais pointe simplement à l'intérieur de celui-ci.

Identificateurs utilisant XPointer et XLink

La spécification W3C définit comment les identificateurs, nommés **identificateurs de fragment**, peuvent être utilisés pour pointer vers des cibles situées dans des documents XML ou dans toute entité XML valide. La spécification est complexe, mais permet le genre de souplesse qui devrait à l'avenir vraiment générer de la créativité dans l'utilisation de XPointer.

Comme vous allez le voir, il existe trois types d'identificateurs de fragment :

- Forme complète ;
- Noms abrégés ;
- Listes d'enfants.

Regardez cet exemple, fondé sur un des exemples du chapitre précédent et utilisant le document `Commandes.xml` situé dans http://www.commandes.com/commandes/ :

```
<COMMANDES>
...
   <Facture CleFacture="187">
      <ArticleFacture CleArticle="13"/>
      <ArticleFacture CleArticle="14"/>
  </Facture>
  <Facture CleFacture="188">
      <ArticleFacture CleArticle="13"/>
  </Facture>
...
  </COMMANDES>
```

Nous allons voir comment nous pouvons pointer vers une section de ce document en utilisant les différents types d'identificateurs de fragment.

Forme complète

Ce document comporte plusieurs factures. Si la cible souhaitée est l'information de facture identifiée par une valeur de `CleFacture` de `187`, vous pouvez pointer vers cette information, ainsi que ses éléments enfants, et ignorer le reste du document.

Dans le premier exemple, un identificateur de fragment de **forme complète** (*full form*) est utilisé pour cibler la partie du document recherchée. Pour pointer vers la facture dont la clé est `187`, vous devez ajouter dans le document XML de référence quelque chose comme cela :

```
xlink:href =

"http://www.commandes.com/commandes/commandes.xml#xpointer(CleFacture("187"))"
```

Cette forme d'adresse débute par le nom de schéma `xpointer`, suivi d'une expression identifiant la cible. Ici, la cible est `CleFacture ("187")`. Vous pouvez utiliser cela dans votre XML pratiquement de la même façon que vous vous serviriez d'attributs ordinaires `xlink:href` : la seule différence est que vous pointez ici vers une section spécifique du document `commandes.xml`.

Noms abrégés

Vous pouvez également pointer vers la facture dont la valeur de `CleFacture` est `187` en utilisant un identificateur de fragment **nom abrégé (*bare name*)**. Pour ce faire, écrivez simplement :

```
xlink:href = "http://www.commandes.com/commandes/commandes.xml#187"
```

Ici, seul l'identifiant `187` est utilisé. Il s'est délesté de son habillage Xpointer, pour adopter une forme abrégée. L'idée sous-jacente aux noms abrégés est qu'ils encouragent l'utilisation d'ID uniques et explicites (si bien que, dans cet exemple, `CleFacture` doit avoir été déclaré comme type de donnée ID dans le schéma).

En revanche, l'utilisation de noms abrégés à la place de la forme complète rend le code moins lisible, si bien que, pour conserver une clarté optimale, il vaut mieux les éviter.

Listes d'enfants

L'identificateur de fragment de **liste d'enfant (*child sequence*)** est souvent appelé **identifiant basculant (*tumbler identifier*)**. Ces identificateurs permettent de basculer dans un arbre cible, un peu comme le parcours du DOM. Examinez à nouveau les données exemple :

```
<COMMANDES>
   <Facture CleFacture="187">
      <ArticleFacture CleArticle="13"/>
      <ArticleFacture CleArticle="14"/>
   </Facture>
   <Facture CleFacture="188">
      <ArticleFacture CleArticle="13"/>
   </Facture>
   <Facture CleFacture="189">
      <ArticleFacture CleArticle="11"/>
   </Facture>
</COMMANDES>
```

Si la cible recherchée est un point unique, nommé **singleton**, vous pouvez pointer vers lui à l'aide de l'identificateur de fragment de liste d'enfant suivant. Regardez le cas pour le `ArticleFacture` unique de la facture dont la valeur de `CleFacture` est `189` :

```
xlink:href = "http://www.commandes.com/commandes/commandes.xml#1/3/1"
```

Cela n'est pas aussi bizarre que cela puisse sembler, puisque cette instruction indique le numéro de la position de l'élément. Regardez ce qui se passe en décomposant les opérations :

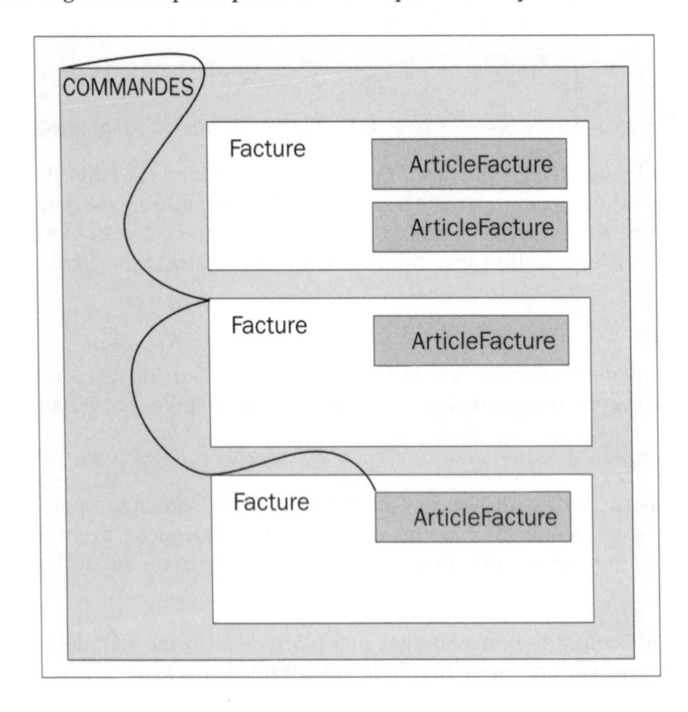

`#1/3/1` est utilisé comme identificateur de fragment parce que vous devez :

1. Atteindre le premier élément `<COMMANDES>` (d'où le premier `1` de `#1/3/1`)
2. Atteindre ensuite le troisième élément enfant de `COMMANDES`, `<Facture CleFacture ="189">` (d'où le `3`).
3. Allez ensuite au premier élément enfant de l'élément courant, `<ArticleFacture CleArticle="11"/>` (d'où le `1`).

Extensions de XPath

Le dernier exemple exposait une unique cible ou **point**. Un point peut être toute partie valide d'une entité XML. C'est particulièrement pratique pour pointer vers un élément de donnée particulier, mais il peut également être nécessaire de définir une région de contenu n'étant pas clairement imbriquée dans un élément précis. Par exemple, vous pouvez souhaiter une sélection d'éléments appartenant à un groupe situé au même niveau d'un élément parent. En ce cas, vous utilisez un ensemble de points pour définir une **région.**

Points

> **Un** point **est un simple indicateur situé dans le document XML. Il est défini à l'aide des expressions XPointer habituelles.**

Deux sortes d'informations sont nécessaires pour définir un point : un **nœud conteneur** et un **index**. Les points sont situés entre des morceaux de document XML, c'est-à-dire entre deux éléments ou deux caractères dans une section CDATA. Le point se réfère à des caractères ou à des éléments en fonction de la nature du nœud conteneur. Un index égal à zéro indique le point situé avant les nœuds enfants et un index *n* différent de zéro représente le point situé immédiatement après le énième nœud enfant. Ainsi, un index de 5 indique le point après le cinquième nœud enfant.

Si le nœud conteneur est un élément (ou la racine du document), l'index représente alors les éléments enfants et le point s'appelle un **point-nœud**. Dans le schéma ci-dessous, le nœud conteneur est l'élément `<nom>`, et l'index est égal à 2. Par conséquent, le point indique une marque après le deuxième élément enfant de `<nom>`, soit l'élément `<prenom2>` :

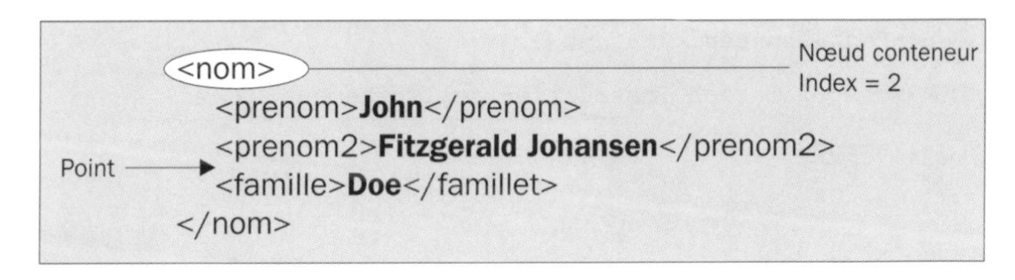

L'expression XPointer serait alors :

```
#xpointer(/nom[2])
```

Si le type de nœud du conteneur est différent, l'index se réfère aux caractères de la chaîne de ce nœud et le point s'appelle un **point-caractère** Dans le schéma suivant, le nœud conteneur est le PCDATA enfant de `<prenom2>` et l'index est égal à 2 ; il indique un point après le `i` et juste avant le `t` de `Fitzgerald` :

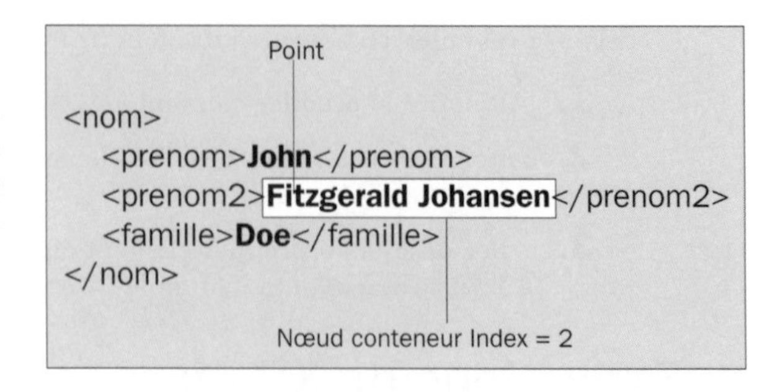
Point
<nom>
<prenom>John</prenom>
<prenom2>Fitzgerald Johansen</prenom2>
<famille>Doe</famille>
</nom>
Nœud conteneur Index = 2

L'expression XPointer serait alors :

```
#xpointer(/nom/prenom2/text()[2])
```

Régions

> **Une** région **est définie par deux points (un** point de début **et un** point de fin**) et elle comprend toute la structure et le contenu XML se trouvant entre ces deux points.**

Les points de début et de fin doivent se trouver tous les deux dans le même document. S'ils ont la même valeur, la région est dite **région vide**. Cependant, une région ne peut pas avoir un point de début situé *après* le point de fin dans un document.

Si le nœud conteneur de l'un des deux points est différent d'un nœud d'élément, d'un nœud texte ou d'un nœud racine du document, le nœud conteneur de l'autre point doit être identique. Par exemple, la région suivante est valide puisque le point de début et le point de fin se trouvent dans la même IT :

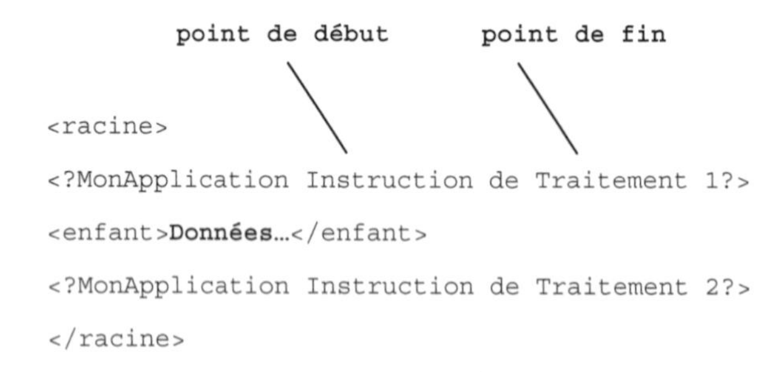
point de début
point de fin
<racine>
<?MonApplication Instruction de Traitement 1?>
<enfant>Données...</enfant>
<?MonApplication Instruction de Traitement 2?>
</racine>

Celle-ci, en revanche, n'est pas valide puisque le point de début et le point de fin sont situés dans des IT différentes :

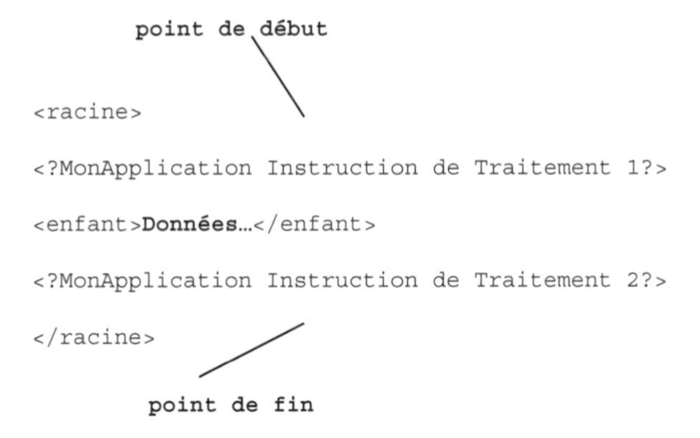
point de début
<racine>
<?MonApplication Instruction de Traitement 1?>
<enfant>Données...</enfant>
<?MonApplication Instruction de Traitement 2?>
</racine>
point de fin

Le concept de région est la raison pour laquelle les nœuds et les ensembles de nœuds, utilisés sous XPath, demeurent insuffisants pour Xpointer. Les informations contenues dans une région devraient inclure uniquement des parties de nœuds, ce que ne permet pas XPath.

Comment sélectionner des régions ?

XPointer ajoute le mot-clé `to`, pouvant être inséré dans les expressions Xpointer, afin de préciser une région. Il est utilisé comme suit :

```
xpointer(/commande/nom to /commande/Article)
```

Une région est sélectionnée, dans laquelle le point de début se trouve juste avant l'élément `<nom>` et le point de fin juste après l'élément `<Article>` :

```
                    <?xml version="1.0" encoding="ISO-8859-1?"?>
                    <commande>
Point de début ——►    <nom>
                        <prenom>John</prenom>
                        <prenom2 />
                        <famille>Doe</famille>
                      </nom>
                      <article>boulon1</article>
Point de fin ————►    <quantité>16</quantité>
                      <date>
                        <m>1</m>
                        <j>1</j>
                        <a>2000</a>
                      </date>
                      <client>Sally Finkelstein</client>
                    </commande>
```

Autrement dit, les éléments <nom> et <Article> appartiennent tous les deux à cette région, unique membre de l'ensemble de positions.

En revenant à l'exemple de facture précédent, vous pouvez pointer vers les données situées dans cette région pour lesquelles les valeurs de l'élément CleArticle sont comprises entre 11 et 14. Vous pourriez penser à une requête SQL comme :

```
SELECT * FROM ArticlesFacture WHERE CleArticle between 11 AND 14
```

L'équivalent XPointer utilisant un identificateur de forme complète serait :

```
#xpointer(CleArticle(11 to 14))
```

Cela permet de pointer uniquement sur les données du document de <CleArticle="11"> à <CleArticle="14">..

Régions dotées de plusieurs positions

Il est très facile de comprendre comment les expressions situées de chaque côté du mot-clé to renvoient une position unique, mais qu'en est-il des expressions qui renvoient plusieurs positions à leur ensemble de positions ? Les choses se compliquent un peu. Analysons l'exemple XML suivant :

```
<gens>
  <personne nom="John">
    <telephone>(555)555-1212</telephone>
    <telephone>(555)555-1213</telephone>
  </personne>
  <personne nom="David">
    <telephone>(555)555-1214</telephone>
  </personne>
  <personne nom="Andrea">
    <telephone>(555)555-1215</telephone>
    <telephone>(555)555-1216</telephone>
    <telephone>(555)555-1217</telephone>
  </personne>
  <personne nom="Ify">
    <telephone>(555)555-1218</telephone>
    <telephone>(555)555-1219</telephone>
  </personne>
<!-- d'autres personnes à venir -->
</gens>
```

Nous disposons d'une liste de personnes et chacune d'entre elles peut avoir un ou plusieurs numéros de téléphone. Considérons l'expression XPointer suivante :

```
xpointer(//personne to telephone[1])
```

Comme vous pouvez le constater, la première expression renvoie plusieurs éléments <personne>, et la deuxième renvoie le premier élément <telephone>. XPointer procède alors de la façon suivante :

1. Il évalue l'expression située à gauche du mot-clé to et enregistre l'ensemble de positions renvoyées. Dans le cas présent, le jeu de positions est celui de tous les éléments <personne>.

```
<personne nom="John"/>
<personne nom="David"/>
<personne nom="Andrea"/>
<personne nom="Ify"/>
```

2. À l'aide de la première position de cet ensemble utilisée comme position de contexte, XPath analyse ensuite l'expression située à la droite du mot-clé to. Ici, il sélectionnera le premier <telephone> enfant du premier élément <personne> dans le jeu de positions situées à gauche.

```
<personne nom="John"/>——<telephone>(555)555-1212</telephone>
<personne nom="David"/>
<personne nom="Andrea"/>
<personne nom="Ify"/>
```

Pour chaque position de ce deuxième ensemble, XPointer ajoute une région au résultat, le point de début se trouvant au début de la position du premier jeu et le point de fin à la fin de la position du deuxième jeu. Dans cet exemple, une seule région est créée, puisque la deuxième expression n'a renvoyé qu'une seule position.

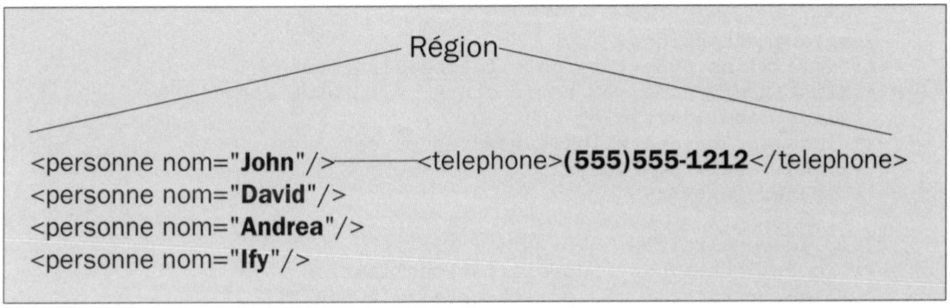

```
                         Région
<personne nom="John"/>——<telephone>(555)555-1212</telephone>
<personne nom="David"/>
<personne nom="Andrea"/>
<personne nom="Ify"/>
```

3. Les étapes 2 et 3 sont ensuite répétées pour chaque position du premier ensemble, toutes les régions supplémentaires étant ajoutées au résultat. Ainsi, conséquence de l'expression XPointer ci-dessus, nous obtenons les parties sélectionnées dans notre document XML comme suit :

```
<personne nom="John">
    <telephone>(555)555-1212</telephone>
  <personne nom="David">
    <telephone>(555)555-1214</telephone>
  <personne nom="Andrea">
    <telephone>(555)555-1215</telephone>
  <personne nom="Ify">
    <telephone>(555)555-1218</telephone>
```

Effectuer des requêtes avec XPointer

Jusque-là, vous avez déclaré explicitement la cible recherchée et utilisé un identificateur de fragment pour exposer la cible. La souplesse de la spécification permet cependant d'utiliser d'autres méthodes pour déclarer une cible.

Par exemple, vous pouvez identifier de façon dynamique les données à l'aide de XLink, puis effectuer une requête sur cet ensemble de données en utilisant XML Query pour exposer la cible. Examinez un exemple, encore repris du chapitre précédent :

```
<?xml version="1.0" encoding="ISO-8859-1" ?>
<EmplacementsArticle xmlns:xlink="http://www.w3.org/1999/xlink"
   xlink:type="extended">
   <emplacementArticle xlink:type="ressource"
      xlink:label="emplacement"
      CleArticle="13">
      R15L5
   </emplacementArticle>
   <Article xlink:type="Dispositifdelocalisation"
      xlink:href="acme.mfg.com/facture.xml#CleArticle(13)"
      xlink:label="Article"/>
   <emplacementArticle xlink:type="ressource"
      xlink:label="emplacement"
      CleArticle="14">
      R3L1
   </emplacementArticle>
   <Article xlink:type="Dispositifdelocalisation"
      xlink:href="acme.mfg.com/facture.xml#CleArticle(14)"
      xlink:label="Article"/>
   <emplacementArticle xlink:type="ressource"
      xlink:label="emplacement"
      CleArticle="15">
      R5L6
   </emplacementArticle>
   <Article xlink:type="Dispositifdelocalisation"
      xlink:href="acme.mfg.com/facture.xml#CleArticle(15)"
      xlink:label="Article"/>
   <emplacementArticle xlink:type="ressource"
      xlink:label="emplacement"
      CleArticle="16">
      R13L3
   </emplacementArticle>
   <Article xlink:type="Dispositifdelocalisation"
      xlink:href="acme.mfg.com/facture.xml#CleArticle(16)"
      xlink:label="Article"/>
   <emplacementArticle xlink:type="ressource"
      xlink:label="emplacement"
      CleArticle="17">
      R11L3
   </emplacementArticle>
   <Article xlink:type="Dispositifdelocalisation"
      xlink:href="acme.mfg.com/facture.xml#CleArticle(17)"
      xlink:label="Article"/>
   <obtenirdetail xlink:type="arc"
      xlink:show="embed"
      xlink:actuate="onRequest"
```

```
        xlink:to="emplacement"
        xlink:from="Article"/>
</EmplacementsArticle>
```

L'ensemble de positions ressemblerait à quelque chose de voisin de l'exemple XML précédent :

```
<COMMANDES>
   <Facture CleFacture="187">
      <ArticleFacture CleArticle="13"/>
      <ArticleFacture CleArticle="14"/>
   </Facture>
   <Facture CleFacture="188">
      <ArticleFacture CleArticle="13"/>
   </Facture>
   <Facture CleFacture="189">
      <ArticleFacture CleArticle="11"/>
   </Facture>
</COMMANDES>
```

Vous identifiez explicitement les cibles dans le lien, de façon très similaire à un pointeur HTML pointer. Examinez le premier XLink :

```
<Article xlink:type="Dispositifdelocalisation"
   xlink:href="acme.mfg.com/facture.xml#CleArticle(14)"
   xlink:label="Article"/>
```

Vous utilisez le lien `acme.mfg.com/facture.xml` pour obtenir l'ensemble de positions. En ajoutant le XPointer `(#CleArticle (14))` au XLink, vous exposez le `ArticleFacture` cible.

Que se passe-t-il s'il est impossible de déclarer explicitement l'identificateur ? Avec un peu de créativité et la souplesse de la spécification, vous pouvez combiner les techniques et utiliser XML Query pour identifier la cible :

```
xlink:type="Dispositifdelocalisation"
xlink:href="acme.mfg.com/facture.xml#xpointer(//facture.CleFacture="187")
```

pour pointer vers la donnée dont `CleFacture` possède une valeur de 187. Il ne s'agit là que d'un exemple des nombreuses utilisations de XPointer qui devraient voir le jour.

Autres notions

Comme cela a été mentionné auparavant, la spécification du W3C concernant XPointer est aussi longue que complexe (peut-être même trop), mais elle présente certaines utilisations intéressantes de cette technique. Examinez-en quelques-unes.

Fonctions d'extension XPointer à XPath

Pour traiter ces nouveaux concepts, XPointer ajoute des fonctions à celles de XPath. Nous ne les étudierons pas en détail ici, mais vous en trouverez ci-après de brèves descriptions.

Fonctions relatives aux régions

Comme vous l'avez découvert, les régions peuvent être extrêmement puissantes et la technique en tient compte à l'aide de plusieurs fonctions :

Fonction	Description
Ensemble-de-positions `range-to` (*expression*)	Renvoie une région pour chaque position de l'*ensemble-de-positions*. Le point de départ de la région est le début de la position de contexte et le point de fin de la région est la fin de la position trouvée par l'évaluation de l'argument *expression* en respectant cette position de contexte. Par exemple : `XPointer(CleArticle("11")/range-to(CleArticle("14")))`
ensemble-de-positions `string-range` (*ensemble-de-positions*, *chaîne*, *position*, *nombre*)	`Une version plus formelle de range-to`, renvoyant un ensemble de sous-chaînes, correspondant à l'argument *chaîne*. Ainsi : `string-range(/,"!",1,2)[5]` sélectionne le cinquième point d'exclamation de tout nœud texte du document, ainsi que le caractère qui le suit immédiatement. *position* est la position du premier caractère à retenir dans la région résultante, relative au début de la correspondance. La valeur par défaut 1 fait démarrer la région immédiatement avant le premier caractère de la chaîne identifiée. *nombre* est le nombre de caractères de la région. Par défaut, la région s'étend jusqu'à la fin de la chaîne identifiée.
Ensemble-de-positions `range`(*ensemble-de-positions*)	Le résultat renvoie une région couvrant les positions de l'argument ensemble de positions.
ensemble-de-positions `range-inside` (*ensemble-de-positions*)	Cette fonction renvoie des régions couvrant le contenu des positions de l'argument. Elle diffère de `range` dans la mesure où la région créée pour chaque position ne concerne que le *contenu* de celle-ci, et non sa totalité.

Autres fonctions

Fonction	Description
`start-point()` & `end-point()`	Ces fonctions ajoutent une position de type point à l'ensemble de positions résultat. Ainsi, la fonction `start-point()` considère un ensemble de positions comme un paramètre et renvoie un jeu de positions contenant les points de début de toutes les positions de ce même jeu. Par exemple, `start-point(//enfant[1])` renvoie le point de début du premier élément `<enfant>` du document, et `start-point(//enfant)` renvoie un jeu contenant les points de début de tous les éléments `<enfant>` de ce document. La fonction `end-point()` travaille exactement de la même manière, mais elle renvoie des points de fin.
`here()`	La fonction `here()` renvoie l'élément qui contient l'expression XPointer. Par conséquent, si nous définissons une expression XPointer qui pointe vers une partie précise d'un document XML, `here()` renvoie l'élément contenant cette partie, comme ensemble de positions doté d'un seul membre.
`origin()`	Cette fonction permet d'activer des adresses relatives à des liens hors ligne, comme vous les avez découverts dans le chapitre précédent traitant de XLink. La fonction `origin()` renvoie l'élément à partir duquel un utilisateur ou un programme a traversé le lien.
`unique()`	Renvoie `true` si et seulement si la taille de la position est égale à 1. Cela ressemble beaucoup au mot-clé SQL `Unique`, à ceci près qu'il renvoie `true` si la taille de contexte de la cible est égale à 1.

Règles et erreurs

Il est impossible d'y échapper : XML et règles de validité sont presque synonymes. Si bien qu'il est facile de comprendre qu'une technique comme XPointer possède à la fois des erreurs et un ensemble de règles de validité. Le meilleur moyen de les décrire est d'expliquer les erreurs. La raison en est que, si vous enfreignez une règle, vous obtenez une erreur.

Erreurs

Erreurs	Description
`Syntax Error`	Pour parler simplement, le document ne respecte pas la syntaxe.
`Resource Error`	Apparaît lorsqu'un identificateur est valide, mais pointe vers une ressource incorrecte.
`Sub-Resource Error`	Survient lorsque identificateur et ressources sont valides, mais que l'ensemble de résultats est vide. Rappelez-vous que XPointer n'est pas un langage de requête, mais sert à pointer quelque part dans un document.

Résumé sur XPointer

XPointer procure un moyen de pointer dans un document en tant qu'extension de Xpath. Cette technique est utilisée conjointement avec d'autres, comme XLink. La souplesse de XPointer devrait permettre des utilisations créatives de cette technique puissante, dès que la spécification sera devenue un standard, ce qui devrait se produire au cours de cette année. Une fois encore, gardez un œil sur le site web du W3C pour suivre l'état d'avancement de XPointer.

XInclude

Plusieurs des techniques traitées dans ce chapitre sont apparentées à XLink, l'étendent ou l'outrepassent. La relation entre XLink et XInclude ne pourrait pas être plus étroite.

Au moment de l'écriture de cet ouvrage, la version de travail d'octobre 2000 de XInclude vient juste d'être publiée. Comme elle est susceptible d'être modifiée, il vaut peut-être mieux vous renseigner plus en détail à l'adresse http://www.w3.org/TR/2000/WD-xinclude-20001026/.

Développement modulaire

Un des principes fondamentaux sous-jacents à XML, et donc à tout développement moderne, consiste en un processus de développement en composants spécifiques, ou **modularité**. Comme vous allez le découvrir plus loin dans ce chapitre, XHTML est un HTML modulaire. Nombreux sont les langages à proposer une méthode d'inclusion pour prendre en charge cette modularité. Cette pratique de développement est le fondement de XInclude. Pour l'exprimer simplement, XInclude permet de fusionner des documents XML en utilisant des constructions XML : des attributs et des références d'URI.

XInclude (ou XInclusions) définit simplement un modèle de traitement pour réaliser la fusion d'ensembles d'informations.

Pourquoi avoir besoin de XInclude ? Est-il impossible d'y parvenir en combinant XLink avec XPointer ? En fait, chacun possède ses propres particularités. XInclude fait pour XML ce que les inclusions côté serveurs (SSI) font pour ASP.

Dans le chapitre précédent, nous avions appris que XLink facilitait la détection de liens, sans définir de quelconque modèle de traitement. XInclude est bien plus explicite, en ce qu'il définit un modèle de traitement explicite pour la fusion d'ensembles d'informations.

Bien, mais qu'est-ce que cela signifie en pratique ? Rien de mieux qu'un exemple pour éclaircir les choses.

Exemple XInclude

Imaginez que l'information de l'exemple de facture soit contenue dans deux documents XML distincts et que vous deviez faire fusionner des nœuds spécifiques dans le document principal.

Regardez d'abord un document principal hypothétique mis en forme de façon plutôt lâche :

```
<?xml version="1.0" encoding="ISO-8859-1" ?>
<EmplacementsArticle xmlns:xinclude="http://www.w3.org/1999/XML/xinclude"
               xmlns:xlink="http://www.w3.org/1999/xlink"
               xlink:type="extended">
<Title>XInclude d'articles de facture</Title>
<BODY>
   <P>
      <font color="red"><I>facture du fichier factureA.xml</I></font>
   </P>
   <COMMANDES ID="A">
      <xinclude:include
         href="http://acme.mfg.com/factures.xml#CleFacture(187)" />
   </COMMANDES>
   <COMMANDES ID="B">
      <xinclude:include

href="http://www.acme.com/approvisionnement/factures.xml#CleFacture(200)" />
   </COMMANDES>
</BODY>
</EmplacementsArticle>
```

Il s'agit de du point de départ avant traitement des inclusions, connue sous le nom d'**ensemble d'informations source (*source infoset*)**.

Un ensemble d'informations XML est une description de l'information disponible dans un document XML bien formé. Pour examiner la spécification complète, reportez-vous à http://www.w3.org/TR/xml-infoset.

Le premier document référencé est http://acme.mfg.com/factures.xml. Il contient les données suivantes :

```
<COMMANDES>
   <Facture CleFacture="187">
      <ArticleFacture CleArticle="13"/>
      <ArticleFacture CleArticle="14"/>
   </Facture>
```

```
    <Facture CleFacture="188">
       <ArticleFacture CleArticle="13"/>
    </Facture>
 </COMMANDES>
```

tandis que le second document, http://www.acme.com/approvisionnement/factures.xml, contient :

```
 <COMMANDES>
    <Facture CleFacture="10">
       <ArticleFacture CleArticle="1"/>
    </Facture>
    <Facture CleFacture="200">
       <ArticleFacture CleArticle="18"/>
       <ArticleFacture CleArticle="69"/>
    </Facture>
 </COMMANDES>
```

Après le chargement de la page principale, les deux documents facture sont identifiés à l'aide des URI spécifiés dans le XInclude. À l'aide de XPointer, vous pouvez exposer les données spécifiques que vous voulez fusionner dans le document principal.

Que se passe-t-il ensuite ?

Syntaxe

Un processeur XInclude identifie les **articles inclus** à l'aide de l'URI suivant la clause `xinclude:include` dans l'attribut `href` :

```
<COMMANDES ID="A">
      <xinclude:include href="http://www.acme.mfg.com/factures.xml#
                              CleFacture(187)" />
   </COMMANDES>
   <COMMANDES ID="B">
      <xinclude:include
href="http://www.acme.approvisionnement.com/factures.xml#
                           CleFacture(200)" />
   </COMMANDES>
```

Si la ressource identifiée par l'URI est inaccessible, ou si elle ne contient pas de XML bien formé, vous obtenez une erreur.

Dans le document résultant (ou **ensemble d'informations résultat**), l'élément `include` est remplacé par les éléments correspondant à l'expression XPointer. Cela aboutit à un arbre XML, et non à deux arbres liés.

```
<?xml version="1.0" encoding="ISO-8859-1" ?>
<EmplacementsArticle xmlns:xinclude="http://www.w3.org/1999/XML/xinclude"
               xmlns:xlink="http://www.w3.org/1999/xlink"
               xlink:type="extended">
<Title>XInclude d'articles de facture</Title>
<BODY>
   <P>
      <font color="red"><I>facture du fichier factureA.xml</I></font>
   </P>
```

```
    <COMMANDES ID="A">
       Facture CleFacture="187">
          <ArticleFacture CleArticle="13"/>
          <ArticleFacture CleArticle="14"/>
       </Facture>
    </COMMANDES>
    <COMMANDES ID="B">
       <Facture CleFacture="200">
          <ArticleFacture CleArticle="18"/>
          <ArticleFacture CleArticle="69"/>
       </Facture>
    </COMMANDES>
</BODY>
</EmplacementsArticle>
```

Les éléments de trois modules distincts, ou documents représentant une base de données, ont été fusionnés afin de produire un quatrième document valide. L'objectif de modularisation a été atteint.

Il est important de se rappeler que XInclude ne gère que des ensembles d'informations. Aussi, le document principal créé par XInclude n'est qu'un ensemble d'informations placé à l'intérieur d'un document. Il est également possible d'inclure un document XML complet, auquel cas seuls les éléments du document vont remplacer le XInclude : ni les définitions du document, ni le schéma.

Un autre point mérite d'être souligné : la propriété URI de base des éléments inclus est conservée après la fusion. Cela signifie que les références d'URI relatif de l'ensemble d'informations inclus se résolvent de façon identique à celles des documents originaux, bien qu'étant incorporées dans un document pouvant posséder un URI de base différent. Les autres propriétés des ensembles d'informations originaux (dont les espaces de noms) sont également préservées.

Attribut parse et autres considérations

Comme l'attribut `href`, qui spécifie l'emplacement des éléments que vous voulez inclure, l'élément `include` possède un attribut facultatif `parse`. Celui-ci spécifie si la ressource doit être incorporée comme XML analysé ou comme texte :

- une valeur de `xml` signale que la ressource doit être analysée comme XML et les ensembles d'informations fusionnés ;
- une valeur de `text` indique que la ressource doit être incorporée comme nœud de texte.

Si l'attribut `parse` n'est pas spécifié, `xml` est pris par défaut. La valeur de cet attribut peut entraîner plusieurs conséquences.

D'abord, si `parse="xml"`, la partie fragment de la référence d'URI est interprétée comme XPointer, indiquant qu'une partie seulement de l'élément inclus est la cible de l'incorporation. Comme il n'existe cependant aucun standard définissant un identificateur de fragment pour du texte brut, il n'est pas autorisé de spécifier d'identificateur de fragment lorsque `parse="text"`.

Il faut également être conscient de certains points lors du traitement récursif d'un élément `include`. Il est interdit de traiter un élément `include` possédant une position d'inclusion ayant déjà été traitée. Cela aboutit aux règles suivantes :

- une inclusion avec `parse="text"` ou `parse="cdata"` peut faire référence à elle-même, contrairement à un élément `include` avec `parse="xml"` (ou sans valeur spécifiée pour parse) ;
- une inclusion peut identifier une partie différente de la même ressource ;
- deux inclusions non imbriquées peuvent identifier une ressource contenant elle-même une inclusion ;
- toute inclusion de `xinclude:include`, de ses éléments ou de ses ancêtres déjà analysés est interdite.

Avantages de XInclude

Outre les gains de temps évidents apportés par XInclude, quelles sont les raisons de vouloir l'utiliser ? Regardez comment XInclude complète si bien XML :

- Le traitement d'un document XML se produit lors de l'analyse, alors que XInclude fonctionne sur des ensembles d'informations ne pouvant être analysés eux-mêmes.
- Comme XInclude gère des ensembles d'informations, il est indépendant de toute validation XML.
- XInclude ne dépendant pas des tests de validation XML, les ensembles d'informations peuvent être incorporés dans un document parent indépendamment à la volée, sans avoir à déclarer préalablement les inclusions.
- XInclude en combinaison avec XPointer peut tout simplement remplacer certains mode d'utilisation de XML. En d'autres termes, les données souhaitées peuvent être combinées depuis plusieurs bases de données sans avoir à les valider afin d'aboutir à un document de type XML.

Pourquoi XInclude est-il analysé par un processeur différent ? Le problème vient de ce que si vous utilisez, par exemple, un XLink pour pointer vers certaines données, tout ce qui est renvoyé doit être analysé et validé comme s'il s'agissait d'un document XML autonome. Avec un XInclude, le document peut ne pas être valide avant d'être complet, et éventuellement même pas alors. XInclude permet de réaliser l'analyse à un niveau inférieur, avec validation à l égard d'une DTD, s'il y en a de spécifié, avant de renvoyer le XML total au demandeur.

Résumé sur XInclude

XInclude permet la création dynamique d'ensembles d'informations sans qu'aucune validation ne soit nécessaire. Cette forme avancée de modularité XML est extrêmement puissante et permettra de riches interactions avec des bases de données XML lorsque la version de travail deviendra une recommandation.

XHTML

XHTML est une reformulation de HTML en XML. Les principales motivations se répartissent en deux parties :

- De nombreux éléments ont été ajoutés par diverses versions spécialisées de HTML, conduisant à des problèmes de compatibilité interplates-formes. XML permet d'introduire de nouveaux éléments ou des attributs complémentaires afin de prendre en compte le besoin accru de nouveaux balisages, sans compromettre la compatibilité. XHTML permet des extensions par le biais de modules XHTML, qui laissent ainsi les développeurs combiner des ensembles de fonctionnalités existants et nouveaux.

- Il existe un besoin croissant pour un standard couvrant la totalité des plates-formes de navigateurs (téléphones cellulaires, télévisions, ordinateurs personnels, etc.). XHTML s'adresse à une palette d'utilisateurs finaux plus large que HTML.

XHTML hérite de certaines des règles strictes de XML, dont la validation. XHTML permet également à des documents de type HTML simple d'utiliser les techniques énumérées dans ce chapitre.

XHTML 1.0 était la première reformulation de HTML 4.0 en XML (http://www.w3.org/TR/xhtml1/). Un des buts déclarés était de répartir les éléments et attributs dans des modules ou collections, afin qu'ils puissent être utilisés dans des documents combinant HTML et d'autres balises. Ces modules sont définis sous le nom de **HTML Modularization** (http://www.w3.org/TR/xhtml-modularization/).

Ce format modulaire est au cœur de XHTML, rendant facile son utilisation avec d'autres techniques XML. Cette modularisation est également étendue aux autres techniques abordées dans ce chapitre.

Comment XHTML diffère de HTML

Cette section traite des différences entre XHTML et HTML 4. Conservez-les bien à l'esprit : elles ne sont pas nombreuses, et assez évidentes pour quiconque connaît XML. Si, en revanche, vous êtes habitué à HTML, elles peuvent vous induire en erreur si vous avez déjà pris quelques « mauvaises » habitudes de programmation en HTML.

Comme XHTML est une reformulation de HTML en XML, tout ce que vous avez appris sur les documents XML bien formés reste applicable à XHTML. Cela signifie que, contrairement à HTML, XHTML exige que :

- Vous placiez une déclaration de DTD en tête du fichier :

```
PUBLIC "-//W3C//DTD XHTML 1.0 Strict//EN"
SYSTEM "http://www.w3.org/TR/xhtml1/DTD/xhtml1-strict.dtd"
```

  Cela n'était pas nécessaire en HTML parce que les dernières générations de navigateurs sont capables de déchiffrer tout type de HTML. Néanmoins, avec les extensions, un navigateur est dans l'incapacité de savoir quels nouveaux ajouts ont été apportés à XHTML.

- Vous devez placer une référence vers l'espace de noms XML dans l'élément `<html>` :

```
<html xmlns="http://www.w3.org/TR/xhtml1">
```

  Remarquez que ce qui précède se lit ...XHTML1, finissant par le nombre 1 et non la lettre L.

- XHTML, comme XML, est sensible à la casse, et les noms de balises ainsi que les attributs doivent figurer en minuscules. En HTML, la casse n'avait aucune importance, même si la spécification HTML 4.0 demandait théoriquement de saisir les éléments en majuscules et les attributs en minuscules.

- En HTML, vous pouviez vous dispenser de balises de fermeture et avoir des éléments se superposant. XHTML exige que les balises soient fermées et que les éléments vides soient signalés, comme en XML. Les balises doivent également s'imbriquer proprement.

- Les éléments <head> et <body> étaient facultatifs en HTML. Ce n'est pas le cas en XHTML. En outre, le premier élément de <head> doit être l'élément <title>.
- Toutes les valeurs d'attributs doivent être placées entre guillemets, et ne peuvent être « abrégées ». Vous devez par exemple écrire :

```
<input checked="checked">
```

alors qu'en HTML vous pouviez vous en tirer avec :

```
<input checked>
```

- afin d'éviter que des caractères `<` et `&` dans des éléments `<style>` et `<script>` ne soient interprétés comme le début d'un balisage, ils doivent contenir une ligne `CDATA` :

```
<script>
<![CDATA[
... contenu de script non déguisé ...
]]>
</script>
```

Ces règles permettent aux navigateurs de deviner très facilement la structure hiérarchique décrite par les balises sans connaître par avance les balises elles-mêmes. Cela est contraire à HTML, qui exige dans la pratique un système expert détenant la connaissance de quel élément peut contenir quelle balise, autant que le savoir nécessaire au traitement des erreurs si fréquemment rencontrées dans les documents HTML du monde réel. XHTML facilite énormément la prise en charge par les navigateurs de combinaison de XHTML et d'autres ensembles de balises XML, comme ceux que vous pouvez vous-même concevoir. Le parseur sera capable d'analyser complètement le document sans information externe.

Regardez combien ces différences peuvent vous affecter en comparant une page HTML brute (pleine de « mauvais code ») et la page XHTML correspondante.

D'abord la page HTML (`ch10_ex01.html`) :

```
<TITLE>Très relâché<HTML>
  <HEAD>
    <TITLE>Vilain</TITLE>
    <META name="description"
          content="Fonctionnant, mais du code très brouillon, non ?">
    <META name="keywords" content="plein, plein de mots-clés">
  </HEAD>
  <BODY>
    <CENTER>
    <H1>HTML to XHTML</H1>
    <P>
      Il n'est pas si difficile de mettre à niveau du HTML en XHTML.<BR>
      Il suffit de suivre quelques règles :
    <OL>
      <LI>Vous devez disposer d'une <EM>DTD</EM>pour effectuer la validation.
      <LI>Faire référence à des<EM>espaces de noms</EM>.
      <LI>Les balises doivent être <EM>imbriquées</LI>.</EM>
      <LI>Les éléments doivent être en <EM>minuscules.</LI></EM>
      <LI>Tous les attributs entre <EM>guillemets</EM>.
      <LI>Pas d'attributs <EM>minimisés</EM>.
      <LI>Balisage correct des <EM>éléments vides</EM>.
      <LI>Gestion des <EM>espaces vierges</EM>.
      <LI>Échappement ou extériorisation des
        <EM>scripts</EM> et des <EM>éléments de style</EM>.
```

```
    <LI><EM>id</EM> au lieu de name.
    <LI>Les balises doivent être <EM>fermées</EM> correctement.
    <LI>Gestion de la <EM>présentation</EM> avec des styles.
  <HR width=60% size=1>
```

Voilà à quoi ressemble ce HTML brouillon sous IE 5 :

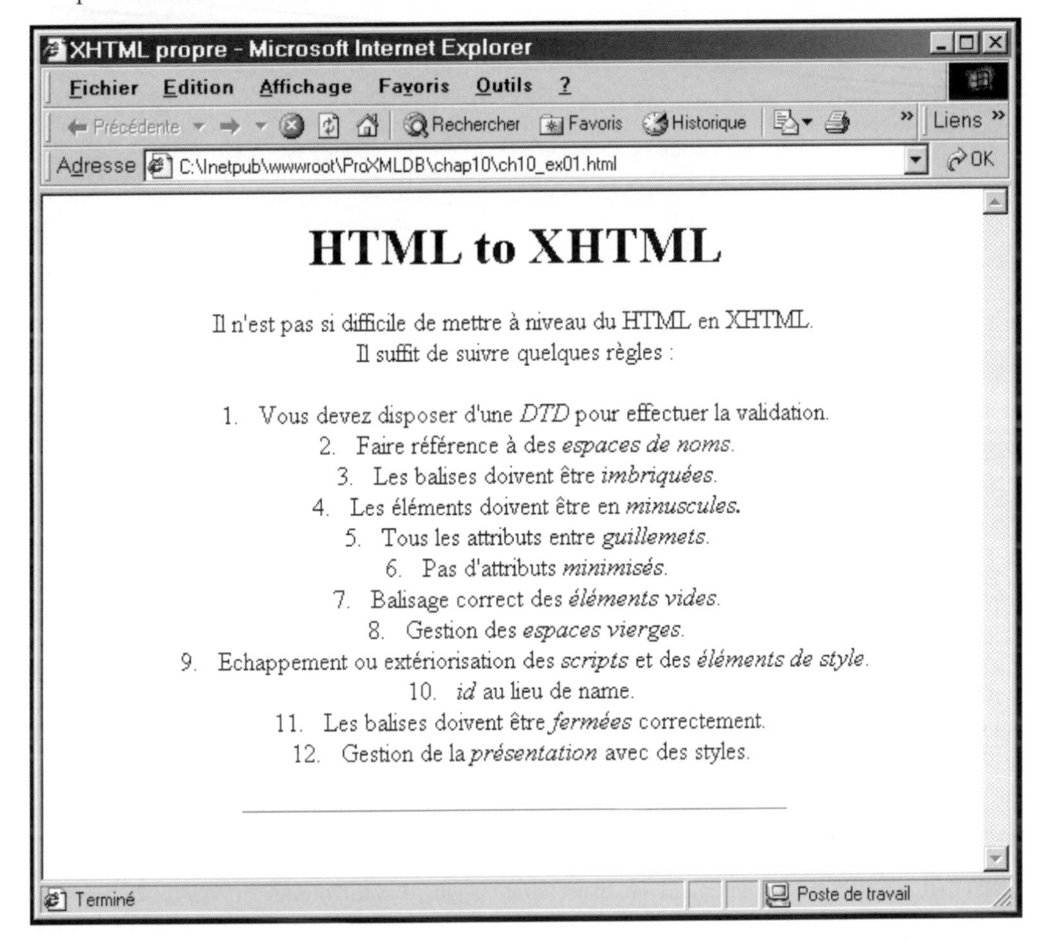

Modifié en XHTML, le code devient le suivant :

```
<?xml version="1.0" encoding="ISO-8859-1" ?>
<!DOCTYPE html
     PUBLIC "-//W3C//DTD XHTML 1.0 Transitional//EN"
     "http://www.w3.org/TR/xhtml1/DTD/xhtml1-transitional.dtd">
<html xmlns="http://www.w3.org/1999/xhtml" xml:lang="fr" lang="fr">
<head>
    <title>XHTML propre</title>
    <meta name="description"
          content="Fonctionnant, mais du code très brouillon, non ?" />
```

```
    <meta name="keywords" content="plein, plein de mots-clés" />
</head>
<body>
  <div style="text-align:center">
    <h1>HTML to XHTML</h1>
    <p>
      Il n'est pas si difficile de mettre à niveau du HTML en XHTML.<br />
      Il suffit de suivre quelques règles :
    </p>
    <ol>
      <li>Vous devez disposer d'une <em>DTD</em> pour effectuer la
validation.</li>
      <li>Faire référence à des <em>espaces de noms</em>.</li>
      <li>Les balises doivent être <em>imbriquées</em>.</li>
      <li>Les éléments doivent être en <em>minuscules.</em></li>
      <li>Tous les attributs entre <em>guillemets</em>.</li>
      <li>Pas d'attributs <em>minimisés</em>.</li>
      <li>Balisage correct des <em>éléments vides</em>.</li>
      <li>Gestion des <em>espaces vierges</em>.</li>
      <li>Échappement ou extériorisation des
        <em>scripts</em> et des <em>éléments de style</em>.
      <li><em>id</em> au lieu de name.</li>
      <li>Les balises doivent être <em>fermées</em> correctement.</li>
      <li>Gestion de la <em>présentation</em> avec des styles.</li>
    </ol>
    <hr width="60%" size="1" />
  </div>
</body>
</html>
```

En exécutant ces deux codes avec IE 5, le résultat affiché par le navigateur est strictement identique. Pourquoi cela ? Pour déchiffrer l'exemple de vilain code, IE 5 contient déjà la DTD de toutes les anciennes versions de HTML. C'est une des raisons pour lesquelles un programme de navigateur consomme autant d'espace sur votre disque dur, et tant de mégaoctets de RAM en fonctionnant. Le navigateur ne contient cependant pas la DTD pour XHTML, ce pourquoi vous devez l'inclure dans l'exemple précédent de code XHTML valide. Les balises utilisées dans les deux exemples sont identiques, mais l'exemple de code correct les présente écrites conformément aux règles.

Versions XHTML

XHTML se décline actuellement en trois versions, le rendant moins rigoureux qu'un vrai document XML. Cela permet une conversion plus facile entre document HTML hérités et XHTML. En construisant dans le futur des applications de bases de données XML indépendantes du client, il est plus que probable que votre frontal sera une des versions XHTML.

La version utilisée est spécifiée dans la déclaration DTD, au début du fichier. Examinons rapidement ces trois versions.

Transitional

Cette version possède la plupart des fonctionnalités présentées dans ce chapitre tout en n'apportant que de légères modifications aux habitudes HTML actuelles. Elle garantit que les mauvaises habitudes vues précédemment sont éliminées, tout en permettant l'utilisation des balises de mise en forme.

Vous devez placer ce qui suit dans la déclaration DTD :

```
PUBLIC "-//W3C//DTD XHTML 1.0 Transitional//EN"
   SYSTEM "http://www.w3.org/TR/xhtml1/DTD/xhtml1-transitional.dtd"
```

Strict

Cette version impose une validation XML stricte du document. Ce XHTML est exempt de toute balise associée à la présentation, reportant la charge de la mise en forme à une feuille de style en cascade (CSS).

```
PUBLIC "-//W3C//DTD XHTML 1.0 Strict//EN"
   SYSTEM "http://www.w3.org/TR/xhtml1/DTD/xhtml1-strict.dtd"
```

Frameset

Permet l'utilisation de cadres (*frames*) dans le navigateur. Il est pour le moment préférable de rester à l'écart de cette version.

```
PUBLIC "-//W3C//DTD XHTML 1.0 Frameset//EN"
   SYSTEM "http://www.w3.org/TR/xhtml1/DTD/xhtml1-frameset.dtd"
```

Résumé sur XHTML

XHTML est le moyen choisi pour faire évoluer HTML. Combiner la rigueur de XML avec la souplesse de pages plus riches pouvant être affichées sur plus de périphériques (dont les téléphones cellulaires, les agendas électroniques, les télévisions et les voitures) fera la prochaine génération de HTML modularisé.

XHTML est actuellement une recommandation. Bien que la prise en charge par les navigateurs ne soit pas universelle, mieux vaut s'y intéresser dès à présent.

Si vous souhaitez disposer de plus que de cette introduction à XHTML, Beginning XHTML[1] *de Wrox Press,* ISBN 1861003439, *est l'ouvrage qu'il vous faut.*

XForms

XForms constitue la prochaine génération de formulaires web. L'idée sous-jacente à XForms est de séparer l'interface utilisateur du modèle de données et de la couche logique. Cela doit permettre à un même formulaire d'être utilisé quelle que soit l'interface utilisateur, qu'il s'agisse d'une feuille de papier ou d'un périphérique manuel (un téléphone portable, par exemple).

XForms devrait également diminuer les recours aux scripts (bien que ceux-ci puissent toujours être utilisés si nécessaire) : validations, dépendances et calculs fondamentaux deviennent possibles sans l'aide d'un langage de script. Cela fonctionne en transformant les données de formulaire en XML. De ce fait, XForms est une application XML, pouvant être combinée avec d'autres langages de type XML, comme XHTML.

[1] Note : ouvrage non disponible en français.

En quoi XForms diffère-t-il des formulaires HTML ?

Vous êtes habitué à la façon la plus simple de permettre à des navigateurs d'échanger des données : les formulaires HTML. Un formulaire HTML peut ressembler à quelque chose de ce genre :

```
<FORM ACTION="process.asp" METHOD="GET" NAME="userform">
   <P>Quel est votre nom ?
   <INPUT TYPE="text" NAME="namequery">
   <P>Quel est votre sexe ?    
   Masculin <INPUT TYPE="radio" NAME="optsex" VALUE="masculin">  
   Féminin <INPUT TYPE="radio" NAME="optsex" VALUE="féminin">
   <P>Cliquez ici si vous ne voulez pas recevoir de courriers commerciaux 
   <INPUT TYPE="checkbox" NAME="chkjunk" VALUE="no">
</FORM>
```

Comme vous le voyez dans ce code, ce formulaire HTML très fondamental possède trois différents types d'entrées (*input*) encadrées par une balise `FORM`. L'attribut `ACTION` de cette balise indique que le formulaire doit être traité par une page ASP nommée `process.asp`. Ce fichier procède probablement à une validation du formulaire et place les informations dans une base de données.

La plupart des formulaires HTML respectent, d'une façon ou d'une autre, ce schéma. Cela est parfait pour des ordinateurs de bureau, mais comment faire pour les terminaux « légers » ?

Par exemple, en envoyant ce formulaire vers un assistant personnel électronique (*PDA*) *via* WML, il serait impossible à celui-ci de répondre à la première question en l'absence d'une interface texte. Certains assistants modernes en possèdent une, mais cela limite les types de périphériques utilisables. En séparant la couche de présentation du frontal, vous pouvez facilement modifier la façon dont est présentée la question selon le type de terminal utilisé.

Telle est l'essence même de XForms. Il suffit de définir un modèle de données, et celui-ci peut être utilisé à l'aide de n'importe quelle interface afin d'interagir avec l'utilisateur : périphériques manuels, télévision, périphériques d'accessibilité, imprimantes et scanners. Sans oublier le bon vieux papier. Oui, papier. L'objectif de XForms est de permettre à un utilisateur d'imprimer un formulaire, de le remplir à la main et de le renvoyer à l'aide d'un scanner.

Modèle

Comment y parvient donc XForms ? Examinons le diagramme suivant :

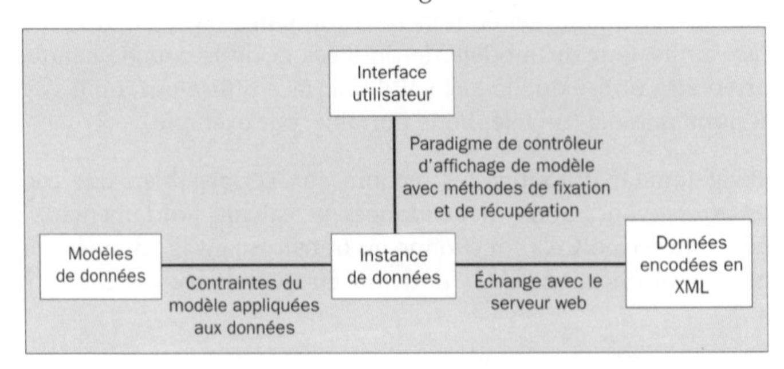

XForms se décompose en trois couches, ce qui permet de séparer clairement le but du formulaire de sa présentation.

Examinons rapidement chaque couche.

Modèle de données

L'objectif de la couche « données » de XForms est de définir le modèle de données du formulaire. Vous pouvez utiliser les types de données intégrées ou concevoir les vôtres. Les types de données sont actuellement conçus selon le schéma XML, bien que la syntaxe en soit plus légère, plus simple que celle propre aux schémas XML.

Couche logique

C'est dans cette couche que vous définissez les dépendances entre les champs (ou valeurs de données) ainsi que les éventuelles contraintes nécessaires. Bien qu'un des objectifs de XForms soit de réduire le besoin de scripts, il vous est possible d'utiliser des langages de script, comme JavaScript, si vous y tenez absolument. La syntaxe de XForms est toutefois elle-même construite selon les techniques classiques des feuilles de calcul et des paquetages de formulaires existants. Tout cela fait partie du but principal, à savoir rendre XForms facilement compréhensible aux programmeurs HTML actuels.

Couche de présentation

C'est dans la couche de présentation que le modèle de données est transformé en un produit final spécifique au périphérique. Cette couche se compose fondamentalement de balisage pour les contrôles du formulaire. La présentation est ajustée en fonction des besoins particuliers de l'utilisateur, tout en conservant la logique de travail du formulaire. Vous allez voir sous peu les fonctions permettant d'y parvenir.

Chaque contrôle du formulaire est lié à un champ du modèle de données, sachant que ce champ peut posséder plusieurs présentations pour le contrôle associé. Plusieurs contrôles de formulaire peuvent être liés à la même valeur de données, si bien que, si la valeur est actualisée, les contrôles associés du formulaire indiquent cette nouvelle valeur.

État actuel

Au moment de l'écriture de ce livre, le W3C prépare une nouvelle version de travail de XForms. Le modèle de données va probablement permettre d'utiliser, soit XML Schema, soit la syntaxe allégée pour sa définition. La syntaxe allégée pour le modèle de données et la logique est avant tout conçue pour permettre aux utilisateurs HTML sans connaissance des complexités des schémas XML de tirer le maximum de XForms.

Vous pouvez obtenir des informations sur l'état d'avancement de la version de travail XForms à l'adresse http://www.w3.org/TR/xforms-datamodel.

Quelques autres fonctionnalités

Comme vous venez de le voir, XForms semble devoir être prodigieusement puissant, constituant une amélioration excellente des vieux formulaires HTML peu efficaces. Compte tenu de l'état d'avancement actuel et du fait que la spécification sera très probablement modifiée, il est peu opportun de poursuivre au-delà de cette introduction fondamentale. Comme avec beaucoup d'autres concepts abordés dans ce chapitre, le mieux est de visiter régulièrement le site web de W3C pour rester au courant des dernières évolutions.

Voici cependant quelques fonctionnalités qui nous paraissent trop importantes pour être passées sous silence.

Types de données

Les types de données des éléments de formulaires forment une part importante de la puissance de XForms. Ils ne se limitent pas au petit ensemble de types intégrés, mais c'est là un bon point de départ. Chaque type de données possède plusieurs *facettes*, pouvant être utilisées pour définir des contraintes sur les valeurs des données :

Type	Description	Facette
String	Type le plus classique, identique à une chaîne ou à un type variant.	Min (nombre de caractère), max (nombre de caractères), mask (par exemple ddddd), pattern (une expression régulière).
Boolean	True ou false.	
Number	Type de donnée permettant d'effectuer des opérations numériques dans la couche logique.	Min (valeur minimale), Max (valeur maximale, integer (si true, seules les valeurs entières sont autorisées), decimals (le nombre de décimales après le séparateur décimal).
Money	Valeur monétaire.	Min, Max, currency (codes monétaires).
Date	Spécifiée en années, mois et jours.	Min, Max, Precision.
Time	Utilisé par exemple pour une heure de rendez-vous.	Min, Max, Precision.
Duration	Durée exprimée en années, mois, heures, minutes, jours ou secondes.	Precision.
URI	Représentation d'un URI.	Schema.
Binary	Utilisé pour des types de média (types MIME) spécifiques.	Type (types MIME).

Facettes habituelles

Vous pouvez créer des contraintes supplémentaires sur les types de données à l'aide des facettes suivantes :

Type	Description	Exemple
Default	Valeur explicite par défaut pour un champ de formulaire.	`<string name="ville" default="Paris"/>`

(Suite du tableau)

Type	Description	Exemple
Read-only	Type de donnée ne pouvant être modifié. Spécifié à l'aide de l'attribut range ou fixed.	<string name="IDClient" range="closed"><value>CHOPS</value> ou <string name="IDClient" fixed="CHOPS"/>
Required	Impose la saisie de la valeur.	<string name="ville" required="true"/>
Calculated	Valeur calculée.	<string name="montantfacture" calc="sum(Article, qtecommande * prix)"/>
Validation	Pour vérifier qu'un champ possède une valeur valide.	<string name="codepostal" validate="codepostal(this.value)"/>

Modèles de données

La dernière version de travail spécifie les structures suivantes de modèles de données :

Type	Description	Exemple
enumeration	Définit un ensemble de valeurs.	<string name="methode paiement" range="closed"> <value>En compte</value> <value>Carte de crédit </value> <value>Espèces</value <value>Chèque</value </string>
Unions	Similaire à l'énumération, mais en tant que collection de types de données.	<union name="jours"> <string name="Lundi"> <string name="Mardi"> ... </union>

(Suite du tableau)

Type	Description	Exemple

Groups	Rassemblement de différents types de données. Les groupes diffèrent des unions en ce qu'ils peuvent être imbriqués.	`<group name="client">`
		`<string name="nomfamille"/>`
		`<string name="rue"/>`
		`<string name="ville"/>`
		`<string name="département"/>`
		`</group>`

Variant	Utilisé en général en conjonction avec un groupe pour spécifier un groupe utilisateur unique.	`<variant name="adresse">`
		`<case locale="us">`
		`<string name="rue"/>`
		`<string name="ville"/>`
		`<string name="état"/>`
		`<string name="zip"/>`
		`</case>`
		`<case locale="uk">`
		`<string name="rue"/>`
		`<string name="ville"/>`
		`<string name="comté"/>`
		`<string name="codepostal"/>`
		`</case>`
		`</variant>`

Arrays	Séquence de types de données. Utilisé avec <group> ou <union> en spécifiant minOccurs ou maxOccurs.	`<group name="panierelectronique" minOccurs="1">`
		`<integer name="quantite">`
		`<string name="produit">`
		`</group>`

Résumé sur XForms

Au moment de l'écriture de ce livre, la dernière version de travail de XForms était sur le point d'être publiée, mais sera probablement sujette à modifications avant de devenir une recommandation. XForms n'en devrait pas moins être à l'avenir un outil nouveau et passionnant. Les développeurs seront alors en mesure d'utiliser XSL et les feuilles de style pour modifier et pour manipuler la présentation de formulaires en fonction du client final. Ils ne dépendront plus totalement de langages de scripts externes pour capturer les erreurs de saisie et valider les entrées de l'utilisateur, tout en pouvant interroger plusieurs types de périphériques d'entrée.

Résumé

Ce chapitre aborde plusieurs techniques importantes constituant des extensions à XML. Certaines de ces techniques ne manipulent pas forcément des données depuis ou vers une base de données, mais présentent plutôt les données ou pointent vers un ensemble de positions des données.

Vous avez également découvert que ces techniques peuvent fonctionner de pair, et en vérité n'en vont que mieux, ainsi que comme composants de XML. Parmi les points étudiés figurent comment :

- XBase s'appuie sur l'élément HTML 4.0 `BASE` pour permettre de spécifier un URI de base pour tout document XML ;
- XPointer procure un moyen de pointer à l'intérieur d'un document en tant qu'extension de XPath, et comment il peut être utilisé avec d'autres techniques telle Xlink ;
- XInclude permet la création dynamique d'ensemble d'informations sans validation obligatoire ;
- XHTML est la méthode choisie pour succéder à HTML. Apportant la rigueur de XML, il autorise la création de pages web plus riches pouvant être affichées sur une vaste gamme de périphériques ;
- XForms doivent devenir la prochaine génération de formulaires, étendant et simplifiant la fourniture de formulaires indépendants de l'interface utilisateur.

Comme cela a été souligné à plusieurs reprises dans ce chapitre, au moment de l'écriture de cet ouvrage nombre de ces techniques sont encore loin d'être implémentées, et elles devraient être modifiées par rapport à leur état actuel. Mais il ne fait guère de doute qu'elles auront toutes un impact important sur le développement futur d'applications XML. Visitez régulièrement http://www.w3.org afin de ne rien manquer de cette évolution.

11

Le langage de requête XML

XML Query Language, le langage de requête XML, est probablement le standard XML le plus important produit par le W3C, outre XML lui-même. Il est à XML ce que SQL est aux données relationnelles et tous les éditeurs principaux devraient le prendre en charge. Il est fortement recommandé à tout développeur utilisant XML et des bases de données de suivre de près son évolution. Vous pouvez trouver davantage d'informations sur ce sujet à l'adresse http://www.w3.org/XML/Query.

À l'exception de la syntaxe du langage, la spécification W3C du XML Query Language se concentre davantage sur des modèles théoriques que sur les détails de l'implémentation. Cette spécification se divise en quatre parties, chacune construite sur la précédente : exigences, modèles de données, algèbre et syntaxes. Les **exigences** (*requirements*) décrivent un ensemble de cas d'utilisation devant être pris en charge par le langage. Le **modèle de données** (*data model*) dresse les fondations du langage en décrivant formellement l'ensemble des informations accessibles à une requête. Ces requêtes possèdent une représentation abstraite dans l'**algèbre**, qui décrit les opérations au cœur de XML Query Language. Bien sûr, l'aspect le plus visible du langage est sa **syntaxe** (il en existe en fait plusieurs).

C'est le groupe de travail XML Query Language du W3C qui conçoit ce langage. Au moment de la rédaction de ce livre, le groupe de travail a diffusé des versions de travail (*draft*) des exigences et du modèle de données, et travaille à l'algèbre et à la syntaxe. Cela implique que les informations présentées dans ce chapitre sont susceptibles d'être modifiées. Il est trop tôt pour spéculer sur la forme définitive prise par les composants du XML Query Language, mais il reste possible d'examiner la documentation des versions actuelles, quand bien même certaines propositions attendues devraient fortement influencer la conception du langage de requête XML.

Outre le W3C, d'autres organismes de conception de standards, comme le comité ANSI SQL 99, devraient proposer des langages de requête XML. Il est également probable que XSLT et XPath continuent à être utilisés indépendamment de XML Query. Comme ce dernier devrait sans nul doute influencer tous les langages de requête XML, ceux-ci seront également étudiés à la lumière du contexte du XML Query Language du W3C.

Exigences et cas d'utilisation

Dans toute conception, les scénarios utilisateurs sont primordiaux. Ces scénarios, ou **cas d'utilisation**, définissent les exigences fondamentales devant être remplies par la conception et orientent également celle-ci dans une direction particulière.

Dans le cas de XML Query Language, les cas d'utilisation fondamentaux impliquent des points de vue XML **centrés sur le document** et **centrés sur les données**. Un point de vue centré sur le document comprend des scénarios comme la génération d'index et d'autres informations de synthèse à propos d'un document. En revanche le point de vue centré sur les données considère XML comme une couche de représentation des données (dans laquelle le XML peut ne pas réellement exister sous la forme de document, mais n'être que présenté par une interface XML comme document virtuel). Les scénarios centrés sur les données comprennent l'exploration des données et leur mise à jour.

Nous allons examiner certains cas d'utilisation devant être pris en charge par le XML Query Language. Les descriptions présentées ici définissent le document formel en ses éléments clés. Pour plus de détails sur les exigences formelles du XML Query Language, reportez-vous au document *XML Query Requirements Working Draft* à l'adresse http://www.w3.org/TR/xmlquery-req. Les explications suivantes sont fondées sur la version de travail du 15 août 2000.

Sélection

Tout d'abord, le langage de requête XML doit pouvoir sélectionner des portions d'un document selon un certain critère, comme les valeurs d'éléments et d'attributs. Cette exigence améliore les capacités de sélection de XPath pour au moins deux points notables :

- une requête peut utiliser tout type de données XSD, y compris le type `date` ;
- une requête peut suivre des liens intra ou inter documents, y compris des liens XLink et des valeurs de type `ID/IDREF/IDREFS`.

Un `ID` XML est similaire à une clé primaire SQL, avec une portée limitée à un document. Toutes les valeurs `ID` doivent être uniques dans ce document. Chaque `IDREF` est alors comme une clé externe : un `IDREF` fait référence à une valeur `ID` du document. Un `IDREFS` est une liste séparée par des virgules de valeurs `IDREF`. Par exemple, regardez le document XML suivant, décrivant un ensemble de salariés selon leur fonction, mais avec un attribut de type `ID` (`ID`) et un attribut de type `IDREF` (`Directeur`) afin d'indiquer la structure de l'entreprise :

```
<Equipe>
   <Developpeur>
      <Employe ID="D1" Directeur="M1"/>
      <Employe ID="D2" Directeur="D1"/>
   </Developpeur>
   <Testeur>
```

```
        <Employe ID="T1" Directeur="T2"/>
        <Employe ID="T2" Directeur="M2"/>
        <Employe ID="T3" Directeur="T2"/>
    </Testeur>
    <Directeur>
        <Employe ID="M1" Directeur="M3"/>
        <Employe ID="M2" Directeur="M3"/>
        <Employe ID="M3"/>
    </Directeur>
</Equipe>
```

Partant d'un élément `<Employe>` donné, un XPath sélectionnant son `<Directeur>` est `id(./@Directeur)`. Le fait de sélectionner les responsables hiérarchiques directs d'un salarié (les éléments `<Employe>` pour lesquels cet `<Employe>` est le `<Directeur>`) à l'aide de XPath est plus malaisé, mais peut être effectué à l'aide d'une requête comme `//Employe[@Directeur=$this/@ID]`. Partant d'un salarié (stocké dans le paramètre `$this`), ce XPath parcourt le document depuis le haut à la recherche de tous les éléments `Employe` (`//Employe`), puis ne sélectionne que ceux dont l'attribut `Directeur` est égal à l'attribut `ID` de cet élément `<Employe>`.

XML Query Language est capable de suivre plus facilement ces relations et bien d'autres. Techniquement parlant, cela fait de XML Query Language un langage de requête sur un graphe. Nous espérons cependant que la plupart des implémentations optimiseront celui-ci afin d'obtenir une navigation de type arborescence. La façon dont XML Query gère les valeurs ID dans des fragments de document ou dans une donnée XML intermédiaire générée pendant l'exécution d'une requête reste pour le moment peu claire.

Outre une meilleure prise en charge des types de données, un meilleur suivi des liens et quelques subtiles différences dans la gestion d'ensembles et de tri de documents, les capacités de sélection de XML Query Language devraient être sur le plan fonctionnel identiques à celles de XPath.

Transformation

De nombreux cas d'utilisation consistent à transformer XML en différentes formes. Les requêtes devraient être capables d'« aplatir » du XML, de promouvoir des enfants dans la hiérarchie et de créer un nouveau contenu XML. Les requêtes seront en outre capables de sélectionner des portions de XML, tout en préservant la structure et l'ordre de l'original. Cela est utile, par exemple, si vous disposez du texte d'une pièce de théâtre et voulez obtenir une liste de tous les personnages selon leur ordre d'apparition dans la pièce.

La **projection** constitue notamment un scénario particulièrement important. Celle-ci ou l'élagage de sous-arborescences, ne sélectionne qu'une partie d'un élément plutôt que la totalité de son contenu (ce qui implique tous ses descendants). Par exemple, examinez le XML suivant :

```
<Nourriture>
    <Fruits>
        <Kiwi/>
        <Citron vert/>
        <Prune/>
    </Fruits>
</Nourriture>
```

Aucun XPath n'est capable d'obtenir :

```
<Fruits>
   <Kiwi/>
   <Citron vert/>
</Fruits>
```

De même qu'aucun code XML ne peut aboutir à `<Prune/>`.

Une expression XPath telle que `Nourriture/Fruits` ou `Nourriture/Fruits[Kiwi or Citron_vert]` sélectionne tous les éléments `<Fruits>` :

```
<Fruits>
   <Kiwi/>
   <Citron vert/>
   <Prune/>
</Fruits>
```

De même, un XPath comme (`Nourriture/Fruits/Kiwi | Nourriture/Fruits/Citron_vert`) ne sélectionne que les enfants, et non l'élément conteneur `<Fruits>` :

```
<Kiwi/>
<Citron_vert/>
```

Pour sélectionner l'élément `<Fruits>` et seulement certains de ses enfants, vous devez disposer d'un type ou d'une autre de projection, comme vous allez les étudier en détail sous peu. D'une façon générale, les capacités de transformation du XML Query Language vont probablement correspondre à la plupart des fonctionnalités de XSLT, qui est déjà capable de réorganiser des données XML existantes pour injecter un nouveau contenu XML dans le résultat d'une transformation. XSLT reste cependant similaire à l'utilisation de SQL sur une table unique, sans la capacité d'effectuer de jointures avec d'autres tables !

Une fois terminé, XML Query Language ira plus loin que XSLT en permettant d'obtenir un contenu issu de plusieurs documents XML source. Les transformations inter-documents constituent un puissant outil ouvrant la porte à de nombreuses nouvelles applications XML. Par exemple, un développeur web peut souhaiter utiliser une unique requête XML pour obtenir une table des matières ou pour localiser le contenu de la totalité d'un site web.

Centrage sur les données

En fait, XML Query Language sera capable de fonctionner non seulement sur plusieurs documents, mais également sur des fragments de documents. Un fragment de document est à un document ce que l'arbre est à la forêt. Contrairement à un document, qui possède toujours un élément de niveau supérieur, un fragment ne possède pas obligatoirement d'élément racine conteneur. Cette capacité est particulièrement utile pour des scénarios centrés sur les données, dans lesquels un élément conteneur est le plus souvent superflu.

XML Query Language comprend également une prise en charge explicite de données relationnelles exposées comme du XML à travers une vue XML (vous trouverez un exemple pratique de telles vues dans un produit commercial au chapitre 19 *Exemples d'applications XML avec SQL Server 2000*). Cette fonction va être particulièrement intéressante à découvrir dans les produits distribués à l'avenir, car les éditeurs de bases de données relationnelles vont chercher à optimiser XML Query Language pour les données relationnelles et non pour XML.

Types et opérateurs

XML Query Language va prendre en charge tous les types de données des schémas XML (**XSD**, pour *XML Schema Data Types*), y compris de ce fait les types de données dérivés de l'utilisateur. Reportez-vous à l'adresse http://www.w3.org/TR/xmlschema-2 pour plus de détails sur XML Schema Data Types. Pour le moment, XSD possède 45 types intégrés (reportez-vous pour plus de détails au chapitre 5). XML Query Language devrait en outre définir un type générique ancêtre de tous les autres types, tandis que quelques types de collections seront utilisés par des expressions de requêtes intermédiaires.

Des exigences complémentaires imposent à XML Query Language de prendre en charge la collection habituelle d'opérations arithmétiques, logiques et portant sur les chaînes (y compris diverses sortes d'indexation et de tri). De nombreuses opérations, comme le tri, seront probablement exprimées sous forme de fonctions dans les requêtes (comme `sort()`).

Modèle de données

Le modèle de données de requête XML (*XML Query Data Model*) procure une base pour XML Query Language. Le projet actuel de la recommandation peut être trouvé à l'adresse http://www.w3.org/TR/query-datamodel (datée du 11 mai 2000 au moment de la rédaction de cet ouvrage). Remarquez toutefois que ce projet de recommandation est toujours en cours de modification et ne constitue en rien une spécification officielle.

Le modèle de données décrit l'ensemble des informations accessibles à une requête, ainsi que les opérations fondamentales de construction de cette information à partir de rien (**constructors**) et d'accès à cette information (**accessors**). La syntaxe utilisée pour décrire le modèle n'offre aucun intérêt : il s'agit d'un modèle abstrait, pas d'une API. Cette section procure un aperçu du modèle de données et de certaines des conséquences en matières d'implémentation qui en découlent.

Collections

Le modèle de données définit trois types de collection : les **listes** ordonnées (autorisant les doublons), les **ensembles** non-ordonnés (*sets*, dépourvus de doublons) et les **paquets** non-ordonnés (*bags*, autorisant les doublons). Le quatrième type de collection, les listes ordonnées sans doublons, n'est actuellement pas défini dans le modèle de données. Ces trois types de collection sont hétérogènes, autrement dit leurs membres peuvent être de n'importe quel type, y compris des types collection.

Il est intéressant de remarquer que le modèle de données ne considère pas une hiérarchie arborescente comme une collection (comme le font la plupart des langages de programmation), mais plutôt comme un type `Node` distinct. Avant d'explorer les types de nœud, il est préférable d'expliquer les références aux nœuds.

Références

Le modèle de données inclut le concept d'**identité de nœud**. Toute instance d'un nœud possède sa propre identité. La copie d'un nœud revient à créer un nouveau nœud possédant une identité distincte. Le langage de requête utilise des **références aux nœuds** afin de pointer vers le nœud original. Les opérations sur les références aux nœuds modifient l'original, plutôt qu'une copie du nœud.

La référence à un nœud `N` s'exprime par `Ref(N)`. Le modèle de données dispose de deux fonctions, `ref` et `deref`, permettant d'établir la correspondance entre une instance de nœud et sa référence, et réciproquement. La valeur de référence spéciale `NaR` (*Not a Reference*) permet de gérer la situation où une valeur ne représente pas une référence de nœud valide (par exemple, une valeur IDREF désignant un ID absent du document).

Nœuds

Le modèle de données définit huit types de nœuds. L'un d'entre eux, `ValueNode`, qui possède une définition de type distincte, sera examiné à part dans la prochaine section. Un autre, `InfoItemNode`, correspond aux données de l'ensemble d'informations (*infoset*), et sera également décrit dans une autre section.

Voici les six autres types : `DocNode`, `ElemNode`, `AttrNode`, `NSNode`, `PINode` et `CommentNode`. Comme le suggèrent leurs noms, `ElemNode` correspond à un élément, `AttrNode`, à un attribut, `NSNode`, à une déclaration d'espace de noms, `PINode`, à une instruction de traitement et `CommentNode`, à un commentaire. Ce sont les composants classiques d'un document XML, que vous connaissez déjà. Le type `DocNode` représente un nœud document : mais comme le modèle de données prend en charge les fragments, un `DocNode` n'est pas obligatoire.

Dans la pratique, une **instance de modèle de données** constitue une liste, un panier ou un ensemble de zéro ou plusieurs instance(s) de nœud(s) document, élément, valeur, instruction de traitement et commentaire. À cause de l'identité de nœud, un nœud ne peut en d'autres termes appartenir à plus d'une instance de modèle de données.

Chacun de ces types de nœud possède un constructeur et zéro ou plusieurs méthode(s) d'accès. Ces dernières renvoient les informations stockées à l'aide du constructeur. Le constructeur et les méthodes d'accès constituent ensemble une implémentation évidente et littérale du modèle de données. Dans la pratique cependant, d'autres méthodes, comme le stockage relationnel complémentaire ou les tables adjacentes, constitueront probablement des représentations plus efficaces.

Les différentes méthodes des types de nœuds seront décrites après l'explication des types scalaires dont dépendent les types de nœuds.

Scalaires et ValueNodes

Dans le modèle de données XML Query, les valeurs scalaires sont exposées à l'aide du type `ValueNode`. Tout nœud valeur représente un des quatorze types simples de valeurs, ou un dérivé de l'un d'entre eux. Il s'agit de `binary`, `Boolean`, `decimal`, `double`, `ENTITY`, `float`, `ID`, `IDREF`, `QName`, `NOTATION`, `recurringDuration`, `string`, `timeDuration` et `uriReference`.

Comme le suggèrent leurs noms, certains d'entre eux sont de type numérique (`double`, `decimal`, `float`), d'autres, de type date/heure (`timeDuration` et `recurringDuration` sont des types abstraits dont dérivent `date`, `time` et les autres types traditionnels de temps), d'autres enfin, de type apparenté à XML (`ENTITY`, `ID`, *etc.*). Vous trouverez une description complète de ces types dans la spécification XML Schema Data Types à l'adresse http://www.w3.org/TR/xmlschema-2. Remarquez cependant qu'au moment de la rédaction de cet ouvrage, les spécifications Data Model et XML Schema n'étaient pas tout à fait synchronisées : `NOTATION` est devenu un type dérivé en XML Schema.

Les paramètres des constructeurs de ces types sont la valeur et une référence vers le nœud définissant le type. Ainsi, `ValueNode` prend en charge sans effort les sous-types, puisque la référence peut concerner un nœud définissant le sous-type. Le type `ValueNode` est lui-même quelque peu abstrait : il ne définit pas de constructeur. Le constructeur `QName` (qui crée un **nom qualifié**, autrement dit un nom local éventuellement doté d'un préfixe d'espace de noms) est unique parmi les constructeurs de valeur dans la mesure où il reçoit comme paramètres deux valeurs : un URI d'espace de noms facultatif et une partie locale. Son préfixe d'espace de noms n'est pas utilisé et n'est pas considéré comme appartenant au modèle de données.

Tout `ValueNode` possède deux méthodes d'accès (*accessors*), une pour obtenir le nœud de référence de type et l'autre pour récupérer une représentation chaîne de la valeur (la valeur textuelle). Chaque `ValueNode` possède également quinze méthodes à valeur booléenne afin de tester le type : `isStringValue`, `isBoolValue` et les autres sont détaillées dans la spécification Schema Data Type.

Des sous-types spécifiques de `ValueNode` peuvent en outre posséder leurs propres méthodes d'accès. Les valeurs textuelles possèdent une méthode `infoItems` renvoyant une liste (éventuellement vide) des références à tout `InfoItemNodes` associé (vous trouverez la description de `InfoItemNode` un peu plus loin dans cette section). Une valeur `QName` possède les méthodes d'accès `uriPart` et `localPart` afin de récupérer l'URI d'espace de noms et le nom local du nom qualifié. Enfin, `IDREF` et `uriReference` possèdent tous deux une méthode d'accès `referent` renvoyant une référence vers le `ElemNode` concerné, ou `NaR` s'il n'existe pas de tel élément.

Les différents types de nœuds valeur (ou les références à ceux-ci) sont utilisés comme paramètres pour les constructeurs des autres types de nœuds.

Constructeurs et méthodes d'accès de nœuds

Voici maintenant la description des constructeurs et méthodes d'accès des six autres nœuds.

Le constructeur de `DocNode` reçoit comme paramètre un emplacement et une liste non vide de nœuds enfants. L'emplacement est un nœud valeur `uriReference`, tandis que les enfants sont des références à des éléments, des instructions de traitement ou des commentaires : en d'autres termes, le contenu habituel d'un document XML. `DocNode` dispose de méthodes d'accès pour son emplacement et pour la liste des enfants.

Le constructeur de `ElemNode` reçoit les paramètres suivants : une référence à un nœud valeur `QName` constituant son nom, un ensemble de références à des nœuds espace de noms correspondant aux déclarations d'espaces de noms de l'élément, un ensemble de références à des nœuds attribut, une liste de référence à des nœuds enfants, ainsi qu'une référence à un nœud définissant le type (schéma) de l'élément. S'il n'y a pas de schéma, le type de l'élément est le type XSD `ur`. Les enfants sont des références à des nœuds élément, valeur, instruction de traitement, commentaire ou article d'information. Les méthodes d'accès de `ElemNode` correspondent à ces éléments (nom, espaces de noms, attributs, enfants et type), plus une méthode d'accès renvoyant une référence à l'élément parent du `ElemNode`.

Le constructeur de `AttrNode` possède deux paramètres : le nom de l'attribut (une référence à un `QName`), et sa valeur (une référence à `ValueNode`). Comme `ElemNode`, `AttrNode` possède des méthodes d'accès pour ces paramètres et pour son élément parent.

Le constructeur de `NSNode` possède deux paramètres : une référence vers le nœud valeur `string` constituant le préfixe d'espace de noms (s'il existe) et une référence à un nœud valeur `uriReference` constituant l'URI d'espace de noms (s'il existe). Comme `AttrNode`, `NSNode` possède des méthodes d'accès pour ces paramètres et pour son élément parent.

Le constructeur de `PINode` reçoit également deux arguments, tous deux des références à des nœuds valeur. Le premier argument est la cible de l'instruction de traitement et le second, sa valeur textuelle (*string-value*). `PINode` définit des méthodes d'accès pour ces deux paramètres et pour son nœud. Contrairement à `NSNode` et à `AttrNode`, `PINode` peut cependant, soit posséder un parent (qui est alors un `DocNode`), soit aucun parent si le `PINode` appartient directement à l'instance de modèle de données.

Enfin, le constructeur de `CommentNode` ne prend qu'un seul argument, une référence à une valeur textuelle, renfermant le contenu du commentaire. Cette référence de valeur est accessible à l'aide d'une méthode d'accès, de même qu'une référence vers le nœud parent du commentaire. Comme avec `PINode`, ce dernier peut être un `DocNode` ou `NaR`.

Articles d'information

Le type `InfoItemNode` est aussi spécial qu'opaque, correspondant à un des dix éléments d'information (**infoItems**) de l'ensemble d'informations. Comme il est opaque, il ne peut être inventorié, les implémentations sont donc libres de ne pas le prendre en considération (à condition bien sûr qu'elles n'aient pas besoin d'implémenter l'ensemble d'informations). Pour plus de détails sur `InfoItemNode`, reportez-vous à la spécification des ensembles informations à l'adresse http://www.w3.org/TR/xml-infoset, ou examinez l'annexe A de la spécification Data Model.

Types

La version de travail du modèle de données recense un certain nombre de débats non tranchés à ce jour. Parmi ceux-ci, la gestion des types.

Par exemple, le modèle de données définit le type de schéma d'un nœud au moment de la construction de ce nœud. Cette restriction peut être une contrainte inutile. Non seulement certains pourront souhaiter qu'un nœud soit d'un type différent au cours d'une requête (par exemple, considérer une valeur en virgule flottante comme un entier), mais des requêtes de transformations peuvent nécessiter la modification de la forme d'un nœud (donc son type) sans altérer son identité.

De même, le modèle de données ne gère pas encore les types simples XSD `list` et `union`. Il est hautement probable que les types du modèle de données, ainsi que XML Query Language, seront modifiés avant la spécification finale.

Implémentation

Du point de vue de l'implémenteur, la spécification du modèle de données est surtout utile comme cahier des charges fonctionnel. Toute implémentation incluant la totalité des fonctionnalités du modèle de données sera capable d'implémenter le XML Query Language en sur-couche de XML. Ce premier parvenant ainsi à un aboutissement théorique.

Une implémentation doit proposer toutes les fonctionnalités du modèle de données pour prendre en charge l'algèbre. Dans la pratique cependant, de nombreuses opérations mathématiques seront implémentées de façon différente que celle suggérée dans le modèle formel de données. Par exemple, la spécification actuelle du modèle de données exige la construction préliminaire de tous les enfants d'un nœud (par exemple, une implémentation de type DOM) avant de construire celui-ci. Dans la pratique, soit les implémentations ne disposent pas de cette information (par exemple, les implémentations de type SAX), soit vont trouver cette méthode de construction inefficace, et en conséquence n'utiliseront pas les constructeurs formels de nœuds du modèle de données.

Bien que le modèle de données soit décrit de façon **centrée sur les nœuds** (selon laquelle le modèle de données est représenté comme des nœuds dans un arbre, comme le DOM), cela n'empêche pas une implémentation **centrée sur les bordures** (dans laquelle le modèle de données est représenté comme des nœuds dans un diagramme). En fait, certaines opérations algébriques sont exprimées plus facilement dans un modèle centré sur les bordures que dans un modèle centré sur les nœuds.

Algèbre

XML Query Algebra décrit l'ensemble des opérations se situant au cœur de XML Query Language. L'algèbre de requête ne décrit pas une implémentation, mais plutôt les capacités abstraites de XML Query Language. Dans certains cas, l'implémentation découle naturellement de l'algèbre, mais dans d'autres cas une large place est laissée à l'expérimentation.

L'algèbre n'ayant pas encore donné lieu à un seul projet de recommandation, il est impossible d'en donner le moindre détail pour le moment. Le groupe de travail sur les requêtes devrait diffuser une version de travail peu après la publication de ce livre, si bien qu'il vaut mieux garder un œil sur le site web XML Query du W3C.

Vous pouvez trouver des informations complémentaires sur l'algèbre proposée sous les signatures de Fernández, Siméon, Suciu, et Wadler (voir http://cm.bell-labs.com/cm/cs/who/wadler/xml/index.html#algebra). Compte tenu de diverses remarques publiques et des présentations effectuées par le groupe de travail au cours des derniers mois, ce document devrait largement influencer la conception de l'algèbre de XML Query. Dans cet article, les auteurs proposent une algèbre de requête fortement typée (dans laquelle chaque expression possède un type connu au moment de la compilation). Cette algèbre prend en charge la récursivité structurelle, des boucles simples `for`, des variables locales, des définitions de fonctions, et toutes les fonctionnalités habituelles d'un langage de requête XML : arithmétique, construction de nœuds, ainsi qu'un équivalent des prédicats XPath ou des clauses SQL `WHERE`.

Quelles que soient la forme et les fonctions finalement offertes par l'algèbre, la plupart des utilisateurs interagiront avec celle-ci à l'aide d'un langage de requête de plus haut niveau. Bien que l'algèbre constitue la base formelle du XML Query Language, la facette la plus visible de celui-ci va être sa syntaxe. La prochaine section explore la syntaxe de plusieurs langages célèbres de requête XML, dont la plupart disposent déjà d'une implémentation disponible.

Syntaxe

Il est intéressant de remarquer qu'une des exigences de XML Query Language est qu'au moins une syntaxe soit exprimée à l'aide de XML. Il est logique de supposer que les versions XML seront essentiellement des représentations XML de l'arbre de syntaxe abstraite de les versions normales. Par exemple, pour représenter la somme : `2+2=4`, quelque chose comme suit pourrait être utilisé :

```
<egal>
   <ajouter>
      <nombre>2</nombre>
      <nombre>2</nombre>
   </ajouter>
   <number>4</number>
</egal>
```

L'intérêt principal d'une syntaxe XML est qu'il est possible d'intervenir sur celle-ci et de la transformer à l'aide d'outils XML, comme le XML Query Language lui-même.

Bien que certains clament qu'il ne devrait exister qu'une seule façon de réaliser une tâche, nous préférons la position de la communauté Perl en pensant qu'il existe plusieurs façon de faire les choses. Nous espérons réellement qu'il y aura plusieurs langages prenant en charge les requêtes XML, même si un seul est retenu comme standard. Certains de ces langages partageront des bases techniques avec le très officiel XML Query Language (comme son modèle de données ou son algèbre), tandis que d'autres en divergeront totalement. Il est également possible de prédire sans grand risque d'erreur qu'il y aura de petits langages de requêtes XML à objectifs spéciaux, conçus pour répondre à des besoins particuliers.

Il existe de nombreux langages capable d'effectuer des requêtes XML. Des recherches importantes ont également porté sur les langages de requêtes sur les graphes. Cette section examine quatre exemples issus de la communauté XML au cours des dernières années, influençant tous la conception du XML Query Language :

- **XPath**, déjà un standard dans sa première version ;
- **XSLT**, déjà un standard dans sa première version ;
- **Quilt**, encore en cours de développement ;
- **XSQL**, encore en cours de développement.

Tous sont sujets à modifications et améliorations, alors que la communauté XML acquiert davantage d'expérience à leur sujet.

Vous trouverez un aperçu de chacun de ces langages, suivi d'une évaluation critique de ses mérites et inconvénients en tant que langage de requête. Afin de faciliter la comparaison, les exemples de requêtes exprimées dans ces quatre langages concernent les mêmes données XML originales. Ces exemples ont été fondés sur l'utilisation du cas d'utilisation « R », tel que décrit dans le document d'exigences XML Query.

Le fragment XML utilisé pour les requêtes exemples est nommé `ch11_ex1.xml`. Voici son contenu :

```
<utilisateurs>
   <utilisateur uplet>
      <idutilisateur>U01</idutilisateur><nom>Tom Jones</nom><renom>B</renom>
   </utilisateur uplet>
   <utilisateur uplet>
      <idutilisateur>U02</idutilisateur><nom>Mary Doe</nom><renom>A</renom>
   </utilisateur uplet>
   <utilisateur uplet>
      <idutilisateur>U03</idutilisateur><nom>Dee Linquent</nom><renom>D</renom>
   </utilisateur uplet>
   <utilisateur uplet>
      <idutilisateur>U04</idutilisateur><nom>Roger Smith</nom><renom>C</renom>
```

```
    </utilisateur_uplet>
    <utilisateur uplet>
       <idutilisateur>U05</idutilisateur><nom>Jack Sprat</nom><renom>B</renom>
    </utilisateur uplet>
    <utilisateur uplet>
       <idutilisateur>U06</idutilisateur><nom>Rip Van Winkle</nom><renom>B</renom>
    </utilisateur uplet>
 <utilisateurs>
 <articles>
    <article uplet>
       <article>1001</article><desc>Bicyclette rouge</desc>
       <vendeur>U01</vendeur><prix reserve>40</prix reserve>
       <debut>1999-01-05</debut><fin>1999-01-20</fin>
    </article uplet>
    <article uplet>
       <article>1002</article><desc>Motocyclette</desc>
       <debut>1999-02-11</debut><fin>1999-03-15</fin>
       <vendeur>U02</vendeur><prix reserve>500</prix reserve>
    </article uplet>
    <article uplet>
       <article>1003</article><desc>Vieille bicyclette</desc>
       <debut>1999-01-10</debut><fin>1999-02-20</fin>
       <vendeur>U02</vendeur><prix reserve>25</prix reserve>
    </article uplet>
    <article uplet>
       <article>1004</article><desc>Tricycle</desc>
       <debut>1999-02-25</debut><fin>1999-03-08</fin>
       <vendeur>U01</vendeur><prix reserve>15</prix reserve>
    </article uplet>
    <article uplet>
       <article>1005</article><desc>Raquette de tennis</desc>
       <debut>1999-03-19</debut><fin>1999-04-30</fin>
       <vendeur>U03</vendeur><prix reserve>20</prix reserve>
    </article uplet>
    <article uplet>
       <article>1006</article><desc>Helicoptere</desc>
       <debut>1999-05-05</debut><fin>1999-05-25</fin>
       <vendeur>U03</vendeur><prix reserve>50000</prix reserve>
    </article uplet>
    <article uplet>
       <article>1007</article><desc>Velo de course</desc>
       <debut>1999-01-20</debut><fin>1999-02-20</fin>
       <vendeur>U04</vendeur><prix reserve>200</prix reserve>
    </article uplet>
    <article uplet>
       <article>1008</article><desc>Velo casse</desc>
       <debut>1999-02-05</debut><fin>1999-03-06</fin>
       <vendeur>U01</vendeur><prix reserve>25</prix reserve>
    </article uplet>
 </articles>
 <encheres>
 <enchere uplet>
    idutilisateur>U02</idutilisateur><article>1001</article><enchere>35</enchere>
 <date>1999-01-07</date>
 </enchere uplet>
 <enchere uplet>

 <idutilisateur>U04</idutilisateur><article>1001</article><enchere>40</enchere>
 <date>1999-01-08</date>
```

```
</enchere_uplet>
<enchere_uplet>
<idutilisateur>U02</idutilisateur><article>1001</article><enchere>45</enchere>
<date>1999-01-11</date>
</enchere_uplet>
<enchere_uplet>
<idutilisateur>U04</idutilisateur><article>1001</article><enchere>50</enchere>
<date>1999-01-13</date>
</enchere_uplet>
<enchere_uplet>
<idutilisateur>U02</idutilisateur><article>1001</article><enchere>55</enchere>
<date>1999-01-15</date>
</enchere_uplet>
<enchere_uplet>
<idutilisateur>U01</idutilisateur><article>1002</article><enchere>400</enchere>
<date>1999-02-14</date>
</enchere_uplet>
<enchere_uplet>
<idutilisateur>U02</idutilisateur><article>1002</article><enchere>600</enchere>
<date>1999-02-16</date>
</enchere_uplet>
<enchere_uplet>
<idutilisateur>U03</idutilisateur><article>1002</article><enchere>800</enchere>
<date>1999-02-17</date>
</enchere_uplet>
<enchere_uplet>
<idutilisateur>U04</idutilisateur><article>1002</article><enchere>1000</enchere>
<date>1999-02-25</date>
</enchere_uplet>
<enchere_uplet>
<idutilisateur>U02</idutilisateur><article>1002</article><enchere>1200</enchere>
<date>1999-03-02</date>
</enchere_uplet>
<enchere_uplet>
<idutilisateur>U04</idutilisateur><article>1003</article><enchere>15</enchere>
<date>1999-01-22</date>
</enchere_uplet>
<enchere_uplet>
<idutilisateur>U05</idutilisateur><article>1003</article><enchere>20</enchere>
<date>1999-02-03</date>
</enchere_uplet>
<enchere_uplet>
<idutilisateur>U01</idutilisateur><article>1004</article><enchere>40</enchere>
<date>1999-03-05</date>
</enchere_uplet>
<enchere_uplet>
<idutilisateur>U03</idutilisateur><article>1007</article><enchere>175</enchere>
<date>1999-01-25</date>
</enchere_uplet>
<enchere_uplet>
<idutilisateur>U05</idutilisateur><article>1007</article><enchere>200</enchere>
<date>1999-02-08</date>
</enchere_uplet>
<enchere_uplet>
<idutilisateur>U04</idutilisateur><article>1007</article><enchere>225</enchere>
<date>1999-02-12</date>
</enchere_uplet>
</encheres>
</utilisateurs>
```

Remarquez qu'il s'agit d'un fragment XML, et non d'un document XML bien formé.

Les quatre exemples de requêtes étudiés pour ces données sont :

1. Obtenir la liste des numéros et de la description de toutes les bicyclettes offertes aux enchères le premier février 1999, triée par numéro d'article. Cette requête devrait produire les résultats suivants :

```
<article_uplet><article>1003</article><desc>Vieille bicyclette</desc></article_uplet>
<article_uplet><article>1007</article><desc>Velo de course</desc></article_uplet>
```

2. Créer un avertissement pour tous les utilisateurs dont la renommée est inférieure à « `C` », proposant un article dont le prix de réserve est supérieur à 1000. Cette requête devrait produire ce qui suit :

```
<warning>
   <nom>Dee Linquent</nom><renom>D</renom>
   <desc>Helicoptere</desc><prix reserve>50000</prix reserve>
</warning>
```

3. Trouver tous les articles n'ayant donné lieu à aucune offre. Pour chacun, donner son numéro et sa description. Voici le résultat de cette requête :

```
<article_uplet><articleno>1005</articleno><desc>Raquette de
tennis</desc></article_uplet>
<article_uplet><articleno>1006</articleno><desc>Helicoptere</desc></article_uplet>
<article_uplet><articleno>1008</articleno><desc>Velo casse</desc></article_uplet>
```

4. Obtenir une liste alphabétique de tous les utilisateurs, avec la liste des articles (le cas échéant) pour lesquels cet utilisateur a placé une offre (par ordre alphabétique des descriptions). Le résultat attendu pour cette requête est :

```
<utilisateur>
   <nom>Dee Linquent</nom>
   <article>Motocyclette</article>
   <article>Velo de course</article>
</utilisateur>
<utilisateur>
   <nom>Jack Sprat</nom>
   <article>Vieille bicyclette</article>
   <article>Velo de course</article>
</utilisateur>
<utilisateur>
   <nom>Mary Doe</nom>
   <article>Motocyclette</article>
   <article>Bicyclette rouge</article>
</utilisateur>
<utilisateur>
   <nom>Rip Van Winkle</nom>
</utilisateur>
<utilisateur>
   <nom>Roger Smith</nom>
   <article>Motocyclette</article>
   <article>Vieille bicyclette</article>
```

```
    <article>Velo de course</article>
    <article>Bicyclette rouge</article>
</utilisateur>
<utilisateur>
    <nom>Tom Jones</nom>
    <article>Motocyclette</article>
    <article>Tricycle</article>
</utilisateur>
```

Examinez maintenant quelques langages de requête, ainsi que leurs capacités à exécuter ces requêtes.

XPath

Le langage **XML Path Language**, plus connu sous le nom de XPath, est un prototype de langage de requête XML à but spécialisé. Conçu à l'origine comme langage d'assistance de XSL (vous trouverez l'historique à l'adresse http://www.w3.org/TandS/QL/QL98/pp/xql.html), XPath a rencontré un excellent accueil en partie en raison de sa syntaxe compacte et de sa facilité d'utilisation. XPath dispose de moyens de sélectionner des nœuds dans un document XML en fonction de critères simples comme la structure, la position ou le contenu. XPath est totalement décrit dans la Recommandation W3C disponible à l'adresse http://www.w3.org/TR/xpath (datée du 16 novembre 1999, au moment de l'écriture de ce livre) et fait également l'objet du chapitre 8 de cet ouvrage.

Aperçu de XPath

Toute requête XPath est construite à partir de deux composants fondamentaux : la navigation (à l'aide d'étapes de localisation) et les prédicats (utilisant des expressions filtres). Les composants peuvent être combinés de différentes façons afin de procurer un langage à expressions riches à partir de quelques éléments syntaxiques.

La navigation signifie aller d'un emplacement du document XML à un autre. Par exemple, l'expression XPath `/Client/child::Commande` se compose de deux étapes de localisation : une étape absolue `/Client` sélectionnant tous les éléments de plus haut niveau nommés `<Client>`, suivie d'une étape relative `child::Commande` qui sélectionne alors les éléments enfants nommés `<Commande>` de la sélection courante. De même, l'expression XPath `/Client/attribute::Nom` sélectionne l'ensemble des attributs nommés `Nom` situés dans les éléments de plus haut niveau nommés `<Client>`. Comme il s'agit là d'opérations classiques, XPath propose des versions abrégées, `/Client/Commande` et `/Client/@Nom` respectivement pour ces deux requêtes. Il existe d'autres formes permettant de naviguer vers des espaces de noms, des commentaires, des nœuds texte, les parents, les ancêtres, les descendants, *etc.*

Les prédicats réalisent la tâche soit de sélectionner un nœud selon sa position dans la sélection courante, soit plus classiquement de supprimer des nœuds de la sélection courante s'ils ne satisfont pas une condition booléenne. Par exemple, `Client[@Nom='Penelope']` ne sélectionne que les éléments `Client` possédant un attribut `Nom` dont la valeur textuelle est `Penelope`. Cela est souvent lu « sélectionner Clients où Nom est égal à Penelope ». `Client[2]` sélectionne le second élément `Client`. XPath propose les habituelles opérations arithmétiques et de chaînes, ainsi que des fonctions permettant d'obtenir la position du nœud courant ou de trouver un nœud d'après son `ID` XML.

Évaluer XPath en tant que langage de requête

En dépit de ces fonctionnalités, XPath laisse beaucoup à désirer en tant que langage de requête. Bien qu'il possède une syntaxe extrêmement compacte, celle-ci reste très étrange. Par exemple, il n'existe pas de mécanisme d'échappement de caractère pour les chaînes, tandis que les prédicats ne peuvent être appliqués aux formes abrégées des axes `parent` (`..`) et `self` (`.`).

Outre ces limites syntaxiques arbitraires, XPath possède également d'étranges sémantiques. L'incohérence la plus manifeste est sans doute sa gestion des expressions à l'aide d'ensembles de nœuds. XPath utilise parfois une sémantique « tout » : par exemple, les comparaisons relationnelles ou égalitaires s'effectuent sur tous les membres de l'ensemble. Le reste du temps, XPath ne fonctionne que sur le premier nœud de l'ensemble : par exemple, les conversions en chaînes ou en nombres, qui se produisent implicitement dans de nombreuses expressions, ne sont appliquées qu'au premier membre de l'ensemble. En conséquence, l'expression XPath `Client[Commande/@Nombre > 10]` peut produire des résultats différents de `Client[0+Commande/@Nombre > 10]`, malgré leur ressemblance trompeuse.

Une fois que vous avez réussi à éviter de tels pièges, XPath devient une façon très pratique de sélectionner des portions de document XML. XPath est si compact et sa syntaxe si familière, car elle est très proche de la syntaxe des chemins d'accès aux fichiers et de celle des URL, que la plupart des langages de requêtes XML actuels incorporent au moins une partie de sa syntaxe.

XPath reste cependant très limité dès qu'il ne s'agit plus de sélection. Il ne possède que trois types simples de données (booléen, chaîne et nombre), sans réserves pour d'autres types. XPath possède de nombreuses fonctions de manipulation de chaînes, mais ne dispose d'aucune façon pratique (ni efficace) de travailler avec des chaînes insensibles à la casse ou d'exécuter des expressions régulières, comme aiment à les utiliser de nombreux programmeurs. En outre, une requête XPath sélectionne l'intégralité des nœuds, ne pouvant se contenter d'une partie de nœud ou produire un résultat obtenu par la combinaison de plusieurs nœuds source distincts.

En fait, XPath n'est pas un langage universel : il ne peut construire des données absentes du XML original et ne peut modifier celui-ci. En conséquence, XPath ne peut effectuer totalement aucune des requêtes exemples énumérées précédemment, bien que, comme vous le verrez, il s'en approche fortement.

Exemples XPath

1. Obtenir la liste des numéros et de la description de toutes les bicyclettes offertes aux enchères le premier février 1999, triée par numéro d'article.

   XPath ne peut choisir de façon sélective uniquement le numéro d'article et la description, et ne peut effectuer de tri selon le numéro d'article (bien que le résultat apparaisse trié, mais uniquement parce que tel était l'ordre du document original). Malheureusement, XPath étant également incapable d'effectuer des comparaisons relationnelles de chaînes ou de dates, il ne peut comparer les dates de début et de fin au premier février pour obtenir le résultat souhaité.

De nombreuses implémentations de XPath permettent de façon incorrecte à une expression telle @Nom > 'M' de sélectionner tous les attributs Nom supérieurs à 'M' dans l'ordre normal de chaîne. La spécification XPath précise effectivement qu'au cours de telles comparaisons, les deux côtés doivent être convertis en nombres, puis ces nombres comparés.

Si XPath prend en charge les comparaisons de chaînes, alors cette expression :

```
/articles/article_uplet[ ( contains(desc, 'Velo') or contains(desc, 'Bicyclette')
) and debut<='1999-02-01' and fin >= '1999-02-01' ]
```

sélectionne la totalité de `article_uplet` pour les deux articles répondant au critère de requête.

```
<article_uplet>
   <article>1003</article><desc>Vieille bicyclette</desc>
   <debut>1999-01-10</debut><fin>1999-02-20</fin>
   <vendeur>U02</vendeur><prix reserve>25</prix reserve>
</article_uplet>
<article_uplet>
   <article>1007</article><desc>Velo de course</desc>
   <debut>1999-01-20</debut><fin>1999-02-20</fin>
   <vendeur>U04</vendeur><prix reserve>200</prix reserve>
</article_uplet>
```

2. Créer un avertissement pour tous les utilisateurs dont la renommée est inférieure à « `C` », et proposant un article dont le prix de réserve est supérieur à 1000.

Une fois encore, XPath ne peut créer des éléments absents du document original, de même qu'il ne peut fusionner des portions de deux éléments différents dans un seul résultat. XPath peut en revanche sélectionner les éléments `utilisateur_uplet` correspondant à la requête :

```
/utilisateurs/utilisateur_uplet[renom > 'C' and
   idutilisateur = /articles/article_uplet[prix_reserve > 1000]/vendeur ]
```

Cela aboutit au résultat suivant :

```
<utilisateur_uplet>
   <idutilisateur>U03</idutilisateur><nom>Dee Linquent</nom><renom>D</renom>
</utilisateur_uplet>
```

3. Trouver tous les articles n'ayant donné lieu à aucune offre. Pour chacun, donner son numéro et sa description.
L'expression XPath suivante :

```
/articles/article_uplet[ not(article = /encheres/enchere_uplet/article) ]
```

sélectionne tous les articles n'ayant pas reçu d'offre :

```
<article_uplet>
   <article>1005</article><desc>Raquette de tennis</desc>
   <debut>1999-03-19</debut><fin>1999-04-30</fin>
   <vendeur>U03</vendeur><prix reserve>20</prix reserve>
</article_uplet>
<article_uplet>
   <article>1006</article><desc>Helicoptere</desc>
   <debut>1999-05-05</debut><fin>1999-05-25</fin>
   <vendeur>U03</vendeur><prix reserve>50000</prix reserve>
</article_uplet>
<article_uplet>
   <article>1007</article><desc>Velo de course</desc>
   <debut>1999-01-20</debut><fin>1999-02-20</fin>
   <vendeur>U04</vendeur><prix_reserve>200</prix_reserve>
```

```
</article_uplet>
<article_uplet>
   <article>1008</article><desc>Velo casse</desc>
   <debut>1999-02-05</debut><fin>1999-03-06</fin>
   <vendeur>U01</vendeur><prix reserve>25</prix reserve>
</article_uplet>
```

4. Obtenir une liste alphabétique de tous les utilisateurs, avec la liste des articles (le cas échéant) pour lesquels cet utilisateur a placé une offre (par ordre alphabétique des descriptions).
   Comme il est incapable de réaliser de tri alphabétique ou de combiner des articles avec des utilisateurs, XPath ne peut pas exécuter cette requête.

XSLT

XSLT (*eXtensible Stylesheet Language: Transformations*) est un langage permettant la transformation de documents XML en nouvelles formes. Pour y parvenir, XSLT propose un moyen (XPath) pour sélectionner facilement des portions de document XML, ainsi que des façons de remettre en forme ou de manipuler de façon quelconque cette sélection. Vous pourrez trouver davantage d'informations sur XSLT en examinant la spécification W3C à l'adresse http://www.w3.org/TR/xslt ou en consultant l'ouvrage de Wrox Press, *XSLT Programmer's Reference*[1], *(ISBN 1861003129).*

Aperçu de XSLT

XSLT utilise une syntaxe fondée sur XML de type déclarative et par essence récursive. XSLT exprime les transformations à l'aide de règles, ou **modèles**, dépourvus d'effets de bord (ce qui signifie que tout modèle n'affecte aucune variable globale ou d'état à l'exception des siennes propres). Plutôt que d'utiliser des opérations explicitement décrites à effectuer dans un ordre précis, XSLT exécute les règles en les comparant aux données. XSLT est de ce fait un langage de requête piloté par les données.

XSLT dispose de nombreuses fonctions de transformation. Par conception, il ne possède pas de mécanisme visant à modifier le XML original : une requête XSLT aboutit à la place à une copie des données (souvent transformée en autre représentation, par exemple HTML). Une feuille de style peut également créer un nouveau document XML à partir de zéro (en incorporant le résultat dans la feuille de style) et supprimer un document XML (en ne produisant aucune sortie), bien que cela ne soit intéressant que comme exercices théoriques.

Une feuille de style XSLT classique contient un ou plusieurs modèles identifiant les éléments d'après leur nom. Lorsqu'un modèle identifie une donnée entrante, les règles du modèle sont exécutées. Toutes les sélections XPath sont relatives au contexte courant, en l'occurrence l'élément identifié.

Le XML normal présent dans la feuille de style est sorti directement, mais, plus important, les éléments de l'espace de noms XSLT décrivent les opérations sur les données entrantes. Parmi ces opérations, la copie directe des données d'entrée vers la sortie ou l'utilisation de portions des données entrantes dans la sortie. Vous découvrirez dans la suite de cette section des exemples de ces opérations. Enfin, une règle par défaut est appliquée aux données d'entrées ne correspondant à aucune règle. Cette règle par défaut copie les valeurs des nœuds de texte et des attributs dans le résultat.

[1] Note : ouvrage non disponible en français

XSLT en tant que langage de requête

Globalement, XSLT est un langage extrêmement souple, capable d'effectuer les quatre requêtes exemples. À l'aide d'inclusion, XSLT peut même fonctionner sur de multiples documents. XSLT présente cependant quelques inconvénients. Notamment, il ne reconnaît actuellement pas XSD et possède les mêmes limites de prise en charge des types de données que XPath. Quelques fonctionnalités sont malheureusement absentes de XSLT : il n'existe par exemple aucune méthode (standard) pour obtenir la date ou l'heure courante.

En outre, XSLT ne sait pas fonctionner sur des fragments XML, exigeant des documents XML bien formés. Et enfin, XSLT est très délicat à optimiser : en fait, toutes les implémentations XSLT actuelles exigent le chargement en mémoire de la totalité du document avant que XSLT ne puisse être exécuté. De toute évidence, cette contrainte devra être levée avant que XSLT ne soit capable de traiter efficacement de gros ensembles de données XML (avec plusieurs millions de nœuds).

Exemples XSLT

Tous ces exemples nécessitent d'encapsuler l'instance des données dans un élément de plus haut niveau, par exemple `<racine>`. Ceci fait, XSLT est capable de réaliser les quatre requêtes. Dans la pratique, les solutions XPath partielles décrites auparavant sont utilisées dans la construction de ces requêtes XSLT.

1. Obtenir la liste des numéros et de la description de toutes les bicyclettes offertes aux enchères le premier février 1999, triée par numéro d'article.

   XSLT résout cette requête avec une grande efficacité :

```
<xsl:transform version="1.0" xmlns:xsl="http://www.w3.org/1999/XSL/Transform">
   <xsl:template match="racine">
       <xsl:apply-templates select="articles/article_uplet[ ( contains(desc,
      'Velo') or contains(desc, 'Bicyclette') ) and debut &lt;= '1999-02-01' and
      fin &gt;= '1999-02-01' ]">
           <xsl:sort select="article"/>
       </xsl:apply-templates>
   </xsl:template>
   <xsl:template match="article_uplet">
       <article_uplet>
           <article><xsl:value-of select="article"/></article>
           <desc><xsl:value-of select="desc"/></desc>
       </article_uplet>
   </xsl:template>
</xsl:transform>
```

2. Créer un avertissement pour tous les utilisateurs dont la renommée est inférieure à « C », et proposant un article dont le prix de réserve est supérieur à 1000.

   Les jointures sont quelque peu difficiles en XSLT (comme en XPath), mais peuvent être réalisées. Dans cet exemple, il est impossible de réutiliser la requête XPath précédente sans modification, puisque le résultat doit contenir des données provenant de différentes parties de l'expression XPath. Il faut également avoir recours à des variables ou à tout autre dispositif pour pouvoir sélectionner des valeurs des deux côtés de la jointure.

```
<xsl:transform version="1.0" xmlns:xsl="http://www.w3.org/1999/XSL/Transform">
   <xsl:template match="racine">
       <xsl:apply-templates select="articles/article_uplet[prix_reserve &gt;
```

```
        1000]"/>
    </xsl:template>
    <xsl:template match="article_uplet">
        <xsl:variable nom="desc" select="desc"/>
        <xsl:variable nom="price" select="prix reserve"/>
        <xsl:variable nom="by" select="vendeur"/>
        <xsl:for-each select="/racine/utilisateurs/utilisateur_uplet[renom &gt; 'C'
        and idutilisateur =
            $by]">
            <warning>
                <nom><xsl:value-of select="nom"/></nom>
                <renom><xsl:value-of select="renom"/></renom>
                <desc><xsl:value-of select="$desc"/></desc>
                <prix reserve><xsl:value-of select="$price"/></prix reserve>
            </warning>
        </xsl:for-each>
    </xsl:template>
</xsl:transform>
```

3. Trouver tous les articles n'ayant donné lieu à aucune offre. Pour chacun, donner son numéro et sa description.

```
<xsl:transform version="1.0" xmlns:xsl="http://www.w3.org/1999/XSL/Transform">
    <xsl:template match="racine">
        <xsl:apply-templates select="articles/article_uplet[ not(article =
            /racine/encheres/enchere_uplet/article) ]"/>
    </xsl:template>
    <xsl:template match="article_uplet">
        <article_uplet>
            <articleno><xsl:value-of select="article"/></articleno>
            <desc><xsl:value-of select="desc"/></desc>
        </article_uplet>
    </xsl:template>
</xsl:transform>
```

4. Obtenir une liste alphabétique de tous les utilisateurs, avec la liste des articles (le cas échéant) pour lesquels cet utilisateur a placé une offre (par ordre alphabétique des descriptions).

```
<xsl:transform version="1.0" xmlns:xsl="http://www.w3.org/1999/XSL/Transform">
    <xsl:template match="racine">
        <xsl:apply-templates select="utilisateurs/utilisateur_uplet">
            <xsl:sort select="nom"/>
        </xsl:apply-templates>
    </xsl:template>
    <xsl:template match="utilisateur_uplet">
        <utilisateur>
            <nom><xsl:value-of select="nom"/></nom>
            <xsl:variable nom="id" select="idutilisateur"/>
            <xsl:apply-templates
select="/racine/encheres/enchere_uplet[idutilisateur=$id]" />
        </utilisateur>
    </xsl:template>
```

```
    <xsl:template match="enchere_uplet">
      <xsl:variable nom="article" select="article"/>
      <xsl:apply-templates select="//article_uplet[article = $article]">
        <xsl:sort select="desc"/>
      </xsl:apply-templates>
    </xsl:template>
    <xsl:template match="article_uplet">
      <article><xsl:value-of select="desc"/></article>
    </xsl:template>
</xsl:transform>
```

Quilt

Créé par Don Chamberlain, Dana Florescu et Jonathan Robie, Quilt est un des nombreux langages de requêtes XML proposés. Pour plus de détails et un prototype d'implémentation, reportez-vous à l'adresse http://www.almaden.ibm.com/cs/people/chamberlin/quilt.html. Cette section décrit la version de Quilt présentée dans le document *Quilt: An XML Query Language for Heterogeneous Data Sources*, pouvant être trouvé sur le web à l'adresse précédente.

Aperçu de Quilt

Nommé ainsi en raison de ses origines disparates, Quilt inclut des concepts provenant de nombreux autres langages. Comme XSLT, Quilt utilise des expressions de localisation fondées sur XPath pour faire référence à des portions de document. Quilt y ajoute une fonction `document()` afin de charger du XML à partir d'une URL, ainsi qu'un opérateur de référence `->` similaire à la fonction `id()` de XPath afin de suivre les références `ID`.

Une requête Quilt typique se compose d'une expression nommée « flower », d'après les initiales FLWR correspondant aux parties individuelles de la requête : `FOR`, `LET`, `WHERE`, `RETURN`. La clause `FOR` lie des variables aux membres d'une expression de valeur ensemble de nœuds, comme les itérateurs d'autres langages. La clause `LET` lie des variables à des expressions, éventuellement formées à partir des variables liées dans la clause `FOR`. La clause `WHERE` filtre les expressions de variables comme une clause SQL `WHERE` ou un prédicat XPath. Enfin, la clause `RETURN` génère la sortie de la requête.

Toute requête contient une ou plusieurs clauses `FOR`, zéro ou plusieurs clause(s) `LET`, une clause `WHERE` facultative et une clause `RETURN`. Quilt prend également en charge les clauses `NAMESPACE` pour la liaison de préfixes d'espaces de noms à des URI et les clauses `FUNCTION` pour les fonctions définies par l'utilisateur.

Quilt en tant que langage de requête

Sous la syntaxe proposée, Quilt répond à toutes les exigences du XML Query Language sauf une : une syntaxe fondée sur XML. Cette dernière exigence n'est cependant pas quelque chose d'insurmontable. Globalement, Quilt dispose de robustes capacités de sélection et de création XML, apparaissant comme l'un des plus « matures » des langages de requête XML derrière XSLT.

Les requêtes Quilt sont également très concises. Comme vous le verrez dans les exemples ultérieurs, Quilt aboutit aux mêmes fonctionnalités que XSLT, en deux fois moins de place. Cela est partiellement dû à l'excellente utilisation des variables par Quilt, et partiellement au fait que celui-ci possède une syntaxe lisible par un humain et non une syntaxe XML.

Au moment de la rédaction de ce livre, Quilt souffre de deux défauts : il ne possède pas de règles de saisie et ne dispose d'aucun moyen permettant d'accéder aux informations de schéma XML associées à une instance XML. En conséquence, les capacités de calcul de Quilt sont définies bien plus légèrement que ses capacités de navigation et de transformation.

Exemples Quilt

Il n'est donc guère surprenant que Quilt soit capable d'exécuter les quatre requêtes exemples. En fait, chaque requête possède même plusieurs réponses possibles : les solutions démontrant les capacités de Quilt sont retenues et pas forcément les solutions optimales. Dans chaque requête, les données XML originales sont référencées sous le nom `ch11_ex1.xml`.

1. Obtenir la liste des numéros et de la description de toutes les bicyclettes offertes aux enchères le premier février 1999, triée par numéro d'article.

```
FOR $i IN document("ch10_ex1.xml")//article_uplet
WHERE (contains($i/desc, "Velo") OR contains($i/desc, "Bicyclette"))
   AND $i/debut <= "1999-02-01" AND $i/fin >= "1999-02-01"
RETURN <article_uplet>$i/article, $i/desc</article_uplet> SORTBY(article)
```

2. Créer un avertissement pour tous les utilisateurs dont la renommée est inférieure à « C », et proposant un article dont le prix de réserve est supérieur à 1000.

```
FOR $u IN document("ch10_ex1.xml")//utilisateur_uplet[renom > "C"],
   $i IN document("ch10_ex1.xml")//article_uplet[prix_reserve > 1000]
WHERE $u/idutilisateur = $i/vendeur
RETURN <warning>$u/nom, $u/renom, $i/desc, $i/prix_reserve</warning>
```

3. Trouver tous les articles n'ayant donné lieu à aucune offre. Pour chacun, donner son numéro et sa description.

```
FOR $enchere_articles IN
distinct(document("ch10_ex1.xml")/encheres/enchere_uplet/article)
LET $i := document("ch10_ex1.xml")//article_uplet[not(article =
$enchere_articles/article)]
RETURN<article_uplet><articleno>$i/article/text()</articleno>,$i/desc</article_up
let>
```

4. Obtenir une liste alphabétique de tous les utilisateurs, avec la liste des articles (le cas échéant) pour lesquels cet utilisateur a placé une offre (par ordre alphabétique des descriptions).

```
FOR $u IN document("ch10_ex1.xml")//utilisateur_uplet
RETURN
<utilisateur>$u/nom,
   FOR $b IN document("ch10_ex1.xml")//enchere_uplet[idutilisateur =
$u/idutilisateur]
   LET $i := document("ch10_ex1.xml")//article_uplet[article = $b/article]
   RETURN <article>$i/desc/text()</article> SORTBY(.)
</utilisateur> SORTBY(nom)
```

XSQL

Créé par David Beech d'Oracle, XSQL (*XML Structured Query Language*) a retenu une approche différente. Conçu afin d'être pleinement compatible avec SQL-99 et avec SQL/MM Full-Text, XSQL est bien plus proche de SQL que de tout autre langage de requête XML.

Aperçu de XSQL

XSQL étend SQL avec deux importantes expressions syntaxiques. Une clause `FOR` remplace la clause standard `FROM` pour les itérations à travers une collection : cela est similaire à la clause `FOR` de Quilt, mais avec une syntaxe différente. Une clause `AS` nomme une collection. En termes pratiques, elle encapsule le résultat d'un `SELECT` (qui serait alors une collection non nommée) dans un élément `tag` (`AS tag SELECT`...).

XSQL utilise également les fonctionnalités actuelles de SQL-99, comme l'opérateur de référence `->` afin de suivre des liens intra-document, et `WITH RECURSIVE` pour définir des requêtes récursives. XSQL utilise également une syntaxe de localisation qui est un hybride entre XPath et SQL-99, utilisant `.` au lieu de / pour séparer les étapes.

XSQL en tant que langage de requête

XSQL a l'avantage et l'inconvénient d'être construit sur l'algèbre relationnelle et la syntaxe SQL, bien connues. Il hérite de tous les avantages de SQL-99, seules quelques modifications étant apportées à la syntaxe et à la sémantique SQL. Cela signifie que XSQL devrait être rapidement adopté par les éditeurs de SQL-99, qu'il soit ou non retenu comme syntaxe du XML Query Language du W3C. Les développeurs habitués à SQL-99 seront capables de transférer la plupart de leurs connaissances sur XSQL.

Cela signifie cependant que XSQL véhicule tous les bagages de SQL, parmi lesquels de nombreuses fonctionnalités superflues pour un langage de requête XML. En exigeant des implémenteurs qu'ils prennent en charge la plus grande partie de SQL-99 et de SQL/MM Full-text, XSQL dresse une barrière à la venue de nouvelles implémentations créées à partir de zéro. De même, les développeurs peu familiers avec SQL-99 peuvent ressentir la syntaxe XSQL comme plus difficile à apprendre que celles des autres langages de requête XML.

XSQL fonctionne très bien avec un XML dont la structure est un tant soit peu relationnelle (comme les exemples utilisés pour illustrer chaque langage de requête), mais demande quelques contorsions pour des XML moins relationnels ou des transformations complexes. Il existe également des situations où les modèles de données SQL et XML divergent largement. Plus particulièrement, la façon dont XSQL adresse le système de types XSD reste peu claire.

Exemples XSQL

1. Obtenir la liste des numéros et de la description de toutes les bicyclettes offertes aux enchères le premier février 1999, triée par numéro d'article.

```
SELECT (i.article, i.description) AS article_uplet
FOR i IN "exemple.xml".articles
WHERE i.debut <= '1999-02-01' AND i.fin >= '1999-02-01'
  AND (Contains(i.desc, "Bicyclette" OR Contains(i.desc, "Velo"))
ORDER BY i.article
```

2. Créer un avertissement pour tous les utilisateurs dont la renommée est inférieure à « C », et proposant un article dont le prix de réserve est supérieur à 1000.

```
SELECT (u.nom, u.renom, i.desc, i.prix reserve) AS warning
FOR i IN "exemple.xml".articles, u IN "exemple.xml".utilisateurs
WHERE u.renom > 'C' AND i.prix reserve > 1000 AND u.idutilisateur = i.vendeur
```

3. Trouver tous les articles n'ayant donné lieu à aucune offre. Pour chacun, donner son numéro et sa description.

```
SELECT (i.article AS articleno, i.desc) AS article_tuple
FOR i IN "exemple.xml"
WHERE NOT EXISTS
(
   SELECT b
   FOR b IN "exemple.xml".encheres
   WHERE b.article = i.article
)
```

4. Obtenir une liste alphabétique de tous les utilisateurs, avec la liste des articles (le cas échéant) pour lesquels cet utilisateur a placé une offre (par ordre alphabétique des descriptions).

```
SELECT (u.nom, (
   SELECT i.desc AS article
   FOR i IN "exemple.xml".articles, b IN "exemple.xml".encheres
   WHERE b.idutilisateur = u.idutilisateur AND b.article = i.article
   ORDER BY i.desc
   )
) AS utilisateur
FOR u IN "exemple.xml".utilisateurs
ORDER BY u.nom
```

Résumé

Le XML Query Language se compose d'un modèle de données, d'une algèbre formelle et d'une ou de plusieurs syntaxes. Le modèle de données décrit l'information accessible par une requête, y compris tous les types de nœuds XML, les types scalaires et les liens `ID/IDREF`. L'algèbre décrit les opérations pouvant être appliquées au modèle de données, comme la navigation dans une hiérarchie XML, le calcul de valeurs, les jointures entre plusieurs sources XML et la construction de résultats XML. Les syntaxes sont des représentations visibles par l'utilisateur de l'algèbre. Au moins l'une d'entre elles doit être exprimée à l'aide de XML.

Le XML Query Language devrait atteindre le stade de candidat à recommandation fin 2001. La plus grande partie des détails techniques sont déjà en place, le reste devant être largement éclairci au moment de la publication de ce livre. Le XML Query Language devrait améliorer de façon significative la boîte à outils du développeur grâce à de nouveaux et puissants moyens d'effectuer des requêtes XML.

Résumé

12

Fichiers à plat

Ce chapitre étudie les fichiers à plat et certains des problèmes rencontrés lors du déplacement de données entre fichiers à plat et XML. Vous y découvrirez également quelques techniques permettant d'établir une correspondance entre XML et des fichiers à plat, ainsi que les problèmes susceptibles de se poser au cours de cette opération. Nous allons examiner ces méthodes pour décider de celles qui sont les plus adaptées.

Les fichiers à plat stockent des données d'une façon le plus souvent spécifique à l'application qui les utilise et on les rencontre fréquemment lors du travail avec des systèmes hérités. Les fichiers de configuration sont souvent des fichiers à plat. Avec Windows, `system.ini` et `win.ini` sont des exemples de tels fichiers à plat, tandis qu'avec UNIX pratiquement tout fichier de configuration est un fichier à plat, comme les boîtes systèmes de réception de courrier. Les systèmes hérités stockent leurs données de façon native selon un format de fichier à plat, ou possèdent déjà un mécanisme permettant d'importer ou d'exporter des données selon ce format. Un des avantages inhérents aux fichiers à plat, par comparaison avec un tableau de correspondance, est qu'un développeur peut modifier le paramètrage ou d'une façon quelconque lire et traiter des données qui se trouveraient autrement dans un format propriétaire. Le fait d'apprendre à récupérer des données se présentant ainsi et à les transformer en une forme plus utile pour votre nouveau système peut vous épargner de coûteuses mises à jour du code hérité.

Ce chapitre nous apprend à :

- diviser des fichiers à plat en paires nom-valeur (pour faciliter la mise en correspondance) ;
- transformer des fichiers délimités en fichiers XML ;
- transformer des fichiers à largeur fixe en fichiers XML ;
- transformer des fichiers à enregistrements balisés en fichiers XML ;
- transformer des fichiers XML en fichiers délimités ;
- transformer des fichiers XML en fichiers à largeur fixe ;
- transformer des fichiers XML en fichiers à enregistrements balisés.

Types de fichiers à plat

Il existe trois grands types de fichiers à plat classiquement utilisés pour des données. En apprenant à manipuler, créer et utiliser des fichiers sous ces trois formes, vous devriez être capable de traiter pratiquement n'importe quel fichier à plat ou de créer tout type de fichier à plat exigé par un système client.

Délimité

Dans un fichier **délimité**, les champs de données apparaissent comme vous pourriez l'imaginer : ils sont séparés, ou délimités, par un caractère prédéfini (un caractère supposé ne figurer dans aucun des champs de données). Les délimiteurs les plus fréquents sont les caractères virgule, deux-points, tabulation et barre verticale. Chaque enregistrement se termine classiquement par un saut de ligne consolidé (la paire saut de ligne-retour chariot). Si un saut consolidé est le caractère de fin utilisé, cela pose des problèmes lors de la conversion entre UNIX et DOS/Windows, par exemple. Vous trouverez ci-dessous un exemple de fichier délimité utilisant une virgule comme séparateur. Si un champ est vide, vous trouvez deux séparateurs adjacents, comme dans le second exemple.

```
Kevin Williams,744 Evergreen
Terrace,Springfield,KY,12345,12/01/2000,12/04/2000

Homer Simpson,742 Evergreen Terrace,Springfield,KY,,12/02/2000,12/05/2000
```

Largeur fixe

Dans un fichier à **largeur fixe**, chaque champ de données se voit allouer un nombre d'octets particulier. Il s'agit du type que vous êtes susceptible de rencontrer en travaillant avec des systèmes hérités COBOL. Il y a souvent (mais pas toujours) un saut de ligne consolidé à la fin de chaque enregistrement. Voici un exemple de fichier à largeur fixe. C'est un exemple qui manque un peu de naturel. En principe, la longueur de chaque champ exige que la ligne excède la largeur de l'écran, mais, tant qu'il n'y a pas de saut de ligne consolidé, cela ne pose pas de problème.

```
Kevin Williams 744 Evergreen Terrace  Springfield   KY12345
12/01/200012/04/2000
```

```
Homer Simpson  742 Evergreen Terrace  Springfield   KY12345
12/02/200012/05/2000
```

Enregistrements balisés

Les fichiers à **enregistrements balisés** apportent une structure rudimentaire aux fichiers à plat. Des balises peuvent être utilisées pour des fichiers délimités ou à largeur fixe, servant à indiquer ce que représente le reste de l'enregistrement dans lequel elles apparaissent. Vous pourriez, par exemple, faire en sorte que le premier caractère d'un enregistrement indique s'il s'agit d'une facture (F), d'un client (C), ou d'une ligne de facture (L). Le reste de la signification de l'enregistrement dépend alors du type d'enregistrement. Voici un exemple de fichier à enregistrements balisés :

```
F,12/01/2000,12/04/2000
C,Kevin Williams,744 Evergreen Terrace,Springfield,KY,12345
L,bleu,9 cm. Machins,0001700000.10
L,argent,14 cm. Trucs,0002200000.20
F,12/02/2000,12/05/2000
C,Homer Simpson,742 Evergreen Terrace,Springfield,KY,12345
L,rouge,4 cm. Chose,0001300000.30
L,bleu,9 cm. Machins,0001100000.10
```

Problèmes

Lors du transfert de données depuis XML vers des fichiers à plat et réciproquement, vous rencontrerez quelques problèmes classiques. Examinez-les, afin de voir comment les résoudre correctement lors de l'écriture de votre code.

Niveau de normalisation

La différence la plus évidente entre documents XML et fichiers à plat est le niveau de normalisation : les fichiers à plat, à l'exception de ceux à enregistrements balisés, sont normalement totalement dépourvus de normalisation. Comme une structure XML bien formée est largement normalisée, le code devra, soit ajouter, soit éliminer la normalisation lors du passage depuis ou vers des structures de fichiers à plat. Lorsque vous aborderez les méthodes de mise en œuvre de ce type de transformation, plus loin dans ce chapitre, vous verrez comment effectuer cette normalisation ou dénormalisation avec un minimum d'efforts.

Pour en apprendre plus sur la normalisation et la dénormalisation, reportez-vous à l'annexe B, traitant des bases de données relationnelles.

Mise en forme de données

Un autre problème fréquemment rencontré au cours du travail avec des fichiers à plat concerne le format des données. De nombreux systèmes hérités, en raison de l'existence de contraintes de taille ou d'autres exigences, utilisent des schémas de mise en forme complexes pouvant être difficilement compréhensibles. Imaginez, par exemple, qu'un champ numérique d'un fichier à plat contienne les données suivantes :

```
D5417
```

Pour déchiffrer cette valeur, examinez la description du fichier à plat. Celle-ci indique que le champ possède deux places décimales obligatoires et que le premier chiffre est remplacé par la lettre correspondante de l'alphabet (A pour 0, J pour 9) si le nombre représenté est négatif. En appliquant ces règles à la donnée, vous voyez que la valeur lisible par un humain de ce champ est –554,17.

Si vous devez vous attaquer fréquemment à des systèmes hérités, mieux vaut construire une bibliothèque de routines gérant les transformations classiques comme celle-ci.

Plan d'attaque

Les fichiers à plat peuvent différer largement : il existe pratiquement autant de méthodes de création de fichiers à plat que de programmeurs susceptibles de le faire. Cette section s'intéresse à un processus pouvant être pratiquement toujours appliqué pour faire correspondre des données d'une forme vers une autre, facilitant ainsi grandement la programmation.

Transformer le document XML en paires nom-valeur

La première chose à faire lorsque vous tentez d'opérer une transformation entre un document XML et un fichier à plat consiste à « aplatir » le document XML en une liste de paires nom-valeur. Cela permet de comprendre où chaque élément d'information peut apparaître dans un document XML. Examinez ce processus d'aplatissage pour comprendre ce qu'il implique.

Imaginez que vous possédez la structure XML suivante :

```
<!ELEMENT DonneesFacture (Facture+, Unite+, Client+)>
<!ELEMENT Facture (LignedeCommande+)>
<!ATTLIST Facture
   IDREFclient IDREF #REQUIRED
   dateCommande CDATA #REQUIRED
   dateExpedition CDATA #REQUIRED
   methodeExpedition (USPS | UPS | FedEx) #REQUIRED>
<!ELEMENT LignedeCommande EMPTY>
<!ATTLIST LignedeCommande
   IDREFUnite IDREF #REQUIRED
   quantite CDATA #REQUIRED
   prix CDATA #REQUIRED>
<!ELEMENT Unite EMPTY>
<!ATTLIST Unite
   IDUnite ID #REQUIRED
   nom CDATA #REQUIRED
   taille CDATA #REQUIRED
   couleur CDATA #REQUIRED>
<!ELEMENT Client EMPTY>
<!ATTLIST Client
```

```
    IDclient ID #REQUIRED
    nom CDATA #REQUIRED
    adresse CDATA #REQUIRED
    ville CDATA #REQUIRED
    etat CDATA #REQUIRED
    codePostal CDATA #REQUIRED>
```

Pour comprendre les informations pouvant apparaître dans ce document, il faut d'abord tout décomposer en paires nom-valeur. Pour y parvenir, vous devez examiner chaque point de niveau donné du document XML et le décrire dans un tableau de paires nom-valeur. Pour chaque élément de donnée, nous devons fournir une description de ce que représente ce point, ainsi que son format. Nous devons également mentionner où chaque élément de donnée est susceptible d'apparaître dans le document XML, en utilisant une abréviation pour signaler là où plusieurs enregistrements peuvent être présents. Selon cette notation, une lettre en majuscule indique l'instance d'un élément particulier dans la structure. À partir de l'exemple de DTD précédent, le tableau des paires nom-valeur ressemble à cela :

Attribut	Détails
`DonneesFacture.Facture[N].IDREFclient`	**Type de données** : IDREF **Description** : pointeur vers le client associé à la facture N
`DonneesFacture.Facture[N].dateCommande`	**Type de données** : date/heure **Format** : MM/JJ/AAAA **Description** : date de commande pour la facture N
`DonneesFacture.Facture[N].dateExpedition`	**Type de données** : date/heure **Format** : MM/JJ/AAAA **Description** : date d'expédition pour la facture N
`DonneesFacture.Facture[N].methodeExpedition`	**Type de données** : liste énumérée **Valeurs** : `USPS` - United States Postal Service ; `UPS` - United Parcel Service ; `FedEx` - Federal Express **Description** : méthode d'expédition des articles figurant sur la facture N
`DonneesFacture.Facture[N].LignedeCommande[M].IDREFUnite`	**Type de données** : IDREF **Description** : pointeur vers l'article figurant sur la ligne M de la facture N

(Suite du tableau)

Attribut	Détails
DonneesFacture.Facture[N]. LignedeCommande[M].quantite	**Type de données** : numérique **Format** : ##### **Description** : quantité de l'unité spécifiée figurant sur la ligne M de la facture N
DonneesFacture.Facture[N]. LignedeCommande[M].prix	**Type de données** : numérique **Format** : #####.## **Description** : prix à payer par le client pour chaque unité figurant sur la ligne M de la facture N
DonneesFacture.Unite[N].IDUnite	**Type de données** : ID **Description** : identifiant de l'article N
DonneesFacture.Unite[N].nom	**Type de données** : chaîne **Format** : maximum de 20 caractères **Description** : nom de l'unité N
DonneesFacture.Unite[N].taille	**Type de données** : chaîne **Format** : maximum de 10 caractères **Description** : taille de l'unité N
DonneesFacture.Unite[N].couleur	**Type de données** : chaîne **Format** : maximum de 10 caractères **Description** : couleur de l'unité N
DonneesFacture.Client[N].nom	**Type de données** : chaîne **Format** : maximum de 20 caractères **Description** : nom du client N
DonneesFacture.Client[N].adresse	**Type de données** : chaîne **Format** : maximum de 30 caractères **Description** : adresse du client N
DonneesFacture.Client[N].ville	**Type de données** : chaîne **Format** : maximum de 30 caractères **Description** : ville du client N

(Suite du tableau)

Attribut	Détails
DonneesFacture.Client[N].etat	**Type de données :** chaîne **Format** : maximum de 30 caractères **Description** : état du client N
DonneesFacture.Client[N].codePostal	**Type de données** : chaîne **Format** : maximum de 30 caractères **Description** : code postal du client N

Transformer le fichier à plat en paires nom-valeur

Un processus similaire doit être mis en oeuvre sur les fichiers à plat. Très souvent, ceux-ci sont accompagnés de la documentation appropriée : ces informations sont alors disponibles sous forme d'une liste de champs ou de quelque autre document. Vous allez voir comment créer des correspondances nom-valeur pour tous les fichiers à plat présentés en exemple plus loin dans ce chapitre, mais pour le moment restez-en à l'exemple de fichier délimité. Le séparateur d'enregistrements est, comme prévu, un retour chariot. Il n'y a aucun espace à la fin de chaque ligne, c'est simplement là qu'elle passe à la ligne suivante.

```
Kevin Williams,744 Evergreen
Terrace,Springfield,KY,12345,12/01/2000,12/04/2000,bleu 9 cm.
Machins,17,0.10,argent 14 cm. Trucs,22,0.20,,0,0.00,,0,0.00,,0,0.00
Homer Simpson,742 Evergreen
Terrace,Springfield,KY,12345,12/02/2000,12/05/2000,2,rouge 4 cm.
Chose,13,0.30,bleu 9 cm. Machins,11,0.10,,0,0.00,,0,0.00,,0,0.00
```

Dans ce cas, le tableau des paires nom-valeur ressemblerait à quelque chose comme cela :

Valeur	Détails
Record[N].field1	**Type de données** : chaîne **Format** : maximum de 20 caractères **Description** : nom du client sur la facture N
Record[N].field2	**Type de données** : chaîne **Format** : maximum de 30 caractères **Description :** adresse du client sur la facture N
Record[N].field3	**Type de données** : chaîne **Format** : maximum de 20 caractères **Description** : ville du client sur la facture N.

(Suite du tableau)

Valeur	Détails
`Record[N].field4`	**Type de données** : chaîne **Format** : deux caractères **Description** : état du client sur la facture N
`Record[N].field5`	**Type de données** : chaîne **Format** : maximum de 10 caractères **Description** : code postal du client sur la facture N
`Record[N].field6`	**Type de données** : date/heure **Format** : MM/JJ/AAAA **Description** : date de commande pour la facture N
`Record[N].field7`	**Type de données :** date/heure **Format**: MM/JJ/AAAA **Description** : date d'expédition de la facture N.
`Record[N].field8`	**Type de données** : valeurs énumérées **Valeurs** : `1` - United States Postal Service; `2` - United Parcel Service; `3` - Federal Express **Description** : méthode d'expédition des unités figurant sur la facture N
`Record[N].field9`	**Type de données** : chaîne **Format** : maximum de 30 caractères **Description** : description de l'unité figurant sur la première ligne de la facture N, sous la forme {couleur} {taille} {nom}
`Record[N].field10`	**Type de données** : numérique **Format** : ##### **Description** : quantite pour l'unité figurant sur la première ligne de la facture N
`Record[N].field11`	**Type de données** : numérique **Format** : #####.## **Description** : prix de l'unité figurant sur la première ligne de la facture N

(Suite du tableau)

Valeur	Détails
`Record[N].field12`	**Type de données** : chaîne **Format** : maximum de 30 caractères **Description** : description de l'unité figurant sur la seconde ligne de la facture N, sous la forme *couleur taille nom*
`Record[N].field13`	**Type de données** : numérique **Format** : ##### **Description** : quantité de l'unité figurant sur la seconde ligne de la facture N
`record[N].field14`	**Type de données** : numérique **Format** : #####.## **Description** : prix de l'unité figurant sur la seconde ligne de la facture N
`record[N].field15`	**Type de données :** chaîne **Format** : maximum de 30 caractères **Description** : description de l'unité figurant sur la troisième ligne de la facture N, sous la forme *couleur taille nom.*
`record[N].field16`	**Type de données :** numérique **Format** : ##### **Description** : quantité de l'unité figurant sur la troisième ligne de la facture N
`record[N].field17`	**Type de données :** numérique **Format** : #####.## **Description** : prix de l'unité figurant sur la troisième ligne de la facture N
`record[N].field18`	**Type de données :** chaîne **Format** : maximum de 30 caractères **Description** : description de l'unité figurant sur la quatrième ligne de la facture N, sous la forme *couleur taille nom*
`record[N].field19`	**Type de données :** numérique **Format** : ##### **Description** : quantité de l'unité figurant sur la quatrième ligne de la facture N

(Suite du tableau)

Valeur	Détails
record[N].field20	**Type de données :** numérique **Format** : #####.## **Description** : prix de l'unité figurant sur la quatrième ligne de la facture N
record[N].field21	**Type de données :** chaîne **Format** : maximum de 30 caractères **Description** : description de l'unité figurant sur la cinquième ligne de la facture N, sous la forme *couleur taille nom*
record[N].field22	**Type de données :** numérique **Format** : ##### **Description** : quantité de l'unité figurant sur la cinquième ligne de la facture N
record[N].field23	**Type de données :** numérique **Format** : #####.## **Description** : prix de l'unité figurant sur la cinquième ligne de la facture N

Correspondance de transformation

Nous devons maintenant examiner la correspondance des données entre le format source et le format de destination. L'ordre dans lequel cette analyse est effectuée est important : selon les données sur lesquelles vous travaillez, il peut être possible d'établir une correspondance dans un sens, mais pas dans l'autre. Prenons un exemple, en imaginant que notre structure XML possède les champs suivants :

DonneesFacture.Facture[N].soustotal	**Type de données** : numérique **Format** : ########.## **Description** : sous-total hors taxes de la facture
DonneesFacture.Facture[N].taxes	**Type de données** : numérique **Format** : ########.## **Description** : montant des taxes appliquées à cette facture

Tandis que le fichier à plat possède cette structure :

record[N].field23	**Type de données** : numérique **Format** : ########.## **Description** : total de facture, taxes inclues

Si nous effectuons une transformation entre ces deux formats, nous pouvons prendre les points de données de la structure XML et les faire correspondre au champ de la structure du fichier à plat en additionnant simplement les deux points de données XML. En revanche, il est impossible de partir du champ du fichier à plat pour le transformer en deux points de données de la structure XML. Il est impossible de reconstruire le sous-total et le montant des taxes en ne partant que du total (pour cet exemple nous ne connaissons pas le taux de taxe applicable, ni les sous-totaux des lignes individuelles). Si nous tentons de déplacer des données d'un format vers un autre alors que cela implique une génération d'information (comme ici), nous ne pouvons le faire sans modifier une des deux structures.

Nous devons également faire attention au format des données dans les structures d'entrées et de sortie. Nous devrons souvent modifier les données pour les faire passer du format source au format de sortie. Il peut être pratique d'utiliser lors de cette mise en correspondance une notation dérivée pour faire référence à des points de données XML. Par exemple, il est possible d'utiliser un point (`.`) afin d'indiquer un élément enfant contenu, et une flèche (`->`) pour signaler un pointage vers un élément.

Pour les deux exemples examinés, le tableau de correspondance entre le fichier à plat délimité source et la cible XML ressemble à ce qui suit :

Source	**Cible**	**Commentaires**
`record[N].field1`	`DonneesFacture.Facture[N]->Client.Nom`	Crée un nouveau client et le lie depuis l'enregistrement Facture créé
`record[N].field2`	`DonneesFacture.Facture[N] ->Client.Adresse`	
`record[N].field3`	`DonneesFacture.Facture[N] ->Client.Ville`	
`record[N].field4`	`DonneesFacture.Facture[N] ->Client.Etat`	
`record[N].field5`	`DonneesFacture.Facture[N] ->Client.CodePostal`	
`record[N].field6`	`DonneesFacture.Facture[N].dateCommande`	
`record[N].field7`	`DonneesFacture.Facture[N].dateExpedition`	
`record[N].field8`	`DonneesFacture.Facture[N].methodeExpedition`	Transformation énumérée : 1 vers USPS 2 vers UPS 3 vers FedEx

(Suite du tableau)

Source	Cible	Commentaires
record[N].field9	DonneesFacture.Facture[N].LignedeCommande[1]->Unite.Nom, DonneesFacture.Facture[N].LignedeCommande[1]->Unite.Taille, DonneesFacture.Facture[N].LignedeCommande[1]->Unite.Couleur	
record[N].field10	DonneesFacture.Facture[N].LignedeCommande[1].quantite	
record[N].field11	DonneesFacture.Facture[N].LignedeCommande[1].prix	
record[N].field12	DonneesFacture.Facture[N].LignedeCommande[2]->Unite.Nom, DonneesFacture.Facture[N].LignedeCommande[2]->Unite.Taille, DonneesFacture.Facture[N].LignedeCommande[2]->Unite.Couleur	Vierge (espaces uniquement) si aucune ligne 2 n'est présente dans la facture.
record[N].field13	DonneesFacture.Facture[N].LignedeCommande[2].quantite	
record[N].field14	DonneesFacture.Facture[N].LignedeCommande[2].prix	
record[N].field15	DonneesFacture.Facture[N].LignedeCommande[3]->Unite.Nom, DonneesFacture.Facture[N].LignedeCommande[3]->Unite.Taille, DonneesFacture.Facture[N].LignedeCommande[3]->Unite.Couleur	Vierge (espaces uniquement) si aucune ligne 3 n'est présente dans la facture.
record[N].field16	DonneesFacture.Facture[N].LignedeCommande[3].quantite	
record[N].field17	DonneesFacture.Facture[N].LignedeCommande[3].prix	

(Suite du tableau)

Source	Cible	Commentaires
`record[N].field18`	`DonneesFacture.Facture[N].LignedeCommande[4]->Unite.Nom,` `DonneesFacture.Facture[N].LignedeCommande[4]->Unite.Taille,` `DonneesFacture.Facture[N].LignedeCommande[4]->Unite.Couleur`	Vierge (espaces uniquement) si aucune ligne 4 n'est présente dans la facture.
`record[N].field19`	`DonneesFacture.Facture[N].LignedeCommande[4].quantite`	
`record[N].field20`	`DonneesFacture.Facture[N].LignedeCommande[4].prix`	
`record[N].field21`	`DonneesFacture.Facture[N].LignedeCommande[5]->Unite.Nom,` `DonneesFacture.Facture[N].LignedeCommande[5]->Unite.Taille,` `DonneesFacture.Facture[N].LignedeCommande[5]->Unite.Couleur`	Vierge (espaces uniquement) si aucune ligne 5 n'est présente dans la facture.
`record[N].field22`	`DonneesFacture.Facture[N].LignedeCommande[5].quantite`	
`record[N].field23`	`DonneesFacture.Facture[N].LignedeCommande[5].prix`	

Transformer un fichier à plat en XML

Regardez d'abord comment concevoir la transformation de données depuis un fichier à plat en XML. Nous allons découvrir quelle est la technique la plus appropriée pour résoudre ce problème, et nous allons étudier un exemple de chacun des différents types de fichier et coder ce processus en XML.

Approches de programmation

Lors de la transformation de fichiers à plat en XML, nous disposons de deux approches évidentes. Pour extraire les données d'un fichier à plat, il faut procéder à la traditionnelle analyse de fichier : lecture ligne par ligne et division en ses composants élémentaires. Pour produire une sortie XML, soit nous sérialisons manuellement la structure XML en chaîne ou fichier cible, soit nous utilisons le DOM XML pour y parvenir. Examinons les avantages et inconvénients de ces deux approches.

Sérialisation manuelle

Dans cette approche, le document XML, comprenant toutes les balises et autres textes accompagnant un document XML, est créé à la volée en bâtissant une chaîne. Cette approche ne consommant que relativement peu de mémoire système, il n'est pas nécessaire de prévoir d'allocation de mémoire particulière, mais elle est sujette aux erreurs : si, par exemple, vous écrivez une balise d'ouverture en oubliant la balise de fin. Elle présente également l'inconvénient d'imposer l'écriture de l'information dans la cible suivant l'ordre imposé par celle-ci : vous ne pouvez ajouter à volonté des objets à l'arbre. Cela exige en conséquence des approches d'analyse un peu plus sophistiquées afin d'obtenir la sortie souhaitée, particulièrement si le document cible possède des relations de pointage. Les dispositifs d'entrée/sortie classiques peuvent permettre de générer la chaîne ou le fichier de sortie.

SAX

Dans cette approche, un gestionnaire SAX est initialisé et un flux d'événements lui est envoyé, provoquant la génération d'un document XML. Malheureusement, comme vous devez toujours générer manuellement les événements de début et de fin d'éléments à envoyer au gestionnaire d'événements SAX, cette approche n'est guère meilleure que la sérialisation manuelle. SAX exige également que le document soit sérialisé dans l'ordre exigé par sa DTD. Bien que cette technique n'offre pas beaucoup plus de contrôle de la sérialisation d'un document XML qu'une création manuelle, elle est souvent retenue lors de la création de très gros documents XML.

DOM

En utilisant cette approche, un arbre de document est créé à l'aide de l'implémentation du XML DOM. Elle a tendance à consommer plus de mémoire que la sérialisation simple, mais permet de limiter les erreurs : il n'y a aucun risque d'oublier accidentellement une balise d'ouverture ou de fermeture. La nature d'accès aléatoire du DOM permet également d'ajouter des éléments à l'arbre de document résultat lorsque le traitement naturel les obtient, plutôt que d'imposer de les mettre en cache et de les écrire dans l'ordre spécifié par le document cible. À moins de devoir répondre à des exigences de performances particulières ou à des contraintes mémoire, de par sa facilité de codage et son niveau d'erreurs inférieur, le DOM est l'approche à préférer systématiquement pour construire des documents XML. Vous utiliserez le DOM dans les exemples suivants.

Gérer différents types de fichier à plat

Nous allons examiner des exemples de traitement pour chacun des types de fichier décrits précédemment. Dans le cadre de ces exemples, nous allons utiliser VBScript et le DOM Microsoft (la version *technology preview*). Cette approche de programmation devrait néanmoins pouvoir être portée sans difficulté sur n'importe quelle plate-forme. Nous allons découvrir comment gérer des fichiers délimités, à largeur fixe, ainsi que des mises en correspondance de fichier à plat. Dans ces exemples, les fichiers possèdent des noms locaux spécifiques. Nous devrons bien évidemment modifier le code pour l'adapter à notre environnement et à nos exigences particulières.

Délimité

Regardez tout d'abord comment lire un fichier délimité et enregistrer les résultats dans un document XML. Vous avez déjà vu des exemples du fichier délimité et du document XML que vous allez transformer. Dans cet exemple, le fichier se nomme ch12_ex1.txt

```
Kevin Williams,744 Evergreen
Terrace,Springfield,KY,12345,12/01/2000,12/04/2000,1,bleu 9 cm.
Machins,17,0.10,argent 14 cm. Trucs,22,0.20,,0,0.00,,0,0.00,,0,0.00
Homer Simpson,742 Evergreen
Terrace,Springfield,KY,12345,12/02/2000,12/05/2000,2,rouge 4 cm.
Chose,13,0.30,bleu 9 cm. Machins,11,0.10,,0,0.00,,0,0.00,,0,0.00
```

Cela correspond au fichier ch12_ex1.xml :

```
<DonneesFacture>
   <Facture
      IDREFclient="c1"
      dateCommande="12/01/2000"
      dateExpedition="12/04/2000"
      methodeExpedition="UPS">
      <LignedeCommande
         IDREFUnite="p1"
         quantite="17"
         prix="0.10" />
      <LignedeCommande
         IDREFUnite="p2"
         quantite="22"
         prix="0.20" />
   </Facture>
   <Facture
      IDREFclient="c2"
      dateCommande="12/02/2000"
      dateExpedition="12/05/2000"
      methodeExpedition="USPS">
      <LignedeCommande
         IDREFUnite="p3"
         quantite="13"
         prix="0.30" />
      <LignedeCommande
         IDREFUnite="p1"
         quantite="11"
         prix="0.10" />
   </Facture>
   <Unite
      IDUnite="p1"
      nom="Machins"
      taille="9 cm."
      couleur="bleu" />
   <Unite
      IDUnite="p2"
      nom="Trucs"
      taille="14 cm."
      couleur="argent" />
   <Unite
      IDUnite="p3"
      nom="Chose"
      taille="4 cm."
```

```
        couleur="rouge" />
    <Client
        IDclient="c1"
        nom="Kevin Williams"
        adresse="744 Evergreen Terrace"
        ville="Springfield"
        etat="KY"
        codePostal="12345" />
    <Client
        IDclient="c2"
        nom="Homer Simpson"
        adresse="742 Evergreen Terrace"
        ville="Springfield"
        etat="KY"
        codePostal="12345" />
</DonneesFacture>
```

Vous devez d'abord établir la correspondance entre le fichier délimité et le document XML. Vous l'avez déjà effectué quelques pages auparavant, lors de l'étude de la création de tableaux de correspondance.

Armé de cette information, vous pouvez utiliser le code VBScript suivant pour ouvrir le fichier à plat, le décomposer en éléments individuels, puis utiliser le DOM pour bâtir l'équivalent XML. Le listing complet se trouve dans le fichier `ch12_ex1.vbs`, mais il va être analysé ici, section après section :

```
Dim fso, ts, sLine
Dim el, dom, root
Dim sField(23)
Dim sThisNom, sThisTaille, sThisCouleur
Dim sTaille, sCouleur, sNom, sAdresse
Dim iLignedeCommande
Dim facturePanier, UnitePanier, clientPanier
Dim li, nl, iCli, iUnite, Cli, Unite, sDelimit
iCli = 1
iUnite = 1
sDelimit = Chr(44) ' Ceci définit la virgule comme délimiteur
```

Les variables iCli et iUnite servent à conserver une trace des clients et articles créés, afin de pouvoir générer un ID unique pour chaque élément créé.

```
Set fso = CreateObject("Scripting.FileSystemObject")
Set dom = CreateObject("Microsoft.XMLDOM")
Set root = dom.createElement("DonneesFacture")
dom.appendChild root
```

Vous créez un `FileSystemObject` afin de lire le fichier à plat et d'écrire la sortie XML, ainsi qu'un objet DOM pour construire la sortie XML. Vous allez également de l'avant, en créant un élément racine pour la sortie DOM et en l'ajoutant à l'arbre.

```
Set facturePanier = dom.createDocumentFragment()
Set UnitePanier = dom.createDocumentFragment()
Set clientPanier = dom.createDocumentFragment()
```

Ceci est une technique classique de construction d'un document XML possédant des éléments ordonnés. Alors que vous analysez les factures à partir du fichier à plat, vous allez générer des éléments `Unite` et

`Client`, au fur et à mesure des besoins. Les variables ci-dessus vont agir comme des paniers renfermant les informations facture, unité, et client dans trois emplacements différents afin de pouvoir les sortir consécutivement lorsque cela sera nécessaire. Ces informations sont triées en groupes pendant l'analyse du fichier à plat à l'aide d'objets `XMLDocumentFragment`, permettant de construire facilement la sortie finale pour le fichier : puisque la structure de sortie demande d'écrire dans le document chaque élément `Facture`, puis tous les éléments `Unite`, puis enfin tous les éléments `Client`, et ce dans cet ordre.

```
Set ts = fso.OpenTextFile("ch12 ex01.txt")
do while ts.AtEndOfStream <> True
   s = ts.ReadLine
   for iField = 1 to 22
      sField(iField) = left(s, InStr(s, sDelimit) - 1)
      s = mid(s, InStr(s, sDelimit) + 1)
   next
   sField(23) = s
```

Vous savez qu'il s'agit d'un fichier délimité par des virgules, si bien que vous divisez chaque ligne en champs d'après le délimiteur attendu. Bien sûr, si vous ne pouvez le faire (par exemple parce qu'il y a trop ou pas assez de délimiteurs dans un enregistrement), il vaut mieux ajouter une gestion d'erreur pour signaler le problème à l'utilisateur. À ce stade, le tableau `sField()` contient tous les champs identifiés dans un enregistrement du fichier à plat.

```
   Set el = dom.createElement ("Facture")
```

Comme chaque enregistrement du fichier à plat correspond à une facture, vous pouvez maintenant créer un élément `Facture`. Vous l'ajoutez au fragment de document Facture afin de pouvoir écrire en sortie toutes les factures en tant que groupe dans le document principal à la fin du processus.

```
' vérifier si ce client existe déjà
   el.setAttribute "IDREFclient", "NOTFOUND"
   Set nl = clientPanier.childNodes
   for iNode = 0 to nl.length - 1
      sNom = nl.item(iNode).getAttribute("nom")
      sAdresse = nl.item(iNode).getAttribute("adresse")
      if sNom = sField(1) and sAdresse = sField(2) Then
         ' nous supposons que vous possédez déjà celui-là
         el.setAttribute "IDREFclient", _
            nl.item(iNode).getAttribute("IDclient")
      end if
   next
```

Ici, vous examinez tous les clients du fragment de document Client pour voir si le client de cette facture est déjà référencé. Comme le document XML normalise ensemble les clients, il faut pouvoir si possible réutiliser un client correspondant au client de cette facture. Dans le cadre de cette analyse, vous supposez qu'un client possédant le même nom et la même adresse est une correspondance. Dans ce cas, vous fixez simplement l'attribut `IDREFclient` de la facture afin de pointer vers celui-ci.

```
if el.getAttribute("IDREFclient") = "NOTFOUND" Then
      ' il faut créer un nouveau client
      Set Cli = dom.createElement("Client")
      Cli.setAttribute "IDclient", "CLI" & iCli
      Cli.setAttribute "nom", sField(1)
      Cli.setAttribute "adresse", sField(2)
```

```
        Cli.setAttribute "ville", sField(3)
        Cli.setAttribute "etat", sField(4)
        Cli.setAttribute "codePostal", sField(5)
        ClintPanier.appendChild Cli
        el.setAttribute "IDREFclient", "CLI" & iCli
        iCli = iCli + 1
    end if
```

Si vous ne trouvez pas le client, vous en créez un et l'ajoutez au fragment de document Client, affectant un nouvel ID à l'élément. Vous référencez alors cet ID depuis l'attribut `IDREFclient` de l'élément `Facture` que vous êtes en train de créer.

```
el.setAttribute "dateCommande", sField(6)
    el.setAttribute "dateExpedition", sField(7)
    if sField(8) = 1 Then el.setAttribute "methodeExpedition", "USPS"
    if sField(8) = 2 Then el.setAttribute "methodeExpedition", "UPS"
    if sField(8) = 3 Then el.setAttribute "methodeExpedition", "FedEx"
    facturePanier.appendChild el
```

Vous continuez à définir les attributs de l'élément `Facture`, en traduisant comme nécessaire dans le document XML les valeurs fournies par le fichier à plat dans leurs analogues adéquats, éléments ou attributs, selon ce que vous utilisez. Une fois ceci fait, vous ajoutez les éléments au fragment de document Facture.

```
for iLignedeCommande = 1 to 5
      if sField(6 + iLignedeCommande * 3) > "" Then
         ' cette ligne existe
```

Vous parcourez ici chacun des ensembles de trois champs représentant une ligne de commande. Vous savez que si la description de l'article est déjà présente, cette ligne existe déjà et doit être représentée dans la cible XML.

```
Set li = dom.createElement ("LignedeCommande")
         li.setAttribute "quantite", sField(6 + iLignedeCommande * 3 + 1)
         li.setAttribute "prix", sField(6 + iLignedeCommande * 3 + 2)
```

Vous créez un élément ligne de commande et définissez ses attributs d'après le contenu du fichier à plat.

```
' diviser le champ de description
         sWork = sField(6 + iLignedeCommande * 3)
         sThisCouleur = left(sWork, InStr(sWork, " ") - 1)
         sWork = Mid(sWork, InStr(sWork, " ") + 1)
         sThisTaille = ""
         While InStr(sWork, " ") > 0
            sThisTaille = sThisTaille + left(sWork, InStr(sWork, " "))
            sWork = Mid(sWork, InStr(sWork, " ") + 1)
         Wend
         sThisTaille = Left(sThisTaille, len(sThisTaille) - 1)
         sThisNom = sWork
```

Vous avez ici décomposé la description de l'unité provenant du fichier à plat en points de données nom, taille et couleur, nécessaires au document XML.

```
Set nl = UnitePanier.childNodes
        li.setAttribute "IDREFUnite", "NOTFOUND"
        for iNode = 0 to nl.length - 1
           sNom = nl.item(iNode).getAttribute("nom")
           sTaille = nl.item(iNode).getAttribute("taille")
           sCouleur = nl.item(iNode).getAttribute("couleur")
           If sThisNom = sNom And sThisTaille = sTaille And sThisCouleur =
           sCouleur _
           Then
              ' nous supposons que vous possédez déjà celui-là
              li.setAttribute "IDREFUnite", _
                 nl.item(iNode).getAttribute("IDUnite")
           end if
        next
        if li.getAttribute("IDREFUnite") = "NOTFOUND" Then
           ' il faut créer un nouvel article
           Set Unite = dom.createElement("Unite")
           Unite.setAttribute "IDUnite", "UNITE" & iUnite
           Unite.setAttribute "nom", sThisNom
           Unite.setAttribute "taille", sThisTaille
           Unite.setAttribute "couleur", sThisCouleur
           UnitePanier.appendChild Unite
           li.setAttribute "IDREFUnite", "UNITE" & iUnite
           iUnite = iUnite + 1
        end if
```

Ce code est similaire à celui de Client : vous vérifiez si vous avez déjà cette unité dans votre liste d'unités, et si tel n'est pas le cas, vous l'ajoutez avec un nouvel ID. On suppose que si une unité possède le nom, la taille et la couleur d'une autre déjà créée, il s'agit de la même.

```
        el.appendChild li
```

Enfin, vous ajoutez la ligne de commande dans l'élément `Facture` créé précédemment.

```
end if
   next
Loop
ts.Close
root.appendChild facturePanier
root.appendChild UnitePanier
root.appendChild clientPanier
```

Une fois que la totalité du fichier à plat a été traitée et que vous avez créé tous les éléments adéquats, vous devez les ajouter au document que vous créez. Vous le faites en ajoutant les fragments de document de chaque type d'élément à l'élément racine du document XML.

```
Set ts = fso.CreateTextFile("ch12_ex1.xml", True)
ts.Write dom.xml
ts.close
Set ts = Nothing
```

Enfin, vous envoyez le XML vers le fichier de sortie, et c'est fini.

La sortie du script précédent, exécuté sur le fichier exemple délimité vu précédemment, devrait être le fichier XML présenté auparavant, à l'exception des espaces vierges.

Largeur fixe

Vous vous rappelez l'exemple de fichier à largeur fixe vu précédemment. Voici à présent un exemple similaire, mais comportant toutes les informations du dernier exemple et un espacement plus réaliste entre les champs.

```
Kevin Williams                  744 Evergreen Terrace       Springfield
KY12345     12/01/200012/04/2000UPS  bleu 9 cm. Machins
0001700000.10argent 14 cm. Trucs            0002200000.20
0000000000.00                                0000000000.00
0000000000.00
Homer Simpson                   742 Evergreen Terrace       Springfield
KY12345     12/02/200012/05/2000USPS rouge 4 cm. Chose
0001300000.30bleu 9 cm. Machins              0001100000.10
0000000000.00                                0000000000.00
0000000000.00
```

La première chose à faire est d'établir la correspondance du contenu de ce fichier. Voici le tableau de correspondance :

Valeur	Détails
`record[N].field1`	**Type de données** : chaîne **Position** : 1 à 30 **Description** : nom du client de la facture N
`record[N].field2`	**Type de données** : chaîne **Position** : 31 à 60 **Description** : adresse du client de la facture N
`record[N].field3`	**Type de données** : chaîne **Position** : 61 à 80 **Description** : ville du client de la facture N
`record[N].field4`	**Type de données** : chaîne **Position** : 81 à 82 **Description** : état du client de la facture N
`record[N].field5`	**Type de données** : chaîne **Position** : 83 à 92 **Description** : code postal du client de la facture N.

(Suite du tableau)

Valeur	Détails
`record[N].field6`	**Type de données** : date/heure **Position** : 93 à 102 **Format** : MM/JJ/AAAA **Description** : date de commande pour la facture N
`record[N].field7`	**Type de données** : date/heure **Position** : 103 à 112 **Format** : MM/JJ/AAAA **Description** : date d'expédition pour la facture N
`record[N].field8`	**Type de données** : valeurs énumérées **Position** : 113 à 117 **Valeurs** : UPS - United States Postal Service ; USPS - United Parcel Service ; FedEx - Federal Express **Description** : méthode d'expédition utilisée pour expédier les unités figurant sur la facture N
`record[N].field9`	**Type de données** : chaîne **Position** : 118 à 147 **Format** : maximum de 30 caractères **Description** : description de l'unité figurant dans la première ligne de la facture N, sous la forme couleur taille nom
`record[N].field10`	**Type de données** : numérique **Position** : 148 à 152 **Format** : ##### **Description** : quantité de l'unité figurant dans la première ligne de la facture N
`record[N].field11`	**Type de données** : numérique **Position** : 153 à 160 **Format** : #####.## **Description** : prix de l'unité figurant dans la première ligne de commande de la facture N

(Suite du tableau)

Valeur	Détails
`record[N].field12`	**Type de données** : chaîne **Position** : 161 à 190 **Description** : description de l'unité figurant dans la seconde ligne de commande de la facture N, sous la forme couleur taille nom
`record[N].field13`	**Type de données** : numérique **Position** : 191 à 195 **Format** : ##### **Description** : quantité de l'unité figurant dans la seconde ligne de commande de la facture N
`record[N].field14`	**Type de données** : numérique **Position** : 196 à 203 **Format** : #####.## **Description** : prix de l'unité figurant dans la seconde ligne de commande de la facture N
`record[N].field15`	**Type de données** : chaîne **Position** : 204 à 233 **Format** : maximum de 30 caractères **Description** : description de l'unité figurant sur la troisième ligne de commande de la facture N, sous la forme couleur taille nom
`record[N].field16`	**Type de données** : numérique **Position** : 234 à 238 **Format** : ##### **Description** : quantité de l'unité figurant sur la troisième ligne de commande de la facture N
`record[N].field17`	**Type de données** : numérique **Position** : 239 à 246 **Format** : #####.## **Description** : prix de l'unité figurant sur la troisième ligne de commande de la facture N

Valeur	Détails
record[N].field18	**Type de données** : chaîne **Position** : 247 à 276 **Description** : description de l'unité figurant sur la quatrième ligne de commande de la facture N, sous la forme couleur taille nom
record[N].field19	**Type de données** : numérique **Position** : 277 à 281 **Format** : ##### **Description** : quantité de l'unité figurant sur la quatrième ligne de commande de la facture N
record[N].field20	**Type de données** : numérique **Position** : 282 à 289 **Format** : #####.## **Description** : prix de l'unité figurant sur la quatrième ligne de commande de la facture N
record[N].field21	**Type de données** : chaîne **Position** : 290 à 319 **Description** : description de l'unité figurant sur la cinquième ligne de commande de la facture N, sous la forme couleur taille nom
record[N].field22	**Type de données** : numérique **Position** : 320 à 324 **Format** : ##### **Description** : quantité de l'unité figurant sur la cinquième ligne de commande de la facture N
record[N].field23	**Type de données** : numérique **Position** : 325 à 332 **Format** : #####.## **Description** : prix de l'unité figurant sur la cinquième ligne de commande de la facture N

Vous effectuez ensuite la correspondance vers les champs XML :

Source	Cible	Commentaires
record[N].field1	DonneesFacture.Facture[N]->Client.Nom	Créer un nouveau client et effectuer une liaison depuis l'enregistrement Facture créé

(Suite du tableau)

Source	Cible	Commentaires
record[N].field2	DonneesFacture.Facture[N] ->Client.Adresse	
record[N].field3	DonneesFacture.Facture[N]- >Client.Ville	
record[N].field4	DonneesFacture.Facture[N]- >Client.Etat	
record[N].field5	DonneesFacture.Facture[N]- >Client.CodePostal	
record[N].field6	DonneesFacture.Facture[N].dateCommande	
record[N].field7	DonneesFacture.Facture[N]. dateExpedition	
record[N].field8	DonneesFacture.Facture[N]. methodeExpedition	
record[N].field9	DonneesFacture.Facture[N]. LignedeCommande[1]->Unite.Nom, DonneesFacture. Facture[N].LignedeCommande[1]- >Unite.Taille, DonneesFacture. Facture[N].LignedeCommande[1]- >Unite.Couleur	
record[N].field10	DonneesFacture.Facture[N]. LignedeCommande [1].quantite	
record[N].field11	DonneesFacture.Facture[N]. LignedeCommande [1].prix	
record[N].field12	DonneesFacture.Facture[N]. LignedeCommande[2]->Unite.Nom, DonneesFacture. Facture[N]. LignedeCommande[2]->Unite.Taille, DonneesFacture.Facture[N]. LignedeCommande[2]->Unite.Couleur	Vierge (espaces) si aucune ligne 2 n'apparaît dans la facture.
record[N].field13	DonneesFacture.Facture[N]. LignedeCommande[2].quantite	
record[N].field14	DonneesFacture.Facture[N]. LignedeCommande[2].prix	
record[N].field15	DonneesFacture.Facture[N]. LignedeCommande[3]->Unite.Nom, DonneesFacture.Facture[N]. LignedeCommande[3]->Unite.Taille, DonneesFacture.Facture[N]. LignedeCommande[3]->Unite.Couleur	Vierge (espaces) si aucune ligne 3 n'apparaît dans la facture.

(Suite du tableau)

Source	Cible	Commentaires
record[N].field16	DonneesFacture.Facture[N].LignedeCommande[3].quantite	
record[N].field17	DonneesFacture.Facture[N].LignedeCommande[3].prix	
record[N].field18	DonneesFacture.Facture[N].LignedeCommande[4]->Unite.Nom, DonneesFacture.Facture[N].LignedeCommande[4]->Unite.Taille, DonneesFacture.Facture[N].LignedeCommande[4]->Unite.Couleur	Vierge (espaces) si aucune ligne 4 n'apparaît dans la facture.
record[N].field19	DonneesFacture.Facture[N].LignedeCommande[4].quantite	
record[N].field20	DonneesFacture.Facture[N].LignedeCommande[4].prix	
record[N].field21	DonneesFacture.Facture[N].LignedeCommande[5]>Unite.Nom, DonneesFacture.Facture[N].LignedeCommande[5]->Unite.Taille, DonneesFacture.Facture[N].LignedeCommande[5]->Unite.Couleur	Vierge (espaces) si aucune ligne 5 n'apparaît dans la facture.
record[N].field22	DonneesFacture.Facture[N].LignedeCommande[5].quantite	
record[N].field23	DonneesFacture.Facture[N].LignedeCommande[5].prix	

Vous pouvez maintenant écrire le code effectuant la transformation. Ce code figure dans le fichier `ch12_ex2.vbs` :

```
Dim fso, ts, sLine
Dim el, dom, root
Dim sField(23)
Dim sThisNom, sThisTaille, sThisCouleur
Dim sTaille, sCouleur, sNom, sAdresse
Dim iLignedeCommande
Dim facturePanier, UnitePanier, clientPanier
Dim li, nl, iCli, iUnite, Cli, Unite
iCli = 1
iUnite = 1
Set fso = CreateObject("Scripting.FileSystemObject")
Set dom = CreateObject("Microsoft.XMLDOM")
Set root = dom.createElement("DonneesFacture")
dom.appendChild root
Set facturePanier = dom.createDocumentFragment()
Set UnitePanier = dom.createDocumentFragment()
```

```
Set clientPanier = dom.createDocumentFragment()
Set ts = fso.OpenTextFile("ch12_ex2.txt")
do while ts.AtEndOfStream <> True
   s = ts.ReadLine
   sField(1) = trim(mid(s, 1, 30))
   sField(2) = trim(mid(s, 31, 30))
   sField(3) = trim(mid(s, 61, 20))
   sField(4) = trim(mid(s, 81, 2))
   sField(5) = trim(mid(s, 83, 10))
   sField(6) = trim(mid(s, 93, 10))
   sField(7) = trim(mid(s, 103, 10))
   sField(8) = trim(mid(s, 113, 5))
   sField(9) = trim(mid(s, 118, 30))
   sField(10) = trim(mid(s, 148, 5))
   sField(11) = trim(mid(s, 153, 8))
   sField(12) = trim(mid(s, 161, 30))
   sField(13) = trim(mid(s, 191, 5))
   sField(14) = trim(mid(s, 196, 8))
   sField(15) = trim(mid(s, 204, 30))
   sField(16) = trim(mid(s, 234, 5))
   sField(17) = trim(mid(s, 239, 8))
   sField(18) = trim(mid(s, 247, 30))
   sField(19) = trim(mid(s, 277, 5))
   sField(20) = trim(mid(s, 282, 8))
   sField(21) = trim(mid(s, 290, 30))
   sField(22) = trim(mid(s, 320, 5))
   sField(23) = trim(mid(s, 325, 8))
   Set el = dom.createElement ("Facture")
   ' vérifier si vous possédez déjà ce client
   el.setAttribute "IDREFclient", "NOTFOUND"
   Set nl = clientPanier.childNodes
   for iNode = 0 to nl.length - 1
      sNom = nl.item(iNode).getAttribute("nom")
      sAdresse = nl.item(iNode).getAttribute("adresse")
      if sNom = sField(1) and sAdresse = sField(2) Then
' nous supposons que vous possédez déjà celui-la
         el.setAttribute "IDREFclient", _
            nl.item(iNode).getAttribute("IDclient")
      end if
   next
   if el.getAttribute("IDREFclient") = "NOTFOUND" Then
      ' vous devez créer un nouveau client
      Set Cli = dom.createElement("Client")
      Cli.setAttribute "IDclient", "CLI" & iCli
      Cli.setAttribute "nom", sField(1)
      Cli.setAttribute "adresse", sField(2)
      Cli.setAttribute "ville", sField(3)
      Cli.setAttribute "etat", sField(4)
      Cli.setAttribute "codePostal", sField(5)
      clientPanier.appendChild Cli
      el.setAttribute "IDREFclient", "CLI" & iCli
      iCli = iCli + 1
   end if
   el.setAttribute "dateCommande", sField(6)
   el.setAttribute "dateExpedition", sField(7)
   el.setAttribute "methodeExpedition", sField(8)
   facturePanier.appendChild el
   for iLignedeCommande = 1 to 5
```

```
        if trim(sFieId(6 + iLignedeCommande * 3)) > "" Then
    ' cette ligne existe déjà
            Set li = dom.createElement ("LignedeCommande")
            li.setAttribute "quantite", sField(6 + iLignedeCommande * 3 + 1)
            li.setAttribute "prix", sField(6 + iLignedeCommande * 3 + 2)
    ' diviser le champ de description
            sWork = sField(6 + iLignedeCommande * 3)
            sThisCouleur = left(sWork, InStr(sWork, " ") - 1)
            sWork = Mid(sWork, InStr(sWork, " ") + 1)
            sThisTaille = ""
            While InStr(sWork, " ") > 0
               sThisTaille = sThisTaille + left(sWork, InStr(sWork, " "))
               sWork = Mid(sWork, InStr(sWork, " ") + 1)
            Wend
            sThisTaille = Left(sThisTaille, len(sThisTaille) - 1)
            sThisNom = sWork
            Set nl = UnitePanier.childNodes
            li.setAttribute "IDREFUnite", "NOTFOUND"
            for iNode = 0 to nl.length - 1
               sNom = nl.item(iNode).getAttribute("nom")
               sTaille = nl.item(iNode).getAttribute("taille")
               sCouleur = nl.item(iNode).getAttribute("couleur")
               If sThisNom = sNom And sThisTaille = sTaille And
                  sThisCouleur = sCouleur Then
                 ' nous supposons que vous possédez déjà celui-la
                 li.setAttribute "IDREFUnite",
    nl.item(iNode).getAttribute("IDUnite")
              end if
            next
            if li.getAttribute("IDREFUnite") = "NOTFOUND" Then
               ' vous devez créer un nouvel article
               Set Unite = dom.createElement("Unite")
               Unite.setAttribute "IDUnite", "UNITE" & iUnite
               Unite.setAttribute "nom", sThisNom
               Unite.setAttribute "taille", sThisTaille
               Unite.setAttribute "couleur", sThisCouleur
               UnitePanier.appendChild Unite
               li.setAttribute "IDREFUnite", "UNITE" & iUnite
               iUnite = iUnite + 1
            end if
            el.appendChild li
        end if
      next
    Loop
    ts.Close
    root.appendChild facturePanier
    root.appendChild UnitePanier
    root.appendChild clientPanier
    set ts = fso.CreateTextFile("ch12 ex2.xml", True)
    ts.Write dom.xml
    ts.close
    Set ts = Nothing
```

Dans la mesure où ce code est pratiquement identique à celui utilisé pour créer un document XML à partir d'un fichier délimité, il n'est pas nécessaire de l'examiner en détail. Un point intéressant à souligner est le code utilisé pour créer le tableau `sField()` :

```
sField(1) = trim(mid(s, 1, 30))
sField(2) = trim(mid(s, 31, 30))
sField(3) = trim(mid(s, 61, 20))
sField(4) = trim(mid(s, 81, 2))
sField(5) = trim(mid(s, 83, 10))
sField(6) = trim(mid(s, 93, 10))
sField(7) = trim(mid(s, 103, 10))
sField(8) = trim(mid(s, 113, 5))
sField(9) = trim(mid(s, 118, 30))
sField(10) = trim(mid(s, 148, 5))
sField(11) = trim(mid(s, 153, 8))
sField(12) = trim(mid(s, 161, 30))
sField(13) = trim(mid(s, 191, 5))
sField(14) = trim(mid(s, 196, 8))
sField(15) = trim(mid(s, 204, 30))
sField(16) = trim(mid(s, 234, 5))
sField(17) = trim(mid(s, 239, 8))
sField(18) = trim(mid(s, 247, 30))
sField(19) = trim(mid(s, 277, 5))
sField(20) = trim(mid(s, 282, 8))
sField(21) = trim(mid(s, 290, 30))
sField(22) = trim(mid(s, 320, 5))
sField(23) = trim(mid(s, 325, 8))
```

Ici, nous prenons simplement les champs à partir de leur emplacement dans la ligne du fichier source. Le code d'extraction peut être divisé en une sous-routine distincte pouvant être modifiée selon différents formats de fichiers, tandis que le reste du code peut rester le même pour tous les formats. Cela augmente les possibilités de réutilisation du code, puisque le processus d'extraction peut être placé dans une procédure indépendante du processus de mise en correspondance.

La sortie de la transformation, appliquée à cet exemple, est la même que celle du fichier précédent `ch12_ex1.xml`.

Enregistrements balisés

Voici un autre exemple de format à enregistrements balisés. Celui-ci utilise comme délimiteur une largeur fixe :

```
F12/01/200012/04/2000UPS
CKevin Williams                744 Evergreen Terrace          Springfield
KY12345
Lbleu 9 cm. Machins            0001700000.10
Largent 14 cm. Trucs           0002200000.20
F12/02/200012/05/2000USPS
CHomer Simpson                 742 Evergreen Terrace          Springfield
KY12345
Lrouge 4 cm. Chose             0001300000.30
Lbleu 9 cm. Machins            0001100000.10
```

Nous devons créer un tableau de mise en correspondance pour ce format. Afin de montrer comment ce code peut être réutilisé, nous allons partir du principe qu'une facture ne peut comporter qu'un maximum de cinq articles (pour rendre le format balisé cohérent avec les autres formats de fichiers à plat déjà examinés). La mise en correspondance ressemble à ceci :

Valeur	Détails
`Record[N].Client.field1`	**Type de données** : chaîne **Position** : 2 à 31 **Description** : nom du client de la facture N
`Record[N].Client.field2`	**Type de données** : chaîne **Position** : 32 à 61 **Description** : adresse du client de la facture N
`Record[N].Client.field3`	**Type de données** : chaîne **Position** : 62 à 81 **Description** : ville du client de la facture N
`Record[N].Client.field4`	**Type de données** : chaîne **Position** : 82 à 83 **Description** : état du client de la facture N
`Record[N].Client.field5`	**Type de données** : chaîne **Position** : 84 à 93 **Description** : code postal du client de la facture N
`Record[N].Facture.field1`	**Type de données** : date/heure **Position** : 2 à 11 **Format** : MM/JJ/AAAA **Description** : date de commande pour la facture N
`Record[N].Facture.field2`	**Type de données :** date/heure **Position** : 12 à 21 **Format** : MM/JJ/AAAA **Description** : date d'expédition pour la facture N
`Record[N].Facture.field3`	**Type de données :** valeurs énumérées **Position** : 22 à 26 **Valeurs** : **USPS** - United States Postal Service ; **UPS** - United Parcel Service ; **FedEx** - Federal Express **Description** : méthode de livraison des articles de la facture N

(Suite du tableau)

Valeur	Détails
Record[N].LignedeCommande [M].field1	**Type de données** : chaîne **Position** : 2 à 31 **Format** : maximum de 30 caractères **Description** : description de l'unité figurant dans la ligne M de commande de la facture N, sous la forme couleur taille nom
Record[N].LignedeCommande [M].field2	**Type de données** : numérique **Position** : 32 à 36 **Format** : ##### **Description** : quantité de l'unité figurant dans la ligne M de commande de la facture N
record[N].LignedeCommande [M].field3	**Type de données** : numérique **Position** : 37 à 44 **Format** : #####.## **Description** : prix de l'unité figurant dans la ligne M de commande de la facture N

Effectuez ensuite la correspondance vers les champs XML :

Source	Cible	Commentaires
record[N].Client.field1	DonneesFacture.Facture[N]->Client.Nom	Créer un nouveau client et effectuer un lien depuis enregistrement Facture créé
record[N].Client.field2	DonneesFacture.Facture[N]->Client.Adresse	
record[N].Client.field3	DonneesFacture.Facture[N]->Client.Ville	
record[N].Client.field4	DonneesFacture.Facture[N]->Client.Etat	
record[N].Client.field5	DonneesFacture.Facture[N]->Client.CodePostal	
record[N].Facture.field1	DonneesFacture.Facture[N].dateCommande	
record[N].Facture.field2	DonneesFacture.Facture[N].dateExpedition	

(Suite du tableau)

Source	Cible	Commentaires
record[N].Facture.field3	DonneesFacture.Facture[N].methodeExpedition	
record[N].LignedeCommande[M].field1	DonneesFacture.Facture[N].LignedeCommande[M]->Unite.Nom, DonneesFacture.Facture[N].LignedeCommande[M]->Unite.Taille, DonneesFacture.Facture[N].LignedeCommande[M]->Unite.Couleur	
record[N].LignedeCommande[M].field2	DonneesFacture.Facture[N].LignedeCommande[M].quantite	
record[N].LignedeCommande[M].field3	DonneesFacture.Facture[N].LignedeCommande[M].prix	

Vous pouvez maintenant écrire le code réalisant la transformation :

```
Dim fso, ts, sLine
Dim el, dom, root
Dim sField(23)
Dim sThisNom, sThisTaille, sThisCouleur
Dim sTaille, sCouleur, sNom, sAdresse
Dim iLignedeCommande
Dim facturePanier, UnitePanier, clientPanier
Dim li, nl, iCli, iUnite, Cli, Unite
Dim bDone
iCli = 1
iUnite = 1
Set fso = CreateObject("Scripting.FileSystemObject")
Set dom = CreateObject("Microsoft.XMLDOM")
Set root = dom.createElement("DonneesFacture")
dom.appendChild root
Set facturePanier = dom.createDocumentFragment()
Set UnitePanier = dom.createDocumentFragment()
Set clientPanier = dom.createDocumentFragment()
Set ts = fso.OpenTextFile("ch12_ex3.txt")
bDone = False
If ts.AtEndOfStream Then
   bDone = True ' le fichier est vide
Else
   sLine = ts.ReadLine
End If ' Vérifie si le fichier est vide, auquel cas ne rien traiter
do while not bDone
   If left(sLine, 1) <> "F" Then
      ' lancer une erreur
   End If
   sField(1) = trim(mid(sLine, 2, 10))
   sField(2) = trim(mid(sLine, 12, 10))
   sField(3) = trim(mid(sLine, 22, 5))
   Set el = dom.createElement ("Facture")
   el.setAttribute "dateCommande", sField(1)
   el.setAttribute "dateExpedition", sField(2)
   el.setAttribute "methodeExpedition", sField(3)
   facturePanier.appendChild el
   If ts.AtEndOfStream Then
      ' lancer une erreur
```

```
    Else
       sLine = ts.ReadLine
    End If
    If Left(sLine, 1) <> "C" Then
       ' lancer une erreur
    End If
    sField(1) = trim(mid(sLine, 2, 30))
    sField(2) = trim(mid(sLine, 32, 30))
    sField(3) = trim(mid(sLine, 62, 20))
    sField(4) = trim(mid(sLine, 82, 2))
    sField(5) = trim(mid(sLine, 84, 10))
 ' vérifier si vous possédez déjà ce client
    el.setAttribute "IDREFclient", "NOTFOUND"
    Set nl = clientPanier.childNodes
    for iNode = 0 to nl.length - 1
       sNom = nl.item(iNode).getAttribute("nom")
       sAdresse = nl.item(iNode).getAttribute("adresse")
       if sNom = sField(1) and sAdresse = sField(2) Then
          ' nous supposons que vous possédez déjà celui-la
          el.setAttribute "IDREFclient", _
             nl.item(iNode).getAttribute("IDclient")
       end if
    next
    if el.getAttribute("IDREFclient") = "NOTFOUND" Then
       ' il faut créer un nouveau client
       Set Cli = dom.createElement("Client")
       Cli.setAttribute "IDclient", "CLI" & iCli
       Cli.setAttribute "nom", sField(1)
       Cli.setAttribute "adresse", sField(2)
       Cli.setAttribute "ville", sField(3)
       Cli.setAttribute "etat", sField(4)
       Cli.setAttribute "codePostal", sField(5)
       ClintPanier.appendChild Cli
       el.setAttribute "IDREFclient", "CLI" & iCli
       iCli = iCli + 1
    end if
    If ts.AtEndOfStream Then
       ' lancer une erreur
    Else
       sLine = ts.ReadLine
    End If
    If Left(sLine, 1) <> "L" Then
       ' lancer une erreur
    End If
    Do While Left(sLine, 1) = "L"
       sField(1) = trim(mid(sLine, 2, 30))
       sField(2) = trim(mid(sLine, 32, 5))
       sField(3) = trim(mid(sLine, 37, 8))
       Set li = dom.createElement ("LignedeCommande")
       li.setAttribute "quantite", sField(2)
       li.setAttribute "prix", sField(3)
       ' diviser le champ de description
       sWork = sField(1)
       sThisCouleur = left(sWork, InStr(sWork, " ") - 1)
       sWork = Mid(sWork, InStr(sWork, " ") + 1)
       sThisTaille = ""
       While InStr(sWork, " ") > 0
          sThisTaille = sThisTaille + left(sWork, InStr(sWork, " "))
          sWork = Mid(sWork, InStr(sWork, " ") + 1)
       Wend
       sThisTaille = Left(sThisTaille, len(sThisTaille) - 1)
```

```
        sThisNom = sWork
        Set nl = UnitePanier.childNodes
        li.setAttribute "IDREFUnite", "NOTFOUND"
        for iNode = 0 to nl.length - 1
            sNom = nl.item(iNode).getAttribute("nom")
            sTaille = nl.item(iNode).getAttribute("taille")
            sCouleur = nl.item(iNode).getAttribute("couleur")
            If sThisNom = sNom And sThisTaille = sTaille And sThisCouleur =
sCouleur Then
                ' nous supposons que vous possédez déjà cet article
                li.setAttribute "IDREFUnite", nl.item(iNode).getAttribute("IDUnite")
            end if
        next
        if li.getAttribute("IDREFUnite") = "NOTFOUND" Then
            ' il faut créer un nouvel article
            Set Unite = dom.createElement("Unite")
            Unite.setAttribute "IDUnite", "UNITE" & iUnite
            Unite.setAttribute "nom", sThisNom
            Unite.setAttribute "taille", sThisTaille
            Unite.setAttribute "couleur", sThisCouleur
            UnitePanier.appendChild Unite
            li.setAttribute "IDREFUnite", "UNITE" & iUnite
            iUnite = iUnite + 1
        end if
        el.appendChild li
        If ts.AtEndOfStream Then
            bDone = True
            sLine = "DONE"
        Else
            sLine = ts.ReadLine
            If left(sLine, 1) <> "F" And left(sLine, 1) <> "L" Then
                ' lancer une erreur
            End If
        End If
    Loop
Loop
ts.Close
root.appendChild facturePanier
root.appendChild UnitePanier
root.appendChild clientPanier
set ts = fso.CreateTextFile("ch12_ex3.xml", True)
ts.Write dom.xml
ts.close
```

Ce code est très proche de ceux que vous avez déjà vus. La différence essentielle est que les éléments sont créés selon les besoins, au fur et à mesure de la lecture du document : lorsqu'une ligne facture est lue, un élément `Facture` est créé ; lorsqu'une ligne client est lue, un élément `Client` est créé, *etc.*

Le résultat de ce code, appliqué à l'exemple, est une fois de plus le même que celui du XML précédent.

Transformer du XML en fichiers à plat

L'autre type de transformation, de XML en fichiers à plat, demande une approche sensiblement différente. Voici les différentes techniques de programmation pouvant être utilisées afin de transformer un document XML en fichier à plat, puis quelques exemples de stratégie.

Approches de programmation

Une fois encore, il existe différentes façons d'envisager la conversion de XML en fichiers à plat. L'approche la plus évidente consiste à analyser le document et à le sérialiser en fichier à plat. Une autre approche fonctionne cependant un peu mieux : l'utilisation d'XSLT pour transformer le document XML dans le format de sortie exigé. Examinons les avantages et inconvénients de chaque technique.

Analyse et sérialisation

Une stratégie serait d'analyser le document XML, soit avec SAX, soit avec le DOM, puis de sérialiser son contenu en fichier à plat. Cette approche fonctionne parfaitement bien, mais demande cependant de rédiger un nouveau code et éventuellement de le recompiler chaque fois que vous ajoutez une transformation en un nouveau type de fichier à plat. Il serait agréable de pouvoir obtenir ces transformations sans modifications importantes du code.

XSLT

XSLT n'est pour le moment guère utilisé de cette façon, et pourtant il excelle plutôt à produire des résultats non-balisés. Il peut être utilisé pour obtenir des fichiers délimités par des tabulations, ou des fichiers à largeur fixe, ou tout autre type de résultat que vous pouvez souhaiter obtenir. Le bénéfice supplémentaire est que pour générer un nouveau type de sortie pour un document XML, il suffit d'écrire une nouvelle feuille de style. Les exemples présentés ici utilisent XSLT.

Gérer différents types de fichiers

Examinez un exemple de chacun des types de fichiers différents, ainsi que la façon de les obtenir à partir du document XML. Ces exemples ont tous été testés à l'aide du XT de James Clark. L'exécutable Windows peut être téléchargé à partir de l'adresse ftp://ftp.jclark.com/pub/xml/xt-win32.zip. La page d'accueil est http://www.jclark.com/xml/xt.html.

Voici le document XML d'entrée qui a été et sera encore utilisé :

```
<DonneesFacture>
   <Facture
      IDREFclient="c1"
      dateCommande="12/01/2000"
      dateExpedition="12/04/2000"
      methodeExpedition="UPS">
      <LignedeCommande
         IDREFUnite="p1"
         quantite="17"
         prix="0.10" />
      <LignedeCommande
         IDREFUnite="p2"
         quantite="22"
         prix="0.20" />
   </Facture>
   <Facture
      IDREFclient="c2"
      dateCommande="12/02/2000"
      dateExpedition="12/05/2000"
      methodeExpedition="USPS">
```

```
        <LignedeCommande
           IDREFUnite="p3"
           quantite="13"
           prix="0.30" />
        <LignedeCommande
           IDREFUnite="p1"
           quantite="11"
           prix="0.10" />
     </Facture>
     <Unite
        IDUnite="p1"
        nom="Machins"
        taille="9 cm."
        couleur="bleu" />
     <Unite
        IDUnite="p2"
        nom="Trucs"
        taille="14 cm."
        couleur="argent" />
     <Unite
        IDUnite="p3"
        nom="Chose"
        taille="4 cm."
        couleur="rouge" />
     <Client
        IDclient="c1"
        nom="Kevin Williams"
        adresse="744 Evergreen Terrace"
        ville="Springfield"
        etat="KY"
        codePostal="12345" />
     <Client
        IDclient="c2"
        nom="Homer Simpson"
        adresse="742 Evergreen Terrace"
        ville="Springfield"
        etat="KY"
        codePostal="12345" />
  </DonneesFacture>
```

Délimité

Vous vous rappelez l'exemple de fichier délimité vu plutôt dans ce chapitre ? Vous en avez déjà réalisé l'analyse de correspondance. Cette fois cependant, vous allez utiliser comme délimiteur un caractère tabulation. Vous ne pouvez bien évidemment voir ce caractère, mais en téléchargeant le code à partir du site web de Wrox, vous le trouverez dans le fichier `ch12_ex4.txt`.

Valeur	Détails
`record[N].field1`	**Type de données** : chaîne **Format** : maximum de 20 caractères **Description** : nom du client de la facture N

(Suite du tableau)

Valeur	Détails
`record[N].field2`	**Type de données** : chaîne **Format** : maximum de 30 caractères **Description** : adresse du client de la facture N
`record[N].field3`	**Type de données** : chaîne **Format** : maximum de 20 caractères **Description** : ville du client de la facture N
`record[N].field4`	**Type de données** : chaîne **Format** : deux caractères **Description** : état du client de la facture N
`record[N].field5`	**Type de données** : chaîne **Format** : maximum de 10 caractères **Description** : code postal du client de la facture N
`record[N].field6`	**Type de données** : date/heure **Format** : MM/JJ/AAAA **Description** : date de commande pour la facture N
`record[N].field7`	**Type de données** : date/heure **Format** : MM/JJ/AAAA **Description** : date d'expédition pour la facture N
`record[N].field8`	**Type de données** : valeurs énumérées **Valeurs** : 1 : United States Postal Service ; 2 : United Parcel Service ; 3 : Federal Express **Description** : méthode de livraison des articles figurant sur la facture N
`record[N].field9`	**Type de données** : chaîne **Format** : maximum de 30 caractères **Description** : description de l'unité figurant sur la première ligne de commande de la facture N, sous la forme couleur taille nom
`record[N].field10`	**Type de données** : numérique **Format** : ##### **Description** : quantité de l'unité figurant sur la première ligne de commande de la facture N

(Suite du tableau)

Valeur	Détails
`record[N].field11`	**Type de données** : numérique **Format** : #####.## **Description** : prix de l'unité figurant sur la première ligne de commande de la facture N
`record[N].field12`	**Type de données** : chaîne **Format** : maximum de 30 caractères **Description** : description de l'unité figurant sur la seconde ligne de commande de la facture N, sous la forme couleur taille nom
`record[N].field13`	**Type de données** : numérique **Format** : ##### **Description** : quantité de l'unité figurant sur la seconde ligne de commande de la facture N
`record[N].field14`	**Type de données** : numérique **Format** : #####.## **Description** : prix de l'unité figurant sur la seconde ligne de commande de la facture N
`record[N].field15`	**Type de données** : chaîne **Format** : maximum de 30 caractères **Description** : description de l'unité figurant sur la troisième ligne de commande de la facture N, sous la forme couleur taille nom
`record[N].field16`	**Type de données** : numérique **Format** : ##### **Description** : quantité de l'unité figurant sur la troisième ligne de commande de la facture N
`record[N].field17`	**Type de données** : numérique **Format** : #####.## **Description** : prix de l'unité figurant sur la troisième ligne de commande de la facture N
`record[N].field18`	**Type de données** : chaîne **Format** : maximum de 30 caractères **Description** : description de l'unité figurant sur la quatrième ligne de commande de la facture N, sous la forme couleur taille nom

(Suite du tableau)

Valeur	Détails
record[N].field19	**Type de données** : numérique **Format** : ##### **Description** : quantité de l'unité figurant sur la quatrième ligne de commande de la facture N
record[N].field20	**Type de données** : numérique **Format** : #####.## **Description** : prix de l'unité figurant sur la quatrième ligne de commande de la facture N
record[N].field21	**Type de données** : chaîne **Format** : maximum de 30 caractères **Description** : description de l'unité figurant sur la cinquième ligne de commande de la facture N, sous la forme couleur taille nom
record[N].field22	**Type de données** : numérique **Format** : ##### **Description** : quantité de l'unité figurant sur la cinquième ligne de commande de la facture N
record[N].field23	**Type de données** : numérique **Format** : #####.## **Description** : prix de l'unité figurant sur la cinquième ligne de commande de la facture N

Vous devez maintenant créer un tableau de correspondance dans la direction opposée de celle du tableau précédent, autrement dit décrire comment chaque élément du document XML correspond au fichier à plat.

Source	Cible	Commentaires
DonneesFacture.Facture[N]->Client.Nom	record[N].field1	
DonneesFacture.Facture[N]->Client.Adresse	record[N].field2	
DonneesFacture.Facture[N]->Client.Ville	record[N].field3	
DonneesFacture.Facture[N]->Client.Etat	record[N].field4	
DonneesFacture.Facture[N]->Client.CodePostal	record[N].field5	
DonneesFacture.Facture[N].dateCommande	record[N].field6	
DonneesFacture.Facture[N].dateExpedition	record[N].field7	

(Suite du tableau)

Source	Cible	Commentaires
DonneesFacture.Facture[N].methodeExpedition	record[N].field8	Transformation énumérée : USPS en 1 UPS en 2 FedEx en 3
DonneesFacture.Facture[N].LignedeCommande[1]->Unite.Nom, DonneesFacture.Facture[N].LignedeCommande[1]->Unite.Taille, DonneesFacture.Facture[N].LignedeCommande[1]->Unite.Couleur	record[N].field9	
DonneesFacture.Facture[N].LignedeCommande[1]. quantite	record[N].field10	
DonneesFacture.Facture[N].LignedeCommande[1]. prix	record[N].field11	
DonneesFacture.Facture[N].LignedeCommande[2]->Unite.Nom, DonneesFacture.Facture[N].LignedeCommande[2]->Unite.Taille, DonneesFacture.Facture[N].LignedeCommande[2]->Unite.Couleur	record[N].field12	Vierge (espaces uniquement) si pas de ligne 2 dans la facture.
DonneesFacture.Facture[N].LignedeCommande[2]. quantite	record[N].field13	
DonneesFacture.Facture[N].LignedeCommande[2].prix	record[N].field14	
DonneesFacture.Facture[N].LignedeCommande[3]->Unite.Nom, DonneesFacture.Facture[N].LignedeCommande[3]->Unite.Taille, DonneesFacture.Facture[N].LignedeCommande[3]->Unite.Couleur	record[N].field15	Vierge (espaces uniquement) si pas de ligne 3 dans la facture.
DonneesFacture.Facture[N].LignedeCommande[3]. quantite	record[N].field16	
DonneesFacture.Facture[N].LignedeCommande[3].prix	record[N].field17	

(Suite du tableau)

Source	Cible	Commentaires
DonneesFacture.Facture[N].LignedeCommande[4] ->Unite.Nom, DonneesFacture. Facture[N].LignedeCommande[4] ->Unite.Taille, DonneesFacture. Facture[N].LignedeCommande[4] ->Unite.Couleur	record[N].field18	Vierge (espaces uniquement) si pas de ligne 4 dans la facture.
DonneesFacture.Facture[N].LignedeCommande[4] . quantite	record[N].field19	
DonneesFacture.Facture[N].LignedeCommande[4] .prix	record[N].field20	
DonneesFacture.Facture[N].LignedeCommande[5] ->Unite.Nom, DonneesFacture. Facture[N].LignedeCommande[5] ->Unite.Taille, DonneesFacture. Facture[N].LignedeCommande[5] ->Unite.Couleur	record[N].field21	Vierge (espaces uniquement) si pas de ligne 5 dans la facture.
DonneesFacture.Facture[N].LignedeCommande[5] . quantite	record[N].field22	
DonneesFacture.Facture[N].LignedeCommande[5] .prix	record[N].field23	

Voici maintenant la feuille de style effectuant la transformation. Elle est d'abord présentée dans son intégralité, puis détaillée. Vous la trouverez en téléchargement sur le site web de Wrox, sous le nom ch12_ex4.xsl :

```
<?xml version="1.0" encoding="ISO-8859-1" ?>
<xsl:stylesheet xmlns:xsl="http://www.w3.org/1999/XSL/Transform" version="1.0">
   <xsl:output method="text" />
   <xsl:template match="DonneesFacture">
   <xsl:for-each select="Facture">
      <xsl:variable name="IDclient" select="@IDREFclient" />
      <xsl:value-of select="../Client[@IDclient=$IDclient]/@nom" />
      <xsl:text>&#x09;</xsl:text>
      <xsl:value-of select="../Client[@IDclient=$IDclient]/@adresse" />
      <xsl:text>&#x09;</xsl:text>
      <xsl:value-of select="../Client[@IDclient=$IDclient]/@ville" />
      <xsl:text>&#x09;</xsl:text>
      <xsl:value-of select="../Client[@IDclient=$IDclient]/@etat" />
      <xsl:text>&#x09;</xsl:text>
      <xsl:value-of select="../Client[@IDclient=$IDclient]/@codePostal" />
      <xsl:text>&#x09;</xsl:text>
      <xsl:value-of select="@dateCommande" />
      <xsl:text>&#x09;</xsl:text>
      <xsl:value-of select="@dateExpedition" />
      <xsl:text>&#x09;</xsl:text>
      <xsl:choose>
         <xsl:when test="@methodeExpedition='UPS'">
```

```
                <xsl:text>1</xsl:text>
             </xsl:when>
             <xsl:when test="@methodeExpedition='USPS'">
                <xsl:text>2</xsl:text>
             </xsl:when>
             <xsl:when test="@methodeExpedition='FedEx'">
                <xsl:text>3</xsl:text>
             </xsl:when>
          </xsl:choose>
          <xsl:text>&#x09;</xsl:text>
          <xsl:for-each select="LignedeCommande[position()&lt;=5]">
             <xsl:variable name="IDUnite" select="@IDREFUnite" />
             <xsl:variable name="UniteNom"
                 select="../../Unite[@IDUnite=$IDUnite]/@nom" />
             <xsl:variable name="UniteTaille"
                select="../../Unite[@IDUnite=$IDUnite]/@taille" />
             <xsl:variable name="UniteCouleur"
                select="../../Unite[@IDUnite=$IDUnite]/@couleur" />
             <xsl:value-of select="concat($UniteCouleur,' ', $UniteTaille,' ',
                $UniteNom)" />
             <xsl:text>&#x09;</xsl:text>
             <xsl:value-of select="format-number(@quantite, '#####')" />
             <xsl:text>&#x09;</xsl:text>
             <xsl:value-of select="format-number(@prix, '####0.00')" />
             <xsl:text>&#x09;</xsl:text>
          </xsl:for-each>
          <xsl:if test="count(LignedeCommande)&lt;2">
             <xsl:text>&#x09;0&#x09;0.00&#x09;</xsl:text>
          </xsl:if>
          <xsl:if test="count(LignedeCommande)&lt;3">
             <xsl:text>&#x09;0&#x09;0.00&#x09;</xsl:text>
          </xsl:if>
          <xsl:if test="count(LignedeCommande)&lt;4">
             <xsl:text>&#x09;0&#x09;0.00&#x09;</xsl:text>
          </xsl:if>
          <xsl:if test="count(LignedeCommande)&lt;5">
             <xsl:text>&#x09;0&#x09;0.00&#x09;</xsl:text>
          </xsl:if>
          <xsl:text>&#x0D;&#x0A;</xsl:text>
       </xsl:for-each>
       </xsl:template>
    </xsl:stylesheet>
```

Regardez de plus près la feuille de style pour comprendre son fonctionnement :

```
<?xml version="1.0" encoding="ISO-8859-1" ?>
<xsl:stylesheet xmlns:xsl="http://www.w3.org/1999/XSL/Transform" version="1.0">
   <xsl:output method="text" />
```

Il est capital de déclarer la méthode de sortie de la feuille de style comme « text ». En effet, cela empêche XSLT de faire des suppositions sur la façon dont vous voulez présenter les résultats. Plus spécifiquement, il extrait tous les nœuds texte dans l'arbre résultat sans aucun caractère d'échappement comme < ou &.

```
      <xsl:template match="DonneesFacture">
```

`DonneesFacture` étant l'élément racine, le modèle est exécuté une fois pour la totalité du document.

```
      <xsl:for-each select="Facture">
```

Chaque élément Facture du document source est traité : ils correspondent aux enregistrements du fichier de sortie. Vous allez naviguer selon les nécessités vers les informations Client et Unite.

```
<xsl:variable name="IDclient" select="@IDREFclient" />
<xsl:value-of select="../Client[@IDclient=$IDclient]/@nom" />
```

Cette syntaxe est importante, car elle montre comment les relations IDREF-ID doivent être interprétées en XSLT. Dans les lignes précédentes, l'attribut IDREFclient de la facture courante a été stocké dans la variable nommée IDclient. Vous vous connectez alors à l'élément Client dont l'attribut IDclient correspond au IDREFclient spécifié pour la facture et vous obtenez l'attribut nom de cet élément.

```
<xsl:text>&#x09;</xsl:text>
```

Telle est la façon dont vous placez le délimiteur tabulation. Remarquez qu'il n'est pas nécessaire de désactiver l'échappement en sortie, puisque vous avez déjà déclaré que la feuille de style devait produire un résultat texte, non déguisé. 	 est l'identificateur Unicode UTF-8 pour un caractère de tabulation.

```
<xsl:value-of select="../Client[@IDclient=$IDclient]/@adresse" />
<xsl:text>&#x09;</xsl:text>
<xsl:value-of select="../Client[@IDclient=$IDclient]/@ville" />
<xsl:text>&#x09;</xsl:text>
<xsl:value-of select="../Client[@IDclient=$IDclient]/@etat" />
<xsl:text>&#x09;</xsl:text>
<xsl:value-of select="../Client[@IDclient=$IDclient]/@codePostal" />
<xsl:text>&#x09;</xsl:text>
<xsl:value-of select="@dateCommande" />
<xsl:text>&#x09;</xsl:text>
<xsl:value-of select="@dateExpedition" />
<xsl:text>&#x09;</xsl:text>
```

Vous continuez à insérer les champs dans la sortie, y compris le reste des champs Client et des champs Facture.

```
<xsl:choose>
        <xsl:when test="@methodeExpedition='UPS'">
           <xsl:text>1</xsl:text>
        </xsl:when>
        <xsl:when test="@methodeExpedition='USPS'">
           <xsl:text>2</xsl:text>
        </xsl:when>
        <xsl:when test="@methodeExpedition='FedEx'">
           <xsl:text>3</xsl:text>
        </xsl:when>
     </xsl:choose>
```

À l'aide de xsl:choose, vous traduisez les valeurs énumérées XML de l'attribut methodeExpedition dans le format souhaitable pour la sortie.

```
<xsl:text>&#x09;</xsl:text>
```

Vous devez ensuite traiter chaque enfant LignedeCommande de l'élément Facture. Remarquez qu'il y a un maximum de cinq enfants, puisque le format de sortie n'accepte que cinq lignes de facture.

```
<xsl:for-each select="LignedeCommande[position()&lt;=5]">
```

```
            <xsl:variable name="IDUnite" select="@IDREFUnite" />
            <xsl:variable name="UniteNom"
               select="../../Unite[@IDUnite=$IDUnite]/@nom" />
```

Une fois encore, vous naviguez vers l'unité adéquate pour la ligne concernée selon l'attribut `IDREFUnite` de l'élément `LignedeCommande`.

```
   <xsl:variable name="UniteTaille"
               select="../../Unite[@IDUnite=$IDUnite]/@taille" />
            <xsl:variable name="UniteCouleur"
               select="../../Unite[@IDUnite=$IDUnite]/@couleur" />
            <xsl:value-of select="concat($UniteCouleur,' ', $UniteTaille,' ',
               $UniteNom)" />
```

Vous créez le champ de description dans la sortie en concaténant les attributs couleur, taille et nom de la source.

```
            <xsl:text>&#x09;</xsl:text>
            <xsl:value-of select="format-number(@quantite, '#####')" />
```

XSLT dispose d'une fonction de mise en forme de nombres nommée `format-number`, utilisée ici pour s'assurer que le nombre se présente sous la forme exigée par le fichier cible.

```
            <xsl:text>&#x09;</xsl:text>
            <xsl:value-of select="format-number(@prix, '####0.00')" />
            <xsl:text>&#x09;</xsl:text>
        </xsl:for-each>
```

Vous devez ensuite effectuer un petit travail de nettoyage. Comme il existe cinq emplacements de ligne de commande, et qu'il peut en réalité exister moins de cinq lignes dans le document original, il faut écrire dans le fichier de destination des informations vierges si vous avez trouvé moins de cinq lignes.

```
   <xsl:if test="count(LignedeCommande)&lt;2">
            <xsl:text>&#x09;0&#x09;0.00&#x09;</xsl:text>
        </xsl:if>
        <xsl:if test="count(LignedeCommande)&lt;3">
            <xsl:text>&#x09;0&#x09;0.00&#x09;</xsl:text>
        </xsl:if>
        <xsl:if test="count(LignedeCommande)&lt;4">
            <xsl:text>&#x09;0&#x09;0.00&#x09;</xsl:text>
        </xsl:if>
        <xsl:if test="count(LignedeCommande)&lt;5">
          <xsl:text>&#x09;0&#x09;0.00&#x09;</xsl:text>
        </xsl:if>
        <xsl:text>&#x0D;&#x0A;</xsl:text>
```

Vous écrivez ici les caractères correspondant à un retour chariot et à un saut de ligne afin d'être sûr que le fichier de sortie possède le saut de ligne consolidé à la fin de chaque enregistrement. Si le fichier délimité de destination est destiné à un système UNIX, vous devrez, soit modifier l'ordre de la paire CR/LF, soit utiliser un outil comme `dos2unix` ou `d2u` pour convertir la chaîne de caractères de saut de ligne consolidé.

```
    </xsl:for-each>
    </xsl:template>
</xsl:stylesheet>
```

C'est tout ce qu'il y a à faire. La sortie de la feuille de style appliquée à l'exemple devrait être semblable à ceci :

```
Kevin Williams   744 Evergreen Terrace   Springfield   KY   12345   12/01/2000
12/04/2000   1   bleu 9 cm. Machins   17   0.10   argent 14 cm. Trucs   22
0.20      0   0.00      0   0.00      0   0.00
Homer Simpson   742 Evergreen Terrace   Springfield   KY   12345   12/02/2000
12/05/2000   2   rouge 4 cm. Chose   13   0.30   bleu 9 cm. Machins   11   0.10
0   0.00      0   0.00      0   0.00
```

Remarquez qu'il est possible d'aller un peu plus loin, en utilisant les tableaux de correspondance créés dans un autre document pouvant servir à contrôler le document de transformation. Cet exercice est laissé au lecteur.

Largeur fixe

Les fichiers à largeur fixe peuvent être créés de la même façon à l'aide de XSLT. Il faut quelques astuces supplémentaires pour s'assurer que les champs soient de la largeur adéquate : vous les découvrirez lors de l'examen du code. Rappelez-vous que le tableau de correspondance du fichier exemple à largeur fixe est celui-ci :

Valeur	Détails
`record[N].field1`	**Type de données** : chaîne **Position** : 1 à 30 **Description** : nom du client de la facture N
`record[N].field2`	**Type de données** : chaîne **Position** : 31 à 60 **Description** : adresse du client de la facture N
`record[N].field3`	**Type de données** : chaîne **Position** : 61 à 80 **Description** : ville du client de la facture N
`record[N].field4`	**Type de données** : chaîne **Position** : 81 à 82 **Description** : état du client de la facture N

(Suite du tableau)

Valeur	Détails
`record[N].field5`	**Type de données** : chaîne **Position** : 83 à 92 **Description** : code postal du client de la facture N.
`record[N].field6`	**Type de données** : date/heure **Position** : 93 à 102 **Format** : MM/JJ/AAAA **Description** : date de commande pour la facture N
`record[N].field7`	**Type de données** : date/heure **Position** : 103 à 112 **Format** : MM/JJ/AAAA **Description** : date d'expédition pour la facture N
`record[N].field8`	**Type de données** : valeurs énumérées **Position** : 113 à 117 **Valeurs** : UPS - United States Postal Service ; USPS - United Parcel Service ; FedEx - Federal Express **Description** : méthode de livraison des unités de la facture N
`record[N].field9`	**Type de données** : chaîne **Position** : 118 à 147 **Format** : maximum de 30 caractères **Description** : description de l'unité figurant sur la première ligne de commande de la facture N, sous la forme couleur taille nom
`record[N].field10`	**Type de données** : numérique **Position** : 148 à 152 **Format** : ##### **Description** : quantité de l'unité figurant dans la première ligne de commande de la facture N
`record[N].field11`	**Type de données** : numérique **Position** : 153 à 160 **Format** : #####.## **Description** : prix de l'unité figurant dans la première ligne de commande de la facture N

(Suite du tableau)

Valeur	Détails
`record[N].field12`	**Type de données** : chaîne **Position** : 161 à 190 **Description** : description de l'unité figurant sur la seconde ligne de commande de la facture N, sous la forme couleur taille nom
`record[N].field13`	**Type de données** : numérique **Position** : 191 à 195 **Format** : ##### **Description** : quantité de l'unité figurant sur la seconde ligne de commande de la facture N
`record[N].field14`	**Type de données** : numérique **Position** : 196 à 203 **Format** : #####.## **Description** : prix de l'unité figurant sur la seconde ligne de commande de la facture N
`record[N].field15`	**Type de données** : chaîne **Position** : 204 à 233 **Format** : maximum de 30 caractères **Description** : description de l'unité figurant sur la troisième ligne de commande de la facture N, sous la forme couleur taille nom
`record[N].field16`	**Type de données** : numérique **Position** : 234 à 238 **Format** : ##### **Description** : quantite de l'unité figurant sur la troisième ligne de commande de la facture N
`record[N].field17`	**Type de données** : numérique **Position** : 239 à 246 **Format** : #####.## **Description** : prix de l'unité figurant sur la troisième ligne de commande de la facture N

(Suite du tableau)

Valeur	Détails
`record[N].field18`	**Type de données** : chaîne **Position** : 247 à 276 **Description** : description de l'unité figurant sur la quatrième ligne de commande de la facture N, sous la forme couleur taille nom
`record[N].field19`	**Type de données** : numérique **Position** : 277 à 281 **Format** : ##### **Description** : quantité de l'unité figurant sur la quatrième ligne de commande de la facture N
`record[N].field20`	**Type de données** : numérique **Position** : 282 à 289 **Format** : #####.## **Description** : prix de l'unité figurant sur la quatrième ligne de commande de la facture N
`record[N].field21`	**Type de données** : chaîne **Position** : 290 à 319 **Description** : description de l'unité figurant sur la cinquième ligne de commande de la facture N, sous la forme couleur taille nom
`record[N].field22`	**Type de données** : numérique **Position** : 320 à 324 **Format** : ##### **Description** : quantité de l'unité figurant sur la cinquième ligne de commande de la facture N
`record[N].field23`	**Type de données** : numérique **Position** : 325 à 332 **Format** : #####.## **Description** : prix de l'unité figurant sur la cinquième ligne de commande de la facture N

Vous devez ensuite effectuer la correspondance des points de données XML vers les champs cibles. Voici à nouveau le tableau résumant ces mises en correspondance :

Source	Cible	Commentaires
DonneesFacture.Facture[N]->Client.Nom	record[N].field1	
DonneesFacture.Facture[N]->Client.Adresse	record[N].field2	
DonneesFacture.Facture[N]->Client.Ville	record[N].field3	
DonneesFacture.Facture[N]->Client.Etat	record[N].field4	
DonneesFacture.Facture[N]->Client.CodePostal	record[N].field5	
DonneesFacture.Facture[N].dateCommande	record[N].field6	
DonneesFacture.Facture[N].dateExpedition	record[N].field7	
DonneesFacture.Facture[N].methodeExpedition	record[N].field8	
DonneesFacture.Facture[N].LignedeCommande[1]->Unite.Nom,	record[N].field9	
DonneesFacture.Facture[N].LignedeCommande[1]->Unite.Taille,		
DonneesFacture.Facture[N].LignedeCommande[1]->Unite.Couleur		
DonneesFacture.Facture[N].LignedeCommande[1]. Quantite	record[N].field10	
DonneesFacture.Facture[N].LignedeCommande[1]. prix	record[N].field11	
DonneesFacture.Facture[N].LignedeCommande[2]->Unite.Nom,	record[N].field12	Vierge (espaces uniquement) si ligne 2 absente de la facture.
DonneesFacture.Facture[N].LignedeCommande[2]->Unite.Taille,		
DonneesFacture.Facture[N].LignedeCommande[2]->Unite.Couleur		
DonneesFacture.Facture[N].LignedeCommande[2]. quantite	record[N].field13	
DonneesFacture.Facture[N].LignedeCommande[2]. prix	record[N].field14	
DonneesFacture.Facture[N].LignedeCommande[3]->Unite.Nom,	record[N].field15	Vierge (espaces uniquement) si ligne 3 absente de la facture.
DonneesFacture.Facture[N].LignedeCommande[3]->Unite.Taille,		
DonneesFacture.Facture[N].LignedeCommande[3]->Unite.Couleur		
DonneesFacture.Facture[N].LignedeCommande[3]. quantite	record[N].field16	

(Suite du tableau)

Source	Cible	Commentaires
DonneesFacture.Facture[N]. LignedeCommande[3]. prix	record[N].field17	
DonneesFacture.Facture[N]. LignedeCommande[4]->Unite.Nom, DonneesFacture.Facture[N]. LignedeCommande[4]->Unite.Taille, DonneesFacture.Facture[N]. LignedeCommande[4]->Unite.Couleur	record[N].field18	Vierge (espaces uniquement) si ligne 4 absente de la facture.
DonneesFacture.Facture[N]. LignedeCommande[4]. quantite	record[N].field19	
DonneesFacture.Facture[N]. LignedeCommande[4]. prix	record[N].field20	
DonneesFacture.Facture[N]. LignedeCommande[5]->Unite.Nom, DonneesFacture.Facture[N]. LignedeCommande[5]->Unite.Taille, DonneesFacture.Facture[N]. LignedeCommande[5]->Unite.Couleur	record[N].field21	Vierge (espaces uniquement) si ligne 5 absente de la facture.
DonneesFacture.Facture[N]. LignedeCommande[5]. quantite	record[N].field22	
DonneesFacture.Facture[N]. LignedeCommande[5]. prix	record[N].field23	

La feuille de style effectuant la transformation est présentée ci-dessous, et peut être trouvée dans le code téléchargeable de ce livre sous le nom `ch12_ex5.xsl` :

```
<?xml version="1.0" encoding="ISO-8859-1" ?>
<xsl:stylesheet xmlns:xsl="http://www.w3.org/1999/XSL/Transform" version="1.0">
   <xsl:output method="text" />
   <xsl:template match="DonneesFacture">
   <xsl:for-each select="Facture">
      <xsl:variable name="IDclient" select="@IDREFclient" />
      <xsl:value-of
         select="substring(concat(../Client[@IDclient=$IDclient]/@nom,
         '                                  '), 1, 30)" />
      <xsl:value-of
         select="substring(concat(../Client[@IDclient=$IDclient]/@adresse,
         '                                  '), 1, 30)" />
      <xsl:value-of
         select="substring(concat(../Client[@IDclient=$IDclient]/@ville,
         '                      '), 1, 20)" />
      <xsl:value-of select="../Client[@IDclient=$IDclient]/@etat" />
      <xsl:value-of
         select="substring(concat
         (../Client[@IDclient=$IDclient]/@codePostal, '          '),
         1, 10)" />
      <xsl:value-of select="substring(concat(@dateCommande, '          '),
         1, 10)" />
      <xsl:value-of select="substring(concat(@dateExpedition, '          '),
```

```
         1, 10)" />
      <xsl:value-of select="substring(concat(@methodeExpedition, '     '), 1,
      5)" />
      <xsl:for-each select="LignedeCommande[position()&lt;=5]">
         <xsl:variable name="IDUnite" select="@IDREFUnite" />
         <xsl:variable name="UniteNom"
            select="../../Unite[@IDUnite=$IDUnite]/@nom" />
         <xsl:variable name="UniteTaille"
            select="../../Unite[@IDUnite=$IDUnite]/@taille" />
         <xsl:variable name="UniteCouleur"
            select="../../Unite[@IDUnite=$IDUnite]/@couleur" />
         <xsl:value-of select="substring(concat(
            $UniteCouleur, ' ', $UniteTaille, ' ', $UniteNom,
            '                              '), 1, 30)" />
         <xsl:value-of select="format-number(@quantite, '00000')" />
         <xsl:value-of select="format-number(@prix, '00000.00')" />
      </xsl:for-each>
      <xsl:if test="count(LignedeCommande)&lt;2">
         <xsl:text>                              0000000000.00</xsl:text>
      </xsl:if>
      <xsl:if test="count(LignedeCommande)&lt;3">
         <xsl:text>                              0000000000.00</xsl:text>
      </xsl:if>
      <xsl:if test="count(LignedeCommande)&lt;4">
         <xsl:text>                              0000000000.00</xsl:text>
      </xsl:if>
      <xsl:if test="count(LignedeCommande)&lt;5">
         <xsl:text>                              0000000000.00</xsl:text>
      </xsl:if>
      <xsl:text>&#x0D;&#x0A;</xsl:text>
   </xsl:for-each>
   </xsl:template>
</xsl:stylesheet>
```

Comme l'ordre dans lequel chaque champ apparaît dans le fichier à largeur fixe est pratiquement le même que celui du fichier délimité, cette feuille de style est presque identique à la précédente. Il s'y trouve cependant une nouvelle technique méritant d'être examinée de plus près :

```
xsl:value-of select="substring(concat(@dateCommande, '          '), 1, 10)" />
```

La paire `substring-concat` est la façon la plus simple d'obtenir une chaîne d'une longueur déterminée en XSLT. La chaîne `select` ci-dessus renvoie toujours une chaîne mesurant exactement dix caractères : si l'attribut est plus long, seuls les dix premiers caractères sont renvoyés, et si l'attribut comporte moins de dix caractères, il se voit ajouter des espaces sur la droite.

Voici la sortie de la feuille de style précédente, appliquée au XML exemple, soit le fichier dont vous étiez parti dans une section précédente :

```
Kevin Williams                744 Evergreen Terrace         Springfield
KY12345     12/01/200012/04/2000UPS  bleu 9 cm. Machins
0001700000.10argent 14 cm. Trucs          0002200000.20
0000000000.00                              0000000000.00
0000000000.00
Homer Simpson                 742 Evergreen Terrace         Springfield
KY12345     12/02/200012/05/2000USPS rouge 4 cm. Chose
0001300000.30bleu 9 cm. Machins            0001100000.10
```

```
0000000000.00                                    0000000000.00
0000000000.00
```

Enregistrements balisés

Une fois encore, obtenir un fichier de sortie à enregistrements balisés ne pose aucun problème avec XSLT. Rappelez-vous d'abord le tableau de correspondance pour le format d'enregistrements balisés :

Valeur	Détails
`record[N].Client.field1`	**Type de données** : chaîne **Position** : 2 à 31 **Description** : nom du client de la facture N
`record[N].Client.field2`	**Type de données** : chaîne **Position** : 32 à 61 **Description** : adresse du client de la facture N
`record[N].Client.field3`	**Type de données** : chaîne **Position** : 62 à 81 **Description** : ville du client de la facture N
`record[N].Client.field4`	**Type de données** : chaîne **Position** : 82 à 83 **Description** : état du client de la facture N
`record[N].Client.field5`	**Type de données** : chaîne **Position** : 84 à 93 **Description** : code postal du client de la facture N
`record[N].Facture.field1`	**Type de données** : date/heure **Position** : 2 à 11 **Format** : MM/JJ/AAAA **Description** : date de commande de la facture N
`record[N].Facture.field2`	**Type de données** : date/heure **Position** : 12 à 21 **Format** : MM/JJ/AAAA **Description** : date d'expédition pour la facture N

(Suite du tableau)

Valeur	Détails
record[N].Facture.field3	**Type de données** : valeurs énumérées **Position** : 22 à 26 **Valeurs** : **USPS** - United States Postal Service ; **UPS** - United Parcel Service ; **FedEx** - Federal Express **Description** méthode d'expédition des unités figurant sur la facture N
record[N].LignedeCommande [M].field1	**Type de données** : chaîne **Position** : 2 à 31 **Format** : maximum de 30 caractères **Description** : description de l'unité figurant sur la ligne M de commande de la facture N, sous la forme couleur taille nom
record[N].LignedeCommande [M].field2	**Type de données** : numérique **Position** : 32 à 36 **Format** : ##### **Description** : quantité de l'unité figurant sur la ligne M de commande de la facture N
record[N].LignedeCommande [M].field3	**Type de données** : numérique **Position** : 37 à 44 **Format** : #####.## **Description** : prix de l'unité figurant sur la ligne M de commande de la facture N

Vous devez ensuite effectuer la correspondance entre les champs XML et les champs du fichier cible, comme ci-dessous :

Cible	Source
DonneesFacture.Facture[N]->Client.Nom	record[N].Client.field1
DonneesFacture.Facture[N]->Client.Adresse	record[N].Client.field2
DonneesFacture.Facture[N]->Client.Ville	record[N].Client.field3
DonneesFacture.Facture[N]->Client.Etat	record[N].Client.field4
DonneesFacture.Facture[N]->Client.CodePostal	record[N].Client.field5

(Suite du tableau)

Cible	Source
DonneesFacture.Facture[N].dateCommande	record[N].Facture.field1
DonneesFacture.Facture[N].dateExpedition	record[N].Facture.field2
DonneesFacture.Facture[N].methodeExpedition	record[N].Facture.field3
DonneesFacture.Facture[N]. LignedeCommande[M]->Unite.Nom,	record[N].LignedeCommande[M]. field1
DonneesFacture.Facture[N]. LignedeCommande[M]->Unite.Taille,	
DonneesFacture.Facture[N]. LignedeCommande[M]->Unite.Couleur	
DonneesFacture.Facture[N]. LignedeCommande[M].quantite	record[N].LignedeCommande[M]. field2
DonneesFacture.Facture[N]. LignedeCommande[M].prix	record[N].LignedeCommande[M]. field3

Disposant maintenant des tableaux de mise en correspondance, vous pouvez construire la feuille de style, `ch12_ex6.xsl` :

```
<?xml version="1.0" encoding="ISO-8859-1" ?>
<xsl:stylesheet xmlns:xsl="http://www.w3.org/1999/XSL/Transform" version="1.0">
   <xsl:output method="text" />
   <xsl:template match="DonneesFacture">
   <xsl:for-each select="Facture">
      <xsl:text>F</xsl:text>
      <xsl:value-of select="substring(concat(@dateCommande, '          '),
         1, 10)" />
      <xsl:value-of select="substring(concat(@dateExpedition, '          '),
         1, 10)" />
      <xsl:value-of select="substring(concat(@methodeExpedition, '     '), 1,
5)" />
      <xsl:text>&#x0D;&#x0A;C</xsl:text>
      <xsl:variable name="IDclient" select="@IDREFclient" />
      <xsl:value-of select="substring(concat(
         ../Client[@IDclient=$IDclient]/@nom,
         '                              '), 1, 30)" />
      <xsl:value-of select="substring(concat(
         ../Client[@IDclient=$IDclient]/@adresse,
         '                              '), 1, 30)" />
      <xsl:value-of select="substring(concat(
         ../Client[@IDclient=$IDclient]/@ville,
         '                    '), 1, 20)" />
      <xsl:value-of select="../Client[@IDclient=$IDclient]/@etat" />
      <xsl:value-of select="substring(concat(
         ../Client[@IDclient=$IDclient]/@codePostal,
         '          '), 1, 10)" />
      <xsl:for-each select="LignedeCommande[position()&lt;=5]">
         <xsl:text>&#x0D;&#x0A;L</xsl:text>
         <xsl:variable name="IDUnite" select="@IDREFUnite" />
         <xsl:variable name="UniteNom"
            select="../../Unite[@IDUnite=$IDUnite]/@nom" />
```

```
            <xsl:variable name="UniteTaille"
               select="../../Unite[@IDUnite=$IDUnite]/@taille" />
            <xsl:variable name="UniteCouleur"
               select="../../Unite[@IDUnite=$IDUnite]/@couleur" />
            <xsl:value-of select="substring(concat(
               $UniteCouleur, ' ', $UniteTaille, ' ', $UniteNom,
               '                              '), 1, 30)" />
            <xsl:value-of select="format-number(@quantite, '00000')" />
            <xsl:value-of select="format-number(@prix, '00000.00')" />
         </xsl:for-each>
         <xsl:text>&#x0D;&#x0A;</xsl:text>
      </xsl:for-each>
      </xsl:template>
   </xsl:stylesheet>
```

Cette feuille de style reflète certaines des approches retenues dans les exemples précédents. Remarquez qu'il n'est plus nécessaire de se préoccuper du nombre de lignes de commande présentes, puisque chaque ligne possède son propre enregistrement selon ce format balisé. Pour créer les enregistrements, il suffit d'insérer le marqueur de début adéquat et, à la fin, les sauts de lignes consolidés, comme nécessaire.

Voici le résultat de la feuille de style appliquée au XML exemple :

```
F12/01/200012/04/2000UPS
CKevin Williams                744 Evergreen Terrace         Springfield
KY12345
Lbleu 9 cm. Machins            0001700000.10
Largent 14 cm. Trucs           0002200000.20
F12/02/200012/05/2000USPS
CHomer Simpson                 742 Evergreen Terrace         Springfield
KY12345
Lrouge 4 cm. Chose             0001300000.30
Lbleu 9 cm. Machins            0001100000.10
```

Résumé

Ce chapitre était consacré aux techniques permettant de travailler avec des fichiers à plat et de déplacer des données entre fichiers à plat et documents XML. Vous avez vu que, pour créer un « traducteur » entre deux formats, vous devez :

- établir une correspondance entre le fichier source et des paires nom-valeur ;
- établir une correspondance entre le format cible et des paires nom-valeur ;
- créer une corrélation entre les paires nom-valeur source et cible ;
- écrire le code DOM (pour une cible XML) ou une feuille de style XSLT (pour une cible fichier à plat)

À l'aide de cette stratégie, vous pouvez relier votre système à des systèmes hérités ou à d'autres plates-formes produisant ou utilisant des fichiers à plat, évitant de ce fait toute surcharge logicielle.

13

ADO, ADO+ et XML

La technique ADO (*Active Data Objects*) a pris en charge XML depuis sa version 2.1, grâce à la possibilité de rendre persistants pour le système de fichiers des objets `Recordset` depuis ou vers XML. La diffusion ultérieure de ADO 2.5 a développé ces capacités XML en proposant une prise en charge du chargement de XML depuis ou vers l'objet `Stream` (un flux de texte ou de données binaires). Avec désormais la sortie de ADO 2.6 et de SQL Server 2000, vous disposez d'une puissance encore plus grande. ADO 2.6 permet de récupérer des résultats XML dans des flux plutôt que dans des ensembles d'enregistrements (*recordsets*). Cela permet de récupérer des données XML depuis n'importe quelle source de données OLE DB pouvant envoyer du XML.

Nous allons découvrir la plupart des fonctionnalités apportées par SQL Server 2000 dans les chapitres 14 et 15. Fondamentalement, il est possible d'utiliser les extensions `FOR XML` pour SQL, Open XML et les vues XML *via* ADO, afin de disposer de fonctionnalités similaires à travers celui-ci. Cela fonctionne avec toute source de données renvoyant du XML, et non uniquement avec SQL Server 2000.

ADO peut exécuter des requêtes *via* XML, réaliser des jointures entre ensembles de données XML et données relationnelles, et même envoyer du XML depuis ou vers des procédures stockées ou des pages ASP.

> *L'enseignement d'ADO dépasse l'objectif de ce chapitre. Si vous le connaissez mal, ou si vous voulez en savoir plus à son sujet, nous vous recommandons de vous procurer l'ouvrage de Wrox Press,* ADO 2.6 Programmer's Reference[1], ISBN 186100463x.

---

[1] Note : ouvrage non disponible en français.

Ce chapitre traite des points suivants :

- L'amélioration d'ADO pour inclure un ensemble de fonctionnalités XML plus solide que dans le passé. Nous verrons ici ce qui est pris en charge dans ADO 2.6, ainsi que ses nouvelles propriétés XML.
- Les différentes méthodes permettant de rendre persistant du XML à l'aide d'ADO, et comment l'objet `Stream` rend cela possible, y compris l'examen de l'objet ASP `Response`.
- Le mode d'emploi pour effectuer une requête vers SQL Server et renvoyer des données XML, en utilisant à la fois les extensions du langage SQL et des requêtes à l'aide des schémas de correspondance et de XPath.
- Le mode de fusionnement des ensembles de données XML et des ensembles de données SQL afin de récupérer ou même de modifier des données SQL.

Nous examinerons également ce qui devrait venir dans un futur proche, en abordant ADO+.

Comme vous le voyez déjà, il y a du pain sur la planche. Installez-vous donc confortablement pour plonger dans l'exploration de ADO et XML.

> **Le code de ce chapitre est fondé sur ADO 2.6 et sur SQL Server 2000. Le XML est affiché dans le navigateur Internet Explorer 5. Bien que d'autres navigateurs puissent ne pas afficher les données de la même façon, il est capital de garder à l'esprit que le même XML peut être transmis à n'importe quel client : que celui-ci soit ou non capable d'afficher les données ne dépend que de lui.**

Prise en charge XML dans ADO 2.6 et SQL Server 2000

Nous allons débuter par l'étude des fonctionnalités ADO 2.6 facilitant l'intégration entre ADO et XML :

- objet `Stream` ;
- capacité à rendre persistantes des données XML ;
- exécution des requêtes sur des données en XML ;
- schémas annotés, permettant d'établir une correspondance entre un vocabulaire XML et des tables SQL Server ;
- fusion de XML et de données relationnelles.

Les rubriques de cette section présentent les concepts et les techniques, tandis que les autres sections de ce chapitre se concentrent sur l'intégration de XML avec ADO et SQL Server 2000, à l'aide de nombreux exemples de code. Nous allons cependant commencer par la définition d'un flux et de son rôle en ADO et en XML. Nous passerons alors à un niveau plus élevé, concernant les différentes méthodes d'utilisation de flux et d'autres fonctionnalités XML de ADO et de SQL Server 2000.

Définition d'un stream ?

L'objet ADO `Stream` permet de lire, d'écrire et de gérer le flux de données binaires ou de texte constituant un message ou un fichier. Plus précisément, nous utilisons un objet `Stream` pour lire ou écrire un fichier ou des données depuis ou vers un flux binaire (mémoire temporaire). Nous pouvons également envoyer le `Stream` sur un réseau depuis un objet de travail vers un client. Mais que peut donc faire pour nous l'objet `Stream` ?

- Il est possible d'utiliser un `Stream` pour enregistrer des données ou les rendre persistantes. Par exemple, nous pouvons partir d'un `Recordset` et l'enregistrer au format XML dans un objet `Stream`. Une fois le XML dans le `Stream`, il est possible de l'enregistrer dans une variable chaîne ou même de le charger dans le DOM XML.
- Si vous vous rappelez que l'objet ASP `Response` prend en charge une interface pour le flux, vous pouvez voir qu'il est possible d'envoyer directement du XML vers l'objet `Response`, l'écrivant ainsi vers le navigateur du client.
- Dernière chose, et non la moindre, il est possible de charger différents types de requêtes dans un objet `Stream` et de les exécuter sur une base de données SQL Server. Ainsi tous les types de requêtes que nous allons rencontrer dans les chapitres 14 et 15, qu'ils soient en SQL ou en XML, peuvent être stockés dans l'objet `Stream`.

Vous devriez désormais avoir adopté le concept d'objet `Stream`, et logiquement la question suivante est « Où puis-je trouver un de ces objets `Stream` ? ». S'il est impossible de les trouver au magasin du coin, il existe différentes façons d'en obtenir un.

Obtenir un stream

Comment donc obtenir un objet `Stream` et le peupler à l'aide d'un flux ? Voici différentes méthodes permettant d'obtenir un `Stream` utilisable avec XML.

Fichiers

Vous pouvez obtenir un `Stream` à partir d'un fichier contenant des données texte (ou binaires). Lors de l'ouverture d'un `Stream` à partir d'un fichier, vous opérez sur le contenu du fichier. Vous pouvez ainsi manipuler directement ce contenu en lecture ou en écriture. Les lignes suivantes sont des exemples présentant l'ouverture d'un `Stream` :

```
Dim oStm
Set oStm = Server.CreateObject("ADODB.Stream")
oStm.Open "URL=http://localhost/XMLDB/client.xml"
```

ou :

```
Dim oStm
Set oStm = Server.CreateObject("ADODB.Stream")
oStm.Open "d:\client.xml"
```

À vous de jouer

Vous pouvez créer une instance d'un objet `Stream` dans du code et écrire des données XML dans celui-ci. Vous pouvez dès lors y ajouter toute donnée XML ou une requête de type XML. Cette technique permet d'ouvrir un `Stream` vide, puis de le remplir à l'aide de n'importe quelles données. Par exemple, le fragment de code suivant remplit un `Stream` vide à l'aide d'une chaîne XML.

```
Dim oStm
sXML = "<client IDClient='123' NomClient='XYZ Records'></client>"
'--- Créer le Stream
Set oStm = Server.CreateObject("ADODB.Stream")
'--- Ouvrir un Stream vide
oStm.Open
'--- Remplir le Stream avec une chaîne XML
oStm.WriteText sXML
```

Vous venez de voir un exemple rudimentaire de la façon dont un objet `Stream` peut interagir avec XML. Ainsi, à l'aide de l'objet `Stream` d'ADO, vous pouvez :

- placer les requêtes et les mises à jour dans un `Stream` ;
- enregistrer les résultats de ces requêtes dans un `Stream`, pouvant être rendu persistant en :
  - un fichier ;
  - SQL Server 2000 ;
  - étant envoyé sur un réseau ;
  - un objet ASP `Response`.

Persistance de XML

Le fait de rendre les données XML **persistantes** consiste simplement à enregistrer le contenu d'un ensemble de données XML dans un quelconque emplacement de stockage. Celui-ci peut revêtir de nombreuses formes, comme cela a déjà été expliqué. À l'aide des nouvelles techniques de persistance de ADO, vous ouvrez des voies nouvelles pour interagir avec vos centres de données. Par exemple, en rendant persistantes des données XML dans un objet `Stream`, pour un fichier texte, ou même pour l'objet ASP `Response`.

En enregistrant les données dans un objet `Stream`, nous pouvons :

- modifier le XML présent à l'intérieur du `Stream` ou même charger directement le XML dans le DOM XML ;
- enregistrer le XML comme fichier texte, afin de pouvoir sauvegarder définitivement ces données dans le fichier et les utiliser ultérieurement comme source de données d'un `Recordset` ;
- enregistrer des données XML depuis un `Recordset` et envoyer le XML *via* une page ASP directement vers un navigateur (ou vers une autre machine dans un scénario de service web). Une fois le XML chez le client, il peut être stocké dans un îlot de données XML ou même utilisé comme objet `DataControl` d'un système de base de données.

> *Rappelez-vous qu'envoyer le XML vers un îlot de données XML ou un* DataControl *de SGBD ne sert qu'avec Internet Explorer. Vous pouvez en revanche envoyer le XML vers un client non-navigateur, comme un service web.*

Comme vous le voyez, il existe non seulement de nombreuses façons d'enregistrer les données vers XML, mais également de nombreux moyens de tirer parti de la persistance XML.

Exécuter des requêtes XML

Il existe deux nouvelles façons d'effectuer des requêtes vers SQL Server à partir d'ADO, présentées toutes deux dans les chapitres 14 et 15 :

- requêtes utilisant `FOR XML` ;
- requêtes utilisant des schémas de données XML annotés (XML Views).

Requêtes utilisant FOR XML

Le langage Transact SQL (T-SQL) pour SQL Server 2000 prend désormais en charge la clause `FOR XML`. Cela offre aux développeurs un moyen d'écrire des requêtes SQL standard vers une base de données SQL Server, renvoyant à la place d'un ensemble d'enregistrements ADO des données au format XML. En d'autres termes, vous pouvez exécuter vos requêtes sur une base de données SQL Server 2000 et renvoyer directement du XML à votre application.

Il existe en réalité quelques options possibles dans le mode de renvoi du résultat. Par exemple, vous pouvez renvoyer ces données selon un format XML brut ou bien comme une structure hiérarchique fondée sur les relations de la table sous-jacente (en utilisant l'option `elements`, afin de spécifier un XML centré sur les éléments plutôt que le choix par défaut, un XML centré sur les attributs). Au bout du compte, la clause `FOR XML` ouvre les portes des données relationnelles de SQL Server à des données XML. Reportez-vous au chapitre 14 pour une discussion plus complète sur la clause `FOR XML`.

Requêtes utilisant des schémas annotés

Le concept de schéma annoté, développé par Microsoft, est une extension de la spécification des schémas XML. Pour résumer, les schémas annotés permettent aux applications de récupérer des données dans une base de données sans avoir à utiliser SQL. Tout cela est accompli à l'aide d'un **schéma de correspondance**, agissant comme une vue des données, en faisant correspondre les éléments et attributs XML aux tables et aux colonnes d'une base de données relationnelle.

Une fois le schéma créé, vous pouvez lancer une requête sur les données qu'il représente dans la base de données à l'aide d'une instruction XPath, ce qui signifie qu'il est possible d'effectuer une requête sur des données SQL Server 2000 sans avoir à écrire de requêtes SQL. Pour plus de détails, reportez-vous au chapitre 15.

> **Vous trouverez plus d'informations sur la syntaxe XPath pour effectuer des requêtes XML et sur la recommandation W3C XPath version 1 à l'adresse http://xmlfr.org/w3c/TR/xpath/.**

Fusionner XML et données relationnelles

Vous trouverez dans les nouvelles fonctionnalités de SQL Server 2000 une extension du langage T-SQL : `OpenXML`. Cette fonction permet à une procédure stockée (ou à tout lot ou batch T-SQL) de traiter du XML et de générer des ensembles de lignes (*rowsets*) pouvant être utilisés par des instructions T-SQL.

Pourquoi donc vouloir utiliser cette nouvelle fonctionnalité ? Et bien, par exemple, vous pourriez transmettre un document XML à une procédure stockée, puis insérer les données du document XML dans une table. L'important est que vous pouvez désormais, à l'aide de la fonction `OpenXML` T-SQL, prendre des données XML et les convertir en un ensemble de lignes relationnelles. Vous pouvez ensuite utiliser ce dernier comme vous le feriez avec tout *rowset* dans un lot ou une procédure stockée T-SQL (autrement dit, pour effectuer une jointure vers d'autres ensembles de données, insérer ou mettre à jour une table).

Nouvelles propriétés XML

Afin de mieux prendre en charge l'intégration XML, ADO 2.6 propose de nouvelles propriétés dynamiques, à savoir :

- `Mapping Schema`
- `Base Path`
- `Output Stream`

Les propriétés `Mapping Schema` et `Base Path` sont utilisées avec les schémas annotés et XPath, comme vous allez le voir dans le chapitre 15 portant sur les vues XML. La propriété `Output Stream` sert à définir l'endroit où un objet `Command` doit envoyer son flux de données. Vous trouverez ci-dessous la syntaxe de chacune de ces propriétés.

Mapping Schema

La propriété `Mapping Schema` indique un nom de fichier pointant vers le schéma de correspondance utilisé par le fournisseur pour traduire la commande XPath :

```
oCmd.Properties("Mapping Schema") = "Commandes.xml"
```

Base Path

La propriété `Base Path` indique l'URL utilisée pour résoudre les chemins relatifs dans un modèle servant à traduire une commande XPath :

```
oCmd.Properties("Base Path") = "C:\Inetpub\wwwroot\XMLDB\"
```

Output Stream

La propriété `Output Stream` indique à l'objet `Stream` l'endroit où la méthode `Command.Execute` doit renvoyer ses résultats. Par exemple, vous pouvez renvoyer vos résultats vers un objet ASP `Response`, ce dernier renvoyant les données au client. Vous pouvez aussi envoyer les données vers un objet ADO `Stream`.

```
oCmd.Properties("Output Stream") = Response
```

Après avoir découvert ces fonctionnalités au niveau conceptuel, regardez de plus près ces propriétés, ainsi que les requêtes XML et la clause `FOR XML`.

Persistance XML

Il est à présent temps de découvrir des exemples d'intégration de XML à nos stratégies. Comme cela a été évoqué précédemment, vous pouvez depuis ADO 2.1 rendre XML persistant dans un fichier, et depuis ADO 2.5, dans un objet `Stream`. Cette section démontre comment rendre persistantes des données XML selon trois formats différents. Au passage, vous découvrirez également quelques situations concrètes où rendre persistantes des données XML est bien pratique, par exemple pour :

- rendre des données XML persistantes dans un fichier ;
  - puis ouvrir un `Recordset` à partir de ce fichier ;
- rendre des données XML persistantes dans un objet `Stream` ;
  - puis ouvrir un `Recordset` à partir d'un stream ;
- rendre des données XML persistantes dans l'objet ASP `Response` ;
  - puis écrire un stream vers un client ;
  - puis rendre un stream persistant pour un client.

Commençons par apprendre à rendre des données persistantes à partir ou vers un fichier XML.

Rendre des données persistantes dans un fichier

Le fait de rendre des données persistantes dans un fichier est probablement l'endroit le plus logique où débuter, puisque cela implique l'enregistrement des données dans un emplacement tangible : un fichier situé sur un disque dur. Vous pourrez souhaiter utiliser cette approche pour sauvegarder des données entre des redémarrages d'ordinateurs. Par exemple, imaginez qu'un utilisateur d'ordinateur portable de votre réseau soit connecté à votre application de base de données, et que vous écriviez les données vers des fichiers (pour les rendre persistantes) sur l'ordinateur de l'utilisateur. Par la suite, lorsque le même utilisateur se déconnecte du réseau pour partir en déplacement, il peut toujours utiliser des parties de l'application, puisque certaines des données ont été rendues persistantes sur son disque dur.

ADO permet de prendre un `Recordset` rempli de données et de l'enregistrer directement dans un fichier au format XML. Vous pouvez ensuite ouvrir directement ce fichier XML dans un autre `Recordset` et modifier les données en utilisant le fichier comme source de données. C'est une alternative à l'utilisation du DOM XML pour modifier les données. Le code permettant d'enregistrer des données XML dans un fichier est très simple. Il suffit d'utiliser la méthode `Save` de l'objet `Recordset` en lui transmettant le nom du fichier et son format.

Le code ASP ci-dessous montre comment enregistrer un ensemble de données contenant tous les clients de la base de données `Northwind` livrée avec SQL Server dans un fichier, en utilisant un format XML (`ch13_ex01.asp`) :

```
<%@ Language=VBScript %>
<HTML>
<HEAD>
<TITLE>ADO 2.6, persistance dans un fichier : ch13_ex01.asp</TITLE>
<!-- #include file="adovbs.inc" -->
<%
   Dim oCmd
   Dim oCn
```

```
    Dim oRs
    Dim sConn
    Dim sProvider
    sConn = "Data Source=(local);Initial Catalog=Northwind;" & _
            "User ID=sa;Password=;"
    sProvider = "SQLOLEDB"
    Set oCn = Server.CreateObject("ADODB.Connection")
    oCn.Provider = sProvider
    oCn.ConnectionString = sConn
    oCn.CursorLocation = adUseClient
    oCn.Open
Set oCmd = CreateObject("ADODB.Command")
       Set oCmd.ActiveConnection = oCn
       oCmd.CommandText = "SELECT IDClient, NomSociete FROM Clients"
       oCmd.CommandType = adCmdText
    Set oRs = oCmd.Execute()
    oRs.Save "c:\Clients.xml", adPersistXML
    oRs.Close
%>
</HEAD>
<BODY>
    <H2>ADO 2.6, persistance dans un fichier : ch13_ex01.asp</H2>
    Fichier enregistré.
</BODY>
</HTML>
```

Il peut être nécessaire de modifier la chaîne de connexion de cet exemple, afin qu'elle pointe vers votre SQL Server, et de spécifier le chemin d'accès vers le `adovbs.inc` *de votre machine.*

Dans cet exemple de code, vous créez un objet `Recordset` et vous le peuplez à l'aide de données provenant de la table `Clients` : plus spécifiquement, l'ID du client et le nom de la société. Ces données sont ensuite enregistrées dans un fichier nommé `Clients.xml`, ressemblant à ceci :

```
<xml xmlns:s='uuid:BDC6E3F0-6DA3-11d1-A2A3-00AA00C14882'
   xmlns:dt='uuid:C2F41010-65B3-11d1-A29F-00AA00C14882'
   xmlns:rs='urn:schemas-microsoft-com:rowset'
   xmlns:z='#RowsetSchema'>
<s:Schema id='RowsetSchema'>
   <s:ElementType name='row' content='eltOnly'>
      <s:AttributeType name='IDClient' rs:number='1'
                       rs:writeunknown='true'>
      <s:datatype dt:type='string' dt:maxLength='5'
                 rs:fixedlength='true' rs:maybenull='false'/>
      </s:AttributeType>
      <s:AttributeType name='NomSociete' rs:number='2'
                       rs:writeunknown='true'>
      <s:datatype dt:type='string' dt:maxLength='40' rs:maybenull='false'/>
      </s:AttributeType>
      <s:extends type='rs:rowbase'/>
   </s:ElementType>
</s:Schema>
<rs:data>
   <z:row IDClient='ALFKI' NomSociete='Alfreds Futterkiste'/>
   <z:row IDClient='ANATR'
                       NomSociete='Ana Trujillo Emparedados y helados'/>
```

```
    <z:row IDClient='ANTON' NomSociete='Antonio Moreno Taquería'/>
    ...
    <z:row IDClient='WOLZA' NomSociete='Wolski  Zajazd'/>
</rs:data>
</xml>
```

Remarquez que la méthode `Save` n'écrase pas un fichier existant, à moins que le `recordset` n'en provienne.

Vous pourriez reprendre cet exemple de code en enregistrant le `Recordset` dans un `Stream`, en l'envoyant vers le client à l'aide de la technique `Response.Write` ou en ouvrant à partir de lui un objet `Recordset`. Vous trouverez ci-dessous quelques exemples de code mettant en œuvre ces techniques.

Ouvrir un Recordset à partir d'un fichier

Une fois le XML enregistré dans le fichier de l'exemple précédent, comment faire pour rouvrir le fichier contenant ce XML dans un objet `Recordset` ? Vous pourriez bien sûr transformer ADO en tableau HTML à l'aide de XSLT, mais il y a des cas où vous préférerez ne pas utiliser celui-ci : si vous voulez par exemple un flux pur de données.

> **Pour ouvrir un recordset à partir de XML est que le XML doit dériver d'un recordset. Vous ne pouvez partir de n'importe quel vieux XML : seul un XML provenant d'un recordset peut être utilisé pour en ouvrir un.**

Le code permettant d'y parvenir est présenté ci-dessous (`ch13_ex02.asp`) :

```
<%@ Language=VBScript %>
<HTML>
<HEAD>
<TITLE>
  ADO 2.6, ouvrir un Recordset depuis un fichier persistant : ch13_ex02.asp
</TITLE>
<!-- #include file="adovbs.inc" -->
<%
   Dim i
   Dim oRs
   Dim sTable
```

Vous pourriez démarrer en créant un objet `Recordset` dépourvu de connexion à une source de données. Comme vous n'avez pas l'intention de récupérer vos données à partir d'une base de données, la propriété `ActiveConnection` est fixée ici à `Nothing` :

```
   Set oRs = Server.CreateObject("ADODB.Recordset")
   Set oRs.ActiveConnection = Nothing
```

Vous établissez ensuite le Recordset comme curseur côté client dont la source est un fichier XML sur le disque local :

```
oRs.CursorLocation = adUseClient
   oRs.CursorType = adOpenStatic
   oRs.LockType = adLockReadOnly
   oRs.Source = "c:\Clients.xml"
   oRs.Open
%>
</HEAD>
```

Enfin, pour prouver que le XML a été ouvert à partir du fichier, vous allez parcourir le recordset et en écrire le contenu dans un tableau :

```
<BODY>
   <CENTER>
   <HR>
   <H2>
     ADO 2.6, ouvrir un Recordset depuis un fichier persistant : ch13_02.asp
   </H2>
   <HR>
<%
   sTable = "<table border='1'>"
   sTable = sTable & "<tr>"
   For i = 0 to oRs.Fields.Count - 1
   sTable = sTable & "<td><b>" & oRs.Fields(i).Name & "</b></td>"
   Next
   oRs.MoveNext
   sTable = sTable & "</tr>"
   Do While Not oRs.EOF
      sTable = sTable & "<tr>"
      For i = 0 to oRs.Fields.Count - 1
        sTable = sTable & "<td>" & oRs.Fields(i).Value & "</td>"
      Next
      oRs.MoveNext
      sTable = sTable & "</tr>"
   Loop
   sTable = sTable & "</table>"
   Response.Write sTable
%>
   </CENTER>
</BODY>
</HTML>
<%
   oRs.Close
   Set oRs = Nothing
%>
```

Cela aboutit au résultat suivant :

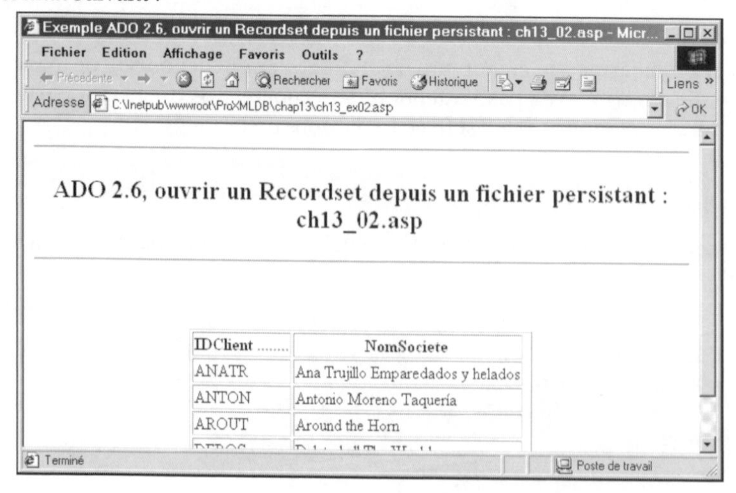

Gardez à l'esprit que dans un environnement de production d'entreprise, il n'est pas souhaitable de transmettre un gros fichier XML, consommant de la bande passante du réseau. Toute solution XML doit être envisagée avec cela en tête. Bien que XML soit très souple, son inconvénient est que ses données texte ne sont pas adaptées à de larges quantités de données.

Rendre des données persistantes dans un stream

Une autre façon d'enregistrer du XML dans un fichier consiste à utiliser l'objet `Stream`. Cette technique ne met pas en jeu d'objet `Recordset`. L'objet `Stream` possède sa propre méthode, nommée `SaveToFile`, conçue à cet effet. Aussi, en partant du principe que vous possédez un fichier XML ou une variable de chaîne renfermant du XML, le code ci-dessous (`ch13_ex03.asp`) lit le XML depuis un fichier XML (à l'aide de la méthode `LoadFromFile`) et l'enregistre directement dans un nouveau fichier (nommé ici `test.xml`) :

```
<%@ Language=VBScript %>
<HTML>
<HEAD>
<TITLE>ADO 2.6, Stream vers fichier : ch13_ex03.asp</TITLE>
<!-- #include file="adovbs.inc" -->
<%
   Dim oStm
   Dim sXML

   '--- Créer le Stream
   Set oStm = Server.CreateObject("ADODB.Stream")
   '--- Dire au Stream que vous ouvrez un texte standard Windows
   oStm.Charset = "Windows-1252"
   '--- Ouvrir le Stream
   oStm.Open
   oStm.LoadFromFile "c:\Clients.xml"
   '--- Lire le XML depuis une variable
   '--- Cela servira à écrire plus tard vers le stream
   sXML = oStm.ReadText(adReadAll)
   '--- Fermer le Stream
   oStm.Close
   '--- Créer le Stream
   Set oStm = Server.CreateObject("ADODB.Stream")
   '--- Ouvrir un Stream vide
   oStm.Open
   '--- Charger le Stream depuis une chaîne XML
   oStm.WriteText sXML
   '--- Enregistrer le Stream dans un fichier local
   oStm.SaveToFile "c:\test.xml", adSaveCreateOverWrite
   oStm.Close
   Set oStm = Nothing %>
</HEAD>
<BODY>
   <CENTER>
   <HR>
   <H2>ADO 2.6, Stream vers fichier : ch13_03.asp</H2>
   <HR>
   Fichier enregistré.
```

```
    </CENTER>
</BODY>
</HTML>
```

Remarquez que cette méthode n'est pas spécifique à XML : c'est un moyen générique de copier des données à l'aide d'un stream.

Ouvrir un Recordset depuis un stream

Vous pouvez également ouvrir un `Recordset` depuis un flux XML. En imaginant que vous possédez un fichier renfermant le XML précédemment enregistré depuis un autre `Recordset`, vous pouvez utiliser le code suivant pour lire le flux et l'écrire dans une table (`ch13_ex04.asp`) :

```
<%@ Language=VBScript %>
<HTML>
<HEAD>
<TITLE>ADO 2.6, Stream vers Recordset : ch13_04.asp</TITLE>
<!-- #include file="adovbs.inc" -->
<%
   Dim i
   Dim oRs
   Dim oStm
   Dim sTable
   Dim sXML

   '--- Créer le Stream
   Set oStm = Server.CreateObject("ADODB.Stream")
   '--- Dire au Stream que vous ouvrez un texte standard Windows
   oStm.Charset = "Windows-1252"
   '--- Ouvrir le Stream
   oStm.Open
   oStm.LoadFromFile "c:\Clients.xml"
   '--- Lire le XML depuis une variable
   sXML = oStm.ReadText(adReadAll)
   oStm.Position = 0
   '--- Ouvrir le Recordset depuis le Stream XML
   Set oRs = Server.CreateObject("ADODB.Recordset")
   Set oRs.ActiveConnection = nothing
   oRs.CursorLocation = adUseClient
   oRs.CursorType = adOpenStatic
   oRs.LockType = adLockReadOnly
   Set oRs.Source = oStm
   oRs.Open
   '--- Fermer le Stream
   oStm.Close
   Set oStm = Nothing
%>
</HEAD>
<BODY>
   <CENTER>
   <HR>
   <H2>ADO 2.6, Stream vers Recordset : ch13_04.asp</H2>
   <HR>
<%
   sTable = "<table border='1'>"
   sTable = sTable & "<tr>"
```

```
    For i = 0 to oRs.Fields.Count - 1
       sTable = sTable & "<td><b>" & oRs.Fields(i).Name & "</b></td>"
    Next
    oRs.MoveNext
    sTable = sTable & "</tr>"
    Do while not oRs.EOF
       sTable = sTable & "<tr>"
       For i = 0 to oRs.Fields.Count - 1
          sTable = sTable & "<td>" & oRs.Fields(i).Value & "</td>"
       Next
       oRs.MoveNext
       sTable = sTable & "</tr>"
    Loop
    sTable = sTable & "</table>"
    Response.Write sTable
%>
    </CENTER>
</BODY>
</HTML>
<%
    oRs.Close
    Set oRs = Nothing
%>
```

Rendre des données persistantes dans l'objet Response

Jusqu'à présent, vous avez découvert plusieurs façons de déplacer des données XML dans ou depuis un fichier. Les fichiers ne sont cependant pas toujours des emplacements idéaux pour stocker des données. Imaginez le cas d'une solution web devant transmettre du XML à un client. Il n'est pas souhaitable de stocker le XML sur le serveur entre les appels à un fichier : vous vous retrouveriez rapidement avec des centaines, voire des milliers de fichiers, rendant le nettoyage pour le moins délicat, sans même prendre en compte la charge sur de précieuses ressources. Si bien que lorsqu'il s'agit d'envoyer le XML vers un client, vous disposez de plusieurs autres solutions, dont trois sont présentées ci-dessous :

- envoyer les données XML au client afin de les incorporer dans un îlot de données XML ;
- envoyer les données XML au client afin de les utiliser dans une application de système de bases de données relationnelles à l'intérieur de Internet Explorer ;
- envoyer les données XML selon son format brut (texte) à l'application client, afin d'être utilisées comme service web.

Un îlot de données XML est un ensemble de données XML mis en forme, situé à l'intérieur de balises XML dans du code HTML. Ces données ne sont pas affichées par le navigateur, mais peuvent être utilisées par du code côté client.

Chacune de ces méthodes de persistance possède ses propres avantages et objectifs. En envoyant le XML vers un îlot de données, vous pouvez ensuite utiliser ces données XML dans un navigateur (comme IE5.5) à travers l'objet XML DOM afin d'interagir avec l'utilisateur. Vous pouvez également envoyer les données XML vers un système de bases de donnée relationnelles, pouvant alors lire ou actualiser les données, et les renvoyer pour procéder à toute modification de la base de données.

Pour créer un service web, il n'est pas nécessaire de disposer de l'infrastructure .Net de Microsoft : vous pouvez créer une page ASP standard acceptant des paramètres et renvoyant un flux de XML à l'application client. Cela n'est pas aussi sophistiqué qu'avec la technique .Net et ne fait pas entrer en ensemble SOAP, mais, au sens strict, vous acceptez des entrées et renvoyez un résultat à l'aide de HTTP et XML : il s'agit d'un service que vous fournissez *via* le web.

D'accord, ces deux techniques sont utiles, mais examinons maintenant deux autres techniques permettant d'envoyer un flux de données à un client à l'aide de l'objet `Response` ; après tout, la clé de ces solutions réside dans l'envoi d'un flux de données au client :

- remplir un objet Stream avec un document XML et écrire le flux directement dans le navigateur ;
- rendre persistant un objet Recordset directement dans l'objet Response ;
- nous allons examiner ces deux techniques de flux à l'aide d'un exemple de code pour chacune d'entre elles, en commençant par le chargement d'un objet Stream et son écriture directe dans le navigateur.

Écrire un stream vers un client

L'exemple ci-dessous (`ch13_ex05.asp`) montre comment remplir un objet `Stream` à partir d'un fichier XML (`Territories.xml`) puis écrire le XML vers le client à l'intérieur d'un îlot de données.

Au cas où vous vous demanderiez à quoi ressemble le XML source, le voici affiché dans IE5.5 :

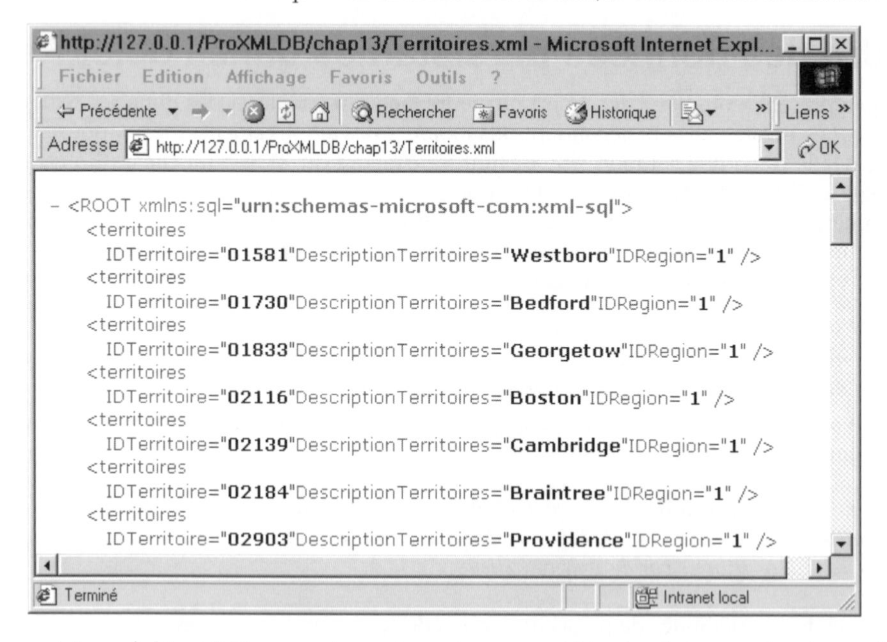

Vous ouvrez ici un fichier XML exemple contenant un ensemble de régions et le placez dans l'objet `Stream`. Vous lisez ensuite le contenu du `Stream` dans une variable chaîne `sXML`. Après quoi vous écrivez le XML vers le client, incorporé dans un îlot de données XML :

```
<%@ Language=VBScript %>
<HTML>
<HEAD>
```

```
<TITLE>Exemple ADO 2.6, Stream vers un îlot de données : ch13_ex05.asp</TITLE>
<!-- #include file="adovbs.inc" -->
<%
   Dim oStm
   Dim sXML

   '--- Créer le Stream
   Set oStm = Server.CreateObject("ADODB.Stream")
   '--- Dire au Stream que vous ouvrez un texte standard Windows
   oStm.Charset = "Windows-1252"
   '--- Ouvrir le Stream
   oStm.Open
   oStm.LoadFromFile "c:\Territoires.xml"
   '--- Lire le XML depuis une variable
   sXML = oStm.ReadText(adReadAll)
   oStm.Close
   Set oStm = Nothing
   Response.Write "<XML ID='MonIlotDeDonnees'>"
   Response.Write sXML
   Response.Write "</XML>"
%>
<SCRIPT language="VBScript" For="window" Event="onload">
   Dim oXML
   Dim oRoot
   Dim oChild
   Dim sOutputXML
   Set oXML = MonIlotDeDonnees.XMLDocument
   oXML.resolveExternals=false
   oXML.async=false
   Set oRoot = oXML.documentElement
   For each oChild in oRoot.childNodes
      sOutputXML = document.all("log").innerHTML
      document.all("log").innerHTML = sOutputXML & "<LI>" & _
         oChild.getAttribute("DescriptionTerritoire") & "</LI>"
   Next
</SCRIPT>
</HEAD>
<BODY>
   <CENTER>
   <HR>
   <H2>ADO 2.6, Stream vers un îlot de données : ch13_ex05.asp</H2>
   <HR>
   <H3>Traitement côté client du document XML MonIlotDeDonnees</H3>
   </CENTER>
   <UL id=log>
   </UL>
</BODY>
</HTML>
```

Vous avez envoyé à l'aide d'un flux le XML vers le navigateur client, en l'affichant à l'aide d'un VBScript côté client afin de lier le document XML à une instance du DOM, puis vous avez parcouru chaque nœud enfant afin de construire une liste HTML.

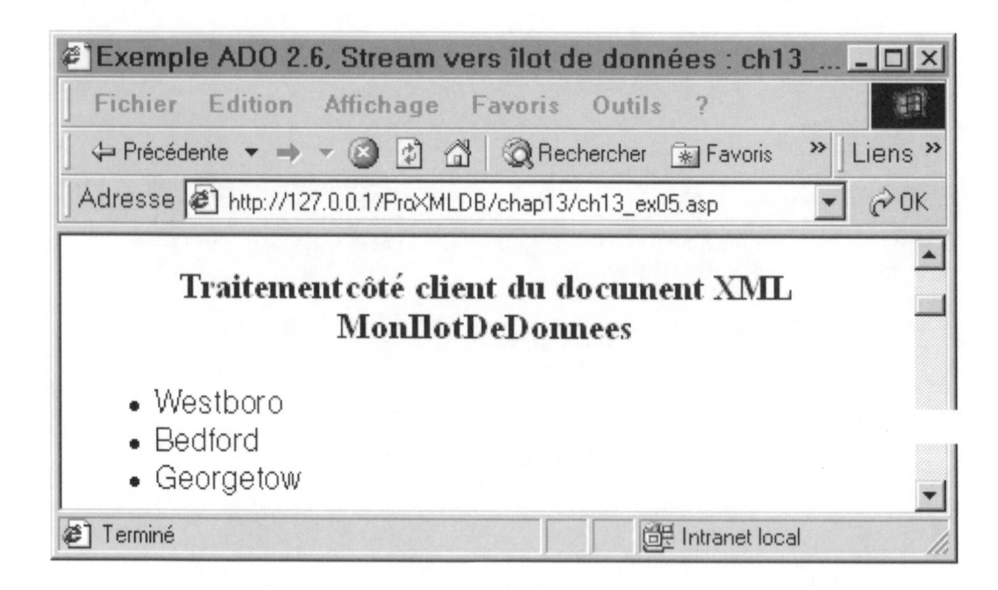

Notez que le code VBScript ne fonctionne qu'avec des navigateurs Internet Explorer. Si vous voulez écrire du code côté client fonctionnant aussi bien avec Netscape qu'avec Internet Explorer, vous devez utiliser JavaScript.

Rendre persistant un stream pour un client

Nous venons de voir comment envoyer des données XML dans un îlot de données XML à l'aide d'un stream. Examinons maintenant comment envoyer un flux de document XML, et uniquement un document XML, à un client.

Cet exemple peut être utilisé comme service web, où des applications navigueraient vers notre URL *via* le web, pour n'obtenir en retour qu'un document XML. Nous pourrions bien sûr toujours renvoyer les données dans un îlot de données XML ou d'une autre façon, mais nous avons déjà vu cela, nous voulons donc renvoyer ici toutes les régions de la table `Territoires` de `Northwind` au client (`ch13_ex06.xml`) :

```
<%@ Language=VBScript %>
<!-- #include file="adovbs.inc" -->
<%
   '--- ch13_ex06.asp
   Dim oCmd
   Dim oCn
   Dim oRs
   Dim sConn
   Dim sProvider
   sConn = "Data Source=(local);Initial Catalog=Northwind;" & _
           "User ID=sa;Password=;"
   sProvider = "SQLOLEDB"
   Set oCn = Server.CreateObject("ADODB.Connection")
```

```
        oCn.Provider = sProvider
        oCn.ConnectionString = sConn
        oCn.CursorLocation = adUseClient
        oCn.Open
           Set oCmd = CreateObject("ADODB.Command")
           Set oCmd.ActiveConnection = oCn
           oCmd.CommandText = "SELECT * FROM Territoires "
           oCmd.CommandType = adCmdText
        Set oRs = oCmd.Execute()
        oRs.Save Response, adPersistXML
        oRs.Close
        oCn.Close
        Set oRs = Nothing
        Set oCmd = Nothing
        Set oCn = Nothing
%>
```

Remarquez l'utilisation, une nouvelle fois, de la méthode `Save` de l'objet `Recordset`. Cette fois cependant, plutôt que d'enregistrer vers un fichier, vous sauvegardez le contenu du `Recordset` dans un type de flux, l'objet ASP `Response` :

```
oRs.Save Response, adPersistXML
```

Comme l'objet `Response` n'est rien d'autre qu'un type de flux, vous pouvez sauter l'étape de lecture des données du `Recordset` dans un objet `Stream`, et ensuite dans une variable avant de les écrire vers le client.

Rappelez-vous que vous pourriez tirer parti des nouvelles fonctionnalités de l'objet `Command` afin de rendre persistantes les données XML pour le client. Ce sujet sera cependant abordé dans la prochaine section, avec l'étude de la clause `FOR XML` de SQL Server 2000.

Requêtes XML *via* ADO

L'ajout dans SQL Server 2000 de la nouvelle clause `FOR XML` dote l'arsenal du développeur d'une nouvelle arme. Celle-ci offre la capacité de renvoyer des ensembles de données XML à partir de requêtes SQL en ajoutant simplement la clause `FOR XML` à la fin d'une commande SQL. Pour mieux mettre en évidence la valeur de cette nouvelle fonctionnalité, regardez comment nous obtenions du XML à partir d'une base de données avant SQL Server 2000.

Nous commencions en envoyant une requête SQL à SQL Server, par exemple *via* une commande ADO. `Command` envoie le SQL à la base de données, renvoyant un ensemble de données à l'application, placé dans un objet ADO `Recordset`. Après quoi, si nous souhaitions que les données se présentent sous un format XML spécifique, il fallait parcourir le `Recordset` et construire manuellement une chaîne XML, à l'aide du XML DOM ou d'une routine personnalisée. Nous aurions également pu utiliser le schéma XML construit par la méthode ADO `Save`, mais cela limite le format du XML à un format qui n'est pas forcément celui souhaité.

Ces techniques n'étaient pas rares dès qu'il s'agissait d'intégrer du XML dans des applications de type ADO et SQL : elles étaient tout à fait honorables. Cette approche comporte cependant des inconvénients. Par exemple, les données obtenues de SQL Server sont un ensemble de lignes (*rowset*) standard, par la suite converti d'un `Recordset` en XML. Ce processus serait manifestement optimisé si les données pouvaient être directement renvoyées en XML, éliminant l'étape `Recordset`.

En lançant une requête sur une base de données SQL Server 2000 et en renvoyant directement du XML à l'application, vous évitez la création d'un objet `Recordset` dont le seul but est d'être parcouru pour la construction du XML. Cela signifie qu'il n'est plus nécessaire de créer d'objets supplémentaires, comme l'objet `Recordset` ou l'objet XML DOM. Il est également superflu de parcourir les données renvoyées, cette étape pouvant se révéler très coûteuse en ressources, en fonction du nombre de lignes renvoyées. Comme vous pouvez clairement le voir, cette nouvelle fonctionnalité de ADO et de SQL Server ouvre réellement les portes de XML à vos applications.

Après avoir souligné ses mérites, regardez comment utiliser la clause `FOR XML`.

Utilisation de FOR XML

Les détails d'utilisation de la clause `FOR XML` sont exposés dans le chapitre 14, mais vont être ici brièvement résumés. La syntaxe fondamentale est très simple :

```
sql_query FOR XML [RAW|AUTO|EXPLICIT]
```

Vous voyez ici que la clause `FOR XML` peut être ajoutée à la fin de n'importe quelle requête SQL d'extraction de données. Vous pouvez cependant choisir la façon dont sont renvoyées les données. Dans la pratique, il est possible de choisir entre trois **modes**, présentés dans le tableau suivant :

Mode	Description
FOR XML RAW	Génère des éléments génériques `row` dont les valeurs des colonnes sont les attributs.
FOR XML AUTO	Génère un arbre hiérarchique, les noms des éléments étant fondés sur les noms des tables.
FOR XML EXPLICIT	Génère une table universelle, avec des relations décrites en détail à l'aide de méta données.

Regardez maintenant comment il est possible de renvoyer le résultat d'une simple requête SQL sur la base de données `Northwind` en utilisant la syntaxe `RAW` de la clause `FOR XML` :

```
SELECT * FROM PRODUITS COMMANDE BY NOMPRODUIT FOR XML RAW
```

Cette requête renvoie tous les produits dans un fragment XML :

```
<ligne IDProduit="17" NomProduit="Alice Mutton" IDFournisseur="7"
     IDCategorie="6" QuantiteParUnite="20 conserves de 1 kg" PrixUnitaire="39.0000"
     UnitesEnStock="0" UnitesDeCommande="0" Reapprovisionnement="0" Interrompu="1"/>
<ligne IDProduit="3" NomProduit="Aniseed Syrup" IDFournisseur="1"
     IDCategorie="2" QuantiteParUnite="12 bouteilles de 550 ml" PrixUnitaire="10.0000"
     UnitesEnStock="13" UnitesDeCommande="70" Reapprovisionnement="25" Interrompu="0"/>
  ...
```

Les nœuds de ce fragment portent le nom de `ligne`. Chaque élément `ligne` contient un attribut correspondant directement au nom de chaque colonne de la requête SQL.

En exécutant la même requête avec une clause `FOR XML AUTO`, comme montré ci-dessous :

```
SELECT * FROM PRODUITS COMMANDE BY NOMPRODUIT FOR XML AUTO
```

vous obtenez un résultat similaire :

```
<PRODUITS IDProduit="17" NomProduit="Alice Mutton" IDFournisseur="7"
          IDCategorie="6" QuantiteParUnite="20 conserves de 1 kg"
          PrixUnitaire="39.0000" UnitesEnStock="0" UnitesDeCommande="0"
          Reapprovisionnement="0" Interrompu="1"/>
<PRODUITS IDProduit="3" NomProduit="Aniseed Syrup" IDFournisseur="1"
          IDCategorie="2" QuantiteParUnite="12 bouteilles de 550 ml"
          PrixUnitaire="10.0000" UnitesEnStock="13" UnitesDeCommande="70"
          Reapprovisionnement="25" Interrompu="0"/>
...
```

Les colonnes de l'ensemble de résultats sont encore représentées comme éléments XML, et chaque colonne comme attribut de ces éléments. Les éléments `ligne` sont en revanche désormais nommés de façon à représenter la structure hiérarchique dont ils sont dérivés. Dans cet exemple T-SQL, ils sont appelés `PRODUITS`.

Le mode `EXPLICIT` est bien plus complexe, tout en offrant une souplesse bien supérieure. Le chapitre 14 explique en détail l'utilisation du mode `EXPLICIT`.

Modèles de requêtes FOR XML

Tant que vous définissez la base de données SQL Server comme répertoire virtuel sous IIS (reportez-vous à l'annexe E), vous pouvez également exécuter les mêmes requêtes depuis l'intérieur d'un fichier XML. La requête précédente, récupérant les données client et commande à l'aide du format hiérarchique, peut être exécutée depuis un fichier XML ressemblant à celui-ci (`ch13_ex07.xml`) :

```
<ROOT xmlns:sql="urn:schemas-microsoft-com:xml-sql">
   <sql:query>
   SELECT
      Clients.IDClient,
      Clients.NomSociete,
      Commandes.IDCommande,
      Commandes.DateCommande
   FROM Clients
      INNER JOIN Commandes ON Clients.IDClient = Commandes.IDClient
   ORDER BY
      Clients.NomSociete
   FOR XML AUTO
   </sql:query>
</ROOT>
```

Remarquez que les ajouts au SQL sont identiques à ceux utilisant `FOR XML` dans une instruction SQL. La seule différence dans le code est que la requête est encapsulée dans le document XML entre des balises `<ROOT>`. L'espace de noms indique que vous voulez que le XML soit analysé à l'aide de l'espace de noms Microsoft pour XML SQL. Ainsi, la requête SQL contenue dans les balises `<sql:query>` est exécutée, et les résultats sont envoyés au navigateur.

URL de requêtes FOR XML

Vous pouvez même exécuter une requête FOR XML depuis une URL de navigateur. La syntaxe est évidente, comme le montre l'exemple ci-dessous :

```
http://localhost/northwind?sql=select%20'<root>';
select%20*%20from%20Clients%20for%20xml%20auto;select%20'</root>';
```

En exécutant cette requête à partir de l'URL, le résultat XML de la requête est écrit dans le navigateur. Remarquez que l'URL spécifiée est le nom local du serveur web (`localhost`) et le répertoire virtuel de la base de données SQL Server (le répertoire virtuel est ici nommé `northwind`). Vous transmettez ensuite un paramètre de chaîne de requête vers le répertoire virtuel nommé `sql`. Vous transmettez à cet argument l'instruction SQL encapsulée dans des balises `<root>`.

Vous avez pu remarquer la présence d'expressions %20 dans cet exemple d'URL de requête XML. Le web ne réagit pas toujours bien aux espaces, si bien qu'ils sont ici traduits dans leur représentation hexadécimale (%20).

FOR XML *via* ADO

Nous venons donc de voir comment récupérer des données XML à l'aide de requêtes SQL indépendantes, *via* des modèles de requêtes et grâce à des URL de requêtes, mais comment parvenir à exécuter de telles requêtes avec ADO ? ADO 2.6 permet d'exécuter une requête FOR XML à partir d'un objet Command avec ou sans objet Stream.

Exécuter Command FOR XML

Vous pouvez exécuter une requête FOR XML à partir d'un objet Command en définissant l'une ou l'autre des deux propriétés suivantes :

- CommandText
- CommandStream

Quelle que soit la solution retenue, vous devez définir la nouvelle propriété Dialect de l'objet Command, parce que Dialect indique la façon dont doit être analysée la requête de Command. Par exemple, voici quelques exemples des différents paramètres de Dialect. Comme vous pouvez le voir, le paramètrage de Dialect ressemble à une conception d'interface graphique utilisateur (GUID) plutôt complexe.

Dialecte de modèle de requête XML :

```
oCmd.Dialect="{5D531CB2-E6Ed-11D2-B252-00C04F681B71}" '--- modèle XML
```

Dialecte de requête SQL :

```
oCmd.Dialect="{C8B522D7-5CF3-11CE-ADE5-00AA0044773D}" '--- requête T-SQL
```

Dialecte de requête non-identifiée :

```
oCmd.Dialect="{C8B521FB-5CF3-11CE-ADE5-00AA0044773D}" '--- requête UNKNOWN
```

Dialecte de requête Xpath :

```
oCmd.Dialect="{EC2A4293-E898-11D2-B1B7-00C04F680C56}" '--- requête XPath
```

Cette section s'intéresse au dialecte de modèle de requête, puisque celui-ci indique au fournisseur d'analyser la commande entrante comme un modèle de requête (une requête `FOR XML` encapsulée en XML).

Spécifiquement, le dialecte indique au OLE DB Provider de SQL Server comment interpréter le texte de la commande reçue de ADO. Celle-ci est spécifiée par une GUID et est définie à l'aide de la propriété `Command.Dialect`. Gardez présent à l'esprit que tous ses paramètres sont spécifiques au fournisseur, donc les dialectes présentés ici sont spécifiques à SQL Server.

Exécuter FOR XML via *CommandText*

Voyons maintenant comment il est possible d'exécuter un modèle de requête *via* ADO en utilisant certaines propriétés de l'objet `Command`. Vous trouverez ci-dessous le code à exécuter pour une requête `FOR XML`, en paramètrant la propriété `CommandText` de `Command` pour le document de requête `FOR XML` (`ch13_ex08.asp`) :

```
<%@ LANGUAGE="VBScript"%>
<%Option Explicit%>
<HTML>
<HEAD>
<TITLE>ADO 2.6,  FOR XML via CommandText : ch13_ex08.asp</TITLE>
<!-- #include file="adovbs.inc" -->
<%
   Dim oCmd
   Dim oCn
   Dim sConn
   Dim sProvider
   Dim sQuery
   sProvider = "SQLOLEDB"
   sConn = "Data Source=(local);Initial Catalog=Northwind;User ID=sa"
   Set oCn = Server.CreateObject("ADODB.Connection")
   oCn.Provider = sProvider
   oCn.ConnectionString = sConn
   oCn.CursorLocation = adUseClient
   oCn.Open
   Set oCmd = Server.CreateObject("ADODB.Command")
   Set oCmd.ActiveConnection = oCn
```

La requête est codée dans la chaîne `sQuery` :

```
'--- requête FOR XML (codée intégralement)
   sQuery = "<ROOT xmlns:sql='urn:schemas-microsoft-com:xml-sql'>" & _
      "<sql:query>SELECT * FROM PRODUITS ORDER BY NOMPRODUIT " & _
      " FOR XML AUTO </sql:query></ROOT>"
```

Vous attribuez ensuite la valeur de la requête à la propriété `CommandText` :

```
    oCmd.CommandText = sQuery
    oCmd.CommandType = adCmdText
```

Puis vous définissez le dialecte afin que SQL Server sache qu'il s'agit d'un modèle de requête XML :

```
    '--- XML Template query dialect
    oCmd.Dialect = "{5D531CB2-E6Ed-11D2-B252-00C04F681B71}"
```

L'encapsulation est réalisée en indiquant à `Command` où envoyer l'ensemble de données résultant. Vous devez ensuite envoyer les données vers un flux quelconque. Les deux choix évidents sont un objet `Stream` ou l'objet `Response`. Cependant, l'objet ASP `Response` est lui aussi un type de flux. En attribuant l'objet `Response` à la propriété dynamique `Output Stream`, vous ordonnez à `Command` d'envoyer directement le XML au client :

```
    '--- Envoyer en sortie le XML vers l'objet Response
    oCmd.Properties("Output Stream") = Response
    Response.Write "<XML ID=MonIlotDeDonnees>"
    oCmd.Execute , , adExecuteStream
    Response.Write "</XML>"
    Set oCmd = Nothing
    oCn.Close
    Set oCn = Nothing
%>
```

Les réponses sont encapsulées à l'intérieur de balises d'îlots de données. Cela permet de parcourir celles-ci, lorsque vous en viendrez aux emplacements où doivent être affichées les réponses chez le client.

Le reste du code parcourt le XML DOM chez le client afin d'afficher les données sous forme de liste à puces :

```
<SCRIPT language="VBScript" For="window" Event="onload">
    Dim oXML
    Dim oRoot
    Dim oChild
    Dim sOutputXML
    Set oXML = MonIlotDeDonnees.XMLDocument
    oXML.resolveExternals=false
    oXML.async=false
    Set oRoot = oXML.documentElement
    For each oChild in oRoot.childNodes
        sOutputXML = document.all("log").innerHTML
        document.all("log").innerHTML = sOutputXML & "<LI>" & _
                            oChild.getAttribute("NomProduit") & "</LI>"
    Next
    Set oXML = Nothing
    Set oRoot = Nothing
    Set oChild = Nothing
</SCRIPT>
</HEAD>
<BODY>
    <CENTER>
    <HR>
    <H2>ADO 2.6, FOR XML via CommandText : ch13_ex08.asp</H2>
    <HR>
```

```
    </CENTER>
    <UL id=log>
    </UL>
</BODY>
</HTML>
```

Bien sûr, vous pouvez faire ce que vous voulez des données après les avoir sorties par `Command` à l'aide d'un flux.

Exécuter FOR XML via *CommandStream*

Maintenant que vous avez vu comment exécuter un modèle de requête à l'aide de `CommandText`, examinez comment le faire avec la propriété `CommandStream`. Celle-ci est apparue avec ADO 2.6 ; elle spécifie le flux à partir duquel est dérivée la requête. Cela permet de transmettre un modèle de requête à partir d'un fichier, ou de toute autre source de modèle de requête, à un objet `Command` *via* l'objet `Stream`. Vous trouverez ci-dessous un fichier exemple présentant l'utilisation de cette propriété pour y parvenir (`ch13_ex09.asp`) :

```
<%@ LANGUAGE = "VBScript"%>
<% Option Explicit %>
<HTML>
<HEAD>
<TITLE>ADO 2.6,  FOR XML via CommandStream : ch13_ex09.asp</TITLE>
<!-- #include file="adovbs.inc" -->
<%
   Dim oCmd
   Dim oCn
   Dim oStm
   Dim sConn
   Dim sProvider
   Dim sQuery
   sProvider = "SQLOLEDB"
   sConn = "Data Source=(local);Initial Catalog=Northwind;User ID=sa"
   Set oCn = Server.CreateObject("ADODB.Connection")
   oCn.Provider = sProvider
   oCn.ConnectionString = sConn
   oCn.CursorLocation = adUseClient
   oCn.Open
   Set oCmd = Server.CreateObject("ADODB.Command")
   Set oCmd.ActiveConnection = oCn
   '--- la requête FOR XML (codée explicitement)
   sQuery = "<ROOT xmlns:sql='urn:schemas-microsoft-com:xml-sql'>" & _
       "<sql:query>SELECT * FROM PRODUITS ORDER BY NOMPRODUIT " & _
       " FOR XML AUTO </sql:query></ROOT>"
```

Vous créez puis vous ouvrez l'objet `Stream` :

```
   Set oStm = Server.CreateObject("ADODB.Stream")
   '--- Ouvrir le Stream
   oStm.Open
```

Puis vous y écrivez le XML :

```
   oStm.WriteText sQuery, adWriteChar
   oStm.Position = 0
   set oCmd.CommandStream = oStm
   oCmd.CommandType = adCmdText
```

Il faut spécifier le dialecte comme modèle de requête XML :

```
    oCmd.Dialect = "{5D531CB2-E6Ed-11D2-B252-00C04F681B71}"
```

Ensuite, spécifiez que vous voulez envoyer le XML à l'objet ASP Response :

```
    oCmd.Properties("Output Stream") = Response
    Response.Write "<XML ID=MonIlotDeDonnees>"
    oCmd.Execute , , adExecuteStream
    Response.Write "</XML>"
    oCn.Close
    Set oStm = Nothing
    Set oCmd = Nothing
    Set oCn = Nothing
%>
```

Après quoi vous parcourez les données et effectuez la sortie comme dans l'exemple précédent :

```
<SCRIPT language="VBScript" For="window" Event="onload">
   Dim oXML
   Dim oRoot
   Dim oChild
   Dim sOutputXML
   Set oXML = MonIlotDeDonnees.XMLDocument
   oXML.resolveExternals=false
   oXML.async=false
   Set oRoot = oXML.documentElement
   For each oChild in oRoot.childNodes
      sOutputXML = document.all("log").innerHTML
      document.all("log").innerHTML = sOutputXML & "<LI>" & _
                          oChild.getAttribute("NomProduit") & "</LI>"
   Next
   Set oXML = Nothing
   Set oRoot = Nothing
   Set oChild = Nothing
</SCRIPT>
</HEAD>
<BODY>
   <CENTER>
   <HR>
   <H2>ADO 2.6, FOR XML via CommandStream : ch13_ex09.asp</H2>
   <HR>
   </CENTER>
   <UL id=log>
   </UL>
</BODY>
</HTML>
```

Remarquez qu'ici, un modèle de requête XML est lu dans un objet `Stream`. Cet objet `Stream` est ensuite défini comme propriété `CommandStream` de l'objet `Command`. Le code est pratiquement identique à celui examiné précédemment, à l'exception de l'utilisation d'un objet `Stream` comme source de la commande de modèle de requête. Mais pourquoi procéder ainsi ?

Cela devient plus évident lorsque vous réalisez la facilité avec laquelle l'objet `Stream` peut servir à héberger un modèle de requête XML provenant d'un fichier. Il suffit de charger le `Stream` à l'aide du modèle de requête XML, en utilisant la méthode `LoadFromFile`, et c'est tout !

Comme vous le voyez, l'exécution des modèles de requêtes *via* ADO ne diffère que peu de celles de requêtes SQL. Outre la syntaxe de modèle de requête, il suffit d'indiquer que l'objet`Command` est un `Stream` et qu'il faut de même diriger la sortie XML vers un `Stream`.

Cela signifie que la récupération de code XML depuis une source de données SQL Server *via* ADO est désormais à votre portée. Ce qu'il faut faire de ce XML est une autre histoire. Comme cela a été évoqué précédemment, vous pouvez :

- transmettre les données XML au client afin de les utiliser dans un îlot de données XML ;
- transmettre les données XML à un système de base de données afin de les lier à un tableau HTML ;
- plus compliqué, transmettre les données XML à un client distant comme un type de service web offert par votre application.

Après avoir étudié la façon d'écrire des requêtes SQL avec ADO, examinons comment récupérer des données XML depuis une base de données SQL Server, sans avoir à écrire le moindre SQL !

Requêtes non-SQL *via* ADO

En combinant XPath avec la fonction Mapping Schema de Microsoft, vous pouvez effectuer une requête sur des données SQL Server 2000 sans avoir à écrire la moindre requête SQL. Le concept consiste à créer un schéma de correspondance (*mapping schema*) traduisant un schéma de structure relationnelle d'une base de données en éléments XML. Vous utilisez ensuite le langage XPath pour effectuer une requête sur les éléments XML afin de récupérer vos données. Bien sûr, d'une certaine façon vous écrivez une requête, mais il ne s'agit pas d'une requête SQL. La requête est écrite à l'aide de XPath à la place d'une traduction XML. En utilisant XPath, vous pouvez effectuer une requête sur l'un des nœuds du document XML.

L'utilisation conjointe de ces deux techniques (XPath et Mapping Schema) permet aux applications d'effectuer des requêtes sur des données SQL Server 2000 sans avoir à utiliser de commandes SQL, et sans avoir besoin de connaître le schéma relationnel sous-jacent de la base de données (sauf pour la construction du schéma de correspondance).

Avant de commencer, il faut préciser quelques termes, d'une importance vitale lors de requêtes de données à l'aide de Xpath :

- fichier Mapping Schema ;
- propriété Mapping Schema ;
- propriété Base Path ;
- requête XPath.

Vous examinerez également quelques exemples de code.

Fichier Mapping Schema

Le concept de fichier de correspondance (*Mapping Schema*) est une extension de la spécification de données XML. Les extensions établissent une correspondance entre les éléments et attributs XML et les colonnes d'une base de données relationnelle. Par exemple, imaginez que vous vouliez représenter la relation client-commande définie dans la base de données `Northwind` à l'aide d'un schéma de correspondance :

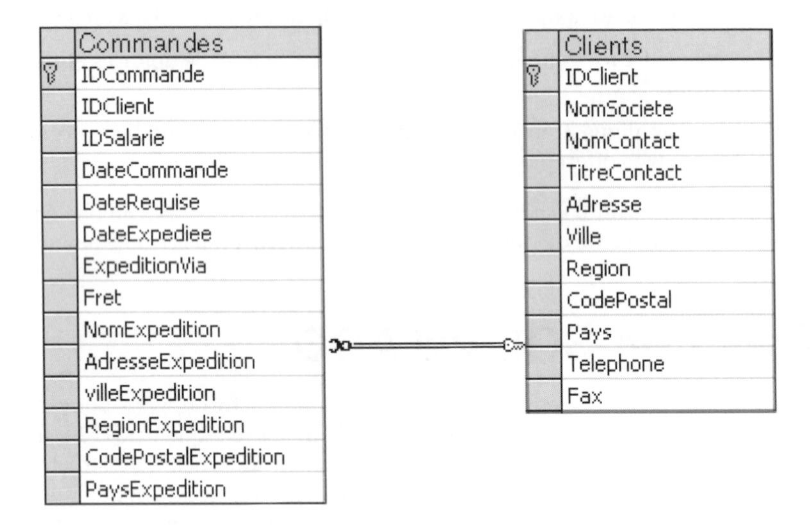

Vous devriez définir les éléments des tables ainsi que les relations dans le schéma de correspondance.

Passez maintenant au fichier de schéma de correspondance et examinez sa structure (`ch13_ex10.xml`) :

```
<?xml version="1.0" encoding="ISO-8859-1" ?>
<!-- ch13_ex10.xml-->
<Schema xmlns="urn:schemas-microsoft-com:xml-data"
        xmlns:dt="urn:schemas-microsoft-com:datatypes"
        xmlns:sql="urn:schemas-microsoft-com:xml-sql">
<ElementType name="Commande" sql:relation="Commandes" >
   <AttributeType name="IDCli" />
   <AttributeType name="IDCommande" />
   <AttributeType name="DateCommande" />
   <attribute type="IDCli" sql:field="IDClient" />
   <attribute type="IDCommande" sql:field="IDCommande" />
   <attribute type="DateCommande" sql:field="DateCommande" />
</ElementType>
<ElementType name="Client" sql:relation="Clients" >
```

```
    <AttributeType name="IDCli" />
    <AttributeType name="NomSociete" />
    <attribute type="IDCli" sql:field="IDClient" />
    <attribute type="NomSociete" sql:field="NomSociete" />
       <element type="Commande" >
       <sql:relationship key-relation="Clients" key="IDClient"
          foreign-key="IDClient" foreign-relation="Commandes" />
       </element>
 </ElementType>
 </Schema>
```

Le document débute par les déclarations d'espaces de noms, suivies d'un nœud `ElementType` pour chaque schéma de table sous-jacente. Le premier nœud `ElementType` représente la table `Commandes`, comme le montre l'attribut `sql:relation`, mais sa référence est *via* XPath en utilisant son nom, soit `Commande` :

```
<ElementType name="Commande" sql:relation="Commandes" >
```

Ensuite, chaque nœud `ElementType` (table) contient une paire de nœuds `AttributeType` et `Attribute`, pour chaque colonne de la table sous-jacente. L'attribut `sql:field` est utilisé afin d'identifier le champ correspondant de la table SQL :

```
   <AttributeType name="IDCli" />
...
   <attribute type="IDCli" sql:field="IDClient" />
```

Les aspects clés de ce schéma de correspondance sont situés dans les attributs `sql:relation` et `sql:relationship`. L'attribut `sql:relation` sert à identifier le nom de la table dans la base de données, tandis que l'attribut `sql:relationship` permet d'identifier les relations clé primaire/clé étrangère entre les deux tables :

```
<sql:relationship key-relation="Clients" key="IDClient"
         foreign-key="IDClient" foreign-relation="Commandes" />
```

Remarquez que l'attribut `key-relation` indique la table parent de la base de données et que l'attribut `key` identifie la clé primaire de la table parent. De même, l'attribut `foreign-relation` indique la table enfant de la base de données et l'attribut `foreign-key`, la clé étrangère de la table enfant. Maintenant que nous possédons le schéma de correspondance enregistré dans un fichier XML, nous allons nous concentrer sur la façon d'y effectuer des requêtes à l'aide de ADO et d'une requête XPath.

Propriétés Mapping Schema et Base Path

`Mapping Schema` est une nouvelle propriété de la collection `Properties` de l'objet `Command`. Elle pointe vers l'emplacement du fichier de schéma de correspondance XML. La propriété `Base Path` de la collection `Properties` de l'objet `Command` indique le chemin d'accès au fichier utilisé pour résoudre les chemins relatifs d'un schéma de correspondance servant à traduire une commande Xpath.

Propriété Mapping Schema

```
oCmd.Properties("Mapping Schema") = "Commandes_MappingSchema.xml"
```

Propriété Base Path

```
oCmd.Properties("Base Path") = "C:\Inetpub\wwwroot\XMLDB\"
```

Exemples de code

Après avoir examiné les participants à l'exécution d'une requête XPath, examinons un exemple complet de sa mise en œuvre. Vous devez disposer pour commencer d'un fichier de schéma de correspondance. Vous allez utiliser un fichier provenant d'un exemple précédent (`ch13_ex10.xml`), à des fins de cohérence. L'étape suivante consiste à créer une page ASP sur laquelle sera exécutée la requête XPath, comme suit (`ch13_ex10.asp`) :

```
<%@LANGUAGE=VBSCRIPT%>
<HTML>
<HEAD>
<TITLE>ADO 2.6, Xpath : ch13_ex10.asp</TITLE>
<!-- #include file="adovbs.inc" -->
<%
   Dim oCmd
   Dim oCn
   Dim sNomSociete
   Dim sConn
   Dim sProvider

   '--- Obtenir le paramètre
   sNomSociete = Request.QueryString("NomSociete")
   '--- Établir la connexion à la base de données
   sProvider = "SQLOLEDB"
   sConn = "Data Source=(local); Initial Catalog=Northwind;" & _
         "User ID=sa;Password=;"
   Set oCn = Server.CreateObject("ADODB.Connection")
   oCn.ConnectionString = sConn
   oCn.Provider = sProvider
   oCn.CursorLocation = adUseClient
   oCn.Open
      Set oCmd = CreateObject("ADODB.Command")
      Set oCmd.ActiveConnection = oCn
```

Après avoir obtenu une connexion vers la base de données SQL Server 2000, vous créez un objet `Command` afin d'exécuter la requête. Ensuite, vous attribuez la requête XPath à la propriété `CommandText` de l'objet `Command` :

```
'--- Générer la requête XPath
      oCmd.CommandText = "Client[@NomSociete = '" & sNomSociete & "']"
```

Cela prend l'argument QueryString concernant le nom de la société et le transmet à la requête XPath. Vous définissez ensuite le dialecte comme étant XPath, afin que SQL Server puisse analyser la requête de façon adéquate :

```
   '--- Spécifier le dialecte comme requête XPath
   oCmd.Dialect = "{ec2a4293-e898-11d2-b1b7-00c04f680c56}"
   '--- dialecte XPath
```

Vous précisez ensuite les propriétés `Mapping Schema` et `Base Path` afin de pointer vers le fichier du schéma de correspondance :

```
'--- Identifier le schéma de correspondance
   oCmd.Properties("Mapping Schema") = "ch13_ex10.xml"
      oCmd.Properties("Base Path") = "C:\Inetpub\wwwroot\XMLDB\"
```

Assurez-vous de bien spécifier ici le chemin correct pour le fichier ch13_ex10.xml.

Enfin, vous réalisez l'encapsulation en définissant `Output Stream` comme l'objet `Response` et en écrivant le XML vers le client à l'aide de la méthode `oCmd.Execute` :

```
'--- Définir le stream de sortie comme allant vers l'objet ASP Response
      oCmd.Properties("Output Stream") = Response
'--- écrire le XML vers le client
   Response.write "<XML ID='MonIlotDeDonnees'><Clients>"
   oCmd.Execute , , adExecuteStream
   Response.write "</Clients></XML>"
   oCn.Close
   Set oCmd = Nothing
%>
</HEAD>
```

Remarquez que la méthode `oCmd.Execute` du paramètre `adExecuteStream` a été définie afin d'indiquer à ADO que les résultats doivent revenir dans un flux plutôt que, comme par défaut, en tant que `Recordset`.

Le reste du code parcourt simplement les données et crée la sortie :

```
<BODY>
   <H3>Traitement côté client du document XML MonIlotDeDonnees</H3>
   <SCRIPT language="VBScript">
Dim oXMLDoc
      Dim sOutputCommandes
      Dim sListeCommande
      Dim oRoot, oChild, oHeader
      Dim sOutputHeader
      Dim iNumeroClient
      Dim sTotalPage
      Set oXMLDoc = MonIlotDeDonnees.XMLDocument
      oXMLDoc.resolveExternals=false
      oXMLDoc.async=false
      Set oRoot = oXMLDoc.documentElement
iNumeroClient = 1
      For each oCurrentClient in oRoot.childNodes
         '--- Créer l'en-tête adéquat pour chaque client
         document.write "<DIV id=Header" & iNumeroClient & "></DIV>"
         '--- Créer la liste des commandes pour chaque client
         document.write "<UL id=Commandes" & iNumeroClient & "></UL>"
         sOutputHeader = document.all("header" & _
            iNumeroClient).innerHTML
         sOutputHeader = sOutputHeader & "IDClient: " &
            oCurrentClient.getAttribute("IDCli")
         document.all("Header" & iNumeroClient).innerHTML =
            sOutputHeader
         For each oChild in oCurrentClient.childNodes
```

```
            sOutputCommandes = document.all("Commandes" & _
               iNumeroClient).innerHTML
            '--- Créer les articles de la liste des commandes
            sListeCommande = "<LI> Commande # " &
               oChild.getAttribute("IDCommande") &
               ", Date: " & oChild.getAttribute("DateCommande") &
               "</LI>"
            sTotalPage = sOutputCommandes & sListeCommande
            '--- Affecter les articles de la liste des commandes à la liste des
            commandes document.all("Commandes" & iNumeroClient).innerHTML =
               sTotalPage
         Next
         '--- Passer au client suivant
         iNumeroClient = iNumeroClient + 1
      Next
      Set oXMLDoc = Nothing
      Set oRoot = Nothing
      Set oChild = Nothing
      Set oHeader = Nothing
   </SCRIPT>
</BODY>
</HTML>
```

Pour exécuter cette requête, générez simplement une URL avec une requête XPath contenant un nom de société dont vous voulez examiner les commandes. Par exemple :

```
http://localhost/XMLDB/ch13_ex10.asp?NomSociete=ernst%20handel
```

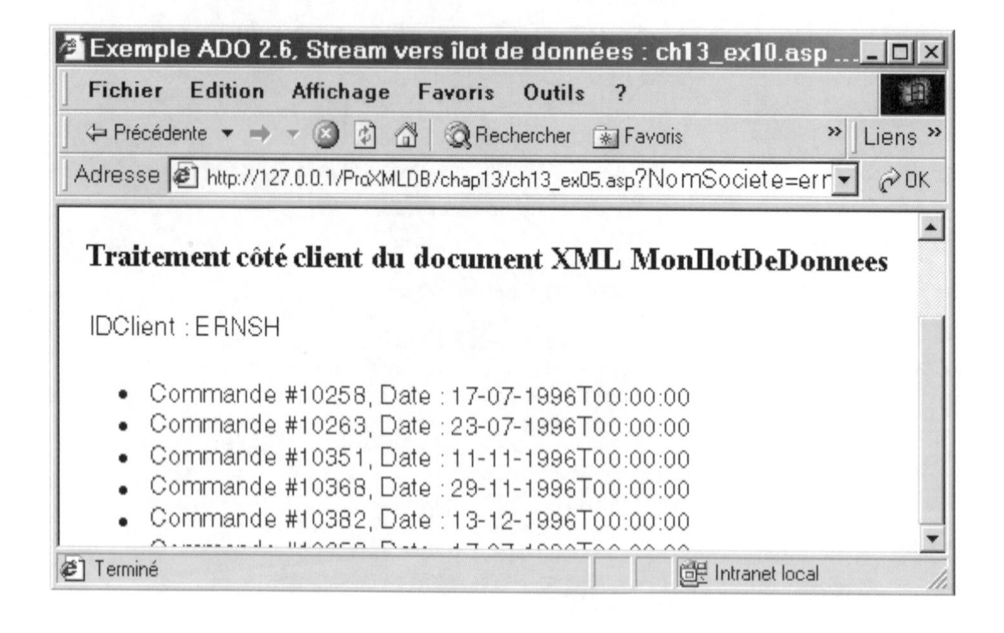

Au moment de la rédaction de ce chapitre, une constatation, surprenante selon Microsoft (#223396), signalait que le fournisseur SQLOLEDB ne prenait pas en charge l'utilisation de `CommandStream` comme entrée de requêtes XPath. Jusqu'à ce que ce problème soit résolu, utilisez uniquement `CommandText` pour spécifier la requête XPath, comme le montre l'exemple précédent.

Comme cela a été fait dans certains des exemples précédents de ce chapitre, le code côté client VBScript lie le document XML à une instance du DOM afin d'afficher dans le navigateur les données en HTML.

Effectuer une jointure entre données XML et SQL

Parmi les fonctionnalités fondamentales à intégrer à SQL Server 2000 figurait la création d'un mécanisme d'intégration de XML dans des données SQL. Vous verrez comment procéder dans le chapitre 14, à l'aide des extensions SQL offertes par la fonction `OpenXML`. Elles permettent aux procédures stockées de traiter du XML et de générer des ensembles de lignes utilisables par des instructions SQL. Si bien que vous disposez désormais de la possibilité de transmettre des données XML à des procédures stockées, d'effectuer des jointures avec des ensembles de données SQL et de renvoyer des données XML, si tel est votre souhait.

Comme les données XML transmises peuvent être traduites en un ensemble de données compris par SQL Server 2000, vous pouvez utiliser cet ensemble de données (ici un document XML) comme vous le feriez dans toute opération SQL. Par exemple, vous pourriez effectuer une jointure vers l'ensemble de données, insérer des lignes provenant de l'ensemble de données dans une table ou utiliser cet ensemble pour mettre à jour d'autres données SQL.

Cela utilise deux procédures stockées :

- `sp_xml_preparedocument`, traduit le document XML en un format d'ensemble de données pouvant être compris par SQL Server.
- `sp_xml_removedocument`, supprime le document XML de la mémoire de SQL Server lorsque vous avez terminé.

  Le code ci-dessous définit une procédure stockée (`spOpenXML`) écrite afin d'effectuer une jointure entre un document XML particulier et des données provenant de la base de données SQL Server `Northwind`. Spécifiquement, vous transmettez un document XML contenant des données client et vous effectuez une jointure avec les commandes de ces clients dans la base de données. Le résultat final est la disposition en retour d'un ensemble de données SQL renfermant les commandes du client transmis.

Créez dans votre base de données cette procédure stockée :

```
ALTER PROCEDURE spOpenXML
   @sXML VARCHAR(2000)
AS
DECLARE @iDoc INT
```

```
-- Préparer le document XML pour SQL Server
EXEC sp_xml_preparedocument @iDoc OUTPUT, @sXML
-- Effectuer une requête sur l'ensemble de données XML lié à une table SQL
Server
SELECT
   c.IDClient,
   c.NomContact,
   o.IDCommande,
   o.DateCommande
FROM OPENXML(@iDoc, '/ROOT/Clients', 1)
   WITH (IDClient varchar(10), NomContact varchar(20))
   AS c
   INNER JOIN Commandes o ON c.IDClient = o.IDClient
-- Supprimer la représentation interne du document XML.
EXEC sp_xml_removedocument @iDoc
GO
```

Le code débute par l'utilisation de la procédure stockée système `sp_xml_preparedocument` afin de créer une représentation en mémoire du document XML transmis *via* le paramètre `@sXML`. Le premier paramètre de `sp_xml_preparedocument`, `@iDoc`, est un paramètre de sortie. Il renvoie un gestionnaire vers le document XML préparé résidant dans la mémoire de SQL Server. Le second paramètre, `@XMLDoc`, est un paramètre d'entrée acceptant le document XML.

Disposant du gestionnaire vers le document XML résidant dans la mémoire de SQL Server, vous pouvez utiliser la fonction `OpenXML` avec le document XML exactement comme vous utiliseriez un ensemble de données standard SQL en SQL. Examinez de plus près l'instruction `SELECT` de la procédure stockée `spOpenXML`.

```
SELECT
   c.IDClient,
   c.NomContact,
   o.IDCommande,
   o.DateCommande
FROM OPENXML(@iDoc, '/ROOT/Clients', 1)
   WITH (IDClient varchar(10), NomContact varchar(20))
   AS c
   INNER JOIN Commandes o ON c.IDClient = o.IDClient
```

Ici, vous transmettez le gestionnaire `@iDoc` au document XML en mémoire, une commande de requête XPath, ainsi qu'un drapeau indiquant que le XML est centré sur les attributs. Une clause `WITH` décrivant la structure de l'ensemble de lignes obtenu en retour de la fonction `OpenXML`, est également insérée.

Il suffit, pour indiquer que vous voulez récupérer toutes les colonnes de la fonction `OpenXML`, d'utiliser une clause `WITH` ressemblant à ceci : `WITH Clients`.

La fonction `OpenXML`, à travers la clause `WITH` traduit le document XML en ensemble de données pouvant être utilisé comme tout autre ensemble de données en T-SQL. Cet ensemble de données clients est alors lié aux données de commande de la base de données `Northwind`. En fait, toute instruction T-SQL fonctionnant avec un ensemble de données peut être utilisée avec le mot-clé `OpenXML`.

Vous venez de voir un exemple très simple présentant une instruction SELECT, mais cette méthode permet d'utiliser tout type de requête. Une fois que vous en avez fini avec le document XML en mémoire, vous le libérez en transmettant le gestionnaire de document @iDoc à la procédure stockée système sp_xml_removedocument.

Page ASP

Maintenant, pour invoquer la procédure stockée et renvoyer l'ensemble de données SQL, vous exécutez un code ADO tel que celui présenté ci-dessous (ch13_ex11.asp). Créez d'abord une connexion standard vers une base de données SQL Server :

```
<HTML>
<HEAD>
<TITLE>ADO 2.6, OpenXML : ch13_ex11.asp</TITLE>
<!-- #include file="adovbs.inc" -->
<%
   Dim i
   Dim oCmd
   Dim oCn
   Dim oRs
   Dim sConn
   Dim sProvider
   Dim sQuery
   Dim sXMLDoc
   '--- Ouvrir la connexion vers la base de données
   sProvider = "SQLOLEDB"
   sConn = "Data Source=(local);Initial Catalog=Northwind;User ID=sa"
   Set oCn = Server.CreateObject("ADODB.Connection")
   oCn.Provider = sProvider
   oCn.ConnectionString = sConn
   oCn.CursorLocation = adUseClient
   oCn.Open
```

Vous préparez ensuite le document XML que vous voulez transmettre à la procédure stockée. Vous pourriez aussi bien ouvrir un fichier pour charger un document XML, ou même transmettre le XML depuis une autre application :

```
'--- Préparer le document XML à transmettre à la procédure stockée
   sXMLDoc = "<ROOT>"
   sXMLDoc = sXMLDoc & "<Clients IDClient='VINET' " & _
         "NomContact='Paul Henriot'>"
   sXMLDoc = sXMLDoc & "<Commandes IDClient='VINET' " & _
         "IDSalarie='5' DateCommande='1996-07-04T00:00:00'>"
   sXMLDoc = sXMLDoc & "<DetailsCommande IDCommande='10248' " & _
         "IDProduit='11' Quantite='12'/>"
   sXMLDoc = sXMLDoc & "<DetailsCommande IDCommande='10248' " & _
         "IDProduit='42' Quantite='10'/>"
   sXMLDoc = sXMLDoc & "</Commandes>"
   sXMLDoc = sXMLDoc & "</Clients>"
   sXMLDoc = sXMLDoc & "<Clients IDClient='LILAS' " & _
         "NomContact='Carlos Gonzlez'>"
   sXMLDoc = sXMLDoc & "<Commandes IDClient='LILAS' " & _
         "IDSalarie='3' DateCommande='1996-08-16T00:00:00'>"
```

```
    sXMLDoc = sXMLDoc & "<DetailsCommande IDCommande='10283' " & _
          "IDProduit='72' Quantite='3'/>"
    sXMLDoc = sXMLDoc & "</Commandes>"
    sXMLDoc = sXMLDoc & "</Clients>"
    sXMLDoc = sXMLDoc & "</ROOT>"
```

Après quoi vous invoquez simplement la procédure stockée depuis un objet `Command` et renvoyez les données à un objet `Recordset` :

```
'--- Invoquer la procédure stockée
    sQuery = "spOpenXML"
    Set oCmd = Server.CreateObject("ADODB.Command")
    Set oCmd.ActiveConnection = oCn
    oCmd.CommandText = sQuery
    oCmd.CommandType = adCmdStoredProc
    oCmd.Parameters.Article("@sXML").Value = sXMLDoc
```

Finalement, vous parcourez l'objet `Recordset` à l'aide de code côté serveur afin d'afficher les données dans le navigateur en tant que HMTL :

```
    '--- Écrire les données en sortie vers le client à l'aide d'un Recordset
    Set oRs = oCmd.Execute()
    Response.Write "<ul>"
    Do While Not oRs.Eof
       Response.Write "<li>"
       For i = 0 to oRs.Fields.Count - 1
          Response.Write oRs(i) & _
             "        "
       Next
       Response.Write "</li>"
       oRs.MoveNext
    Loop
    Response.Write "</ul>"
    oRs.Close
    oCn.Close
    Set oRs = Nothing
    Set oCmd = Nothing
    Set oCn = Nothing
%>
</HEAD>
<BODY>
</BODY>
</HTML>
```

Le résultat est la liste des commandes effectuées par les clients retenus (ici Paul Henriot et Carlos Gonzlez).

Renvoyer du XML

Remarquez que les données sont renvoyées comme données SQL avec cette procédure stockée. Vous pourriez aussi prendre ces données et les renvoyer vers un objet ADO `Recordset`. En revanche, en ajoutant simplement la ligne `FOR XML AUTO` à la fin de la requête, vous pourriez renvoyer un document XML. Comme vous le voyez, il existe donc plusieurs façons de mélanger des données SQL et XLM.

```
ALTER PROCEDURE spOpenXML2
   @sXML VARCHAR(2000)
AS
DECLARE @iDoc INT
-- Préparer le document XML pour SQL Server
EXEC sp_xml_preparedocument @iDoc OUTPUT, @sXML
-- Effectuer une requête sur l'ensemble de données XML lié à une table SQL
   Server
SELECT    Client.IDClient,
   Client.NomContact,
   Commandes.IDCommande,
   Commandes.DateCommande
FROM OPENXML(@iDoc, '/ROOT/Clients', 1)
   WITH (IDClient varchar(10), NomContact varchar(20))
   AS Client
   INNER JOIN Commandes ON Client.IDClient = Commandes.IDClient
FOR XML AUTO
-- Supprimer la représentation interne du document XML.
EXEC sp_xml_removedocument @iDoc
GO
```

Le code ASP montre comment il est possible de transmettre du XML à cette procédure stockée (`spOpenXML2`) et de renvoyer un document XML, au lieu d'un ensemble de données SQL, dans un objet `Recordset`. La seule différence de ce code ASP/ADO consiste à indiquer que le `Output Stream` de l'objet `Command` doit être un flux : l'objet ASP `Response`. Vous écrivez ensuite les données dans un îlot de données XML et vous les affichez à l'aide de code VBScript côté client (`ch13_ex12.asp`).

```
<%@LANGUAGE=VBSCRIPT%>
<HTML>
<HEAD>
<TITLE>ADO 2.6, OpenXML renvoyant du XML : ch13_ex12.asp</TITLE>
<!-- #include file="adovbs.inc" -->
<%
   Dim oCmd
   Dim oCn
   Dim sConn
   Dim sProvider
   Dim sQuery
   Dim sXMLDoc
   '--- Ouvrir la connexion vers la base de données
   sProvider = "SQLOLEDB"
   sConn = "Data Source=(local);Initial Catalog=Northwind;User ID=sa"
   Set oCn = Server.CreateObject("ADODB.Connection")
   oCn.Provider = sProvider
   oCn.ConnectionString = sConn
   oCn.CursorLocation = adUseClient
   oCn.Open
   '--- Préparer le document XML à transmettre à la procédure stockée
   sXMLDoc = "<ROOT>"
   sXMLDoc = sXMLDoc & "<Clients IDClient='VINET' " & _
         "NomContact='Paul Henriot'>"
   sXMLDoc = sXMLDoc & "<Commandes IDClient='VINET' " & _
         "IDSalarie='5' DateCommande='1996-07-04T00:00:00'>"
   sXMLDoc = sXMLDoc & "<DetailsCommande IDCommande='10248' " & _
         "IDProduit='11' Quantite='12'/>"
   sXMLDoc = sXMLDoc & "<DetailsCommande IDCommande='10248' " & _
         "IDProduit='42' Quantite='10'/>"
```

```
    sXMLDoc = sXMLDoc & "</Commandes>"
    sXMLDoc = sXMLDoc & "</Clients>"
    sXMLDoc = sXMLDoc & "<Clients IDClient='LILAS' " & _
          "NomContact='Carlos Gonzlez'>"
    sXMLDoc = sXMLDoc & "<Commandes IDClient='LILAS' " & _
          "IDSalarie='3' DateCommande='1996-08-16T00:00:00'>"
    sXMLDoc = sXMLDoc & "<DetailsCommande IDCommande='10283' " & _
          "IDProduit='72' Quantite='3'/>"
    sXMLDoc = sXMLDoc & "</Commandes>"
    sXMLDoc = sXMLDoc & "</Clients>"
    sXMLDoc = sXMLDoc & "</ROOT>"
    '--- Invoquer la procédure stockée
    sQuery = "spOpenXML2"
    Set oCmd = Server.CreateObject("ADODB.Command")
    Set oCmd.ActiveConnection = oCn
    oCmd.CommandText = sQuery
    oCmd.CommandType = adCmdStoredProc
    oCmd.Parameters.Article("@sXML").Value = sXMLDoc
    '--- Écrire l'ensemble de données XML en retour vers le client
    oCmd.Properties("Output Stream") = Response
    Response.Write "<XML ID='MonIlotDeDonnees'><ROOT>"
    oCmd.Execute , , adExecuteStream
    Response.Write "</ROOT></XML>"
    oCn.Close
    Set oCmd = Nothing
    Set oCn = Nothing
%>
<SCRIPT language="VBScript" For="window" Event="onload">
   Dim oXML
   Dim oRoot
   Dim oChild
   Dim sOutputXML
   Set oXML = MonIlotDeDonnees.XMLDocument
   oXML.resolveExternals=false
   oXML.async=false
   Set oRoot = oXML.documentElement
   For each oChild in oRoot.childNodes
      sOutputXML = document.all("log").innerHTML
      document.all("log").innerHTML = sOutputXML & "<LI>" & _
         oChild.getAttribute("NomContact") & "</LI>"
   Next
   Set oXML = Nothing
   Set oRoot = Nothing
   Set oChild = Nothing
</SCRIPT>
</HEAD>
<BODY>
   <CENTER>
   <HR>
   <H2>ADO 2.6, OpenXML renvoyant du XML : ch13_ex12.asp</H2>
   <HR>
   <H3>Traitement côté client du document XML MonIlotDeDonnees</H3>
   </CENTER>
   <UL id=log>
   </UL>
</BODY>
</HTML>
```

Cela renvoie simplement la liste à puces renfermant les deux clients spécifiés, Paul Henriot et Carlos Gonzlez.

Insérer des données

Les exemples étudiés jusqu'à présent, utilisant la fonction `OpenXML`, présentaient comment effectuer une requête sur des données XML depuis une procédure stockée et même réaliser une jointure avec un ensemble standard de données SQL. Vous pouvez cependant transmettre aussi des données XML à une procédure stockée capable d'insérer ces enregistrements dans une table SQL. Examinez le T-SQL de la procédure stockée qui effectue cela (`spOpenXML_Insert`) :

```
ALTER PROCEDURE spOpenXML_Insert
   @sXML VARCHAR(2000)
AS
DECLARE @iDoc INT
-- Préparer le document XML pour SQL Server
EXEC sp_xml_preparedocument @iDoc OUTPUT, @sXML
INSERT Territoires
SELECT    IDTerritoire, DescriptionTerritoire, IDRegion
FROM OPENXML(@iDoc, '/ROOT/Territoires', 1)
   WITH (IDTerritoire nvarchar(20), DescriptionTerritoire nchar(50), IDRegion
   INT)
-- Supprimer la représentation interne du document XML.
EXEC sp_xml_removedocument @iDoc
GO
```

Remarquez que vous transmettez un document XML et utilisez l'instruction `OpenXML ... WITH` pour traduire les données XML en un ensemble de données pouvant être utilisé dans la requête `INSERT` de SQL Server. Au bout du compte, vous insérez une liste de nouvelles régions dans la table `Territoire` à partir d'un document XML. Regardez maintenant le code ASP/ADO qui appelle la procédure stockée `sp_OpenXML_Insert` (`ch13_ex13.asp`) :

```
<HTML>
<HEAD>
<TITLE>ADO 2.6, insertion avec OpenXML : ch13_ex13.asp</TITLE>
<!-- #include file="adovbs.inc" -->
<%
   dim i
   Dim oCmd
   Dim oCn
   Dim sConn
   Dim sProvider
   Dim sQuery
   Dim sXMLDoc
   '--- Ouvrir la connexion vers la base de données
   sProvider = "SQLOLEDB"
   sConn = "Data Source=(local);Initial Catalog=Northwind;User ID=sa"
   Set oCn = Server.CreateObject("ADODB.Connection")
   oCn.Provider = sProvider
   oCn.ConnectionString = sConn
   oCn.CursorLocation = adUseClient
   oCn.Open
```

```
    '--- Préparer le document XML à transmettre à la procédure stockée
    sXMLDoc = "<ROOT>"
    sXMLDoc = sXMLDoc & "<Territoires IDTerritoire='77777' " & _
       "DescriptionTerritoire='Nowhereville' IDRegion='1'/>"
    sXMLDoc = sXMLDoc & "<Territoires IDTerritoire='88888' " & _
       "DescriptionTerritoire='Somewhere Town' IDRegion='2'/>"
    sXMLDoc = sXMLDoc & "<Territoires IDTerritoire='99999' " & _
       "DescriptionTerritoire='Anywherebuthere' IDRegion='3'/>"
    sXMLDoc = sXMLDoc & "</ROOT>"
    '--- Invoquer la procédure stockée
    sQuery = "spOpenXML_Insert"
    Set oCmd = Server.CreateObject("ADODB.Command")
    Set oCmd.ActiveConnection = oCn
    oCmd.CommandText = sQuery
    oCmd.CommandType = adCmdStoredProc
    oCmd.Parameters.Article("@sXML").Value = sXMLDoc
    '--- Insérer les données
    oCmd.Execute
    oCn.Close
    Set oCmd = Nothing
    Set oCn = Nothing
%>
</HEAD>
<BODY>
    <CENTER>
    <HR>
    <H3>ADO 2.6, insertion avec OpenXML : ch13_ex13.asp</H3>
    <HR>
    </CENTER>
</BODY>
</HTML>
```

Vous transmettez ici un document XML contenant une liste de trois régions. Celles-ci sont transmises à la procédure stockée, et exécutée à l'aide de la méthode `Command.Execute`. Ici, il n'y a aucune donnée à afficher en retour, mais ce pourrait être le cas, par exemple pour afficher la liste actualisée de toutes les régions.

Pour exécuter cela, vous devez entrer une commande telle que :

```
http://localhost/XMLDB/ch13_ex13.asp?sql=select%20'<xml>';select%20*%20from%20Ter
ritoires%20where%20IDTerritoire='77777'%20or%20IDTerritoire='88888'%20or%20IDTer
ritoire='99999'%20for%20xml%20auto;select%20'</xml>'
```

Voici clos l'examen des fonctionnalités actuelles offertes par ADO avec XML. Sachez cependant que de nouvelles et passionnantes fonctionnalités devraient arriver avec ADO+. Afin de vous y préparer, vous trouverez ci-dessous un bref aperçu de celles-ci.

ADO+

Au moment de la rédaction de ce livre, l'initiative .NET de Microsoft a été révélée au cours de conférences de presse et sur l'Internet. Ces événements se déroulent dans un formidable débordement d'énergie et ce, à juste titre. Il ne fait aucun doute que la stratégie .NET va avoir une grande influence sur la communauté de développement. L'auteur a eu le privilège de participer à ce projet dans le domaine des données et de XML.

Cette section tente de mettre en exergue l'une des nombreuses techniques émergeant de ces initiatives, et particulièrement bien adaptée à ce livre : ADO+.

ADO+ est l'un des éléments d'une vaste charpente comprenant (mais non restreinte à) ASP+. Ce qui suit ne concerne pas l'intégralité de la nouvelle charpente (comprenant, mais sans s'y limiter, de nouveaux systèmes, langages et compilateurs) pour se concentrer plutôt sur l'interopérabilité entre XML et l'accès classique aux bases de données.

Évolution

Il convient de se pencher rapidement sur l'évolution des techniques d'accès aux bases de données. Celles-ci sont abordées d'un point de vue Microsoft, puisque l'auteur est plus familiarisé avec celui-ci. Outre les API propriétaires (DBLIB, *etc.*), DAO a été la première bibliothèque d'automatisation concernant les accès aux bases de données. Fondé au départ sur un système à niveau unique, DAO était centré sur les bases de données Access. Il a évolué par la suite pour fonctionner avec des systèmes à deux niveaux. Une solution conçue pour le monde client/serveur, ADO, a cependant rapidement suivi, mieux adaptée aux systèmes d'accès à deux niveaux. Quelque peu ambigu, ADO a rapidement suivi l'évolution des architectures pour s'adapter aux systèmes d'accès à trois niveaux. L'introduction du `Remote` Recordset est un exemple d'adaptation au mode sans état du Web.

Afin de mieux répondre à l'architecture distribuée inhérente au Web, il devenait nécessaire de concevoir une nouvelle génération d'accès aux données : ADO+. Celui-ci a été développé afin de s'adapter à l'architecture multiniveau (ou basée sur les messages) du Web.

L'idée

Les fondations de ADO+ reposent sur des techniques spécifiques pour des applications spécifiques. ADO classique offrait une API d'automatisation pour l'abstraction d'accès aux bases de données de systèmes client/serveur. Malgré cela, certains trouvaient difficile d'appliquer spécifiquement cette technique. Souvent, lors de la fourniture de données, notamment sous des formes telles que XML, la base de données est bien plus distante que les données elles-mêmes. Un des objectifs majeurs de ADO+ est d'être simple et ciblé : pour interfacer avec des bases de données, parler le langage de celles-ci, et pour s'interfacer avec des types de données abstraites, parler le langage de ces types abstraits. ADO+ réalise cela en fragmentant correctement les techniques et en permettant au développeur de se concentrer sur le « jargon » spécifique au travail à effectuer, en quelque sorte en évitant de mélanger les métaphores.

Vous allez d'abord découvrir les nouveaux objets de la charpente ADO+. Vous mettrez ensuite en œuvre ces nouveaux objets afin de démontrer l'unicité de la solution dans un environnement isolé, ne faisant qu'entrevoir les applications réelles de tels exemples. Enfin, vous découvrirez certains des nouveaux outils existants.

Avertissement

Le contenu de ce chapitre est fondé sur les premières versions de travail d'ADO+, et ne peut en conséquence être considéré comme rigoureusement cohérent avec les versions beta ou finales du produit. Soyez bien conscient que le code est susceptible de changer.

Charpente (*framework*) ADO+

Composants d'une plus vaste charpente, les techniques ADO+ proposent des objets simples et ciblés afin d'accéder aux données et d'interopérer avec XML. Les objets fondamentaux sont : `DataSet`, `DataSetCommand` (et `Command`) et `Connection`. Vous trouverez dans ce qui suit un bref survol de ces objets, suivi d'une étude détaillée de chacun d'entre eux.

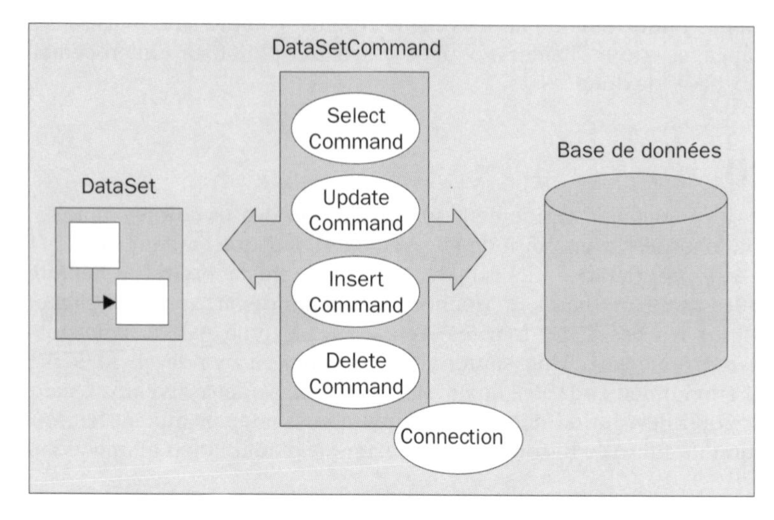

Ce diagramme a pour but d'illustrer un modèle potentiel pour les objets ADO+.

DataSet

Un nouveau venu dans la famille des objets ADO est `DataSet`. Considérez-le comme une minuscule base de données résidant en mémoire et stockant des données. Un `DataSet` peut stocker de nombreuses données. Par exemple, un bon exemple de `DataSet` est un `OrdreAchatDataSet`. Il stocke les informations sur les clients, les commandes, les détails de commande, les états, *etc*. Toutes les données peuvent être et sont stockées dans un même objet. C'est en quelque sorte comme un objet `Recordset` distant dépourvu de toute notion de base de données. Il est facile de le rendre distant (puisqu'il le fait en XML) et il est facile à programmer. Un `DataSet` conserve également la trace des modifications apportées à ses données internes. Nous reviendrons plus loin plus en détails sur l'objet `DataSet`.

Connection

L'objet `Connection` (ou `ADOConnection`) est classique et comparable à l'objet standard `ADO Connection`. Son but est cependant plus simple et mieux ciblé : connecter des objets `DataSetCommand` (et `command`) à des bases de données ADO. La raison pour laquelle on parle ici de bases de données

ADO est que l'objet `ADOConnection` est compatible OLEDB. ADO+ permet au développeur de détourner l'abstraction ADO, ce qui signifie qu'il existe également un objet `SQLConnection`. Bien que vous puissiez utiliser l'objet `ADOConnection` pour converser avec des bases de données MS-SQL Server, l'objet `SQLConnection` parle de façon native à MS-SQL Server, sans parcourir les nombreuses couches ADO procurant l'abstraction de base de données aux niveaux connexion et commandes : il n'en est que plus efficace. C'est un exemple du ciblage des objets mentionné précédemment.

DataSetCommand

`DataSetCommand` est l'objet qui *pousse* (ou envoie) les données dans un `DataSet` à partir d'une base de données. Il peut également *tirer* des modifications apportées à un `DataSet` et les *pousser* dans une base de données. Le mot pousser est utilisé ici pour indiquer une modification des architectures d'accès aux données. Il s'agit d'un modèle poussé (où les données sont poussées d'un coup dans une structure de données), non d'un modèle tiré (où les données sont extraites à la demande d'un flux ou parfois sans contrôle du développeur, comme avec `MoveNext`). `DataSetCommand` se décompose en quatre commandes :

- `SelectCommand`
- `UpdateCommand`
- `InsertCommand`
- `DeleteCommand`

Ces commandes sont similaires aux commandes ADO, partageant les thèmes de l'objet `Connection` : simple et ciblé. `Command` ADO+, comme `Command` ADO, définit ce qui est exécuté sur une base de données, y compris `CommandText` et `Parameters`, par exemple. Bien que vous puissiez utiliser un objet `Command` isolé pour accéder à un flux de données, `DataSetCommand` permet au développeur d'effectuer des commandes `Select`, `Insert`, `Update` et `Delete` sur l'ensemble de données. En outre, comme l'objet `Connection`, `DataSetCommand` est techniquement spécifique : `ADODataSetCommand` et `SQLDataSetCommand` sont tous deux proposés.

DataSet

Comme cela était mentionné précédemment, un `DataSet` stocke les données. Il ignore *tout* de la provenance des données ou de leur destination. Un `DataSet` possède une collection de tables. Ces dernières disposent d'une collection de colonnes et de données. Les relations entre les tables peuvent également être exprimées. Il peut être comparé à un recordset « jamais connecté » dans la mesure où il ne dialogue jamais avec la base de données, une distinction subtile mais capitale. L'importance de cette absence de communication avec les bases de données s'explique par le fait qu'aucun bagage spécifique à la technique intégré au `DataSet` ne ralentit son fonctionnement. `DataSet` est neutre vis-à-vis de la plate-forme, tandis que les données qu'il stocke ne sont pas spécifiques à un type de base de données. `DataSet` stocke des types natifs de la charpente .NET Microsoft (Remarque : l'ensemble de types par défaut d'un `DataSet` comprend ceux de la charpente et de XML. Vous pouvez définir vos propres types, comme `SQLTinyInt`).

Un des avantages du `DataSet` est qu'il possède à la fois les caractéristiques d'une base de données relationnelle normalisée et celles d'une structure hiérarchique de document XML. Vous verrez sous peu comment `DataSet` commence à combler le gouffre entre le monde du Web XML et les bases de données traditionnelles d'entreprises.

DataSet n'a pas obligatoirement été conçu afin de traiter de vastes flux de données. Bien qu'il se comporte plutôt bien en matière de mise en cache de grosses quantités de données en lecture seule (et peut se comporter en multi-threads pour des scénarios en lecture seule, comme des cotations boursières mises en cache), et qu'il existe des propriétés permettant d'anticiper la taille des données afin d'améliorer les performances, l'objet Command isolé s'adapte mieux aux flux de données. Il dispose d'interfaces pour la mise en flux en avant seulement de données en lecture seule.

Schéma

Pour qu'un DataSet puisse stocker des données, il doit disposer d'un schéma. Les schémas DataSet peuvent être construits en code, *via* XML et à partir d'objets CommandSets. Un DataSet peut également déduire un schéma à partir des données, il n'est donc pas toujours obligatoire de construire des schémas. Il reste cependant possible de simplement définir un DataSet et de commencer à lui ajouter des schémas à l'aide des collections.

Vous allez découvrir dans les exemples un certain nombre de syntaxes nouvelles, propres à VB.NET, parmi lesquelles des noms pleinement qualifiés de bibliothèques, de constructeurs, d'affectation d'objets n'utilisant pas Set, et bien d'autres choses. Ce code peut et doit être compilé uniquement sous VB.NET. Vous trouverez le code en téléchargement de ce chapitre sous deux fichiers : ch13_ex01plus.aspx et ch13_ex02plus.aspx

```
Dim dsOrdreAchat as New DataSet()
dsOrdreAchat.Tables.Add("Clients")
dsOrdreAchat.Tables.Add("Commandes")
```

Le fragment de code ci-dessus établit un type de données pour stocker les données des commandes. Deux tables ont été ajoutées, Clients et Commandes. Après quoi, à l'aide de la collection Tables appliquée au DataSet et de la collection Colonnes appliquée à Table, vous pouvez ajouter des colonnes aux tables afin de décrire les types de données et les noms des colonnes.

```
dsOrdreAchat.Tables("Clients").Colonnes.Add("IDClient",GetType(System.Int32))
dsOrdreAchat.Tables("Clients").Colonnes.Add("NomClient",GetType(System.String))
dsOrdreAchat.Tables("Commandes").Colonnes.Add("IDCommande",GetType(System.Int32)
)
dsOrdreAchat.Tables("Commandes").Colonnes.Add("IDClient",GetType(System.Int32))
dsOrdreAchat.Tables("Commandes").Colonnes.Add("StatutCommande",GetType(System.St
ring))
dsOrdreAchat.Tables("Commandes").Colonnes.Add("DateCommande",GetType(System.Date
))
dsOrdreAchat.Tables("Clients").Colonnes("IDClient").AutoIncrement=True
dsOrdreAchat.Tables("Commandes").Colonnes("IDCommande").AutoIncrement=True
```

Remarquez qu'en définissant les colonnes, vous définissez également les types. Cela parce que, contrairement aux autres modèles d'accès aux données fondés sur Variant, ADO+ possède un modèle de stockage interne vertical. Cela signifie que plutôt que de stocker des tableaux de données en lignes (où les données peuvent différer entre colonnes, imposant de la sorte un modèle Variant), le DataSet stocke les données en tableaux de colonnes, préservant le type de données et améliorant l'efficacité de stockage autant que les performances. De même, vous attribuez la valeur True aux propriétés AutoIncrement des clés. De la sorte, un nouvel ID est automatiquement affecté à chaque nouveau Client et à chaque nouveau Commande. Remarquez que cette affectation d'ID (autoincrémentation) est interne au DataSet uniquement. Toutefois, en utilisant les commandes de DataSet, les ID sont synchronisés avec le Dataset.

Remarquez que dans le `DataSet` de commandes ci-dessus, les données ont été définies comme devant stocker les clients et les commandes. Ne serait-il cependant pas agréable de pouvoir décrire une relation entre deux tables et implémenter une prise en charge relationnelle traditionnellement trouvée dans les bases de données, comme les suppressions et les mises à jour en cascade et autres contraintes ?

Dans la table `Commandes` se trouve une colonne nommée `IDClient`. Celle-ci établit la clé étrangère vers la table `Clients` (remarquez que XML établit en principe les relations à l'aide de hiérarchies. `DataSet` prend en charge cette fonctionnalité, masquant la clé étrangère vis-à-vis du schéma). Pour ajouter la relation, vous pouvez utiliser la méthode suivante :

```
dsOrdreAchat.Relations.Add(dsOrdreAchat.Tables("Clients").Colonnes("IDClient"),_
dsOrdreAchat.Tables("Commandes").Colonnes("IDClient"),True)
```

Le dernier paramètre de l'appel, `True`, crée la contrainte entre les deux tables.

Maintenant que vous disposez du `DataSet` et de son schéma, vous pouvez commencer à ajouter des données. Cela peut être effectué de bien des façons (de même qu'à l'aide des schémas, ceux-ci étant détaillés dans la suite du chapitre). Les données sont stockées dans des lignes. Vous construisez d'abord une `Ligne`, puis l'ajoutez à la table `DataSet`. Une fonction annexe appliquée à l'objet `Table`, `NewRow()`, sert à construire et à allouer un nouvel objet `Ligne`. Il est obligatoire de le faire sur la table car le schéma de l'objet `Ligne` doit correspondre au schéma des autres lignes des tables. La fonction `NewRow()` crée l'objet `Ligne` à l'aide du schéma adéquat. Le code suivant ajoute un client au `DataSet`.

```
Dim LigneClient as DataRow
LigneClient = dsOrdreAchat.Tables("Clients").NewRow()
LigneClient.Article("NomClient") = "Kelly"
dsOrdreAchat.Tables("Clients").Lignes.Add(LigneClient)
```

Vous avez donc créé une ligne, défini un point de donnée dans cette Ligne, puis l'avez ajouté aux tables de la collection `Lignes`. Remarquez que le `IDClient` n'a pas été défini, puisqu'il a déjà été spécifié comme colonne à auto-incrémentation. Par la suite, en effectuant la relation avec les bases de données, la base affectera une nouvelle clé, mais toutes les données et les données associées resteront intactes.

Lorsqu'une relation un-à-plusieurs est établie, comme ici, non seulement vous pouvez conserver les données organisées de cette façon, mais vous pouvez également y accéder de manière relationnelle. Pour ajouter des commandes à l'enregistrement du client, vous utilisez la ligne enfant de la ligne `Client`. Une fois encore, `PrimaryKey` n'est pas défini, de même que `ForeignKey` (`IDClient`). Le code suivant ajoute des lignes de commande à la ligne cliente « Kelly ».

```
Dim LigneCommande as DataRow
LigneCommande = dsOrdreAchat.Tables("Commandes").NewRow()
LigneCommande.Article("DateCommande") = "2000-07-26"
LigneCommande.Article("StatutCommande") = "Nouveau"
LigneCommande.Article("IDClient") =
dsOrdreAchat.Tables("Clients").Lignes(0)("IDClient")
dsOrdreAchat.Tables("Commandes").Lignes.Add(LigneCommande)
LigneCommande = dsOrdreAchat.Tables("Commandes").NewRow()
LigneCommande.Article("DateCommande") = "2000-10-21"
LigneCommande.Article("StatutCommande") = "Supprimé"
LigneCommande.Article("IDClient") =
dsOrdreAchat.Tables("Clients").Lignes(0)("IDClient")
dsOrdreAchat.Tables("Commandes").Lignes.Add(LigneCommande)
```

En définissant le champ `IDClient` de l'enregistrement `Commande` à la même valeur que celle du champ `IDClient` de l'enregistrement `Clients` précédemment créé, vous signalez cette relation avec le client. Vous pouvez facilement parcourir les commandes de chaque client à l'aide de la syntaxe `For Each`.

```
For Each LigneClient in dsOrdreAchat.Tables("Clients").Lignes
   Response.Write("<br>" & LigneClient("NomClient"))
   Response.Write("<br><blockquote>")
   For Each LigneCommande in LigneClient.GetChildRows("rel1")
      Response.Write("<BR>" & LigneCommande("StatutCommande") & " " &
LigneCommande("DateCommande"))
   Next
   Response.Write("</blockquote>")
Next
```

Voici la sortie du code précédent :

```
<br>Kelly<br><blockquote><BR>Nouveau 2000-07-26<BR>Supprimé
2000-10-21</blockquote>
ou
Kelly
   Nouveau 2000-07-26
   Supprimé 2000-10-21
```

L'accès aux données et leur modification s'effectue simplement en spécifiant une nouvelle valeur. Vous pouvez accéder à une colonne particulière à l'aide de son nom ou de son index :

```
dsOrdreAchat.Tables("Clients").Lignes(0)("NomClient") = "Kelly Smith"
```

Il faut cependant réaliser que, puisque vous programmez sur un `DataSet` (comme ci-dessus), vous ne modifiez que les données de ce `DataSet`, si bien qu'il faut soumettre ces modifications à la base de données pour que celles-ci soient enregistrées. En tant que développeur, vous contrôlez quand et si cela doit arriver. Rappelez-vous également qu'il ne s'agit pas d'un modèle de type variant, si bien qu'un type `string` attend un type `string`. Autrement dit, une base de données ou une fonction n'effectue pas de contrôle de type ultérieur : celui-ci se produit lors de l'exécution.

Lors de modifications, comme celles apportées à la colonne ci-dessus, de l'ajout d'une nouvelle colonne ou de la suppression d'une colonne (`DeleteRow`, non présenté ici), le `DataSet` garde une trace de toutes ces modifications. Cela implique qu'à un certain moment, vous pouvez extraire ces modifications et les appliquer ailleurs. Un `DataSet` possède également son propre modèle de validation ou d'annulation (*commit* ou *rollback* : `AcceptChanges`, `RejectChanges` et même `GetChanges` pour les visualiser). Comme tel est le cas avec le web et les bases de données, cela signifie en général que les modifications sont passées à une file d'attente, à un autre serveur web ou à un composant. Et comme ces modifications peuvent être mises sous forme XML, il est aussi facile de passer d'une plate-forme à une autre. Le format du XML de la méthode `GetChanges()` est compatible avec les « *updateGrams* » de SQL Server 2000 XML.

```
Response.Write(dsOrdreAchat.GetChanges().XMLData)
```

`GetChanges()` renvoie un autre `DataSet` représentant les modifications apportées au `Dataset ds OrdreAchat` depuis l'appel au dernier `AcceptChanges`, ou depuis sa création. De même, la propriété `XMLData` peut être utilisée comme *updategram* pour SQL Server. À l'aide de la méthode `XMLData`, vous obtenez une représentation XML du `DataSet`. En voici la sortie :

```
<DocumentElement>
   <Clients>
      <IDClient>0</IDClient>
      <NomClient>Kelly Smith</NomClient>
   </Clients>
   <Commandes>
      <IDCommande>0</IDCommande>
      <IDClient>0</IDClient>
      <StatutCommande>Nouveau</StatutCommande>
      <DateCommande>2000-07-26T07:00:00</DateCommande>
   </Commandes>
   <Commandes>
      <IDCommande>1</IDCommande>
      <IDClient>0</IDClient>
      <StatutCommande>Supprimé</StatutCommande>
      <DateCommande>2000-10-21T07:00:00</DateCommande>
   </Commandes>
</DocumentElement>
```

Remarquez que si une valeur est NULL, cela signifie qu'elle n'existe pas, et qu'elle ne sera donc pas renvoyée comme élément ou attribut par la méthode précédente.

Enfin, pour clore la discussion sur `DataSet` et pour fournir quelque contexte au reste de ce livre, un `DataSet` a pour but d'interagir souplement avec XML. Un `DataSet` peut facilement montrer du XML, mettre en flux en entrée ou en sortie du XML, exprimer des modifications en XML et même être compilé à partir de schéma XML, comme cela sera examiné plus loin.

Pour créer un document XML à partir d'un `DataSet` vous pouvez utiliser trois méthodes : `XMLData`, `XMLSchema` et `XML`

```
'afficher le XML
Response.write(dsOrdreAchat.XMLData)
'Pour écrire le schéma, utilisez
Response.Write(dsOrdreAchat.XMLSchema)
'Pour écrire les deux, utilisez
Response.Write(dsOrdreAchat.XML)
```

Voici la sortie de la propriété `XML` (combinaison de `XMLSchema` et de `XMLData`) :

XMLSchema

```
<schema id="" targetNamespace="" xmlns="http://www.w3.org/1999/XMLSchema"
xmlns:msdata="urn:schemas-microsoft-com:xml-msdata">
  <element name="Clients">
    <complexType content="elementOnly">
      <all>
        <element name="IDClient" msdata:AutoIncrement="True" minOccurs="0"
type="int"/>
        <element name="NomClient" minOccurs="0" type="string"/>
      </all>
    </complexType>
    <unique name="Constraint1">
      <selector>.</selector>
      <field>IDClient</field>
    </unique>
  </element>
```

```
    <element name="Commandes">
      <complexType content="elementOnly">
        <all>
          <element name="IDCommande" msdata:AutoIncrement="True" minOccurs="0"
type="int"/>
          <element name="IDClient" minOccurs="0" type="int"/>
          <element name="StatutCommande" minOccurs="0" type="string"/>
          <element name="DateCommande" minOccurs="0" type="timeInstant"/>
        </all>
      </complexType>
      <keyref name="rel1" refer="Constraint1">
        <selector>.</selector>
        <field>IDClient</field>
      </keyref>
    </element>
  </schema>
```

XMLData

```
<DocumentElement>
  <Clients>
    <IDClient>0</IDClient>
    <NomClient>Kelly Smith</NomClient>
  <Commandes>
    <IDCommande>0</IDCommande>
    <IDClient>0</IDClient>
    <StatutCommande>Nouveau</StatutCommande>
    <DateCommande>2000-07-26T07:00:00</DateCommande>
  </Commandes>
  <Commandes>
    <IDCommande>1</IDCommande>
    <IDClient>0</IDClient>
    <StatutCommande>Supprimé</StatutCommande>
    <DateCommande>2000-10-21T07:00:00</DateCommande>
  </Commandes>
  </Clients>
</DocumentElement>
```

Afin d'obtenir les imbrications des données dans les clients, comme précédemment, donnez la valeur True à la propriété `Nested` de `DataRelation`. Cela crée des données XML imbriquées (les commandes imbriquées dans les clients).

Que XML soit natif dans le `DataSet` procure une rare puissance. Une fois les données poussées dans un ensemble de données, à l'aide de code ou avec des `DataSetCommands`, ces données sont utilisables à l'aide de nombreuses techniques parmi lesquelles SOAP, WEB, XSL, et même entre plates-formes.

Il s'agit du meilleur exemple d'abstraction de données en dehors d'une base de données. Pour mieux comprendre certains de ces concepts, servez-vous d'une DataSetCommand pour pousser les données dans un DataSet, puis les afficher comme un document XML. Examinez d'abord l'objet DataSetCommand (la Connection).

Objets DataSetCommand et Connection

Comme cela a été mentionné dans l'aperçu, DataSetCommand utilise l'objet Connection pour peupler des DataSets. Il peut également valider des modifications DataSet.

La construction d'un objet Connection est simple et classique pour tout programmeur ADO. La propriété ConnectionString et la méthode Open servent à établir la connexion. Ces exemples utilisent les objets SQLConnection et SQLDataSetCommand.

VB

```
Dim sqlConnection as New
SQLConnection("server=(local);uid=sa;database=northwind")
sqlConnection.Open()
```

Nous avons pris ici la liberté de mettre en valeur le constructeur plutôt que de définir une ConnectionString. Un constructeur constitue un moyen pratique de définir les propriétés principales d'un objet lors de sa création. La connexion est également ouverte, ce qui serait autrement accompli à l'aide de DataSetCommand appliqué à fillDataSet si elle était fermée. Cette manipulation est ici effectué explicitement pour plus de clarté. L'ouverture explicite de la connexion procure plus de contrôle au développeur sur sa durée de vie, tout en permettant l'accès aux transactions (bien évidemment différentes du DataSets).

DataSetCommand possède quatre commandes : insert, update, delete et select. Les commandes DataSet sont censées générer toutes les opérations sur des bases de données. Comme ces objets sont par nature sans état, il est préférable que, si des mises à jour sont susceptibles de se produire, les commandes DataSetCommands Insert, Update et Delete soient définies dans le code par le développeur. Si tel n'est pas le cas, elles seront construites selon les besoins lors de l'exécution, ce qui peut être coûteux en termes de ressources pour des objets sans état.

En outre, une architecture propre appelle des procédures stockées. Définir chacune des commandes afin qu'elle pointe vers une procédure stockée peut également être fait, et des paramètres établis de la même façon qu'avec les commandes ADO classiques.

Dans cet exemple, l'instruction Select est simplement définie comme instruction SQL.

```
Dim dsCommandSet as New SQLDataSetCommand("select * from Clients",sqlConnection)
```

Remarquez que CommandText et ActiveConnection de la commande Select ont été définis dans le constructeur. Les constructeurs sont bien pratiques pour la définition de propriétés fréquemment utilisées. Vous pouvez désormais recourir à ce DataSetCommand pour pousser les données dans le DataSet. Comme cela a déjà été souligné, il s'agit d'un modèle poussé : afin que le développeur se rappelle bien de cette nature poussée, l'API reflète cette action parfaitement : FillDataSet.

```
Dim dsClients as new DataSet
dsCommandSet.FillDataSet(dsClients,"Clients")
```

La méthode FillDataSet est celle qui accomplit tout. Elle ouvre un curseur, lit les données et les pousse dans le DataSet. Une fois dans le DataSet, elles sont totalement déconnectées de la base de données. Remarquez que le DataSet ne possède aucun schéma. En revanche, il lui a été indiqué le nom de la table à créer dans le second paramètre Clients. En l'absence de schéma, DataSetCommand va en créer un à votre place. S'il existe un schéma, il peut être nécessaire d'effectuer une correspondance de schéma à schéma (par exemple IDCli -> IDClient) en cas de fautes de frappe. Reportez-vous à la propriété MissingSchemaAction dans la documentation du SDK pour plus de détails sur la façon dont et le moment où un DataSet crée un schéma, le cas échéant.

La méthode FillDataSet exécute la SelectCommand (l'objet command sur le DataSetCommand) et pousse le schéma et les données dans le Dataset. Vous pouvez maintenant examiner ceux-ci.

```
'Regarder le schéma
dim t as DataTable
dim c as DataColonne
For Each t in dsClients.Tables
   Response.Write("<br>" & t.TableName)
   Response.Write("<BlockQuote>")
   For Each c in t.colonnes
      Response.Write("<br>" & c.NomColonne)
   Next
   Response.Write("</blockquote>")
Next
'Regarder les données
response.write("<P><TABLE><TR>")
dim rowTemp as DataRow
For Each rowTemp in dsClients.Tables("Clients").Lignes
   Response.write("<tr>")
   For Each c in dsClients.Tables("Clients").Colonnes
      response.write("<TD>" & rowTemp(c) & "</td>")
   Next
   Response.write("</tr>")
Next
Response.Write("</table">)
```

Remarquez l'insertion de HTML dans le code, afin d'harmoniser la sortie, présentée dans les deux écrans (comme suit).

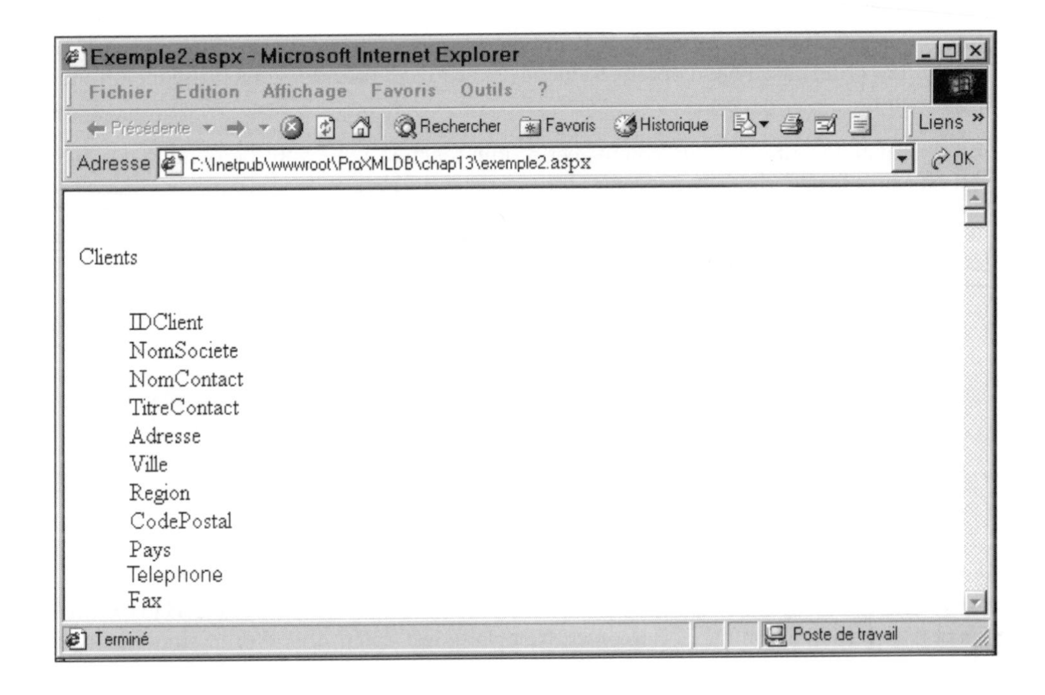

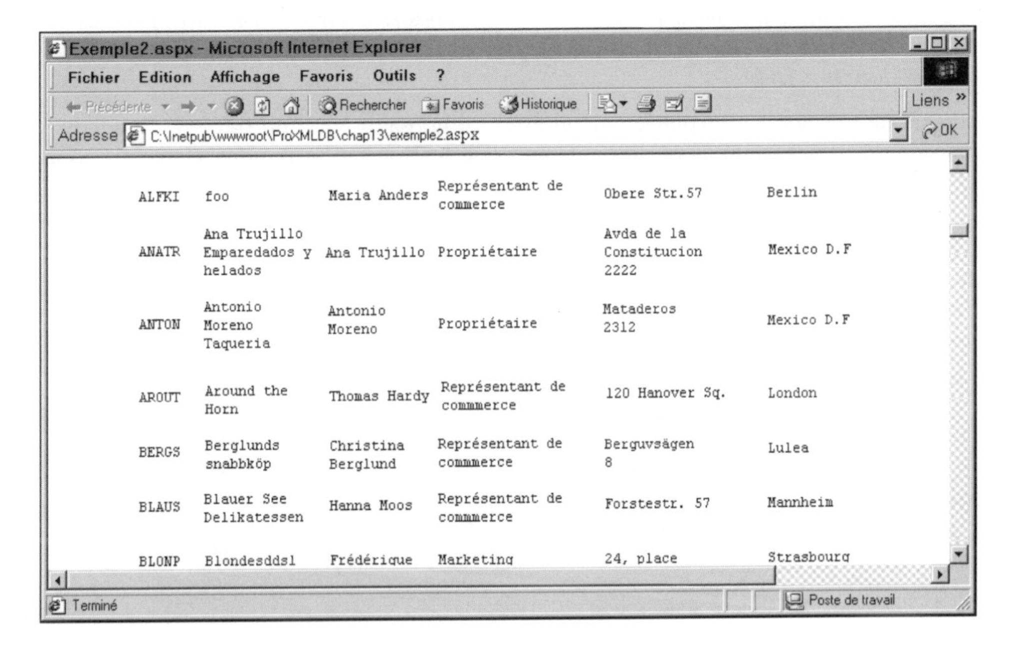

Vous pourriez pousser plus de données depuis `DataSetCommands` ou en ajouter davantage. Vous pouvez désormais déplacer ou programmer toutes les données comme s'il s'agissait d'une entité unique.

Plutôt que d'avoir un ensemble d'enregistrements `Clients`, un ensemble d'enregistrements `Commandes` et un ensemble d'enregistrements `DetailsCommande`, vous possédez un unique `DataSet OrdreAchat`.

Imaginez maintenant que vous vouliez écrire une fonction renvoyant l'ensemble des clients au format XML. Il existe deux façons d'y parvenir : `string` et `DataSet`.

En travaillant avec la charpente .NET, vous pouvez facilement déplacer des `DataSet` puisqu'ils sont déconnectés par nature. Vous pouvez écrire une fonction renvoyant l'ensemble de données :

```
Public Function ObtenirListeClient() as DataSet
Dim sqlConnection as New SQLConnection("server=(local);uid=sa;database=northwind
")
Dim dsCommandSet as New SQLDataSetCommand("select * from Clients",sqlConnection)
Dim dsClients as new DataSet
   dsCommandSet.FillDataSet(dsClients,"Clients")
   ObtenirListeClient = dsClients
End Function
```

Les applications peuvent ainsi exposer des `DataSet`. Un effet secondaire utile de ceux-ci est cependant leur utilisation en tant que service web, exposant du XML. Un service web, dans ce contexte, peut être résumé en une fonction s'appelant depuis le Web (à l'aide d'une requête HTTP). En définissant la fonction précédente comme service web, une URL est créée afin d'acheminer la requête depuis la fonction.

Pour le moment, ni la façon d'écrire cela ni les attributs nécessaires ne sont clairs. Les attributs sont un concept nouveau en VB, dotant une fonction ou du code de davantage de signification sans polluer le langage.

Lorsque la fonction est invoquée par un autre composant .NET, un `DataSet` est renvoyé. Lorsque la fonction est invoquée par un composant non .NET, les données sont renvoyées comme document XML.

Si vous souhaitez imposer un retour de XML selon un format chaîne, déclarez la fonction comme `String`, puis renvoyez `dsClients.XMLData`.

Si des modifications sont apportées au `DataSet` peuplé par une `DataSetCommand`, cette même `DataSetCommand` peut consolider les modifications dans la base de données, à l'aide de la méthode `Update`.

```
dsCommandSet.FillDataSet(dsClients,"Clients")
dsClients.tables("Clients").Lignes(0)("NomSociete") = "foo"
'...
'Rendre distant le dataset
'l'envoyer comme courrier électronique
'le modifier d'une façon quelconque
'à un moment ou à un autre, l'envoyer en retour puis
'...
dsCommandSet.Update(dsClients,"Clients")
```

Si vous possédez des procédures stockées ou des instructions SQL associées aux commandes `insert/update` et `delete`, celles-ci se déclenchent de façon adéquate lors de l'invocation de la méthode `update`. Vous pouvez également envoyer simplement les modifications (à l'aide de la méthode `GetChanges` appliquée au `DataSet`), puisque cette méthode ignore simplement les lignes non modifiées.

Absence de type du DataSet

Non seulement un `DataSet` possède un stockage typé de façon interne, mais il existe également des outils sympathiques permettant de créer des accesseurs typés personnalisés pour votre schéma. Ceux-ci sont utiles afin de permettre de vérifier les types à la compilation plutôt qu'à l'exécution, ce qui élimine une grande partie du stress inhérent aux modèles actuels de données fondées sur des types variant.

L'idée sous-jacente à un accesseur typé pour un `DataSet` est que vous pouvez programmer directement les tables et colonnes à travers le nom et la structure de type de données (autrement dit, `Client(0).Prenom`). Si bien que si, comme précédemment, vous vouliez accéder aux données du `Dataset` « générique », vous procéderiez comme suit.

Pour n'accéder qu'aux données, vous parvenez aux objets à l'aide des noms des tables et des colonnes (il existe par défaut une propriété index commençant à 0, ainsi que la propriété `PrimaryKey`).

```
Response.Write(dsOrdreCommandes.Clients(0).Prenom)
'Or
Response.Write(dsOrdreCommandes.Clients.PrimaryKey(10001010).Prenom
```

Cela est également très pratique pour parcourir les relations. Vous pouvez désormais utiliser la syntaxe suivante :

```
For each Client in dsOrdreCommandes.Clients
   For Each Commande in Client.Commandes
      Response.Write(Commande.DateCommande)
   Next
Next
```

Ces accesseurs typés ne sont disponibles en principe qu'à l'aide d'encapsuleurs de code. Il existe cependant d'autres outils bien utiles, permettant de les créer facilement et efficacement. Le premier outil est le langage lui-même. VB.NET introduit quelques nouvelles techniques de programmation orientée objet comme (et cela est capital ici) l'héritage. En héritant de `System.Data.DataSet`, vous pouvez facilement ajouter des accesseurs aux colonnes et aux tables, permettant à des appels hérités d'accéder aux objets `Dataset` parent.

Visual Studio 7 propose un nouvel outil de définition de schémas XML utilisé pour créer des données et des schémas XML. Cet outil se plie à de nombreux scénarios, dont la correspondance entre bases de données et schéma XML, la création de schéma XML à partir d'une base de données, *etc*. Une fois conforme à un schéma XML, vous pouvez invoquer un générateur de code (`xsd.exe`) pour créer les classes héritant du `DataSet` et disposer des accesseurs typés mentionnés précédemment. Ce générateur de code appartient à la charpente et peut être utilisé afin de constituer l'invite de commande, comme cela est illustré ici.

L'exécutable génère simplement une classe d'encapsulation héritant du `DataSet` et possédant des accesseurs cohérents avec le schéma XML, y compris les relations (interprétées à partir des hiérarchies ou du schéma). Cette classe, incorporée à votre projet, procure le modèle de programmation expliqué ci-dessus. En utilisant le `DataSet` précédemment créé sur la table clients de la base de données, vous récupérez la propriété `.XMLSchema` et vous créez un fichier :

```
C:\>Clients.xsd
<schema id="" targetNamespace="" xmlns="http://www.w3.org/1999/XMLSchema"
xmlns:msdata="urn:schemas-microsoft-com:xml-msdata">
<element name="Clients">
   <complexType content="elementOnly">
   <all>
      <element name="IDClient" type="string"/>
      <element name="NomSociete" type="string"/>
      <element name="NomContact" minOccurs="0" type="string"/>
      <element name="TitreContact" minOccurs="0" type="string"/>
      <element name="Adresse" minOccurs="0" type="string"/>
      <element name="Ville" minOccurs="0" type="string"/>
      <element name="Region" minOccurs="0" type="string"/>
      <element name="CodePostal" minOccurs="0" type="string"/>
      <element name="Pays" minOccurs="0" type="string"/>
      <element name="Telephone" minOccurs="0" type="string"/>
      <element name="Fax" minOccurs="0" type="string"/>
   </all>
   </complexType>
</element>
</schema>
```

Remarquez que le schéma de base de données génère un schéma XML (version XSD). Le générateur de classe, XSD, figure dans le répertoire `\bin` du `FrameworksSDK`. Il génère à la fois les classes générales (avec le commutateur `/c`) et les classes secondaires `Dataset` (à l'aide du commutateur `/d`), comme cela est présenté ci-dessous :

```
C:\>xsd.exe Clients.xsd /d
'REMARQUE / IL NE S'AGIT PAS DE LA TOTALITE DU CODE, SEULEMENT D'EXEMPLES
D'ENCAPSULEURS
Public Class ClientsLigne
    Inherits DataRow

    Private tableClients As Clients
   ...

    Public Overloads Overridable Function AddClientsLigne( _
   ByVal colonneIDClient As String, _
   ByVal colonneNomSociete As String, _
   ByVal colonneNomContact As String, _
   ByVal colonneTitreContact As String, _
   ByVal colonneAdresse As String, _
   ByVal colonneVille As String, _
   ByVal colonneRegion As String, _
   ByVal colonneCodePostal As String, _
   ByVal colonnePays As String, _
   ByVal colonneTelephone As String, _
   ByVal colonneFax As String) As ClientsLigne
    Dim ligneClientsLigne As ClientsLigne
```

```
        ligneClientsLigne = CType(Me.NewRow,ClientsLigne)
        ligneClientsLigne.ItemArray = New [Object]() {
      colonneIDClient, _
      colonneNomSociete, _
      colonneNomContact, _
      colonneTitreContact, _
      colonneAdresse, _
      colonneVille, _
      colonneRegion, _
      colonneCodePostal, _
      colonnePays, _
      colonneTelephone, _
      colonneFax}
        Me.Lignes.Add(ligneClientsLigne)
        Return ligneClientsLigne
    End Function
      Public Overridable Property Adresse As String
          Get
              Return CType(Me(Me.tableClients.AdresseColonne),String)
          End Get
          Set
              Me(Me.tableClients.AdresseColonne) = value
          End Set
        End Property
```

Le code précédent illustre certains des accesseurs générés. Parmi ceux-ci :

```
MyDataSet.Clients.ClientsLigne
MyDataSet.Clients.AddClientsLigne([ID],[Nom],[etc])
MyDataSet.Clients(0).Adresse
```

Nous vous encourageons à utiliser le générateur et à explorer le code, ou à utiliser le générateur et à compléter à l'aide d'instructions dans l'éditeur Visual Studio pour effectuer l'exploration. Ces classes peuvent aider à exposer les schémas que vous exportez vers d'autres développeurs, facilement et rapidement.

Résumé

Ce chapitre s'intéresse à divers sujets concernant tous la prise en charge XML dans ADO 2.6 et dans SQL Server 2000. Comme vous l'avez vu, de nombreuses nouvelles techniques sont désormais à votre disposition pour intégrer XML à vos applications.

Dans ce chapitre, vous avez appris à :

- rendre persistantes des données dans des fichiers et dans différentes sortes de flux ;
- effectuer une requête sur des données SQL sans écrire de code SQL, à l'aide des techniques XPath et Mapping Schema ;
- écrire des modèles de requêtes XML pour des bases de données SQL ;
- fusionner des ensembles de données XML avec des ensembles de données SQL afin de récupérer ou même de modifier des données SQL.

Ce chapitre a également présenté ADO+. Pour résumer, ADO+ apporte de nombreux moyens nouveaux de communiquer avec des bases de données et XML, aussi bien que pour interagir entre les deux. La surface d'ADO+ n'a été qu'effleurée, de même que le nouveau .NET de Microsoft. Vérifiez les dernières informations à l'adresse `http://msdn.microsoft.com`.

XML est présent dans chaque facette du développement technique actuel. Ces nouvelles fonctionnalités et techniques permettent de préparer la nouvelle génération du développement d'application, l'entrée dans le monde XML centré sur les données.

14

Stocker et récupérer du XML avec SQL Server 2000

Dans le monde Internet, nombreuses sont les applications web partageant une même exigence : posséder des pages HTML au contenu dynamique. Il est possible d'écrire des applications ASP (*Active Server Pages*) récupérant des données depuis une base de données et effectuant les conversions nécessaires afin d'afficher ces données dans des pages HTML ou XML, mais cela nécessite un travail de développement certain. SQL Server 2000 prend désormais en charge XML, ce qui permet d'obtenir des documents Internet à partir de (ou vers) celui-ci sans devoir écrire des applications ASP complexes. Ces nouvelles fonctionnalités XML permettent de voir littéralement la totalité de la base de données relationnelle en XML. Vous pouvez ainsi écrire des applications XML de bout en bout.

Un certain nombre de techniques apparentées à XML permettent désormais de prendre en charge le stockage et la récupération de XML dans et depuis SQL Server. Diverses fonctionnalités existent également côté serveur, certaines autres dans le niveau intermédiaire. Ces dernières sont présentées dans le prochain chapitre, celui-ci se concentrant sur les dispositifs situés côté serveur.

Parmi ceux-ci, vous trouverez :

- FOR XML – pour récupérer des données depuis SQL Server sous forme XML ;
- OPENXML – pour fragmenter des documents XML et les stocker dans des tables relationnelles ;
- XML Bulk Load – pour effectuer un chargement massif en SQL à partir d'un document XML ;

- XML Views – pour disposer d'une vue XML de données relationnelles ;
- prise en charge de requêtes XPath – pour effectuer des requêtes sur les vues XML ;
- XML Updategrams – pour mettre à jour des données dans des tables relationnelles à l'aide des vues XML.

En SQL Server 2000, vous pouvez écrire des requêtes `SELECT` renvoyant du XML plutôt que les ensembles de lignes standard. La nouvelle clause **FOR XML** sert à obtenir les résultats d'une requête sous la forme d'un arbre XML au lieu d'un ensemble de lignes. Ces fonctionnalités sont intégrées au processeur de requête de bases de données, ce qui améliore de façon appréciable les performances des requêtes.

Si vous souhaitez actualiser des données en SQL Server 2000 à partir d'un document source XML, rien de plus simple, à l'aide des extensions des instructions SQL `INSERT`, `UPDATE` et `DELETE`. La nouvelle fonctionnalité **OPENXML** génère une vue sous forme de lignes du XML. Cette vue peut être utilisée à la place d'un ensemble d'enregistrements (*recordset*) afin d'actualiser des tables de bases de données.

Enfin, lorsqu'il s'agit d'une quantité importante de XML à placer en SQL Server 2000, vous pouvez utiliser l'objet Bulk Load afin d'y parvenir.

Nombreux sont les cas où des données doivent être renvoyées au format XML. Par exemple, c'est systématiquement le cas si votre application utilise des schémas XML publics (comme les schémas *Biz Talk* de Microsoft). Vous pouvez y récupérer des données XML de deux façons principales :

- écrire des **requêtes SQL** (dotées d'extensions spéciales) directement sur des tables SQL Server 2000 ;
- définir des **vues XML** des données relationnelles, et récupérer les données comme XML à partir de ces vues XML.

À l'aide de ces deux méthodes, la transformation de données relationnelles en XML est effectuée pour vous. Tout cela facilite grandement le développement d'applications web, puisqu'il n'est plus nécessaire d'écrire des programmes complexes pour récupérer et afficher des données.

> **Remarquez que la quasi-totalité des exemples de ce chapitre utilisent la base de données `Northwind` accompagnant SQL Server 2000. Nous partons du principe que vous disposez déjà de certaines connaissances en SQL.**

Récupérer du XML à partir de SQL Server 2000 : FOR XML

Comme vous le savez, dans une base de données relationnelle, les méthodes standard utilisées pour effectuer une requête ou obtenir une synthèse de données consistent à effectuer des requêtes sur ces données. En SQL, les requêtes effectuées sur la base de données renvoient le plus souvent un résultat sous la forme d'un ensemble de lignes.

Par exemple, la requête suivante, `ch14_ex01.sql` :

```
SELECT IDClient,
       NomContact
FROM   Clients
```

exécutée sur la base de données `Northwind`, renvoie comme résultat un ensemble de lignes de deux colonnes, les ID clients et les noms des contact, à partir de la table `Clients`, comme le montre cet écran :

	IDClient	NomContact
1	ALFKI	Maria Anders
2	ANATR	Ana Trujillo
3	ANTON	Antonio Moreno
4	AROUT	Thomas Hardy
5	BERGS	Christina Berglund
6	BLAUS	Hanna Moos
7	BLONP	Frédéric Citeaux
8	BOLID	Martin Sommer
9	BONAP	Laurence Lebihan
10	BOTTM	Elizabeth Lincoln

Nouvelle prise en charge des requêtes SQL Server

SQL Server 2000 dispose d'une prise en charge améliorée des requêtes, permettant d'obtenir en réponse d'une instruction `SELECT` un document XML. Pour ce faire, vous devez spécifier la clause `FOR XML` dans l'instruction `SELECT`, accompagnée de l'un de ces trois **modes** : **RAW**, **AUTO** et **EXPLICIT**.

Par exemple, si vous voulez que la requête précédente renvoie du XML plutôt qu'une table de résultats, vous devez y ajouter ce qui suit :

```
SELECT IDClient,
       NomContact
FROM   Clients
FOR XML AUTO
```

Cette requête utilise le mode `AUTO` (spécifié après la clause `FOR XML`) et renvoie une longue liste d'informations client en XML, dont un fragment est présenté ci-après :

```
<Clients IDClient="ALFKI" NomContact="Maria Anders" />
<Clients IDClient="ANATR" NomContact="Ana Trujillo" />
```

Ce chapitre met en forme le XML de sortie afin de le rendre plus lisible : le résultat obtenu est en fait une chaîne continue.

Remarquez cependant que si le mode `FOR XML` peut être utilisé dans une instruction `SELECT`, cela n'est pas possible pour des instructions `SELECT` imbriquées, telles que :

```
SELECT    *
FROM      Table1
WHERE     ... = SELECT * FROM Table2 FOR XML AUTO
```

Autant résumer rapidement le rôle des trois modes FOR XML, avant de les examiner plus en détail :

- Le mode RAW produit un XML centré sur les attributs, avec une structure à plat. Chaque ligne de la table est représentée dans une balise générique nommée ROW, les colonnes étant représentées comme attributs. Le mode RAW est le mode le plus facile à gérer des trois, en dépit du fait qu'il vous limite à cette structure.
- Le mode AUTO produit du XML dont la hiérarchie des éléments est déterminée par l'ordre des colonnes dans les instructions SELECT, si bien que vous possédez un contrôle limité sur la forme du XML obtenu. Il s'agit d'un compromis entre contrôle et complexité.
- Le mode EXPLICIT permet à l'utilisateur de posséder un contrôle total sur la forme du XML résultant. L'inconvénient est qu'il est plus complexe à gérer que les deux autres modes.

FOR XML : syntaxe générale

Voici la syntaxe de la clause FOR XML spécifiée dans l'instruction SELECT :

```
FOR XML xml_mode [,XMLDATA] [,ELEMENTS] [BINARY BASE64]
```

- Si l'option facultative XMLDATA est spécifiée, un schéma de données XML pour le XML résultant est renvoyé comme composant du résultat. Ce schéma est ajouté au XML.
- L'option ELEMENTS est spécifiée s'il faut renvoyer un document centré sur les éléments, les valeurs des colonnes figurant comme sous-éléments. Par défaut, les valeurs des colonnes correspondent à des attributs d'éléments XML. L'option ELEMENTS ne concerne que le mode AUTO. Il est possible de demander un document centré sur les éléments en mode EXPLICIT, mais l'option ELEMENTS n'est pas la façon d'y parvenir.
- Si l'option BINARY Base64 est spécifiée dans la clause FOR XML, toute donnée binaire renvoyée (par exemple à partir d'un champ de type SQL Server IMAGE) est représentée sous le format base 64. Pour récupérer des données binaires à l'aide des modes RAW et EXPLICIT, cette option doit être spécifiée. Elle n'est pas obligatoire avec le mode AUTO, mais en son absence, ce mode renvoie des données binaires par défaut en tant que référence URL.

  Par exemple, cette requête renvoie l'ID et la photo (une colonne de type image) du salarié 1 :

```
SELECT IDSalarie, Photo
       FROM   Salaries
       WHERE  IDSalarie=1
       FOR XML AUTO
```

  La requête renvoie ce qui suit :

```
<Salaries IDSalarie="1"
                 Photo="dbobject/Salaries[@IDSalarie='1']/@Photo"/>
```

  Remarquez que la colonne Photo renvoie une URL. Cette URL peut être utilisée ultérieurement pour récupérer la photo du salarié. dbobject est un nom virtuel pour un type dbobject, tandis que Salaries[@IDSalarie='1']/@Photo est une expression

XPath utilisée pour récupérer la photo. Les noms virtuels sont créés lors de la création de répertoires virtuels SQL Server.

Examinez maintenant chaque mode en détail.

Mode RAW

En spécifiant le mode `RAW`, chaque ligne renvoyée par l'instruction `SELECT` est transformée en élément à balise générique `<row>`, avec les colonnes en tant que valeurs d'attributs. Le XML résultant ne possède pas de hiérarchie. En partant de la requête suivante (`ch14_ex02.sql`) :

```
SELECT   C.IDClient, O.IDCommande, O.DateCommande
FROM     Clients C, Commandes O
WHERE    C.IDClient = O.IDClient
ORDER BY C.IDClient, O.IDCommande
FOR XML RAW
```

Le résultat est le suivant :

```
<row IDClient="ALFKI" IDCommande="10643" DateCommande="1997-08-25T00:00:00"/>
<row IDClient="ALFKI" IDCommande="10692" DateCommande="1997-10-03T00:00:00"/>
<row IDClient="ALFKI" IDCommande="10702" DateCommande="1997-10-13T00:00:00"/>
...
```

Remarquez que si vous exécutez ces requêtes dans l'analyseur de requêtes, comme ici, vous obtenez un fragment de document : le XML produit n'est pas bien formé, puisqu'il est dépourvu d'élément de plus haut niveau. En écrivant une application, vous devez normalement définir ces requêtes dans un modèle XML, permettant de spécifier un unique élément de plus haut niveau. Les modèles sont étudiés au chapitre 20.

Ce type de structure XML simple est efficace lors de l'analyse et utile si aucune contrainte n'impose la génération de XML possédant un format particulier. Si vous voulez transférer les données entre deux sources, il est facile de générer ce type de document XML à plat et de le transmettre à une autre application.

Remarquez que le mode `RAW` est différent du format de persistance ADO, mais peut être transformé en ce dernier si cela est nécessaire.

Vous pouvez également demander un schéma XDR pour le XML résultant, en procédant comme suit (`ch14_ex03.sql`) :

```
SELECT   C.IDClient, O.IDCommande, O. DateCommande
FROM     Clients C, Commandes O
WHERE    C.IDClient = O.IDClient
ORDER BY C.IDClient, O.IDCommande
FOR XML RAW, XMLDATA
```

Voici le résultat :

```
<Schema name="Schema1" xmlns="urn:schemas-microsoft-com:xml-data"
                       xmlns:dt="urn:schemas-microsoft-com:datatypes">
  <ElementType name="row" content="empty" model="closed">
```

```
        <AttributeType name="IDClient" dt:type="string"/>
        <AttributeType name="IDCommande" dt:type="i4"/>
        <AttributeType name="DateCommande" dt:type="dateTime"/>
        <attribute type="IDClient"/>
        <attribute type="IDCommande"/>
        <attribute type="DateCommande"/>
    </ElementType>
</Schema>
<row xmlns="x-schema:#Schema1" IDClient="ALFKI"
     IDCommande="10643" DateCommande="1997-08-25T00:00:00"/>
<row xmlns="x-schema:#Schema1" IDClient="ALFKI"
     IDCommande="10692" DateCommande="1997-10-03T00:00:00"/>
<row xmlns="x-schema:#Schema1" IDClient="ALFKI"
     IDCommande="10702" DateCommande="1997-10-13T00:00:00"/>
...
```

Il sera peut-être nécessaire de modifier le paramètrage de SQL Server afin d'augmenter le nombre maximal de caractères par colonne pour obtenir ce résultat (Options | Results).

Comme vous le voyez, vous obtenez à nouveau une structure à plat dépourvue de hiérarchie. Si vous voulez que le XML soit généré avec une hiérarchie particulière (par exemple, un élément `<Clients>` renfermant des éléments enfants `<Commandes>`), vous devez spécifier un mode `AUTO` ou `EXPLICIT`.

Mode AUTO

Contrairement au mode `RAW`, une requête spécifiée avec le mode `AUTO` génère un XML hiérarchique, bien que vous ne disposiez que d'un contrôle limité sur la forme du XML obtenu. La forme du document XML résultant est surtout gouvernée par l'ordre dans lequel vous spécifiez les colonnes de la table dans la clause `SELECT` : votre contrôle se limite à cela.

Examinez un exemple (`ch14_ex04.sql`) :

```
SELECT   Clients.IDClient, NomContact,
         IDCommande, DateCommande
FROM     Clients, Commandes
WHERE    Clients.IDClient=Commandes.IDClient
ORDER BY Clients.IDClient, IDCommande
FOR XML AUTO
```

La syntaxe de chaque ligne du code précédent ne diffère que peu de celle des lignes équivalentes de l'exemple `FOR XML RAW` vu précédemment. La différence principale réside dans la première ligne, qui fonctionne un peu différemment :

- chaque nom de table (dont au moins une colonne est spécifiée dans la clause `SELECT`) correspond à un élément ;
- chaque nom de colonne spécifié dans la clause `SELECT` correspond à un nom d'attribut du XML, à moins que l'option `ELEMENTS` ne soit spécifiée ;
- si l'option `ELEMENTS` est spécifiée, chaque nom de colonne correspond alors à un sous-élément ne contenant que du texte ;

De la sorte, le résultat de la requête précédente est le suivant :

```
<Clients IDClient="ALFKI" NomContact="Maria Anders">
<Commandes IDCommande="10643" DateCommande="1997-08-25T00:00:00"/>
<Commandes IDCommande="10692" DateCommande="1997-10-03T00:00:00"/>
<Commandes IDCommande="10702" DateCommande="1997-10-13T00:00:00"/><Commandes
   ...
</Clients>
<Clients IDClient="ANATR" NomContact="Ana Trujillo">
   <Commandes IDCommande="10308" DateCommande="1996-09-18T00:00:00"/>
   <Commandes IDCommande="10625" DateCommande="1997-08-08T00:00:00"/>
   ...
</Clients>
   ...
```

La première table identifiée dans l'instruction `SELECT` est la table `Clients`. De ce fait, un élément `<Clients>` est d'abord créé, possédant comme attributs les colonnes appartenant à cette table (`IDClient` et `NomContact`). La prochaine table identifiée est `Commandes`, si bien que les éléments `<Commandes>` sont créés en tant qu'enfants de `IDClient`, les noms des colonnes de la table `Commandes` servant d'attributs.

Si, en revanche, l'option `ELEMENTS` est spécifiée comme ici :

```
SELECT   Clients.IDClient, NomContact,
         IDCommande, DateCommande
FROM     Clients, Commandes
WHERE    Clients.IDClient=Commandes.IDClient
ORDER BY Clients.IDClient, IDCommande
FOR XML AUTO, ELEMENTS
```

Les colonnes deviennent alors des sous-éléments dont le contenu est seulement du texte :

```
<Clients>
   <IDClient>ALFKI</IDClient>
   <NomContact>Maria Anders</NomContact>
   <Commandes>
      <IDCommande>10643</IDCommande>
      <DateCommande>1997-08-25T00:00:00</DateCommande>
   </Commandes>
   <Commandes>
      <IDCommande>10692</IDCommande>
      <DateCommande>1997-10-03T00:00:00</DateCommande>
   </Commandes>
   ...
</Clients>
<Clients>
   <IDClient>ANATR</IDClient>
   <NomContact>Ana Trujillo</NomContact>
   <Commandes>
      <IDCommande>10308</IDCommande>
      <DateCommande>1996-09-18T00:00:00</DateCommande>
   </Commandes>
   ...
</Clients>
```

Une fois encore, la première table identifiée dans l'instruction SELECT est la table Clients. Les colonnes IDClient et NomContact correspondent cette fois à des enfants de <Clients>, comme les éléments <Commandes> (dans l'ordre dans lequel ils sont spécifiés). Les colonnes IDCommande et DateCommande donnent alors naissance à des éléments enfants de <Commandes>.

Si vous modifiez l'ordre des colonnes dans la clause SELECT, comme ceci (ch14_ex05.sql) :

```
SELECT    IDCommande, Clients.IDClient, NomContact, DateCommande
FROM      Clients, Commandes
WHERE     Clients.IDClient=Commandes.IDClient
ORDER BY  Clients.IDClient, IDCommande
FOR XML AUTO
```

le XML produit possède une hiérarchie différente, les éléments <Commandes> apparaissant comme parents et les éléments <Clients> comme éléments enfants :

```
<Commandes IDCommande="10643" DateCommande="1997-08-25T00:00:00">
   <Clients IDClient="ALFKI" NomContact="Maria Anders"/>
</Commandes>
<Commandes IDCommande="10692" DateCommande="1997-10-03T00:00:00">
   <Clients IDClient="ALFKI" NomContact="Maria Anders"/>
</Commandes>
...
```

Ici, IDCommande apparaît avant Clients.IDClient. De ce fait, un élément <Commande> est tout d'abord créé, puis se voit ajouter un élément enfant <Client>. Le NomContact est ensuite ajouté à l'élément <Client> existant et enfin DateCommande est ajouté à l'élément existant <Commande>.

De ce fait, le mode AUTO permet à l'utilisateur de disposer d'un contrôle limité sur la forme du XML. Si vous voulez posséder un plus grand contrôle et plus de souplesse dans la détermination de la forme et du contenu du XML produit par l'instruction SELECT, vous devez spécifier le mode EXPLICIT. Nous allons maintenant l'étudier.

Mode Explicit

Le mode EXPLICIT vous procure un contrôle total sur le XML résultant. À l'aide de ce mode, vous pouvez décider de la forme du XML, mais cette souplesse n'est pas gratuite. Outre la spécification des données recherchées, vous devez fournir des informations explicites sur la forme du XML que vous voulez voir généré. Cela rend l'écriture de requêtes SELECT plus délicate qu'avec les modes AUTO ou RAW.

Lors de l'utilisation du mode EXPLICIT, quatre composants de l'instruction SELECT sont particulièrement importants. Il s'agit de :

- **Alias de colonnes**. Vous devez spécifier un alias de colonne à l'aide d'une syntaxe spécifique, pour chaque colonne spécifiée dans la clause SELECT. Les informations des alias de colonnes servent à générer la hiérarchie XML.
- **Colonnes de métadonnées**. Outre la spécification des colonnes dans lesquelles les informations doivent être récupérées, la clause SELECT doit spécifier deux colonnes supplémentaires, dont les alias sont Tag et Parent (les alias de colonnes ne sont pas sensibles à la casse). Ces colonnes doivent être les premières colonnes spécifiées dans la clause SELECT. La relation parent-enfant identifiée par les valeurs des colonnes Tag et Parent servent avec les alias à générer la hiérarchie du XML résultant.

- Certaines **directives** facultatives (étudiées plus loin).
- La **clause ORDER BY** spécifiant l'ordre des lignes. Vous devez spécifier un ordre adéquat dans la clause `ORDER BY` afin de générer la hiérarchie de document idoine. Par exemple, si le XML résultant possède des éléments `<Client>` et des éléments enfants `<Commande>`, vous devez spécifier la clause `ORDER BY` afin de trier les enregistrements par client, et pour chaque client par commande.

Examinez chacun de ces composants de plus près.

Spécifier des alias de colonnes

Les alias de colonnes de la clause `SELECT` doivent être spécifiés d'une façon particulière, car les informations des alias de colonnes, ainsi que les valeurs des colonnes `Tag` et `Parent` servent à générer la hiérarchie.

Par exemple, la requête suivante renvoie des informations client (`ch14_ex06.sql`). Pour que l'exemple reste simple, seules sont spécifiées les colonnes `IDClient` et `NomContact` :

```
SELECT      1                    as Tag,
            NULL                 as Parent,
            Clients.IDClient     as [Cli!1!IDCli],
            Clients.NomContact   as [Cli!1!Contact]
FROM        Clients
ORDER BY    [Cli!1!IDCli]
FOR XML EXPLICIT
```

Cette requête génère le XML suivant :

```
<Cli IDCli="ALFKI" Contact="Maria Anders"/>
<Cli IDCli="ANATR" Contact="Ana Trujillo"/>
...
```

Remarquez qu'il ne s'agit là que d'un exemple simple. Pour générer ce fragment de XML à plat, il n'est pas nécessaire d'utiliser le mode `EXPLICIT` : les modes `RAW` ou `AUTO` produisent sans effort le même résultat. Cet exemple n'a comme but que d'aider à comprendre les mécanismes fondamentaux du mode `EXPLICIT`. La puissance de celui-ci deviendra plus apparente lors de la génération de hiérarchies XML complexes.

Dans cette requête, la colonne `IDClient` possède comme alias `[Cli!1!IDCli]`, tandis que la colonne `NomContact` possède comme alias `[[Cli!1!Contact]`.

La syntaxe générale d'un alias de colonne est la suivante :

```
NomElément!NuméroBalise!NomPropriété!Directive
```

où :

- *`NomElément`* est le nom de l'élément devant apparaître dans le XML résultant (dans l'exemple précédent, le nom de l'élément est `Cli`).
- *`NuméroBalise`* est le numéro de balise unique de l'élément. Dans l'exemple précédent, il s'agit de 1.

- *NomPropriété* est le nom donné à cet attribut particulier dans le XML résultant (en partant du principe de la correspondance par défaut centrée sur les attributs). Si vous spécifiez une correspondance centrée sur les éléments à l'aide de l'option facultative *Directive*, il s'agit alors du nom du sous-élément. Dans cet exemple, les NomPropriétés IDCli et Contact sont les noms des attributs dans le XML résultant.
- Directive modifie de différentes façons le XML résultant. Les directives sont étudiées dans une des sections suivantes. Cet exemple ne spécifie aucune directive dans un alias de colonnes.

Spécifier des colonnes de métadonnées

Puisqu'il faut définir la forme du XML dans le mode EXPLICIT, une des choses à faire est de spécifier deux colonnes supplémentaires dans la clause SELECT. Les alias de ces deux colonnes doivent être Tag et Parent. Ces deux colonnes procurent des informations sur les relations parent-enfant des éléments du XML généré par la requête.

Ces colonnes de métadonnées doivent être les deux premières colonnes spécifiées dans la clause SELECT.

- La colonne Tag fournit un numéro de balise pour l'élément. Ce peut être n'importe quel nombre, tant qu'il est unique pour chaque élément défini.
- La colonne Parent sert à définir l'élément parent de l'élément courant. Si celui-ci est dépourvu de parent, la valeur de cette colonne est NULL.

Examinez à nouveau la requête précédente :

```
SELECT      1                       as Tag,
            NULL                    as Parent,
            Clients.IDClient    as [Cli!1!IDCli],
            Clients.NomContact  as [Cli!1!Contact]
FROM        Clients
ORDER BY    [Cli!1!IDCli]
FOR XML EXPLICIT
```

La valeur 1 de Tag est le numéro de balise unique de l'élément <Cli>. Lors du traitement du résultat de la requête en vue de l'obtention du XML, si la valeur de la colonne Tag est 1, toutes les colonnes de l'ensemble de lignes produit par la requête avec un *NuméroBalise* de 1 sont identifiés. Il s'agit des colonnes correspondant aux attributs (ou aux sous-éléments) de l'élément Cli. Cela sera étudié par la suite plus en détail.

Comme vous le voyez dans le résultat, l'élément <Cli> ne possède pas de parent, si bien que la colonne de métadonnées Parent se voit affecter une valeur NULL.

Le reste de la requête est évident. Bien que spécifiée, la clause ORDER BY n'est pas obligatoire dans cet exemple. Cette clause n'est importante que lors de la génération de XML contenant une hiérarchie.

Avant de passer à quelques exemples plus compliqués, examinons les différentes directives pouvant être incluses dans un alias de colonne.

Spécifier une directive dans un alias de colonne

Le mode `EXPLICIT` autorise un contrôle complémentaire sur la génération du XML. Vous pouvez ainsi :

- identifier certains attributs dans la requête comme étant de type `id`, `idref` ou `idrefs` ;
- exiger que le XML soit un document centré sur les éléments (par défaut, il s'agit d'un XML centré sur les attributs) ;
- envelopper des données dans une section CDATA du XML ;
- spécifier comment traiter les caractères dans les données renvoyées par SQL Server et possédant une signification spéciale en XML.

Tout cela peut être accompli en spécifiant une **directive** dans l'alias de colonne. Voici les directives pouvant être spécifiées :

- `id`
- `idref`
- `idrefs`
- `Hide`
- `element`
- `xml`
- `cdata`
- `xmltext`

Examinons de plus près ces directives.

Directives id, idref, idrefs

Les directives `id`, `idref` et `idrefs` identifient l'attribut comme étant de type `id`, `idref` ou `idrefs`. Si vous spécifiez l'une de celles-ci, vous en verrez les conséquences dans le schéma de données XML du XML résultant (rappelez-vous qu'il est possible de demander un schéma de données XML en spécifiant dans la requête l'option `XMLDATA`.)

Dans cette requête, l'attribut `IDCli` est identifié comme étant de type `id` en spécifiant la directive `id` dans l'alias de colonne. La requête demande également un schéma de données XML pour le XML généré (`ch14_ex07.sql`) :

```
SELECT  1                       as TAG,
        NULL                    as parent,
        Clients.IDClient  as [Cli!1!IDCli!id],
        Clients.NomContact as [Cli!1!Contact]
FROM    Clients
ORDER BY [Cli!1!IDCli!id]
FOR XML EXPLICIT, XMLDATA
```

Le schéma est ajouté au résultat. Remarquez aussi l'attribut `dt:type` inséré dans la définition de `IDCli AttributeType` :

```
<Schema name="Schema2" xmlns="urn:schemas-microsoft-com:xml-data"
                       xmlns:dt="urn:schemas-microsoft-com:datatypes">
   <ElementType name="Cli" content="mixed" model="open">
```

```
        <AttributeType name="IDCli" dt:type="id"/>
        <AttributeType name="Contact" dt:type="string"/>
        <attribute type="IDCli"/>
        <attribute type="Contact"/>
     </ElementType>
  </Schema>
  <Cli xmlns="x-schema:#Schema2" IDCli="ALFKI" Contact="Maria Anders"/>
  <Cli xmlns="x-schema:#Schema2" IDCli="ANATR" Contact="Ana Trujillo"/>
  <Cli xmlns="x-schema:#Schema2" IDCli="ANTON" Contact="Antonio Moreno"/>
  ...
```

Directives element et xml

Les directives `element` et `xml` produisent un XML non plus centré sur les attributs, mais sur les éléments. Par exemple, l'exemple `ch14_ex06.sql` de la section `EXPLICIT` a renvoyé le XML centré sur les attributs que voici :

```
<Cli IDCli="ALFKI" Contact="Maria Anders"/>
<Cli IDCli="ANATR" Contact="Ana Trujillo"/>
...
```

En ajoutant la directive `element` dans les alias de colonnes de cet exemple, la requête ressemble à ce qui suit (`ch14_ex08.sql`) :

```
SELECT    1                      as TAG,
          NULL                   as parent,
          Clients.IDClient  as [Cli!1!IDCli!element],
          Clients.NomContact as [Cli!1!Contact!element]
FROM      Clients
ORDER BY [Cli!1!IDCli!element]
FOR XML EXPLICIT
```

Tandis que le XML renvoyé par la requête ressemble à ceci :

```
<Cli>
   <IDCli>ALFKI</IDCli>
   <Contact>Maria Anders</Contact>
</Cli>
<Cli>
   <IDCli>ANATR</IDCli>
   <Contact>Ana Trujillo</Contact>
</Cli>
...
```

La seule différence entre les directives `xml` et `element` est qu'en spécifiant `element` les données sont encodées à l'aide de codes d'échappement. Par exemple, si les données comportent le caractère spécial XML < , celui-ci serait encodé sous la forme `<`. En utilisant `xml`, aucun encodage n'est appliqué.

Vous pouvez également générer un XML mixte en spécifiant `element` ou `xml` uniquement dans une colonne, comme dans l'exemple ci-dessous (`ch14_ex09.sql`) :

```
SELECT    1                      as TAG,
          NULL                   as parent,
          Clients.IDClient  as [Cli!1!IDCli],
          Clients.NomContact as [Cli!1!Contact!element]
```

```
FROM      Clients
ORDER BY [Cli!1!IDCli]
FOR XML EXPLICIT
```

En voici le résultat (utiliser `xml` dans la requête précédente aboutit à la même chose) :

```
<Cli IDCli="ALFKI">
   <Contact>Maria Anders</Contact>
</Cli>
<Cli IDCli="ANATR">
   <Contact>Ana Trujillo</Contact>
</Cli>
...
```

Ici, comme la directive `element` n'est spécifiée que pour la colonne `NomContact`, `NomContact` est renvoyé comme sous-élément. La colonne `IDClient` correspond toujours à un attribut, puisque par défaut la correspondance est centrée sur les attributs.

Directive cdata

La directive `cdata` enveloppe les données dans une section CDATA. Pour pouvoir spécifier cette directive, les données originales doivent être de type texte (comme les types de données SQL Server `text`, `ntext`, `varchar` ou `nvarchar`). Il est capital de se rappeler que le `NomPropriété` de l'alias de colonne ne doit pas être spécifié si vous mentionnez dans l'alias la directive `cdata`.

Si bien que l'exemple suivant (`ch14_ex10.sql`) :

```
SELECT   1                     as TAG,
         NULL                  as parent,
         Clients.IDClient  as [Cli!1!IDCli],
         Clients.NomContact as [Cli!1!!cdata]
FROM     Clients
ORDER BY [Cli!1!IDCli]
FOR XML EXPLICIT
```

produit un XML résultant répondant au format ci-dessous :

```
<Cli IDCli="ALFKI"><![CDATA[Maria Anders]]>
</Cli><Cli IDCli="ANATR"><![CDATA[Ana Trujillo]]>
...
```

Directive xmltext

Parfois, lors d'insertion d'informations au format XML dans une base de données, tous les éléments ne doivent pas être insérés directement comme entrées standard de colonne dans la base de données. Dans ce cas, il peut être souhaitable de placer le XML excédentaire (parfois appelé **XML non consommé**) dans une colonne distincte (nommée **colonne de dépassement de capacité**, ou *overflow column*) pour le mettre à l'abri en attendant une utilisation ultérieure. Cela fait partie des fonctionnalités de `OPENXML`, étudié plus loin dans ce chapitre.

La directive `xmltext` permet d'identifier une colonne de base de données comme colonne de dépassement de capacité, de récupérer tout le XML contenu dans cette colonne et de le placer à nouveau sous un format XML.

Par exemple, imaginez que vous disposez de la table `Salarie` suivante, et que vous y avez précédemment stocké un document XML à l'aide de `OPENXML` :

```
IDSalarie   NomSalarie      OverFlowColumn
------------------------------------------------------------------------
Emp1        Joe             <Tag TelDom="data">content</Tag>
Emp2        Bob             <Tag MaritalStatus="data"/>
Emp3        Mary            <Tag TelDom="data"
                                 MaritalStatus="data"></Tag>
```

Vous pouvez écrire une requête en mode `EXPLICIT` afin de renvoyer un XML tel que les données figurant dans la colonne de dépassement de capacité seront ajoutées correctement aux éléments du document XML. Voici un exemple d'une telle requête (`ch14_ex11.sql`) :

```
SELECT  1                as Tag,
        NULL             as parent,
        IDSalarie        as [Emp!1!IDEmp],
        NomSalarie       as [Emp!1!NomEmp],
        OverflowColumn as [Emp!1!!xmltext]
FROM    Salarie
FOR XML EXPLICIT
```

Pour la colonne de dépassement de capacité (`OverflowColumn`), aucun `NomPropriété` n'est spécifié dans l'alias de colonne, mais la directive est fixée à `xmltext`. Cela identifie la colonne comme renfermant un texte de dépassement. Dans le XML résultant, l'ensemble de ce contenu est ajouté aux attributs du parent conteneur `<Emp>`, comme attributs supplémentaires :

```
<Emp IDEmp="Emp1" NomEmp="Joe" TelDom="data">contenu</Emp>
<Emp IDEmp="Emp2" NomEmp="Bob" MaritalStatus="data"></Emp>
<Emp IDEmp="Emp3" NomEmp="Mary" TelDom="data" MaritalStatus="data"></Emp>
```

En spécifiant un `NomPropriété` dans l'alias de colonne de `OverflowColumn`, les données de dépassement sont ajoutées dans le XML en tant qu'attributs d'un élément enfant de l'élément défini par la requête. Cet élément enfant reçoit le nom spécifié comme `NomPropriété` (`ch14_ex12.sql`).

```
SELECT 1                as Tag,
       NULL             as parent,
       IDSalarie        as [Emp!1!IDEmp],
       NomSalarie       as [Emp!1!NomEmp],
       OverflowColumn as [Emp!1!InfosSup!xmltext]
FROM   Salarie
FOR XML EXPLICIT
```

Cela aboutit au résultat suivant :

```
<Emp IDEmp="Emp1" NomEmp="Joe">
   <InfosSup TelDom="data">contenu</InfosSup>
</Emp>
<Emp IDEmp="Emp2" NomEmp="Bob">
   <InfosSup MaritalStatus="data"/>
</Emp>
<Emp IDEmp="Emp3" NomEmp="Mary">
   <InfosSup TelDom="data" MaritalStatus="data">
</InfosSup>
```

Dans la plupart des exemples du mode EXPLICIT examinés jusqu'ici, le XML résultant manquait singulièrement de structure hiérarchique. Ces requêtes renvoyaient généralement un ou plusieurs exemplaires d'un élément accompagné des valeurs de ses propriétés (attributs ou sous-éléments). Le mode EXPLICIT permet cependant de disposer d'un contrôle parfait sur la forme du XML. Vous pouvez générer des hiérarchies comme des éléments <Client> renfermant des éléments <Commande>, et des éléments <Commande> contenant des éléments <DetailsCommande>.

Maintenant que vous avez compris les bases de l'écriture de requêtes en mode EXPLICIT, examinons la génération du XML dans ces requêtes : autrement dit, comment l'ensemble de lignes produit par l'exécution d'une instruction SELECT est transformé en XML. Il faut spécifier la requête SELECT de façon à ce que l'ensemble de lignes résultant possède toutes les informations nécessaires à la génération du XML.

Générer du XML à partir d'un ensemble de lignes (table universelle)

Une chose passée sous silence jusque-là était la logique sous-jacente à la génération du XML depuis une requête EXPLICIT. Lors de l'exécution d'une telle requête, un ensemble de lignes est généré (comme avec n'importe quelle instruction SELECT), agissant comme étape intermédiaire entre l'exécution de la requête sur la base de données et la mise à disposition du XML résultant. Cet ensemble de lignes porte le nom de **table universelle**, nommée ainsi car il ne s'agit pas d'un ensemble de lignes normalisé.

Examinez à nouveau la première requête simple EXPLICIT étudiée (ch14_ex06.sql) :

```
SELECT      1                       as Tag,
            NULL                    as Parent,
            Clients.IDClient    as [Cli!1!IDCli],
            Clients.NomContact   as [Cli!1!Contact]
FROM        Clients
ORDER BY    [Cli!1!IDCli]
FOR XML EXPLICIT
```

L'ensemble de lignes partiel (table universelle) généré lors de l'exécution de cette requête est présenté ci-dessous :

```
Tag   Parent   Cust!1!CustID   Cust!1!Contact
---------------------------------------------
1     NULL     "ALFKI"         "Maria Anders"
1     NULL     "ANATR"         "Ana Trujillo"
1     NULL     "ANTON"         "Antonio Moreno"
   ...
```

Pour voir l'ensemble de lignes/table universelle généré par une requête, exécutez celle-ci sur la base Northwind sans la clause FOR XML.

Les lignes de la table universelle sont traitées comme suit pour générer le XML.

La lecture de la première ligne montre que Tag possède la valeur 1. De ce fait, toutes les colonnes de la ligne dont le NuméroBalise est 1, dans les noms des colonnes, sont identifiées. Il s'agit ici de

Cli!1!IDCli et de Cli!1!Contact. Ces noms de colonnes procurent les valeurs des propriétés de l'élément identifié par Tag 1. Ces noms de colonnes identifient Cli comme NomElément, si bien qu'un élément <Cli> est créé. Les noms de colonnes identifient également IDCli et Contact comme NomPropriété. Ainsi, des attributs IDCli et Contact sont ajoutés à l'élément <Cli>.

Lors de la lecture de la seconde ligne, le Parent est identifié comme NULL. En conséquence, la balise précédente est fermée à l'aide de l'ajout de la balise de fermeture </Cli>. Cette ligne identifie encore 1 comme Tag, si bien que toutes les colonnes possédant un *NuméroBalise* égal à 1 dans leur nom de colonne sont identifiées (il s'agit encore de Cli!1!IDCli et de Cli!1Contact). Ces noms de colonnes donnent Cli comme NomElément, un nouvel élément <Cli> est donc créé, et le processus se poursuit.

Une fois les trois cycles effectués, le résultat de requête suivant est renvoyé :

```
<Cli IDCli="ALFKI" Contact="Maria Anders"/>
<Cli IDCli="ANATR" Contact="Ana Trujillo"/>
<Cli IDCli="ANTON" Contact="Antonio Moreno"/>
        ...
```

Génération de hiérarchie

Lors de l'écriture de requêtes SELECT générant un XML complexe, le processus fondamental d'écriture pour obtenir une génération de hiérarchie reste le même. Par exemple, regardez les deux extraits de tables SQL Server suivants, tirés de la base de données Northwind :

IDClient	NomSociete	NomContact	TitreContact	Adresse
ALFKI	Alfreds Futterkiste	Maria Anders	Representant de cc	Obere Str. 57
ANATR	Ana Trujillo Empare	Ana Trujillo	Proprietaire	Avda, de la Cons
ANTON	Antonio Moreno Ta	Antonio Moreno	Proprietaire	Mataderos 2312
AROUT	Around the Horn	Thomas Hardy	Representant de cc	120 Hanover Sq.
BERGS	Berglunds snabbköj	Christina Berglund	Administrateur des	Berguvsvägen 8
BLAUS	Blauer See Delikate	Hanna Moos	Representant de cc	Forsterstr, 57

IDCommande	IDClient	IDSalarie	DateCommande
10248	VINET	5	04/07/1996
10249	TOMSP	6	05/07/1996
10250	HANAR	4	08/07/1996
10251	VICTE	3	08/07/1996
10252	SUPRD	4	09/07/1996
10253	HANAR	3	10/07/1996

Imaginez que vous vouliez générer le XML suivant, concernant les informations de commande des clients à partir des données présentes dans ces deux tables :

```
<Client IDClient="ALFKI">
   <Commande IDCommande=10643>
   <Commande IDCommande=10692>
   ...
```

```
</Client>
<Client IDClient="ANATR" >
   <Commande IDCommande=10308 >
   <Commande IDCommande=10625 >
   ...
</Client>
```

Une façon d'écrire une requête générant ce XML consiste à spécifier deux instructions SELECT et à effectuer une jointure à l'aide de UNION ALL, la première instruction SELECT étant écrite afin de produire les informations client, la seconde, afin de récupérer les informations de commandes.

Les deux instructions SELECT doivent produire des ensembles de lignes compatibles avec le processus d'union pour pouvoir appliquer UNION ALL. Pour une compatibilité d'union, chaque ensemble de lignes produit doit posséder un même nombre de colonnes, les colonnes correspondantes devant être d'un même type de données.

Utilisons une valeur de Tag égale à 1 pour l'élément <Client> et une valeur de Tag égale à 2 pour l'élément <Commande>.

Vous allez examiner cela étape par étape afin de voir comment passer des données de la base au XML final. Vous allez procéder en étudiant :

- le premier, puis le second ensemble de lignes, représentant séparément les deux éléments ;
- la requête SELECT permettant de créer le XML ;
- la table universelle : l'intermédiaire entre la requête et le XML ;
- le XML.

Premier ensemble de lignes représentant l'élément <Client>

Il faut donc que la première requête SELECT produise un ensemble de lignes selon le format suivant :

```
Tag  Parent  Client!1!IDClient  Commande!2!IDCommande
1    NULL    ALFKI                  NULL
1    NULL    ANATR                  NULL
...  ...     ...                    ...
```

Ici, 1 est la valeur de Tag affectée à l'élément <Client>. Rappelez-vous qu'une valeur de Tag peut être un nombre quelconque tant que chaque élément produit possède un numéro de balise unique. La même valeur est spécifiée comme *NuméroBalise* dans l'alias de colonne [Client!1!IDClient]. La colonne IDCommande n'est générée que parce que cet ensemble de lignes doit posséder le même nombre de colonnes que la seconde instruction SELECT, afin d'être compatible pour l'union avec celle-ci.

Voici la première requête SELECT :

```
SELECT  1                   as Tag,
        NULL                as Parent,
        Clients.IDClient    as [Client!1!IDClient],
        NULL                as [Commande!2!IDCommande]
FROM   Clients
```

Second ensemble de lignes représentant l'élément <Commande>

Vous devez disposer d'une seconde instruction SELECT pour obtenir un ensemble de lignes possédant ce format :

```
Tag  Parent  Client!1!IDClient  Commande!2!IDCommande
2    1       ALFKI                  10643
2    1       ALFKI                  10692
2    1       ANATR                  10308
2    1       ANATR                  10625
...  ...     ...              ...
```

Ici, la valeur unique de Tag affectée à l'élément <Commande> est 2. Il faut que l'élément <Commande> soit un enfant de l'élément <Client>. La valeur Parent pour l'élément <Commande> est donc 1, identifiant <Client> comme son parent. Dans cette requête, les valeurs IDClient sont encore produites pour la clause ORDER BY, pour obtenir le tri adéquat des clients et des commandes.

Voici la seconde requête SELECT :

```
SELECT  2,
        1,
        Clients.IDClient,
        Commandes.IDCommande
FROM    Clients, Commandes
WHERE   Clients.IDClient = Commandes.IDClient
```

Chaque requête doit également fournir les alias de colonnes appropriés (rappelez-vous le format, *NomElément!NuméroBalise!NomPropriété!Directive*). Pour la colonne IDClient, il faut spécifier l'alias comme Client!1!IDClient, où IDClient est le *NomElément* et 1 le *NuméroBalise*, identique à la valeur de Tag affectée à l'élément Client.

De façon similaire, vous définissez l'alias Commande!2!IDCommande pour la colonne IDCommande, afin de le définir comme propriété de l'élément <Commande>.

Requête SELECT

Enfin, vous assemblez ces deux requêtes à l'aide de UNION ALL. Vous devez également spécifier la clause ORDER BY afin que les éléments <Commande> apparaissent sous leur parent <Client>. La requête finale est présentée ci-dessous (ch14_ex13.sql) :

```
SELECT   1                    as Tag,
         NULL                 as Parent,
         Clients.IDClient as [Client!1!IDClient],
         NULL                 as [Commande!2!IDCommande]
FROM     Clients
UNION ALL
SELECT   2,
         1,
         Clients.IDClient,
         Commandes.IDCommande
FROM     Clients, Commandes
WHERE    Clients.IDClient = Commandes.IDClient
ORDER BY [Client!1!IDClient],
```

```
            [Commande!2!IDCommande]
FOR XML EXPLICIT
```

Remarquez que les alias de colonnes figurent dans la première instruction SELECT. Comme tout alias apparaissant par la suite dans une autre instruction SELECT sera ignorée, il n'est pas nécessaire de les déclarer à nouveau.

La clause ORDER BY garantit que les enregistrements de l'ensemble de lignes sont générés dans le bon ordre. Elle ne se contente pas de dire que les éléments <Client> sont triés selon les IDClient et les éléments <Commande> selon les IDCommande. Elle impose également que, lors du traitement de l'ensemble de lignes, le XML final possédera des éléments <Commande> apparaissant comme éléments enfants du parent <Client> adéquat.

Traiter l'ensemble de lignes (table universelle)

La requête produit cet ensemble de lignes (ne sont présentées que des lignes partielles) ou table universelle :

```
Tag  Parent  Client!1!IDClient  Commande!2!IDCommande
1     NULL    ALFKI                  NULL
2     1       ALFKI                  10643
2     1       ALFKI                  10692
2     1       ALFKI                   ...
1     NULL    ANATR                  NULL
2     1       ANATR                  10308
2     1       ANATR                  10625
2     1       ANATR                   ...
```

Cette table universelle est alors traitée afin d'obtenir le XML désiré. Les lignes sont traitées une à une dans l'ordre, vous commencez donc par la première.

La valeur de Tag dans cette ligne est 1. Toutes les colonnes possédant un Tag dont la valeur est 1, tel que spécifié dans le nom de colonne, sont identifiées. Ici, il n'y a qu'une seule colonne, Client!1!IDClient.

Le reste des informations de l'alias est alors utilisé, identifiant Client comme nom de l'élément et IDClient comme valeur de la propriété. En conséquence, un élément <Client> est créé avec un attribut IDClient dont la valeur est "ALFKI" (la valeur de la colonne dans la table).

La seconde ligne identifie une valeur de Tag de 2. Maintenant, toutes les colonnes comportant dans leur alias de colonne un NuméroBalise égal à 2 sont identifiées. Dans cet exemple, Commande!2!IDCommande est la seule colonne. Le nom de colonne identifie Commande comme nom de l'élément, OrderID comme valeur de la propriété, et l'élément <Client> comme parent. De ce fait, un élément <Commande> est créé, doté d'un attribut IDCommande possédant la valeur 10643, tiré de la valeur de la colonne dans la table. Cet élément est alors placé dans le XML comme enfant de l'élément <Commande>.

Le processus se répète pour chaque ligne de la table universelle. Une chose à remarquer : lorsque la valeur de Tag rencontrée au début d'une ligne repasse de 2 à 1, la première balise Client est automatiquement fermée et un nouvel élément est ouvert.

XML résultant

Une fois toutes les lignes traitées, le XML est produit comme attendu. Examinez-le à nouveau, pour vous le remémorer :

```
<Client IDClient="ALFKI">
   <Commande IDCommande="10643" />
   <Commande IDCommande="10692" />
   ...
</Client>
<Client IDClient="ANATR">
   <Commande IDCommande="10308" />
   <Commande IDCommande="10625" />
   ...
</Client>
...
```

Autres exemples

Maintenant que nous comprenons parfaitement le processus de création de XML, approfondissons nos connaissances à l'aide de quelques exemples plus complexes.

Exemple 1 : utiliser des idrefs pour créer des attributs

Imaginez que vous vouliez créer cette hiérarchie `<Client>` et `<Commande>` :

```
<Client IDClient="ALFKI">
   <Commande IDCommande="10643" IDClient="ALFKI"/>
   <Commande IDCommande="10692" IDClient="ALFKI"/>
...
</Client>
<Client xmlns="x-schema:#Schema1" IDClient="ANTON">
   <Commande IDCommande="10365" IDClient="ANTON"/>
   <Commande IDCommande="10507" IDClient="ANTON"/>
   ...
</Client>
 ...
```

Ici, l'attribut `IDClient` de l'élément `<Client>` est un attribut de type `id`, tandis que l'attribut `IDClient` de l'élément `<Commande>` est un attribut de type `idref`, faisant référence à l'attribut de type `id`.

Voici la requête produisant le XML souhaité (`ch14_ex14.sql`) :

```
SELECT  1                  as Tag,
        NULL               as Parent,
        Clients.IDClient as [Client!1!IDClient!id],
        NULL               as [Commande!2!IDCommande],
        NULL               as [Commande!2!IDClient!idref]
FROM    Clients
UNION ALL
SELECT  2,
        1,
        Clients.IDClient,
```

```
        Commandes.IDCommande,
        Commandes.IDClient
FROM    Clients, Commandes
WHERE   Clients.IDClient = Commandes.IDClient
ORDER BY [Client!1!IDClient!id], [Commande!2!IDCommande]
FOR XML EXPLICIT, XMLDATA
```

Dans ce cas, les `directives` `id` et `idref` sont spécifiées dans la première clause `SELECT`. La requête demande également un schéma XDR en spécifiant l'option `XMLDATA`, afin que vous puissiez voir les modifications apportées au schéma suite aux directives `id` et `idref`.

Voici le résultat partiel :

```
<Schema name="Schema1" xmlns="urn:schemas-microsoft-com:xml-data"
                       xmlns:dt="urn:schemas-microsoft-com:datatypes">
   <ElementType name="Client" content="mixed" model="open">
      <AttributeType name="IDClient" dt:type="id"/>
      <attribute type="IDClient"/>
    </ElementType>
    <ElementType name="Commande" content="mixed" model="open">
      <AttributeType name="IDCommande" dt:type="i4"/>
      <AttributeType name="IDClient" dt:type="idref"/>
      <attribute type="IDCommande"/>
      <attribute type="IDClient"/>
    </ElementType></Schema>
<Client xmlns="x-schema:#Schema1" IDClient="ALFKI">
   <Commande IDCommande="10643" IDClient="ALFKI"/>
   <Commande IDCommande="10692" IDClient="ALFKI"/>
...
</Client>
<Client xmlns="x-schema:#Schema1" IDClient="ANTON">
   <Commande IDCommande="10365" IDClient="ANTON"/>
   <Commande IDCommande="10507" IDClient="ANTON"/>
   ...
</Client>
```

Le schéma spécifie `dt:type` comme `id` pour l'attribut `IDClient` de l'élément `<Client>`, et `dt:type` comme `idref` pour l'attribut `IDClient` de l'élément `<Commande>`.

Vous pouvez maintenant voir comment les requêtes `EXPLICIT` peuvent devenir plus passionnantes. Supposez que vous vouliez générer la hiérarchie suivante avec des attributs de type `idrefs` :

```
<Client IDClient="ALFKI" ListeCommande="Ord-10643 Ord-10692 ...">
   <Commande IDCommande="Com-10643" DateCommande="1997-08-25T00:00:00"/>
   <Commande IDCommande="Com-10692" DateCommande="1997-10-03T00:00:00"/>
...
</Client>
<Client IDClient="ANATR" ListeCommande="Ord-10308 Ord-10625 ... ">
   <Commande IDCommande="Com-10308" DateCommande="1996-09-18T00:00:00"/>
   <Commande IDCommande="Com-10625" DateCommande="1997-08-08T00:00:00"/>
...
</Client>
```

Ce XML contient deux éléments (Client, Commande). L'élément <Client> possède un attribut ListeCommande, faisant référence aux attributs IDCommande des éléments <Commande> pour ce client. Vous devez de ce fait spécifier l'attribut IDCommande de l'élément <Commande> comme étant de type id, et l'attribut ListeCommande comme étant une valeur de type idrefs.

De ce fait, il faut trois instructions SELECT : une pour <Client>, une pour ListeCommande en tant que idrefs, et une pour <Commande>. L'attribut ListeCommande idrefs et l'élément Commande sont tous deux des enfants de l'élément Client, si bien que leurs instructions SELECT doivent apparaître après le SELECT de Client. Elles doivent également comprendre une clé (comme IDClient) depuis Client afin d'obtenir le tri et l'imbrication adéquats.

Cela est mis en œuvre dans la requête suivante (ch14_ex15.sql) :

```
-- Élément Client
SELECT  1                        as Tag,
        NULL                     as Parent,
        Clients.IDClient         as [Client!1!IDClient],
        NULL                     as [Client!1!ListeCommande!idrefs],
        NULL                     as [Commande!2!IDCommande!id],
        NULL                     as [Commande!2!DateCommande]
FROM    Clients
UNION ALL
-- Attribut ListeCommande
SELECT  1,
      NULL,
      Clients.IDClient,
      'Ord-'+CAST(Commandes.IDCommande as varchar(5)),
      NULL,
      NULL
FROM  Clients, Commandes
WHERE Clients.IDClient = Commandes.IDClient
UNION ALL
-- Élément Commande
SELECT  2,
      1,
      Clients.IDClient,
      NULL,
      'Ord-'+CAST(Commandes.IDCommande as varchar(5)),
      Commandes.DateCommande
FROM  Clients, Commandes
WHERE Clients.IDClient = Commandes.IDClient
ORDER BY [Client!1!IDClient],
         [Commande!2!IDCommande!id],
         [Client!1!ListeCommande!idrefs]
FOR XML EXPLICIT
```

En général, les descendants doivent hériter des clés de leurs ancêtres afin de disposer du bon tri. Le tri s'explique mieux en examinant la forme de la table universelle produite par cette requête, et en comprenant pourquoi cette forme est nécessaire (seul un ensemble de lignes partiel est montré ci-dessous) :

```
XML            TAG  PARENT  [Client!1!  [Client!1!              [Commande!2!
correspondant               IDClient]   ListeCommande!idrefs]   IDCommande]
<Client>       1    NULL    ALFKI        NULL                   NULL
ListeCommande  1    NULL    ALFKI        Com-10692              NULL
<Commande>     2    1       ALFKI        NULL                   Com-10692
<Commande>     2    1       ALFKI        NULL                   Com-11001
<Client>       1    NULL    ANATR        NULL                   NULL
...
```

La première colonne présente le XML produit, n'appartenant pas à l'ensemble de lignes généré par la requête précédente : cette colonne ne figure qu'à titre explicatif.

Vous voulez d'abord que les éléments de plus haut niveau `Client` soient triés par `IDClient` dans la clause `ORDER BY`. Si vous ne sélectionnez pas d'abord le `IDClient` dans chaque descendant de `Client` (plutôt que de sélectionner `NULL` dans la clause `SELECT`), alors les lignes des descendants remonteraient en haut de la table, ce qui n'est pas le but recherché.

En outre, vous voulez que l'attribut `ListeCommande idrefs` apparaisse après le début de l'élément `Client`, mais avant ses éléments enfants. En vous bornant à effectuer un tri selon les valeurs de `ListeCommande`, vous n'aboutissez pas à l'ordre souhaité. Les `NULL` remonteraient en tête de la colonne `Client!1!ListeCommande!idrefs`, tandis que les `Commande` enfants apparaîtraient avant l'attribut `ListeCommande idrefs`, comme le montre la table universelle suivante :

```
XML            TAG PARENT  [Client!1!  [Client!1!               [Commande!2!
correspondant              IDClient]    ListeCommande!idrefs]   IDCommande]
<Client>       1   NULL    ALFKI        NULL                    NULL
<Commande>     2   1       ALFKI        NULL                    Com-10692
<Commande>     2   1       ALFKI        NULL                    Com-11001
ListeCommande  1   NULL    ALFKI        Com-10692               NULL
<Client>       1   NULL    ANATR        NULL                    NULL
...
```

Il faut donc à la place réaliser un tri d'abord selon les enfants non-`idrefs`, puis ensuite seulement, selon les enfants `idrefs`. Pour cet exemple, cela signifie trier d'abord par `Commande!2!IDCommande`, puis par `Client!1!ListeCommande!idrefs` :

```
ORDER BY [Client!1!IDClient],
         [Commande!2!IDCommande!id],
         [Client!1!ListeCommande!idrefs]
```

Regardez également l'opération de conversion spécifiée dans la requête :

```
'Ord-'+CAST(Commandes.IDCommande as varchar(5)),
```

Cela est fait car toutes ces requêtes sont effectuées sur la base de données `Northwind` de SQL Server. Dans cette base de données, les valeurs `IDCommande` sont des entiers. Cependant en XML, comme les `idrefs` ne peuvent pas être des nombres, il faut les convertir.

Pour résumer, il est capital de spécifier la clause `ORDER BY` appropriée. Pour les attributs `ListeCommande` de type `idrefs`, les instances correspondantes `<Commande>` doivent apparaître immédiatement après l'élément `<Client>` auquel appartient l'attribut `idrefs`.

Exemple 2 : produire un XML contenant des frères

La requête de cet exemple produit un XML renfermant des frères. Imaginez que vous voulez la hiérarchie XML suivante :

```
<Salarie ID="1">
   <Commande ID="10258">
      <Produit ID="2"/>
      <Produit ID="5"/>
      <Produit ID="32"/>
   </Commande>
   <Commande ID="10270">
      <Produit ID="36"/>
      <Produit ID="43"/>
   </Commande>
   ...
   <Client ID="AROUT"/>
   <Client ID="BSBEV"/>
   <Client ID="CONSH"/>
   <Client ID="EASTC"/>
   <Client ID="NORTS"/>
   <Client ID="SEVES"/>
</Salarie>
```

où l'élément `<Salarie>` se compose d'éléments enfants `<Commande>` et `<Client>` (donc frères). Les éléments enfants `<Commande>` sont les commandes enregistrées par le parent `salarie`, tandis que les éléments enfants `<Client>` sont les clients résidant dans la même ville que le parent `salarie`. Remarquez que, dans cet exemple, il n'existe aucune relation entre les éléments `<Commande>` et `<Client>`, si ce n'est qu'ils sont des enfants du même parent. L'élément `<Commande>` possède à son tour des éléments enfants `<Produit>`, juste pour compliquer un peu les choses.

Pour générer cela, vous allez utiliser quatre instructions `SELECT` : une pour chaque élément de type `<Salarie>`, `<Commande>`, `<Produit>` et `<Client>`. Il est important de comprendre que chaque clause `SELECT` sélectionne toutes les clés de ses ancêtres. Une fois encore, le tri est capital dans la clause `ORDER BY`.

Voici la requête (`ch14_ex16.sql`) :

```
SELECT  1 as TAG, 0 as parent,
        E.IDSalarie as [Salarie!1!ID],
        NULL as [Commande!2!ID],
        NULL as [Produit!3!ID],
        NULL as [Client!4!ID]
FROM   Salaries E
UNION ALL
SELECT  2 as TAG, 1 as parent,
        E.IDSalarie,
        O.IDCommande,
        NULL,
```

```
        NULL
FROM   Salaries E join Commandes O on E.IDSalarie=O.IDSalarie
UNION ALL
SELECT  3 as TAG, 2 as parent,
        E.IDSalarie,
        O.IDCommande,
        P.IDProduit,
        NULL
FROM   Salaries E join Commandes O on E.IDSalarie=O.IDSalarie
JOIN   [Commande Details] D on O.IDCommande=D.IDCommande
JOIN   Produits P on D.IDProduit=P.IDProduit
UNION ALL
SELECT  4 as TAG, 1 as parent,
        E.IDSalarie,
        NULL,
        NULL,
        C.IDClient
FROM   Salaries E join Clients C on E.Ville=C.Ville
ORDER BY [Salarie!1!ID], [Client!4!ID], [Commande!2!ID], [Produit!3!ID]
FOR XML EXPLICIT
```

Parmi les frères, vous triez d'abord selon le dernier enfant. Si bien que, dans cet exemple, vous triez par :

- l'élément de plus haut niveau (`Salarie`) ;
- puis le dernier enfant de `salarie` (`Client`) ;
- puis les enfants de `Client` (aucun) ;
- puis l'enfant suivant de `Salarie` (`Commande`) ;
- et enfin les enfants de `Commande` (`Produit`).

Autres méthodes de récupération de XML

Comme vous l'avez vu, les requêtes en mode `EXPLICIT` sont quelque peu complexes : l'écriture de ces requêtes pour obtenir un document XML complexe peut relever du défi. Il existe cependant une alternative. Vous pouvez créer une **vue XML** (*XML Views*) des données relationnelles et spécifier des requêtes `XPath` sur ces vues.

En SQL Server 2000, vous pouvez créer des vues XML en utilisant le langage **XML-Data reduced** (un sous-ensemble du langage *XML-Data schema*). Les requêtes XPath génèrent des requêtes `FOR XML EXPLICIT` pour récupérer des données dans la base de données. Pour parvenir à la simplicité des requêtes XPath sur des vues XML et contrôler des requêtes `Explicit`, vous pouvez utiliser le générateur de profils SQL Server pour capturer les requêtes `Explicit` générées par XPath.

Vous en apprendrez plus sur les vues XML et XPath dans le prochain chapitre. Pour le moment, nous allons examiner une autre des nouvelles fonctionnalités de SQL Server 2000 côté serveur.

Stocker du XML dans SQL Server 2000 : OPENXML

Dans le monde des bases de données relationnelles, lors de l'actualisation d'une table, vous devez fournir les données sous forme d'un ensemble de lignes à une instruction `INSERT`, `UPDATE` ou `DELETE`. Cependant, si vos données sources sont un document XML et que vous vouliez insérer (`INSERT`) ces données dans une table existante, actualiser les données relationnelles existantes (`UPDATE`) depuis le document source XML ou supprimer (`DELETE`) des enregistrements des tables d'après les données du document XML, vous devez d'une façon ou d'une autre créer un **ensemble de lignes** à partir des données XML et transmettre cet ensemble à une instruction `INSERT`, `UPDATE` ou `DELETE`.

`OPENXML` permet d'accomplir cela. La fonction `OPENXML` de SQL Server 2000 est un **fournisseur d'ensemble de lignes**, ce qui signifie qu'elle crée une vue ensemble de lignes d'un document XML. Comme un ensemble de lignes est similaire à une table, il peut être utilisé à la place d'une table ou d'une vue relationnelle dans une requête `SELECT`. De la sorte, la fonction `OPENXML` de SQL Server 2000 permet de stocker des données provenant de documents XML ou de fragments de documents dans des tables de base de données.

*`OPENXML` est une des façons de stocker du XML dans une base de données en utilisant SQL. En outre, vous pouvez stocker du XML en utilisant des **updategrams** XML, étudiés dans le prochain chapitre.*

Pour accomplir cela, vous devez suivre un certain nombre d'étapes, énumérées ci-dessous :

- Créer une représentation DOM en mémoire du document XML.
- Utiliser `OPENXML` pour créer une vue ensemble de lignes de ce XML. Spécifier une expression XPath comme composant de `OPENXML` pour récupérer les éléments désirés.
- Transmettre cet ensemble de lignes à une instruction `INSERT`, `UPDATE` ou `DELETE` pour mettre à jour la base de données.
- Détruire la représentation DOM en mémoire du document XML.

Utiliser OPENXML dans une instruction SQL

En considérant une instruction `SELECT` typique récupérant des lignes dans une table, celle-ci est écrite comme suit :

```
SELECT  *
FROM    <NomTable>
WHERE   <Une Condition>
```

Cette instruction extrait des données depuis la ou les tables spécifiées. Ici cependant, les données source ne se présentent pas comme une table : il s'agit d'un document XML. `OPENXML` est donc d'abord utilisé pour générer une vue ensemble de lignes de ce document XML, qui est ensuite transmise à l'instruction `SELECT`.

```
SELECT  *
FROM    OPENXML ...
WHERE   ...
```

Ainsi, si vous voulez appliquer des mises à jour à une table de base de données à partir de données XML, `OPENXML` peut être utilisé avec une instruction `INSERT`, `UPDATE` ou `DELETE` pour appliquer les actualisations nécessaires aux données XML. Par exemple :

```
INSERT INTO Clients
   SELECT  *
   FROM    OPENXML …
   WHERE   ..
```

Créer la représentation en mémoire du document

Comme cela a été souligné, il faut créer un arbre DOM représentant le XML, afin que `OPENXML` puisse générer un ensemble de lignes pour ces données, puis le détruire par la suite pour ne pas gaspiller de ressources. Deux procédures stockées particulières permettent de réaliser cela :

- `sp_xml_preparedocument`
- `sp_xml_removedocument`

Avant que `OPENXML` ne puisse accéder au document XML, la procédure stockée `sp_xml_preparedocument` doit être invoquée afin de générer une représentation DOM du XML en mémoire. La procédure stockée renvoie un *handle* de document de cet arbre DOM en mémoire. Cet handle de document est transmis à `OPENXML`, qui génère alors l'ensemble de lignes utilisé dans les requêtes SQL. Le *handle* de document permet à `OPENXML` d'accéder aux données :

```
DECLARE @hdoc int
DECLARE @doc  varchar(1000)
-- Document XML source
SET @doc ='
<root>
  <Client cid= "Cli1" nom="Bob" ville="Seattle">
      <Commande oid="Com1" IDEmp="1" datecommande="10/1/2000" />
      <Commande oid="Com2" IDEmp="1" datecommande="10/2/2000" />
   </Client>
   <Client cid="C2" nom="John" ville="NewYork" >
      <Commande oid="Com3" IDEmp="2" datecommande="9/1/2000" />
      <Commande oid="Com4" IDEmp="3" datecommande="9/2/2000" />
   </Client>
</root>
'—Créer une représentation interne du document XML.
EXEC sp_xml_preparedocument @hdoc OUTPUT, @doc
EXEC sp_xml_removedocument @hdoc
```

Remarquez que 8 Ko est la taille maximale autorisée pour le XML si vous utilisez le type de données `nvarchar`. Si votre XML excède 8 Ko, il peut être nécessaire de spécifier un type de données `ntext`.

Ici, la première ligne spécifie une variable entière, `@hdoc`, renfermant le handle de document renvoyé par la procédure stockée `sp_xml_preparedocument`. La seconde variable, `@doc`, contient le XML source pour lequel une correspondance est établie à l'aide de :

```
EXEC sp_xml_preparedocument @hdoc OUTPUT, @doc
```

Une fois encore, comme tout le document XML est lu en mémoire, il est capital d'invoquer la procédure stockée sp_xml_removedocument lorsque le document XML devient superflu. Cela libère la mémoire et les ressources.

```
EXEC sp_xml_removedocument @hdoc
```

Vous pouvez vous servir de ce modèle général pour toutes les requêtes de cette section :

```
DECLARE @hdoc int
DECLARE @doc  varchar(1000)
-- Source XML document
SET @doc ='Copier le document XML ici
'—Créer une représentation interne du document XML.
EXEC sp_xml_preparedocument @hdoc OUTPUT, @doc
   Placez ici votre instruction SELECT
EXEC sp_xml_removedocument @hdoc
```

Comprendre OPENXML

Après avoir vu comment créer la représentation DOM permettant à OPENXML de générer un ensemble de lignes, regardez la syntaxe générale d'une requête OPENXML :

```
OPENXML (GestDoc          int,
        ModèleXPath      nvarchar,
        [Flags           byte])
   [WITH (RowsetSchema | TableName)]
```

Seuls les deux premiers paramètres de la fonction OPENXML sont obligatoires. Les paramètres sont les suivants :

- *GestDoc* - handle de document XML renvoyé par sp_xml_preparedocument.
- *ModèleXPath* - expression XPath. Celle-ci identifie les nœuds du document XML devant correspondre à l'ensemble de lignes généré. Par exemple, le modèle XPath /root/Commande/DetailsCommande identifie les nœuds <DetailsCommande> éléments enfants du nœud <Commande>, lui-même élément enfant de l'élément <root>.
- *Flags* - paramètre spécifiant comment les attributs/sous-éléments du document XML correspondent aux colonnes de l'ensemble de lignes généré. *Flags* peut recevoir la valeur 1 pour une correspondance centrée sur les attributs, 2 pour une correspondance centrée sur les éléments ou 3 pour une correspondance mixte. Rappelez-vous que ce paramètre est de type byte : la valeur 3 est obtenue en combinant 1 (centré sur les attributs) et 2 (centré sur les éléments) à l'aide d'un OR logique.

  La valeur 8 pour *Flags* possède une signification particulière. Elle est utilisée avec l'attribut de métapropriété @mp:xmltext que nous allons étudier par la suite. Vous pouvez également combiner des valeurs de façon logique : nous allons également revenir sur ce point.
- Clause *WITH* - elle est utilisée pour fournir une description de l'ensemble de lignes à générer (facultatif). Vous disposez ici de trois options :
  - Ne rien spécifier, auquel cas un schéma d'ensemble de lignes prédéfini sera utilisé (également nommé **schéma de table des frontières**, pour *edge table schema*).
  - Spécifier un nom de table existante, auquel cas le schéma de cette table est utilisé pour générer la vue d'ensemble de lignes.

- Spécifier le schéma d'ensemble de lignes (noms des colonnes, types de données et correspondances nécessaires) par vous-même. Par défaut, les colonnes de l'ensemble de lignes correspondent à des attributs/sous-éléments de même nom dans le XML. Si les noms des colonnes de l'ensemble de lignes diffèrent, ou si vous voulez faire correspondre des colonnes à des méta-attributs en XML (comme vous le verrez plus loin), vous pouvez spécifier des informations de correspondance complémentaires.

Voici un exemple, où un nom de table existante est transmis à `OPENXML`, qui génère la vue d'ensemble de lignes en utilisant le schéma de cette table.

Imaginez que vous possédez une table `CommandeClient` répondant à ce schéma :

```
CommandeClient(oid varchar(10), dateCommande datetime, dateLivraison datetime)
```

Et un document XML tel que celui-ci :

```
<root>
   <Client cid= "Cli1" nom="Bob" ville="Seattle">
      <Commande oid="Com1" IDEmp="1" dateCommande="2000-10-01"
             dateLivraison="2000-11-01"
             note="expédition deuxième jour UPS" />
      <Commande oid="Com2" IDEmp="1" dateCommande="2000-10-02"
             dateLivraison="2000-12-01" />
   </Client>
   <Client cid="C2" nom="John" ville="NewYork" >
      <Commande oid="Com3" IDEmp="2" dateCommande="2000/09/01"
             dateLivraison="2000-10-01" />
      <Commande oid="Com4" IDEmp="3" dateCommande="2000-09-02"
             dateLivraison="2000-10-02" />
   </Client>
</root>
```

Le handle de document et le nom de la table sont transmis comme cela à `OPENXML` (`ch14_17.sql`) :

```
SELECT *
FROM   OPENXML (@hdoc, '/root/Client/Commande')
          WITH CommandeClient
```

L'ensemble de lignes résultant comportant trois colonnes, renvoyé par l'instruction `SELECT` ressemble à cela :

```
oid    dateCommande                 dateLivraison
--------------------------------------------------------------------
Com1   2000-10-01 00:00:00.000      2000-11-01 00:00:00.000
Com2   2000-10-02 00:00:00.000      2000-12-01 00:00:00.000
Com3   2000-09-01 00:00:00.000      2000-10-01 00:00:00.000
Com4   2000-09-02 00:00:00.000      2000-10-02 00:00:00.000
```

Le résultat comporte une ligne pour chaque élément `<Commande>` présent dans le document XML original.

Si vous voulez insérer le XML dans la table `CommandeClient`, voici comment vous pouvez spécifier l'instruction `INSERT` (`ch14_ex18.sql`) :

```
INSERT INTO CommandeClient
   SELECT *
   FROM    OPENXML (@hdoc, '/root/Client/Commande')
               WITH CommandeClient
```

Et voici maintenant une instruction `UPDATE` mettant à jour la `dateLivraison` de la commande `com1` (`ch14_ex19.sql`).

```
UPDATE CommandeClient
SET    dateLivraison =
         (SELECT dateLivraison
          FROM OPENXML (@hdoc, '/root/Client/Commande')
                 WITH CommandeClient
          WHERE oid = 'Com1')
```

Plutôt que de spécifier un nom de table, vous pouvez préciser explicitement le schéma de l'ensemble de lignes (noms des colonnes et types de données) dans `OPENXML`, comme ci-dessous (`ch14_ex20.sql`) :

```
SELECT   *
FROM     OPENXML (@hdoc, '/root/Client/Commande')
             WITH (oid           varchar(20),
                   dateCommande  datetime,
                   dateLivraison datetime)
```

ce qui aboutit au même résultat que `ch14_ex17.sql`.

Par défaut, les colonnes spécifiées dans le schéma de l'ensemble de lignes correspondent aux attributs ou aux sous-éléments dans le cas d'une mise en correspondance centrée sur les éléments portant le même nom. Remarquez que la correspondance centrée sur les attributs s'applique par défaut : autrement dit, la colonne `oid` de l'ensemble de lignes résultant correspond à l'attribut `oid` de l'élément `<Commande>`.

Si les noms des colonnes de l'ensemble de lignes diffèrent des noms des élément/attributs XML auxquels ils correspondent, ou si vous voulez faire correspondre une colonne à un attribut de métapropriété (étudié plus loin), vous devez alors fournir des informations de mise en correspondance supplémentaires, comme partie du schéma de l'ensemble de lignes.

Avant de passer à l'étude de ces informations de correspondance complémentaires, examinons les concepts de mise en correspondance centrée sur les attributs ou sur les éléments dans un contexte `OPENXML`.

OPENXML : mise en correspondance centrée sur les attributs ou sur les éléments

Par défaut, `OPENXML` suppose que chaque colonne de l'ensemble de lignes correspond à un attribut de même nom du XML source (puisque la mise en correspondance centrée sur les attributs est le modèle par défaut). Vous pouvez cependant définir le paramètre *`Flags`* à une autre valeur pour spécifier une mise en correspondance centrée sur les éléments (*`Flags`*=2) ou un mélange des deux (*`Flags`*=3).

Si *`Flags`* vaut 3 (mélange), une mise en correspondance centrée sur les attributs est tout d'abord appliquée au reste des colonnes de l'ensemble de lignes colonnes, suivie d'une mise en correspondance centrée sur les éléments, comme le montre l'exemple suivant. L'élément `<Commande>`, dans l'exemple XML qui suit (`ch14_ex21.sql`), possède des attributs et des sous-éléments correspondant aux colonnes de l'ensemble de lignes `OPENXML`. *`Flags`* vaut 3 pour indiquer une correspondance en mode mixte :

```
DECLARE @hdoc int
DECLARE @doc varchar(1000)
SET @doc ='
<root>
   <Client cid= "Client1" nom="Bob" ville="Seattle">
   <Commande oid="Com1" IDEmp="1" >
      <dateCommande>2000-10-01</dateCommande>
      <dateLivraison>2000-11-01</dateLivraison>
       note="Expédition second jour UPS" />
   </Commande>
   <Commande oid="Com2" IDEmp="1" >
      <dateCommande>2000-10-02</dateCommande>
      <dateLivraison>2000-12-01</dateLivraison>
   </Commande>
   </Client>
   <Client cid="C2" nom="John" ville="NewYork" >
   <Commande oid="Com3" IDEmp="2" >
      <dateCommande>2000-09-01</dateCommande>
      <dateLivraison>2000-10-01</dateLivraison>
   </Commande>
   <Commande oid="Com4" IDEmp="3" >
      <dateCommande>2000-09-02</dateCommande>
      <dateLivraison>2000-10-02</dateLivraison>
   </Commande>
   </Client>
</root>
'—Créer une représentation interne du document XML.
EXEC sp_xml_preparedocument @hdoc OUTPUT, @doc
   SELECT *
   FROM   OPENXML (@hdoc, '/root/Client/Commande', 3)
          WITH (oid           varchar(20),
                dateCommande  datetime,
                dateLivraison datetime)
EXEC sp_xml_removedocument @hdoc
```

Le résultat est, à nouveau, le même que celui de `ch14_ex17.sql`.

Informations de correspondance complémentaires pour spécifier le schéma de l'ensemble de lignes

Comme vous l'avez vu plus tôt, vous pouvez spécifier le schéma de l'ensemble de lignes (paramètre `RowsetSchema` selon la syntaxe `OPENXML`). Voici la syntaxe générale permettant de spécifier un schéma de l'ensemble de lignes :

```
NomColonne  typedonnée   [AdditionalMapping],
NomColonne  typedonnée   [AdditionalMapping],
NomColonne  typedonnée   [AdditionalMapping]
```

Par exemple, en spécifiant un schéma d'ensemble de lignes de deux colonnes dans la clause `WITH` comme suit :

```
IDSalarie      varchar(5),
NomFam         varchar(20)
```

alors, dans la mise en correspondance centrée sur les attributs par défaut, la colonne IDSalarie correspond à l'attribut IDSalarie du XML, tandis que la colonne NomFam correspond à l'attribut NomFam du XML. Si les noms des colonnes sont différents des noms des attributs auxquels elles correspondent, vous devez fournir une expression XPath adéquate afin de faire correspondre la colonne à son attribut, comme présenté ci-dessous :

```
IDSalarie     varchar(5)    @IDS
NomFam        varchar(20)   @NomF
```

Dans ce schéma d'ensemble de lignes, la colonne IDSalarie correspond à l'attribut IDS, et la colonne NomFam, à l'attribut NomF du document XML (en supposant que IDS et NomF sont des attributs du document XML).

En spécifiant le schéma d'ensemble de lignes dans la clause WITH, les informations de correspondance complémentaires sont fournies à l'aide d'une expression XPath lorsque :

- les noms des colonnes de l'ensemble de lignes généré sont différents de ceux des attributs/sous-éléments ;
- vous voulez faire correspondre une ou plusieurs colonnes de l'ensemble de lignes à des métapropriétés (comme nom de nœud, valeur ID unique, nom du frère précédent du nœud, *etc.*)

Si le schéma d'ensemble de lignes spécifié dans la clause WITH possède des noms de colonnes différents de ceux des attributs/sous-éléments auxquels ils correspondent, vous devez alors identifier explicitement les attributs/sous-éléments. Le OPENXML de cet exemple génère un ensemble de lignes dans lequel les noms des colonnes diffèrent des noms des attributs/sous-éléments auxquels ils correspondent. Les informations de correspondance complémentaires sont fournies dans la spécification de schéma de la clause WITH, comme présenté ci-dessous (ch14_ex22.sql) :

```
DECLARE @hdoc int
DECLARE @doc varchar(1000)
SET @doc ='
<root>
   <Client cid= "Client1" nom="Bob" ville="Seattle">
   <Commande oid="Com1" IDEmp="1" dateCommande="2000-10-01"
          dateLivraison="2000-11-01"
          note="Expédition second jour UPS" />
   <Commande oid="Com2" IDEmp="1" dateCommande="2000-10-02"
          dateLivraison="2000-12-02" />
   </Client>
   <Client cid="C2" nom="John" ville="NewYork" >
      <Commande oid="Com3" IDEmp="2" dateCommande="2000-09-01"
             dateLivraison="2000-10-01" />
      <Commande oid="Com4" IDEmp="3" dateCommande="2000-09-02"
             dateLivraison="2000-10-02" />
   </Client>
</root>'
EXEC sp_xml_preparedocument @hdoc OUTPUT, @doc
SELECT *
FROM   OPENXML (@hdoc, '/root/Client/Commande', 1)
            WITH (IDCom       varchar(20) '@oid',
                  DateCom     datetime    '@dateCommande',
                  DateLivCom datetime     '@dateLivraison' )
EXEC sp_xml_removedocument @hdoc
```

Vous avez donc maintenant :

```
IDCom    DateCom                    DateLivCom
---------------------------------------------------------------------
Com1     2000-10-01 00:00:00.000    2000-11-01 00:00:00.000
Com2     2000-10-02 00:00:00.000    2000-12-01 00:00:00.000
Com3     2000-09-01 00:00:00.000    2000-10-01 00:00:00.000
Com4     2000-09-02 00:00:00.000    2000-10-02 00:00:00.000
```

Remarquez les motifs XPath (`@oid`, `@dateCommande` et `@dateLivraison`) spécifiés dans la clause `WITH`. Dans cet exemple, chacun de ces motifs XPath identifie un nœud attribut du XML.

Une autre raison pour laquelle il peut être nécessaire de spécifier des informations de correspondance complémentaires dans la clause `WITH` est lorsque vous voulez faire correspondre une colonne de l'ensemble de lignes à un attribut de **métapropriété**.

Attributs de métapropriété

Chaque nœud d'un document XML possède certaines métapropriétés (nom du nœud, valeur `ID` unique, nom du frère précédent du nœud, *etc.*). Ces métapropriétés sont stockées comme attributs (d'où le nom d'attributs de métapropriétés) du nœud. Vous pouvez souhaiter faire correspondre ces attributs de métapropriété aux colonnes de l'ensemble de lignes, afin de récupérer les méta-informations de ces nœuds.

Les métapropriétés sont définies dans l'espace de noms (`urn:schemas-microsoft-com:xml-metaprop`) spécifique à SQL Server 2000.

Voici les attributs de métapropriété pris en charge :

- `@mp:id` - cet attribut de métapropriété contient la valeur d'identificateur unique du nœud (`@mp:idparent` renvoie l'id du nœud parent) ;
- `@mp:localname` - stocke le nom local du nœud (`@mp:parentlocalname` renvoie le nom local du parent) ;
- `@mp:namespaceuri` - donne l'URI d'espace de noms du nœud (`@mp:parentnamespaceuri` renvoie l'URI d'espace de noms du nœud parent) ;
- `@mp:prefix` - fournit le préfixe d'espace de noms du nœud (`@mp:parentprefix` renvoie le préfixe d'espace de noms du nœud parent) ;
- `@mp:prev` - donne l'id unique du frère précédent du nœud ;
- `@mp:xmltext` - en faisant correspondre cet attribut de métapropriété à une colonne, celle-ci reçoit toutes les données excédentaires non utilisées (voir exemple ci-dessous).

Remarquez que si vous ne spécifiez pas le schéma d'ensemble de lignes dans la clause `WITH`, un schéma prédéfini, également connu sous le nom de table des frontières (*edge table*), est utilisé. L'ensemble de lignes renvoyé possède une colonne pour chacune des métapropriétés décrites ci-dessus.

Le `OPENXML` de cet exemple renvoie les valeurs des métapropriétés `id`, `localname` et `prev` de chacun des nœuds éléments `<Commande>` sélectionnés (`ch14_ex23.sql`) :

```
DECLARE @hdoc int
DECLARE @doc varchar(1000)
SET @doc ='
```

```
<root>
   <Client cid= "Client1" nom="Bob" ville="Seattle">
      <Commande oid="Com1" IDEmp="1" >
        <dateCommande>2000-10-01</dateCommande>
        <dateLivraison>2000-11-01</dateLivraison>
        note="Expédition second jour UPS" />
      </Commande>
      <Commande oid="Com2" IDEmp="1" >
        <dateCommande>2000-10-02</dateCommande>
        <dateLivraison>2000-12-01</dateLivraison>
      </Commande>
   </Client>
   <Client cid="C2" nom="John" ville="NewYork" >
      <Commande oid="Com3" IDEmp="2" >
        <dateCommande>2000-09-01</dateCommande>
        <dateLivraison>2000-10-01</dateLivraison>
      </Commande>
      <Commande oid="Com4" IDEmp="3" >
        <dateCommande>2000-09-02</dateCommande>
        <dateLivraison>2000-10-02</dateLivraison>
      </Commande>
   </Client>
</root>
'
EXEC sp_xml_preparedocument @hdoc OUTPUT, @doc
SELECT  *
FROM   OPENXML (@hdoc, '/root/Client/Commande', 3)
       WITH ( oid           varchar(20),
              NomClient     varchar(10)  '../@nom',
              UniqueIDVal   int          '@mp:id',
              NomNoeud      varchar(10)  '@mp:localname',
              NoeudFrere    varchar(10)  '@mp:prev')
EXEC sp_xml_removedocument @hdoc
```

En voici le résultat :

```
oid        NomClient  UniqueIDVal NomNoeud   NoeudFrere
---------- ---------- ----------- ---------- -----------
Com1       Bob        6           Commande   NULL
Com2       Bob        12          Commande   6
Com3       John       21          Commande   NULL
Com4       John       26          Commande   21
```

La métapropriété `@mp:xmltext` possède une signification particulière. Lorsque cet attribut est mis en correspondance avec une colonne de l'ensemble de lignes colonne (et que *`Flags`* vaut `8`), cette colonne renferme toutes les données XML non-utilisées. Dans l'exemple suivant, *`Flags`* vaut `11` (un OR logique de `3` et `8`). La valeur `3` indique une mise en correspondance mixte, `8` signalant que les données excédentaires doivent être copiées dans cette colonne. En donnant la valeur `3` au drapeau (*flag*) (correspondance mixte), toutes les données (utilisées ou non) seront copiées dans la colonne de dépassement correspondant à l'attribut de métapropriété `@mp:xmltext` (`ch14_ex24.sql`) :

```
DECLARE @hdoc int
DECLARE @doc varchar(1000)
```

```
SET @doc ='
<root>
   <Client cid= "Client1" nom="Bob" ville="Seattle">
      <Commande oid="Com1" IDEmp="1" >
        <dateCommande>2000/10/01</dateCommande>
        <dateLivraison>11/1/2000</dateLivraison>
         note="Expédition second jour UPS" />
      </Commande>
      <Commande oid="Com2" IDEmp="1" >
        <dateCommande>10/2/2000</dateCommande>
        <dateLivraison>2000/12/01</dateLivraison>
      </Commande>
   </Client>
   <Client cid="C2" nom="John" ville="NewYork" >
      <Commande oid="Com3" IDEmp="2" >
        <dateCommande>2000/09/01</dateCommande>
        <dateLivraison>2000/10/01</dateLivraison>
      </Commande>
      <Commande oid="Com4" IDEmp="3" >
        <dateCommande>2000/09/02</dateCommande>
        <dateLivraison>2000/10/02</dateLivraison>
      </Commande>
   </Client>
</root>
'
EXEC sp_xml_preparedocument @hdoc OUTPUT, @doc

SELECT *
FROM   OPENXML (@hdoc, '/root/Client/Commande', 11)
          WITH ( oid                 varchar(20),
                 NomClient           varchar(10)   '../@nom',
                 dateCommande        datetime,
                 DonneesRestantes    ntext         '@mp:xmltext')
EXEC sp_xml_removedocument @hdoc
```

En voici le résultat. Remarquez que la colonne `DonneesRestantes` ne contient que les données non-utilisées :

```
oid   NomClient  dateCommande             DonneesRestantes
Com1  Bob        2000-10-01 00:00:00.000  <Commande IDEmp="1">
                                          <dateLivraison>11/1/2000
                                          </dateLivraison>
                                          note="Expédition second jour UPS" /&gt;
                                          </Commande>
Com2  Bob        2000-10-02 00:00:00.000  <Commande IDEmp="1">
                                          <dateLivraison>12/1/2000
                                          </dateLivraison></Commande>
Com3  John       2000-09-01 00:00:00.000  <Commande IDEmp="2">
                                          <dateLivraison>10/1/2000
                                          </dateLivraison></Commande>
Com4  John       2000-09-02 00:00:00.000  <Commande IDEmp="3">
                                          <dateLivraison>10/2/2000
                                          </dateLivraison></Commande>
```

Vous pouvez également extraire du texte des nœuds XML identifiés. La fonction XPath `text` peut être spécifiée comme motif de correspondance, associant une colonne de l'ensemble de lignes au texte du nœud identifié (`ch14_ex24.sql`) :

```
EXEC sp_xml_preparedocument @hdoc OUTPUT, @doc
SELECT  *
FROM   OPENXML (@hdoc, '/root/Client/Commande', 3)
      WITH ( oid        varchar(20),
             NomClient varchar(10)   '../@nom',
             comment    ntext 'text()')
EXEC sp_xml_removedocument @hdoc
```

En voici le résultat :

```
oid          NomClient  comment
Com1         Bob        note="Expédition second jour UPS" />
Com2         Bob        NULL
Com3         John       NULL
Com4         John       NULL
```

Schéma de table des frontières pour l'ensemble de lignes

Comme cela a été signalé auparavant, si vous ne fournissez aucun schéma pour l'ensemble de lignes à générer, OPENXML crée un ensemble de lignes utilisant un schéma par défaut (table des frontières). Cet ensemble de lignes est nommé table des frontières car il possède une ligne pour chaque « frontière » de l'arbre XML (composé de nœuds et de frontières) généré par la procédure stockée sp_xml_preparedocument.

Les informations renvoyées dans l'ensemble de lignes comprennent des méta-informations sur les nœuds DOM. Parmi celles-ci :

- l'identificateur unique du nœud et du nœud parent ;
- le type de nœud (nœud élément, attribut ou texte) ;
- le nom local du nœud ;
- le préfixe d'espace de noms dans le nom du nœud ;
- l'URI d'espace de noms du nœud (NULL s'il n'y a pas d'espace de noms) ;
- le type de données du nœud ;
- la valeur de l'identificateur unique du frère précédent du nœud ;
- la valeur du nœud.

Voici le schéma de la table des frontières :

```
id            bigint,
parentid      bigint
nodetype      int (1=element; 2=attribute; 3=text node)
localname     nvarchar
prefix        nvarchar
namespaceuri  nvarchar
datatype      nvarchar
prev          bigint
text          ntext
```

Comme vous le voyez, la table des frontières renvoie les métapropriétés du nœud DOM. Si vous spécifiez un schéma d'ensemble de lignes dans la clause WITH, vous pouvez extraire ces métapropriétés en établissant une correspondance entre colonnes et attributs de métapropriété.

Les informations contenues dans la table des frontières sont utiles pour l'analyse du document XML. Par exemple, il se peut que vous souhaitiez trouver les noms des éléments/attributs, les espaces de noms, le type de données des éléments/attributs, des informations sur la structure de la hiérarchie, *etc*. Cela permet au développeur d'application d'effectuer une requête sur le document XML avant de traiter son contenu. Par exemple, il se peut que vous souhaitiez connaître le nombre de clients du document avant de traiter celui-ci.

Comprendre la table des frontières

L'instruction `SELECT` suivante en `OPENXML` renvoie un ensemble de lignes au format de table des frontières (`ch14_ex25.sql`) :

```
DECLARE @hdoc int
DECLARE @doc varchar(1000)
SET @doc ='
<ROOT>
   <Client IDClient="VINET" NomContact="Paul Henriot">
      <Commande IDCommande="10248" IDClient="VINET" IDSalarie="5" DateCommande=
                      "1996-07-04T00:00:00">
         <DetailsCommande IDCommande="10248" IDProduit="11" Quantite="12"/>
         <DetailsCommande IDCommande="10248" IDProduit="42" Quantite="10"/>
      </Commande>
   </Client>
   <Client IDClient="LILAS" NomContact="Carlos Gonzlez">
      <Commande IDCommande="10283" IDClient="LILAS" IDSalarie="3" DateCommande=
                      "1996-08-16T00:00:00">
         <DetailsCommande IDCommande="10283" IDProduit="72" Quantite="3"/>
      </Commande>
   </Client>
</ROOT>'
--Créer une représentation interne du document XML.
EXEC sp_xml_preparedocument @hdoc OUTPUT, @doc
-- Exécuter une instruction SELECT en utilisant un fournisseur d'ensemble de
lignes OPENXML.
SELECT *
FROM OPENXML (@hdoc,
    '/ROOT/Client[@IDClient="VINET"]/Commande[@IDCommande="10248"]')
EXEC sp_xml_removedocument @hdoc
```

Le motif XPath spécifié identifie les nœuds éléments enfants d'un élément `<Commande>` pour lequel `IDCommande` est égal à `10248`, et possédant un parent `<Client>` dont `IDClient` est égal à VINET.

Voici l'ensemble de lignes résultant :

id	idparent	nodetype	localname	prefix	namespaceuri	datatype	prev	text
5	2	1	Commande	NULL	NULL	NULL	NULL	NULL
6	5	2	IDCommande	NULL	NULL	NULL	NULL	NULL
30	6	3	#text	NULL	NULL	NULL	NULL	10248
7	5	2	IDClient	NULL	NULL	NULL	NULL	NULL
31	7	3	#text	NULL	NULL	NULL	NULL	VINET
8	5	2	IDSalarie	NULL	NULL	NULL	NULL	NULL
32	8	3	#text	NULL	NULL	NULL	NULL	5

```
9     5     2     DateCommande    NULL     NULL     NULL   NULL  NULL
33    9     3      #text          NULL     NULL     NULL   NULL  1996-07-
                                                                 04T00:00:00
10    5     1     DetailsCommande NULL     NULL     NULL   NULL  NULL
11    10    2     IDCommande      NULL     NULL     NULL   NULL  NULL
34    11    3      #text          NULL     NULL     NULL   NULL  10248
12    10    2     IDProduit       NULL     NULL     NULL   NULL  NULL
35    12    3      #text          NULL     NULL     NULL   NULL  11
13    10    2     Quantite        NULL     NULL     NULL   NULL  NULL
36    13    3      #text          NULL     NULL     NULL   NULL  12
14    5     1     DetailsCommande NULL     NULL     NULL   10    NULL
15    14    2     IDCommande      NULL     NULL     NULL   NULL  NULL
37    15    3      #text          NULL     NULL     NULL   NULL  10248
16    14    2     IDProduit       NULL     NULL     NULL   NULL  NULL
38    16    3      #text          NULL     NULL     NULL   NULL  42
17    14    2     Quantite        NULL     NULL     NULL   NULL  NULL
39    17    3      #text          NULL     NULL     NULL   NULL  10
```

Examinez les trois premières lignes de cette table. Une fois que vous les aurez comprises, le résultat des lignes suivantes deviendra évident.

La première ligne :

```
id  parentid nodetype localname    prefix  namespaceuri datatype prev text

5     2        1        Commande     NULL      NULL         NULL   NULL  NULL
```

identifie le nœud `Commande` :

```
<Client IDClient="VINET" NomContact="Paul Henriot">
      <Commande IDCommande="10248" IDClient="VINET" IDSalarie="5" DateCommande=
                     "1996-07-04T00:00:00">
```

Il possède une valeur `id` unique égale à 5. Son `idparent` est 2, identifiant le nœud `Client`. Le résultat ne montre pas le nœud `Client` car la requête XPath ne le demandait pas. `nodetype` est égal à 1 puisque le nœud `Commande` est un nœud élément. Comme il ne possède pas de préfixe d'espace de noms, la valeur de la colonne `prefix` est `NULL`. Une colonne dont la valeur est `NULL` signale que le nœud ne possède pas de valeur spécifique pour cette métapropriété.

La deuxième ligne :

```
id idparent nodetype localname  prefix  namespaceuri datatype prev text
6     5        2       IDCommande  NULL      NULL         NULL   NULL  NULL
```

identifie le nœud `IDCommande` possédant une valeur `id` unique égale à 6. Remarquez la valeur de la colonne `parentid`, 5, identifiant comme son parent le nœud `Commande`. `nodetype` est égal à 2 puisqu'il s'agit d'un nœud attribut. Les valeurs des autres colonnes sont toutes égales à `NULL`, puisqu'elles ne s'appliquent pas ici.

La troisième ligne identifie un nœud `text` :

```
id idparent nodetype localname  prefix  namespaceuri datatype prev text
 30    6        3        #text     NULL       NULL          NULL   NULL  10248
```

C'est la valeur chaîne de l'attribut `IDCommande` dans le document. La valeur `10248` apparaît dans la colonne `text` (la dernière colonne) de l'ensemble de lignes. Sa valeur `id` unique est `30` et `parentid` possède comme valeur `6`, identifiant le nœud `IDCommande` comme son parent. La valeur de `nodetype` est `3`, indiquant que ce nœud est un nœud `text`.

Cela devrait vous donner une idée de la façon dont les informations concernant le document, sa hiérarchie, les noms des nœuds et leurs types sont renvoyés dans l'ensemble de lignes.

Utiliser la table des frontières

Les informations de l'ensemble de lignes/table des frontières peuvent se révéler très utiles. Par exemple, si vous voulez connaître le nombre d'éléments `<Client>` présents dans le document, la requête suivante vous fournira la réponse (`ch14_ex26.sql`). Remplacez la requête `SELECT` de l'exemple précédent par ce qui suit :

```
SELECT count(*)
FROM  OPENXML(@hdoc, '/')
WHERE localname = 'Client'
```

Vous devriez obtenir la réponse `2`.

Les ensembles de lignes/table des frontières sont en outre utiles pour la gestion d'attributs de type `idrefs`. Comme vous l'avez vu dans l'exemple précédent, `OPENXML` copie les valeurs des éléments/attributs XML dans les colonnes de l'ensemble de lignes selon la mise en correspondance spécifiée dans le schéma déclaré dans la clause `WITH`.

Cela fonctionne parfaitement si l'attribut/sous-élément ne possède qu'une valeur. Cependant, si vous possédez des attributs XML de type `idrefs`, pouvant avoir plusieurs valeurs, comment en extraire des valeurs individuelles ? Imaginez le fragment de document suivant :

```
<Client IDClient="1" ListeCommande="Com1 Com2 Com3" />
```

Dans ce cas, pour générer l'ensemble de lignes :

```
IDClient    IDCommande
1           Com1
1           Com2
1           Com3
```

vous devez accomplir un travail supplémentaire. Voici une solution possible, en utilisant la table des frontières.

Imaginez ce document XML :

```
<Data>
   <Client IDClient = "C1" NomContact = "Joe Smith"
         ListeCommande = "O1 O2 O3" />
   <Client IDClient = "C2" NomContact = "Andrew Fuller"
         ListeCommande = "O4 O5" />
</Data>'
```

en partant du principe que vous disposez de ces tables :

```
Client (IDClient varchar(5) primary key,
      NomContact varchar(30))
CommandeClient (IDClient varchar(5) references Client (IDClient),
      IDCommande varchar(5) primary key)
```

Le problème consiste ici à insérer des valeurs dans les tables `Client` et `CommandeClient` à partir du document XML en utilisant `OPENXML`. L'ajout d'enregistrements à la table `Client` à l'aide de `OPENXML` est d'une extrême simplicité, mais tel n'est pas le cas pour insérer des valeurs dans la table `CommandeClient`. La solution proposée ici utilise `OPENXML` pour renvoyer l'ensemble de lignes sous un format table des frontières. La table des frontières est alors utilisée pour récupérer ces informations.

Cette solution utilise deux procédures stockées. La procédure stockée `GetIdIDrefsValues` renvoie un résultat sous forme d'ensemble de lignes à deux colonnes, tel que :

```
IDClient   ListeCommande
C1           O1 O2 O3
C2           O4 O5
```

La seconde procédure stockée, `InsertidrefsValues`, récupère alors les valeurs individuelles des id de commande pour chaque client et insère les valeurs `IDClient` et `IDCommande` dans la table `CommandeClient` :

Voici ces deux procédures stockées (`ch14_ex27.sql`) :

```
DROP PROCEDURE InsertidrefsValues
GO
CREATE PROCEDURE InsertidrefsValues
    @IDListeCommande  varchar(500),
    @CommandeClient   varchar(50),
    @IDClient         varchar(5)
AS
DECLARE @sp int
DECLARE @att varchar(5)
SET @sp = 0
WHILE (LEN(@IDListeCommande) > 0)
BEGIN
    SET @sp = CHARINDEX(' ', @IDListeCommande+ ' ')
    SET @att = LEFT(@IDListeCommande, @sp-1)
    EXEC('INSERT INTO '+@CommandeClient+' VALUES ('''+@IDClient+''',
'''+@att+''')')
    SET @IDListeCommande = SUBSTRING(@IDListeCommande+ ' ', @sp+1,
                              LEN(@IDListeCommande)+1-@sp)
END
Go
DROP PROCEDURE GetIdIdrefsValues
GO
CREATE PROCEDURE GetIdIdrefsValues
    @xmldoc      int,
    @xpath       varchar(100),
    @from        varchar(50),
    @to          varchar(50),
```

```
    @TableName  varchar(100)
AS
DECLARE @IDComList varchar(500)
DECLARE @IDClient varchar(5)
/* Table des frontières temporaire */
SELECT *
INTO #TempEdge
FROM OPENXML(@xmldoc, @xpath)
DECLARE fillidrefs_cursor CURSOR FOR
    SELECT CAST(OneSideAttrVal.text AS nvarchar(200)) AS IDClient,
           CAST(ManySideAttrVal.text AS nvarchar(4000)) AS IDComList
    FROM   #TempEdge Elem, #TempEdge OneSideAttr,
           #TempEdge OneSideAttrVal, #TempEdge ManySideAttr,
           #TempEdge ManySideAttrVal
    WHERE  Elem.id = OneSideAttr.idparent
    AND    UPPER(OneSideAttr.localname) = UPPER(@from)
    AND    OneSideAttr.id = OneSideAttrVal.idparent
    AND    Elem.id = ManySideAttr.idparent
    AND    UPPER(ManySideAttr.localname) = UPPER(@to)
    AND    ManySideAttr.id = ManySideAttrVal.idparent
OPEN fillidrefs_cursor
FETCH NEXT FROM fillidrefs_cursor INTO @IDClient, @IDComList
WHILE (@@FETCH_STATUS <> -1)
BEGIN
    IF (@@FETCH_STATUS <> -2)
    BEGIN
        execute InsertidrefsValues @IDComList, @TableName, @IDClient
    END
    FETCH NEXT FROM fillidrefs_cursor INTO @IDClient, @IDComList
END
CLOSE fillidrefs_cursor
DEALLOCATE fillidrefs_cursor
Go
```

Vous pouvez tester ce code à l'aide de ce qui suit (`ch14_ex28.sql`) :

```
DECLARE @h int
EXECUTE sp_xml_preparedocument @h OUTPUT, '
<Data>
  <Client IDClient = "C1" NomContact = "Joe Smith"
                ListeCommande = "O1 O2 O3"  />
  <Client IDClient = "C2" NomContact = "Roger Wolter"
                ListeCommande = "O4 O5"  />
</Data>'
--insérer les valeurs dans la table Client
INSERT INTO Client SELECT * FROM OPENXML(@h, '//Client') WITH Client
--insérer les valeurs dans la table CommandeClient à l'aide de la table des
frontières
EXECUTE GetIdIdrefsValues @h, '//Client', 'IDClient', 'ListeCommande',
                              'CommandeClient'
EXECUTE sp_xml_removedocument @h
```

Les tables devraient désormais renfermer les données demandées.

Comme vous le voyez, la fonctionnalité `OPENXML` de SQL Server 2000 est un outil intéressant pour travailler avec des documents XML et des bases de données. `OPENXML` est une implémentation côté serveur permettant de modifier le contenu d'une base de données à partir d'un document source XML. Il s'agit d'une alternative aux fonctionnalités de niveau intermédiaire, comme les *updategrams* (programmes d'actualisation) XML, pouvant être utilisés pour modifier des données SQL Server. Vous aborderez les fonctionnalités de niveau intermédiaire dans le prochain chapitre.

Chargement de masse de XML

SQL Server 2000 permet un chargement de masse (*bulk load*) de XML dans des tables de base de données. Il s'agit d'une alternative intéressante à l'utilisation d'`OPENXML` pour décomposer le document, puis d'une instruction `INSERT` pour stocker les données. Elle est particulièrement intéressante lors du chargement de grosses quantités de XML dans la base de données.

La fonctionnalité XML Bulk Load utilise les vues XML, abordées dans le prochain chapitre. Les vues XML sont des schémas écrits en XDR, avec des extensions permettant d'établir la correspondance entre des tables de base de données relationnelle et les éléments/attributs de la vue XML. La fonctionnalité XML Bulk Load est cependant étudiée ici car il s'agit d'une fonctionnalité côté serveur.

Vous pouvez utiliser l'objet XML Bulk Load à partir de code *via* le modèle objet Bulk Load. Vous devez lui transmettre des éléments d'information :

- **le schéma de correspondance** (*mapping schema*) - le schéma de correspondance XDR doit être fourni à l'objet XML Bulk Load ;
- **le document XML** que vous souhaitez charger.

Le modèle objet Bulk Load ne possède qu'un unique objet `SQLXMLBulkLoad`. Il dispose également de plusieurs propriétés. Celles-ci permettent, entre autres choses, de spécifier si vous voulez ou non exécuter Bulk Load dans un mode transactionnel. Dans un mode transactionnel, un retour en arrière est garanti si un problème quelconque se pose. Un Bulk Load non transactionnel est plus rapide, puisqu'il n'y a pas de mise en journal. Si votre base de données est vide, le Bulk Load non transactionnel est la solution à retenir.

Ces propriétés permettent également de spécifier si les tables doivent être créées avant le chargement des données. Cela est utile si vous voulez créer une table jusque-là inexistante, sans abandonner celles déjà présentes. Vous pouvez insister sur la vérification de toutes violations des contraintes, comme des infractions aux règles des clés primaires ou étrangères. Vous pouvez également spécifier un fichier dans lequel mettre en journal les erreurs et les messages générés pendant l'exécution.

XML Bulk Load reconnaît les propriétés et méthodes suivantes :

Nom	Description
`Execute`	Charge les données à l'aide de XML View et du fichier de données XML fourni en entrée.
`ConnectionCommand`	Cette propriété sert à spécifier l'objet `connection` à utiliser par XML Bulk Load.

(Suite du tableau)

Nom	Description
`ConnectionString`	Plutôt qu'une commande de connexion, vous pouvez, à l'aide de cette propriété, spécifier une chaîne de connexion.
`KeepNulls`	Si cette propriété booléenne a reçu la valeur `True`, lorsque l'attribut/sous-élément est absent du document XML, la valeur de la colonne correspondante est fixée à `NULL`, et ce, même si la colonne possède une valeur par défaut. Si cette propriété vaut `False`, la valeur de la colonne sera sa valeur par défaut, lorsqu'une telle valeur est définie. La valeur par défaut de cette propriété est `False`.
`KeepIdentity`	SQL Server possède des colonnes de type d'identité, dont il attribue lui-même les valeurs. Si cette propriété vaut `True`, et si le document XML propose une valeur pour la colonne de type d'identité, cette valeur est stockée dans la colonne. Si la propriété vaut `False`, toute valeur proposée par le document XML pour la colonne de type d'identité est ignorée, la valeur affectée par SQL Server étant insérée dans la colonne. La valeur par défaut de cette propriété est `True`.
`CheckConstraints`	Si cette propriété booléenne vaut `True`, Bulk Load vérifie, pour chaque valeur insérée dans une colonne, les contraintes spécifiées pour celle-ci (comme les contraintes de clé primaire ou étrangère). La valeur par défaut de cette propriété est `False`.
`ForceTableLock`	Si cette propriété booléenne vaut `True`, la table dans laquelle sont insérées les données est verrouillée pour toute la durée de l'opération. Si elle vaut `False`, un verrouillage de table se produit lors de l'insertion de chaque enregistrement. La valeur par défaut de cette propriété est `False`.
`XMLFragment`	Si cette propriété booléenne vaut `True`, le document source XML est considéré comme étant un fragment (donc dépourvu d'élément unique de plus haut niveau). La valeur par défaut de cette propriété est `False`.
`Transaction`	Si cette propriété booléenne vaut `True`, le chargement s'effectue en mode transactionnel (garantissant une annulation en cas d'échec). La valeur par défaut de cette propriété est `False`.
`TempFilePath`	Cette propriété spécifie le chemin d'accès du répertoire dans lequel XML crée le fichier temporaire lors d'un chargement transactionnel. Si cette propriété n'est pas définie, les fichiers temporaires sont stockés dans l'emplacement défini par la variable d'environnement `TEMP`. Il n'y a création de fichiers temporaires que lors d'un Bulk Load transactionnel.
`ErrorLogFile`	Cette propriété définit le nom du fichier dans lequel les erreurs sont mises en journal par XML Bulk Load. Si cette propriété n'est pas définie, la mise en journal est désactivée.

(Suite du tableau)

Nom	Description
SchemaGen	Si cette propriété booléenne vaut True, Bulk Load crée les tables nécessaires à la réalisation du chargement de masse. Si certaines tables existent déjà, la propriété SGDroptables détermine si elles doivent être supprimées et recréées.
SGDropTables	Si cette propriété booléenne vaut True, les tables existantes sont supprimées et recréées. Cette propriété est utilisée conjointement à la propriété SchemaGen. Sa valeur par défaut est False.
SGUseID	Les vues XML (*XML Views*) permettent de définir un attribut de type id. Si la propriété SGUseID vaut True, ScheamGen utilise l'attribut de type id comme clé primaire de colonne, créant les contraintes de clé adéquates lors de la création de la table. La valeur par défaut de cette propriété est False.

Regardez comment cela fonctionne en pratique.

Générer la base de données depuis XML

Comme le document XML peut être de grande taille, il n'est pas totalement lu en mémoire. À la place, il est lu en tant que flux (*stream*), les données étant traitées au fur et à mesure de la lecture. Regardons comment les enregistrements sont générés à partir des données du document XML source, et à quel moment ils sont envoyés à SQL Server.

Imaginez que vous possédez une table `Client` :

```
Client(IDClient, NomContact)
```

Ainsi que ce document XML :

```
<Client IDClient="C1" NomContact="Joe" />
<Client IDClient="C2" NomContact="Bob" />
...
```

Lors de la lecture de la balise d'ouverture du premier élément `<Client>`, un enregistrement est généré pour la table `Client`. Les valeurs des attributs sont copiés dans l'enregistrement déjà créé au fur et à mesure de leur lecture. Lors de la lecture de la balise de fermeture de l'élément, l'enregistrement est considéré comme complet et est envoyé à SQL Server afin d'être inséré. L'élément `<Client>` et l'enregistrement sont dès lors considérés comme hors de portée. Lorsqu'un nouvel élément `<Client>` est lu, un nouvel enregistrement est généré pour la table `Client` et le processus est répété jusqu'au bout.

Il est capital de comprendre que les données destinées à la table `Client` doivent figurer entre les balises d'ouverture et de fermeture d'un élément `<Client>`. Cela devient clair dans le cas d'un document XML complexe et d'un schéma de correspondance XDR associé (un schéma décrivant les relations de clés primaires et externes entre deux éléments).

Si le document possède une hiérarchie similaire à celle-ci :

```
<Client IDClient="C1" NomContact="Joe" >
   <Commande IDCommande="Com1" DateCommande="10/10/2000" />
   <Commande IDCommande="Com1" DateCommande="10/10/2000" />
</Client>
...
```

et que vous disposez des tables suivantes :

```
Client(IDClient, NomContact)
Commande (IDCommande, DateCommande, IDClient)
```

Un enregistrement client est d'abord généré lors de la lecture de la balise d'ouverture de l'élément <Client>. Les valeurs des attributs IDClient et NomContact sont copiées dans l'enregistrement. Lors de la lecture de la balise d'ouverture de l'élément <Commande>, un enregistrement est généré pour la table Commande, puis les valeurs des attributs IDCommande et DateCommande sont copiées dans celui-ci. Dès que la balise de fermeture est atteinte, l'enregistrement Commande est envoyé à SQL Server.

XML Bulk Load utilise les relations de clés primaires/étrangères spécifiées dans le schéma de correspondance XDR : ici, vous obtenez la valeur de la clé étrangère IDClient à partir de l'élément <Client>. Tous les éléments <Commande> sont ainsi traités. Au bout du compte, lorsque vous arrivez à la balise de fermeture </Client>, l'enregistrement Client est envoyé à SQL Server.

La valeur de l'attribut IDClient de l'élément <Client> doit être spécifiée avant les éléments enfants <Commande>. Dans le cas contraire, lors de la lecture de la balise de fin de l'élément <Commande>, l'enregistrement est envoyé à SQL Server dépourvu de valeur de clé étrangère, si bien que le chargement de masse échoue. Cela est mis en évidence par le document XML suivant :

```
<Client>
   <NomContact>Joe</NomContact>
   <Commande IDCommande="Com1" DateCommande="10/10/2000" />
   <Commande IDCommande="Com1" DateCommande="10/10/2000" />
   <IDClient>>C1 </IDClient>
</Client>
...
```

Dans le document précédent, le nœud de la clé IDClient apparaît après les éléments enfants <Commande>. C'est un problème, car les enregistrements Commande sont envoyés à SQL Server dès la lecture de la balise de fin : autrement dit, sans la valeur de clé étrangère IDClient. C'est pourquoi le document XML doit faire apparaître d'abord l'attribut clé.

La seule exception à cette règle de création d'enregistrement survient lorsque le document XML comporte des nœuds de type idref ou idrefs. Pendant le chargement de masse, aucun enregistrement n'est généré si un nœud de type idref ou idrefs apparaît dans la portée (la balise d'ouverture de celui-ci est lue). Par exemple, imaginez ce fragment XML :

```
<Client IDClient="C1" ListeCommande="Com1 Com2 Com3" />
<Client IDClient="C2" ListeCommande="Com4 Com5" />
...
```

Partez du principe que le schéma de correspondance associe l'élément <Client> à la table Client, l'attribut IDClient à la colonne IDClient de la table Client, et l'attribut ListeCommande à la colonne IDCommande de la table CommandeClient. Ici, lorsque la balise d'ouverture du premier élément <Client> est lue, un enregistrement est généré pour la table Client. La valeur de l'attribut IDClient est copiée dans cet enregistrement, mais l'attribut ListeCommande ne correspond pas à la table Client, si bien que sa valeur n'est pas copiée dans cet enregistrement.

Si, en revanche, le schéma identifie ListeCommande comme un attribut de type idrefs, cet attribut est tout simplement ignoré. Cela signifie qu'il faut vous assurer que l'élément <Commande> est décrit quelque part dans le document et dans le schéma. En modifiant comme suit le document XML :

```
<Client   IDClient="C1" ListeCommande="Com1 Com2 Com3" />
<Commande IDClient="C1" IDCommande="Com1" />
<Commande IDClient="C1" IDCommande="Com2" />
<Commande IDClient="C1" IDCommande="Com3" />

<Client IDClient="C2" ListeCommande="Com4 Com5" />
<Commande IDClient="C2" IDCommande="Com4" />
<Commande IDClient="C2" IDCommande="Com5" />
```

XML Bulk Load va insérer les données dans les tables Client et Commande. Le seul problème est que c'est à l'utilisateur de maintenir l'intégrité référentielle.

Imaginez que vous possédez la vue XML (schéma de correspondance) définie comme suit (ch14_ex29.xdr) :

```
<?xml version="1.0" encoding="ISO-8859-1" ?>
<Schema xmlns="urn:schemas-microsoft-com:xml-data"
    xmlns:dt="urn:schemas-microsoft-com:datatypes"
    xmlns:sql="urn:schemas-microsoft-com:xml-sql" >

   <ElementType name="Clients" sql:relation="Client" >
   <AttributeType name="IDClient" />
   <AttributeType name="NomSociete" />
   <AttributeType name="Ville" />
   <AttributeType name="ListeCommande" dt:type="idrefs" />

   <attribute type="IDClient" />
   <attribute type="NomSociete" />
   <attribute type="Ville" />
   <attribute type="ListeCommande" sql:relation="CommandeClient"
            sql:field="IDCommande" >
   <sql:relationship
   key-relation  ="Cli"
   key        ="IDClient"
   foreign-key   ="IDClient"
   foreign-relation="CommandeClient" />
   </attribute>
  </ElementType>

  <ElementType name="Commande" sql:relation="CommandeClient" >
   <AttributeType name="IDCommande" dt:type="id" />
   <AttributeType name="IDClient" />
   <AttributeType name="DateCommande" />

   <attribute type="IDCommande" />
```

```
    <attribute type="IDClient" />
    <attribute type="DateCommande" />
  </ElementType>
</Schema>
```

et que vos données XML se présentent comme suit (ch14_ex29.xml) :

```
<Clients IDClient="1111" NomSociete="Sean Chai" Ville="NY"
       ListeCommande="Com1 Com2" />
   <Clients IDClient="1112" NomSociete="Dont Know" Ville="LA"
       ListeCommande="Com3 Com4" />
   <Commande IDCommande="Com1" IDClient="1111" DateCommande="1999-01-01" />
   <Commande IDCommande="Com2" IDClient="1111" DateCommande="1999-02-01" />
   <Commande IDCommande="Com3" IDClient="1112" DateCommande="1999-03-01" />
   <Commande IDCommande="Com4" IDClient="1112" DateCommande="1999-04-01" />
```

En outre, supposez que vous effectuez un chargement de masse des données XML dans ces tables (ch14_ex29.sql) :

```
CREATE TABLE Client (
       IDClient        int             primary key,
       NomSociete      varchar(20) NOT NULL,
       Ville           varchar(20) default 'Seattle')
go
CREATE TABLE CommandeClient (
       IDCommande      varchar(10) primary key,
       IDClient        int       foreign key references
                                 Client (IDClient),
       DateCommande    datetime default '2000-01-01')
Go
```

Vous pouvez exécuter Bulk Load à l'aide du code Visual Basic suivant (ch14_ex29.vb) :

```
Set objBL = CreateObject("SQLXMLBulkLoad.SQLXMLBulkLoad")
objBL.ConnectionString = "provider=SQLOLEDB.1;data " & _
                         "source=server;database=database;uid=sa;pwd="
objBL.ErrorLogFile = "c:\error.log"
objBL.CheckConstraints=True
objBL.XMLFragment = True
objBL.Execute "c:\XMLView.xml", "c:\XMLData.xml"
Set objBL1=Nothing
```

Vous créez d'abord un objet SQLXMLBulkLoad (objBL), puis vous fixez diverses propriétés de cet objet. La propriété ConnectionString est définie, car vous utilisez une chaîne de connexion identifiant le serveur, la base de données et les informations de connexion indispensables. La propriété ErrorLogFile est définie afin de pouvoir mettre en journal toute erreur survenant durant le chargement de masse.

La propriété CheckConstraint vaut True. En conséquence, lors de l'insertion de chaque enregistrement, toutes les règles de contraintes sont vérifiées. Par exemple, lors de l'ajout de données dans la table CommandeClient, si vous spécifiez un IDClient inexistant dans la table Client, XML Bulk Load échouera en raison de violation des contraintes clé primaire/clé étrangère.

La propriété `XMLFragment` vaut `True`, parce que le document XML source est dépourvu d'élément unique de plus haut niveau. La méthode `Execute` est finalement appelée. Cette méthode reçoit deux paramètres : le nom du fichier de schéma et le nom du fichier de données XML.

Pour résumer, la fonctionnalité XML Bulk Load permet de charger très efficacement de gros documents XML dans des tables SQL Server. Cette fonctionnalité nécessite une vue XML des tables dans lesquelles vous procédez à un chargement de masse de données XML. Les vues XML seront étudiées en détail dans le prochain chapitre.

Résumé

Pour clore ce chapitre, voici un résumé des fonctionnalités XML côté serveur de SQL Server. Les deux fonctionnalités étudiées sont `FOR XML` et `OPENXML`.

- FOR XML est une extension de l'instruction SELECT et est utilisée pour extraire des données SQL Server comme XML. FOR XML prend en charge trois modes : RAW, AUTO et EXPLICIT.
- Le mode RAW génère un XML plat. Il est utile si votre application ne nécessite pas une forme particulière de XML.
- Le mode AUTO génère une hiérarchie, procurant à l'utilisateur un contrôle limité sur la forme du XML.
- Le mode EXPLICIT est le plus puissant, procurant un contrôle complet sur la forme du XML.
- Les utilisateurs possédant une bonne connaissance de SQL pourront trouver facile l'écriture de ces requêtes en mode EXPLICIT, mais si vous la considérez trop complexe, vous disposez d'une alternative : créer des vues XML et spécifier sur celles-ci des requêtes XPath. Cette méthode sera abordée dans le prochain chapitre.
- OPENXML réalise le contraire. Partant d'un document XML, il le décompose pour obtenir une vue ensemble de lignes. Cet ensemble de lignes peut alors être transmis à des instructions INSERT, UPDATE ou DELETE. XML peut ainsi être stocké dans une base de données ou modifié à l'aide de requêtes SQL ordinaires. Le prochain chapitre montre comment les *updategrams* XML permettent d'effectuer des mises à jour à partir de données XML.

Le prochain chapitre s'intéresse aux fonctionnalités de niveau intermédiaire tels les vues XML, les *updategrams* XML et les requêtes XPath.

15

Vues XML dans SQL Server 2000

Le chapitre précédent nous a appris à extraire des données XML d'une base de données relationnelle à l'aide de SQL. Ne serait-il pas agréable de pouvoir faire également comme si la base de données était un document XML (ou une collection de documents), en utilisant XPath et d'autres langages de requête XML ? C'est exactement ce qu'offrent les **vues XML (*XML Views*)** dans SQL Server 2000.

Une vue XML permet d'effectuer une requête sur SQL Server 2000 comme s'il renfermait du XML. Elle décrit la forme d'un document XML, même si ce XML n'existe pas réellement, puisqu'il est créé à la volée à partir de la base de données relationnelle. Plus encore, cette fonctionnalité permettant de décrire les relations entre le XML et la structure des tables, vous pouvez récupérer du XML se présentant sous un format répondant à vos besoins (même si la structure et les noms diffèrent de ceux de la base de données).

Une fois la vue XML définie, établissant la correspondance entre le XML et la base de données, il est possible d'effectuer une requête sur celle-ci comme s'il s'agissait d'un vrai document XML. La requête, conjointement à la vue, détermine la forme du XML résultant.

Une vue XML est créée en ajoutant quelques annotations à un schéma XML. Celui-ci décrit la forme d'un document XML, alors que les annotations décrivent les correspondances entre le XML et la base de données.

Vous pouvez dès lors effectuer des requêtes sur cette vue XML (en modifiant éventuellement la base de données sous-jacente) à l'aide de langages de requête XML tels que **XPath** et **Updategrams**. La base de données relationnelle est ainsi masquée à l'égard de l'utilisateur, les données semblant être totalement fondées sur XML.

Actuellement, les vues XML sont fondées sur le langage de schéma XDR (visitez http://www.ltg.ed.ac.uk/~ht/XMLData-Reduced.htm). Le W3C définit cependant un langage de définition de schéma XML standard, nommé XSD (*XML Schema Definition*) qui devrait être pris en charge début 2001 (visitez http://www.w3.org/TR/xmlschema-1/ pour plus de détails).

Microsoft travaille en outre étroitement avec le W3C à la conception du langage de requête XML, que XML Views prendra finalement en charge (surveillez http://www.w3.org/XML/Query pour plus de renseignements sur l'état d'évolution du standard). Vous trouverez plus d'informations sur le langage de requête XML Query Language dans le chapitre 11.

Les vues XML sont particulièrement pratiques lorsqu'un schéma XML existe déjà, par exemple un schéma BizTalk (visitez http://www.biztalk.org/, où se trouve une vaste collection de schémas), mais permet également de construire très facilement des schémas XML à partir de rien.

Ce chapitre traite des points suivants :

- brefs rudiments des schémas XDR ;
- méthode d'annotation d'un schéma XDR pour en faire une vue XML ;
- méthode pour effectuer une requête sur une base de données à l'aide de XPath ;
- Updategrams, une nouvelle approche pour la mise à jour, l'insertion et la suppression de données XML ;
- quelques utilisations avancées des vues XML.

Vous trouverez des exemples détaillés de ces fonctionnalités dans ce chapitre et le suivant.

Ce chapitre demande une connaissance préalable de la structure de la base de données Northwind, utilisées dans les exemples. De même, une bonne compréhension du mode `FOR XML EXPLICIT` décrit dans le chapitre précédent aide, sans être indispensable, à la compréhension de la section sur XPath.

Fragments et documents

Une vue XML décrit en fait un ou plusieurs types de **fragments XML**. Il existe une distinction fondamentale entre un fragment XML et un **document** XML.

Comme vous le savez, un document XML bien formé doit posséder un unique élément de niveau supérieur :

```
<Client IDClient="ANATR">
   <Commande IDClient="ANATR" IDCommande="10308"/>
   <Commande IDClient="ANATR" IDCommande="10625"/>
</Client>
```

La représentation naturelle de la structure des données de cette structure est un **arbre**. Par contraste, un fragment XML peut posséder plusieurs éléments de niveau supérieur. Voici un fragment extrait du document précédent :

```
   <Commande IDClient="ANATR" IDCommande="10308"/>
   <Commande IDClient="ANATR" IDCommande="10625"/>
```

La représentation naturelle d'un fragment est une **forêt** (une collection ordonnée d'arbres).

Schémas XDR

Comme le suggère le nom **XML Data Reduced**, XDR est une version simplifiée de XML Data, un langage de schéma pour XML (consultez http://www.w3.org/TR/1998/NOTE-XML-data/ pour plus de détails). XDR propose les blocs de construction permettant la description de formes complexes et de types de données impossibles à définir à l'aide d'une DTD, tout en étant dépourvu de la totale souplesse (mais aussi de la complexité) du XML Schema Definition Language (XSD). Vous trouverez un tutoriel sur les langages de schéma en général et sur XDR en particulier à l'adresse :
http://msdn.microsoft.com/xml/XMLGuide/schema-overview.asp.

Examinez rapidement les points fondamentaux de la création d'un schéma XDR. Regardez le fragment XML suivant, contenant deux éléments `Client`, possédant tous deux un attribut `IDClient`. Un élément `Client` possède également plusieurs éléments fils `Commande`, dont chacun contient un attribut `IDClient` et un attribut `IDCommande` :

```
<Client IDClient="ANATR">
   <Commande IDClient="ANATR" IDCommande="10308"/>
   <Commande IDClient="ANATR" IDCommande="10625"/>
   <Commande IDClient="ANATR" IDCommande="10759"/>
   <Commande IDClient="ANATR" IDCommande="10926"/>
</Client>
<Client IDClient="PARIS"/>
```

Créez maintenant un schéma XDR pour ce fragment. Un schéma XDR débute par l'élément de plus haut niveau `<Schema>`, renfermant des déclarations d'éléments et d'attributs. Ceux-ci sont respectivement déclarés à l'aide de leur nom et des balises `<ElementType>` et `<AttributeType>`. Ces balises possèdent divers attributs contrôlant le modèle de données, le type de données et autres aspects de données XML. Voici un schéma XDR décrivant le fragment XML précédent :

```
<Schema xmlns="urn:schemas-microsoft-com:xml-data">
   <AttributeType name="IDClient"/>
   <ElementType name="Commande">
      <AttributeType name="IDCommande" />
      <attribute type="IDClient"/>
      <attribute type="IDCommande" />
   </ElementType>
   <ElementType name="Client">
      <attribute type="IDClient"/>
      <element type="Commande" />
   </ElementType>
</Schema>
```

Remarquez que chaque composant du schéma appartient à l'espace de noms XDR (`urn:schemas-microsoft-com:xml-data`), et qu'il peut exister dans le schéma un nombre quelconque de déclarations `<ElementType>` et `<AttributeType>`.

Le schéma définit d'abord l'attribut `IDClient`, apparaissant dans les deux types d'éléments :

```
<AttributeType name="IDClient"/>
```

Puis il définit l'élément Commande :

```
<ElementType name="Commande">
   <AttributeType name="IDCommande" />
   <attribute type="IDClient"/>
   <attribute type="IDCommande" />
</ElementType>
```

Rappelez-vous que l'élément Commande contient deux attributs : IDClient, déjà déclaré, et IDCommande, déclaré dans la définition de Commande. Ces attributs sont définis pour Commande à l'aide de la balise <attribute>. Il ne suffit pas de les déclarer avec <AttributeType>, ils doivent l'être également avec <attribute>.

Ces déclarations sont parfaitement similaires à des variables globales et locales dans un langage de programmation. Comme IDClient est déclaré globalement, il peut être utilisé dans tout <ElementType>. En revanche, IDCommande a été déclaré localement dans l'élément <ElementType> Commande, si bien qu'il ne peut être utilisé que dans ce type d'élément (d'autres éléments <ElementType> restant libres de déclarer localement leur propre attribut IDCommande). XDR permet d'obtenir que différents éléments contiennent des attributs portant le même nom mais possédant une signification éventuellement différente.

En tout cas, il est impossible de procéder ainsi avec les déclarations <ElementType>. Celles-ci sont toujours globales (ne devant pas obligatoirement être déclarées avant d'être utilisées). Comme les éléments Client peuvent contenir des éléments Commande, vous devez utiliser un <element> dans l'<ElementType> Client :

```
<ElementType name="Client">
   <attribute type="IDClient"/>
   <element type="Commande" />
</ElementType>
```

Cet exemple simple illustre les bases de XDR, de façon suffisante pour ce chapitre, bien que XDR dispose également de moyens pour décrire des modèles objets, des ordres d'éléments, des limites sur les nombres minima ou maxima d'occurrences et bien d'autres choses. Vous trouverez une description complète de XDR à l'adresse http://msdn.microsoft.com/xml/XMLGuide/schema-overview.asp.

Mise en correspondance par défaut

Après avoir examiné les schémas XDR, vous pouvez vous demander quel est le travail supplémentaire à accomplir pour permettre le fonctionnement de ce schéma avec la base de données. De façon surprenante, la réponse peut être : « aucun ». Imaginez une partie de la table Clients de la base de données Northwind :

	IDClient	NomSociete	NomContact	TitreContact
	ALFKI	Alfreds Futterkiste	Maria Anders	Representant de commerce
	ANATR	Ana Trujillo Emparedados y helados	Ana Trujillo	Proprietaire
▶	ANTON	Antonio Moreno Taqueria	Antonio Moreno	Proprietaire
	AROUT	Around the Horn	Thomas Hardy	Representant de commerce
	BERGS	Berglunds snabbköp	Christina Berglund	Administrateur des commandes

Le schéma XDR suivant (`ch15_ex01.xdr`) peut être utilisé sans aucune modification comme vue XML de cette table :

```
<Schema xmlns="urn:schemas-microsoft-com:xml-data">
   <AttributeType name="IDClient"/>
   <AttributeType name="NomContact"/>
   <ElementType name="Clients">
      <attribute type="IDClient"/>
      <attribute type="NomContact"/>
   </ElementType>
</Schema>
```

Comment les valeurs de la base de données vont-elles alors correspondre au XML ? Comme aucune annotation ne décrit cette correspondance entre données XML et SQL Server, une **mise en correspondance par défaut** est utilisée. Celle-ci associe chaque `<ElementType>` à la table du même nom (ou à une colonne, si le contenu de l'élément est `textOnly`), et chaque `<AttributeType>` à la colonne portant le même nom. Les attributs et les éléments `textOnly` héritent de la table de leur parent.

De fait, dans le schéma précédent, chaque élément `<Clients>` sélectionne une ligne de la table nommée `Clients`. Puisque l'élément `<Clients>` possède deux attributs nommés `IDClient` et `NomContact`, les colonnes portant ces noms sont sélectionnées dans la table `Clients`. En d'autres termes, cette vue XML décrit un fragment XML possédant la forme suivante :

```
<Clients IDClient="ALFKI" NomContact="Maria Anders">
<Clients IDClient="ANATR" NomContact="Ana Trujillo">
<!—autres éléments Clients ... -->
```

Effectuer une requête SQL Server

Une façon d'obtenir ce fragment de SQL Server 2000 consiste à utiliser une requête XPath dotée d'une URL telle que celle-ci :

```
http://localhost/virtualdirectory/schema/ch15_ex01.xdr/Clients
```

Tous les exemples de ce chapitre nécessitent que vous ayez déjà créé un répertoire virtuel avec un nom virtuel de type `schema` pouvant exécuter des requêtes XPath. L'annexe E décrit en détail comment créer un tel répertoire virtuel.

> **Avant de passer à l'action, configurez SQL Server afin d'autoriser les requêtes XPath, comme cela est expliqué dans l'annexe E.**

La requête XPath précédente renvoie un fragment XML qui n'est pas un document XML bien formé. La plupart des navigateurs et autres outils XML exigent un document XML bien formé. Vous pouvez envelopper le fragment dans un élément de niveau supérieur de nom quelconque, en utilisant le paramètre d'URL `root`, comme suit :

```
http://localhost/virtualdirectory/schema/ch15_ex01.xdr/Clients?root=ROOT
```

Cette seconde requête XPath renvoie un document XML bien formé correspondant à tous les clients de la base de données :

```
<?xml version="1.0" encoding="ISO-8859-1" ?>
<ROOT>
   <Clients IDClient="ALFKI" NomContact="Maria Anders">
   <Clients IDClient="ANATR" NomContact="Ana Trujillo">
   <!—d'autres éléments Clients ... -->
</ROOT>
```

Vous pouvez essayer cet exemple dans un navigateur web compatible XML, comme IE5.x, mais souvenez-vous d'ajouter le paramètre `root` à la requête XPath. Le résultat ressemble à cela :

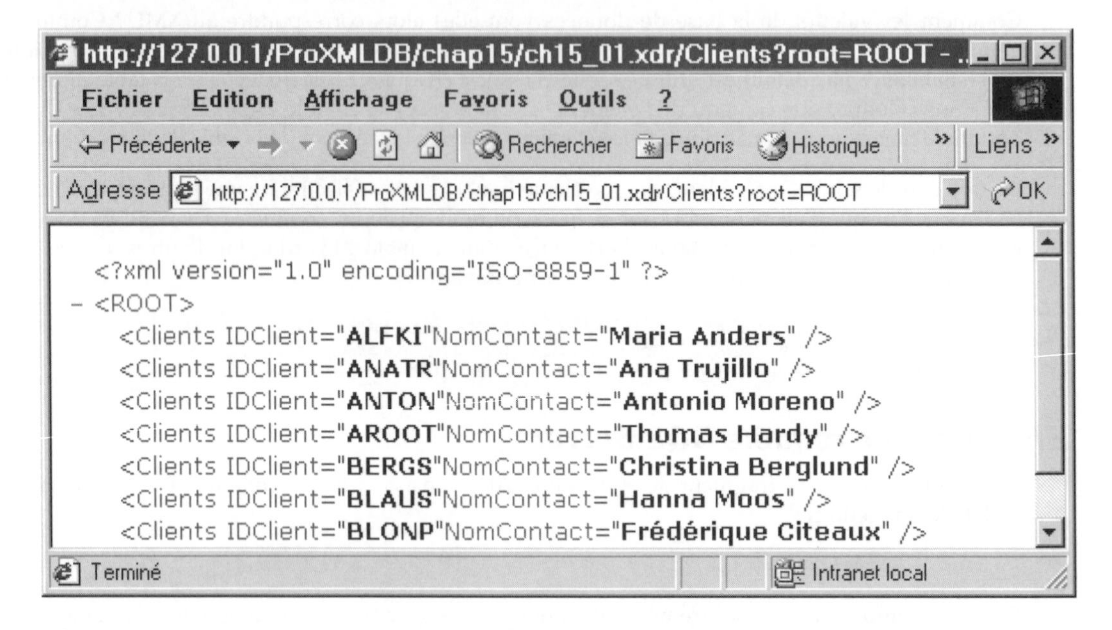

Si vous souhaitez essayer les exemples de ce chapitre à l'aide de IE5.x ou de tout autre navigateur compatible XML exigeant un XML bien formé, souvenez-vous d'ajouter un élément racine au fragment.

Ces méthodes d'accès seront détaillées dans le prochain chapitre.

Noms et autres restrictions

Une des difficultés liées à l'utilisation de la mise en correspondance par défaut tient à ce que les noms XML sont plus contraignants que les noms SQL en ce qui concerne les caractères qu'ils peuvent renfermer. Un mécanisme d'encodage spécial permet d'établir une correspondance entre les deux types de noms. Il est décrit en détail dans la documentation d'accompagnement de SQL Server. Fondamentalement, il remplace les caractères interdits dans les noms XML par `_xHHHH_`, où `H` est un chiffre hexadécimal. Par exemple, le nom SQL `[Details Commande]` est représenté par le nom XML _x005B_Commande_x0020_Details_0x005D_ : 5B et 5D sont les valeurs hexadécimales des crochets gauches et droits, tandis que 20 est la valeur hexadécimale du caractère espace, tous ces caractères étant illicites dans un nom XML.

De même, la mise en correspondance par défaut interdit à un <ElementType> de posséder des éléments enfants, puisqu'il n'existe aucun moyen de déterminer la relation de jointure entre ces éléments. En conséquence, la mise en correspondance par défaut n'est vraiment utile que pour du XML plat et lorsque les noms XML sont identiques aux noms SQL. Une mise en correspondance explicite nécessite des annotations, ce que nous allons étudier maintenant.

Schémas XDR annotés

Les annotations XDR appartiennent toutes à l'espace de noms urn:schemas-microsoft-com:xml-sql. Pour des raisons pratiques, le préfixe d'espace de noms sql est ici utilisé pour caractériser cet espace de noms. Vous allez commencer par les annotations les plus simples et les plus utilisées, pour poursuivre par les annotations plus complexes et moins fréquentes. Vous trouverez à la fin de cette section un tableau synthétisant les annotations disponibles et leurs buts.

Tables et colonnes (sql:relation et sql:field)

Les annotations sql:relation et sql:field sont fondamentales. Elles permettent de définir explicitement la correspondance entre un element, un ElementType ou un attribute et une table ou une colonne de la base de données. Essayez ces annotations dans le schéma de la section précédente pour obtenir un nouveau schéma annoté (ch15_ex02.xdr) :

```
<Schema xmlns="urn:schemas-microsoft-com:xml-data"
    xmlns:sql="urn:schemas-microsoft-com:xml-sql">
   <AttributeType name="ID"/>
   <AttributeType name="NomContact"/>
   <ElementType name="Contact" sql:relation="Clients">
      <attribute type="ID" sql:field="IDClient"/>
      <attribute type="NomContact"/>
   </ElementType>
</Schema>
```

Cette vue XML fait correspondre l'élément <Contact> à la table Clients et l'attribut ID à la colonne IDClient. Il n'est pas nécessaire de faire correspondre explicitement les attributs ID ou NomContact à la table Clients à l'aide de sql:relation : lorsqu'un attribut ou un élément correspondant à un champ ne définit pas de relation, il hérite de la table de son parent. La valeur de sql:relation peut être un simple nom de table, comme ici, ou peut être un nom composé de table SQL, de type database.owner.table. Le nom peut faire référence à toute table ou toute vue de la base de données.

Le résultat d'une requête sur ce schéma est identique à la mise en correspondance par défaut du schéma non annoté, à l'exception de la modification des noms XML :

```
<Contact ID="ALFKI" NomContact="Maria Anders">
<Contact ID="ANATR" NomContact="Ana Trujillo">
<!—autres éléments Contact ... -->
```

Alors qu'auparavant les attributs possédaient les mêmes noms que les colonnes auxquelles ils correspondaient par défaut, ici l'attribut nommé `ID` correspond à la colonne `IDClient`, expliquant comment il est possible de créer des noms XML différents des noms SQL.

Voici l'URL dont vous avez besoin pour essayer cette vue XML dans un navigateur :

```
http://localhost/virtualdirectory/schema/ch15_ex02.xdr/Contact?root=ROOT
```

Une autre utilisation fréquente de `sql:field` est de créer un XML **centré sur les éléments**, faisant correspondre les colonnes à des éléments plutôt qu'à des attributs. Par exemple, le schéma ci-dessous (`ch15_ex03.xdr`)

```
<Schema xmlns="urn:schemas-microsoft-com:xml-data"
    xmlns:sql="urn:schemas-microsoft-com:xml-sql">
<AttributeType name="ID"/>
   <ElementType name="Name" sql:field="NomContact" />
   <ElementType name="Contact" sql:relation="Clients">
      <attribute type="ID" sql:field="IDClient"/>
      <element type="Name"/>
   </ElementType>
</Schema>
```

fait correspondre la colonne `NomContact` à un sous-élément de `<Contact>` plutôt qu'à un attribut :

```
<Contact ID="ALFKI">
   <Nom>Maria Anders</Nom>
</Contact>
<Contact ID="ALFKI">
   <Nom>Ana Trujillo</Nom>
</Contact>
```

Pour afficher le XML résultant dans un navigateur web, utilisez cette URL :

```
http://localhost/virtualdirectory/schema/ch15_ex03.xdr/Contact?root=ROOT
```

Valeurs Null

Bien que la valeur SQL `NULL` puisse être interprétée de bien des façons, celle retenue par les vues XML est l'**absence**. Lorsqu'un attribut correspond à une valeur `NULL`, cette instance de l'attribut n'apparaît pas dans le XML. De même, lorsqu'un élément correspond à une valeur `NULL`, cette instance d'élément n'existe pas dans le XML.

Si jamais vous voulez remplacer ces valeurs manquantes par une valeur par défaut, XDR permet de décrire la valeur par défaut à utiliser lorsqu'un attribut n'existe pas. Par exemple :

```
<Schema xmlns="urn:schemas-microsoft-com:xml-data"
    xmlns:sql="urn:schemas-microsoft-com:xml-sql">
   <ElementType name="Client">
      <AttributeType name="Region" />
      <attribute type="Region" default="WA" />
   </ElementType>
</Schema>
```

La valeur n'apparaît toujours pas dans le XML, mais les applications peuvent maintenant traiter le schéma en connaissant la valeur par défaut à utiliser. C'est en général la meilleure solution, car elle diminue la taille du XML (et améliore donc les performances). Lorsque toutefois cette solution est inapplicable, vous pouvez utiliser les valeurs SQL par défaut dans la définition de table afin de garantir que la valeur apparaisse toujours dans les données XML.

Relations de jointures (sql:relationship)

Les annotations `sql:field` et `sql:relation` disposent d'une grande souplesse. Supposez que vous voulez maintenant produire des données XML à partir de plusieurs tables. Il faut une nouvelle annotation pour exprimer la relation de jointure entre ces tables. De façon particulièrement adéquate, cette annotation est un élément nommé `<sql:relationship>`. Ne la confondez pas avec l'annotation faussement similaire `sql:relation` : elles n'ont rien à voir.

La relation de jointure est placée dans l'élément enfants, effectuant la jointure avec son parent. Deux attributs de l'élément `<sql:relationship>`, `key-relation` et `key`, décrivent la table et la colonne du parent. Deux autres attributs, `foreign-relation` et `foreign-key`, décrivent la table et la colonne de l'enfant. Ils ne doivent pas nécessairement correspondre aux clés primaires et étrangères de la base de données : n'importe quelle colonne peut être utilisée dans cette jointure.

Le schéma ci-dessous (`ch15_ex04.xdr`) présente une jointure entre les éléments `<Contact>` et `<Commande>` :

```
<Schema xmlns="urn:schemas-microsoft-com:xml-data"
    xmlns:sql="urn:schemas-microsoft-com:xml-sql">
   <AttributeType name="ID"/>
   <AttributeType name="Name"/>
   <ElementType name="Commande" sql:relation="Commandes">
      <attribute type="ID" sql:field="IDCommande" />
   </ElementType>
   <ElementType name="Contact" sql:relation="Clients">
      <attribute type="ID" sql:field="IDClient"/>
      <attribute type="Name" sql:field="NomContact"/>
      <element type="Commande">
               <sql:relationship key-relation="Clients" key="IDClient"
           foreign-relation="Commandes" foreign-key="IDClient" />
      </element>
   </ElementType>
</Schema>
```

Cette relation est identique à la condition de jointure SQL `Clients JOIN Commandes ON Clients.IDClient = Commandes.IDClient`, comme dans cette requête :

```
SELECT Clients.IDClient, NomContact, IDCommande FROM Clients
JOIN Commandes ON Clients.IDClient = Commandes.IDClient
FOR XML AUTO
```

Le XML obtenu à l'aide de ce schéma est le suivant :

```
<Contact ID="ALFKI" Name="Maria Anders">
   <Commande ID="10643"/>
   <Commande ID="10692"/>
   <Commande ID="10702"/>
```

```
    <Commande ID="10835"/>
    <Commande ID="11011"/>
  </Contact>
  <Contact ID="ANATR" Name="Ana Trujillo">
    <Commande ID="10308"/>
    <Commande ID="10625"/>
    <Commande ID="10759"/>
    <Commande ID="10926"/>
  </Contact>
  <!-- ... -->
```

Jointures multicolonnes

Des tables possèdent parfois des jointures multicolonnes. Par exemple, une table `Clients` peut être liée à une table `Adresses` à l'aide des deux colonnes `Prenom` et `NomFamille`. Dans ce cas, les noms des colonnes doivent être séparés par un espace dans les valeurs des clés primaire et externe :

```
<sql:relationship key-relation="Clients" key="PrenomNomFamille"
     foreign-relation="Adresses" foreign-key="PrenomNomFamille"/>
```

Cela est équivalent à la jointure SQL :

```
Clients JOIN Adresses ON
Clients.Prenom=Adresses.PrenomAND Clients.NomFamille=Adresses.NomFamille
```

Remarquez que l'ordre des colonnes est capital : elles sont appariées selon leur ordre d'apparition.

Une jointure comme celle-ci ne pose aucun problème si les noms des colonnes comportent des espaces, puisque de tels noms sont déjà encadrés de crochets afin d'être des noms SQL licites. Par exemple :

```
<sql:relationship key-relation="Clients" key="[Premier Nom] [Dernier Nom]"
    foreign-relation="Adresses" foreign-key="[Premier Nom] [Dernier Nom]"/>
```

Tables de liaison

Autre scénario classique de jointure, une relation entre deux tables effectuées à l'aide d'une ou de plusieurs tables intermédiaires (tables de liaison). Par exemple, dans la base de données Northwind, `Commandes` et `Produits` sont reliées par l'intermédiaire de la table `Details Commande` :

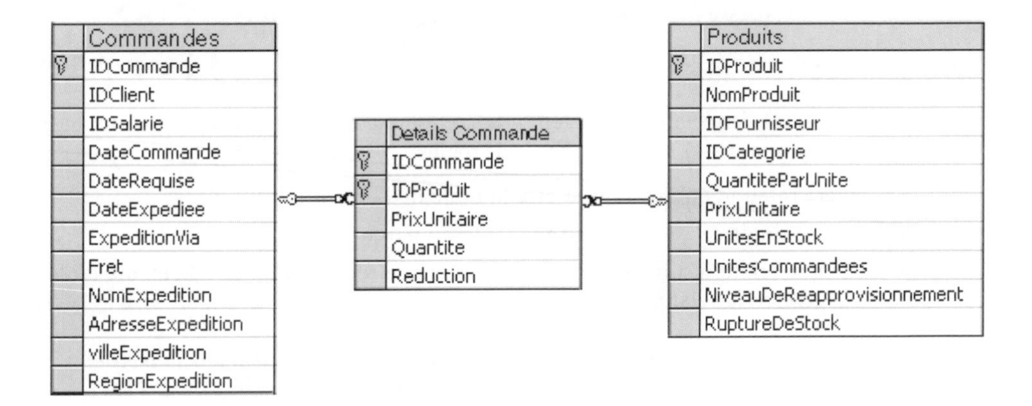

Ce type de jointure peut être décrit à l'aide d'éléments `sql:relationship` supplémentaires placés dans l'enfant. L'exemple suivant (`ch15_ex05.xdr`) montre une jointure entre `Commandes` et `Produits` effectuée à l'aide de la table `Details Commande` en tant que table intermédiaire :

```
<Schema xmlns="urn:schemas-microsoft-com:xml-data"
    xmlns:sql="urn:schemas-microsoft-com:xml-sql">

<AttributeType name="ID"/>
   <ElementType name="Produit" sql:relation="Produits">
      <AttributeType name="PrixUnitaire"/>
      <attribute type="ID" sql:field="IDProduit" />
      <attribute type="PrixUnitaire" />
   </ElementType>
   <ElementType name="Commande" sql:relation="Commandes">
      <attribute type="ID" sql:field="IDCommande" />
      <element type="Produit">
               <sql:relationship key-relation="Commandes" key="IDCommande"
           foreign-relation="[Details CommandeDetails Commande]" foreign-
key="IDCommande" />
               <sql:relationship key-relation="[Details CommandeDetails
Commande]" key="IDProduit"
           foreign-relation="Produits" foreign-key="IDProduit" />
      </element>
   </ElementType>
</Schema>
```

Le XPath `Commande` de ce schéma produit le XML suivant :

```
<Commande ID="10248">
   <Produit ID="11" PrixUnitaire="21.0000"/>
   <Produit ID="42" PrixUnitaire="14.0000"/>
   <Produit ID="72" PrixUnitaire="34.8000"/>
</Commande>
<Commande ID="10249">
   <Produit ID="14" PrixUnitaire="23.2500"/>
   <Produit ID="51" PrixUnitaire="53.0000"/>
</Commande>
<Commande ID="10250">
   <Produit ID="41" PrixUnitaire="9.6500"/>
```

```
    <Produit ID="51" PrixUnitaire="53.0000"/>
    <Produit ID="65" PrixUnitaire="21.0500"/>
  </Commande>
  <!-- ... -->
```

Comme dans la réalité, les relations peuvent être compliquées. Pour vous épargner toute frustration (et éventuellement un cœur brisé), respectez ces trois règles :

- la dernière relation étrangère doit être la table de l'enfant ;
- la première clé de relation doit être la table du parent (*) ;
- pour chaque relation suivant la première, sa clé de relation doit être la même table que la clé étrangère de la relation précédente.

** Cette seconde règle est plus précisément : la clé de la première relation doit être la table du premier ancêtre correspondant, ce qui est normalement, mais pas toujours, le parent. Vous verrez plus loin comment cela fonctionne, lors de la description des éléments constant.*

Jointures qualifiées (sql:limit-field et sql:limit-value)

Autre scénario fréquent en bases de données, les **jointures qualifiées**. Par exemple, dans la base de données Northwind, la table `Produits` contient des produits disponibles ou en rupture de stock. L'état d'un produit est indiqué à l'aide de la colonne nommée `RuptureDeStock` de la table `Produits` : la valeur 1 signale que le produit est en rupture de stock, 0 qu'il est disponible. Imaginez que, dans l'exemple précédent, vous ne vouliez voir que les produits disponibles. Cela serait exprimé en SQL par :

```
Commandes JOIN [Details CommandeDetails Commande] ON
Commandes.IDCommande=[Details CommandeDetails Commande].IDCommande
JOIN ProduitsON [Details CommandeDetails Commande].IDProduit=Produits.IDProduit
AND Produits.RuptureDeStock = 0
```

Pour exprimer une telle jointure spéciale dans un schéma annoté, il faut une nouvelle annotation.

Les annotations `sql:limit-field` et `sql:limit-value` servent à qualifier une jointure. Placées dans un `element` ou un `attribute` possédant une relation de jointure, ces annotations ne sélectionnent cet élément (ou attribut) que si le `limit-field` est égal à la valeur limite (`limit-value`) indiquée, ou à `NULL` si `limit-value` n'est pas spécifié.

Cela est montré en modifiant le schéma précédent afin d'utiliser une jointure qualifiée (`ch15_ex06.xdr`) :

```
<Schema xmlns="urn:schemas-microsoft-com:xml-data"
    xmlns:sql="urn:schemas-microsoft-com:xml-sql">
<AttributeType name="ID"/>
   <ElementType name="Produit" sql:relation="Produits">
      <AttributeType name="PrixUnitaire"/>
      <attribute type="ID" sql:field="IDProduit" />
      <attribute type="PrixUnitaire" />
   </ElementType>
   <ElementType name="Commande" sql:relation="Commandes">
      <attribute type="ID" sql:field="IDCommande" />
      <element type="Produit"
    sql:limit-field="RuptureDeStock" sql:limit-value="0">
```

```
                <sql:relationship key-relation="Commandes" key="IDCommande"
            foreign-relation="[Details CommandeDetails Commande]" foreign-
key="IDCommande" />
                <sql:relationship key-relation="[Details CommandeDetails
Commande]" key="IDProduit"
            foreign-relation="Produits" foreign-key="IDProduit" />
      </element>
   </ElementType>
</Schema>
```

Ce schéma et un XPath Commande aboutit à des données XML excluant les articles en rupture de stock :

```
<Commande ID="10248">
   <Produit ID="11" PrixUnitaire="21.0000"/>
   <Produit ID="72" PrixUnitaire="34.8000"/>
</Commande>
<Commande ID="10249">
   <Produit ID="14" PrixUnitaire="23.2500"/>
   <Produit ID="51" PrixUnitaire="53.0000"/>
</Commande>
<!-- ... -->
```

Clés : imbrication et tri (sql:key-fields)

XML est ordonné, et constitue des données hiérarchisées. SQL Server utilise un ensemble de lignes afin de produire la hiérarchie XML (reportez-vous aux explications concernant FOR XML EXPLICIT et la table universelle dans le chapitre précédent pour plus de précisions). De ce fait, l'ordre est capital afin d'obtenir les résultats XML attendus *via* une requête XPath. Les Updategrams ont également besoin des clés pour identifier de façon unique les éléments.

En général, les relations de jointure contiennent suffisamment d'informations pour déterminer les clés des tables utilisées. Parfois cependant, un schéma annoté ne contient pas suffisamment d'informations de clé. Par exemple, regardez le schéma suivant (ch15_ex07.xdr), utilisant Commande Details et Produits :

```
<Schema xmlns="urn:schemas-microsoft-com:xml-data"
    xmlns:sql="urn:schemas-microsoft-com:xml-sql">
<AttributeType name="ID"/>
   <ElementType name="Produit" sql:relation="Produits">
      <attribute type="ID" sql:field="IDProduit"/>
   </ElementType>
   <ElementType name="Detail" sql:relation="[Details CommandeDetails Commande]">
      <attribute type="ID" sql:field="IDCommande" />
      <element type="Produit">
                <sql:relationship key-relation="[Details Commande]"
key="IDProduit"
            foreign-relation="Produits" foreign-key="IDProduit" />
      </element>
   </ElementType>
</Schema>
```

Les lignes de la table Details Commande sont identifiées de façon unique à l'aide de IDCommande et IDProduit : un seul des deux n'est pas suffisant. Ce schéma n'indique cependant pas que IDCommande est une clé de la table Details Commande.

En conséquence, XPath ne possède pas suffisamment d'informations pour trier correctement les résultats XML. Au mieux, cela peut aboutir à des résultats indéterminés, le XML étant classé différemment d'une fois sur l'autre. Dans le pire des cas, le fragment XML résultant peut imbriquer incorrectement les éléments. Les Updategrams éprouvent aussi des difficultés à utiliser ce schéma, puisqu'ils sont incapables d'identifier de façon unique les éléments `<Detail>`.

L'annotation `sql:key-fields` apporte une solution à ce problème en permettant d'établir une liste de toutes les colonnes clé utilisées par un élément ou un attribut. Comme les erreurs résultant de clés manquantes sont souvent difficiles à identifier, il est fortement recommandé de toujours dresser une liste explicite des champs clés de tous les éléments (et de tous les attributs possédant une relation de jointure, c'est-à-dire tout attribut provenant d'une table autre que celle de son élément parent).

Le schéma précédent a été modifié pour montrer les `key-fields` en action, afin d'obtenir ce qui suit (`ch15_ex08.xdr`) :

```
<Schema xmlns="urn:schemas-microsoft-com:xml-data"
    xmlns:sql="urn:schemas-microsoft-com:xml-sql">
<AttributeType name="ID"/>
   <ElementType name="Produit" sql:relation="Produits">
      <attribute type="ID" sql:field="IDProduit"/>
   </ElementType>
   <ElementType name="Detail" sql:relation="[Details Commande]"
                  sql:key-fields="IDCommande IDProduit">
      <attribute type="ID" sql:field="IDCommande" />
      <element type="Produit"
            sql:key-fields="IDProduit">
                  <sql:relationship key-relation="[Details Commande]"
key="IDProduit"
            foreign-relation="Produits" foreign-key="IDProduit" />
      </element>
   </ElementType>
</Schema>
```

La vue XML reste identique (les champs clés n'apparaissent dans le résultat que s'ils sont sélectionnés ailleurs dans le schéma), mais les langages de requêtes tels XPath et updategrams, utilisant les vues XML, possèdent désormais les informations sur les clés dont ils ont besoin pour fonctionner correctement.

Les colonnes énumérées dans `sql:key-fields` peuvent parfois servir à contrôler l'ordre de tri. Par exemple, si dans les résultats d'un XPath vous souhaitez que les éléments ne soient pas triés selon la clé primaire mais selon une autre colonne, vous pouvez parfois y parvenir en plaçant cette colonne dans la valeur de `key-fields`. Pour un tri d'ordre plus général, vous devrez recourir à un traitement ultérieur, par exemple avec XSLT.

Autres mises en correspondance

Jusqu'à présent, toutes les données XML possédaient une correspondance un à un avec des valeurs de la base de données (et *vice versa*). Il existe cependant trois autres annotations permettant d'autres façons de contrôler la mise en correspondance entre le XML et la base de données. Vous pouvez choisir :

- d'ignorer certains éléments ou attributs dans le schéma, et ne pas les faire correspondre : **données sans correspondance** ;
- de produire des éléments dépourvus de correspondance : **éléments constants** ;
- de faire correspondre des blocs de XML à une seule colonne : **texte xml**.

Regardez chacune de ces annotations pour savoir pourquoi vous pourriez souhaiter les utiliser.

Données sans correspondance (sql:map-field)

Il existe souvent des éléments ou des attributs de schéma ne devant correspondre à rien dans la base de données. Cela se produit fréquemment lorsque vous travaillez avec un schéma préexistant, ou partagé avec d'autres applications, et qu'il n'existe pas d'information correspondante dans la base de données. De telles données sans correspondance sont signalées à l'aide de l'annotation `sql:map-field`. Sa valeur peut être `0` (faux) ou `1` (vrai). Il n'est cependant pas nécessaire de spécifier `sql:map-field="1"`, parce que sa valeur par défaut est vrai. Un exemple (où elle est spécifiée comme faux) est présenté ci-dessous (`ch15_ex09.xdr`) :

```
<Schema xmlns="urn:schemas-microsoft-com:xml-data"
    xmlns:sql="urn:schemas-microsoft-com:xml-sql">
<AttributeType name="ID"/>
   <AttributeType name="Ville"/>
   <AttributeType name="PasDeCorrespondance" />
   <ElementType name="Contact" sql:relation="Clients" sql:key-fields="IDClient">
      <attribute type="ID" sql:field="IDClient"/>
      <attribute type="Ville" />
      <attribute type="PasDeCorrespondance" sql:map-field="0"/>
   </ElementType>
</Schema>
```

Toute donnée sans correspondance est totalement ignorée : elle n'apparaît pas dans le XML résultant d'une requête, et ne sera pas traitée par une insertion ou une mise à jour. En conséquence, le schéma précédent aboutit au même résultat XML que si l'attribut `PasDeCorrespondance` n'existait pas.

Lorsqu'un élément ne possède pas de correspondance, ses descendants en sont également automatiquement dépourvus.

Éléments constants (sql:is-constant)

D'autres fois, un élément ne possède pas de correspondance avec une quelconque valeur de la base de données, tout en devant apparaître dans le XML. Les exemples les plus fréquents sont les éléments encapsulateurs qui se bornent à contrôler la structure des données XML. Ces éléments sont fréquemment présents dans les schémas *BizTalk*, par exemple. Lorsqu'un élément doit apparaître dans le résultat XML sans provenir de la base de données, utilisez l'annotation `sql:is-constant`. Comme `sql:map-field`, cette annotation possède une valeur `0` ou `1`, la valeur par défaut étant faux.

Voici un exemple d'élément constant superflu, `<ListeCommande>` (`ch15_ex10.xdr`) :

```
<Schema xmlns="urn:schemas-microsoft-com:xml-data"
    xmlns:sql="urn:schemas-microsoft-com:xml-sql">
<AttributeType name="ID"/>
   <AttributeType name="Name"/>
   <ElementType name="Commande" sql:relation="Commandes">
      <attribute type="ID" sql:field="IDCommande" />
   </ElementType>
   <ElementType name="ListeCommande" sql:is-constant="1">
      <element type="Commande">
               <sql:relationship key-relation="Clients" key="IDClient"
           foreign-relation="Commandes" foreign-key="IDClient" />
```

```
            </element>
        </ElementType>
        <ElementType name="Contact" sql:relation="Clients">
            <attribute type="ID" sql:field="IDClient"/>
            <attribute type="Name" sql:field="NomContact"/>
            <element type="ListeCommande"/>
        </ElementType>
    </Schema>
```

Remarquez que, dans cet exemple, <ListeCommande> ne fait rien d'autre que d'occuper un espace perdu dans les données XML. Cela n'empêche que de tels schémas sont très fréquents en pratique. Ce schéma produit un XML comme suit :

```
<Contact ID="ALFKI" Name="Maria Anders">
    <ListeCommande>
        <Commande ID="10643"/>
        <Commande ID="10692"/>
        <Commande ID="10702"/>
        <Commande ID="10835"/>
        <Commande ID="11011"/>
    </ListeCommande>
</Contact>
<Contact ID="ANATR" Name="Ana Trujillo">
    <ListeCommande>
        <Commande ID="10308"/>
        <Commande ID="10625"/>
        <Commande ID="10759"/>
        <Commande ID="10926"/>
    </ListeCommande>
</Contact>
<!-- ... -->
```

Les éléments constants peuvent être imbriqués les uns dans les autres, et ne doivent pas posséder d'éléments enfants. Ils ne peuvent cependant contenir d'attributs possédant une correspondance, puisqu'il n'existe pas de table à partir de laquelle un tel attribut puisse être sélectionné.

Dans la plupart des cas, les éléments constants sont ignorés. Comme le montre l'exemple ci-dessus, l'élément constant <ListeCommande> n'intervient pas dans la relation de jointure entre <Contact> et ses descendants <Commande>. Cette relation de jointure reste exactement la même qu'en l'absence de l'élément intermédiaire <ListeCommande>.

Texte XML (sql:overflow-field)

Il existe au moins trois situations où les champs de dépassement de capacité (*overflow field*) sont précieux :

1. Il est probable que l'utilisation la plus fréquente est de faire correspondre un bloc de texte (en général XML) stocké dans la base de données en données XML sans **mise en entité (*entitization*)**. Comme XML traite de façon spéciale certains caractères comme l'esperluette (&) et le signe inférieur à (<), ceux-ci doivent normalement être encodés en tant qu'entités particulières (respectivement `&` et `<`). Si une colonne de base de données contient des données XML, celles-ci sont déjà sous forme d'entités, si bien qu'il est préférable de ne pas procéder à une seconde mise en entités, aboutissant par exemple

à `&` au lieu de `&`. Lorsque vous voulez préserver la structure XML des données, ou passer outre la mise en entité pour toute autre raison, vous pouvez le faire à l'aide de l'annotation `sql:overflow-field`. Regardez également l'annotation `sql:use-cdata` plus loin dans ce chapitre, autre méthode pour éviter la mise en entités.

2. Une autre utilisation consiste à stocker des blocs de XML tels quels à l'intérieur de la base de données, sans décomposer le XML en lignes et colonnes individuelles. De telles données XML sont dénommées « dépassement » car elles se logent intégralement dans le champ de dépassement de capacité. Dans ce cas, tout XML rencontré par une mise à jour ou une insertion Updategram ne correspondant pas à des lignes et colonnes se trouve placé dans la colonne de dépassement et inséré en l'état dans la base de données.

3. Un troisième scénario est celui de la génération de contenu mixte. Au moment de l'écriture de ce livre, les vues XML ne prennent pas directement en charge le contenu mixte. Tout schéma susceptible de générer du contenu mixte (par exemple, un `<ElementType>` correspondant à un champ mais possédant également des éléments enfants) génère une erreur. Le champ de dépassement permet néanmoins de générer un contenu mixte, soit directement (en renfermant lui-même un contenu mixte), soit indirectement (en combinaison avec d'autres éléments). L'exemple suivant illustre ces deux techniques.

Tout d'abord, créez une table possédant une colonne de dépassement de capacité (`ch15_ex11.sql`) :

```
CREATE TABLE ContenuMixte (cid nchar(5) PRIMARY KEY, xml nvarchar(100))
INSERT INTO ContenuMixte
VALUES(N'ALFKI', N'<overflow>Un dépassement combiné avec des éléments enfants
peut produire un contenu mixte</overflow>')
INSERT INTO ContenuMixte
VALUES(N'XXXX', N'<overflow>Tandis que le dépassement lui-même peut être du
<mixed/> contenu</overflow>')
```

Puis un schéma l'utilisant (`ch15_ex11.xdr`) :

```
<Schema xmlns="urn:schemas-microsoft-com:xml-data"
    xmlns:sql="urn:schemas-microsoft-com:xml-sql">
<AttributeType name="ID"/>
   <ElementType name="Client" sql:relation="Clients">
      <attribute type="ID" sql:field="IDClient" />
   </ElementType>
   <ElementType name="ContenuMixte" sql:overflow-field="xml" content="mixed">
      <element type="Client">
         <sql:relationship key-relation="ContenuMixte" key="cid"
               foreign-relation="Clients" foreign-key="IDClient" />
      </element>
   </ElementType>
</Schema>
```

Ils produisent ensemble un XML doté de contenu mixte :

```
<ContenuMixte>
   Un dépassement combiné avec des éléments enfants peut produire un contenu
mixte
   <Client ID="ALFKI"/>
</ContenuMixte>
<ContenuMixte>
```

```
Tandis que le dépassement lui-même peut être du <mixed/> contenu
</ContenuMixte>
```

Cet exemple nécessite pour fonctionner la version web 2. Reportez-vous à MSDN pour les informations de mise à jour.

Types de données (sql:datatype, dt:type, sql:id-prefix)

Il est probable que le plus gros problème lors de la génération de vue XML de données SQL consiste à gérer les immenses différences entre leurs systèmes de types de données. XDR et SQL possèdent des systèmes radicalement divergents, tandis que XPath en possède encore un autre. Au moment de l'écriture de ce livre, XSD et XML Query Language ne sont pas encore finalisés, mais les deux posséderont un type de données particulier et différent.

Les types de données SQL ne sont pas étudiés ici. L'annotation `sql:datatype` existe principalement pour permettre aux updategrams (programmes d'actualisation) de gérer certains types binaires ainsi que pour améliorer les performances XPath (en évitant les conversions superflues). Avec SQL Server 2000, seuls les types SQL BLOB comme `binary` et `text` sont licites dans `sql:datatype`. Dans la dernière version web SQL XML (ainsi que dans SQL Server 2000 SP1), `sql:datatype` a été entendu afin d'accepter tous les types SQL tels `nchar` et `dateTime`. L'impact de l'annotation `sql:datatype` est décrite plus loin, avec les différents langages de requête. Vous découvrirez également une description des types XPath dans la section XPath, plus loin dans ce chapitre.

Le système de types XDR est relativement simple. Les types appartiennent à un espace de noms différent, `urn:schemas-microsoft-com:datatypes`, qui se verra ici toujours affecté du préfixe d'espace de noms `dt`. Voici un exemple d'un schéma possédant à la fois des types XDR et SQL (`ch15_ex12.xdr`) :

Les valeurs de sql:datatype de cet exemple nécessitent la dernière version web SQL XML ou SQL Server 2000 SP1 ou ultérieur. Supprimez les sql:datatypes afin d'utiliser ce schéma avec toute version antérieure de SQL XML.

```
<Schema xmlns="urn:schemas-microsoft-com:xml-data"
    xmlns:sql="urn:schemas-microsoft-com:xml-sql"
    xmlns:dt="urn:schemas-microsoft-com:datatypes">
   <AttributeType name="IDProduit" dt:type="id" sql:id-prefix="P"/>
   <AttributeType name="NomProduit" dt:type="string"/>
   <AttributeType name="PrixUnitaire" dt:type="fixed.14.4"
sql:datatype="money"/>
   <AttributeType name="IDFournisseur" dt:type="int" sql:datatype="int"/>
   <AttributeType name="UnitesEnStock" dt:type="i4" sql:datatype="smallint"/>
   <AttributeType name="UnitesCommandees" dt:type="i2" sql:datatype="smallint"/>
   <AttributeType name="RuptureDeStock" dt:type="boolean"/>
   <ElementType name="Produit" sql:relation="Produits">
      <attribute type="IDProduit" />
      <attribute type="NomProduit" />
      <attribute type="PrixUnitaire" />
      <attribute type="IDFournisseur"/>
      <attribute type="UnitesEnStock"/>
```

```
        <attribute type="UnitesCommandees"/>
        <attribute type="RuptureDeStock"/>
    </ElementType>
</Schema>
```

et voici une partie du XML produit :

```
<Produit IDProduit="P1" NomProduit="Chai" PrixUnitaire="18.0000"
     IDFournisseur="1" UnitesEnStock="39" UnitesCommandees="0"
RuptureDeStock="0"/>
<Produit IDProduit="P2" NomProduit="Chang" PrixUnitaire="19.0000"
     IDFournisseur="1" UnitesEnStock="17" UnitesCommandees="40"
RuptureDeStock="0"/>
<Produit IDProduit="P3" NomProduit="Aniseed Syrup" PrixUnitaire="10.0000"
     IDFournisseur="1" UnitesEnStock="13" UnitesCommandees="70"
RuptureDeStock="0"/>
<Produit IDProduit="P4" NomProduit="Chef Anton&apos;s Cajun Seasoning"
     PrixUnitaire="22.0000" IDFournisseur="2" UnitesEnStock="53"
UnitesCommandees="0"
     RuptureDeStock="0"/>
<!-- ... -->
```

XDR possède en tout trente-cinq types de données différents.

Booléens et binaires

Vous avez déjà rencontré des exemples des types XDR `boolean`, recevant les valeurs `0` (faux) et `1` (vrai). Par exemple, les annotations `sql:map-field` et `sql:is-constant` sont toutes deux de type booléen. Le type XDR `boolean` est de fait identique au type SQL `bit`.

Les types `bin.base64` et `bin.hex` servent à indiquer qu'une valeur XML est en fait une valeur binaire, codée soit en Base 64 soit en BinHex afin d'être un XML licite. Bien qu'il n'existe pas vraiment de valeur SQL correspondante, `FOR XML` peut encoder en Base 64 des valeurs SQL binaires. Examinez également la section sur l'annotation `sql:url-encode`.

Chaînes

Le type `string` représente toute valeur chaîne, tandis que le type `char` concerne des valeurs à caractère unique. Six autres types (`entity`, `entities`, `enumeration`, `notation`, `uri` et `uuid`) sont des valeurs chaîne possédant une signification spéciale en XML, mais ne sont pas autrement importantes en tant qu'annotations de vues XML. Les types XDR chaîne sont globalement équivalents aux types SQL chaîne Unicode comme `nvarchar`.

Nombres

Si vous étiez passionné par les maths à l'école, vous adorerez les quatorze types de données XDR. Il s'agit de `fixed.14.4`, `float`, `i1`, `i2`, `i4`, `i8`, `int`, `number`, `r4`, `r8`, `ui1`, `ui2`, `ui4` et `ui8`. Comme le suggère son nom, `fixed.14.4` prend en charge jusqu'à quatorze chiffres avant la virgule et jusqu'à quatre après, faisant de `fixed.14.4` un type monétaire idéal. Les types `i1` à `i8` sont des entiers signés, où le nombre indique le nombre d'octets. De même, les types `ui1` à `ui8` sont des entiers non signés. Les types à virgule flottante `r4` et `r8` sont respectivement des nombres en virgule flottante IEEE 754 de simple et de double précision.

Remarquez que SQL'92 (la version SQL implémentée dans SQL Server 2000) ne prend pas en charge les entiers non signés, ni les nombres en virgule flottante IEEE 754 (pas d'infinis, de `NaNs`, etc.). Il n'est en conséquence pas toujours possible de trouver une correspondance parfaite entre des nombres SQL et XDR. En cas de doute, assurez-vous de retenir un type capable de stocker toute variable que vous êtes susceptible d'y placer.

Pour faciliter les choses, voici une synthèse des types numériques XDR, présentant leur plage d'acceptabilité :

Type	**Plage**
`fixed.14.4`	Comme `number`, avec un maximum de 14 chiffres avant et 4 chiffres après le séparateur décimal
`float`	Identique à r8
`i1`	-128 à 127
`i2`	-32768 à 32767
`i4`	-2147483648 à 2147483647
`i8`	-9223372036854775808 à 9223372036854775807
`int`	Synonyme de i4
`number`	Identique à r8
`r4`	1.17549435E-38 à 3.40282347E+38
`r8`	2.2250738585072014E-308 à 1.7976931348623157E+308
`ui1`	0 à 255
`ui2`	0 à 65535
`ui4`	0 à 4294967295
`ui8`	0 à 18446744073709551615

Identificateurs

Le type `id` est spécial en XML. Il s'agit d'une chaîne, devant cependant respecter les règles de `Name` selon la grammaire formelle XML (voir http://www.w3.org/TR/REC-xml#NT-Name). Une définition simplifiée de cette règle est qu'un `id` XML consiste en une lettre suivie d'un nombre quelconque de chiffres, de caractères ou de traits de soulignement (*underscore*). Plus encore, les valeurs XML `id` d'un document doivent être uniques. Ainsi, les valeurs `id` se comportent dans un document XML comme une clé primaire.

Le type `idref` est une référence vers un élément possédant cet `id`. Par conséquent, les valeurs `idref` doivent également être des valeurs `id` valides. Ces valeurs ne sont cependant pas nécessairement uniques, et c'est en général le cas. Le type `idrefs` est une liste séparée par des espaces de valeurs `idref`. Les types `idref` et `idrefs` peuvent être utilisés conjointement à `id` pour obtenir une structure de type graphique dans un document XML.

Les types nmtoken et nmtokens sont similaires à idref et idrefs. Bien qu'ils ne référencent pas d'autres valeurs dans le document et ne doivent pas nécessairement être uniques, les valeurs de ce type doivent respecter la règle NCName.

Comme ces types doivent respecter la règle NCName, alors que les données de la base de données peuvent ne pas le faire (par exemple, une clé primaire entière) ou peuvent manquer d'unicité dans le document (par exemple, deux tables avec des clés entières dont les valeurs peuvent se chevaucher), l'annotation sql:id-prefix est parfois nécessaire. Cette annotation peut être utilisée avec n'importe quel type id, idref, idrefs, nmtoken ou nmtokens. La valeur de sql:id-prefix est ajoutée à la valeur de la base de données (qui est d'abord convertie en nvarchar). C'est à l'utilisateur que revient la responsabilité de vérifier que le préfixe id aboutit bien à des valeurs id uniques et correctement mises en forme.

Un type idrefs contient généralement plusieurs valeurs. Bien que la valeur idrefs puisse déjà être stockée dans une unique colonne de la base de données, comme liste, délimitée par des espaces, de valeurs id, il est plus courant que la valeur idrefs sélectionne à partir de plusieurs colonnes. Dans ce cas, l'attribut ou l'élément de type idrefs nécessite une relation de jointure. Le schéma suivant (ch15_ex13.xdr) montre en action ces trois types d'identificateurs :

```
<Schema xmlns="urn:schemas-microsoft-com:xml-data"
    xmlns:sql="urn:schemas-microsoft-com:xml-sql"
    xmlns:dt="urn:schemas-microsoft-com:datatypes">
   <ElementType name="Client" sql:relation="Clients">
      <AttributeType name="ID" dt:type="id"/>
      <AttributeType name="Commandes" dt:type="idrefs" sql:id-prefix="O"/>
      <attribute type="ID" sql:field="IDClient"/>
      <attribute type="Commandes" sql:relation="Commandes"
sql:field="IDCommande">
      <sql:relationship key-relation="Clients" key="IDClient"
          foreign-relation="Commandes" foreign-key="IDClient"/>
   </attribute>
   <element type="Commande">
         <sql:relationship key-relation="Clients" key="IDClient"
             foreign-relation="Commandes" foreign-key="IDClient"/>
      </element>
   </ElementType>
   <ElementType name="Commande" sql:relation="Commandes">
      <AttributeType name="ID" dt:type="id" sql:id-prefix="O"/>
      <AttributeType name="Salarie" dt:type="idref" sql:id-prefix="E"/>
      <attribute type="ID" sql:field="IDCommande"/>
      <attribute type="Salarie" sql:field="IDSalarie"/>
   <element type="Salarie">
      <sql:relationship key-relation="Commandes" key="IDSalarie"
        foreign-relation="Salaries" foreign-key="IDSalarie"/>
   </element>
   </ElementType>
   <ElementType name="Salarie" sql:relation="Salaries">
      <AttributeType name="ID" dt:type="id" sql:id-prefix="E"/>
      <attribute type="ID" sql:field="IDSalarie"/>
   </ElementType>
</Schema>
```

Le XML obtenu à partir du schéma précédent affiche à la fois les préfixes `id` et les valeurs `idrefs` concaténées :

```
<Client ID="ALFKI" Commandes="O10643 O10692 O10702 O10835 O10952 O11011">
   <Commande ID="O10835" Salarie="E1"/>
   <Commande ID="O10952" Salarie="E1">
      <Salarie ID="E1"/>
      <Salarie ID="E1"/>
   </Commande>
   <Commande ID="O11011" Salarie="E3">
      <Salarie ID="E3"/>
   </Commande>
   <Commande ID="O10692" Salarie="E4"/>
   <Commande ID="O10702" Salarie="E4">
      <Salarie ID="E4"/>
      <Salarie ID="E4"/>
   </Commande>
   <Commande ID="O10643" Salarie="E6">
      <Salarie ID="E6"/>
   </Commande>
</Client>
<Client ID="ANATR" Commandes="O10308 O10625 O10759 O10926">
   <Commande ID="O10625" Salarie="E3"/>
   <Commande ID="O10759" Salarie="E3">
      <Salarie ID="E3"/>
      <Salarie ID="E3"/>
   </Commande>
   <Commande ID="O10926" Salarie="E4">
      <Salarie ID="E4"/>
   </Commande>
   <Commande ID="O10308" Salarie="E7">
      <Salarie ID="E7"/>
   </Commande>
</Client>
<!-- ... -->
```

Dates et heures

XDR possède cinq types date/heure : `date`, `time`, `dateTime`, `dateTime.tz` et `time.tz`. Les deux dernières sont des variantes de fuseau horaire respectivement de `dateTime` et de `time`. Comme le suggère leurs noms, `date` ne contient que la partie date, `time` seulement la partie heure, tandis que `dateTime` combine les deux. Le format utilisé par XDR est fondé sur ISO 8601 (voir http://www.w3.org/TR/NOTE-datetime). Ce schéma (`ch15_ex14.xdr`) présente ces cinq types :

```
<Schema xmlns="urn:schemas-microsoft-com:xml-data"
    xmlns:sql="urn:schemas-microsoft-com:xml-sql"
    xmlns:dt="urn:schemas-microsoft-com:datatypes">
<AttributeType name="date" dt:type="date" />
   <AttributeType name="time" dt:type="time" />
   <AttributeType name="dateTime" dt:type="dateTime"/>
   <AttributeType name="time.tz" dt:type="time.tz"/>
   <AttributeType name="dateTime.tz" dt:type="dateTime.tz"/>
   <ElementType name="Example" sql:relation="Commandes">
      <attribute type="date" sql:field="DateCommande"/>
      <attribute type="time" sql:field="DateCommande"/>
      <attribute type="dateTime" sql:field="DateCommande"/>
```

```
      <attribute type="time.tz" sql:field="DateCommande"/>
      <attribute type="dateTime.tz" sql:field="DateCommande"/>
   </ElementType>
</Schema>
```

aboutissant à ce XML :

```
<Example date="1996-07-04" time="00:00:00" dateTime="1996-07-04T00:00:00"
     time.tz="00:00:00" dateTime.tz="1996-07-04T00:00:00"/>
<Example date="1996-07-05" time="00:00:00" dateTime="1996-07-05T00:00:00"
     time.tz="00:00:00" dateTime.tz="1996-07-05T00:00:00"/>
<Example date="1996-07-08" time="00:00:00" dateTime="1996-07-08T00:00:00"
     time.tz="00:00:00" dateTime.tz="1996-07-08T00:00:00"/>
<Example date="1996-07-08" time="00:00:00" dateTime="1996-07-08T00:00:00"
     time.tz="00:00:00" dateTime.tz="1996-07-08T00:00:00"/>
<Example date="1996-07-09" time="00:00:00" dateTime="1996-07-09T00:00:00"
     time.tz="00:00:00" dateTime.tz="1996-07-09T00:00:00"/>
<!-- ... -->
```

SQL ne possède que deux types date/heure, `datetime` et `smalldatetime`. Aucun des deux ne tient compte des fuseaux horaires, et les deux possèdent une précision inférieure aux types date/heure XDR. Par exemple, `time` de XDR possède une précision de l'ordre de la nanoseconde, alors que le type `datetime` de SQL Server ne possède qu'une précision de 1/300e de seconde. Si vous devez disposer d'une plus grande précision ou de fuseaux horaires, stockez vos données date/heure dans un type SQL chaîne tel que `nvarchar`.

Mise en correspondance entre types XDR et SQL

En général, il est impossible de transformer un type SQL en type XDR, et *vice versa*. SQL est souvent dépourvu de fonctions de conversion fonctionnant comme il le faudrait. Certains types sont automatiquement convertis par `FOR XML EXPLICIT`; tandis que d'autres, comme `dateTime`, exigent une conversion explicite. De plus, comme SQL Server n'effectue dans la plupart des cas aucune conversion explicite de type (comme de nombre en chaîne), certains types XDR nécessitent une conversion explicite lorsqu'ils sont utilisés dans un langage de requête comme XPath ou comme types `id`. Comme ces conversions de types dépendent largement des requêtes, elles seront étudiées plus en détail dans les sections traitant de XPath et des updategrams.

Sections CDATA

Par défaut, les valeurs de base de données sont mises en entités lors de la mise en correspondance avec XML. Cela signifie que les caractères spéciaux XML tels que < sont remplacés par l'entité correspondante `<`. Pour éviter une mise en entité dans un élément, indiquez que la valeur doit utiliser une section CDATA. Cela s'accomplit à l'aide de l'annotation `sql:use-cdata` (qui est un booléen comme `sql:map-field`, avec comme valeur par défaut faux), vu en action précédemment, dans `ch15_ex15.xdr` :

```
<Schema xmlns="urn:schemas-microsoft-com:xml-data"
    xmlns:sql="urn:schemas-microsoft-com:xml-sql">

<ElementType name="Name" content="textOnly"/>
   <ElementType name="Client" sql:relation="Clients">
      <element type="Name" sql:field="CompanyName" sql:use-cdata="1"/>
```

```
    </ElementType>
</Schema>
```

Valeurs binaires incorporées

XML ne possède pas vraiment de moyen pratique pour traiter les données binaires (comme des images) incorporées au document. Le schéma ch15_ex16.xdr ci-dessous :

```
<Schema xmlns="urn:schemas-microsoft-com:xml-data"
     xmlns:sql="urn:schemas-microsoft-com:xml-sql">

   <AttributeType name="Name"/>
   <AttributeType name="Photo"/>
   <ElementType name="Salarie" sql:relation="Salaries"
                 sql:key-fields="IDSalarie">
      <attribute type="Name" sql:field="NomFamille"/>
      <attribute type="Photo"/>
   </ElementType>
</Schema>
```

va placer la valeur encodée en Base 64 de chaque photo de salarié dans le XML. Cela gaspille du temps (pour l'encodage sur le serveur, puis le décodage afin d'utiliser les données comme image) autant que de l'espace (car les données encodées sont de taille supérieure aux données elles-mêmes).

XML Views propose une annotation, sql:url-encode (à valeur booléenne, avec faux comme valeur par défaut, exactement comme sql:use-cdata) construisant à la place une URL relative (nommée **requête objet directe**) utilisant une syntaxe de type XPath pour faire référence à la valeur dans la base de données. L'URL est particulièrement pratique pour incorporer des images dans une page HTML, puisque la balise IMG peut utiliser cette URL comme valeur SRC. Comme la requête doit sélectionner une valeur unique dans la base de données, la vue XML doit contenir suffisamment d'informations (à l'aide de champs clés ou de relations de jointure) pour identifier de façon unique chaque valeur. sql:url-encode est à l'œuvre ci-dessous (ch15_ex17.xdr) :

```
<Schema xmlns="urn:schemas-microsoft-com:xml-data"
     xmlns:sql="urn:schemas-microsoft-com:xml-sql">

   <AttributeType name="Name"/>
   <AttributeType name="Photo"/>
   <ElementType name="Salarie" sql:relation="Salaries"
                 sql:key-fields="IDSalarie">
      <attribute type="Name" sql:field="NomFamille"/>
      <attribute type="Photo" sql:url-encode="1"/>
   </ElementType>
</Schema>
```

Ce schéma génère un XML comme celui-ci :

```
<Salarie Name="Davolio" Photo="dbobject/Salaries[@IDSalarie=1]"/>
```

Vous verrez dans le prochain chapitre un XSL transformant ces valeurs en balises IMG dans le HTML.

Tableau 1 : annotations

Annotation	Contexte(s)	But
sql:datatype	AttributeType, ElementType	Spécifie le type SQL d'une colonne. Utilisé avec dt:type.
sql:field	attribute, element, ElementType	Correspondance avec une colonne SQL.
sql:id	Schema	Identifie un schéma en ligne à utiliser dans un modèle de requête. Utilisé avec sql:is-mapping-schema.
sql:id-prefix	AttributeType, ElementType	Fait précéder d'une chaîne la valeur d'une colonne. Utilisé avec dt:type de valeur id, idref, idrefs, nmtoken ou nmtokens.
sql:is-constant	element, ElementType	Indique que cet élément apparaît dans le XML sans correspondance dans la base de données.
sql:is-mapping-schema	Schema	Indique que le schéma en ligne est un schéma annoté. Utilisé avec sql:id.
sql:key-fields	attribute, element, ElementType	Spécifie les colonnes clés d'une table.
sql:limit-field	attribute ou element avec une relation	Qualifie une jointure (limit-field spécifiant la colonne). Utilisé avec sql:limit-value.
sql:limit-value	attribute ou element	Qualifie une jointure (limit-value spécifiant la valeur, NULL si absent). Utilisé avec sql:limit-field.
sql:map-field	attribute, element, ElementType	Indique que cela ne possède pas de correspondance dans la base de données.
sql:overflow-field	element, ElementType	Spécifie une colonne pour les données XML de dépassement.
sql:relation	attribute, element, ElementType	Correspond à une table SQL.
sql:relationship	dans un attribute ou un element	Spécifie une relation de jointure avec l'élément parent (ou le premier ancêtre correspondant, si le parent est un élément constant).
sql:target-namespace	Schema	Place les éléments et les attributs déclarés dans un schéma dans un espace de noms différent.

(Suite du tableau)

Annotation	Contexte(s)	But
sql:url-encode	attribute, element, ElementType	Génère une URL dbobject vers la valeur, plutôt que la valeur elle-même.
sql:use-cdata	element, ElementType	Enferme le contenu dans une section CDATA.

Modèles

Avant de décrire les langages de requête XPath et Updategram, il faut d'abord expliquer un mécanisme, nommé **modèles**, et permettant d'exécuter ces requêtes. Un modèle est simplement un document XML, mais le XML est traité de façon spéciale, au moins d'une façon : si le modèle contient un nœud de commande de requête, cette requête est exécutée et son résultat remplace le nœud commande dans le XML. Le résultat est un contenu XML dynamique.

Vous trouverez ci-dessous un exemple de fichier modèle (ch15_ex18.xml) contenant trois types de requêtes. Remarquez que les updategrams nécessitent la dernière distribution web de SQL XML ou SQL Server 2000 SP1, tandis que, pour diverses raisons, les updategrams résident dans un espace de noms distinct de celui des autres composants SQL XML.

Les updategrams requièrent la dernière distribution web de SQL XML ou de SQL Server 2000 SP1 (ou ultérieur). Supprimez <u:sync> pour utiliser ce modèle avec toute version antérieure de SQL XML.

```
<AnyXMLContent xmlns:sql="urn:schemas-microsoft-com:xml-sql"
        xmlns:u="urn:schemas-microsoft-com:xml-updategram" >

    <CanBeUsed in="le modèle" />
    et sera préservé dans la sortie de ce modèle
    <!-- Les commentaires seront aussi conservés dans la sortie -->
    <!-- Ceci est une requête SQL sélectionnant tous les éléments Salarie -->
    <sql:query>
       SELECT * FROM Salaries FOR XML AUTO
    </sql:query>
    <!-- Ceci est un requête updategram modifiant un Salarie -->
    <u:sync mapping-schema="Schema.xdr">
       <u:before>
          <Salarie IDSalarie="3">
             <Prenom>Janet</Prenom>
             <NomFamille>Leverling</NomFamille>
          </Salarie>
       </u:before>
       <u:after>
       <Salarie IDSalarie="3">
             <Prenom>Janet</Prenom>
             <NomFamille>Leverling-Brown</NomFamille>
          </Salarie>
       </u:after>
```

```
    </u:sync>
    <!-- Ceci est une requête XPath sélectionnant le Salarie modifié -->
    <sql:xpath-query mapping-schema="Schema.xdr">
       /Salarie[@IDSalarie="3"]
    </sql:xpath-query>
</AnyXMLContent>
```

Ce modèle peut être exécuté en y accédant à l'aide d'une URL, comme cela (en supposant que vous ayez fourni un `schema.xdr` adéquat, ce qui vous est laissé à titre d'exercice lorsque vous aurez terminé ce chapitre) :

```
http://localhost/virtualdirectory/modele/votreModele.xml
```

ou à l'aide d'autres mécanismes tels que ADO. Le prochain chapitre et la documentation en ligne accompagnant SQL Server 2000 contiennent davantage d'informations sur ces mécanismes d'accès.

Un modèle peut contenir un nombre quelconque de requêtes SQL, updategram et XPath. Les requêtes d'un modèle sont exécutées de façon séquentielle. Chaque nœud de commande de requête correspond à une transaction SQL : l'échec de l'une ne compromet pas l'exécution des autres.

Vous allez maintenant voir comment les langages de requête XPath et updategrams utilisent les vues XML.

XPath

Cette section décrit le sous-ensemble XPath pris en charge par SQL XML. Les exemples de la première partie de cette section utilisent ce schéma annoté (`ch15_ex20.xdr`) :

```
<Schema xmlns="urn:schemas-microsoft-com:xml-data"
    xmlns:sql="urn:schemas-microsoft-com:xml-sql"
    xmlns:dt="urn:schemas-microsoft-com:datatypes">

<ElementType name="Produit" sql:relation="Produits">
      <AttributeType name="IDProduit" dt:type="id"/>
      <AttributeType name="PrixUnitaire" dt:type="fixed.14.4"
              sql:datatype="money"/>
      <AttributeType name="Unites" />
      <attribute type="IDProduit" sql:id-prefix="P"/>
      <attribute type="PrixUnitaire" />
      <attribute type="Unites" sql:field="UnitesEnStock"/>
   </ElementType>
   <ElementType name="Commande" sql:relation="Commandes">
      <AttributeType name="IDCommande"/>
      <AttributeType name="DateCommande" dt:type="date"
              sql:datatype="datetime"/>
      <attribute type="IDCommande"/>
      <attribute type="DateCommande"/>
      <element type="Produit">
              <sql:relationship key-relation="Commandes" key="IDCommande"
           foreign-relation="[Details Commande]" foreign-key="IDCommande"/>
              <sql:relationship key-relation="[Details Commande]"
key="IDProduit"
           foreign-relation="Produits" foreign-key="IDProduit"/>
      </element>
   </ElementType>
   <ElementType name="Client" sql:relation="Clients">
```

```
      <AttributeType name="IDClient" dt:type="string"
              sql:datatype="nvarchar(5)"/>
      <AttributeType name="NomContact"/>
      <attribute type="IDClient"/>
      <attribute type="NomContact"/>
      <element type="Commande">
         <sql:relationship key-relation="Clients" key="IDClient"
           foreign-relation="Commandes" foreign-key="IDClient" />
      </element>
   </ElementType>
</Schema>
```

décrivant un XML de la forme suivante :

```
<Client IDClient="ALFKI" NomContact="Maria Anders">
   <Commande IDCommande="10643" DateCommande="1997-08-25">
      <Produit IDProduit="P28" PrixUnitaire="45.6000" Unites="26"/>
      <Produit IDProduit="P39" PrixUnitaire="18.0000" Unites="69"/>
      <Produit IDProduit="P46" PrixUnitaire="12.0000" Unites="95"/>
   </Commande>
   <Commande IDCommande="10692" DateCommande="1997-10-03">
      <Produit IDProduit="P63" PrixUnitaire="43.9000" Unites="24"/>
   </Commande>
   <!-- ... -->
</Client>
<Client IDClient="ANATR" NomContact="Ana Trujillo">
   <Commande IDCommande="10308" DateCommande="1996-09-18">
      <Produit IDProduit="P69" PrixUnitaire="36.0000" Unites="26"/>
      <Produit IDProduit="P70" PrixUnitaire="15.0000" Unites="15"/>
   </Commande>
   <Commande IDCommande="10625" DateCommande="1997-08-08">
      <Produit IDProduit="P14" PrixUnitaire="23.2500" Unites="35"/>
      <Produit IDProduit="P42" PrixUnitaire="14.0000" Unites="26"/>
      <Produit IDProduit="P60" PrixUnitaire="34.0000" Unites="19"/>
   </Commande>
   <!-- ... -->
</Client>
<!-- ... -->
```

ou bien de celle-ci :

```
<Commande IDCommande="10248" DateCommande="1996-07-04">
   <Produit IDProduit="P72" PrixUnitaire="34.8000" Unites="14"/>
   <Produit IDProduit="P11" PrixUnitaire="21.0000" Unites="22"/>
   <Produit IDProduit="P42" PrixUnitaire="14.0000" Unites="26"/>
</Commande>
<Commande IDCommande="10249" DateCommande="1996-07-05">
   <Produit IDProduit="P51" PrixUnitaire="53.0000" Unites="20"/>
   <Produit IDProduit="P14" PrixUnitaire="23.2500" Unites="35"/>
</Commande>
<Commande IDCommande="10250" DateCommande="1996-07-08">
   <Produit IDProduit="P41" PrixUnitaire="9.6500" Unites="85"/>
   <Produit IDProduit="P51" PrixUnitaire="53.0000" Unites="20"/>
   <Produit IDProduit="P65" PrixUnitaire="21.0500" Unites="76"/>
</Commande>
<!-- ... -->
```

voire comme celui-ci :

```
<Produit IDProduit="P1" PrixUnitaire="18.0000" Unites="39"/>
<Produit IDProduit="P2" PrixUnitaire="19.0000" Unites="17"/>
<Produit IDProduit="P3" PrixUnitaire="10.0000" Unites="13"/>
<Produit IDProduit="P4" PrixUnitaire="22.0000" Unites="53"/>
<!-- ... -->
```

selon que la requête XPath débute respectivement à `Client`, à `Commande` ou à `Produit`.

Introduction

XPath est un langage de requête XML d'une forme particulièrement compacte. XPath ne permet pas de modifier des données, mais procure un moyen pratique de sélectionner du XML. Reportez-vous pour plus de détails à la spécification XPath, à l'adresse http://www.w3.org/TR/XPath.

XPath se compose de deux opérations principales, **navigation** et **prédication**. La navigation sélectionne des nœuds dans le XML. Les prédicats filtrent cette sélection selon certains critères. Bien qu'il existe de nombreux scénarios de requêtes que XPath ne peut prendre en charge, ces deux opérations suffisent à remplir la plupart des besoins habituels. En combinaison avec les vues XML, XPath constitue un moyen puissant d'interaction avec des données relationnelles, comme s'il s'agissait de XML.

> *Rappelez-vous que les requêtes XPath peuvent être exécutées soit à l'aide de l'URL soit à partir d'un fichier modèle. En utilisant XPath dans une URL, prenez garde à l'encodage d'URL, par exemple les espaces. De même, en utilisant XPath dans un modèle, soyez conscient de l'encodage XML. Si le XPath contient des caractères spéciaux comme <, il peut être nécessaire de l'encapsuler dans une section* `CDATA`.

Navigation

XPath est spécialement conçu afin de naviguer facilement dans la hiérarchie arborescente XML, et XPath parcourt l'arbre en utilisant des **étapes**. La plus simple d'entre elles va d'un nœud à son nœud enfant à l'aide de son nom. Toute étape XPath sélectionne un ensemble de nœuds XML, éventuellement vide. Une étape XPath peut contenir, outre des nœuds éléments, des nœuds attribut, des nœuds de texte, des nœuds instruction de traitement, etc. La syntaxe est très proche de celle des chemins d'accès aux fichiers.

Voici un XPath simpliste :

```
/Client
```

Ce XPath est absolu en raison de la barre oblique placée en tête : l'expression sélectionne tous les éléments de plus haut niveau nommés `Client`. Le XML renvoyé contient tous les descendants de chaque `Client`. Telle est la façon dont fonctionne XPath : une sélection retient toujours un nœud et l'ensemble de son contenu. XPath ne permet pas la **projection** (la sélection d'une partie seulement d'un nœud). Vous devrez, pour réaliser cela, attendre XML Query Language (voir le chapitre 11).

Pour descendre dans la hiérarchie XML, le XPath

```
/Client/Commande
```

sélectionne tous les éléments `Commande` enfants de tous les éléments de plus haut niveau `Client`. Cela est globalement équivalent à l'expression SQL

```
SELECT * FROM Commandes O
WHERE EXISTS (SELECT * FROM Clients C WHERE C.IDClient = O.IDClient)
```

Les attributs peuvent être sélectionnés en faisant précéder le nom du symbole arrobas (`@`). Avant d'explorer d'autres axes de navigation, vous devez toutefois aborder les prédicats.

Prédication

Les prédicats sont signalés par des crochets, comme suit :

```
/Client[@IDClient='ALFKI']
```

Ce XPath sélectionne tous les éléments de plus haut niveau `Client` pour lesquels `IDClient` est égal à la chaîne `ALFKI`, exactement comme avec une requête SQL

```
SELECT * from Clients WHERE IDClient=N'ALFKI'
```

Le XPath sélectionne les éléments de plus haut niveau `Client` à l'aide de `/Client`. Un prédicat est ensuite appliqué, sélectionnant l'attribut `CustomerID` de la sélection courante, et comparant la valeur de cet attribut à la chaîne `ALFKI`.

Le contenu d'un prédicat est soit une expression à valeur booléenne (comme ci-dessus), soit une expression numérique. Les prédicats numériques sont particuliers en ce qu'ils réalisent une sélection selon la position. Le XPath `Client[3]` sélectionne le troisième `Client`. Comme l'ordre d'un document ne présente souvent aucune signification dans une vue XML d'une base de données relationnelle, SQL XML ne prend pas en charge les prédicats numériques.

Les prédicats peuvent être utilisés plusieurs fois dans une expression XPath, combinés en séquence et/ou imbriqués. Les trois exemples suivants permettent de clarifier l'utilisation et les différences subtiles entre prédicats :

Prédicat unique

```
/Client[@IDClient='ALFKI']/Commande[@IDCommande=10692]
```

sélectionne l'élément `Commande` dont l'attribut `IDCommande` est égal à `10692` à partir de l'élément `Client` dont l'attribut `IDClient` est égal à `ALFKI`. Une requête SQL équivalente serait :

```
SELECT * FROM Commandes O WHERE IDCommande=10692 AND
EXISTS (
   SELECT * FROM Clients C
   WHERE C.IDClient=O.IDClient AND C.IDClient='ALFKI'
)
```

Le XML résultant de ce XPath est

```
<Commande IDCommande="10692" DateCommande="1997-10-03">
   <Produit IDProduit="P63" PrixUnitaire="43.9000" Unites="24"/>
</Commande>
```

Examinons maintenant un XPath similaire utilisant un prédicat imbriqué.

Prédicat imbriqué

```
/Client[@IDClient='ALFKI' and Commande[@IDCommande=10692]]/Commande
```

Cela sélectionne *tous* les éléments `Commande` provenant des éléments `Client` possédant à la fois un attribut `IDClient` égal à `ALFKI` et un élément `Commande` dont l'attribut `IDCommande` est égal à `10692`.

Remarquez que ce XPath sélectionne cinq éléments `Order` depuis la vue XML, alors que le XPath précédent n'en sélectionne qu'un. La raison en tient à ce que l'élément `Commande` utilisé dans le prédicat est indépendant de celui utilisé à l'extérieur du prédicat. Le XPath précédent filtrait sa sélection finale `Commande`, ce qui n'est pas le cas de celui-là.

Cette expression est équivalente à la requête SQL

```
SELECT * FROM Commandes O WHERE EXISTS (
   SELECT * FROM Clients C
   WHERE C.IDClient=O.IDClient AND C.IDClient='ALFKI'
   AND EXISTS (
      SELECT * FROM Commandes O2
      WHERE C.IDClient=O2.IDClient AND O2.IDCommande=10692
   )
)
```

L'application d'une séquence de prédicats non positionnels est équivalente à combiner leurs conditions à l'aide de `and` dans un unique prédicat.

Séquence de prédicats

```
/Client[@IDClient='ALFKI'][Commande/@IDCommande=10692]/Commande
```

est équivalent à

```
/Client[@IDClient='ALFKI' and Commande/@IDCommande=10692]/Commande
```

Remarquez que ce XPath est tout de même différent : cela en raison de `Commande/@IDCommande=10692` à la place de `Commande[@IDCommande=10692]`. Vous comprendrez pourquoi en lisant les deux sections suivantes, présentant les conversions de types implicites de XPath. Pour le moment, remarquez que ce XPath ne sélectionne rien du tout dans un document XML ordinaire, mais sélectionne cinq commandes (exactement comme le XPath précédent) en SQL XML.

Types XPath

XPath possède un système de données simple ne comprenant que quatre types : `boolean`, `number`, `string` et `nodeset`. Les conversions d'un type en un autre peuvent cependant être quelque peu surprenantes, tandis SQL XML diffère en plusieurs points de la spécification officielle. Vous allez d'abord regarder les types XPath, puis examiner les pièges contre lesquels mieux vaut se prémunir.

Un `boolean` XPath est exactement ce à quoi vous pouvez vous attendre : vrai ou faux. Un `number` XPath est un nombre en virgule flottante à double précision IEEE 754 : XPath est dépourvu de type entier. Une string XPath est une chaîne Unicode. Enfin, un nodeset XPath est un ensemble ordonné de nœuds XML (comprenant éventuellement des nœuds de texte).

XPath définit les opérateurs de conversion explicites boolean(), number() et string(), opérant la conversion de n'importe lequel de ces types dans le type correspondant. Un boolean est converti en number comme vous pourriez vous y attendre : true devient 1, false devient 0. Convertie en string, la valeur est true ou false. Remarquez que cela n'est pas localisé et diffère de la représentation XDR de valeurs booléennes (1 ou 0). De même, cela signifie que la string(b) est différente de la string(number(b)), où b est une valeur boolean.

Les types string et number se convertissent l'un en l'autre comme vous pouvez vous y attendre. Il existe quelques nuances (par exemple la représentation string d'un nombre utilise autant de chiffres que nécessaire pour l'identifier de façon unique, mais pas plus, ce qui est une représentation différente de celle obtenue avec printf()), mais il est peu probable que cela vous pose problème. En cas de doute, reportez-vous à la spécification W3C XPath.

Un number converti en boolean donne true si et seulement si le nombre est différent de zéro et non NaN. Une string convertie en boolean donne true si et seulement si la chaîne n'est pas vide. Remarquez que ces transformations ne sont pas réversibles : par exemple, boolean(string(boolean(x))) n'est pas égal à boolean(x) (en fait, il est toujours égal à true, parce que la valeur string de true ou de false est toujours une chaîne non vide).

Les conversions de nodeset sont rares. Un nodeset converti en boolean devient un test d'existence. Le résultat est true si et seulement si le nodeset est non vide. Cela signifie qu'un XPath comme

```
/Client[Commande]
```

convertit l'ensemble de nœuds Commande en boolean, sélectionnant de ce fait tous les éléments Client possédant des enfants Commande.

Un nodeset converti en number transforme d'abord le nodeset en string, puis convertit cette string en number. La conversion d'un nodeset en string utilise la valeur string uniquement du *premier* nœud du nodeset. Cette conversion n'est pas implémentée pour les mêmes raisons que les prédicats numériques. Ne pas les prendre en charge du tout signifierait cependant s'avérer incapable d'effectuer pratiquement n'importe quel XPath utile. SQL XML diffère de la spécification XPath d'une façon subtile, détaillée dans la prochaine section, lors de la description des conversions implicites survenant dans une expression XPath.

Expressions XPath

XPath prend en charge l'habituel ensemble d'opérations, qu'elles soient arithmétiques, manipulations de chaînes, tests d'égalité et comparaisons relationnelles.

Parmi les opérations mathématiques, toutes sont prises en charge à l'exception du modulo : addition, soustraction, multiplication et division. Remarquez que SQL Server est dépourvue d'une vraie arithmétique en virgule flottante IEEE (dont surtout NaN et les infinis), si bien que son arithmétique en virgule flottante diffère légèrement de celle de la spécification XPath.

Le XPath suivant présente les différents opérateurs à l'œuvre :

```
/Produit[((@Unites - 1) * (@PrixUnitaire + 1)) div 2 > 0]
```

aboutissant au XML suivant :

```
<Produit IDProduit="P1" PrixUnitaire="18.0000" Unites="39"/>
<Produit IDProduit="P2" PrixUnitaire="19.0000" Unites="17"/>
<Produit IDProduit="P3" PrixUnitaire="10.0000" Unites="13"/>
<Produit IDProduit="P4" PrixUnitaire="22.0000" Unites="53"/>
<!-- ... -->
```

Il existe quelques bizarreries lexicales dans l'arithmétique XPath qu'il vaut mieux remarquer dans cet exemple. La division est représentée par `div` plutôt que par une barre oblique. Comme le tiret est un caractère de nom XML valide, la plupart des opérations de soustraction nécessitent un espace entre le signe moins et le nom qui le précède : `@Unites-1` sélectionne un attribut nommé `Unites-1`.

Les opérateurs arithmétiques transforment implicitement leurs opérandes en nombres. Cela produit l'effet secondaire inattendu que le XPath `/Commande[0 + Produit/@PrixUnitaire > 10]` est différent du XPath `/ Commande[Produit/@PrixUnitaire > 10]`. Ce dernier sélectionne tous les éléments `Commande` possédant un quelconque `Produit` dont le `PrixUnitaire` est supérieur à 1, alors que le premier sélectionne tous les éléments `Order` dont le *premier* `Product` possède un `UnitPrice` supérieur à 10 : l'ensemble de nœuds `Produit/@PrixUnitaire` est d'abord converti en nombre, ce qui a pour effet l'utilisation de la valeur du premier nœud uniquement.

Les bizarreries XPath comme celles-ci poussent à ne pas recommander l'utilisation de longs chemins comme `A/B` dans des prédicats. De toute façon, ce que vous cherchiez à obtenir est plutôt un prédicat imbriqué tel que `/Commande[Produit[@PrixUnitaire > 10]]`.

Comme SQL XML ne prend pas en charge les prédicats de position, il utilise « n'importe quelle » sémantique pour ces deux XPath. Autrement dit, `/Order[0 + Product/@UnitPrice > 10]` et `/Order[Product/@UnitPrice > 10]` produisent tous deux le même résultat XML avec SQL XML.

Cette divergence d'avec le standard W3C s'applique également aux opérateurs relationnels et d'égalité. Ces opérateurs appliquent des règles de conversion spéciales à leurs opérandes, non expliquées en détail ici. Par exemple, l'expression `@Date > '1998-10-01'` devrait d'abord convertir l'ensemble de nœuds `@Date` et la chaîne '`1998-10-01`' en nombre (ce qui aboutit à `NaN`), puis les compare (ce qui aboutit à `false`, puisque `NaN` comparé à n'importe quoi donne toujours `false`). SQL XML accomplit à la place une comparaison de chaîne, avec le résultat attendu (`true` si et seulement si la valeur de `@Date` est une date postérieure à celle indiquée dans la chaîne).

Voici un XPath réalisant des comparaisons de chaîne et de date. Elles ne fonctionneraient pas avec un document XML ordinaire, mais accomplissent parfaitement leur travail en SQL XML :

```
/Client[@IDClient > 'PARIS']/Commande[@DateCommande <= '1999-01-01']
```

aboutissant au XML

```
<Commande IDCommande="10322" DateCommande="1996-10-04">
   <Produit IDProduit="P52" PrixUnitaire="7.0000" Unites="38"/>
</Commande>
<Commande IDCommande="10354" DateCommande="1996-11-14">
```

```
    <Produit IDProduit="P1" PrixUnitaire="18.0000" Unites="39"/>
    <Produit IDProduit="P29" PrixUnitaire="123.7900" Unites="0"/>
</Commande>
<Commande IDCommande="10474" DateCommande="1997-03-13">
    <Produit IDProduit="P14" PrixUnitaire="23.2500" Unites="35"/>
    <Produit IDProduit="P28" PrixUnitaire="45.6000" Unites="26"/>
    <Produit IDProduit="P40" PrixUnitaire="18.4000" Unites="123"/>
    <Produit IDProduit="P75" PrixUnitaire="7.7500" Unites="125"/>
</Commande>
<!-- ... -->
```

Au moment de l'écriture de ce livre, aucune des fonctions de chaîne de XPath (`concat()`, `substring()`, etc.) n'est prise en charge. Microsoft a annoncé son intention de les prendre en charge dans un proche avenir.

XPath et XML View

XPath travaille en traduisant le XPath en une requête équivalente FOR XML EXPLICIT. Au cours de ce processus de traduction, XPath utilise les nombreuses annotations offertes par les vues XML.

XPath applique les relations de jointure lorsqu'il navigue d'un nœud à un autre. Si le schéma montre que les nœuds sont liés par une jointure, la requête SQL va utiliser la relation de jointure. Les prédicats correspondent à des tests d'existence (`WHERE EXISTS`).

Un nœud possédant un `id-prefix` est converti en chaîne, puis le préfixe est inséré en tête de la valeur. Remarquez que cela empêche d'utiliser ces valeurs comme nombres dans le XPath. Par exemple, `/Produit[@IDProduit=11]` est une erreur : le XPath correct utilise le préfixe `id` : `/Produit[@IDProduit='P11']`.

Dans de nombreux cas, les informations de clé sont indispensables pour trier et imbriquer correctement le XML résultant. Si une requête XPath semble renvoyer des résultats curieux, ou une erreur FOR XML EXPLICIT, le problème peut être que le schéma est dépourvu de `sql:key-fields`. Reportez-vous à la section concernant cette annotation pour les instructions d'utilisation.

Finalement, les requêtes XPath doivent effectuer de nombreuses conversions de données. XPath traduit d'abord les types SQL en types XDR, puis ces derniers en types XPath. Cela signifie que spécifier des types XDR et SQL dans le schéma peut aider à éliminer les conversions superflues. Lorsque la requête convertit une colonne utilisée comme index (par exemple, `/Client[@IDClient='ALFKI']`), l'élimination de la conversion superflue peut améliorer d'un facteur 10 les performances de la requête XPath.

Schéma par défaut

XPath fonctionne mieux avec une vue XML, mais reste utilisable en l'absence de tout schéma, à quelques restrictions près. Ces contraintes (noms, hiérarchie plate) sont identiques à celles de la correspondance par défaut utilisé par une vue XML (reportez-vous à la section antérieure, *Mise en correspondance par défaut*, pour plus de détail).

En outre, un XPath dépourvu de vue XML doit sélectionner la valeur d'une seule colonne dans une seule ligne. Comme aucun schéma ne décrit la forme du XML résultant, le XPath ne peut renvoyer de XML.

Le schéma par défaut peut être particulièrement utile lors d'une requête de type « objet direct » utilisant une syntaxe de type XPath pour accéder à des objets d'une base de données. Par exemple, le XPath

```
/Clients[@IDClient='ALFKI']/@NomContact
```

est exactement équivalent à la requête SQL

```
SELECT NomContact FROM Clients WHERE IDClient='ALFKI'
```

Paramètres XPath

Les paramètres XPath sont préfixés par un signe dollar (par exemple, `$param`). SQL XML ne prend en charge que les paramètres à valeur chaîne, mais cela ne présente guère de difficultés. Les paramètres peuvent être partagés entre des requêtes dans un modèle. Par exemple, le modèle suivant sélectionne l'élément `Client` correspondant au paramètre `id` transmis au modèle (par défaut, `ALFKI`) :

```
<xpath-params xmlns:sql="urn:schemas-microsoft-com:xml-sql">
   <sql:header>
      <sql:param name="id">ALFKI</sql:param>
   </sql:header>
   <sql:xpath-query mapping-schema="xpath.xdr">
      /Client[@IDClient=$id]
   </sql:xpath-query>
</xpath-params>
```

Autres axes XPath

XPath est pas limité à une navigation verticale descendante (depuis un élément vers ses enfants et ses attributs). XPath possède un riche ensemble d'axes de navigation, parmi lesquels les espaces de noms, les descendants, les ancêtres, etc. Au moment de l'écriture de ce livre, toutefois, SQL XML ne prend en charge que quatre axes : `child`, `attribute`, `parent` et `self`. Plus particulièrement, le célèbre raccourci `descendant` ou `self` // n'est pas reconnu.

Tous les quatre possèdent des formes abrégées plus fréquemment utilisées. Pour les axes `child` et `attribute`, vous avez vu que les abréviations sont respectivement de la forme `child` ou `@attribute`. Pour `parent`, l'abréviation est deux points (`..`), un point (`.`) étant la forme abrégée de `self`. Ainsi, le XPath

```
/Client/Commande[../@IDClient='ALFKI']
```

est équivalent au XPath

```
/Client[@IDClient='ALFKI']/Commande
```

Ils possèdent tous des formes plus longues, comme `axisname::nodetest`. Le XPath précédent peut donc également être écrit :

```
/child::Client[attribute::IDClient='ALFKI']/child::Commande
```

En ce cas, le test de nœud est simplement le nom de l'élément ou de l'attribut. D'autres tests de nœuds peuvent comprendre des fonctions comme `node()` (sélectionner tous les nœuds) et `text()` (sélectionner tous les nœuds text), ainsi que le caractère générique * (similaire à `node()`, mais pas identique). Au moment de l'écriture de ce livre, SQL XML ne prend en charge que les noms et `node()`.

L'abréviation `..` est un raccourci de `parent::node()` tandis que l'abréviation `.` est le raccourci de `self::node()`.Le XPath précédent, utilisant `..`, peut donc également être écrit :

```
/child::Client/child::Commande[parent::node()/attribute::IDClient='ALFKI']
```

Updategrams

Il n'existe au moment de l'écriture de ce livre aucun standard W3C pour la mise à jour de documents XML. Updategrams tente de combler cette lacune en spécifiant un standard de langage fondé sur XML pour insérer, mettre à jour ou supprimer des données XML.

Updategrams est déclaratif. Vous décrivez ce qu'est actuellement le XML et ce que vous voulez qu'il devienne, et le updategram (programme d'actualisation) se charge de tous les détails nécessaires pour y parvenir. Updategrams utilise l'URI d'espace de noms `urn:schemas-microsoft-com:xml-updategram`, qui se verra ici toujours affecter le préfixe `u`.

En SQL Server 2000, les requêtes updategram sont exécutées à l'aide de modèles. Tout updategram utilise une vue XML de la base de données pour déterminer la requête SQL nécessaire à l'exécution de la mise à jour.

Updategrams exige la dernière distribution web de SQL XML disponible *via* MSDN, ou SQL Server 2000 SP1 ou version ultérieure. Les exemples de ce chapitre ne sont pas compatibles avec la version bêta précédente distribuée pour SQL Server 2000 bêta 2.

Introduction

Tout updategram se compose d'un élément `<u:sync>`, correspondant à une transaction de base de données. La transaction est décrite par une séquence de paires `<u:before>` et `<u:after>`. Chaque `<before>` doit posséder un `<after>` correspondant, et *vice versa*. Si l'un manque, cela est équivalent à un contenu vide. Le contenu de l'élément `<before>` est comparé à celui de son élément `<after>` correspondant afin de déterminer s'il faut procéder à une opération `INSERT`, `UPDATE` ou `DELETE`.

Afin d'éviter les conflits entre plusieurs requêtes concurrentes, les updategrams ont recours au « contrôle optimiste de la concurrence ». Si l'état courant de la base de données ne correspond pas au XML décrit dans l'élément `<before>`, la transaction n'est pas validée et aucune modification n'est effectuée. Selon la spécificité de l'élément `<before>`, la synchronisation peut aller de aucune (« toujours mettre à jour ») à une synchronisation parfaite (« ne mettre à jour que si la ligne n'a pas du tout été modifiée »).

Pour présenter un updategram en action, créez une table :

```
CREATE TABLE FictionalCharacters
   (cid nvarchar(10) PRIMARY KEY, Prenom nvarchar(40), NomFamille nvarchar(40))
```

vous utilisez ensuite le schéma suivant, `ch15_ex21.xdr`, pour établir la correspondance de la table :

```
<Schema xmlns="urn:schemas-microsoft-com:xml-data"
    xmlns:dt="urn:schemas-microsoft-com:datatypes"
```

```
    xmlns:sql="urn:schemas-microsoft-com:xml-sql">

   <ElementType name="Premier" content="textOnly" />
   <ElementType name="Dernier" content="textOnly" />
   <ElementType name="Person" sql:relation="FictionalCharacters"
                sql:key-fields="cid">
      <AttributeType name="ID" dt:type="id"/>
      <attribute type="ID" sql:field="cid"/>
      <element type="Premier" sql:field="Prenom"/>
      <element type="Dernier" sql:field="NomFamille"/>
   </ElementType>
</Schema>
```

Ce modèle (`ch15_ex22.xml`) présente une insertion dans la table `FictionalCharacters` :

```
<insert>
   <u:sync mapping-schema="ch15_ex21.xdr"
       xmlns:u="urn:schemas-microsoft-com:xml-updategram">
      <u:before/>
      <u:after>
         <Person ID="HGTTG42">
            <Premier>Arthur</Premier>
            <Dernier>Dent</Dernier>
         </Person>
      </u:after>
   </u:sync>
   <sql:xpath-query mapping-schema="ch15_ex21.xdr"
            xmlns:sql="urn:schemas-microsoft-com:xml-sql">
   Person
   </sql:xpath-query>
</insert>
```

Le résultat de l'exécution de ce modèle, en cas de réussite de l'updategram, est :

```
<insert>
   <Person ID="HGTTG42">
      <Premier>Arthur</Premier>
      <Dernier>Dent</Dernier>
   </Person>
</insert>
```

ou

```
<insert>
   <?MSSQLError Un message d'erreur ici ?>
</insert>
```

en cas d'échec. Lorsqu'il réussit, l'updategram insère une nouvelle ligne dans la table `FictionalCharacters` à l'aide des valeurs de colonnes `cid`, `Prenom`et `NomFamille` du XML. Si la ligne comporte d'autres colonnes, leurs valeurs sont fixées à `NULL` puisqu'aucune valeur n'est fournie.

Vous pouvez maintenant actualiser cette ligne, à l'aide de cet updategram (`ch15_ex22a.xml`) :

```
<update>
   <u:sync mapping-schema="ch15_ex21.xdr"
       xmlns:u="urn:schemas-microsoft-com:xml-updategram">
      <u:before>
         <Person ID="HGTTG42">
            <Premier>Arthur</Premier>
         </Person>
      </u:before>
      <u:after>
         <Person ID="HGTTG42"/>
      </u:after>
   </u:sync>
   <sql:xpath-query mapping-schema="ch15_ex21.xdr"
            xmlns:sql="urn:schemas-microsoft-com:xml-sql">
   Person
   </sql:xpath-query>
</update>
```

Voici le résultat de ce modèle (en cas de réussite) :

```
<update>
   <Person ID="HGTTG42">
      <Dernier>Dent</Dernier>
   </Person>
</update>
```

parce que la valeur `Prenom` spécifiée dans l'élément `<before>` est supprimée (donc fixée à `NULL`) dans l'élément `<after>`.

Dans le premier modèle, l'élément `<before>` était vide, si bien que l'updategram devient un `INSERT`. Dans le second, les contenus des éléments `<before>` et `<after>` sont comparés et l'updategram devient un `UPDATE`. En revanche, si les éléments avaient été différents, cela aurait pu être un `DELETE` et un `INSERT`. Afin d'examiner la table logique permettant de savoir quel type de requête représente un updategram, regardez d'abord comment un updategram gère les valeurs qui lui sont fournies, et particulièrement `NULL`.

Valeurs, absence et NULL

Jusqu'ici, il a été dit que toute donnée XML absente est équivalente à une valeur SQL `NULL` et réciproquement. Cette équivalence pose malheureusement un problème aux updategrams, car le contrôle optimiste de la concurrence ne s'applique qu'aux valeurs présentes dans l'élément `before`. Si la valeur était `NULL`, c'est qu'elle est absente, ne figurant pas dans l'équation (bien que vous puissiez ne pas vouloir effectuer la mise à jour ou la suppression si la valeur est devenue autre que `NULL`). Les updategrams nécessitent de ce fait un autre moyen pour différencier de façon explicite les valeurs `NULL` des valeurs absentes.

Les updategrams permettent à l'utilisateur de spécifier une valeur chaîne utilisée dans le XML à la place d'un SQL `NULL`. Lorsqu'une valeur XML est égale à cette chaîne, la chaîne est remplacée par `NULL` dans la requête SQL équivalente. La chaîne est spécifiée avec l'attribut `u:nullvalue` sur l'élément `<u:sync>` ou sur l'élément `<u:header>`.

Une valeur classique utilisée pour `u:nullvalue` est la chaîne `NULL` elle-même. Après l'exécution des modèles précédents, lancez-en un autre restituant le prénom du personnage imaginaire (`ch15_ex23.xml`) :

```
<restore>
   <u:sync mapping-schema="ch15_ex21.xdr"
       xmlns:u="urn:schemas-microsoft-com:xml-updategram"
       u:nullvalue="NULL" >
      <u:before>
         <Person ID="HGTTG42">
            <Premier>NULL</Premier>
         </Person>
      </u:before>
      <u:after>
         <Person ID="HGTTG42">
            <Premier>Arthur</Premier>
         </Person>
      </u:after>
   </u:sync>
</restore>
```

Cet updategram ne sera validé que si `Prenom` est encore `NULL`.

Remarquez que, lors de l'évaluation de la valeur d'un élément, les updategrams n'utilisent pas l'habituelle définition de valeur chaîne. Selon la syntaxe XPath, `string(element)` récupère habituellement tous les nœuds de texte descendants de l'élément, les concaténant selon l'ordre du document, ce qui est équivalent au XPath `string(element//text())`. Les updategrams n'utilisent que les nœuds de texte qui sont des enfants directs de l'élément, ce qui équivaut au XPath `string(élément/text())`. Lorsque la valeur chaîne d'un élément correspond à `u:nullvalue`, `NULL` lui est substitué.

De même, les updategrams reconnaissent le XDR `default`. Autrement dit, lorsqu'une valeur d'élément ou d'attribut est absente, l'updategram utilise la valeur par défaut (si elle existe) fournie par le schéma annoté XDR. Cette valeur par défaut est indiquée dans le schéma à l'aide de l'attribut `default` d'un `<AttributeType>` ou d'un `<ElementType>`. En l'absence de valeur par défaut, aucune valeur n'est utilisée pour l'élément ou l'attribut absent.

Table logique Insert/Update/Delete

Puisque vous comprenez maintenant comment un updategram extrait les valeurs XML des éléments `before` et `after` et comment il gère les valeurs absentes et par défaut, la seule pièce manquante du puzzle consiste à déterminer quelles valeurs de l'élément `after` correspondent à quelles valeurs de l'élément `before`. Une fois cette correspondance établie, l'updategram sait exactement quelles lignes doivent être actualisées, supprimées ou insérées, pouvant ainsi créer la requête SQL effectuant ce travail.

Un updategram réalise une correspondance entre éléments selon un élément clé. Cette clé peut être spécifiée dans le schéma annoté à l'aide de `sql:key-fields`, ou spécifiée dans l'updategram à l'aide de l'annotation `u:id`. Si la méthode `u:id` est retenue, elle doit être utilisée partout dans l'updategram.

À titre d'exemple, regardez l'updategram suivant (ch15_ex24.xml) :

```
<keys>
   <u:sync xmlns:u="urn:schemas-microsoft-com:xml-updategram"
       mapping-schema="ch15_ex21.xdr">
      <u:before>
         <Person ID="HGTTG42">
            <Premier>Arthur</Premier>
            <Dernier>Dent</Dernier>
         </Person>
      </u:before>
      <u:after>
         <Person ID="HGTTG42">
            <Premier>Ford</Premier>
            <Dernier>Prefect</Dernier>
         </Person>
         <Person ID="HGTTG54">
            <Premier>Arthur</Premier>
            <Dernier>Dent</Dernier>
         </Person>
      </u:after>
   </u:sync>
</keys>
```

Comme `IDSalarie` est reconnu comme clé d'après le schéma, identifiant de façon unique les éléments `Salarie`, cet updategram identifie les deux éléments `Person` dont l'`ID` est `HGTTG42`, ne trouvant aucun élément `Person` `HGTTG54` dans l'image `<before>`. Il n'existe aucun attribut `default` ou `nullvalue` à appliquer. En conséquence, l'updategram va effectuer un `UPDATE` pour `HGTTG42`, et un `INSERT` pour `HGTTG54`.

Comme second exemple, regardez cet updategram (ch15_ex25.xml) :

```
<u:sync xmlns:u="urn:schemas-microsoft-com:xml-updategram"
    mapping-schema="ch15_ex21.xdr">
   <u:before>
      <Person u:id="forty-two" ID="HGTTG42"/>
      <Person u:id="fifty-four" ID="HGTTG54"/>
   </u:before>
   <u:after>
      <Person u:id="fifty-four" ID="54"/>
      <Person u:id="forty-two" ID="42"/>
   </u:after>
</u:sync>
```

Il a besoin de modifier la valeur de la clé elle-même. La seule façon d'y parvenir est d'identifier les éléments à l'aide de `u:id`. Les valeurs utilisées pour `u:id` sont arbitraires : elles ne servent qu'à identifier des éléments dans l'updategram, sans être insérées dans la base de données. En conséquence, cet updategram ne fonctionne pas. Bien sûr, `u:id` ne se limite pas à des modifications de clés, mais peut être utilisé en toutes situations.

Paramètres

Les updategrams utilisent des paramètres exactement de la même façon que XPath, avec une syntaxe similaire. Partout où un updategram présente le signe dollar (`$`) suivi du nom d'un paramètre, la valeur de celui-ci sera substituée.

Regardez cet exemple d'updategram (`ch15_ex26.xml`) :

```
<parameterized-insert xmlns:u="urn:schemas-microsoft-com:xml-updategram">
   <u:header u:nullvalue="NULL">
      <u:param name="Premier">Bob</u:param>
      <u:param name="Dernier">Doe</u:param>
      <u:param name="id"/>
   </u:header>
   <u:sync mapping-schema="ch15_ex21.xdr" u:nullvalue="NULL">
      <u:before/>
      <u:after>
         <Person ID="$id">
            <Premier>$Premier</Premier>
            <Dernier>$Dernier</Dernier>
         </Person>
      </u:after>
   </u:sync>
</parameterized-insert>
```

Il insère un nouveau personnage imaginaire à l'aide des paramètres transmis au modèle, ou des valeurs par défaut « Bob » et « Doe », si les paramètres ne sont pas transmis au modèle (puisqu'il s'agit des valeurs par défaut des paramètres spécifiés dans l'en-tête du modèle).

Schéma par défaut

Le sous-ensemble XPath pouvant être exécuté sans schéma a déjà été décrit. Les updategrams peuvent également utiliser une mise en correspondance par défaut, à quelques restrictions près. Ces restrictions (noms, hiérarchie plate) sont similaires à celles de la mise en correspondance par défaut utilisée par une vue XML (reportez-vous à la section précédente, *Mise en correspondance par défaut*, pour plus de précisions).

En outre, les updategrams ne peuvent fonctionner avec les types SQL `binary`, `image`, `ntext`, `text` et `varbinary` dans un élément `<before>` et les types `binary`, `image` ou `varbinary` dans un élément `<after>`. Les valeurs correspondant à un type SQL monétaire (`money` et `smallmoney`) doivent être précédées d'un signe monétaire comme `$`. Dans la pratique, les valeurs débutant par un symbole monétaire ne peuvent être insérées, actualisées ou supprimées d'une colonne de type chaîne de la base de données (`char`, `nvarchar`, etc.).

Identités générées par le serveur

Les valeurs de colonnes générées automatiquement (comme les colonnes d'identités) peuvent être signalées dans un updategram à l'aide de l'attribut `u:at-identity`. Par exemple :

```
<auto-identity>
   <u:sync xmlns:u="urn:schemas-microsoft-com:xml-updategram">
      <u:after>
```

```
            <Salaries u:at-identity="x" Prenom="Jack" NomFamille="Ryan"/>
         </u:after>
      </u:sync>
   </auto-identity>
```

insère un nouvel enregistrement dans la table `Salaries`, possédant une colonne d'identités automatique (`IDSalarie`). Le symbole utilisé pour représenter l'identité (dans cet exemple, `x`) peut être référencé depuis des sous-éléments. Lorsque le symbole est considéré comme valeur, il est remplacé par l'identificateur généré lors de l'insertion.

En outre, la valeur générée peut être renvoyée comme partie du résultat du modèle à l'aide de l'attribut `u:returnid` de l'élément `u:after`. Par exemple, le modèle

```
<return>
   <u:sync xmlns:u="urn:schemas-microsoft-com:xml-updategram">
      <u:after u:returnid>
         <Salaries u:at-identity="x" Prenom="Jack" NomFamille="Ryan"/>
      </u:after>
   </u:sync>
</return>
```

produit un résultat tel que :

```
<return>
   <returnid>
      <x>10</x>
   </returnid>
</return>
```

Plusieurs colonnes autogénérées peuvent être renvoyées en les spécifiant comme liste séparée par des espaces dans la valeur `u:returnid`.

Malheureusement, les valeurs autogénérées n'étant pas compatibles avec les paramètres, il est impossible d'y faire référence dans d'autres requêtes du même modèle. Vous pouvez cependant utiliser `u:returnid` pour transmettre les valeurs créées dans un updategram à un autre modèle.

Types de données

Toutes les valeurs correspondant à un type SQL `binary`, `image`, `ntext`, `text` ou `varbinary` doivent être spécifiées comme possédant ce `sql:datatype`. L'updategram sera sinon incapable de générer une requête SQL valide. De même, les deux types monétaires (`money`, `smallmoney`) doivent être signalés comme possédant un des types numériques XDR afin d'être correctement utilisés, bien que vous puissiez également utiliser un attribut de type `PrixUnitaire`, sans l'un de ces types de données.

Les types binaires XDR `bin.hex` et `bin.base64` sont utilisés pour le décodage de valeurs binaires. Vous ne pouvez faire référence à une valeur binaire à l'aide d'une URL dbobject (telle que générée par `sql:url-encode`).

Si un attribut ou un élément possède un `sql:id-prefix` dans le schéma, ce préfixe est éliminé de la valeur de l'updategram.

Dépassement

Lorsqu'un élément est signalé dans le schéma comme possédant un `sql:overflow-field`, toute donnée présente dans l'élément `u:after` n'étant pas consommé de quelconque façon, est placée dans la colonne de dépassement. Celle-ci doit être d'un des types SQL chaîne, et posséder suffisamment d'espace pour stocker la valeur. Cela inclut les éléments ou les attributs signalés comme `sql:map-field="0"`, mais apparaissant dans l'updategram.

Rubriques avancées

Espaces de noms et schémas externes

La plupart des utilisations XML nécessitent des espaces de noms, qu'il soient définis de façon externe ou qu'il s'agisse de vos espaces personnalisés. Il existe deux concepts fondamentaux lors de l'utilisation d'espaces de noms dans des vues XML : les déclarations d'espaces de noms et l'annotation `sql:target-namespace`.

Rappelez-vous qu'une déclaration d'espace de noms se présente sous deux formes, `xmlns="uri"` et `xmlns:prefix="uri"`, et que les descendants d'un élément où elles sont déclarées en héritent. Les URI d'espaces de noms sont fréquemment surchargés pour de nombreuses raisons : les différentes versions (comme l'espace de noms XSL) et les URL actuelles (visibles sur le Web) n'en sont que deux exemples. Il existe pour XML Views trois différentes sortes d'URI d'espaces de noms qui valent la peine d'être mentionnées.

Il s'agit tout d'abord des quatre URI d'espaces de noms spéciaux correspondant à XDR et à SQL XML (commençant toutes par `urn:schemas-microsoft-com:` suivi de `xml-data`, `datatypes`, `xml-sql` ou `xml-updategram`) identifiant respectivement le contenu du schéma ou les annotations. Viennent ensuite les **références à des schémas externes**, détaillées ci-après. Vient enfin tout le reste, traité comme des noms d'espaces de noms ordinaires.

Une référence à un schéma externe se distingue d'un URI ordinaire d'espace de noms par son préfixe `x-schema:`. Tout URI d'espace de noms de ce type est considéré comme une référence vers le schéma situé à l'emplacement de fichier indiqué après les deux points. Ce schéma externe est chargé, et toutes ses déclarations `ElementType` et `AttributeType` rendues accessibles au schéma ayant réalisé l'importation (et en fait à tous les schémas actuellement en cours de traitement).

Les deux schémas suivants illustrent ce concept :

```
<!-- ch15_ex27.xdr -->
<Schema xmlns="urn:schemas-microsoft-com:xml-data"
    xmlns:sql="urn:schemas-microsoft-com:xml-sql">
   <ElementType name="Client" sql:relation="Clients">
      <element type="x:Commande" xmlns:x="x-schema:ch15_ex28.xdr">
         <sql:relationship key-relation="Clients" key="IDClient"
             foreign-relation="Commandes" foreign-key="IDClient" />
      </element>
   </ElementType>
</Schema>
```

```
<!-- ch15_ex28.xdr -->
<Schema xmlns="urn:schemas-microsoft-com:xml-data"
    xmlns:sql="urn:schemas-microsoft-com:xml-sql">
   <ElementType name="Commande" sql:relation="Commandes">
      <AttributeType name="IDClient" />
      <AttributeType name="IDCommande" />
      <attribute type="IDClient" />
   </ElementType>
</Schema>
```

Ensemble, ils produisent un XML de la forme suivante :

```
<Client>
   <Commande IDClient="ALFKI" IDCommande=""/>
   <Commande IDClient="ALFKI" IDCommande=""/>
   <Commande IDClient="ALFKI" IDCommande=""/>
</Client>
<Client>
   <Commande IDClient="ANATR" IDCommande=""/>
   <Commande IDClient="ANATR" IDCommande=""/>
</Client>
<!-- ... -->
```

exactement comme s'il s'agissait d'un unique schéma.

La seconde composante de l'utilisation d'espaces de noms en XML Views est l'annotation `sql:target-namespace`. Celle-ci, utilisée sur l'élément Schema, déclare que toutes les déclarations de plus haut niveau du schéma iront dans cet URI d'espace de noms. Cette annotation peut être utilisée sur un schéma lui-même, mais l'est plus fréquemment en conjonction avec des schémas externes, créant un réseau de schémas, à raison d'un par URI d'espace de noms.

En modifiant le schéma précédent afin d'utiliser un `target-namespace` :

```
<!-- ch15_ex28a.xdr -->
<Schema xmlns="urn:schemas-microsoft-com:xml-data"
     xmlns:sql="urn:schemas-microsoft-com:xml-sql"
     sql:target-namespace="votre esapce de noms" >
   <ElementType name="Commande" sql:relation="Commandes">
      <AttributeType name="IDClient" />
      <AttributeType name="IDCommande" />
      <attribute type="IDClient" />
   </ElementType>
</Schema>
```

alors le XML résultant de l'exécution du premier schéma (après vous être assuré d'avoir modifié la référence dans le second schéma en `ch15_ex28a.xdr`) ressemblera à ceci :

```
<Client>
   <y:Commande xmlns:y="votre espace de noms" IDClient="ALFKI" IDCommande=""/>
   <y:Commande xmlns:y="votre espace de noms" IDClient="ALFKI" IDCommande=""/>
   <y:Commande xmlns:y="votre espace de noms" IDClient="ALFKI" IDCommande=""/>
</Client>
<Client>
   <y:Commande xmlns:y="votre espace de noms" IDClient="ANATR" IDCommande=""/>
   <y:Commande xmlns:y="votre espace de noms" IDClient="ANATR" IDCommande=""/>
</Client>
<!-- ... -->
```

Remarquez que le préfixe utilisé dans le schéma n'est pas forcément préservé dans le résultat XML. De même, bien que l'élément Commande soit placé dans un espace de noms, aucun de ses attributs ne l'est. Cela est cohérent avec l'interaction normale entre attributs et déclarations d'espace de noms. S'il est nécessaire qu'un attribut soit placé dans l'espace de noms cible, déclarez-le au plus haut niveau du schéma.

Il est à remarquer également que l'utilisation d'espaces de noms en XPath est actuellement réservée aux modèles. Dans la mesure où XPath utilise des préfixes d'espaces de noms, il exige que ces préfixes soient liés à des URI d'espaces de noms. Actuellement, SQL Server ne dispose pas de méthode permettant d'effectuer cette liaison dans une URL, la liaison doit donc être effectuée en XML, en général à l'aide de déclarations d'espaces de noms.

Récursivité structurelle

Malheureusement, XML Views ne prend pas actuellement en charge la récursivité. Tout simplement parce que la création des hiérarchies récursives à l'aide de FOR XML EXPLICIT (ce qu'utilise XPath) exige de connaître à l'avance la profondeur de la hiérarchie à construire pour pouvoir bâtir la requête. Cela est illustré par cette requête SQL (ch15_ex30.sql) :

```
SELECT 1 as TAG, 0 as parent,
   E1.IDSalarie as [Salarie!1!id],
   NULL as [Salarie!2!id],
   NULL as [Salarie!3!id]
 FROM Salaries E1
 WHERE E1.ReportsTo = NULL
UNION ALL
SELECT 2, 1,
   E1.IDSalarie,
   E2.IDSalarie,
   NULL
 FROM Salaries E1 JOIN Salaries E2 ON E1.IDSalarie = E2.ReportsTo
 WHERE E1.ReportsTo = NULL
UNION ALL
SELECT 3, 2,
   E1.IDSalarie,
   E2.IDSalarie,
   E3.IDSalarie
 FROM Salaries E1 JOIN Salaries E2 ON E1.IDSalarie = E2.ReportsTo
                  JOIN Salaries E3 ON E2.IDSalarie = E3.ReportsTo
   WHERE E1.ReportsTo = NULL
         ORDER BY 3, 4, 5
FOR XML EXPLICIT
```

Cette limite de XML Views empêche l'utilisation de schémas récursifs tel celui-ci :

```
<Schema xmlns="urn:schemas-microsoft-com:xml-data"
      xmlns:sql="urn:schemas-microsoft-com:xml-sql">
   <ElementType name="Salaries">
      <element type="Salaries" >
            <sql:relationship key-relation="Salaries" key="IDSalarie"
            foreign-relation="Salaries" foreign-key="ReportsTo" />
      </element>
   </ElementType>
</Schema>
```

parce que la requête EXPLICIT nécessaire dépend des données. Jusqu'à ce que XML Views permette explicitement de prendre en charge la récursivité, vous devez recourir à une autre méthode.

La première tentative naturelle serait de construire un schéma presque récursif comme celui qui suit, mais cela ne fonctionne pas non plus. Examinez-le pour comprendre pourquoi :

```
<!-- Ce schéma ne fonctionne pas ! -->
<Schema xmlns="urn:schemas-microsoft-com:xml-data"
      xmlns:sql="urn:schemas-microsoft-com:xml-sql">
   <ElementType name="Salaries"/>
   <ElementType name="Manager" sql:relation="Salaries">
      <element type="Salaries">
         <sql:relationship key-relation="Salaries" key="IDSalarie"
          foreign-relation="Salaries" foreign-key="ReportsTo" />
      </element>
   </ElementType>
</Schema>
```

Le problème de ce schéma est que la relation de jointure de la table avec elle-même, nommée **autojointure (self-join)**, n'est pas non plus prise en charge par XML Views, au moins au moment de l'écriture de ce livre.

Heureusement, tout n'est pas perdu ! Avec un peu d'imagination, il est possible de créer des hiérarchies récursives. Une des solutions consiste à créer un alias de la table à l'aide d'une vue SQL, puis d'utiliser cette vue dans un schéma annoté. L'exemple suivant illustre cette technique, appliquée à la table Salaries de la base de données Northwind.

Préparez d'abord une vue SQL miroir de la table Salaries :

```
CREATE VIEW Managers AS SELECT * FROM Salaries
```

Utilisez ensuite cette vue SQL dans le schéma (ch15_ex31.xdr) :

```
<Schema xmlns="urn:schemas-microsoft-com:xml-data"
      xmlns:sql="urn:schemas-microsoft-com:xml-sql">
   <ElementType name="Salaries"/>
   <ElementType name="Managers">
         <element type="Salaries">
            <sql:relationship key-relation="Managers" key="IDSalarie"
               foreign-relation="Salaries" foreign-key="ReportsTo" />
         </element>
   </ElementType>
</Schema>
```

Lorsqu'une vraie récursivité structurelle est nécessaire (dans laquelle les noms des éléments sont identiques), la seule solution utilisant XML Views consiste, au moment de l'écriture de ce livre, en un traitement ultérieur du XML. En pratique, un traitement ultérieur afin d'obtenir un XML récursif élimine la surcharge des unions et des jointures SQL, résultant en des performances souvent meilleures que celles obtenues à l'aide d'une requête récursive EXPLICIT. Il est certain que cette solution est plus évolutive, puisqu'elle transmet une partie du traitement de la base de données à l'étage intermédiaire. Vous découvrirez un exemple complet de cette technique, utilisant XSL dans l'étude de cas SQL Server.

Résumé

XML Views permet d'obtenir une représentation XML aussi souple qu'efficace de données relationnelles. Une vue XML peut sélectionner des données provenant de diverses tables en les rassemblant dans un unique document XML. À l'aide de XPath, vous pouvez sélectionner la totalité d'une vue XML ou seulement des portions de celle-ci. Vous pouvez également utiliser XPath afin de faire directement référence à des éléments (comme des images) de la base de données. Les updategrams permettent la modification des données relationnelles sous-jacentes de la vue XML en insérant, actualisant ou supprimant des fragments XML.

Requêtes updategrams, XPath ou SQL ordinaires peuvent être exécutées depuis des modèles XML, les résultats de ces requêtes étant substitués dans le modèle XML. En combinaison avec d'autres techniques de traitement standard XML (comme XSL), ces langages de requête constituent un moyen puissant pour transporter et pour présenter des données XML sur le Web.

16

JDBC

Si vous développez des applications professionnelles en Java et notamment des applications de bases de données faisant usage de l'API JDBC, vous êtes très certainement conscient de l'importance de la portabilité de vos applications, qui doivent s'adapter aux divers environnements informatiques d'aujourd'hui. Vos clients veulent avoir accès à tout moment, d'où qu'ils se trouvent et quel que soit le terminal utilisé, à des données stratégiques et se moquent bien de savoir quelle API d'accès aux données servira à manipuler la source de données sous-jacente. Les développeurs d'applications professionnelles Java se doivent donc de créer des applications JDBC autorisant l'accès à l'information désirée quels que soient la plate-forme et le terminal utilisés. Ce que vous pouvez parfaitement réaliser en enrichissant vos applications JDBC de fonctionnalités XML. Encore une bonne nouvelle : c'est plus facile qu'il n'y paraît.

XML améliore JDBC (et réciproquement)

La combinaison de XML avec les technologies et les protocoles Internet de la plate-forme J2EE (Java 2 Édition Entreprise) offre la possibilité d'écrire avec un minimum de code des applications professionnelles permettant un accès universel aux sources de données JDBC. À l'aide de XML, XSLT et JDBC, il devient possible de concevoir des architectures évolutives et extensibles facilitant la livraison des données en environnement J2EE. Ainsi, les utilisateurs peuvent accéder à vos données *via* des navigateurs, terminaux WAP, PDA et autres futurs appareils restituant des contenus à l'aide d'un langage de balisage basé sur du XML.

La combinaison de XML avec JDBC permet en outre de créer des services web en environnement J2EE. Les services web sont des applications HTTP qui fournissent une *interface de programmation d'application (API)* au lieu d'une *interface utilisateur*. Grâce à ces services web, vos partenaires commerciaux pourront intégrer vos procédés et vos données dans leurs propres applications sans se soucier de la machine ou du système d'exploitation qui les supporte ni du langage de programmation ayant servi à les développer.

Dans ce chapitre, vous trouverez des exemples concrets d'intégration de XML et de JDBC dans vos applications J2EE, offrant un accès universel aux données, indépendamment des terminaux d'accès et des plates-formes, si variés de nos jours. Ce chapitre permettra notamment de couvrir deux aspects essentiels :

- **Générer du XML à partir d'une source de données JDBC** : nous verrons tout d'abord comment construire simplement une architecture passerelle XML vers JDBC. Une telle architecture contient des éléments logiciels permettant d'exécuter des instructions SQL à destination de sources de données JDBC, et d'en retourner les ensembles de résultats sous forme de documents XML bien formés, dont la structure sera utilisable par toute application dotée des capacités d'analyse de XML. Nous verrons ensuite comment enrichir cette architecture de fonctionnalités de traitement XSLT côté serveur. Vous verrez ainsi combien il est facile de transformer un ensemble de résultats JDBC sauvegardé *via* XML en un langage de balisage dédié à un terminal spécifique, comme un navigateur, par exemple.
- **Actualiser une source de données JDBC à l'aide de XML** : dans ce cas de figure, nous verrons comment utiliser la nouvelle technologie Java des **WebRowSets** pour créer des applications JDBC distribuées faisant usage de XML pour ordonner divers ensembles de résultats issus de machines distantes et non reliées les unes aux autres. Gardez cependant à l'esprit qu'à l'heure où nous imprimons les binaires de la classe WebRowSet ne sont encore disponibles qu'en version bêta et qu'elles sont donc susceptibles de subir quelques modifications avant de devenir partie prenante de l'API proprement dite.

Logiciels utilisés

Avant toute chose, prenez le temps d'installer et de configurer les éléments logiciels nécessaires pour travailler les exemples de ce chapitre. Vous aurez ainsi besoin du JDK 1.3, du processeur XSLT Xalan pour Java, de Tomcat 3.1 et d'un système de gestion de bases de données relationnelles doté d'un pilote JDBC. Vous pourrez facilement compiler et exécuter les exemples de ce chapitre sur toute plate-forme comportant une implémentation satisfaisante de la machine virtuelle de Java. Nous avons développé et testé ces exemples dans Windows NT 4.0, aussi la majorité d'entre eux sont-ils basés sur Windows NT.

JDK 1.3

Le premier élément logiciel dont vous aurez besoin est donc le JDK 1.3, téléchargeable à l'adresse http://java.sun.com. Assurez-vous de sélectionner une version adaptée à votre système d'exploitation. Par exemple, vous devrez télécharger et exécuter le programme d'installation autoextractible InstallShield si vous tournez sous NT. Je vous recommande également de télécharger la documentation du JDK, disponible séparemment.Vous pouvez bien sûr la consulter directement sur le site Java de Sun Microsystems, mais il est infiniment plus pratique de l'avoir sous la main sur sa propre machine.

Encore une précision : nous conseillons d'utiliser la version 1.3 du JDK, mais nous avons également testé le code de ce chapitre avec le JDK 1.2.2. Ce détail n'est pas à négliger, ce dernier étant bien plus fréquemment implémenté sur les diverses plates-formes que le JDK 1.3. Une mise en garde cependant : si vous décidez d'utiliser le JDK 1.2.2, assurez-vous de télécharger l'implémentation de référence JNDI (*Java Naming and Directory Interface*), qui vous sera nécessaire ultérieurement pour les exemples mettant en œuvre la classe WebRowSet. Si la version JDK 1.3 intègre JNDI, ce n'est pas le cas du JDK 1.2.2, pour lequel vous devrez la télécharger séparément. Nous reparlerons plus longuement de ce point plus loin dans de ce chapitre.

Processeur XSLT Xalan pour Java

Vous aurez ensuite besoin de la version 1.2 de Xalan pour Java, qui est un processeur XSLT *Open Source* géré par le Groupe Apache. Vous pouvez vous le procurer à l'adresse http://xml.apache.org. Après avoir téléchargé et décompressé le fichier zip `xalan-j_1_2_D02.zip`, copiez les fichiers JAR `xalan.jar` et `xerces.jar` (il s'agit du parseur XML de Xerces) dans le répertoire `\jdk1.3\li`.

Si vous n'aimez pas Xalan et préférez employer un autre processeur XSLT, il en existe de très bons implémentés en Java, comme :

- IBM LotusXSL (http://alphaworks.ibm.com/tech/LotusXSL) ;
- XT Package de James Clark (http://www.jclark.com/xml/xt.html).

Logiciels utilisés pour implémenter les Rowsets

Il va vous falloir télécharger les packages de classes Java nécessaires à l'implémentation de la classe WebRowSet. Le *framework* de la classe WebRowSet permet de sauvegarder de manière transparente les données, les métadonnées et les propriétés d'un ensemble de résultats JDBC en XML, puis de les acheminer *via* le Web jusqu'à une application distante, chargée de les manipuler. Pour pouvoir utiliser le cadre WebRowSet, vous aurez besoin des packages `sun.jdbc.rowset` et `javax.sql`, ainsi que de l'implémentation de référence JNDI. Nous étudierons ceci plus en détail ultérieurement. Pour le moment, il vous suffit de suivre les instructions nécessaires au chargement et à l'installation de ces logiciels.

Package sun.jdbc.rowset

Pour accéder à ce package, chargez la page HTTP suivante dans votre navigateur : http://developer.java.sun.com/developer/earlyAccess/crs/. N'oubliez pas qu'il s'agit d'une technologie en version bêta, ce qui implique que vous devez ouvrir un compte gratuit auprès de la JDC (Java Developper Connection), si ce n'est déjà fait. Les exemples de ce chapitre ont été testés avec la version « bêta 4 ». Téléchargez le fichier zip `rowset-1_0-ea4.zip` puis placez le fichier `rowset.jar` dans le répertoire `C:\jdk1.3\lib`.

> **N'oubliez pas que l'implémentation de la classe WebRowSet incluse dans ce package est une technologie expérimentale, non encore prise en charge à ce stade. Elle est donc susceptible de modifications avant d'être officiellement intégrée dans la plate-forme Java. N'utilisez en aucun cas cette technologie dans une application professionnelle avant de disposer de la version finale.**

Package javax.sql

L'API JDBC 2.0 se compose de deux packages de classes java, dont le premier, `java.sql`, inclut l'API JDBC 2.0 de base, alors que l'autre, `javax.sql`, contient l'extension standard de l'API JDBC 2.0. Le package `java.sql` est inclus dans le JDK, aussi devrait-il être déjà installé dans votre système. La classe WebRowSet faisant appel à l'extension standard de l'API JDBC 2.0, nous allons donc avoir également besoin du package `javax.sql`, téléchargeable individuellement. Pour ce faire, affichez la page http://java.sun.com/products/jdbc/download.html et sélectionnez JDBC 2.0 Optional Package Binary. Téléchargez le fichier JAR `jdbc2_0-stdext.jar` et placez-le dans le répertoire `C:\jdk1.3\lib`.

Implémentation de référence JNDI

La classe WebRowSet fait usage de l'interface JNDI (Java Naming and Directory Interface). Si vous disposez de JDK 1.3, vous pouvez passer directement à l'étape suivante puisque cette version intègre JNDI. Si vous avez opté pour le JDK 1.2.2, vous devez télécharger JNDI à partir du site de Sun Microsystems, à l'adresse suivante : http://java.sun.com/products/jndi/index.html. Téléchargez le fichier zip `jndi1_2_1.zip` et décompressez-le ; sélectionnez ensuite le fichier JAR `jndi.jar` puis placez-le dans votre `CLASSPATH`.

Tomcat 3.1

La totalité des applications données en exemple dans ce chapitre étant au moins partiellement implémentées à l'aide de l'API Java Servlet, vous allez devoir installer et configurer un conteneur de servlets dans votre système. N'importe quel conteneur de servlets capable de supporter la version 2.2 et les versions supérieures de l'API Java Servlet fera l'affaire. En l'occurrence, nous avons choisi Tomcat 3.1, servlet *Open Source* développée par l'Apache Software Foundation pour permettre l'implémentation standard de JSP. Il s'agit d'un conteneur de servlets à la fois léger, performant et simple d'emploi, qui implémente le standard scrupuleusement (il s'agit de l'implémentation de référence, ne l'oublions pas). Il possède un écouteur HTTP intégré, grâce auquel il n'est plus nécessaire d'installer un serveur web séparé. Pour information, un écouteur HTTP est utile pour tester la cohérence d'une application. En contexte professionnel, vous utiliseriez un serveur web professionnel doté du connecteur approprié. Tomcat fournit des connecteurs pour Apache, IIS, et Netscape/iPlanet Enterprise Server. Étant implémenté en Java, Tomcat fonctionnera sur un large éventail de plates-formes. Voici comment l'installer dans Windows NT 4.0 :

- téléchargez le fichier zip `jakarta-tomcat.zip` à l'adresse http://jakarta.apache.org ;
- décompressez-le et installez-le dans un répertoire de votre disque dur ;
- modifiez le fichier `jakarta-tomcat\bin\tomcat.bat` pour que la variable `JAVA_HOME` pointe sur le répertoire dans lequel vous avez installé le JDK 1.3. Le fichier batch ne prévoit pas l'affectation d'une valeur à cette variable et vous devrez donc l'ajouter. Si, par exemple, vous avez installé le JDK dans le lecteur C, vous devrez donc ajouter au fichier la ligne `set JAVA_HOME=C:\jdk1.3` pour référencer cette affectation ;
- vous allez également modifier le fichier `jakarta-tomcat\bin\tomcat.bat` et ajouter les lignes correspondant à l'ensemble de lignes, aux extensions standard JDBC, à Xerces et à Xalan dans le `CLASSPATH` de Tomcat. Pour cela, insérez le code suivant sur ou au niveau de la ligne 35 de`tomcat.bat` (ce qui suppose que vous ayez suivi nos recommandations et préalablement installé les archives JAR dans le dossier `jdk1.3\lib`).

```
rem Cette ligne existe dans le fichier batch.  Cherchez-la pour repérer
rem où ajouter les archives JAR supplémentaires dans le CLASSPATH:

set CLASSPATH=%CLASSPATH%;%JAVA HOME%\lib\tools.jar
rem Ajoutez les archives JAR à partir d'ici:
set CLASSPATH=%CLASSPATH%;%JAVA HOME%\lib\rowset.jar
set CLASSPATH=%CLASSPATH%;%JAVA HOME%\lib\jdbc2 0-stdext.jar
set CLASSPATH=%CLASSPATH%;%JAVA HOME%\lib\xerces.jar
set CLASSPATH=%CLASSPATH%;%JAVA_HOME%\lib\xalan.jar
```

- lancez le fichier `jakarta-tomcat\bin\startup.bat` pour démarrer Tomcat ;
- chargez la page http://127.0.0.1:8080 dans votre navigateur. Le serveur HTTP deTomcat écoute sur le port 8080 de manière à ne pas interférer avec un autre serveur web qui pourrait être déjà installé dans votre système sur le port 80. Vous pouvez bien évidemment modifier la valeur du port si vous le souhaitez, en éditant le fichier de configuration `server.xml` (voir documentation Tomcat pour de plus amples informations). La page d'accueil de Tomcat s'affichera dès que vous atteindrez cette URL.

Si vous tournez sous UNIX, la marche à suivre est à peu près identique à quelques différences près. Au lieu d'un fichier ZIP, c'est un fichier TAR que vous devrez télécharger et décompresser. Il vous faudra ensuite modifier le script shell `tomcat.sh` UNIX au lieu du fichier batch `tomcat.bat`. Pour de plus amples informations, reportez-vous à la documentation Tomcat.

À la fin de ce chapitre, nous verrons comment organiser les librairies de classes de nos applications en packages en vue de leur déploiement dans Tomcat ou n'importe quel autre conteneur de servlets compatible J2EE. En attendant, n'hésitez pas à télécharger le fichier WAR (Web Application Archive) fourni avec le code source des exemples de ce chapitre sur notre site. Vous pourrez ainsi tester les exemples au fur et à mesure de la progression du chapitre. Pour cela, il vous suffit de suivre les étapes suivantes :

- si Tomcat est déjà en fonctionnement, fermez-le à l'aide du fichier batch `shutdown.bat` situé dans le répertoire `\jakarta-tomcat\bin` ;
- allez chercher le fichier WAR `Chapter16\jdbcxml.war` et placez-le dans le dossier `\jakarta-tomcat\webapps` ;
- lancez Tomcat à l'aide du script `startup.bat` (ou de `startup.sh` pour les utilisateurs d'UNIX) qui se trouve dans le dossier `\jakarta-tomcat\bin` ;
- chargez la page http://127.0.0.1:8080/jdbcxml/index.html dans votre navigateur. Ce fichier se trouve dans la racine du système de fichiers de `jdbcxml.war`. Tomcat le décompactera automatiquement au premier accès. Vous devriez maintenant voir s'afficher la page suivante :

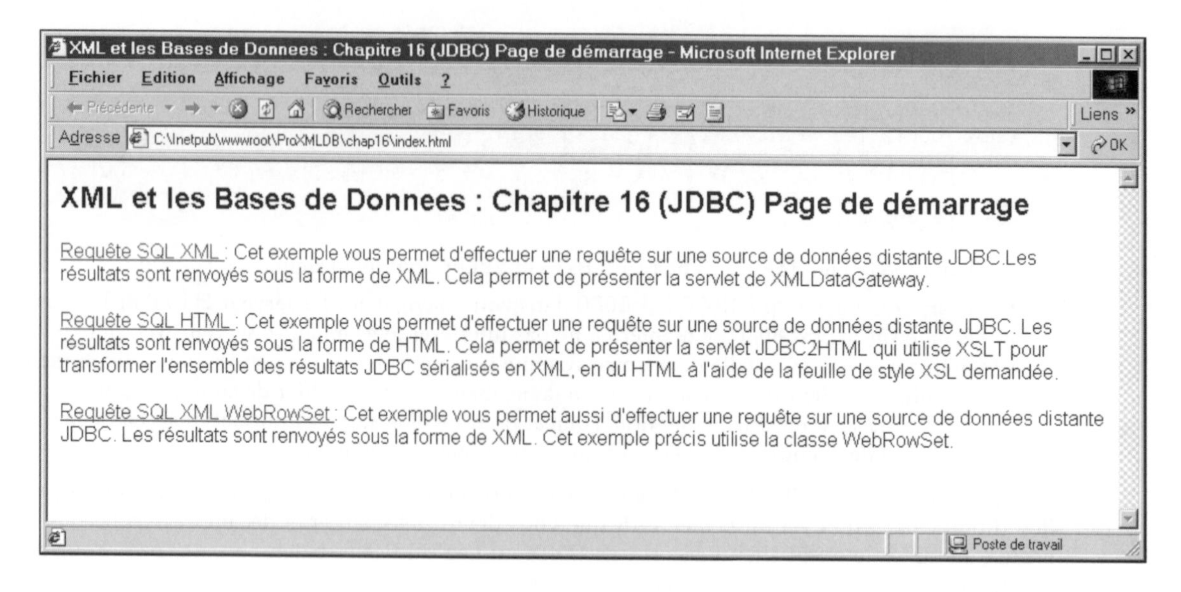

Outre les binaires HTML et les binaires compilées, ce fichier contient aussi le code source relatif à ce chapitre.

Une source de données et un pilote JDBC (Oracle, SQL Server, etc.)

Enfin, vous aurez également besoin d'un pilote JDBC permettant l'accès à une base de données. Nos exemples sont suffisamment génériques pour fonctionner avec une large palette de systèmes de gestion de bases de données relationnelles. La plupart de ceux disponibles sur le marché aujourd'hui intègrent un pilote JDBC. Nous en utiliserons trois dans ce chapitre, à savoir Oracle 8i *via* le pilote JDBC partiel d'Oracle, ainsi que Microsoft SQL Server 7.0 et Microsoft Access 97, auxquels nous accéderons par l'intermédiaire de l'interface JDBC-ODBC Bridge.

Le pilote JDBC d'Oracle fait partie du package de classes `classes111.zip` généralement inclus dans tous les fichiers d'installation d'Oracle, aussi votre administrateur de base de données Oracle devrait-il être en mesure de vous le fournir sans peine. Dans le cas contraire, vous pourrez le télécharger à l'adresse http://www.oracle.com. Quant au pilote JDBC-ODBC Bridge, il est intégré au JDK.

Afin d'éviter tout problème, assurez-vous que le pilote JDBC que vous allez utiliser a bien été référencé dans le `CLASSPATH`. Si vous avez choisi JBDC-OBDC Bridge, la référence y a été ajoutée à l'installation du JDK et vous n'avez donc pas à vous en préoccuper. Si votre base de données ne possède pas d'interface JDBC (ou que vous n'en êtes pas certain), vous pouvez utiliser le pilote JDBC-ODBC Bridge si vous disposez d'un pilote ODBC, ce qui est le cas le plus souvent. Pour plus de détails, reportez-vous à la documentation de votre SGBD.

Générer du XML à partir de JDBC

Comme nous l'avons déjà dit, XML et JDBC se complètent à merveille. En combinant ces deux technologies, il devient possible de créer des applications « d'accès universel aux données », capables de fonctionner sur bon nombre de serveurs d'applications compatibles J2EE et d'accéder à un large éventail de sources de données. On prend le meilleur de chaque technologie. XML rend vos données et vos métadonnées théoriquement accessibles à toute application, quel que soit le langage ayant servi à l'écrire ou la plate-forme sur laquelle elle tourne. Les API de J2EE offrent aux développeurs le choix de la plate-forme et des fabricants. Un certain nombre de ces derniers ont ainsi développé des serveurs d'applications compatibles J2EE capables de fonctionner sur diverses plates-formes, comme ATG, BEA Systems, IBM, ou encore iPlanet Sun-Netscape Alliance. L'utilisation de l'API JDBC comme interface d'accès aux données vous permet de bénéficier de plusieurs dizaines d'années de réflexion et de leadership dans le domaine des données relationnelles.

À ce stade, il s'agit donc de créer une architecture nous permettant d'extraire les données d'une source JDBC, de les sauvegarder en XML puis de les retourner au client ayant émis la requête en faisant appel à XSLT pour formater les données de sortie en fonction du terminal auquel elles sont destinées. Pour être extensible, une telle architecture doit être conçue de telle manière que les processus réalisant l'accès à la source de données *via* JDBC et la sauvegarde en XML de l'ensemble de résultats obtenus restent transparents pour le développeur de l'application, ce qui encourage la réutilisation du code. En guise d'illustration, nous allons donc créer une architecture passerelle XML simple vers JDB.

Architecture passerelle XML vers JDBC

La classe `JDBC2XML` est au cœur de notre passerelle XML pour JDBC car c'est elle qui commande l'accès à la source de données JDBC. En bref, elle exécute une instruction SQL à destination de la source de données JDBC spécifiée, sauvegarde l'ensemble de résultats obtenus en XML, puis retourne ce document XML au client ayant émis la requête. Dans notre architecture, la classe `JDBC2XML` sera utilisée deux fois par deux servlets Java différentes, respectivement nommées **XMLDataGateway** et **JDBC2HTML**. La servlet `XMLDataGateway` fournit aux applications compatibles XML une interface XML générique vers la source de données JDBC *via* HTTP. Quant à la servlet `JDBC2HTML`, elle se charge de renvoyer les ensembles de résultats JDBC sous forme de pages HTML aux navigateurs web grâce aux feuilles de style XSL qui y sont attachées. La première fonction de cette servlet est donc de servir de filtre ; lorsqu'un agent utilisateur de pages HTTP soumet une instruction HTTP GET ou POST à une feuille de style XSL, c'est en réalité la servlet `JDBC2HTML` qui prend la main et se charge d'exécuter la requête. Le schéma suivant décrit notre architecture :

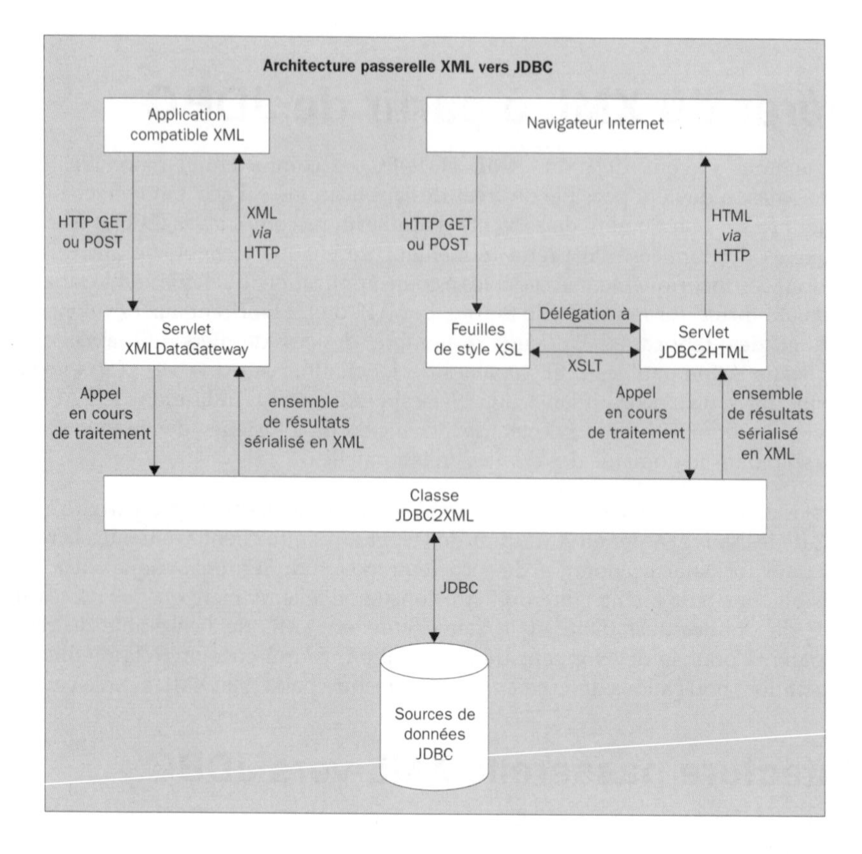

Dans cette section, nous allons voir comment créer et utiliser cette architecture. Vous allez donc apprendre à :

- développer la classe `JDBC2XML` ;
- développer la servlet `XMLDataGateway` ;
- interroger la source de données JDBC en faisant appel à la servlet `XMLDataGateway` ;
- développer la servlet `JDBC2HTML` ;
- écrire une feuille de style XSL décrivant le format HTML de notre schéma XML `<resultset/>` ;
- interroger la source de données JDBC à l'aide de la servlet `JDBC2HTML`.

Classe JDBC2XML

Cette classe encapsule la logique nécessaire pour accéder à la source de données JDBC et retourner les résultats de la requête sous la forme d'un document XML bien formé. En clair, la classe exécute une instruction SQL sur la source de données JDBC spécifiée, sauvegarde l'ensemble de résultats obtenus en XML, et renvoie ce document XML au client et retourne la requête sous forme d'une chaîne de caractères. Créez le fichier `JDBC2XML.java` et ajoutez-y le code suivant :

```
package com.jresources.jdbc;
import java.sql.*;
import java.util.*;
public class JDBC2XML
{
   public JDBC2XML()
   {
      super();
   }
```

Pour obtenir ce résultat, la classe JDBC2XML implémente différentes méthodes :

- des méthodes permettant d'appliquer les règles d'encodage XML, dont la méthode encodeXML() ;
- la méthode writeXML(), permettant de sauvegarder un ensemble de résultats JDBC en XML ;
- la méthode execute(), clé de voûte de l'ensemble, permettant d'exécuter la requête et de renvoyer les résultats en XML.

Nous allons maintenant apprendre à implémenter chacune de ces méthodes.

Appliquer les règles d'encodage XML aux données de l'ensemble de résultats

encodeXML() est une méthode générique permettant d'appliquer les règles d'encodage XML à certains caractères spéciaux. Un document XML bien formé avec des valeurs d'éléments ou d'attributs contenant ces caractères spéciaux doit être encodé d'une certaine façon pour pouvoir être interprété. Dans le cas contraire, le parseur XML se trouvera incapable de traiter le document. Le tableau suivant présente ces caractères spéciaux et leurs valeurs encodées :

Caractère	Valeur encodée
&	&
<	<
>	>
'	'
"	"

La méthode encodeXML() se contente de réaliser un simple rechercher-remplacer sur la chaîne de caractères passée afin de remplacer les caractères spéciaux par leurs valeurs codées. La méthode writeXML() fera appel à la méthode encodeXML() pour s'assurer que les données extraites de la source de données sont correctement codées avant de les sauvegarder en XML :

```
   String encodeXML(String sData)
   {
      String[] before = {"&","<",">","\"", "\'"};
      String[] after = {"&amp;","&lt;","&gt;","&quot;", "&apos;"};
      if(sData!=null)
      {
         for(int i=0;i<before.length;i++)
         {
            sData = Replace(sData, before[i], after[i]);
         }
      }
```

```
        else {sData="";}
        return sData;
    }
```

Le fragment de code suivant illustre la façon dont `encodeXML()` fait usage de la méthode `Replace()`. Comme son nom l'indique, la méthode `Replace()` parcourt la chaîne de caractères représentée par la variable `content`, et remplace toutes les unités `oldWord` en unités `newWord` :

```
    String Replace(String content, String oldWord, String newWord)
    {
        int position = content.indexOf(oldWord);
        while (position > -1)
        {
            content = content.substring(0,position) + newWord +
                content.substring(position + oldWord.length());
                position = content.indexOf(oldWord,position+newWord.length());
        }
        return content;
    }
```

Sauvegarder en XML les données et les métadonnées de l'ensemble de résultats

L'étape suivante consiste à ajouter du code dans la classe `JDBC2XML` pour la rendre capable de sauvegarder un ensemble de résultats JDBC en XML. Ce processus est double : il s'agit d'abord de concevoir une structure de données XML qui encapsule les données et les métadonnées d'un ensemble de résultats, puis d'implémenter la méthode `writeXML()`, qui se charge de leur sauvegarde en XML.

Concevoir la structure XML `<resultset>`

Il s'agit donc tout d'abord de concevoir une structure de données XML représentant l'état sauvegardé de notre ensemble de résultats JDBC. Pour simplifier, nous allons créer un document sans DTD (Document Type Definition) capable d'être analysé par des parseurs XML non validateurs. L'élément parent `<resultset>` contiendra deux sous-éléments, `<metadata>` et `<records>`.

Dans l'élément `<metadata>` seront emboîtés autant d'éléments `<field>` que la base de données comporte de champs possédant chacun deux attributs, `name` et `datatype`. L'élément `<records>` sera composé d'autant d'éléments `<record>` que la base de données compte de lignes, chaque élément `<record>` contenant lui-même autant d'éléments `<field>` que la ligne en question compte de colonnes. Le fragment de code qui suit présente la structure de notre document XML `<resultset>` :

```
<?xml version="1.0" encoding="ISO-8859-1"?>
<resultset>
    <metadata>
        <field name="field name goes here" datatype="field's datatype goes here"/>
    </metadata>
    <records>
        <record>
            <field name="field name goes here">
                field's value goes here
            </field>
        </record>
    </records>
</resultset>
```

Implémenter la méthode writeXML()

C'est donc la méthode `writeXML()` qui se charge de sauvegarder l'ensemble de résultats JDBC spécifié pour obtenir un document XML conforme à la structure que nous venons de définir. Cette méthode commence par créer un objet `StringBuffer` contenant l'instruction de traitement `<?xml?>` ainsi que l'élément parent `<resultset>`. Nous utiliserons cet objet `StringBuffer` pour contenir nos données de sortie. La méthode parcourt ensuite les métadonnées de l'ensemble de résultats et crée un élément `<field>` pour chaque colonne. Puis elle passe en revue tous les enregistrements de l'ensemble de résultats et crée autant d'éléments `<record>` contenant eux-mêmes un élément `<field>` pour chaque colonne. La valeur de chaque champ est préalablement traitée par la méthode `encodeXML()` définie plus haut, afin de s'assurer de sa compatibilité avec les règles d'encodage XML. Une fois l'ensemble de résultats entièrement vérifié, il ne nous reste plus qu'à fermer notre élément `<resultset>` et à renvoyer le document XML :

```
    String writeXML(ResultSet rs)
    {
       StringBuffer strResults = new StringBuffer
          ("<?xml version=\"1.0\" encoding=\"ISO-8859-1\"?>\r\n<resultset>\r\n");
       try
       {
          ResultSetMetaData rsMetadata = rs.getMetaData();
          int intFields = rsMetadata.getColumnCount();
          strResults.append("<metadata>\r\n");
          for(int h =1; h <= intFields; h++)
          {
             strResults.append("<field name=\"" + rsMetadata.getColumnName(h) +
                "\" datatype=\"" + rsMetadata.getColumnTypeName(h) + "\"/>\r\n");
          }
          strResults.append("</metadata>\r\n<records>\r\n");
          while(rs.next())
          {
             strResults.append("<record>\r\n");
             for(int i =1; i <= intFields; i++)
             {
                strResults.append("<field name=\"" + rsMetadata.getColumnName(i)
                   + "\">" + encodeXML(rs.getString(i)) + "</field>\r\n");
             }
             strResults.append("</record>\r\n");
          }
       }catch(Exception e) {}
       strResults.append("</records>\r\n</resultset>");
       return strResults.toString();
    }
}
```

Interroger la base de données

La méthode `execute()` est donc la clé de voûte de notre application, puisque c'est elle qui se charge d'interroger la source de données JDBC et de retourner les résultats obtenus sous forme d'un document XML. Cette méthode reçoit cinq paramètres en entrée :

- le pilote JDBC ;
- l'URL JDBC ;
- l'ID (identifiant utilisateur) ;
- le mot de passe ;
- l'instruction SQL.

```
public String execute(String driver, String url, String uid, String pwd,
   String sql)
{
   String output = new String();
```

Nous devons tout d'abord enregistrer et instancier le pilote JDBC. Nous établissons ensuite la connexion avec la base de données et créons un objet statement. Nous exécutons enfin l'instruction SQL à l'aide de la méthode `executeQuery()` de cet objet. Nous obtenons alors un ensemble de résultats, que nous allons sauvegarder en XML grâce à la méhode `writeXML()` créée un peu plus haut :

```
   try
   {
      Class.forName(driver);
      Connection conn = DriverManager.getConnection(url, uid, pwd);
      Statement s = conn.createStatement();
      ResultSet rs = s.executeQuery(sql);
      output = writeXML(rs);
```

Pour finir, nous allons fermer l'ensemble de résultats et la connexion, puis retourner l'ensemble de résultats sauvegardés en XML au client ayant adressé la requête. En cas d'exception, nous renvoyons au client un élément `<error>` en contenant une brève description. L'application cliente, qui devra donc être compatible XML, analysera l'élément reçu afin de connaître le détail de l'exception en question :

```
      rs.close();
      conn.close();
   }
   catch(Exception e)
   {
      output = "<error>" + encodeXML(e.toString()) + "</error>";
   }
   return output;
}
```

Notre classe `JDBC2XML` est maintenant complète et réutilisable ; nous pouvons donc en faire usage dans nos exemples d'applications.

Servlet XMLDataGateway

La servlet `XMLDataGateway` utilise la classe `JDBC2XML` pour fournir une interface XML générique *via* HTTP à destination des sources de données JDBC. Voyons à présent comment implémenter et comment utiliser cette servlet.

Implémenter la servlet

L'implémentation de la servlet `XMLDataGateway` requiert l'écriture d'une classe Java à l'intérieur de la classe `javax.servlet.http.HttpServlet`. Il s'agit ensuite de surcharger les méthodes `doGet()` et `doPost()` pour gérer les requêtes `HTTP GET` et `HTTP POST`.

```
package com.jresources.jdbc;
import javax.servlet.*;
import javax.servlet.http.*;
import java.io.*;
public class XMLDataGateway extends HttpServlet
{
```

Surcharger la méthode doGet()

C'est la méthode `doGet()` qui permet au servlet `XMLDataGateway` de répondre aux requêtes HTTP `GET`. Le code en est très simple. Commençons par régler le type MIME sur `text/xml` pour indiquer aux agents émetteurs de la requête HTTP qu'ils doivent gérer en retour un document XML. Nous obtenonsensuite une référence sur l'objet `PrintWriter` qui va nous permettre de répondre au client. Il nous reste à instancier la classe `JDBC2XML` et à appeler la méthode `execute()`. Cette méthode nous renverra l'ensemble de résultats sauvegardé en XML, que nous passerons immédiatement en paramètres à l'objet `PrintWriter` du flux HTTP répondant. L'objet `HttpServletRequest`, qui encapsule les paires de valeurs clés obtenues de la chaîne de requête de l'URL, nous fournira les données de connexion SQL et JDBC dont la méthode `execute()` a besoin. Tout ceci peut vous paraître encore obscur à ce stade, mais soyez sans crainte : des exemples concrets éclaireront bientôt votre lanterne.

```
public void doGet(HttpServletRequest request, HttpServletResponse response)
   throws IOException, ServletException
{
   response.setContentType("text/xml");
   PrintWriter out = response.getWriter();
   JDBC2XML searchObj = new JDBC2XML();
   out.println(searchObj.execute(request.getParameter("driver"),
      request.getParameter("jdbcurl"), request.getParameter("uid"),
      request.getParameter("pwd"), request.getParameter("sql")));
}
```

Surcharger la méthode doPost()

L'étape suivante consiste donc à surcharger la méthode `doPost()]`, de façon à gérer les requêtes `POST`. Cette servlet gérant les instructions HTTP `POST` exactement de la même manière que les `GET`, nous n'avons qu'à appeler la méthode `doGet()` pour implémenter notre `doPost()`.

```
   public void doPost(HttpServletRequest request, HttpServletResponse response)
      throws IOException, ServletException
   {
      doGet(request, response);
   }
}
```

Et voilà pour l'écriture de la servlet `XMLDataGateway`. Reste à compiler le code source Java en bytecode et à en faire un package en vue de son déploiement dans un conteneur de servlets compatible J2EE. Nous verrons comment procéder en détail à la fin de ce chapitre, lorsque notre application sera terminée. Dans l'immédiat, nous allons voir quelques exemples d'utilisation de la servlet `XMLDataGateway`, en faisant usage du fichier WAR préconstruit `jdbcxml.war`, téléchargeable sur le site Wrox. Pour en savoir plus sur la façon de déployer `jdbcxml.war` dans Tomcat, reportez-vous à la section de ce chapitre traitant de l'installation et de la configuration de Tomcat.

Utiliser un formulaire HTML comme interface utilisateur

Pour tester notre servlet `XMLDataGateway`, nous devons prévoir une interface utilisateur. La servlet étant une application HTTP, nous allons donc créer un simple formulaire HTML permettant de la tester à partir d'un navigateur web. Enregistrez ensuite ce formulaire sous forme de fichier HTML que vous nommerez `xmlsqlquery.html`.

C'est évidemment la servlet `XMLDataGateway` qui permettra la gestion du formulaire HTML, alors que celui-ci fera appel à la méthode HTTP `POST` pour l'exécution des requêtes. Ce formulaire contient cinq champs, correspondant aux paramètres de requête exigés par notre servlet. Voici le code source pour le frontal HTML de XMLDataGateway. Pour ne pas surcharger, nous ne montrons ici que le formulaire lui-même, sans mentionner les balises HTML d'ouverture et de fermeture ou de toute autre nature :

```
<form action="/jdbcxml/servlet/XMLDataGateway" method="POST">
   <table border="0">
      <tr>
         <td align="right"><font face="Arial">JDBC Driver: </font></td>
         <td><font face="Arial">
            <input type="text" size="50" name="driver"></td>
      </tr>
      <tr>
         <td align="right"><font face="Arial">JDBC URL: </font></td>
         <td><font face="Arial">
            <input type="text" size="50" name="jdbcurl"></td>
      </tr>
      <tr>
         <td align="right"><font face="Arial">Userid:</font></td>
         <td><font face="Arial"><input type="text" size="50"
            name="uid"></font></td>
      </tr>
      <tr>
         <td align="right"><font face="Arial">password </font></td>
         <td><font face="Arial"><input type="password"
            size="50" name="pwd"></font></td>
      </tr>
      <tr>
         <td align="right"><font face="Arial">SQL Statement:</font></td>
         <td><textarea name="sql" rows="10" cols="50"></textarea></td>
      </tr>
      <tr>
         <td align="right"><input type="submit"></td>
         <td> </td>
      </tr>
   </table>
</form>
```

Utiliser la servlet XMLDataGateway

Nous avons déjà dit que la servlet XMLDataGateway pouvait s'utiliser à partir de n'importe quelle application HTTP cliente capable d'analyser et de rendre (et de manipuler) un document XML bien formé. Nous allons voir deux exemples d'utilisation de notre servlet XMLDataGateway : à partir d'un navigateur et à partir d'une application Win32.

Utiliser XMLDataGateway à partir d'un navigateur

Nous voici donc prêts à utiliser notre servlet XMLDataGateway. Commencez par lancer Tomcat s'il n'est pas ouvert. Chargez ensuite la page http://127.0.0.1:8080/jdbcxml/xmlsqlquery.html dans votre navigateur. Puisque nous allons obtenir un document XML, autant utiliser un navigateur capable de traiter et d'afficher les documents XML bien formés, comme Microsoft Internet Explorer 5.x ou les versions supérieures. Vous devrez fournir au formulaire HTML le nom du pilote JDBC, l'URL de la source de données JDBC, l'identifiant et le mot de passe de l'utilisateur, le mot de passe permettant l'accès à la base de données du serveur et l'instruction SQL. Cliquez ensuite sur Soumettre la requête pour exécuter la requête.

Nous verrons plus précisemment comment interroger une base de données Microsoft Access. Vous en trouverez d'ailleurs une à télécharger avec le code des exemples de ce chapitre. Il s'agit du fichier contacts.mdb qui se trouve dans le dossier ..\Chapter16\jdbcxml\sql.

Avant de nous attaquer à notre exemple, nous devons d'abord configurer cette base de données Access en temps que DSN Système. Nous utiliserons pour cela l'application ODBC du panneau de configuration Windows NT. L'OBDC data source Administrator apparaîtra au lancement de l'application. Cliquez sur Add et vous verrez apparaître la boîte de dialogue suivante :

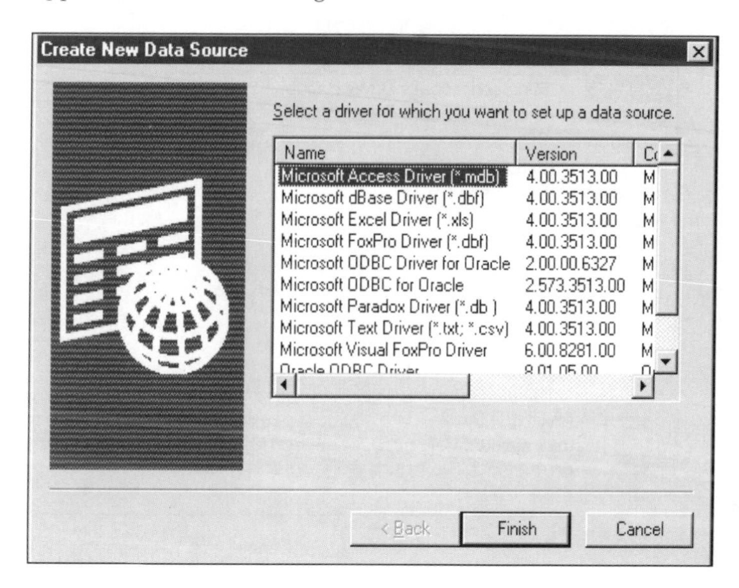

Sélectionnez le pilote Microsoft Access puis cliquez sur Finish. Vous verrez alors apparaître la boîte de dialogue :

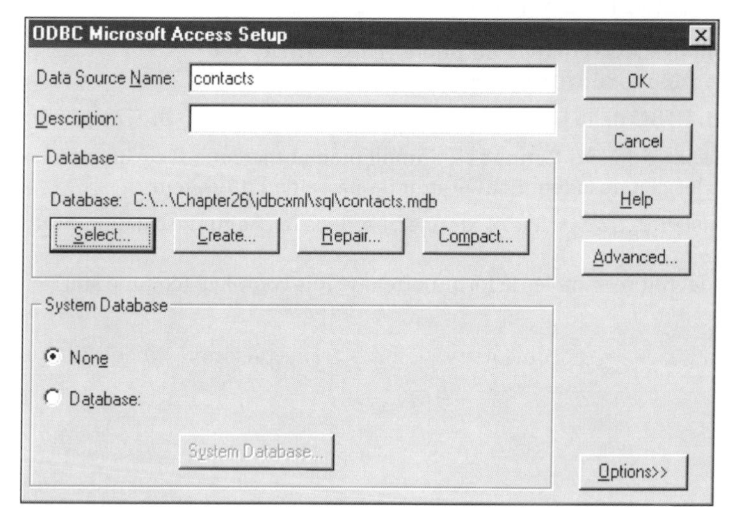

Indiquez `contacts` dans le champ nom de la source de donnée. Cliquez sur Select et faites défiler le curseur jusqu'au fichier `contacts.mdb` de votre système local. Une fois ces opérations terminées, cliquez sur OK. Vous devriez revenir sur l'OBDC data source Administrator, dans lequel votre `contacts` devrait avoir été ajouté à la liste des DSN Système.

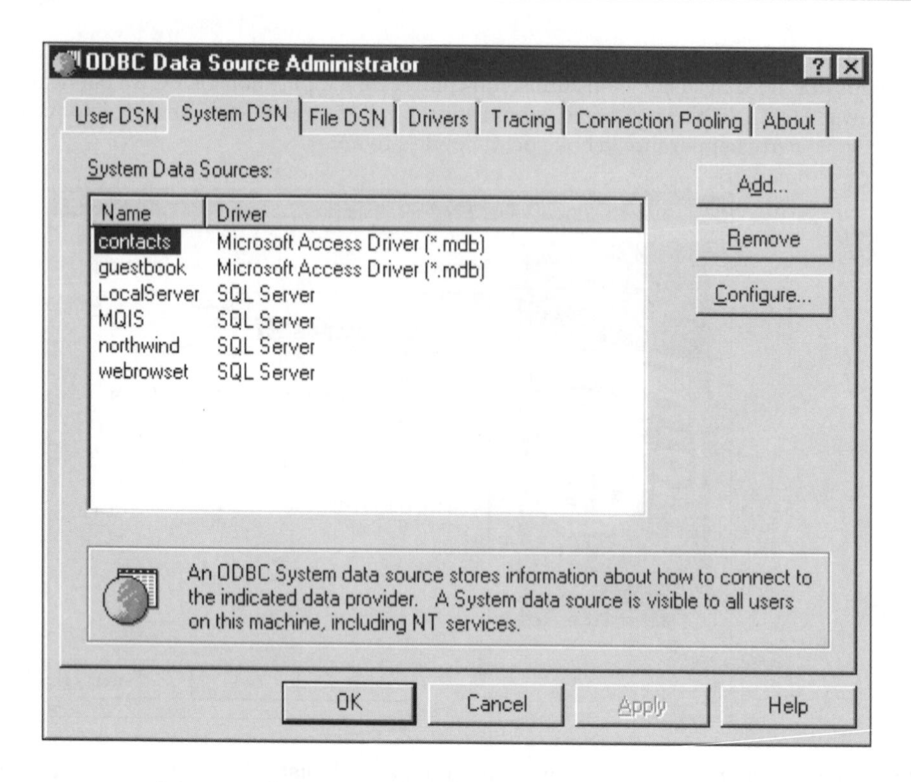

Nous pouvons maintenant interroger la base de données. Fournissez au formulaire `xmlsqlquery.html` les informations suivantes :

- le nom de classe complet du pilote JDBC-ODBC Sun (`sun.jdbc.odbc.JdbcOdbcDriver`) ;
- l'URL JDBC de la base de données `Contacts` (`jdbc:odbc:contacts`) ;
- la base de données `Contacts` n'implémentant aucune sécurité, vous pouvez donc laisser vides les champs identifiant et mot de passe de l'utilisateur ;
- indiquez `SELECT * FROM contacts` dans le champ instruction SQL.

Voici à quoi devrait ressembler le formulaire une fois complété (comme suit).

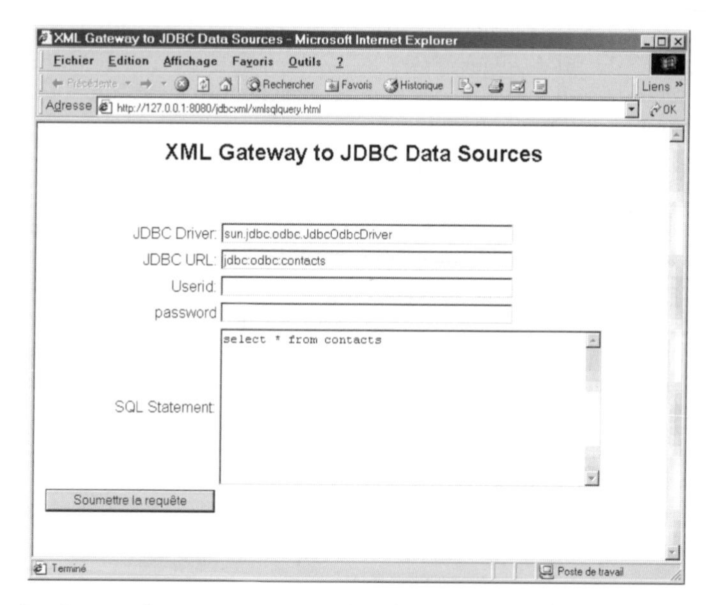

Cliquez sur Soumettre la requête pour exécuter la requête. Les résultats que vous obtiendrez en retour se présenteront sous la forme suivante :

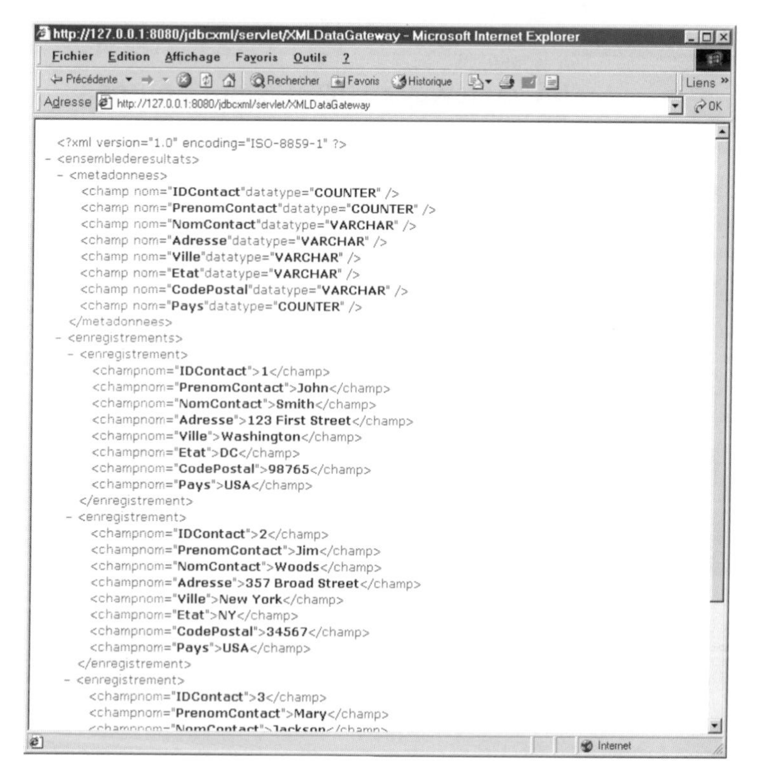

Nous allons maintenant passer à l'étape supérieure et interroger une base de données Oracle 8i. Nous allons donc utiliser le pilote léger d'Oracle. Cet exemple devrait fonctionner avec n'importe quelle configuration Oracle car il ne s'agit que d'interroger l'entité `user_tables`. Pour établir la connexion, vous devez fournir les informations suivantes :

- le nom de classe complet de notre pilote JDBC Oracle : (`oracle.jdbc.driver.OracleDriver`). Assurez-vous que ce dernier se trouve bien référencé dans le `CLASSPATH` deTomcat. Si ce n'est pas le cas, reportez-vous à la section dédiée à l'installation de Tomcat, plus haut dans ce chapitre ;
- l'URL JDBC de la base de données Oracle : `jdbc:oracle:thin:@oraclehostname:port:oracledbname`, où `oraclehostname` indique le nom du serveur qui héberge la base de données Oracle, où `port` renseigne sur le port IP sur lequel établir la connexion avec la base de données Oracle, et où `oracledbname` fournit le nom de la base de données à interroger ;
- l'identifiant et le mot de passe de l'utilisateur permettant de se connecter au serveur de la base de données Oracle.

Nous fournirons également l'instruction SQL. Notre exemple illustre une simple interrogation de l'entité Oracle `user_tables`. Voici à quoi ressemble la requête complète :

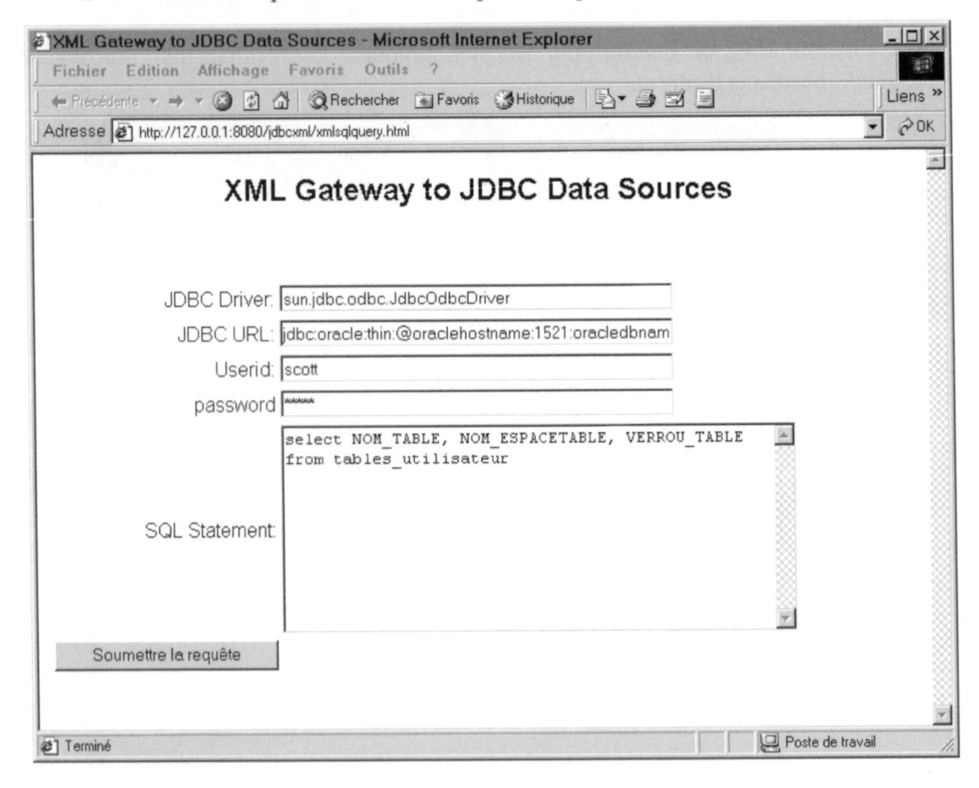

Lorsque nous exécutons la requête, la servlet nous renvoie la réponse sous forme d'un ensemble de résultats sauvegardés en XML. Voici ce que l'on obtiendra avec MS Internet Explorer 5.x :

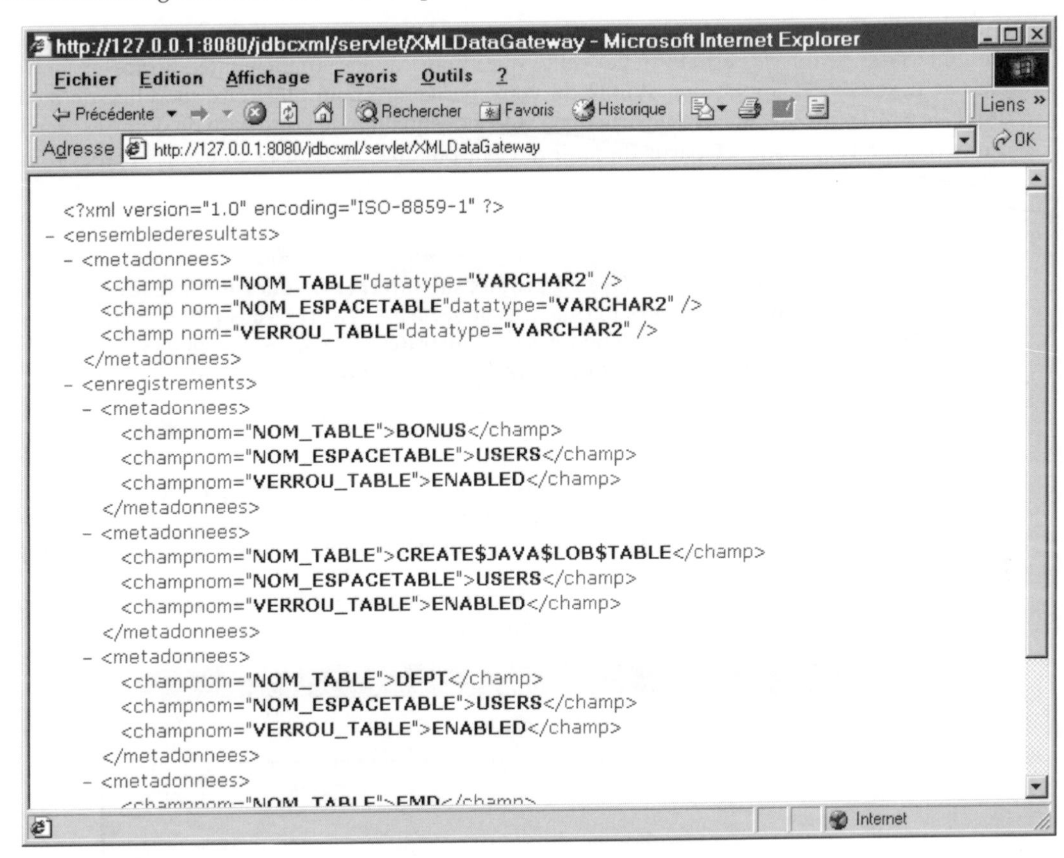

Comme nous l'avons déjà dit, à défaut d'Oracle notre servlet `XMLDataGateway` permet d'accéder à n'importe quelle base de données, à condition de disposer du pilote JDBC adéquat. Afin d'éviter tout problème dans le cas où vous décideriez de tester notre exemple avec un autre SGBD, assurez-vous préalablement que le pilote JDBC correspondant est bien référencé dans le `CLASSPATH` de Tomcat. Si vous utilisez un gestionnaire de base de données bureautique du type Microsoft Access, vous bénéficierez en outre de la possibilité de créer des bases de données sans avoir à spécifier l'identité de l'utilisateur. Dans ce cas, vous laisserez vierges les champs identifiant et mot de passe. Notez que le format de l'URL JDBC dépend du pilote utilisé. Si vous avez choisi de travailler avec une base de données autre qu'Oracle, reportez-vous alors à la documentation correspondante pour savoir comment formater votre URL JDBC de manière valide.

Utiliser la servlet XMLDataGateway à partir d'autres applications compatibles XML

Comme vous le savez maintenant, un des grands avantages de notre servlet `XMLDataGateway` est d'étendre l'accessibilité de notre source de données JDBC à des applications qui n'ont pas été développées en Java. Un de nos partenaires commerciaux peut parfaitement faire usage d'un système implémentant une application Win32 écrite en Visual C++. Ou encore nos systèmes internes sont peut-être construits en environnement J2EE, et font appel à JDBC pour accéder à un serveur de bases de données Oracle tournant sous Solaris.

L'une des meilleures façons de parvenir à intégrer ces deux systèmes sur l'Internet consiste à passer par une interface XML *via* HTTP, telle celle que nous avons implémentée grâce à notre servlet `XMLDataGateway`. L'application Win32 de votre partenaire peut ainsi être modifiée de façon à faire usage de XML pour exécuter des instructions SQL à destination de votre base de données Oracle à l'aide d'une requête HTTP `GET`. À partir de là, il devient possible de réaliser toutes les étapes d'intégration nécessaires.

Si vos données sont destinées à être accessibles sur Internet *via* une interface XML utilisant HTTP, prenez soin des paramètres de sécurité. Assurez-vous notamment de modifier les mots de passe par défaut des administrateurs de bases de données, de paramétrer correctement les listes de contrôle d'accès, et de sécuriser vos transmissions par un encryptage SSL.

Pour expliciter le processus, nous allons faire usage de Microsoft XML Notepad pour interroger la même base de données Microsoft Access que nous avons vue plus haut dans ce chapitre. Vous pouvez télécharger Microsoft XML Notepad à l'adresse suivante : http://msdn.microsoft.com/xml/notepad/.

Après avoir installé XML Notepad, lancez l'application, cliquez sur File dans la barre de menu, puis sur Open. Vous verrez apparaître la boîte de dialogue suivante :

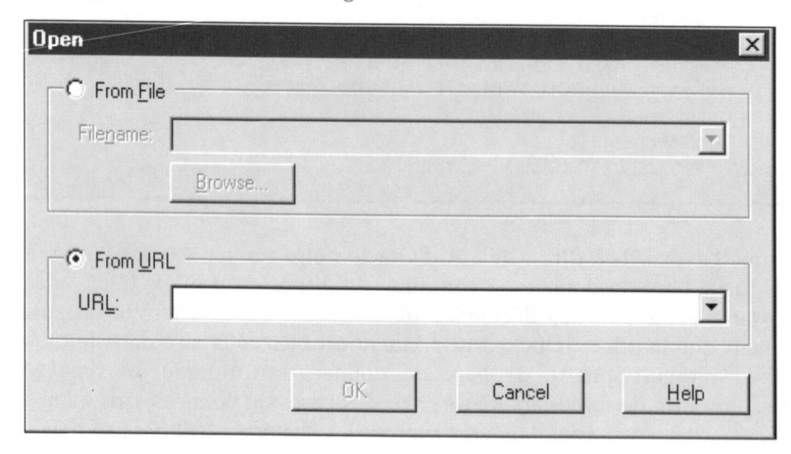

Activez le bouton radio From URL et indiquez l'URL suivante (oui, elle est aussi longue que ça) :

http://127.0.0.1:8080/jdbcxml/servlet/XMLDataGateway?driver=sun.jdbc.odbc.JdbcOdbcDriver&jdbcurl=jdbc:odbc:contacts&sql=select+*+from+contacts

Vous remarquerez que nous utilisons HTTP `GET` au lieu de HTTP `POST` dans cet exemple. Les paramètres d'entrée destinés à notre servlet sont présentés sous forme de paires de valeurs clés délimitées par des esperluettes dans la chaîne de requête de l'URL. Une fois la requête exécutée, voici comment XML Notepad affiche les résultats :

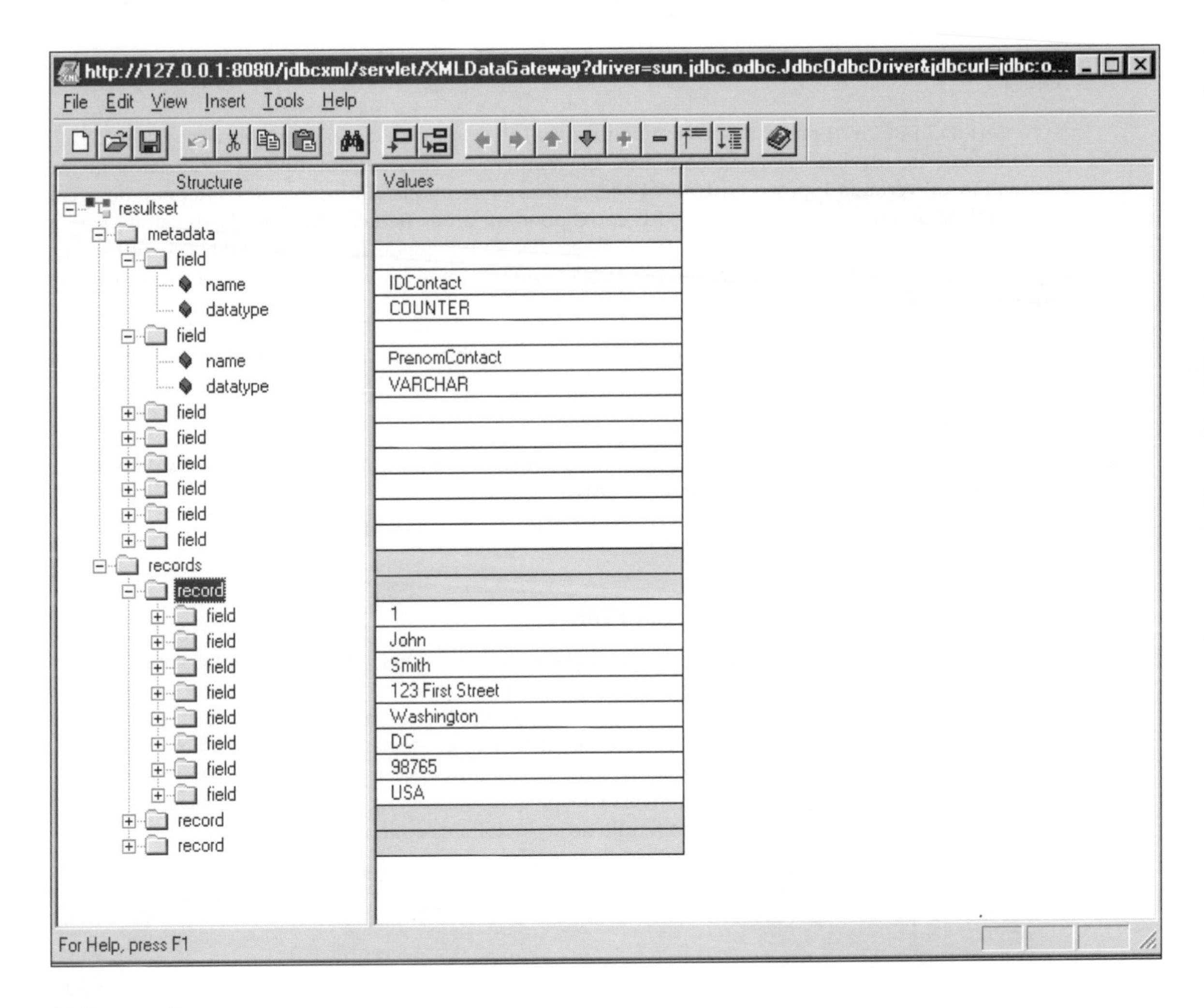

Résumé

Dans cette section, nous avons donc vu comment développer notre servlet `XMLDataGateway`, illustrant la possibilité de créer une passerelle XML utilisant HTTP à destination de vos sources de données JDBC quelle que soit votre architecture. Dans la section suivante, nous allons faire un pas de plus et étendre cette architecture pour adapter nos données JDBC au terminal utilisé, grâce à XML et à XSLT.

Servlet JDBC2HTML

La servlet `JDBC2HTML` est un exemple d'utilisation de XML et de XSLT pour formater des données JDBC en fonction du terminal destiné à les afficher (un navigateur en l'occurrence). Cette servlet fait usage de la même classe `JDBC2XML` que nous avons créée un peu plus haut dans ce chapitre pour interroger une source de données JDBC et pour sauvegarder l'ensemble de résultats obtenus en XML, et fait ensuite appel au processeur XSLT Xalan pour transformer le XML en HTML, grâce à la feuille de style XSL requise.

Notre servlet `JDBC2HTML` fonctionne comme un filtre, en ce sens qu'elle n'est pas invoquée directement. Le conteneur de servlets est ainsi configuré de manière à renvoyer sur notre servlet les requêtes à destination de certains types d'URL. En l'occurrence, nous allons configurer le conteneur de servlets pour qu'il passe toutes les requêtes d'URL correspondant à des fichiers dotés de l'extension `.xsl` à la servlet JDBC2HTML pour exécution. Ainsi, la servlet saura quelle feuille de style XSL utiliser pour l'opération XSLT. Si tout ceci vous semble encore confus, soyez tranquille ; cet aspect sera développé plus loin dans ce chapitre.

Nous allons maintenant apprendre à implémenter cette architecture, et notamment à réaliser les tâches suivantes :

- écrire la servlet proprement dite ;
- écrire une feuille de style XSL générique pour transformer notre ensemble de résultats sauvegardés en XML en une table HTML ;
- utiliser notre servlet JDBC2HTML pour interroger une base de données Microsoft SQL Server.

Implémenter la servlet JDBC2HTML

Comme nous l'avons fait pour la servlet XMLDataGateway, nous allons écrire une sous-classe Java dérivée de la classe `javax.servlet.http.HttpServlet` pour implémenter notre servlet JDBC2HTML. Nous allons également surcharger les méthodes `doGet()` et `doPost()` pour gérer les requêtes HTTP `GET` et `POST`. Vu que nous allons utiliser le processeur XSLT Xalan dans notre servlet, nous allons importer le package `org.apache.xalan.xslt`. Nous importerons également la classe `org.xml.sax.SAXException`, que renverra le parseur Xerces SAX (parseur sous-jacent utilisé par Xalan) au cas où le document XML ou la feuille de style XSL ne seraient pas bien formés :

```
package com.jresources.jdbc;
import javax.servlet.*;
import javax.servlet.http.*;
import java.io.*;
import org.xml.sax.SAXException;
import org.apache.xalan.xslt.*;
public class JDBC2HTML extends HttpServlet
{
```

Surcharger la méthode doGet()

Il s'agit ensuite de surcharger la méthode `doGet()` pour qu'elle prenne en charge les requêtes HTTP `GET`. Notre servlet JDBC2HTML étant un filtre, sa première véritable instruction consiste donc à repérer la feuille de style requise. Elle commence par vérifier la variable d'environnement `PATH_INFO`. Si sa valeur est Null, la servlet en conclut alors que son invocation est le résultat d'une requête directe d'URL concernant une feuille de style XLS, telle http://hostname/dir/myStylesheet.xsl. Elle se charge alors d'obtenir le véritable chemin d'accès de la feuille de style en question en passant la variable d'environnement `SCRIPT_NAME`, obtenue *via* la méthode `getServletPath()`, à l'implémentation `getRealPath()` du contexte de la servlet. Elle peut également utiliser la variable `PATH_INFO]` (comme le `PATH_INFO` de http://hostname/servlet/JDBC2HTML/dir/myStylesheet.xsl est `/dir/myStylesheet.xsl`) pour obtenir le véritable chemin d'accès du `PATH_INFO` *via* la méthode `getPathTranslated()` de l'objet `Request`.

```
    public void doGet(HttpServletRequest request, HttpServletResponse response)
       throws IOException, ServletException
    {
       String qryDoc;
       if(request.getPathInfo()==null)
       {
          qryDoc = getServletConfig().getServletContext().getRealPath(
             request.getServletPath() );
       } else
       {
          qryDoc = request.getPathTranslated();
       }
```

Notre servlet paramètre ensuite le type MIME sur "`text/html`", se charge d'instancier la classe JDBC2XML et exécute la requête en utilisant les paramètres fournis par l'objet `HttpServletRequest` :

```
       response.setContentType("text/html");
       PrintWriter out = response.getWriter();
       JDBC2XML searchObj = new JDBC2XML();
       String output = searchObj.execute(request.getParameter("driver"),
          request.getParameter("jdbcurl"), request.getParameter("uid"),
          request.getParameter("pwd"), request.getParameter("sql"));
```

Pour terminer, notre servlet fait appel au processeur XSLT Xalan pour transformer le résultat obtenu en HTML grâce à la feuille de style XSL attachée et place les données dans le flux de réponses HTTP :

```
       try
       {
          XSLTProcessor processor = XSLTProcessorFactory.getProcessor();
          processor.process(new XSLTInputSource(new
             java.io.StringReader(output)), new XSLTInputSource("file:///" +
             qryDoc), new XSLTResultTarget(out));
       }
       catch(SAXException se)
       {
          throw new ServletException(se);
       }
    }
```

Surcharger la méthode doPost()

Reste encore à surcharger la méthode `doPost()`. À l'instar de notre servlet `XMLDataGateway`, la servlet `JDBC2HTML` gérera les opérations HTTP `POST` de la même manière que les opérations HTTP `GET`. Ainsi, pour implémenter la méthode `doPost()`, nous ferons là encore simplement appel à la méthode `doGet()`.

```
    public void doPost(HttpServletRequest request, HttpServletResponse response)
       throws IOException, ServletException
    {
       doGet(request, response);
    }
 }
```

Voici donc pour l'écriture de notre servlet `JDBC2HTML`. Légèrement plus complexe que la servlet `XMLDataGateway`, elle n'en reste pas moins facile à mettre en œuvre. En outre, le concept peut se décliner pour s'adapter aux autres terminaux d'accès, tels les téléphones WAP. Il suffira d'adapter le type MIME (`text/vnd.wap.wml` au lieu de `text/htm` en l'occurrence), la syntaxe de sortie (WML au lieu de HTML), ainsi que les contraintes d'affichage propres aux terminaux WAP et qui sont différentes de celles des navigateurs.

Compilez maintenant le code source Java en bytecode et faitez-en un package en vue de son déploiement dans un conteneur de servlets compatible J2EE. Une partie de ce processus impose la création d'une mise en correspondance indiquant au conteneur de servlets d'adresser toutes les requêtes concernant des fichiers dotés d'une extention `.xsl` à la servlet `JDBC2HTML`. Nous développerons cet aspect en détail à la fin du chapitre. Pour l'instant, nous allons voir quelques exemples d'utilisation de notre servlet JDBC2HTML faisant appel à l'application web `jdbcxml.war` que vous avez déjà téléchargée sur le site Wrox et déployée dans Tomcat.

Écrire une feuille de style XSL

Pour pouvoir utiliser notre servlet JDBC2HTML, nous devons créer des feuilles de style XSL capables de convertir le schéma XML `<resultset>` en HTML. À titre d'exemple, nous allons créer une feuille de style XSL capable de transformer les ensembles de résultats sauvegardés en XML obtenus de la classe JDBC2XML en table HTML. Nous appellerons cette feuille de style `html_table.xsl`.

Comme toute feuille de style XSL, celle que nous allons créer contiendra un certain nombre de modèles représentant la logique de présentation des éléments du document XML obtenu à partir de l'ensemble de résultat. Notre premier modèle s'applique à la racine du document. Ce modèle fera tout simplement appel à l'élément `<xsl:apply-templates/>` pour indiquer au processeur XSLT d'appliquer ce motif à tout élément qu'il rencontrera en explorant la structure hiérarchique du document XML. Notez que l'instruction de mise en correspondance (/) indique qu'il faut appliquer le modèle de l'élément racine du document :

```
<?xml version="1.0" encoding="ISO-8859-1" ?>
<xsl:stylesheet xmlns:xsl="http://www.w3.org/1999/XSL/Transform" version="1.0">
   <xsl:template match="/">
      <xsl:apply-templates/>
   </xsl:template>
```

Modèle Resultset

Le modèle suivant s'applique à l'élément de niveau supérieur `<resultset>`, pour lequel il prend en charge deux fonctions. Il commence par définir la structure du document HTML dans son ensemble, puis il utilise l'élément `<xsl:apply-templates>` là où cela est nécessaire pour appliquer le modèle aux éléments `<metadata>` (qui sera utilisé pour afficher l'en-tête de la table) et `<records>` (qui en constituera le corps). Pour ce dernier, la notation `//resultset/records` indique au processeur XSLT d'appliquer ce modèle à tout élément `<records>` descendant de l'élément `<resultset>` :

```
   <xsl:template match="resultset">
      <html>
         <head>
            <title>
               A JDBC Resultset in HTML Table Format
            </title>
         </head>
         <body>
            <h1 align="center">
               A JDBC Resultset in HTML Table Format
            </h1>
            <table border="1" cellspacing="0" cellpadding="5" align="center">
               <xsl:apply-templates select="metadata"/>
               <xsl:apply-templates select="//resultset/records"/>
            </table>
         </body>
      </html>
   </xsl:template>
```

Modèles Metadata et Metadata Field

Les deux modèles suivants permettent d'établir l'en-tête de la table à partir de l'élément parent `<metadata>` et de ses sous-éléments `<field>`. Le modèle Metadata permet de créer les lignes de la table et le modèle Field permet d'attribuer une cellule à chaque champ :

```
<xsl: template match ="metadata">
   <tr bgcolor="#FFD700">
      <xsl: apply-templates />
   </tr>
</xsl: template >
<xsl: template match ="metadata/field">
   <td><b><xsl:value-of select="@name"/></b></td>
   <xsl:appliquer-modèles/>
</xsl:template>
```

Modèles Records et Record

Ces deux modèles-là autorisent respectivement la création d'une ligne pour chaque enregistrement de la table et d'une cellule pour contenir les données de chaque champ :

```
<xsl:template match="records">
   <xsl:apply-templates/>
</xsl:template>
<xsl:template match="record">
   <tr>
      <xsl:for-each select="field">
         <td><xsl:value-of select="."/></td>
      </xsl:for-each>
   </tr>
</xsl:template>
```

Modèle Error

Nous disposons enfin d'un dernier modèle pour la gestion d'erreurs éventuelle. Vous vous souvenez sans doute que la méthode `execute()` de JDBC2XML renvoie un élément `<error>` pour expliciter toute exception qu'elle est suceptible de générer. Ce dernier modèle prend en charge l'affichage de ce message d'erreur afin de l'adapter aux besoins de l'utilisateur :

```
   <xsl:template match="error">
      <html>
         <head>
            <title>
               A JDBC Resultset in HTML Table Format
            </title>
         </head>
         <body>
            Your request caused the following error: <xsl:value-of select="."/>
         </body>
      </html>
   </xsl:template>
</xsl:stylesheet>
```

Utiliser la servlet JDBC2HTML

Nous voici donc prêts à faire usage de notre servlet JDBC2HTML. Nous allons commencer par créer un frontal HTML côté client identique à celui que nous avons créé pour la servlet XMLGateway et que nous appellerons `htmlsqlquery.html`. La seule différence permettant de distinguer le fichier `xmlsqlquery.html` du fichier `htmlsqlquery.html`, est que ce dernier fait usage de la feuille de style `html_table.xsl` que nous venons de créer pour la prise en charge du formulaire HTML. Autrement dit, voici à quoi ressemble la balise HTML `<form>` :

```
<form action="html_table.xsl" method="POST">
```

Pour l'ouvrir, chargez la page http://127.0.0.1:8080/jdbcxml/htmlsqlquery.html dans votre navigateur.

Afin d'illustrer l'emploi de cet outil, nous allons adresser une requête à la base de données d'exemple `Northwind` disponible avec Microsoft SQL Server 7.0. Si SQL Server n'est pas intallé sur votre machine, cela n'a aucune importance, car vous pouvez aussi bien utiliser JDBC2HTML avec n'importe quelle autre base de données pour laquelle vous disposez d'un pilote JDBC. En l'occurrence, nous utiliserons le JDBC-ODBC Bridge de Sun Microsystems disponible avec le JDK, qui nous servira de pilote JDBC. L'URL JDBC est la suivante : `jdbc:odbc:system_dsn`, dans laquelle `system_dsn` indique le DSN Système de la base de données créé à l'aide de l'application ODBC du paneau de configuration Windows NT. Nous allons écrire une instruction SQL permettant d'interroger la table `products`. La capture d'écran suivante montre la requête complète :

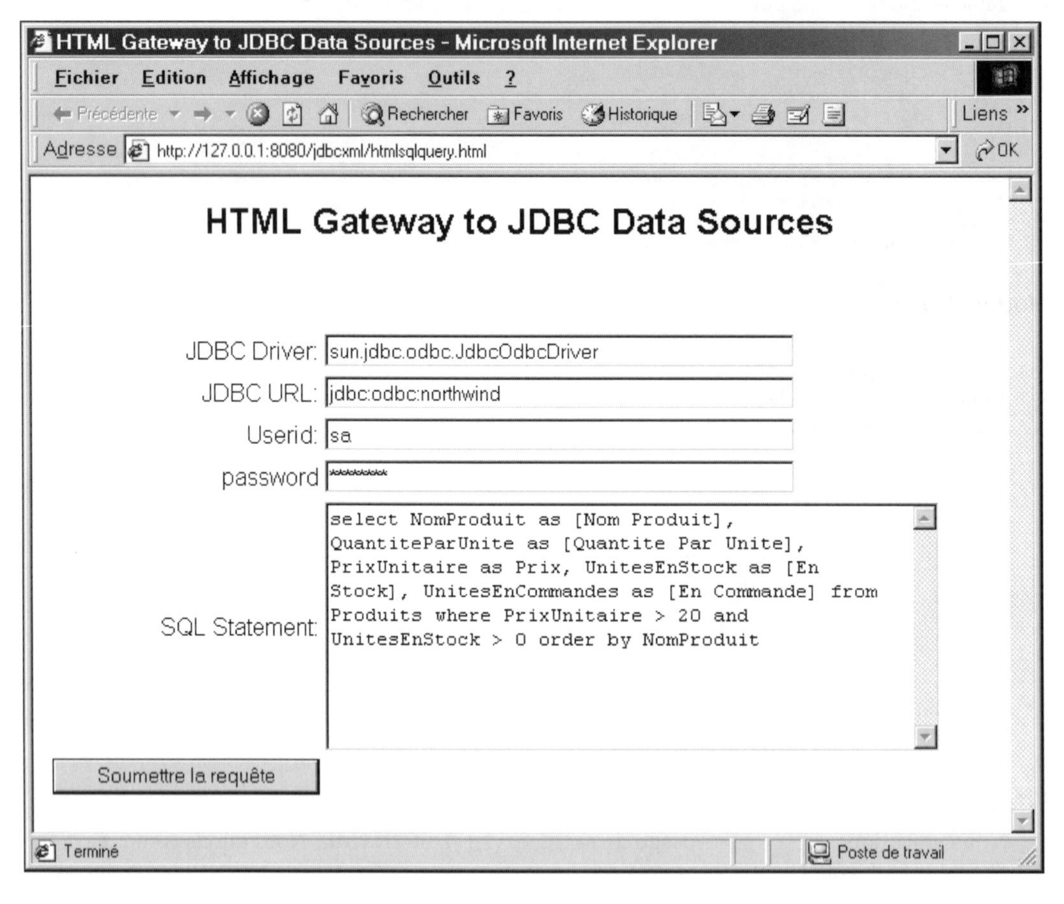

L'exécution de cette requête vous apportera en retour un ensemble de résultats sous forme de table HTML, comme dans la capture d'écran que voilà :

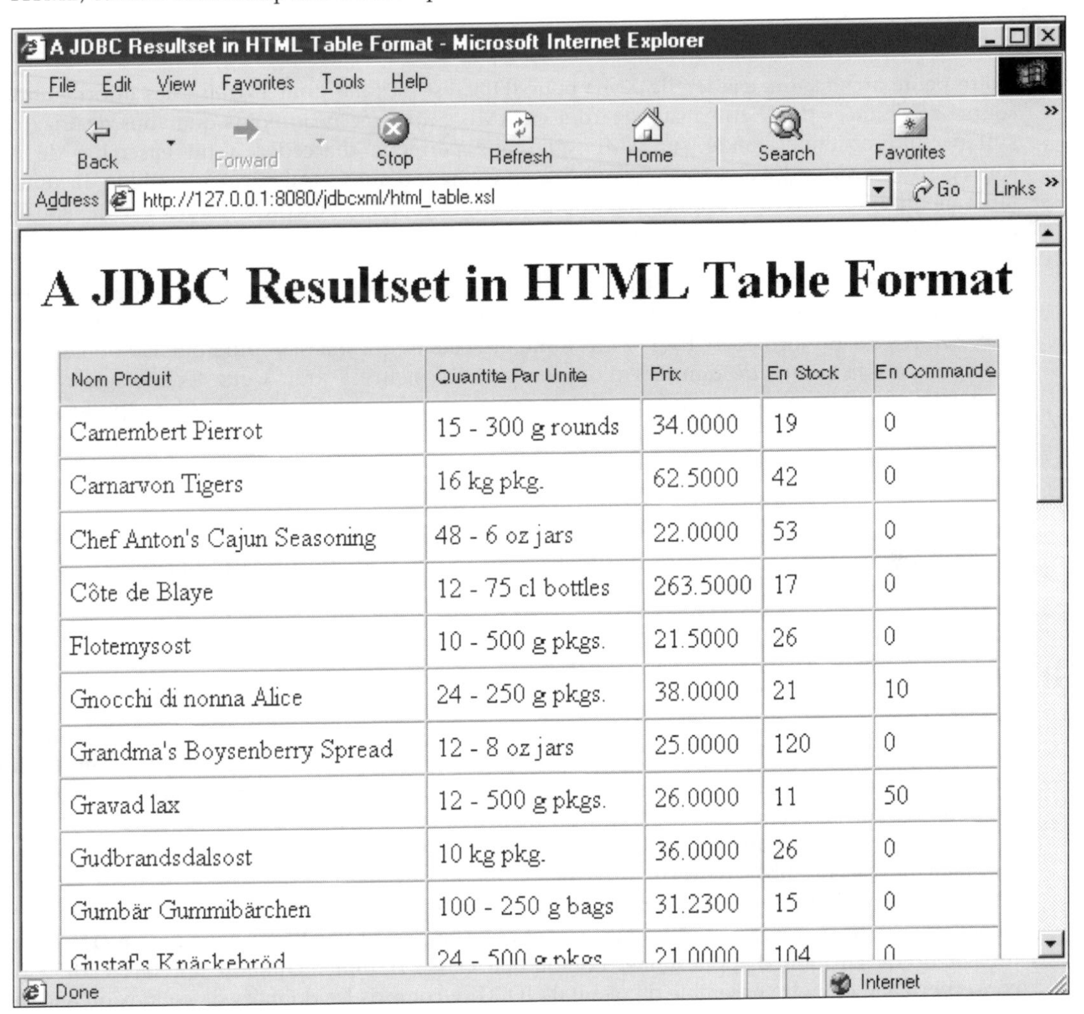

Nom Produit	Quantite Par Unite	Prix	En Stock	En Commande
Camembert Pierrot	15 - 300 g rounds	34.0000	19	0
Carnarvon Tigers	16 kg pkg.	62.5000	42	0
Chef Anton's Cajun Seasoning	48 - 6 oz jars	22.0000	53	0
Côte de Blaye	12 - 75 cl bottles	263.5000	17	0
Flotemysost	10 - 500 g pkgs.	21.5000	26	0
Gnocchi di nonna Alice	24 - 250 g pkgs.	38.0000	21	10
Grandma's Boysenberry Spread	12 - 8 oz jars	25.0000	120	0
Gravad lax	12 - 500 g pkgs.	26.0000	11	50
Gudbrandsdalsost	10 kg pkg.	36.0000	26	0
Gumbär Gummibärchen	100 - 250 g bags	31.2300	15	0
Gustaf's Knäckebröd	24 - 500 g pkgs.	21.0000	104	0

Résumé

Nous avons donc consacré cette section à la création d'une simple architecture passerelle XML vers JDBC nous permettant d'accéder aux données JDBC *via* une interface XML/HTTP se moquant de l'architecture existante. Notre passerelle permet également d'adresser aux navigateurs des données JDBC formatées en HTML *via* XSLT. Cette architecture toute simple peut servir de cadre pour enrichir vos applications JDBC existantes de fonctionnalités XML. Dans la section suivante, nous allons apprendre à créer des applications distribuées JDBC bidirectionnelles faisant usage de la toute nouvelle technologie basée sur XML de Sun Microsystems : la technologie WebRowSet.

Utiliser XML dans des applications JDBC distribuées

Notre petite architecture passerelle XML pour JDBC est parfaite pour extraire des informations d'une source de données JDBC et les sauvegarder en XML. Supposez néanmoins que vous désiriez créer un système bidirectionnel fondé sur XML qui vous permette d'accéder à un ensemble de résultats sauvegardé en XML, d'y ajouter des données, en corriger d'autres puis de soumettre le document XML ainsi modifié au serveur d'applications pour mettre à jour la source de données JDBC sous-jacente ; comment donc vous y prendriez-vous ?

Sun Microsytems fournit à cet effet la classe `WebRowSet`. Avec un `WebRowSet`, il devient possible de créer un ensemble de résultats JDBC en mode déconnecté que vous pourrez alors sauvegarder en XML, adresser *via* les protocoles TCP/IP à de lointains clients qui en manipuleront les données, et enfin rapatrier vers la source de données d'origine pour la mettre à jour. Cette technologie n'est pour le moment disponible qu'en version bêta et n'est donc pas encore applicable en contexte professionnel ; elle est cependant appelée à occuper une place de première importance dans un proche avenir, aussi nous semblait-il utile de nous y intéresser dans ce chapitre.

> **L'implémentation de la classe WebRowSet utilisée dans ce chapitre est celle de la version bêta 4 (*Early Access Release 4*).**

Interface Rowset

Pour vous permettre de vous situer, sachez que l'extension standard de l'API JDBC 2.0 intègre une interface **Rowset**. À son niveau le plus simple, cette interface fournit un cadre permettant l'écriture de classes qui encapsulent un ensemble de lignes permanent, dont la source de données sous-jacente peut prendre des formes allant du fichier texte ASCII délimité par des virgules au document XML. Mais l'intérêt de l'interface `Rowset` réside surtout dans la possibilité d'écrire des classes d'implémentation encapsulant des ensembles de résultats JDBC en mode déconnecté. Une fois ceci réalisé, vous disposez d'un outil permettant de créer un ensemble de résultats JDBC que l'on peut parcourir et mettre à jour, transportable sur un réseau, et utilisable en tant que composant JavaBeans dans une interface graphique utilisateur de création d'applications. Lorsqu'une classe d'implémentation fait usage de XML pour conserver l'état de votre ensemble de résultats JDBC (y compris les données de connexion à la source de données JDBC sous-jacente), vous disposez alors d'un cadre permettant l'accès bidirectionnel aux sources de données JDBC sur Internet. Et c'est justement ce que permet la classe d'implémentation `sun.jdbc.rowset.WebRowSet` fournie par Sun Microsystems (en version bêta, certes, mais c'est mieux que rien).

Classe `sun.jdbc.rowset.WebRowSet`

La classe `WebRowSet` est une implémentation `Rowset` capable de sauvegarder les données, les métadonnées et les propriétés d'un ensemble de résultats JDBC en XML. Ainsi, il devient possible de déconnecter l'ensemble de résultats et de le transporter sur le réseau vers une application distante destinée à le manipuler. La classe WebRowSet est ensuite capable d'utiliser les informations fournies par le document XML pour rétablir la connexion avec la source données d'origine afin de la mettre à jour.

Le document XML produit par la classe WebRowSet est un document valide qui doit être conforme à la DTD définie par le fichier RowSet.dtd fourni avec le package Rowset. Si ce n'est pas le cas, il ne pourra pas être analysé par un parseur validateur. La classe WebRowSet fait en réalité usage du parseur JAXP de Sun pour valider et analyser son état XML sauvegardé. Ce parseur étant inclus dans Tomcat, il devrait donc être déjà installé sur votre système.

Comme nous l'avons déjà dit, la classe WebRowSet est une technologie disponible en version bêta qui ne doit en aucun cas être utilisée pour des applications professionnelles. Vous y trouverez sans doute un certain nombre de *bugs*, qui, nous l'espérons, devraient avoir disparu lors de la sortie de la version définitive. Ainsi, dans la version bêta 4 (*Early Access Release* 4), notre classe WebRowSet ne supporte pas les données de type SQL Server nchar ou nvarchar.

La classe WebRowSet fait usage d'une sécurité plutôt optimiste en cas de concurrence dans son implémentation actuelle. Elle ne conserve ainsi aucun verrou dans la base de données sous-jacente lorsque le Rowset est déconnecté. Cette caractéristique est susceptible de poser quelques problèmes, car un autre utilisateur pourrait parfaitement modifier la base de données sous-jacente pendant la déconnexion du Rowset. Les modifications ainsi apportées se feraient alors écraser au moment de la réactivation de la connexion par le Rowset pour la mise à jour de la base.

Afin que ceci ne puisse pas se produire, la classe WebRowSet conserve une copie de la valeur originelle de toute ligne à modifier. Il lui est ainsi possible de comparer la valeur d'origine du Rowset avec l'état de la base de données avant la mise à jour effective, et de générer une exception en cas de constatation d'une mise à jour intermédiaire. Elle fournit en outre une architecture extensible permettant de modifier ce comportement (*via* l'interface javax.sql.RowSetWriter) au cas où un autre modèle de gestion de la concurrence serait souhaité.

Implémenter une application JDBC distribuée à l'aide de la classe WebRowSet

Nous allons donc nous servir maintenant de notre classe WebRowSet pour implémenter une application JDBC distribuée. Une application Java va ainsi utiliser un objet WebRowSet pour interroger une source de données JDBC distante *via* HTTP, ajouter un enregistrement au Rowset obtenu en retour, et enfin renvoyer le Rowset actualisé au serveur d'applications à l'aide de la requête HTTP POST pour mettre à jour la source de données d'origine. Le schéma suivant présente l'architecture de l'application en question :

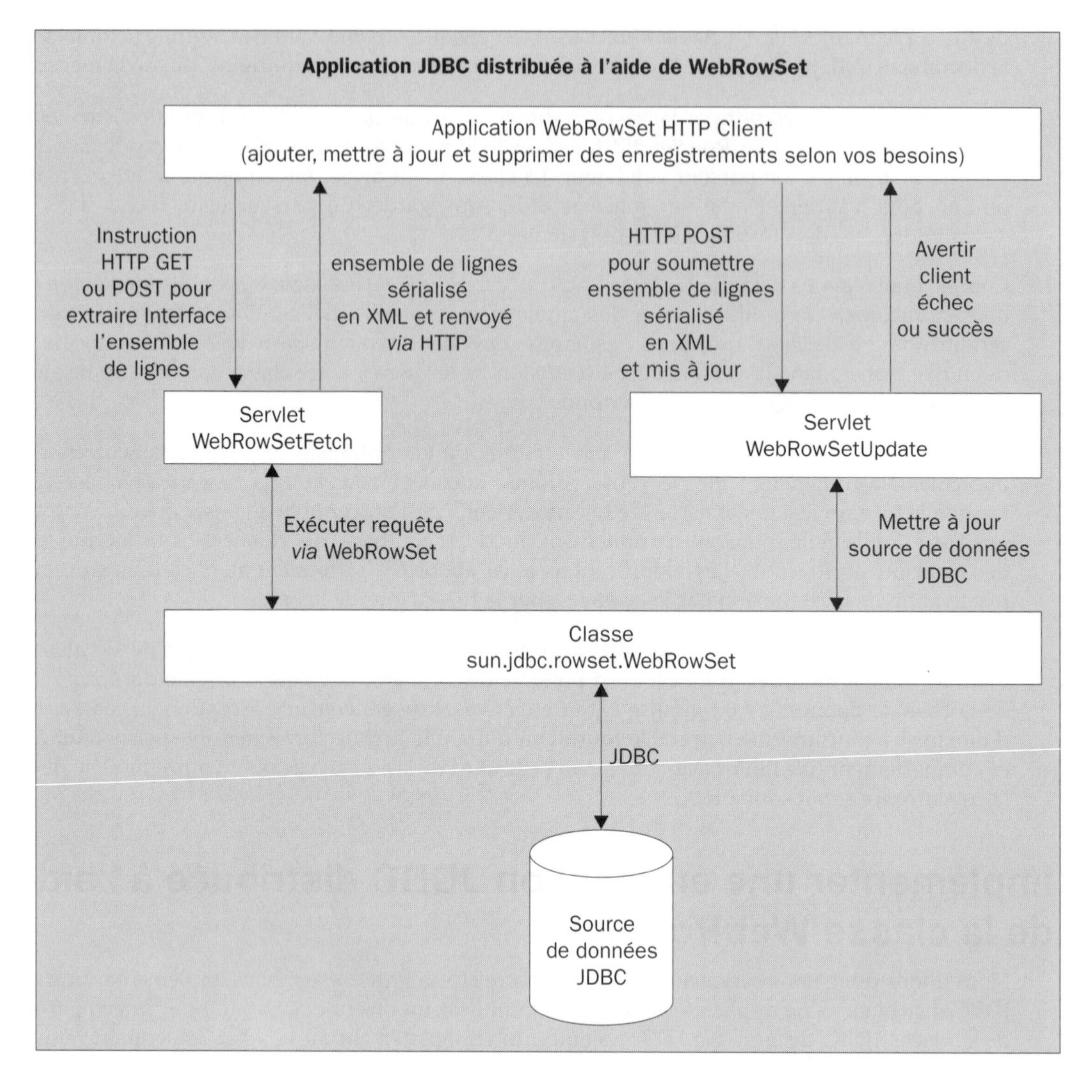

L'application cliente de notre exemple est implémentée en Java. On pourrait théoriquement l'implémenter également en tant qu'application COM (Microsoft). Pour cela, il nous faudrait simplement écrire un fournisseur OLEDB capable de convertir le schéma XML de notre objet WebRowSet en un ensemble de résultats ADO déconnecté. Assez complexe à implémenter, ce composant facilite grandement l'intégration d'applications en contexte professionnel.

Pour implémenter cette application, nous allons devoir mener à bien les opérations suivantes :

- écrire la classe `WebRowSetFetchServlet`. Cette servlet fournit une interface permettant d'extraire d'un `WebRowSet` *via* les méthodes HTTP `GET` ou `POST` ;
- écrire la classe `WebRowsetUpdateServlet`. Cette servlet fournit une interface HTTP permettant de mettre à jour la source de données d'origine à l'aide d'un `WebRowSet` modifié ;

- écrire l'application `WebRowSetHTTPClient`. Cette application utilise la servlet `WebRowSetFetchServlet` pour interroger une source de données JDBC et en renvoyer un objet `WebRowSet`. Elle se charge ensuite d'ajouter un enregistrement au `WebRowSet` obtenu et de mettre à jour la source de données d'origine par l'intermédiaire de la servlet `WebRowsetUpdateServlet`.

Installer la base de données exemple

Notre exemple d'application utilise une base de données Microsoft SQL Server 7.0, mais fonctionnera également avec SQL Server 2000. Suivez les instructions ci-dessous pour installer la base de données :

- ouvrez l'Enterprise Manager de SQL Server et créez une nouvelle base de données que vous appellerez `WebRowSetTest` ;
- cherchez le script SQL nommé `WebRowSet.sql` dans les exemples de code de ce chapitre. Ce code est téléchargeable sur le site Wrox dans la section Code. Il permet la création de la table `guestbook` ;
- éxécutez ce script à l'aide de l'analyseur de requêtes de SQL Server. Assurez-vous que vous avez bien sélectionné la base de données `WebRowSetTest` que vous venez de créer ;
- créez un DSN Système pointant vers cette base de données en vous servant de l'application ODBC du panneau de configuration, et appelez-le DSN webrowset.

Si vous ne disposez pas de SQL Server, vous pouvez tout aussi bien utiliser un autre gestionnaire de bases de données, pourvu qu'il soit doté d'un pilote JDBC. La seule contrainte étant que le pilote et la base de données sous-jacente soient capables de supporter les mises à jour par lots. Assurez-vous bien d'avoir mis à jour le fichier `.properties` de la classe `WebRowSetHTTPClient` afin qu'il dispose du pilote JDBC et de l'URL adéquats. Pour information, voici le schéma de la table `guestbook` :

Nom du champ	Type de données	Taille
`ID`	`varchar`	50
`Fname`	`varchar`	50
`Lname`	`varchar`	50
`Comments`	`varchar`	255

Extraire un Rowset dans le registre via *HTTP : la classe WebRowSetFetchServlet*

La servlet `WebRowSetFetchServlet` se contente de dupliquer les fonctionnalités de la servlet `XMLDataGateway` que nous avons vue plus haut dans ce chapitre. Ici, nous nous servons de la classe `WebRowSet` pour récupérer un ensemble de résultats en mode déconnecté et en renvoyer la représentation XML au client émetteur de la requête HTTP. Nous verrons danc cette section comment implémenter ce serveur et comment le tester à l'aide d'un navigateur web.

Implémenter la servlet

Comme pour toutes les servlets que nous avons utilisées dans ce chapitre, nous implémenterons notre servlet `WebRowSetFetchServlet` en écrivant une sous-classe Java de la classe de base `javax.servlet.http.HttpServlet`.

Nous ferons également en sorte que les méthodes `doGet()` et `doPost()` prennent le pas sur les requêtes HTTP `GET` et `POST`. Vu que nous aurons besoin de la classe `WebRowSet` dans cette servlet, nous allons donc importer le package `sun.jdbc.rowset`, ainsi d'ailleurs que le package `javax.sql`. Ce dernier contient les interfaces des extensions standard de l'API JDBC 2.0. Le package `sun.jdbc.rowset` (y compris la classe `WebRowSet` class) utilise cette API :

```
package com.jresources.jdbc;
import javax.servlet.*;
import javax.servlet.http.*;
import java.io.*;
import javax.sql.*;
import sun.jdbc.rowset.*;
import java.sql.*;
public class WebRowSetFetchServlet extends HttpServlet
{
```

Il s'agit ensuite de permettre à la méthode `doGet()` de prendre le pas et de gérer les requêtes HTTP `GET`. La méthode `doGet()` prend cinq paramètres de l'objet requête : le pilote JDBC, l'URL JDBC, l'identifiant et le mot de passe utilisateur, l'instruction SQL. Après avoir défini le type MIME et obtenu une référence à l'objet `PrintWriter` qui encapsule le flux de retour HTTP, nous allons instancier et enregistrer le pilote JDBC :

```
   public void doGet(HttpServletRequest request, HttpServletResponse response)
      throws IOException, ServletException
   {
      response.setContentType("text/xml");
      PrintWriter out = response.getWriter();
      try
      {
         //instantiate and register the JDBC driver
         Class.forName(request.getParameter("driver"));
```

Nous allons ensuite instancier un objet de la classe `WebRowSet` et en définir les propriétés, dont l'URL JDBC, l'identifiant, le mot de passe et l'instruction SQL. Si besoin est, vous pouvez également définir des propriétés supplémentaires, comme le traitement isolation des transactions. Une fois les propriétés définies, il s'agit d'appeler la méthode `execute()` de notre objet `WebRowSet`. Cette opération permettra de peupler le `Rowset` avec les lignes obtenues par l'intermédiaire de notre instruction SQL puis de rompre la connexion avec la source de données. Pour renvoyer l'état XML du `Rowset` au client HTTP, il suffit d'appeler la méthode `writeXml()` de l'objet `WebRowSet` et de lui passer en paramètre l'objet `PrintWriter` qui encapsule le flux de retour HTTP.

```
         WebRowSet wrs;
         wrs = new WebRowSet();
         // set some properties of the rowset
         wrs.setUrl(request.getParameter("jdbcurl"));
         wrs.setUsername(request.getParameter("uid"));
         wrs.setPassword(request.getParameter("pwd"));
         wrs.setCommand(request.getParameter("sql"));
         wrs.setTransactionIsolation
            (java.sql.Connection.TRANSACTION_READ_UNCOMMITTED);
         // populate the rowset.
         wrs.execute();
```

```
            wrs.writeXml(out);
         }
         catch(Exception e)
         {
            throw new ServletException(e);
         }
      }
```

Attention : la classe `WebRowSet` contient une variable statique, du nom de `SYSTEM_ID`, qui représente l'URL de la DTD (*Document Type Definition*) définissant la structure du document XML utilisé par la classe `WebRowSet`. Sa valeur par défaut est : http://java.sun.com/j2ee/dtds/RowSet.dtd. Ce qui risque de vous poser problème si vous testez cet exemple sur une machine qui n'est pas connectée à Internet, car l'agent utilisateur d'HTTP (Internet Explorer 5.x, par exemple) sera alors incapable de localiser la DTD permettant de valider le document. Dans ce cas, mieux vaut modifier cette variable pour qu'elle référence l'emplacement de la DTD sur votre propre machine. Ajoutez, par exemple, cette ligne de code à la méthode `doGet()` :

```
            WebRowSet.SYSTEM_ID =
               "http://127.0.0.1:8080/jdbcxml/bin/RowSet.dtd";
```

Là encore, il s'agit de gérer les requêtes HTTP `POST` de la même façon que nous avons procédé pour les requêtes HTTP `GET`. L'implémentation de notre méthode `doPost()` passera tout simplement par l'appel de la méthode `doGet()`.

```
      public void doPost(HttpServletRequest request, HttpServletResponse response)
         throws IOException, ServletException
      {
         doGet(request, response);
      }
   }
```

Nous pouvons maintenant compiler notre code source Java en bytecode et le mettre en package en vue de son déploiement dans un conteneur de servlets compatible J2EE. Nous verrons comment procéder à la fin de ce chapitre. Pour le moment, nous allons voir un exemple d'utilisation de la servlet *via* l'application web `jdbcxml.war` web que vous avez précédemment téléchargée sur le site Wrox et déployée dans Tomcat.

Tester la servlet à l'aide d'un navigateur web

Avant d'aller plus loin dans le développement de notre application distribuée, nous allons d'abord tester la servlet `WebRowSetFetchServlet` que nous avons créée. Pour ce faire, le moyen le plus simple consiste à créer un formulaire HTML identique à celui que nous avons utilisé pour tester notre servlet `XMLDataGateway`, et que nous appellerons `webrowset.html`. Vous pouvez tester cette servlet avec n'importe quelle base de données pour laquelle vous disposez d'un pilote JDBC. Nous utiliserons en l'occurrence la même requête Oracle que pour la servlet `XMLDataGateway`. Voici à quoi elle ressemble :

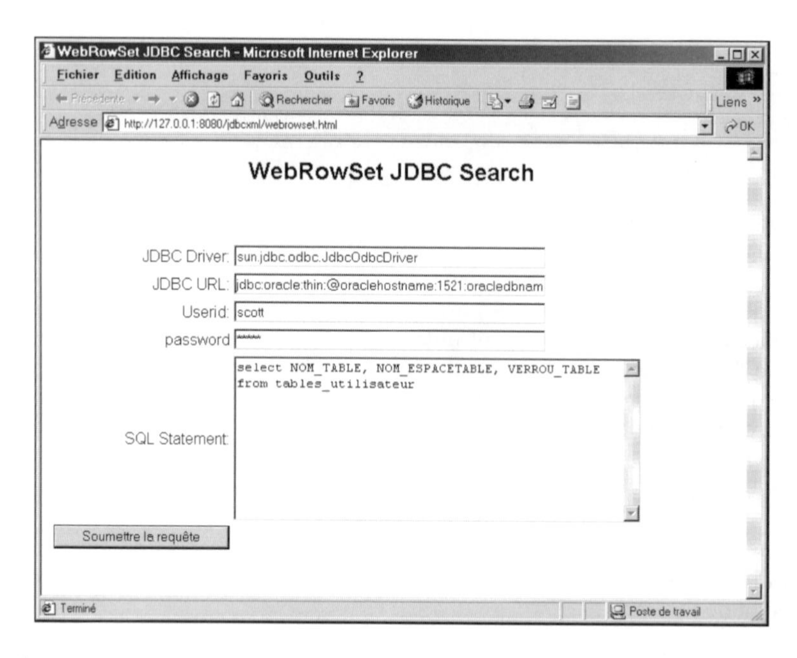

Lorsque nous exécutons cette requête, voici ce que nous obtenons avec Internet Explorer 5.x. Ce résultat est une fois encore semblable à celui obtenu avec la servlet `XMLDataGateway`, bien que le document XML de notre objet `WebRowSet` contienne ici beaucoup plus d'informations. Outre les données et les métadonnées du `Rowset`, il contient d'autres propriétés, telles les données de connexion nécessaires pour renouer la communication en vue de la mise à jour ultérieure de la source de données :

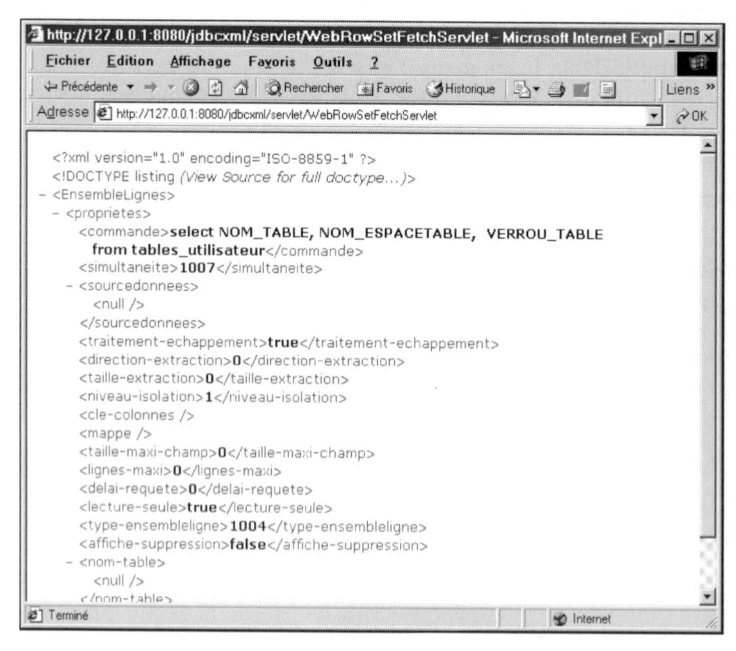

Procéder à une mise à jour par lot *via* HTTP : la classe WebRowSetUpdateServlet

Nous allons maintenant développer la servlet permettant la mise à jour de la source de données sous-jacente *via* HTTP. Cette servlet acceptera la représentation XML d'un objet `WebRowSet` distant *via* HTTP `POST` pour effectuer la mise à jour par lots de la source de données sous-jacente.

> **Pour un fonctionnement optimal de cette servlet, le fichier `RowSet.dtd` doit être placé dans le répertoire `jakarta-tomcat/bin` afin que la classe `WebRowSet` puisse le trouver pour valider le document téléchargé.**

```
package com.jresources.jdbc;
import javax.servlet.*;
import javax.servlet.http.*;
import java.io.*;
import javax.sql.*;
import sun.jdbc.rowset.*;
import java.sql.*;
public class WebRowSetUpdateServlet extends HttpServlet
{
```

Surcharger la méthode doGet()

Avec les servlets précédentes, le gros de la logique passait par la méthode `doGet()`. Avec `WebRowSetUpdateServlet`, nous ne désirons prendre en charge que la requête HTTP `POST`, vu que les documents XML que nous téléchargerons seront plutôt volumineux. En conséquence, la méthode `doGet()` renverra le message d'erreur HTTP `403` (interdiction) :

```
    public void doGet(HttpServletRequest request, HttpServletResponse response)
        throws IOException, ServletException
    {
        response.sendError(403);
    }
```

Surcharger la méthode doPost()

Il s'agit maintenant de prendre en charge les requêtes HTTP `POST` par l'intermédiaire de la méthode `doPost()`. Cette dernière s'attend à ce que le corps de la requête HTTP contienne le document XML de l'objet `WebRowSet`. Pour actualiser la source de données sous-jacentes, il suffit de créer une instance de la classe `WebRowSet` et d'appeler la méthode `readXml()` en lui passant en paramètre le `BufferedReader` de l'objet `Request`. L'objet `BufferedReader` en question encapsule le contenu du corps de la requête HTTP. Appelez ensuite la méthode `acceptChanges()` pour que votre objet `WebRowSet` établisse la connexion avec la source de données sous-jacente, procède aux ajouts, mises à jour et suppressions nécessaires, puis referme la connexion.

```
    public void doPost(HttpServletRequest request, HttpServletResponse response)
        throws IOException, ServletException
    {
        response.setContentType("text/plain");
        PrintWriter out = response.getWriter();
        try
        {
            WebRowSet wrs = new WebRowSet();
            wrs.readXml(request.getReader());
```

```
            wrs.acceptChanges();
            out.println("The transaction succeeded");
        }
        catch(Exception e)
        {
            out.println("The transaction failed with the following error:  " +
               e.getMessage());
        }
    }
}
```

Ajouter, modifier ou supprimer des données côté client : la classe WebRowSetHTTPClient

Nous voilà prêt à attaquer l'application cliente de notre application JDBC distribuée. Nous lui donnerons le nom de WebRowSetHTTPClient. Il s'agit d'une application console autonome écrite en Java.

Implémenter l'application

Notre classe WebRowSetHTTPClient dispose de trois méthodes :

- la méthode executeSearch(), qui encapsule une requête HTTP GET à destination de la servlet WebRowSetFetchServlet ;
- la méthode updateDataSource(), qui encapsule une requête HTTP POST à destination de la servlet WebRowSetUpdateServlet ;
- la méthode main(), point d'entrée de l'application.

```
import java.io.*;
import java.net.*;
import java.util.*;
import javax.sql.*;
import sun.jdbc.rowset.*;
public class WebRowSetHTTPClient
{
   public WebRowSetHTTPClient() {
   super();
}
```

La méthode executeSearch() encapsule donc une requête HTTP GET à destination de la servlet WebRowSetFetchServlet et reçoit six paramètres en entrée : l'URL du servlet WebRowSetFetchServlet, le pilote JDBC, l'URL de la source de données JDBC, l'identifiant utilisateur, le mot de passe et l'instruction SQL. En retour, elle renvoie un WebRowSet peuplé :

```
public WebRowSet executeSearch(String httpEndpoint, String driver,
   String jdbcurl, String uid, String pwd, String sql) throws Exception
{
   try
   {
```

La première étape consiste à construire de manière dynamique l'URL vers laquelle nous souhaitons adresser la requête. Pour cela, nous allons concaténer l'URL de notre servlet WebRowSetFetchServlet avec une chaîne de requête construite de manière dynamique à partir des paramètres passés à la méthode. Ensuite, nous établirons une connexion avec cette URL pour lancer notre requête HTTP GET :

```
      String url = httpEndpoint + "?driver=" + driver + "&jdbcurl=" + jdbcurl
         + "&uid=" + uid + "&pwd=" + pwd + "&sql=" + URLEncoder.encode(sql);
```

```
         URL host = new URL(url);
         HttpURLConnection hostConn = (HttpURLConnection)host.openConnection();
         hostConn.connect();
```

Nous allons ensuite initialiser un nouvel objet `WebRowSet` à partir de la réponse obtenue, et passer un objet `BufferedReader` dérivé du flux de réponse HTTP en paramètre à la méthode `readXml()`] de cet objet `WebRowSet`. L'objet `WebRowSet` une fois peuplé, nous le renverrons au client émetteur de la requête :

```
         BufferedReader xml = new BufferedReader(new
            InputStreamReader(hostConn.getInputStream()));
         WebRowSet wrs = new WebRowSet();
         wrs.readXml(xml);
         hostConn.disconnect();
         return wrs;
      }
      catch(Exception e)
      {
         throw new Exception(e.getMessage());
      }
   }
```

Nous allons maintenant implémenter la méthode `updateDataSource()`. Elle encapsule une requête HTTP `POST` à destination de la servlet `WebRowSetUpdateServlet` et permet ainsi de communiquer toute modification de l'objet `WebRowSet` à la source de données distante. Cette méthode requiert deux paramètres : l'objet `WebRowSet` actualisé et l'URL de la servlet `WebRowSetUpdateServlet`. En retour, elle renverra la réponse obtenue de la servlet `WebRowSetUpdateServlet`.

```
   public String updateDataSource(WebRowSet wrs, String httpEndPoint)
      throws Exception
   {
      try
      {
```

Commençons par envoyer la structure de données XML à notre servlet `WebRowSetUpdateServlet`. Nous allons donc établir pour cela une connexion HTTP avec la servlet ; nous créerons ensuite un objet `java.io.BufferedWriter` (capable d'écrire un texte dans le flux de caractères sortant) à partir de l'objet `OutputStream` qui encapsule la requête `HTTP POST` ; et enfin nous appellerons la méthode `writeXml()` de l'objet `WebRowSet` et nous lui passerons l'objet `BufferedWriter` en paramètre. La méthode `writeXml()` va se charger en interne d'écrire le XML dans le `BufferedWriter`, ce qui aura pour effet de charger le XML dans la servlet :

```
         URL host = new URL(httpEndPoint);
         HttpURLConnection hostConn =  HttpURLConnection)host.openConnection();
         hostConn.setRequestMethod("POST");
         hostConn.setDoInput(true);
         hostConn.setDoOutput(true);
         BufferedWriter xml = new BufferedWriter(new
            OutputStreamWriter(hostConn.getOutputStream()));
         wrs.writeXml(xml);
         xml.close();
```

Nous lirons ensuite la réponse obtenue de notre servlet. Nous obtiendrons la confirmation du succès de l'opération ou alors un message d'erreur spécifique en cas d'échec. Après avoir pris connaissance de cette réponse, nous la renverrons au client appelant :

```
         String line;
         StringBuffer results = new StringBuffer();
         BufferedReader input = new BufferedReader(new
            InputStreamReader(hostConn.getInputStream()));
```

```
            while((line = input.readLine()) != null)
            {
               results.append(line + "\r\n");
            }
            input.close();
            hostConn.disconnect();
            return results.toString();
         }
         catch(Exception e)
         {
            throw new Exception(e.getMessage()+ ", " + e.getClass());
         }
      }
```

Nous allons maintenant écrire le point d'entrée de l'application, la méthode `main()`, clé de voûte de notre opération. C'est en effet la méthode `main()` qui se charge d'interroger la table `guestbook` de la base de données SQL Server `webrowset` de notre exemple, d'ajouter un enregistrement à l'objet `WebRowSet` obtenu, et de le renvoyer au serveur pour mettre à jour la base de données. La méthode prend trois arguments sous forme de lignes de commande, représentant chacune un champ de la table `guestbook` : prénom, nom, et commentaire pour chaque enregistrement ajouté à la base de données. La méthode `main()` commence par effectuer une vérification pour s'assurer que le nombre de lignes de commandes passées est correct. Si ce n'est pas le cas, elle délivrera un message d'aide à l'utilisateur afin de l'informer du bon usage de l'application :

```
      public static void main(String[] args)
      {
         if(args.length < 3)
         {
            System.err.println("Usage: WebRowSetHTTPClient <prenom>
               <nom> <comments>");
            return;
         }
```

La méthode va ensuite initialiser les variables de la chaîne de caractères qui contiennent les données de connexion JDBC nécessaires à l'exécution de la requête, ainsi que les variables contenant les URL des servlets utilisées pour le chargement et l'actualisation des mises à jour. L'application prendra connaissance de ces données d'initialisation à partir du fichier `WrsHTTPClient.properties`, téléchargeable avec le reste du code de nos exemples sur le site Wrox :

```
         try
         {
            Properties initProps = new Properties();
            initProps.load(new FileInputStream("WrsHTTPClient.properties"));
            //The JDBC connect info:
            String driver = initProps.getProperty("jdbc.driver");
            String jdbcurl = initProps.getProperty("guestbook.url");
            String uid = initProps.getProperty("guestbook.uid");
            String pwd = initProps.getProperty("guestbook.pwd");
            String sql = "select * from guestbook";
            //The fetch and update servlet endpoints
            String httpEndpoint = initProps.getProperty("httpEndpoint");
            String httpUpdateEndpoint = initProps.getProperty("httpUpdateEndpoint");
```

Pour information, voici le contenu de ce fichier `WrsHTTPClient.properties`. Pour modifier les données d'initialisation, il vous faudra passer par un éditeur de texte ASCII du type Notepad :

```
# WrsHTTPClient initialization properties
jdbc.driver=sun.jdbc.odbc.JdbcOdbcDriver
guestbook.url=jdbc:odbc:webrowset
```

```
guestbook.uid=sa
guestbook.pwd=
httpEndpoint=http://127.0.0.1:8080/jdbcxml/servlet/WebRowSetFetchServlet
httpUpdateEndpoint=http://127.0.0.1:8080/jdbcxml/servlet/WebRowSetUpdateServlet
```

Notre méthode se chargera enfin de la recherche *via* la méthode `executeSearch()` que nous avons créée un peu plus haut et renverra une instance initialisée de la classe `WebRowSet` :

```
        WebRowSetHTTPClient me = new WebRowSetHTTPClient();
        System.out.println("Fetching remote data...");
        WebRowSet data = me.executeSearch(httpEndpoint, driver, jdbcurl, uid,
           pwd, sql);
```

Passons maintenant à l'insertion de notre enregistrement. Commencez par définir explicitement le nom de la table `guestbook` pour que notre instance de la classe `WebRowSet` côté serveur puisse identifier la table à actualiser. Placez ensuite le curseur sur la ligne d'insertion puis ajoutez un enregistrement basé sur les lignes de commande passées à la méthode `main()`. Replacez le curseur dans sa position initiale. Pour finir, renvoyez la mise à jour au serveur à l'aide de la méthode `updateDataSource()` :

```
        System.out.println("Adding data to the WebRowSet...");
        data.setTableName("guestbook");
        data.moveToInsertRow();
        data.updateString("ID", "ID" + System.currentTimeMillis());
        data.updateString("fname", args[0]);
        data.updateString("lname", args[1]);
        data.updateString("comments", args[2]);
        data.insertRow();
        data.moveToCurrentRow();
        System.out.println("Updating the remote data source with changes...");
        System.out.println(me.updateDataSource(data, httpUpdateEndpoint));
     }
     catch( Exception e)
     {
        System.out.println(e.toString());
     }
  }
```

Développer l'application

Pour compiler notre application cliente de manière efficace, nous allons donc créer un fichier batch. Ce fichier s'appelle `buildClient.bat` et se trouve avec le reste du code utilisé dans ce chapitre. Assurez-vous avant toute chose que toutes les lignes de code concernées ont bien été ajoutées au `CLASSPATH` dont se sert le compilateur pour élaborer le bytecode de notre application. Ce code comprend les fichiers JAR `xml.jar`, `jdbc2_0-stdext.jar` et `rowset.jar` contenant respectivement le parseur XML JAXP, l'extension standard de l'API de JDBC 2.0 et les binaires du `Rowset` :

```
@echo off

REM Change this to reflect the Tomcat and JDK installations on your system
set TOMCAT HOME=c:\jakarta-tomcat
set JAVA HOME=c:\jdk1.3

REM add all of the necessary packages to the CLASSPATH
set cp=%CLASSPATH%
set CLASSPATH=.
set CLASSPATH=%CLASSPATH%;%TOMCAT HOME%\lib\xml.jar
set CLASSPATH=%CLASSPATH%;%JAVA HOME%\lib\rowset.jar
set CLASSPATH=%CLASSPATH%;%JAVA HOME%\lib\jdbc2 0-stdext.jar
set CLASSPATH=%CLASSPATH%;%cp%
```

Nous allons maintenant invoquer `javac` pour compiler notre source Java en bytecode :

```
REM This is where javac will place the compiled bytecode
set outputDir=..\WEB-INF\classes

REM This is where javac finds the source code
set basepath=..\src

REM Compile the code...
javac -d %outputDir% -classpath %CLASSPATH% %basepath%\WebRowSetHTTPClient.java
```

Exécuter l'application

Nous pouvons maintenant faire tourner notre application. Là encore, nous aurons besoin d'un fichier batch pour le faire de manière efficace. Il s'agit cette fois du fichier batch `runWrsHTTPClient.bat`, téléchargeable avec le reste du code de ce chapitre sur le site Wrox. Comme précédemment, nous devons nous assurer que les fichiers JAR `xml.jar`, `jdbc2_0-stdext.jar` et `rowset.jar` ont bien été ajoutés au `CLASSPATH` :

```
@echo off
set cp=%CLASSPATH%
set JAVA HOME=C:\jdk1.3
set TOMCAT HOME=C:\jakarta-tomcat
set CLASSPATH=.
set CLASSPATH=%CLASSPATH%;%TOMCAT HOME%\lib\xml.jar
set CLASSPATH=%CLASSPATH%;%JAVA HOME%\lib\rowset.jar
set CLASSPATH=%CLASSPATH%;%JAVA HOME%\lib\jdbc2 0-stdext.jar
set CLASSPATH=%CLASSPATH%;..\WEB-INF\classes;%cp%
java WebRowSetHTTPClient Andy Hoskinson  "Hello world!"
```

> **Avant de lancer votre application, placez le fichier `RowSet.dtd` dans le même répertoire que le fichier batch `runWrsHTTPClient.bat`. La classe `WebRowSet` a en effet besoin de ce fichier pour valider le document XML renvoyé par la servlet `WebRowSetFetchServlet`.**

L'exécution de ce fichier batch donne ceci :

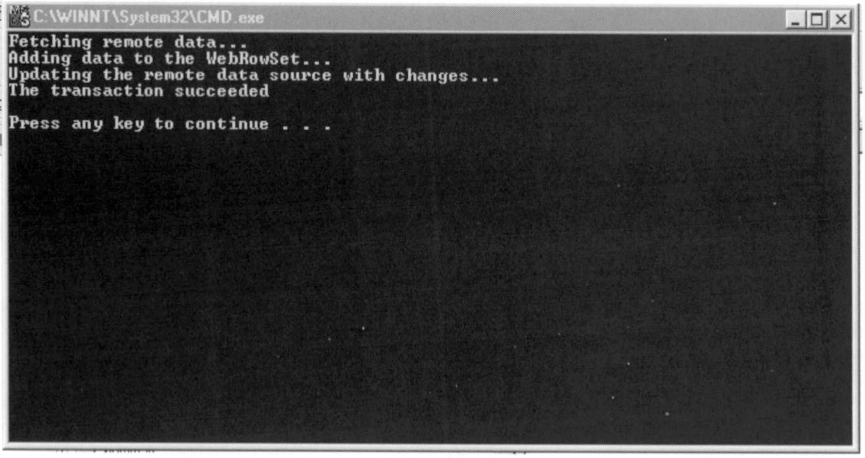

```
C:\WINNT\System32\CMD.exe
Fetching remote data...
Adding data to the WebRowSet...
Updating the remote data source with changes...
The transaction succeeded

Press any key to continue . . .
```

Mettre le code en package en vue d'un déploiement dans J2EE

Comme promis tout au long de ce chapitre, nous allons apprendre à élaborer puis à mettre notre code côté serveur en package dans un fichier WAR (Web Application Archive) pour pouvoir le déployer dans un conteneur de servlets en environnement J2EE. Nous apprendrons donc à compiler les classes Java, à construire un fichier JAR et à mettre le code de nos classes en package dans un fichier WAR pour faciliter son déploiement, sa distribution et son installation dans des conteneurs de servlets J2EE. Notre application web utilise la structure de répertoire standard pour la spécification v2.2 des servlets Java. Ce document est téléchargeable à l'adresse ftp://ftp.java.sun.com/pub/servlet/22final-182874/servlet2_2-spec.pdf.

Le répertoire `/WEB-INF` est un répertoire clé du système de fichiers de notre application web. Ce répertoire contient le descripteur de déploiement ainsi que la classe et le fichier JAR de l'application. Aucun fichier du répertoire `WEB-INF` n'étant destiné à être servi directement à un client, nous disposons là d'un répertoire suffisamment « sûr » pour contenir les fichiers sensibles et uniquement destinés à l'usage interne de notre application web. Le répertoire `WEB-INF` contient normalement les fichiers suivants :

- `/WEB-INF/web.xml` : contient le descripteur de déploiement de l'application web ;
- `/WEB-INF/classes/*` : contient les classes des servlets et des utilitaires ;
- `/WEB-INF/lib/*.jar` : contient les fichiers JAR.

Les autres répertoires contiennent des fichiers accessibles sur le Web, soit en l'occurrence :

- `/` : le répertoire racine contient les fichiers HTML et les feuilles de style XSL précédemment créés dans ce chapitre ;
- `/src` : contient le code source Java ;
- `/bin` : contient tous les fichiers batch mentionnés dans ce chapitre ;
- `/sql` : contient la bibliothèque de liaisons dynamiques (DDL) de la base de données SQL Server Guestbook de notre exemple, ainsi que notre base de données Access `contacts.mdb`.

Descripteur de déploiement de notre application web

Commençons donc par créer le descripteur de déploiement de notre application web. Ce descripteur sert à configurer le conteneur de l'application. Il contient des métadonnées décrivant l'application web ainsi que des paramètres sur la portée de l'application et divers paramètres d'enregistrement des servlets :

```
<?xml version="1.0" encoding="ISO-8859-1"?>

<!DOCTYPE web-app
   PUBLIC "-//Sun Microsystems, Inc.//DTD Web Application 2.2//EN"
   "http://java.sun.com/j2ee/dtds/web-app_2.2.dtd">

<web-app>
   <display-name>Professional XML Databases:  Chapter 16 (JDBC)</display-name>
   <description>
      This web app contains the sample code for Professional XML Databases:
```

```
      Chapter 16 (JDBC)
   </description>
```

Nous allons maintenant enregistrer nos servlets. Commençons par leur attribuer un alias à chacune. Il nous faut également associer la servlet JDBC2HTML aux fichiers `*.xsl` pour que le moteur de servlets dirige les requêtes d'URL de notre application web pour des fichiers XSL vers cette servlet `JDBC2HTML servlet` qui les prendra en charge :

```
   <servlet>
      <servlet-name>
         JDBC2HTML
      </servlet-name>
      <servlet-class>
         com.jresources.jdbc.JDBC2HTML
      </servlet-class>
   </servlet>
   <servlet>
      <servlet-name>
         XMLDataGateway
      </servlet-name>
      <servlet-class>
         com.jresources.jdbc.XMLDataGateway
      </servlet-class>
   </servlet>
   <servlet>
      <servlet-name>
         WebRowSetFetchServlet
      </servlet-name>
      <servlet-class>
         com.jresources.jdbc.WebRowSetFetchServlet
      </servlet-class>
   </servlet>
   <servlet>
      <servlet-name>
         WebRowSetUpdateServlet
      </servlet-name>
      <servlet-class>
         com.jresources.jdbc.WebRowSetUpdateServlet
      </servlet-class>
   </servlet>
   <servlet-mapping>
      <servlet-name>
         JDBC2HTML
      </servlet-name>
      <url-pattern>
         *.xsl
      </url-pattern>
   </servlet-mapping>
</web-app>
```

Construire l'application

Nous allons maintenant nous attaquer à la construction de notre application. Pour ce faire, nous allons écrire un fichier batch MS Windows, que nous appellerons `build.bat`. Vous pouvez télécharger ce fichier avec le reste du code source de ce chapitre sur notre site. Voir `Chapter16\jdbcxml\bin\build.bat`. Nous allons donc :

- compiler le code source Java ;
- mettre le bytecode en package dans un fichier `JAR` ;

- ❑ mettre toute notre appliction en package dans un fichier WAR (Web Application Archive), à l'aide de l'outil jar. Notez bien que la structure de notre répertoire devra être conforme à la structure standard des répertoires WAR définie dans les spécifications de Java Servlet 2.2.

Compiler les classes Java

Nous allons donc compiler nos classes Java à l'aide de javac. Nos classes important des classes issues des packages de l'API Servlet, assurons-nous que le fichier JAR servlet.jar de Tomcat se trouve bien dans le CLASSPATH. Selon les spécifications de Servlet 2.2, le bytecode doit être placé dans le répertoire WEB-INF/classes de l'application web :

```
@echo off

REM Change this to reflect the Tomcat and JDK installations on your system
set TOMCAT_HOME=c:\jakarta-tomcat
set JAVA_HOME=c:\jdk1.3

REM add all of the necesssary packages to the CLASSPATH
set cp=%CLASSPATH%
set CLASSPATH=.
set CLASSPATH=%CLASSPATH%;%TOMCAT_HOME%\lib\xml.jar
set CLASSPATH=%CLASSPATH%;%TOMCAT_HOME%\lib\servlet.jar
REM This assumes that these packages are in the JDK's lib directory
set CLASSPATH=%CLASSPATH%;%JAVA_HOME%\lib\rowset.jar
set CLASSPATH=%CLASSPATH%;%JAVA_HOME%\lib\jdbc2_0-stdext.jar
set CLASSPATH=%CLASSPATH%;%JAVA_HOME%\lib\xerces.jar
set CLASSPATH=%CLASSPATH%;%JAVA_HOME%\lib\xalan.jar

set CLASSPATH=%CLASSPATH%;%cp%

REM This is where javac will place the compiled bytecode
set myClasspath=..\WEB-INF\classes

REM This is where javac finds the source code
set basepath=..\src

REM Compile the code...
javac -d %myClasspath% -classpath %CLASSPATH% %basepath%\*.java
```

Mettre le bytecode en package dans un fichier JAR

Nous allons maintenant créer notre fichier JAR à l'aide de l'outil JAR intégré dans le JDK, puis nous le placerons dans le répertoire /WEB-INF/lib/ de notre application web :

```
REM Set the directory where the JAR should be built
set jarpath=..\WEB-INF\lib
REM Build the JAR...
jar cvf %jarpath%\jdbcxml.jar -C %myClasspath%\ .
```

Mettre toute l'application en package dans un fichier WAR

Pour finir, nous allons nous servir de l'outil jar pour placer tous les packages de notre application dans un fichier WAR. Une fois ceci accompli, nous pouvons distribuer notre application aux utilisateurs finals :

```
REM Set the directory where the completed WAR should be built (warpath), and the
directory to be recursively archived (apppath)
set warpath=..\..\
```

```
set apppath=..\..\jdbcxml
REM Build the WAR...
jar cvf %warpath%\jdbcxml.war -C %apppath%\ .
```

Si ces concepts Java ne vous sont pas familiers, sachez que Wrox Press a publié plusieurs ouvrages sur le sujet, dont *Programmation avec Java 2 – Enterprise Edition* (ISBN 1861004656), qui traite notamment des packages et du déploiement.

Résumé

Dans ce chapitre, nous avons donc appris à utiliser conjointement JDBC et XML de façon à créer des passerelles d'accès universel pour vos applications J2EE. La première partie s'est appliquée à montrer comment élaborer une simple architecture XML établissant une passerelle vers JDBC afin de vous offrir la possibilité d'exécuter des instructions SQL sur n'importe quelle source de données JDBC et d'en renvoyer les ensembles de résultats obtenus sous forme de structures de données XML bien formées utilisables par toute application capable d'analyser et d'exploiter du XML. Nous avons consacré la seconde partie de ce chapitre à l'élaboration d'une application JDBC distribuée vous permettant d'interagir avec une source de données JDBC à travers l'Internet par l'intermédiaire de HTTP. Enfin, nous avons vu dans la dernière partie comment élaborer et comment mettre notre application en package en vue de son déploiement dans J2EE.

Dans le chapitre suivant, nous verrons comment utiliser XML pour faciliter l'entreposage de données.

17

Entreposer, archiver et référencer des données

Nous consacrerons ce chapitre et les deux suivants à explorer quelques applications d'entreprise courantes du XML. Un emploi judicieux de ce langage peut en effet vous être d'une grande aide, pour un système gérant des transactions à grande échelle et manipulant des millions d'enregistrements individuels par jour comme pour un système gérant des contenus et devant être capable de prendre en charge une multitude de formats de présentation différents. Dans ce chapitre, nous verrons plus spécifiquement comment gérer la persistance des données grâce à XML. Nous aborderons les différentes stratégies généralement mises en œuvre dans ce but et nous verrons ce que XML apporte à la panoplie du développeur.

Voici les thèmes qui seront développés dans ce chapitre :

- **les entrepôts de données**. Dans les systèmes transactionnels, les développeurs se demandent souvent comment concevoir une base de données capable de combiner la création rapide de transactions et la gestion efficace des requêtes et de l'édition d'états. L'entrepôt de données est une des solutions envisageables. Nous verrons donc en quoi cette solution consiste et comment XML peut nous aider à la développer tout en améliorant la gestion des transactions ;
- **l'archivage des données**. Dans la plupart des systèmes, les données perdent de leur pertinence avec le temps et doivent en être retirées au-delà d'une certaine limite. Cependant, il est toujours souhaitable de pouvoir archiver ces données sous une forme qui nous permette de les consulter ultérieurement si besoin est, et ce le plus simplement possible. Nous verrons en quoi XML peut nous faciliter la tâche ici aussi ;

- **les référentiels de données**. Il arrive parfois que l'on ait besoin de consulter un enregistrement d'une base de données sans qu'il soit nécessaire de trier et de synthétiser. Le système d'un agent immobilier, par exemple, contient des informations détaillées sur chaque propriété du catalogue, mais ces données ne présentent un intérêt (commercial, s'entend) qu'à titre individuel. Nous verrons également comment nous servir de XML pour conserver l'état d'une information précise tout en améliorant les performances de notre base de données relationnelle, et comment profiter des technologies associées à XML, telle XSLT, pour présenter les données sous forme détaillée lorsque nous en avons besoin.

Tous les exemples développés dans ce chapitre ont été conçus pour fonctionner avec les versions 6.x et supérieures de SQL Server, les versions 2.5 et supérieures d'ADO et la version de VBScript intégrée dans les moutures 4.0 et supérieures d'Internet Explorer. Vous devriez cependant pouvoir exploiter les concepts que nous allons aborder avec toute autre configuration permettant la gestion de bases de données relationnelles.

Entrepôts de données

La conception d'une architecture de base de données doit satisfaire deux exigences : la première étant la possibilité de pouvoir extraire facilement et rapidement des données spécifiques, comme c'est le cas avec les transactions, la seconde de réaliser simplement et efficacement un tri sélectif sur l'ensemble des données et obtenir une synthèse de cette action. Nous verrons que ces deux objectifs entraînent des contraintes de conception différentes. Dans l'immédiat, nous allons donc :

- expliciter ce qu'est un entrepôt de données ;
- en aborder les concepts essentiels ;
- voir en quoi XML facilite l'entreposage de données ;
- voir des exemples d'utilisation de XML pour les entrepôts de données.

Deux fonctions d'une base de données

Une base de données d'entreprise doit pouvoir répondre à deux fonctions essentielles :

- collecter l'information ;
- trier et synthétiser l'information disponible.

Examinons ces fonctions et voyons les différentes contraintes qu'elles imposent en matière de développement et d'accès à nos bases de données.

Collecter l'information

L'usage premier d'une base de données est en effet de rassembler en un lieu unique diverses informations issues de sources extérieures (autres bases de données, documents XML, fichiers textes délimités, etc.). Il peut s'agir aussi bien d'enregistrer une nouvelle facture dans une base de données comptable que de mettre régulièrement à jour une base de données de gestion des stocks. Le mécanisme spécifique de votre solution variera bien évidemment d'une implémentation à l'autre, mais certaines constantes propres au processus de collecte des données n'en demeurent pas moins, que vous devez garder à l'esprit :

- **fractionnement de l'information**. Les systèmes dont la vocation est de collecter des informations dans divers autres systèmes traitent l'information à un niveau de granularité aussi fin que possible. Ainsi, un système de suivi de factures s'intéressera aux éléments constitutifs d'une facture (articles commandés, coordonnées du client, etc.) alors qu'un système de gestion de stocks enregistrera plutôt le niveau du stock et les coordonnées des fournisseurs, par exemple ;
- **capacité d'écriture**. La collecte d'information implique également la capacité d'écrire les données dans la base. Sur certains systèmes, comme les applications de suivi de facturation, les données peuvent être lues au moment de la mise à jour, mais leur activité consiste essentiellement à enregistrer des données. En outre, le mode lecture ne permet de consulter que des enregistrements individuels, la fonction d'agrégation n'étant pas prévue à ce niveau ;
- **gestion des transactions**. L'écriture de données dans la base étant une opération fondée sur l'intégrité (l'enregistrement doit être complet pour être accepté), on se sert généralement de transactions pour réaliser les insertions. Les lignes, les tables ou les pages destinées à être modifiées au cours d'une transaction restant verrouillées jusqu'à son initialisation effective, notre base de données doit donc être capable de mener cette transaction à bien en un minimum de temps et d'effort : cette approche est parfois appelée « *get in, get out* » ;
- **espace de stockage**. La plupart des bases de données étant destinées à recevoir un volume important de données, les développeurs doivent garder constamment à l'esprit le fait que l'espace de stockage est une denrée rare. Une application de gestion de stocks recevra plusieurs millions de données commerciales chaque jour, et un champ surdimensionné (`int` au lieu de `smallint` par exemple), c'est autant d'octets perdus. En outre, la rapidité étant un facteur essentiel, priorité doit être donnée aux enregistrement courts. Il faut donc rechercher le moyen de simplifier chaque enregistrement au maximum ;
- **normalisation**. L'espace dédié à chaque information étant compté, les concepteurs de bases de données doivent s'attacher à développer des systèmes offrant une normalisation maximale. On donnera donc la préférence aux tables de correspondances et autres tables de référence de manière à réduire au maximum la taille des enregistrements au moment de la saisie. Si vous n'êtes pas sûr de vous en matière de normalisation, reportez-vous à notre tutoriel d'apprentissage rapide sur les bases de données relationnelles en annexe B ;

Trier et synthétiser l'information

La deuxième fonction d'une base de données est de permettre l'interrogation et la synthèse des données disponibles pour obtenir des extrapolations de tendances, de volumes et autres informations sur les contenus. Ainsi, une application de suivi de facturation pourra-t-elle s'intéresser aux ventes mensuelles d'un article particulier dans une ville particulière alors qu'un système de gestion de stocks cherchera à savoir quel pourcentage du stock d'un article donné a été vendu au cours d'une semaine en particulier. Là aussi, il existe un certain nombre de constantes au-delà des variations propres à chaque implémentation, qu'il convient également de garder en tête :

- **capacité de synthèse**. Le code source des applications d'extraction et de synthèse de l'information doit mettre l'accent sur la capacité à synthétiser les données voulues. Pour prendre une décision commerciale, il est bien plus utile de pouvoir disposer d'un agrégat de données représentant des tendances que d'avoir à parcourir des enregistrements détaillés pour y trouver l'information recherchée, même si le détail des données doit rester accessible en permanence ;

- **mode lecture**. Le code permettant la consultation et la synthèse des données est toujours en mode lecture seule. Les données qui seront extraites et synthétisées ne peuvent être que des données ayant été entrées lors de la phase de collecte de l'information ;
- **importance du résultat**. Le processus d'interrogation et de synthèse ayant pour objectif l'édition d'états et autres aides à la décision, les tables sollicitées pour y parvenir doivent aller droit au but. Nous concevrons donc ces dernières de manière à accélérer la dérivation des données faisant l'objet de la requête et de la demande de synthèse ;
- **moindre importance de la normalisation**. Le résultat de la requête et de la synthèse étant ici plus important que les considérations sur l'espace utilisé, les systèmes supportant ces fonctions ont une moindre tendance à la normalisation que les systèmes destinés à la collecte des données. Vous pourrez donc parfaitement extraire des informations pertinentes en ne consultant que quelques tables à l'aide d'une requête simple au lieu de vous imposer l'écriture d'une requête complexe faisant appel à plusieurs tables de référence ;

Vous constatez que les deux fonctions d'une base de données sont parfois contradictoires dans les contraintes qu'elles imposent à nos systèmes. Nous allons tout d'abord voir comment une architecture de base de données classique tâche de concilier ces exigences, puis nous verrons en quoi les entrepôts de données rendent les choses plus faciles.

Solution classique

L'approche classique en matière de bases de données relationnelles consiste à développer une architecture dans laquelle une même base de données prend en charge les fonctions de collecte de l'information et d'extraction des données pertinentes. Ainsi, l'application de suivi de facturation de notre exemple pourra prendre en charge la saisie des données et la production de documents de synthèse. Souvenez-vous du script de création des tables du système de suivi de facturation que nous avons défini au chapitre 3 et qui ressemble à peu près à ceci (`ch17_ex01.sql`) :

```
CREATE TABLE Client (
   CleClient integer PRIMARY KEY,
   Nom varchar(50),
   Adresse varchar(50),
   Ville varchar(30),
   Etat char(2),
   CodePostal varchar(10))

CREATE TABLE methodeExpedition (
   CleMethodeExpedition integer PRIMARY KEY,
   methodeExpedition varchar(5))

INSERT methodeExpedition (CleMethodeExpedition, methodeExpedition) VALUES (1, 'FedEx')
INSERT methodeExpedition (CleMethodeExpedition, methodeExpedition) VALUES (2, 'USPS')
INSERT methodeExpedition (CleMethodeExpedition, methodeExpedition) VALUES (3, 'UPS')

CREATE TABLE Facture (
   CleFacture integer PRIMARY KEY,
   dateFacture datetime,
   dateExpedition datetime,
   CleMethodeExpedition integer
      CONSTRAINT FK_Facture_CleMethodeExpedition FOREIGN KEY (CleMethodeExpedition)
         REFERENCES methodeExpedition (CleMethodeExpedition),
   CleClient integer
      CONSTRAINT FK_Facture_Client FOREIGN KEY (CleClient)
```

```
         REFERENCES Client (CleClient))

CREATE INDEX ix_Facture_dateFacture ON Facture (dateFacture)
CREATE INDEX ix_Facture_dateExpedition ON Facture (dateExpedition)
CREATE INDEX ix_Facture_CleClient ON Facture (CleClient)

CREATE TABLE Unite (
   CleUnite integer PRIMARY KEY,
   nom varchar(20),
   taille varchar(10) NULL,
   couleur varchar(10) NULL)

CREATE TABLE LignedeCommande (
   CleLignedeCommande integer PRIMARY KEY,
   CleFacture integer
      CONSTRAINT FK_LignedeCommande_Facture FOREIGN KEY (CleFacture)
         REFERENCES Facture (CleFacture),
   CleUnite integer
      CONSTRAINT FK_LignedeCommande_Unite FOREIGN KEY (CleUnite)
         REFERENCES Unite (CleUnite),
   Quantite integer,
   Prix float)

CREATE INDEX ix_LignedeCommande_CleUnite ON LignedeCommande (CleUnite)
CREATE INDEX ix_LignedeCommande_CleFacture ON LignedeCommande (CleFacture)
```

Lorsque nous exécutons ce script, nous obtenons la structure de tables suivante :

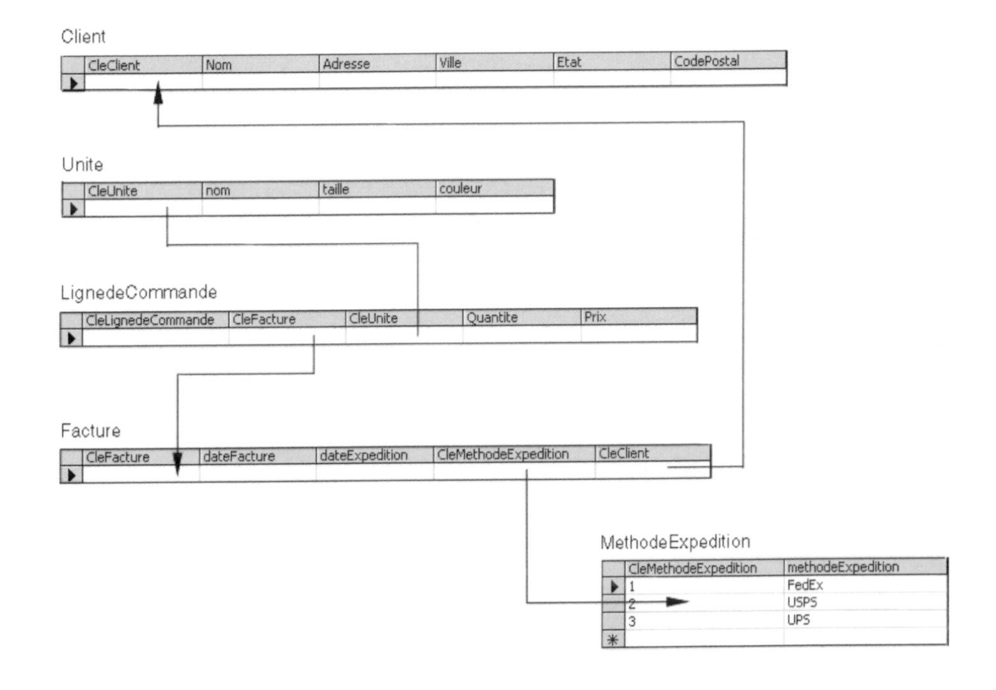

Il est possible d'ajouter de nouvelles factures dans ce jeu de tables *via* l'insertion d'enregistrements dans les tables `Facture` et `LignedeCommande`. De l'espace est réservé pour ces tables dans la mesure du possible grâce à la normalisation des éléments `Article` et `Client`, ce qui facilite également le requêtage et la synthèse des données sur ces deux éléments. Mais l'utilisation d'une telle structure pour répondre à ce double objectif n'est pas sans soulever quelques problèmes.

Premièrement, un tel système n'est véritablement bien adapté ni à la saisie des données, ni à leur synthèse. Ainsi, les tables `Facture` et `LignedeCommande` comportent par exemple des index renvoyant aux colonnes `DateCommande`, `DateFacture`, `CleClient` et `CleArticle`. Ces index sont essentiels à la recherche et à l'édition d'états, mais ralentissent la saisie car ils impliquent l'écriture de données d'index spécifiques pour chaque table de notre base de données. Et si nous nous contentons d'entrer des données pures dans notre table, comme c'est habituellement le cas pour une base de données uniquement destinée à effectuer des transactions, ces index n'ont alors plus aucun intérêt pour rassembler les transactions. En revanche, l'édition d'états nécessite des jointures entre plusieurs tables pour obtenir l'information désirée. Le processus de synthèse de l'information implique la récupération préalable des données individuelles pour pouvoir retourner l'information globale. Force est de constater que cette solution-là n'est qu'un tiède compromis accordé à chacune des deux fonctions d'une base de données.

La saisie de données présente en outre le risque de bloquer le processus d'édition d'états et de synthèse, générant des ralentissements. Dans une table enregistrant régulièrement des données, toute édition d'état nécessitant un accès à ces données en mode lecture devra de fait attendre que le verrouillage dû au mode écriture soit levé. Pour peu que le processus de saisie implique la mise à jour de plusieurs tables (annotation de factures au fur et à mesure de leur envoi, par exemple) et notre base de données passera au niveau de verrouillage supérieur, de sorte que toute édition d'état deviendra impossible pendant toute la durée de la mise à jour.

Bon nombre de bases de données contournent le problème grâce à l'ajout de structures supplémentaires permettant de gérer spécifiquement l'édition d'états. Ces tables sont indépendantes des tables de transactions et sont dotées d'index permettant l'interrogation et la synthèse de ces dernières dans le respect des règles métier, quelles qu'elles soient. Nous pourrions en l'occurrence ajouter une table `TotalMensuelUnite` dans notre exemple (`ch17_ex02.sql`) :

```
CREATE TABLE TotalMensuelUnite (
   syntheseMois tinyint,
   syntheseAnnee smallint,
   CleUnite integer
      CONSTRAINT FK_MPT_CleUnite FOREIGN KEY (CleUnite)
        REFERENCES Unite (CleUnite),
   Quantite integer)
```

Nous sommes sur la bonne voie. Les concepteurs de bases de données se mettent pourtant généralement eux-mêmes des bâtons dans les roues en ajoutant alors un déclencheur destiné à actualiser systématiquement cette table chaque fois que la table `LignedeCommande` est mise à jour, comme `ch17_03.sql` dans notre exemple :

```
CREATE TRIGGER UpdateMPT
ON LignedeCommande
FOR INSERT, UPDATE
AS
BEGIN
   IF (SELECT COUNT(*)
         FROM TotalMensuelUnite, inserted, Facture
       WHERE syntheseMois = DATEPART(mm, Facture.dateFacture)
         AND syntheseAnnee = DATEPART(yyyy, Facture.dateFacture)
```

```
        AND inserted.CleFacture = Facture.CleFacture
        AND TotalMensuelUnite.CleUnite = inserted.CleUnite) > 0
  UPDATE TotalMensuelUnite
     SET Quantite = TotalMensuelUnite.Quantite + inserted.Quantite
    FROM inserted, Facture
   WHERE syntheseMois = DATEPART(mm, Facture.dateFacture)
     AND syntheseAnnee = DATEPART(yyyy, Facture.dateFacture)
     AND inserted.CleFacture = Facture.CleFacture
     AND TotalMensuelUnite.CleUnite = inserted.CleUnite
  ELSE
   INSERT TotalMensuelUnite (syntheseMois, syntheseAnnee, CleUnite, Quantite)
     SELECT DATEPART(mm, Facture.dateFacture),
            DATEPART(yyyy, Facture.dateFacture),
            inserted.CleUnite,
            inserted.Quantite
      FROM inserted, Facture
     WHERE inserted.CleFacture = Facture.CleFacture
 IF (SELECT COUNT(*) FROM deleted) > 0
   UPDATE TotalMensuelUnite
      SET Quantite = TotalMensuelUnite.Quantite - deleted.Quantite
     FROM deleted, Facture
    WHERE syntheseMois = DATEPART(mm, Facture.dateFacture)
      AND syntheseAnnee = DATEPART(yyyy, Facture.dateFacture)
      AND deleted.CleFacture = Facture.CleFacture
      AND TotalMensuelUnite.CleUnite = deleted.CleUnite
END
```

Et nous voilà revenus à la case départ, en train de tenter d'interroger une table `TotalMensuelUnite` continuellement actualisée au fur et à mesure que la table `LignedeCommande` enregistre des données. Souvenez-vous que nous avions séparé les données dans le seul but de pouvoir éditer des états sans subir le verrouillage dû au mode écriture… Et ce déclencheur qui génère un enregistrement ou une mise à jour à la moindre entrée de données individuelle est donc parfaitement contre-productif ! Comment concilier les impératifs divergents de la saisie de données et de leur interrogation pour éviter les verrouillages exclusifs, sans devoir pour autant se contenter d'une consultation approximative de l'information (toujours susceptible de renvoyer des résultats incomplets ou inattendus) ? Nous avons besoin ici d'une approche différente, et c'est ce que propose justement l'entrepôt de données, également appelé entrepôt décisionnel ou encore central de données.

Solution de l'entrepôt de données

Le principe de fonctionnement de l'entrepôt de données est on ne peut plus simple : au lieu d'utiliser une seule base de données gérant toutes les fonctions d'accès dont nous avons besoin, nous créons deux bases de données distinctes, prenant chacune en charge l'une des deux fonctions essentielles dont nous avons discuté précédemment. Nous allons maintenant développer les éléments suivants :

- le traitement des transactions en ligne avec les bases de données **OLTP** (***On-Line Transaction Processing***), qui permettent de collecter les données ;
- le traitement analytique en ligne avec les bases de données **OLAP** (***On-Line Analytical Processing***), qui permettent de gérer le requêtage et la synthèse des données ;
    - les composantes caractéristiques d'une base de données OLAP ;
    - le rôle de XML dans l'amélioration du fonctionnement des bases de données OLAP.

Système OLTP (On-Line Transaction Processing)

OLTP qualifie généralement un système dédié à la collecte de données individuelle. Ne vous laissez pas abuser par le terme : bien qu'il y soit fait spécifiquement mention du traitement des transactions (transaction processing), comme c'est le cas pour les achats directs en ligne, un système OLTP désigne bel et bien une structure destinée à la collecte des données. Dans cette partie de la base de données, nous devons faire en sorte que nos tables supportent l'acquisition de données transactionnelles. En conséquence, nous devons normaliser au maximum notre base de données et nous efforcer de maintenir les tables sollicitées (telles les tables `Facture` et `LignedeCommande` de notre exemple) aussi peu volumineuses que possible de façon à réduire le temps de saisie et l'espace disque utilisé pour chaque nouvel enregistrement. Nous laisserons également tomber l'indexation des clés étrangères et autres colonnes, utiles pour le tri mais non essentielles à la collecte des données. Nous devrons enfin nous assurer de la mise en place de stratégies d'archivage de l'information afin de prévenir tout élargissement intempestif de notre base de données.

Voici un exemple de structure d'une base de données OLTP (`ch17_ex04.sql`) :

```
CREATE TABLE Client (
   CleClient integer PRIMARY KEY,
   Nom varchar(50),
   Adresse varchar(50),
   Ville varchar(30),
   Etat char(2),
   CodePostal varchar(10))

CREATE TABLE methodeExpedition (
   CleMethodeExpedition integer PRIMARY KEY,
   methodeExpedition varchar(5))

INSERT methodeExpedition (CleMethodeExpedition, methodeExpedition) VALUES (1, 'FedEx')
INSERT methodeExpedition (CleMethodeExpedition, methodeExpedition) VALUES (2, 'USPS')
INSERT methodeExpedition (CleMethodeExpedition, methodeExpedition) VALUES (3, 'UPS')

CREATE TABLE Facture (
   CleFacture integer PRIMARY KEY,
   dateFacture datetime,
   dateExpedition datetime,
   CleMethodeExpedition integer
      CONSTRAINT FK_Facture_CleMethodeExpedition FOREIGN KEY (CleMethodeExpedition)
         REFERENCES methodeExpedition (CleMethodeExpedition),
   CleClient integer
      CONSTRAINT FK_Facture_Client FOREIGN KEY (CleClient)
         REFERENCES Client (CleClient))

CREATE TABLE Unite (
   CleUnite integer PRIMARY KEY,
   nom varchar(20),
   taille varchar(10) NULL,
   couleur varchar(10) NULL)

CREATE TABLE LignedeCommande (
   CleLignedeCommande integer PRIMARY KEY,
   CleFacture integer
      CONSTRAINT FK_LignedeCommande_Facture FOREIGN KEY (CleFacture)
         REFERENCES Facture (CleFacture),
   CleUnite integer
      CONSTRAINT FK_LignedeCommande_Unite FOREIGN KEY (CleUnite)
         REFERENCES Unite (CleUnite),
```

```
Quantite integer,
Prix float)
```

Le script SQL génère la structure de table habituelle, à la différence près que nous avons décidé d'omettre les index pour ne pas surcharger les tables et de mettre l'accent sur la collecte de données, comme nous le disions au paragraphe précédent. Nous faisons donc en sorte de restreindre l'usage des transactions pour notre base de données ce qui nous permet d'en ajouter plus rapidement de nouvelles à notre structure.

Système OLAP (On-Line Analytical Processing)

On appelle parfois les bases de données dédiées à l'interrogation et à la synthèse de l'information des bases de données OLAP, pour *On-Line Analytical Processing* (traitement analytique en ligne). La conception de ce type de bases de données est focalisée sur les fonctions de requêtage et de synthèse de l'information, qui doivent pouvoir s'exécuter quelles que soient les règles métier de notre système. Pour ce type de bases de données, nous nous attacherons surtout à concevoir des tables capables de supporter l'interrogation et la récupération des données, reléguant la fonction saisie au second plan. Nous disposons en outre de certaines techniques d'indexation propres aux entrepôts de données dédiées à l'interrogation de bases de données OLAP et nous permettant d'optimiser la capacité de notre système à effectuer des tris et à éditer des états à partir des enregistrements individuels.

En pratique, le terme **entrepôt de données** est habituellement utilisé pour désigner une base de données adaptée au traitement OLAP ou à tout autre traitement nécessitant l'accès aux données à des fins de synthèse, comme le système de facturation de notre exemple. Il est également important de connaître le terme **magasin de données**, qui désigne une sorte d'entrepôt de données de taille réduite, spécifiquement dédié à un besoin précis. Dans notre système de suivi de facturation, nous pourrions ainsi disposer de deux magasins de données, respectivement destinés au service comptable et au service de contrôle des stocks.

Les données sont alors périodiquement transmises du système OLTP à la base de données OLAP, la transmission s'effectuant habituellement en période d'activité réduite. Vous pouvez ainsi programmer une procédure qui s'exécutera tous les jours à 3 heures du matin, chargée d'enregistrer toutes les transactions effectuées dans la journée qui vient de s'écouler, de les rassembler dans un fichier de transmission unique au format BCP ou XML puis de les envoyer à la base de données OLAP, où elles seront chargées. Le fait de transmettre ces données en une seule fois permet de solliciter le moins possible nos deux bases de données, qui restent ainsi disponibles en mode écriture (système OLTP) et en mode lecture (système OLAP).

Nous allons maintenant nous intéresser de plus près à la conception d'une base de données OLAP pour comprendre ce que XML peut apporter aux développeurs construisant un entrepôt de données.

Éléments constitutifs d'une base de données OLAP

Pour profiter à plein des technologies disponibles avec les plates-formes de bases de données relationnelles d'aujourd'hui, une base de données OLAP doit être construite d'une certaine manière. La conception de notre base de données OLAP dépendra de la façon dont nous souhaitons pouvoir trier et synthétiser les données. Nous allons maintenant détailler ce que sont les éléments constitutifs d'une base de données OLAP :

- **tables de faits**, où sont stockées les données disponibles pour l'édition des états (les faits) ;
- **tables de dimensions**, où sont stockés les axes d'analyse servant à l'édition des états (les dimensions) ;
- **schéma**, permettant aux deux types de tables précédents d'interagir pour produire les états désirés.

Tables de faits

Commençons par définir ce que sont les tables de faits. Ce sont les tables contenant les données à partir desquelles nous souhaitons éditer des états, organisées en fonction du tri le plus fin que nous allons avoir besoin d'effectuer. Ainsi, si l'utilisateur final de notre entrepôt de données a besoin d'éditer des états sur la facturation, chaque cellule de notre table de faits contiendra donc une facture. Mais si notre utilisateur désire seulement éditer des états sur ses clients, il sera plus logique d'agréger nos données sur cette base avant de les enregistrer dans notre table de faits. Ces tables contiendront probablement un nombre important d'enregistrements, aussi devons-nous également nous efforcer de rationaliser l'espace de stockage, et nous assurer de définir précisément nos colonnes en fonction du type de données qu'elles sont destinées à recevoir. Nous devons ainsi veiller à ne pas utiliser un entier à quatre octets là où un entier à un octet suffirait, et à ne pas admettre de doublons dans nos tables. Les données observables (les faits) sont rassemblées dans une seule table sous une forme dénormalisée. Si, par exemple, nous devions concevoir un magasin de données à l'usage de notre équipe de contrôle des stocks, nous leur fournirions certainement une table de faits agrégeant des données relatives aux factures et aux articles, rassemblées sous une forme dénormalisée de sorte qu'un utilisateur puisse aisément savoir combien d'articles de la référence 123 correspondent à la facture 456. Le script correspondant à la création de cette table de faits ressemblerait alors à ceci (`ch17_ex05.sql`) :

```
CREATE TABLE faitFactureUnite (
   CleFacture integer PRIMARY KEY IDENTITY,
   CleClient integer,
   CleDateExpedition integer,
   CleMethodeExpedition integer,
   CleUnite integer,
   Quantite integer,
   Prix float)
```

Ne vous laissez pas troubler par la présence d'un entier représentant la date d'expédition ; nous verrons comment la date est devenue un entier dans le paragraphe consacré aux tables de dimensions.

Si, en revanche, nous étions en train de construire un magasin de données à l'usage de l'équipe dirigeante, qui ne s'intéressera sûrement pas au détail des factures, nous agrégerions plutôt nos données sous forme de synthèse de l'activité quotidienne avant de créer notre table de faits, comme dans le script `ch17_ex06.sql` suivant :

```
CREATE TABLE faitTotalJour (
   CleTotalJour integer PRIMARY KEY IDENTITY,
   DateFacture integer,
   cleUnite integer,
   UniteCompteur integer,
   PrixUnitaireArticle float)
```

Tables de dimensions (ou axes d'analyse)

Il s'agit maintenant d'identifier quels axes d'analyse appliquer à nos faits : ce sont les dimensions. Les dimensions sont comme les paramètres passés à la clause `WHERE` d'une requête d'accès aux données. Vous pouvez décider de ventiler vos factures par client, ou bien par date d'envoi. Pour notre table de faits de contrôle des stocks, par exemple, nous pourrions parfaitement disposer de plusieurs tables de dimensions, pour réaliser des tris par client, par date d'expédition, par type d'envoi et par article, comme décrit dans le script `ch17_ex07.sql` ci-dessous :

```
CREATE TABLE dimensionClient (
   CleClient integer PRIMARY KEY,
   Nom varchar(50),
   Adresse varchar(50),
```

```
   Ville varchar(30),
   Etat char(2),
   CodePostal varchar(10))

CREATE TABLE dimensionDateExpedition (
   CleDateExpedition integer PRIMARY KEY,
   Mois tinyint,
   Jour tinyint,
   Annee smallint)

CREATE TABLE dimensionMethodeExpedition (
   CleMethodeExpedition integer PRIMARY KEY,
   methodeExpedition varchar(5))

CREATE TABLE dimensionUnite (
   CleUnite integer PRIMARY KEY,
   nom varchar(20),
   taille varchar(10) NULL,
   couleur varchar(10) NULL)
```

Maintenant que nous avons défini nos tables de faits et nos tables de dimension, reste encore à les rassembler au sein d'un schéma.

Schéma

Souvenez-vous que le schéma d'une base de données est constitué des tables qui la composent et des clés étrangères référençant les relations entre les tables. Dans le cas des bases de données OLAP, on utilise principalement deux types de schémas :

- schéma **en étoile** ;
- schéma **en flocon**.

Schéma en étoile

Dans le schéma en étoile, la table de faits représente le « cœur » de l'étoile, auquel sont reliées les tables de dimensions. Toutes les colonnes de la table de faits représentant des dimensions seront indexées et renverront à des clés étrangères dans les tables de dimensions correspondantes. Ainsi, le script `ch17_ex08.sql` qui suit peut servir à créer les tables de faits et les tables de dimensions de notre base de données OLAP de contrôle des stocks :

```
CREATE TABLE dimensionClient (
   CleClient integer PRIMARY KEY,
   Nom varchar(50),
   Adresse varchar(50),
   Ville varchar(30),
   Etat char(2),
   CodePostal varchar(10))

CREATE TABLE dimensionDateExpedition (
   CleDateExpedition integer PRIMARY KEY,
   MoisExpedition tinyint,
   JourExpedition tinyint,
   AnneeExpedition smallint)

CREATE TABLE dimensionMethodeExpedition (
   CleMethodeExpedition integer PRIMARY KEY,
   methodeExpedition varchar(5))

CREATE TABLE dimensionUnite (
   CleUnite integer PRIMARY KEY,
```

```
    nom varchar(20),
    taille varchar(10) NULL,
    couleur varchar(10) NULL)

CREATE TABLE faitFactureUnite (
    CleFacture integer PRIMARY KEY IDENTITY,
    CleClient integer
        CONSTRAINT fk_fait_Client FOREIGN KEY (CleClient)
            REFERENCES dimensionClient (CleClient),
    CleDateExpedition integer
        CONSTRAINT fk_fait_DateExpedition FOREIGN KEY (CleDateExpedition)
            REFERENCES dimensionDateExpedition (CleDateExpedition),
    CleMethodeExpedition integer,
        CONSTRAINT fk_fait_MethodeExpedition FOREIGN KEY (CleMethodeExpedition)
            REFERENCES dimensionMethodeExpedition (CleMethodeExpedition),
    CleUnite integer,
        CONSTRAINT fk_fait_Unite FOREIGN KEY (CleUnite)
            REFERENCES dimensionUnite (CleUnite),
    Quantite integer,
    Prix float)

CREATE INDEX ix_fait_Client ON faitFactureUnite (CleClient)
CREATE INDEX ix_fait_DateExpedition ON faitFactureUnite (CleDateExpedition)
CREATE INDEX ix_fait_MethodeExpedition ON faitFactureUnite (CleMethodeExpedition)
CREATE INDEX ix_fait_Unite ON faitFactureUnite (CleUnite)
```

Ce script génère la structure suivante :

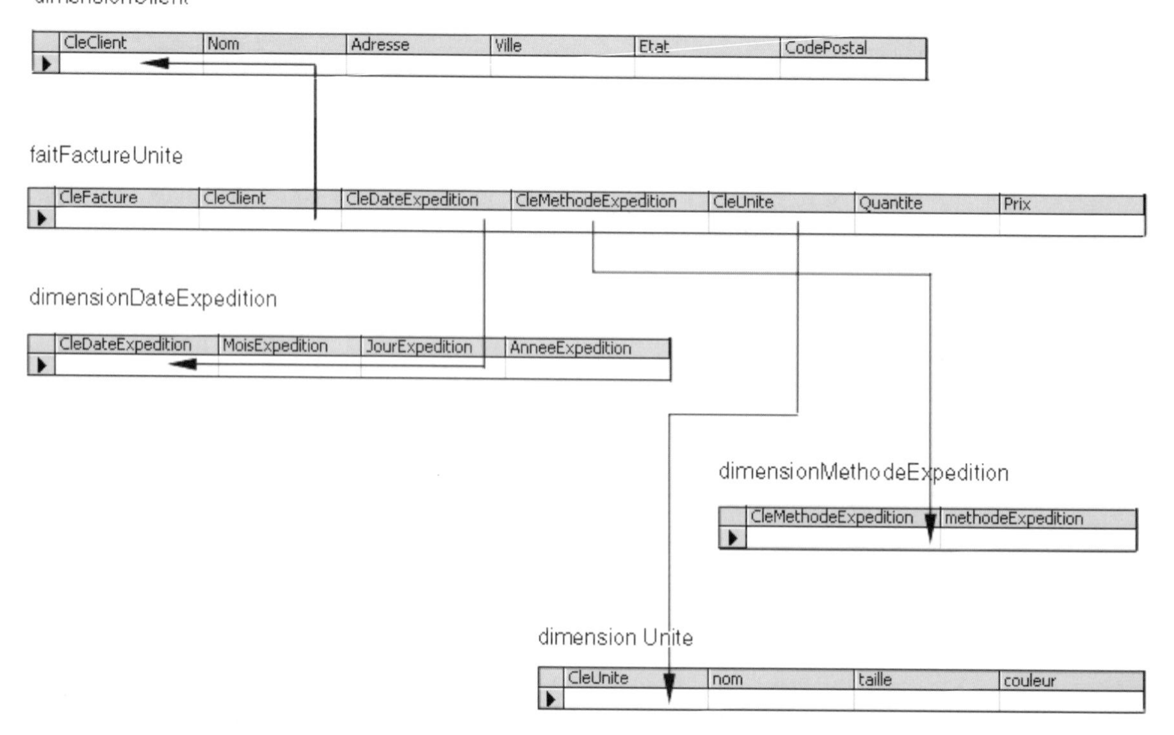

Schéma en flocon

Dans le schéma en flocon, la table de faits se trouve également au « cœur » de la structure, et les tables de dimensions correspondant directement à des faits y sont rattachées. Là encore, les colonnes de la table de faits représentant des dimensions doivent être indexées et reliées à des clés étrangères renvoyant aux tables de dimensions appropriées. Chaque dimension peut ensuite être décomposée en sous-dimensions : une dimension date pourra ainsi générer une dimension mois et une dimension année. Le script `ch17_ex09.sql` ci-dessous correspond à la création de la table de faits et des tables de dimensions de notre base de données OLAP de gestion des stocks, en supposant que nous ayons dans l'idée de décomposer la dimension date d'expédition :

```
CREATE TABLE dimensionClient (
   CleClient integer PRIMARY KEY,
   Nom varchar(50),
   Adresse varchar(50),
   Ville varchar(30),
   Etat char(2),
   CodePostal varchar(10))

CREATE TABLE dimensionAnneeExpedition (
   CleAnneeExpedition integer PRIMARY KEY,
   AnneeExpedition smallint)

CREATE TABLE dimensionMoisExpedition (
   CleMoisExpedition integer PRIMARY KEY,
   MoisExpedition tinyint,
   CleAnneeExpedition integer
      CONSTRAINT fk_dimension_AnneeExpedition FOREIGN KEY (CleAnneeExpedition)
         REFERENCES dimensionAnneeExpedition (CleAnneeExpedition))
CREATE TABLE dimensionDateExpedition (
   CleDateExpedition integer PRIMARY KEY,
   JourExpedition tinyint,
   CleMoisExpedition integer
      CONSTRAINT fk_dimension_MoisExpedition FOREIGN KEY (CleMoisExpedition)
         REFERENCES dimensionMoisExpedition (CleMoisExpedition))
CREATE TABLE dimensionMethodeExpedition (
   CleMethodeExpedition integer PRIMARY KEY,
   methodeExpedition varchar(5))

CREATE TABLE dimensionUnite (
   CleUnite integer PRIMARY KEY,
   nom varchar(20),
   taille varchar(10) NULL,
   couleur varchar(10) NULL)

CREATE TABLE faitFactureUnite (
   CleFacture integer PRIMARY KEY IDENTITY,
   CleClient integer
      CONSTRAINT fk_fait_Client FOREIGN KEY (CleClient)
         REFERENCES dimensionClient (CleClient),
   CleDateExpedition integer
      CONSTRAINT fk_fait_DateExpedition FOREIGN KEY (CleDateExpedition)
```

```
         REFERENCES dimensionDateExpedition (CleDateExpedition),
   CleMethodeExpedition integer,
      CONSTRAINT fk_fait_MethodeExpedition FOREIGN KEY (CleMethodeExpedition)
         REFERENCES dimensionMethodeExpedition (CleMethodeExpedition),
   CleUnite integer,
      CONSTRAINT fk_fait_Unite FOREIGN KEY (CleUnite)
         REFERENCES dimensionUnite (CleUnite),
   Quantite integer,
   Prix float)
CREATE INDEX ix_fait_Client ON faitFactureUnite (CleClient)
CREATE INDEX ix_fait_DateExpedition ON faitFactureUnite (CleDateExpedition)
CREATE INDEX ix_fait_MethodeExpedition ON faitFactureUnite (CleMethodeExpedition)
CREATE INDEX ix_fait_Unite ON faitFactureUnite (CleUnite)
CREATE INDEX ix_dimension_Mois ON dimensionDateExpedition (CleMoisExpedition)
CREATE INDEX ix_dimension_Annee ON dimensionMoisExpedition (CleAnneeExpedition)
```

Voici le jeu de tables généré par ce script SQL :

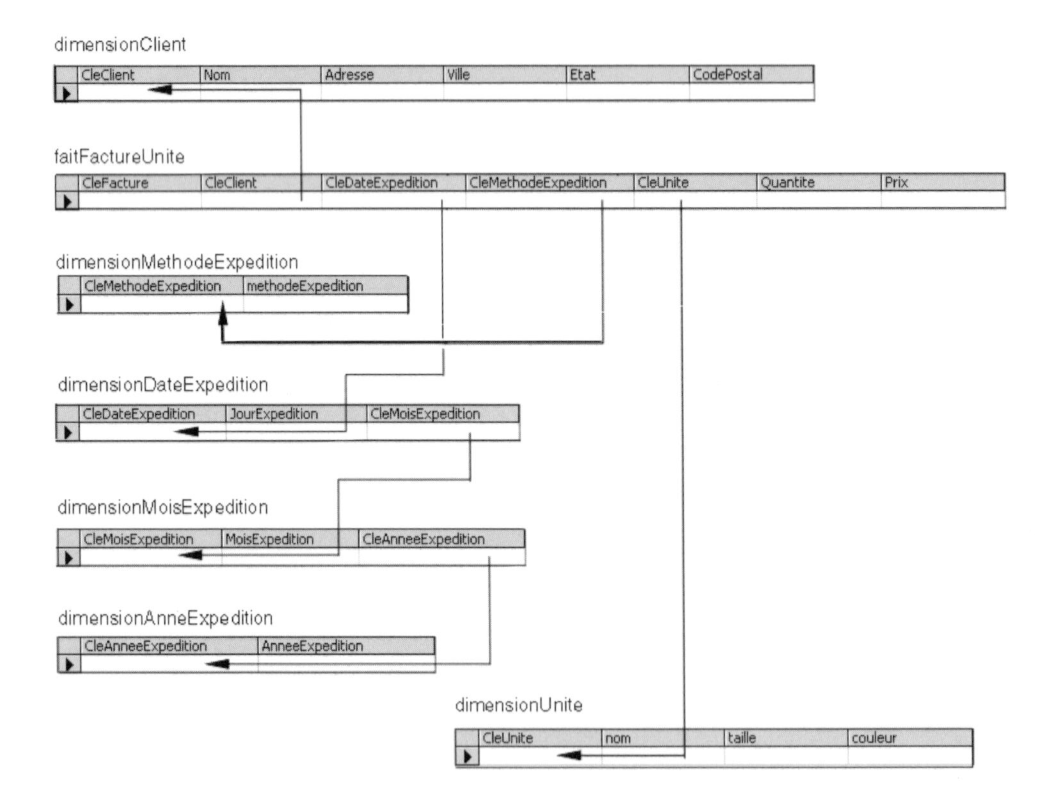

Cubes

Afin de faciliter les opérations d'interrogation et de récupération des données, les schémas en étoile et en flocon des bases de données OLAP génèrent des cubes, qui agrègent l'information le long des dimensions définies. Un exemple en éclairera le fonctionnement. Souvenez-vous de la structure de notre exemple dans le paragraphe décrivant le schéma en étoile :

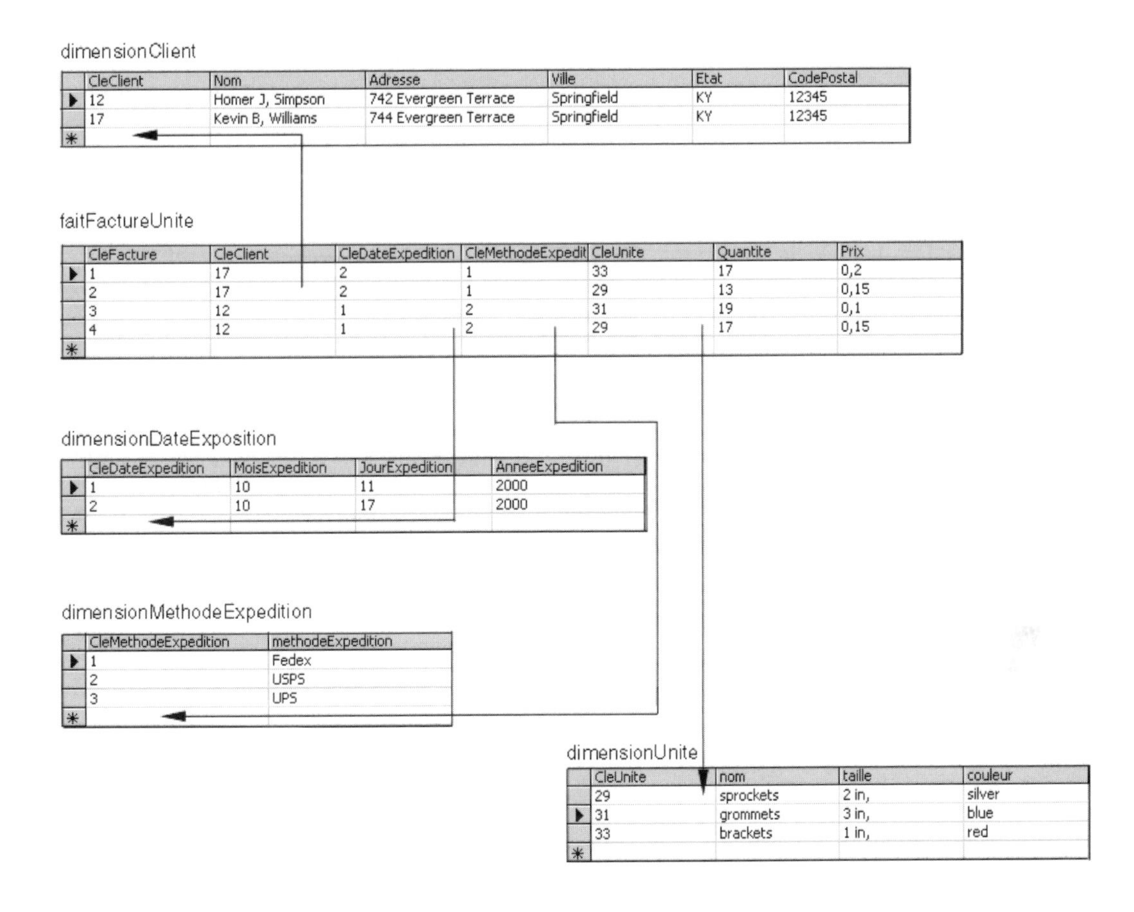

dimensionClient

CleClient	Nom	Adresse	Ville	Etat	CodePostal
12	Homer J, Simpson	742 Evergreen Terrace	Springfield	KY	12345
17	Kevin B, Williams	744 Evergreen Terrace	Springfield	KY	12345

faitFactureUnite

CleFacture	CleClient	CleDateExpedition	CleMethodeExpedit	CleUnite	Quantite	Prix
1	17	2	1	33	17	0,2
2	17	2	1	29	13	0,15
3	12	1	2	31	19	0,1
4	12	1	2	29	17	0,15

dimensionDateExposition

CleDateExpedition	MoisExpedition	JourExpedition	AnneeExpedition
1	10	11	2000
2	10	17	2000

dimensionMethodeExpedition

CleMethodeExpedition	methodeExpedition
1	Fedex
2	USPS
3	UPS

dimensionUnite

CleUnite	nom	taille	couleur
29	sprockets	2 in,	silver
31	grommets	3 in,	blue
33	brackets	1 in,	red

Imaginez que nous ayons 100 000 factures dans notre table de faits `faitFactureActicle`. Nous pourrions les trier en fonction de la méthode d'expédition :

	FedEx	UPS	USPS
Total factures	72 102	15 209	12 689

Pour connaître le nombre de factures expédiées *via* FedEx, il nous suffit de consulter le total FedEx stocké dans notre cube. Ceci est un exemple de cube unidimensionnel. Ajoutons une dimension supplémentaire en ventilant nos données en fonction du nom de client figurant sur nos factures :

	FedEx	UPS	USPS
Client 1	22 615	5 192	3 972
Client 2	12 541	2 188	918
Client 3	7 342	3 182	1 212
Client 4	15 320	716	3 132
Client 5	14 284	3 931	3 455

Nous disposons maintenant d'un cube bidimensionnel nous permettant d'extraire des données détaillées sur le nombre de factures envoyées à un même client par un transporteur donné. Nous pouvons également connaître le nombre total de factures expédiées à un client ou expédiées *via* un transporteur donné en additionnant les totaux des lignes correspondantes de notre cube.

Nous pouvons doter notre cube de dimensions supplémentaires, telles la date de commande ou la ville d'expédition. À chaque dimension introduite, les données sont réorganisées dans une nouvelle dimension, générant ainsi un hypercube multidimensionnel facilitant la récupération des données contenues dans la table de faits en fonction d'un tri multicritère. Les bibliothèques OLAP fournissent des mécanismes permettant d'accéder aux données des cubes. Pour de plus amples informations concernant les cubes OLAP, reportez-vous à l'ouvrage intitulé *Professional Data Warehousing with SQL Server 7.0 and OLAP Services*[1] publié chez Wrox (ISBN 186100281).

Vous pouvez constater que l'adoption d'une structure OLTP/OLAP permet un accès rapide et fluide, tant dans une perspective d'acquisition de données que dans une optique de recherche. L'information est enregistrée en entrée dans la base de données OLTP, dont la fonction principale est l'acquisition de données ; elle est ensuite transmise à la base de données OLAP pour l'édition d'états, celle-ci étant plus spécifiquement conçue pour l'interrogation et la synthèse des données. Si votre base de données est volumineuse et que vous avez de gros besoins en matière d'interrogation et de synthèse, vous devriez songer sérieusement à adopter le modèle de l'entrepôt de données.

Construire la table de faits

Avant d'aller plus loin, il nous faut comprendre comment passer d'un système OLTP à une base de données OLAP. Comme nous l'avons mentionné plus haut, les tables de faits OLAP sont généralement mises à jour durant la nuit, ou à tout autre moment de faible fréquence de vos transactions. Le transfert des données implique nécessairement deux étapes : l'extraction des données de la base OLTP et l'actualisation de la base de données OLAP avec ces informations. Pour que cette mise à jour soit effectuée le plus rapidement possible, on utilise fréquemment des formats natifs d'exportation de données, comme les fichiers BCP pour SQL Server. Les données sont alors chargées dans la base de données OLAP. Cette approche présente néanmoins quelques inconvénients, et notamment la relative fragilité du code d'importation et d'exportation des données, qui devra être revu en cas de modification des bases de données OLTP ou OLAP. Un peu plus loin dans ce chapitre, nous verrons en quoi XML permet de faciliter ce processus de mise à jour des bases de données OLAP et de le rendre plus efficace.

Le concept d'entrepôt de données ne vous étant plus étranger, nous allons donc examiner l'utilité de XML dans le processus.

Que peut apporter XML ?

XML est un outil supplémentaire qui va nous aider à construire puis à mettre à jour notre entrepôt de données. Il facilitera tout d'abord la mise à jour de notre base de données OLAP à partir des données OLTP, qu'il nous permettra en outre de manipuler plus efficacement. Nous allons voir cela plus en détail.

---

[1] Note : ouvrage non disponible en français.

Mettre à jour des données OLAP grâce à XML

Lorsque l'on travaille avec des entrepôts de données sur une plate-forme de base de données relationnelle, le processus permettant de transférer les données de la base de données OLTP à la base de données OLAP est primordial. Il est possible d'effectuer des appels à distance pour transférer les données d'un serveur à l'autre à des fins de traitement si nos deux bases de données sont sur la même plate-forme et sur le même réseau. En revanche, que se passe-t-il dans le cas d'une base de données non relationnelle OLTP, comme c'est le cas des bases de données orientées objets ? L'illustration parfaite en serait un système point de vente acheté dans le commerce : il y a de fortes chances pour que les mécanismes de stockage et d'exportation des données utilisés par ce système ne soient pas directement compatibles avec votre base de données OLAP.

Pour peu que votre base de données OLAP s'alimente à des sources multiples, le problème n'en devient que plus grand. Dans notre exemple précédent de système de gestion de stocks, les données sur les stocks provenaient très certainement de plusieurs systèmes différents, disposant chacune de leur propre syntaxe d'exportation des données. Plutôt que de bâtir des routines spécialisées pour chaque format d'importation de données, vous vous épargnerez bien des désagréments et vous économiserez du code en utilisant un importateur XML et en faisant en sorte que votre fournisseur de données soit en mesure d'importer du XML. Si cela est impossible, vous pouvez également construire un serveur XML capable de fournir les données à partir d'un système hérité au format XML.

Supposons que vous désiriez créer un format XML courant, susceptible d'être utilisé pour charger les données dans votre entrepôt OLAP. Pour les besoins de notre exemple, nous partirons du postulat que le fournisseur OLTP est conscient de nos dimensions, c'est-à-dire qu'il transforme automatiquement les clients, les articles et autres axes d'analyse en clés d'index. Notre structure pourrait ainsi ressembler au script `ch17_ex09.dtd` suivant :

```
<!ELEMENT FactureBulk (Facture+)>

<!ELEMENT Facture (LignedeCommande+)>
<!ATTLIST Facture
   CleClient CDATA #REQUIRED
   DateExpedition CDATA #REQUIRED
   CleMethodeExpedition CDATA #REQUIRED>

<!ELEMENT Unite EMPTY>
<!ATTLIST Unite
   CleUnite CDATA #REQUIRED
   Quantite CDATA #REQUIRED
   Prix CDATA #REQUIRED>
```

Et voici à quoi ressemblerait un document basé sur cette structure (`ch17_ex09.xml`) :

```
<?xml version="1.0" encoding="ISO-8859-1" ?>
<!DOCTYPE listing SYSTEM "ch17_ex09.dtd" >

<FactureBulk>
   <Facture
      CleClient="17"
      DateExpedition="10/17/2000"
      CleMethodeExpedition="1">
      <Unite
         CleUnite="33"
         Quantite="17"
         Prix="0.20" />
      <Unite
```

```
         CleUnite="29"
         Quantite="13"
         Prix="0.15" />
   </Facture>
   <Facture
      CleClient="12"
      DateExpedition="10/11/2000"
      CleMethodeExpedition="2">
      <Unite
         CleUnite="31"
         Quantite="19"
         Prix="0.10" />
      <Unite
         CleUnite="29"
         Quantite="17"
         Prix="0.15" />
   </Facture>
</FactureBulk>
```

Vous remarquerez que nous avons choisi de bâtir ces structures d'une manière approchant le plus possible celle de notre système OLTP. Lorsque vous abordez la conception des structures de transmission des données du système OLTP au système OLAP, vous devrez toujours penser à minimiser l'impact sur le système OLTP. Le mot d'ordre doit être d'extraire les données le plus rapidement possible.

Après avoir extrait votre document de la base de données OLTP, il faut maintenant le charger dans le système OLAP. Il existe diverses manières de procéder, dont l'utilisation d'une bibliothèque de sous-programmes d'analyse syntaxique du type DOM ou SAX pour charger les données. Les nouvelles plates-formes du type SQL Server 2000 offrent également la possibilité de charger des documents XML directement dans la base de données. Nous allons voir néanmoins une autre manière d'y parvenir, grâce à XSLT.

Considérez plutôt la feuille de style `ch17_ex10.xsl` suivante :

```
<?xml version="1.0" encoding="ISO-8859-1" ?>
<xsl:stylesheet xmlns:xsl="http://www.w3.org/1999/XSL/Transform" version="1.0">
   <xsl:output method="text" />
   <xsl:template match="/">
      <xsl:for-each select="FactureBulk/Facture/Unite">
         <xsl:text>INSERT faitFactureUnite (
             CleClient,
             CleDateExpedition,
             CleMethodeExpedition,
             CleUnite,
             Quantite,
             Prix)

SELECT </xsl:text>
         <xsl:value-of select="../@CleClient" /><xsl:text>,
          </xsl:text>
         <xsl:text>dimensionDateExpedition.CleDateExpedition,
          </xsl:text>
         <xsl:value-of select="../@CleMethodeExpedition" /><xsl:text>,
          </xsl:text>
         <xsl:value-of select="@CleUnite" /><xsl:text>,
          </xsl:text>
         <xsl:value-of select="@Quantite" /><xsl:text>,
          </xsl:text>
         <xsl:value-of select="@Prix" />
         <xsl:text>
```

```
    FROM dimensionDateExpedition</xsl:text>
          <xsl:text>
    WHERE DATEPART(mm, '</xsl:text>
          <xsl:value-of select="../@DateExpedition" />
          <xsl:text>')=dimensionDateExpedition.shipMois
    AND DATEPART(dd, '</xsl:text>
          <xsl:value-of select="../@DateExpedition" />
          <xsl:text>')=dimensionDateExpedition.shipJour
    AND DATEPART(yyyy, '</xsl:text>
          <xsl:value-of select="../@DateExpedition" />
          <xsl:text>')=dimensionDateExpedition.shipAnnee</xsl:text>
          <xsl:text>&#x0d;&#x0a;GO&#x0d;&#x0a;&#x0d;&#x0a;</xsl:text>

      </xsl:for-each>
   </xsl:template>
</xsl:stylesheet>
```

Si vous faites tourner cet exemple, pensez à garder de l'espace vierge ! Cette feuille de style utilise le document OLAP que nous avons créé pour bâtir une série d'instructions `INSERT` permettant d'insérer les enregistrements de nos tables de faits (celles que nous avons élaborées à l'aide de `ch17_ex08.sql` pour illustrer le schéma en étoile). Il ne vous reste plus qu'à appliquer la feuille de style au document exporté de OLTP que nous avons vu précédemment (`ch17_ex09.xml`), auquel il ne manque que la ligne d'association, et reportez-vous au fichier `ch17_ex10.xml` pour la version complète. Vous obtiendrez alors les éléments suivants (`ch17_ex10a.sql`)* :

```
    INSERT faitFactureUnite (
                CleClient,
                CleDateExpedition,
                CleMethodeExpedition,
                CleUnite,
                Quantite,
                Prix)
    SELECT 17,
             dimensionDateExpedition.CleDateExpedition,
             1,
             33,
             17,
             0.20
       FROM dimensionDateExpedition
       WHERE DATEPART(mm, '10/17/2000')=dimensionDateExpedition.shipMois
       AND DATEPART(dd, '10/17/2000')=dimensionDateExpedition.shipJour
       AND DATEPART(yyyy, '10/17/2000')=dimensionDateExpedition.shipAnnee
    GO
    INSERT faitFactureUnite (
                CleClient,
                CleDateExpedition,
                CleMethodeExpedition,
                CleUnite,
                Quantite,
                Prix)
    SELECT 17,
```

**Ce résultat s'obtient en utilisant XT pour traiter la feuille de style. Si vous faites usage de la version 5.5 d'Internet Explorer, capable de supporter XML (XML pour SQL et MSXML3, disponibles à partir de MSDN), vous obtiendrez alors un script de travail non formaté, et vous devrez le faire vous-même. Pour en savoir plus sur XT, rendez-vous sur le site http://www.jclark.com/xml/xt.html.*

```
            dimensionDateExpedition.CleDateExpedition,
            1,
            29,
            13,
            0.15
   FROM dimensionDateExpedition
   WHERE DATEPART(mm, '10/17/2000')=dimensionDateExpedition.shipMois
   AND DATEPART(dd, '10/17/2000')=dimensionDateExpedition.shipJour
   AND DATEPART(yyyy, '10/17/2000')=dimensionDateExpedition.shipAnnee
GO
INSERT faitFactureUnite (
             CleClient,
             CleDateExpedition,
             CleMethodeExpedition,
             CleUnite,
             Quantite,
             Prix)
SELECT 12,
          dimensionDateExpedition.CleDateExpedition,
          2,
          31,
          19,
          0.10
   FROM dimensionDateExpedition
   WHERE DATEPART(mm, '10/11/2000')=dimensionDateExpedition.shipMois
   AND DATEPART(dd, '10/11/2000')=dimensionDateExpedition.shipJour
   AND DATEPART(yyyy, '10/11/2000')=dimensionDateExpedition.shipAnnee
GO
INSERT faitFactureUnite (
             CleClient,
             CleDateExpedition,
             CleMethodeExpedition,
             CleUnite,
             Quantite,
             Prix)
SELECT 12,
          dimensionDateExpedition.CleDateExpedition,
          2,
          29,
          17,
          0.15
   FROM dimensionDateExpedition
   WHERE DATEPART(mm, '10/11/2000')=dimensionDateExpedition.shipMois
   AND DATEPART(dd, '10/11/2000')=dimensionDateExpedition.shipJour
   AND DATEPART(yyyy, '10/11/2000')=dimensionDateExpedition.shipAnnee
GO
```

N'oubliez pas que vous devez impérativement ajouter du contenu à votre schéma en étoile pour que le script ci-dessus fonctionne, ce que vous pourrez aisément réaliser à l'aide du script `ch17_ex10b.sql` suivant :

```
INSERT dimensionClient (
   CleClient,
   [Nom],
   Adresse,
   Ville,
   Etat,
   CodePostal)
VALUES (
  12,
```

```
   'Homer J. Simpson',
   '742 Evergreen Terrace',
   'Springfield',
   'KY',
   '12345')
GO
INSERT dimensionClient (
    CleClient,
    [Nom],
    Adresse,
    Ville,
    Etat,
    CodePostal)
VALUES (
   17,
   'Kevin B. Williams',
   '744 Evergreen Terrace',
   'Springfield',
   'KY',
   '12345')
GO
INSERT dimensionMethodeExpedition (
    CleMethodeExpedition,
    methodeExpedition)
VALUES (
   1,
   'Fedex')
GO
INSERT dimensionMethodeExpedition (
    CleMethodeExpedition,
    methodeExpedition)
VALUES (
   2,
   'USPS')
GO
INSERT dimensionMethodeExpedition (
    CleMethodeExpedition,
    methodeExpedition)
VALUES (
   3,
   'UPS')
GO
INSERT dimensionUnite (
    CleUnite,
    [nom],
    [taille],
    couleur)
VALUES (
   31,
   'machins',
   '3 in.',
   'bleu')
GO
INSERT dimensionUnite (
    CleUnite,
    [nom],
    [taille],
    couleur)
VALUES (
   29,
   'choses',
   '2 in.',
   'argenté')
GO
INSERT dimensionUnite (
    CleUnite,
```

```
    [nom],
    [taille],
    couleur)
VALUES (
   33,
   'brackets',
   '1 in.',
   'rouge')
GO
INSERT dimensionDateExpedition (
       CleDateExpedition,
       MoisExpedition,
       JourExpedition,
       AnneeExpedition)
VALUES (
       1,
       10,
       11,
       2000
       )
GO
INSERT dimensionDateExpedition (
       CleDateExpedition,
       MoisExpedition,
       JourExpedition,
       AnneeExpedition)
VALUES (
       2,
       10,
       17,
       2000
       )
GO
```

Vous devrez donc :

- exécuter le script `ch17_ex08.sql` sur une base de données afin de créer vos tables ;
- modifier le script `ch17_ex10.xml` à l'aide de `ch17_ex10.xsl` pour finalement obtenir le script `ch17_ex10a.sql` ;
- exécuter `ch17_ex10b.sql` pour peupler vos tables avec les données initiales ;
- exécuter le script `ch17_ex10a.sql` afin d'ajouter des données destinées au peuplement de la table de faits `faitFactureUnite`.

… pour arriver au bout du compte à la structure de table ci-dessous. OUF !

dimensionClient

CleClient	Nom	Adresse	Ville	Etat	CodePostal
12	Homer J, Simpson	742 Evergreen Terrace	Springfield	KY	12345
17	Kevin B, Williams	744 Evergreen Terrace	Springfield	KY	12345

faitFactureUnite

CleFacture	CleClient	CleDateExpedition	CleMethodeExpedit	CleUnite	Quantite	Prix
1	17	2	1	33	17	0,2
2	17	2	1	29	13	0,15
3	12	1	2	31	19	0,1
4	12	1	2	29	17	0,15

dimensionDateExposition

CleDateExpedition	MoisExpedition	JourExpedition	AnneeExpedition
1	10	11	2000
2	10	17	2000

dimensionMethodeExpedition

CleMethodeExpedition	methodeExpedition
1	Fedex
2	USPS
3	UPS

dimensionUnite

CleUnite	nom	taille	couleur
29	sprockets	2 in,	silver
31	grommets	3 in,	blue
33	brackets	1 in,	red

L'utilisation de feuilles de style pour la création de scripts d'insertion de données présente quelques avantages. Le premier de ces avantages étant la facilité de maintenance : en cas de modification du format des données d'entrée, il suffit en effet de préparer et de déployer une nouvelle feuille de style sans avoir à reconstruire entièrement le système. En outre, si vous faites usage d'une implémentation de XSLT capable de réaliser la mise en cache des feuilles de style (comme MSXML3), vous obtiendrez des résultats au moins aussi performants qu'avec une implémentation faisant appel àDOM ou à SAX. Une fois créés les scripts d'insertion de données, vous pouvez les appliquer automatiquement à la base de données OLAP, en utilisant par exemple la version en ligne de commande de ISQL pour l'exécution.

Nous allons maintenant voir comment vous pouvez faire usage de XML pour remplacer purement et simplement votre base de données OLAP.

Utiliser XML pour les données OLTP

Considérant la façon dont s'organisent habituellement les données OLTP, vous allez voir que XML peut très facilement prendre en charge la collecte de l'information :

- Les systèmes OLTP n'accèdent qu'à une seule transaction à la fois. Dans notre système de suivi de factures, il peut s'agir de l'enregistrement d'une facture et des enregistrements correspondant aux lignes qui la composent, qui seront alors traités simultanément en tant qu'unité simple. Les données générées par les systèmes OLTP étant relativement autonomes (il n'est pas fréquent d'accéder simultanément à plusieurs transactions OLTP), chaque transaction peut être stockée dans un document XML.
- Il est possible d'éviter les verrouillages. Les documents XML étant de simples fichiers texte, ils seront verrouillés sur une base prenant en compte les documents individuellement, ce qui écarte tout risque de verrouillage en escalade de la part d'un gestionnaire de données.
- La technologie XML est facilement évolutive. Si vous stockez vos données sous forme de document XML, vous pourrez alors très facilement faire usage de XSLT pour en fournir différents rendus (navigateur, terminaux sans fil,...) et disposer de divers formats d'exportation des données.

Notez bien que vous devrez réserver les documents XML aux seules données véritablement transactionnelles. Il est en effet plus avisé de maintenir les autres tables sous une forme relationnelle afin de pouvoir assurer la validation des données transactionnelles entrantes. Toujours dans notre exemple de suivi de facturation, nous conserverions ainsi notre SGBDR `ch17_ex11.sql` sous la forme suivante :

```
CREATE TABLE Client (
   CleClient integer PRIMARY KEY,
   Nom varchar(50),
   Adresse varchar(50),
   Ville varchar(30),
   Etat char(2),
   CodePostal varchar(10))

CREATE TABLE methodeExpedition (
   CleMethodeExpedition integer PRIMARY KEY,
   methodeExpedition varchar(5))

INSERT methodeExpedition (CleMethodeExpedition, methodeExpedition) VALUES (1, 'FedEx')
INSERT methodeExpedition (CleMethodeExpedition, methodeExpedition) VALUES (2, 'USPS')
INSERT methodeExpedition (CleMethodeExpedition, methodeExpedition) VALUES (3, 'UPS')

CREATE TABLE Unite (
   CleUnite integer PRIMARY KEY,
   nom varchar(20),
   taille varchar(10) NULL,
   couleur varchar(10) NULL)
```

Ceci entraînera en l'occurrence la disparition de toutes les clés étrangères, les tables ne servant plus qu'à éliminer les points de données individuels et à piloter l'interface utilisateur. Notre structure XML couvrirait ainsi les tables `Facture` et `LigneFacturation` que nous avions extraites (`ch17_ex12.dtd`) :

```
<!ELEMENT Facture (LignedeCommande+)>
<!ATTLIST Facture
   CleClient CDATA #REQUIRED
   DateExpedition CDATA #REQUIRED
   CleMethodeExpedition CDATA #REQUIRED>

<!ELEMENT Unite EMPTY>
<!ATTLIST Unite
   CleUnite CDATA #REQUIRED
   Quantite CDATA #REQUIRED
   Prix CDATA #REQUIRED>
```

Un document validé par la DTD ci-dessus pourrait alors ressembler à ce qui suit (`ch17_ex12.xml`) :

```
<?xml version="1.0" encoding="ISO-8859-1" ?>
<!DOCTYPE listing SYSTEM "ch17_ex12.dtd" >

<FactureBulk>
  <Facture
    CleClient="17"
    DateExpedition="10/17/2000"
    CleMethodeExpedition="1">
    <Unite
      CleUnite="33"
      Quantite="17"
      Prix="0.20" />
    <Unite
      CleUnite="29"
      Quantite="13"
      Prix="0.15" />
  </Facture>
</FactureBulk>
```

Nous pourrions alors faire appel à XSLT, DOM, SAX ou tout autre mécanisme XML autorisant le transfert de données OLTP dans une base de données OLAP, comme précédemment. Il suffit de maintenir synchrones les tables de dimensions de votre base de données OLAP et les tables de référence de votre base de données OLTP pour charger directement les données contenues dans vos documents OLTP en XML dans votre système OLAP, tout en satisfaisant automatiquement aux relations référencées par les clés étrangères.

Résumé

Si vous développez un système impliquant de nombreuses données transactionnelles et de lourds processus analytiques, vous avez alors tout intérêt à diviser votre base de données et à créer un entrepôt de données. Ceci vous permettra d'éviter les verrouillages intempestifs et d'orienter vos bases de données vers un usage spécifique.

Une fois que vous avez décidé d'implémenter un entrepôt de données, faites appel à XML pour vous faciliter la tâche. Vous utiliserez XML pour extraire des données de sources OLTP hétérogènes en vue de leur traitement analytique en ligne (OLAP) ; vous pourrez également aller jusqu'à transcrire vos transactions OLTP en XML, ce qui vous permettra de réduire les conflits de verrouillage et d'améliorer le fonctionnement de votre système OLTP.

Archivage des données

Un autre problème fondamental se pose régulièrement aux développeurs, à savoir de trouver le moyen d'archiver correctement les données. Alors que l'ère de l'information s'accélère, être capable de conserver une copie de nos données devient une exigence stratégique, même si nous devons attendre pour cela leur péremption à l'égard de notre système primaire, pour des raisons de coûts et d'efficacité. Nous consacrerons donc cette partie à l'étude de la problématique de l'archivage des données (et de leur récupération). Nous verrons quelles solutions ont été adoptées jusqu'ici, et en quoi XML peut une fois de plus nous faciliter les choses.

Solutions classiques

L'archivage des données est une question épineuse dans le monde des bases de données relationnelles. Il s'agit d'abord d'écrire le code qui va déterminer à quel moment les données deviendront archivables, après une date limite, par exemple, ou lorsqu'elles atteignent un certain état de consultation. Ce code est ensuite exécuté à une heure de faible trafic, ce qui permet de retirer de la base de données relationnelle les données à archiver et de les stocker à un autre endroit. Cette approche soulève cependant quelques petits problèmes, que nous allons évoquer à l'aide d'un exemple. Revenons au système de facturation OLTP que nous avons déjà utilisé dans ce chapitre (`ch17_ex04.sql`).

Nos règles d'entreprise peuvent ainsi décider qu'une facture sera archivée un an après sa date d'expédition. Vous pourriez opter pour la stratégie classique consistant à sauvegarder tous les enregistrements à archiver dans un fichier à plat et à les effacer de la base de données. Cette stratégie soulève pourtant quelques problèmes :

- Que deviennent les données de la table `LignedeCommande` ? Ces enregistrements font partie intégrante des factures et devraient donc être archivés en même temps que ces dernières. La sauvegarde des enregistrements de la table `Facture` et de la table `LignedeCommande` dans deux fichiers à plats différents rend difficile la reconstitution ultérieure de la facture originale (dans le cas où un client demanderait un historique des transactions sur les trois dernières années, par exemple). Le seul moyen à peu près satisfaisant de recréer la facture originale consiste alors à charger les données des tables `Facture` et `Ligne Facturation` à partir de la version archivée puis d'utiliser une jointure pour les restituer sous leur forme d'origine. Si vos fichiers d'archives sont très volumineux, c'est à coup sûr une immense perte de temps.
- Que deviennent les autres tables de la base de données ? Un système possède habituellement au moins une table mise à jour régulièrement. Dans notre exemple, les tables `Client` et `Article` sont susceptibles d'être modifiées (ajout de nouveaux clients ou de nouvelles références, archivage de certaines références au fur et à mesure de leur péremption, etc). Lorsque ces informations deviennent archivables (ce qui est généralement déterminé par des règles distinctes de celles qui régissent l'archivabilité des factures, comme de, bien entendu), la reconstitution d'une facture peut nécessiter d'aller fouiller dans les archives pour récupérer le client et les articles commandés lui étant associés.
- Et la lisibilité pour l'homme ? Les clients requièrent souvent d'une source archivée un élément d'information spécifique ne réclamant pas d'opération de reconstitution. Ainsi, un client peut-il chercher à connaître le nombre d'œillets bleus qu'il a commandés le 17 avril passé. « Si j'en crois les stocks, je n'en ai commandé que 7, alors que je jurerais en avoir commandé 15, et je ne retrouve plus ma facture papier… » Dans ce cas précis, un simple balayage des documents archivés serait le meilleur moyen d'accéder à l'information désirée. Mais, si les données sont archivées sous une forme que l'homme est incapable de déchiffrer, ceci devient bien difficile à réaliser.

En remplaçant ces fichiers à plat par des documents XML, nous éviterons tous ces problèmes et faciliterons grandement le processus de récupération des données archivées.

Utiliser XML pour l'archivage de données

Avec XML, l'archivage de données est grandement simplifié. Chaque fois qu'une procédure d'archivage s'exécute, toutes les lignes archivables et toutes les données utiles à l'archivage sont extraites et exprimées sous la forme d'un arbre XML ; tous les arbres ainsi composés sont ensuite stockés dans un document d'archive unique correspondant à l'archivage du jour. Il est essentiel que le XML ainsi produit soit autonome, c'est-à-dire que les clés n'ayant pas de sens en dehors du contexte de la base de données relationnelle doivent être étendues aux informations correspondantes dans les tables. Prenons un exemple. Supposons que, dans notre base de données relationnelle OLTP, nous voulions archiver toutes les factures ayant été expédiées il y a plus d'un an. Rappelez-vous à quoi ressemble la structure d'une facture :

```
CREATE TABLE Facture (
  CleFacture integer PRIMARY KEY,
  dateFacture datetime,
   dateExpedition datetime,
   CleMethodeExpedition integer
CONSTRAINT FK_Facture_CleMethodeExpedition FOREIGN KEY (CleMethodeExpedition)
         REFERENCES methodeExpedition (CleMethodeExpedition),
   CleClient integer
      CONSTRAINT FK_Facture_Client FOREIGN KEY (CleClient)
         REFERENCES Client (CleClient))
```

Lorsque nous créons une structure XML pour contenir une version archivée de notre facture, nous devons tout d'abord nous débarrasser de notre clé primaire, qui n'a plus de signification sortie du contexte de la base de données. Notez que vous pourrez avoir besoin de la conserver si elle sert à autre chose qu'à seulement référencer l'enregistrement dans la base de données. Nous créerons alors dans notre structure des points de données destinés à recevoir les colonnes correspondant aux clés non étrangères de la table, ce qui nous donnera :

```
<!ELEMENT Facture EMPTY>
<!ATTLIST Facture
   DateFacture CDATA #REQUIRED
   DateExpedition CDATA #REQUIRED>
```

Il nous faudra ensuite étendre les relations référencées par les clés étrangères. Nous en avons deux dans le cas qui nous occupe : la clé pour la méthode d'expédition et la clé client. La clé de la méthode d'expédition étant un tableau de référence, nous pouvons l'exprimer sous forme d'un attribut susceptible de prendre une valeur énumérée (vous remarquerez au passage que nous avons modifié les valeurs afin qu'elles soient compréhensibles pour l'homme) :

```
<!ELEMENT Facture EMPTY>
<!ATTLIST Facture
   DateFacture CDATA #REQUIRED
   DateExpédition CDATA #REQUIRED
   MethodeExpedition (USPS | UPS | FedEx) #REQUIRED>
```

Nous remplacerons la clé client par un élément enfant contenant tous les points de données provenant de la table Client. Nous pouvons également inclure la clé client si nous le désirons, ce qui nous permettra d'établir plus facilement le lien avec notre base de données relationnelle ultérieurement si besoin est. Dans tous les cas, nous devrons de toutes manières détailler les éléments de l'enregistrement client :

```
<!ELEMENT Facture (Client)>
<!ATTLIST Facture
   DateFacture CDATA #REQUIRED
   DateExpédition CDATA #REQUIRED
   MethodeExpedition (USPS | UPS | FedEx) #REQUIRED>
<!ELEMENT Client EMPTY>
```

```
<!ATTLIST Client
   Nom CDATA #REQUIRED
   Adresse CDATA #REQUIRED
   Ville CDATA #REQUIRED
   Etat CDATA #REQUIRED
   CodePostal CDATA #REQUIRED>
```

Il nous faudra également stocker les lignes de facturation qui font partie intégrante de notre facture, aussi allons-nous également ajouter un élément enfant `LignedeCommande` :

```
<!ELEMENT Facture (Client, LignedeCommande+)>
<!ATTLIST Facture
   DateFacture CDATA #REQUIRED
   DateExpedition CDATA #REQUIRED
   MethodeExpedition (USPS | UPS | FedEx) #REQUIRED>

<!ELEMENT Client EMPTY>
<!ATTLIST Client
   Nom CDATA #REQUIRED
   Adresse CDATA #REQUIRED
   Ville CDATA #REQUIRED
   Etat CDATA #REQUIRED
   CodePostal CDATA #REQUIRED>

<!ELEMENT LignedeCommande EMPTY>
<!ATTLIST LignedeCommande
   Quantite CDATA #REQUIRED
   Prix CDATA #REQUIRED>
```

Pour terminer, nous devrons encore ajouter les informations sur les articles des lignes de facturation sous la forme d'un élément enfant remplaçant la clé article. Là aussi, nous avons la possibilité de conserver cette clé pour recréer ultérieurement le lien avec la base de données relationnelle. Voici à quoi devrait ressembler notre structure définitive (`ch17_ex13.dtd`) :

```
<!ELEMENT Facture (Client, LignedeCommande+)>
<!ATTLIST Facture
   dateFacture CDATA #REQUIRED
   dateExpedition CDATA #REQUIRED
   methodeExpedition (USPS | UPS | FedEx) #REQUIRED>

<!ELEMENT Client EMPTY>
<!ATTLIST Client
   Nom CDATA #REQUIRED
   Adresse CDATA #REQUIRED
   Ville CDATA #REQUIRED
   Etat CDATA #REQUIRED
   CodePostal CDATA #REQUIRED>

<!ELEMENT LignedeCommande (Unite)>
<!ATTLIST LignedeCommande
   Quantite CDATA #REQUIRED
   Prix CDATA #REQUIRED>

<!ELEMENT Unite EMPTY>
<!ATTLIST Unite
```

```
Nom CDATA #REQUIRED
Taille CDATA #REQUIRED
Couleur CDATA #REQUIRED>
```

Voici un exemple de document basé sur cette structure (`ch17_ex13.xml`) :

```
<?xml version="1.0" encoding="ISO-8859-1" ?>
<!DOCTYPE listing SYSTEM "ch17_ex13.dtd" >

<Facture
  dateFacture="10/17/2000"
  dateExpedition="10/20/2000"
  methodeExpedition="USPS">
  <Client
    Nom="Homer J. Simpson"
    Adresse="742 Evergreen Terrace"
    Ville="Springfield"
    Etat="KY"
    postalCode="12345" />
  <LignedeCommande
    Quantite="12"
    Prix="0.10">
    <Unite Couleur="Bleu"
      Taille="3-inch"
      Nom="Machins" />
  </LignedeCommande>
  <LignedeCommande
    Quantite="12"
    Prix="0.10">
    <Unite Couleur="Bleu"
      Taille="3-inch"
      Nom="Machins" />
  </LignedeCommande>
</Facture>
```

Vous constaterez que ce document résout tous les problèmes que nous avons soulevés en matière d'archivage de données :

- Les données concernant les lignes de commande sont directement associées à la facture. Une fois que le document contenant la facture est ouvert, les données détaillées de la facturation sont ainsi directement accessibles.
- Nous avons conçu ce document pour qu'il soit autonome. Toutes les données constitutives de la facture (client, articles commandés...) y sont ainsi décrites. En cas d'archivage de ces données en dehors de la base de données relationnelle, la totalité de la facture archivée peut tout de même être récupérée à partir de l'information décrite dans ce document.
- Ce document est facilement lisible. Si un client formule une requête sur une facture donnée, et que ce fichier soit identifié comme le document XML contenant les données de la facture en question, il devient alors très simple de récupérer les données à même le document pour les renvoyer au client.
- Il y a certes un prix à payer en termes d'espace de stockage pour ce type d'archivage, un document XML contenant davantage de données qu'un simple fichier de sauvegarde copié en vrac. Il sera cependant facile de compenser cet inconvénient en compressant nos documents XML avant de les stocker. Quoi qu'il en soit, l'espace de stockage n'est pas aussi vital dans un système d'archives, qui stocke les données sur un support amovible,

que pour une base de données active. Si votre système effectue de si nombreuses transactions que vous vous retrouvez avec un fichier ingérable au bout d'un mois, vous devrez peut-être songer à répartir vos archives dans plusieurs fichiers plus petits, sur une base hebdomadaire par exemple.

XML apporte également à l'archivage de données la possibilité d'utiliser les outils XML émergents qui apportent des fonctionnalités supplémentaires. Vous pouvez ainsi faire usage d'un indexeur XML pour faciliter le processus d'interrogation de vos archives, qui deviendront alors presque aussi accessibles que les données relationnelles d'origine.

Lors de l'archivage, il est possible que vous souhaitiez conserver dans votre base de données certaines données d'index pour faciliter la localisation ultérieure de certaines informations. Vous pouvez ainsi disposer d'une table contenant le nom de votre fichier d'archive, l'identifiant du support amovible sur lequel il a été stocké et la description des informations portées sur les factures qu'il contient. Vous obtiendrez alors ces données bien plus facilement en cas de besoin.

Résumé

Nous avons donc vu dans cette section en quoi XML permet d'améliorer le processus d'archivage de données. Un fichier d'archive XML correctement conçu doit être composé de documents autonomes contenant toute l'information nécessaire à la reconstitution du document original. Les documents doivent être lisibles par l'homme afin de faciliter une recherche manuelle d'information, ce qui n'était pas le cas avec les méthodes d'archivage traditionnelles. Enfin, une archive XML peut être manipulée à l'aide des jeux d'outils XML émergents, ce qui en fait un support d'archivage bien plus puissant que les simples fichiers à plat où les données sont copiées en vrac.

Référentiels de données

Un des défis que les développeurs de solutions d'entreprise ont encore à relever reste celui de la création de référentiels de données. Les référentiels sont de vastes dépôts de données, dont la plupart ne sont pratiquement jamais agrégées ou interrogées. Un système d'agent immobilier en est un exemple typique : bien qu'il y ait plusieurs centaines de points de données associés à une propriété donnée, un acquéreur potentiel n'en consultera très probablement qu'une infime partie. Les données restent en revanche pertinentes une fois que l'acquéreur potentiel a sélectionné une propriété en particulier et souhaite en consulter toute l'information disponible. Nous allons voir dans cette partie en quoi la solution classique de création de référentiels consiste et comment XML peut simplifier la procédure.

Solutions classiques

Les référentiels sont habituellement construits dans des bases de données relationnelles. Toute l'information est traitée de la même manière, quelle que soit la fréquence d'interrogation des données ou le besoin de les synthétiser, chaque donnée étant considérée comme une simple colonne d'une structure normalisée. La fréquence de sollicitation d'une colonne particulière peut motiver son indexation pour des raisons d'efficacité, mais c'est à peu près tout ce qui la différenciera des autres colonnes, sollicitées uniquement avec la ligne dont elles font partie. Dans une optique d'interrogation, les données qui sont seulement consultées sur une base individuelle sont un poids mort pour la base, congestionnant les pages, obligeant à de plus nombreuses lectures pour accéder à une ligne et pouvant aller jusqu'à provoquer l'inutilisabilité de la mémoire cache. Prenons un exemple simple. Supposons que notre base de données contienne la table suivante (ch17_ex14a.sql) :

```
CREATE TABLE Propriete (
   ClePropriete integer PRIMARY KEY IDENTITY,
   NombreChambres tinyint,
   Piscine bit,
   Adresse varchar(50),
   Ville varchar(30),
   Etat char(2),
   CodePostal varchar(10),
   NomVendeur varchar(50),
   Agent varchar(50))
```

Chaque ligne de cette table requiert environ 200 octets en supposant que tous les champs de caractères sont occupés. Si la plate-forme contenant cette table utilise des pages de 2 Ko, chaque page pourra alors contenir environ 20 propriétés différentes. Cependant, si nous sélectionnons les propriétés disposant de trois chambres et ne possédant pas de piscine, par exemple, ce ne sont que 6 octets de l'enregistrement qui nous intéressent vraiment, c'est-à-dire la clé et les deux critères que nous interrogeons. Dans ce cas, chaque page de notre base de données pourra contenir jusqu'à 650 propriétés. La vitesse variera bien évidemment en fonction de la façon dont votre plate-forme stocke les données, des facteurs de remplissage et d'autres critères, mais une table dotée de peu de colonnes retournera en général l'information plus rapidement qu'une table en possédant de nombreuses (en supposant bien sûr que la requête ne soit pas indexée). Vous améliorerez votre vitesse de requête en déplaçant les colonnes habituellement peu sollicitées dans une autre table (ch17_ex14b.sql) :

```
CREATE TABLE Propriete (
   ClePropriete integer PRIMARY KEY IDENTITY,
   NombreChambres tinyint,
   Piscine bit)

CREATE TABLE ProprieteDetail (
   ClePropriete integer PRIMARY KEY,
   Adresse varchar(50),
   Ville varchar(30),
   Etat char(2),
   CodePostal varchar(10),
   NomVendeur varchar(50),
   Agent varchar(50))
```

Pourquoi s'arrêter là, me direz-vous ? Nous avons vu dans ce chapitre que le fait de stocker nos données en XML nous épargne le besoin d'interroger notre base de données. En réalité, les systèmes possédant davantage de données individuelles que de données agrégées auraient avantage à utiliser XML pour leur référentiel primaire. Voyons donc comment procéder.

Utiliser XML pour les référentiels

Modifiez donc un instant la perspective de notre problématique pour l'aborder du point de vue de XML. L'information entre dans notre système sous la forme d'un flux de documents XML. Un système d'indexation se saisit des documents XML, les indexe dans notre base de données relationnelle, puis les stocke dans un référentiel de documents. Pour continuer la démonstration de notre précédent exemple, nous dirons que notre système reçoit des documents XML possédant la structure suivante (ch17_ex15.dtd) :

```
<!ELEMENT Propriete EMPTY>
<!ATTLIST Propriete
```

```
   NombreChambres CDATA #REQUIRED
   Piscine CDATA #REQUIRED
   Adresse CDATA #REQUIRED
   Ville CDATA #REQUIRED
   Etat CDATA #REQUIRED
   CodePostal CDATA #REQUIRED
   NomVendeur CDATA #REQUIRED
   Agent CDATA #REQUIRED>
```

Il nous faut donc construire dans notre base de données relationnelle une structure capable d'indexer ces documents. Ayant d'ores et déjà décidé que les champs que nous souhaitions trier et éditer des états de nos propriétés sur la base des champs `NombreChambres` et `Piscine`, nous allons donc créer la table suivante dans notre base de données (`ch17_ex15.sql`) :

```
CREATE TABLE Propriete (
   ClePropriete integer PRIMARY KEY IDENTITY,
   NombreChambres tinyint,
   Piscine tinyint,
   FichierDocument varchar(50))
```

Nous allons ensuite stocker le document XML d'origine dans un endroit prédéfini de notre réseau et faire appel au champ `FichierDocument` pour pointer vers cette adresse. Pour effectuer une recherche portant sur le nombre de chambres, nous pouvons dorénavant attaquer l'index, ce qui nous renverra quelques noms de fichiers, que nous utiliserons alors pour déplier les documents XML originaux et en extraire les détails concernant l'adresse, le vendeur, et autres informations sur les propriétés concernées.

L'utilisation de XML pour les référentiels présente donc un certain nombre d'avantages, autorisant notamment :

- **Une plus grande flexibilité des fournisseurs**. La tendance étant à la standardisation du XML, de plus en plus de fournisseurs de données externes auront la possibilité d'adopter ce format. Si vous concevez votre référentiel de façon à utiliser XML comme mécanisme de stockage de référence, vous pourrez faire entrer ou sortir des données de votre système plus facilement.
- **L'amélioration de la vitesse d'interrogation et de synthèse de l'information**. Si vous construisez correctement l'index de votre base de données relationnelles, vous pourrez rapidement obtenir un jeu de clés vous permettant d'accéder aux détails de chaque élément de votre référentiel. La procédure d'interrogation sera en outre plus rapide grâce à la taille réduite de votre base de données.
- **De plus nombreuses options de présentation**. Le stockage direct de vos données en XML vous offre la possibilité d'accéder à un plus large éventail d'outils vous permettant d'améliorer les fonctionnalités de vos contenus sans code supplémentaire.
- **La réduction des conflits de verrouillages**. Exactement comme avec les bases de données OLTP que nous avons examinées plus haut, le fait de maintenir l'essentiel de l'information au niveau fichier et de ne stocker que les données d'index dans la base de données nous permet de réduire les conflits de verrouillage dans la base elle-même et donc d'en améliorer la performance globale.

Si vos archives grossissent vite et que vous disposiez d'un nombre important de fichiers auxquels vous avez fréquemment besoin d'accéder, songez à la gestion des systèmes de fichiers pour que l'obtention des informations désirées ne devienne pas impossible à réaliser.

Résumé

Si vous devez développer un système contenant de nombreux points de données à destination desquels vous n'adresserez pratiquement aucune requête ou demande de synthèse, mais qui devront donner lieu à des états individuels, vous avez alors tout intérêt à adopter XML pour votre plate-forme de référentiel. Les documents seront passés au référentiel par l'intermédiaire d'un indexeur où l'information utile à l'interrogation et à la synthèse de vos données sera alors extraite et stockée dans votre base de données relationnelles, vous permettant ainsi de disposer d'un moyen de trouver les données individuelles correspondant à vos critères de recherche. Cette opération génère la création dans votre base de données d'un index des documents permettant de retrouver rapidement et facilement le document désiré, tout en vous offrant la possibilité d'utiliser les outils XML disponibles pour améliorer l'utilisation de vos données.

Résumé

Dans ce chapitre, nous avons donc vu comment XML permet d'améliorer l'accès aux données ainsi que leur manipulation. Nous avons ainsi abordé :

- l'utilisation de XML pour la création d'un entrepôt de données ;
- les avantages de XML pour l'archivage de données ;
- l'utilisation de XML pour améliorer les fonctionnalités d'un référentiel.

À l'heure où de plus en plus de vos partenaires commerciaux sont capables d'envoyer et de recevoir du XML en mode natif, vos systèmes ne manqueront pas de profiter directement et rapidement des avantages de ce langage. Les stratégies que nous avons développées vous permettront en outre d'éviter les conflits de verrouillage de vos systèmes et d'améliorer la vitesse de traitement de vos données.

18

Transmettre des données

De nos jours, la transmission de données représente l'une des utilisations les plus courantes de XML pour les données au sein de l'entreprise, et son intérêt repose en partie sur la transmission de données. Les entreprises doivent être en mesure de communiquer clairement et sans ambiguïté entre elles et avec d'autres systèmes : XML leur apporte un support de qualité à cet effet. En fait, comme vous l'avez déjà vu, XML a été créé pour la transmission de données entre différents fournisseurs et différents systèmes. XML vous permet de créer votre propre structure.

Ce chapitre présente les objectifs généraux et les tâches intervenant dans la transmission de données, et explique comment XML peut améliorer votre stratégie de transmission de données. Les points suivants seront traités plus particulièrement :

- implications de la transmission de données ;
- stratégies classiques pour traiter les problèmes de transmission de données et défauts y afférents ;
- manière de surmonter les problèmes associés aux stratégies classiques utilisant XML ;
- protocole SOAP *(Simple Object Access Protocol)* et éléments constitutifs des messages SOAP ;
- bases de l'utilisation du protocole SOAP pour transmettre des messages XML *via* HTTP.

Réaliser une transmission de données

Tout d'abord, vous allez étudier ce qu'implique la transmission de données entre deux systèmes. Après avoir entrevu les étapes nécessaires et la manière de les traiter, vous découvrirez comment XML rend le traitement de ces étapes plus facile.

Accord sur un format

Avant de pouvoir envoyer des données entre deux systèmes, il est nécessaire de se mettre d'accord sur le format de transmission des données. Cela peut comprendre ou non la négociation entre deux équipes qui développent les systèmes. Si l'un des systèmes est plus important et a déjà établi un standard de données, généralement l'équipe possédant le plus petit système programme de manière à gérer ce standard. En revanche, s'il n'existe aucun standard, les deux équipes doivent collaborer à l'élaboration d'un standard adapté aux besoins des deux équipes. Ce processus peut prendre du temps, comme vous le verrez plus loin dans ce chapitre, dans la section sur les stratégies classiques.

Transport

Ensuite, l'expéditeur doit disposer de différentes manières pour envoyer ces données au destinataire : courrier électronique, HTTP, FTP. Là aussi, l'expéditeur et le destinataire doivent s'accorder sur le mécanisme utilisé pour transmettre les données, ce qui peut entraîner des discussions sur les dispositifs pare-feu et sur la sécurité des réseaux.

Routage

À mesure que les systèmes prennent de l'importance en termes de taille et commencent à échanger des données avec un nombre accru de partenaires, les systèmes qui reçoivent des données doivent disposer de différents moyens de routage des données vers le système ou la file d'attente de workflow approprié. Cette décision se base sur l'expéditeur et sur l'opération à effectuer sur ces données. À cet égard, la sécurité est également concernée, mais elle sera traitée plus loin dans ce chapitre dans la section concernant le protocole SOAP (*Simple Object Access Protocol - protocole d'accès aux objets simples*).

Un nombre croissant de systèmes commençant à interagir dans ce scénario, il devient plus pratique d'avoir recours à une approche de partage des informations étroitement associées. La transmission de système à système exige de ces systèmes qu'ils établissent une interface entre eux, mais, plus le nombre de systèmes ajoutés augmente, plus le coût de l'interopérabilité augmente de manière exponentielle. Une approche étroitement liée utilisant des relais d'informations peut réduire ces coûts de manière linéaire, puisque les systèmes nécessitent seulement qu'une interface soit établie vers le relais.

Traiter les demandes et les réponses

De plus en plus d'applications commencent à utiliser Internet comme cadre de traitement et de transmission d'informations. Il devient donc important de créer un mécanisme permettant la transmission spécifique de données impliquant une réponse pouvant être suivie : service de vérification de validation ou d'établissement de relevé de crédit. Cet aspect est particulièrement important pour les fournisseurs de services offrant un accès à leurs services *via* Internet. Biztalk, application de Microsoft, simplifie cette opération. L'application Biztalk sera abordée plus en détail dans ce chapitre.

Stratégies classiques

Dans cette section, nous allons voir comment les problèmes liés à la transmission de données sont généralement traités par les systèmes autres que ceux utilisant XML. Après avoir étudié certains des défauts de ces stratégies, nous traiterons de la manière dont XML peut améliorer vos possibilités de contrôle de la transmission et du routage des données.

Choisir un format

Lorsqu'un système transmet des données à un autre système, la transmission prend généralement la forme d'un flux de caractères ou de fichier. Avant que deux entreprises puissent établir un canal de communication, elles doivent s'accorder sur le format exact de ce canal. En général, le flux ou le fichier est divisé en enregistrements, eux-mêmes sous-divisés en champs, comme vous pourriez vous y attendre.

Détaillons certaines des structures types envisageables dans un format de transmission de données classique.

Fichiers délimités

Ce type de fichier délimité est assez commun et ce sont des caractères comme une virgule ou une barre verticale (|) qui séparent les champs, et un retour chariot qui sépare chaque enregistrement. Les champs vides ou ayant la valeur NULL sont indiqués par deux caractères séparateurs qui se suivent. Pour en savoir plus à ce sujet, consultez le chapitre 12 – Fichiers à plat.

Fichiers à largeur fixe

Les fichiers à plat à largeur fixe présentent l'avantage que les systèmes connaissent toujours la longueur et le format exact des données envoyées. Un retour chariot est généralement utilisé comme séparateur d'enregistrements en pareil cas. Pour en savoir plus, là aussi, vous pouvez consulter la section traitant des fichiers délimités et à largeur fixe du chapitre 12.

Formats d'enregistrements propriétaires/balisés

Comme vous pouvez l'imaginer, les formats propriétaires peuvent varier en termes de structure, de formats hybrides délimités/à largeur fixe à des formats relativement normalisés. La clé de ces structures est que généralement il existe différents types d'enregistrements, chaque enregistrement possédant une sorte d'indicateur spécifiant le type d'enregistrement (et donc la signification des champs figurant dans cet enregistrement). Pour chaque enregistrement, cependant, les règles de mise en forme et autres spécifications continuent de s'appliquer.

Imaginez que le format spécialisé figurant ci-après soit utilisé pour l'exemple envisagé dans les quatre premiers chapitres, dans lequel l'enregistrement compte exactement 123 octets. Le premier caractère de chaque enregistrement sert d'identificateur d'enregistrement. Les enregistrements doivent toujours commencer par l'enregistrement d'en-tête `Facture`, suivi de l'enregistrement `Client`, puis d'un ou de plusieurs enregistrements `Unite` :

- enregistrement d'en-tête `Facture` ;
- enregistrement `Client` ;
- un ou plusieurs enregistrements `Unite`.

Suivant leur contenu, les champs composant l'enregistrement sont les suivants :

Enregistrement d'en-tête Facture

Champ	Position de départ	Taille	Nom	Format	Description
1	1	1	Type d'enregistrement	Toujours `H`. La lettre `H` signifie qu'il s'agit d'un enregistrement d'en-tête de facture.	Indique un enregistrement d'en-tête de facture.
2	2	8	Date de commande	Date et heure AAAAMMJJ	Date à laquelle la commande associée à la facture a été passée.
3	10	8	Date d'expédition	Date et heure AAAAMMJJ	Date à laquelle la commande associée à la facture a été expédiée.
4	18	106	Non utilisé (caractères de remplissage)	Chaîne	À remplir entièrement avec des espaces.

Enregistrement Client

Champ	Position de départ	Taille	Nom	Format	Description
1	1	1	Type d'enregistrement	Toujours `C`. La lettre `C` signifie qu'il s'agit d'un enregistrement de client.	Indique un enregistrement de client.
1	2	30	Nom du client	Chaîne	Nom du client de cette commande.
2	32	50	Adresse du client	Chaîne	Rue dans laquelle réside le client.
3	82	30	Ville du client	Chaîne	Ville dans laquelle réside le client.
4	112	2	État du client	Chaîne	État dans lequel réside le client.
5	114	10	Code postal du client	Chaîne	Code postal de la ville dans laquelle réside le client.

Enregistrement Unite

Champ	Position de départ	Taille	Nom	Format	Description
1	1	1	Type d'enregistrement	Toujours P.	Indique un enregistrement d'unité.
2	2	20	Description unité 1	Chaîne	Description de la première unité commandée.
3	22	5	Quantité unité 1	Valeur numérique. À combler à gauche avec des zéros.	Quantité commandée pour la première unité.
4	27	7	Prix unité 1	Valeur numérique. Deux chiffres après le séparateur décimal. À combler à gauche avec des zéros.	Prix unitaire de la première unité commandée.
5	34	90	Non utilisé	Chaîne	À remplir entièrement avec des espaces.

Un fichier suivant le format ci-dessus peut se présenter de la manière suivante (le format a été légèrement modifié de manière à tenir sur cette page) :

```
H20001017200010223
CHomer J. Simpson                  742
Evergreen Terrace                                    Springfield
KY12345
Pmachins bleus de 5, 08 cm000170000010    Pchoses rouges de 7,62 cm000230000015
H20001017200010223
CKevin B. Williams                744
Evergreen Terrace                                     Springfield
KY12345
Pchose argentee de 4 cm000110000025    Pmachins bleus de 5,08 cm000140000030
Ptruc dore de 1 cm0000090000035
```

Problèmes avec les structures classiques

Considérons certains des défauts des structures de transmission de données classiques.

Elles ne s'autodocumentent pas

Vous noterez que, dans l'ensemble des exemples, une documentation devait être associée aux différents formats de fichier expliquant la dissociation des enregistrements et des champs, ce que représente chaque champ et les particularités de mise en forme de chaque champ. Cet état de fait est loin d'être idéal car, sans la documentation d'accompagnement, les fichiers sont pratiquement inutilisables.

Elles ne sont pas normalisées

Dans la plupart des structures classiques, les enregistrements ne sont absolument pas normalisés (même si vous avez pu découvrir des structures personnalisées, comme les structures d'enregistrements balisés qui permettent la transmission des informations relatives à la structure). Dans les exemples à largeur fixe et délimités du chapitre 12, il n'existe qu'un nombre fini d'unités disponibles pour utilisation, cinq en l'occurrence. Que se passe-t-il cependant en présence d'une sixième unité ? Comment est-ce représenté dans la structure ?

L'exemple du format propriétaire est certes meilleur mais pas idéal. En théorie, un nombre illimité d'unités est possible pour chaque facture, mais il faut compter avec le temps de gestion ajouté pour que le parseur détermine le type de chaque enregistrement de manière à traiter ce dernier de manière appropriée.

Elles sont fragiles

Vous vous souvenez peut-être d'un problème qui s'est posé au sein de la communauté des développeurs COBOL fortement occupés ces dernières années du XXe siècle : le cas du « passage à l'an 2000 ». Pour l'essentiel, il se résume au problème de description de données qui concerne (entre autres) les formats de transmission de données.

Imaginez, par exemple, un fichier à largeur fixe définissant un champ contenant une date à 6 caractères de la forme AAMMJJ. Le souci du passage à l'an 2000 se pose. Changer le fichier de sorte que les champs de date contiennent des dates correctes à 8 caractères de la forme AAAAMMJJ ne nécessite pas seulement de modifier le code dans le fichier créé, mais aussi de modifier le code dans tous les programmes utilisant le fichier en question. Évidemment, cette situation est loin d'être optimale.

Maintenant que le problème du « passage à l'an 2000 » est derrière, d'autres similaires continuent à se poser régulièrement pour ce qui est des formats de transmission de données. Que se passe-t-il si vous souhaitez transmettre des informations complémentaires avec les pièces dans votre fichier ? Que se passe-t-il en cas d'internationalisation si vous devez ajouter un champ correspondant au pays de vos clients ? Les structures de données classiques ne gèrent pas ces types de modifications de manière appropriée.

Routage et demandes

Lors de la transmission de données, deux questions se posent :

- que contiennent les données ?
- que faut-il en faire ?

Reprenez l'exemple des fichiers de facture. Ces fichiers décrivent assez en détail le contenu des données mais n'indiquent pas ce qui doit être fait de ces données. Que doit en faire le destinataire ? S'agit-il d'une nouvelle copie d'une facture encore jamais vue, ce qui implique de l'insérer dans la base de données de suivi ? Ou bien s'agit-il d'une copie mise à jour, ce qui implique de retrouver une facture correspondant à cette nouvelle copie et mettre à jour les informations ?

Évidemment, vous pouvez ajouter plus de champs et/ou de types d'enregistrement aux formats pour pouvoir répondre aux questions de routage : par exemple, dans le format propriétaire, vous pouvez ajouter un type d'enregistrement qui décrit l'utilisation qui doit être faite du contenu du fichier. Mais que se passe-t-il si un nouveau moyen d'utiliser les données apparaît et que vous ne le saviez pas au moment où vous aviez conçu le fichier ? Que se passe-t-il si vous n'avez pas en tête d'idée spécifique pour les données que vous transmettez tout simplement « pour vos engistrements » ? Il serait utile de disposer d'un moyen permettant de spécifier l'objectif des données, distinctement des données proprement dites, transmis au même moment et d'une manière comprise universellement.

Transport

Une fois le fichier ou le flux de caractères créé, vous devez d'une façon ou d'une autre le faire transférer du producteur au consommateur. Il existe différentes manières de procéder, en fonction de la compatibilité (ou de l'incompatibilité) des systèmes d'envoi et de réception, que nous allons passer en revue.

Support physique

Quelques années plus tôt encore, le mécanisme de transmission de données le plus utilisé était le support physique. Le producteur crée une bande, enregistre sur une disquette, ou imprime les données. À réception, le consommateur doit charger la bande, copier le fichier ou ressaisir les données afin de les mettre à disposition sur leur site.

Un certain nombre de problèmes se posent pour la transmission de données par des supports physiques. Le plus évident est le problème de l'intervention manuelle : si, du côté producteur, un opérateur doit charger une bande ou un disque et envoyer les résultats au consommateur, les coûts et le temps de traitement est associé à ces opérations. Du côté du consommateur, un autre opérateur doit charger le contenu de la bande ou de la disquette, ou ressaisir les données. L'erreur humaine peut également être un souci d'importance lors de la génération et du chargement des données.

L'un des problèmes importants concerne la vitesse. Sauf si les données ne parcourent qu'une petite distance, il est probable qu'il y ait des retards au niveau du transport et au niveau de l'intégration des données sur un autre système. Ce retard peut atteindre plusieurs jours.

Ensuite, se pose le problème de la fragilité. Les bandes, les disquettes et les impressions peuvent être endommagées pendant les étapes de préparation et d'expédition. Un livreur agissant sans précaution en envoyant un paquet un peu violemment peut être à l'origine d'un fichier inutilisable.

Enfin le problème du matériel doit être pris en considération. Si un consommateur doit pouvoir accepter la transmission de données provenant de divers producteurs, il doit pouvoir disposer du matériel suffisant pour lire les supports physiques fournis.

Courrier électronique

Les données peuvent être transmises sous forme de pièces jointes électroniques. Le fichier est préparé par le producteur, éventuellement compressé, et envoyé comme pièce jointe au consommateur. Le consommateur peut extraire manuellement la pièce jointe et finalement l'adresser aux systèmes. Encore mieux, des développeurs astucieux peuvent toujours développer un démon de messagerie qui relève les messages envoyés vers un emplacement particulier, extrait automatiquement les pièces jointes et les adresse au système de traitement sans aucune autre intervention humaine.

Le problème principal dans l'utilisation du courrier électronique pour traiter ces types de transmissions de données concerne le volume des messages et la taille des fichiers. Si vous effectuez de nombreuses transmissions de données de taille réduite (un fichier par facture reçue, par exemple), un système de messagerie électronique développe le temps et les ressources affectées à la gestion de tous les messages à réception du consommateur. En revanche, si vous envoyez plutôt un nombre moins élevé de transmissions mais des fichiers plus volumineux (un fichier contenant l'ensemble des factures reçues un jour donné, par exemple), votre messagerie électronique peut être bloquée par le système de réception en raison de la taille excessive des pièces jointes. La transmission des données par courrier électronique est une solution valable, mais elle n'est pas recommandée.

FTP

Deux ou trois ans auparavant, le protocole FTP (*File Transfer Protocol – protocole de transfert de fichiers*) était très utilisé pour la transmission de données. La machine du consommateur disposait d'un serveur FTP et les fichiers étaient déposés dans un répertoire déterminé. Des processus automatisés pouvaient alors surveiller le répertoire en question et traiter les fichiers dès leur arrivée.

Récemment, cependant, le fait de laisser libre l'accès de FTP au travers d'un pare-feu libre a été à l'origine d'un grand nombre de questions. Compte tenu de la menace des attaques de type « refus de service », bien des administrateurs réseau ferment l'accès à tous les ports à l'exception du port 80 (et/ou le port 443, en cas d'utilisation d'un protocole HTTPS) sur leurs systèmes pour éviter le plus possible ces attaques. Bien entendu, si le port FTP n'est pas disponible par-delà le dispositif pare-feu, le protocole FTP ne peut pas être utilisé pour transmettre les données. *Pour contourner cette situation, il est possible d'utiliser plusieurs niveaux de dispositifs pare-feu avec différentes autorisations. L'idée est de placer un serveur FTP entre les dispositifs pare-feu, ce qui a pour effet de ne pas ouvrir le réseau.*

Code du socket

Avec l'avènement d'Internet, bien des développeurs construisent des applications TCP pour accepter des données sur un port TCP en particulier. Un numéro de port aléatoire est sélectionné, et le producteur et le consommateur rédigent du code de manière à diriger les données vers ce port et accepter les données provenant de ce port. Pendant un temps, cette solution semblait idéale. Au même moment, alors qu'un dernier effort était attendu des développeurs pour faire fonctionner le service, tous les niveaux de sécurité pouvaient être imposés aux paquets transmis à ce port, et le logiciel n'interférait avec aucun serveur traditionnel, HTTP ou FTP, fonctionnant sur la même machine.

Malheureusement, le code de socket spécialisé souffre d'un problème identique à celui du protocole FTP : les dispositifs pare-feu. Les attaques de type « refus de service » n'attendent pas que leurs paquets soient acceptés pour accomplir leur objectif, c'est pour cette raison qu'un grand nombre d'administrateurs réseau n'autorisent tout simplement pas le trafic sur les ports personnalisés.

Réseau VPN (Virtual Private Network)

Un autre moyen sécurisé pour transférer des informations *via* Internet est l'utilisation d'un réseau VPN (*Virtual Private Network*). Ce mécanisme de transmission par tunnel peut être utilisé pour faire apparaître deux machines distinctes sur Internet comme si elles se trouvaient sur le même réseau local. Les fichiers peuvent être déplacés sur ce réseau comme s'ils étaient transférés entre les nœuds d'un réseau local.

Même si ce moyen est plus sûr que les autres mécanismes de transmission, il reste vulnérable face aux pirates informatiques : des paquets parasites, voire des attaques de type « refus de service », peuvent toujours être tentés contre un réseau VPN. Par ailleurs, il est nécessaire qu'un logiciel VPN approprié soit installé et fonctionne sur chacun des systèmes impliqués.

Ligne louée

Le meilleur des mécanismes classiques pour transmettre des données prend la forme des lignes louées. En général, le producteur et/ou le consommateur paie pour disposer d'une ligne à relayage de trame, d'une ligne E1 ou d'une autre ligne physique installée directement entre les deux emplacements. Les données peuvent être transmises librement *via* cette ligne sans rencontrer de difficultés au niveau de la bande passante, du trafic Internet ou de la sécurité.

L'aspect négatif évident de la transmission par ligne louée tient dans son coût. L'installation et la maintenance des lignes louées à bande passante élevée (lignes E1, par exemple) peuvent engager des coûts de l'ordre du millier de dollars américains. Si un producteur tente de transmettre des données à un grand nombre de consommateurs, chaque paire producteur-consommateur nécessite l'installation d'une ligne louée à cet effet. La transmission des données par le biais de lignes louées est aussi sûre que possible mais pas rentable pour la plupart des applications.

Contribution du XML

Vous avez pris connaissance des différents problèmes rencontrés lors de la tentative de transfert de données à l'aide des moyens traditionnels. Passons maintenant à la manière dont l'utilisation de XML pour transférer des données permet de relever un grand nombre de ces défis.

Les documents XML s'autodocumentent

L'un des aspects les plus intéressants de XML est que des documents XML correctement conçus s'autodocumentent, dans le sens où les balises décrivent les données avec lesquelles elles sont associées. Que vous utilisiez des éléments ou des attributs, le nom d'un élément ou d'un attribut spécifique doit clairement en décrire le contenu, en partant du principe que l'auteur a conçu le fichier XML de manière appropriée.

Prenez, par exemple, la structure XML suivante (`ch18_ex01.xml`) :

```
<?xml version="1.0" encoding="ISO-8859-1" ?>
<!DOCTYPE DonneesCommande [
  <!ELEMENT DonneesCommande (Facture+)>
  <!ELEMENT Facture (Client, Unite+)>
  <!ATTLIST Facture
     dateCommande CDATA #REQUIRED
     dateExpedition CDATA #REQUIRED>
  <!ELEMENT Client EMPTY>
  <!ATTLIST Client
     nom CDATA #REQUIRED
     adresse CDATA #REQUIRED
     ville CDATA #REQUIRED
     etat CDATA #REQUIRED
     CodePostal CDATA #REQUIRED>
  <!ELEMENT Unite EMPTY>
  <!ATTLIST Unite
     description CDATA #REQUIRED
     quantite CDATA #REQUIRED
     prix CDATA #REQUIRED>
]
>
<DonneesCommande>
```

```
    <Facture
      dateCommande="10/17/2000"
      dateExpedition="10/20/2000">
      <Client
        nom="Homer J. Simpson"
        adresse="742 Evergreen Terrace"
        ville="Springfield"
        etat="KY"
        CodePostal="12345" />
      <Unite
        description="machins bleus de 5,08 cm"
        quantite="17"
        prix="0.10" />
      <Unite
        description="choses rouges de 7,62 cm"
        quantite="11"
        prix="0.15" />
    </Facture>
    <Facture
      dateCommande="10/21/2000"
      dateExpedition="10/25/2000">
      <Client
        nom="Kevin B. Williams"
        adresse="744 Evergreen Terrace"
        ville="Springfield"
        etat="KY"
        CodePostal="12345" />
      <Unite
        description="choses argentées de 4 cm"
        quantite="9"
        prix="0.25" />
      <Unite
        description="trucs dorés de 1 cm"
        quantite="3"
        prix="0.35" />
    </Facture>
  </DonneesCommande>
```

Même sans autre documentation de support, il est relativement clair de reconnaître ce que représente chaque partie de ce document. En théorie, un développeur peut rédiger un programme permettant d'accepter ce type de document avec un exemple comme celui que vous avez utilisé ci-dessus. Le seul élément non fourni dans cet exemple et qui peut s'avérer utile est la saisie de données volumineuses. Cependant, dès que les schémas XML seront d'utilisation plus généralisée, vous pourrez spécifier le format et la taille de chaque champ de données de la structure.

Les documents XML sont flexibles

En raison de la nature des structures XML, il devient très facile d'y ajouter des informations sans détruire le code existant. Par exemple, si vous décidez d'ajouter un champ complémentaire à l'élément `Facture`, appelé `methodeExpedition`, qui décrit le type de mode d'expédition pour la commande. Vous pouvez le faire en modifiant la définition du type de document précédente (`ch18_ex02.xml`) :

```
<!ELEMENT DonneesCommande (Facture+)>
<!ELEMENT Facture (Client, Unite+)>
<!ATTLIST Facture
```

```
    dateCommande CDATA #REQUIRED
    dateExpedition CDATA #REQUIRED
    methodeExpedition (USPS | UPS | FedEx) #IMPLIED>
<!ELEMENT Client EMPTY>
<!ATTLIST Client
    nom CDATA #REQUIRED
    adresse CDATA #REQUIRED
    ville CDATA #REQUIRED
    etat CDATA #REQUIRED
    CodePostal CDATA #REQUIRED>
<!ELEMENT Unite EMPTY>
<!ATTLIST Unite
    description CDATA #REQUIRED
    quantite CDATA #REQUIRED
    prix CDATA #REQUIRED>
```

Puisque vous avez défini ce nouvel attribut de manière implicite (non nécessaire), tout document existant valide dans la version précédente de la DTD sera également valide dans la nouvelle version. Cela permet d'apporter des modifications à la structure XML impliquées par des exigences professionnelles sans avoir à modifier tous les consommateurs recevant la structure.

Les documents XML sont normalisés

Compte tenu de leur nature même, les documents XML sont structurés, ce qui s'avère plus naturel en cas d'utilisation de données : pour la plupart des applications, les données sont mieux représentées sous forme de structure arborescente. Contrairement aux formats de fichiers classiques qui requièrent un programme exigeant pour extrapoler la normalisation, celle-ci est immédiatement disponible lors du traitement d'un document XML.

Les documents XML peuvent utiliser des outils XML courants

Bien des outils courants sont adaptés à la création, à la manipulation et au traitement des documents XML. À mesure que le langage XML s'impose dans l'environnement professionnel, vous pouvez vous attendre à trouver un nombre croissant d'outils permettant aux développeurs d'utiliser des contenus sous forme de XML. Pour la majeure partie d'entre eux, ces outils sont disponibles avec leur code source, distribués gratuitement et rendus disponibles comme élément de base sur une plate-forme (MSXML avec MS Windows 2000, par exemple), ce qui en fait des outils idéaux pour les développeurs devant surveiller leur budget.

Routage et demandes

Dans la mesure où les documents XML apparaissent par nature sous forme d'arbre, il devient très facile d'encapsuler un document XML existant dans un autre élément parent décrivant le traitement et le routage du document. Le mieux est de l'envisager comme une **enveloppe** : l'élément d'encapsulation peut décrire l'expéditeur du document, le destinataire et l'utilisation à faire du contenu.

Considérez, par exemple, que vous repreniez cette structure déjà utilisée auparavant :

```
<!ELEMENT DonneesCommande (Facture+)>
<!ELEMENT Facture (Client, Unite+)>
<!ATTLIST Facture
   dateCommande CDATA #REQUIRED
   dateExpedition CDATA #REQUIRED>
<!ELEMENT Client EMPTY>
<!ATTLIST Client
   nom CDATA #REQUIRED
   adresse CDATA #REQUIRED
   ville CDATA #REQUIRED
   etat CDATA #REQUIRED
   CodePostal CDATA #REQUIRED>
<!ELEMENT Unite EMPTY>
<!ATTLIST Unite
   description CDATA #REQUIRED
   quantite CDATA #REQUIRED
   prix CDATA #REQUIRED>
```

L'élément <DonneesCommande> agit réellement comme une enveloppe. Il sert à contenir un certain nombre de factures, de la même manière qu'une enveloppe peut contenir de nombreuses feuilles de papier. Il apparaît sensé d'y ajouter des informations de routage.

Imaginez que vous souhaitiez ajouter le nom d'un utilisateur, auquel le système de traitement associe les factures dans le document. Vous ajoutez également un état de workflow indiquant la manière dont l'utilisateur doit traiter les données :

```
<!ELEMENT DonneesCommande (Facture+)>
<!ATTLIST DonneesCommande
  userName CDATA #IMPLIED
  status (PleaseCall | FYI | PleaseFulfill | Fulfilled) #IMPLIED>
<!ELEMENT Facture (Client, Unite+)>
<!ATTLIST Facture
  dateCommande CDATA #REQUIRED
  dateExpedition CDATA #REQUIRED>
...
```

Notez que les attributs complémentaires du workflow ont été déclarés comme `IMPLIED`, ce qui vous permet toujours de transmettre les données dans le document sans avoir à spécifier de traitement particulier du côté du processeur. Voici un exemple de document utilisant la nouvelle structure (`ch18_ex03.xml`) :

```
<DonneesCommande
   userName="Ned Flanders"
   status="FYI">
   <Facture
      dateCommande="10/17/2000"
      dateExpedition="10/20/2000">
      <Client
         nom="Homer J. Simpson"
         adresse="742 Evergreen Terrace"
         ville="Springfield"
```

```
            etat="KY"
            CodePostal="12345" />
         <Unite
            description="machins bleus de 5,08 cm"
            quantite="17"
            prix="0.10" />
```

Le système de traitement examine d'abord l'enveloppe, l'élément <DonneesCommande>, pour déterminer si des informations de routage ou de workflow ont été fournies ou non. Ensuite, le système sait que le contenu doit être associé à Ned Flanders et que l'état de son workflow doit correspondre à FYI (*For Your Information – pour information*). Enfin, le processeur ouvre l'enveloppe, commence à examiner les éléments enfants et gère chacun d'entre eux en fonction des règles internes d'association des factures aux files d'attente de workflow et aux utilisateurs.

Ce type de structure facilite également la création de paires demande-réponse. Vous pouvez associer une clé à votre demande pour, lorsque le client répond à votre demande, pouvoir identifier la demande pour laquelle une réponse est en cours d'émission. Voici un exemple, qui ajoute par ailleurs un attribut à la structure :

```
<!ELEMENT DonneesCommande (Facture+)>
<!ATTLIST DonneesCommande
   userName CDATA #IMPLIED
   status (PleaseCall | FYI | PleaseFulfill | Fulfilled) #IMPLIED
   IDTransaction CDATA #IMPLIED>
<!ELEMENT Facture (Client, Unite+)>
<!ATTLIST Facture
   dateCommande CDATA #REQUIRED
...
```

Ensuite, chaque fois que le code crée un document, il doit créer un identifiant pour ce document, l'ajouter au document XML, le consigner, avant d'enfin transmettre la demande au consommateur :

```
<DonneesCommande
   userName="Ned Flanders"
   status="FYI"
  IDTransaction="101700A1B12">
   <Facture
      dateCommande="10/17/2000"
      dateExpedition="10/20/2000">
      <Client
         nom="Homer J. Simpson"
...
```

Le client traite la demande de stockage du workflow, puis répond au système initial que les données ont bien été reçues et que tout fonctionne correctement :

```
<!ELEMENT ReponseDonneesCommande EMPTY>
<!ATTLIST ReponseDonneesCommande
   status (Accepted | Errors | TooBusy) #REQUIRED
   DetailEtat CDATA #IMPLIED
   IDTransaction CDATA #REQUIRED>
<ReponseDonneesCommande
   status="Accepted"
   IDTransaction="101700A1B12" />
```

ou que la demande a rencontré des problèmes et éventuellement une description du problème rencontré :

```
<ReponseDonneesCommande
    status="Errors"
    DetailEtat="Unknown Client."
    IDTransaction="101700A1B12" />
```

L'étape suivante de cet argument implique le protocole SOAP, qui, par son importance, mérite une section qui lui est propre.

Protocole SOAP

Si vous connaissez le protocole SOAP, ce qui vient d'être décrit au sujet du mécanisme d'enveloppe doit vous sembler, en grande partie, familier. Des sociétés, regroupées en consortium, œuvrant dans le domaine des technologies, dont Microsoft et IBM, ont conçu le protocole SOAP, en espérant que celui-ci relève différents défis de natures diverses :

- **Instanciation de composants liés à une plate-forme et appels de procédures distantes**. Les serveurs SOAP peuvent interpréter des messages SOAP comme des appels de procédures distantes lorsque cela est approprié. Cela permet, par exemple, à un programme s'exécutant sous Windows 2000 de demander l'exécution d'un processus sur un système propriétaire, sans avoir recours à du code spécialisé écrit d'un côté ou de l'autre (à condition que, de chaque, côté un serveur SOAP soit en fonction).
- **Indication de méta-informations d'un document sous forme d'enveloppe**. Le protocole SOAP définit deux espaces de noms, l'un pour l'enveloppe SOAP et l'autre pour le corps du document, qui offrent quasiment la même fonction que celle créée précédemment dans ce chapitre.
- **Affichage de documents XML sur des canaux HTTP existants**. Le protocole SOAP offre un moyen bien défini de transmettre des documents XML *via* HTTP (ce qui se montre important dans la mesure où la plupart des demandes de ports 80 sont ouvertes). Les serveurs SOAP peuvent interpréter le type MIME et diriger en conséquence le document XML en cours de transmission.

Étudions la création des enveloppes SOAP, en développant très progressivement un exemple, et en examinant la signification de chaque élément et attribut au fur et à mesure de sa création.

Avant de commencer, il est nécessaire de mentionner un certain nombre de particularités concernant les messages SOAP. Tout d'abord, les messages SOAP ne peuvent pas contenir de définitions de type de document. Ils doivent respecter les règles informelles définies précédemment, mais ces règles ne sont pas appliquées par une définition de type de document. Ensuite, les messages SOAP ne peuvent pas contenir d'instructions de traitement. Si vos documents nécessitent des instructions de traitement ou des DTD, vous ne pouvez pas avoir recours au protocole SOAP pour les transmettre *via* HTTP.

Pour en savoir plus sur le protocole SOAP, visitez le site http://www.w3.org/TR/SOAP/ *sur lequel vous trouverez la dernière spécification en date. Par ailleurs, l'implémentation de solutions SOAP est présentée en détail dans* Professional XML[1], *ISBN 1861003110, édité par Wrox Press.*

[1] Note : ouvrage non disponible en français.

Enveloppe SOAP

Pour transmettre un document XML *via* HTTP à l'aide du protocole SOAP, la première opération à effectuer est d'encapsuler le document dans une structure d'enveloppe SOAP. Les éléments et les attributs utilisés dans cette structure se trouvent dans l'espace de noms `http://schemas.xmlsoap.org/soap/envelope`.

Dans un message SOAP, l'élément supérieur est toujours une `Envelope`, contenant les éléments enfants élément `Header` et `Body`. L'élément `Header` est facultatif, tandis que l'élément `Body` est obligatoire. Tous ces éléments entrent dans l'espace de noms de l'enveloppe SOAP.

Pour cet exemple, vous obtenez donc :

```
<SOAP-ENV:Envelope
   xmlns:SOAP-ENV="http://schemas.xmlsoap.org/soap/envelope/">
   <SOAP-ENV:Header>
   </SOAP-ENV:Header>
   <SOAP-ENV:Body>
   </SOAP-ENV:Body>
</SOAP-ENV:Envelope>
```

Si vous le souhaitez, vous pouvez associer des informations complémentaires à l'enveloppe SOAP sous la forme d'attributs ou de sous-éléments. Cependant, ceux-ci sont définis par l'espace de noms et, s'il existe des sous-éléments, ces derniers doivent apparaître après le sous-élément `Body`*. Dans la mesure où SOAP vous permet d'insérer des informations sur l'utilisation anticipée de la charge XML de l'élément* `Header`*, les éléments ou attributs complémentaires sont généralement placés à ce niveau plutôt que dans l'enveloppe proprement dite.*

En-tête SOAP

Vous pouvez également transmettre, de manière facultative, un élément `Header` dans votre message SOAP. Si vous retenez cette solution, l'élément doit être le premier élément enfant de l'élément `Envelope`. L'élément `Header` permet de transmettre des informations de traitement complémentaires dont le client peut avoir besoin pour traiter correctement le message (vous offrant la possibilité d'étendre le protocole SOAP de manière à l'adapter à vos besoins).

Vous pouvez, par exemple, spécifier que vos messages SOAP contiennent un élément `Header` indiquant si le corps du message est ou non une retransmission d'un message déjà envoyé ou s'il contient de nouvelles informations. Vous pouvez ajouter un élément au document appelé `MessageStatus` indiquant si le message est ou non une retransmission. Si vous choisissez d'ajouter des éléments à l'élément `Header` d'un message SOAP, vous devez réaffecter un espace de noms à cet élément et veiller à ce que tous les éléments et attributs qui se trouvent dans cet élément se voient affecter le même espace de noms.

Le document qui en résulte peut se présenter de la manière suivante :

```
<SOAP-ENV:Envelope
   xmlns:SOAP-ENV="http://schemas.xmlsoap.org/soap/envelope/">
   <SOAP-ENV:Header>
     <Facture:MessageStatus
        xmlns:Facture="http://www.invoicesystem.com/soap">
       <Facture:status>Resend</Facture:status>
     </Facture:MessageStatus>
   </SOAP-ENV:Header>
   <SOAP-ENV:Body>
```

```
    </SOAP-ENV:Body>
</SOAP-ENV:Envelope>
```

Vous apprenez ici que, si un élément MessageStatus est associé à la charge XML, c'est au niveau du corps du message SOAP. Si le moteur comprend l'élément MessageStatus, il peut entreprendre une action appropriée. Il peut, par exemple, tenter de rapprocher les informations avec les informations déjà stockées dans la base de données relationnelle, plutôt que d'insérer un nouvel enregistrement. Cependant, il n'est pas nécessaire que le consommateur comprenne comment traiter l'élément MessageStatus. Si ce n'est pas le cas, il peut traiter le message comme si l'élément d'en-tête MessageStatus était absent.

Si vous souhaitez rendre obligatoire l'intégration de l'élément MessageStatus (en d'autres termes, faire en sorte qu'un processeur se voie dans l'obligation de renvoyer une erreur s'il ne comprend pas l'élément en question), vous pouvez ajouter un attribut défini dans le protocole SOAP et appelé mustUnderstand. Si cet attribut prend la valeur 1, les processeurs qui ne savent pas comment traiter l'élément MessageStatus doivent renvoyer une erreur à l'expéditeur. Vous aborderez le renvoi des erreurs SOAP plus loin dans ce chapitre.

Le message SOAP se présente maintenant comme suit :

```
<SOAP-ENV:Envelope
   xmlns:SOAP-ENV="http://schemas.xmlsoap.org/soap/envelope/">
   <SOAP-ENV:Header>
     <Facture:MessageStatus
        xmlns:Facture="http://www.invoicesystem.com/soap"
        SOAP-ENV:mustUnderstand="1">
       <Facture:status>Resend</Facture:status>
     </Facture:MessageStatus>
   </SOAP-ENV:Header>
   <SOAP-ENV:Body>
   </SOAP-ENV:Body>
</SOAP-ENV:Envelope>
```

Élément SOAP Body

Enfin, l'élément Body d'un message SOAP contient le message réel que recevra le destinataire. Ce message correspond généralement au message XML que vous tentez de transmettre *via* HTTP. L'élément Body doit apparaître dans tous les messages SOAP et doit suivre immédiatement l'élément Header (si cet élément est présent dans le message) ou être le premier élément enfant de l'élément Envelope (s'il n'existe pas d'élément Header). Les éléments et les attributs apparaissant dans la charge XML **peuvent** être affectés à un espace de noms, sans que cela revête un caractère obligatoire.

L'exemple suivant correspond à la retransmission de la copie d'une facture et le message SOAP associé se présente comme suit :

```
<SOAP-ENV:Envelope
   xmlns:SOAP-ENV="http://schemas.xmlsoap.org/soap/envelope/">
   <SOAP-ENV:Header>
     <Facture:MessageStatus
        xmlns:Facture="http://www.invoicesystem.com/soap"
        SOAP-ENV:mustUnderstand="1">
       <Facture:status>Resend</Facture:status>
```

```
      </Facture:MessageStatus>
    </SOAP-ENV:Header>
    <SOAP-ENV:Body>
      <Facture
        IDREFClient="c1"
        dateCommande="10/17/2000"
        dateExpedition="10/20/2000">
        <LigneDeCommande
          IDREFUnite="p1"
          quantite="17"
          prix="0.15" />
        <LigneDeCommande
          IDREFUnite="p2"
          quantite="13"
          prix="0.25" />
      </Facture>
      <Client
        IDClient="c1"
        nom="Homer J. Simpson"
        adresse="742 Evergreen Terrace"
        ville="Springfield"
        etat="KY"
        CodePostal="12345" />
      <Unite
        IDUnite="p1"
        nom="machins"
        taille="5,08"
        couleur="bleu" />
      <Unite
        IDUnite="p2"
        nom="choses"
        taille="7,62"
        couleur="rouge" />
    </SOAP-ENV:Body>
  </SOAP-ENV:Envelope>
```

Un processeur SOAP lit le message et détermine si tous les éléments `Header` peuvent être traités correctement si l'attribut `mustUnderstand` prend la valeur `true`. Si c'est le cas, le processeur ouvre l'enveloppe, extrait la charge XML et agit au niveau de celle-ci selon les instructions fournies dans les éléments `Header`.

Comme il a été mentionné auparavant, un processeur SOAP doit renvoyer une erreur au programme d'appel en cas de traitement incorrect d'un message SOAP. C'est le renvoi d'un élément `Fault` dans le corps de la réponse qui effectue cette opération.

Élément SOAP Fault

Si un processeur SOAP rencontre des difficultés à traiter un message SOAP, il doit renvoyer un élément `Fault` dans la réponse. L'élément `Fault` (qui se trouve dans l'espace de noms de l'enveloppe SOAP) doit apparaître comme élément enfant de l'élément `Body` (il n'est nullement nécessaire que celui-ci apparaisse en premier ou qu'il soit le seul élément enfant de l'élément `Body`). Cela permet de renvoyer une erreur tout en répondant au message envoyé, comme vous le verrez sous peu. L'élément `Fault` comprend des sous-éléments utilisés pour décrire le problème rencontré par le processeur SOAP. Leur fonctionnement est expliqué ci-après.

Élément faultcode

L'élément `faultcode` sert à indiquer le type d'erreur qui s'est produit lors de la tentative d'analyse du message SOAP. Sa valeur doit être traitée par le biais d'un algorithme et prend donc la forme suivante :

```
general_fault.more_specific_fault.more_specific_fault
```

Chaque nouvelle entrée de la liste est séparée par un point, fournissant ainsi des informations plus spécifiques sur le type d'erreur rencontrée. Les valeurs devraient être (sans aucun caractère obligatoire) définies par l'espace de noms et l'enveloppe SOAP. Dans la spécification SOAP 1.0, les valeurs suivantes sont définies pour l'élément `faultcode` :

Nom	Signification
`VersionMismatch`	La partie qui assure le traitement a détecté un espace de noms incorrect pour l'élément SOAP `Envelope`.
`MustUnderstand`	Un élément enfant immédiat de l'élément SOAP `Header` qui n'a pas été compris ou respecté par la partie qui assure le traitement contenue dans l'attribut SOAP `mustUnderstand` prenant la valeur `1`.
`Client`	La formation du message est incorrecte ou le message ne contient pas les informations appropriées pour que le message aboutisse. Par exemple, l'authentification correcte ou les informations de paiement peuvent manquer dans le message. Il s'agit généralement d'une indication spécifiant que le message ne doit pas être renvoyé avant d'avoir été modifié.
`Server`	Le message n'a pas pu être traité pour des raisons qui ne sont pas directement imputables au contenu du message lui-même mais plutôt au traitement du message. Par exemple, le traitement peut comprendre la communication avec un processeur en amont qui n'a pas répondu. Le message peut aboutir par la suite.

Ainsi, par exemple, si le processeur manque de mémoire, il est acceptable de retransmettre un élément `faultcode` contenant la valeur `Server` :

```
<SOAP-ENV:Fault>
  <SOAP-ENV:faultcode>SOAP-ENV:Server</SOAP-ENV:faultcode>
</SOAP-ENV:Fault>
```

Cependant, il peut s'avérer plus utile pour l'expéditeur initial du message SOAP de connaître la raison de l'erreur au niveau du serveur. C'est dans ce cas que l'élément `faultcode` qualifié entre en scène :

```
<SOAP-ENV:Fault>
  <SOAP-ENV:faultcode>SOAP-ENV:Server.OutOfMemory</SOAP-ENV:faultcode>
</SOAP-ENV:Fault>
```

Élément faultstring

Le sous-élément `faultstring` sert à donner une description intelligible de l'erreur qui s'est produite. Il doit se trouver dans l'élément `Fault` et afficher un message sur ce qui s'est produit. En ce qui concerne l'exemple du manque de mémoire, le message par défaut peut être le suivant :

```
<SOAP-ENV:Fault>
  <SOAP-ENV:faultcode>SOAP-ENV:Server.OutOfMemory</SOAP-ENV:faultcode>
  <SOAP-ENV:faultstring>Out of memory.</SOAP-ENV:faultstring>
</SOAP-ENV:Fault>
```

Élément detail

Le sous-élément `detail` permet de décrire des erreurs spécifiques liées au traitement de la charge XML proprement dite (contrairement au traitement des messages SOAP, des erreurs serveur ou des erreurs liées aux en-têtes SOAP). Si la charge XML n'est pas complète, est dans un format imprévu ou est entrée en conflit avec la logique de gestion qui lui est appliquée par le système recevant le message SOAP, ces problèmes sont signalés dans le sous-élément `detail`.

Le sous-élément `detail` n'est pas requis dans l'élément `Fault`. Sa présence est nécessaire uniquement en cas de problèmes de traitement du corps du message. Chaque élément enfant du sous-élément `detail` doit se voir affecter un espace de noms.

Imaginez que les règles de gestion appliquées par le consommateur du message SOAP soient que, lorsqu'il reçoit une facture dont le statut est `Resend`, ces règles fassent correspondre les données renvoyées avec les données présentes dans sa base de données. Si tel n'est pas le cas, il doit le signaler à l'expéditeur du message SOAP dans la réponse avec l'élément `fault`. Le message affiché s'apparente à celui-ci :

```
<SOAP-ENV:Fault>
  <SOAP-ENV:faultcode>SOAP-ENV:Client.BusinessRule.NotFound
  </SOAP-ENV:faultcode>
  <SOAP-ENV:faultstring>The resent record was not found.
  </SOAP-ENV:faultstring>
  <SOAP-ENV:detail>
    <error:BusinessRule xmlns:error="http://www.invoicesystem.com/soap">
      <BusinessRule>ResendNotMatched</BusinessRule>
      <ErrorCode>1007</ErrorCode>
    </error:BusinessRule>
  </SOAP-ENV:detail>
</SOAP-ENV:Fault>
```

Transmission *via* HTTP

Le dispositif pare-feu et l'accès restreint au réseau constituent deux des problèmes auxquels vous êtes confronté avec les stratégies de transmission de données classiques. Dans la mesure où le protocole HTTP est largement accepté et où la plupart des dispositifs pare-feu autorisent le trafic sur le port 80 (et sur le port 443 en cas d'accès HTTPS), il est utile de pouvoir transmettre des données XML *via* HTTP.

Comme vous l'avez déjà entrevu, le protocole SOAP définit une manière de transmettre des messages XML *via* HTTP, mais il existe d'autres mécanismes (XML-RPC, par exemple) conçus pour être superposés sur le port 80. Un certain désaccord règne parmi les théoriciens en ce qui concerne le caractère approprié ou non de cette solution. Vous pouvez, à ce sujet, consulter des documents sur l'allongement du préfixe d'URL http:// et sur les raisons expliquant pourquoi l'utilisation du protocole HTTP pour les transmissions SOAP constitue une mauvaise idée. HTTP (ou HTTPS) offre néanmoins un mécanisme de transfert très acceptable pour les documents XML.

Les transmissions SOAP *via* HTTP s'appuient sur un mécanisme de demande-réponse. Tout comme une page web HTML est demandée puis envoyée en réponse à une demande HTTP, un message SOAP est envoyé en réponse à une demande SOAP *via* HTTP. Les sections suivantes présentent ces demandes et ces réponses.

Demande SOAP via *HTTP*

Lors d'une transmission SOAP *via* HTTP, la sémantique normale de HTTP doit être suivie : en d'autres termes, les en-têtes HTTP sont affichés, suivis d'un double retour chariot, du corps de la demande HTTP (en l'occurrence, le message SOAP proprement dit).

Un autre champ d'en-tête pour les demandes SOAP doit être utilisé : le champ `SOAPAction`. La valeur que prend ce champ d'en-tête doit correspondre à un URI (*Uniform Resource Identifier – identificateur de ressource uniforme*), mais la spécification SOAP ne définit pas ce que doit désigner l'URI. Il doit généralement représenter la procédure ou le processus exécuté par le serveur à réception du message SOAP. Si le champ `SOAPAction` contient une chaîne vide (""), l'intention du message SOAP est censée être indiquée dans l'URI de la demande HTTP standard. Si aucune valeur n'est fournie, l'expéditeur n'indique pas l'intention du message.

Voici quelques exemples d'en-têtes `SOAPAction` :

```
SOAPAction: "http://www.invoiceserver.com/soap/handler.exe#Invoice"
SOAPAction: ""
SOAPAction:
```

D'autres en-têtes HTTP doivent apparaître dans la demande au format normal. Nous verrons un exemple de demande SOAP HTTP un peu plus loin. Pour commencer, étudions le mode de transmission de la demande SOAP *via* HTTP.

Demande SOAP via *HTTP*

Les réponses SOAP *via* HTTP utilisent les mêmes codes de statut que ceux auxquels vous pourriez vous attendre en cas de transmission HTML *via* HTTP. Par exemple, un code de statut de 2xx signifie que la demande a été traitée avec succès. Si le système rencontre une erreur lors du traitement du message SOAP proprement dit, la réponse doit contenir le code de statut 500 (erreur serveur interne) et faire état du problème exact rencontré dans le corps du message SOAP.

Exemple de transmission via *HTTP*

Reprenons l'exemple précédent. Pour cet exemple de transaction, vous renvoyez une facture déjà transmise au destinataire. Considérez que le système destinataire décide du traitement de la demande sur la base de l'URL de la demande *via* HTTP. Pour émettre la demande HTTP pour cette transmission, commencez par le corps de la demande avec les en-têtes HTTP appropriés, y compris l'en-tête `SOAPAction`. Notez que le type de contenu a été spécifié comme `text/xml`. Cela devrait toujours être le cas pour les messages SOAP :

```
POST /soap/Handler HTTP/1.1
Content-Type: text/xml; charset="utf-8"
Content-Length: nnnn
SOAPAction: ""
<SOAP-ENV:Envelope
   xmlns:SOAP-ENV="http://schemas.xmlsoap.org/soap/envelope/">
   <SOAP-ENV:Header>
     <Facture:MessageStatus
        xmlns:Facture="http://www.invoicesystem.com/soap"
        SOAP-ENV:mustUnderstand="1">
       <Facture:status>Resend</Facture:status>
     </Facture:MessageStatus>
     ...
```

À réception de cet élément POST HTTP, un serveur SOAP renvoie le paquet au `Handler` de ressource pour traitement. Si tout se passe correctement et que le système détecte la facture, la ressource `Handler` répond au client sous forme de message SOAP *via* HTTP, lequel message se présente de la manière suivante :

```
HTTP/1.1 200 OK
Content-Type: text/xml; charset="utf-8"
Content-Length: nnnn
<SOAP-ENV:Envelope
   <SOAP-ENV:Body />
</SOAP-ENV:Envelope>
```

Notez que vous avez transmis un élément de corps vide. Puisque la demande n'exige pas de réponse en retour (autre que la confirmation de traitement correct de la demande), il n'est nécessaire de transmettre aucun élément dans le corps du message de réponse SOAP.

Si la ressource `Handler` ne sait pas comment traiter l'élément d'en-tête `MessageStatus`, elle doit répondre au client par le biais d'un message SOAP contenant un élément `Fault` qui décrit le problème :

```
HTTP/1.1 500 Internal Server Error
Content-Type: text/xml; charset="utf-8"
Content-Length: nnnn
<SOAP-ENV:Envelope
  xmlns:SOAP-ENV="http://schemas.xmlsoap.org/soap/envelope/">
   <SOAP-ENV:Body>
       <SOAP-ENV:Fault>
           <faultcode>SOAP-ENV:MustUnderstand</faultcode>
           <faultstring>MessageStatus header not recognized</faultstring>
       </SOAP-ENV:Fault>
   </SOAP-ENV:Body>
</SOAP-ENV:Envelope>
```

Si la ressource `Handler` comprend l'élément d'en-tête `MessageStatus` mais que, pour une raison ou une autre, elle ne parvient pas à traiter le corps du message (comme dans l'exemple précédent dans lequel la facture ne pouvait pas être rapprochée), elle doit répondre en conséquence :

```
HTTP/1.1 500 Internal Server Error
Content-Type: text/xml; charset="utf-8"
Content-Length: nnnn
<SOAP-ENV:Envelope
  xmlns:SOAP-ENV="http://schemas.xmlsoap.org/soap/envelope/">
```

```
    <SOAP-ENV:Body>
      <SOAP-ENV:Fault>
        <SOAP-ENV:faultcode>
          SOAP-ENV:Client.BusinessRule.NotFound
        </SOAP-ENV:faultcode>
        <SOAP-ENV:faultstring>
          The resent record was not found.
        </SOAP-ENV:faultstring>
        <SOAP-ENV:detail>
          <error:BusinessRule xmlns:error="http://www.invoicesystem.com/soap">
            <BusinessRule>ResendNotMatched</BusinessRule>
            <ErrorCode>1007</ErrorCode>
          </error:BusinessRule>
        </SOAP-ENV:detail>
      </SOAP-ENV:Fault>
    </SOAP-ENV:Body>
  </SOAP-ENV:Envelope>
```

Biztalk

Un serveur SOAP, du nom de Biztalk, est en cours de développement chez Microsoft. Ce serveur sera en mesure de traiter des demandes HTTP SOAP et d'y répondre en conséquence. Traiter en détail Biztalk dépasse le cadre de ce chapitre. Il s'agit d'un produit relativement avancé, avec prise en charge de classe entreprise pour les schémas, prise en charge EDI intégrée, générateur XSLT graphique, et bien plus encore. Si vous souhaitez en savoir plus sur Biztalk, vous pouvez visiter le site suivant : http://www.microsoft.com/biztalk.

Compression XML

L'une des questions essentielles concernant le XML est le nombre important de fichiers qui résultent souvent des données représentées dans un document XML. Un système qui tente de transmettre ou de recevoir un grand nombre de documents simultanément peut avoir à se demander comment la bande passante est consommée par ces documents. Cependant, dans la mesure où les documents XML se composent de texte (et généralement du texte répétitif), une approche possible pour réduire la consommation de la bande passante lors de la transmission de documents repose sur la compression de ces documents.

Il existe un certain nombre d'algorithmes de compression tiers qui gèrent très bien la compression des documents XML. En compressant le document XML avant de le transmettre, et en le décompressant à réception, la consommation de la bande passante peut être divisée par deux tiers, voire davantage.

Le revers de cette situation est que le producteur et le consommateur devront pouvoir traiter correctement les documents, et donc le document XML transmis de cette manière ne pourra être reçu que par des systèmes disposant du logiciel de décompression. Puisque le XML s'impose de plus en plus fréquemment pour la transmission de données, les bibliothèques standard susceptibles d'être disponibles seront celles qui gèrent la compression et la décompression.

Résumé

Dans ce chapitre, vous avez appris à transmettre des données à l'aide du XML. Après avoir entrevu quelques défauts inhérents aux stratégies de transmission de données classiques et étudié comment éviter les obstacles qui y sont liés, nous en sommes venus à la conclusion que cette situation s'explique par le fait que les documents XML :

- s'autodocumentent ;
- sont flexibles ;
- sont normalisés ;
- peuvent utiliser des outils XML courants ;
- peuvent assumer le routage et les demandes.

Enfin, nous nous sommes penchés rapidement sur la manière dont il est possible d'augmenter le volume des documents XML en « enveloppant » les informations de manière à créer un environnement de gestion et de traitement des données plus robuste. Le protocole SOAP, protocole d'accès aux objets simples, a été traité plus particulièrement : structure des messages SOAP, présentation du concept de mécanisme demande-réponse SOAP utilisé pour la transmission *via* HTTP.

En résumé, en ayant recours au XML pour la transmission de données, vous contribuez à la longévité, à la facilité de maintenance et à l'adaptabilité de vos systèmes.

19

Ordonner et présenter des données

Dans le présent chapitre, vous allez découvrir différentes manières permettant de rationaliser le processus d'ordonnancement et de présentation des données. Ce chapitre se divise en trois sections. Tout d'abord, vous allez apprendre à utiliser XML afin de classer sous une forme plus utile les données provenant de bases de données relationnelles. Ensuite, vous allez étudier comment les informations recueillies sur le Web peuvent être transformées en XML. Enfin, vous allez voir comment le XML rationalise le pipeline de présentation et facilite la prise en charge sur différentes plates-formes, y compris les équipements portables.

Les exemples de ce chapitre sont tous rédigés en VBScript et sont destinés à être utilisés avec des bases de données SQL Server 7.0+. Par ailleurs, si vous souhaitez exécuter ces exemples, vous devez installer le parseur MSXML3 de Microsoft, disponible sur le site de Microsoft à l'adresse suivante : http://msdn.microsoft.com/xml/general/xmlparser.asp.

Si vous ne disposez pas de ces éléments, vous pouvez adopter les stratégies énoncées de manière à adapter les exemples à votre langage de programmation et à la plate-forme de vos bases de données.

Ordonnancement

Lors de l'extraction de données à partir d'une base de données relationnelle dans une solution professionnelle à différents niveaux, le premier événement nécessaire est l'**ordonnancement** : les données doivent être extraites à partir de la base de données relationnelle et fournies à la couche métier ou à la couche de présentation, éventuellement par le biais d'un composant COM et sous un format exploitable. Dans cette section, vous allez entrevoir la stratégie à long terme utilisée pour l'extraction de données en XML, puis comment effectuer cette extraction manuellement à court terme.

XML est un moyen adapté à l'ordonnancement car il permet de publier des données structurées à partir de la base de données sans impliquer la création de structures personnalisées et peu souples pour prendre en charge de telles informations. En utilisant XML comme moyen de classement, vous rendez votre solution plus adaptable en cas de changement des exigences de vos données, car il s'agit d'une norme ouverte et disponible sur un grand nombre de plates-formes différentes. Examinons d'autres exemples de techniques de base d'ordonnancement et les raisons pour lesquelles XML représente la meilleure solution.

Structures personnalisées

La manière classique de classer des données du niveau d'une base de données s'effectue *via* des structures personnalisées. Imaginez, par exemple, que vous souhaitiez transmettre des informations provenant des tables suivantes et à destination de vos données classées. Le code ci-dessous se trouve dans le fichier `tables.sql` :

```
CREATE TABLE Client (
   CleClient integer PRIMARY KEY IDENTITY,
   NomClient varchar(30),
   AdresseClient varchar(30),
   VilleClient varchar(30),
   EtatClient char(2),
   CodePostalClient varchar(10))
CREATE TABLE Facture (
   CleFacture integer PRIMARY KEY IDENTITY,
   CleClient integer
      CONSTRAINT fk Client FOREIGN KEY (CleClient)
         REFERENCES Client (CleClient),
   DateCommande datetime,
   DateExpedition datetime)
CREATE TABLE Unite (
   CleUnite integer PRIMARY KEY IDENTITY,
   NomUnite varchar(20),
   CouleurUnite varchar(10),
   TailleUnite varchar(10))
CREATE TABLE LignedeCommande (
   CleLignedeCommande integer PRIMARY KEY IDENTITY,
   CleFacture integer
      CONSTRAINT fk Facture FOREIGN KEY (CleFacture)
         REFERENCES Facture (CleFacture),
   CleUnite integer
      CONSTRAINT fk Unite FOREIGN KEY (CleUnite)
         REFERENCES Unite (CleUnite),
   quantite integer,
   prix float)
```

Ce script génère la structure de table suivante :

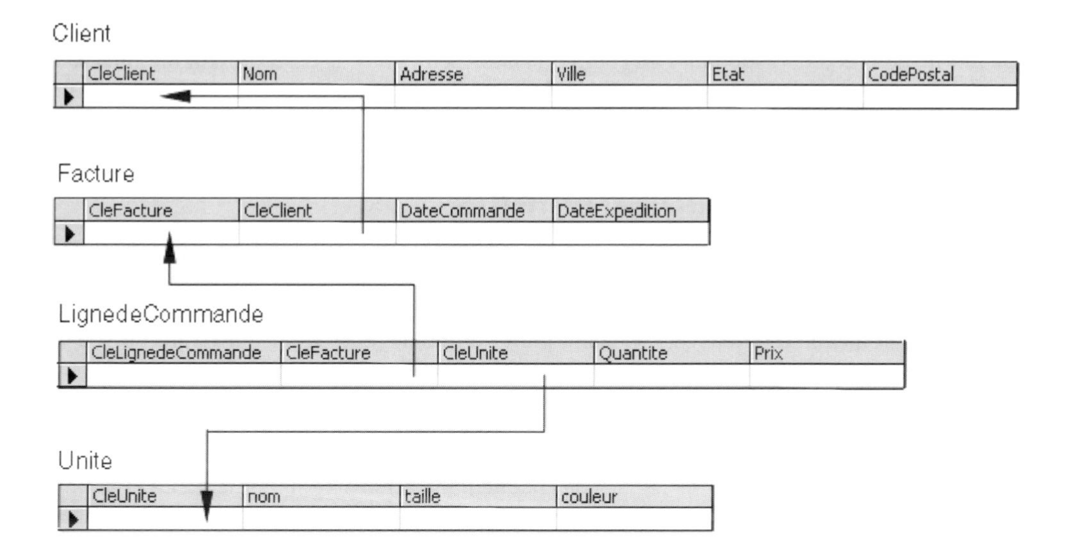

Si vous souhaitez utiliser un langage plus complexe, vous pouvez définir une structure se présentant de la manière suivante (l'exemple ci-dessous est rédigé en C et présenté à des fins d'illustration uniquement) :

```
struct DonneesUnite
{
   struct
   {
      char NomUnite[20];
      char CouleurUnite[30];
      char TailleUnite[30];
   } Unite;
   int quantite;
   float prix;
}
struct DonneesFacture
{
   char DateCommande[10];
   char DateExpedition[10];
   struct
   {
      char NomClient[30];
      char AdresseClient[30];
      char VilleClient[30];
      char EtatClient[2];
      char CodePostalClient[10];
   } client;
   struct DonneesUnite unite[10];
}
```

Ensuite, si vous remplissez et réordonnez cette structure dans un programme appelant, ce programme dispose de toutes les informations de la facture sous une forme structurée. Il peut faire référence à ces informations à l'aide d'une nomenclature de structure pour ce langage. Cependant, que se passe-t-il si vous ajoutez une colonne, `shipMethod`, par exemple, dans la table `Facture` ? Si vous souhaitez que ces informations soient disponibles au cours du classement, vous devez à présent modifier le code source de manière à classer les données, ainsi que le code des couches métier ou présentation pour créer cette structure.

Ensembles d'enregistrements

Une autre possibilité s'offre à vous pour classer les données : les ensembles d'enregistrements (*recordsets*). Ceux-ci présentent l'avantage d'être relativement dynamiques et ils comprennent des métadonnées décrivant les informations contenues. En revanche, l'inconvénient majeur des ensembles d'enregistrements est que ceux-ci sont plats (à moins que vous n'ayez recours à des ensembles hiérarchiques difficiles à utiliser et dont l'exploitation n'est pas toujours fiable) et les données renvoyées contiennent souvent des informations répétitives. Par exemple, si une requête renvoie une facture contenant cinq articles, les cinq enregistrements renvoyés contiennent les informations relatives à la facture, ce qui implique que le logiciel qui tente d'utiliser les données de manière structurée (pour créer un état, par exemple) examine les clés de chaque ligne pour déterminer le début et la fin des structures. Voici un exemple simplifié. Imaginez que vous souhaitiez renvoyer les dates d'expédition de toutes les factures possédant une date de commande spécifique, ainsi que le nom, la taille, la couleur et la quantité de chaque article commandé. Il faut alors rédiger une instruction `SELECT` comme suit :

```
SELECT Facture.CleFacture, DateExpedition, quantite, NomUnite, CouleurUnite,
TailleUnite
   FROM Facture, LignedeCommande, Unite
WHERE Facture.DateCommande = "10/21/2000"
   AND LignedeCommande.CleFacture = Facture.CleFacture
   AND LignedeCommande.CleUnite = Unite.CleUnite
ORDER BY Facture.CleFacture
```

Cette requête peut renvoyer un ensemble d'enregistrements qui se présente de la manière suivante :

CleFacture	dateExpedition	quantite	nomUnite	couleurUnite	tailleUnite
17	24/10/2000	17	machins	bleu	5,08 cm
17	24/10/2000	13	choses	rouge	7,62 cm
18	25/10/2000	9	trucs	argent	1 cm
18	25/10/2000	11	choses	Bleu	4 cm
18	25/10/2000	5	crochets	orange	7,62 cm

Lorsque vous essayez d'effectuer une opération avec l'ensemble d'enregistrements au niveau de la couche métier ou de la couche de présentation (créer une page HTML à renvoyer au navigateur, par exemple), une itération sur les enregistrements doit être effectuée au niveau du code, en recherchant une modification apportée à `CleFacture`. Cette action indique au code qu'une nouvelle page de facture doit être créée. Chaque partie de code des couches métier ou présentation doit gérer les données de cette manière. S'il était possible de classer les données immédiatement sous une forme hiérarchique, ce code supplémentaire serait inutile.

XML

En classant des données de la base de données en XML, vous disposez des avantages des deux technologies : d'un côté, des informations structurelles appropriées sans code supplémentaire, de l'autre la possibilité d'apporter des modifications au code d'ordonnancement sans obligatoirement détruire le code affiché à l'attention de l'utilisateur.

Vous pouvez également appliquer cela aux outils de manipulation et de traitement de documents XML si vous classez vos données en XML. XSLT (*XSL Transformations*), comme nous allons le voir, est particulièrement adapté à la transformation du code XML classé dans un format compatible client (HTML ou WML, par exemple).

Maintenant que vous savez que vous souhaitez classer vos données au format XML, voyons comment procéder avec les technologies actuelles.

Solution à long terme : méthodes intégrées

SQL Server et Oracle ont tous deux introduit des mécanismes permettant le ordonnancement automatique des données XML à partir des bases de données relationnelles respectives dans leurs dernières versions. Cependant, ces technologies sont toujours en phase de développement et n'offrent pas la possibilité de modeler des relations élaborées comme des relations de pointage. De plus, vous ne contrôlez pas, pour l'essentiel, le format du code XML créé. SQL Server et Oracle ne font rien de plus que créer une chaîne XML à partir de la structure de l'ensemble de résultats créé. Alors que ces technologies constituent certainement la manière dont le code XML sera classé à long terme, vous devez vous contenter pour le moment d'une approche différente.

Approche manuelle

Pour classer les données dans un document XML, il existe plusieurs approches possibles. Si vous utilisez ADO (*ActiveX Data Objects*), vous pouvez renvoyer les données sous forme d'ensemble d'enregistrements XML ADO et utiliser XSLT pour convertir ces données en XML source. Vous pouvez également générer un ensemble d'événements SAX et les envoyer à un gestionnaire SAX pour créer le document en série. Cependant, l'approche la plus souple (pour les fichiers de taille réduite, n'oubliez pas que le DOM (*Document Object Model – modèle objet de document*) possède beaucoup d'empreinte mémoire) est d'utiliser le DOM pour construire les documents XML en fonction des données renvoyées par la base de données, comme l'illustre l'exemple ci-après.

Exemple

Imaginez que vous souhaitiez créer un document XML incluant toutes les factures d'un mois donné. Vous décidez d'utiliser la structure suivante, `ch19_ex1.dtd`, pour renvoyer les données :

```
<!ELEMENT DonneesCommande (Facture+, Client+, Unite+)>
<!ELEMENT Facture (LignedeCommande+)>
<!ATTLIST Facture
   IDClient IDREF #REQUIRED
```

```
    DateCommande CDATA #REQUIRED
    DateExpedition CDATA #REQUIRED>
 <!ELEMENT Client EMPTY>
 <!ATTLIST Client
    IDClient ID #REQUIRED
    NomClient CDATA #REQUIRED
    AdresseClient CDATA #REQUIRED
    VilleClient CDATA #REQUIRED
    EtatClient CDATA #REQUIRED
    CodePostalClient CDATA #REQUIRED>
 <!ELEMENT LignedeCommande EMPTY>
 <!ATTLIST LignedeCommande
    IDUnite IDREF #REQUIRED
    quantite CDATA #REQUIRED
    prix CDATA #REQUIRED>
 <!ELEMENT Unite EMPTY>
 <!ATTLIST Unite
    IDUnite ID #REQUIRED
    NomUnite CDATA #REQUIRED
    TailleUnite CDATA #REQUIRED
    CouleurUnite CDATA #REQUIRED>
```

Voici un exemple de document utilisant cette structure :

```
<?xml version="1.0" encoding="ISO-8859-1" ?>
<!DOCTYPE DonneesCommande SYSTEM 'DonneesCommande.dtd'>
<DonneesCommande>
   <Facture
      DateCommande="10/22/00"
      DateExpedition="10/25/00"
      IDREFClient="CLI1">
      <LignedeCommande
         IDREFUnite="UNITE1"
         quantite="12"
         prix="0.15"/>
      <LignedeCommande
         IDREFUnite="UNITE2"
         quantite="17"
         prix="0.2"/>
      <LignedeCommande
         IDREFUnite="UNITE4"
         quantite="5"
         prix="0.3"/>
   </Facture>
   <Facture
      DateCommande="10/22/00"
      DateExpedition="10/22/00"
      IDREFClient="CLI2">
      <LignedeCommande
         IDREFUnite="UNITE2"
         quantite="11"
         prix="0.15"/>
      <LignedeCommande
        IDREFUnite="UNITE3"
        quantite="3"
        prix="0.2"/>
   </Facture>
   <Facture
      DateCommande="10/25/00"
```

```
        DateExpedition="10/28/00"
        IDREFClient="CLI1">
        <LignedeCommande
           IDREFUnite="UNITE3"
           quantite="11"
           prix="0.25"/>
     </Facture>
     <Client
        IDClient="CLI1"
        NomClient="Homer J. Simpson"
        AdresseClient="742 Evergreen Terrace"
        VilleClient="Springfield"
        EtatClient="KY"
        CodePostalClient="12345"/>
     <Client
        IDClient="CLI2"
        NomClient="Kevin B. Williams"
        AdresseClient="744 Evergreen Terrace"
        VilleClient="Springfield"
        EtatClient="KY"
        CodePostalClient="12345"/>
     <Unite
        IDUnite="UNITE1"
        NomUnite="machins"
        TailleUnite="5,08 cm"
        CouleurUnite="bleu"/>
     <Unite
        IDUnite="UNITE2"
        NomUnite="trucs"
        TailleUnite="7,62 cm"
        CouleurUnite="argente"/>
     <Unite
        IDUnite="UNITE3"
        NomUnite="crochets"
        TailleUnite="4 cm"
        CouleurUnite="orange"/>
     <Unite
        IDUnite="UNITE4"
        NomUnite="choses"
        TailleUnite="10 cm"
        CouleurUnite="vert"/>
  </DonneesCommande>
```

Pour classer les données en dehors de la base de données mais dans cette structure de document, vous devez extraire les informations correspondant aux factures, aux unités, aux clients et aux lignes de commandes. Voici comment développer le code pour effectuer cette tâche.

Le premier aspect à remarquer est que les factures, les clients et les unités ne sont liés que par des relations ID-IDREF dans le document XML. Ils ne participent à aucune relation de contenant. Voici un schéma de ladite structure :

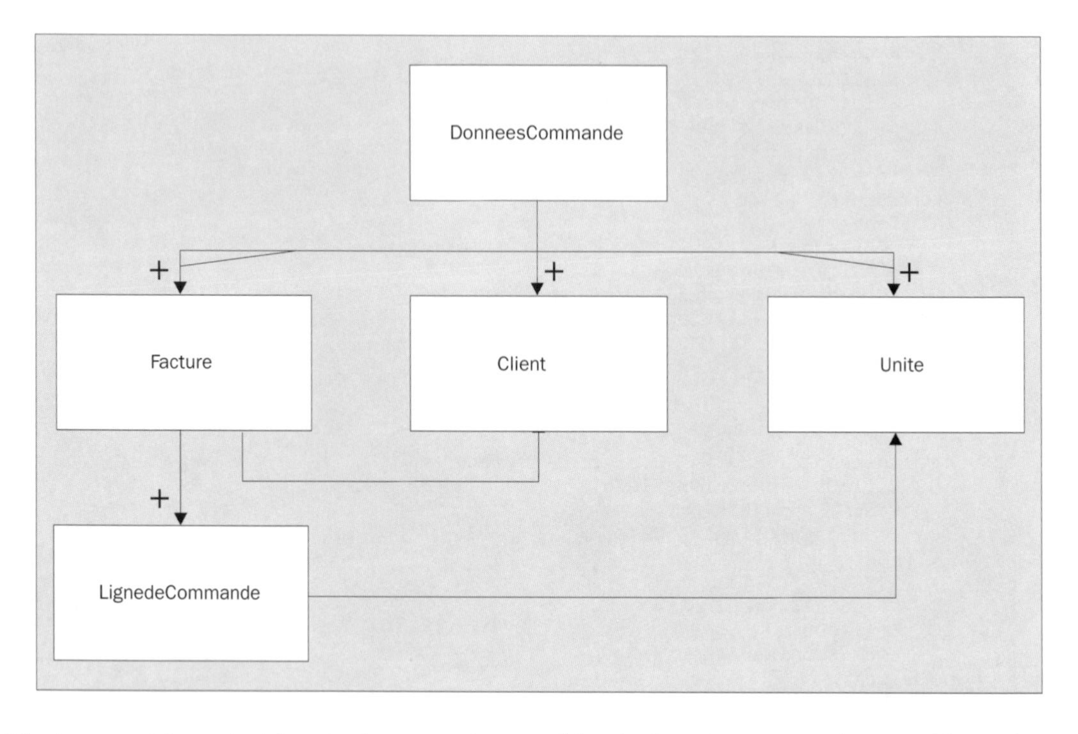

L'autre aspect important à noter à propos de vos tables de données est que chaque table contient un entier, unique pour tous les enregistrements dans cette table qui identifie l'enregistrement en question. En tenant compte de cet état de fait, vous pouvez établir des relations ID-IDREF sans avoir besoin de joindre des tables lors de l'extraction des données de votre base de données.

Avant tout, vous allez développer des procédures stockées pour renvoyer vos données. Trois procédures stockées sont nécessaires : une pour les données des factures et des lignes de commande, une autre pour les données des clients et enfin une pour les données des unités. Chacune de ces procédures ne renvoie que les données pertinentes pour les factures d'un mois en particulier. Par exemple, la procédure stockée relative aux unités ne doit renvoyer que celles apparaissant sur les factures du mois donné. Ces procédures sont respectivement enregistrées sous `GetFacturesForDateRange.sql`, `GetUnitesForDateRange.sql` et `GetClientsForDateRange.sql` :

```
CREATE PROC GetFacturesForDateRange (
   @startDate AS DATETIME,
   @endDate AS DATETIME)
AS
BEGIN
   SELECT I.CleFacture AS CleFacture,
      I.DateCommande AS DateCommande,
      I.DateExpedition AS DateExpedition,
      I.CleClient AS CleClient,
      LI.CleUnite AS CleUnite,
      LI.quantite AS quantite,
      LI.prix AS prix
   FROM Facture I, LignedeCommande LI
```

```
    WHERE I.DateCommande >= @startDate
       AND I. DateCommande < DATEADD(d, 1, @endDate)
       AND I.CleFacture = LI.CleFacture
    ORDER BY I.CleFacture
END
CREATE PROC GetUnitesForDateRange (
    @startDate AS DATETIME,
    @endDate AS DATETIME)
AS
BEGIN
    SELECT DISTINCT P.CleUnite AS CleUnite,
       P.CouleurUnite AS CouleurUnite,
       P.TailleUnite AS TailleUnite,
       P.NomUnite AS NomUnite
    FROM Facture I, LignedeCommande LI, Unite P
    WHERE I.DateCommande >= @startDate
       AND I.DateCommande < DATEADD(d, 1, @endDate)
       AND I.CleFacture = LI.CleFacture
       AND LI.CleUnite = P.CleUnite
    ORDER BY NomUnite, TailleUnite, CouleurUnite
END
CREATE PROC GetClientsForDateRange (
    @startDate AS DATETIME,
    @endDate AS DATETIME)
AS
BEGIN
    SELECT DISTINCT C.CleClient AS CleClient,
       C.NomClient AS NomClient,
       C.AdresseClient AS AdresseClient,
       C.VilleClient AS VilleClient,
       C.EtatClient AS EtatClient,
       C.CodePostalClient AS CodePostalClient
    FROM Facture I, Client C
    WHERE I.DateCommande >= @startDate
       AND I.DateCommande < DATEADD(d, 1, @endDate)
       AND I.CleClient = C.CleClient
    ORDER BY NomClient
END
```

Chacune de ces procédures stockées renvoie des données pour l'une des trois branches de l'arbre de documents XML. En ayant recours à une technique de génération ID-IDREF cohérente, vous pouvez lier les relations de pointage sans avoir à faire appel à la commande `JOIN` dans SQL. Ainsi, au lieu d'extraire un important ensemble d'enregistrements contenus dans quatre tables, vous pouvez tout simplement extraire le contenu de chacune des quatre tables et vous appuyer sur les ID générés pour lier les tables entre elles.

Dans le cadre de cet exemple, remplissez la base de données de la manière suivante :

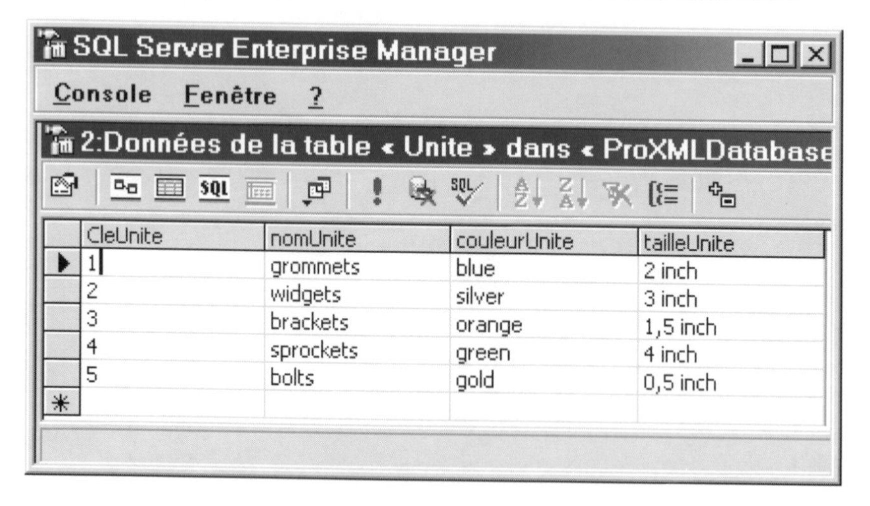

CleUnite	nomUnite	couleurUnite	tailleUnite
1	grommets	blue	2 inch
2	widgets	silver	3 inch
3	brackets	orange	1,5 inch
4	sprockets	green	4 inch
5	bolts	gold	0,5 inch

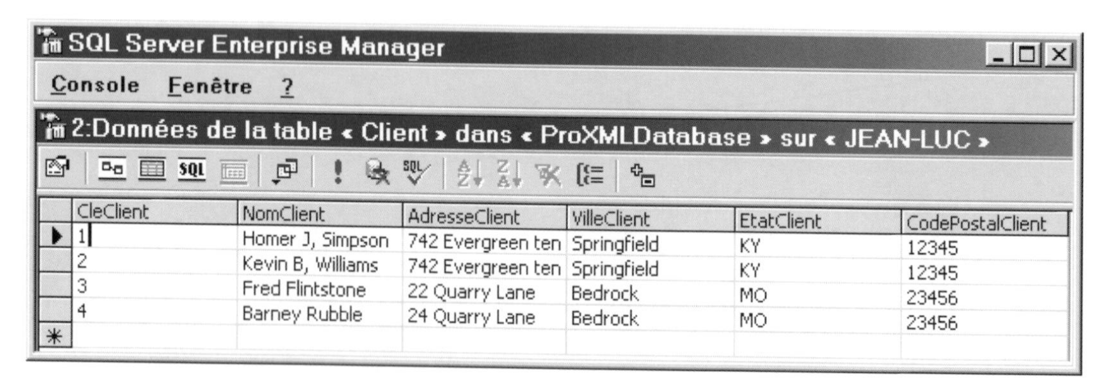

CleClient	NomClient	AdresseClient	VilleClient	EtatClient	CodePostalClient
1	Homer J, Simpson	742 Evergreen ten	Springfield	KY	12345
2	Kevin B, Williams	742 Evergreen ten	Springfield	KY	12345
3	Fred Flintstone	22 Quarry Lane	Bedrock	MO	23456
4	Barney Rubble	24 Quarry Lane	Bedrock	MO	23456

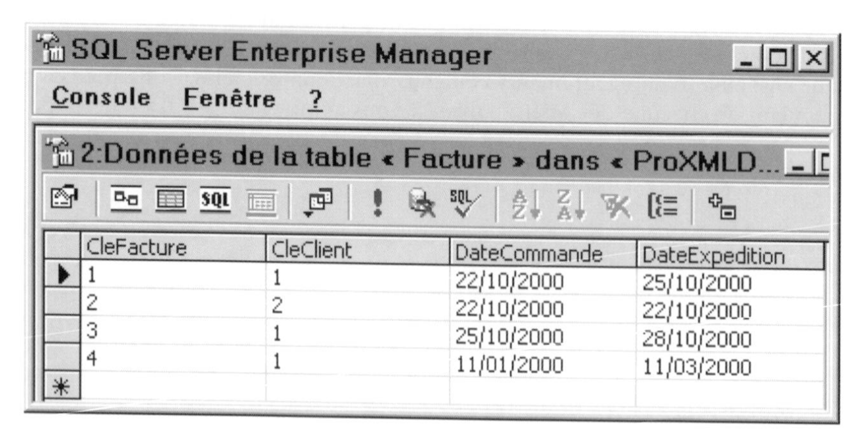

CleFacture	CleClient	DateCommande	DateExpedition
1	1	22/10/2000	25/10/2000
2	2	22/10/2000	22/10/2000
3	1	25/10/2000	28/10/2000
4	1	11/01/2000	11/03/2000

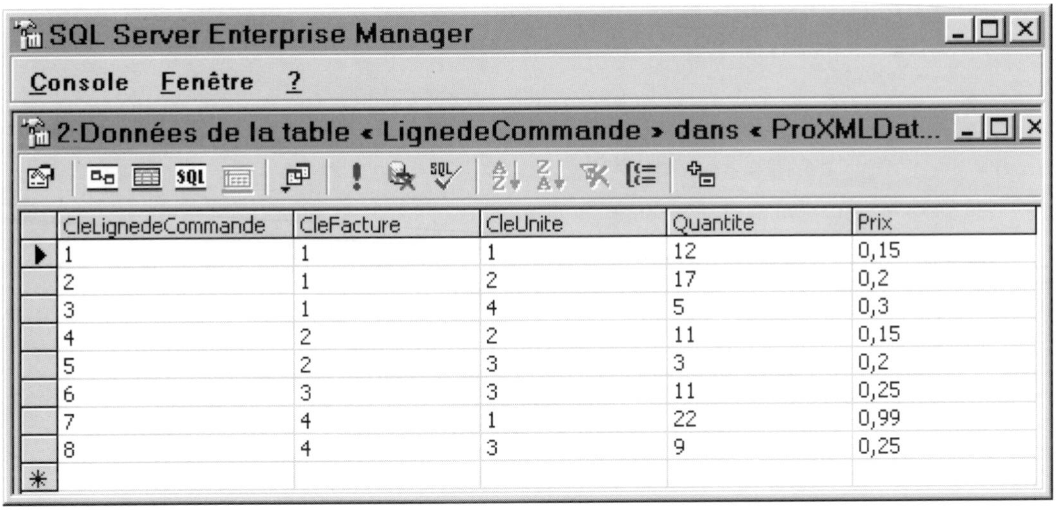

SQL Server Enterprise Manager

Console Fenêtre ?

2:Données de la table « LignedeCommande » dans « ProXMLDat...

CleLignedeCommande	CleFacture	CleUnite	Quantite	Prix
1	1	1	12	0,15
2	1	2	17	0,2
3	1	4	5	0,3
4	2	2	11	0,15
5	2	3	3	0,2
6	3	3	11	0,25
7	4	1	22	0,99
8	4	3	9	0,25

Voici le script VBScript qui permet de générer le document XML (`ch19_ex1.vbs`). Notez que vous aurez peut-être à modifier la chaîne de connexion ADO en fonction du nom de la base de données dans laquelle vous avez créé les tables :

```
Dim Conn, rs
Dim Doc, elDonneesCommande, elFacture, elLignedeCommande, elClient, elUnite
Dim sSQL
Dim sCleFacture
Set Conn = CreateObject("ADODB.Connection")
Set rs = CreateObject("ADODB.Recordset")
Set Doc = CreateObject("Microsoft.XMLDOM")
Set elDonneesCommande = Doc.createElement("DonneesCommande")
Doc.appendChild elDonneesCommande
Conn.Open "Driver={SQL Server};Server=SQL1;Uid=sa;Pwd=;Database=myXML"
sSQL = "GetFacturesForDateRange '10/1/2000', '10/31/2000'"
rs.Open sSQL, Conn
sCleFacture = ""
While Not rs.EOF
   If rs("CleFacture") <> sCleFacture Then
      ' we need to add this invoice element
      Set elFacture = Doc.createElement("Facture")
      elFacture.setAttribute "DateCommande", FormatDateTime(rs("DateCommande"),
2)
      elFacture.setAttribute "DateExpedition",
FormatDateTime(rs("DateExpedition"), 2)
      elFacture.setAttribute "IDClientREF", "CLI" & rs("CleClient")
      elDonneesCommande.appendChild elFacture
      sCleFacture = rs("CleFacture")
   End If
   Set elLignedeCommande = Doc.createElement("LignedeCommande")
   elLignedeCommande.setAttribute "IDUniteREF", "UNITE" & rs("CleUnite")
   elLignedeCommande.setAttribute "quantite", rs("quantite")
```

```
    elLignedeCommande.setAttribute "prix", rs("prix")
    elFacture.appendChild elLignedeCommande
    rs.MoveNext
Wend
Set elFacture = Nothing
Set elLignedeCommande = Nothing
rs.Close
sSQL = "GetClientsForDateRange '10/1/2000', '10/31/2000'"
rs.Open sSQL, Conn
While Not rs.EOF
    Set elClient = Doc.createElement("Client")
    elClient.setAttribute "IDClient", "CLI" & rs("CleClient")
    elClient.setAttribute "NomClient", rs("NomClient")
    elClient.setAttribute "AdresseClient", rs("AdresseClient")
    elClient.setAttribute "VilleClient", rs("VilleClient")
    elClient.setAttribute "EtatClient", rs("EtatClient")
    elClient.setAttribute "CodePostalClient", rs("CodePostalClient")
    elDonneesCommande.appendChild elClient
    rs.MoveNext
Wend
Set elClient = Nothing
rs.Close
sSQL = "GetUnitesForDateRange '10/1/2000', '10/31/2000'"
rs.Open sSQL, Conn
While Not rs.EOF
    Set elUnite = Doc.createElement("Unite")
    elUnite.setAttribute "IDUnite", "UNITE" & rs("CleUnite")
    elUnite.setAttribute "NomUnite", rs("NomUnite")
    elUnite.setAttribute "TailleUnite", rs("TailleUnite")
    elUnite.setAttribute "CouleurUnite", rs("CouleurUnite")
    elDonneesCommande.appendChild elUnite
    rs.MoveNext
Wend
Set elUnite = Nothing
rs.Close
Conn.Close
WScript.Echo "<?xml version="1.0" encoding="ISO-8859-1" ?>"
WScript.Echo "<!DOCTYPE DonneesCommande SYSTEM 'ch19 ex1.dtd'>"
WScript.Echo Doc.xml
Set Doc = Nothing
Set rs = Nothing
Set Conn = Nothing
```

Décomposons le code pour découvrir comment celui-ci fonctionne.

```
Dim Conn, rs

Dim Doc, elDonneesCommande, elFacture, elLignedeCommande, elClient, elUnite

Dim sSQL

Dim sCleFacture
```

```
Set Conn = CreateObject("ADODB.Connection")

Set rs = CreateObject("ADODB.Recordset")

Set Doc = CreateObject("Microsoft.XMLDOM")
```

Tout d'abord, définissons la variable et créons les objets requis : objets ADO `Connection` et `Recordset`, ainsi qu'un objet DOM Microsoft.

```
Set elDonneesCommande = Doc.createElement("DonneesCommande")
Doc.appendChild elDonneesCommande
```

Ensuite, créons l'élément principal `DonneesCommande` de notre nouveau document et ajoutons-le à la liste des enfants du document.

```
Conn.Open "Driver={SQL Server};Server=SQL1;Uid=sa;Pwd=;Database=myXML"

sSQL = "GetFacturesForDateRange '10/1/2000', '10/31/2000'"

rs.Open sSQL, Conn
```

Comme nous l'avons mentionné précédemment, nous allons revenir à ces trois ensembles de données de la base de données. Le premier ensemble correspond aux données `Facture` et `LignedeCommande`. Appelons la procédure stockée permettant d'obtenir toutes les factures d'octobre.

```
sCleFacture = ""
```

Puisque nous extrayons à la fois les factures et les lignes de commande en un seul appel, nous examinerons le comportement de `CleFacture` au fur et à mesure du déplacement dans les enregistrements. À chaque modification de `CleFacture`, nous saurons que nous sommes passés à une nouvelle facture et que nous devons créer un nouvel élément `Facture`.

```
While Not rs.EOF

   If rs("CleFacture") <> sCleFacture Then

      ' ajout a l'element Facture

      Set elFacture = Doc.createElement("Facture")

      elFacture.setAttribute "DateCommande", FormatDateTime(rs("DateCommande"), 2)

      elFacture.setAttribute "DateExpedition", FormatDateTime(rs("DateExpedition"), 2)

      elFacture.setAttribute "IDClientREF", "CLI" & rs("CleClient")

      elDonneesCommande.appendChild elFacture

      sCleFacture = rs("CleFacture")
```

À ce niveau, créons l'élément `Facture` et ajoutons-le à l'élément `DonneesCommande` créé au préalable. Notez que l'attribut `IDREFClient` est créé en ajoutant comme préfixe à la clé de la base de données (correspondant à un entier unique dans la table entière) une chaîne identifiant de manière univoque l'élément, en l'occurrence les lettres `CLI`. Par la suite, lorsque vous suivez cette même règle pour générer l'ID de l'enregistrement du client, la relation ID-IDREF est créée automatiquement.

```
End If

   Set elLignedeCommande = Doc.createElement("LignedeCommande")

   elLignedeCommande.setAttribute "IDUniteREF", "UNITE" & rs("CleUnite")

   elLignedeCommande.setAttribute "quantite", rs("quantite")

   elLignedeCommande.setAttribute "prix", rs("prix")

 elFacture.appendChild elLignedeCommande
```

Pour chaque enregistrement de l'ensemble d'enregistrements ADO, créons un élément `LignedeCommande` quel que soit l'élément `Facture` sous lequel nous nous trouvions. Notez que la même technique est utilisée pour générer l'attribut `IDREFUnite` que celle utilisée pour l'attribut `IDREFClient` plus haut dans le code.

```
rs.MoveNext

Wend

Set elFacture = Nothing

Set elLignedeCommande = Nothing

rs.Close

sSQL = "GetClientsForDateRange '10/1/2000', '10/31/2000'"

rs.Open sSQL, Conn
```

À présent, effectuons une itération sur tous les clients dont les factures entrent dans la plage de dates spécifiée, après avoir fermé la boucle précédente et avoir libéré les objets.

```
While Not rs.EOF

   Set elClient = Doc.createElement("Client")

   elClient.setAttribute "IDClient", "CLI" & rs("CleClient")

   elClient.setAttribute "NomClient", rs("NomClient")

   elClient.setAttribute "AdresseClient", rs("AdresseClient")

   elClient.setAttribute "VilleClient", rs("VilleClient")

   elClient.setAttribute "EtatClient", rs("EtatClient")

   elClient.setAttribute "CodePostalClient", rs("CodePostalClient")

   elDonneesCommande.appendChild elClient
```

Pour chaque enregistrement de l'ensemble d'enregistrements, créons un élément `Client` comme enfant de l'élément `DonneesCommande`. Là encore, comme nous utilisons la même règle pour générer l'attribut `IDClient` que pour générer l'attribut `IDREFClient` précédent, la relation de pointage est de ce fait créée.

```
rs.MoveNext
Wend
Set elClient = Nothing
rs.Close
sSQL = "GetUnitesForDateRange '10/1/2000', '10/31/2000'"
rs.Open sSQL, Conn
```

Enfin, parcourons toutes les parties apparaissant sur les factures pour la plage de dates spécifiée.

```
While Not rs.EOF
   Set elUnite = Doc.createElement("Unite")
   elUnite.setAttribute "IDUnite", "UNITE" & rs("CleUnite")
   elUnite.setAttribute "NomUnite", rs("NomUnite")
   elUnite.setAttribute "TailleUnite", rs("TailleUnite")
   elUnite.setAttribute "CouleurUnite", rs("CouleurUnite")
   elDonneesCommande.appendChild elUnite
```

Là encore, créons un élément `Unite` pour chaque enregistrement de l'ensemble d'enregistrements comme enfant de l'élément `DonneesCommande`.

```
rs.MoveNext
Wend
Set elUnite = Nothing
rs.Close
Conn.Close
```

Enfin, insérons l'en-tête XML et l'en-tête du type de document dans le résultat Windows Scripting Host, suivi du code XML que nous avons créé. Notez que, dans la mesure où le niveau 1 du DOM ne permet pas d'associer un type de document particulier à un document créé *ex nihilo*, il s'agit de la manière dont nous pouvons associer le document à une DTD (*Document Type Definition*) donnée.

```
WScript.Echo "<?xml version="1.0" encoding="ISO-8859-1" ?>"
WScript.Echo "<!DOCTYPE DonneesCommande SYSTEM 'ch19_ex1.dtd'>"
```

```
WScript.Echo Doc.xml

Set Doc = Nothing

Set rs = Nothing

Set Conn = Nothing
```

En ce qui concerne les données de l'exemple, ce script (lorsqu'il est exécuté via Windows Scripting Host) produit le résultat suivant (des espaces ont été ajoutés pour une meilleure lisibilité) :

```
<?xml version="1.0" encoding="ISO-8859-1" ?>
<!DOCTYPE DateCommande SYSTEM 'DateCommande.dtd'>
<DateCommande>
   <Facture
      DateCommande="10/22/00"
      DateExpedition="10/25/00"
      IDREFClient="CLI1">
      <LignedeCommande
         IDREFUnite="UNITE1"
         quantite="12"
         prix="0.15"/>
      <LignedeCommande
         IDREFUnite="UNITE2"
         quantite="17"
         prix="0.2"/>
      <LignedeCommande
         IDREFUnite="UNITE4"
         quantite="5"
         prix="0.3"/>
   </Facture>
   <Facture
      DateCommande="10/22/00"
      DateExpedition="10/22/00"
      IDREFClient="CLI2">
      <LignedeCommande
         IDREFUnite="UNITE2"
         quantite="11"
         prix="0.15"/>
      <LignedeCommande
        IDREFUnite="UNITE3"
        quantite="3"
        prix="0.2"/>
   </Facture>
   <Facture
      DateCommande="10/25/00"
      DateExpedition="10/28/00"
      IDREFClient="CLI1">
      <LignedeCommande
         IDREFUnite="UNITE3"
         quantite="11"
         prix="0.25"/>
   </Facture>
   <Client
```

```
        IDClient="CLI1"
        NomClient="Homer J. Simpson"
        AdresseClient="742 Evergreen Terrace"
        VilleClient="Springfield"
        EtatClient="KY"
        CodePostalClient="12345"/>
    <Client
        IDClient="CLI2"
        NomClient="Kevin B. Williams"
        AdresseClient="744 Evergreen Terrace"
        VilleClient="Springfield"
        EtatClient="KY"
        CodePostalClient="12345"/>
    <Unite
        IDUnite="UNITE1"
        NomUnite="machins"
        TailleUnite="5,08 cm"
        CouleurUnite="bleu"/>
    <Unite
        IDUnite="UNITE2"
        NomUnite="trucs"
        TailleUnite="7,62 cm"
        CouleurUnite="argente"/>
    <Unite
        IDUnite="UNITE3"
        NomUnite="crochets"
        TailleUnite="4 cm"
        CouleurUnite="orange"/>
    <Unite
        IDUnite="UNITE4"
        NomUnite="choses"
        TailleUnite="10 cm"
        CouleurUnite="vert"/>
</DateCommande>
```

Conclusion

Dans cette section, vous avez découvert que le XML représente une manière appropriée pour classer des données structurées en dehors d'une base de données relationnelle. Il est possible d'apporter des modifications aux données qui sont en cours d'extraction par l'ordonnancement tout en affectant peu le code des couches métier et présentation. Les structures élaborées peuvent être renvoyées sans déboucher sur des fichiers à plats typiques des ensembles d'enregistrements de base de données. L'ordonnancement de données dans du XML peut également s'avérer utile lorsque vous souhaitez l'adapter à d'autres technologies XML (XSLT, par exemple), afin d'offrir une présentation des données plus souple, comme vous le verrez dans ce chapitre.

Ensuite, vous allez apprendre comment recueillir des informations provenant d'une source externe, et, en particulier, l'utilisation d'un navigateur et la construction de structures XML à partir du navigateur.

Collecte d'informations

Différentes raisons expliquent votre souhait de pouvoir recueillir des données à partir d'un navigateur web directement en XML. Par exemple, vous utilisez peut-être un référentiel XML comme plate-forme intermédiaire de données de choix. En pareil cas, vous devez réellement obtenir les données de formulaires envoyés à l'aide de la méthode `HTTP POST`. Une autre raison est peut-être que les systèmes dorsaux qui constituent les consommateurs finals des données sont conçus pour accepter une norme XML en particulier. En pareil cas, il est plus efficace de recueillir les données directement en XML plutôt que d'avoir à les faire passer par un processus intermédiaire. Cette section présente certaines des technologies qui se profilent à l'horizon et qui permettent de recueillir simplement des données structurées en XML *via* le Web, puis explique comment il est possible aujourd'hui de générer à la volée des documents XML à partir de formulaires CGI.

Solution à long terme : formulaires XForms

Le consortium W3C (*World Wide Web Consortium*) possède un groupe de travail consacré à la prochaine génération de formulaires Internet, dénommés formulaires XForms, décrits au chapitre 10. Ces formulaires utilisent XML comme langage de description de format et comme plate-forme de sortie. Même si le groupe de travail sur les formulaires XForms n'en est qu'aux débuts de son travail visant à fournir des éléments spécifiques, vous pouvez vous attendre, dans les années qui viennent, à ce que ce type de formulaire remplace les formulaires HTML classiques comme moyen de recueillir des informations *via* Internet. Tant que la prise en charge des formulaires XForms n'est pas encore possible pour les navigateurs courants, vous devez faire appel à une autre solution pour recueillir des informations et pour produire des documents XML à partir de formulaires HTML. Voici la manière de procéder.

Approche manuelle

Lors de la conversion de formulaires HTML en XML, la meilleure technologie à utiliser est vraisemblablement le DOM. Par ailleurs, la conversion en XML doit être effectuée sur le client, plutôt que sur le serveur, afin de réduire la charge de ce dernier, si cela est possible. Malheureusement, un grand nombre de plates-formes client actuelles ne proposent pas d'implémentations de DOM, aussi vous vous voyez forcé d'effectuer ces conversions sur le serveur. Les exemples suivants reprennent chacune des situations envisageables, avant d'expliquer comment construire à la volée des formulaires à partir d'un contenu XML.

Exemple 1 : transformer des données d'un formulaire en XML sur le client

Considérez que vous disposez du formulaire suivant pour saisir une facture :

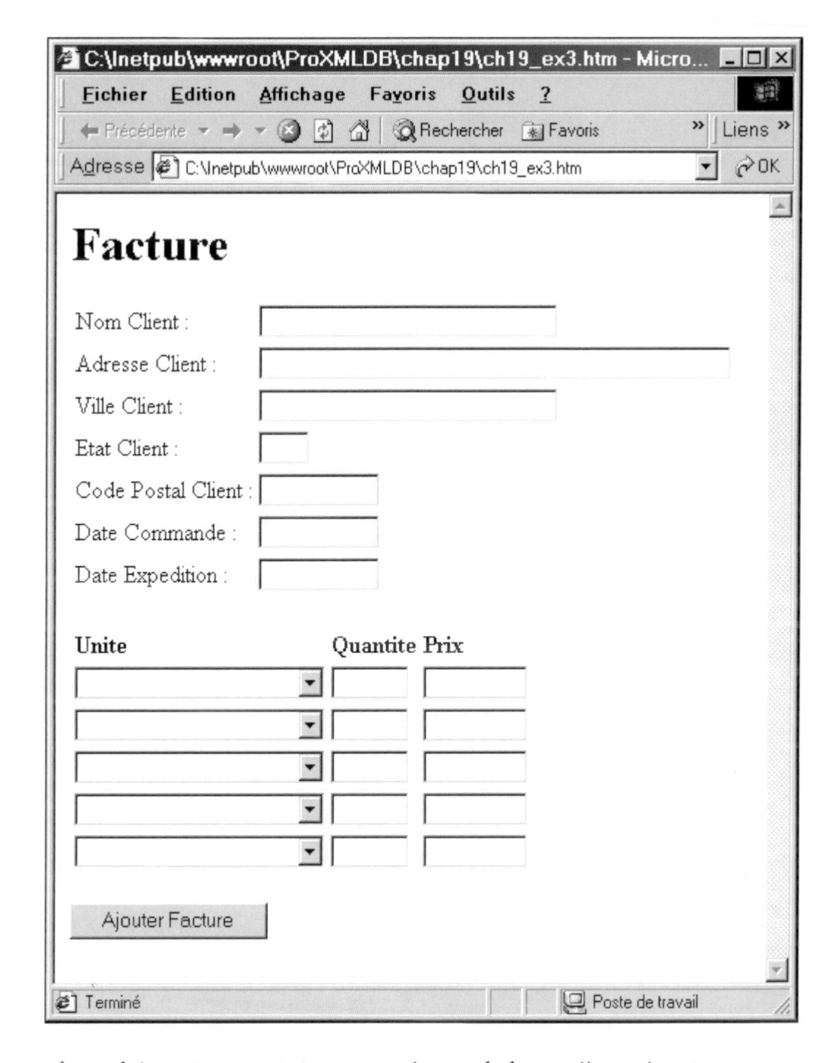

Le code pour ce formulaire, `ch19_ex3.htm`, se présente de la manière suivante :

```
<HTML>
   <BODY>
      <H1>Facture</H1>
      <P>
      <FORM name="frmSoumettreFacture" method="POST"
action="SoumettreFacture.asp">
         <TABLE>
            <TR>
               <TD>Nom Client :</TD>
               <TD><INPUT name="NomClient" size=30 maxlen=30></TD>
            </TR>
            <TR>
               <TD>Adresse Client :</TD>
```

```
            <TD><INPUT name="AdresseClient" size=50 maxlen=50></TD>
         </TR>
         <TR>
            <TD>Ville Client :</TD>
            <TD><INPUT name="VilleClient" size=30 maxlen=30></TD>
         </TR>
         <TR>
            <TD>Etat Client :</TD>
            <TD><INPUT name="EtatClient" size=2 maxlen=2></TD>
         </TR>
         <TR>
            <TD>Code Postal Client :</TD>
            <TD><INPUT name="CodePostalClient" size=10 maxlen=10></TD>
         </TR>
         <TR>
            <TD>Date Commande :</TD>
            <TD><INPUT name="DateCommande" size=10 maxlen=10></TD>
         </TR>
         <TR>
            <TD>Date Expedition :</TD>
            <TD><INPUT name="DateExpedition" size=10 maxlen=10></TD>
         </TR>
      </TABLE>
      <P>
      <TABLE>
         <TR>
            <TD><B>Unite</B></TD>
            <TD><B>Quantite</B></TD>
            <TD><B>Prix</B></TD>
         </TR>
         <TR>
            <TD>
               <SELECT name="unite1">
                  <OPTION VALUE="0"></OPTION>
                  <OPTION VALUE="1">machins bleus de 5,08 cm</OPTION>
                  <OPTION VALUE="2">trucs argentes de 7,62 cm</OPTION>
                  <OPTION VALUE="3">crochets orange de 4 cm</OPTION>
                  <OPTION VALUE="4">choses vertes de 10 cm</OPTION>
                  <OPTION VALUE="5">boulons dores de 1 cm</OPTION>
               </SELECT></TD>
            <TD><INPUT name="quantite1" size=5 maxlen=5></TD>
            <TD><INPUT name="prix1" size=8 maxlen=8></TD>
         </TR>
         <TR>
            <TD>
               <SELECT name="unite2">
                  <OPTION VALUE="0"></OPTION>
                  <OPTION VALUE="1">machins bleus de 5,08 cm</OPTION>
                  <OPTION VALUE="2">trucs argentes de 7,62 cm</OPTION>
                  <OPTION VALUE="3">crochets orange de 4 cm</OPTION>
                  <OPTION VALUE="4">choses vertes de 10 cm</OPTION>
                  <OPTION VALUE="5">boulons dores de 1 cm</OPTION>
               </SELECT>
```

```
                </TD>
                <TD><INPUT name="quantite2" size=5 maxlen=5></TD>
                <TD><INPUT name="prix2" size=8 maxlen=8></TD>
            </TR>
            <TR>
                <TD>
                    <SELECT name="unite3">
                        <OPTION VALUE="0"></OPTION>
                        <OPTION VALUE="1">machins bleus de 5,08 cm</OPTION>
                        <OPTION VALUE="2">trucs argentes de 7,62 cm</OPTION>
                        <OPTION VALUE="3">crochets orange de 4 cm</OPTION>
                        <OPTION VALUE="4">choses vertes de 10 cm</OPTION>
                        <OPTION VALUE="5">boulons dores de 1 cm</OPTION>
                    </SELECT>
                </TD>
                <TD><INPUT name="quantite3" size=5 maxlen=5></TD>
                <TD><INPUT name="prix3" size=8 maxlen=8></TD>
            </TR>
            <TR>
                <TD>
                    <SELECT name="unite4">
                        <OPTION VALUE="0"></OPTION>
                        <OPTION VALUE="1">machins bleus de 5,08 cm</OPTION>
                        <OPTION VALUE="2">trucs argentes de 7,62 cm</OPTION>
                        <OPTION VALUE="3">crochets orange de 4 cm</OPTION>
                        <OPTION VALUE="4">choses vertes de 10 cm</OPTION>
                        <OPTION VALUE="5">boulons dores de 1 cm</OPTION>
                    </SELECT>
                </TD>
                <TD><INPUT name="quantite4" size=5 maxlen=5></TD>
                <TD><INPUT name="prix4" size=8 maxlen=8></TD>
            </TR>
            <TR>
                <TD>
                    <SELECT name="unite5">
                        <OPTION VALUE="0"></OPTION>
                        <OPTION VALUE="1">machins bleus de 5,08 cm</OPTION>
                        <OPTION VALUE="2">trucs argentes de 7,62 cm</OPTION>
                        <OPTION VALUE="3">crochets orange de 4 cm</OPTION>
                        <OPTION VALUE="4">choses vertes de 10 cm</OPTION>
                        <OPTION VALUE="5">boulons dores de 1 cm</OPTION>
                    </SELECT>
                </TD>
                <TD><INPUT name="quantite5" size=5 maxlen=5></TD>
                <TD><INPUT name="prix5" size=8 maxlen=8></TD>
            </TR>
        </TABLE>
        <P><INPUT type="submit" name="cmdGo" value="Ajouter Facture">
    </FORM>
  </BODY>
</HTML>
```

Lorsque l'utilisateur envoie ce formulaire (en cliquant sur le bouton Ajouter facture), le contenu de chaque champ de saisie est renvoyé à la cible du formulaire : en l'occurrence, le document ASP `SoumettreFacture.asp`. Cependant, vous avez choisi d'utiliser des documents XML sur votre serveur pour stocker les informations envoyées par le biais de ces formulaires, plutôt que de les stocker dans une base de données. Vous devez trouver une manière d'extraire ces informations dans du code XML aussi simplement que possible. Au lieu de stocker le contenu des champs pris individuellement côté serveur, il est possible d'utiliser un document DOM côté client pour créer le document XML et pour envoyer ce dernier au serveur sous forme de champ contenant une chaîne. La première action nécessaire est l'ajout d'un champ masqué qui fait office d'espace tampon XML :

```
            <INPUT type="hidden" name="formXML">
```

À la fin du formulaire, vous allez changer le bouton Ajouter facture, initialement un bouton d'envoi, en bouton appelant une fonction Javascript :

```
<INPUT type="button" name="cmdGo" value="Ajouter Facture"
            onClick="createXML ();">
```

Enfin, vous devez rédiger la fonction Javascript. La manière dont le script crée le document est vraiment similaire à celle de l'exemple précédent : l'arbre est créé nœud après nœud, aussi ne parcourons-nous pas le code dans son intégralité. L'aspect important se situe à la fin : le code XML généré par l'objet DOM est stocké dans le champ masqué que vous venez d'ajouter, ce qui suffit à le rendre disponible sur le serveur recevant le formulaire envoyé. Au lieu de créer le document sur le serveur, le serveur peut tout simplement utiliser le code XML généré et effectuer l'opération appropriée sur celui-ci.

Le code intégral de `ch19_ex2.htm` est à présent le suivant (le contenu de la table n'est pas repris ici car il figure déjà dans l'exemple précédent) :

```
<HTML>
   <BODY>
      <H1>Facture</H1>
      <P>
      <FORM name="frmSoumettreFacture" method="POST"
action="SoumettreFacture.asp">
         <INPUT type="hidden" name="formXML">
         <TABLE>
         </TABLE>
         <P>
         <INPUT type="button" name="cmdGo" value="Ajouter Facture"
            onClick="createXML();">
      </FORM>
   </BODY>
   <SCRIPT LANGUAGE="JScript">
   <!--
      function createXML()
      {
         var DOM;
         var elFacture;
         var elLignedeCommande;
         var iLoop;
```

```
        DOM = new ActiveXObject("Microsoft.XMLDOM");
        elFacture = DOM.createElement("Facture");
        DOM.appendChild(elFacture);
        elFacture.setAttribute("NomClient",
           frmSoumettreFacture.NomClient.value);
        elFacture.setAttribute("AdresseClient",
           frmSoumettreFacture.AdresseClient.value);
        elFacture.setAttribute("VilleClient",
           frmSoumettreFacture.VilleClient.value);
        elFacture.setAttribute("EtatClient",
           frmSoumettreFacture.EtatClient.value);
        elFacture.setAttribute("CodePostalClient",
           frmSoumettreFacture.CodePostalClient.value);
        elFacture.setAttribute("DateCommande",
frmSoumettreFacture.DateCommande.value);
        elFacture.setAttribute("DateExpedition",
frmSoumettreFacture.DateExpedition.value);
        if (frmSoumettreFacture.unite1.value > "0")
        {
           elLignedeCommande = DOM.createElement("LignedeCommande");
           elLignedeCommande.setAttribute("IDUnite",
frmSoumettreFacture.unite1.value);
           elLignedeCommande.setAttribute("quantite",
              frmSoumettreFacture.quantite1.value);
           elLignedeCommande.setAttribute("prix",
frmSoumettreFacture.prix1.value);
           elFacture.appendChild(elLignedeCommande);
        }
        if (frmSoumettreFacture.unite2.value > "0")
        {
           elLignedeCommande = DOM.createElement("LignedeCommande");
           elLignedeCommande.setAttribute("IDUnite",
frmSoumettreFacture.unite2.value);
           elLignedeCommande.setAttribute("quantite",
              frmSoumettreFacture.quantite2.value);
           elLignedeCommande.setAttribute("prix",
frmSoumettreFacture.prix2.value);
           elFacture.appendChild(elLignedeCommande);
        }
        if (frmSoumettreFacture.unite3.value > "0")
        {
           elLignedeCommande = DOM.createElement("LignedeCommande");
           elLignedeCommande.setAttribute("IDUnite",
frmSoumettreFacture.unite3.value);
           elLignedeCommande.setAttribute("quantite",
              frmSoumettreFacture.quantite3.value);
           elLignedeCommande.setAttribute("prix",
```

```
frmSoumettreFacture.prix3.value);
            elFacture.appendChild(elLignedeCommande);
         }
         if (frmSoumettreFacture.unite4.value > "0")
         {
            elLignedeCommande = DOM.createElement("LignedeCommande");
            elLignedeCommande.setAttribute("IDUnite",
frmSoumettreFacture.unite4.value);
            elLignedeCommande.setAttribute("quantite",
               frmSoumettreFacture.quantite4.value);
            elLignedeCommande.setAttribute("prix",
frmSoumettreFacture.prix4.value);
            elFacture.appendChild(elLignedeCommande);
         }
         if (frmSoumettreFacture.unite5.value > "0")
         {
            elLignedeCommande = DOM.createElement("LignedeCommande");
            elLignedeCommande.setAttribute("IDUnite",
frmSoumettreFacture.unite5.value);
            elLignedeCommande.setAttribute("quantite",
               frmSoumettreFacture.quantite5.value);
            elLignedeCommande.setAttribute("prix",
frmSoumettreFacture.prix5.value);
            elFacture.appendChild(elLignedeCommande);
         }
         frmSoumettreFacture.formXML.value = DOM.xml;
         frmSoumettreFacture.submit();
      }
   //-->
   </SCRIPT>
</HTML>
```

Il est sensé de pouvoir créer des documents XML côté client : il est possible d'effectuer une validation préliminaire du contenu et d'éviter, lorsque cela est possible, des retours inutiles au serveur. Malheureusement, pour utiliser cet exemple, le client doit fonctionner sous la version 5.0, ou version supérieure, d'Internet Explorer. Si vous souhaitez rédiger du code XML exécutable sur n'importe quel navigateur, vous devez créer le code XML côté serveur. L'exemple ci-après vous montre comment procéder.

Exemple 2 : transformer des formulaires envoyés en code XML sur le serveur

Tout d'abord, revenons au code du formulaire HTML de la version non Javascript. Ensuite, nous devons rédiger une version de `SoumettreFacture.asp` qui utilise le formulaire envoyé et, à partir de celui-ci, crée le code XML approprié. Le code permettant de gérer cette opération, là encore, est très similaire à celui du premier exemple du chapitre : création d'une instance d'un document DOM, puis construction de celui-ci. En revanche, dans cet exemple, les informations utilisées sont celles qui sont envoyées à la page ASP.

```
<%@ Language=VBScript %>
<%
   Dim docFacture
   Dim elFacture
   Dim elLignedeCommande
   Dim i

   Set docFacture = CreateObject("Microsoft.XMLDOM")
   Set elFacture = docFacture.createElement("Facture")
   docFacture.appendChild elFacture
   elFacture.setAttribute "NomClient", Request("NomClient")
   elFacture.setAttribute "AdresseClient", Request("AdresseClient")
   elFacture.setAttribute "VilleClient", Request("VilleClient")
   elFacture.setAttribute "EtatClient", Request("EtatClient")
   elFacture.setAttribute "CodePostalClient", Request("CodePostalClient")
   elFacture.setAttribute "DateCommande", Request("DateCommande")
   elFacture.setAttribute "DateExpedition", Request("DateExpedition")
   For i = 1 to 5
      If Request("unite" & i) > "0"Then
         Set elLignedeCommande = docFacture.createElement("LignedeCommande")
         elFacture.appendChild elLignedeCommande
         elLignedeCommande.setAttribute "IDUnite", Request("unite" & i)
         elLignedeCommande.setAttribute "quantite", Request("quantite" & i)
         elLignedeCommande.setAttribute "prix", Request("prix" & i)
      End If
   Next
   Response.Write "<?xml version='1.0'?>"

   Response.Write docFacture.xml
%>
```

Cet exemple renvoie les données au navigateur, mais le code XML est susceptible d'être stocké par votre code, transmis pour stockage dans une base de données relationnelle ou traitée par toute autre action appropriée. Cependant, pour la démonstration, il est utile de renvoyer le code XML au client. Le document issu du code qui précède doit s'apparenter à cela (en fonction des valeurs saisies dans le formulaire) :

```
<?xml version="1.0" encoding="ISO-8859-1" ?>
<Facture
   NomClient="Homer J. Simpson"
   AdresseClient="742 Evergreen Terrace"
   VilleClient="Springfield"
   EtatClient="KY"
   CodePostalClient="12345"
   DateCommande="12/20/2000"
   DateExpedition="12/25/2000">
   <LignedeCommande
      IDUnite="4"
      quantite="21"
      prix="1.90"/>
   <LignedeCommande
      IDUnite="1"
      quantite="12"
      prix="0.12"/>
</Facture>
```

Ensuite, étudions comment donner des instructions aux formulaires avec XML. Dans notre exemple, nous allons générer le même formulaire HTML à partir du document XML que nous venons de créer.

Exemple 3 : créer des formulaires HTML avec XSLT pour les mises à jour

Dans cet exemple, nous allons créer un formulaire HTML en définissant le style de notre document XML. Il est possible d'utiliser cette procédure pour donner des instructions au moteur de formulaires si le référentiel de données natives est en XML ou aux différentes couches de présentation (cet aspect sera abordé dans ce chapitre dans la section traitant de la présentation). Utilisons le fichier XML renvoyé au navigateur précédemment, que nous appelons `ch19_ex4.xml`. Nous pouvons effectuer la transformation par le biais de la programmation à l'aide de XT ou d'un autre outil si cela s'avère plus approprié à notre situation. Pour savoir comment vous procurer XT, visitez le site suivant : `http://www.jclark.com/xml/xt.html`.

```
<?xml version="1.0" encoding="ISO-8859-1" ?>

<?xml-stylesheet type="text/xsl" href="chap19_ex4.xsl" ?>

<Facture

   NomClient="Homer J. Simpson"

   AdresseClient="742 Evergreen Terrace"

   VilleClient="Springfield"

   EtatClient="KY"

   CodePostalClient="12345"

   DateCommande="12/20/2000"

   DateExpedition="12/25/2000">

   <LignedeCommande

      IDUnite="4"

      quantite="21"

      prix="1.90"/>

   <LignedeCommande

      IDUnite="1"

      quantite="12"

      prix="0.12"/>

</Facture>
```

Envisagez une feuille de style XSLT utilisée pour passer de ce document XML à un formulaire HTML approprié et découvrez les avantages et les inconvénients découlant de l'utilisation de XSLT à cette fin. Des astuces permettant d'utiliser la fonction `document()` pour rendre les feuilles de style plus souples vont être évoquées. La feuille de style suivante est appelée `ch19_ex4.xsl` :

```
<?xml version="1.0" encoding="ISO-8859-1" ?>
<xsl:stylesheet xmlns:xsl="http://www.w3.org/1999/XSL/Transform" version="1.0">
   <xsl:output method="html" />
   <xsl:template match="Facture">
      <HTML>
         <BODY>
            <H1>Facture</H1>
            <P/>
            <FORM name="frmSoumettreFacture" method="POST"
               action="SoumettreFacture.asp">
               <TABLE>
                  <TR>
                     <TD>Nom Client :</TD>
                     <TD>
                        <INPUT name="NomClient" size="30" maxlen="30">
                           <xsl:attribute name="value">
                              <xsl:value-of select="@NomClient" />
                           </xsl:attribute>
                        </INPUT>
                     </TD>
                  </TR>
                  <TR>
                     <TD>Adresse Client :</TD>
                     <TD>
                        <INPUT name="AdresseClient" size="50" maxlen="50">
                           <xsl:attribute name="value">
                              <xsl:value-of select="@AdresseClient" />
                           </xsl:attribute>
                        </INPUT>
                     </TD>
                  </TR>
                  <TR>
                     <TD>Ville Client :</TD>
                     <TD>
                        <INPUT name="VilleClient" size="30" maxlen="30">
                           <xsl:attribute name="value">
                              <xsl:value-of select="@VilleClient" />
                           </xsl:attribute>
                        </INPUT>
                     </TD>
                  </TR>
                  <TR>
                     <TD>Etat Client :</TD>
                     <TD>
                        <INPUT name="EtatClient" size="2" maxlen="2">
                           <xsl:attribute name="value">
                              <xsl:value-of select="@EtatClient" />
                           </xsl:attribute>
                        </INPUT>
                     </TD>
                  </TR>
                  <TR>
                     <TD>Code Postal Client :</TD>
                     <TD>
                        <INPUT name="CodePostalClient" size="10" maxlen="10">
                           <xsl:attribute name="value">
                              <xsl:value-of select="@CodePostalClient" />
                           </xsl:attribute>
                        </INPUT>
```

```
                </TD>
            </TR>
            <TR>
                <TD>Date Commande :</TD>
                <TD>
                    <INPUT name="DateCommande" size="30" maxlen="30">
                        <xsl:attribute name="value">
                            <xsl:value-of select="@DateCommande" />
                        </xsl:attribute>
                    </INPUT>
                </TD>
            </TR>
            <TR>
                <TD>Date Expedition :</TD>
                <TD>
                    <INPUT name="DateExpedition" size="30" maxlen="30">
                        <xsl:attribute name="value">
                            <xsl:value-of select="@DateExpedition" />
                        </xsl:attribute>
                    </INPUT>
                </TD>
            </TR>
        </TABLE>
        <P />
        <TABLE>
            <TR>
                <TD><B>Unite</B></TD>
                <TD><B>Quantite</B></TD>
                <TD><B>Prix</B></TD>
            </TR>
            <xsl:for-each select="LignedeCommande">
                <TR>
                    <TD>
                        <SELECT>
                            <xsl:attribute name="name">unite<xsl:value-of
                                select="position()" />
                            </xsl:attribute>
                            <xsl:variable name="IDUnite" select="@IDUnite" />
                            <xsl:for-each
                                select="document('unites.xml')/Unites/Unite">
                                <OPTION>
                                    <xsl:attribute name="VALUE">
                                        <xsl:value-of select="@IDUnite"
                                            />
                                    </xsl:attribute>
                                    <xsl:if test="$IDUnite=@IDUnite">
                                        <xsl:attribute name="SELECTED">
                                            SELECTED
                                        </xsl:attribute>
                                    </xsl:if>
                                    <xsl:value-of select="@NomUnite" />
                                </OPTION>
                            </xsl:for-each>
                        </SELECT>
                    </TD>
                    <TD>
                        <INPUT size="5" maxlen="5">
                            <xsl:attribute name="name">
                                quantite
```

```
                        <xsl:value-of select="position()" />
                    </xsl:attribute>
                    <xsl:attribute name="value">
                        <xsl:value-of select="@quantite" />
                    </xsl:attribute>
                </INPUT>
            </TD>
            <TD>
                <INPUT size="8" maxlen="8">
                    <xsl:attribute name="name">
                        prix
                        <xsl:value-of select="position()" />
                    </xsl:attribute>
                    <xsl:attribute name="value">
                        <xsl:value-of select="@prix" />
                    </xsl:attribute>
                </INPUT>
            </TD>
        </TR>
    </xsl:for-each>
    <xsl:variable name="LIC" select="count(LignedeCommande)" />
    <xsl:for-each
      select="document('forloop.xml')/ForLoop/*[position()>$LIC]">
        <TR>
            <TD>
                <SELECT>
                    <xsl:attribute name="name">
                        unite
                        <xsl:value-of select="." />
                    </xsl:attribute>
                    <xsl:for-each
                        select="document('unites.xml')/Unites/Unite">
                        <OPTION>
                            <xsl:attribute name="VALUE">
                                <xsl:value-of select="@IDUnite" />
                            </xsl:attribute>
                            <xsl:value-of select="@NomUnite" />
                        </OPTION>
                    </xsl:for-each>
                </SELECT>
            </TD>
            <TD>
                <INPUT size="5" maxlen="5">
                    <xsl:attribute name="name">
                        quantite<xsl:value-of select="." />
                    </xsl:attribute>
                </INPUT>
            </TD>
            <TD>
                <INPUT size="8" maxlen="8">
                    <xsl:attribute name="name">
                        prix<xsl:value-of select="." />
                    </xsl:attribute>
                </INPUT>
            </TD>
        </TR>
    </xsl:for-each>
</TABLE>
<P />
```

```
                <INPUT type="submit" name="cmdGo" value="Ajouter Facture" />
            </FORM>
        </BODY>
    </HTML>
  </xsl:template>
</xsl:stylesheet>
```

Les techniques spécifiques utilisées dans cette feuille de style permettent de créer le formulaire souhaité.

```
<INPUT name="NomClient" size="30" maxlen="30">
   <xsl:attribute name="value">
      <xsl:value-of select="@NomClient" />
   </xsl:attribute>
</INPUT>
```

Utilisez ici `xsl:value-of` pour ajouter la valeur du nom du client comme attribut de l'élément `INPUT` que vous avez créé. Notez qu'il est possible d'ajouter l'attribut à l'élément `INPUT`, même si vous n'avez pas utilisé `xsl:element` pour créer cet élément.

```
<xsl:for-each select="LignedeCommande">
   <TR>
      <TD>
         <SELECT>
            <xsl:attributename="name">part<xsl:value-of
                select="position()" /></xsl:attribute>
```

Vous découvrez ici comment utiliser `xsl:attribute` sur un ensemble d'articles : en l'occurrence, tous les enfants `LignedeCommande` de l'élément `Facture` pour déclarer des éléments de saisie HTML avec des noms uniques. La fonction `position()` renvoie la position de l'enfant `LignedeCommande` de la liste des enfants de `Facture`. Ainsi, si votre facture possède deux articles (comme dans le présent exemple), vous créez des attributs dénommés `unite1` et `unite2`. C'est cette même technique qui sert à créer les éléments de saisie HTML `quantiteX` et `prixX` :

```
<xsl:variable name="LIC" select="count(LignedeCommande)" />
   <xsl:for-each
     select="document('forloop.xml')/ForLoop/*[position()>$LIC]">
     <TR>
        <TD>
           <SELECT>
              <xsl:attribute name="name">
                 part
                 <xsl:value-of select="." />
              </xsl:attribute>
              <xsl:for-each
                  select="document('unites.xml')/Unites/Unite">
                  <OPTION>
                     <xsl:attribute name="VALUE">
                      <xsl:value-of select="@IDUnite" />
                     </xsl:attribute>
                   <xsl:value-of select="@NomUnite" />
                  </OPTION>
              </xsl:for-each>
           </SELECT>
        </TD>
        <TD>
           <INPUT size="5" maxlen="5">
              <xsl:attribute name="name">
                 quantite
```

```
                        <xsl:value-of select="." />
                     </xsl:attribute>
                  </INPUT>
               </TD>
               <TD>
                  <INPUT size="8" maxlen="8">
                     <xsl:attribute name="name">
                        prix
                        <xsl:value-of select="." />
                     </xsl:attribute>
                  </INPUT>
               </TD>
            </TR>
         </xsl:for-each>
```

Cette partie de la feuille de style est incontournable et est relative au fait que vous générez cinq lignes dans lesquelles les données concernant les unités peuvent être saisies. XSLT n'autorise pas le traitement itératif *per se*, aussi il n'existe aucune manière d'indiquer au système de « compter les articles et, pour tous les articles au-delà de cinq, de créer des lignes vides ». Ici, la manière de contourner le problème est relativement intelligente, mais l'élément quantitatif peut varier au même titre que les performances. Il existe un document externe appelé `forloop.xml` qui contient un artifice de boucle :

```
<ForLoop>
   <X>1</X>
   <X>2</X>
   <X>3</X>
   <X>4</X>
   <X>5</X>
</ForLoop>
```

Voici le code utilisé pour accéder à ce document dans votre XSLT :

```
<xsl:variable name="LIC"select="count(LignedeCommande)" />
<xsl:for-each
select="document('forloop.xml')/ForLoop/*
[position()>$LIC]">
```

Tout d'abord, définissez la variable appelée LIC selon le nombre de lignes de commande présentes dans la facture (deux en l'occurrence). Ensuite, effectuez l'itération par le biais des éléments enfants `ForLoop` dont la position est supérieure à cette valeur. Cela revient à écrire `for i = 3 to 5`. Pour chacune de ces valeurs, créez les lignes d'une table vide comme vous avez créé celles devant contenir les articles réellement présents.

Cette technique sert également à la génération dynamique de la liste déroulante contenant les unités, qui reçoit les instructions du document `unites.xml`, apparenté à celui-ci :

```
<Unites>
   <Unite
      IDUnite="0"
      NomUnite ="" />
   <Unite
      IDUnite ="1"
      NomUnite ="machins bleus de 5,08 cm" />
   <Unite
      IDUnite ="2"
      NomUnite ="trucs argentes de 7,62 cm" />
```

```
    <Unite
       IDUnite ="3"
       NomUnite ="crochets orange de 4 cm" />
    <Unite
       IDUnite ="4"
       NomUnite ="choses vertes de 10 cm" />
    <Unite
       IDUnite ="5"
       NomUnite="boulons dores de 1 cm" />
</Unites>
```

Le XSLT, qui définit le style de ce document et crée les éléments `OPTION` dans chaque élément `SELECT`, prend la forme suivante :

```
        <xsl:for-each
   select="document('unites.xml')/Unites/Unite">
   <OPTION>
      <xsl:attribute name="VALUE">
         <xsl:value-of select="@IDUnite" />
      </xsl:attribute>
      <xsl:if test="$IDUnite=@IDUnite ">
         <xsl:attribute name="SELECTED">
            SELECTED
         </xsl:attribute>
      </xsl:if>
      <xsl:value-of select="@NomUnite" />
   </OPTION>
</xsl:for-each>
```

En fonction du moteur XSLT particulier et du moteur de traitement que vous utilisez, ce traitement doit rester rapide. Par ailleurs, celui-ci vous permet de modifier les unités disponibles à la volée en modifiant simplement le document `unites.xml`.

Le résultat de cette feuille de style lorsqu'elle est exécutée pour la facture source (avec des espaces laissés en blanc pour une meilleure lisibilité) se présente de la manière suivante :

```
<HTML>
   <BODY>
      <H1>Facture</H1>
      <P></P>
      <FORM name="frmSoumettreFacture" method="POST"
action="soumettreFacture.asp">
         <TABLE>
            <TR>
               <TD>Nom Client :</TD>
               <TD><INPUT name="NomClient"
                  size="30"
                  maxlen="30"
                  value="Homer J. Simpson">
               </TD>
            </TR>
            <TR>
               <TD>Adresse Client :</TD>
               <TD><INPUT name="AdresseClient"
                  size="50"
```

```
          maxlen="50"
          value="742 Evergreen Terrace">
      </TD>
    </TR>
    <TR>
      <TD>Ville Client :</TD>
      <TD><INPUT name="VilleClient"
          size="30"
          maxlen="30"
          value="Springfield">
      </TD>
    </TR>
    <TR>
      <TD>Etat Client :</TD>
      <TD><INPUT name="EtatClient"
          size="2"
          maxlen="2"
          value="VA">
      </TD>
    </TR>
    <TR>
      <TD>Code Postal Client :</TD>
      <TD><INPUT name="CodePostalClient"
          size="10"
          maxlen="10"
          value="12345">
      </TD>
    </TR>
    <TR>
      <TD>Date Commande :</TD>
      <TD><INPUT name="DateCommande"
          size="30"
          maxlen="30"
          value="12/20/2000">
      </TD>
    </TR>
    <TR>
      <TD>Date Expedition :</TD>
      <TD><INPUT name="DateExpedition"
          size="30"
          maxlen="30"
          value="12/25/2000">
      </TD>
    </TR>
  </TABLE>
  <P></P>
  <TABLE>
    <TR>
      <TD><B>Unite</B></TD>
      <TD><B>Quantite</B></TD>
      <TD><B>Prix</B></TD>
    </TR>
    <TR>
      <TD>
        <SELECT name="unite1">
          <OPTION VALUE="0"></OPTION>
          <OPTION VALUE="1">machins bleus de 5,08 cm</OPTION>
          <OPTION VALUE="2">trucs argentes de 7,62 cm</OPTION>
          <OPTION VALUE="3">crochets orange de 4 cm</OPTION>
```

```
                <OPTION VALUE="4" SELECTED>choses vertes de 10 cm</OPTION>
                <OPTION VALUE="5">boulons dores de 1 cm</OPTION>
            </SELECT>
        </TD>
        <TD><INPUT size="5"
            maxlen="5"
            name="quantite1"
            value="21">
        </TD>
        <TD><INPUT size="8"
            maxlen="8"
            name="prix1"
            value="1.90">
        </TD>
    </TR>
    <TR>
        <TD>
            <SELECT name="unite2">
                <OPTION VALUE="0"></OPTION>
                <OPTION VALUE="1" SELECTED>machins bleus de 5,08cm</OPTION>
                <OPTION VALUE="2">trucs argentes de 7,62 cm</OPTION>
                <OPTION VALUE="3">crochets orange de 4 cm</OPTION>
                <OPTION VALUE="4">choses vertes de 10 cm</OPTION>
                <OPTION VALUE="5">boulons dores de 1 cm</OPTION>
            </SELECT>
        </TD>
        <TD><INPUT size="5"
            maxlen="5"
            name="quantite2"
            value="12">
        </TD>
        <TD><INPUT size="8"
            maxlen="8"
            name="prix2"
            value="0.12">
        </TD>
    </TR>
    <TR>
        <TD>
            <SELECT name="unite3">
                <OPTION VALUE="0"></OPTION>
                <OPTION VALUE="1">machins bleus de 5,08 cm</OPTION>
                <OPTION VALUE="2">trucs argentes de 7,62 cm</OPTION>
                <OPTION VALUE="3">crochets orange de 4 cm</OPTION>
                <OPTION VALUE="4">choses vertes de 10 cm</OPTION>
                <OPTION VALUE="5">boulons dores de 1 cm</OPTION>
            </SELECT>
        </TD>
        <TD><INPUT size="5"
            maxlen="5"
            name="quantite3">
        </TD>
        <TD><INPUT size="8"
            maxlen="8"
            name="prix3">
        </TD>
    </TR>
    <TR>
        <TD>
```

```
                    <SELECT name="unite4">
                       <OPTION VALUE="0"></OPTION>
                       <OPTION VALUE="1">machins bleus de 5,08 cm</OPTION>
                       <OPTION VALUE="2">trucs argentes de 7,62 cm</OPTION>
                       <OPTION VALUE="3">crochets orange de 4 cm</OPTION>
                       <OPTION VALUE="4">choses vertes de 10 cm</OPTION>
                       <OPTION VALUE="5">boulons dores de 1 cm</OPTION>
                    </SELECT>
                 </TD>
                 <TD>INPUT size="5"
                    maxlen="5"
                    name="quantite4">
                 </TD>
                 <TD><INPUT size="8"
                    maxlen="8"
                    name="prix4">
                 </TD>
              </TR>
              <TR>
                 <TD>
                    <SELECT name="unite5">
                       <OPTION VALUE="0"></OPTION>
                       <OPTION VALUE="1">machins bleus de 5,08 cm</OPTION>
                       <OPTION VALUE="2">trucs argentes de 7,62 cm</OPTION>
                       <OPTION VALUE="3">crochets orange de 4 cm</OPTION>
                       <OPTION VALUE="4">choses vertes de 10 cm</OPTION>
                       <OPTION VALUE="5">boulons dores de 1 cm</OPTION>
                    </SELECT>
                 </TD>
                 <TD><INPUT size="5"
                    maxlen="5"
                    name="quantite5">
                 </TD>
                 <TD><INPUT size="8"
                    maxlen="8"
                    name="prix5">
                 </TD>
              </TR>
           </TABLE>
           <P></P>
           <INPUT type="submit" name="cmdGo" value="Ajouter Facture">
        </FORM>
     </BODY>
  </HTML>
```

Dans cet exemple, vous avez entrevu comment du XSLT bien rédigé peut se montrer utile pour générer de manière dynamique des formulaires HTML. Vous avez également étudié comment la fonction `document()` peut servir pour extraire du contenu provenant d'autres documents, rendant de ce fait le contenu plus facile à gérer.

Conclusion

Dans cette section du chapitre, vous avez observé des techniques permettant de recueillir des informations à partir de navigateurs Internet et de les faire persister dans du code XML. Vous avez découvert comment les documents de consultation peuvent servir à créer un comportement similaire à une procédure en XLST selon la norme du consortium W3C et comment générer des documents XML sur le serveur ou sur le client. Avant que les formulaires XForms soient disponibles, les approches présentées ici peuvent être utilisées pour recueillir des données XML à partir de formulaires HTML standard.

Voyons, ensuite, comment le XML peut être utilisé pour donner des instructions efficaces pour la couche de présentation.

Présentation

Pratiquement toutes les applications Internet que vous développez possèdent un composant de présentation. Les données doivent être classées à partir d'un référentiel de données et converties en un format lisible par un périphérique cible. Auparavant, l'équipement cible de la couche de présentation était presque toujours un navigateur fonctionnant sur un poste fixe ou sur un portable. Cependant, en tenant compte de la révolution des technologies sans fil, votre couche de présentation devra de plus en plus souvent être adaptée à des équipements portables comme des assistants numériques personnels et des téléphones cellulaires. Dans cette section, vous allez examiner des techniques utilisables pour faciliter la présentation destinée à différents équipements cibles.

Pourquoi utiliser XML ?

XML nous permet de détacher la couche de gestion des données de la couche de présentation. Dans la mesure où la structure du XML est semblable à celle des langages de balisage spécifiques à des équipements comme le HTML et le WML (pour les appareils mobiles), un document XML dont le format est approprié peut facilement être utilisé pour déboucher sur différentes permutations ou différents styles de balisage de périphériques de sortie. Voici un exemple, constitué d'un document XML représentant une facture :

```
<?xml version="1.0" encoding="ISO-8859-1" ?>
<Facture
   NomClient="Homer J. Simpson"
   AdresseClient="742 Evergreen Terrace"
   VilleClient="Springfield"
   EtatClient="KY"
   CodePostalClient="12345"
   DateCommande="12/20/2000"
   DateExpedition="12/25/2000">
   <LignedeCommande
      uniteID="4"
      quantite="21"
      prix="1.90"/>
   <LignedeCommande
      uniteID="1"
      quantite="12"
      prix="0.12"/>
</Facture>
```

Étudions comment XSLT peut permettre de définir le style pour différentes plates-formes de sortie.

Exemple : version XML détaillée/version HTML détaillée

Dans ce premier exemple, vous utilisez XSLT pour définir le style de l'exemple de document XML dans un document HTML. L'approche utilisée ici est directe : définissez d'abord le style de l'élément `Facture`, puis chaque enfant `LignedeCommande` de l'élément `Facture`.

```
<?xml version="1.0" encoding="ISO-8859-1" ?>
<xsl:stylesheet xmlns:xsl="http://www.w3.org/1999/XSL/Transform" version="1.0">
   <xsl:output method="html" />
   <xsl:template match="Facture">
      <HTML>
         <BODY>
            <H1>Facture</H1>
            <P />
            <TABLE>
               <TR>
                  <TD><B>Nom Client :</B></TD>
                  <TD><xsl:value-of select="@NomClient" /></TD>
               </TR>
               <TR>
                  <TD><B>Adresse Client  :</B></TD>
                  <TD><xsl:value-of select="@AdresseClient" /></TD>
               </TR>
               <TR>
                  <TD><B>Ville Client  :</B></TD>
                  <TD><xsl:value-of select="@VilleClient" /></TD>
               </TR>
               <TR>
                  <TD><B>Etat Client  :</B></TD>
                  <TD><xsl:value-of select="@EtatClient" /></TD>
               </TR>
               <TR>
                  <TD><B>Code Postal Client  :</B></TD>
                  <TD><xsl:value-of select="@CodePostalClient" /></TD>
               </TR>
               <TR>
                  <TD><B>Date Commande :</B></TD>
                  <TD><xsl:value-of select="@DateCommande" /></TD>
               </TR>
               <TR>
                  <TD><B>Date Expedition :</B></TD>
                  <TD><xsl:value-of select="@DateExpedition" /></TD>
               </TR>
            </TABLE>
            <P />
            <TABLE BORDER="1">
               <TR>
                  <TD><B>Unite</B></TD>
                  <TD><B>Quantite</B></TD>
                  <TD><B>Prix</B></TD>
               </TR>
               <xsl:for-each select="LignedeCommande">
                  <TR>
```

```
                        <TD>
                            <xsl:variable name="partID" select="@partID" />
                            <xsl:value-of
select="document('unites.xml')/Unites/Unite[@partID=$partID]/@partName" />
                        </TD>
                        <TD><xsl:value-of select="@quantite" /></TD>
                        <TD><xsl:value-of select="@prix" /></TD>
                    </TR>
                </xsl:for-each>
            </TABLE>
            <P />
        </BODY>
    </HTML>
  </xsl:template>
</xsl:stylesheet>
```

Notez que, dans la mesure où le XML était déjà organisé de manière similaire à ce que vous vouliez obtenir en HTML, peu de travail était nécessaire pour le traitement dans la feuille de style. Vous devez toujours fournir du XML aussi proche que possible de la présentation cible souhaitée dans le XSLT, c'est une règle. Cela tend vers un temps moindre consacré à la définition du style et vers une augmentation de la capacité de production.

Examinons, ensuite, comment le style d'un même document XML peut être défini en WML.

Exemple : version XML détaillée/version WML détaillée

Considérez, dans cet exemple, que vous possédez déjà des connaissances de WML. Si ce n'est pas le cas, reportez-vous au manuel *Professional WAP*[1] (ISBN 1861004044 pour plus d'informations) pour acquérir les connaissances requises. Vous allez définir le style du même document XML en une seule information WML. Notez que le code est en grande partie identique et qu'aucune logique de données n'a été introduite. Seul le style de la structure a changé.

```
<?xml version="1.0" encoding="ISO-8859-1" ?>
<xsl:stylesheet xmlns:xsl="http://www.w3.org/1999/XSL/Transform" version="1.0">
  <xsl:template match="Facture">
    <wml>
      <card id="EnteteFacture" title="Facture" newcontext="true">
        <p>
        <table columns="2">
          <tr>
            <td>Nom Client :</td>
            <td><xsl:value-of select="@NomClient" /></td>
          </tr>
          <tr>
            <td>Adresse Client :</td>
            <td><xsl:value-of select="@AdresseClient" /></td>
          </tr>
```

[1] Note : ouvrage non disponible en français.

```
                <tr>
                    <td>Ville Client :</td>
                    <td><xsl:value-of select="@VilleClient" /></td>
                </tr>
                <tr>
                    <td>Etat Client :</td>
                    <td><xsl:value-of select="@EtatClient" /></td>
                </tr>
                <tr>
                    <td>Code Postal Client :</td>
                    <td><xsl:value-of select="@CodePostalClient" /></td>
                </tr>
                <tr>
                    <td>Date Commande :</td>
                    <td><xsl:value-of select="@DateCommande" /></td>
                </tr>
                <tr>
                    <td>Date Expedition :</td>
                    <td><xsl:value-of select="@DateExpedition" /></td>
                </tr>
            </table>
            <table columns="3">
                <tr>
                    <td>Unite</td>
                    <td>Quantite</td>
                    <td>Prix</td>
                </tr>
                <xsl:for-each select="LineItem">
                    <tr>
                        <td>
                            <xsl:variable name="IDUnite" select="@IDUnite" />
                            <xsl:value-of
  select="document('unites.xml')/Unites/Unite
                                        [@IDUnite=$IDUnite]/@partName" />
                        </td>
                        <td><xsl:value-of select="@quantite" /></td>
                        <td><xsl:value-of select="@prix" /></td>
                    </tr>
                </xsl:for-each>
            </table>
            </p>
        </card>
    </wml>
  </xsl:template>
</xsl:stylesheet>
```

Un point important est évoqué à ce niveau. Sur la plate-forme WML, vous souhaitez peut-être uniquement présenter une synthèse de la facture et non les détails. Si les données sont stockées en mode natif en XML, il peut être approprié de définir le style du XML natif dans votre synthèse. Le temps supplémentaire passé à déplacer ces données dans du XML synthétisé avant la définition du style entraînerait une baisse de performances. En revanche, si vous classez le XML provenant d'une base de données relationnelle, il est de loin préférable de classer les données dans un formulaire synthétique et de définir le style par la suite. Pensez à la règle appropriée qui prône, pour l'utilisation des données, la manipulation des données au niveau le plus bas possible (de préférence directement sur la plate-forme de la base de données relationnelle à l'aide de procédures stockées ou de tout autre mécanisme), ce qui a pour effet de réduire le trafic réseau et de tirer parti des mécanismes de mise en mémoire cache de la base de données.

Exemple : version XML détaillée/version WML synthétisée

Dans cet exemple, XSLT est utilisé pour définir le style du document de facture de la version XML détaillée en version WML synthétisée. Dans la version synthétisée, les seuls éléments présentant un intérêt sont le nom du client et le montant total de la facture. Cependant, cet état de fait présente un problème dans la mesure où XSLT n'autorise pas le calcul de la somme d'un produit en un seul passage. Il faut donc utiliser deux transformations stylistiques pour obtenir le résultat escompté. N'oubliez pas que le document initial de la facture ressemble à celui-ci :

```
<?xml version="1.0" encoding="ISO-8859-1" ?>
<Facture
   NomClient="Homer J. Simpson"
   AdresseClient="742 Evergreen Terrace"
   VilleClient="Springfield"
   EtatClient="KY"
   CodePostalClient="12345"
   DateCommande="12/20/2000"
   DateExpedition="12/25/2000">
   <LignedeCommande
      IDUnite="4"
      quantite="21"
      prix="1.90"/>
   <LignedeCommande
      IDUnite="1"
      quantite="12"
      prix="0.12"/>
</Facture>
```

La première opération correspond à la définition du style de manière à disposer du prix en face de chaque ligne de commande (en multipliant la quantité par le prix à l'unité). La feuille de style utilisée se présente de la manière suivante :

```
<?xml version="1.0" encoding="ISO-8859-1" ?>
<xsl:stylesheet xmlns:xsl="http://www.w3.org/1999/XSL/Transform" version="1.0">
   <xsl:template match="Facture">
      <xsl:element name="Facture">
         <xsl:attribute name="NomClient">
            <xsl:value-of select="@NomClient" />
         </xsl:attribute>
         <xsl:attribute name="AdresseClient">
            <xsl:value-of select="@AdresseClient" />
         </xsl:attribute>
         <xsl:attribute name="VilleClient">
            <xsl:value-of select="@VilleClient" />
         </xsl:attribute>
```

```
            <xsl:attribute name="EtatClient">
               <xsl:value-of select="@EtatClient" />
            </xsl:attribute>
            <xsl:attribute name="CodePostalClient">
               <xsl:value-of select="@CodePostalClient" />
            </xsl:attribute>
            <xsl:attribute name="DateCommande">
               <xsl:value-of select="@DateCommande" />
            </xsl:attribute>
            <xsl:attribute name="DateExpedition">
               <xsl:value-of select="@DateExpedition" />
            </xsl:attribute>
            <xsl:for-each select="LineItem">
               <xsl:element name="LineItem">
                  <xsl:attribute name="lignePrix">
                     <xsl:value-of select="@quantite*@prix" />
                  </xsl:attribute>
               </xsl:element>
            </xsl:for-each>
         </xsl:element>
      </xsl:template>
   </xsl:stylesheet>
```

Le résultat intermédiaire renvoyé après la définition du style de la facture détaillée en utilisant la feuille de style ci-dessus est le suivant :

```
<?xml version="1.0" encoding="utf-8"?>
<Facture
   NomClient="Homer J. Simpson"
   AdresseClient="742 Evergreen Terrace"
   VilleClient="Springfield"
   EtatClient="VA"
   CodePostalClient="12345"
   DateCommande="12/20/2000"
   DateExpedition="12/25/2000">
   <LignedeCommandelignePrix="39.9"/>
   <LignedeCommandeIDUnite="1" lignePrix="1.44"/>
</Facture>
```

Utilisez à présent la fonction de somme pour ajouter différentes lignes de prix afin d'obtenir le total de la facture et de définir le style du contenu restant en WML. Notez que la somme est arrondie aux deux chiffres les plus proches : certains processeurs XSLT introduisent de légères erreurs lors de calculs. Aussi, ce code est-il rédigé de manière à vous aider à éviter ce problème.

```
<?xml version="1.0" encoding="ISO-8859-1" ?>
<xsl:stylesheet xmlns:xsl="http://www.w3.org/1999/XSL/Transform" version="1.0">
   <xsl:template match="Facture">
      <wml>
         <card id="EnteteFacture" title="Facture" newcontext="true">
            <p>
            <table columns="2">
               <tr>
                  <td>Nom Client :</td>
```

```
                    <td><xsl:value-of select="@NomClient" /></td>
                 </tr>
                 <tr>
                    <td>Total Facture :</td>
                    <td>
                       <xsl:value-of select="round(sum(LineItem/@lignePrix) * 100
                          + 0.49999) div 100" />
                    </td>
                 </tr>
              </table>
              </p>
           </card>
        </wml>
     </xsl:template>
  </xsl:stylesheet>
```

Le résultat final, après définition du style du résultat intermédiaire avec cette feuille de style, est le suivant :

```
<?xml version="1.0" encoding="utf-8"?>
<wml>
   <card
      id="EnteteFacture"
      title="Facture"
      newcontext="true">
      <p>
         <table columns="2">
            <tr>
               <td>Nom Client :</td>
               <td>Homer J. Simpson</td>
            </tr>
            <tr>
               <td>Total Facture :</td>
               <td>41.34</td>
            </tr>
         </table>
      </p>
   </card>
</wml>
```

Résumé

Dans cette section, vous avez découvert comment utiliser XSLT pour classer des données XML destinées à la publication. Vous avez appris en quoi cela constitue une solution appropriée : l'utilisation de XML et de XSLT permet de détacher les données de la présentation, ce qui se traduit par la possibilité de superposer différentes logiques de présentation destinées à différents types de consommateurs (navigateurs web ou équipements portables, par exemple). Vous avez également examiné les limites de XSLT, ainsi que d'autres aspects à ne pas oublier.

Pour en savoir plus sur XSLT, consultez le chapitre 8 – *XSLT et XPath*. Pour plus d'informations sur WML, nous vous recommandons de consulter le manuel *Professional WAP*[2], publié par Wrox Press (ISBN 1861004044).

Conclusion

Dans ce chapitre, vous avez entrevu les manières dont XML peut être utilisé pour classer, recueillir et présenter des données. XML peut servir à porter des informations classées sur un serveur web indépendamment de la plate-forme, ces informations pouvant être par la suite chargées facilement dans une base de données relationnelle ou laissées de manière persistante dans un document d'archive pour une utilisation ultérieure. Par ailleurs, grâce au XML qui permet de détacher la présentation des données, vous pouvez gérer des consommateurs de différents types. Si vous intégrez le XML à votre solution professionnelle, n'oubliez pas de tirer parti du XML pour ces processus.

[2] Note : ouvrage non disponible en français.

20

Exemples d'applications XML avec SQL Server 2000

Ce chapitre est conçu de manière à vous présenter les fonctions les plus avancées de XML avec SQL Server 2000. Il vous apprend également à en obtenir des résultats et à programmer ces fonctions. Deux projets distincts vous permettront de découvrir comment tirer parti au maximum de ces fonctions spécifiques.

Pour tester ces applications, vous devez disposer de SQL Server 2000, de l'updategram (programme d'actualisation) et de la fonction de chargement en masse qui font partie de la Version bêta 1 de la version 2 de XML for SQL Web que vous pouvez télécharger sur le site web de MSDN. Cette version bêta peut être téléchargée gratuitement sur le site http://msdn.microsoft.com/downloads/default.asp. Cette version web étend les fonctions de SQL Server 2000 et met à votre disposition des fonctionnalités XML SQL Server complètement nouvelles. Vous pouvez vous procurer une version d'évaluation de SQL Server 2000 à l'adresse suivante : http://www.microsoft.com/sql/productinfo/default.htm.

Vous devez également disposer d'un répertoire virtuel (racine virtuelle) configuré pour exécuter un grand nombre d'exemples. Cette configuration est développée à l'annexe E.

Les projets traités dans ce chapitre sont les suivants :

Projet 1 – Accéder directement à SQL Server 2000 via HTTP

Dans ce projet, vous allez explorer les différentes manières d'accéder à SQL Server 2000 *via* HTTP, ce qui inclut :

- l'envoi (POST) d'un modèle XML à l'aide d'un formulaire HTML ;
- l'application Visual Basic simple utilisant la technologie ADO qui exécute un modèle XML ;
- l'application ASP exécutant un programme d'actualisation XML.

Tous les exemples se basent sur un modèle XML simple (consistant en requêtes SQL et/ou XPath). Cette section explique, par ailleurs, comment les paramètres sont transmis dans chacune des applications.

Projet 2 – Construire un empire : la société eLimonade

Dans ce projet, vous allez exploiter un site de commerce électronique fictif pour mettre en opposition deux approches XML d'un même problème. La première approche utilise FOR XML et OpenXML, tandis que la seconde utilise XML Views, XPath et les programmes d'actualisation. L'exigence de départ est de vendre de la limonade *via* Internet. À partir de là, vous allez concevoir une base de données pour finir par la rédaction du code d'une application explorant ces fonctions XML avec SQL Server 2000.

Projet 1 – Accéder directement à SQL Server 2000 *via* HTTP

Dans ce premier projet, vous allez découvrir comment accéder à des informations, voire les mettre à jour directement dans votre base de données SQL Server 2000, *via* HTTP. Cela vous permet d'obtenir les résultats transmis à un client (navigateur web ou, par la suite, application Visual Basic) *via* un réseau d'entreprise ou *via* Internet. Deux techniques différentes exécutant des requêtes dans SQL Server seront évoquées :

- envoi (POST) de modèles XML à l'aide d'un formulaire HTML ;
- application Visual Basic utilisant la technologie ADO (*ActiveX Data Objects*) pour exécuter un modèle XML ;
- application ASP exécutant un modèle XML (composé d'un programme d'actualisation qui modifie les données).

Il est possible que les modèles incluent des requêtes SQL qui peuvent ne rien mettre à jour du tout, comme de simples instructions `SELECT`. Mais les programmes d'actualisation qui sont des modèles, sont utilisés pour mettre à jour des données (`INSERT`, `UPDATE`, `DELETE`). Dans le cas d'une application VB, le client doit installer l'application et ses composants requis : version mise à jour de Microsoft Data Access Components, par exemple. L'application VB répartit le chargement de ce genre d'éléments en traitant les résultats d'une requête. Dans le cas d'une application ASP, le chargement sur le serveur est plus lourd, mais la plate-forme du client ne constitue pas un problème. Dans la mesure où SQL Server 2000 permet d'accéder aux données *via* HTTP, l'extraction ou la manipulation des données peut être réalisée au travers des dispositifs pare-feu et par le biais des plates-formes.

Notez que les exemples du projet 1 sont conçus pour pouvoir être exécutés dans la base de données Northwind. *Si vous exécutez un modèle dans une URL, vous devez disposer d'une racine virtuelle pour accéder à* Northwind *et d'un nom virtuel de type* template.

Modèles XML – Obtenir du XML de SQL Server *via* le Web

Les modèles XML ont été rapidement traités au chapitre 15. La première partie de ce projet vise à vous offrir une présentation rapide du concept de modèle XML et de l'utilisation qui peut en être faite pour extraire des données provenant de SQL Server 2000 *via* HTTP.

Les modèles sont tout simplement des documents XML utilisant une syntaxe spécifique qui peut être interprétée ou traitée par les composants SQL Server 2000. Ils prennent le nom de « modèle » car ils agissent comme placeholder pour les requêtes SQL, les programmes d'actualisation et les requêtes XPath. Ils sont traités d'une manière spéciale. Chaque modèle peut contenir un certain nombre de ces requêtes exécutées séquentiellement. Et, si l'une de ces requêtes échoue, les autres sont quand même exécutées.

Vous vous souvenez peut-être, depuis les explications sur les vues XML au chapitre 15, lorsque des requêtes XPath étaient exécutées, qu'il est nécessaire de fournir un schéma de mise en correspondance sous forme XDR (*XML Data Reduced*) annotée. Ces schémas permettent à la requête de faire correspondre les informations dans la base de données au format XML que vous souhaitez renvoyer. Vous pouvez également avoir recours à ces schémas avec des requêtes SQL (ou utiliser la mise en correspondance décrite au chapitre 14 traitant de la clause `FOR XML`).

Les modèles contenant des requêtes XPath seront traités ultérieurement. Pour le moment, concentrons-nous sur des modèles plus simples. La syntaxe générale d'un modèle XML qui exécute une requête SQL prend la forme suivante :

```
<ROOT xmlns:sql="urn:schemas-microsoft-com:xml-sql" >
   <sql:header>
      <sql:param NomParametre> Valeur par defaut </sql:param>
      <sql:param NomParametre> Valeur par defaut </sql:param>...n
   </sql:header>
   <sql:query>
      SQL statement(s)
   </sql:query>
</ROOT>
```

Les deux parties principales du modèle sont les suivantes :

- l'élément `<ROOT>` fournit un élément simple de niveau supérieur pour le XML qui en résulte ;
- les mots-clés `header`, `param` et `query` qui sont définis dans l'espace de noms `urn:schemas-microsoft-com:xml-sql`.

Les éléments des mots-clés imbriqués dans l'élément `<ROOT>` vous permettent de transmettre des paramètres au modèle :

- l'élément `<query>` est utilisé pour contenir les instructions SQL réelles qui constituent la requête que le modèle doit exécuter ;

- l'élément <header> agit comme un conteneur dans lequel vous pouvez spécifier plusieurs paramètres à l'aide de l'élément <param> ;
- l'élément <param> sert à définir le nom du paramètre et sa valeur facultative.

Le modèle XML ci-après (ch20_ex01.xml) exécute une requête SELECT simple :

```
<ROOT xmlns:sql="urn:schemas-microsoft-com:xml-sql">
   <sql:query>
      SELECT Prenom, NomFamille
      FROM Salaries
      WHERE IDSalarie = 6
      FOR XML AUTO
   </sql:query>
</ROOT>
```

Le seul paramètre transmis à ce niveau est la requête SQL réelle à exécuter. Elle se trouve dans la table Salaries et a pour effet de demander le prénom et le nom des employés dont l'IDSalarie correspond à 6. Les modèles sont stockés dans le répertoire associé au nom virtuel du type template (Template dans l'exemple ci-après pour simplifier la compréhension). Vous pouvez tester ce modèle en spécifiant cette URL :

```
http://localhost/Virtualroot/Template/ch20_ex01.xml
```

Pensez à renseigner le nom du Virtualroot. Dans la mesure où ce modèle est exécuté par le biais d'une URL envoyée par un serveur IIS *via* HTTP, le résultat est aussi renvoyé *via* HTTP. Le fichier renvoyé correspond au modèle, avec le résultat à la place de la requête SQL, comme suit :

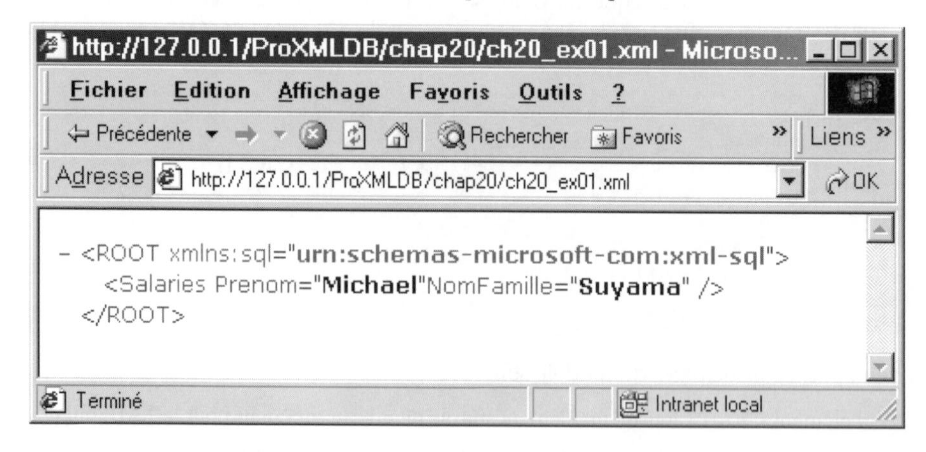

Développons ce modèle (ch20_ex02.xml), en ajoutant, cette fois, un paramètre à la requête SQL. Ici, le paramètre de la requête est IDSal :

```
<ROOT xmlns:sql="urn:schemas-microsoft-com:xml-sql">
   <sql:header>
      <sql:param name='IDSal'>1</sql:param>
   </sql:header>
   <sql:query>
```

```
        SELECT Prenom, NomFamille
        FROM Salaries
        WHERE IDSalarie = @IDSal
        FOR XML AUTO
    </sql:query>
</ROOT>
```

Cet exemple illustre l'utilisation des paramètres. Ces derniers permettent de transmettre des valeurs dans un modèle (plus loin dans ce chapitre, après l'explication de la syntaxe correspondante, vous découvrirez comment procéder en utilisant la programmation). Comme vous pouvez le constater, ce modèle possède un paramètre `IDSal` comme valeur de l'attribut `name` de l'élément `<param>` :

```
<sql:param name='IDSal'>1</sql:param>
```

Il y est ensuite fait référence dans la requête SQL :

```
WHERE IDSalarie = @IDSal
```

Lors de l'exécution de ce modèle, si la valeur du paramètre n'est pas indiquée, la valeur par défaut `1` est utilisée (la valeur par défaut est spécifiée comme contenu d'un élément). Vous pouvez le tester en spécifiant l'URL suivante :

```
http://localhost/Virtualroot/Template/ch20_ex02.xml?IDSal=5
```

Et voici le résultat :

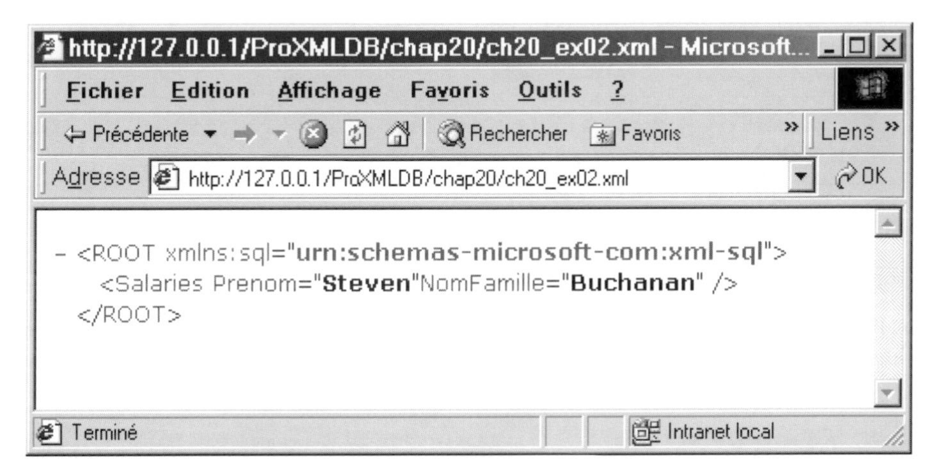

Modèles intégrant des requêtes XPath

Dans le chapitre 15, qui traitait des vues XML, vous avez appris qu'il était nécessaire de fournir un schéma avec vos requêtes XPath afin de mettre en correspondance la structure XML à renvoyer dans les tables et les colonnes de la base de données. Vous pouvez spécifier le schéma à utiliser ou l'indiquer directement dans le modèle (dans ce dernier cas, le schéma prend le nom de **schéma en ligne**. La syntaxe du schéma utilisée est XDR et vous devez ajouter les annotations mentionnées au chapitre 15 pour fournir la mise en correspondance.

La requête XPath est spécifiée dans la balise `<xpath-query>` et le nom de fichier du schéma est indiqué comme valeur de l'attribut `mapping-schema` (il s'agit du schéma dans lequel la requête XPath est exécutée). L'exemple suivant montre comment spécifier une requête XPath dans un modèle (`ch20_ex03.xml`) :

```
<ROOT xmlns:sql="urn:schemas-microsoft-com:xml-sql">
   <sql:header>
      <sql:param name='IDSal'>1</sql:param>
   </sql:header>
      <sql:xpath-query mapping-schema="ch20 ex04.xml">
         /Salaries[@IDSalarie=$IDSal]
      </sql:xpath-query>
</ROOT>
```

Voici le schéma de mise en correspondance dans lequel exécuter la requête (`ch20_ex04.xml`). Aussi, pour tester cet exemple, le schéma doit être placé dans le répertoire associé au nom virtuel du type **modèle** (ou dans l'un de ses sous-répertoires auquel cas il est nécessaire de spécifier le chemin d'accès au répertoire du modèle) :

```
<?xml version="1.0" encoding="ISO-8859-1" ?>
<Schema xmlns="urn:schemas-microsoft-com:xml-data"
    xmlns:dt="urn:schemas-microsoft-com:datatypes"
    xmlns:sql="urn:schemas-microsoft-com:xml-sql">
<ElementType name="Salaries" >
   <AttributeType name="IDSalarie" />
   <AttributeType name="Prenom" />
   <AttributeType name="NomFamille" />
   <attribute type="IDSalarie" />
   <attribute type="Prenom" />
   <attribute type="NomFamille" />
</ElementType>
</Schema>
```

L'URL suivante peut servir à tester cet exemple :

```
http://localhost/Virtualroot/template/ch20_ex03.xml?IDSal=7
```

Dans l'URL, IDSal représente le paramètre prenant la valeur 7. L'extension isapi (`sqlisapi.dll`) insère la valeur du paramètre dans le modèle. Lorsque le modèle est exécuté, à l'aide de l'URL figurant ci-dessus, le XML qui en résulte s'apparente à ce qui suit :

```
<ROOT xmlns:sql="urn:schemas-microsoft-com:xml-sql">
  <Salaries IDSalarie="7" Prenom="Robert" NomFamille="King" />
</ROOT>
```

Appliquer XSLT à un modèle

Vous pouvez même appliquer une transformation XSL au code XML qui en résulte en spécifiant un fichier XSL dans le modèle à l'aide de l'attribut `xsl`, comme indiqué ci-dessous, dans le modèle `ch20_ex05.xml` :

```
<root
    xmlns:sql='urn:schemas-microsoft-com:xml-sql'
    sql:xsl='ch20 ex05.xsl'>
<sql:query>
   SELECT IDClient, NomContact, Ville
   FROM  Clients
   FOR XML AUTO
</sql:query>
</root>
```

La feuille de style ci-après, `ch20_ex05.xsl`, est alors appliquée au serveur après exécution du modèle et avant l'envoi du résultat au client.

```
<?xml version="1.0" encoding="ISO-8859-1" ?>
    <xsl:stylesheet xmlns:xsl="http://www.w3.org/1999/XSL/Transform"
version="1.0">
   <xsl:template match = '*'>
      <xsl:apply-templates />
   </xsl:template>
   <xsl:template match = 'Clients'>
      <TR>
         <TD><xsl:value-of select = '@IDClient' /></TD>
         <TD><xsl:value-of select = '@NomContact' /></TD>
         <TD><xsl:value-of select = '@Ville' /></TD>
      </TR>
   </xsl:template>
   <xsl:template match = '/'>
   <HTML>
      <HEAD>
         <STYLE>th { background-color: #CCCCCC }</STYLE>
      </HEAD>
      <BODY>
         <TABLE border='1' style='width:300;'>
           <TR><TH colspan='2'>Liste Clients</TH></TR>
           <TR><TH >ID Client</TH><TH>Nom Contact</TH><TH>Ville</TH></TR>
           <xsl:apply-templates select = 'root' />
        </TABLE>
      </BODY>
   </HTML>
   </xsl:template>
</xsl:stylesheet>
```

Pour tester cet exemple, enregistrez le modèle et la feuille de style dans le répertoire associé au nom virtuel de type modèle. Cette URL exécute alors le modèle :

```
http://localhost/Virtualroot/Template/ch20_ex05.xml?contenttype=text/html
```

La capture d'écran suivante illustre en partie le résultat :

Liste Clients		
ID Client	**Nom Contact**	**Ville**
ALFKI	Maria Anders	Berlin
ANATR	Ana Trujillo	Mexico D.F.
ANTON	Antonio Moreno	Mexico D.F.
AROUT	Thomas Hardy	London
BERGS	Christina Berglund	Lulea
BLAUS	Hanna Moos	Mannheim

Programmes d'actualisation

Comme vous l'avez vu précédemment, vous pouvez également utiliser un programme d'actualisation dans le modèle XML avec une requête SQL. Vous avez entrevu les programmes d'actualisation dans le chapitre 15 dans lequel ils étaient utilisés pour mettre à jour le contenu de SQL Server 2000. Les programmes d'actualisation se composent des balises `<sync>`, `<before>` et `<after>`.

Le modèle suivant (`ch20_ex06.xml`) utilise un programme d'actualisation pour insérer un enregistrement dans la table `Salaries`.

```
<ROOT xmlns:updg="urn:schemas-microsoft-com:xml-updategram"
    xmlns:sql="urn:schemas-microsoft-com:xml-sql" >
   <updg:sync >
      <updg:before>
      </updg:before>
      <updg:after>
      <Salaries Prenom="Joe" NomFamille="Smith" />
      </updg:after>
   </updg:sync>
   <sql:query>
      SELECT IDSalarie, Prenom, NomFamille
```

```
      FROM Salaries
      FOR XML AUTO
   </sql:query>
</ROOT>
```

Cet exemple peut être exécuté à l'aide de l'URL suivante :

```
http://localhost/Virtualroot/Template/ch20_ex06.xml
```

Comme vous vous en souvenez peut-être, les programmes d'actualisation peuvent être utilisés avec un schéma de mise en correspondance, le cas échéant. Dans cet exemple, aucun n'est spécifié, donc c'est une mise en correspondance par défaut qui a lieu, ce qui signifie que les noms d'éléments correspondent au nom de la table et que les noms d'attributs à ceux des colonnes de la table.

Dans le programme d'actualisation suivant, un schéma de mise en correspondance est spécifié car les noms de l'élément et de l'attribut spécifiés dans le programme d'actualisation ne correspondent pas aux noms de la table et des colonnes. Il s'agit du programme d'actualisation (`ch20_ex07.xml`). Enregistrez ce fichier dans le répertoire associé au nom virtuel du type modèle.

```
<ROOT xmlns:updg="urn:schemas-microsoft-com:xml-updategram"
   xmlns:sql="urn:schemas-microsoft-com:xml-sql" >
   <updg:sync mapping-schema="ch20_ex07.xdr" >
      <updg:before>
      </updg:before>
      <updg:after>
      <Emp FName="Joeeeee" LName="Smitheeee" />
      </updg:after>
   </updg:sync>
   <sql:query>
      SELECT IDEmployee, prenom, NomFamille
      FROM Salaries
      FOR XML AUTO
   </sql:query>
</ROOT>
```

Voici le schéma de mise en correspondance (`ch20_ex07.xdr`). Enregistrez-le dans le répertoire dans lequel se trouve le fichier du modèle.

```
<?xml version="1.0" encoding="ISO-8859-1" ?>
<Schema xmlns="urn:schemas-microsoft-com:xml-data"
    xmlns:dt="urn:schemas-microsoft-com:datatypes"
    xmlns:sql="urn:schemas-microsoft-com:xml-sql">
<AttributeType name="Contact" />
<ElementType name="Sal" sql:relation="Salaries" >
   <AttributeType name="FName" />
   <AttributeType name="LName" />

   <attribute type="FName" sql:field="Prenom" />
   <attribute type="LName" sql:field="NomFamille" />
</ElementType>
</Schema>
```

Cet exemple peut être exécuté à l'aide de l'URL suivante (identique à celle de l'exemple suivant) :

```
http://localhost/Virtualroot/Template/ch20_ex07.xml
```

Notez, là encore, que le schéma a été spécifié dans ce cas car les noms de l'élément/attribut sont différents des noms de la table et des colonnes auxquels ils correspondent. Par exemple, le nom de l'élément `<Emp>` est différent de la table `Employees` à laquelle il correspond. Le schéma de mise en correspondance met à votre disposition la correspondance nécessaire.

Transmettre un modèle *via* POST à l'aide d'un formulaire HTML

Jusque-là, vous avez pu apprécier la puissance potentielle de l'utilisation de modèles, même si ces modèles ont été exécutés à partir de fichiers qui se trouvent sur le serveur qui s'exécute *via* une URL. Vous pouvez réellement tirer parti de cette fonction, cependant, en l'appelant à partir d'un formulaire HTML. Cette section vous apprend à appeler un modèle à partir d'un formulaire : tout d'abord, en déclenchant ce formulaire par le biais d'un bouton, puis en associant ce formulaire à des champs de formulaire de sorte que les données saisies par l'utilisateur soient transmises au modèle comme paramètre.

Transmettre un modèle au serveur via *POST*

Dans le premier exemple, nous utilisons un formulaire HTML simple pour envoyer le modèle au serveur. Le code du formulaire (`ch20_ex08.html`) figure ci-après. Enregistrons ce fichier à un emplacement quelconque (le lecteur C:\, par exemple) et ouvrons-le dans le navigateur :

```
<html>
  <head>
   <title>Exemple de Formulaire </title>
  </head>
  <body>
   <form action="http://localhost/nwind" method="POST">
   <input type="hidden" name="contenttype" value=text/xml >
   <input type="hidden" name="template" value="
     <root xmlns:sql='urn:schemas-microsoft-com:xml-sql' >
      <sql:query>
      SELECT top 5 IDClient, NomContact, Ville
      FROM Clients
      FOR XML AUTO
      </sql:query>
     </root>
   ">
   <p><input type="submit" value="Afficher Clients" >
   </form>
  </body>
</html>
```

N'oubliez pas de créer une racine virtuelle à l'aide de l'utilitaire IIS Virtual Directory Management pour SQL Server et spécifiez cette racine virtuelle dans l'action du formulaire HTML. Cela s'applique à tous les exemples de ce type.

Le formulaire produit est très simple. Il ne contient qu'un seul bouton :

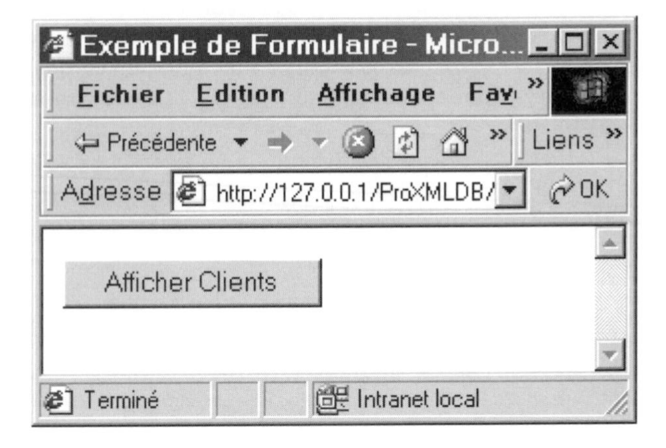

En fait, le code du modèle se trouve dans un champ masqué appelé `template` :

```
<input type="hidden" name="template" value="
      <root xmlns:sql='urn:schemas-microsoft-com:xml-sql' >
      <sql:query>
      SELECT top 5 IDClient, NomContact, Ville
      FROM Clients
      FOR XML AUTO
      </sql:query>
     </root>
   ">
```

Pour cette tâche, le formulaire doit comprendre un champ masqué `contenttype` supplémentaire qui définit le type de contenu de la demande sur XML :

```
<input type="hidden" name="contenttype" value=text/xml >
```

L'élément `action` du formulaire est défini sur l'URL (le formulaire est transmis *via* POST à l'URL) de votre répertoire virtuel.

```
<input type="submit" value="Afficher Clients" >
```

Pour que l'opération POST aboutisse, le répertoire virtuel doit autoriser la méthode `POST`. Si vous avez configuré le répertoire virtuel comme indiqué à l'annexe E, cela ne devrait poser aucun problème.

Voici le résultat renvoyé :

```
<root xmlns:sql="urn:schemas-microsoft-com:xml-sql">
<Clients IDClient="ALFKI" NomContact="Maria Anders" Ville="Berlin" />
<Clients IDClient="ANATR" NomContact="Ana Trujillo" Ville="Mexico D.F." />
<Clients IDClient="ANTON" NomContact="Antonio Moreno" Ville="Mexico D.F." />
<Clients IDClient="AROUT" NomContact="Thomas Hardy" Ville="London" />
<Clients IDClient="BERGS" NomContact="Christina Berglund" Ville="Lulea" />
</root>
```

Vous pouvez appliquer une transformation XML au résultat de la requête. Le code ci-dessous correspond au formulaire HTLM revu et corrigé dans lequel la même requête est exécutée mais cette fois en spécifiant un fichier XSL. Vous obtenez ainsi les informations du client affichées dans un formulaire de table. Enregistrez ce fichier (`ch20_ex09.html`) à un emplacement quelconque de votre machine (sur `C:\`, par exemple) et ouvrez-le dans le navigateur :

```
<html>
   <head>
      <title>Exemple de Formulaire </title>
   </head>
   <body>
      <form action="http://localhost/Virtualroot" method="POST">
         <input type="hidden" name="contenttype" value=text/html >
      <input type="hidden" name="template" value="
      <root xmlns:sql='urn:schemas-microsoft-com:xml-sql' >
      <sql:query>
      SELECT top 5 IDClient, NomContact, Ville
      FROM Clients
      FOR XML AUTO
      </sql:query>
      </root>
      ">
      <input type="hidden" name="xsl" value="ch20_ex09.xsl" >
      <p><input type="submit" value="Afficher les Clients" >
      </form>
   </body>
</html>
```

Notez que `contenttype` prend la valeur `text/html` car la feuille de style XSL convertit le résultat au format HTML. Aussi, pour l'afficher dans le navigateur sous forme de table, le type de contenu doit prendre la valeur `text/html`.

Voici le fichier XSL (`ch20_ex09.xsl`) à placer dans le répertoire de votre racine virtuelle.

```
<?xml version="1.0" encoding="ISO-8859-1" ?>
    <xsl:stylesheet xmlns:xsl="http://www.w3.org/1999/XSL/Transform" version="1.0">
   <xsl:template match = '*'>
      <xsl:apply-templates />
   </xsl:template>
   <xsl:template match = 'Clients'>
      <TR>
         <TD><xsl:value-of select = '@IDClient' /></TD>
         <TD><xsl:value-of select = '@NomContact' /></TD>
         <TD><xsl:value-of select = '@Ville' /></TD>
      </TR>
   </xsl:template>
   <xsl:template match = '/'>
   <HTML>
```

```
        <HEAD>
            <STYLE>th { background-color: #CCCCCC }</STYLE>
        </HEAD>
        <BODY>
            <TABLE border='1' style='width:300;'>
                <TR><TH colspan='3'>Liste Clients</TH></TR>
                <TR><TH >ID Client</TH><TH>Nom Contact</TH><TH>Ville</TH></TR>
                <xsl:apply-templates select = 'root' />
            </TABLE>
        </BODY>
    </HTML>
    </xsl:template>
</xsl:stylesheet>
```

Le résultat de cette transformation XSL prend la forme d'une table à trois colonnes (IDClient, `NomContact`, `Ville`) affichée dans le navigateur, identique à celle générée par `ch20_ex05.xml` et la feuille de style qui lui est associée.

Bien entendu, la requête était codée en dur dans la page. Pour une utilité réelle, vous devez pouvoir transmettre des paramètres au modèle, ce que la section ci-dessous va détailler.

Transmettre des paramètres à une requête

Dans les exemples précédents, vous avez appris qu'il était possible de transmettre des paramètres à la requête si ceux-ci sont définis dans la balise `<sql:header>` du modèle. Vous pouvez modifier le code HTML de manière à transmettre la valeur du paramètre. Cette application est semblable à l'application précédente avec les exceptions suivantes :

- le modèle XML utilise un seul paramètre qui limite la portée de l'instruction `SELECT` spécifiée dans celui-ci ;
- le client indique la valeur de ce paramètre comme l'une des valeurs contenues dans le formulaire (`IDClient`).

Enregistrez le fichier suivant, `ch20_ex10.html`, à un emplacement quelconque (le lecteur `C:\`, par exemple) et ouvrez-le dans le navigateur. Lors de l'envoi du formulaire, le modèle et la valeur prise par le paramètre sont envoyés distinctement dans l'en-tête POST :

```
<html>
    <head>
        <title>Exemple de Formulaire </title>
    </head>
    <body>
    Pour un numéro de client donné, nom contact et ville extrait.
    <form action="http://localhost/Virtualroot" method="POST">
        <b>ID Client:</b>
        <input type="text" name="IDClient" value="ALFKI">
        <input type="hidden" name="contenttype" value="text/xml" >
            <input type="hidden" name="template" value="
            <root xmlns:sql='urn:schemas-microsoft-com:xml-sql' >
```

```
        <sql:header>
           <sql:param name='IDClient'>ALFKI</sql:param>
        </sql:header>
        <sql:query>
           SELECT IDClient, NomContact, Ville
           FROM Clients
           WHERE IDClient=@IDClient
           FOR XML AUTO
        </sql:query>
        </root>
       ">
   <p><input type="submit">
   </form>
   </body>
</head>
```

Cette manière d'exécuter les modèles ne va pas sans risque en termes de sécurité. Dans la mesure où le modèle se trouve dans le formulaire HTML, le client a accès total à son contenu et peut de ce fait modifier la requête. Pour cette raison, il est plus approprié de stocker le modèle XML sur le serveur IIS et que le client soit transmis via POST à un nom virtuel du type `template` configuré à l'aide de l'outil de gestion de répertoires virtuels SQL Server. Cet aspect sera abordé par la suite.

Exécuter les fichiers modèle

Au lieu de transmettre le modèle au serveur à partir d'un champ de formulaire masqué, vous pouvez faire exécuter le modèle XML sur le serveur par le formulaire lorsque vous cliquez sur un bouton du fichier HTML. Dans cet exemple, au lieu de spécifier le modèle XML dans le formulaire HTML, le fichier modèle XML, `ch20_ex11.xml`, est stocké sur le serveur IIS dans le répertoire associé au nom virtuel du type `template`. À cet effet, définissez juste l'élément `action` du formulaire sur l'URL du fichier du modèle, comme suit :

```
<ROOT xmlns:sql="urn:schemas-microsoft-com:xml-sql" >
<sql:query>
   SELECT top 5 IDClient, NomContact, Ville
   FROM Clients
   FOR XML AUTO
</sql:query>
</ROOT>
```

Puisque ce fichier modèle est stocké dans le répertoire virtuel, l'ensemble des demandes de ce fichier sont traitées par l'extension ISAPI (`sqlisapi.dll`). Les utilisateurs ne peuvent donc pas accéder au contenu du fichier modèle et ne peuvent pas modifier la requête conteneur dans le modèle. Le fichier HTML revu et corrigé est `ch20_ex11.html`. Enregistrez ce fichier à un emplacement quelconque (à la racine du lecteur C:\, par exemple).

```
<html>
   <head>
      <title>Exemple de Formulaire </title>
   </head>
   <body>
       Afficher les 5 premiers Clients .
      <form action="http://localhost/Virtualroot/template/ch20_ex11.xml"
```

```
         method="POST">
         <input type="hidden" name="contenttype" value="text/xml" >
         <p><input type="submit" value="Trouver Clients" >
         </form>
      </body>
   </html>
```

Transmettre des paramètres à des fichiers de modèle

Comme promis, nous allons apprendre à transmettre des paramètres aux modèles XML à partir des champs d'un formulaire. Cette opération est relativement simple : il suffit d'ajouter un champ de formulaire dont le nom correspond aux paramètres acceptés par le modèle.

Commençons par un exemple simple dans lequel le modèle prend un seul paramètre, `IDSalarie`, ce qui vous permet de saisir l'`ID` de l'employé et d'extraire son prénom, ainsi que son nom.

Le fichier revu et corrigé figure ci-après (vous connaissez certainement mieux la syntaxe maintenant). Enregistrez ce fichier modèle, `ch20_ex12.xml`, sur le serveur IIS, dans le répertoire associé au nom virtuel du type `template`.

```
<ROOT xmlns:sql="urn:schemas-microsoft-com:xml-sql" >
   <sql:header>
      <sql:param name="IDClient">ALFKI</sql:param>
   </sql:header>
   <sql:query>
      SELECT IDClient, NomContact, Ville
      FROM Clients
      WHERE IDClient=@IDClient
      FOR XML AUTO
   </sql:query>
</ROOT>
```

Voici le formulaire HTML revu et corrigé : `ch20_ex12.html`. Notez que l'élément `action` du formulaire pointe vers l'URL du modèle. En ajoutant l'élément `input` à l'endroit où vous entrez le numéro de l'employé à extraire, vous pouvez retransmettre la valeur ajoutée au modèle par l'utilisateur :

```
<html>
   <head>
      <title>Exemple de Formulaire </title>
   </head>
   <body>
      Pour un numéro de client donné, nom contact et ville extrait.
      <form action="http://localhost/Virtualroot/template/ch20 ex12.xml"
         method="POST">
         <input type="text" name="IDClient" value="ALFKI" >
         <input type="hidden" name="contenttype" value="text/xml" >
         <p><input type="submit" value="Trouver Client" >
      </form>
   </body>
</html>
```

Le formulaire simple s'apparente à celui-ci :

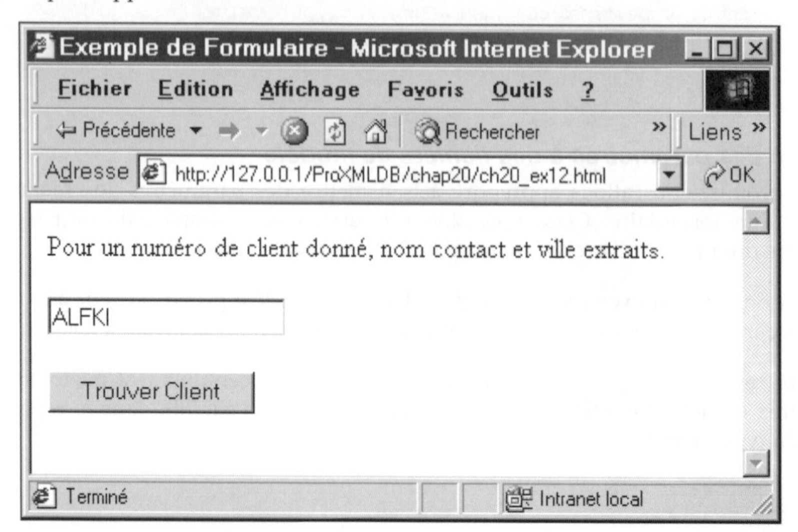

Et voici le résultat renvoyé lors de l'exécution de cette requête :

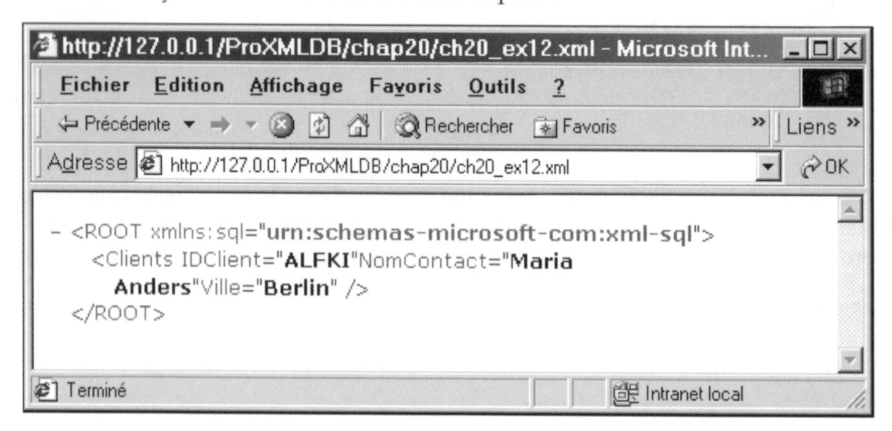

Exemple d'application ASP

Á présent, passons à une application plus intéressante qui utilise ASP (*Active Server Pages*), ce qui permet à l'utilisateur d'actualiser les enregistrements de la base de données.

Nous allons créer une page ASP simple générant un formulaire dans lequel l'utilisateur pourra entrer les ID des employés lors du premier accès. Ensuite, les noms des employés sont renvoyés lorsque l'utilisateur clique sur le bouton pour envoyer l'ID. Les méthodes présentées précédemment sont utilisées à cet effet. (Si aucun ID n'est indiqué lorsque l'utilisateur clique sur le bouton, le système renvoie le formulaire vide afin que celui-ci renseigne les champs obligatoires.) Lorsque le résultat est affiché, l'utilisateur peut modifier l'enregistrement à l'aide d'un programme d'actualisation XML.

Voici le formulaire généré par ASP si aucun ID n'est spécifié :

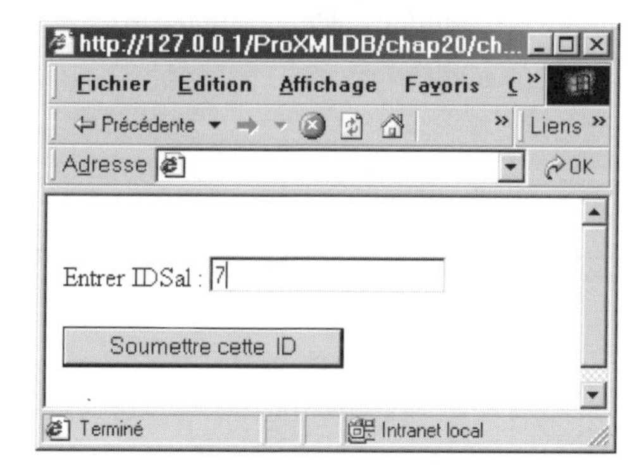

Lorsqu'une valeur est entrée dans le formulaire, la page ASP utilise cette valeur afin d'exécuter le modèle XML suivant pour extraire l'enregistrement de l'employé spécifié.

```
<root xmlns:sql="urn:schemas-microsoft-com:xml-sql">
   <sql:header>
      <sql:param name="eid"></sql:param>
   </sql:header>
   <sql:query>
      SELECT eid, fname, lname
      FROM Salarie
      WHERE eid=@eid
      FOR XML AUTO
   </sql:query>
</root>
```

Le modèle est exécuté à l'aide de la fonction HTTP côté serveur disponible dans MSXML 3.0. L'enregistrement d'employé qui en résulte prend la forme d'un document XML. Le serveur utilise alors MSXML pour analyser la syntaxe de ce document et extraire les valeurs des attributs `fname` et `lname`. Ces valeurs sont transmises au client comme valeurs des champs d'un formulaire HTML généré dynamiquement. Voici les informations renvoyées pour l'utilisateur à mettre à jour :

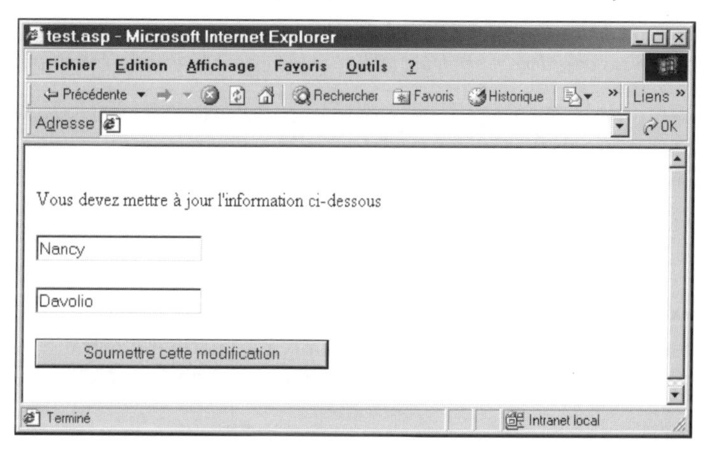

Le client peut alors modifier ces valeurs et envoyer ce nouveau formulaire défini de manière à exécuter un autre modèle contenant un programme d'actualisation XML :

```
<ROOT xmlns:updg="urn:schemas-microsoft-com:xml-updategram">
<updg:header>
   <updg:param name="eid"/>
   <updg:param name="fname" />
   <updg:param name="lname" />
</updg:header>
<updg:sync >
   <updg:before>
      <Salarie eid="$eid" />
   </updg:before>
   <updg:after>
      <Salarie eid="$eid" fname="$fname" lname="$lname" />
   </updg:after>
</updg:sync>
</ROOT>
```

Notez que les noms des champs du formulaire HTML généré dynamiquement correspondent aux noms spécifiés dans le modèle.

Créer l'application

Pour construire cette application, un certain nombre d'opérations sont nécessaires :

- créer la nouvelle table ;
- écrire les deux modèles ;
- composer la page ASP contenant cette fonction.

Ces opérations sont détaillées l'une après l'autre dans les sections suivantes.

Créer la table

Dans cet exemple, utilisez tout d'abord le script SQL, `ch20_ex15.sql`, pour créer une autre table appelée `EditSalaries` dans la base de données Northwind, afin de pouvoir modifier les entrées.

Ici ce n'est pas la table `Salaries` de la base Northwind qui est utilisée car l'exemple modifie les données dans la table. Vous créez donc votre propre table et vous modifiez les données comme vous le souhaitez.

```
CREATE TABLE EditSalaries (eid int, fname varchar(20), lname varchar(20))
INSERT INTO EditSalaries VALUES (1, 'Nancy', 'Davolio')
INSERT INTO EditSalaries VALUES (2, 'Andrew', 'Fuller')
```

Ce code crée tout simplement une table appelée `EditSalaries`, contenant les colonnes `eid`, `fname` et `lname`. Complétez cette table à l'aide d'instructions `INSERT` afin de pouvoir disposer de valeurs exploitables.

Écrire les deux modèles

Cette application comprend deux exemples : le premier permet d'extraire les informations relatives à un employé à partir de l'ID indiqué, tandis que le second permet de mettre à jour le contenu de la base de données.

Le code du premier exemple, `ch20_ex16.xml`, est le suivant :

```
<root xmlns:sql="urn:schemas-microsoft-com:xml-sql">
   <sql:header>
      <sql:param name="eid"></sql:param>
   </sql:header>
   <sql:query>
      SELECT eid, fname, lname
      FROM EditSalaries
      WHERE eid=@eid
      FOR XML AUTO
   </sql:query>
</root>
```

Ce modèle doit être enregistré dans le répertoire associé au nom virtuel du type `template`.

Le second modèle est légèrement plus compliqué car il utilise le programme d'actualisation pour permettre à l'utilisateur de modifier l'enregistrement. Le chapitre 15 vous a permis d'explorer l'utilisation de programmes d'actualisation. Ce modèle est appelé `ch20_ex17.xml`.

```
<ROOT xmlns:updg="urn:schemas-microsoft-com:xml-updategram">
<updg:header>
   <updg:param name="eid"/>
   <updg:param name="fname" />
   <updg:param name="lname" />
</updg:header>
<updg:sync >
   <updg:before>
      <EditSalaries eid="$eid" />
   </updg:before>
   <updg:after>
      <EditSalaries eid="$eid" fname="$fname" lname="$lname" />
   </updg:after>
</updg:sync>
</ROOT>
```

Ce modèle utilise l'ID employé pour sélectionner l'enregistrement approprié car l'utilisateur n'est pas autorisé à réécrire l'ID de l'utilisateur (nom uniquement) pour lequel vous écrivez ce code, afin de vous assurer que l'enregistrement correct est bien écrasé. Enregistrez ce modèle au même emplacement que le premier modèle.

Composer la page ASP

Vous arrivez à présent sur la page ASP principale. Puisque la page que nous allons créer constitue une application ASP, elle doit être placée dans une racine virtuelle qui doit être créée à l'aide de Internet Services Manager. Vous ne pouvez pas utiliser la racine virtuelle créée à l'aide de l'utilitaire IIS Virtual Directory Management pour SQL Server car cette racine virtuelle est configurée uniquement pour une utilisation avec SQL Server et ne peut pas traiter de demandes ASP.

Pour créer une nouvelle racine virtuelle pour l'application ASP, lancez l'outil Internet Services Manager. Pour créer un autre répertoire virtuel, mettez Default Web Site en surbrillance, allez au menu Action et sélectionnez New. Indiquez le nom du répertoire virtuel, puis le chemin d'accès au répertoire physique dans lequel enregistrer l'application ASP sous `ch20_ex17.asp`.

Parcourez le code de la page ASP et constatez ce qui se passe. Commencez par déclarer votre langage de script, VBScript, et la variable `IDSal` destinée à contenir l'élément `IDSal` :

```
<% LANGUAGE=VBSCRIPT %>
<%
  Dim IDSal
```

N'oubliez pas que, si l'utilisateur charge la page pour la première fois, la page doit afficher le formulaire permettant de recueillir les données de l'utilisateur et vous devez donc vérifier que l'ID a bien été spécifié. Définissez alors `EmpID` sur la valeur de la boîte de réception contenant l'ID employé si l'utilisateur a déjà vu le formulaire. Rédigez ensuite le début du code HTML de la page à afficher et lancez une instruction `if... then` pour afficher le premier formulaire si l'élément `id` n'a pas été spécifié.

```
IDSal=Request.Form("eid")
%>
<html>
<body>
<%
  'si la valeur de n'est pas encore fournie afficher ce formulaire
  if IDSal ="" then
%>
```

Si `IDSal` est vide, commencez l'élément `<FORM>` et réécrivez celui-ci sur le client. Lorsque l'utilisateur envoie l'ID, cet ID est transmis *via* la méthode POST à la même page ASP.

```
<!-- le IDSal n'a pas été spécifié, ainsi nous affichons le formulaire qui
autorise les utilisateurs a entrer une identification -->
<form action="ch20_ex16.asp" method="POST">
<br>
Entrer IDSal: <input type=text name="eid"><br>
<input type=submit value="Soumettre cette ID" ><br><br>
```

Une fois que l'utilisateur a spécifié l'élément `id`, passez à cette section qui extrait l'enregistrement.

```
<!-- nous avons déjà entré un Id Salarie, afficher la deuxième partie du
formulaire où l'utilisateur peut modifier le fname et le lname -->
<%
  else
%>
<form name="Salarie" action="http://localhost/VirtualRoot/Template/Ch20_ex17.xml"
method="POST">
Vous devez mettre à jour le prénom et le nom en-dessous.<br><br>
<!-- un commentaire à cet endroit pour séparer les parties de l'application ou
de la page -->
<br>
<%
  ' chargement du document dans le parseur et extraction des valeurs pour
remplir le formulaire.
Set objXML=Server.CreateObject("MSXML2.DomDocument")
  objXML.async=False
  objXML.Load("http://localhost/northwind/Template/Ch20_ex16.xml?eid=" & IDSal)
  set objSalarie=objXML.documentElement.childNodes.Item(0)

  ' lors de l'extraction des données de la base de données, si une valeur de la
colonne est NULL, nous n'obtenons pas d'attributs pour l'élément correspondant
  ' Dans ce cas, ignorer la génération d'erreurs et passer à l'attribut suivant
```

```
On Error Resume Next
  ' obtenir la valeur de l'attribut eid
  Response.Write "ID Sal : <input type=text readonly=true style='background-
color:silver' name=eid value="""
  Response.Write objSalarie.attributes(0).value
  Response.Write """><br><br>"
  ' obtenir la valeur de l'attribut fname
  Response.Write "Prenom : <input type=text name=fname value="""
  Response.Write objSalarie.attributes(1).value
  Response.Write """><br><br>"
' l'attribut "lname"
  Response.Write "Nom Famille : <input type=text name=lname value="""
  Response.Write objSalarie.attributes(2).value
  Response.Write """><br>"

  set objSalarie=Nothing
  Set objXML=Nothing
%>
<input type="submit" value="Soumettre cette modification" ><br><br>
<input type=hidden name="contenttype" value="text/xml">
<input type=hidden name="eeid" value="<%=IDSal%>"><br><br>
<% end if %>
</form>
</body>
</html>
```

Cet exemple illustre la facilité de développer des applications ASP pour extraire et traiter du XML avec la fonction XML de SQL Server. La taille du code est bien plus réduite et l'application est plus sûre car l'ensemble de la logique métier est contrôlée par le serveur et absente du document HTML transmis au client.

Exemples d'applications ADO

Après avoir entrevu comment transmettre les enregistrements sous forme de XML *via* HTTP, en ayant recours à des URL pour appeler les modèles, nous allons à présent apprendre à utiliser la technologie ADO (*ActiveX Data Objects*) dans un formulaire Visual Basic. La technologie ADO est une méthode dépendant du client qui permet d'accéder à des données SQL Server et de les manipuler à l'aide de XML. Les clients doivent, pour exploiter cette fonction, disposer de la version 2.6 ou supérieure de Microsoft Data Access Components. L'un des avantages immédiats de cette méthode est le chargement réparti. Alors que dans les applications ASP le serveur gère le traitement des données dans son intégralité, les applications ADO côté client utilisent la puissance de traitement du client pour gérer les données. Les applications client personnalisées qui peuvent impliquer la modification rapide d'ensembles de données et pour lesquels une interface HTML peut se montrer inappropriée, constituent l'une des utilisations les plus probables de la technologie ADO. Pour plus d'informations sur les fonctions XML des technologies ADO et ADO+, reportez-vous au chapitre 13.

Cette application Visual Basic exécute une commande à l'aide de la technologie ADO. La commande exécute une simple requête `SELECT` dans la base de données Northwind. La requête spécifie la clause `FOR XML`. Ainsi, au lieu d'obtenir un ensemble d'enregistrements, le code XML est renvoyé à l'exécution de la commande, et, dans la mesure où ce résultat lui-même est en XML, il doit être renvoyé sous forme de flux.

Il est important de remarquer que la structure du document XML renvoyé est entièrement contrôlée par la requête exécutée. Cette méthode est d'utilisation plus souple que celle des fonctions ADO qui transforment les ensembles d'enregistrements en documents XML.

Exécuter une commande

Pour débuter l'utilisation de VB et d'ADO, commencez par exécuter tout simplement une instruction `SELECT` codée en dur dans le formulaire VB. L'instruction SELECT utilise la clause `FOR XML` pour renvoyer du code XML sous forme de chaîne affichée à destination de l'utilisateur.

Lancez Visual Basic et créez un nouveau projet Visual Basic. Un projet EXE standard est suffisant. Ajoutez une référence à ADO 2.6. C'est cette version au moins qui est nécessaire car les versions antérieures d'ADO n'ont pas été conçues pour fonctionner avec les fonctions XML de SQL Server. Ce code est disponible en téléchargement, sous le nom de `ch20_ex18` :

```
Dim cmd As New ADODB.Command
Dim conn As New ADODB.Connection
Dim strmOut As New ADODB.Stream
' Ouvrir une connexion au SQL Server.
conn.Provider = "SQLOLEDB"
conn.Open "server=(local); database=Northwind; uid=sa; "
Set cmd.ActiveConnection = conn
cmd.CommandText = "SELECT Prenom, NomFamille FROM Salaries FOR XML AUTO"
' Executer la commande, ouvrir le flux retour et lire le résultat.
strmOut.Open
strmOut.LineSeparator = adCRLF
cmd.Properties("Output Stream").Value = strmOut
cmd.Execute , , adExecuteStream
strmOut.Position = 0
Debug.Print strmOut.ReadText
End Sub
```

Lorsque cette application est exécutée, elle extrait les enregistrements de la base Northwind spécifiée dans la requête et les affiche dans la fenêtre immediate :

Exécuter un modèle XML

Voici un exemple qui exploite un modèle XML. Cette fois, c'est la technologie ADO qui est utilisée pour exécuter le modèle. Cet exemple se décompose en trois parties clés :

- vous utilisez `FileSystemObject` pour ouvrir un flux de texte dans un fichier de texte contenant le modèle XML. Cette méthode renvoie l'objet `TextStream` ;

- les données de ce flux sont transmises à un flux ADO, en convertissant l'objet `TextStream` en objet `ADOStream` compris par l'objet ADO `command` (`cmd`). Cette opération est nécessaire car l'objet ADO `command` ne comprend pas l'objet `TextStream` mais comprend l'objet `ADOStream` ;
- le flux ADO est alors exécuté à l'aide de la connexion à SQL Server.

Lors du test de cette application, vous devez inclure la référence projet Microsoft Scripting Runtime, qui contient `FileSystemObject`, nécessaire à la réalisation des opérations sur les fichiers. Vous devez également disposer d'une référence à ADO 2.6.

Parcourez ce code (`ch20_ex20`): l'application établit tout d'abord une connexion standard à SQL Server 2000 à l'aide de l'objet ADO `connection` (`ADODB.Connection`).

```
Private Sub Form_Load()
Dim cmd As New ADODB.Command
Dim conn As New ADODB.Connection
Dim strmIn As New ADODB.Stream
Dim txtStream As TextStream
Dim strmOut As New ADODB.Stream
Dim objFSO As New FileSystemObject
' Ouvrir une connexion au SQL Server.
conn.Provider = "SQLOLEDB"
conn.Open "server=(local); database=Northwind; uid=sa; "
Set cmd.ActiveConnection = conn
```

Après, définissez le dialecte de l'objet ADO `command` (`ADODB.Command`). Dans la mesure où vous exécutez un modèle XML, vous devez définir le dialecte des commandes ADO sur MSSQLXML. Ce paramètre indique à ADO d'agir spécifiquement en interaction avec les fonctions XML de SQL Server.

```
' Definir le dialecte de la commande en XML (DBGUID_MSSQLXML).
cmd.Dialect = "{5d531cb2-e6ed-11d2-b252-00c04f681b71}"
```

Ensuite, un flux est ouvert dans le fichier modèle XML par le biais de la méthode `OpenTextFile` de l'objet `FileSystemObject` (`objFSO`). Grâce à la méthode `ReadALL` de l'objet `TextStream` (`txtStream`), le contenu du fichier modèle est inscrit dans un flux ADO (`strmIn`). La position de chaque flux est remise à `0` avant l'exécution de la commande et la lecture du résultat. Faites appel à la commande `TextStream.ReadALL` pour renvoyer une chaîne et, par la suite, utilisez cette chaîne pour créer l'objet `ADOStream`.

```
' Ouvrir le flux de la commande et y inscrire notre modèle.
strmIn.Open
Set txtStream =
objFSO.OpenTextFile("C:\inetpub\wwwroot\Northwind\template\ch20_ex20.xml",_
                    ForReading)
strmIn.WriteText txtStream.ReadAll
strmIn.Position = 0
```

Le flux ADO (`strmIn`) est alors affecté à la propriété `CommandStream` de l'objet ADO `command` (`cmd`).

```
Set cmd.CommandStream = strmIn
```

Pour exécuter le modèle, vous devez d'abord ouvrir le flux de sortie (`strmOut.Open`) et définir la propriété `Output Stream` des commandes sur ce flux.

```
' Exécuter la commande, ouvrir le flux de retour et lire le résultat.
strmOut.Open
strmOut.LineSeparator = adCRLF
cmd.Properties("Output Stream").Value = strmOut
```

Enfin, la méthode d'exécution de la commande (`cmd.Execute`) est appelée en spécifiant `adExecuteStream` comme troisième paramètre (le paramètre `options`). Il est possible d'accéder aux données du flux de sortie (`strmOut`) par la méthode `ReadText` de l'objet ADO `stream` (`ADODB.Stream`).

```
cmd.Execute , , adExecuteStream
strmOut.Position = 0
Debug.Print strmOut.ReadText
End Sub
```

Voici l'exemple de modèle XML exécuté dans votre application Visual Basic. Enregistrez ce modèle (`ch20_ex20.xml`) dans le répertoire associé au nom virtuel du type `template` (pour l'application ADO, le fait qu'il se trouve dans ce répertoire ne constitue nullement une obligation, mais le même modèle sera exploité dans une autre application par la suite) :

```
<ROOT xmlns:sql="urn:schemas-microsoft-com:xml-sql" >
<sql:query>
   SELECT Prenom, NomFamille
   FROM Salaries
   where IDSalarie=1
   FOR XML AUTO
</sql:query>
</ROOT>
```

Comme auparavant, les résultats sont transmis à la fenêtre `immediate`.

Transmettre des paramètres

L'application suivante s'apparente à l'application précédente, à l'exception des points suivants :

- le modèle XML exécute une requête XPath dans XML View ;
- ce modèle accepte un seul paramètre qui doit être transmis *via* ADO.

L'application Visual Basic figure ci-après. Elle est semblable à l'exemple précédent à l'exception du fait qu'ici les informations de paramètre sont ajoutées au code. Voici de nouveau le code, dans lequel les différences sont mises en évidence dans les deux versions :

```
Private Sub Form_Load ()
Dim cmd As New ADODB.Command
Dim conn As New ADODB.Connection
Dim strmIn As New ADODB.Stream
Dim txtStream As TextStream
Dim strmOut As New ADODB.Stream
Dim objFSO As New FileSystemObject
```

Avant l'exécution de la commande, un paramètre ADO (`ADODB.Parameter`) est ajouté à la collection de paramètres de l'objet de la commande. Ce paramètre stocke l'élément `IDSalarie` requis par la requête XPath dans le modèle.

```
Dim objParam As ADODB.Parameter
' Ouvrir une connexion au SQL Server.
conn.Provider = "SQLOLEDB"
conn.Open "server=(local); database=Northwind; uid=sa; "
Set cmd.ActiveConnection = conn
' Definir le dialecte de la commande en XML (DBGUID_MSSQLXML).
cmd.Dialect = "{5d531cb2-e6ed-11d2-b252-00c04f681b71}"
' Ouvrir le flux de la commande et y inscrire notre modèle.
strmIn.Open
Set txtStream =
objFSO.OpenTextFile("C:\inetpub\wwwroot\Northwind\template\ch20_ex21.xml",_
      ForReading)
strmIn.WriteText txtStream.ReadAll
strmIn.Position = 0
Set cmd.CommandStream = strmIn
' Exécuter la commande, ouvrir le flux de retour et lire le résultat.
strmOut.Open
strmOut.LineSeparator = adCRLF
cmd.Properties("Output Stream").Value = strmOut
```

Dans la définition du paramètre, le nom du paramètre doit porter le suffixe `@`. Le paramètre est marqué comme paramètre d'entrée en spécifiant `adParamInput` comme valeur de la propriété `Direction`. La valeur de la propriété `Size` détermine le nombre maximal de caractères qui seront transmis au modèle. Dans cet exemple, 25 caractères. Lors de la transmission de paramètres aux modèles qui exécutent une requête XPath, notez que XPath ne peut utiliser que des paramètres prenant la forme de chaînes.

```
Set objParam = cmd.CreateParameter
objParam.Name = "@IDSalarie"
objParam.Direction = adParamInput
objParam.Type = adWChar
objParam.Size = 25
objParam.Value = "6"
cmd.Parameters.Append objParam
cmd.NamedParameters = True
cmd.Execute , , adExecuteStream
strmOut.Position = 0
Debug.Print strmOut.ReadText
End Sub
```

Lors du test de cette application (`ch20_ex21`), vous devez inclure la référence de projet Microsoft Scripting Runtime, qui contient l'objet `FileSystemObject`, nécessaire à la réalisation des opérations sur les fichiers, ainsi qu'une référence à la bibliothèque ADO 2.6.

Examinez le modèle revu et corrigé. Vous remarquez que le modèle spécifie une vue XML à l'aide d'un schéma XDR en ligne. Dans la mesure où le schéma est en ligne, la valeur de l'attribut de schéma de mise en correspondance commence par le caractère #, indiquant que le schéma est en ligne (dans le même fichier modèle).

Dans la requête XPath :

```
Salaries[@IDSalarie=$IDSalarie]
```

`$IDSalarie` correspond au paramètre transmis au modèle. La requête extrait les éléments `Salaries`, son attribut `IDSalarie` prenant une valeur spécifique. Le paramètre du modèle est défini dans la balise `<sql:header>` du modèle.

Enregistrez ce modèle (`ch20_ex21.xml`) dans le répertoire associé au nom virtuel du type `template` (ce modèle peut se trouver à un emplacement quelconque pour cette application, mais il sera utilisé dans d'autres exemples, exécutés dans l'URL).

```
<ROOT xmlns:sql="urn:schemas-microsoft-com:xml-sql">
    <Schema xmlns="urn:schemas-microsoft-com:xml-data"
    sql:id="MyMappingSchema"
    sql:is-mapping-schema="1">
    <ElementType name="Salaries" >
        <AttributeType name="IDSalarie" />
        <AttributeType name="Prenom" />
        <AttributeType name="NomFamille" />
        <attribute type="IDSalarie" />
        <attribute type="Prenom" />
        <attribute type="NomFamille" />
    </ElementType>
    </Schema>
    <sql:header>
        <sql:param name='IDSalarie'>1</sql:param>
    </sql:header>
    <sql:xpath-query mapping-schema="#MyMappingSchema">
        Salaries[@IDSalarie=$IDSalarie]
    </sql:xpath-query>
</ROOT>
```

Là encore, les résultats sont imprimés dans la fenêtre `immediate`.

Après avoir étudié des exemples d'accès aux fonctions XML du serveur SQL *via* HTTP, passons à un cas pratique plus intégré mêlant plusieurs des idées évoquées jusque-là.

Construire un empire : la société eLimonade

Dans le reste du chapitre, vous allez exploiter un scénario de commerce électronique pour illustrer l'utilisation de `OpenXML`, `FOR XML`, `XPath` et des programmes d'actualisation. Toutes ces technologies peuvent être utilisées indépendamment les unes des autres ou associées. Cependant, des associations naturelles s'imposent : `OpenXML` avec `FOR XML` et `XPath` avec les programmes d'actualisation. Les sections suivantes présentent un scénario et deux solutions (une pour chacune des associations susmentionnées). Les solutions décrites illustrent les forces et les faiblesses de ces technologies.

Commençons par décrire les exigences de ce projet, pour continuer par la description de solutions à certains des problèmes présentés. Ensuite, passons à l'exploration d'une solution utilisant `OPENXML` et `FOR XML`, pour finir par une solution différente utilisant XML Views, XPath et les programmes d'actualisation.

Stand de limonade sur Internet – Exigences du projet

Imaginez que vous décidiez d'ouvrir une vitrine en ligne et que vous ayez déjà identifié votre marché cible : des internautes assoiffés. Et soudain, du souvenir d'un jeu vidéo, surgit une idée : un stand de limonade sur Internet.

Après des années d'expérience et des recherches avancées dans le domaine des stands de limonade, vous déterminez rapidement les exigences de votre projet. Vous vendez en ligne, donc évidemment, les saisons ne sont plus un problème. Cependant, il reste des aspects à ne pas négliger :

- vous avez besoin de grandes quantités de citrons. Vous devez vous assurer une manière de suivre l'approvisionnement des citrons et du sucre ;
- bien entendu, vous devez suivre les ventes et les informations d'expédition ;
- vous devez garder un œil averti sur les tendances du marché. Aussi devez-vous suivre les différentes nouvelles qui peuvent se répercuter sur votre commerce de vente de limonade en ligne ;
- la fidélité des clients constitue la clé de votre réussite. Vous décidez donc de permettre aux utilisateurs de créer des profils de manière à personnaliser la présentation du site web (voire un jour, de manière à suivre les comportements d'achat sur le temps, afin d'avoir recours à une publicité ciblée).

Vous allez développer l'intégralité de ce site web tout seul à l'aide des fonctions XML de SQL Server 2000. Ainsi, votre budget de développement sera plus réduit qu'à l'habitude. En réalité, dans cet exemple, cette réduction est négligeable car le travail est fait à votre place. Il ne vous reste qu'à suivre les étapes préparatoires ci-dessous, en partant de l'exemple de code fourni dans cet ouvrage.

L'exemple de code part du principe que vous avez créé un répertoire virtuel SQL appelé `lemonade` associé au nom virtuel `template` pour exécuter les requêtes de modèle. Dans cet exemple, remplacez toutes les occurrences de `http://localhost/lemonade/template` par les noms de l'emplacement de votre vrai serveur et de votre répertoire virtuel.

Concevoir la base de données

Cet exemple présente une conception qui permet de mettre l'accent sur différentes fonctions de prise en charge XML avec SQL Server 2000 et une fonction partageant bon nombre de caractéristiques avec des scénarios réels. La définition de la base de données ne va pas être étudiée en détail. Au lieu de cela, certains points pertinents seront mis en évidence, comme la structure des tables.

Considérez que, à l'exception des informations qui vous permettent de suivre les tendances du marché, vous indiquez vous-même toutes les données (frais d'approvisionnement et de publicité, ventes et entrées d'argent). Après avoir examiné en détail vos besoins, vous décidez de stocker ces données dans cinq tables d'une base de données :

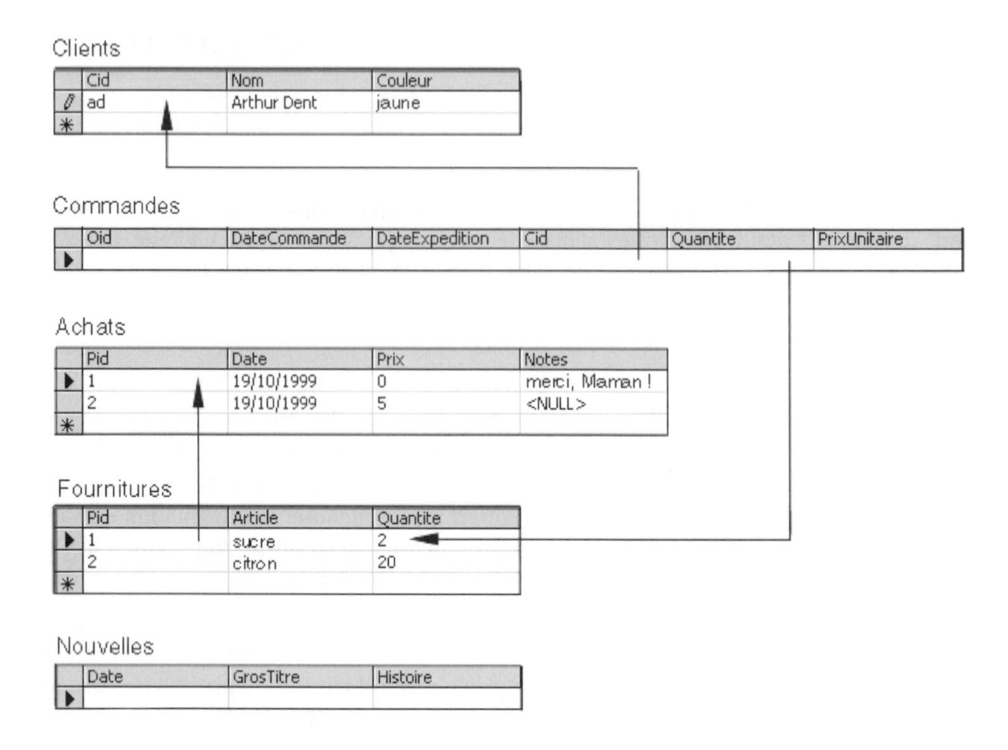

Clients

Cid	Nom	Couleur
ad	Arthur Dent	jaune

Commandes

Oid	DateCommande	DateExpedition	Cid	Quantite	PrixUnitaire

Achats

Pid	Date	Prix	Notes
1	19/10/1999	0	merci, Maman !
2	19/10/1999	5	<NULL>

Fournitures

Pid	Article	Quantite
1	sucre	2
2	citron	20

Nouvelles

Date	GrosTitre	Histoire

Cette base de données et les tables contenues dans cette base peuvent être créées à l'aide du script suivant (`ch20_ex22.sql`) :

```
CREATE DATABASE LEMONADE
GO
USE LEMONADE
GO
-- La table NOUVELLES stocke tous les bulletins d'informations que vous
rassemblez
CREATE TABLE NEWS
(Date   datetime     not null,           -- date de publication
   GrosTitre nvarchar(100)   not null,     -- titre
   Histoire  ntext        not null)        -- contenu des nouvelles
-- La table ACHATS stocke toutes les dépenses effectuées
CREATE TABLE PURCHASES
(Pid    int     identity primary key,        -- ID de l'achat
   Date   datetime     not null,              -- date de l'achat
   Prix   money       not null,               -- coût total en dollars
```

```
   Notes   nvarchar(100))                          -- description ou autres
commentaires
-- La table FOURNITURES assure le suivi des citrons et du sucre
CREATE TABLE SUPPLIES
(Pid    int         foreign key references Purchases (Pid),
                                                   -- achat correspondant
   Article   nvarchar(10)   not null,              -- citron, sucre
   Quantite smallint     not null)                 -- nombre de citrons, kilos de sucre
-- La table CLIENTS conserve des données spécifiques aux clients
CREATE TABLE CUSTOMERS
(Cid    nvarchar(12)   primary key,                -- ID du client
   Nom   nvarchar(50),                             -- nom du client
   Couleur   nvarchar(20))                         -- couleur favorite
-- La table COMMANDES stocke toutes les commandes effectuées sur le site
Internet du stand de limonade
CREATE TABLE ORDERS
(Oid    int      identity primary key,             -- ID de la commande
   DateCommande datetime      not null,            -- heure de la commande
   DateExpedition datetime,                        -- heure de gestion de la commande
   Cid    nvarchar(12) foreign key references Clients (cid),
                                                   -- client ayant passé la commande
   Quantite smallint     not null,                 -- litres de limonade
   PrixUnitaire money        not null)             -- dollars par litre
```

Il vous est suggéré de créer ces tables dans une nouvelle base de données afin de conserver vos exemples à part pour que ceux-ci bénéficient d'une distribution plus logique (celle de cet exemple prend le nom de `lemonade`). Préparez la base de données de manière à ce qu'elle contienne un client et un stock de départ (sucre fourni gracieusement), en exécutant le script `ch20_ex23.sql` dans la base `Lemonade` :

```
INSERT INTO ACHATS VALUES ('1999-10-19', 0.00, 'merci, Maman!')
INSERT INTO FOURNITURES VALUES (@@identite, 'sucre', 2)
INSERT INTO ACHATS VALUES ('1999-10-19', 5.00, NULL)
INSERT INTO FOURNITURES VALUES (@@identite, 'citron', 20)
INSERT INTO CLIENTS VALUES ('ad', 'Arthur Dent', 'jaune')
```

Sources XML externes

L'un des objectifs essentiels de ce cas pratique est de réfléchir aux différentes manières d'importer des données provenant de sources XML externes dans la table d'une base de données (en particulier, la table `NEWS`, dans le cas de l'exemple ci-dessous). Supposez que les informations sont disponibles sur une ou sur plusieurs sources Internet au format XML. Les sources externes d'informations XML peuvent être gérées de diverses manières. Dans les deux solutions, vous allez découvrir certaines de ces manières, mais pour le moment, considérez un exemple de code source XML.

C'est un document XML statique qui est exploité mais, dans la pratique, des données dynamiques fonctionnent tout aussi bien :

```
<NewsStream>
   <Histoire>
      <Title>Prix des Citrons</Title>
      <Date>1999-09-23</Date>
      <Auteur>Ford Prefect</Auteur>
```

```
        <Text>Aujourd'hui, le prix des citrons a atteint sa valeur la plus basse,
apres 52 semaines de baisse constante...</Text>
    </Histoire>
    <Histoire>
        <Title>Le site Internet du stand de limonade est lance</Title>
        <Date>1999-10-19</Date>
        <Auteur>Argle Fargle</Auteur>
        <Text>Le stand de limonade sur Internet a ete lance au moment
opportun...</Text>
    </Histoire>
    <!-- ajout de nouveaux articles -->
</NewsStream>
```

Le point important est que ce code XML est présenté sous une forme que vous ne contrôlez pas, vous devez donc établir une correspondance entre ce dont vous disposez et votre base de données. Cette situation présente des problèmes autres que le contrôle de la structure XML. Différentes manières d'insérer du code XML dans la table `NOUVELLES` vont être envisagées dans les sections suivantes.

Deux solutions

Il est temps à présent d'examiner les deux solutions : l'une utilise `OpenXML` et `FOR XML` pour mettre en œuvre une solution en ayant recours à SQL, l'autre est entièrement basée sur XML par le biais de XML Views, XPath et des programmes d'actualisation.

Chaque prototype se compose de pages affichant un rapport interne des dernières nouvelles et dépenses, ainsi que des pages permettant aux clients de créer des comptes, de modifier leurs informations de profil, de passer et de suivre des commandes.

Constituer des prototypes avec OpenXML et FOR XML

Une solution intégralement SQL s'impose parfois. Cela est vrai, par exemple, si vous disposez déjà d'un réseau étendu de procédures stockées et autre logique de base de données et que vous souhaitez uniquement étendre ce système de manière à produire un résultat XML. Mais, parfois, les contraintes du système peuvent impliquer d'avoir recours à une solution SQL.

L'un des inconvénients de cette approche est que vous ne pouvez en aucun cas effectuer des transformations XSL côté serveur avec SQL Server. Ces transformations sont réalisables à l'aide des modèles XML (comme vous le verrez à la section suivante), d'ASP ou d'autres mécanismes. En revanche, il est possible d'effectuer la transformation par le biais de la requête proprement dite. Une requête peut, par exemple, renvoyer directement du code HTML.

Afficher des nouvelles et des dépenses

Vous pouvez insérer du code XML dans la base de données à l'aide de `OpenXML`. En général, vous possédez du code source XML que vous devez faire correspondre avec la structure de votre base de données. Pour résoudre ce problème de manière efficace, vous devez identifier l'élément principal du code XML que vous allez faire correspondre à une ligne, puis déterminer comment extraire les valeurs des colonnes à partir du code XML (relatif à l'élément retenu).

Dans le cas des informations à intégrer ci-dessus, chaque élément <Histoire> correspond à une ligne de la table NOUVELLES, tandis que les éléments <Date>, <Title> et <Text> qui figurent dedans correspondent respectivement aux colonnes Date, GrosTitre et Histoire.

Vous pouvez ainsi insérer les actualités dans la base de données à l'aide d'une instruction OpenXML identique à celle-ci (ch20_ex24.sql) :

```
DECLARE @idoc int
EXEC sp_xml_preparedocument @idoc OUTPUT,
'<NewsStream>
</NewsStream>'
INSERT INTO NEWS
SELECT * FROM OpenXML(@idoc,     '/NewsStream/Histoire', 2)
WITH (Date      datetime          './Date',
      GrosTitre  nvarchar(100)     './Title',
      Histoire    ntext             './Text')
```

Chaque XPath de la clause WITH sélectionne le nœud XML associé au schéma de lignes utilisé dans l'instruction OpenXML. Vous pouvez vérifier et afficher les nouvelles de différentes manières, dont voici, sans doute, la plus simple :

```
SELECT * FROM News ORDER BY [date] FOR XML AUTO, ELEMENTS
```

Vous utilisez une mise en correspondance centrant les éléments car, le texte pouvant être volumineux, il est préférable de le placer dans un élément plutôt que dans un attribut.

Si cette requête est placée dans un modèle XML, les résultats de cette requête peuvent ensuite être post-traités par XSL afin de produire un document HTML mis en forme convenablement. Associez les nouvelles à un rapport des dépenses, par ordre inverse de date, à l'aide du modèle suivant (ch20_ex24.xml) :

```
<report sql:xsl="ch20_ex24.xsl" xmlns:sql="urn:schemas-microsoft-com:xml-sql">
   <sql:query>
      SELECT * FROM NOUVELLES ORDER BY Date DESC FOR XML AUTO, ELEMENTS;
      SELECT * FROM ACHATS    ORDER BY Date DESC FOR XML AUTO;
   </sql:query>
</report>
```

dans lequel ch20_ex24.xsl correspond à :

```
<xsl:stylesheet version="1.0" xmlns:xsl="http://www.w3.org/1999/XSL/Transform">
<xsl:output method="html" indent="yes" media-type="text/html" />
   <xsl:template match="/">
      <xsl:apply-templates/>
   </xsl:template>
   <xsl:template match="report">
   <html>
   <head>
      <title>Nouvelles du site du stand de limonade sur Internet et situation
financière</title>
   </head>
   <body>
      <h1>Les Gros Titres</h1>
```

```
        <dl>
        <xsl:apply-templates select="Nouvelles"/>
        </dl>
       <h1>Achat de stock</h1>
       <TABLE BORDER="2">
           <tr>
              <th>date</th>
              <th>cout total</th>
              <th>notes</th>
           </tr>
           <xsl:apply-templates select="Achats"/>
        </TABLE>
     </body>
     </html>
    </xsl:template>
     <xsl:template match="Nouvelles">
        <dt>[<xsl:value-of select="Date"/>]
        <b><xsl:value-of select="GrosTitre"/></b></dt>
        <dd><xsl:value-of select="Histoire"/></dd>
     </xsl:template>
     <xsl:template match="Achats">
     <tr>
        <td><xsl:value-of select="@Date"/></td>
        <td><xsl:value-of select="@Prix" /></td>
        <td><xsl:value-of select="@Notes"/></td>
     </tr>
     </xsl:template>
  </xsl:stylesheet>
```

Placer des commandes et créer des comptes clients

Les données peuvent également être manipulées à l'aide de SQL simple, sans XML. Par exemple, supposez que vous ayez déjà créé des procédures stockées destinées à placer des commandes et créer des comptes clients. Une requête comme :

```
DECLARE @cid nvarchar(12), @quantite smallint, @prixunitaire money
-- obtient les valeurs du paramètre et
INSERT INTO Commandes VALUES (today(), NULL, @cid, @quantite, @prixunitaire)
```

a pour effet de créer un nouvel ordre ou une requête comme :

```
DECLARE @cid nvarchar(12), @name nvarchar(50), @couleur nvarchar(20)
-- obtient les valeurs du paramètre et
INSERT INTO Clients VALUES (@cid, @name, @couleur)
```

a pour effet de créer une nouvelle ligne dans la table `Clients`.

Cette technique permet d'associer des opérations de relation ordinaires à des insertions XML à l'aide de `OpenXML`. De cette manière, vous pouvez réutiliser une infrastructure existante pour amorcer une implémentation XML (vous pouvez, par exemple, continuer à utiliser des instructions SQL existantes en les encapsulant dans un modèle).

Le modèle XML suivant, `ch20_ex25.xml`, illustre comment créer un compte client à partir d'une requête SQL, en partant du principe que les valeurs des paramètres sont fournies par un formulaire HTML :

```
<create>
   <sql:header xmlns:sql="urn:schemas-microsoft-com:xml-sql" >
      <sql:param name="couleur">white</sql:param>
      <sql:param name="id"/>
      <sql:param name="name"/>
   </sql:header>
   <sql:query xmlns:sql="urn:schemas-microsoft-com:xml-sql" >
      INSERT INTO Clients VALUES (@id, @name, @couleur)
   </sql:query>
</create>
```

Maintenant que vous avez créé un client, vous souhaitez peut-être afficher les données le concernant. Grâce à `FOR XML`, il est facile de créer du XML représentant les données sur le client :

```
SELECT * FROM Clients FOR XML AUTO
```

ou représentant les clients et leurs achats :

```
SELECT * FROM Clients JOIN Commandes ON Clients.Cid=Commandes.Cid FOR XML AUTO
```

Pour la plupart des applications simples, cette approche fonctionne bien. En cas de besoin d'un contrôle accru sur la forme XML fournie par `FOR XML AUTO`, vous pouvez avoir recours au mode `EXPLICIT` pour obtenir toute forme XML souhaitée. Pour plus d'informations sur `FOR XML EXPLICIT`, reportez-vous au chapitre 14.

Cependant, `FOR XML EXPLICIT` peut se montrer relativement complexe à développer et à gérer à mesure que vos exigences en matière de XML évoluent. Vous disposez de l'alternative qui consiste à utiliser XML Views avec des requêtes XPath et des requêtes de programmes d'actualisation. Cette dernière solution est traitée dans la section suivante.

Constituer des prototypes avec XPath et les programmes d'actualisation

L'utilisation d'une solution XML de bout en bout présente divers avantages par rapport à celle d'une solution *ad hoc*. D'un côté, XML se montre plus facilement exploitable sur plusieurs plates-formes et produits que d'autres solutions à base de code. De l'autre côté, les données réelles sont souvent envisagées plus naturellement comme des données semi-structurées et non relationnelles. Enfin, les modifications apportées à la forme ou au contenu XML sont gérées plus facilement si vous exploitez déjà le niveau XML.

Pour accroître la possibilité de maintenance, il est important de disposer d'une solution vous permettant d'exploiter vos données aussi simplement que vous le concevez. Les données sont souvent semi-structurées, donc XML constitue une représentation naturelle. XML est aussi extrêmement exploitable sur d'autres systèmes. Par conséquent, même si XPath et les programmes d'actualisation impliquent généralement une configuration plus poussée que du simple SQL, c'est à long terme que les avantages se font ressentir.

Annoter un schéma

Pour utiliser XPath et les programmes d'actualisation, vous devez connaître la conception relationnelle et la forme XML. Dans le cas présent, aucun schéma XML n'est disponible et vous devez donc en créer un. Il existe des outils comme XML View Mapper qui facilitent la création de schémas à partir de bases de données existantes. Vous pouvez vous procurer XML View Mapper sur le site Microsoft du centre des développeurs XML à l'adresse suivante : http://msdn.microsoft.com/xml. Pour cet exemple, nous allons développer un schéma *ex nihilo*.

Commençons par un schéma très simple (`ch20_ex26.xdr`) qui présente l'ensemble de nos tables de manière classique, en établissant des correspondances entre les lignes et les éléments et entre les colonnes et les attributs :

```
<Schema xmlns="urn:schemas-microsoft-com:xml-data"
    xmlns:dt="urn:schemas-microsoft-com:datatypes"
    xmlns:sql="urn:schemas-microsoft-com:xml-sql">
   <ElementType name="Nouvelles" sql:relation="Nouvelles" sql:field="Histoire">
      <AttributeType name="date" />
      <AttributeType name="grostitre"/>
      <attribute type="date"/>
      <attribute type="grostitre"/>
   </ElementType>
   <ElementType name="Depenses" sql:relation="Achats">
      <AttributeType name="id"/>
      <AttributeType name="date"/>
      <AttributeType name="prix"/>
      <AttributeType name="notes"/>
      <attribute type="id" sql:field="Pid"/>
      <attribute type="date"/>
      <attribute type="prix"/>
      <attribute type="notes"/>
   </ElementType>
   <AttributeType name="quantite"/>
   <ElementType name="Inventaire" sql:relation="Fournitures">
      <AttributeType name="id"/>
      <AttributeType name="type"/>
      <attribute type="id" sql:field="Pid"/>
      <attribute type="type" />
      <attribute type="quantite"/>
   </ElementType>
   <ElementType name="Commande" sql:relation="Commandes">
      <AttributeType name="id"/>
      <AttributeType name="Commandees" />
      <AttributeType name="expediees" />
      <AttributeType name="client"/>
      <AttributeType name="prixunitaire"/>
      <attribute type="id" sql:field="Oid"/>
      <attribute type="commandees" sql:field="DateCommande"/>
      <attribute type="expediees" sql:field="DateExpedition"/>
      <attribute type="client" sql:field="Cid"/>
      <attribute type="quantite"/>
      <attribute type="prixunitaire" sql:field="prixunitaire"/>
   </ElementType>
   <ElementType name="Nom" content="textOnly"/>
   <ElementType name="Client" sql:relation="Clients">
      <AttributeType name="id"/>
      <AttributeType name="couleur"/>
```

```
            <attribute type="id" sql:field="Cid"/>
            <attribute type="couleur"/>
            <element type="Nom"/>
        </ElementType>
    </Schema>
```

Ce schéma fait correspondre assez directement les données relationnelles au XML. Dans le seul but de fournir un exemple illustratif, deux éléments de contenu textuel ont été inclus. Autrement, ce schéma, avec ses seules annotations `sql:relation` et `sql:field`, n'aurait rien de notable.

Vous pouvez déjà utiliser ce schéma pour extraire les données sous forme de XML à l'aide de XPath, par exemple, dans le modèle `ch20_ex26.xml` :

```
<Example xmlns:sql="urn:schemas-microsoft-com:xml-sql">
    <Clients>
        <sql:xpath-query mapping-schema="ch20_ex26.xdr">Client</sql:xpath-query>
    </Clients>
    <Ventes>
        <sql:xpath-query mapping-schema="ch20_ex26.xdr">Commande</sql:xpath-query>
    </Ventes>
</Example>
```

Ce code répertorie l'ensemble des clients et des ventes, grâce à deux requêtes XPath qui débouchent sur deux requêtes de base de données. Si tout est correctement effectué, le code XML qui résulte de cette requête doit prendre la forme suivante :

```
<Example xmlns:sql="urn:schemas-microsoft-com:xml-sql">
    <Clients>
        <Client id="ad" couleur="jaune">
            <Name>Arthur Dent</Name>
        </Client>
    </Clients>
    <Ventes/>
</Example>
```

Améliorer le schéma

Cependant, le schéma `ch20_ex26.xdr` ne représente pas réellement la forme de vos données. Aucun des éléments n'est en connexion avec un autre, même si plusieurs des tables figurant dans la base de données sont normalement jointes.

Plusieurs vues XML peuvent être utiles pour vos données mais une vue centrée sur le client se montre particulièrement pertinente. Cette vue dresse la liste de tous les clients, classés par nom, et des achats réalisés par ceux-ci. Lors de la création de cette vue, vous spécifiez également des informations complémentaires relatives à la base de données : champs clés, types de données (XDR et SQL), par exemple. Modifiez `Client`, `Nom`, `Commande` et `quantite` comme dans l'exemple suivant (seul `Commande ElementType` est affiché) :

```
<AttributeType name="quantite" dt:type="i2" sql:datatype="smallint"/>
    <ElementType name="Commande" sql:relation="Commandes"
                sql:key-fields="Oid">
    <AttributeType name="id" dt:type="id" sql:datatype="int"/>
    <AttributeType name="commandee"
```

```
        dt:type="dateTime" sql:datatype="datetime"/>
    <AttributeType name="expediee"
        dt:type="dateTime" sql:datatype="datetime"/>
    <AttributeType name="prixunitaire"
               dt:type="fixed.14.4" sql:datatype="money"/>
    <attribute type="id" sql:field="Oid" sql:id-prefix="O"/>
    <attribute type="commandee" sql:field="DateCommande"/>
    <attribute type="expediee" sql:field="DateExpedition"/>
    <attribute type="quantite"/>
    <attribute type="prixunitaire" sql:field="PrixUnitaire"/>
    </ElementType>
    <ElementType name="Nom" content="textOnly"
               dt:type="string" sql:datatype="nvarchar"/>
    <ElementType name="Client" sql:relation="Clients"
                 sql:key-fields="Name Cid">
    <AttributeType name="id" dt:type="id" sql:datatype="nvarchar"/>
    <AttributeType name="couleur" dt:type="string" sql:datatype="nvarchar"/>
    <attribute type="id" sql:field="Cid"/>
    <attribute type="couleur"/>
    <element type="Nom"/>
    <element type="Commande">
       <sql:relationship key-relation="Clients" key="Cid"
                         foreign-relation="Commandes" foreign-key="Cid"/>
    </element>
    </ElementType>
```

Les champs clés des éléments sont généralement spécifiés par habitude, pratique qui est recommandée (pour plus d'informations, reportez-vous au chapitre 15). Dans le cas présent, l'élément `Nom` a été répertorié pour les éléments `Clients` (même si cela ne constitue pas vraiment une clé de cette table) pour trier les éléments `<Client>` par nom. Même s'il ne s'agit pas de la manière recommandée pour trier des résultats XML (utilisez plutôt XSL), son fonctionnement est suffisant pour cet exemple.

L'indication des types XDR et SQL peut contribuer à l'élimination de conversions inutiles en XPath. Pour certaines requêtes, cela peut engendrer des augmentations significatives en termes de performances (facteur 10, voire davantage). Pour les programmes d'actualisation, des types SQL spécifiques sont nécessaires pour les types de colonne comme `ntext`. Sur votre lancée, vous allez ajouter des types explicites aux autres composants du schéma.

Mais, tout d'abord, changez également `<Inventaire>` et `<Depenses >` afin de les regrouper, ce qui est possible en ayant recours à `<sql:relationship>`. Pour séparer les fournitures par type, vous pouvez également faire appel à `sql:limit-field`. De cette manière, `<Inventaire>` est remplacé par deux attributs, `lemons` et `sugar` :

```
<ElementType name="Depenses" sql:relation="Achats" sql:key-fields="Pid">
   <AttributeType name="id" dt:type="id" sql:datatype="int"/>
   <AttributeType name="date" dt:type="date" sql:datatype="datetime"/>
   <AttributeType name="prix" dt:type="fixed.14.4" sql:datatype="money"/>
   <AttributeType name="notes" dt:type="string" sql:datatype="nvarchar"/>
   <AttributeType name="citrons" dt:type="i2" sql:datatype="smallint"/>
   <AttributeType name="sucre" dt:type="i2" sql:datatype="smallint"/>
   <attribute type="id" sql:field="Pid" sql:id-prefix="P"/>
   <attribute type="date"/>
   <attribute type="prix"/>
   <attribute type="notes"/>
   <attribute type="citrons" sql:relation="Fournitures" sql:field="quantite"
              sql:limit-field="Article" sql:limit-value="citron">
```

```
        <sql:relationship key-relation="Achats" key="Pid"
                          foreign-relation="Fournitures" foreign-key="Pid"/>
    </attribute>
    <attribute type="sucre" sql:relation="Fournitures" sql:field="quantite"
               sql:limit-field="Article" sql:limit-value="sucre">
        <sql:relationship key-relation="Achats" key="Pid"
                          foreign-relation="Fournitures" foreign-key="Pid"/>
    </attribute>
    </ElementType>
```

Pour des raisons qui seront clarifiées ultérieurement, vous allez également ajouter un élément constant regroupant les informations de dépenses et les nouvelles, ce qui débouche sur le schéma `ch20_ex27.xdr` :

```
<Schema xmlns="urn:schemas-microsoft-com:xml-data"
    xmlns:dt="urn:schemas-microsoft-com:datatypes"
    xmlns:sql="urn:schemas-microsoft-com:xml-sql">
    <ElementType name="Nouvelles" sql:relation="Nouvelles" sql:field="Histoire"
          dt:type="string" sql:datatype="ntext" >
    <AttributeType name="date" dt:type="date" sql:datatype="datetime"/>
    <AttributeType name="grostitre"
        dt:type="string" sql:datatype="nvarchar"/>
    <attribute type="date"/>
    <attribute type="grostitre"/>
    </ElementType>
    <ElementType name="Depense" sql:relation="Achats" sql:key-fields="Pid">
    <AttributeType name="id" dt:type="id" sql:datatype="int"/>
    <AttributeType name="date" dt:type="date" sql:datatype="datetime"/>
    <AttributeType name="prix" dt:type="fixed.14.4" sql:datatype="money"/>
    <AttributeType name="notes" dt:type="string" sql:datatype="nvarchar"/>
    <AttributeType name="citrons" dt:type="i2" sql:datatype="smallint"/>
    <AttributeType name="sucre" dt:type="i2" sql:datatype="smallint"/>
    <attribute type="id" sql:field="Pid" sql:id-prefix="P"/>
    <attribute type="date"/>
    <attribute type="prix"/>
    <attribute type="notes"/>
    <attribute type="citrons" sql:relation="Fournitures" sql:field="Quantite"
                 sql:limit-field="Article" sql:limit-value="citron">
        <sql:relationship key-relation="Achats" key="Pid"
                          foreign-relation="Fournitures" foreign-key="Pid"/>
    </attribute>
    <attribute type="sucre" sql:relation="Fournitures" sql:field="Quantite"
               sql:limit-field="Article" sql:limit-value="sucre">
        <sql:relationship key-relation="Achats" key="Pid"
                          foreign-relation="Fournitures" foreign-key="Pid"/>
    </attribute>
    </ElementType>
    <ElementType name="NouvellesEtDepenses" sql:is-constant="1">
    <element type="Nouvelles"/>
    <element type="Depenses"/>
    </ElementType>
    <ElementType name="Commande" sql:relation="Commandes"
               sql:key-fields="Oid">
    <AttributeType name="id" dt:type="id" sql:datatype="int"/>
```

```
    <AttributeType name="commandee"
        dt:type="dateTime" sql:datatype="datetime"/>
    <AttributeType name="expediee"
        dt:type="dateTime" sql:datatype="datetime"/>
    <AttributeType name="quantite" dt:type="i2" sql:datatype="smallint"/>
    <AttributeType name="prixunitaire"
             dt:type="fixed.14.4" sql:datatype="money"/>
    <attribute type="id" sql:field="Oid" sql:id-prefix="O"/>
    <attribute type="commandee" sql:field="DateCommande"/>
    <attribute type="expediee" sql:field="DateExpedition"/>
    <attribute type="quantite"/>
    <attribute type="prixunitaire" sql:field="PrixUnitaire"/>
    </ElementType>
    <ElementType name="Nom" content="textOnly"
             dt:type="string" sql:datatype="nvarchar"/>
    <ElementType name="Client" sql:relation="Clients"
                 sql:key-fields="Name Cid">
    <AttributeType name="id" dt:type="id" sql:datatype="nvarchar"/>
    <AttributeType name="couleur" dt:type="string" sql:datatype="nvarchar"/>
    <attribute type="id" sql:field="Cid"/>
    <attribute type="couleur"/>
    <element type="Nom"/>
    <element type="Commande">
       <sql:relationship key-relation="Clients" key="Cid"
                         foreign-relation="Commandes" foreign-key="Cid"/>
    </element>
    </ElementType>
</Schema>
```

Vous pouvez à présent utiliser un modèle simple (`ch20_ex27.xml`) avec ce schéma afin de renvoyer les informations relatives au client :

```
<Example xmlns:sql="urn:schemas-microsoft-com:xml-sql">
<Clients>
   <sql:xpath-query xmlns:sql="urn:schemas-microsoft-com:xml-sql"
   mapping-schema="ch20_ex27.xdr">Client</sql:xpath-query>
</Clients>
</Example>
```

Le code précédent renvoie les données XML suivantes :

```
<Clients xmlns:sql="urn:schemas-microsoft-com:xml-sql">
   <Client id="ad" color="jaune">
      <Name>Arthur Dent</Name>
   </Client>
</Clients>
```

Évidemment, cet exemple n'est pas particulièrement intéressant tant qu'aucune autre donnée n'y figure. Pour créer ces données, vous allez construire plusieurs pages web : une page pour utilisation interne uniquement qui affiche une fiche des dépenses, ainsi que des nouvelles pertinentes ; deux autres pages qui créent des comptes clients ou modifient des comptes clients existants, dans lesquels les clients peuvent indiquer leur couleur favorite ; enfin, une page personnalisée pour chaque client, affichant la liste des commandes passées par le client en question.

Afficher les nouvelles et les dépenses

Les nouvelles intégrées doivent tout d'abord être liées à la base de données. Cependant, elles sont affichées dans un format différent de celui décrit dans le schéma. Vous devez donc tout d'abord établir une correspondance entre les actualités et la table des nouvelles préexistante avec un autre schéma annoté. Vous pouvez alors encapsuler les nouvelles dans la partie <after> du programme d'actualisation et envoyez-le à la base de données afin d'y être inséré.

Voici un rappel du format d'intégration des nouvelles XML :

```
<NewsStream>
   <Histoire>
      <Title>Chute vertigineuse du prix des citrons</Title>
      <Date>1999-09-23</Date>
      <Auteur>Ford Prefect</Auteur>
      <Text>Aujourd'hui, le prix des citrons a atteint sa valeur la plus basse,
apres 52 semaines de baisse constante…  ...</Text>
   </Histoire>
   <Histoire>
      <Title>Le site du stand de limonade sur Internet est lance</Title>
      <Date>1999-10-19</Date>
      <Auteur>Argle Fargle</Auteur>
      <Text> Le stand de limonade sur Internet a ete lance au moment
opportun...</Text>
   </Histoire>
   <!—autres nouvelles -->
</NewsStream>
</NewsStream>
```

Il est possible de modeler ce programme à l'aide du schéma ch20_ex28.xdr :

```
<Schema xmlns="urn:schemas-microsoft-com:xml-data"
    xmlns:dt="urn:schemas-microsoft-com:datatypes"
    xmlns:sql="urn:schemas-microsoft-com:xml-sql">
   <ElementType name="Title" sql:field="GrosTitre" sql:datatype="nvarchar"/>
   <ElementType name="Text" sql:field="Histoire" sql:datatype="ntext"/>
   <ElementType name="Date" sql:field="Date"
        dt:type="date" sql:datatype="datetime"/>
   <ElementType name="Auteur" content="textOnly"/>
   <ElementType name="Histoire" sql:relation="Nouvelles">
   <element type="Title"/>
   <element type="Date" />
   <element type="Auteur" sql:map-field="0"/>
   <element type="Text"/>
   </ElementType>
   <ElementType name="NewsStream" sql:is-constant="1">
   <element type="Histoire"/>
   </ElementType>
</Schema>
```

Le code ci-dessus ne fait correspondre <NewsStream> comme élément constant et <Auteur> à rien. Cela s'avère nécessaire car ces éléments ne correspondent à rien dans la base de données (mais <NewsStream> apparaît dans le code XML). Les nouvelles peuvent être insérées dans la base de données avec le modèle suivant qui contient un programme d'actualisation (ch20_ex28.xml) :

```
<insert-news>
   <u:sync xmlns:u="urn:schemas-microsoft-com:xml-updategram"
mapping-schema="ch20_ex28.xdr">
   <u:after>
      <NewsStream>
      <!-- voici toutes les nouvelles -->
```

```
        </NewsStream>
    </u:after>
    </u:sync>
</insert-news>
```

À ce niveau, vous êtes prêt pour la création de la troisième page web interne à l'aide d'un modèle permettant d'extraire les données et d'une étape de posttraitement XSL côté serveur pour un rendu des données sous forme de code HTML. Si les éléments `<Nouvelles>` et `<Inventaire>` ne présentaient aucun lien relationnel, il serait nécessaire de disposer de deux requêtes XPath (et ainsi deux boucles dans la base de données). Cependant, en exploitant l'élément constant `<NouvellesEtDepenses>`, vous pouvez effectuer cette requête dans un seul XPath (`ch20_ex29.xml`) :

```
<internal sql:xsl="ch20_ex29.xsl" xmlns:sql="urn:schemas-microsoft-com:xml-sql">
   <sql:xpath-query mapping-schema="ch20_ex27.xdr">
   NouvellesEtDepenses
   </sql:xpath-query>
</internal>
```

où `ch20_ex29.xsl` devient :

```
<xsl:stylesheet version="1.0"
    xmlns:xsl="http://www.w3.org/1999/XSL/Transform">
<xsl:output method="html" indent="yes" media-type="text/html" />
   <xsl:template match="/">
      <xsl:apply-templates/>
   </xsl:template>
   <xsl:template match="internal">
      <html>
      <head>
      <title>Nouvelles du site du stand de limonade sur Internet et situation
financiere</title>
      </head>
      <body>
      <h1>Les gros titres</h1>
      <dl>
   <xsl:apply-templates select="NouvellesEtDepenses/Nouvelles"/>
   </dl>
   <h1>Facture</h1>
   <table border="1">
   <tr>
     <th>date</th>
     <th>achats</th>
     <th>cout total</th>
     <th>notes</th>
   </tr>
   <xsl:apply-templates select="NouvellesEtDepenses/Depenses"/>
   </table>
   </body>
   </html>
  </xsl:template>
   <xsl:template match="Nouvelles">
      <dt>[<xsl:value-of select="@date"/>]
      <b><xsl:value-of select="@headline"/></b></dt>
      <dd><xsl:value-of select="."/></dd>
   </xsl:template>
  <xsl:template match="Depenses">
      <tr>
         <td><xsl:value-of select="@date"/></td>
         <td><xsl:choose><xsl:when test="@sucre">
         <xsl:value-of select="@sucre"/> kg. sucre
         </xsl:when><xsl:otherwise><xsl:value-of select="@citrons"/>
         lemon<xsl:if test="@citrons&gt;1">s</xsl:if>
```

```
          </xsl:otherwise></xsl:choose></td>
          <td><xsl:value-of select="@prix"/></td>
         <td><xsl:value-of select="@notes"/></td>
       </tr>
    </xsl:template>
</xsl:stylesheet>
```

Cette feuille de style exploite le résultat XML suivant du modèle présenté ci-dessous :

```
<internal xmlns:sql="urn:schemas-microsoft-com:xml-sql">
  <NouvellesEtDepenses>
   <Nouvelles date="1999-09-23" headline="Chute vertigineuse du prix des
citrons">
 Aujourd'hui, le prix des citrons a atteint sa valeur la plus basse, apres 52
semaines de baisse constante...
   </Nouvelles>
   <Nouvelles date="1999-10-19" headline="Le site du stand de limonade sur
Internet est lance">
 Le stand de limonade sur Internet a ete lance au moment opportun...
   </Nouvelles >
   <Depense id="P1" date="1999-10-19" prix="0" notes="merci, Mom !" sucre="2" />
   <Depense id="P2" date="1999-10-19" prix="5" citrons="20" />
  </NouvellesEtDepenses>
</internal>
```

et le reformate en tables HTML conviviales.

Créer et modifier des comptes clients

Vous avez découvert, précédemment, comment transmettre un modèle par le biais d'un formulaire HTML. Cette méthode, bien que directe, présente toutes sortes de risques liés à la sécurité. La transmission de paramètres à un modèle côté serveur qui se trouve entièrement sous votre contrôle constitue une meilleure approche. Même si vous vous contentez de stocker le nom et la couleur favorite de chaque client, cette technique s'impose de toute évidence pour des ensembles de paramètres plus importants.

Tout d'abord, vous devez disposer d'une page de connexion/création de compte (`ch20_ex30.html`) :

```
<HTML>
<HEAD>
   <TITLE>Bienvenue sur le site du stand de limonade</TITLE>
</HEAD>
<BODY>
   <P>Connectez-vous à votre compte</P>
   <FORM ACTION="http://localhost/virtualname/template/ch20_ex31.xml">
      <B>Nom utilisateur</B> <input type="text" name="cid" value=""/>
   <input type="submit"/>
   </FORM>
   <P>ou créez un nouveau compte</P>
   <FORM ACTION="http://localhost/virtualname/template/ch20_ex30.xml">
      <B>Nom utilisateur</B> <input type="text" name="id" value=""/><br>
      <B>Nom complet</B> <input type="text" name="name" value=""/><br>
      <B>Couleur favorite</B> <input type="text" name="couleur" value=""/><br>
      <input type="submit"/>
   </FORM>
```

```
</BODY>
</HTML>
```

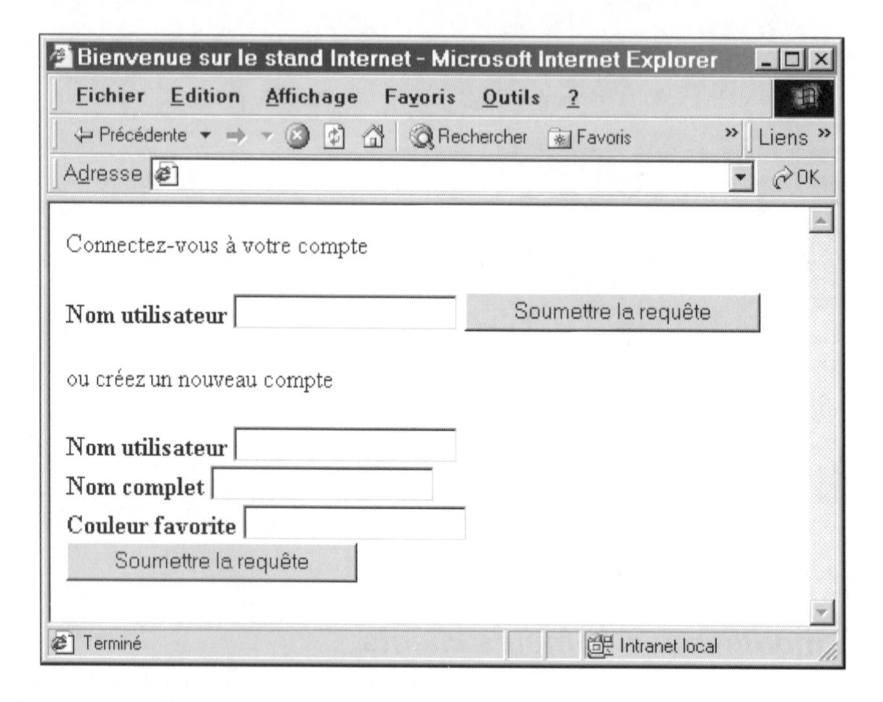

La connexion permet à l'utilisateur d'arriver sur une page personnalisée (voir section suivante). Vous pouvez aussi tenter de créer un nouveau compte. L'utilisation d'un modèle pour créer un nouveau compte peut se montrer aussi simple que l'insertion d'un programme d'actualisation paramétré, comme vous pouvez le découvrir dans l'exemple suivant, `ch20_ex30.xml` :

```
<create>
   <u:header xmlns:u="urn:schemas-microsoft-com:xml-updategram" >
      <u:param name="couleur">blanc</u:param>
      <u:param name="id"/>
      <u:param name="name"/>
   </u:header>
   <u:sync xmlns:u="urn:schemas-microsoft-com:xml-updategram"
      u:nullvalue="" mapping-schema="ch20_ex27.xdr">
      <u:after>
         <Client id="$id" couleur="$couleur">
         <Name>$name</Name>
         </Client>
      </u:after>
   </u:sync>
</create>
```

Lorsque l'utilisateur parvient à créer un compte, l'écran s'affiche comme suit :

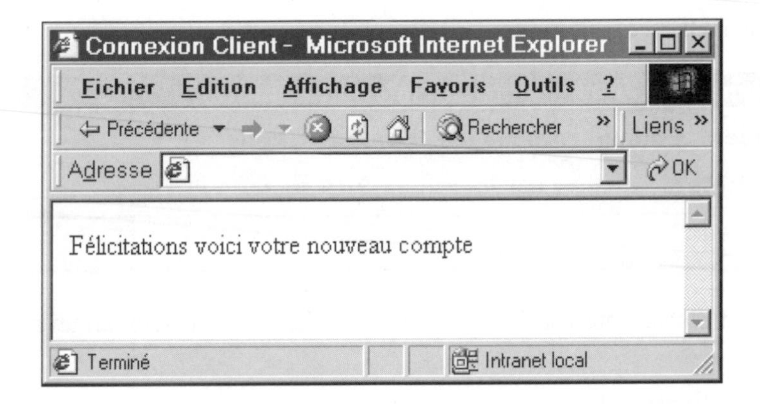

Bien entendu, si l'`id` entre en conflit avec l'`id` d'un client existant déjà, le programme d'actualisation renvoie une erreur. Vous devez donc vous préparer à saisir cette erreur et à l'afficher de manière appropriée à l'attention de l'utilisateur. Cela est possible à l'aide de XSL en modifiant le modèle ci-dessus de manière à utiliser une feuille de style :

```
<create sql:xsl="ch20_ex31.xsl" xmlns:sql="urn:schemas-microsoft-com:xml-sql">
```

où `ch20_ex31.xsl` correspond à :

```
<xsl:stylesheet version="1.0" xmlns:xsl='http://www.w3.org/1999/XSL/Transform'>
<xsl:output method="html" indent="yes" media-type="text/html" />
   <xsl:template match="/">
      <html>
      <head><title>Connexion client</title></head><body>
         <xsl:apply-templates/>
         </body>
      </html>
   </xsl:template>
   <xsl:template match="create">
   <xsl:choose>
      <!-- si le modèle crée un message d'erreur, affichez ce dernier
      sinon, la saisie du nouveau compte a réussi -->
      <xsl:when test="processing-instruction('MSSQLError')">
         <p>Ce nom d'utilisateur est déjà attribué à un client.Choisissez-en un
          autre.</p>
        <form action="http://localhost/lemonade/template/ch20_ex30.xml">
         <b>Nomutilisateur</b>
         <input type="text" name="id" value=""/>
         <b>Nom complet</b>
         <input type="text" name="name" value=""/>
         <b>Couleur favorite</b>
         <input type="text" name="couleur" value=""/>
         <input type="submit"/>
         </form>
      </xsl:when>
      <xsl:otherwise>
         Félicitations voici votre nouveau compte
      </xsl:otherwise>
      </xsl:choose>
   </xsl:template>
</xsl:stylesheet>
```

Si l'utilisateur effectue ce type d'erreur, l'écran suivant s'affiche :

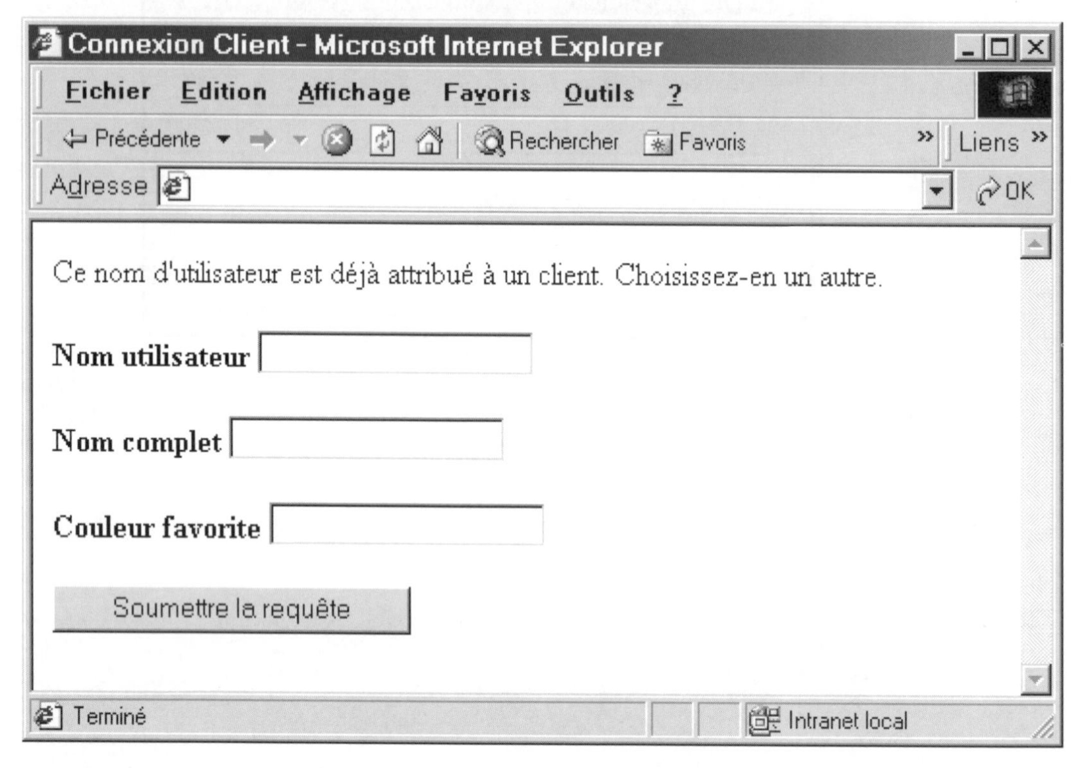

Bien entendu, dans la pratique vous souhaiteriez également transmettre les paramètres à la feuille XSL afin que le client n'ait pas à entrer de nouveau l'intégralité de ses données personnelles.

Page client personnalisée

L'affichage des commandes d'un client représente une application directe de la technique XPath et XSL utilisée précédemment pour la page interne. Pour effectuer cette opération, utilisez le modèle paramétré `ch20_ex31.xml` :

```
<personal sql:xsl="ch20_ex32.xsl" xmlns:sql="urn:schemas-microsoft-com:xml-sql">
   <sql:header>
      <sql:param name="cid"/>
   </sql:header>
   <sql:xpath-query mapping-schema="ch20_ex27.xdr">
      Customer[@id=$cid]
   </sql:xpath-query>
</personal>
```

Ce modèle renvoie les données du client avec toutes les commandes passées par ce client. XSL vous permet d'afficher ces commandes à l'attention de l'utilisateur (en les répartissant entre commandes complétées et commandes en attente). Préparez, tout d'abord, la base de données qui doit contenir quelques commandes, à l'aide du code suivant (`ch20_ex31.sql`) :

```
INSERT INTO Commandes VALUES('1999-10-04', '1999-10-04', 'ad', 2, 1.75)
INSERT INTO Commandes VALUES('1999-10-19', '1999-10-23', 'ad', 5, 1.50)
INSERT INTO Commandes VALUES('1999-10-25', '1999-10-26', 'ad', 15, 1.00)
```

Puis exécutez le modèle avec sa feuille XSL appelée ch20_ex32.xsl :

```
<xsl:stylesheet version="1.0" xmlns:xsl="http://www.w3.org/1999/XSL/Transform">
<xsl:output method="html" indent="yes" media-type="text/html" />
   <xsl:template match="/">
      <xsl:apply-templates/>
   </xsl:template>
   <xsl:template match="personal">
      <xsl:apply-templates/>
   </xsl:template>
   <xsl:template match="Client">
      <html>
      <head><title>Bienvenue <xsl:value-of select="Nom"/>!</title></head>
      <body>
         <xsl:attribute name="BGCOLOR">
            <xsl:value-of select="@couleur"/>
         </xsl:attribute>
         <p>Merci de visiter a nouveau le site du stand de limonade,
      <xsl:value-of select="Nom"/>!</p>
      <p>Permettez-nous d'etancher votre soif avec notre excellente limonade
!</p>
      <h2>Commandes en attente</h2>
      <ul>
      <xsl:for-each select="Commande[not(@expediee)]">
         <xsl:sort select="@expediee" order="descending"/>
         <li>Date Expedition : <b><xsl:value-of select="@expediee"/></b>
         Date Commande : <b><xsl:value-of select="@commandee"/></b><br/>
         Montant : <b><xsl:value-of select="@quantite"/> litres</b>
         Cout : <b><xsl:value-of
         select="format-number(@quantite * @prixunitaire, 'F#.00')"/></b>
         </li>
         </xsl:for-each>
      </ul>
      <h2>Commandes passees</h2>
      <ul>
      <xsl:for-each select="Commande[@expediee]">
         <xsl:sort select="@expediee" order="descending"/>
         <li>Date Expedition : <b><xsl:value-of select="@expediee"/></b>
         Date Commande : <b><xsl:value-of select="@commandee"/></b><br/>
         Montant : <b><xsl:value-of select="@quantite"/> litres</b>
         Cout : <b><xsl:value-of
         select="format-number(@quantite * @prixunitaire, 'F#.00')"/></b>
         </li>
      </xsl:for-each>
      </ul>
      </body>
      </html>
   </xsl:template>
</xsl:stylesheet>
```

Ainsi, à partir de la page principale, si vous vous connectez sous le nom d'Arthur Dent à l'aide de son ID client (ad), le rapport suivant s'affiche :

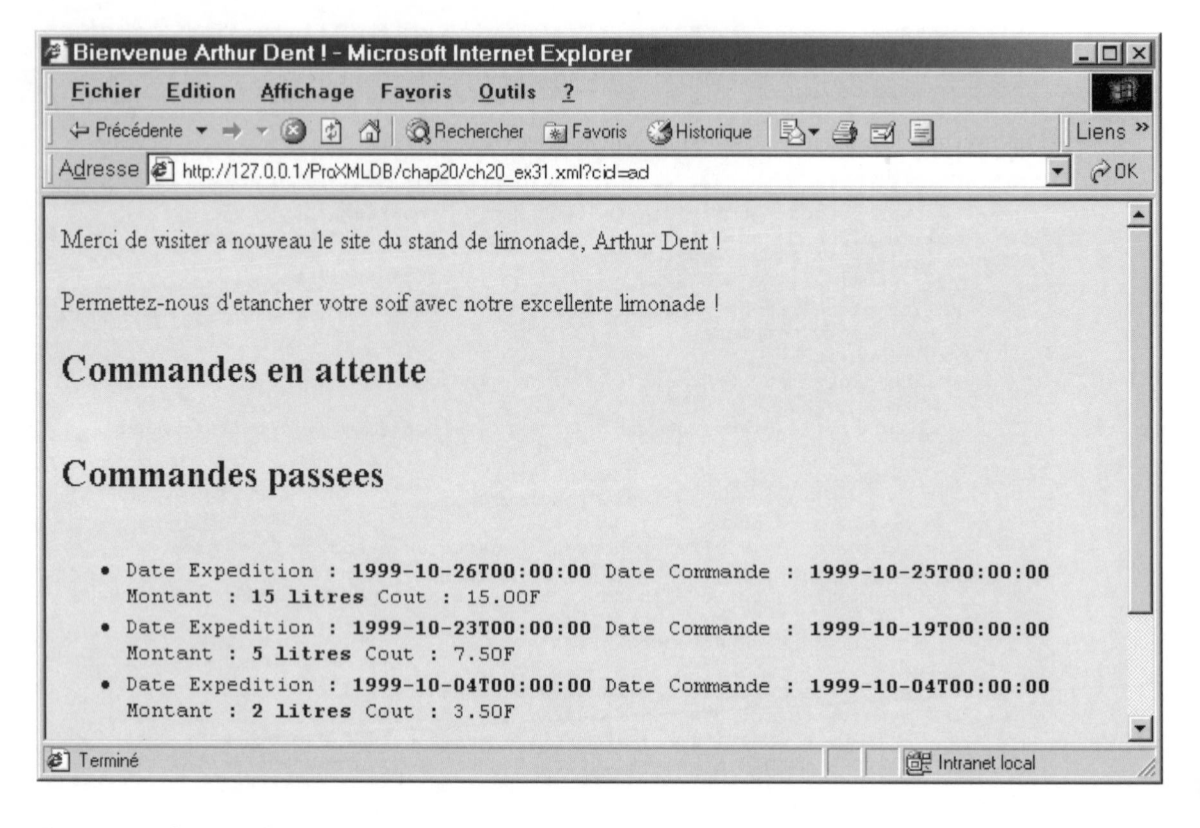

Le passage de nouvelles commandes s'inscrit au-delà du cadre des exemples présentés ci-dessus, mais cela peut constituer un bon exercice que vous pourrez réaliser.

Résumé

SQL Server 2000 offre des fonctions XML avancées. Ces fonctions supplémentaires simplifient le développement d'applications web et vous permettent de créer des applications web puissantes avec une grande facilité.

Grâce aux fonctions de niveau intermédiaire (schémas XDE annotés ou programmes d'actualisation, par exemple), vous pouvez rédiger des applications XML de bout en bout, lancer des requêtes dans des données relationnelles ou modifier ces dernières comme s'il s'agissait de XML. La prise en charge des schémas XDR annotés réduit la quantité de code nécessaire à la production de XML à partir des données relationnelles.

Côté serveur, des fonctions comme OPENXML et FOR XML vous permettent de réutiliser vos connaissances et vos applications SQL existantes. La conversion de vos données relationnelles en code XML peut se montrer aussi simple que l'ajout de FOR XML AUTO à une requête SQL, ou que d'utiliser l'élément plus complexe FOR XML EXPLICIT pour un contrôle intégral du résultat XML. Par ailleurs, OPENXML fournit un ensemble de lignes qui peut être utilisé pour décomposer un document XML, générer une vue présentant un ensemble de lignes du code XML et l'utiliser au même titre que des instructions INSERT, UPDATE et DELETE.

Grâce à toutes ces fonctions, la rédaction d'applications web dans le domaine d'Internet est devenue bien plus simple.

Sites web utiles

- Vous pouvez vous procurer une version d'évaluation de SQL Server 2000 à l'adresse suivante : http://www.microsoft.com/sql/productinfo/default.htm ;
- sur le site web de MSDN (http://msdn.microsoft.com/downloads/default.asp en particulier), vous pouvez télécharger les versions web de SQL Server 2000. Les versions web contiennent les nouvelles fonctions XML de SQL Server (programme d'actualisation XML et chargement en masse XML), ainsi que les améliorations comprises dans SQL Server 2000.

21

DB Prism : un cadre pour générer du code XML dynamique à partir d'une base de données

Dans cette étude de cas, vous allez aborder DB Prism, un cadre, dont le code est *Open Source*, qui permet de générer du code XML à partir d'une base de données. Contrairement à d'autres technologies comme la servlet Apache XSP ou Oracle XSQL, DB Prism génère du code XML dynamique depuis la base de données, ce qui rend celle-ci active. L'expression « base de données active » signifie que vous utilisez le moteur de la base de données non seulement pour exécuter des instructions SQL, mais aussi pour revenir directement à une représentation XML complète des données qui y sont stockées.

DB Prism est un moteur de servlet fonctionnant de deux manières différentes : comme servlet autonome ou associé au cadre de publication Cocoon. Dans ce premier mode, DB Prism fonctionne comme la cartouche PLSQL d'Oracle Web Server. Associé au cadre Cocoon, DB Prism fonctionne comme un programme de production de base de données, générant du code XML dynamique à partir d'une base de données.

La raison principale motivant l'utilisant de la cartouche PLSQL d'Oracle Web Server est de permettre à des technologies anciennes de coexister avec des technologies nouvelles, contribuant ainsi à la migration. Grâce à DB Prism, il est possible d'exécuter des applications destinées à utiliser **O**racle **W**eb **S**erver (OWS), compris dans le même coffret, ou la dernière version d'Oracle **I**nternet **A**pplication **S**erver (IAS) sans aucune modification.

Ce type d'application inclut des applications élaborées avec Oracle Designer, Web Server Generator ou Oracle Web DB, ainsi que des applications autonomes développées à l'aide de la trousse à outils **HTP** de PLSQL (**H**tml **T**oolkit **P**rocedures est un ensemble de procédures ou de fonctions liées développées en PLSQL pour créer des applications pour l'architecture Oracle Web Server). La construction et l'exécution de ces applications ne seront pas décrites en détail car cela n'entre pas dans le cadre de cette étude de cas. Pour plus d'informations sur le fonctionnement de ces applications, reportez-vous aux manuels de développement des produits en question.

DB Prism associé au cadre Apache Cocoon correspond à une nouvelle manière de créer des applications Internet grâce à des technologies comme XML et XSLT, qui constituent la seconde partie de cette étude de cas. Cocoon est un cadre de présentation qui s'appuie sur la technologie de servlet de manière à pouvoir s'exécuter sur tous les serveurs prenant en charge cette technologie. En tant que cadre de présentation, Cocoon est chargé d'afficher les pages demandées par l'utilisateur, en appliquant tout d'abord les styles requis par la page et en transformant le contenu XML statique ou dynamique en HTML. Cocoon est aussi en mesure d'effectuer des mises en forme plus raffinées : par exemple, rendu **XSL:FO** (*XSL Formatting Objects*) des fichiers PDF, mise en forme WML pour les équipements WAP ou affichage XML direct sur des clients prenant en charge XML ou XSL. L'objectif du projet Cocoon repose sur le changement dans la manière dont les informations web sont créées, rendues et affichées par la séparation totale du contenu, du style et de la logique des documents.

DB Prism est combiné au cadre Cocoon pour la phase de création XML, puis il déplace la logique, étroitement liée aux données proprement dites, vers la base de données. La caractéristique principale de DB Prism est que, contrairement à d'autres technologies, la logique applicative se trouve dans la base de données sous la forme d'une procédure stockée. Cette approche propose différents avantages, qui seront abordés plus en détail plus loin dans cette étude de cas, comme l'évolutivité, la meilleure séparation du code, la possibilité de maintenance et la réutilisation des compétences des développeurs. La procédure stockée peut être développée en langage propriétaire ou en Java. Si vous développez une procédure stockée en Java à l'aide d'un appel JDBC ou SQLJ, cette procédure est transposable sur différents systèmes de base de données en raison de l'existence de la norme définie à cet effet.

DB Prism comprend déjà la prise en charge des bases de données Oracle, et sa conception permet aux développeurs d'écrire des adaptateurs à associer à d'autres types de base de données. Dans cette étude de cas, vous allez découvrir un nouvel adaptateur et apprendre à développer un exemple basé sur cet adaptateur.

Cette étude de cas s'articule autour de deux thèmes principaux. Tout d'abord, vous allez observer les éléments internes DB Prism qui fournissent des informations d'arrière-plan et internes sur la manière dont DB Prism aide les développeurs à écrire de nouveaux adaptateurs DB Prism pour de nouvelles bases de données. Enfin, la seconde partie présente le développement d'applications XML avec DB Prism, ainsi que le cadre de présentation Cocoon. Les exemples de la phase d'installation sont réalisés sur la base d'un environnement de serveur UNIX, mais rien ne vous empêche de les appliquer à une plate-forme Windows (vous n'avez qu'à modifier les chemins d'accès aux répertoires et les scripts des scripts de shell `.sh` en fichiers batch `.bat`).

Voici les thèmes abordés dans cette étude de cas :

- architecture Cocoon ;
- architecture DB Prism :
    - schéma des classes DB Prism,
    - DB Prism : avantages du cadre Cocoon.

Partie I. **Éléments internes DB Prism -** qui s'attache à présenter « Comment écrire un nouvel adaptateur » :

- présentation des différents éléments ;
- code à prendre en compte :
  - DB Prism,
  - DBConnection,
  - DBFactory,
  - SPProc ;
- problèmes courants lors de la rédaction d'un nouvel adaptateur.

Partie II. **Faire fonctionner DB Prism**

- configurer Cocoon sur Oracle Internet Application Server (IAS) ;
- configurer DB Prism sur IAS ;
- charger des exemples DB Prism ;
- réaliser un système de gestion de contenu (CMS) :
  - introduction rapide aux CMS,
  - concevoir le modèle Meta,
  - écrire le code Java,
  - charger le contenu,
  - réaliser deux feuilles de styles différentes ;
- conclusion et perspectives d'approfondissement.

Pour exécuter les exemples de cette étude de cas, vous devez disposer d'un serveur web Oracle IAS, d'Oracle Database (8.1+), d'Oracle XML SQL Utility version 12 (XSU12), d'Oracle XML Parser 2.1, du cadre Cocoon disponible sur le site http://xml.apache.org, et enfin du moteur de servlet DB Prism disponible sur le site http://www.plenix.org.

Cette étude de cas implique un minimum de connaissances en Java (la programmation de servlets en particulier), JDBC, SQLj et en matière de configuration de servlets sur Oracle IAS.

Architecture Cocoon

Le projet Cocoon se donne pour objectif de changer la manière dont les informations web sont créées, rendues et affichées. Ce nouveau modèle s'appuie sur le fait que différents individus ou groupes créent souvent des contenus, des styles et des logiques. L'objectif de Cocoon est de dissocier complètement ces trois aspects afin qu'ils soient pensés, créés et gérés indépendamment les uns des autres, ce qui permet de réduire les frais généraux de gestion, d'augmenter la réutilisation de travaux existants et de diminuer le temps de mise sur le marché.

La conception Cocoon divise le processus de création d'une application en trois différents niveaux :

- **création XML** :
  à ce niveau, les propriétaires du contenu créent un fichier XML statique avec un éditeur XML courant. Ce niveau correspond au niveau du contenu ;
- **traitement XML** :
  si le contenu XML inclut une logique, celle-ci est traitée. C'est la technologie XSP, équivalent XML de JSP pour HTML, de Cocoon qui est traitée à ce niveau ;
- **rendu XSL** :
  à ce niveau, le code XML provenant du niveau précédent est traité en lui appliquant une feuille de style pour la mise en forme du contenu à destination de différents équipements.

L'illustration ci-après, adaptée de l'un des sites web Apache (http://xml.apache.org/cocoon/), présente Cocoon :

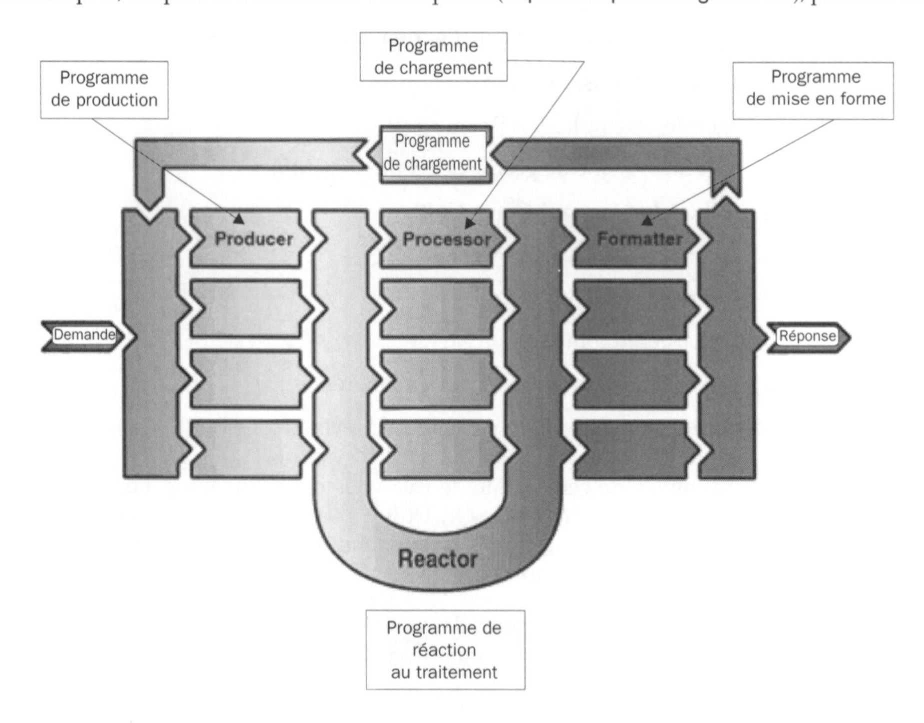

Les principaux composants de cette architecture sont les suivants :

- **Demande**
  Une demande du client, provenant généralement d'une demande au niveau de la servlet. Cocoon propose également un mode de fonctionnement hors ligne en cas de gestion interne de la demande.
- **Programme de production**
  Traite la demande et produit un résultat XML (contenu). Cocoon dispose de différents programmes de production : par exemple, un programme de production de fichier, qui

interprète les demandes comme des fichiers XML à télécharger à partir du système de fichiers. DB Prism ajoute un **programme de production DB** à Cocoon, qui interprète les demandes comme des appels de procédure stockée côté client. La valeur renvoyée par la procédure stockée contient le document XML généré dans la base de données et transmet celui-ci au programme de réaction au traitement.

- **Programme de réaction au traitement**
  Traite les instructions de traitement contenues dans le document XML. Ces instructions proviennent de l'étape précédente de l'architecture Cocoon 1.x (programme de production). Compte tenu de la présentation de l'architecture de Cocoon 2.0, ces instructions de traitement ne sont pas nécessaires, ce qui clarifie l'étape de développement, sans avoir à se charger de la présentation. Le programme de réaction transmet le document XML au programme de mise en forme approprié.
- **Programme de mise en forme**
  Transforme la représentation interne d'un document XML en flux interprétable par le client. Le programme de mise en forme affecte le type MIME approprié à la réponse qui en résulte.
- **Réponse**
  Ce composant comprend les informations (type MIME, jeu de caractères, autres en-têtes HTTP et contenu) de la réponse envoyée au client.

Dans cette architecture, les programmes de production se basent sur un contenu statique. Ils n'évaluent ni ne traitent la demande de production d'un résultat XML. Cocoon intègre la technologie XSP comme implémentation par défaut pour rendre le contenu, à l'origine un fichier XML statique, dynamique. Le programme de production de fichier charge ce fichier. Ensuite, les instructions de traitement incluses dans le document sont transmises au programme de réaction pour lui indiquer de commencer la compilation de la page. À l'issue de celle-ci, les pages compilées sont alors insérées dans le tuyau Cocoon comme nouveau programme de production.

Grâce à cette fonction, la logique applicative s'exécute au niveau intermédiaire. Lorsque cette application entre en interaction avec une base de données, des problèmes et des pièges font surface. L'un est lié aux performances : si la page doit traiter une logique complexe sur la base d'une quantité importante de données, les appels JDBC allant et venant vont se poser comme obstacle aux performances finales de l'application. D'autres sont liés aux avantages mêmes de DB Prism, présentés au début du présent document et expliqués à la section suivante. Par ailleurs, gardez en tête que Cocoon est un cadre de présentation et non un cadre d'application. L'objectif est de produire divers styles de présentation une fois le contenu traité.

Architecture DB Prism

DB Prism ajoute un nouveau programme de production au cadre Cocoon. Ce programme de production crée le code XML dans la base de données en exécutant une procédure stockée. Pour régler les problèmes de portabilité de la procédure stockée, la conception de DB Prism autorise l'extension du cadre initial dans les bases de données prenant en charge les procédures stockées par l'ajout d'un nouvel adaptateur.

La section suivante explique cette conception pour mettre un document à la disposition des développeurs qui souhaitent écrire un nouvel adaptateur.

L'architecture DB Prism se présente de la manière suivante :

<table>
<tr><td>Encapsuleurs</td><td colspan="2">Moteurs</td><td>Adaptateurs</td></tr>
<tr><td rowspan="2">Cocoon</td><td colspan="2" rowspan="3">DB Prism</td><td>Oracle 7x</td></tr>
<tr><td>Oracle 8i</td></tr>
<tr><td rowspan="2">Servlet</td><td>Java 8i</td></tr>
<tr><td>Gestionnaire de ressources</td><td>Informations DAD</td><td>Java Lite</td></tr>
</table>

Les trois sections principales sont les suivantes :

- **Encapsuleurs**
  L'encapsuleur traite les demandes issues d'un cadre Cocoon ou d'un moteur de servlet et les adapte aux demandes DB Prism. Il renvoie également la page XML ou HTML aux clients.

- **Moteurs**
  Le moteur traite les demandes en appelant la procédure stockée appropriée, en analysant les demandes et en choisissant la base de données cible en fonction des informations indiquées. Le moteur ne traite pas des problèmes spécifiques aux bases de données contrairement aux procédures stockées. Il utilise la connexion du gestionnaire de ressources qui met en œuvre un ensemble de connexions et de transactions de bases de données pris en charge par la délimitation au niveau de l'URL. Les informations associées à la connexion sont stockées dans un dictionnaire du **DAD** (*Database Access Descriptor - descripteur d'accès aux bases de données*). Ce dictionnaire est une information configurable stockée dans le fichier de configuration DB Prism. Ce fichier comprend, par exemple, le nom d'utilisateur et le mot de passe permettant de se connecter à la base de données, le type de base de données, ainsi que toutes les autres informations nécessaires.

- **Adaptateurs**
  Lorsque l'appel réel est effectué auprès de la procédure stockée spécifique dans une base de données cible, chaque adaptateur traite un problème spécifique aux bases de données : « Comment les procédures stockées le sont-elles dans le dictionnaire de base de données ? » ou « Comment obtenir la page générée côté base de données ? », par exemple. Chaque adaptateur inclut trois classes : une classe Factory qui gère le processus de création, une classe Database Connection qui implémente l'appel réel de procédure stockée (instruction d'appel JDBC) et des objets de procédure stockée qui encapsulent le nom et les arguments d'une procédure stockée dans la base de données.

La section suivante décrit en détail ces composants.

Présentation des classes DB Prism

Les pages suivantes donnent une idée de la présentation générale des classes de DB Prism :

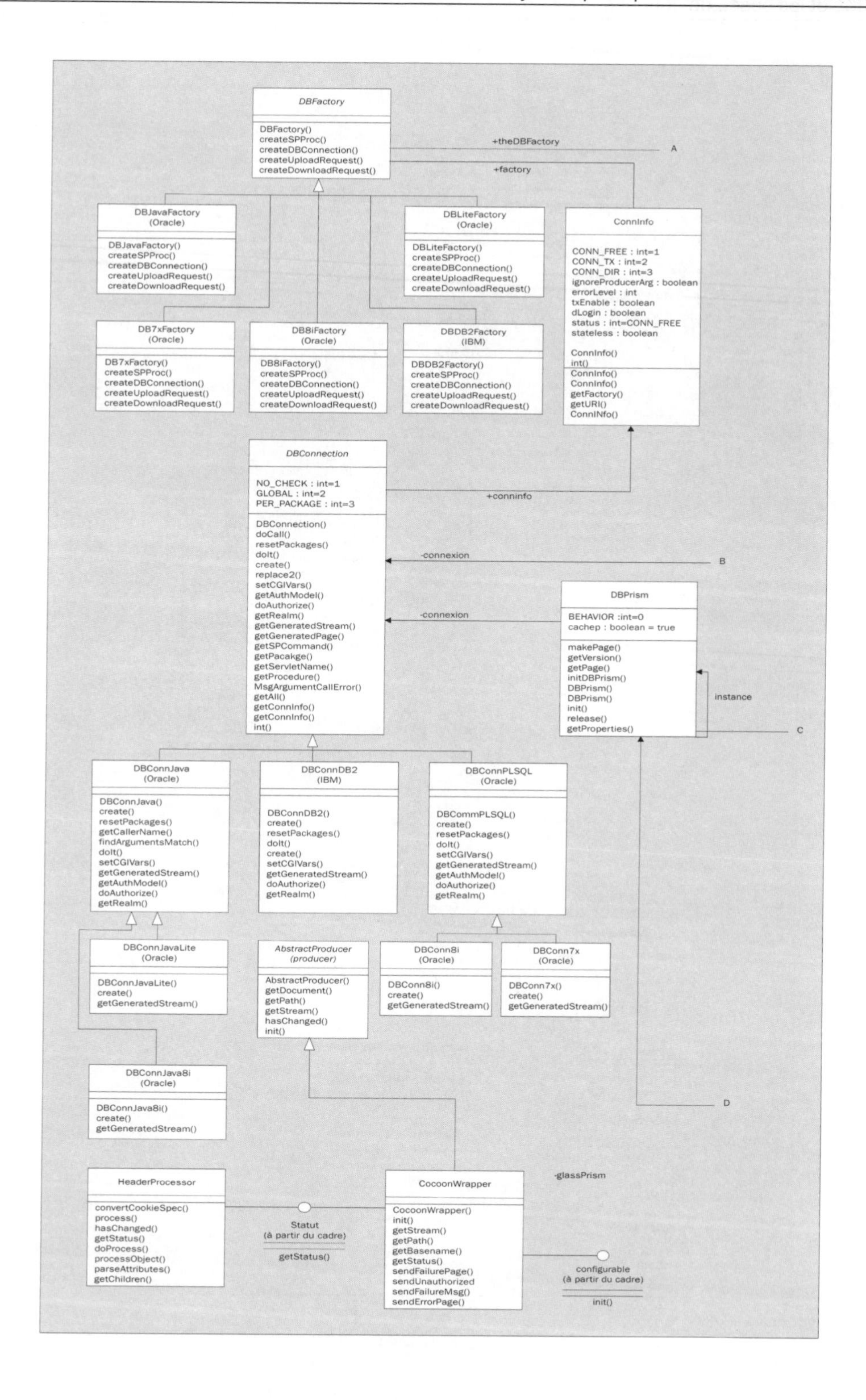
DBFactory
DBFactory()
createSPProc()
createDBConnection()
createUploadRequest()
createDownloadRequest()
+theDBFactory
A
+factory
DBJavaFactory
(Oracle)
DBJavaFactory()
createSPProc()
createDBConnection()
createUploadRequest()
createDownloadRequest()
DBLiteFactory
(Oracle)
DBLiteFactory()
createSPProc()
createDBConnection()
createUploadRequest()
createDownloadRequest()
ConnInfo
CONN_FREE : int=1
CONN_TX : int=2
CONN_DIR : int=3
ignoreProducerArg : boolean
errorLevel : int
txEnable : boolean
dLogin : boolean
status : int=CONN_FREE
stateless : boolean
ConnInfo()
int()
ConnInfo()
ConnInfo()
getFactory()
getURI()
ConnINfo()
DB7xFactory
(Oracle)
DB7xFactory()
createSPProc()
createDBConnection()
createUploadRequest()
createDownloadRequest()
DB8iFactory
(Oracle)
DB8iFactory()
createSPProc()
createDBConnection()
createUploadRequest()
createDownloadRequest()
DBDB2Factory
(IBM)
DBDB2Factory()
createSPProc()
createDBConnection()
createUploadRequest()
createDownloadRequest()
DBConnection
NO_CHECK : int=1
GLOBAL : int=2
PER_PACKAGE : int=3
+conninfo
DBConnection()
doCall()
resetPackages()
doIt()
create()
replace2()
setCGIVars()
getAuthModel()
doAuthorize()
getRealm()
getGeneratedStream()
getGeneratedPage()
getSPCommand()
getPacakge()
getServletName()
getProcedure()
MsgArgumentCallError()
getAll()
getConnInfo()
getConnInfo()
int()
-connexion
B
DBPrism
BEHAVIOR :int=0
cachep : boolean = true
-connexion
makePage()
getVersion()
getPage()
initDBPrism()
DBPrism()
DBPrism()
init()
release()
getProperties()
instance
C
DBConnJava
(Oracle)
DBConnJava()
create()
resetPackages()
getCallerName()
findArgumentsMatch()
doIt()
setCGIVars()
getGeneratedStream()
getAuthModel()
doAuthorize()
getRealm()
DBConnDB2
(IBM)
DBConnDB2()
create()
resetPackages()
doIt()
create()
setCGIVars()
getGeneratedStream()
doAuthorize()
getRealm()
DBConnPLSQL
(Oracle)
DBCommPLSQL()
create()
resetPackages()
doIt()
setCGIVars()
getGeneratedStream()
getAuthModel()
doAuthorize()
getRealm()
DBConnJavaLite
(Oracle)
DBConnJavaLite()
create()
getGeneratedStream()
AbstractProducer
(producer)
AbstractProducer()
getDocument()
getPath()
getStream()
hasChanged()
init()
DBConn8i
(Oracle)
DBConn8i()
create()
getGeneratedStream()
DBConn7x
(Oracle)
DBConn7x()
create()
getGeneratedStream()
DBConnJava8i
(Oracle)
DBConnJava8i()
create()
getGeneratedStream()
D
HeaderProcessor
convertCookieSpec()
process()
hasChanged()
getStatus()
doProcess()
processObject()
parseAttributes()
getChildren()
Statut
(à partir du cadre)
getStatus()
CocoonWrapper
CocoonWrapper()
init()
getStream()
getPath()
getBasename()
getStatus()
sendFailurePage()
sendUnauthorized
sendFailureMsg()
sendErrorPage()
-glassPrism
configurable
(à partir du cadre)
init()

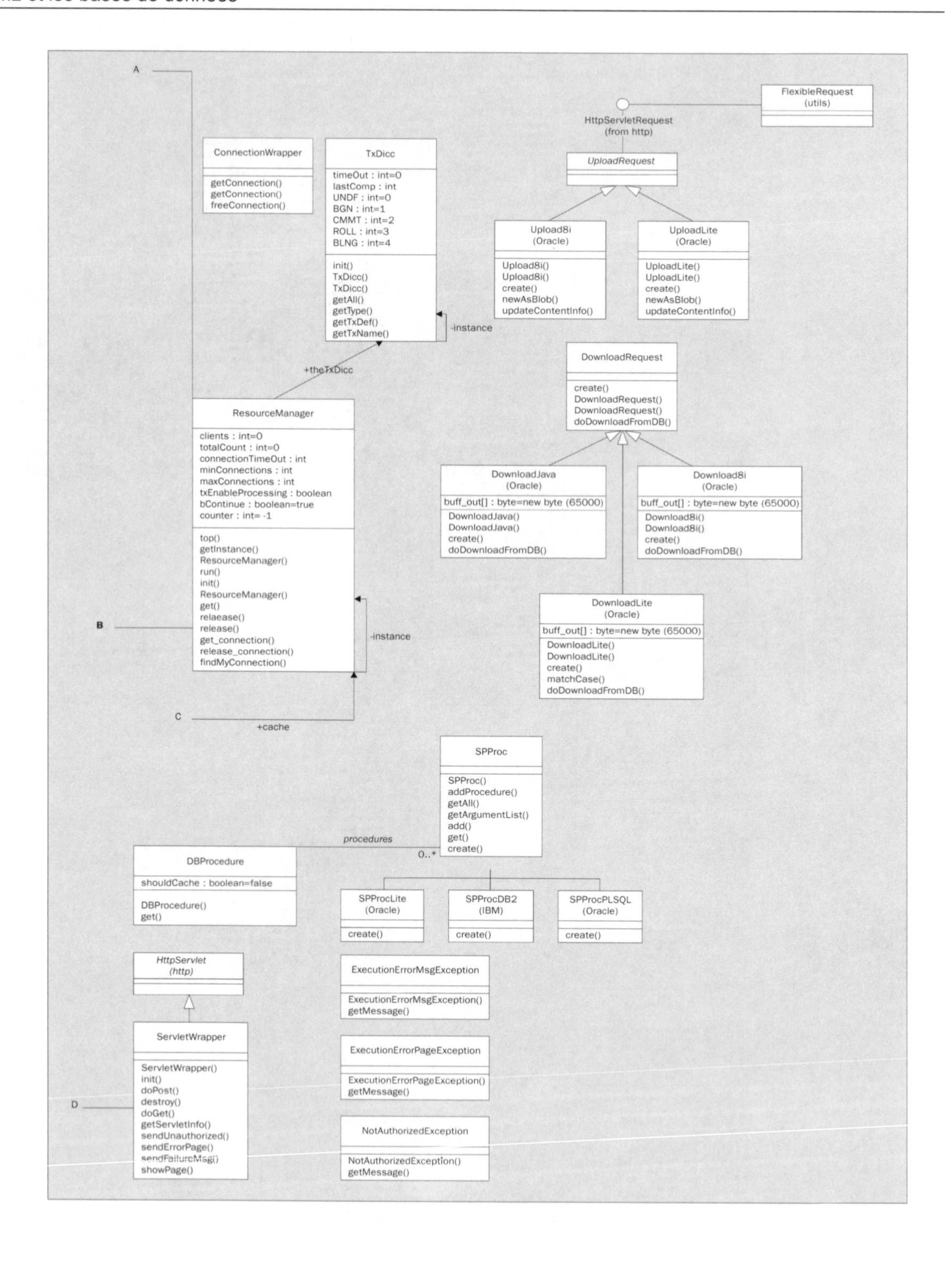
A
FlexibleRequest
(utils)
HttpServletRequest
(from http)
ConnectionWrapper
getConnection()
getConnection()
freeConnection()
TxDicc
timeOut : int=0
lastComp : int
UNDF : int=0
BGN : int=1
CMMT : int=2
ROLL : int=3
BLNG : int=4
init()
TxDicc()
TxDicc()
getAll()
getType()
getTxDef()
getTxName()
-instance
UploadRequest
Upload8i
(Oracle)
Upload8i()
Upload8i()
create()
newAsBlob()
updateContentInfo()
UploadLite
(Oracle)
UploadLite()
UploadLite()
create()
newAsBlob()
updateContentInfo()
+theTxDicc
DownloadRequest
create()
DownloadRequest()
DownloadRequest()
doDownloadFromDB()
ResourceManager
clients : int=0
totalCount : int=0
connectionTimeOut : int
minConnections : int
maxConnections : int
txEnableProcessing : boolean
bContinue : boolean=true
counter : int= -1
top()
getInstance()
ResourceManager()
run()
init()
ResourceManager()
get()
relaease()
release()
get_connection()
release_connection()
findMyConnection()
-instance
B
C
+cache
DownloadJava
(Oracle)
buff_out[] : byte=new byte (65000)
DownloadJava()
DownloadJava()
create()
doDownloadFromDB()
Download8i
(Oracle)
buff_out[] : byte=new byte (65000)
Download8i()
Download8i()
create()
doDownloadFromDB()
DownloadLite
(Oracle)
buff_out[] : byte=new byte (65000)
DownloadLite()
DownloadLite()
create()
matchCase()
doDownloadFromDB()
SPProc
SPProc()
addProcedure()
getAll()
getArgumentList()
add()
get()
create()
procedures
0..*
DBProcedure
shouldCache : boolean=false
DBProcedure()
get()
SPProcLite
(Oracle)
create()
SPProcDB2
(IBM)
create()
SPProcPLSQL
(Oracle)
create()
HttpServlet
(http)
ExecutionErrorMsgException
ExecutionErrorMsgException()
getMessage()
ServletWrapper
ServletWrapper()
init()
doPost()
destroy()
doGet()
getServletInfo()
sendUnauthorized()
sendErrorPage()
sendFailureMsg()
showPage()
D
ExecutionErrorPageException
ExecutionErrorPageException()
getMessage()
NotAuthorizedException
NotAuthorizedException()
getMessage()

DB Prism : avantages du cadre Cocoon

DB Prism offre différents avantages à l'architecture Cocoon en y ajoutant un programme de production DB pour Cocoon. Les avantages les plus importants sont répertoriés ci-dessous :

- Parallélisme : une procédure stockée PLSQL ou Java peut supporter jusqu'à 1 000 sessions simultanées ou davantage sans rencontrer de problèmes de mémoire insuffisante ou d'accès documents.
- Meilleure séparation des différents aspects : la logique est traitée côté base de données, alors que la présentation proprement dite intervient à un niveau de présentation distinct (un serveur web, par exemple).
- Sécurité : lorsqu'un utilisateur exécute une procédure stockée, il se déplace dans le niveau de sécurité de la base de données. Les vérifications de sécurité sont déclaratives et ne sont pas programmées par le biais du code, et sont ainsi plus sûres.
- Outils de développement : si le développeur écrit, par exemple, une procédure Java stockée, il peut avoir recours à un outil de développement intégré pour déboguer l'application en ligne.
- Possibilité de maintenance : si un développeur apporte une modification à une table de l'application, le gestionnaire de liens de dépendance intégré de la base de données peut automatiquement invalider la procédure stockée qui dépend de cette table.
- Déploiement rapide : en ce qui concerne les applications importantes en termes de taille, la phase de déploiement s'avère souvent difficile, mais les procédures stockées simplifient grandement cette phas.
- Outils de développement automatisés : peu d'efforts sont nécessaires à la création d'un générateur automatisé utilisant des informations logiques provenant d'un dépôt central et générant automatiquement les procédures stockées, de la même manière que le ferait le générateur d'Oracle Designer/Web Server.
- Réutilisation des compétences des développeurs : bien des entreprises comptent parmi leur effectif des développeurs possédant une expérience avancée d'Oracle PLSQL. À l'issue d'une courte formation, ils seront en mesure de développer une application à l'aide de DB Prism et de la trousse à outils XTP (semblable à la trousse à outils **HTP** d'Oracle Web Server).

Les sections ci-après décrivent tout d'abord les éléments internes DB Prism et la création d'adaptateurs, puis le développement d'applications XML avec DB Prism, Oracle servant de base de données et Oracle IAS de serveur web.

Partie I. Éléments internes DB Prism

Cette partie de l'étude de cas présente les éléments internes DB Prism.

Présentation des différents éléments

La section ci-dessous examine la répartition des objectifs affectés aux différentes sources de la distribution DB Prism (répertoire src), en fonction de l'architecture traitée à la section précédente.

Encapsuleurs

Les trois classes suivantes permettent de transformer des demandes provenant de différentes sources de manière à les représenter sous forme d'éléments internes DB Prism :

```
src/com/prism/CocoonWrapper.java
src/com/prism/ConnectionWrapper.java
src/com/prism/ServletWrapper.java
```

- `CocoonWrapper` est une classe qui transforme les demandes Cocoon en demandes DB Prism ;
- `ServletWrapper` est une classe qui transforme des demandes de servlet en demandes DB Prism ;
- `ConnectionWrapper` est une classe qui utilise des demandes de connexion des pages XSP Cocoon et les transforme en demande `ResourceManager`.

Moteurs

```
src/com/prism/DBPrism.java
src/com/prism/CgiVars.java
src/com/prism/ExecutionErrorMsgException.java
src/com/prism/ExecutionErrorPageException.java
src/com/prism/NotAuthorizedException.java
```

- `DBPrism` est la classe principale du cadre. À partir d'une demande (de Cocoon ou d'un moteur de servlet), elle obtient une connexion à partir du gestionnaire de ressources et divise le processus de génération d'une page en deux étapes : l'une visant à la création des appels de procédure stockée, l'autre visant à l'obtention de la page générée à partir de la base de données.
- `CgiVars` est une classe qui stocke les variables d'environnement CGI qui seront envoyées à la base de données lors de l'appel de procédure stockée.
- `ExecutionErrorMsgException`, `ExecutionErrorPageException` et `NotAuthorizedException` sont des gestionnaires d'exception qui encapsulent les informations lorsqu'une erreur se produit.

Classes liées au cadre du moteur

```
src/com/prism/DBFactory.java
src/com/prism/DBConnection.java
src/com/prism/SPProc.java
src/com/prism/UploadRequest.java
src/com/prism/DownloadRequest.java
```

Ces classes sont des classes abstraites qui encapsulent les éléments dépendants de la base de données :

- `DBFactory` est une classe disposant de méthodes destinées au processus de création. Elle définit les méthodes permettant de créer des connexions à une base de données déterminée, à des procédures stockées, etc.
- `DBConnection` est une classe définissant l'opération à mettre en œuvre pour une base de données déterminée. Cette opération dépend de la base de données et doit être mise en œuvre par les classes concrètes (adaptateurs).

- `SPProc` est une classe stockant les informations relatives à la procédure stockée d'une base de données. Cette procédure stockée peut être définie à partir de différents arguments (surcharge) et cette classe constitue un conteneur pour la version intégrale d'une procédure stockée déterminée.
- `UploadRequest` est une classe encapsulant une demande de type MIME de données de formulaire modulaire (*multipart form data*). Ce type de demande n'est pas traité directement par la procédure stockée dans le cas d'une opération de téléchargement amont. Les données de formulaire modulaire sont téléchargées en premier dans la table de la base de données, puis le résultat est transmis à la procédure stockée.
- `DownloadRequest` définit l'opération de téléchargement du contenu multimédia de la base de données vers les clients.

Classes du gestionnaire de ressources du moteur et des informations du DAD

```
src/com/prism/ResourceManager.java
src/com/prism/TxDicc.java
src/com/prism/ConnInfo.java
src/com/prism/DBProcedure.java
```

- `ResourceManager` est une classe gérant le regroupement des connexions et la prise en charge des transactions. Cette classe met en œuvre des connexions libres et occupées et un algorithme simple visant à affecter et à désaffecter des connexions.
- `TxDicc` est un dictionnaire contenant des informations du DAD. Ce dictionnaire renferme les informations définies pour chaque connexion du fichier de configuration DB Prism.
- `ConnInfo` est une classe stockant les informations d'une connexion en particulier lors de l'exécution.
- `DBProcedure` est un dictionnaire permettant de stocker des informations de procédure stockée. Ce dictionnaire agit comme cache des procédures stockées disponibles dans le dictionnaire de la base de données, ce qui permet d'améliorer les performances.

Moteur (Autres)

```
src/com/prism/HeaderProcessor.java
```

- `HeaderProcessor` est une classe accessoire qui gère le processus d'en-tête de l'objet réponse. Cette classe autorise la modification de l'objet réponse dans le tuyau Cocoon directement par le biais de balises XML et utilise l'instruction de traitement XML `<?http ....?>`.

Adaptateurs (Oracle Common)

```
src/com/prism/oracle/SPProcPLSQL.java
src/com/prism/oracle/DBConnPLSQL.java
src/com/prism/oracle/DBConnJava.java
```

Ces trois classes sont communes à différents adaptateurs des bases de données Oracle :

- `SPProcPLSQL` est une classe encapsulant les informations d'une procédure stockée dans les versions 7 ou 8 de la base de données Oracle. Indépendamment du langage de la procédure stockée, Oracle stocke les mêmes informations pour chaque procédure stockée.
- `DBConnPLSQL` est une classe gérant le processus d'appel de procédure stockée indépendamment de la version de la base de données mais en fonction de PLSQL comme langage de la procédure stockée.
- `DBConnJava` est semblable à la classe précédente, mais gère les appels de procédures stockées écrits en Java.

Adaptateurs (Oracle 8i)

```
src/com/prism/oracle/DB8iFactory.java
src/com/prism/oracle/DBConn8i.java
```

- `DB8iFactory` est une classe renvoyant des objets PLSQL Oracle 8i.
- `DBConn8i` est une classe mettant en œuvre la fonctionnalité DB Prism pour les bases de données Oracle 8i et les procédures stockées écrites en PLSQL.

Adaptateurs (Oracle 7x)

```
src/com/prism/oracle/DB7xFactory.java
src/com/prism/oracle/DBConn7x.java
```

`DB7xFactory` est une classe renvoyant des objets PLSQL Oracle 7.x. `DBConn7x` est une classe mettant en œuvre la fonctionnalité DB Prism pour les bases de données Oracle 7x et les procédures stockées écrites en PLSQL.

Adaptateurs (Oracle 8i Java Support)

```
src/com/prism/oracle/DBJavaFactory.java
src/com/prism/oracle/DBConnJava8i.java
```

`DBJavaFactory` est une classe renvoyant des objets Java Oracle 8i. `DBConnJava8i` est une classe mettant en œuvre la fonctionnalité DB Prism pour les bases de données Oracle 8i et les procédures stockées écrites en Java.

Adaptateurs (Oracle Lite Java Support)

```
src/com/prism/oracle/DBLiteFactory.java
src/com/prism/oracle/DBConnJavaLite.java
```

- `DBLiteFactory` est une classe renvoyant des objets Lite Java Oracle.
- `DBConnJavaLite` est une classe mettant en œuvre la fonctionnalité DB Prism pour les bases de données Oracle Lite et les procédures stockées écrites en Java.

Adaptateurs (Fonction de téléchargement amont/aval Oracle)

```
src/com/prism/oracle/Download8i.java
src/com/prism/oracle/DownloadJava.java
src/com/prism/oracle/DownloadLite.java
src/com/prism/oracle/Upload8i.java
src/com/prism/oracle/UploadLite.java
```

- `Download8i` est une classe mettant en œuvre la fonction de téléchargement d'objets multimédias à partir de la version 8i de la base de données et des procédures stockées écrites en PLSQL.
- `DownloadJava` est une classe mettant en œuvre la fonction de téléchargement d'objets multimédias à partir de la version 8i de la base de données et des procédures stockées écrites en Java.
- `DownloadLite` est une classe mettant en œuvre la fonction de téléchargement d'objets multimédias à partir des bases de données Oracle Lite et des procédures stockées écrites en Java.
- `Upload8i` est une classe gérant le téléchargement de données modulaires d'une demande de données dans des bases de données de version 8i. Le processus de téléchargement ne dépend pas du langage des procédures stockées, il se contente d'insérer des lignes dans la table de contenu. Ensuite, `DB8iFactory` et `DBJavaFactory` réutilisent cette classe.
- `UploadLite` gère les demandes de formulaire modulaire dans les bases de données Oracle Lite.

Adaptateurs (Squelettes DB2)

```
src/com/prism/ibm/DBDB2Factory.java
src/com/prism/ibm/DBConnDB2.java
src/com/prism/ibm/SPProcDB2.java
```

Ces trois classes mettent en œuvre le squelette d'un adaptateur DB2 suggéré pour la prise en charge des procédures Java stockées traitées dans les sections ci-après. Ces classes constituent uniquement des exemples de nouveaux adaptateurs possibles pour tout type de base de données prenant en charge les procédures stockées.

Problèmes courants lors de l'écriture d'un nouvel adaptateur

Avant d'envisager de créer un nouvel adaptateur pour une base de données non prise en charge par DB Prism (IBM DB2, par exemple), vous devez répondre à ces questions :

1. **Existe-t-il un pilote JDBC pour cette base de données ?**
   Dans le cas contraire, il est impossible de créer un adaptateur.
2. **Les procédures stockées sont-elles prises en charge par cette base de données ?**
   Là encore, si ce n'est pas le cas, il est impossible de créer un adaptateur.
3. **Les packages sont-ils pris en charge par cette base de données ?**
   Si ce n'est pas le cas, cette base de données prend probablement en charge la syntaxe des objets de schéma permettant de référencer la procédure stockée, et si possible crée un adaptateur en utilisant les schémas utilisateur comme noms de package.
4. **Les types `array` envoient-ils ou reçoivent-ils par le pilote JDBC ?**
   Il est plus facile de mettre en œuvre un adaptateur par le biais de procédures stockées. De cette manière, vous pouvez utiliser des classes d'adaptateurs existants comme

`DBConnJava` ou `CgiVars` pour simplifier la mise en œuvre du nouvel adaptateur. Avec ce code, vous devez juste chercher l'option de transmission du type de données `byte array` (`byte []`) et vérifier comment télécharger la trousse à outils Java (`Jxtp`) dans la base de données cible. Il ne vous reste plus alors qu'à mettre en œuvre les sous-classes `SPProc`, `DBConnection` et `DBFactory`. La trousse à outils `Jxtp` a été conçue pour être transposable. Seules deux classes dépendent des informations spécifiques à la base de données : `JxtpBuff` et `JwpgDocLoad`. `JxtpBuff` met en œuvre l'espace tampon permettant de stocker la page générée, normalement dans un type de données **CLOB** (Character Large Object, par opposition à un type BLOB utilisé pour les images), tandis que `JwpgDocLoad` met en œuvre la fonction de téléchargement.

5. **Le pilote JDBC prend-il en charge les objets importants ?**
   Si la réponse est oui, le nouvel adaptateur peut utiliser ce type de données pour stocker la page générée par l'application. Si la réponse est non, vous pouvez télécharger la page par portions plus petites des types de données habituels. L'adaptateur Oracle 7x utilise cette technique pour télécharger la page générée, par portions de 32 Ko.

Si toutes les questions ont trouvé une réponse, vous êtes en mesure de créer un nouvel adaptateur. À présent, il est temps d'examiner comment sont écrits les nouveaux adaptateurs.

Écrire le nouvel adaptateur

Lors de l'écriture d'un nouvel adaptateur, il est nécessaire de prendre en compte plusieurs parties de code qui seront étudiées à la section suivante avec des commentaires généraux, pour illustrer leur fonctionnement. Certaines de ces parties sont incluses dans le cadre DB Prism proprement dit, et sont des classes abstraites définissant l'interface ou le rôle des adaptateurs avec le moteur DB Prism.

Cette section inclut la classe DB Prism, classe principale du cadre, la classe `DBConnection` qui définit l'interface ou le rôle d'un adaptateur, la classe `DBFactory` qui définit le fonctionnement du processus de création, et enfin, `SPProc` qui définit la représentation des procédures stockées de tous les types de base de données.

DBPrism.java

Il existe deux méthodes essentielles dans la classe DB Prism : `makePage()` qui définit la procédure permettant de créer une page XML à l'aide d'une procédure stockée (y compris par exemple, l'autorisation de demande ou l'obtention de la connexion dans une base de données concrète), et `getPage()` qui extrait la page générée à l'étape précédente dans la base de données.

Avant d'introduire le code y correspondant, voici le schéma de la séquence UML du processus intégral de génération d'une page à partir d'une demande de Cocoon et de l'adaptateur pour bases de données Oracle 8i.

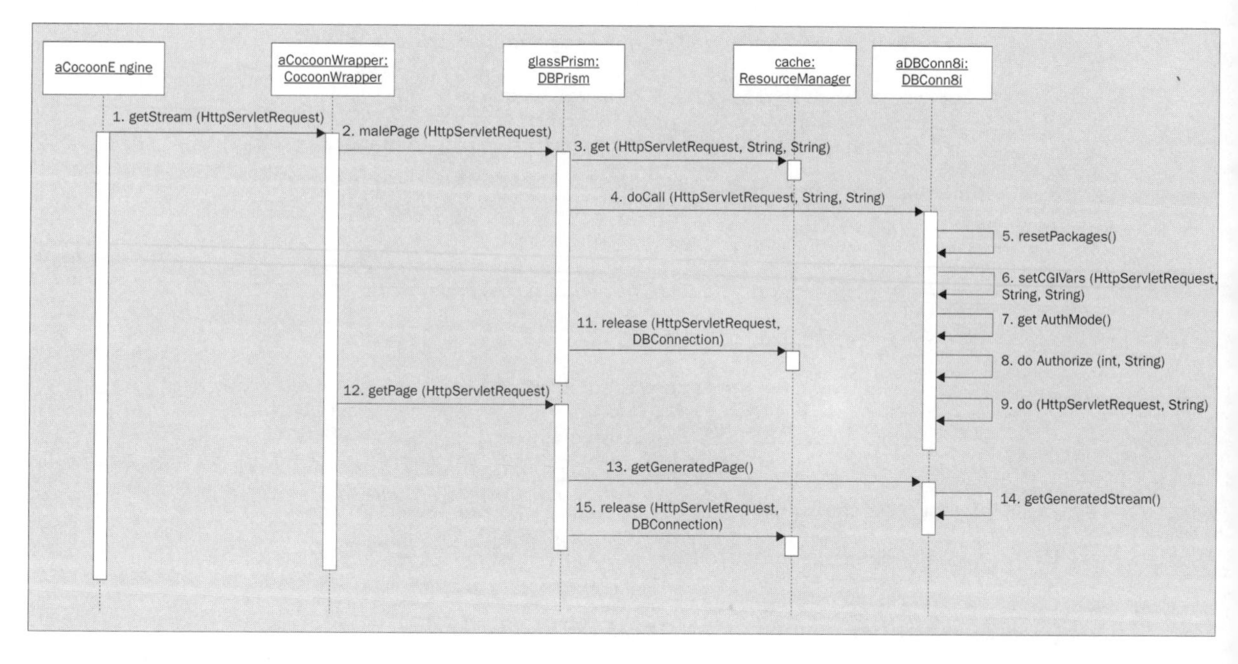

Appel de procédure stockée

La méthode `makePage()` gère le processus d'établissement de la connexion du gestionnaire de ressources et transmet l'appel de procédure stockée à l'adaptateur approprié. Avant cette étape, `makePage()` vérifie les exigences de l'autorisation. Le code `makePage()` est détaillé ci-dessous :

```
public void makePage(HttpServletRequest req) throws Exception
{
   ConnInfo cc_tmp = new ConnInfo(req);
   String name;
   String password;
   try
   {
      int i;
      String str;
      try
      {
         str = new String
            (B64.decodeBuffer(req.getHeader("Autorisation").substring(6)),
            cc_tmp.clientCharset);
      }
      catch (Exception e)
      {
         str = ":";
      }
      i = str.indexOf(':');
      name = str.substring(0,i);
      password = str.substring(i+1);
      boolean dLogin = (cc_tmp.usr.equals("") || cc_tmp.pass.equals(""));
      if (!dLogin)
      {
```

```
            connection = cache.get(req,cc_tmp.usr,cc_tmp.pass);
        }
        else if (name.equals("") || password.equals(""))
        {
            throw new NotAuthorizedException(cc_tmp.dynamicLoginRealm);
        }
        else
        {
            try
            {
                connection = cache.get(req,name,password);
            }
            catch (SQLException e)
            {
                throw new NotAuthorizedException(cc_tmp.dynamicLoginRealm);
            }
            connection.doCall(req,name,password);
        }
    }
    catch (Exception e)
    {
        if (connection != null)
            cache.release(req,connection);
        // throw the exception as is
        throw e;
    }
  }
}
```

À présent, nous allons découvrir les parties les plus importantes du code et aborder leur rôle dans l'opération dans sa globalité :

```
public void makePage(HttpServletRequest req) throws Exception
   { ConnInfo cc_tmp = new ConnInfo(req);
```

Lorsqu'une demande provient d'une servlet ou de Cocoon, elle contient des informations sur l'URL, l'en-tête, etc. En cas d'appel du constructeur `ConnInfo` avec une demande comme paramètre, ce constructeur détecte les informations de connexion en analysant la syntaxe de l'URL et extrait de ces informations la clé du **DAD**. Cette clé permet de localiser le reste des informations nécessaires à la connexion à une base de données souhaitée. Cette clé correspond à la dernière partie de la valeur renvoyée par la méthode `getServletPath` de la classe `HttpServletRequest`. Ainsi, par exemple, dans l'URL http://myserver.com/servlets/**demo**/pkg.startup, c'est la partie **demo** qui sert d'informations de DAD.

Ces informations du DAD sont stockées dans le fichier `prism.properties` et comprennent le nom d'utilisateur et le mot de passe permettant de se connecter à la base de données, ainsi que le mode de compatibilité pour définir cette connexion. Ce mode correspond au type de base de données utilisé. Les modes de compatibilité sont classés selon le nombre d'adaptateurs dont ils disposent. Par défaut, DB Prism inclut les adaptateurs 7x, 8i, Java et Lite.

> **Le moteur de servlet configure normalement la partie servlet de l'URL pour localiser les servlets, tandis que *demo* constitue une zone configurée dans le dépôt de servlet.**

```
password = str.substring(i+1);
```

Une demande provenant du client (navigateur) possède des informations d'en-tête relatives au nom d'utilisateur et au mot de passe. Ces informations sont utilisées avec des connexions dynamiques, ce qui signifie que, s'il n'y a pas de nom d'utilisateur et de mot de passe dans les informations du DAD, DB Prism demande ces informations à la première connexion d'un utilisateur à l'application.

```
connection = cache.get(req,cc_tmp.usr,cc_tmp.pass);
```

Après avoir obtenu les informations de connexion, DB Prism tente d'établir une connexion à partir du **gestionnaire de ressources**. Le gestionnaire de ressources établit une connexion JDBC à la base de données cible et renvoie un objet concret représentant cette connexion (`DBConnection`). En cas de problèmes, comme un refus d'accès, le système renvoie `NotAuthorizedException`.

```
connection.doCall(req,name,password);
```

Si le gestionnaire de ressources renvoie une connexion correcte sur cette ligne, DB Prism transmet l'appel de procédure stockée. `DBConnection` est une classe abstraite. Lors de l'exécution, les appels sont effectués auprès d'une classe spécifique comme `DBConn8i` ou `DBConnJavaLite`, et ensuite cette classe spécifique met en œuvre l'appel effectif, en prenant en compte du code dépendant de la base de données.

Obtenir une page à partir de l'espace tampon d'une base de données

La méthode `getPage()` gère le processus d'extraction de la page générée dans l'espace tampon de la base de données.

```
public Reader getPage(HttpServletRequest req) throws Exception
{
   ConnInfo cc_tmp = new ConnInfo(req);
   try
   {
      return connection.getGeneratedPage();
   }
   finally
   {
      if (connection!=null)
      {
         cache.release(req,connection);
      }
   }
}
```

Là encore, voici une explication des zones de code les plus importantes :

```
return connection.getGeneratedPage();
```

La méthode `getPage()` renvoie une page XML sous forme d'objet `java.io.reader`. Cette page est obtenue à partir de l'espace tampon de la base de données par l'exécution de la méthode `getGeneratedPage()` de l'objet `DBConnection`. L'objet de connexion de la variable d'instance de connexion est stocké à l'étape précédente (`makePage`) et dispose ensuite de la même connexion à la base de données cible.

```
cache.release(req,connection);
```

Si `getGeneratedPage()` fonctionne, la connexion la retourne au gestionnaire de ressources qui nécessite l'objet `ConnInfo` pour vérifier que cette connexion fait partie d'une transaction.

DB Prism prend en charge les transactions par la délimitation au niveau de l'URL. Vous pouvez établir la prise en charge des transactions en définissant le début, la validation, l'annulation et l'appartenance aux URL (pages web). Par exemple :

- `/servlets/xml/pkg.startup` (établissement de la connexion) ;
- `/servlets/xml/pkg.commit` (validation des modifications et libération de la connexion) ;
- `/servlets/xml/pkg.rollback` (annulation des modifications et libération de la connexion) ;
- `/servlets/xml/pkg.*` (toute autre page utilisant la connexion dès la première étape).

DBConnection.java

Tout d'abord, cette classe déclare une interface pour créer une connexion à chaque base de données prise en charge. La méthode `create` doit être mise en œuvre par les adaptateurs pour renvoyer la connexion à la base de données. Par exemple, la classe `DBConn8i` met en œuvre cette méthode en renvoyant une instance de la classe `DBConn8i`. De plus, il s'agit d'une classe abstraite définissant des « opérations primitives » abstraites définies par les sous-classes concrètes pour mettre en œuvre la procédure dans un algorithme (`doCall` et `getGeneratedStream`).

Que se passe-t-il lorsqu'une procédure stockée est appelée ?

La méthode `doCall()` gère la création d'un appel de procédure stockée :

```
public void doCall(HttpServletRequest req, String usr, String pass)
   throws SQLException,NotAuthorizedException,ExecutionErrorPageException,
   ExecutionErrorMsgException,UnsupportedEncodingException,IOException
{
   String ppackage = getPackage(req);
   String pprocedure = getProcedure(req);
   if (!connInfo.txEnable && !connInfo.stateLess)
   {
      resetPackages();
   }
   setCGIVars(req,usr,pass);
   int authStatus = doAuthorize(connInfo.customAuthentication,ppackage);
   if (authStatus!=1)
   {
      String realms = getRealm();
      throw new NotAuthorizedException(realms);
   }
   if (type != null &&
      type.toLowerCase().startsWith("multipart/form-data"))
   {
      UploadRequest multi = connInfo.factory.createUploadRequest(req,this);
      doIt(multi,getSPCommand(multi));
   }
   else if (getSPCommand(req).startsWith("!"))
      doIt(new FlexibleRequest(req),getSPCommand(req).substring(1));
   else
      doIt(req,getSPCommand(req));
}
```

L'explication de ce code figure ci-dessous :

```
String ppackage = getPackage(req);
String pprocedure = getProcedure(req);
```

Avant d'appeler la procédure stockée, la demande est analysée de manière à connaître le nom du package et le nom de la procédure stockée à exécuter. Une adresse URL telle que http://myserver.com/servlets/xml/DEMOj.startup renvoie `DEMOj` comme nom de package et `startup` comme nom de procédure.

```
resetPackages();
```

Selon le paramètre `stateLess` des informations du DAD, l'opération `resetPackages()` est appelée. Les packages dépourvus d'état sont des applications qui n'utilisent pas d'états comme variables de package global. Pour garantir une session claire à chaque demande, cette opération doit réinitialiser l'ensemble des informations globales. Toutes les bases de données ne prennent pas en charge cette opération. Par exemple, Oracle Lite ne présente pas ce comportement, mais celui-ci peut être implémenté dans la classe `DBMS_Session.java`.

```
setCGIVars(req,usr,pass);
```

Cette opération envoie toutes les variables CGI HTTP à l'environnement de la base de données. Il existe pratiquement 30 variables comme `PATH_INFO`. Ces variables sont utilisées par l'application pour obtenir des informations importantes sur l'état du programme d'appel. Un adaptateur qui implémente la prise en charge Java peut utiliser la classe `CgiVars.java` pour extraire ces informations dans un objet concret.

```
int authStatus = doAuthorize(connInfo.customAuthentication,ppackage);
if (authStatus!=1)
{
   String realms = getRealm();
   throw new NotAuthorizedException(realms);
```

La méthode `doAuthorize()` est appelée pour implémenter des programmes d'autorisation d'application. Il existe quatre modes de programmes d'application : `none`, `global`, `perPackage` et `custom`. Cette valeur se trouve dans les informations du DAD et la classe concrète (adaptateur) doit implémenter ce rôle. En cas d'échec de l'autorisation, la méthode `getRealm()` est appelée pour extraire la chaîne de l'application de la base de données, à renvoyer au navigateur avec la réponse d'autorisation.

```
if (type != null &&
   type.toLowerCase().startsWith("multipart/form-data"))
{
   UploadRequest multi = connInfo.factory.createUploadRequest(req,this);
   doIt(multi,getSPCommand(multi));
```

Si la demande envoyée par l'utilisateur est de type de données de formulaire modulaire (téléchargement amont), `DBConnection` crée une nouvelle instance de la classe `UploadRequest`. Cette classe stocke les informations envoyées par l'utilisateur dans le dépôt du contenu et renvoie une nouvelle demande avec les arguments envoyés dans la demande du client, ainsi que les fichiers téléchargés dans le dépôt. La classe `UploadRequest` doit uniquement implémenter deux méthodes : `newAsBlob()` et `updateContentInfo()`. La procédure stockée est alors appelée avec l'objet de la nouvelle demande.

Si la syntaxe de l'URL qui émet l'appel est http://myserver.com/servlets/xml/!pkg.prc?a=1&b=2&a=3, cela indique la présence d'une fonction de paramètres flexibles. Cette fonction n'appelle pas de procédure stockée de la forme `pkg.prc(a,b,a)`, mais l'appel se présente plutôt de la manière suivante :

```
pkg.prc(num_entries,name_array,values_array,reserved)
```

`num_entries` prend la valeur `3`, `name_array` est un tableau de `{a,b,a}`, `values_array` est un tableau de `{1,2,3}` et `reserved` prend la valeur « aucun ».

Si l'URL ne possède pas de paramètre flexible pour transmettre la syntaxe, la procédure stockée est appelée par l'appel de la méthode abstraite `doIt()`, avec la demande du client et la commande de procédure stockée comme arguments. La syntaxe du second argument est `[[schema.]package.]procedure`, `schema` représentant le propriétaire du nom d'utilisateur de la base de données de la procédure stockée (`scott`, par exemple), `package` correspondant au nom du package (`my_pkg`, par exemple) et `procedure` correspondant au nom de la procédure à appeler. Seule la dernière partie est obligatoire et bien des bases de données n'ont pas recours au concept de package pour regrouper des procédures et des fonctions associées. En pareils cas, l'adaptateur peut utiliser la syntaxe `[schema.]procedure`. L'adaptateur Oracle Lite utilise le concept de nom de table comme nom de package. Dans cette base de données, les classes téléchargées sur le système sont associées à une table donnée et la syntaxe est interprétée de la manière suivante :
`[schema.]table_name.procedure`.

Renvoyer la page

```
public StringReader getGeneratedPage() throws Exception
{
   StringReader pg = getGeneratedStream();
   if (!connInfo.txEnable)
   {
      sqlconn.commit();
   }
   return pg;
}
```

Ce code fonctionne comme suit :

```
public StringReader getGeneratedPage() throws Exception
{
   StringReader pg = getGeneratedStream();
```

La méthode `GetGeneratedPage()` n'a pas besoin d'effectuer diverses opérations au niveau de la base de données. Elle doit juste appeler la méthode abstraite `getGeneratedStream` qui doit être implémentée dans chaque sous-classe. Chaque sous-classe représente une base de données différente et implémente le mécanisme correspondant en fonction des éléments dépendants de la base de données. Par exemple, dans le schéma de la séquence UML la base de données utilisée est Oracle 8i. Ainsi, la sous-classe est DBConn8i et elle codifie la méthode `getGeneratedStream` correspondante.

En général, la méthode abstraite `getGeneratedStream` extrait la page de l'espace tampon d'une base de données. Cet espace tampon est complété par l'application avec la page à renvoyer au client. Compte tenu de la polyvalence de la base de données pour ce qui est du traitement de quantités importantes de texte, cet espace tampon peut être un type de données simple ou complexe. Par exemple, un type CLOB est utilisé dans la prise en charge Java d'Oracle 8i pour stocker la page générée.

```
if (!connInfo.txEnable)
{
   sqlconn.commit();
```

Si l'URL n'entre pas dans le cadre de la transaction, les modifications sont validées. Dans le cas contraire, le gestionnaire de ressources applique cette validation automatiquement lors du renvoi de la connexion et l'URL est alors reconnue comme URL de validation.

```
return pg;
```

Pour finir, la page est renvoyée à l'encapsuleur.

Méthodes abstraites

Ces méthodes de `DBConnection` définissent le contrat avec les adaptateurs et elles sont mises en œuvre par les sous-classes selon les fonctions affichées dans le code précédent.

```
public abstract int doAuthorize(String authMode, String ppackage) throws
   SQLException;
public abstract String getRealm() throws SQLException;
public abstract StringReader getGeneratedStream() throws Exception;
public abstract void resetPackages() throws SQLException;
public abstract void doIt(HttpServletRequest req, String servletname) throws
   SQLException,UnsupportedEncodingException;
public abstract void setCGIVars(HttpServletRequest req, String name,
   String pass) throws SQLException;
```

DBFactory.java

Le nombre de sous-classes est égal au nombre de bases de données à prendre en charge. Si une nouvelle base de données à prendre en charge apparaît, de nouvelles sous-classes doivent être incorporées. `DBFactory` déclare une interface pour des opérations de création d'objets `SPProc`, `DBConnection`, `UploadRequest` et `DownLoadRequest`.

```
public abstract SPProc createSPProc(ConnInfo conn, String procname, Connection
   sqlconn)  throws SQLException;
public abstract DBConnection createDBConnection(ConnInfo connInfo);
public abstract UploadRequest createUploadRequest(HttpServletRequest request,
   DBConnection repositoryConnection) throws IOException, SQLException;
public abstract DownloadRequest createDownloadRequest(HttpServletRequest
   request, HttpServletResponse response, DBConnection repositoryConnection)
   throws IOException, SQLException ;
```

- `createSPProc` doit renvoyer un objet de type `SPProc`, qui représente une procédure stockée dans la base de données cible. Cette méthode est obligatoire ;
- `createDBConnection` doit renvoyer un objet de type `DBConnection` représentant une connexion spécifique à la base de données cible. Cette méthode aussi est obligatoire ;
- `createUploadRequest` renvoie une nouvelle demande après le téléchargement du contenu multimédia dans le dépôt de la base de données. Si la base de données ne prend pas en charge les objets multimédias comme le type de données BLOB (*Binary Large Object*), `SQLException` est renvoyé ;
- `createDownloadRequest` renvoie un objet `DownloadRequest` que le moteur doit utiliser pour renvoyer un contenu multimédia au client.

SPProc.java

Cette classe représente une procédure stockée pour une base de données abstraite. Elle possède des méthodes communes comme `getAll()` et `addProcedure()`. Les sous-classes doivent implémenter cette dernière méthode pour représenter une procédure stockée concrète dans la base de données cible. `SPProc` dispose d'une table de hachage permettant de stocker les noms d'arguments, leur type et un vecteur pour stocker la liste d'arguments de chaque définition d'une procédure de surcharge.

Les procédures stockées écrites dans un grand nombre de langages ont plusieurs définitions en fonction du type d'argument et ces définitions sont stockées par un indice de surcharge commençant à un. Par exemple, en PLSQL, deux procédures stockées ayant la même définition que `pkg.proc(a integer, b varchar2)` et `pkg.proc(a integer)`, possèdent deux entrées dans la table de hachage : l'une avec l'indice `1`, l'autre avec l'indice `2`. Le vecteur des listes d'arguments prend la valeur `{a,b}` à la première occurrence et `{a}` à la seconde occurrence.

L'instance concrète de cette classe doit charger la définition de la procédure stockée à partir des vues du dictionnaire de la base de données. Si la base de données cible n'offre aucune vue du dictionnaire pour les procédures stockées, deux solutions sont alors disponibles. La première : vous pouvez créer votre propre vue du dictionnaire (c'est la stratégie représentée par l'adaptateur Oracle Lite) et remplir le contenu de cette vue avec les procédures publiques et leurs arguments. La seconde : vous pouvez utiliser le mécanisme reflétant le langage cible (Java, par exemple) pour trouver la procédure correspondant à cet appel.

Partie II. Faire fonctionner DB Prism

DB Prism et Cocoon peuvent être installés sur tous les serveurs web exécutant des servlets. Oracle **I**nternet **A**pplication **S**erver est choisi puisqu'il possède un programme d'installation graphique, une version préconfigurée de serveur web d'Apache 1.3.x et un programme d'exécution de servlets Jserv 1.1. Les instructions affichées ci-après sont applicables à toutes les versions de serveurs web d'Apache et de Jserv. Par ailleurs, avec des modifications mineures ces applications peuvent servir pour configurer le serveur web Apache avec le tout dernier programme d'exécution de servlets Tomcat.

Avant de commencer

Avant d'installer Cocoon et DB Prism sous Oracle Internet Application Server (IAS), vous devez vérifier l'installation correcte du produit. Pour plus d'informations sur ce produit, reportez-vous au site web d'Oracle Technology Network (http://technet.oracle.com/) ou au site web d'Apache (http://www.apache.org/).

Pour lancer le serveur web IAS, connectez-vous au système comme propriétaire du serveur web et exécutez cette commande :

```
# cd $ORACLE_HOME/Apache/Apache/bin
# ./httpdsctl start
```

Ces commandes ont pour effet de lancer Apache IAS sur le port 7777. Ensuite, ouvrez un navigateur web sur la machine du serveur et naviguez jusqu'aux URL suivantes : http://localhost:7777/ et http://localhost:7777/jserv/. Ce processus permet de tester le programme d'écoute d'Apache. La dernière URL est uniquement publique à partir d'une connexion à un hôte local pour des raisons de sécurité.

Ces pages se présentent de la manière suivante :

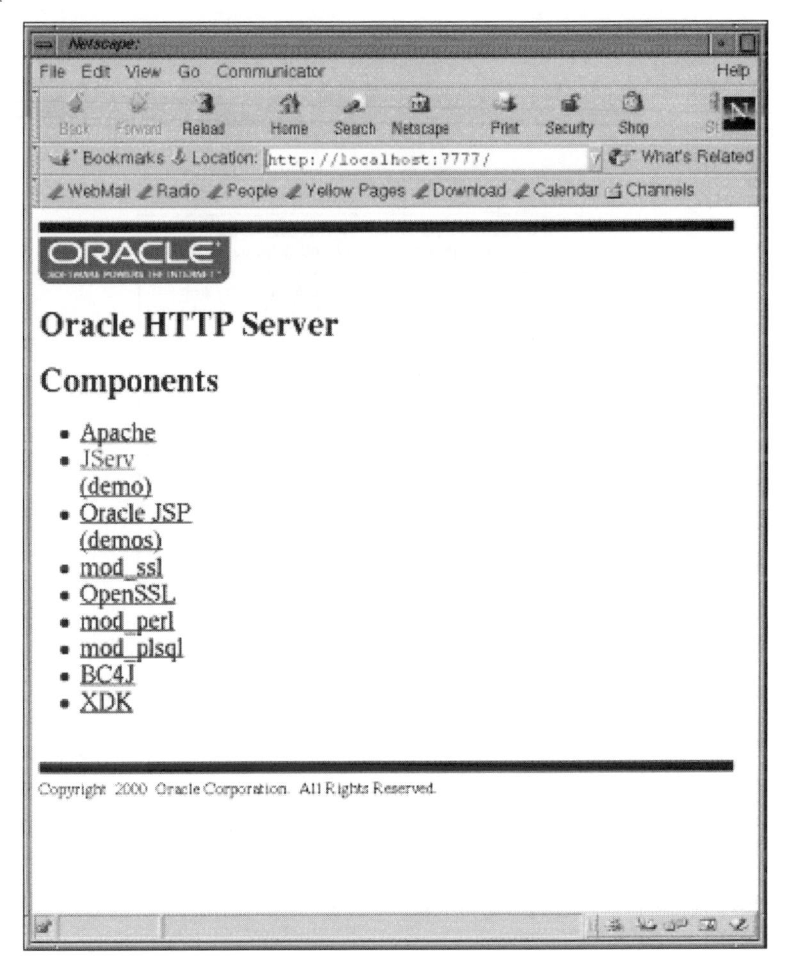

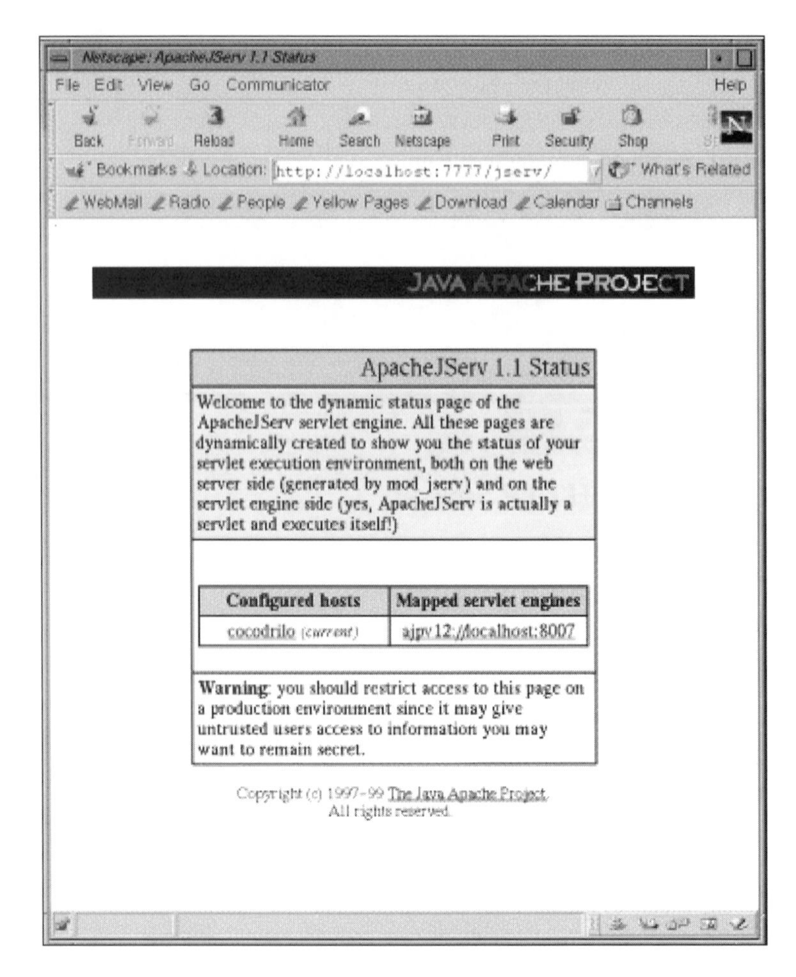

La capture d'écran ci-dessous affiche des informations générales relatives au module `mod_jserv` du serveur web Apache. C'est ce module qui exécute les servlets.

En sélectionnant l'URL de l'étape précédente, vous devez vous rendre au niveau de la configuration interne du moteur d'exécution des servlets.

Voici des captures d'écran sur la page d'état de `mod_jserv`.

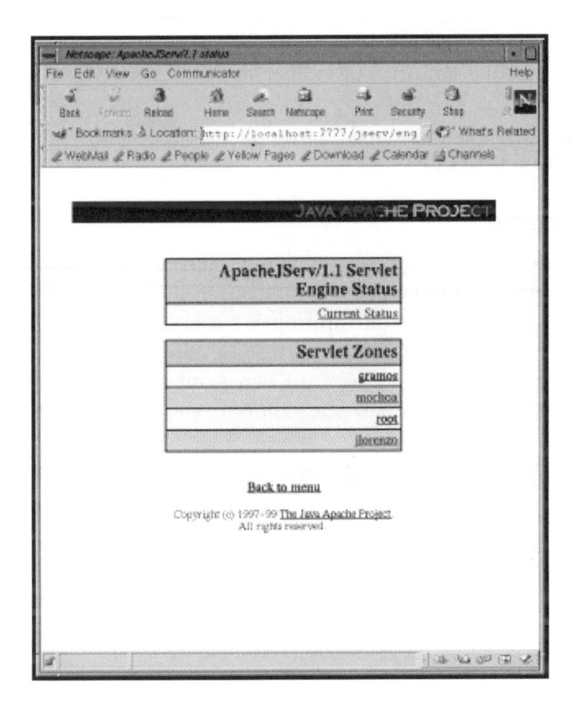
Netscape: ApacheJServ/1.1 status
File Edit View Go Communicator Help
Back Forward Reload Home Search Netscape Print Security Stop
Bookmarks Location: http://localhost:7777/jserv/eng
What's Related
WebMail Radio People Yellow Pages Download Calendar Channels
JAVA APACHE PROJECT
ApacheJServ/1.1 Servlet Engine Status
Current Status
Servlet Zones
gramos
mochoa
root
llorenzo
Back to menu
Copyright (c) 1997-99 The Java Apache Project.
All rights reserved.

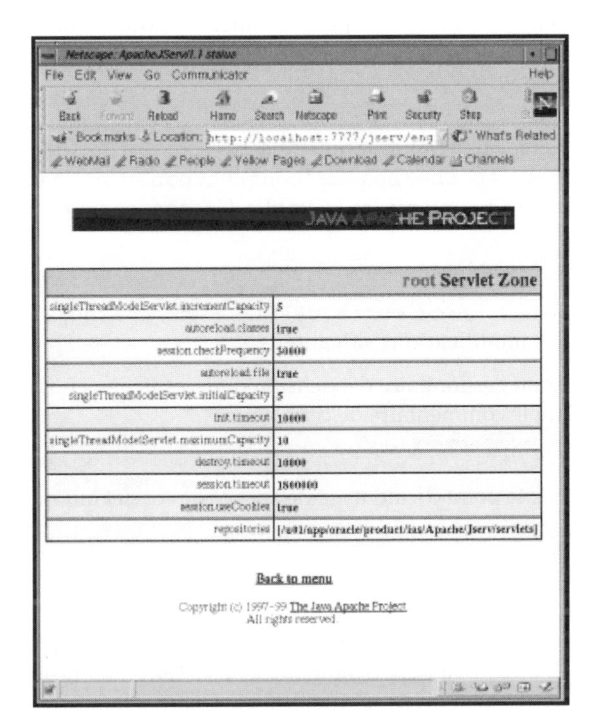
Netscape: ApacheJServ/1.1 status
File Edit View Go Communicator Help
Back Forward Reload Home Search Netscape Print Security Stop
Bookmarks Location: http://localhost:7777/jserv/eng
What's Related
WebMail Radio People Yellow Pages Download Calendar Channels
JAVA APACHE PROJECT
root Servlet Zone
singleThreadModelServlet.incrementCapacity 5
autoreload.classes true
session.checkFrequency 30000
autoreload.file true
singleThreadModelServlet.initialCapacity 5
init.timeout 10000
singleThreadModelServlet.maximumCapacity 10
destroy.timeout 10000
session.timeout 1800000
session.useCookies true
repositories [/u01/app/oracle/product/ias/Apache/Jserv/servlets]
Back to menu
Copyright (c) 1997-99 The Java Apache Project
All rights reserved.

Ces illustrations présentent la configuration mod_jserv. Si les pages qui s'affichent ne sont pas semblables, reportez-vous à la documentation IAS pour vérifier les instructions d'installation d'Apache/Jserv IAS.

Configurer Cocoon

Télécharger Cocoon

Cocoon peut être téléchargé à l'adresse suivante : http://xml.apache.org/cocoon/dist/. Au moment de la rédaction de cet ouvrage, c'est la version 1.8 de Cocoon qui est disponible. Après téléchargement, Cocoon doit être décompressé dans un répertoire approprié sur le serveur web : le répertoire /usr/local constitue une bonne suggestion d'emplacement. Ce répertoire se développe ensuite en un sous-répertoire cocoon-x.x (en fonction de la version utilisée). Créez un lien symbolique vers /usr/local appelé Cocoon pour pointer vers l'application (ln -s /usr/local/cocoon-x.x /usr/local/Cocoon).

Créer un répertoire accessible en écriture

Ensuite, dans le répertoire conf de la distribution principale de Cocoon (/usr/local/Cocoon), modifiez le fichier cocoon.properties en remplaçant la ligne :

```
processor.xsp.repository = /repository
```

par la ligne :

```
processor.xsp.repository = /tmp/repository
```

Cette modification s'avère nécessaire pour donner à Cocoon un répertoire assorti d'autorisation d'écriture pour le stockage des pages XSP compilées.

Modifier les fichiers

1. Modifiez le fichier de configuration Apache ($ORACLE_HOME/Apache/Apache/conf/httpds.conf), en ajoutant un alias de répertoire destiné à contenir les exemples Cocoon, comme suit :

```
Alias /samples/ "/usr/local/Cocoon/samples/"
```

2. Modifiez le fichier jserv.conf ($ORACLE_HOME/Apache/Jserv/etc/jserv.conf) en y apportant les modifications suivantes :

    - Ajoutez un gestionnaire d'extension pour les fichiers possédant une extension .xml en annulant le commentaire de cette ligne :

```
ApJServAction .xml /servlets/org.apache.cocoon.Cocoon
```

    - Cherchez le point de montage des zones de servlet qui doit s'apparenter à ceci :

```
ApJServMount /servlets /root
ApJServMount /servlet /root
```

3. Modifiez le fichier Apache jserv.properties ($ORACLE_HOME/Apache/Jserv/etc/jserv.properties), en ajoutant les bibliothèques Cocoon à l'environnement CLASSPATH en insérant des lignes après la variable d'environnement CLASSPATH du système :

```
# Version 1.8.0
wrapper.classpath=/usr/local/Cocoon/bin/cocoon.jar
wrapper.classpath=/usr/local/Cocoon/lib/fop_0_13_0.jar
wrapper.classpath=/usr/local/Cocoon/lib/xalan_1_2_D02.jar
wrapper.classpath=/usr/local/Cocoon/lib/xerces_1_2.jar
wrapper.classpath=/usr/local/Cocoon/lib/turbine-pool.jar
```

4. Modifiez le fichier de configuration de zone (`$ORACLE_HOME/Apache/Jserv/etc/zone.properties`) et ajoutez le paramètre transmis au moteur Cocoon avec le fichier de configuration prévu à cet effet.

```
servlet.org.apache.cocoon.Cocoon.initArgs=properties=/usr/local/Cocoon/conf/
   cocoon.properties
```

Tester l'installation

Relancez Apache IAS en exécutant les commandes suivantes :

```
# cd $ORACLE_HOME/Apache/Apache/bin
# ./httpdsctl restart
```

Il est temps, à présent, de tester l'installation et les exemples de Cocoon. Rendez-vous sur la page d'état de Cocoon (http://localhost:7777/Cocoon.xml) qui doit se présenter de la manière suivante si l'installation a réussi :

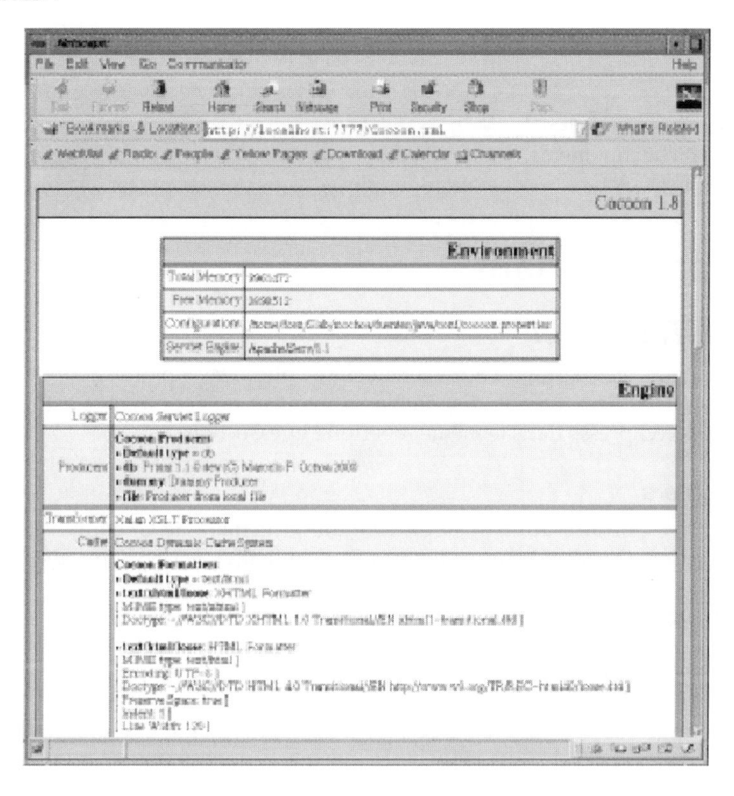

Testez les exemples à l'adresse suivante : http://localhost:7777/samples/index.xml, comme indiqué ci-dessous :

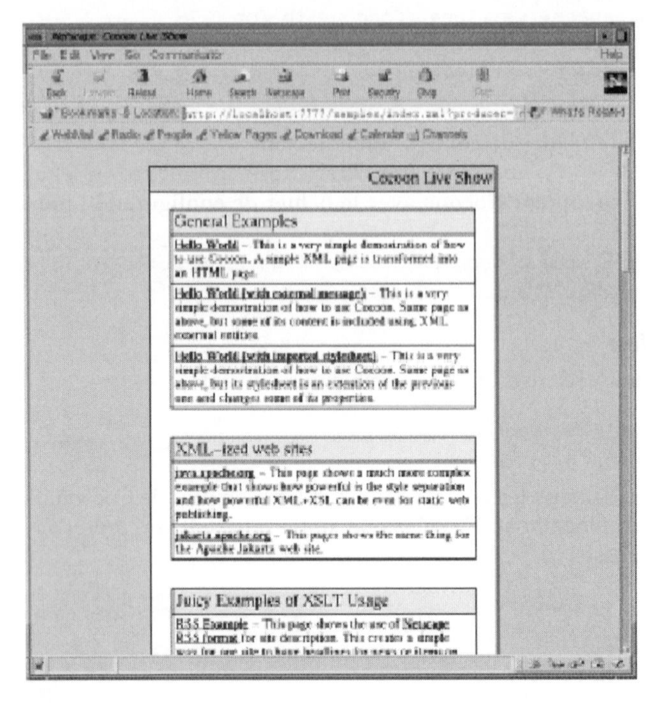

Cette page affiche un menu simple d'exemples pour que vous puissiez effectuer les tests de votre installation. Une fois toutes ces opérations terminées, vous pouvez passer à la configuration de DB Prism.

Configurer DB Prism

Télécharger DB Prism

DB Prism put être téléchargé à l'adresse suivante : http://www.plenix.com/dbprism/. La version 1.1 de DB Prism est la dernière version disponible au moment où cet ouvrage est rédigé. DB Prism doit être téléchargé et décompressé dans le même répertoire que Cocoon.

Modifier les fichiers

1. Dans le répertoire `conf` de la distribution principale de Cocoon (`/usr/local/Cocoon`), apportez les modifications suivantes dans le fichier `cocoon.properties` :

   - ❑ Ajoutez le programme de production DB Prism pour Cocoon :

```
producer.type.db = com.prism.CocoonWrapper
producer.db.properties = /usr/local/prism/conf/prism.properties
```

   - ❑ Assurez-vous que le programme de production par défaut soit défini sur `db` plutôt que sur `file` (cela devra être le cas puisque le programme de production a été ajouté par le biais des deux lignes précédentes).

- Cherchez la ligne :

```
producer.default = file
```

et remplacez-la par :

```
producer.default = db
```

- Ajoutez `HeaderProcessor` de DB Prism à la liste des processeurs de Cocoon en ajoutant cette ligne :

```
processor.type.http = com.prism.HeaderProcessor
```

- Ajoutez la fiche logique de la connexion XSP à la liste correspondante (les différentes lignes n'en composent qu'une) :

```
processor.xsp.logicsheet.connection.java =
   resource://com/prism/xsp/connection.xsl
```

- Enfin, ajoutez les lignes du programme de formatage pour obtenir un exemple de sortie sur Excel (là aussi, les deux premières lignes ne composent qu'une ligne de code) :

```
formatter.type.application/vnd.ms-excel =
   org.apache.cocoon.formatter.TextFormatter
formatter.application/vnd.ms-excel.MIME-type = application/vnd.ms-excel
```

2. Modifiez le fichier de configuration Apache en y apportant les modifications suivantes : ajoutez un alias de répertoire destiné à recevoir les exemples Cocoon. Ce répertoire contient la feuille de style associée aux exemples de DB Prism. À cet effet, ajoutez la ligne suivante :

```
Alias /xsl/ "/usr/local/prism/xsl/"
```

3. Modifiez le fichier Apache `jserv.properties` (qui se trouve dans `$ORACLE_HOME/Apache/Jserv/etc/`) : ajoutez la bibliothèque DB Prism à l'environnement `classpath` en insérant cette ligne, selon l'élément `classpath` du système :

```
wrapper.classpath=/usr/local/prism/bin/Prism.jar
```

4. Modifiez le fichier de configuration de zone (`$ORACLE_HOME/Apache/Jserv/etc/zone.properties`), en commençant par ajouter un alias pour chaque DAD DB Prism :

```
servlet.plsql.code=com.prism.ServletWrapper
servlet.java.code=com.prism.ServletWrapper
servlet.demo.code=com.prism.ServletWrapper
servlet.xml.code=org.apache.cocoon.Cocoon
servlet.xmld.code=org.apache.cocoon.Cocoon
servlet.xmlj.code=org.apache.cocoon.Cocoon
servlet.doc.code=org.apache.cocoon.Cocoon
servlet.print.code=org.apache.cocoon.Cocoon
```

À présent, ajoutez les paramètres d'initialisation pour l'alias de la configuration précédente :

```
servlet.plsql.initArgs=properties=/usr/local/prism/conf/prism.properties
servlet.java.initArgs=properties=/usr/local/prism/conf/prism.properties
```

```
servlet.xml.initArgs=properties=/usr/local/Cocoon/conf/cocoon.properties
servlet.xmld.initArgs=properties=/usr/local/Cocoon/conf/cocoon.properties
servlet.xmlj.initArgs=properties=/usr/local/Cocoon/conf/cocoon.properties
servlet.doc.initArgs=properties=/usr/local/Cocoon/conf/cocoon.properties
servlet.print.initArgs=properties=/usr/local/Cocoon/conf/cocoon.properties
```

Tester votre installation

Relancez Apache IAS en entrant les commandes suivantes :

```
# cd $ORACLE_HOME/Apache/Apache/bin
# ./httpdsctl restart
```

Testez l'installation de DB Prism. Pour cela, rendez-vous sur la page d'état de Cocoon : http://localhost:7777/Cocoon.xml. Si l'installation a réussi, la page se présente de cette manière :

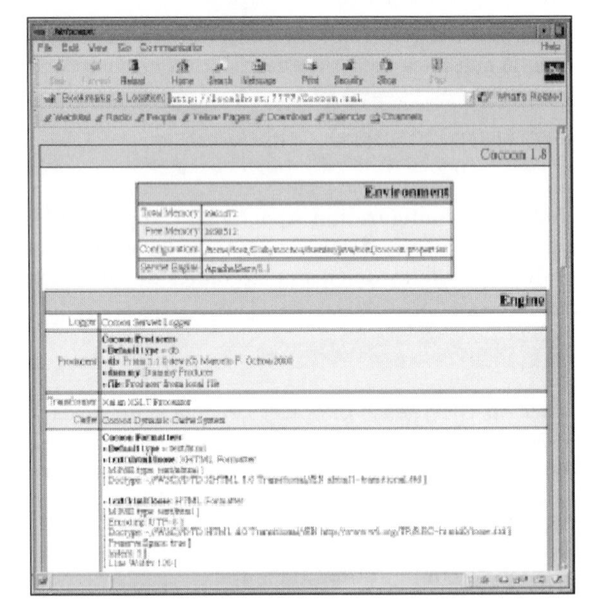

Si le contenu de votre écran est semblable à l'illustration ci-dessus, Cocoon reconnaît DB Prism comme son nouveau programme de production. En revanche, DB Prism n'est toujours pas prêt à se connecter à la base de données. La section suivante explique en détail comment terminer cette configuration et comment configurer les exemples de DB Prism dans la base de données.

Configurer la base de données

Pour cette étude de cas, vous devez utiliser Oracle 8.1.6, qui est adaptée pour les exemples de DB Prism. La section suivante détaille la procédure à suivre pour effectuer la configuration.

> **N'oubliez pas de vérifier la disponibilité de la base de données et de vous connecter comme propriétaire Oracle (normalement l'utilisateur ORACLE).**

1. Installez Oracle XML Utility for Java. Décompressez-le et exécutez le script d'installation. L'installation par défaut se fait pour l'utilisateur `scott/tiger`. Si ces opérations aboutissent, le code suivant s'affiche sur votre écran :

```
# cd /usr/local
# jar xvf /tmp/XSU12_ver1_2_1.zip
created: OracleXSU12/
 extracted: OracleXSU12/README.html
   created: OracleXSU12/doc/
 extracted: OracleXSU12/doc/OracleXML.html
...
 extracted: OracleXSU12/env.csh
 extracted: OracleXSU12/env.bat
# cd OracleXSU12/lib
# sh oraclexmlsqlload.csh
-----------------------------------------------------------------------
Loading jar files...
...
Testing..
...
Done..
#
```

2. Installez la trousse à outils Java de DB Prism. Ce script considère `scott/tiger` comme utilisateur de la base de données. En cas d'installation réussie, l'écran suivant s'affiche :

```
# cd /usr/local/prism/oi
# sh install-toolkit.sh
SQL*Plus: Release 8.1.6.0.0 - Production on Mon Oct 9 15:56:33 2000
(c) Copyright 1999 Oracle Corporation.  All rights reserved.

Connected to:
Oracle8i Enterprise Edition Release 8.1.6.1.0 - Production
With the Partitioning option
JServer Release 8.1.6.1.0 - Production

Java altered.
...
Package created.
No errors.
...
Disconnected from Oracle8i Enterprise Edition Release 8.1.6.1.0 - Production
With the Partitioning option
JServer Release 8.1.6.1.0 - Production
#
```

3. À présent, vous devez installer les exemples inclus dans DB Prism :

```
# cd /usr/local/prism/oi
# sh install-demo.sh
SQL*Plus: Release 8.1.6.0.0 - Production on Mon Oct 9 15:59:20 2000
```

```
(c) Copyright 1999 Oracle Corporation.  All rights reserved.

Connected to:
Oracle8i Enterprise Edition Release 8.1.6.1.0 - Production
With the Partitioning option
JServer Release 8.1.6.1.0 - Production

Java altered.
...
Package created.
No errors.
...
Disconnected from Oracle8i Enterprise Edition Release 8.1.6.1.0 - Production
With the Partitioning option
JServer Release 8.1.6.1.0 - Production
#
```

Configurer DB Prism pour accéder à la base de données

L'étape précédente installe la trousse à outils et le code de démo dans la base de données. La dernière étape consiste à accéder à la base de données :

1. Configurez les informations du DAD. Dans le fichier `prism.properties` qui se trouve dans le répertoire `/usr/local/prism/conf/prism.properties`, ajoutez le DAD `xmlj`, à la liste des DAD :

```
global.alias=plsql xml demo servlet xmld lite org.apache.cocoon.Cocoon java
xmlj   doc print
```

> **Chaque entrée de cette ligne doit être configurée comme alias de servlet dans `zone.properties`.**

2. Définissez le paramètre de base de données du DAD, `xmlj` :

```
xmlj.dbusername=scott
xmlj.dbpassword=tiger
xmlj.connectString=jdbc:oracle:thin:@localhost:1521:ORCL
xmlj.errorLevel=2
xmlj.errorPage=http://localhost/error.html
xmlj.compat=java
xmlj.producerarg=ignore
```

3. Relancer Apache IAS et testez l'installation de DB Prism en écrivant les commandes suivantes :

```
# cd $ORACLE_HOME/Apache/Apache/bin
# ./httpdsctl restart
```

4. Rendez-vous sur la page principale des exemples, http://localhost:7777/servlets/xmlj/DEMOj.startup, qui s'apparente à cela :

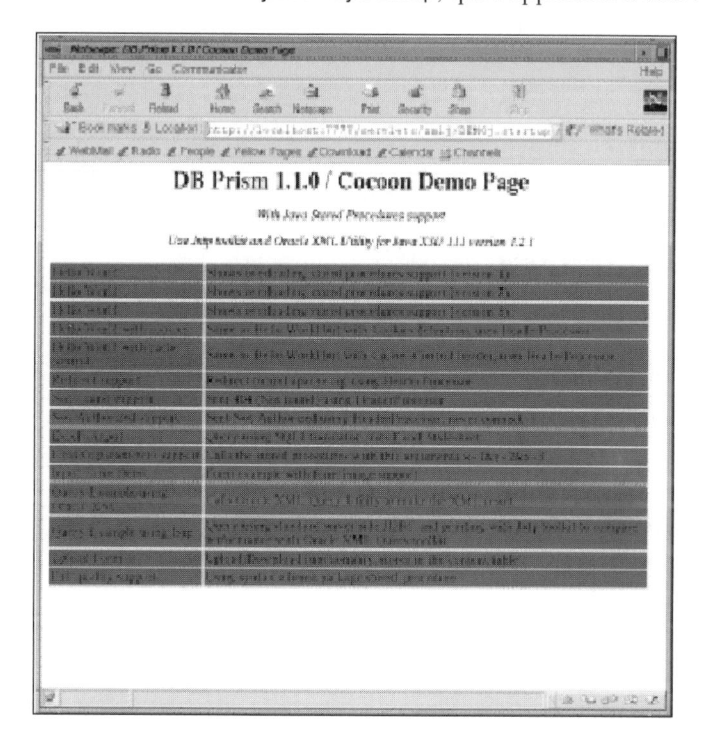

Réaliser l'exemple Hello World

À présent, vous allez découvrir comment réaliser un exemple d'application simple, Hello World, avec DB Prism et Cocoon.

Pour installer rapidement une procédure stockée dans Oracle version 8i, créez un simple fichier avec l'extension `.sqlj` et chargez-le avec la commande `loadjava`. Cet exemple simple fait appel à la trousse à outils Jxtp (Java **X**ML **T**oolkit **P**rocedure), qui met à votre disposition des procédures et des fonctions simples permettant de générer des balises XML en série. La trousse à outils accepte des objets de type `org.w3c.dom.Document`, ce qui signifie que vous pouvez également générer des pages XML orientées objet avec l'API standard DOM.

Le code de l'exemple Hello World est affiché et expliqué ci-après :

```
package demo;
import com.prism.toolkit.*;
class Hello
{
   public static void World()
   {
      Jxtp.prolog("1.0","http://localhost/xsl/hello.xsl");
      Jxtp.process();
```

```
        Jxtp.tagOpen("page");
        Jxtp.tag("title","Hello World");
        Jxtp.tagOpen("content");
        Jxtp.tag("paragraph",
        "Voici mes premiers morceaux de code avec Prism et Cocoon, écrits dans des
procédures Java stockées !");
        Jxtp.tagClose("content");
        Jxtp.tagClose("page");
        Jxtp.epilog();
    }
}
```

La fonction des différentes parties de code est la suivante :

```
import com.prism.toolkit.*;
```

Ce package doit utiliser les procédures et les fonctions Jxtp :

```
Jxtp.prolog("1.0","http://localhost/xsl/hello.xsl");
```

`Jxtp.prolog` crée les balises XML suivantes :

```
<?xml version="1.0"?>
<?xml-stylesheet href="http://localhost/xsl/hello.xsl" type="text/xsl"?>
```

```
Jxtp.process();
```

La procédure ci-dessus définit l'instruction de traitement dans le cadre Cocoon, comme l'illustre le code ci-après :

```
<?cocoon-process type="xslt"?>
```

```
Jxtp.tagOpen("page");
```

Cette ligne génère la balise XML `<page>`

```
Jxtp.tag("title","Hello World");
```

Cette ligne génère l'élément XML `<title>Hello World</title>`

```
Jxtp.epilog();
```

Cette ligne génère un commentaire et à ce titre n'est pas obligatoire.

Si vous chargez ce code dans la base de données, la commande figurant ci-dessous s'exécute :

```
# loadjava -user scott/tiger Hello.sqlj
```

Cette commande charge et compile le code dans la base de données et se tient prête pour l'appel de DB Prism. Pour rendre le code Java public, Oracle 8i requiert des spécifications d'appel de la classe Java. Pour réaliser les spécifications d'appel pour cette démo, exécutez le code SQL suivant avec le programme `sqlplus` :

```
# sqlplus scott/tiger
SQL*Plus: Release 8.1.6.0.0 - Production on Mon Oct 9 15:59:20 2000
(c) Copyright 1999 Oracle Corporation.  All rights reserved.
```

```
Connected to:
Oracle8i Enterprise Edition Release 8.1.6.1.0 - Production
With the Partitioning option
JServer Release 8.1.6.1.0 - Production
SQL> CREATE OR REPLACE PACKAGE Hello AS
        PROCEDURE World;
     END Hello;
SQL>/
SQL> CREATE OR REPLACE PACKAGE BODY Hello AS
        PROCEDURE World
        AS LANGUAGE JAVA
        NAME 'demo.Hello.World()';
     END Hello;
SQL>/
SQL>EXIT
```

À l'issue de l'exécution réussie de ces programmes, DB Prism peut exécuter l'application Hello World. Affichez la page http://localhost:7777/servlets/xmlj/Hello.World. L'exécution de la procédure stockée doit afficher une page semblable à celle-ci :

Réaliser un système de gestion de contenu

Introduction rapide aux CMS

Lorsque les informations ou la taille des sites web prennent de l'importance, différents problèmes, liés au déploiement ou à la possibilité de maintenance des sites volumineux apparaissent.

Par exemple :

- comment modifier l'apparence de toutes les pages d'un site ;
- comment permettre un accès simultané par plusieurs propriétaires de contenu ;
- comment stocker l'historique des versions des documents ;
- comment stocker automatiquement un lien vers différents documents en fonction d'informations liées ;
- comment créer un moteur de recherche sur un site.

Ces problèmes trouvent une réponse dans les systèmes CMS (*Content Management System*) dont les données sont enregistrées dans des bases de données. Lors du développement, ce système stocke les utilisateurs autorisés dans la base de données et offre un affichage en ligne qui rend compte directement du contenu lors de l'émission de la demande de l'utilisateur. Par ailleurs, lors du déploiement, le système permet la génération hors ligne du site dans son intégralité ou en partie sur le disque d'un serveur web pour augmenter les performances.

Par rapport à un système CMS HTML, le système CMS XML présente d'autres avantages. Ces avantages, liés aux technologies XML, sont répertoriés ci-dessous :

- possibilité d'utilisation avec différents formats de présentation. Un contenu XML définissant un document doit rester indépendant du format de présentation ;
- validation du format du document par le biais d'une DTD déterminé lors de l'importation. Cette validation garantit que le document importé est valide pour le système de présentation ;
- possibilité d'utilisation de moteurs de recherche basés sur les technologies XML, comme Oracle 8i interMedia qui interprète les documents XML et met à votre disposition un texte de recherche avec des requêtes du type : "`find all documents containing 'CMS' within <note>`".

En partant de ces points, vous allez étudier un système CMS réalisé à partir de procédures Java stockées et SQLj comme exemple étendu de la réalisation d'une application avec DB Prism ou Cocoon. Un système CMS DB Prism divise le contenu de la page en cinq parties visibles : le propriétaire du contenu en définit une (le corps du contenu), tandis que les autres parties sont générées par le système qui analyse automatiquement les informations stockées dans le modèle Meta.

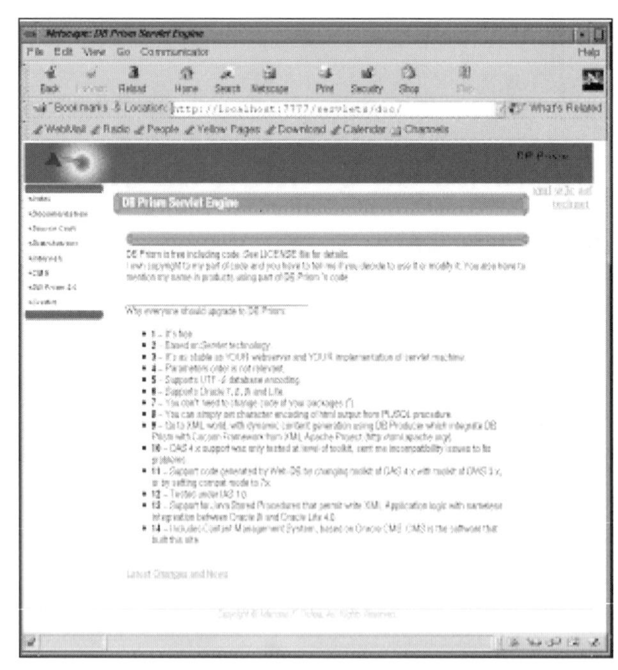

Ci-dessous, vous allez parcourir les différentes parties mises en évidence sur la page, en vous arrêtant sur le code source de chacune. Le code est transmis du système CMS sous forme de code XML et converti en code HTML par le cadre Cocoon grâce à une version modifiée de la feuille de style `document2html.xsl`.

En-tête de page

Fournit des informations générales pour la page courante.

Ces informations proviennent des données Meta de la page courante et de la page parent supérieure (`Category`). Elles permettent, par exemple, à la feuille de style `document2html.xsl` d'afficher une bannière pour la catégorie courante dans la partie droite supérieure de la page. Elles peuvent aussi être utilisées par une feuille de style pour que des outils comme WebCrawler ou Spider associent des mots-clés à la page en question.

```
<document name='CMS'>
   <header>
      <name>CMS-Tables</name>
      <title>CMS</title>
      <subtitle>Tables of CMS</subtitle>
      <authors><person name='SCOTT' /></authors>
   </header>
```

Informations de lien

Fournit des informations permettant de créer la barre des menus de la partie droite.

Ces informations sont créées en partant d'une structure de répertoire de pages (colonne parent des pages de la table). Dans ce code, le premier niveau des pages et l'élément enfant de la catégorie courante sont sélectionnés :

```
<map>
   <option>
      <linkmap id='Home' longname='Top entry'
         href='/Home'>Home</linkmap>
   </option>
   <option>
      <linkmap id='Docs' longname='Documentation'
         href='/Docs'>Docs</linkmap>
   </option>
   <option>
      <linkmap id='Source' longname='Source Code'
         href='/Source'>Source</linkmap>
   </option>
   <option>
      <linkmap id='Dist' longname='Distribution available for DB Prism'
         href='/Dist'>Dist</linkmap>
   </option>
</map>
```

Informations de chemin

Fournit des informations sur l'ancêtre de cette page (parents) pour générer les liens de la partie gauche supérieure dans la zone de contenu. À partir de ces informations, la feuille de style `document2print.xsl` crée une barre de navigation, qui permet à l'utilisateur de revenir à la page précédente :

```
<path>
   <option>
      <linktopic id='10' longname='DB Prism Servlet Engine'
         href='/Home'>Home</linktopic>
   </option>
   <option>
      <linktopic id='70' longname='Content Management System'
         href='/CMS'>CMS</linktopic>
   </option>
   <option>
      <linktopic id='200' longname='Tables of CMS'
         href='/cms/CMS-Tables'>CMS-Tables</linktopic>
   </option>
</path>
```

Thèmes associés

Les documents associés à la page courante, affichés par la feuille de style `document2html` dans la partie droite supérieure de la zone de contenu. Ces informations proposent à l'utilisateur une barre des menus contenant des liens vers les documents associés à cette page et qui sont stockés dans la table `RELATED` :

```
<topics>
   <option>
      <linktopic href='/cms/CMS-Tables'>CMS-Tables</linktopic>
      <linktopic href='/cms/CMS-Source'>CMS-Source</linktopic>
      <linktopic href='/cms/CMS-Upload'>CMS-Upload</linktopic>
      <linktopic href='/cms/CMS-Config'>CMS-Config</linktopic>
      <linktopic href='/cms/CMS-Stylesheet'>CMS-Stylesheet</linktopic>
   </option>
</topics>
```

Contenu (Corps)

La ressource téléchargée par le propriétaire du contenu de cette page :

```
<body>
   <s1 title='Tables of CMS' level='0'>
      <!—Définition de tables CMS -->
   </s1>
   <s2>
      <p>
         CMS stocke les éléments de la page dans les tables suivantes :
      </p>
   </s2>
</body>
```

DB Prism émet des requêtes auprès de la base de données pour chaque document à charger et Cocoon construit chaque page en combinant ces cinq éléments dans un fichier HTML, à l'aide de la feuille de style associée à l'entrée de niveau supérieur. Cinq éléments sont utilisés car les concepteurs du système CMS ont identifié cinq zones de la page à traiter séparément. Pour chaque architecture de pages, vous pouvez choisir un nombre différent d'éléments.

Parmi ces cinq éléments, l'élément `Content` est unique pour chaque page : c'est ce qui rend chaque page unique. Les autres éléments contiennent des données réutilisées par un grand nombre de pages pour donner au site un aspect cohérent. Dans la mesure où les éléments sont stockés dans la base de données, une modification met à jour le site dans son intégralité. Par exemple, si vous modifiez le code de la feuille de style qui définit l'en-tête HTML, chaque page reflète cette modification lorsque le système CMS génère les fichiers du site.

Lorsqu'un navigateur demande une page, le code Java est exécuté sur le serveur. Par exemple, l'élément Map Information (informations de lien) comprend une requête SQL qui crée la barre de navigation supérieure lors de l'exécution, en cherchant les thèmes parents, connexes et enfants de la page courante.

Concevoir le modèle Meta

Tables CMS

Le système CMS stocke les éléments de la page dans les tables suivantes :

- La table `PAGES` stocke une ligne d'informations structurelles, ainsi que d'autres données Meta pour chaque page. Toutes les pages sont identifiées par un numéro unique stocké dans la colonne `ID_PAGE` (qui renvoie à la colonne `CN_ID_PAGE` de la table `CONTENT`). Les pages possèdent en elles une clé externe `PARENT`, ce qui permet d'avoir recours à une structure de répertoires.
- La table `CONTENT` stocke chaque version du contenu d'une page sur une ligne unique identifiée par les numéros `CN_ID_PAGE` et `VERSION`, le véritable contenu se trouvant dans la colonne `CLOB`. Le système CMS stocke plusieurs versions d'un bloc de contenu et utilise une version spécifiée pour construire une page. La table `CONTENT` est liée à la table `PAGES` par le numéro `ID`.
- Les tables `TEMPLATES/STYLESHEETS` stockent les feuilles de style associées à cette page.
- La table RELATED stocke les informations sur les pages associées à un thème d'autres pages. La table RELATED possède des informations de provenance et de destination, ce qui autorise une structure en maillage de la page associée.

Chaque page du système CMS appartient à une autre page (ce qui revient au même qu'un répertoire système de fichiers), à l'exception des pages de niveau supérieur. Cette page définit la feuille de style de l'élément enfant. Le système CMS stocke le contenu, les données de la page et les éléments de modèle dans des tables distinctes. Voici une définition complète des tables CMS en SQL.

La table `PAGES` stocke les informations de données Meta pour une page donnée :

```
TABLE PAGES
(
   id_page                      NUMBER(10) NOT NULL,
   parent                       NUMBER(10),
   name                         VARCHAR2(255),
   longname                     VARCHAR2(4000),
   owner                        VARCHAR2(255),
   created                      DATE,
   modified                     DATE,
   comments                     VARCHAR2(4000),
   meta                         VARCHAR2(4000),
   path                         VARCHAR2(4000),
   language                     VARCHAR2(32),
   deleted                      VARCHAR2(1),
```

```
    created_by                 VARCHAR2(255),
    modified_by                VARCHAR2(255),
    status                     VARCHAR2(255),
    file_size                  NUMBER(10),
    current_version            NUMBER(6),
    CONSTRAINT pg_pk PRIMARY KEY (id_page),
    CONSTRAINT pg_pg_fk FOREIGN KEY (parent)
       REFERENCES PAGES(id_page)
)
```

La table CONTENT stocke la ressource (document XML) d'une page donnée :

```
TABLE CONTENT
(
    cn_id_page                    NUMBER(10) NOT NULL,
    version                       NUMBER(6)NOT NULL,
    owner                         VARCHAR2(255),
    status                        VARCHAR2(255),
    source_file                   VARCHAR2(4000),
    file_size                     NUMBER(10),
    content                       CLOB,
    created                       DATE,
    modified                      DATE,
    created_by                    VARCHAR2(255),
    modified_by                   VARCHAR2(255),
    CONSTRAINT cn_pk PRIMARY KEY (cn_id_page,version),
    CONSTRAINT cn_pg_fk FOREIGN KEY (cn_id_page)
       REFERENCES PAGES(id_page)
)
```

La table RELATED définit une relation entre deux documents :

```
TABLE RELATED
(
    rl_id_page_from                NUMBER(10) NOT NULL,
    rl_id_page_to                  NUMBER(10) NOT NULL,
    CONSTRAINT rl_pk PRIMARY KEY (rl_id_page_from , rl_id_page_to),
    CONSTRAINT rl_pg_fk1 FOREIGN KEY (rl_id_page_from)
       REFERENCES PAGES(id_page),
    CONSTRAINT rl_pg_fk2 FOREIGN KEY (rl_id_page_to)
       REFERENCES PAGES(id_page)
)
```

La table TEMPLATES définit le modèle (feuille de style) d'une page donnée :

```
CREATE TABLE TEMPLATES
(
    tpl_id_page                    NUMBER(10) NOT NULL,
    tpl_id_stylesheet              NUMBER(10) NOT NULL,
    CONSTRAINT tpl_pk PRIMARY KEY (tpl_id_page , tpl_id_stylesheet),
    CONSTRAINT tpl_pg_fk FOREIGN KEY (tpl_id_page)
       REFERENCES PAGES(id_page),
    CONSTRAINT tpl_st_fk FOREIGN KEY (tpl_id_stylesheet)
       REFERENCES STYLESHEETS(id_stylesheet)
)
```

La table STYLESHEETS définit les feuilles de style disponibles sur le système :

```
TABLE STYLESHEETS
(
   id_stylesheet                  NUMBER(10) NOT NULL,
   owner                          VARCHAR2(255),
   status                         VARCHAR2(255),
   url                            VARCHAR2(4000),
   type                           VARCHAR2(255),
   media                          VARCHAR2(255),
   ext                            VARCHAR2(15),
   attributes                     VARCHAR2(4000),
   created                        DATE,
   modified                       DATE,
   created_by                     VARCHAR2(255),
   modified_by                    VARCHAR2(255),
   CONSTRAINT st_pk PRIMARY KEY (id_stylesheet)
)
```

Écrire le code Java

Construire des pages

Le système CMS DB Prism définit une hiérarchie sous forme arborescente à partir de la clé externe parent des pages de la table. La page d'accueil d'un site est définie par la page qui ne possède pas de parent (valeur Null dans la colonne parent des pages de la table), et sous laquelle se trouvent plusieurs pages qui définissent les branches du contenu : documentation, code source, etc. Ces branches de contenu, qui prennent le nom de catégories, définissent la présentation ou l'apparence de l'enfant.

Tous les éléments d'une page sont stockés dans la base de données, ainsi le système CMS exécute des requêtes pour les extraire, comme l'illustre le code Java ci-dessous.

```
public void GET(int p_id, int p_level, int p_top, int p_version) throws
   SQLException
{
   ChildIterator cIter=null;
   int topParent;
   if (p_level>1)
      topParent=p_id;
   else
      topParent = findTopParent(p_id,p_top);
   String topName,topLongName,topOwner,
      thisPageName,thisPageLongName,
      thisPageComments,thisPagePath;
   Jxtp.prolog();
   Jxtp.process("http"); // Ne pas mettre cette page en cache
   Jxtp.header("Cache-Control","False");
   try
   {
      Integer thisPageParent;
      chooseStylesheet(topParent);
      // Obtient des informations sur la première page et la page courante
      #sql {SELECT name,longname,owner INTO
         :topName,:topLongName,:topOwner
         FROM pages WHERE id_page=:topParent};
      #sql {SELECT name,longname,comments,parent,path INTO
```

```
            :thisPageName,:thisPageLongName,:thisPageComments,
            :thisPageParent,:thisPagePath
            FROM pages WHERE id_page=:p_id };
        Jxtp.tagOpen("document","name='"+topName+"'");
        Jxtp.tagOpen("header");
        Jxtp.tag("name",thisPageName);
        Jxtp.tag("title",topName);
        Jxtp.tag("subtitle",thisPageLongName);
        Jxtp.tagOpen("authors");
        Jxtp.tagOpen("person","name='"+topOwner+"'");
        Jxtp.tagClose("person");
        Jxtp.tagClose("authors");
        Jxtp.tagClose("header");
        showMapInfo(p_id,thisPageName,p_top);
        showPath(p_id,p_top);
        relatedTopics(p_id,thisPageParent,p_top);
        Jxtp.tagOpen("body");
        Jxtp.tagOpen("s1","title='"+thisPageLongName+"' level='0'");
        Jxtp.p("<!-- "+thisPageComments+" -->");
        Jxtp.tagClose("s1");
        // afficher le contenu principal
        showContent(p_id,p_version);
        // Extraire l'enfant jusqu'au niveau indiqué, 1-sans-enfant, 2-premier-
    niveau-enfant
        #sql cIter = {SELECT id_page,current_version,
            longname,comments,level FROM pages WHERE level<:p_level
            START WITH parent=:p_id CONNECT BY prior id_page=parent};
        while(cIter.next())
        {
            Jxtp.tagOpen("s1","title='"+cIter.longname()+"'
            level='"+cIter.level()+"'");
            Jxtp.p("<!-- "+cIter.comments()+" -->");
            Jxtp.tagClose("s1");
            try
            {
                showContent(cIter.id_page().intValue(),
                    cIter.current_version().intValue());
            }
            catch (Exception e)
            {
                Jxtp.tag("s2",e.getMessage());
            }
        }
        Jxtp.tagClose("body");
        Jxtp.tagClose("document");
    }
    catch (Exception e)
    {
        Jxtp.tag("s1",e.getMessage());
        Jxtp.tagClose("document");
    }
    finally
    {
        if (cIter != null)
            cIter.close();
    }
}
```

Voici une présentation rapide du processus dans sa globalité :

1. Le processus débute par une instruction `SELECT` qui extrait les informations de la page supérieure et de la page courante pour les arguments spécifiques de la base de données (`p_id` et `topParent`). La page `topParent` a été sélectionnée par la méthode `findTopParent()`.

2. Ensuite, la procédure appelle la méthode `chooseStylesheet()` qui trouve une feuille de style appropriée pour la page du parent supérieur (catégorie). Cette méthode exécute la commande `SELECT` à partir des tables `TEMPLATES` et `STYLESHEETS` de manière à utiliser les feuilles de style XSL grâce auxquelles Cocoon met en forme le résultat.

3. Enfin, la procédure commence par les informations de la page XML, divisée en cinq parties :

    - **informations d'en-tête (métadonnées)** – auteur, date de dernière modification ;
    - **informations de lien** – utilisées par la feuille de style `document2html` pour créer la barre de menus de gauche (fonction showMapInfo) ;
    - **informations de chemin** – contient le chemin complet de l'entrée supérieure à la page courante. Ces informations sont utilisées par la feuille de style `document2html` pour générer des liens dans la zone de contenu afin d'indiquer aux utilisateurs comment revenir en arrière. Ces informations sont générées par la feuille de style et insérées dans la partie supérieure de la zone de contenu (procédure `showPath`) ;
    - **informations associées** – contient les thèmes associés extraits de la table liée à la page courante et ses voisins (fonction `relatedTopics`). Ces thèmes sont générés par la feuille de style pour la partie supérieure droite de la zone de contenu ;
    - **données du contenu** – la zone de contenu provient de la table `CONTENT` selon la page et la version courantes (fonction `showContent`). Si le paramètre `p_version` est différent de null, il est utilisé à la place de la version courante. `p_level` indique à la procédure le nombre de niveaux d'enfants à développer à partir de la page courante. Normalement, le niveau correspond à `0`, ce qui signifie afficher cette page. En revanche, lorsque d'autres équipements comme le Wap ou une version à imprimer sont concernés, il est utile d'avoir recours à un ou plusieurs niveaux d'enfant.

Le code fonctionne de la manière suivante :

```
if (p_level>1)
      topParent=p_id;
   else
      topParent = findTopParent(p_id,p_top);
```

Si l'utilisateur souhaite obtenir une version imprimable de cette page, `p_level` est supérieur à 1, puis, pour choisir la catégorie de la page, il utilise `p_id` à la place de l'élément `id` du parent supérieur.

```
Jxtp.prolog();
Jxtp.process("http"); // Ne pas mettre cette page en cache
Jxtp.header("Cache-Control","False");
```

Ces lignes de code fournissent des indications sur le contrôle du cache dans Cocoon. Lors du développement, ces indications donnent pour instruction au proxy ou au navigateur de ne jamais placer cette page en mémoire cache car le contenu est généré de manière dynamique.

```
try
  {
    Integer thisPageParent;
    chooseStylesheet(topParent);
    // Obtient des informations sur la première page et la page courante
    #sql {SELECT name,longname,owner INTO
      :topName,:topLongName,:topOwner
      FROM pages WHERE id_page=:topParent};
    #sql {SELECT name,longname,comments,parent,path INTO
      :thisPageName,:thisPageLongName,:thisPageComments,
      :thisPageParent,:thisPagePath
      FROM pages WHERE id_page=:p_id };
    Jxtp.tagOpen("document","name='"+topName+"'");
    Jxtp.tagOpen("header");
    Jxtp.tag("name",thisPageName);
    Jxtp.tag("title",topName);
    Jxtp.tag("subtitle",thisPageLongName);
    Jxtp.tagOpen("authors");
    Jxtp.tagOpen("person","name='"+topOwner+"'");
    Jxtp.tagClose("person");
    Jxtp.tagClose("authors");
    Jxtp.tagClose("header");
```

Ce code permet de choisir la feuille de style de cette catégorie et de sélectionner les méta-informations de la page du parent supérieur (catégorie) et de la page courante. Ces informations servent à créer la section XML, « Informations d'en-tête », comme le montrait la section précédente. La méthode `chooseStylesheet` est expliquée plus en détail ci-après.

```
    showMapInfo(p_id,thisPageName,p_top);
    showPath(p_id,p_top);
    relatedTopics(p_id,thisPageParent,p_top);
```

Ces lignes de code permettent de créer les sections XML « Informations de lien », « Informations de chemin » et « Thèmes associés », expliquées plus en détail à la section suivante.

```
    Jxtp.tagOpen("body");
    Jxtp.tagOpen("s1","title='"+thisPageLongName+"' level='0'");
    Jxtp.p("<!-- "+thisPageComments+" -->");
    Jxtp.tagClose("s1");
    // affiche le contenu principal
    showContent(p_id,p_version);
```

Ce code crée la section XML « Corps du contenu ». La section du contenu possède une balise `s1` avec la colonne `longname` de la page `PAGES` et sous forme de commentaires XML dans la colonne `comments`. De plus, la méthode `showContent` imprime les ressources stockées par le propriétaire du contenu pour la page courante dans la table `CONTENT`.

```
        #sql cIter = {SELECT id_page,current_version,
           longname,comments,level FROM pages WHERE level<:p_level
           START WITH parent=:p_id CONNECT BY prior id_page=parent};
        while(cIter.next())
        {
           Jxtp.tagOpen("s1","title='"+cIter.longname()+"'
           level='"+cIter.level()+"'");
           Jxtp.p("<!-- "+cIter.comments()+" -->");
           Jxtp.tagClose("s1");
           try
           {
              showContent(cIter.id_page().intValue(),
                 cIter.current_version().intValue());
           }
           catch (Exception e)
           {
              Jxtp.tag("s2",e.getMessage());
           }
        }
```

Le code ci-dessous émet une requête SQL hiérarchique pour extraire l'enfant de la page courante. Si `p_level` correspond à `0`, cette requête ne prend pas effet. Si `p_level` est supérieur à `1`, il utilise l'enfant `p_level` de cette page et affiche leurs ressources. Lorsque le débogage est concerné, l'instruction "`try catch`" imprime une balise `s2` avec l'erreur, mais normalement cette erreur ne se produit jamais.

```
        Jxtp.tagClose("body");
        Jxtp.tagClose("document");
     }
     catch (Exception e)
     {
        Jxtp.tag("s1",e.getMessage());
        Jxtp.tagClose("document");
     }
     finally
     {
        if (cIter != null)
           cIter.close();
     }
  }
```

Ce code permet de fermer le document de balise XML. À des fins de débogage, il affiche l'erreur sous forme de balise XML `s1` et ferme le document de balise XML. Là encore, cette erreur ne se produit généralement pas. Enfin, par la nature adaptée de cette pratique SQLJ, il met à votre disposition une section `finally` qui ferme tous les itérateurs SQLJ ouverts dans cette méthode.

Procédures associées pour la réalisation de la page

chooseStylesheet

Cette procédure crée les balises `Pi` des feuilles de style associées à cette page. Ces balises `Pi` indiquent à Cocoon d'appliquer une feuille de style sélectionnée pour la mise en forme du résultat.

Par exemple, pour la version qui peut être imprimée, cette procédure indique à Cocoon d'utiliser la feuille de style `document2print.xsl`, autrement elle indique d'utiliser `document2html.xsl`.

```
public void chooseStylesheet(int p_id) throws SQLException
{
   StylesheetIterator stlsIter=null;
   try
   {
      Integer thisPageParent;
      #sql stlsIter = {SELECT tpl_id_stylesheet,st.url,st.type,
         st.media,st.ext FROM templates tpl,
         stylesheets st WHERE tpl_id_page=:p_id
         AND tpl_id_stylesheet=id_stylesheet
         AND st.ext=:ext};
      while(stlsIter.next())
         if (stlsIter.media()!=null)
            Jxtp.stylesheet(stlsIter.url(),
               stlsIter.type(),
               "media='"+stlsIter.media()+"'");
         else
            Jxtp.stylesheet(stlsIter.url(),stlsIter.type());
      Jxtp.process();
   }
   catch (SQLException e)
   {
      throw e;
   }
   finally
   {
      if (stlsIter != null)
         stlsIter.close();
   }
}
```

showMapInfo

Cette procédure crée les balises XML présentées à la section précédente (Informations de lien). Ces informations se répartissent en deux étapes : tout d'abord, `SELECT` qui extrait les pages dont le parent constitue la page supérieure (catégories) et, ensuite, l'enfant du premier niveau de la catégorie courante. L'effet de ces informations de lien se traduit par une liste des catégories du site (toujours affichée) et par une liste des catégories courantes. Enfin, la méthode ferme l'ensemble des itérateurs SQLJ pour cette fonction, la section `finally` garantit que tous les curseurs SQLJ sont correctement fermés, car, s'il subsiste des erreurs au niveau du code, cette section est toujours exécutée et peut ainsi toujours également fermer ces curseurs.

```
private void showMapInfo(int p_id, String p_name, int p_top) throws SQLException
{
   PagesIterator pIterFirstLevel=null;
   PagesIterator pIterDownLevel=null;
   Jxtp.tagOpen("map");
   try
   {
      int topParent = findTopParent(p_id,p_top);
      Jxtp.tagOpen("option");
      Jxtp.tag("linkmap","Home",
```

```
            "id='Home' longname='Top entry'  href='/Home'");
         Jxtp.tagClose("option");
         #sql pIterFirstLevel = {SELECT * FROM pages
            WHERE parent=:p_top AND name IS NOT Null AND deleted<>'Y'
            ORDER BY id_page};
         while(pIterFirstLevel.next())
         {
            // chemin de niveau supérieur
            String name = pIterFirstLevel.name();
            Jxtp.tagOpen("option");
            Jxtp.tag("linkmap",name,"id='"+name+
               "' longname='"+pIterFirstLevel.longname()+
               "'href='"+pIterFirstLevel.path()+
               pIterFirstLevel.name()+"'");
            Jxtp.tagClose("option");
            if (pIterFirstLevel.id_page().intValue()==topParent)
            {
               // afficher chemin de niveau inférieur (enfant) le cas échéant
               #sql pIterDownLevel = {SELECT * FROM pages WHERE parent=:topParent
                  AND name IS NOT null AND deleted<>'Y'
                  ORDER BY id_page};
               while(pIterDownLevel.next())
               {
                  name = pIterDownLevel.name();
                  Jxtp.tagOpen("option");
                  Jxtp.tag("linkmap",name,"id='"+name+
                     "'longname='"+pIterDownLevel.longname()+
                     "' href='"+pIterDownLevel.path()+
                     pIterDownLevel.name()+"'");
                  Jxtp.tagClose("option");
               }
            }
         }
      }
      catch (SQLException e)
      {
         throw e;
      )
      finally
      {
         if (pIterDownLevel != null)
            pIterDownLevel.close();
         if (pIterFirstLevel != null)
            pIterFirstLevel.close();
         Jxtp.tagClose("map");
      }
   }
```

showPath

Cette procédure crée les balises XML présentées dans la section précédente (Informations de chemin). Ces informations sont obtenues par une requête hiérarchique qui couvre les pages comprises entre la page supérieure et la page courante. Cet élément `SELECT` est présenté en ordre inverse selon un tri effectué sur la colonne de SQL avec le chemin correct de la page d'accueil du site, la page courante étant transmise à tous les pseudo-parents.

```
   private void showPath(int p_id, int p_top) throws SQLException
   {
      PagesIterator pIter=null;
      Jxtp.tagOpen("path");
      try
```

```
    {
       if (p_id!=p_top)
       {
          int level = 1;
          #sql pIter = {SELECT * FROM pages START WITH id_page=:p_id
             CONNECT BY prior parent=id_page AND deleted<>'Y'
             ORDER BY level desc};
          while(pIter.next())
          {
             String name = pIter.name();
             Jxtp.tagOpen("option");
             Jxtp.tag("linktopic",name,
                "id='"+pIter.id_page().intValue()+
                "' longname='"+pIter.longname()+
                "' href='"+pIter.path()+pIter.name()+"'");
             Jxtp.tagClose("option");
             level++;
          }
       }
    }
    catch (SQLException e) {
       throw e;
    }
    finally
    {
       if (pIter != null)
          pIter.close();
       Jxtp.tagClose("path");
    }
}
```

relatedTopics

Cette procédure crée les balises XML affichées dans la section précédente (Thèmes associés). Cette fonction se décompose en deux aspects principaux. Tout d'abord, si la page correspond à une page d'accueil (`p_parent == null`), les pages associées sont sélectionnées dans la table `RELATED`. Ensuite, s'il ne s'agit pas d'une page d'accueil, les pages associées sont unies aux voisins de la page courante. Les voisins sont les pages provenant du même parent. Enfin, les itérateurs SQLJ sont refermés.

Cette méthode fournit également des informations sur les modèles associés à la page courante. Toutes les feuilles de style sur le système possèdent une extension CMS, ce qui signifie, par exemple, que l'extension `html` est utilisée avec la feuille de style `document2print.xsl` et l'extension `phtml` est associée à la feuille de style `document2print.xsl`. Ces informations sont ensuite utilisées par la feuille de style `document2html.xsl` pour activer ou désactiver le lien « Version à imprimer » en fonction de l'existence de l'extension `phtml`.

```
private void relatedTopics(int p_id, Integer p_parent, int p_top)
   throws SQLException
{
   String path,name;
   RelatedIterator rIter=null;
   StylesheetIterator stlsIter=null;
   Jxtp.tagOpen("topics");
```

```
    try
    {
       if (p_parent == null)
          #sql rIter = {SELECT rl_id_page_to id_page
             FROM related WHERE rl_id_page_from=:p_id};
       else
          #sql rIter = {SELECT rl_id_page_to id_page
             FROM related WHERE rl_id_page_from=:p_id
             UNION (SELECT id_page FROM pages WHERE
                :p_parent<>:p_top and parent=:p_parent)};
       Jxtp.tagOpen("option");
       while(rIter.next())
       {
          Integer idPageTo = rIter.id_page();
          #sql {SELECT name,path INTO :name,:path
             FROM pages WHERE id_page=:idPageTo};
          Jxtp.tag("linktopic",name,"href='"+path+name+"'");
       }
       #sql stlsIter = {SELECT tpl_id_stylesheet,st.url,st.type, st.media,st.ext
          FROM templates tpl, stylesheets st
          WHERE tpl_id_page=:p_id and tpl_id_stylesheet=id_stylesheet};
       while(stlsIter.next())
          Jxtp.tag("linktemplate",
             stlsIter.tpl_id_stylesheet().toString(),
             "ext='"+stlsIter.ext()+"'");
       Jxtp.tagClose("option");
    }
    catch (SQLException e)
    {
       throw e;
    }
    finally
    {
       if (rIter!=null)
          rIter.close();
       if (stlsIter != null)
          stlsIter.close();
    }
    Jxtp.tagClose("topics");
 }
```

Importer des documents

Le système CMS de DB Prism inclut un outil client qui importe les ressources du fichier système dans la base de données. Les fonctions de l'outil client sont les suivantes :

- exécution sur la machine du client pour faciliter le processus d'importation par le propriétaire du contenu ;
- validation du document XML avant le chargement dans la base de données, l'analyse et l'application d'une DTD donnée ;
- application d'une feuille de style (facultative) qui convertit le document initial en un autre document, selon la structure du système CMS. Cette fonction permet, par exemple, de convertir une page XHTML générée par un outil d'édition dans le modèle CMS.

Cette application utilise un fichier d'entrée au format XML renfermant des informations relatives au nom d'utilisateur et au mot de passe du dépôt, aux pages, à la feuille de style, aux modèles et au document à importer. Voici la DTD de ce fichier XML :

```
<!ELEMENT CMS:site-config (CMS:user, CMS:password, CMS:ConnectString,
   CMS:JdbcDriver, CMS:LoadPath, CMS:parserClass)>
<!ATTLIST CMS:site-config xmlns:CMS CDATA #REQUIRED>
<!ATTLIST CMS:site-config AutoCommitVersion (true|false) "true"
   LoadPath CDATA #REQUIRED>
<!ELEMENT CMS:user (#PCDATA)>
<!ELEMENT CMS:password (#PCDATA)>
<!ELEMENT CMS:ConnectString (#PCDATA)>
<!ELEMENT CMS:JdbcDriver (#PCDATA)>
<!ELEMENT CMS:xmlcms-site (CMS:pages,CMS:relateds,CMS:templates,CMS:documents)>
<!ELEMENT CMS:pages (CMS:page)*>
<!ELEMENT CMS:page (CMS:longname, CMS:comments, CMS:language)>
<!ATTLIST CMS:page id CDATA #REQUIRED parent CDATA #IMPLIED src CDATA #REQUIRED>
<!ELEMENT CMS:stylesheets (CMS:stylesheet)*>
<!ATTLIST CMS:stylesheet href CDATA #REQUIRED type CDATA #REQUIRED
   media CDATA #IMPLIED ext CDATA #IMPLIED attributes CDATA #IMPLIED>
<!ELEMENT CMS:relateds (CMS:related)*>
<!ATTLIST CMS:related from CDATA #REQUIRED to CDATA #REQUIRED>
<!ELEMENT CMS:templates (CMS:template)*>
<!ATTLIST CMS:template path CDATA #REQUIRED name CDATA #REQUIRED
   stylesheet CDATA #REQUIRED>
<!ELEMENT CMS:documents (CMS:document)+>
<!ATTLIST CMS:document src CDATA #REQUIRED parent (yes|no) "yes"
   stylesheet CDATA #IMPLIED>
<!ELEMENT CMS:path (#PCDATA)>
<!ELEMENT CMS:name (#PCDATA)>
<!ELEMENT CMS:longname (#PCDATA)>
<!ELEMENT CMS:comments (#PCDATA)>
<!ELEMENT CMS:language (#PCDATA)>
<!ELEMENT CMS:href (#PCDATA)>
<!ELEMENT CMS:type (#PCDATA)>
<!ELEMENT CMS:media (#PCDATA)>
<!ELEMENT CMS:ext (#PCDATA)>
<!ELEMENT CMS:attributes (#PCDATA)>
```

Voici un exemple de fichier de configuration de site :

```
<?xml version="1.0" encoding="ISO-8859-1" ?>
<!DOCTYPE CMS:site-config SYSTEM "CmsConfig.dtd">
<CMS:site-config xmlns:CMS="http://www.plenix.com/dbprism/CMS/"
   AutoCommitVersion="true" LoadPath="file:///JDev/myprojects/prism/xdocs">
   <!—Informations relatives au serveur -->
   <CMS:user>scott</CMS:user>
   <CMS:password>tiger</CMS:password>
   <CMS:ConnectString>
      jdbc:oracle:thin:@cocodrilo.exa.unicen.edu.ar:1521:DUNDEE
   </CMS:ConnectString>
   <CMS:JdbcDriver>
      oracle.jdbc.driver.OracleDriver
```

```
    </CMS:JdbcDriver>
    <!—Informations de configuration propres au site -->
    <CMS:xmlcms-site>
       <!-- List of stylesheets -->
       <CMS:stylesheets>
          <CMS:stylesheet href="http://localhost/xsl/document2html.xsl"
             type="text/xsl" ext="html" />
          <CMS:stylesheet href="http://localhost/xsl/document2print.xsl"
             type="text/xsl" ext="phtml" />
       </CMS:stylesheets>
       <!-- Liste des pages -->
       <CMS:pages>
          <CMS:page id="10" src="/Home.xml">
             <CMS:longname>DB Prism Servlet Engine</CMS:longname>
             <CMS:language>en</CMS:language>
          </CMS:page>
          <CMS:page id="11" src="/NotFound.xml">
             <CMS:longname>Sorry, this page not found</CMS:longname>
             <CMS:language>en</CMS:language>
          </CMS:page>
          <CMS:page id="20" parent="10" src="/Docs.xml">
             <CMS:longname>Documentation</CMS:longname>
             <CMS:comments>Documentation available for DB Prism</CMS:comments>
             <CMS:language>en</CMS:language>
          </CMS:page>
          <CMS:page id="30" parent="10" src="/Source.xml">
             <CMS:longname>Source Code</CMS:longname>
             <CMS:comments>Source Code of DB Prism</CMS:comments>
             <CMS:language>en</CMS:language>
          </CMS:page>
          <CMS:page id="40" parent="10" src="/Dist.xml">
             <CMS:longname>Distribution available for DB Prism</CMS:longname>
             <CMS:comments>Distribution available for DB Prism</CMS:comments>
             <CMS:language>en</CMS:language>
          </CMS:page>
          <CMS:page id="50" parent="10" src="/Internals.xml">
             <CMS:longname>DB Prism Internals</CMS:longname>
             <CMS:comments>DB Prism Internals</CMS:comments>
             <CMS:language>en</CMS:language>
          </CMS:page>
          <CMS:page id="60" parent="10" src="/OnNT.xml">
             <CMS:longname>
                DB Prism Installation and Configuration On NT
             </CMS:longname>
             <CMS:comments>Readme Config on NT</CMS:comments>
             <CMS:language>en</CMS:language>
          </CMS:page>
          <CMS:page id="70" parent="10" src="/CMS.xml">
             <CMS:longname>Content Management System</CMS:longname>
             <CMS:comments>
                DB Prism / Cocoon - Content Management System
             </CMS:comments>
             <CMS:language>en</CMS:language>
```

```
    </CMS:page>
    <CMS:page id="80" parent="10" src="/2.0.xml">
      <CMS:longname>Future Plan for 2.0 release</CMS:longname>
      <CMS:comments>2.0 - Next Release of DB Prism</CMS:comments>
      <CMS:language>en</CMS:language>
    </CMS:page>
    <CMS:page id="90" parent="10" src="/Credits.xml">
      <CMS:longname>Credits and Stuff</CMS:longname>
      <CMS:comments>DB Prism Project Credits and Stuff</CMS:comments>
      <CMS:language>en</CMS:language>
    </CMS:page>
    <CMS:page id="100" parent="10" src="/Legal.xml">
      <CMS:longname>Legal Stuff</CMS:longname>
      <CMS:comments>Legal Stuff and Trademarks</CMS:comments>
      <CMS:language>en</CMS:language>
    </CMS:page>
  </CMS:pages>
  <!-- Liste des documents à télécharger -->
  <CMS:documents>
    <CMS:document src="/Home.xml" />
    <CMS:document src="/NotFound.xml" />
    <CMS:document src="/Docs.xml" />
    <CMS:document src="/Internals.xml" />
    <CMS:document src="/OnNT.xml" />
    <CMS:document src="/Source.xml" />
    <CMS:document src="/2.0.xml" />
    <CMS:document src="/Credits.xml" />
    <CMS:document src="/Dist.xml" />
    <CMS:document src="/CMS.xml" />
    <CMS:document src="/Legal.xml" stylesheet="/doc2document-v10.xsl" />
  </CMS:documents>
  <!-- Liste des modèles -->
  <CMS:templates>
    <CMS:template path="/" name="Home"
      stylesheet="http://localhost/xsl/document2html.xsl" />
    <CMS:template path="/" name="NotFound"
      stylesheet="http://localhost/xsl/document2html.xsl" />
    <CMS:template path="/" name="Docs"
      stylesheet="http://localhost/xsl/document2html.xsl" />
    <CMS:template path="/" name="Source"
      stylesheet="http://localhost/xsl/document2html.xsl" />
    <CMS:template path="/" name="Dist"
      stylesheet="http://localhost/xsl/document2html.xsl" />
    <CMS:template path="/" name="Internals"
      stylesheet="http://localhost/xsl/document2html.xsl" />
    <CMS:template path="/" name="OnNT"
      stylesheet="http://localhost/xsl/document2html.xsl" />
    <CMS:template path="/" name="CMS"
      stylesheet="http://localhost/xsl/document2html.xsl" />
    <CMS:template path="/" name="2.0"
      stylesheet="http://localhost/xsl/document2html.xsl" />
    <CMS:template path="/" name="Credits"
      stylesheet="http://localhost/xsl/document2html.xsl" />
```

```
         <CMS:template path="/" name="Legal"
            stylesheet="http://localhost/xsl/document2html.xsl" />
         <CMS:template path="/" name="CMS"
            stylesheet="http://localhost/xsl/document2print.xsl" />
         <CMS:template path="/" name="OnNT"
            stylesheet="http://localhost/xsl/document2print.xsl" />
      </CMS:templates>
      <!-- Liste des pages apparentées -->
      <CMS:relateds>
         <CMS:related from="Home" to="Changes" />
         <CMS:related from="Dist" to="Readme" />
         <CMS:related from="Dist" to="FAQ" />
         <CMS:related from="Dist" to="Changes" />
         <CMS:related from="Source" to="Readme" />
      </CMS:relateds>
   </CMS:xmlcms-site>
</CMS:site-config>
```

L'utilitaire d'importation de système CMS dispose d'une méthode principale appelée `importPage()` qui suit la procédure présentée ci-après :

- elle trouve le parent de cette page, si la page présente une entrée dans la table `PAGES`, extrait le parent à partir de cette entrée. Dans les autres cas, elle essaie d'extraire le parent à partir d'une autre entrée de page dans le même répertoire et génère une nouvelle entrée pour cette page dans la table `PAGES` ;
- elle génère une nouvelle entrée dans la table `CONTENT` et extrait le pointeur CLOB pour la nouvelle page à télécharger ;
- elle ouvre une URL spécifiée ;
- elle analyse et stocke le contenu XML. Si une feuille de style est associée au contenu, celui-ci l'utilise pour convertir le document XML initial en nouveau document à télécharger ;
- elle inscrit les données Meta dans la table `PAGES`.

Cette technique fonctionne pour les fichiers XML provenant de toutes les sources. Voici le code correspondant :

```
public boolean importPage(String src, String findParent, String xsl)
    throws SQLException,IOException
{
   Integer p_id,p_parent,newVersion;
   String p_path,p_name,p_ext;
   p_path = wwwIndex.getPath(src);
   p_name = wwwIndex.getName(src);
   p_ext = wwwIndex.getExt(src);
   CLOB tmpClob; long clobSize;
   try
   {
      #sql {SELECT id_page INTO :p_id FROM pages
         WHERE path=:p_path AND name=:p_name };
   }
   catch (SQLException e)
```

```
{
   // Page non trouvée, en crée une
   #sql {SELECT NVL(MAX(id_page),0)+10 INTO :p_id FROM pages};
   if (findParent.equalsIgnoreCase("yes"))
      // Finds a logical parent
      try
      {
         #sql {SELECT parent INTO :p_parent FROM pages
         WHERE path=:p_path AND ROWNUM=1};
      }
      catch (SQLException se)
      {
         p_parent=null;
      }
   else
      p_parent = null;
   // crée une page appartenant au p_parent
   #sql {INSERT INTO pages
      VALUES (:p_id,:p_parent,:p_name,:p_name,
      USER,SYSDATE,SYSDATE,NULL,NULL,
      :p_path,NULL,'N',USER,USER,'Not Loaded',0,1)};
}
Writer out = null;
InputStream in = null;
try
{
   #sql {SELECT NVL(MAX(version),0)+1 INTO :newVersion
      FROM content WHERE cn_id_page = :p_id };
   #sql {INSERT INTO Content( cn_id_page, version, owner,
      status, source_file, content,created,modified,
      created_by,modified_by)
      VALUES ( :p_id, :newVersion, USER, 'Created', :p_name,
      EMPTY_CLOB(), SYSDATE, SYSDATE, USER, USER)};
      try
      {
         #sql { SELECT content INTO :tmpClob FROM content
            WHERE cn_id_page = :p_id AND version = :newVersion };
         #sql {CALL DBMS_LOB.TRIM( :inout tmpClob, 0 )};
         out = tmpClob.getCharacterOutputStream();
         URL inUrl = new URL(loadPath+p_path+p_name+"."+p_ext);
         in = inUrl.openStream();
         parseAndStore(in,out,xsl);
         in.close();
         out.close();
         #sql clobSize = {VALUE(DBMS_LOB.GETLENGTH( :tmpClob ))};
         #sql {UPDATE content SET content = :tmpClob,
            status = 'Loaded', file_size = :clobSize, modified=SYSDATE,
            modified_by=USER WHERE cn_id_page = :p_id
            AND version = :newVersion };
         if (autoCommitVersion)
            #sql { UPDATE pages SET current_version = :newVersion,
               status = 'Loaded', file_size = :clobSize
               WHERE id_page = :p_id };
         else
            #sql {UPDATE pages SET status = 'Loaded',
```

```
                    file_size = :clobSize WHERE id_page = :p_id };
         }
         catch (Exception e1)
         {
            if (in != null)
               in.close();
            if (out != null)
               out.close();
            String msg = "Error at importing time: "+e1.getMessage();
            System.out.println(msg);
               #sql { UPDATE content SET status = :msg
                  WHERE cn_id_page = :p_id AND version = :newVersion };
               #sql { UPDATE pages SET status = :msg WHERE id_page = :p_id };
               return false;
         }
         return true;
      }
      catch (SQLException e)
      {
         System.out.println(e.getMessage());
         return false;
      }
   }
}
```

Voici la fonction `parseAndStore` :

```
private void parseAndStore(InputStream in, Writer out, String stylesheet)
   throws IOException,SAXException,XSLException
{
   XMLDocument theXMLDoc = null;
   XSLStylesheet theXSLStylesheet = null;
   // Analyse le document depuis le Stream
   theParser.parse( in );
   // Obtient le document XML analysé du parseur
   theXMLDoc = theParser.getDocument();
   if (stylesheet != null)
   {
      URL inUrl = new URL(loadPath+stylesheet);
      InputStream XSLStream = inUrl.openStream();
      // Crée la feuille de style à partir du flux
      theXSLStylesheet = new XSLStylesheet(XSLStream,null);
   }
   else
      theXSLStylesheet = new XSLStylesheet(new StringReader(idenXSL),null);
   // Crée une instance du processeur XSL pour effectuer la transformation
   XSLProcessor  processor = new XSLProcessor();
   // affiche tout avertissement susceptible de se produire
   processor.showWarnings(true);
   processor.setErrorStream(System.err);
   // Transforme le document XML via la feuille de style ainsi que le résultat
   processor.processXSL(theXSLStylesheet, theXMLDoc, new PrintWriter(out));
}
```

Cette méthode exécute les tâches suivantes :

- analyse du document XML ;
- ouverture et exécution de la feuille de style si l'argument feuille de style est différent de null. Si l'argument feuille de style prend la valeur null, il utilise une feuille de style `idenXSL`, laquelle feuille de style copie le document XML en l'état, sans modification ;
- traitement du document original avec la feuille de style respective définie à l'étape précédente ;
- sortie du document traité en fonction du flux de sortie indiqué comme paramètre.

Pour utiliser cet outil client, ajoutez le fichier `CMS-Java.jar` file (disponible dans le répertoire bin de la distribution de DB Prism) dans la variable d'environnement `CLASSPATH` et exécutez l'application avec votre machine virtuelle Java, en indiquant le fichier de configuration XML comme paramètre. Par exemple :

```
# java com.prism.cms.Cms file:///Jdev/myprojects/prism/cms/setupcms.xml
```

N'oubliez pas d'ajouter les classes JDBC 2.0, (`classes111.zip` et `classes12.zip`), les classes d'exécution SQLj (`runtime.zip`) et les classes XML Parser 2.1 (`xmlparserv2.jar`) à la variable d'environnement `CLASSPATH`.

Réaliser deux feuilles de style différentes

Par défaut, le système CMS de DB Prism comprend deux feuilles de style : l'une pour l'affichage en ligne et l'autre pour les versions destinées à être imprimées. La feuille de style `document2html.xsl` utilise toutes les informations XML générées par le système CMS pour créer la barre de menus, les liens hypertextes et les éléments de navigation. La feuille de style `document2print.xsl` utilise quelques éléments XML et sa conception est optimisée pour l'impression.

Lors du déploiement, le système CMS prégénère l'affichage en ligne comme ce qui a été décrit précédemment. Un utilisateur qui affiche en ligne dans un navigateur peut cliquer sur un bouton pour demander l'aperçu avant impression. À ce niveau, le code est exécuté de manière à extraire le thème principal et ses enfants. Le système CMS peut prégénérer un aperçu avant impression, mais les développeurs de systèmes CMS ont découvert que les demandes d'aperçu avant impression s'avèrent relativement rares. Il est donc plus efficace de les traiter comme des exceptions et de les gérer à la demande.

La figure ci-dessous présente deux vues d'une même page : l'une pour l'aperçu en ligne, l'autre pour l'impression.

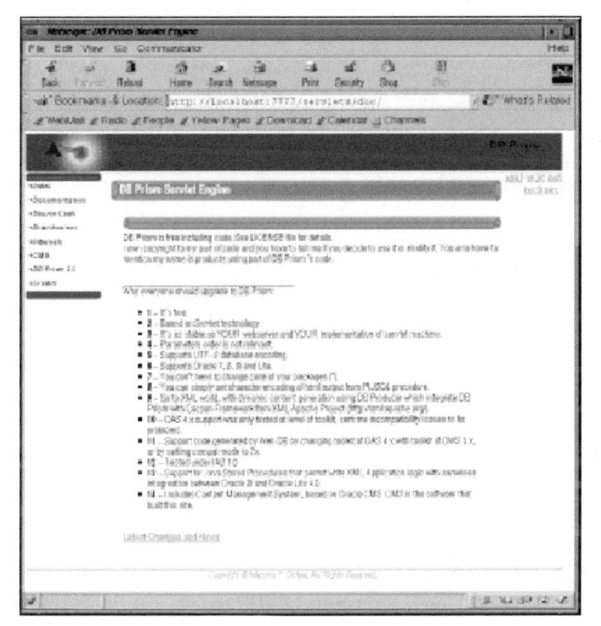

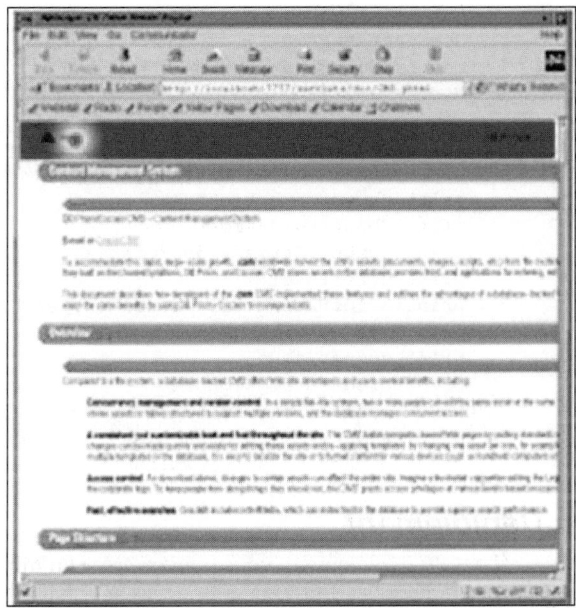

Il apparaît également facile de personnaliser la présentation pour différents équipements (par exemple, vous pouvez utiliser Cocoon pour délivrer un contenu à des téléphones cellulaires par le biais d'un programme de mise en forme WML), voire localiser du contenu à l'aide de différents éléments modèles. Pour la présentation WML, le système CMS comprend le bloc de contenu et l'enfant de premier niveau. Ces informations peuvent être utilisées par la feuille de style `document2wml.xsl` pour créer les cartes d'éléments de la page WML.

Installer le système CMS

Un script appelé `install.sh` accompagne la distribution DB Prism dans le répertoire CMS du programme d'installation. Son objectif est d'installer le système CMS de DB Prism/Cocoon et il utilise `scott/tiger` comme nom et comme mot de passe.

Exécutez ce script, puis modifiez `prism.properties` en fonction des paramètres spécifiques de votre base de données (voir précédemment). Le système CMS fait appel à une nouvelle fonction de DB Prism version 1.1.0. Cette fonction peut rediriger chaque demande de page vers la procédure stockée de page par défaut. Grâce à cette fonction, l'utilisateur affiche l'URL dans une page CMS dynamique comme une page statique sur un serveur web. Par exemple : http://server:port/servlets/doc/cms/CMS.html).

Voici un exemple de ces paramètres dans la section du DAD des fichiers `prism.properties`.

```
#DAD doc, use with Content Management System
doc.dbusername=scott
doc.dbpassword=tiger
doc.connectString=jdbc:oracle:thin:@reptil:1521:ORCL
doc.errorLevel=1
doc.errorPage=http://localhost/error.html
```

```
doc.case=lower
doc.compat=java
doc.producerarg=ignore
doc.defaultPage=CMSj.get
doc.alwaysCallDefaultPage=true
doc.docAccessPath=download
#DAD print, use with Content Management System, printable version
print.dbusername=scott
print.dbpassword=tiger
print.connectString=jdbc:oracle:thin:@reptil:1521:ORCL
print.errorLevel=1
print.errorPage=http://localhost/error.html
print.case=lower
print.compat=java
print.producerarg=ignore
print.defaultPage=CMSj.get
print.alwaysCallDefaultPage=true
print.docAccessPath=download
```

Déploiement

Lors du déploiement, vous pouvez créer un miroir du site web entier ou d'une partie de celui-ci avec un outil d'application conçu pour le téléchargement de sites web comme UNIX `wget` ou Windows `OffLineExplorer`. Par exemple, avec quelques commandes UNIX simples, vous pouvez déployer les pages CMS dans un répertoire spécifique tel que `/tmp/my_site` :

```
# cd /tmp
# mkdir my_site
# cd my_site
# wget -np --recursive --level=200 -nH --proxy=off \
http://cocodrilo.exa.unicen.edu.ar:7777/dbprism/doc/Home.html
```

Cette commande stocke l'ensemble des pages du système CMS du fichier `Home.html` et les enfants jusqu'à deux cents niveaux dans le répertoire `/tmp/my_site/dbprism/doc`.

Conclusion et perspectives d'approfondissement

Cocoon constitue un cadre de présentation *Open Source*, qui promet de résoudre un grand nombre de problèmes touchant au développement d'applications web. DB Prism est intégré à Cocoon pour offrir une meilleure séparation du contenu, laissant la logique de l'application et celle de la présentation à différents niveaux, en transformant la base de données en base de données XML active et le niveau intermédiaire en niveau de présentation.

DB Prism 2.0 est la version suivante de ce cadre, laquelle version est conçue pour l'architecture Cocoon 2.0, à présent en phase alpha. La liste ci-dessous énumère les modifications apportées à DB Prism 2.0 :

- `CocoonWrapper` est réécrit en tant que générateur de Cocoon. Ce générateur suit le nouvel API de Cocoon 2.0 et inclut la technologie proposée pour les pages XML compilées. Les pages XML compilées permettent d'augmenter les performances de l'analyse syntaxique XML de 200 % pour les pages XML de taille intermédiaire (45 Ko) et de 45 % pour les pages XML de taille plus importante (600 Ko). Contrairement aux pages XML en série stockées dans une chaîne de texte, les pages XML compilées stockent une séquence d'événements SAX dans un flux binaire qui réduit le temps d'analyse du document XML.
- Le fichier `prism.properties` est réécrit pour devenir `prism.xml`. Grâce à ce nouveau fichier de configuration, l'utilisateur peut utiliser un éditeur XML traditionnel (un éditeur de texte, par exemple) pour personnaliser les fonctions de DB Prism.
- La fonction de plan du site de Cocoon 2.0 peut être utilisée dans DB Prism pour éviter le problème du code en dur des feuilles de style dans la logique applicative. Cette fonction signifierait que les tables `STYLESHEETS` et `TEMPLATES` du système CMS ne sont plus utiles et peuvent ainsi être supprimées.
- L'agrégation du contenu du composant du plan du site de Cocoon 2.0 autorise la suppression de certaines procédures du système CMS (`showMapInfo`, par exemple) dans la mesure où le plan du site remplace cette fonction. Cette modification permet de simplifier le code du système CMS. Après tout, cette partie du code est imputée aux concepteurs web et non aux développeurs du système CMS.
- Le gestionnaire de ressources de DB Prism est repensé pour prendre en charge les pilotes JDBC avec Java Transaction Support pour une meilleure prise en charge du DAD de transaction.
- Un nouveau générateur de serveur web génère automatiquement des procédures Java stockées pour DB Prism/Cocoon, ce qui débouche sur deux avantages principaux : l'un étant la possibilité de faire migrer des applications réelles développées avec le générateur de serveur web d'Oracle Designer, l'autre étant l'utilisation des outils de conception graphique pour créer des applications web sans avoir à écrire de code. Le générateur de serveur web d'Oracle Designer est un outil graphique permettant de concevoir une application sur le plan graphique à l'aide des informations stockées dans le dépôt de Designer (colonnes des tables, types, associations, etc.). Cet outil graphique stocke l'application conçue par l'utilisateur dans le dépôt et génère des procédures stockées PLSQL pour l'application web. Ensuite, le générateur de serveur web de DB Prism utilise ces informations pour générer automatiquement la procédure stockée pour la même application mais en ayant recours à la technologie XML.

Résumé

Dans cette étude de cas, nous avons abordé les sujets suivants :

- architecture Cocoon et DB Prism ;
- informations d'arrière-plan relatives aux éléments internes DB Prism ;
- développement d'applications avec DB Prism/Cocoon à l'aide de procédures Java stockées.

En ce qui concerne ce dernier point, nous avons étudié l'intégralité du code d'un système CMS. Ce code démontre les avantages des technologies XML pour réaliser des applications web. Ce système CMS ne nécessite pas plus de 400 lignes de code Java pour offrir les mêmes fonctions qu'un système CMS traditionnel.

Concepts essentiels de XML

Cette annexe décrit les concepts essentiels de XML. Si vous utilisez déjà quotidiennement XML, vous pouvez vous dispenser de sa lecture. En revanche, si vous venez du monde des bases de données relationnelles ou si vous éprouvez des difficultés à vous souvenir des différences entre un élément et un attribut, cette annexe vous est destinée.

Nous allons étudier successivement :

- les fondements du balisage XML ;
- ce qu'est un document bien formé et valide ;
- les technologies apparentées et leur intégration.

Il existe bien sûr des livres complets consacrés à XML, comme **Initiation à XML,** de David Hunter, publié par *Wrox Press* (ISBN 2212092482). Cette annexe n'a donc pour but que de vous présenter ce que vous devez savoir pour comprendre ce livre.

La première chose à établir clairement, en supposant que vous maîtrisez HTML, est que XML offre une nouvelle façon d'effectuer un balisage de vos données, d'une façon si simple qu'il est logique de se demander pourquoi cela soulève tant d'enthousiasme. En fait, bien que HTML et XML puissent paraître très similaires, ils sont en réalité extrêmement différents.

Avant de plonger dans les tréfonds des utilisations possibles de XML, il peut être bénéfique d'effectuer un tour d'horizon des langages de balisage actuels et de définir le balisage.

Qu'est-ce qu'un langage de balisage ?

Bien que vous puissiez ne pas en avoir conscience, vous êtes quotidiennement confronté à du balisage. En effet, un balisage est tout ce qui est ajouté à un document pour octroyer une signification spéciale ou apporter des informations complémentaires. Par exemple, un texte surligné ou mis en gras dans un traitement de texte est une forme de balisage.

Pour qu'il soit cependant d'une quelconque utilité, un balisage doit être compréhensible par des tiers, et doit donc disposer d'un ensemble de règles respectant les points suivants :

- déclarer ce qui constitue le balisage ;
- déclarer exactement ce que signifie le balisage.

Un **langage de balisage** constitue un tel ensemble de règles. HTML en est un exemple classique : un langage de balisage permettant d'écrire un document destiné à être affiché sur le Web.

Balises et éléments

Même ceux d'entre-nous habitués à HTML confondent souvent les termes balises et éléments. Pour clarifier les choses, les balises sont les signes supérieurs et inférieurs (< et >, connus sous le nom de délimiteurs) ainsi que le *nom de balise* placé entre eux. Voici quelques exemples de balises utilisées en HTML :

`<P>` est une balise signalant le début d'un nouveau paragraphe ;

`<I>` est une balise indiquant que le texte qui suit doit être affiché en italique ;

`</I>` est une balise signalant la fin d'une section de texte affichée en italique.

Le terme d'éléments s'applique en revanche aux balises *et à* leur contenu. Voici donc un exemple d'élément :

```
<B>Ici du texte en gras</B>
```

En termes généraux, les balises sont des étiquettes signalant à l'agent utilisateur (comme un navigateur ou un parseur) d'effectuer quelque chose avec ou sur ce qui est enfermé dans ces balises.

> *Un agent utilisateur est tout ce qui fonctionne pour le compte de quelqu'un. Vous êtes un agent utilisateur travaillant pour le compte de votre patron, votre ordinateur est un agent utilisateur travaillant pour votre compte, votre navigateur est un agent utilisateur travaillant pour le compte de votre ordinateur et le vôtre, etc.*

Les éléments vides dépourvus de balise de fermeture, comme l'élément HTML `<IMG>`, doivent être traités de façon différente en XML afin de signaler ce fait : ne vous en inquiétez pas pour le moment, nous y reviendrons plus tard.

Le diagramme suivant illustre les différentes parties d'un élément :

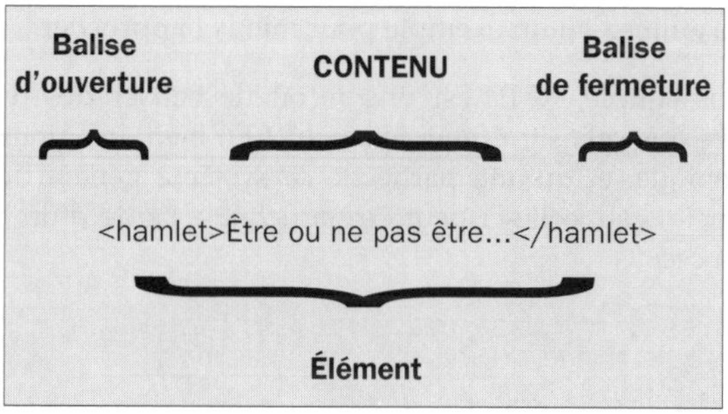

Balise d'ouverture
CONTENU
Balise de fermeture
<hamlet>Être ou ne pas être...</hamlet>
Élément

Attributs

Toute balise peut posséder un ou plusieurs attributs, du moment que celui-ci est défini. Un attribut se présente sous la forme d'une **paire nom/valeur** (parfois nommée paire attribut/valeur) ; en effet un élément peut se voir affecter un attribut (doté d'un nom), et l'attribut doit posséder une valeur chaîne placée entre guillemets. Cela se présente sous la forme :

```
<nombalise attribute="valeur">
```

Par exemple, en HTML 4.0, la balise `<BODY>` peut comporter les attributs suivants :

```
CLASS ID     DIR         LANG       STYLE      TITLE

BACKGROUND   BGCOLOR     ALINK      LINK       VLINK      TEXT
```

Un élément HTML BODY typique peut donc ressembler à cela :

```
<BODY BGCOLOR="#000000" ALINK="#999999" LINK="#990099" VLINK="#888888"
TEXT="#999999">
```

Comme vous le verrez sous peu, il existe d'autres types de balise, mais il s'agit là des composants les plus utilisés.

Qu'est-ce que XML ?

XML, ou **Extensible Markup Language**, est un exemple de langage de balisage qui, comme HTML, utilise de façon intensive les balises et les attributs.

Avec HTML, vous vous servez d'un balisage prédéfini : il existe un ensemble bien défini de balises et d'attributs permettant l'écriture de pages web.

XML est en revanche bien plus souple. Vous pouvez créer vos propres balises et attributs, tandis que ses utilisations possibles dépassent largement un simple affichage dans un navigateur web. Comme vous pouvez, avec XML, créer vos propres balises et attributs, vous avez la possibilité de concevoir un balisage décrivant précisément le contenu de l'élément, plutôt que de n'utiliser que des balises décrivant le moyen d'afficher les données sur une page web.

Comme vous pouvez utiliser des balises décrivant le contenu d'un élément, XML est devenu un standard reconnu pour le balisage de toutes sortes de données, et non uniquement des données à afficher sur le web. Examinez-en un exemple pour mieux l'approcher.

À son niveau le plus simple, XML est une façon de baliser des données afin de les rendre **auto-descriptives**. Qu'est-ce que cela signifie exactement ? Eh bien, imaginez que vous contrôliez un système de commerce électronique, et qu'une partie de ce système génère des factures. Si un client souhaite vérifier sa facture sur le web, celle-ci peut être affichée à l'aide d'un balisage HTML, le fichier HTML pouvant ressembler à ceci :

```
<DOCTYPE HTML PUBLIC "-//W3C//DTD HTML 4.0 //EN">
<HTML>
   <HEAD><TITLE>Facture</TITLE></HEAD>
<BODY>
   <H3>Facture : Kevin Williams</H3>
<TABLE>
   <TR>
      <TD valign="top">
         <H4>Adresse de facturation</H4>
            <UL>
               <LI>Kevin Williams</LI>
               <LI>742 Evergreen Terrace</LI>
               <LI>Springfield</LI>
               <LI>KY</LI>
               <LI>12345</LI>
            </UL>
         </TD>
      <TD valign="top">
         <H4>Adresse de livraison</H4>
            <UL>
               <LI>742 Evergreen Terrace</LI>
               <LI>Springfield</LI>
               <LI>KY</LI>
               <LI>12345</LI>
               <LI><B>Compagnie de livraison</B> Fed Ex</LI>
            </UL>
      </TD>
   </TR>
</TABLE>
Article
   <UL>
      <LI><B>Description article </B>Truc (7,5 cm)</LI>
      <LI><B>Code article </B>1A2A3AB</LI>
      <LI><B>Quantité </B>17</LI>
      <LI><B>Prix </B> 0,10</LI>
</UL>
Article
   <UL>
      <LI><B>Description article </B>Machin (1,7 cm)</LI>
      <LI><B>Code article </B>2BC3DCB</LI>
      <LI><B>Quantité </B>22</LI>
      <LI><B>Prix </B>0,05</LI>
   </UL>
</BODY>
</HTML>
```

Bien que cela soit parfait pour afficher une page web (voir copie d'écran suivante), des balises comme <LI> ne disent absolument pas qu'elles contiennent des informations sur un produit commandé. Rien dans le balisage HTML n'indique qu'il s'agit d'une facture.

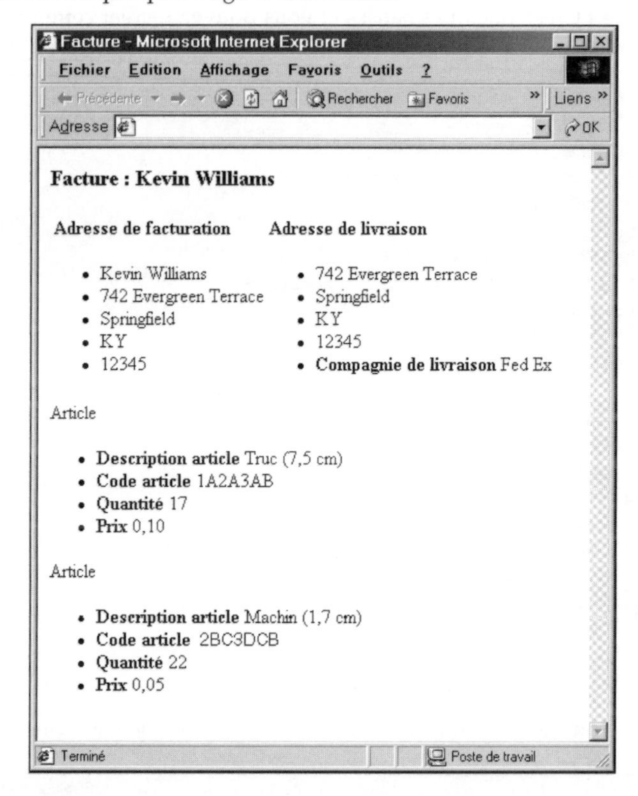

Aussi parfait que cela soit pour un affichage web, souvenez-vous que vous possédez un système de commerce électronique. Imaginez maintenant que ce système est écrit en PHP, et qu'après avoir généré les informations de factures, d'autres services de l'entreprise peuvent avoir besoin de ces données.

- Le service Expédition peut avoir besoin d'une copie afin de connaître les articles à envoyer. Toutefois, il possède un système informatique UNIX écrit en C.
- L'équipe Consommateurs peut avoir besoin de ces informations, en cas de problème éventuel de livraison. Leur système est cependant écrit en Visual Basic.
- Le service Après-vente peut avoir besoin de vérifier le document au cas où un article se révélerait défectueux, et leur application est écrite en Java.

Et d'autres services sont susceptibles d'utiliser également ces informations : comptabilité, marketing, *etc.* Tous ces utilisateurs peuvent avoir besoin d'une copie de la facture. Cela signifie que ces données possèdent de nombreux utilisateurs potentiels, mais que chacun de ces services peut utiliser des logiciels écrits dans différents langages de programmation, fonctionnant sous différents systèmes d'exploitation. Ne serait-il pas magnifique de pouvoir transmettre ces données entre les programmes d'une façon indépendante des plates-formes, tout en indiquant à chaque programme la fonction de chaque donnée balisée ?

En ce cas, changez de langage de balisage et adoptez XML à la place de HTML. Comme indiqué précédemment, vous pouvez créer vos propres balises en XML, alors pourquoi ne pas utiliser des balises décrivant ce que vous voulez dire à propos de ce document : qu'il représente une facture, et ce que contient la facture… Créez quelques balises et vous pouvez recréer cette information, grâce à des balises décrivant les données :

```
<?xml version="1.0" encoding="ISO-8859-1" ?>
<Facture
   nomClient="Kevin Williams"
   adresseFacturation="742 Evergreen Terrace"
   villeFacturation="Springfield"
   etatFacturation="KY"
   codePostalFacturation="12345"
   adresseLivraison="742 Evergreen Terrace"
   villeLivraison="Springfield"
   etatLivraison="KY"
   codePostalLivraison="12345"
   compagnieLivraison="FedEx">
   <LigneDeCommande
      codeArticle="1A2A3AB"
      descriptionArticle="Truc (7,5 cm)"
      quantite="17"
      prix="0,10" />
   <LigneDeCommande
      codeArticle="2BC3DCB"
      descriptionArticle"Machin (1,7 cm)"
      quantite="22"
      prix="0,05" />
</Facture>
```

D'accord, si vous l'ouvrez dans un navigateur, cela ne ressemble pas à une page web mais plutôt à ceci :

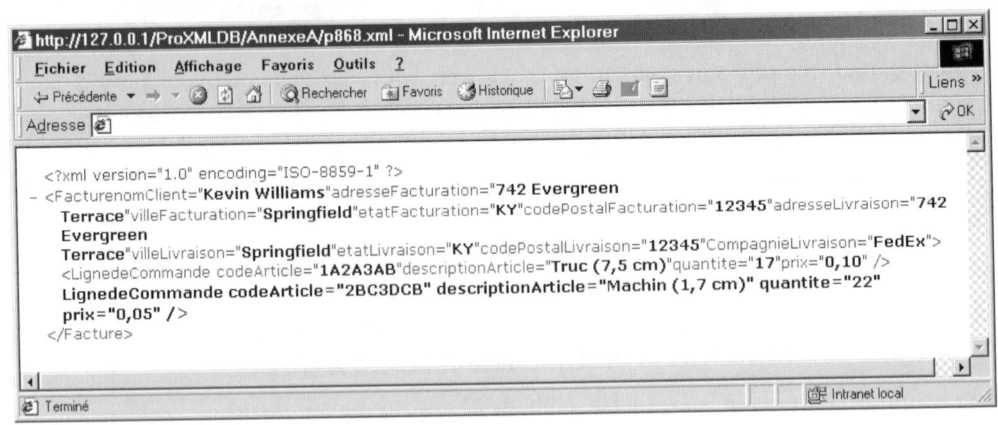

Vous savez cependant que dans l'élément `Facture` vous allez trouver une facture, et dans l'attribut `nomClient` le nom du client concerné par cette facture.

Par ailleurs, ce fichier XML étant du texte brut, les données d'un fichier XML sont accessibles à tout langage de programmation et sur toute plate-forme, et il peut facilement être transmis à l'aide de HTTP. Vous pouvez donc utiliser les données balisées en XML de bien plus nombreuses façons que la version HTML. Comme ce n'est que du texte et que vous savez qu'à chaque fois que vous rencontrez un élément `facture` vous y trouverez des informations sur une facture, les données deviennent bien plus souples.

Il faut maintenant ne plus penser au simple affichage de données dans un navigateur web... Imaginez tous les endroits où vous devez échanger des informations, où vous devez stocker des informations, et il *peut* s'agir d'une utilisation éventuelle de XML...

Regardez un dernier exemple afin de comprendre à quel point cela est important. Partez d'un langage de programmation, n'importe lequel pourvu que vous puissiez y écrire un objet. Si vous avez représenté la facture que vous venez de voir en tant qu'objet dans le système de commerce électronique, vous pouvez transmettre cet état dans ou depuis l'objet en tant que XML. Examinez cela :

```
<?xml version="1.0" encoding="ISO-8859-1" ?>
 <ObjectData id="client125" classname="Facture.Client">
        <string name="sNomClient">Kevin Williams</string>
        <string name="sAdresse">744 Evergreen Terrace</string>
        <string name="sVille">Springfield</string>
        <string name="sEtat">KY</string>
        <string name="sCodePostal">12345</string>
   </Object>
   <Object id="commande9876" classname="Facture.Commande">
        ...
   </Object>
</ObjectData>
```

Une fois encore, vous utilisez un balisage décrivant le contenu. Il s'agit de texte simple, accessible par tout langage de programmation et toute plate-forme, que vous pouvez facilement transmettre sur un réseau sous cette forme. En fait, vous pourriez même traduire cela dans la facture vue précédemment à l'aide d'un langage nommé XSL (*eXtensible Stylesheet Language*).

L'ensemble de balises et d'attributs ainsi rédigés pour baliser les données de la facture est collectivement connu sous le nom de **vocabulaire** XML. Des vocabulaires ont déjà été créés pour de nombreux objectifs, et cela vaut toujours la peine de rechercher s'il n'en existe pas déjà un pour la tâche que vous devez accomplir. Si tel n'est pas le cas, vous pouvez toujours en créer un et le partager avec d'autres utilisateurs.

Puisque vous pouvez créer vos propres balises et attributs XML, il faut de toute évidence un moyen de définir un vocabulaire, afin de pouvoir le partager avec d'autres en utilisant la même syntaxe. La spécification XML 1.0 utilise les **définitions de type de document**, ou **DTD** (*Document Type Definition*) pour y parvenir. Une DTD définit quel balisage peut être utilisé dans un document qui est supposé respecter ce vocabulaire. Par exemple, elle définit les éléments pouvant être présents dans un document, le nombre d'instances de chaque élément, et quel doit être l'ordre des éléments dans le document. Elle peut spécifier les attributs acceptés par un élément, si certains attributs sont obligatoires, si une valeur par défaut doit être retenue en cas d'absence de valeur, *etc*. Ainsi, vous auriez pu, dans l'exemple de facture, définir le balisage de façon telle que chaque élément `facture` doive obligatoirement contenir un attribut `nomClient`, un attribut `adresseFacture`, *etc*.

Il y a une importante distinction à effectuer ici. Lorsqu'un document XML, utilisant un quelconque vocabulaire, respecte les règles de la spécification XML 1.0, il est qualifié de **bien formé**. Lorsqu'un document bien formé respecte les règles de la DTD décrivant ce vocabulaire, il est également qualifié de **valide**.

Traiter des documents XML

Les documents XML sont traités par un composant logiciel nommé **parseur**, lisant le document XML comme texte brut. Celui-ci implémente en outre une ou plusieurs **API** (*Application Programming Interface*), comme le modèle objet de document (**DOM**, pour *Document Object Model*), ou **SAX** (*Simple API for XML*), dont vous avez peut-être déjà entendu parler. Si ce n'est pas le cas, pas de panique, vous les découvrirez plus tard. L'API offre aux programmeurs un ensemble de fonctionnalités pouvant être appelées depuis un programme pour réclamer des informations au parseur alors que celui-ci traite le document. Par exemple, un programme peut demander au parseur de lui fournir le premier enfant de l'élément racine, ainsi que le texte qu'il contient. Vous pouvez évidemment accomplir bien d'autres choses grâce à une API implémentée par un parseur, mais cela vous donne une idée de la façon dont les documents XML sont concrètement utilisés par une application.

Certains parseurs sont en mesure de vérifier la conformité d'une instance de document XML à une DTD utilisée pour décrire ce vocabulaire et de contrôler si le balisage utilisé respecte le balisage prévu. Les parseurs dotés de cette fonctionnalité portent le nom de parseurs **validateurs** (bien que la plupart des parseurs validateurs permettent d'activer en option cette fonctionnalité, en raison de la surcharge en ressources et en temps occasionnée par la validation).

Vous savez désormais que vous pouvez utiliser XML pour créer votre propre langage de balisage et indiquer aux autres comment l'utiliser. Apprenons maintenant à structurer réellement un fichier XML, puis à déclarer le langage ainsi créé.

Blocs fondamentaux de construction XML

Nous avons vu qu'il est possible de créer des balises et des attributs décrivant leur contenu (ce qui compose en général la plus grande partie du balisage), mais la boîte à outils XML dispose d'autres types de balisage :

- déclaration XML ;
- éléments ;
- attributs ;
- données textuelles (CDATA) ;
- instructions de traitement ;
- commentaires ;
- références d'entités.

Examinons-les tour à tour.

Déclaration XML

Vous avez pu la remarquer au début des exemples précédents. La **déclaration XML** est en réalité facultative, bien qu'il soit fortement recommandé de l'utiliser afin que les applications réceptrices sachent qu'il s'agit d'un document XML et connaissent la version utilisée : bien qu'il n'existe pour le moment qu'une version de XML, c'est une précaution pour l'avenir que d'indiquer le format des documents.

```
<?xml version="1.0"?>
```

Si vous utilisez la déclaration XML, connue également sous le nom de **prologue XML**, elle doit se trouver en tête du document : il ne doit rien y avoir avant, pas même un espace vierge. La mention `xml` doit être écrite en minuscules.

Dans cette déclaration, vous pouvez également définir le langage utilisé pour écrire les données XML. Cela est particulièrement important si vos données contiennent des caractères n'appartenant pas au jeu de caractère ASCII anglais. Vous pouvez spécifier l'encodage du langage à l'aide de l'attribut optionnel `encoding` :

```
<?xml version="1.0" encoding="ISO-8859-1"?>
```

Les choix les plus classiques sont présentés dans le tableau suivant :

Langage	**Jeu de caractères**
Unicode (8 bit)	UTF-8
Latin 1 (Europe de l'Ouest, Amérique latine)	ISO-8859-1
Latin 2 (Europe centrale/Europe de l'Est)	ISO-8859-2
Latin 3 (Europe du Sud-Est)	ISO-8859-3
Latin 4 (Scandinavie/Baltique)	ISO-8859-4
Latin/Cyrillique	ISO-8859-5
Latin/Arabe	ISO-8859-6
Latin/Grec	ISO-8859-7
Latin/Hébreu	ISO-8859-8
Latin/Turc	ISO-8859-9
Latin/Lapon/Nordique/Esquimau	ISO-8859-10
Japonais	EUC-JP ou Shift_JIS

Éléments

Les composants les plus importants des documents XML sont les éléments. Tout document XML doit posséder au moins un élément, dans lequel sont imbriqués tous les autres balisages. Le document suivant présente un tel élément, `DocExemple` :

```
<?xml version="1.0" encoding="ISO-8859-1" ?>
<DocExemple>
   Ceci est un exemple simple de document XML.
</DocExemple>
```

L'élément de plus haut niveau porte le nom **d'élément document** (bien que vous puissiez également le voir cité comme **élément racine**).

Les éléments peuvent être utilisés selon l'une de ces deux façons :

- Comme dans cet exemple, avec une balise d'ouverture et une balise de fermeture où l'élément possède trois parties :

  - Une balise d'ouverture (`<DocExemple>`)

  - suivie d'un contenu (la chaîne `Ceci est un exemple simple de document XML.`)

  - suivi d'une balise de fermeture (`</DocExemple>`). Une balise de fermeture débute toujours par une barre oblique, suivi du nom de la balise d'ouverture à laquelle elle correspond.

ou

- comme élément vide, lorsqu'il n'y a pas de contenu entre les balises d'ouverture et de fermeture : une unique balise est utilisée, avec une barre oblique avant le signe supérieur de fermeture, par exemple :

```
<?xml version="1.0" encoding="ISO-8859-1" ?>
<DocExemple />
```

Cela semble de prime abord plutôt stupide : quel intérêt de posséder un élément dépourvu de contenu ? La raison peut être que dans votre document la présence d'un tel élément est de première importance : pensez à l'élément `<BR />` utilisé en HTML. En outre, des informations complémentaires peuvent être attachées à cet élément à l'aide d'attributs, comme nous allons le voir plus loin.

> **Remarquez que XML étant sensible à la casse, hormis la barre oblique, les éléments doivent donc correspondre exactement : `<DocExemple>` et `<Docexemple>` sont deux balises distinctes.**

Un nom de balise peut débuter par une lettre, un nombre, un trait de soulignement (*undescore*, _) ou deux-points (`:`), suivi d'une combinaison quelconque de lettres, nombres, tirets, traits de soulignement, deux-points ou virgules. Seule exception toutefois : il est interdit de débuter une balise par les lettres `XML` sous n'importe quelle combinaison de minuscules et de majuscules. Mieux vaut également ne pas faire débuter une balise par deux-points, car elle serait alors traitée comme espace de noms (quelque chose que nous allons étudier plus loin).

Toutes les balises doivent s'imbriquer correctement, ce qui signifie que tout **chevauchement d'éléments** est interdit. Ceci est par exemple correct :

```
<DocExemple>
   <DesDonnees>Quelques informations</DesDonnees>
</DocExemple>
```

alors que ceci est incorrect :

```
<DocExemple>
      <DesDonnees>
            Quelques informations
</DocExemple>
      </DesDonnees>
```

parce que la balise de fermeture `</DesDonnees>` se situe après la balise de fermeture `</DocExemple>`.

Attributs

Vous avez probablement déjà utilisé des **attributs** en HTML, ne serait-ce que l'attribut `HREF` de l'élément `<A>` pour définir un lien hypertexte :

```
<A HREF="http://www.wrox.fr">Visitez le site web de Wrox</A>
```

Ils fonctionnent exactement de la même façon en XML. Les attributs sont placés dans la balise d'ouverture d'un élément, et sont exprimés sous forme de **paire nom/valeur**. La valeur doit toujours être placée entre apostrophes ou guillemets (*single* ou *double quotes*). Peu importe ce que vous utilisez, pourvu que ce soit la même chose de part et d'autre d'une même valeur. Par exemple :

```
<?xml version="1.0" encoding="ISO-8859-1" ?>
<DocExemple Auteur="Ron Obvious">
   Ceci est un document XML simple.
</DocExemple>
```

dans ce document exemple, l'élément `DocExemple` possède un attribut associé. Le **nom** de l'attribut est `Auteur` et sa **valeur** est `Ron Obvious`.

De même, un nom d'attribut donné ne doit apparaître qu'une seule fois dans une balise d'ouverture particulière. Ce qui suit n'est donc pas autorisé en XML :

```
<?xml version="1.0" encoding="ISO-8859-1" ?>
<DocExemple Auteur="Ron Obvious" Auteur="Ken Shabby">
   Ceci est un document XML simple.
</DocExemple>
```

En revanche, ce qui suit est parfaitement acceptable :

```
<?xml version="1.0" encoding="ISO-8859-1" ?>
<DocExemple>
   <Phrase Auteur="Ron Obvious">
      Ceci est un document XML simple.
   </Phrase>
   <Phrase Auteur="Ken Shabby">
      Voici la seconde phrase du document.
   </Phrase>
</DocExemple>
```

Il va sans dire qu'un attribut est toujours associé à un élément (puisqu'il n'apparaît que dans une balise d'ouverture ou d'élément vide, ce qui est toujours une partie d'élément). De même, un attribut ne peut contenir les caractères `<`, `&`, `'` ou `"`.

Enfin, l'ordre dans lequel vous placez les attributs dans un élément n'importe pas, ce qui signifie que les deux documents suivants sont sémantiquement identiques :

```
<?xml version="1.0" encoding="ISO-8859-1" ?>
<DocExemple Auteur="Ron Obvious" DateCreation="7/23/2000">
   Ceci est un document XML simple.
</DocExemple>
```

et

```
<?xml version="1.0" encoding="ISO-8859-1" ?>
<DocExemple DateCreation="7/23/2000" Auteur="Ron Obvious">
   Ceci est un document XML simple.
</DocExemple>
```

Données textuelles

Dans les exemples examinés jusqu'ici, l'élément `DocExemple` contient le texte `Ceci est un document XML simple.` Il s'agit du **contenu d'élément**, possédant un nom particulier en XML : il est appelé **donnée textuelle**. Si vous vous rappelez la section portant sur la façon dont est traité un document XML, il était signalé par un parseur appelé par l'application. Le parseur peut lire le contenu de l'élément et le transmettre aux applications l'ayant demandé. Cette distinction doit être faite dès à présent, car vous verrez bientôt qu'il est possible de faire en sorte que des données ne soient pas analysables de la sorte par le parseur.

Comme vous le découvrirez lors de l'examen des techniques XML, tout bloc de texte contigu situé dans un élément est traité comme une seule unité par le parseur ou en cas de manipulation. Regardez un exemple un peu plus complexe :

```
<?xml version="1.0" encoding="ISO-8859-1" ?>
<ProcedureAlarme>
   Ceci est un <typealarme>test</typealarme> du Système d'Alarme d'Urgence.
</ProcedureAlarme>
```

Dans cet exemple, l'élément `ProcedureAlarme` contient trois éléments de données :

le bloc de texte `Ceci est un`
l'élément `typealarme`
le bloc de texte `du Système d'Alarme d'Urgence.`

À son tour, l'élément `typealarme` contient un seul morceau de données :

le bloc de texte `test`.

Une donnée textuelle peut apparaître n'importe où dans un élément, ou comme valeur d'un attribut. Il existe cependant certains caractères interdits dans les blocs de texte : le symbole esperluette (`&`) et le symbole inférieur (`<`). En effet, ces symboles sont interprétés par les parseurs XML comme constituant le début d'un balisage particulier, plus précisément une instance d'entité et le début de toute balise bien formée. Si vous devez inclure ces caractères dans votre document XML, que ce soit comme valeur d'attribut ou dans un bloc de texte, vous devez soit utiliser une section CDATA soit des entités (détaillées un peu plus loin).

Section CDATA

Si vous souhaitez incorporer du balisage à votre document XML, une des façons d'y parvenir consiste à l'encapsuler dans une **section CDATA**. Les parseurs XML ignorent tous les caractères encapsulés dans une déclaration de section CDATA lorsqu'ils analysent le balisage présent. Par exemple, le document suivant ne produira pas le résultat attendu :

```
<?xml version="1.0" encoding="ISO-8859-1" ?>
<BalisageExemple>
   Pour déclarer un élément, utilisez une balise d'ouverture d'élément : <MaBalise>
</BalisageExemple>
```

lorsqu'un parseur tente d'analyser ce document, il identifie la chaîne `<MaBalise>` comme étant le début d'un nouvel élément, puis déclare ne pas pouvoir identifier de balise de fermeture correspondante `</MaBalise>`. Une solution serait d'encapsuler le texte en question dans une section CDATA :

```
<?xml version="1.0" encoding="ISO-8859-1" ?>
<BalisageExemple>
```

```
   <![CDATA[Pour déclarer un élément, utilisez une balise d'ouverture d'élément :
<MaBalise>]]>
</BalisageExemple>
```

Comme vous le voyez, une section CDATA débute par un marqueur de début de CDATA :

```
   <![CDATA[
```

et se termine par le marqueur de fin de CDATA :

```
   ]]>
```

Lorsque le parseur rencontre le marqueur de début de CDATA, il désactive l'identification de balisage à l'exception de la détection d'un marqueur de fin de CDATA. Dans le document précédent, l'élément BalisageExemple contient une section CDATA avec comme valeur Pour déclarer un élément, utilisez une balise d'ouverture d'élément : <MaBalise>.

Il est important de se rappeler que les sections CDATA et les blocs de texte sont traités comme deux entités distinctes par les parseurs XML. Par exemple, les deux documents suivants semblent renfermer les mêmes informations :

```
<?xml version="1.0" encoding="ISO-8859-1" ?>
<BalisageExemple>
   <![CDATA[Pour déclarer un élément, utilisez une balise d'ouverture d'élément :
<MaBalise>]]>
</BalisageExemple>
```

```
<?xml version="1.0" encoding="ISO-8859-1" ?>
<BalisageExemple>
 Pour déclarer un élément, utilisez une balise d'ouverture d'élément :
<![CDATA[<MaBalise>]]>
</BalisageExemple>
```

Dans le second document, le parseur va constater que l'élément BalisageExemple contient deux choses : la chaîne de texte Pour déclarer un élément, utilisez une balise d'ouverture d'élément : ainsi que la section CDATA <MaBalise>. Cela peut désorienter un parseur recherchant spécifiquement un contenu précis dans l'élément BalisageExemple.

Cette approche est parfaite si vous souhaitez substituer un ensemble de caractères susceptible d'être considéré par le parseur comme un balisage. Si, en revanche, vous ne souhaitez substituer que des caractères occasionnels, il est préférable d'utiliser une référence d'entité.

Références d'entités

Comme cela a été mentionné précédemment, les sections CDATA ne constituent qu'un des moyens d'inclure des caractères comme < et & dans un document XML. Vous pouvez également utiliser une **référence d'entité**. Avant de plonger dans les détails du fonctionnement des entités, examinons un exemple :

```
<?xml version="1.0" encoding="ISO-8859-1" ?>
<BalisageExemple>
   Pour déclarer un élément, utilisez une balise d'ouverture d'élément : &lt;Foo>
</BalisageExemple>
```

Dans cet exemple, la chaîne < est une référence d'entité. Plus spécifiquement, il s'agit d'une instance de l'entité nommée lt. Les références d'entités des documents XML (par opposition à celles des DTD) débutent toujours par une esperluette et se terminent par un point-virgule. Lorsqu'un parseur rencontre une référence d'entité, il va dans la table de symboles créée lors de l'analyse de la DTD du document (vous étudierez les DTD plus loin) et en extrait la chaîne adéquate, si elle existe (ce qui peut ne pas être le cas, comme vous le verrez plus tard). Il substitue alors cette chaîne à l'instance d'entité. Les entités ainsi traitées portent le nom d'**entités analysables**. Il est également possible de déclarer dans un document XML des **entités non analysables** : nous allons voir comment dans un instant.

Deux types d'entités analysables peuvent être instanciées dans un document XML :

- les entités internes, dont le contenu de remplacement est incorporé dans la DTD du document ;
- les entités externes, pointant via un URI vers un emplacement contenant le texte de remplacement.

Un processeur non validateur ne remplace pas obligatoirement les références d'entités analysables externes (bien que la plupart le fassent), ce qui peut entraîner une non substitution pour la référence d'entité citée précédemment.

Il existe quelques entités standard définies pour les documents XML :

Entité	Caractère
`<`	<
`>`	>
`&`	&
`'`	'
`"`	"

Tout parseur compatible XML va automatiquement reconnaître ces entités et les remplacer par leur valeur appropriée.

Vous pouvez en outre placer vos propres références de caractère dans vos documents : elles ressemblent à des entités, mais sont traitées différemment par le processeur, puisqu'elles sont immédiatement résolues sans qu'il soit besoin de recherche de correspondance d'entité. Tout code décimal, précédé par `&#` et suivi par `;`, est traité comme référence de caractère : le caractère Unicode possédant le code décimal spécifié sera substitué à la référence. De même, tout code hexadécimal précédé par `&#x` et suivi par `;` est traité comme référence de caractère exprimée en hexadécimal. Les deux références de caractère suivantes :

```
&#38;
&#x26;
```

correspondent toutes deux à une esperluette.

Autre caractère fréquemment nécessaire dans un document XML, l'espace insécable, représenté en HTML par la référence d'entité ` `. Vous pouvez utiliser cela dans un document XML en recourant à son équivalent numérique :

```
 
```

Il est également possible de déclarer une entité nommée nbsp comme possédant la valeur   puis de référencer cette entité dans votre document en utilisant le nom plutôt que la valeur numérique. Vous verrez comment procéder un peu plus loin dans cette annexe.

Instructions de traitement

Si vous souhaitez qu'une application de traitement accomplisse une certaine action lors de l'arrivée à un endroit donné du document, vous pouvez incorporer une instruction de traitement pour indiquer qu'à cet endroit une action doit être déclenchée. Le parseur signale ceci, soit en présentant un nœud instruction de traitement à l'endroit approprié de l'arbre (dans le cas d'un parseur DOM), soit en déclenchant un événement instruction de traitement (dans le cas d'un parseur SAX). Le code dirigeant le processeur peut alors entreprendre une action sur le document en fonction du type et de la valeur de l'instruction de traitement. Une instruction de traitement débute par le marqueur de début d'instruction de traitement <? et se termine par la chaîne ?>.

```
<?xml version="1.0" encoding="ISO-8859-1" ?>
   <Livre>
      <Auteur>
      <?archive 17?>
         <Nom>Kevin Williams</Nom>
         <Adresse>742 Evergreen Terrace</Adresse>
         <Ville>Springfield</Ville>
         <Etat>KY</Etat>
         <CodePostal>12345</CodePostal>
      </Auteur>
   </Livre>
```

Dans cet exemple, la chaîne <?archive 17?> est une déclaration d'instruction de traitement. Par exemple, cette instruction de traitement pourrait indiquer que les informations sur l'auteur constituent la version officielle, les versions plus anciennes devant être stockées dans une archive possédant la clé primaire 17. Une déclaration d'instruction de traitement comporte toujours deux parties : la **cible** de l'instruction de traitement (ici, la chaîne archive) et la chaîne sur laquelle opérer (ici, 17). Tout ce qui est présent dans la déclaration d'instruction de traitement avant le premier espace vierge est considéré comme étant la cible de l'instruction de traitement, tout ce qui se trouve après l'espace vierge est la chaîne utilisée pour diriger le comportement du processeur. Dans l'exemple suivant :

```
<?xml-stylesheet type="text/xml" href="#style1"?>
```

la cible est xml:stylesheet, et la chaîne d'information complémentaire constitue le reste du texte à l'exclusion du point d'interrogation situé à la fin de la balise de déclaration : en d'autres termes, la chaîne type="text/xml" href="#style1". Remarquez que si vous souhaitez accéder au contenu de cette chaîne, vous devez l'analyser manuellement : elle n'est pas renvoyée comme paire nom-valeur.

La cible de l'instruction de traitement ne peut pas débuter par les lettres XML, en majuscules, minuscules ou mélange des deux : ces cibles sont réservées par le W3C pour de futures extensions de la spécification XML.

Commentaires

Vous pouvez ajouter des commentaires à un document XML en utilisant exactement la même syntaxe que pour les commentaires HTML. Le début de la balise de commentaire commence par `<!--` et se termine par la chaîne de marqueur de fin de commentaire `-->` :

```
<?xml version="1.0" encoding="ISO-8859-1" ?>
<!-- Créé le 8/8/2000 -->
<ElementDocument/>
```

Remarquez qu'il est impossible de placer la chaîne `--` dans un commentaire, puisque le parseur penserait qu'il s'agit de la fin du commentaire, ce qui le perturberait. Il est important de remarquer qu'un commentaire peut être ou ne pas être conservé par un parseur XML. Lorsque vous développez une stratégie de traitement, évitez tout traitement fondé sur une instruction telle que « le texte que je veux est toujours le premier membre de l'élément `Foo` », car cela peut ne pas être toujours le cas, à moins que vous contrôliez exclusivement la source des documents XML. Par exemple, imaginez que vous possédiez le fragment de document suivant :

```
<Livre>
  <!-- Ceci est un élément livre actualisé -->
  <Auteur>Kevin Williams</Auteur>
</Livre>
```

Certains processeurs renvoient deux nœuds enfants du nœud `Livre` : un nœud commentaire, et un nœud élément `Auteur`. D'autres ne renvoient qu'un nœud, le nœud élément `Auteur`. De ce fait, si vous partez du principe que l'élément `Auteur` est le second nœud enfant de l'élément `Livre`, cela peut être ou ne pas être le cas. Il est vivement recommandé de toujours utiliser le nom actuel du nœud lorsque vous naviguez ainsi dans vos structures XML.

Espaces de noms

Si vous souhaitez utiliser plusieurs vocabulaires XML dans un même document, vous pouvez y parvenir à l'aide d'**espaces de noms**. Les espaces de noms n'appartiennent pas à la spécification XML 1.0, mais vous pouvez trouver leur spécification à l'adresse http://www.w3.org/TR/REC-xml-names/. Les espaces de noms permettent également de disposer de fonctionnalités apportées par des spécifications apparentées : ainsi, XLink, qui apporte à XML la prise en charge des liens. Aucun balisage n'est défini dans la spécification XML 1.0 afin de faciliter les liaisons, puisque cela irait à l'encontre du concept de balisage décrivant les données. Vous pouvez cependant utiliser le vocabulaire XLink pour indiquer à un processeur compatible XLink que le vocabulaire XLink est utilisé conjointement au vocabulaire principal du document afin de créer des liens. Le processeur compatible XLink va agir sur les éléments ou attributs XLink identifiés dans tout document tant qu'ils sont déclarés comme appartenant à l'espace de noms XLink.

Pour pouvoir utiliser un espace de noms, vous devez d'abord le déclarer :

```
<?xml version="1.0" encoding="ISO-8859-1" ?>
<Foo xmlns:xlink="http://www.w3.org/1999/xlink">
   <MonLien xlink:type="simple" xlink:href="bar.xml" />
</Foo>
```

Les espaces de noms sont déclarés en dotant un élément d'un attribut possédant le préfixe `xmlns:`. Un parseur compatible espace de noms interprète tout attribut possédant ce préfixe comme définition d'espace de noms. La chaîne suivant les deux-points dans le nom de l'attribut est le **préfixe** qui sera utilisé pour déclarer les attributs et les éléments conformément à l'espace de noms défini (il s'agit dans cet exemple de `xlink`). La valeur de l'attribut contient alors le nom de l'espace de noms : un URI

(*Uniform Resource Identifier*) identifiant cet espace de noms. Cet URI doit être unique et persistant. Remarquez que cet URI n'a en fait pas besoin de pointer sur quoique ce soit. Bien qu'en certaines occasions, le fait de naviguer à l'aide d'un navigateur web vers l'URI mène à une spécification décrivant cet espace de noms, rien n'impose à l'URI de mener à quoi que ce soit de cohérent. Dans cet exemple, le préfixe d'espace de noms `xlink:` est déclaré comme correspondant à l'espace de noms `http://www.w3.org/1999/xlink`. Un processeur compatible XLink reconnaît alors que l'élément `MonLien` représente un XLink simple pointant vers le fichier `bar.xml`, et accomplit toute action nécessaire afin d'indiquer à l'utilisateur ou à l'agent la présence de ce lien simple.

Un espace de noms n'est valide que pour l'élément pour lequel il est déclaré. Par exemple, un parseur lisant le document suivant identifie correctement la présence du lien simple :

```
<?xml version="1.0" encoding="ISO-8859-1" ?>
<Foo>
   <MonLien xmlns:xlink="http://www.w3.org/1999/xlink"
            xlink:type="simple" xlink:href="bar.xml" />
</Foo>
```

En revanche, le processeur ne reconnaît pas le lien dans l'élément suivant, parce que la déclaration du lien est en dehors de la portée de la déclaration de l'espace de noms :

```
<?xml version="1.0" encoding="ISO-8859-1" ?>
<Foo>
  <TexteLien xmlns:xlink="http://www.w3.org/1999/xlink">
  Ceci est le texte du lien
  </TexteLien>
  <MonLien xlink:type="simple" xlink:href="bar.xml" />
</Foo>
```

À l'exception de circonstances très particulières, vous devez déclarer tous les espaces de noms de votre document en tant qu'attributs de l'élément racine, afin de garantir que leur portée englobe la totalité du document. Cela vaut également la peine de remarquer qu'un document XML peut posséder un nombre quelconque d'espaces de noms. Les espaces de noms sont très importants lors des transformations XSLT : XSLT faisant correspondre à la fois le nom local et l'espace de noms, il faut donc déclarer correctement les espaces de noms dans votre feuille de style XSLT pour que celui-ci reconnaisse les éléments correspondants dans vos documents.

DTD (*Document Type Definition*)

Dans la spécification XML 1.0, un mécanisme est proposé (de façon peu stricte) pour contrôler le contenu pouvant apparaître dans un document XML. Cela s'effectue par une définition de type de document, ou DTD (*document type definition*), qui constitue un ensemble de règles devant être respectées par tout document XML auquel la DTD s'applique. Certains parseurs XML sont capables de valider un document XML par rapport à sa DTD, lançant une erreur s'ils détectent le non respect d'une des règles de celui-ci. Ce type de parseur porte le nom de parseur validateur. Si le XML se conforme aux règles de la DTD, il est appelé XML **valide**, plutôt que simplement bien formé.

Une DTD peut être soit un fichier externe, soit inclus dans le document XML. S'il s'agit d'un fichier externe, elle est spécifié dans le document XML à l'aide d'une **Déclaration de Type de Document** suivant la syntaxe `<!DOCTYPE... >` :

```
<!DOCTYPE MonDocXML SYSTEM "http://www.yoursite.com/xml/MonDocXML.dtd">
```

Nous pointons ici vers une DTD nommé `MonDocXML`. Remarquez que le nom de la DTD doit correspondre à celui de l'élément racine du document XML, si bien que l'élément racine des documents XML écrits conformément à cette DTD doit être `<MonDocXML>`. L'utilisation du mot-clé `SYSTEM` indique que la DTD est un fichier externe, dont l'emplacement est spécifié entre les guillemets. Ce type de DTD est connu sous le terme de DTD **externe**, puisqu'il se trouve dans un fichier externe. Il est également possible de déclarer une DTD à l'aide du mot-clé `PUBLIC` , ce qui permet de spécifier l'emplacement de la DTD d'une façon comprise par de nombreux processeurs différents, éliminant ainsi la nécessité d'une connexion permanente à l'Internet pour valider les documents. Il n'existe en revanche aucune façon bien définie de résoudre une DTD déclarée comme `PUBLIC`, si bien qu'il vaut mieux utiliser les identificateurs système afin de pointer sur votre DTD.

Une DTD peut également figurer dans une déclaration de type de document, auquel cas elle est désignée par le terme de DTD **interne**, comme :

```
<!DOCTYPE MonDocXML [
   <!ELEMENT MonDocXML (#PCDATA)>
]>
```

Ici, toutes les contraintes sur le contenu du document sont spécifiées comme déclaration entre crochets `[...]`. Ne vous préoccupez pas pour le moment de la déclaration d'élément maintenant, vous allez y venir bien assez tôt.

Lorsqu'un parseur validateur rencontre une DTD externe, il accède à la ressource indiquée dans l'URI et en extrait les contraintes de document. Il se comporte ensuite comme si ces contraintes avaient été déclarées en ligne.

Si vous rencontrez une situation où cela peut être profitable, vous pouvez également mélanger les deux types de déclaration :

```
<!DOCTYPE MonDocXML SYSTEM "MonDocXML.dtd" [
   <!ELEMENT MonDocXML (#PCDATA)>
]>
```

Cette technique permet, par exemple, de personnaliser le contenu autorisé de l'élément `MonDocXML`. Remarquez que dans l'exemple précédent, seul le nom du fichier est présent, à l'exclusion du chemin d'accès complet. Cela n'est adéquat que si le fichier externe se trouve au même emplacement que le fichier courant.

Il est d'habitude plus utile de posséder une DTD externe au document lui-même : cela permet à plusieurs documents d'utiliser les mêmes règles sans avoir à répéter le même ensemble de contraintes dans chaque document devant respecter le même ensemble de règles.

Remarquez qu'il est facile de confondre les termes déclaration de type de document et définition de type de document. Pour clarifier les choses, une définition de type de document établit des contraintes sur le contenu du document, et est soit contenue dans le document, soit spécifiée à l'aide d'une référence vers un fichier externe dans une déclaration de type de document.

Déclaration Standalone

Une déclaration XML peut comporter un attribut stipulant si la DTD est autonome ou non : autrement dit, si toutes les déclarations concernant ce document XML sont stipulées dans la déclaration `!DOCTYPE`, ou si d'autres URI sont nécessaires afin de disposer de toutes les déclarations (soit à l'aide d'une entité paramètre externe, abordée par la suite, soit avec une DTD externe). Cet attribut devrait également être utilisé lorsque votre document déclare des espaces de noms. Il n'est pas obligatoire de le déclarer explicitement, mais cela aide à accélérer le flux de travail et la transmission de documents XML.

Pour déclarer qu'un document est autonome, utilisez la déclaration XML :

```
<?xml version="1.0" standalone="yes"?>
```

Si cette déclaration est absente, il est considéré par défaut que le document n'est pas autonome.

Examinons maintenant les diverses déclarations pouvant être utilisées dans une DTD pour établir des contraintes sur le type de contenu autorisé pour un document XML conforme à cette DTD.

Déclarations Element

Le plus important type de déclaration d'une DTD est la déclaration d'élément. Toute DTD doit en posséder au moins une : celle de l'élément racine.

Nous avons vu comment déclarer simplement un élément dans l'exemple précédent, mais sans expliquer ce qu'il y faisait :

```
<!ELEMENT MonDocXML (#PCDATA)>
```

Nous déclarons un élément à l'aide de la syntaxe :

```
   <!ELEMENT NomElément (modèleContenu)>
```

où *`NomElément`* est le nom de l'élément, et *`modèleContenu`* ce que peut contenir cet élément. Il s'agit de la déclaration fondamentale obligatoire pour débuter ; dans cet exemple nous déclarons donc un élément nommé `MonDocXML`. Celui-ci ne contient que du texte : cela est défini à l'aide de la syntaxe `#PCDATA`.

Il existe cinq types différents de contenu d'élément pouvant être déclarés dans une déclaration d'élément :

- ❑ contenu d'élément ;
- ❑ contenu mixte ;
- ❑ contenu texte seul ;
- ❑ modèle de contenu vide (EMPTY).
- ❑ Modèle de contenu quelconque (ANY)

Examinons-les tour à tour.

Contenu d'élément

Dans le premier type de déclaration d'élément, l'élément est défini comme ne contenant que d'autres éléments. La déclaration spécifie l'ordre et les contraintes de nombre de chacun des éléments contenus. Par exemple, la déclaration :

```
<!ELEMENT Foo (A, B, C)>
```

stipule que, dans l'élément `Foo`, les éléments `A`, `B` et `C` doivent apparaître chacun exactement une fois, dans cet ordre. Si bien que pour la DTD suivante :

```
<!ELEMENT Foo (A, B, C)>
<!ELEMENT A (#PCDATA)>
<!ELEMENT B (#PCDATA)>
<!ELEMENT C (#PCDATA)>
```

ce document XML exemple respecte la DTD :

```
<?xml version="1.0" standalone="no"?>
<!DOCTYPE Foo SYSTEM "Foo.DTD">
<Foo>
   <A> Du contenu <A />
   <B> Encore du contenu <B />
   <C> Et encore du contenu <C />
</Foo>
```

ce qui n'est pas le cas des trois exemples suivants :

```
<?xml version="1.0" standalone="no"?>
<!DOCTYPE Foo SYSTEM "Foo.DTD">
<Foo>
   <A> Du contenu <A />
   <B> Encore du contenu <B />
</Foo> <!-- l'élément C est manquant -->
```

```
<?xml version="1.0" standalone="no"?>
<!DOCTYPE Foo SYSTEM "Foo.DTD">
<Foo>
   <B> Encore du contenu <B />
   <A> Du contenu<A />
   <C> Et encore du contenu <C />
</Foo> <!-- les éléments ne sont pas dans le bon ordre -->
```

```
<?xml version="1.0" standalone="no"?>
<!DOCTYPE Foo SYSTEM "Foo.DTD">
<Foo>
   <A> Du contenu <A />
   <A> Du contenu <A />
   <B> Encore du contenu <B />
   <C> Et encore du contenu <C />
</Foo> <!—trop d'éléments A -->
```

Il est également possible de définir un ensemble d'éléments, dont seul l'un peut (doit) être présent. Cela est indiqué en séparant les options à l'aide du caractère de barre verticale |. De ce fait, la déclaration

```
<!ELEMENT Foo (A | B | C)>
```

stipule que l'élément `Foo` peut contenir un élément `A`, un élément `B` ou un élément `C`, mais seulement l'un d'entre eux.

Les éléments enfant spécifiés dans la déclaration d'élément peuvent aussi comporter des suffixes de cardinalité. Ceux-ci indiquent le nombre d'occurrences de chaque élément (ou groupe d'éléments, étudié plus loin) pouvant apparaître à cet emplacement du contenu d'élément. Il existe quatre opérateurs d'occurrences :

Opérateur	Signification
?	Facultatif (peut être présent 0 ou 1 fois)
*	Facultatif multiple (peut être présent 0 fois ou plus)
(pas de suffixe)	Obligatoire (doit être présent exactement une fois)
+	Obligatoire multiple (doit être présent 1 fois ou plus)

Des éléments enfant peuvent en outre être rassemblés dans la déclaration d'élément. Ils peuvent être regroupés soit dans une liste ordonnée, soit dans une liste de choix. Ces regroupements peuvent aussi comporter les opérateurs d'occurrences présentés dans le tableau précédent. Mieux vaut sans doute examiner maintenant quelques exemples.

Exemple 1 :

Cet exemple stipule que zéro ou plusieurs éléments `A` peuvent apparaître comme éléments enfant de l'élément `Foo`, suivi(s) d'un ou de plusieurs éléments `B`. Cet ou ces éléments peuvent ensuite être suivis d'un élément `C au maximum`.

```
<!ELEMENT Foo (A*, B+, C?)>
```

Les fragments XML suivants pour l'élément `Foo` sont tous valides :

```
<Foo>
   <A> Du contenu <A />
   <B> Encore du contenu <B />
</Foo>
```

```
<Foo>
   <B> Encore du contenu <B />
   <B> Encore du contenu <B />
   <B> Encore du contenu <B />
</Foo>
```

```
<Foo>
   <A> Du contenu <A />
   <A> Du contenu <A />
   <B> Encore du contenu <B />
   <C> Et encore du contenu <C />
</Foo>
```

Exemple 2 :

Cet exemple stipule que l'élément `Foo` doit d'abord contenir un élément `A` ou un élément `B`, ensuite suivi d'un élément `C`.

```
<!ELEMENT Foo ((A | B), C)>
```

Les deux exemples suivants sont donc les seuls contenus valides de `Foo` :

```
<Foo>
   <A> Du contenu <A />
   <C> Et encore du contenu <C />
</Foo>
```

```
<Foo>
```

```
   <B> Encore du contenu <B />
   <C> Et encore du contenu <C />
</Foo>
```

Exemple 3 :

Dans cet exemple, Foo doit contenir au moins un élément A suivi(s) facultativement d'un élément B, ce groupe pouvant être remplacé par zéro ou plusieurs éléments C.

```
<!ELEMENT Foo ((A+, B?) | C*)>
```

Une fois encore, tout ce qui suit est valide :

```
<Foo>
   <A> Du contenu <A />
   <A> Du contenu <A />
   <A> Du contenu <A />
</Foo>
```

```
<Foo>
   <A> Du contenu <A />
   <B> Encore du contenu <B />
</Foo>
```

```
<Foo>
   <C> Et encore du contenu <C />
   <C> Et encore du contenu <C />
   <C> Et encore du contenu <C />
</Foo>
<Foo />
```

Dans toutes les structures XML créées et utilisées dans ce livre, les éléments possédant un contenu d'élément seront dépourvus d'opérateurs de choix, seules étant utilisées les listes ordonnées comportant des opérateurs de cardinalité :

```
<!ELEMENT Foo (A?, B*, C?, D, E+)>
```

Contenu mixte

Un élément peut également être déclaré comme renfermant un **contenu mixte**. Tout élément ainsi déclaré peut contenir n'importe lesquels des éléments définis dans la liste de contenu, dans un ordre quelconque, du texte se trouvant placé entre eux. Une déclaration d'élément à contenu mixte se présente comme suit :

```
<!ELEMENT Foo (#PCDATA | A | B | C)*>
<!ELEMENT A (#PCDATA)>
<!ELEMENT B (#PCDATA)>
```

L'expression #PCDATA doit obligatoirement figurer en tête dans la liste séparée par les barres verticales (symbole OU) : il signale que l'élément peut comporter du texte. Les autres éléments de la liste peuvent être présents ou non. Remarquez qu'il n'existe aucune contrainte sur l'ordre ou le nombre d'occurrence des éléments. C'est la seule déclaration licite pour du contenu mixte : vous n'êtes pas autorisé à définir l'emplacement ou le nombre des occurrences des différents sous-éléments d'un élément à contenu mixte. Les fragments présentés ci-dessous sont donc tous valides :

```
<Foo>
   Voici du <A>texte</A> parsemé d'<B>éléments</B>
</Foo>
```

```
<Foo>
   <C /><C /><C />Pourquoi tant d'éléments C ?
</Foo>
```

```
<Foo>
   Cet élément est totalement dépourvu d'éléments enfants.
</Foo>
```

```
<Foo />
```

Si vous êtes un utilisateur chevronné des bases de données relationnelles, vous devez grimacer, et ce à juste titre : représenter du contenu mixte dans une base de données relationnelles peut être un vrai casse-tête. Le chapitre 3 présentait quelques méthodes permettant d'y parvenir, mais, dans le contexte de cette annexe, le mieux est d'éviter toujours le modèle de contenu mixte, lorsque cela est possible, dans la conception de structures XML.

Contenu texte seul

Un cas particulier du modèle de contenu mixte peut cependant se révéler très utile : lorsqu'un élément ne doit contenir que du texte. Un tel élément est défini comme suit :

```
<!ELEMENT Foo (#PCDATA)>
```

C'est une des deux façons principales de représenter un point de donnée (une valeur) en XML :

```
<!ELEMENT Auteur (Nom, Adresse, Ville, Etat, CodePostal)>
<!ELEMENT Nom (#PCDATA)>
<!ELEMENT Adresse (#PCDATA)>
<!ELEMENT Ville (#PCDATA)>
<!ELEMENT Etat (#PCDATA)>
<!ELEMENT CodePostal (#PCDATA)>
```

```
<Auteur>
   <Nom>Kevin Williams</Nom>
   <Adresse>742 Evergreen Terrace</Adresse>
   <Ville>Springfield</Ville>
   <Etat>KY</Etat>
   <CodePostal>12345</CodePostal>
</Auteur>
```

Modèle de contenu EMPTY

Le modèle de contenu `EMPTY` stipule qu'un élément ne doit rien contenir. Un élément vide est déclaré comme suit :

```
<!ELEMENT Foo EMPTY>
```

Tout élément ainsi déclaré doit se présenter sous l'une des deux formes suivantes :

```
<Foo />
<Foo></Foo>
```

Il est cependant fortement recommandé de préférer la première forme, car la seconde peut facilement être confondue avec un élément PCDATA vide.

Vous avez vu auparavant dans ce chapitre pourquoi il pouvait être nécessaire de définir un élément dépourvu de contenu. Ici cependant, des éléments ne seront définis ainsi que s'ils possédent des attributs associés. Nous verrons un peu plus loin comment déclarer des attributs pour des éléments.

Modèle de contenu ANY

Si un élément est déclaré comme possédant un modèle de contenu `ANY`, cela signifie exactement ce que vous supposez : il peut contenir tout XML quelconque bien formé du moment que les éléments enfants respectent leur propre modèle de contenu, comme défini ailleurs dans la DTD. Un tel élément est déclaré comme suit :

```
<!ELEMENT Foo ANY>
```

Les exemples suivants sont valides pour cette déclaration :

```
<Foo>
   Voici quelque chose d'aléatoire.
</Foo>
```

```
<Foo>
   <A><B><C><D><E></E></D></C></B></A>
</Foo>
```

```
<Foo>
   <A>Ceci</A><B>est</B><C>bien</C><D>balisé</D>
</Foo>
```

Remarquez que les sous-éléments n'héritent pas des propriétés de « contenu quelconque » de l'élément `Foo` : ils doivent tous respecter leurs propres déclarations. Ainsi, dans le second exemple, seul un unique élément `B` est un contenu acceptable pour l'élément `A`, un seul élément `C` acceptable pour `B`, *etc.*

Cette syntaxe est dangereuse pour la représentation de données. Permettre aux utilisateurs d'inclure dans un élément les éléments ou les textes de leur choix est un autre cauchemar des bases de données relationnelles, encore pire que les problèmes provoqués par une déclaration d'éléments à contenu mixte, car vous ne pouvez même pas limiter la liste des éléments susceptibles d'être présents. Évitez d'utiliser les éléments à modèle de contenu `ANY` lorsque vous concevez des structures XML de stockage de données.

Déclarations d'attribut

La définition la plus fréquente dans une DTD est la **déclaration d'attribut**. Elle permet de définir les attributs devant ou pouvant apparaître dans un élément donné. La syntaxe générale est présentée ci-après :

```
<!ATTLIST nom-élément définition-attribut*>
```

Une définition d'attribut ressemble à ce qui suit :

```
nom-attribut type-attribut déclaration-par-défaut
```

Imaginez donc qu'une DTD contienne ces définitions :

```
<!ELEMENT Foo EMPTY>
<!ATTLIST Foo
   Texture CDATA #REQUIRED>
```

Cela stipule que l'élément `Foo`, qui doit être vide, possède un attribut obligatoire nommé `Texture` pouvant recevoir toute valeur chaîne. Ainsi, le fragment de document suivant est valide :

```
<Foo Texture="bumpy" />
```

Examinons maintenant les différents types d'attribut pouvant être définis dans une DTD.

Attribut de type CDATA

Le type d'attribut le plus fréquent dans une DTD est le type `CDATA`. Les attributs de ce type peuvent posséder n'importe quelle valeur chaîne. Rappelez-vous que dans toute valeur d'attribut, les caractères de balisage <, &, >, " et ' doivent systématiquement être substitués pour éviter toute méprise du parseur. Ainsi, dans cet exemple :

```
<!ELEMENT Foo EMPTY>
<!ATTLIST Foo
   Texture CDATA #REQUIRED
   Couleur CDATA #REQUIRED
   Forme CDATA #REQUIRED>
```

Le fragment de document suivant respecte les règles de la DTD précédente :

```
<Foo Texture="bumpy" Couleur="rouge&amp;bleu" Forme="sphere" />
```

Attribut de type ID

Les DTD fournissent un moyen d'affecter un identifiant unique à un élément. Cela peut être très utile pour exprimer dans un document XML des relations plus complexes que ce qui peut être fait à l'aide d'une simple imbrication, comme vous le verrez plus loin. Pour qu'un document soit valide, chaque élément d'un même document XML possédant un attribut `ID` associé doit avoir une valeur ID unique. En outre, la valeur d'un attribut `ID` doit être un nom XML valide : en d'autres termes, il doit débuter par une lettre (tel que défini dans le standard Unicode) ou par un trait de soulignement (les deux-points sont également licites, mais à déconseiller à cause des espaces de noms), la simple utilisation d'une valeur identité ou numéro automatique d'une base de données relationnelle n'est donc pas suffisante. Une stratégie fonctionnant bien consiste à préfixer cette valeur relationnelle à l'aide d'un chaîne (propre à tous les éléments de votre document) correspondant à l'entité : cette approche est détaillée dans le chapitre 3.

Examinez quelques exemples. Pour la déclaration de fragment de document :

```
<!ELEMENT Foo EMPTY>
<!ATTLIST Foo
   FooID ID #REQUIRED>

<!ELEMENT Bar EMPTY>
<!ATTLIST Bar
   BarID ID #REQUIRED>
```

Ce qui suit est valide :

```
<Foo FooID="foo1" />
<Bar BarID="bar1" />
```

mais les exemples ci-dessous ne le sont pas :

```
<Foo FooID="17" /> <!-- La valeur ID n'est pas un nom XML valide -->
```

```
<Foo FooID="foo1" />
<Foo FooID="foo1" /> <!-- deux éléments ne peuvent posséder la même valeur ID -->
```

```
<Foo FooID="foo1" />
<Bar BarID="foo1" /> <!-- deux éléments ne peuvent posséder la même valeur ID -->
```

Il est illégal de définir plusieurs attributs `ID` pour un même élément.

Attribut de type IDREF

Les attributs de type IDREF permettent de « pointer » d'un élément vers un autre, exprimant en pratique une relation un-à-un entre les deux attributs. Les valeurs des attributs définis comme IDREF doivent correspondre à un attribut ID présent quelque part dans le document XML. Ainsi, à partir du fragment de DTD suivant :

```
<!ELEMENT Auteur EMPTY>
<!ATTLIST Auteur
   AuteurID ID #REQUIRED>
<!ELEMENT Livre EMPTY>
<!ATTLIST Livre
   LivreID ID #REQUIRED
   AuteurIDREF IDREF #REQUIRED>
```

Ce qui suit est valide :

```
<Auteur AuteurID="auteur1" />
<Livre LivreID="livre1" AuteurIDREF="auteur1" />
```

```
<Auteur AuteurID="auteur1" />
<Livre LivreID="livre1" AuteurIDREF="livre1" />
```

Le second exemple met en évidence un point important. Comme un attribut IDREF ne définit pas le type d'élément vers lequel pointe sa valeur, il serait parfaitement licite de posséder un attribut nommé AuteurIDREF correspondant à la valeur d'un ID d'un élément Livre. Si vous souhaitez contrôler strictement les types d'éléments auxquels peut correspondre un attribut IDREF, vous devez le faire dans le code de programmation.

L'exemple ci-dessous n'est bien sûr pas valide, et un parseur validateur génère de ce fait une erreur :

```
<Auteur AuteurID="auteur1" />
<Livre LivreID="livre1" AuteurIDREF="auteur2" /> <!-- ID inexistant -->
```

Attribut de type IDREFS

Vous pouvez considérer un attribut IDREFS comme un moyen de placer plusieurs valeurs IDREF dans un attribut. La valeur d'un attribut IDREFS doit être une liste de noms XML séparés par des espaces correspondant à une ou plusieurs valeurs d'attribut ID défini dans le document. Exactement comme un IDREF permet d'exprimer une relation un-à-un, un IDREFS peut exprimer une relation un-à-plusieurs. En voici un exemple :

```
<!ELEMENT Foo EMPTY>
<!ATTLIST Foo
   FooID ID #REQUIRED>
<!ELEMENT Bar EMPTY>
<!ATTLIST Bar
   BarID ID #REQUIRED
   FooIDREF IDREFS #REQUIRED>
```

Les fragments de document suivants sont valides vis-à-vis de ce fragment de DTD :

```
<Foo FooID="foo1" />
<Foo FooID="foo2" />
<Bar BarID="bar1" FooIDREF="foo1" />
```

```
<Foo FooID="foo1" />
<Foo FooID="foo2" />
<Bar BarID="bar1" FooIDREF="foo1 foo2" />
```

```
<Foo FooID="foo1" />
```

```
<Foo FooID="foo2" />
<Bar BarID="bar1" FooIDREF="foo1 foo1" />
<!-- l'unicité n'est pas contrôlée -->
```

mais ceux-ci ne le sont pas :

```
<Foo FooID="foo1" />
<Foo FooID="foo2" />
<Bar BarID="bar1" FooIDREF="" />
<!-- il doit y avoir au moins une valeur ID -->
```

```
<Foo FooID="foo1" />
<Foo FooID="foo2" />
<Bar BarID="bar1" FooIDREF="foo1+foo2" />
<!-- la liste n'est pas séparée par des espaces -->
```

Attribut de type ENTITY

Les attributs définis comme étant de type `ENTITY` doivent correspondre au nom d'une entité non analysable déclarée ailleurs dans la DTD. Vous utiliserez en principe cela pour insérer du contenu non textuel dans votre document : une image ou un fichier son. En voici un exemple (ne vous préoccupez pas des déclarations d'entité et de notation, vous y reviendrez plus tard) :

```
<!NOTATION gif PUBLIC "GIF">
<!ENTITY LigneBleue SYSTEM "lignebleue.gif" NDATA gif>
<!ELEMENT Separateur EMPTY>
<!ATTLIST Separateur
   img ENTITY #REQUIRED>
```

Un document valide serait alors :

```
<Separateur img="LigneBleue" />
```

Ce type d'attribut n'est pas étudié plus en détail dans ce livre, mais il peut être utile si vous devez construire des documents XML comportant des entités incorporées non XML.

Attribut de type ENTITIES

Brièvement, `ENTITIES` est à `ENTITY` ce que `IDREFS` est à `IDREF` : une méthode permettant d'inclure plusieurs références d'entités non analysables dans un même attribut en utilisant une liste d'entités séparées par des espaces. Par exemple :

```
<!NOTATION gif PUBLIC "GIF">
<!ENTITY LigneBleue SYSTEM "lignebleue.gif" NDATA gif>
<!ENTITY LigneRouge SYSTEM "lignerouge.gif" NDATA gif>
<!ELEMENT Separateur EMPTY>
<!ATTLIST Separateur
   img ENTITIES #REQUIRED>
```

Un document valide serait alors :

```
<Separateur img="LigneBleue LigneRouge" />
```

Attribut de type NMTOKEN

Un attribut de type `NMTOKEN` doit posséder une valeur ne contenant que des lettres, des chiffres, des deux-points, des points et tout autre caractère Unicode licite dans un nom XML. Ainsi, pour la déclaration suivante :

```
<!ELEMENT Foo EMPTY>
<!ATTLIST Foo
   FooToken NMTOKEN #REQUIRED>
```

les fragments de document suivants sont valides :

```
<Foo
   FooToken="17" /> <!-- il n'est pas nécessaire en tête d'une lettre ou d'un
                  soulignement -->
```

```
<Foo
   FooToken="____" /> <!-- les traits de soulignement sont parfaits -->
```

ce qui n'est pas le cas de ceux-ci :

```
<Foo
   FooToken="rouge&amp;bleu" /> <!-- esperluettes interdites -->
```

```
<Foo
FooToken="mauvais token" /> <!-- espaces vierges interdits -->
```

Les attributs de type NMTOKEN (ou NMTOKENS) offrent un peu plus de contrôle sur les données autorisées dans un attribut, en imposant que sa valeur (ou chaque valeur, dans le cas de NMTOKENS) respecte les règles des noms XML.

Attribut de type NMTOKENS

Comme les attributs de types IDREFS et ENTITIES, les attributs de type NMTOKENS permettent à un attribut de renfermer une liste de valeurs NMTOKEN séparées par des espaces. Pour cet exemple :

```
<!ELEMENT Foo EMPTY>
<!ATTLIST Foo
   FooToken NMTOKENS #REQUIRED>
```

Les fragments suivants sont valides :

```
<Foo
   FooToken="17 19 23" />
```

```
<Foo
   FooToken="_ _ - - ." />
```

Ensembles de valeurs énumérées

Une autre fonctionnalité intéressante des déclarations d'attributs dans les DTD est la possibilité de contrôler les valeurs autorisées pour cet attribut. Cela est très utile si vous possédez des points de données correspondant à un ensemble de valeurs parfaitement défini. Regardez comment vous pouvez y parvenir :

```
<!ELEMENT Foo EMPTY>
<!ATTLIST Foo
   Couleur (Rouge | Vert | Bleu) #REQUIRED>
```

Comme vous le voyez, dans une déclaration d'ensemble de valeurs énumérées une liste est fournie, séparée par une barre verticale. Comme il est d'usage en XML, ces valeurs sont sensibles à la casse. Pour ce fragment de DTD, le fragment de document suivant est valide :

```
<Foo Couleur="Rouge" />
```

tandis que ce n'est pas le cas de celui-ci :

```
<Foo Couleur="Orange" />
```

Il s'agit d'un des moyens de limiter les valeurs autorisées pour un point de donnée dans une DTD. Vous en trouverez de bons exemples de mise en œuvre dans les chapitres 2 et 3.

Déclarations d'attribut notation

Cette déclaration permet d'associer une notation particulière (ou une notation parmi un ensemble) à un élément. Cela est utile si le contenu d'élément, ressemblant parfaitement à du texte, doit en fait être traité de façon spéciale : pensez à du PostScript ou à un bloc encodé en base 64.

```
<!NOTATION ps PUBLIC "PostScript level 3">
<!NOTATION base64 PUBLIC "Base-64 encoded">
<!ELEMENT Foo (#PCDATA)>
<!ATTLIST Foo
   Datatype NOTATION (ps | base64) #REQUIRED>
```

Remarquez que chaque valeur possible de l'attribut notation doit correspondre à celui d'une notation définie quelque part dans la DTD.

Voici un exemple de document valide :

```
<Foo Datatype="ps">gsave 112 75 moveto 112 300 lineto showpage grestore</Foo>
```

Regardez maintenant les diverses façons de déclarer le nombre d'occurrences et les valeurs par défaut des attributs.

#REQUIRED

Vous avez probablement remarqué que tous les exemples utilisaient la déclaration par défaut `#REQUIRED`. Vous vous doutez de la signification : la valeur de l'attribut doit être fournie par le document XML pour que celui-ci soit valide. Ainsi, pour cette déclaration :

```
<!ELEMENT Foo EMPTY>
<!ATTLIST Foo
   Couleur (Rouge | Vert | Bleu) #REQUIRED>
```

ce qui suit est un fragment valide :

```
<Foo Couleur="Rouge" />
```

mais pas celui-ci :

```
<Foo /> <!-- l'attribut Couleur est obligatoire ! -->
```

#IMPLIED

La déclaration par défaut `#IMPLIED` indique que l'attribut concerné peut ou non être présent. S'il n'est pas fourni, aucune valeur n'est accessible au parseur XML pour cet attribut lors de l'analyse du document. Avec cette déclaration :

```
<!ELEMENT Foo EMPTY>
<!ATTLIST Foo
   Couleur (Rouge | Vert | Bleu) #IMPLIED>
```

Les deux fragments de document suivants sont valides :

```
<Foo Couleur="Rouge" />
```

```
<Foo /> <!-- l'attribut Couleur ne doit pas être obligatoirement spécifié -->
```

Déclarations de valeur par défaut

La valeur par défaut est la troisième déclaration disponible lors de la déclaration d'un attribut. Elle fournit une valeur à cet attribut, au cas où celui-ci n'en posséderait pas dans le document XML. La valeur par défaut est substituée et accessible au parseur XML comme si elle était explicitement déclarée dans le document XML. Pour mieux comprendre, voici un exemple. Pour la déclaration :

```
<!ELEMENT Foo EMPTY>
<!ATTLIST Foo
   Couleur (Rouge | Vert | Bleu) "Rouge">
```

Lorsque le fragment de document

```
<Foo Couleur="Vert" />
```

est analysé par le processeur XML, la valeur `Vert` est renvoyée pour l'attribut `Couleur` de l'élément `Foo`. Supposez maintenant que vous disposiez de ce fragment de document :

```
<Foo />
```

Dans ce cas, comme l'attribut `Couleur` est absent du fragment XML, le processeur procède à la substitution et renvoie pour cet attribut la valeur `Rouge`.

Déclarations de valeur #FIXED

Vous pouvez enfin utiliser la déclaration `#FIXED` afin d'indiquer que la valeur de l'attribut est toujours la valeur spécifiée dans la déclaration. Vous pourriez par exemple posséder les déclarations suivantes :

```
<!ELEMENT Foo EMPTY>
<!ATTLIST Foo
  Couleur CDATA "Rouge" #FIXED>
```

Lorsqu'un parseur XML lit un document créé à l'aide de ces déclarations, la valeur `Rouge` sera *toujours* la valeur de l'attribut `Couleur` de *tous* les éléments `Foo`, quand bien même l'attribut `Couleur` n'est jamais mentionné dans le document XML lui-même. La définition d'une valeur entraîne même une erreur : un document comme celui qui suit n'est pas validé par rapport aux déclarations précédentes.

```
<Foo Couleur="Orange" />
```

Vous devez soit omettre totalement l'attribut, soit proposer la valeur correcte dans la déclaration de l'attribut :

```
<Foo />
<Foo Couleur="Rouge" />
```

Une très bonne utilisation de cette technique consiste à transmettre des informations de version de la DTD au parseur XML afin que celui-ci puisse procéder à des déductions intelligentes quant au contenu disponible dans le document XML. Vous pourriez déclarer un attribut `Version` possédant une valeur `#FIXED` de `1.0`, par exemple, et cela est disponible comme si le document XML lui-même contenait cette valeur.

Déclarations de notation

Si vous vous proposez d'utiliser des notations dans votre document XML (pour des entités non analysables, pour spécifier un URI comme cible d'une instruction de traitement ou pour annoter un élément, par exemple), vous devez les déclarer dans la DTD. Voici à quoi ressemble une déclaration de notation :

```
<!NOTATION gif PUBLIC "GIF">
```

Elle comprend le nom de la notation, ainsi qu'un identifiant `system` et/ou `public` pouvant être utilisé par le processeur pour déterminer le type d'application ou d'information auquel appartient la notation. Dans le cadre de ce livre, les notations ne seront pas plus expliquées, mais si vous rencontrez dans une

DTD une déclaration de notation vous devriez être capable de comprendre ce que cela signifie. Plusieurs des sections ultérieures de cette annexe utilisent de diverses façons ces notations.

Déclarations d'entité

Il existe deux types d'entités pouvant être déclarées : les entités internes et les entités externes.

Entités internes

Les entités internes contiennent leur valeur de remplacement dans leur déclaration. Lorsqu'un parseur rencontre une référence vers l'entité interne spécifiée, il lui substitue la valeur de remplacement trouvée dans la déclaration de cette entité.

Par exemple :

```
<!ENTITY DocumentStatus "VersionTravail">
<!ELEMENT About (#PCDATA)>
```

```
<About>
   Ce document est actuellement au stade &DocumentStatus;.
</About>
```

Lorsque le parseur lit ce document, il substitue la chaîne présente dans la déclaration d'entité à la chaîne de référence d'entité « `&DocumentStatus;` ». Pour un processeur, le document ressemble à :

```
<About>
 Ce document est actuellement au stade VersionTravail.
</About>
```

Entités externes

Par contraste, les entités externes font référence à des ressources externes au contexte du document XML. Un identificateur `system` contenant un URI où peut être trouvé le contenu de l'entité externe est fourni, tandis qu'en outre, un type ou un autre identificateur `public` peut permettre au processeur de générer un autre URI. Voici deux exemples de déclarations d'entités externes :

```
<!ENTITY DonneesVente SYSTEM "ventes/resume.xml">
<!ENTITY SiteMap SYSTEM "http://www.votresite.com/sitemap.xml"
                 PUBLIC "//votresite//sitemap.xml">
```

En déclarant ainsi des entités, leur contenu est récupéré et substitué en lieu et place de leur(s) référence(s). Elles sont connues sous le nom d'entités analysables car elles doivent respecter les règles XML. Il est également possible de déclarer des entités externes non analysables, comme cela a été mentionné précédemment : vous verrez sous peu comment procéder.

Imaginez que vous disposiez de la DTD suivante, nommée `facture.dtd` :

```
<!ENTITY FactureLigneDeCommandes SYSTEM "LigneDeCommandes.xml">
<!ELEMENT Facture (NomClient, LigneDeCommande+)>
<!ELEMENT NomClient (#PCDATA)>
<!ELEMENT LigneDeCommande (Article, Quantité, Prix)>
<!ELEMENT Article (#PCDATA)>
<!ELEMENT Quantité (#PCDATA)>
<!ELEMENT Prix (#PCDATA)>
```

ainsi que du document suivant, nommé `facture.xml` :

```
<?xml version="1.0" encoding="ISO-8859-1" ?>
<!DOCTYPE Facture SYSTEM "facture.dtd">
<Facture>
  <NomClient>Kevin Williams</NomClient>
  &FactureLigneDeCommandes;
</Facture>
```

si le document LigneDeCommandes.xml contient ce qui suit :

```
<LigneDeCommande>
  <Article>Truc</Article>
  <Quantité>50</Quantité>
  <Prix>75,00</Prix>
</LigneDeCommande>
<LigneDeCommande>
  <Article>Chose</Article>
  <Quantité>25</Quantité>
  <Prix>100,00</Prix>
</LigneDeCommande>
```

alors, après substitution, le document ressemblera à :

```
<?xml version="1.0" encoding="ISO-8859-1" ?>
<!DOCTYPE Facture SYSTEM "facture.dtd">
<Facture>
  <NomClient>Kevin Williams</NomClient>
  <LigneDeCommande>
    <Article>Truc</Article>
    <Quantité>50</Quantité>
    <Prix>75,00</Prix>
  </LigneDeCommande>
  <LigneDeCommande>
    <Article>Chose</Article>
    <Quantité>25</Quantité>
    <Prix>100,00</Prix>
  </LigneDeCommande>
</Facture>
```

Vous devez toujours déclarer la sous-structure de l'entité externe analysable dans la DTD. Les entités analysables, qu'elles soient internes ou externes, doivent respecter toute définition de type de document concernant le document qui les référence. Si `LigneDeCommandes.xml` possédait la forme suivante :

```
<LigneDeCommande>
  <Article>Truc</Article>
  <Quantité>50</Quantité>
</LigneDeCommande>
```

un parseur validateur indiquerait que le sous-élément `Prix` est absent de l'élément `LigneDeCommande`.

Entités paramètres

Il est également possible de déclarer des entités substituées dans la DTD elle-même, plutôt que dans le document XML. Elles portent le nom d'**entités paramètres**. En voici un exemple :

```
<!ENTITY % ChoixCouleur3 "Bleu">
<!ELEMENT Foo EMPTY>
<!ATTLIST Foo (Rouge | Vert | %ChoixCouleur3;)>
```

Comme vous pouvez le supposer, la substitution fonctionne également pour d'autres références d'entités. Pour un parseur validateur, la DTD ressemble à :

```
<!ELEMENT Foo EMPTY>
<!ATTLIST Foo (Rouge | Vert | Bleu)>
```

Des entités paramètres externes peuvent également être déclarées :

```
<!ENTITY % ListeChoixCouleur SYSTEM "choixcouleur.txt">
<!ELEMENT Foo EMPTY>
<!ATTLIST Foo (%ListeChoixCouleur;)>
```

`choixcouleur.txt` pourrait contenir ce qui suit,

```
Rouge | Vert | Bleu
```

menant à une DTD substituée ressemblant à :

```
<!ELEMENT Foo EMPTY>
<!ATTLIST Foo (Rouge | Vert | Bleu)>
```

Entités non analysables

Les entités non analysables (les entités dont les valeurs ne sont pas résolues) peuvent également être déclarées. Il s'agit du type d'entité dont il a été fait état lors de l'étude des déclarations d'attributs. Elles ne peuvent apparaître que comme valeur d'attributs déclarées de type ENTITY ou ENTITIES. Pour déclarer une entité non analysable, vous utilisez la même déclaration que pour une entité externe analysable en y ajoutant toutefois à la fin une déclaration de notation :

```
<!NOTATION gif PUBLIC "GIF">
<!ENTITY PropertyImage SYSTEM "image.gif" NDATA gif>
```

```
<!NOTATION midi PUBLIC "MIDI 1.0">
<!ENTITY BackgroundMusic SYSTEM "http://www.votresite.com/music.mid"
                         NDATA midi>
```

Le nom de la notation à la fin de la déclaration d'entité non analysable doit également être déclaré, dans une déclaration de notation située quelque part dans la DTD, comme indiqué dans les exemples précédents.

Sections conditionnelles

Dans une DTD, vous pouvez choisir d'inclure ou d'ignorer certaines sections en les spécifiant comme **sections conditionnelles**. Des entités externes peuvent être utilisées afin de définir l'inclusion ou l'exclusion de déclarations de type de document un peu de la même façon que les macros `#define` et `#ifdef`/`#ifndef` permettent de contrôler la compilation de code source C++. Regardez comment cela fonctionne.

Si vous souhaitez inclure une section de déclarations, vous l'encapsulez dans une section conditionnelle dotée au début d'un marqueur `<![INCLUDE[` et à la fin d'un marqueur `]]>`. De même, pour exclure une section de déclarations, commencez la section avec `<![IGNORE[` et fermez-la avec `]]>`. Par exemple, le premier ensemble de déclarations de DTD suivant sera inclus (utilisé pour valider XML), tandis que le second sera ignoré :

```
<![INCLUDE[
<!ELEMENT Foo (#PCDATA)>
]]>
```

```
<![IGNORE[
<!ELEMENT Foo EMPTY>
]]>
```

Pour le parseur validateur, cela ressemblera à :

```
<!ELEMENT Foo (#PCDATA)>
```

Si vous ajoutez à cela des entités paramètres, vous pouvez activer ou désactiver une section à volonté, en modifiant la valeur de l'entité paramètre :

```
<!ENTITY % ContenuTexte "INCLUDE">
<!ENTITY % AttributsSeuls "IGNORE">

<![&ContenuTexte;[
<!ELEMENT Foo (#PCDATA)>
]]>

<![&AttributsSeuls;[
<!ELEMENT Foo EMPTY>
]]>
```

Une telle utilisation des entités paramètres permet de contrôler facilement la structure de la DTD.

Penser en termes d'arbres

Après avoir examiné les blocs de construction d'un document XML, vous devez comprendre comment ces différents constituants fonctionnent ensemble. Pour y parvenir, il faut arrêter de considérer un document XML comme un document linéaire, et le voir comme une arbre de nœuds.

En partant du document XML suivant :

```
<Facture>
  <NomClient>Kevin Williams</NomClient>
  <EnvoyerA>
    <Adresse>742 Evergreen Terrace</Adresse>
    <Ville>Springfield</Ville>
    <Etat>KY</Etat>
    <CodePostal>12345</CodePostal>
  </EnvoyerA>
  <LigneDeCommande>
    <Article>Truc</Article>
    <Quantite>15</Quantité>
    <Prix>2500</Prix>
  </LigneDeCommande>
  <LigneDeCommande>
    <Article>Chose</Article>
    <Quantite>22</Quantité>
    <Prix>44,00</Prix>
  </LigneDeCommande>
</Facture>
```

Si vous avez l'habitude de travailler avec des fichiers à plats, comme des fichiers délimités par des virgules, vous considérez probablement ce fichier comme une suite linéaire : vous voyez la balise d'ouverture facture, puis celle du nom du client, puis le nom du client, *etc.* La plupart des techniques XML abordées dans ce livre ne considèrent cependant pas ces informations de cette façon, mais sous la forme d'une arbre (comme suit).

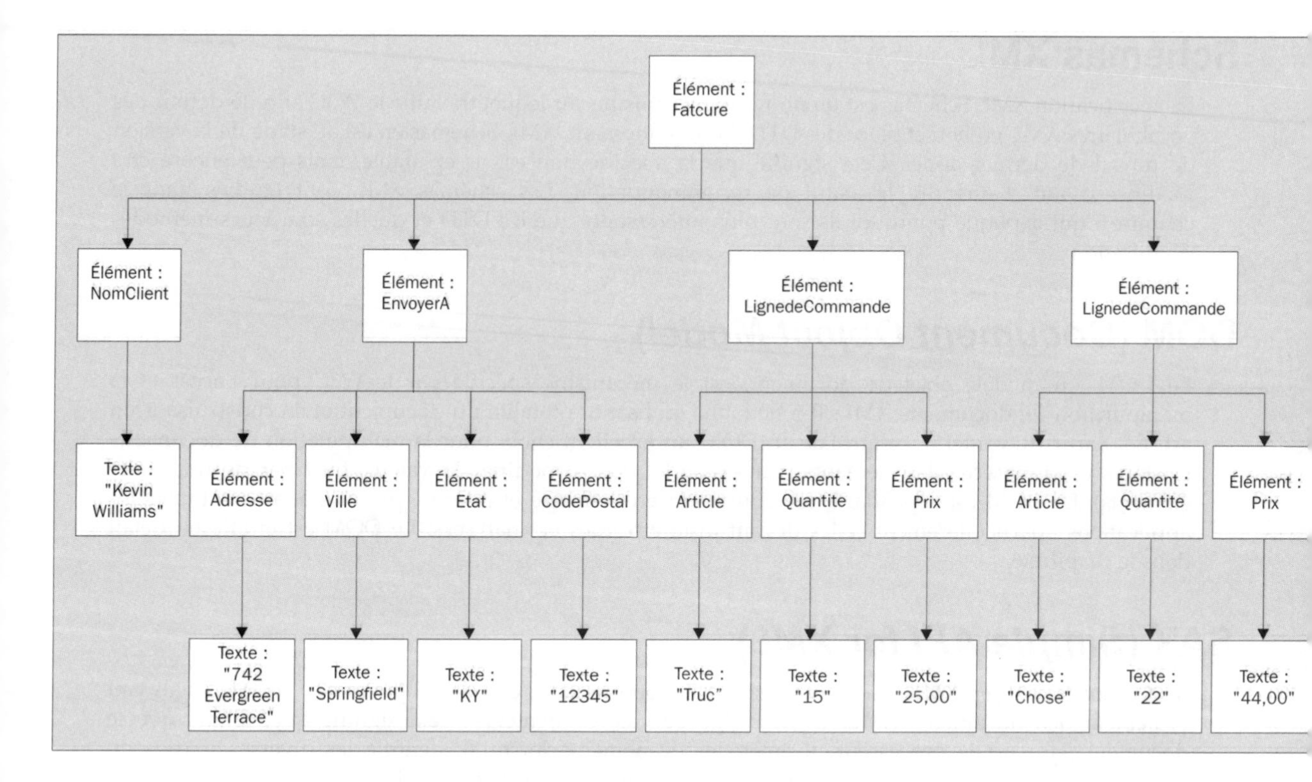

Lorsque vous travaillez avec des documents XML à l'aide du DOM, ou si vous utilisez XPath pour spécifier un emplacement particulier dans un document XML, tout est exprimé en termes de listes d'enfants et de traversées de branches. Par exemple, si vous devez appliquer l'expression XPath suivante :

```
/Facture/LigneDeCommande[position()=2]/Quantité
```

au document sérialisé, savoir ce qui est référencé n'est pas immédiatement évident. Une fois cependant que vous avez compris que cette expression décrit une navigation à travers l'arbre des nœuds du diagramme (« allez à l'élément `Facture` puis au second élément enfant `LigneDeCommande` de cet élément, puis à l'enfant `Quantité` de cet élément », ce qui donne ici 22) il est évident de réaliser ce qui est recherché.

Le fait de penser à un document XML en termes d'arbre de nœuds plutôt qu'en termes de texte sérialisé aide à effectuer plus facilement des requêtes ou à manipuler ces documents à l'aide de code.

Survol des techniques

Examinons rapidement les techniques XML abordées dans ce livre. Nous allons voir comment chacune peut être utilisée pour faciliter l'accès et manipuler les données stockées dans un document XML.

Schémas XML

La spécification XML Schemas est un nouveau mécanisme sur lequel travaille le W3C afin de définir des vocabulaires XML en lieu et place des DTD. Pour le moment, XML Schemas en est au stade de la version de travail de dernier appel. Cela signifie que la spécification est assez stable, mais peut encore être modifiée avant d'atteindre le statut de recommandation. Les schémas XML sont étudiés dans le chapitre 5 qui explique pourquoi ils sont plus intéressants que les DTD et quelles sont leurs méthodes d'utilisation.

DOM (*Document Object Model*)

Le DOM, ou modèle objet de document, est le mécanisme spécifié par le W3C pour l'accès et la manipulation de documents XML. Il fonctionne en lisant la totalité du document et en construisant un arbre à partir du contenu, ce qui fait du DOM un excellent choix pour la manipulation de documents existants (pour insérer des éléments, par exemple, ou en modifier la valeur, ou créer de nouveaux éléments). Le DOM est cependant très gourmand en mémoire et peut ne pas être adapté à toutes les applications : particulièrement celles devant juste être lues et analysées. Le DOM est étudié en détail dans le chapitre 6.

SAX (*Simple API for XML*)

SAX, (*Simple API for XML*) est la réponse de la communauté des développeurs au DOM. Analysant également des documents XML, il est dirigé par les événements : cela signifie que, tandis que le document parcourt le processeur, il émet des événements lorsqu'il identifie les diverses parties du document (un élément commence, un élément finit, une instruction de traitement est lue, *etc.*). Comparativement au DOM, SAX ne demande que très peu de mémoire. Malheureusement, si le document XML est connecté de façon complexe (peut-être à l'aide de relations `ID` vers `IDREF`), l'utilisation de SAX peut exiger soit des analyses multiples d'un document ou une mise en tampon sophistiquée pour récupérer des informations déjà passées par la fenêtre d'analyse. La bibliothèque SAX est étudiée au chapitre 7.

XSLT/XPath

XSLT est le langage de styles du W3C pour XML. Il permet de transformer une forme de XML en une autre, en HTML ou même en d'autres formats de type texte, comme un fichier délimité par des virgules. Comme de plus en plus de fichiers commencent à être stockés sur le web sous format XML, XSLT va probablement devenir la méthode utilisée pour transformer ces documents d'une représentation XML centrée sur les données en représentations plus sympathiques pour l'utilisateur de type XHTML ou WML, ainsi que dans d'autres vocabulaires XML exigés par d'autres applications. Avec XSLT, le langage de sélection de nœuds utilisé est XPath : ce langage permet de sélectionner des nœuds spécifiques ou des valeurs dans le document XML source à des fins de manipulation et/ou de présentation. Le chapitre 8 est consacré aux langages XSLT et XPath, et donne quelques exemples de leur utilisation.

XML Query

XML Query est un langage défini par le W3C pour accéder par programmation au contenu d'un document XML. Cette spécification étant encore au stade de version de travail, elle sera probablement modifiée avant qu'elle n'atteigne le stade de recommandation. Le chapitre 9 présente l'état actuel de XML Query et vous prépare à son implémentation dès qu'elle deviendra largement disponible, présentant en outre d'autres mécanismes de requête utilisables en attendant.

XLink

XLink est un mécanisme de liaison, similaire aux liens hypertexte HTML, défini par le W3C pour relier des documents XML. Contrairement aux liens hypertexte HTML, il permet de créer des liens bidirectionnels ou de lier plusieurs documents à l'aide d'un même lien. Cette spécification est actuellement au stade de candidat à recommandation, et devrait de ce fait apparaître bientôt dans les bibliothèques XML. XLink est étudié en détail dans le chapitre 10.

XPointer

XPointer est le mécanisme défini par le W3C pour pointer vers des sous-ensembles de documents XML. Il fonctionne de façon similaire aux ancres HTML, mais XPointer offre une bien plus grande souplesse, permettant de sélectionner des nœuds ou des ensembles de nœuds dans le document cible à l'aide de XPath. XPointer en est également au stade de candidat à recommandation, et devrait bientôt être disponible. Le chapitre 11 traite de XPointer.

XBase

XBase est similaire à HTML BASE. Il permet au document de spécifier un emplacement racine à partir duquel tous les URI relatifs du document XML sont supposés débuter. Cette spécification est actuellement une version de travail de dernier appel, devant donc être implémentée sous peu. Le chapitre 11 aborde XBase.

XForms

XForms constitue la forme de remplacement W3C des formulaires HTML. Disposant d'un ensemble amélioré de types de donnée, de masquage et autres contraintes absentes des formulaires HTML, il propose une interface utilisateur plus riche à l'utilisateur final. XForms est encore dans une phase précoce : une version de travail a déjà été diffusée, mais sans le document de grammaire qui doit l'accompagner. En concevant la structure de vos données, avec XForms à l'esprit, vous vous épargnerez cependant certains soucis lorsque celui-ci deviendra disponible. XForms est étudié dans le chapitre 11.

XML Fragment Interchange

XML Fragment Interchange est la méthode proposée par le W3C pour la transmission de fragments, c'est-à-dire des portions d'un document XML conservant cependant suffisamment d'informations contextuelles pour être significatifs. Cette spécification connaît quelques aléas : après avoir atteint le stade de version finale, elle est revenue à celui de version de travail, plutôt que d'atteindre celui de proposition à recommandation comme cela est habituel. Elle a cependant été suffisamment accessible au public pour que rares soient les modifications susceptibles de lui être apportées lors de sa diffusion. XML Fragment Interchange est abordé dans le chapitre 11.

XInclude

XInclude est un mécanisme conçu par le W3C afin d'autoriser l'inclusion d'un document XML dans un autre. Ce concept venant juste d'être rendu public, il va s'écouler un certain temps avant d'atteindre le stade de recommandation. XInclude est étudié dans le chapitre 11.

Résumé

Cette annexe a pour but d'améliorer vos connaissances (ou de vous remémorer celles-ci) sur les blocs de construction de XML et la façon dont ils s'assemblent. Il y est également rapidement abordé certaines des techniques nécessaires pour accéder à des documents XML utilisés dans le reste de cet ouvrage et les manipuler. Si vous trouvez cette annexe un peu déroutante, mieux vaut sans doute vous reporter à un ouvrage comme *Initiation à XML* (déjà cité au début) pour détailler les sujets abordés ici. Certains des chapitres de ce livre utilisent ces informations afin de concevoir les stratégies d'utilisation de XML pour représenter des données.

Concepts essentiels des bases de données relationnelles

Le but de cette annexe est d'offrir au développeur XML encore novice en matière de bases de données relationnelles un bref tutoriel couvrant les concepts de ces dernières. Nous aborderons ainsi les concepts suivants :

- **Présentation des bases de données** – nous présenterons les différents types de bases de données disponibles et expliquerons pourquoi les bases de données relationnelles semblent être utilisées plus couramment.
- **SQL** – nous nous pencherons sur SQL (***S****tructured* ***Q****uery* ***L****anguage*), le langage de programmation utilisé par SQL Server de Microsoft (ainsi que par d'autres serveurs de bases de données) afin de contrôler les bases de données relationnelles.
- **Détails relatifs aux bases de données relationnelles** – nous montrerons comment l'association de différents éléments et concepts permet de créer une base de données relationnelle, puis nous mettrons en évidence les points communs de ces structures avec des structures XML similaires.
- **Cas d'étude** – en dernier lieu, nous vous proposerons de créer une base de données relationnelle. Même si tous les codes d'exemple créés s'appliquent au SQL Server de Microsoft, les concepts généraux présentés sont susceptibles d'être utilisés avec toutes les plates-formes de bases de données relationnelles. Vous pouvez exécuter nos exemples à l'aide de la version ligne de commande de *Query Analyzer* (isql) ou de *SQL Server Enterprise Manager.*

Nous survolerons assez rapidement la plupart de ces concepts tout en vous apportant suffisamment d'informations sur les bases de données relationnelles pour vous permettre d'intégrer les notions de ce manuel sans difficultés majeures. Si vous pensez avoir besoin de plus de détails sur une ces sections, consultez le paragraphe Références situé à la fin de cette annexe.

Types de bases de données

À l'heure actuelle, les bases de données relationnelles sont de loin le type de base de données le plus fréquemment utilisé. Au cours de ces dernières années, de nombreux systèmes de base de données ont occupé le devant de la scène puis ont disparu, depuis les systèmes sur papier (qui, bien entendu, existent encore aujourd'hui, mais concurrencent difficilement les bases de données informatisées sur presque tous les points) jusqu'aux systèmes propriétaires (ou **VSAM** - *Virtual Storage Access Method*), tous basés sur la connectivité hôte, en passant par dBase, ainsi que par d'autres systèmes basés sur les fichiers (notamment les bases de données **ISAM** - *Inline Sequential Access Method*), avec des fichiers séparés pour chaque table.

Mais tous les développeurs restent impressionnés par les possibilités qu'offrent des bases de données relationnelles telles que SQL Server et Oracle. En effet, ces dernières fournissent des données à grande échelle (beaucoup plus grande que les bases de données ISAM) tout en leur permettant de conserver une meilleure intégrité qu'avec un ancien système VSAM : l'accès aux données est beaucoup plus aisé et plus sûr dans la mesure où la base de données devient responsable d'une partie de sa propre intégrité.

Avant de conclure cette présentation rapide des différents types de bases de données, il faut tout de même mentionner brièvement les bases de données orientées objet. Si elles sont disponibles depuis déjà quelque temps, les développeurs ne font que commencer à les utiliser pleinement. Elles offrent un mode de stockage des données différent, chaque document étant stocké séparément dans un objet (dont l'état est conservé), plutôt que dans plusieurs tables différentes. Ces systèmes intègrent également des concepts tels que l'héritage et l'encapsulation.

SQL

Grâce au langage SQL, vous pouvez aisément effectuer des requêtes dans les bases de données ou les modifier en ayant recours à un langage simple de déclarations telles que `SELECT`, `INSERT` et `DELETE`. Vous trouverez ci-dessous deux exemples illustrant la structure SQL :

```
Select * From Client Where NomClient='John'
Delete from Client where NomClient ='Bill'
```

La première requête exécutée dans une base de données contenant une table `Client` consulte cette base de données afin d'afficher tous les enregistrements ayant le `NomClient` John. Quant à la seconde requête, elle supprime tous les enregistrements de la table `Client` ayant le `NomClient` Bill.

Pour utiliser ces requêtes avec vos bases de données, vous devez installer un système de gestion de bases de données relationnelles (SGBDR) supportant le langage SQL. Ces systèmes peuvent être d'origines diverses, depuis des *Open Source* telles que MYSQL et PostGreSQL à des packages plus commerciaux tels que SQL Server de Microsoft. Ils proposent généralement un gestionnaire de bases de données de haut niveau permettant la création de nouvelles bases, la suppression complète de tables en un rien de temps et l'administration des options de sécurité. Par ailleurs, ils offrent un programme d'exécution de requêtes permettant les requêtes SQL dans vos bases de données. Ces fonctions sont incluses dans la base de données SQL Server sous forme d'outils tels que Enterprise Manager et Query Analyzer.

Concevoir des bases de données relationnelles

Vous devez tenir compte de deux concepts principaux lors de la conception d'une base de données relationnelle :

- **Représentation logique des données**, qui s'attache à représenter théoriquement les données réelles contenues dans la base de données, quelles que soient la plate-forme d'exécution, la structure exacte des tables, les relations entre les informations de ces tables, etc. Ce concept est également qualifié de **modélisation des données**.
- **Représentation physique des données**, qui s'attache davantage aux aspects « réels » de la représentation de la base de données, par exemple la sélection d'une plate-forme susceptible de contenir les informations, l'écriture du code de création des tables, la définition des colonnes de ces tables, etc.

Représentation logique des données

La première étape de représentation d'une base de données relationnelle est la modélisation des données qu'elle contient. Comme vous pourrez le constater, ce processus est très proche de celui de modélisation d'une structure XML devant contenir des données. Faites attention cependant au jargon utilisé dans ces deux cas de modélisation. En effet, si la plupart des termes utilisés dans le cadre de la représentation des bases de données relationnelles sont identiques à ceux utilisés dans le cadre de la représentation XML, ils peuvent avoir un sens différent. Dans cette annexe, nous ferons systématiquement référence au terme de la base de données relationnelle, à moins qu'il ne soit clairement spécifié que ce terme est utilisé dans un contexte XML.

Entités

L'identification des entités à modéliser constitue la première étape de représentation logique des données. Ces entités peuvent définir des personnes, des endroits, des choses ou des concepts. Généralement, elles correspondent plus ou moins aux noms figurant dans le système à modéliser. Prenons l'exemple d'un cas pratique dans un cadre professionnel :

> *« Concevoir un système de suivi des factures, ces dernières étant composées d'un client, de données propres à la facturation et de lignes de commande pour chaque unité commandée. »*

Dans cet exemple professionnel, les noms qui sautent tout de suite aux yeux sont **Client**, **Unité**, **Facture** et **LignedeCommande**. Ces noms correspondent aux entités de départ de la réprésentation logique des données. Vous trouverez ci-après le diagramme de la représentation de la base de données à ce stade du processus, chaque boîte correspondant à une table.

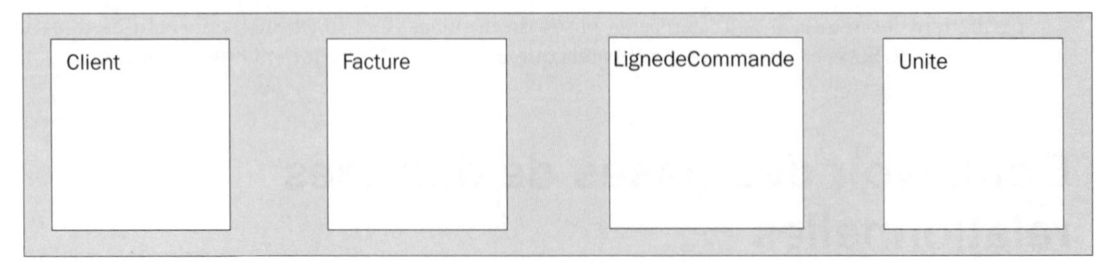

Les entités sont plus ou moins identiques aux éléments structurels d'une base de données XML. Il s'agit en effet du regroupement d'informations associées à un nom spécifique. Si vous connaissez les concepts de la représentation orientée objet, vous pouvez considérer que ces entités sont similaires aux classes d'un système orienté objet.

Attributs

Une fois l'étape d'identification des entités terminée, vous pouvez définir les **attributs**. Ces derniers sont des points de données permettant la description des entités dont nous avons parlé précédemment. Pour simplifier ce concept, vous pouvez imaginer qu'il s'agit des adjectifs modifiant les noms déterminés au cours de la première phase du processus de représentation logique des données.

Si nous poursuivons la représentation des données de notre cas d'étude, nous pouvons déterminer les éléments suivants :

- les clients ont un nom et une adresse ;
- les factures comportent des dates de commande et d'expédition ainsi qu'une méthode d'expédition ;
- les lignes de commande comportent une quantité et un prix ;
- les unités ont un nom, une taille et une couleur.

À l'aide de ces informations, vous pouvez définir les attributs de chaque entité créée précédemment. Les attributs doivent correspondre aux types de données de base : « valeur unique ». Si un attribut semble constitué de plusieurs valeurs, vous devez le décomposer en plusieurs attributs atomiques, par exemple décomposer un champ Adresse en Numéro, Rue, Ville, etc., ou créer une nouvelle entité contenant ces informations. Veuillez noter que vous ne pouvez pas stocker de sous-structure dans les attributs alors qu'il est possible d'utiliser des sous-éléments dans XML.

Avec ces nouvelles informations, notre diagramme se complète :

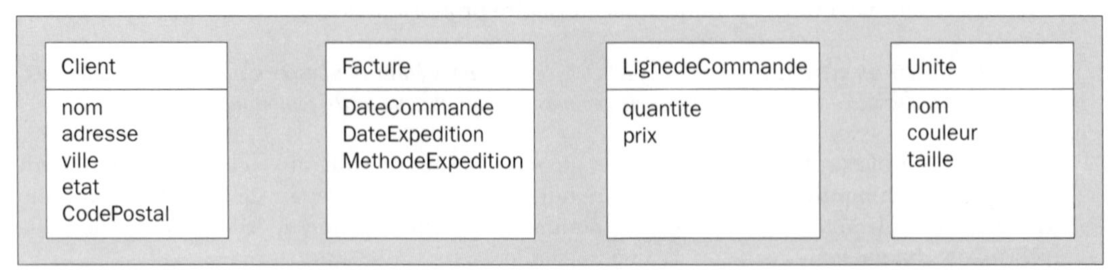

Dans le cadre de la représentation logique des données, les attributs correspondent plus ou moins aux éléments ou attributs (selon vos préférences) composés uniquement de texte dans un document XML. Il s'agit de valeurs spécifiques décrivant l'entité à laquelle elles sont associées.

Relations

Au cours de la dernière étape du processus de représentation logique, vous devez identifier les relations entre les entités que nous venons de définir. Supposons que nous définissions les verbes assurant la liaison entre les entités existantes. Cette opération nous permet de déterminer les éléments suivants pour notre cas d'étude :

- un client peut être associé à plusieurs factures ou à aucune facture ;
- une facture peut comporter une ou plusieurs lignes de commande ;
- une unité peut figurer dans une ou plusieurs lignes de commande.

Ces relations permettent de limiter les informations susceptibles d'apparaître dans la base de données. Si nous tenons compte des règles que nous venons de fixer, à savoir qu'une facture doit être associée à un client ou qu'une ligne de commande doit être associée à une unité, notre diagramme prend désormais l'aspect suivant :

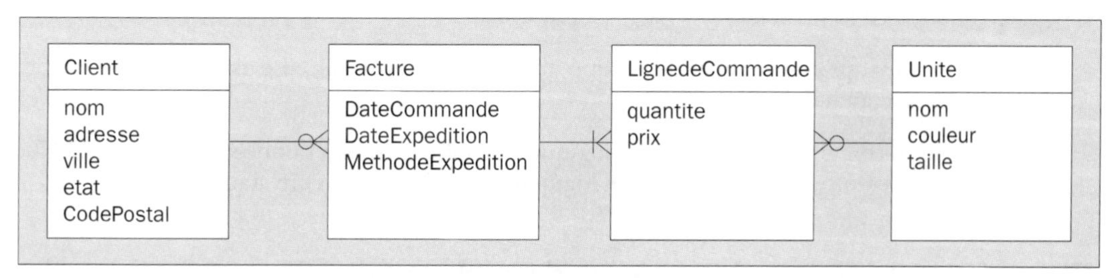

Le cercle et la patte-d'oie signifient « zéro-ou-plusieurs », tandis que la barre perpendiculaire et la patte-d'oie signifient « un-ou-plusieurs ». La ligne seule signifie « un ». Ainsi, si nous détaillons les informations contenues dans ce diagramme, nous apprenons qu'un client peut être associé à zéro ou plusieurs factures, que chaque facture peut être composée d'une ou de plusieurs lignes de commande, etc. Ces relations indiquent comment les différentes entités sont liées, ainsi que le type d'information pouvant figurer dans les tables de la base de données finale.

Pour résumer, les différentes fins de ligne que vous trouverez dans un diagramme ont la signification suivante :

Symbole	Signification
Ligne perpendiculaire	Un seul
Cercle et ligne perpendiculaire	Zéro ou un
Cercle et patte-d'oie	Zéro ou plusieurs
Ligne perpendiculaire et patte-d'oie	Un ou plusieurs

Il existe d'autres annotations permettant d'indiquer les relations entre les éléments. Si vous souhaitez obtenir plus d'informations au sujet de la représentation logique des données, reportez-vous aux références mentionnées dans le dernier paragraphe de cette annexe.

Il est possible d'exprimer les relations de deux façons différentes en XML. La méthode la plus évidente est celle de l'imbrication structurelle, à savoir, si l'élément `A` contient une ou plusieurs structures `B`, il existe une relation « un-à-un » ou « un-à-plusieurs » entre `A` et `B`, comme l'illustre le code ci-dessous :

```
<Client>
   <Commande> Banane </Commande>
   <Commande> Pois </Commande>
   <Commande> Patates </Commande>
   <Commande> Choux </Commande>
</Client>
```

L'autre méthode utilise la relation entre `IDREF(S)` et les pointeurs `ID`. Si l'élément `C` est associé à un attribut `IDREF` pointant vers l'attribut `ID` de l'élément `D`, il existe une relation un-à-un entre `C` et `D`. Le code suivant illustre ce type de relation XML :

```
<Client nom="Bill" IDnom="1" />
<Client nom ="John" IDnom="2" />
<Commande IDREFClient="1"> Banane </Commande>
```

Ce code indique qu'une commande unique a été effectuée par Bill, il existe donc une relation un-à-un entre Bill et sa commande.

Nous avons terminé la représentation logique de notre base de données relationnelle. Nous devons maintenant transformer la représentation logique en représentation physique.

Représentation physique des données

La représentation logique des données est exactement ce que l'expression signifie, à savoir une représentation logique, quelle que soit la plate-forme utilisée pour la base de données relationnelle, ou l'implémentation effectuée. Elle décrit simplement la corrélation entre les données qui constituent la base de données relationnelle. Avant de commencer à utiliser cette dernière, nous devons maintenant créer une représentation physique des données correspondant à la plate-forme cible de notre base.

Tables

Les tables sont similaires aux entités, ou, pour être plus exact, à la relation entre les entités et leurs attributs. Une table sera créée dans la base de données physique pour chaque entité créée dans la base logique. C'est pourquoi, si nous nous basons sur les quatre entités créées au cours de l'analyse logique, nous devons élaborer le script suivant de définition des tables. Veuillez noter que ce script n'est fourni qu'à titre d'illustration, il ne pourra pas être exécuté tant que nous n'aurons pas ajouté les lignes permettant la création des colonnes composant les tables.

```
CREATE TABLE Client (
   ...)
CREATE TABLE Facture (
   ...)
CREATE TABLE LignedeCommande (
```

```
   ...)
CREATE TABLE Unite (
   ...)
```

Nous construirons ce code tout au long de cette annexe. Par ailleurs, le code fourni sur le site de téléchargement est le code terminé, tel qu'il apparaîtra à la fin de cet exemple.

Maintenant que nous avons défini les tables, nous devons créer les colonnes les composant.

Colonnes

Les colonnes d'une base de données correspondent exactement aux attributs du modèle logique. Chaque attribut de ce dernier est représenté par une colonne dans le modèle physique. Avant de créer les colonnes, vous devez affecter un type de données à chaque colonne créée. Nous présenterons rapidement les différents types de données à votre disposition pour les colonnes avant d'ajouter ces dernières à notre script de définition des tables.

Integer

Le type de données `integer` correspond à une valeur entière. La plupart des plates-formes proposent un certain nombre de ce type de données. SQL Server 2000 en offre quatre :

Type de données	Taille	Valeurs autorisées
`tinyint`	1 octet	0 à 255
`smallint`	2 octets	-32.768 à 32.767
`int`	4 octets	-2.147.483.648 à 2.146.483.647
`bigint`	8 octets	-9.223.372.036.854.775.808 à 9.223.372.036.854.775.807

Bit

Le type de données `bit` correspond à un bit pouvant prendre la valeur `0` ou `1`.

Decimal

Ces champs contiennent des nombres décimaux dont la précision est déjà fixée. Dans SQL Server, la précision (nombre de chiffres significatifs) et l'échelle (nombre de chiffres dans la partie décimale du nombre) peuvent être spécifiées. La place occupée par les colonnes de décimales en termes de stockage varie selon la précision entrée :

Précision	Taille
1 à 9	5 octets
10 à 19	9 octets
20 à 29	13 octets
30 à 39	17 octets

Money

Certaines plates-formes (par exemple SQL Server) fournissent le type de données money. Pour SQL Server, ce type est stocké dans la base de données sous forme d'un nombre entier composé d'une échelle implicite à quatre positions après le symbole décimal. Deux types de données money sont à votre disposition dans SQL Server :

Type de données	Taille	Valeurs autorisées
smallmoney	4 octets	-214.748,3648 à 214.648,3647
bigmoney	8 octets	-922.337.203.685.477,5808 à 922.337.203.685.477,5807

Real Numbers

Les nombres réels sont représentés sous forme d'une mantisse et d'un exposant. La mantisse est un nombre compris entre 1 et 9,999999999999, et l'exposant un nombre entier. La valeur de ce nombre est égale à la mantisse multipliée par deux à la valeur de l'exposant. Dans la mesure où l'exposant est binaire, ce numéro ne peut généralement pas être représenté exactement comme un nombre décimal, c'est pourquoi ce type de données est souvent qualifié d'**approximatif.** Dans SQL Server, ce type de données est appelé **réel** ou **flottant** dans la mesure où il a recours à différentes quantités de données selon le nombre de chiffres de précision demandé :

Type de données	Mantisse chiffres	Taille	Valeurs autorisées
real	1-24	4 octets	-3,40 E+38 à 3,40 E+38
float	25-53	8 octets	-1,79 E+308 à 1,79 E+308

Dates/Times

Les colonnes contenant ce type de données permettent de représenter les valeurs de la date et/ou de l'heure. Dans SQL Server, deux types de données sont à votre disposition pour exprimer la date et /ou l'heure.

Type de données	Taille	Valeurs autorisées
Datetime	4 octets	Du 1er janvier 1753 au 31 décembre 9999, précision aux 3,33 millièmes de secondes près.
Smalldatetime	2 octets	Du 1er janvier 1900 au 6 juin 2079, précision à la minute près.

Character Strings

Ce type de données permet d'intégrer des chaînes de caractères à octet unique (non unicode). SQL Server propose trois types différents pour les déclarations de chaînes de caractères :

Déclaration	Taille	Description
`char`	8000 car.	Définit une chaîne de longueur fixe. Les colonnes de ce type utilisent systématiquement le nombre maximum d'octets autorisé (sauf dans le cas de la valeur null).
`varchar`	8000 car.	Définit une chaîne de longueur variable, utilisant quelques octets supplémentaires par colonne. Si la chaîne est plus courte que la longueur maximum déclarée au préalable, l'espace restant n'est pas utilisé.
`text`	2 Mo taille maximum	Définit une chaîne de longueur variable. Ces chaînes utilisent la base de données page par page et demandent un traitement spécial dans SQL Server, c'est pourquoi la déclaration ne doit être utilisée que pour les chaînes qui seront probablement très importantes. Ces chaînes permettent également d'inclure des bitmaps ou d'autres BLOB (***B****inary* ***L****arge* ***OB****jects*) de taille importante.

Unicode Strings

Il s'agit probablement du type de données le moins flexible utilisé pour les chaînes de caractère unicode. Il existe trois types de déclaration de chaînes unicode dans SQL Server :

Déclaration	Taille	Description
`nchar`	4000 car.	Définit une chaîne de longueur fixe. Les colonnes de ce type utilisent systématiquement le nombre maximum d'octets autorisé (sauf dans le cas de la valeur null).
`nvarchar`	4000 car.	Définit une chaîne de longueur variable utilisant quelques octets supplémentaires par colonne. Si la chaîne est plus courte que la longueur maximum déclarée au préalable, l'espace restant n'est pas utilisé.
`ntext`	1 Mo taille maximum	Définit une chaîne de longueur variable. Ce type de déclaration utilise la base données page par page et demande un traitement spécial dans SQL Server, c'est pourquoi il ne doit être utilisé que pour des chaînes qui seront probablement de taille importante.

Binary Strings

Ce type de données permet d'utiliser des chaînes binaires (à octets), c'est-à-dire des séquences d'octets (contrairement aux chaînes de caractères qui sont des séquences de caractères ASCII ou unicode). Il existe trois types de déclarations de chaînes binaires dans SQL Server.

Déclaration	Taille	Description
`binary`	8000 car.	Définit une chaîne binaire de longueur fixe. Les colonnes de ce type utilisent systématiquement le nombre maximum d'octets autorisé (sauf dans le cas de la valeur null).
`varbinary`	8000 car.	Définit une chaîne binaire de longueur variable utilisant quelques octets supplémentaires par colonne. Si la chaîne est plus courte que la longueur maximum déclarée au préalable, l'espace restant n'est pas utilisé.
`image`	2 Mo taille maximum	Définit une chaîne de longueur variable. Ce type de déclaration utilise la base données page par page et demande un traitement spécial dans SQL Server, c'est pourquoi il ne doit être utilisé que pour des chaînes qui seront probablement de taille importante

Créer des tables

Puisque vous connaissez désormais les différents types de données disponibles, vous pouvez créer des colonnes et leur affecter des types de données. Chaque colonne sera ensuite ajoutée à la table concernée (afin d'être insérée à notre exemple précédent) et nous obtiendrons alors le script SQL suivant :

```
CREATE TABLE Client (
NomClient varchar(30),
Adresse varchar(50),
Ville varchar(20),
Etat char(2),
CodePostal varchar(10))
CREATE TABLE Facture (
DateCommande datetime,
DateExpedition datetime,
MethodeExpedition tinyint)

CREATE TABLE LignedeCommande (
Quantite smallint,
Prix smallmoney)

CREATE TABLE Unite (
NomUnite varchar(30),
Couleur varchar(10),
TailleUnite varchar(10))
```

Nous obtenons les tables de base de données suivantes :

NomClient	Adresse	Ville	Etat	CodePostal

DateCommande	DateExpedition	MethodeExpedition

Quantite	Prix

NomUnite	Couleur	TailleUnite

Vous aurez remarqué que nous avons choisi le type `tinyint` pour la méthode d'expédition. En effet, nous savons que la valeur de la méthode d'expédition peut être sélectionnée parmi un ensemble prédéterminé de méthodes. L'utilisation d'un nombre entier à octet unique plutôt que d'une valeur chaîne permet de gagner de l'espace et d'améliorer la vitesse de traitement au sein de la base de données. Il s'agit de la méthode la plus axée sur les relations afin de garantir l'intégrité des valeurs autorisées. Toutes ces raisons ont motivé la préférence pour les colonnes acceptant uniquement quelques valeurs autorisées. Généralement, la liste de ces valeurs autorisées dans une colonne de ce type est stockée dans une table de consultation contenant toutes les valeurs de colonne possibles ainsi que la description de leurs chaînes.

Clés primaires

Dans une base de données relationnelle, les clés primaires permettent d'identifier de façon unique les enregistrements de chaque table, c'est-à-dire que chaque valeur d'une colonne définie comme clé primaire **doit** être unique. Vous pouvez considérer que ces clés sont similaires aux attributs `ID` en XML bien que, contrairement à ces derniers dans un document XML, deux tables différentes d'une base de données relationnelle puissent avoir la même valeur de clé primaire. Dans la plupart des bases de données relationnelles, les nombres entiers incrémentés automatiquement doivent être utilisés pour les clés primaires de toutes les tables afin de conserver une vitesse de jointure maximum. Il s'agit là du but du mot-clé `IDENTITY`. Les jointures sont utilisées lors de l'extraction des données de plusieurs tables. Par exemple, si vous souhaitez extraire tous les auteurs de tous les livres commençant par la lettre P et que vous utilisez un nombre entier incrémenté automatiquement pour la clé primaire, cette dernière sera incrémentée automatiquement dès le début d'un nouvel enregistrement. Vous trouverez ci-après la nouvelle représentation de nos tables une fois les clés primaires ajoutées :

```
CREATE TABLE Client (
   CleClient integer IDENTITY PRIMARY KEY,
   NomClient varchar(30),
   Adresse varchar(50),
   Ville varchar(20),
   Etat char(2),
   CodePostal varchar(10))
CREATE TABLE Facture (
   CleFacture integer IDENTITY PRIMARY KEY,
```

```
      DateCommande datetime,
      DateExpedition datetime,
      MethodeExpedition tinyint)
   CREATE TABLE LignedeCommande (
      CleLignedeCommande integer IDENTITY PRIMARY KEY,
      Quantite smallint,
      Prix smallmoney)
   CREATE TABLE Unite (
      CleUnite integer IDENTITY PRIMARY KEY,
      NomUnite varchar(30),
      Couleur varchar(10),
      TailleUnite varchar(10))
```

Nous obtenons alors les mêmes tables que précédemment, à la seule différence que `CleClient`, `CleFacture`, `CleLignedeCommande` et `CleUnite` sont désormais paramétrées comme clés primaires.

Clés étrangères

Dans une base de données relationnelle, les clés étrangères permettent de créer les relations entre différentes tables. Pour chaque relation identifiée dans le modèle logique, nous devons ajouter une relation à l'aide de clés étrangères dans la base de données. Une clé étrangère référence la clé primaire d'une autre table afin d'indiquer leur relation. Ce processus est similaire à celui des pointeurs `IDREF(S)/ID` en XML. Après l'ajout des relations à l'aide des clés étrangères dans notre base de données, nous obtenons le script suivant de création des tables :

```
CREATE TABLE Client (
   CleClient integer IDENTITY PRIMARY KEY,
   NomClient varchar(30),
   Adresse varchar(50),
   Ville varchar(20),
   St Etat ate char(2),
   CodePostal varchar(10))
CREATE TABLE Facture (
   CleFacture integer IDENTITY PRIMARY KEY,
   DateCommande datetime,
   DateExpedition datetime,
   MethodeExpedition tinyint,
   CleClient integer
   CONSTRAINT FK_Client FOREIGN KEY (CleClient)
      REFERENCES Client (CleClient))
CREATE TABLE Unite (
   CleUnite integer IDENTITY PRIMARY KEY,
   NomUnite varchar(30),
   Couleur varchar(10),
   TailleUnite varchar(10))
CREATE TABLE LignedeCommande (
   CleLignedeCommande integer IDENTITY PRIMARY KEY,
   Quantite smallint,
   Prix smallmoney,
   CleUnite integer
   CONSTRAINT FK_Unite FOREIGN KEY (CleUnite)
      REFERENCES Unite (CleUnite),
   CleFacture integer
   CONSTRAINT FK_Facture FOREIGN KEY (CleFacture)
      REFERENCES Facture (CleFacture))
```

Pour chaque contrainte, nous définissons les champs de la table constituant la clé étrangère et ceux constituant la table cible, c'est-à-dire la table spécifiée dans la clause REFERENCES, qui figurent de l'autre côté de la relation. Ce script produit la structure de table suivante, les lignes correspondant aux jointures entre les tables désignées par les clés primaires et étrangères :

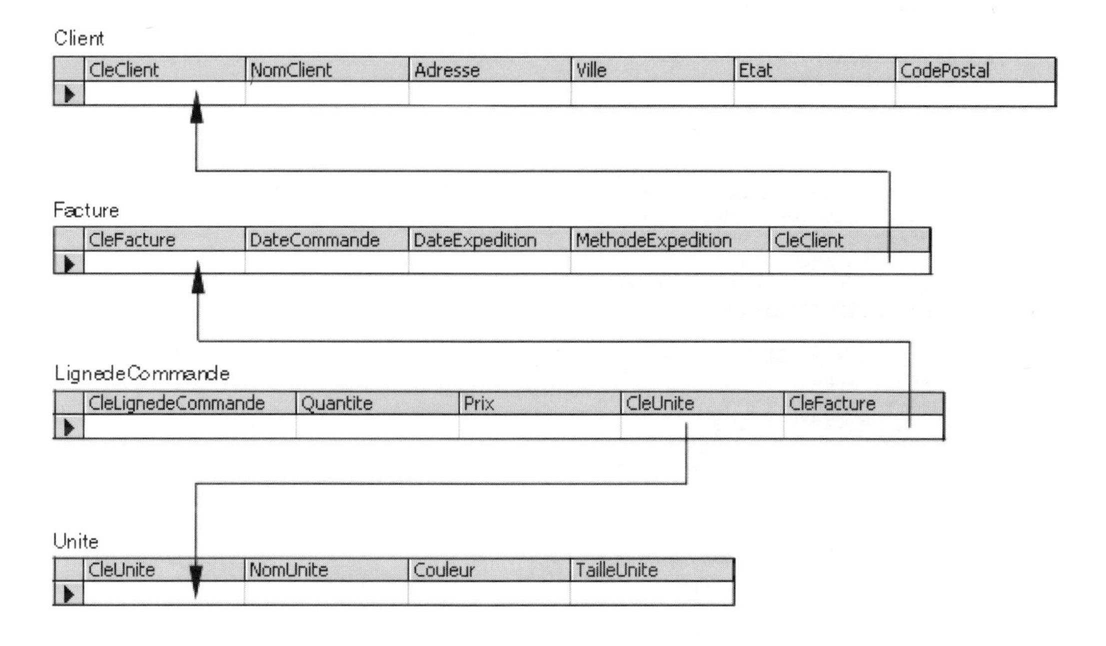

Vous remarquerez que nous avons interverti l'ordre de création de la table dans la mesure où une clé étrangère ne peut être créée tant que la table la référençant n'a pas été créée. Cependant, cela ne signifie pas que la colonne de clé étrangère doit avoir un nom identique à celui de la colonne de clé primaire vers laquelle elle pointe.

Désormais, la base de données relationnelle n'autorisera pas l'ajout d'enregistrements n'obéissant pas aux contraintes que nous venons d'ajouter. Par exemple, vous ne pouvez plus ajouter d'enregistrement dans la table `Facture` si la valeur `integer` fournie pour `CleClient` ne correspond pas à un enregistrement existant dans la table `CleClient`. Le raisonnement est identique en XML lorsque la valeur `IDREF` ne peut être validée si elle ne fait pas référence à un `ID` existant dans le document. Dans le cas de la base de données relationnelle, les clés étrangères doivent en plus référencer une valeur clé figurant dans une table spécifique.

Index

Dans une base de données relationnelle, les index accélèrent l'accès aux informations. La création d'un index dans une colonne ou un groupe de colonnes en garantit le tri le plus rapide possible, au prix de l'utilisation d'un espace disque supplémentaire et d'une dégradation limitée des performances des opérations `UPDATE`, `INSERT` et `DELETE`. Théoriquement, chaque clé étrangère devrait être associée à un index. De plus, tout champ non clé étant l'objet d'une recherche devrait également être associé à un index. Nous ajoutons donc maintenant des index au nom du client, au nom d'unité et à la date d'expédition de la facture (en complément des index de clés étrangères) à notre exemple afin d'obtenir le nouveau script suivant (`AnB_01.sql`) :

```
CREATE TABLE Client (
   CleClient integer IDENTITY PRIMARY KEY,
   NomClient varchar(30),
   Adresse varchar(50),
   Ville varchar(20),
   Etat char(2),
   CodePostal varchar(10))
CREATE TABLE Facture (
   CleFacture integer IDENTITY PRIMARY KEY,
   DateCommande datetime,
   DateExpedition datetime,
   MethodeExpedition tinyint,
   CleClient integer
   CONSTRAINT FK_Client FOREIGN KEY (CleClient)
      REFERENCES Client (CleClient))
CREATE TABLE Unite (
   CleUnite integer IDENTITY PRIMARY KEY,
   NomUnite varchar(30),
   Couleur varchar(10),
   TailleUnite varchar(10))
CREATE TABLE LignedeCommande (
   CleLignedeCommande integer IDENTITY PRIMARY KEY,
   Quantite smallint,
   Prix smallmoney,
   CleUnite integer
   CONSTRAINT FK_Unite FOREIGN KEY (CleUnite)
      REFERENCES Unite (CleUnite),
   CleFacture integer
   CONSTRAINT FK_Facture FOREIGN KEY (CleFacture)
      REFERENCES Facture (CleFacture))

CREATE INDEX IX_NomClient ON Client (NomClient)
CREATE INDEX IX_FactureDateExpedition ON Facture (DateExpedition)
CREATE INDEX IX_FactureCleClient ON Facture (CleClient)
CREATE INDEX IX_NomUnite ON Unite (NomUnite)
CREATE INDEX IX_LignedeCommandeCleUnite ON LignedeCommande (CleUnite)
CREATE INDEX IX_LignedeCommandeCleFacture ON LignedeCommande (CleFacture)
```

Déclencheurs

Dans une base de données relationnelle, les déclencheurs exécutent une action lorsqu'un enregistrement est inséré dans une table, y est mis à jour ou en est supprimé. Dans certains cas, ils permettent le respect des règles métier (par exemple, le résumé des données dès leur réception) ou les règles d'intégrité des références (par exemple, les contraintes de choix ou d'autres règles plus complexes).

Supposons qu'un déclencheur doive faire respecter la règle selon laquelle un prix spécifié pour une ligne de commande donnée peut ne pas être négatif. Pour cela, il suffit d'insérer un déclencheur dans la table `LignedeCommande` à l'aide du script ci-dessous (`AnB_02.sql`) :

```
CREATE TRIGGER InsertLignedeCommande
ON LignedeCommande
AFTER INSERT
```

```
AS
BEGIN
   DECLARE @inserted_prix smallmoney
   SELECT @inserted_prix = prix
      FROM inserted
   IF (@inserted_prix < 0)
   BEGIN
      RAISERROR ('le prix d'une ligne de commande peut ne pas être négatif.', 16, 1)
      ROLLBACK TRANSACTION
   END
END
```

Les déclencheurs peuvent servir à faire appliquer dans une base de données des règles d'intégrité référentielles plus complexes que celles applicables à l'aide des clés étrangères. Par exemple, supposons que vous disposiez du modèle de contenu suivant dans vos structures XML et que vous essayiez de copier ce comportement dans votre base de données relationnelle :

```
<!ELEMENT a (b | c)>
```

Dans ce cas, l'élément a peut contenir un élément b ou un élément c, mais pas les deux. Vous pouvez reproduire cette contrainte dans votre base de données relationnelle en ajoutant un déclencheur à la table contenant l'élément b, empêchant ainsi une insertion si un enregistrement existe déjà dans la table contenant l'élément c et associée à votre enregistrement a. Il en va de même pour la table contenant l'élément c pour empêcher une insertion lorsqu'un enregistrement de la table b existe déjà pour le même enregistrement a. Bien entendu, ce raisonnement suppose que vous ayez accès à des déclencheurs dans votre SGBDR. Si tel n'est pas le cas et que vous devez créer des tables pour une plate-forme ne fournissant pas de déclencheurs, vous devrez trouver une autre méthode d'installation de cette fonctionnalité (par exemple, la vérification dans la couche intermédiaire avant d'essayer d'insérer l'enregistrement).

Procédures stockées

Dans une base de données relationnelle, les procédures stockées permettent d'encapsuler la fonctionnalité de gestion dans une fonction compilée au préalable. Ces procédures sont similaires aux déclencheurs et diffèrent uniquement par le fait qu'elles puissent être exécutées à la demande d'un programmeur plutôt qu'automatiquement, en réponse à une action de la base de données, par exemple à la suite de l'insertion d'une table. De nombreux systèmes effectuent une grande partie de leur logique métier dans les procédures stockées.

Les procédures stockées offrent notamment les avantages suivants :

- rapidité d'exécution accrue dans la mesure où les procédures sont compilées au préalable et que les plans d'exécution peuvent être mis en cache ;
- capacité de transférer les paramètres à des ensembles de commandes, entraînant moins de trajets dans la couche intermédiaire ;
- bonne encapsulation de la logique de gestion ou d'autres opérations atomiques.

La plupart des bases de données que vous aurez à traiter, et que nous n'avons pas nécessairement abordées dans cette annexe, utilisent les procédures stockées.

Résumé

Dans cette annexe, nous avons évoqué des concepts génériques de haut niveau relatifs à la conception et à la terminologie des bases de données relationnelles. Même si vous êtes néophyte en matière de bases de données relationnelles, les informations fournies par cette annexe vous permettront de mieux comprendre les exemples présentés dans la partie principale de ce livre.

Références

What Not How: The Business Rules Approach to Application Development, par CJ Date

Publié par Addison-Wesley (ISBN – 0201708507)

An Introduction to Database Systems (Introduction to Database Systems, 7th Ed), par CJ Date

Publié par Addison-Wesley (ISBN – 0201385902)

C

Types de données des schémas XML

Dans cette annexe, nous détaillerons les deux types de données de base fournis par les schémas XML :

- les **types de données primitifs**, à savoir les types qui ne sont pas définis à partir d'autres types ;
- les **types de données dérivés**, à savoir les types qui sont définis à partir des types existants.

Trois documents du W3C sont dignes d'intérêt : XML Schema Part 0: Primer (introduction), XML Schema Part 1: Structures (document relatif aux structures), et XML Schema Part 2: Datatypes (document concernant les types de données, en date du 7 avril 2000), respectivement disponibles aux adresses suivantes : http://www.w3.org/TR/xmlschema-0, http://www.w3.org/TR/xmlschema-1 *et* http://www.w3.org/TR/xmlschema-2. *Ces trois documents couvrent la spécification W3C pour les schémas XML au 24 octobre 2000.*

XML Schema se fonde sur la spécification XML 1.0, mais suit également la recommandation relative à l'utilisation des espaces de noms dans XML (Namespaces in XML) du 14 janvier 1999, disponible à l'adresse suivante : http://www.w3.org/TR/REC-xml-names.

Types primitifs

Vous trouverez ci-après une liste des types de données primitifs intégrés aux schémas XML :

- `string` : suite finie de caractères UCS ;
- `boolean` : indicateur à deux états, « true » ou « false » ;
- `float` : nombre à virgule flottante contenant 32 bits de données (simple précision) ;
- `double` : nombre à virgule flottante contenant 64 bits de données (double précision) ;
- `decimal` : nombre décimal en précision arbitraire ;
- `timeDuration` : durée de temps ;
- `recurringDuration` : durée de temps répétitive ;
- `binary` : données binaires codées en texte ;
- `uriReference` : URI Internet standard ;
- `ID` : équivalent au type d'attribut `ID` de la spécification XML 1.0 ;
- `IDREF` : équivalent au type d'attribut `IDREF` de la spécification XML 1.0 ;
- `ENTITY` : équivalent au type d'attribut `ENTITY` de la spécification XML 1.0 ;
- `NOTATION` : équivalent au type d'attribut `NOTATION` de la spécification XML 1.0 ;
- `QName` : chaîne légale de `QName` (nom qualifié), conformément à la recommandation ***Namespaces in XML.***

Passons maintenant à une analyse détaillée de chacun de ces types.

string

Suite finie de caractères UCS, définie par les normes ISO 10646 et Unicode. Les espaces de valeurs et espaces lexicaux sont identiques. Ce type de données est ordonné en points code UCS (valeurs de caractère entières). Par exemple :

```
<un_element>Cette phrase est une chaîne de caractères légale avec
élan.</un_element>
```

Le type de données dérivé intégré est `CDATA`.

boolean

Valeur binaire. Vrai peut être représenté à l'aide des valeurs `"True"` ou `"1"` (un), et faux à l'aide des valeurs `"false"` ou `"0"` (zéro).

```
<un element flag1="true" flag2="1" />    <!-- deux indicateurs, valeurs
équivalentes -->
<un_element flag3="false" flag4="0" />   <!-- idem -->
```

Ce type de données n'est pas ordonné et ne possède pas de type dérivé.

decimal

Nombre décimal en précision arbitraire, dont les valeurs sont comprises dans **i × 10^n**, où **i** et **n** sont des nombres entiers, **n** étant l'échelle de l'espace de valeurs. Ce type de données suit l'ordre des valeurs numériques.

La représentation lexicale est effectuée par une suite finie de chiffres décimaux et utilise le point (`.`) comme indicateur décimal, et un signe facultatif précédant les chiffres (+ ou -). Si ce signe n'est pas précisé, il s'agit d'un signe plus. La représentation est ensuite contrainte par les facettes `scale` et `precision`. Les zéros de début ou de fin sont facultatifs. Les nombres suivants, par exemple, sont tous des décimaux valides :

```
<un_element num1="-1.23" num2="3.1416" num3="+042" num4="100.00" />
```

Le type dérivé intégré est `integer`.

float

Nombre à virgule flottante contenant 32 bits de données en précision simple, conformément à la norme IEEE 754-1985.

> *La norme IEEE relative aux opérations arithmétiques binaires à virgule flottante (« Standard for Binary Floating-Point Arithmetic IEEE 754-1985 ») est disponible à cette adresse : http://standards.ieee.org/reading/ieee/std_public/description/busarch/754-1985_desc.html. (Quelqu'un devrait leur dire qu'il existe des URL plus simples et plus courtes !)*

L'espace de valeurs comprend toutes les valeurs **m × 2^e**, où **m** est un nombre entier dont la valeur absolue est inférieure à **2^24**, et où **e** est un nombre entier compris entre **-149** et **104** inclus. Il existe également cinq valeurs spéciales dans l'espace de valeurs d'un nombre à virgule flottante : les zéros positif et négatif, représentés par **0** et **-0**, l'infini positif et négatif, **INF** et **-INF**, et la valeur « autre qu'un nombre » (not-a-number ou **NAN)**. Ce type de données suit l'ordre des valeurs numériques.

La représentation lexicale est une mantisse (obligatoirement un nombre décimal), qui peut éventuellement être suivie du caractère **E** ou **e**, lui-même suivi d'un exposant (qui doit être un nombre entier). Si vous n'entrez pas de caractère **E/e**, ni d'exposant, la valeur exponentielle 0 (zéro) est utilisée par défaut. Par exemple :

```
<un_element num1="-1E4" num2="3.1416" num3="12.78e-1" num4="NAN" />
```

Il n'existe pas de types dérivés intégrés.

double

Nombre à virgule flottante contenant 64 bits de données à précision double, conformément à la norme IEEE 754-1985.

L'espace de valeurs comprend toutes les valeurs **m × 2^e**, où **m** est un nombre entier dont la valeur absolue est inférieure à **2^53**, et où **e** est un nombre entier compris entre **-1075** et **970** inclus. Les cinq valeurs spéciales définies pour le type `float` existent également. Ce type de données suit l'ordre des valeurs numériques.

La représentation lexicale est identique à celle du type `float`. Par exemple :

```
<un_element num1="-1E666" num2="3.1416" num3="12.78e-1040" num4="INF" />
```

Il n'existe pas de types dérivés intégrés.

timeDuration

Durée de temps comprenant un espace de valeurs infini dénombrable, conformément à la norme ISO 8601.

> *La norme* **ISO 8601:1988 - Éléments de données et formats d'échange. Échange d'information. Représentation de la date et de l'heure** *est une des rares normes ISO disponibles (en anglais) sur le Web, à cette adresse : http://www.iso.ch/markete/8601.pdf. Vous pourrez commander le nouveau document de travail et ses corrections aux adresses suivantes : http://www.iso.ch/cate/d15903.html et http://www.iso.ch/cate/d15905.html.*

La représentation lexicale est le format ISO 8601 étendu `PnAnMnJDnHnMnS`. Les majuscules `P`, `A`, `M`, `J`, `D`, `H`, `M` et S de ce format sont appelées des indicateurs. La lettre `P` signifie « période » (durée de temps) et doit être le premier caractère d'une chaîne `timeDuration` quelconque. La lettre récurrente *n* représente un nombre ; par conséquent, `nA` est le nombre d'années, `nM` le nombre de mois, `nJ` le nombre de jours ; `D` est le séparateur date/heure et `nH` représente les heures, `nM` les minutes et `nS` les secondes. Ces dernières peuvent être représentées par un nombre décimal quelconque en précision arbitraire.

Par exemple :

```
<un_element duration="P12A10M2JD0H40M27.87S" />
```

Cet exemple illustre une durée `timeDuration` de 12 ans, 10 mois, 2 jours, 0 heure, 40 minutes et 27,87 secondes.

Les représentations tronquées de ce format sont autorisées à condition qu'elles suivent les directives suivantes :

- Les éléments inférieurs peuvent être omis. Dans ce cas, leur valeur par défaut est zéro.
- Les éléments inférieurs peuvent avoir une fraction décimale de précision arbitraire.
- Si les valeurs numériques sont égales à zéro, le nombre et l'indicateur correspondants peuvent être omis. Cependant, au moins un nombre et son indicateur doivent être présents.
- L'indicateur **D** doit être omis si tous les éléments de temps sont omis.
- L'indicateur de début **P** doit toujours être présent.

Par exemple :

```
<un_element duration="P12A10M2JD40M27.87S" />
```

Ce cas illustre la même durée que l'exemple précédent, excepté le fait que nous utilisons ici une forme tronquée puisque les heures ont été omises.

Un signe moins (-) facultatif est également autorisé pour indiquer une durée négative. Si ce signe est omis, une durée positive est présumée.

Autre exemple : les durées présentées sur la première ligne ci-dessous sont toutes légales (respectivement 500 ans, 42 mois, 1 an + 6 mois + 2 heures, et 42 jours + 1 heure + 57 minutes), tandis que les deux lignes suivantes sont toutes deux *illégales* :

```
<un element d1="P500A" d2="P42M" d3="P1A6MD2H" d4="P42JD1H57M" />
<un element d="P-1347M" />      <!-- le signe moins doit précéder le signe P -->
<un_element d="P1A2MD" />       <!-- D doit être omis dans ce cas -->
```

Il n'existe pas de type intégré dérivé de `timeDuration`.

recurringDuration

Durée de temps se répétant à intervalles donnés et commençant à un moment spécifique. L'espace de valeurs est l'infini dénombrable (reportez-vous également au paragraphe 5.5.3.2 de la norme ISO 8601.)

La représentation lexicale est le format ISO 8601 étendu, c'est-à-dire `SSAA-MM-JJDhh:mm:ss.sss`. Les lettres `SS` représentent le siècle, `AA` l'année, `MM` le mois et `JJ` le jour. La lettre `D` est le séparateur date/heure. `hh`, `mm` et `ss.sss` représentent respectivement les heures, les minutes et les secondes. D'autres chiffres peuvent être utilisés pour augmenter la précision des fractions de secondes ou ajoutés aux lettres `SS` pour représenter les valeurs d'année supérieures à 9999. Un signe moins (`-`) facultatif est autorisé devant le chiffre pour indiquer une durée négative. Si ce signe est omis, une durée positive est présumée.

La chaîne de base peut être immédiatement suivie d'un `Z` pour indiquer le temps universel coordonné (*Coordinated Universal Time* ou UTZ).

> *UTZ est le terme apolitique universellement accepté pour représenter les fuseaux horaires du globe. Ce système se base sur le méridien zéro et est connu dans les pays anglo-saxons sous le nom de méridien de Greenwich.*

Un décalage de fuseau horaire local, c'est-à-dire la différence entre l'heure locale et UTZ, peut également être indiqué en ajoutant une autre chaîne comprenant le format `±hh.mm`, où `hh` et `mm` sont définis comme nous l'avons précédemment expliqué, le signe symbolisant la valeur plus ou moins. Les deux options de fuseau horaire (UTZ et local) s'excluent mutuellement.

Le but principal, et la seule utilisation légale, de `recurringDuration` est d'être un type de base pour tous les types dérivés date/heure. Ce type dérivé doit spécifier les facettes de contrainte de durée et de période. Ce type de données primitif *ne peut pas être utilisé directement dans un schéma* – bien qu'il puisse être utilisé indirectement via un type dérivé.

Les types dérivés intégrés sont les suivants : `recurringDate`, `recurringDay`, `time`, `timeInstant` et `timePeriod`. Tous, sauf le premier, utilisent des versions tronquées de la représentation lexicale mentionnée ci-dessus.

Les deux facettes obligatoires sont spécifiées à l'aide d'un format lexical identique à celui de `timeDuration`. Ces facettes précisent la durée (`duration`) ainsi que sa récurrence (`period`). Si la valeur de `duration` est égale à zéro, la durée est un instant unique. Si la valeur de `period` est égale à zéro, la durée ne se répète pas ; en d'autres termes, il n'y a qu'une seule occurrence.

binary

Données binaires arbitraires représentées par une suite finie d'octets binaires (octets à 8 bits). Ce type de données n'est pas ordonné.

La représentation lexicale de ce type de données dépend du choix de la facette d'encodage. Reportez-vous à sa description dans la section précédente. Par exemple :

```
<un_element encoding="hex">312D322D33</un_element>
```

Cet exemple illustre l'encodage `hex` de la chaîne ASCII `1-2-3`.

Il n'existe pas de types dérivés intégrés.

Ce type *ne doit pas être utilisé directement dans un schéma* : il peut uniquement être utilisé indirectement *via* un type dérivé.

uriReference

Référence absolue ou relative d'un URI (*Uniform Resource Identifier*) pouvant comporter un identifiant de fragment facultatif. Ce type de données n'est pas ordonné.

La représentation lexicale de ce type de données est une chaîne quelconque correspondant à l'élaboration de la référence de l'URI dans la section 4 de la RFC (*Request for Comments*) 2396. Par exemple :

```
<un element link="http://www.w3.org" />                       <!-- HTTP -->
<un element link="ftp://ftp.is.co.za/rfc/rfc2396.txt" />  <!-- FTP -->
<un element link="mailto://sales@wrox.com" />                 <!-- email -->
<un_element link="telnet://melvyl.ucop.edu" />                <!-- Telnet -->
```

ID

Type de données équivalant au type d'attribut `ID` tel qu'il est défini dans la recommandation XML 1.0. Ce type de données n'est pas ordonné et les contraintes de validité suivantes s'appliquent :

- la valeur de la chaîne `ID` doit identifier uniquement l'élément qui lui est associé ;
- il ne doit être utilisé qu'une seule fois dans un document.

La représentation lexicale de ce type de données est une chaîne `NCName` (nom sans les deux-points), comme le précise la recommandation relative aux espaces de noms dans XML (***Namespaces in XML***). Par exemple :

```
<un_element son_id="AGENT_ID_007" />
```

Il n'existe pas de types dérivés intégrés.

IDREF

Type de données équivalant au type d'attribut `IDREF` tel qu'il est défini dans la recommandation XML 1.0. La valeur de la chaîne `IDREF` doit correspondre à la valeur d'un élément ou d'un attribut de type `ID` au sein du même document. Ce type de données n'est pas ordonné.

La représentation lexicale de ce type de données est une chaîne `NCName` (nom sans les deux-points) telle qu'elle est définie dans la recommandation relative aux espaces de noms dans XML (***Namespaces in XML***). Par exemple :

```
<un_element nomcode="AGENT_ID_007" />
```

Le type dérivé intégré est `IDREFS`.

Pour être compatible avec les DTD de la recommandation XML 1.0, ce type de données doit uniquement être utilisé avec les attributs.

ENTITY

Type de données équivalant au type d'attribut `ENTITY` tel qu'il est défini dans la recommandation XML 1.0, avec un espace de valeurs défini pour un document spécifique. La valeur `ENTITY` doit correspondre à un nom d'entité non analysable déclaré dans le schéma. Ce type de données n'est pas ordonné.

La représentation lexicale de ce type de données est une chaîne `NCName` (nom sans les deux-points), telle qu'elle est définie dans la recommandation relative aux espaces de noms dans XML (***Namespaces in XML***).

Le type dérivé intégré est `ENTITIES`.

Pour être compatible avec les DTD de la recommandation XML 1.0, ce type de données doit uniquement être utilisé avec les attributs.

NOTATION

Type de données équivalant au type d'attribut `NOTATION` tel qu'il est défini dans la recommandation XML 1.0, avec un espace de valeurs défini pour un document spécifique. La valeur `NOTATION` doit correspondre à un nom de notation déclaré dans le schéma. Ce type de données n'est pas ordonné.

La représentation lexicale de ce type de données est une chaîne `NCName` (nom sans les deux-points) telle qu'elle est définie dans la recommandation relative aux espaces de noms dans XML (***Namespaces in XML***).

Il n'existe pas de type dérivé intégré.

Pour être compatible avec les DTD de la recommandation XML 1.0, ce type de données doit uniquement être utilisé avec les attributs.

QName

Nom qualifié tel qu'il est défini dans la recommandation relative aux espaces de noms dans XML (**Namespaces in XML**). Chaque nom qualifié est constitué d'une paire de noms séparés par le délimiteur d'espace de noms (`:`), le nom de cet espace (`uriReference`) et le nom local (`NCName`). Ce type de données n'est pas ordonné.

La représentation lexicale de ce type de données est une chaîne `QName` légale (nom qualifié). Par exemple :

```
<a_ns_name:un_element_nom> .. </a_ns_name:un_element_nom>
```

Il n'existe pas de type dérivé intégré.

Facettes de contrainte des types primitifs

Les facettes de contrainte utilisables pour chacun des quatorze types de données primitifs sont les suivantes :

	Length	**min Length /max Length**	**pattern**	**enumeration**	**min/max Exclusive/ Inclusive**	**scale, precision**	**encoding**	**duration, period**
`string`	**X**	**X**	**X**	X	X			
`boolean`			X					
`float`			X	X	X			
`double`			**X**	X	X			
`decimal`			**X**	X	X	X		
`timeDuration`			**X**	X	X			
`recurringDuration`			**X**	X	X			**X** (*ob.*)
`binary`	**X**	**X**	X	X			**X** (*ob.*)	
`uriReference`	**X**	**X**	**X**	X				
`ID`	**X**	**X**	**X**	X	X			
`IDREF`	**X**	**X**	**X**	X	X			
`ENTITY`	**X**	**X**	**X**	X	X			
`NOTATION`	**X**	**X**	X	X	X			
`QName`	**X**	**X**	X	X	X			

Les facettes annotées « (ob) » sont obligatoires pour tous les types dérivés qui se fondent sur ce type de données de base.

Types dérivés intégrés

Les types suivants correspondent aux types de données dérivés intégrés aux schémas XML :

- `CDATA` : correspond aux chaînes légales d'espaces ;
- `Token` : correspond aux chaînes marquées par un jeton ;
- `language` : identifiant de langage naturel défini par la RFC 1766 ;
- `NMTOKEN`, `NMTOKENS` : correspond aux types d'attribut `NMTOKEN` et `NMTOKENS` de la recommandation XML 1.0 (2e éd.) ;
- `ENTITIES` : correspond au type d'attribut `ENTITIES` de la recommandation XML 1.0 (2e éd.) ;
- `IDREFS` : correspond au type d'attribut `IDREFS` de la recommandation XML 1.0 (2e éd.) ;
- `Name` : nom XML 1.0 légal ;
- `NCName` : nom XML 1.0 légal « non colonisé » tel qu'il est défini dans la recommandation relative aux espaces de noms dans XML (***Namespaces in XML) ;***
    - `integer` : nombre entier ;
    - `negativeInteger` : nombre entier dont la valeur est < `0` ;
    - `positiveInteger` : nombre entier dont la valeur est > `0` ;
    - `nonNegativeInteger` : nombre entier dont la valeur est ≥ `0` ;
    - `nonPositiveInteger` : nombre entier dont la valeur est ≤ `0` ;
    - `byte` : nombre entier dont la valeur est comprise entre -128 et +127 inclus ;
    - `short` : nombre entier dont la valeur est comprise entre –32 768 et +32 767 inclus ;
    - `int` : nombre entier dont la valeur est comprise entre -2 147 483 648 et +2 147 483 647 inclus ;
    - `long` : nombre entier dont la valeur est comprise entre -9 223 372 036 854 775 808 et +9 223 372 036 854 775 807 inclus ;
    - `unsignedByte` : nombre entier non négatif dont la valeur est comprise entre 0 et +255 inclus ;
    - `unsignedShort` : nombre entier non négatif dont la valeur est comprise entre 0 et +65 535 inclus ;
    - `unsignedInt` : nombre entier non négatif dont la valeur est comprise entre 0 et +4 294 967 295 inclus ;
    - `unsignedLong` : nombre entier non négatif dont la valeur est comprise entre 0 et +18 446 744 073 709 551 615 inclus ;
    - `year` : année du calendrier grégorien ;
    - `month` : mois du calendrier grégorien ;
    - `century` : siècle du calendrier grégorien (année sans les deux chiffres situés le plus à droite) ;
    - `date` : date du calendrier grégorien (jour unique) ;

- `recurringDate` : date du calendrier grégorien se répétant une fois par an ;
- `recurringDay` : date du calendrier grégorien se répétant une fois par mois ;
- `time` : instant se répétant chaque jour ;
- `timeInstant` : instant spécifique ;
- `timePeriod` : période spécifique avec un début et une fin précises.

Observons à présent en détail certains de ces types de données.

CDATA

CDATA correspond aux chaînes légales pouvant comporter un espace. L'espace de valeurs de CDATA est un ensemble de chaînes ne comportant pas de caractères :

- retour du chariot (#xD) ;
- retour à la ligne (#xA) ;
- tabulation (#x9).

L'espace lexical de CDATA est l'ensemble de chaînes ne comportant pas de caractères :

- saut de ligne (#xD) ;
- tabulation (#x9).

Le type de base de CDATA est une chaîne et `TOKEN` est son seul type de données dérivé.

token

token correspond aux chaînes marquées par un jeton.

L'espace de valeurs est un ensemble de chaînes ne comportant pas de caractères :

- retour à la ligne (#xA) ;
- tabulation (#x9) ;
- espaces devant ou derrière (#x20).

De plus, ils ne doivent pas avoir de séquences internes de plus de deux espaces. L'espace lexical est un ensemble de chaîne ne comportant pas de caractères :

- retour à la ligne ;
- tabulation ;
- espaces devant ou derrière.

De plus, ils ne doivent pas avoir de séquences internes de plus de deux espaces.

`language`, `NMTOKEN` et `Name` peuvent être dérivés de ce type de données.

language

Identifiant de langage naturel défini par le document RFC 1766.

```
<Langage d origine>en-GB</Langage d origine>
<un_element xml:lang="en-US" > ... </un_element>
```

Le premier exemple illustre un élément dont le contenu est contraint de façon à être le type de données `language`. Le second exploite un attribut peu connu défini dans la recommandation XML 1.0 REC, qui utilise le même type de valeur.

NMTOKEN, NMTOKENS

`NMTOKEN` correspond au type d'attribut `NMTOKEN` de XML 1.0 (2e éd.). L'espace de valeurs et l'espace lexical de NMTOKEN sont respectivement l'ensemble de jetons et de chaînes correspondant à la production `NMTOKEN` de la version XML ci-dessus. Le type de base de `NMTOKEN` est token.

Le seul type de données dérivé de `NMTOKEN` est `NMTOKENS`.

`NMTOKENS` correspond au type d'attribut `NMTOKENS` de la version XML ci-dessus. L'espace de valeurs de `NMTOKENS` est un ensemble de suites finies de `NMTOKENS`. L'espace lexical de `NMTOKENS` est un ensemble d'espaces séparés par des jetons, chacun d'entre eux étant dans l'espace lexical de `NMTOKEN`.

L'`Itemtype` de `NMTOKENS` est `NMTOKEN`.

Pour des raisons de compatibilité, `NMTOKEN` et `NMTOKENS` doivent uniquement être utilisés avec des attributs (afin de respecter la terminologie).

ENTITIES

`ENTITIES` correspond à `ENTITIES` de XML 1.0 (2e éd.). Son espace de valeurs est égal à l'ensemble de suites finies, déclaré non analysé dans une DTD et applicable à un document spécifique. Son espace lexical est égal à un ensemble d'espaces au sein de l'espace lexical de `NMTOKEN`.

L'`Itemtype` d'`ENTITIES` est `ENTITY`.

Pour des raisons de compatibilité, `ENTITIES` doit uniquement être utilisé avec des attributs (afin de respecter la terminologie).

IDREFS

`IDREFS` correspond au type d'attribut `IDREFS` de XML 1.0 (2e éd.). Son espace de valeurs est égal à l'ensemble de suites finies d'`IDREFs` ayant été utilisé dans un document XML et applicable à un document spécifique. Son espace lexical est égal à un ensemble d'espaces séparés par des jetons, chacun d'entre eux figurant dans l'espace lexical d'`IDREF`.

L'`Itemtype` d'`IDREFS` est `IDREF`.

Pour des raisons de compatibilité, `IDREFS` doit uniquement être utilisé avec des attributs (afin de respecter la terminologie).

name, NCName

Respectivement nom XML 1.0 légal et nom XML 1.0 légal « non colonisé » tel qu'il est défini dans la recommandation relative aux espaces de noms dans XML (***Namespaces in XML***).

```
<somens:un element nom> ... </somens:un element nom >
<un_element_nom> ... </un_element_nom>
```

Les deux exemples ci-dessus représentent des noms XML légaux conformes au type de données `name`. Le premier exemple est également un `QName`, c'est-à-dire un nom qualifié par un espace de noms. Le dernier est un nom non qualifié (« non colonisé ») conforme au type de données `NCName`, version plus restrictive du type `name`.

integer, negativeInteger, positiveInteger, nonNegativeInteger, nonPositiveInteger

Ces cinq types de données sont tous des nombres entiers, mais `negativeInteger`, `positiveInteger`, `nonNegativeInteger`, `nonPositiveInteger` sont contraints à des fourchettes de valeurs spécifiques, mais à fin ouverte. La différence entre le type `negativeInteger` et le type `nonPositiveInteger` (ou `positiveInteger` et `nonNegativeInteger`) est que le deuxième comprend également un zéro dans l'espace de valeurs.

byte, short, int, long

Ces quatre types de données sont tous des types `integer` et sont contraints à des valeurs finies.

unsignedByte, unsignedShort, unsignedInt, unsignedLong

Ces quatre types de données sont tous des types `nonNegativeInteger` et sont également contraints à des valeurs finies, comme l'illustre le tableau ci-après.

century, year, month, date

Ces quatre types de données sont tous dérivés d'un autre type de données dérivé, `timePeriod`. Ils représentent des dates du calendrier grégorien basées sur les formats définis dans le paragraphe 5.2.1 de la norme ISO 8601, comme l'illustrent les exemples suivants :

```
<Siecle>19</Siecle>
<Annee>2525</Annee>
<Mois>08</Mois>
<Date>31</Date>
```

Veuillez noter que les noms d'élément ne sont que des exemples et que la corrélation entre ces noms et ceux des types de données est indiquée à titre d'illustration uniquement. Les dates XML sont toujours représentées à l'aide de nombres au format AAAA-MM-JJ, AAAA correspondant à l'année, MM au mois et DD au jour du mois. Cela permet d'éviter toute confusion qui pourrait surgir en raison de différences culturelles ou de problèmes de langue.

Le type de données century permet de représenter les chiffres situés le plus à gauche de l'année (chiffres soulignés dans l'exemple précédent). Il est important de noter qu'il ne s'agit pas du siècle ordinal courant. En effet, les années 1900 représentent le 20e siècle qui, à proprement parler, comprend les années 1901 à 2000 puisque l'année 0 n'existe pas dans le calendrier grégorien. C'est pourquoi le type century représente les deux chiffres situés le plus à gauche du type year, jusqu'aux chiffres des centaines inclus (19 est le type century du type year 1999).

Le type year ou century peut être précédé du signe moins (-) pour indiquer les années BCE (Before Common Era, c'est-à-dire avant l'ère commune). Des chiffres supplémentaires peuvent être ajoutés à gauche de ces chiffres pour représenter les années avant –9999 BCE et après 9999 CE.

recurringDate, recurringDay

Ces deux types de données sont dérivés du type primitif recurringDuration. Le premier doit toujours être représenté au format de date tronquée, c'est-à-dire --MM-JJ, et le deuxième au format ---JJ.

```
<Rendez-vousAnnuel>--04-15</Rendez-vousAnnuel>
<Rendez-vousMensuel>---10</Rendez-vousMensuel>
```

Les exemples ci-dessus illustrent la date ou le jour de deux rendez-vous différents : le premier a lieu le 15 avril et le deuxième le 10 de chaque mois.

time, timeInstant, timePeriod

Ces trois types de données sont dérivés du type primitif recurringDuration. Les deux premiers présentent un format similaire. Le type time utilise toujours le format de 24 heures, sous la forme HH:MM:SS.SSS±HH:MM, HH correspondant aux heures (0 à 24), MM aux minutes, SS.SSS aux secondes. Les fractions de secondes et le point décimal sont facultatifs, tout comme ±HH:MM qui est utilisé pour révéler la différence entre l'heure locale et l'heure UTZ (ou GMT). Les données du type timeInstant doivent toujours inclure la date complète, de même que l'heure du jour.

```
<IlEstActuellement>20 :14 :57+07 :00</IlEstActuellement>
<L InstantActuelEst>2000-05-28T20 :14 :57+07 :00</L InstantActuelEst>
<Duree>P12A10M2JD0H40M27.87S</Duree>
```

Le type timePeriod utilise la même représentation que celle du type de base, recurringDuration. Reportez-vous à sa définition dans la section ci-dessus **Types primitifs**. Les exemples qu'elle contient utilisent la même valeur que les exemples de cette section, à la différence qu'ils illustrent le contenu d'un élément et non la valeur d'un attribut.

Facettes de contrainte des types dérivés

Les facettes de contrainte utilisables pour chaque type de données dérivé intégré sont les suivantes :

	length	min Length /max Length	pattern	enumeration	min/max Exclusive/ Inclusive	scale, precision	duration, period
CDATA	X	X	X	X			
token	X	X	X	X			
language	X	X	X	X	X		
Name	X	X	X	X	X		
NCName	X	X	X	X	X		
integer			X	X	X	X	
negativeInteger			X	X	X	X	
positiveInteger			X	X	X	X	
nonNegativeInteger			X	X	X	X	
nonPositiveInteger			X	X	X	X	
byte			X	X	X	X	
short			X	X	X	X	
long			X	X	X	X	
int			X	X	X	X	
unsignedByte			X	X	X	X	
unsignedShort			X	X	X	X	
unsignedLong			X	X	X	X	
unsignedInt			X	X	X	X	
year			X	X	X		X
month			X	X	X		X
century			X	X	X		X
date			X	X	X		X
recurringDate			X	X	X		X
recurringDay			X	X	X		X
time			X	X	X		X

(Suite du tableau)

	length	min Length /max Length	pattern	enumeration	min/max Exclusive/ Inclusive	scale, precision	duration, period
timeInstant			X	X	X		X
timePeriod			X	X	X		X
IDREFS	X	X		X			
NMTOKEN	X	X	X	X	X		
NMTOKENS	X	X		X			
ENTITIES	X	X		X			

SAX 2.0 : une API simplifiée pour XML

Cette annexe contient la spécification relative à l'interface SAX version 2.0, au chapitre 7. Elle reprend largement la spécification définitive disponible à l'adresse suivante : http://www.megginson.com/SAX/index.html. Des commentaires éditoriaux y ont par ailleurs été ajoutés en italique.

Les classes et interfaces sont présentées dans l'ordre alphabétique. Les méthodes sont également répertoriées dans cet ordre au sein de chaque classe.

La spécification SAX est du domaine public, comme en témoignent les informations relatives aux droits d'auteur situées sur le site. L'essentiel du message est le suivant : vous pouvez utiliser cette spécification à votre convenance ou la copier, mais personne ne peut être tenu responsable des erreurs ou des omissions.

La classe de distribution comprend également deux autres classes utiles :

- `LocatorImpl`, soit l'implémentation de l'interface `Locator` ;
- `ParserFactory`, qui permet de charger un parseur identifié par un paramère lors de l'exécution.

Cette annexe ne fournit pas de documentation sur ces classes. Pour obtenir cette documentation, ainsi que des exemples d'application SAX, reportez-vous à la distribution SAX à l'adresse `http://www.megginson.com`.

SAX2 supporte totalement les espaces de noms disponibles par défaut à partir de tout XMLReader. Un XML reader peut également, le cas échéant, fournir des noms bruts XML 1.0.

XML reader est complètement configurable. En effet, vous pouvez essayer de rechercher ou de modifier la valeur courante d'une fonction ou d'une propriété. Les fonctions et les propriétés sont identifiées par des URI totalement qualifiés et les différentes parties sont libres d'inventer leurs propres noms pour de nouvelles extensions.

Les interfaces `ContentHandler` et `Attributes` sont similaires aux interfaces moins prisées `DocumentHandler` et `AttributeList`, à la différence qu'elles supportent les informations associées aux espaces de noms. `ContentHandler` ajoute également la possibilité de rappel des entités ignorées, et `Attributes` offre celle de rechercher l'index d'un attribut par son nom.

Les interfaces suivantes ont été abandonnées :

- `org.xml.sax.Parser ;`
- `org.xml.sax.DocumentHandler ;`
- `org.xml.sax.AttributeList ;`
- `org.xml.sax.HandlerBase.`

Les interfaces et classes suivantes ont été ajoutées à SAX2 :

- `org.xml.sax.XMLReader` (remplace Parser) ;
- `org.xml.sax.XMLFilter ;`
- `org.xml.sax.ContentHandler` (remplace DocumentHandler) ;
- `org.xml.sax.Attributes` (remplace `AttributeList) ;`
- `org.xml.sax.SAXNotSupportedException ;`
- `org.xml.sax.SAXNotRecognizedException.`

Hiérarchie de classe

```
class java.lang.Object
     class org.xml.sax.HandlerBase
          (implements org.xml.sax.DocumentHandler,
                      org.xml.sax.DTDHandler,
                      org.xml.sax.EntityResolver,
                      org.xml.sax.ErrorHandler)
     class org.xml.sax.InputSource
     class java.lang.Throwable
          (implements java.io.Serializable)
     class java.lang.Exception
           class org.xml.sax.SAXException
               class org.xml.sax.SAXNotRecognizedException
               class org.xml.sax.SAXNotSupportedException
               class org.xml.sax.SAXParseException
```

Hiérarchie d'interface

```
classe java.lang.Object
        interface org.xml.sax.AttributeList
        classe org.xml.sax.helpers.AttributeListImpl
                (implémente org.xml.sax.AttributeList)
        interface org.xml.sax.DTDHandler
        interface org.xml.sax.DocumentHandler
        interface org.xml.sax.EntityResolver
        interface org.xml.sax.ErrorHandler
        classe org.xml.sax.HandlerBase
                (implémente org.xml.EntityResolver,
                            org.xml.sax.DTDHandler,
                            org.xml.sax.DocumentHandler,
                            org.xml.sax.ErrorHandler)
        classe org.xml.sax.InputSource
        interface org.xml.sax.Locator
        classe org.xml.sax.helpers.LocatorsImp
                (implémente org.xml.sax.Locator)
        interface org.xml.sax.Parser
        classe org.xml.sax.helpers.ParserFactory
        classe java.lang.Throwable
                (implémente java.io.Serializable)
        classe java.lang.Exception
                classe org.xml.sax.SAXExeception
                        classe org.xml.sax.SAXParseException
```

Le diagramme ci-dessus illustre la hiérarchie des classes de l'API SAX 1.0. La plupart d'entre elles ont été abordées au cours du chapitre 7, mais certaines ont été ignorées dans la mesure où elles n'entrent pas dans la perspective de notre étude. Cette annexe couvre cependant toutes les classes et vous pourrez trouver d'autres détails sur le site web de SAX.

Interface org.xml.sax.Attributes, SAX 2 (remplace AttributeList de SAX 1)

Cette interface est une liste d'attributs XML. Elle permet d'accéder à une liste d'attributs des trois façons suivantes :

- par index d'attribut ;
- par nom qualifié d'espace de noms ;
- par nom qualifié (préfixé).

La liste ne contient pas d'attributs déclarés #IMPLIED mais non spécifiés dans la balise de début. Elle ne contient pas non plus d'attributs utilisés comme déclarations d'espaces de noms (xmlns*), sauf si la fonction `http://xml.org/sax/features/namespace-prefixes` est paramétrée avec la valeur *true* (vrai), *false* (faux) étant la valeur par défaut.

Si vous avez paramétré la valeur *false* pour la fonction de préfixe des espaces de noms, vous ne pourrez pas nécessairement utiliser l'accès par nom qualifié ; si vous avez paramétré la valeur *false* pour la fonction http://xml.org/sax/features/namespaces, vous ne pourrez pas nécessairement utiliser l'accès par noms qualifiés d'espaces de noms.

Cette interface remplace l'interface SAX1 `AttributeList` maintenant passée au second plan et qui ne contenait pas le support des espaces de noms. Outre le support des espace de noms, cette nouvelle interface apporte les méthodes *getIndex* (voir ci-dessous).

L'ordre des attributs de la liste n'est pas spécifié et varie d'une installation à l'autre.

getLength	Renvoie le nombre d'attributs de la liste.
public int getLength()	Une fois que vous connaissez le nombre d'attributs, vous pouvez les répéter tout au long de la liste. **Renvoie :** le nombre d'attributs de la liste.
getURI	Recherche l'URI d'espace de noms d'un attribut par index.
public String getURI(int index)	**Paramètre :** `index` : index de l'attribut (basé sur zéro). **Renvoie :** l'URI d'espace de noms ou chaîne vide si aucun URI n'est disponible ou null si l'index est hors de portée.
getLocalName	Recherche le nom local d'un attribut par index.
public String getLocalName (int index)	**Paramètre :** `index` : index de l'attribut (basé sur zéro). **Renvoie :** le nom local ou une chaîne vide si le traitement des espaces de nom n'est pas effectué ou null si l'index est hors de portée.

(Suite du tableau)

getQName publicString getQName (int index)	Recherche le nom qualifié d'un attribut XML 1.0 par index. **Paramètre :** `index` : index de l'attribut (basé sur zéro). **Renvoie :** le nom qualifié XML 1.0 ou une chaîne vide si aucun nom n'est disponible ou null si l'index est hors de portée.
getType public String getType (int index)	Recherche un type d'attribut par index. Le type d'attribut est une des chaînes CDATA, ID, IDREF, IDREFS, NMTOKEN, NMTOKENS, ENTITY, ENTITIES ou NOTATION (toujours en majuscules). Si le parseur n'a pas lu de déclaration pour l'attribut, ou s'il ne contient pas de type d'attribut, il doit renvoyer la valeur CDATA telle que spécifié dans la recommandation XML 1.0 (clause 3.3.3, Normalisation de valeur d'attribut). Dans le cas d'un attribut énuméré qui n'est pas une notation, le parseur indique qu'il s'agit d'un type NMTOKEN. **Paramètre :** `index` – index de l'attribut (basé sur zéro). **Renvoie :** le type d'attribut sous forme d'une chaîne ou null si l'index est hors de portée.
getValue public String getValue (int index)	Recherche la valeur d'un attribut par index. Si la valeur de l'attribut est une liste de jetons (IDREFS, ENTITIES ou NMTOKENS), ces derniers sont concaténés en une chaîne unique, chaque jeton étant séparé par un seul espace. **Paramètre :** `index` : index de l'attribut (basé sur zéro). **Renvoie :** la valeur de l'attribut sous forme de chaîne ou null si l'index est hors de portée.

(Suite du tableau)

getIndex public int getIndex (String uri,String loc alPart)	Recherche l'index d'un attribut par nom d'espace de noms. **Paramètre :** `uri` : l'URI d'espace de noms, ou une chaîne vide si le nom n'a pas d'espace de noms URI. `localName` : nom local de l'attribut. **Renvoie :** l'index de l'attribut, ou –1 si l'index ne figure pas dans la liste.
getIndex public int getIndex (String qName)	Recherche l'index d'un attribut par nom qualifié XML 1.0. **Paramètre :** `qName` : nom qualifié (préfixé). **Renvoie :** l'index de l'attribut ou –1 si l'index ne figure pas dans la liste.
getType public String getType (String uri, String localName)	Recherche un type d'attribut par nom d'espace de noms. Reportez-vous à `getType(int)` pour obtenir une description des types autorisés. **Paramètre :** `uri` : l'URI de l'espace de noms, ou la chaîne vide si le nom n'a pas d'URI associé. `localName` : nom local de l'attribut. **Renvoie :** le type d'attribut sous forme d'une chaîne ou null si l'attribut ne figure pas dans la liste ou si le traitement des espaces de noms n'est pas effectué.

(Suite du tableau)

getType public String getType (String qName)	Recherche un type d'attribut par nom qualifié XML 1.0. Reportez-vous à `getType(int)` pour obtenir une description des types autorisés. **Paramètre :** `qName` : nom qualifié XML 1.0. **Renvoie :** le type d'attribut sous forme d'une chaîne ou null si l'attribut ne figure pas dans la liste ou que les noms qualifiés ne sont pas disponibles.
getValue public String getValue (String uri,String localName)	Recherche une valeur d'attribut par nom d'espace de noms. Reportez-vous à `getValue(int)` pour obtenir une description des valeurs autorisées. **Paramètre :** `uri` : URI de l'espace de noms ou la chaîne vide si le nom n'a pas d'URI associé. `localName` : nom local de l'attribut. **Renvoie :** la valeur de l'attribut sous forme d'une chaîne ou null si l'attribut ne figure pas dans la liste.
getValue public String getValue (String qName)	Recherche la valeur d'un attribut par nom qualifié XML 1.0. Reportez-vous à `getValue(int)` pour une description des valeurs autorisées. **Paramètre :** `qName` : nom qualifié de XML 1.0. **Renvoie :** la valeur de l'attribut sous forme d'une chaîne ou null si l'attribut ne figure pas dans la liste ou si les noms qualifiés ne sont pas disponibles.

Interface org.xml.sax.AttributeList – Abandonnée

Une `AttributeList` est un ensemble d'attributs apparaissant dans une balise de début spécifique. Le parseur fournit le `DocumentHandler` et l'`AttributeList` dans le cadre des informations disponibles lors de l'événement `startElement`. L'`AttributeList` est essentiellement un ensemble de paires nom-valeur pour l'attribut fourni ; si le parseur a analysé la DTD, il peut également fournir des informations sur le type de chaque attribut.

Interface pour les spécifications de l'attribut d'un élément

Le parseur SAX implémente cette interface et transmet une instance à l'application SAX comme deuxième argument de chaque événement `startElement`.

L'instance fournie renvoie des résultats valides uniquement pendant l'appel de l'événement `startElement`. Pour l'enregistrer en vue d'une utilisation future, l'application doit en faire une copie : la classe `AttributeListImpl` fournit le constructeur adéquat.

La classe `AttributeList` comprend uniquement les attributs spécifiés ou affectés d'une valeur par défaut : les attributs `#IMPLIED` ne seront pas inclus.

L'application SAX peut obtenir des informations à partir de l'interface `AttributeList` de deux façons. Elle peut d'abord être répétée dans toute la liste :

```
public void startElement (String name, AttributeList atts) {
  for (int i = 0; i < atts.getLength(); i++) {
    String name = atts.getName(i);
    String type = atts.getType(i);
    String value = atts.getValue(i);
    [...]
  }
}
```

Notez que le résultat de `getLength()` sera égal à zéro s'il n'existe pas d'attribut.

L'application peut également demander une valeur ou un type d'attribut spécifique :

```
public void startElement (String name, AttributeList atts) {
  String identifier = atts.getValue("id");
  String label = atts.getValue("label");
  [...]
}
```

La classe `AttributeListImpl` fournit une implémentation utile pour les parseurs ou les concepteurs d'applications.

getLength public int getLength()	Renvoie le nombre d'attributs de la liste. Le parseur SAX peut fournir des attributs dans un ordre indéterminé, quel que soit l'ordre dans lequel ces attributs ont été déclarés ou spécifiés. Le nombre d'attributs peut être égal à zéro. **Renvoie :** Le nombre d'attributs de la liste.
getName public String getName (int index)	Renvoie le nom d'un attribut de cette liste (par position). Les noms doivent être uniques : le parseur SAX n'inclut pas deux fois le même attribut. Les attributs sans valeur, c'est-à-dire ceux qui ont été déclarés #IMPLIED sans qu'une valeur ne soit spécifiée dans la balise de début, seront omis de la liste. Si le nom de l'attribut possède un préfixe d'espace de noms, celui-ci reste attaché. **Paramètre :** index : index de l'attribut de la liste (à partir de 0). **Renvoie :** Le nom de l'attribut indexé ou null si l'index est hors de portée.
getType public String getType (int index)	Renvoie le type d'attribut de la liste (par position). Le type d'attribut est une des chaînes suivantes : `CDATA`, `ID`, `IDREF`, `IDREFS`, `NMTOKEN`, `NMTOKENS`, `ENTITY`, `ENTITIES` ou `NOTATION` (toujours en majuscules). Si le parseur n'a pas lu de déclaration pour l'attribut ou s'il ne signale pas de type d'attribut, il doit renvoyer la valeur `CDATA` comme le stipule la recommandation XML 1.0 (clause 3.3.3, Normalisation de valeur d'attribut). Le parseur affecte le type `NMTOKEN` à un attribut énuméré qui ne constitue pas une notation. **Paramètre :** index : index de l'attribut de la liste (à partir de 0). **Renvoie :** Le type d'attribut sous forme de chaîne ou null si l'index est hors de portée.

(Suite du tableau)

getType public String getType (String name)	Renvoie le type d'un attribut de la liste (par nom). La valeur renvoyée est identique à celle de `getType(int)`. Si le nom de l'attribut possède un préfixe d'espace de noms dans le document, l'application doit inclure ce préfixe à cet endroit. **Paramètre :** name : nom de l'attribut. **Renvoie :** Le type d'attribut sous forme de chaîne ou null si cet attribut n'existe pas.
getValue public String getValue (int index)	Renvoie la valeur d'un attribut de la liste (par position). Si la valeur de l'attribut est une liste de jetons (IDREFS, ENTITIES ou NMTOKENS), ces derniers seront concaténés en une seule chaîne séparée par un espace. **Paramètre :** index : index de l'attribut de la liste (à partir de 0). **Renvoie :** La valeur de l'attribut sous forme de chaîne ou null si l'index est hors de portée.
getValue public String getValue (String name)	Renvoie la valeur d'un attribut de la liste (par nom). La valeur renvoyée est identique à celle de `getValue(int)`. Si le nom de l'attribut possède un préfixe d'espace de noms dans le document, l'application doit inclure ce préfixe à cet endroit. **Paramètre :** name : nom de l'attribut. **Renvoie :** La valeur de l'attribut sous forme de chaîne ou null si cet attribut n'existe pas.

Interface org.xml.sax.ContentHandler SAX 2 (remplace DocumentHandler SAX 1)

Chaque application SAX est destinée à inclure une classe implémentant cette interface, soit directement, soit en sous-classant la classe HandlerBase fournie.

Recevoir une notification des événements de document général.

Il s'agit de l'interface principale implémentée par la plupart des applications SAX : si l'application doit être informée des événements d'analyse de base, elle utilise cette interface pour enregistrer un objet à l'aide du parseur SAX et de la méthode `setContentHandler`. Le parseur utilise l'instance pour signaler ces événements de base liés au document, par exemple le début ou la fin des éléments ou des données textuelles.

L'ordre des événements dans cette interface est primordial. Il reflète en effet l'ordre des informations du document lui-même. Ainsi, le contenu d'un élément (données textuelles, instructions de traitement et/ou sous-éléments) apparaîtra, dans l'ordre, entre l'événement `startElement` et l'événement `endElement`.

Cette interface est similaire à l'interface `DocumentHandler` SAX 1.0, maintenant abandonnée, à la différence qu'elle apporte le support des espaces de noms et le signalement des entités ignorées (dans le cas des processeurs XML non validateurs).

Les responsables d'implémentation remarqueront qu'il existe également une interface `ContentHandler` de classe java dans le package java.net. C'est pourquoi il est déconseillé d'effectuer l'opération suivante (il s'agit plus d'un problème de fonctionnalité que d'un bogue puisque `import ... *` est un indice de mauvaise programmation) :

```
import java.net.*; import org.xml.sax.*;
```

setDocumentLocator public void setDocumentLocator (Locator locator)	Reçoit un objet permettant de localiser l'origine des événements de document SAX. Il est vivement recommandé, mais il ne s'agit pas d'une obligation, qu'un parseur SAX fournisse un locator à l'application en appelant cette méthode avant les autres dans l'interface `ContentHandler`. Locator permet à l'application de déterminer la position finale d'un événement de document, même si le parseur ne signale pas d'erreur. L'application utilise généralement ces informations pour signaler ses propres erreurs, par exemple un contenu textuel qui ne correspond pas aux règles de gestion d'une application. Les informations renvoyées par locator ne sont probablement pas suffisantes pour être utilisées avec un moteur de recherche. **Paramètre :** `locator` : objet permettant de renvoyer la position d'un événement de document SAX.

(Suite du tableau)

startDocument public void startDocument()	Reçoit une notification de début de document. Le parseur SAX appelle cette méthode une seule fois *pour chaque document*, avant toute autre méthode de cette interface ou de l'interface `DTDHandler` (à l'exception de `setDocumentLocator`). **Lance :** `SAXException` : toute exception SAX comprenant éventuellement une autre exception.
endDocument public void endDocument()	Reçoit une notification de fin de document. Le parseur SAX appelle cette méthode une seule fois *pour chaque document*, cette méthode étant la dernière appelée au cours de l'analyse. Le parseur ne doit pas l'appeler avant l'abandon de l'analyse (au cas où une erreur irréparable aurait été commise) ou avant la fin de l'entrée. **Lance :** `SAXException` : toute exception SAX, comprenant éventuellement une autre exception.
startPrefixMapping public void startPrefixMapping (String prefix, String uri)	Début de la portée de la mise en corresondance d'un préfixe d'URI d'espace de noms. Les informations de cet événement ne sont pas nécessaires à un traitement normal des espaces de noms : le XML reader SAX remplace automatiquement le préfixe des noms d'élément et d'attribut lorsque la fonction `http://xml.org/sax/features/namespaces` est *true* (vraie, la valeur par défaut). Cependant, lorsque les applications doivent utiliser un préfixe pour les données textuelles ou les valeurs d'attribut et que, par conséquent, ces préfixes ne peuvent pas être étendus automatiquement sans risque, l'événement `start/endPrefixMapping` fournit les informations à l'application afin de permettre le développement des préfixes dans les contextes eux-mêmes, le cas échéant. Veuillez noter que les événements `start/endPrefixMapping` ne sont pas nécessairement imbriqués correctement : tous les événements `startPrefixMapping` ont lieu avant l'événement `startElement` correspondant, et tous les événements `endPrefixMapping` ont lieu après l'événement

(Suite du tableau)

endPrefixMapping public void endPrefixMapping (String prefix)	Fin de la portée de la mise en correspondance d'un préfixe à l'URI. Reportez-vous à `startPrefixMapping` pour obtenir plus de détails. Cet événement a toujours lieu après l'événement `endElement` correspondant, mais l'ordre des événements `endPrefixMapping` n'est pas garanti. **Paramètre :** `prefix` : préfixe qui était en cours de mise en correspondance. **Lance :** `SAXException` : le client peut lancer une exception au cours du traitement.
startElement public void startElement (String namespaceURI, String localName, String qName, Attributes atts)	Reçoit une notification de début d'élément. Le parseur appelle cette méthode au début de chaque élément du document XML ; un événement `endElement` correspond à chaque événement `startElement` (même lorsque l'élément est vide). La totalité du contenu de l'élément est signalée, dans l'ordre, avant l'événement `endElement` correspondant. Cet événement autorise jusqu'à trois composantes de noms pour chaque élément : l'URI d'espace de noms ; le nom local ; le nom qualifié (préfixé). Certains de ces éléments ou tous ces éléments peuvent être fournis selon la valeur des propriétés de *http://xml.org/sax/features/namespaces* et de http://xml.org/sax/features/namespace-prefixes : L'URI des espaces de noms et le nom local sont obligatoires lorsque la propriété d'espace de noms est *true* (vraie, la valeur par défaut). Ils sont facultatifs lorsque la propriété d'espace de noms est *false* (fausse, si vous spécifiez une propriété, vous devez obligatoirement spécifier les deux) Le nom qualifié est obligatoire lorsque la propriété espace de noms-préfixe est *true* (vraie). Il est facultatif lorsque cette propriété est *false* (fausse, la valeur par défaut).

(Suite du tableau)

startElement (suite)	Veuillez noter que la liste d'attributs fournie contiendra uniquement les attributs associés à des valeurs explicites (spécifiées ou utilisées par défaut) ; les attributs #IMPLIED seront donc omis. La liste d'attributs contiendra les attributs servant aux déclarations d'espaces de noms (attributs xmlns*) uniquement si la propriété `http://xml.org/sax/features/namespace-prefixes` est vraie (elle est fausse par défaut et le support de la valeur vraie est facultatif). **Paramètres :** `uri` : URI des espaces de noms ou une chaîne vide si l'élément n'est associé à aucun URI de ce type ou si le traitement des espaces de noms n'est pas effectué. `localName` : nom local (sans préfixe) ou une chaîne vide si le traitement des espaces de noms n'est pas effectué. `qName` : nom qualifié (avec préfixe) ou une chaîne vide si les noms qualifiés ne sont pas disponibles. `atts` : attributs associés à l'élément. S'il n'en existe pas, vous utiliserez un objet `Attributes` vide. **Lance :** `SAXException` : toute exception SAX comprenant éventuellement une autre exception.
endElement public void endElement (String namespaceURI, String localName, String qName)	Reçoit une notification de fin d'élément. Le parseur SAX appelle cette méthode à la fin de chaque élement du document XML ; un événement `startElement` correspond à chaque événement `endElement`, même si l'élément est vide. Pour obtenir plus d'informations sur les noms, reportez-vous à `startElement`. **Paramètres :** `uri` : URI des espaces de noms ou une chaîne vide si l'élément n'a pas d'URI associé ou si le traitement des espaces de noms n'est pas effectué. `localName` : nom local (sans préfixe) ou une chaîne vide si le traitement des espaces de noms n'est pas effectué. `qName` : nom qualifié XML 1.0 (avec préfixe) ou une chaîne vide si les noms qualifiés ne sont pas disponibles.

(Suite du tableau)

endElement (suite)	**Lance :** `SAXException` : toute exception SAX comprenant éventuellement une autre exception.
characters public void characters (char[] ch, int start, int length)	Reçoit une notification des données textuelles. Le parseur appelle cette méthode pour signaler chaque bloc de données textuelles. Il peut renvoyer toutes les données contiguës dans un seul bloc ou les diviser en plusieurs blocs. Cependant, tous les caractères d'un événement unique doivent provenir de la même entité externe afin que Locator puisse fournir des informations utiles. L'application ne doit pas lire la chaîne au-delà des limites spécifiées. Veuillez noter que certains parseurs signaleront les espaces à l'aide de la méthode `ignorableWhitespace` au lieu de celle dont nous venons de parler, c'est le cas des parseurs validateurs. **Paramètres :** `ch` : caractères du document XML ; `start` : position de départ dans la chaîne ; `length` : nombre de caractères à lire dans la chaîne. **Lance :** `SAXException` : toute exception SAX comprenant éventuellement une autre exception.
ignorableWhitespace public void ignorableWhitespace (char[] ch, int startint length)	Reçoit une notification d'espaces susceptibles d'être ignorés dans le contenu de l'élément. Les parseurs validateurs doivent utiliser cette méthode pour signaler chaque bloc d'espace susceptible d'être ignoré. Reportez-vous à la section 2.10 de la recommandation XML 1.0 du W3C stipulant que les parseurs non validateurs doivent également suivre cette méthode s'ils peuvent analyser et utiliser les modèles de contenu. Les parseurs SAX peuvent renvoyer tous les espaces contigus en un seul bloc ou les diviser en plusieurs blocs. Cependant, tous les caractères d'un événement unique doivent provenir de la même entité externe afin que Locator puisse fournir des informations utiles.

(Suite du tableau)

ignorableWhitespace (suite)	L'application ne doit pas lire la chaîne au-delà des limites spécifiées. **Paramètres :** `ch` : caractères du document XML ; `start` : position de départ dans la chaîne ; `length` : nombre de caractères à lire dans la chaîne. **Lance :** `SAXException` : toute exception SAX comprenant éventuellement une autre exception.
processingInstruction public void processingInstruction (String target, String data)	Reçoit une notification d'instruction de traitement. Le parseur appelle cette méthode une seule fois pour chaque instruction de traitement trouvée. Veuillez noter que les instructions de traitement peuvent survenir avant ou après l'élément principal du document. Un parseur SAX ne doit jamais signaler de déclaration XML (XML 1.0, section 2.8) ni de déclaration de texte (XML 1.0, section 4.3.1) à l'aide de cette méthode. **Paramètres :** `target` : cible de l'instruction de traitement. `data` : données de l'instruction de traitement ou null si aucune donnée n'est fournie. Ces données ne comprennent pas les espaces les séparant de la cible. **Lance :** `SAXException` : toute exception SAX comprenant éventuellement une autre exception.

(Suite du tableau)

skippedEntity public void skippedEntity (String name)	Reçoit une notification d'entité ignorée. Le parseur appelle cette méthode une fois pour chaque entité ignorée. Les processeurs non validateurs peuvent ignorer des entités lorsqu'ils n'ont pas lu les déclarations, par exemple si l'entité a été déclarée dans un sous-ensemble externe de la DTD. Tous les processeurs peuvent ignorer les entités externes selon la valeur des propriétés suivantes : `http://xml.org/sax/features/external-general-entities` et `http://xml.org/sax/features/external-parameter-entities`. **Paramètre :** `name` : nom de l'entité ignorée. S'il s'agit d'une entité de paramètre, le nom commence par le symbole %, et s'il s'agit d'un sous-ensemble externe de la DTD, la chaîne est utilisée, c'est-à-dire [dtd]. **Lance :** `SAXException` : toute exception SAX comprenant éventuellement une autre exception.

Interface org.xml.sax.DocumentHandler – Abandonnée

Chaque application SAX peut comprendre une classe permettant l'implémentation de cette interface directement ou en sous-classant la classe `HandlerBase` fournie. Reportez-vous au chapitre 6 pour obtenir plus de détails sur les différentes méthodes disponibles.

Recevoir une notification des événements de document

Si une application SAX nécessite des informations relatives aux notations et aux entités non analysables, l'application implémente cette interface et enregistre une instance à l'aide du parseur SAX et de la méthode `setDocumentHandler`. Le parseur utilise l'instance pour signaler la notation et les déclarations d'entité non analysables à l'application.

L'ordre des événements de cette interface est primordial et reflète l'ordre des informations du document lui-même. Par exemple, la totalité du contenu d'un élément (données textuelles, instructions de traitement et/ou sous-éléments) apparaîtra, dans l'ordre, entre l'événement `startElement` et l'événement `endElement` correspondant.

Les rédacteurs d'application qui ne souhaitent pas implémenter toute l'interface peuvent extraire une classe de l'interface `HandlerBase`, qui implémente la fonctionnalité par défaut. Quant aux rédacteurs du parseur, ils peuvent instancier l'interface `HandlerBase` pour obtenir un programme de traitement par défaut. L'application peut rechercher l'emplacement d'un événement de document à l'aide de l'interface Locator fournie par le parseur via la méthode `setDocumentLocator`.

characters public void characters (char ch[], int start, int length) lance SAXException	Reçoit une notification de données textuelles. Le parseur appelle cette méthode pour signaler chaque bloc de données textuelles. Il peut renvoyer toutes les données contiguës dans un seul bloc ou les diviser en plusieurs blocs. Cependant, tous les caractères d'un événement unique doivent provenir de la même entité externe afin que Locator puisse fournir des informations utiles. L'application ne doit pas lire la chaîne au-delà des limites spécifiées *et ne doit pas écrire sur cette chaîne.* Veuillez noter que certains parseurs signaleront les espaces à l'aide de la méthode `ignorableWhitespace()` au lieu de celle que nous venons de voir, c'est notamment le cas des parseurs validateurs. **Paramètres :** `ch` : caractères du document XML ; `start` : position de départ dans la chaîne ; `length` : nombre de caractères à lire dans la chaîne. **Lance :** SAXException Toute exception SAX comprenant éventuellement une autre exception.
endDocument public void endDocument() lance SAXException	Reçoit une notification de fin de document. Le parseur SAX appelle cette méthode une seule fois *pour chaque document* et il s'agit de la dernière méthode appelée durant l'analyse. Le parseur ne doit pas appeler cette méthode avant l'abandon de l'analyse (en raison d'un risque d'erreur irréparable) ou avant la fin de l'entrée. **Lance :** SAXException Toute exception SAX comprenant éventuellement une autre exception.

(Suite du tableau)

endElement public void endElement (String name) lance SAXException	Reçoit une notification de fin d'élément. Le parseur SAX appelle cette méthode à la fin de chaque élément du document XML. Un événement `startElement()` correspond à chaque événement `endElement()`, même si l'élément est vide. Si le nom de l'élément possède un préfixe d'espace de noms, ce préfixe reste attaché au nom. **Paramètre :** name : nom du type d'élément. **Lance :** SAXException Toute exception SAX comprenant éventuellement une autre exception.
ignorableWhitespace public void ignorableWhitespace (char ch[], int start int length) lance SAXException	Reçoit une notification d'espace susceptible d'être ignoré dans le contenu de l'élément. Les parseurs validateurs doivent utiliser cette méthode pour signaler chaque bloc d'espaces susceptible d'être ignoré. Reportez-vous à la section 2.10 de la recommandation XML 1.0 du W3C stipulant que les parseurs non validateurs doivent également suivre cette méthode s'ils peuvent analyser et utiliser les modèles de contenu. Les parseurs SAX peuvent renvoyer tous les espaces contigus en un seul bloc ou les diviser en plusieurs blocs. Cependant, tous les caractères d'un événement unique doivent provenir de la même entité externe afin que Locator puisse fournir des informations utiles. L'application ne doit pas lire la chaîne au-delà des limites spécifiées. **Paramètres :** `ch` : caractères du document XML ; `start` : position de départ dans la chaîne ; `length` : nombre de caractères à lire dans la chaîne. **Lance :** SAXException Toute exception SAX comprenant éventuellement une autre exception.

(Suite du tableau)

processingInstruction public void processingInstruction (String target, String data) lance SAXException	Reçoit une notification d'instruction de traitement. Le parseur appelle cette méthode une seule fois pour chaque instruction de traitement trouvée. Veuillez noter que ces instructions peuvent avoir lieu avant ou après l'élément principal du document. Un parseur SAX ne doit jamais signaler de déclaration XML (XML 1.0, section 2.8) ou de déclaration de texte (XML 1.0, section 4.3.1) à l'aide de cette méthode. **Paramètres :** target : cible de l'instruction de traitement ; data : données de l'instruction de traitement ou null si aucune donnée n'est fournie. **Lance :** SAXException Toute exception SAX comprenant éventuellement une autre exception.
setDocumentLocator public void setDocumentLocator (Locator locator)	Reçoit un objet permettant de localiser l'origine des événements de document SAX. Il est vivement recommandé, mais il ne s'agit pas d'une obligation, qu'un parseur fournisse un locator à l'application en appelant cette méthode avant les autres dans l'interface `DocumentHandler`. Locator permet à l'application de déterminer la position finale d'un événement de document, même si le parseur ne signale par d'erreur. L'application utilise généralement ces informations pour signaler ses propres erreurs, telles qu'un contenu textuel qui ne correspond pas aux règles de gestion d'une application. Les informations renvoyées par locator ne sont probablement pas suffisantes pour être utilisées avec un moteur de recherche. Veuillez noter que locator renvoie uniquement les informations correctes lors de l'appel des événements dans cette interface. L'application ne doit pas les utiliser à un autre moment. **Paramètre :** locator : objet permettant de renvoyer la position d'un événement de document SAX.

(Suite du tableau)

startDocument public void startDocument() lance SAXException	Reçoit une notification de début de document. Le parseur SAX appelle cette méthode une seule fois *pour chaque document*, avant une autre méthode de cette interface ou de l'interface `DTDHandler` (sauf pour `setDocumentLocator`). **Lance :** SAXException Toute exception SAX comprenant éventuellement une autre exception.
startElement public void startElement (String name, AttributeList atts) lance SAXException	Reçoit une notification de début d'élément. Le parseur appelle cette méthode au début de chaque élement du document XML. Un événement `endElement()` correspond à chaque événement `startElement()`, même si l'élément est vide. La totalité du contenu de l'élément est signalée, dans l'ordre, avant l'événement `endElement()` correspondant. Si le nom de l'élément a un préfixe d'espace de noms, ce préfixe reste attaché au nom. Veuillez noter que la liste des attributs fournie contiendra uniquement les attributs dont les valeurs sont explicites (spécifiées ou par défaut), les attributs #IMPLIED seront donc omis. **Paramètres :** `name` : nom du type d'élément ; `atts` : attributs attachés à l'élément, s'ils existent. **Lance :** SAXException Toute exception SAX comprenant éventuellement une autre exception.

Interface org.xml.sax.DTDHandler

Cette interface doit être implémentée par l'application pour recevoir les notifications des événements liés à la DTD. SAX ne fournit pas les détails de la DTD, mais cette interface est utile dans la mesure où, sans elle, il serait impossible d'accéder aux notations et aux entités non analysables référencées dans le corps du document.

Les notations et les entités non analysables sont des fonctionnalités spécialisées de XML. C'est pourquoi la plupart des applications SAX n'auront pas besoin d'utiliser cette interface.

Recevoir une notification des événements de DTD de base

Si une application SAX nécessite des informations relatives aux notations et aux entités non analysables, l'application implémente cette interface et enregistre une instance à l'aide du parseur SAX et de la méthode `setDTDHandler`. Le parseur utilise l'objet pour signaler la notation et les déclarations d'entités non analysables à l'application.

Le parseur SAX peut signaler ces événements dans un ordre indéterminé, sans tenir compte de l'ordre dans lequel les notations et les entités non analysables ont été déclarées. Toutefois, tous les événements de la DTD doivent être signalés après l'événement `startDocument` et avant le premier événement `startElement`.

C'est l'application qui stocke les informations pour un usage futur dans une table de hachage ou dans un arbre d'objets, par exemple. Si l'application rencontre les attributs du type `NOTATION`, `ENTITY` ou `ENTITIES`, elle peut utiliser les informations obtenues grâce à cette interface pour trouver l'entité ou la notation correspondant à la valeur de l'attribut.

Pour cette interface, la classe `HandlerBase` fournit une implémentation par défaut qui ignore tout simplement les événements.

notationDecl

public void notationDecl

(String name String publicId, String systemId)

lance SAXException

Reçoit une notification d'événement de déclaration de notation.

C'est l'application qui enregistre la notation pour une référence ultérieure, le cas échéant.

S'il existe un identifiant système et qu'il s'agit d'une URL, le parseur SAX doit le résoudre avant de le transmettre à l'application.

Paramètres :

`name` : nom de la notation ;

`publicId` : identifiant public de la notation ou null si aucun identifiant n'est donné ;

`systemId` : identifiant système de la notation ou null si aucun identifiant n'est donné.

Lance : SAXException

Toute exception SAX comprenant éventuellement une autre exception.

(Suite du tableau)

unparsedEntityDecl public void unparsedEntityDecl (String name, String publicId, String systemId, String notationName) lance SAXException	Reçoit une notification d'événement de déclaration d'entité non analysable. Veuillez noter que le nom de la notation correspond à une notation signalée par l'événement `notationDecl()`. C'est l'application qui enregistre l'entité pour une référence ultérieure, le cas échéant. Si l'identifiant système est une URL, le parseur doit le résoudre avant de le transmettre à l'application. **Paramètres :** `name` : nom de l'entité non analysée ; `publicId` : identifiant public de l'entité ou null s'il n'existe aucun identifiant ; `systemId` : identifiant système de l'entité qui doit toujours en posséder un ; `notationName` : nom de la notation associée. **Lance :** SAXException Toute exception SAX comprenant éventuellement une autre exception.

Interface org.xml.sax.EntityResolver

Si le document XML contient des références à des entités externes, l'URL est normalement analysée automatiquement par le parseur : le fichier pertinent est localisé et analysé à l'endroit adéquat. Cette interface permet à une application d'annuler ce comportement. Cela peut s'avérer utile si vous souhaitez extraire une version différente de l'entité à partir d'un serveur local ou si les entités sont placées dans la mémoire ou stockées dans une base de données, ou bien si l'entité est réellement une référence à des informations variables, telles que la date actuelle.

Lorsque le parseur doit obtenir une entité, il appelle cette interface qui répond en fournissant un objet `InputSource`.

Interface de base permettant de résoudre les entités

Si une application doit implémenter un traitement personnalisé des entités externes, elle doit implémenter cette interface et enregistrer une instance à l'aide du parseur SAX et de la méthode `setEntityResolver`.

Le parseur permet à l'application d'intercepter les entités externes, dont le sous-ensemble externe de la DTD et les entités paramètres externes le cas échéant, avant de les incorporer.

Si de nombreuses applications SAX n'ont pas besoin d'implémenter cette interface, elle sera tout de même très utile pour les applications élaborant des documents XML à partir des bases de données ou d'autres sources d'entrée spécialisées ou pour les applications utilisant les types d'URI différents des URL.

Le resolveur suivant fournit à l'application une chaîne de caractères spéciale pour l'entité à l'aide de l'identifiant système http://www.myhost.com :

```
import org.xml.sax.EntityResolver;
import org.xml.sax.InputSource;

public class MyResolver implements EntityResolver {
  public InputSource resolveEntity (String publicId, String systemId)
  {
    if (systemId.equals("http://www.myhost.com/today")) {
                             // renvoie une source d'entrée spéciale
      MyReader reader = new MyReader();
      return new InputSource(reader);
    } else {
                             // utilise le comportement par défaut
      return null;
    }
  }
}
```

L'application peut également utiliser cette interface pour rediriger les identifiants système vers les URI locaux ou pour rechercher les remplacements dans un catalogue, en utilisant éventuellement l'identifiant public.

La classe `HandlerBase` implémente le comportement par défaut de cette interface qui doit toujours renvoyer la valeur null afin de demander au parseur d'utiliser l'identifiant système par défaut.

resolveEntity public InputSource resolveEntity (String publicId, String systemId) lance SAXException, IOException	Permet à l'application de résoudre les entités externes. Le parseur appelle cette méthode avant d'ouvrir une entité externe, à l'exception de l'entité de niveau supérieur du document, dont le sous-ensemble externe de la DTD, les entités externes référencées au sein de la DTD et celles référencées au sein de l'élément du document. L'application peut demander au parseur de résoudre l'entité elle-même, d'utiliser un autre URI ou une source d'entrée totalement différente. Les concepteurs d'application peuvent suivre cette méthode pour diriger de façon différente les identifiants système externes vers les URI sécurisés ou locaux, pour rechercher les identifiants publics dans un catalogue ou pour lire une entité à partir d'une base de données, ou d'une autre source d'entrée telle qu'une boîte de dialogue.

(Suite du tableau)

ResolveEntity (suite)	Si l'identifiant système est une URL, le parseur SAX doit le résoudre avant de le signaler à l'application. **Paramètres :** `publicId`: identifiant public de l'entité externe référencée ou valeur null si aucun identificant n'est fourni ; `systemId`: identifiant système de l'entité externe référencée. **Renvoie :** Un objet `InputSource` décrivant la nouvelle source d'entrée ou la valeur null pour demander au parseur d'établir une connexion URI régulière vers l'identifiant système. **Lance :** SAXException Toute exception SAX comprenant éventuellement une autre exception. **Lance :** IOException Exception d'ES propre à Java, résultat éventuel de la création d'un nouvel `InputStream` ou d'un nouveau `Reader` pour `InputSource`.

Interface org.xml.sax.ErrorHandler

Vous pouvez implémenter cette interface dans votre application si vous souhaitez mener une action particulière de traitement des erreurs. La classe `HandlerBase` fournit une implémentation par défaut.

Interface de base pour les gestionnaires d'erreurs SAX

Si une application SAX doit implémenter un traitement des erreurs personnalisé, elle doit implémenter cette interface et enregistrer un objet à l'aide du parseur SAX et de la méthode `setErrorHandler`. Le parseur signale ensuite toutes les erreurs et les avertissements grâce à cette interface.

Le parseur peut utiliser cette interface au lieu de lancer une exception. L'application décide alors de lancer ou non une exception pour les différents types d'erreur et d'avertissement. Veuillez noter cependant que le parseur n'est pas tenu de fournir des informations utiles après un appel vers `fatalError` ; en d'autres termes, une classe pilote SAX peut trouver une exception et signaler une `fatalError`.

La classe `HandlerBase` fournit une implémentation par défaut de cette interface. Elle ignore les avertissements et les erreurs récupérables et lance une `SAXParseException` pour les erreurs fatales. Une application peut étendre cette classe plutôt qu'implémenter l'interface complète.

error public void error(SAXParseException exception) lance SAXException	Reçoit une notification d'erreur récupérable. Correspond à la définition d'« erreur » dans la section 1.2 de la recommandation XML 1.0 du W3C. Ainsi, un parseur validateur utilise ce rappel pour signaler la violation d'une contrainte de validité. Le comportement par défaut est de ne mener aucune action. Le parseur SAX doit continuer à fournir des événements d'analyse normaux après avoir appelé cette méthode. L'application peut encore traiter le document jusqu'à la fin. Si tel n'est pas le cas, le parseur doit signaler une erreur fatale même si la recommandation XML 1.0 ne le requiert pas. **Paramètre :** exception : informations relatives aux erreurs et comprises dans une exception d'analyse SAX. **Lance :** SAXException Toute exception SAX comprenant éventuellement une autre exception.
fatalError public void fatalError(SAXParseException exception) lance SAXException	Reçoit une notification d'erreur non récupérable. Correspond à la définition d'« erreur fatale » dans la section 1.2 de la recommandation XML 1.0 du W3C. Ainsi, un parseur utilise ce rappel pour signaler la violation d'une contrainte de forme. L'application doit supposer que le document est inutilisable après l'appel de cette méthode par le parseur. Elles doit également considérer que ce dernier doit poursuivre l'exécution uniquement par souci de collecte des messages d'erreur supplémentaires. En réalité, les parseurs SAX peuvent interrompre le signalement des autres événements une fois cette méthode appelée.

(Suite du tableau)

fatalError (suite)	**Paramètre :** exception : informations relatives aux erreurs et comprises dans une exception d'analyse SAX. **Lance :** SAXException Toute exception SAX comprenant éventuellement une autre exception.
warning public void warning (SAXParseException exception) lance SAXException	Reçoit un message d'avertissement. Les parseurs SAX utilisent cette méthode pour signaler les conditions autres que les erreurs fatales ou non définies dans la recommandation XML 1.0. Le comportement par défaut consiste à ne mener aucune action. Le parseur SAX doit continuer à fournir des événements d'analyse normaux après avoir appelé cette méthode. L'application peut encore traiter le document jusqu'à la fin. **Paramètre :** Exception : informations relatives aux avertissements et comprises dans une exception d'analyse SAX. **Lance :** SAXException Toute exception SAX comprenant éventuellement une autre exception.

Classe org.xml.sax.HandlerBase – Abandonnée

Cette classe est fournie par l'interface SAX elle-même : elle offre les implémentations par défaut de la plupart des méthodes qui devraient sinon être implémentées par l'application. Si vous développez dans votre application des sous-classes de `HandlerBase`, il vous suffit de coder ces méthodes là où vous souhaitez un comportement différent de celui défini par défaut.

Classe de base par défaut pour les gestionnaires

Cette classe implémente le comportement par défaut de quatre interfaces SAX, à savoir `EntityResolver`, `DTDHandler`, `DocumentHandler` et `ErrorHandler`.

Les concepteurs d'application peuvent étendre cette classe s'ils doivent implémenter uniquement une partie d'une interface et instancier cette classe pour fournir des gestionnaires par défaut si l'application n'en fournit pas.

Veuillez noter que cette classe est facultative.

Dans la description ci-dessous, seul le comportement de chaque méthode est décrit. Vous pouvez vous reporter à la définition d'interface correspondant aux paramètres et aux valeurs de renvoi.

characters public void characters (char ch[], int start, int length) lance SAXException	Par défaut, aucune action. Les concepteurs d'application peuvent réécrire cette méthode pour mener une action particulière sur chaque bloc de données textuelles, par exemple l'impression dans un fichier ou l'ajout de données à un nœud ou à un tampon.
endDocument public void endDocument() lance SAXException	Reçoit une notification de fin de document. Par défaut, aucune action. Les concepteurs d'application peuvent réécrire cette méthode dans une sous-classe pour exécuter une action spécifique au début d'un document, par exemple la finalisation d'un nœud d'arbre ou l'intégration de la sortie sur fichier.
endElement public void endElement (String name) lance SAXException	Par défaut, aucune action. Les concepteurs d'application peuvent réécrire cette méthode dans une sous-classe pour exécuter une action spécifique au début d'un document, par exemple la finalisation d'un nœud d'arbre ou l'intégration de la sortie sur fichier.
error public void error (SAXParseException e) lance SAXException	L'implémentation par défaut n'exécute aucune action. Les concepteurs d'application peuvent réécrire cette méthode dans une sous-classe afin d'exécuter une action spécifique pour chaque erreur, par exemple l'impression ou l'insertion du message dans un fichier journal.
fatalError public void fatalError (SAXParseException e) lance SAXException	L'implémentation par défaut lance une exception `SAXParseException`. Les concepteurs d'application peuvent réécrire cette méthode dans une sous-classe s'ils doivent exécuter une action spécifique pour chaque erreur fatale, par exemple le regroupement de ces erreurs dans un rapport unique. Quoi qu'il en soit, l'application doit arrêter tout traitement régulier lorsque cette méthode est appelée puisque le document n'est plus fiable et que le parseur ne peut plus signaler les événements d'analyse.

(Suite du tableau)

ignorableWhitespace public void ignorableWhitespace (char ch[],int start, int length) lance SAXException	Par défaut, aucune action. Les concepteurs d'application peuvent réécrire cette méthode pour effectuer une action spécifique sur chaque bloc d'espaces susceptible d'être ignoré, par exemple l'impression sur un fichier ou l'ajout de données sur un nœud ou un tampon.
notationDecl public void notationDecl (String name, String publicId, String systemId)	Par défaut, aucune action. Les concepteurs d'application peuvent réécrire cette méthode dans une sous-classe s'ils souhaitent conserver une trace des notations déclarées dans un document.
processingInstruction public void processingInstruction (String target, String data) lance SAXException	Par défaut, aucune action. Les concepteurs d'application peuvent réécrire cette méthode dans une sous-classe pour exécuter une action spécifique sur chaque instruction de traitement, par exemple la définition de variables de statut ou l'appel d'autres méthodes.
resolveEntity public InputSource resolveEntity (String publicId, String systemId) lance SAXException	Renvoie toujours la valeur null afin que le parseur utilise l'identifiant système fourni par le document XML. Cette méthode implémente le comportement SAX par défaut. Les concepteurs d'application peuvent réécrire cette méthode dans une sous-classe pour effectuer des traductions spécifiques telles que les recherches dans le catalogue ou la redirection d'un URI.
setDocumentLocator public void setDocumentLocator (Locator locator)	Par défaut, aucune action. Les concepteurs d'application peuvent réécrire cette méthode dans une sous-classe s'ils souhaitent stocker le locator et l'utiliser pour les autres événements de document.
startDocument public void startDocument() lance SAXException	Par défaut, aucune action. Les concepteurs d'application peuvent réécrire cette méthode dans une sous-classe pour exécuter une action spécifique en début de document, par exemple l'affectation d'un nœud de racine à un arbre ou la création d'un fichier de sortie.

(Suite du tableau)

startElement public void startElement (String name, AttributeList attributes) lance SAXException	Par défaut, aucune action. Les concepteurs d'application peuvent réécrire cette méthode dans une sous-classe pour exécuter une action spécifique au début de chaque élément, par exemple l'affectation d'un nouveau nœud à un arbre ou l'intégration de la sortie dans un fichier.
unparsedEntityDecl public void unparsedEntityDecl (String name, String publicId, String systemId, String notationName)	Par défaut, aucune action. Les concepteurs d'application peuvent réécrire cette méthode dans une sous-classe s'ils souhaitent conserver une trace des entités non analysables déclarées dans un document.
warning public void warning (SAXParseExceptione) lance SAXException	L'implémentation par défaut n'exécute aucune action. Les concepteurs d'application peuvent réécrire cette méthode dans une sous-classe afin d'exécuter une action spécifique pour chaque avertissement, par exemple l'impression ou l'insertion du message dans un fichier journal.

Classe org.xml.sax.InputSource

Un objet `InputSource` peut contenir le document XML ou une des entités externes référencées. Techniquement, le document principal est lui-même une entité. La classe `InputSource` est fournie avec l'interface SAX : l'application instancie généralement une classe `InputSource` et la met à jour afin de déterminer l'origine de l'entrée et le parseur l'interroge pour trouver le point de départ de lecture de l'entrée.

L'objet `InputSource` offre trois moyens permettant de fournir l'entrée au parseur : un identifiant ssytème (ou une URL), un `Reader` présentant une chaîne de caractères Unicode ou une `InputStream` présentant une chaîne d'octets non interprétés.

Une source d'entrée unique pour une entité XML

Cette classe permet à une application SAX d'inclure des informations relatives à une source d'entrée dans un objet simple comprenant un identifiant public, un identifiant système, une chaîne d'octets (avec éventuellement un encodage spécifié) et/ou un flux de caractères.

L'application présente la source d'entrée au parseur des deux façons suivantes : sous forme d'argument pour la méthode `Parser.parse`, ou sous la forme de la valeur renvoyée de la méthode `EntityResolver.resolveEntity`.

Le parseur SAX utilise l'objet `InputSource` pour définir la lecture de l'entrée XML. Si une chaîne de caractères est disponible, le parseur la lit directement. Si tel n'est pas le cas, le parseur utilise une chaîne d'octets. Si cette dernière n'est pas disponible non plus, le parseur tente d'établir une connexion URI vers la ressource identifiée par l'identifiant système.

L'objet `InputSource` appartient à l'application. Le parseur SAX ne pourra jamais le modifier. Le cas échéant, il peut modifier une copie de cet objet.

Si vous fournissez une entrée sous forme de `Reader` *ou d'*`InputStream`*, l'ajout d'un identifiant système peut s'avérer utile. L'URI n'est alors pas utilisé pour obtenir l'entrée XML en cours, mais pour obtenir les diagnostics et résoudre les URI apparentés dans le document, par exemple les références d'entités.*

InputSource public InputSource()	Constructeur sans argument par défaut.
InputSource public InputSource (String systemId)	Crée une source d'entrée avec un identifiant système. Les applications peuvent utiliser `setPublicId` pour inclure un identifiant public ou `setEncoding` pour spécifier l'encodage de caractères. Si l'identifiant système est une URL, il doit être résolu entièrement. **Paramètre :** systemId : identifiant système (URI).
InputSource public InputSource (InputStream byteStream)	Crée une source d'entrée avec un flux d'octets. Les concepteurs d'application peuvent utiliser `setSystemId` pour fournir une base à la résolution des URI apparentés, `setPublicId` pour inclure un identifiant public et/ou `setEncoding` pour spécifier l'encodage des caractères de l'objet. **Paramètre :** byteStream : chaîne d'octets brute contenant le document.
InputSource public InputSource (Reader characterStream)	Crée une source d'entrée avec un flux de caractères. Les concepteurs d'application peuvent utiliser `setSystemId()` pour fournir une base à la résolution des URI apparentés et `setPublicId` pour inclure un identifiant public. La chaîne de caractères ne doit pas inclure d'indicateur d'ordre des octets.

(Suite du tableau)

setPublicId public void setPublicId (String publicId)	Définit l'identifiant public de cette source d'entrée. L'identifiant public est toujours facultatif. Si le concepteur d'application en inclut un, ce dernier fera partie des informations relatives à l'emplacement. **Paramètre :** publicId : identifiant public présenté sous forme de chaîne.
getPublicId public String getPublicId ()	Obtient l'identifiant public présenté sous forme de chaîne. **Renvoie :** L'identifiant public ou null si aucun identifiant n'est fourni.
setSystemId public void setSystemId (String systemId)	Définit l'identifiant système de cette source d'entrée. L'identifiant système est facultatif si un flux d'octets ou de caractères existe, mais il reste utile dans la mesure où l'application peut l'utiliser pour résoudre les URI apparentés et l'inclure dans les messages d'erreur et les avertissements. Le parseur tente d'établir une connexion vers l'URI uniquement si aucun flux d'octets ou de caractères n'est spécifié. Si l'application connaît l'encodage de caractères de l'objet vers lequel pointe l'identifiant système, elle peut enregistrer cet encodage à l'aide de la méthode `setEncoding`. Si l'identifiant système est une URL, il doit être entièrement résolu. **Paramètre :** systemId : identifiant système présenté sous forme de chaîne.
getSystemId public String getSystemId ()	Obtient l'identifiant système de cette source d'entrée. La méthode `getEncoding` renvoie l'encodage de caractères de l'objet pointé ou la valeur null si l'encodage est inconnu. Si l'identifiant système est une URL, il doit être entièrement résolu. **Renvoie :** L'identifiant système.

(Suite du tableau)

setByteStream public void setByteStream (InputStream byteStream)	Définit le flux d'octets de cette source d'entrée. Le parseur SAX ignore cette dernière si un flux de caractères est déjà spécifié, mais il utilisera un flux d'octets plutôt que d'établir une connexion URI. Si l'application connaît l'encodage des caractères du flux d'octets, elle doit le définir à l'aide de la méthode `setEncoding`. **Paramètre :** byteStream : flux d'octets contenant un document XML ou une autre entité.
getByteStream public InputStream getByteStream()	Obtient le flux d'octets de cette source d'entrée. La méthode `getEncoding` renvoie l'encodage de caractères de ce flux d'octets ou la valeur null si l'encodage est inconnu. **Renvoie :** Le flux d'octets ou null si aucun flux n'est fourni.
setEncoding public void setEncoding (String encoding)	Définit l'encodage de caractères, s'il est connu. L'encodage doit être une chaîne compatible avec une déclaration d'encodage XML. Reportez-vous à la section 4.3.3 de la recommandation XML 1.0. Cette méthode est inefficace si l'application fournit une chaîne de caractères. **Paramètre :** encoding : chaîne décrivant l'encodage de caractères.
getEncoding public String getEncoding()	Obtient l'encodage de caractères d'un flux d'octets ou d'un URI. **Renvoie :** L'encodage ou la valeur null si aucun encodage n'a été fourni.
setCharacterStream public void setCharacterStream (Reader characterStream)	Définit le flux de caractères de cette source d'entrée. Si un flux de caractères est spécifié, le parseur SAX ignore les flux d'octets et n'établit pas de connexion URI vers l'identifiant système. **Paramètre :** characterStream : flux de caractères contenant le document XML ou toute autre entité.

(Suite du tableau)

getCharacterStream public Reader getCharacterStream()	Obtient le flux de caractères de cette source d'entrée. **Renvoie :** Le flux de caractères ou null si aucun flux n'est fourni.

Interface org.xml.sax.Locator

Cette interface offre à l'application des méthodes permettant de déterminer la position actuelle d'un événement dans le document XML source.

Interface permettant de positionner un événement SAX dans le document

Le parseur SAX fournit à l'application des informations relatives à l'emplacement grâce à l'implémentation de cette interface et à la transmission d'une instance à l'aide de la méthode `setDocumentLocator` du gestionnaire de documents. L'application peut utiliser l'objet pour obtenir la position d'un autre événement du gestionnaire dans le document XML source.

Veuillez noter que les résultats renvoyés par l'objet sont valides uniquement lors de l'exécution de la méthode du gestionnaire. L'application reçoit des résultats imprévisibles si elle utilise locator à un autre moment.

Les parseurs SAX ne doivent pas obligatoirement fournir un locator, mais cela est vivement recommandé. Lorsqu'il est fourni, le locator doit l'être avant le signalement d'autres événements de document. Si aucun locator n'a été défini lorsque l'application reçoit l'événement `startDocument`, elle doit présumer que le locator n'est pas disponible.

getPublicId public String getPublicId()	Renvoie l'identifiant public de l'événement de document en cours. **Renvoie :** Une chaîne contenant l'identifiant public ou null si l'identifiant n'est pas disponible.
getSystemId public String getSystemId()	Renvoie l'identifiant système de l'événement de document en cours. Si l'identifiant système est une URL, le parseur doit le résoudre complètement avant de le transmettre à l'application. **Renvoie :** Une chaîne contenant l'identifiant système ou null si aucun identifiant n'est disponible.

(Suite du tableau)

getLineNumber public int getLineNumber()	Renvoie le numéro de la ligne sur laquelle finit l'événement de document en cours. Veuillez noter qu'il s'agit de la position de la ligne du premier caractère situé après le texte associé à l'événement de document. En pratique, certains parseurs signalent le numéro de la ligne et de la colonne à l'endroit où commence l'événement. **Renvoie :** le numéro de ligne ou –1 si aucun numéro n'est disponible.
getColumnNumber public int getColumnNumber()	Renvoie le numéro de la colonne dans laquelle finit l'événement du document en cours. Veuillez noter qu'il s'agit du numéro de la colonne du premier caractère situé après le texte associé à l'événement de document. La première colonne d'une ligne se trouve à la position 1. **Renvoie :** le numéro de colonne ou –1 si aucun numéro n'est disponible.

Interface org.xml.sax.Parser – Abandonnée

Chaque parseur SAX 1.0 doit implémenter cette interface. Une application analyse un document XML en créant une instance de parseur, c'est-à-dire une classe d'implémentation de l'interface, et en appelant une des méthodes `parse()`.

Interface de base pour les parseurs SAX (API simplifiée pour XML)

Tous les parseurs SAX doivent implémenter cette interface de base qui permet aux applications d'enregistrer des gestionnaires des différents types d'événement et de lancer une analyse à partir d'un URI ou d'un flux de caractères.

Tous les parseurs SAX doivent également implémenter un constructeur sans argument, même si les autres constructeurs sont aussi autorisés.

Les parseurs SAX sont réutilisables mais ils ne peuvent pas être entrés à nouveau. L'application peut utiliser un objet de parseur, éventuellement avec une source d'entrée différente, une fois la première analyse terminée, mais il ne peut pas appeler les méthodes `parse()` de façon récursive au sein de l'analyse.

<table>
<tr><td>parse
public void parse
(InputSource source)
lance SAXException, IOException</td><td>Analyse d'un document XML.

L'application peut utiliser cette méthode pour demander au parseur SAX d'analyser un document XML à partir d'une source d'entrée valide (un flux de caractères ou d'octets, ou un URI).

Les applications ne doivent pas appeler cette méthode lors de l'analyse. En revanche, elles peuvent créer un nouveau parseur pour chaque document XML supplémentaire. Une fois l'analyse terminée, une application peut réutiliser le même objet Parser, éventuellement avec une source d'entrée différente.

Paramètre :

source : source d'entrée pour le niveau supérieur du document XML.

Lance : SAXException

Toute exception SAX comprenant éventuellement une autre exception.

Lance : IOException

Exception d'ES provenant du parseur, éventuellement à partir d'un flux d'octets ou de caractères fourni par l'application.</td></tr>
<tr><td>parse
public void parse
(String systemId) lance SAXException, IOException</td><td>Analyse d'un document XML à partir d'un identifiant système (URI).

Cette méthode est un raccourci de la lecture courante d'un document à partir d'un identifiant système. Il s'agit de l'équivalent de la méthode suivante :

<code>parse(new InputSource(systemId))</code>

Si l'identifiant système est une URL, il doit être entièrement résolu par l'application avant d'être transmis au parseur.</td></tr>
</table>

(Suite du tableau)

parse (suite)	**Paramètre :** systemId : identifiant système (URI). **Lance :** SAXException Toute exception SAX comprenant éventuellement une autre exception. **Lance :** IOException Exception d'ES provenant du parseur, éventuellement à partir d'un flux d'octets ou de caractères fourni par l'application.
setDocumentHandler public void setDocumentHandler (DocumentHandler handler)	Permet à une application d'enregistrer un gestionnaire d'événements de document. Si l'application n'enregistre pas de gestionnaire de documents, tous les événements de document signalés par le parseur SAX sont ignorés (comportement par défaut implémenté par `HandlerBase`). Les applications peuvent enregistrer un gestionnaire différent au cours de l'analyse et le parseur SAX doit commencer à l'utiliser immédiatement. **Paramètre :** handler : gestionnaire de documents.
setDTDHandler public void setDTDHandler (DTDHandler handler)	Permet à une application d'enregistrer un gestionnaire d'événements de DTD. Si l'application n'enregistre pas de gestionnaire de DTD, tous les événements de DTD signalés par le parseur sont ignorés (comportement par défaut implémenté par `HandlerBase`). Les applications peuvent enregistrer un gestionnaire différent au cours de l'analyse et le parseur SAX doit commencer à l'utiliser immédiatement. **Paramètre :** handler : gestionnaire de DTD.

(Suite du tableau)

setEntityResolver public void setEntityResolver (EntityResolver resolver)	Permet à une application d'enregistrer sa propre méthode pour résoudre les entités. Si l'application n'enregistre pas de résolveur d'entité, le parseur SAX résout les identifiants système et établit les connexions aux entités (comportement par défaut implémenté par `HandlerBase`). Les applications peuvent enregistrer un résolveur d'entité différent au cours de l'analyse et le parseur SAX doit commencer à l'utiliser immédiatement. **Paramètre :** resolver : objet permettant de résoudre les entités.
setErrorHandler public void setErrorHandler (ErrorHandler handler)	Permet à une application d'enregistrer un gestionnaire d'événements d'erreur. Si l'application n'enregistre pas de gestionnaire d'événements d'erreur, tous ces derniers signalés par le parseur SAX sont ignorés, à l'exception de l'événement `fatalError` qui lancera une exception `SAXException` (comportement par défaut implémenté par `HandlerBase`). Les applications peuvent enregistrer un gestionnaire différent au cours de l'analyse et le parseur SAX doit commencer à l'utiliser immédiatement. **Paramètre :** handler : gestionnaire d'erreurs.
setLocale public void setLocale (Locale locale) lance SAXException	Permet à une application de demander un lieu pour les erreurs et les avertissements. Les parseurs SAX ne sont pas obligés de fournir un lieu pour les erreurs et les avertissements. Cependant, s'ils ne peuvent pas prendre en charge le lieu requis, ils doivent lancer une application SAX. Les applications ne doivent pas demander une modification de lieu au cours de l'analyse. **Paramètre :** locale : objet Java Locale (lieu Java). **Lance :** SAXException Lance une exception à l'aide du lieu précédent ou du lieu par défaut si le lieu requis n'est pas pris en charge.

Classe org.xml.sax.SAXException

Cette classe permet de représenter une erreur détectée lors du traitement effectué par le parseur ou l'application.

Inclure une erreur ou un avertissement SAX général

Cette classe peut contenir des informations de base relatives aux erreurs ou aux avertissements provenant du parseur XML ou de l'application. Un concepteur de parseur ou d'application peut les sous-classer et obtenir ainsi une fonctionnalité supplémentaire. Les gestionnaires SAX peuvent lancer cette exception ou toute autre exception sous-classée.

Si une application doit transmettre d'autres types d'exception, elle doit les inclure dans une exception `SAXException` ou dans une exception dérivée de `SAXException`.

Si le parseur ou l'application doivent inclure des informations relatives à un emplacement spécifique dans un document XML, ils doivent utiliser la sous-classe `SAXParseException`.

getMessage public String getMessage()	Renvoie un message détaillé sur cette exception. S'il se produit une exception incorporée et que l'exception `SAXException` ne présente pas de message détaillé, cette méthode renvoie le message à partir de l'exception incorporée. **Renvoie :** Le message d'erreur ou d'avertissement.
getException public Exception getException()	Renvoie l'exception incorporée, le cas échéant. **Renvoie :** L'exception incorporée ou null s'il n'en existe pas.
toString public String toString()	Convertit cette exception en chaîne. **Renvoie :** Cette exception sous forme de chaîne.

Classe org.xml.sax.SAXParseException

Développe l'exception `SAXException`.

Cette classe d'exception représente une condition d'erreur ou d'avertissement détectée par le parseur ou l'application. Outre les fonctionnalités de base de `SAXException`, l'exception `SAXParseException` permet de conserver les informations relatives à la localisation dans le document source dans lequel l'erreur s'est produite. Pour les erreurs détectées par l'application, ces informations peuvent être obtenues à partir de l'objet `Locator`.

Inclure un avertissement ou une erreur d'analyse XML

Cette exception comprend des informations permettant de localiser l'erreur dans le document XML d'origine. Veuillez noter que, bien que l'application reçoive une exception `SAXParseException` comme argument pour les gestionnaires dans l'interface `ErrorHandler`, elle ne demande pas de lancer l'exception. En effet, elle peut uniquement lire les informations et exécuter une autre action.

Puisque cette exception est une sous-classe de `SAXException`, elle peut à son tour inclure une autre exception.

SAXParseException public SAXParseException (String message, Locator locator)	Crée une nouvelle exception `SAXParseException` à partir d'un message et d'un locator. Ce constructeur est particulièrement utile si vous utilisez une application qui crée sa propre exception à partir d'un rappel `DocumentHandler`. **Paramètres :** message : message d'erreur ou d'avertissement. locator : objet localisateur de l'erreur ou de l'avertissement.
SAXParseException public SAXParseException (String message, Locator locator, Exception e)	Comprend une exception existante dans l'exception `SAXParseException`. Ce constructeur est particulièrement utile si vous utilisez une application qui crée sa propre exception à partir d'un rappel `DocumentHandler` et doit inclure une exception existante autre qu'une sous-classe de l'exception `SAXException`. **Paramètres :** message : message d'erreur ou d'avertissement ou la valeur null pour utiliser le message à partir de l'exception incorporée. locator : objet localisateur de l'erreur ou de l'avertissement. e : toute exception.

(Suite du tableau)

SAXParseException public SAXParseException (String message, String publicId, String systemId, int lineNumber, int columnNumber)	Crée une nouvelle exception `SAXParseException`. Ce constructeur est particulièrement utile pour les concepteurs de parseur. Si l'identifiant système est une URL, le parseur doit le résoudre totalement avant de créer l'exception. **Paramètres :** message : message d'erreur ou d'avertissement. publicId : identifiant public de l'entité qui a généré l'erreur ou l'avertissement. systemId : identifiant système de l'entité qui a généré l'erreur ou l'avertissement. lineNumber : numéro de ligne de la fin du texte qui a causé l'erreur ou l'avertissement. columnNumber : numéro de colonne de la fin du texte qui a causé l'erreur ou l'avertissement.
SAXParseException public SAXParseException (String message, String publicId, String systemId, int lineNumber, int columnNumber, Exception e)	Crée une nouvelle exception `SAXParseException` avec une exception incorporée. Ce constructeur est surtout utile pour les concepteurs de parseur qui doivent inclure une exception autre qu'une sous-classe de l'exception `SAXException`. Si l'identifiant système est une URL, il doit être totalement résolu par le parseur avant la création de l'exception. **Paramètre :** message : message d'erreur ou d'avertissement ou la valeur null pour utiliser le message à partir de l'exception incorporée. publicId : identifiant public de l'entité qui a généré l'erreur ou l'avertissement. systemId : identifiant système de l'entité qui a généré l'erreur ou l'avertissement. lineNumber : numéro de ligne de la fin du texte qui a causé l'erreur ou l'avertissement. columnNumber : numéro de colonne de la fin du texte qui a causé l'erreur ou l'avertissement. e : autre exception incorporée.

(Suite du tableau)

getPublicId public String getPublicId()	Obtient l'identifiant public de l'entité dans laquelle l'exception s'est produite. **Renvoie :** Une chaîne contenant l'identifiant public ou la valeur null si l'identifiant n'est pas disponible.
getSystemId public String getSystemId()	Obtient l'identifiant système de l'entité dans laquelle l'exception s'est produite. *Veuillez noter que le terme « entité » comprend le document XML de niveau supérieur.* Si l'identifiant système est une URL, il sera entièrement résolu. **Renvoie :** Une chaîne contenant l'identifiant système ou la valeur null si l'identifiant n'est pas disponible.
getLineNumber public int getLineNumber()	Le numéro de ligne de la fin du texte, ligne dans laquelle l'exception s'est produite. **Renvoie :** Un nombre entier représentant le numéro de ligne ou –1 si aucun nombre entier n'est disponible.
getColumnNumber public int getColumnNumber()	Le numéro de colonne de la fin du texte, colonne dans laquelle l'exception s'est produite. La première colonne d'une ligne se trouve à la position 1. **Renvoie :** Un nombre entier représentant le numéro de colonne ou –1 si aucun nombre entier n'est disponible.

Classe org.xml.sax.SAXNotRecognizedException (SAX 2)

Classe d'exception pour un identifiant non reconnu, un XMLReader lance cette exception dès qu'il trouve une fonctionnalité non reconnue ou un identifiant de propriété. Les applications et les extensions SAX utiliseront parfois cette classe dans d'autres buts similaires.

SAXNotRecognizedException	Construit une nouvelle exception avec le message spécifié.
public SAXNotRecognizedException (String message)	**Paramètre :** `message` : message textuel de l'exception.

Cette classe hérite également d'un grand nombre de méthodes issues d'autres classes. En résumé, il s'agit des méthodes suivantes :

Méthodes héritées de la classe `org.xml.sax.SAXException` :

- `getException`
- `getMessage`
- `toString`

Méthodes héritées de la classe `java.lang.Throwable` :

- `fillInStackTrace`
- `getLocalizedMessage`
- `printStackTrace`
- `printStackTrace`
- `printStackTrace`

Méthodes héritées de la classe `java.lang.Object` :

- `equals`
- `getClass`
- `hashCode`
- `notify`
- `notifyAll`
- `wait`
- `wait`
- `wait`

Classe org.xml.sax.SAXNotSupportedException (SAX 2)

Classe d'exception pour une opération non supportée, un `XMLReader` lance cette exception dès qu'il reconnaît une fonctionnalité ou un identifiant de propriété, mais il ne peut pas effectuer l'opération demandée (paramétrer un état ou une valeur). D'autres applications et extensions SAX2 utilisent parfois cette classe dans des buts similaires.

SAXNotSupportedException public SAXNotSupportedException (String message)	Construit une nouvelle exception avec le message spécifié. **Paramètre :** `message` : message textuel de l'exception.

Cette classe hérite également d'un grand nombre de méthodes issues d'autres classes. En résumé, il s'agit des méthodes suivantes :

Méthodes héritées de la classe `org.xml.sax.SAXException` :

- `getException`
- `getMessage`
- `toString`

Méthodes héritées de la classe `java.lang.Throwable` :

- `fillInStackTrace`
- `getLocalizedMessage`
- `printStackTrace`
- `printStackTrace`
- `printStackTrace`

Méthodes héritées de la classe `java.lang.Object` :

- `equals`
- `getClass`
- `hashCode`
- `notify`
- `notifyAll`
- `wait`
- `wait`
- `wait`

Interface org.xml.sax.XMLFilter (SAX 2)

Cette interface est comme l'interface du lecteur à la différence qu'elle est utilisée pour lire des documents depuis une source autre qu'un document ou une base de données. Elle peut également modifier des événements destinés à une application (étend XMLReader)

Interface du filtre XML, un filtre XML est identique au reader XML, à la différence qu'il obtient ses événements d'un autre reader XML plutôt que d'une source principale telle qu'un document XML ou une base de données. Les filtres peuvent modifier un flux d'événements lorsque ces derniers sont transmis à l'application finale.

La classe XMLFilterImpl helper fournit une base pratique de création des filtres SAX2 en transmettant automatiquement tous les événements `EntityResolver`, `DTDHandler`, `ContentHandler` et `ErrorHandler`.

setParent	Configure le reader parent.
public void setParent (XMLReader parent)	Cette méthode permet à l'application de lier le filtre à un reader parent qui peut être un autre filtre. L'argument peut ne pas être null. **Paramètre :** `parent` : reader parent.
getParent	Obtient le reader parent.
public XMLReader **getParent**	Cette méthode permet à l'application de rechercher le reader parent qui peut être un autre filtre. Il n'est pas recommandé d'effectuer des opérations directement sur le reader parent. Elles doivent en effet toutes être effectuées par l'intermédiaire de ce filtre. **Renvoie :** Le filtre parent ou null si aucun filtre n'a été configuré.

Interface org.xml.sax.XMLReader (SAX 2 – Remplace Parser)

Chaque parseur SAX 2.0 doit implémenter cette interface afin de lire les documents à l'aide des rappels. Une application analyse un document XML en créant une instance de parseur, c'est-à-dire une classe qui implémente cette interface, et en rappelant une des méthodes `parse`().

Interface de lecteur d'un document XML à l'aide des rappels, `XMLReader` est l'interface qui doit être implémentée par le parseur XML SAX2. Cette interface permet à une application de paramétrer et de rechercher les fonctionnalités et les propriétés au sein du parseur, d'enregistrer les gestionnaires d'événements pour le traitement des documents et de démarrer l'analyse d'un document.

Toutes les interfaces SAX doivent être synchrones. Les méthodes d'analyse ne doivent pas être renvoyées tant que l'analyse n'est pas terminée et les readers doivent attendre le rappel du gestionnaire d'événements pour être renvoyés avant de signaler l'événement.

Cette interface remplace l'interface Parser SAX 1.0 maintenant abandonnée. L'interface `XMLReader` contient deux améliorations importantes par rapport à l'ancienne interface Parser :

- elle ajoute un mode standard de recherche et de paramétrage des fonctionnalités et propriétés ;
- elle ajoute un support d'espaces de noms, obligatoire pour de nombreux standards XML de haut niveau.

Certains adaptateurs permettent la conversion de SAX1 Parser en SAX2 XMLReader, et inversement.

getFeature	Recherche la valeur d'une fonctionnalité.

public boolean **getFeature** (String name)	Le nom d'une fonctionnalité peut être tout URI complètement qualifié. Un XMLReader peut reconnaître un nom de fonctionnalité sans être capable d'en renvoyer la valeur, particulièrement dans le cas d'un adaptateur de parseur SAX1 qui ne peut absolument pas savoir si le parseur sous-jacent effectue une validation ou développe les entités externes.
	
	Paramètre :
	
	`name` : nom de fonctionnalité, c'est-à-dire un URI complètement qualifié.
	
	Renvoie :
	
	L'état courant de la fonctionnalité (vrai ou faux).
	
	Lance :
	
	`SAXNotRecognizedException`
	
	`SAXNotSupportedException`
	
	Pour obtenir plus d'informations sur `getFeature` et son utilisation, reportez-vous à l'explication située sous ce tableau.

setFeature	Configure l'état d'une fonctionnalité.

public void **setFeature** (String name, boolean value)	Le nom de fonctionnalité peut être tout URI complètement qualifié. Un XMLReader peut reconnaître un nom de fonctionnalité sans être capable de paramétrer sa valeur, particulièrement dans le cas de l'adaptateur d'un parseur SAX1 qui ne peut absolument pas savoir si le parseur sous-jacent est en cours de validation, par exemple.
	
	Paramètres :
	
	`name` : nom de fonctionnalité, c'est-à-dire un URI complètement qualifié.
	
	`state` : état demandé de la fonctionnalité (vrai ou faux).
	
	Lance :
	
	`SAXNotRecognizedException`
	
	`SAXNotSupportedException`

(Suite du tableau)

getProperty
 	
public Object **getProperty** (String name)
	Recherche la valeur d'une propriété.
	
	Le nom de propriété peut être tout URI complètement qualifié. Un XMLReader peut reconnaître un nom de propriété sans être capable d'en renvoyer l'état, particulièrement dans le cas de l'adaptateur d'un parseur SAX1.
	
	Paramètre :
	
	`name` : nom de fonctionnalité, c'est-à-dire un URI complètement qualifié.
	
	Renvoie :
	
	Valeur courante de la propriété.
	
	Lance :
	
	`SAXNotRecognizedException`
	
	`SAXNotSupportedException`

setProperty
 	
public void **setProperty** (String name, Object value)
	Configure la valeur d'une propriété.
	
	Le nom de propriété peut être tout URI totalement qualifié. Un XMReader peut reconnaître un nom de propriété sans être capable d'en paramétrer la valeur, particulièrement dans le cas d'un adaptateur de parseur SAX1.
	
	Paramètres :
	
	`name` : nom d'une fonctionnalité, URI totalement qualifié.
	
	`state` : valeur demandée pour la propriété.
	
	Lance :
	
	`SAXNotRecognizedException`
	
	`SAXNotSupportedException`

(Suite du tableau)

setEntityResolver public void setEntityResolver (EntityResolver resolver)	Permet à une application d'enregistrer un résolveur d'entité. Si l'application n'enregistre pas de résolveur d'entité, XMLReader effectue sa propre résolution par défaut. L'application peut enregistrer un nouveau résolveur ou un résolveur différent en cours d'analyse, mais le parseur SAX doit commencer à l'utiliser immédiatement. **Paramètre :** `resolver` : résolveur d'entité. **Lance :** `java.lang.NullPointerException` : si l'argument du résolveur est null.
getEntityResolver public **getEntityResolver()**	Renvoie le résolveur d'entité courant. **Renvoie :** le résolveur d'entité courant ou null si aucun résolveur n'est enregistré.
setDTDHandler public void setDTDHandler (DTDHandler handler)	Permet d'autoriser une application à enregistrer un gestionnaire d'événements DTD. Si l'application n'enregistre pas de gestionnaire de DTD, tous les événements DTD signalés par le parseur SAX sont ignorés. L'application peut enregistrer un nouveau gestionnaire ou un gestionnaire différent au cours de l'analyse, mais le parseur SAX doit commencer à l'utiliser immédiatement. **Paramètre** `handler` : gestionnaire de DTD. **Lance :** `java.lang.NullPointerException` : si l'argument de gestionnaire est null.
getDTDHandler public **getDTDHandler**	Renvoie le gestionnaire de DTD courant. **Renvoie :** le gestionnaire de DTD courant ou null si aucun gestionnaire n'est enregistré.

(Suite du tableau)

setContentHandler public void setContentHandler (ContentHandler handler)	Permet à une application d'enregistrer un gestionnaire d'événements de contenu. Si l'application n'enregistre pas de gestionnaire de contenu, tous les événements de contenu signalés par le parseur SAX sont ignorés. Les applications peuvent enregistrer un nouveau gestionnaire ou un gestionnaire différent en cours d'analyse et le parseur SAX doit commencer à l'utiliser immédiatement. **Paramètre :** `handler` : gestionnaire de contenu. **Lance :** `java.lang.NullPointerException` : si l'argument de gestionnaire est null.
getContentHandler public **getContentHandler**	Renvoie le gestionnaire de contenu courant. **Renvoie :** Le gestionnaire de contenu courant ou null si aucun gestionnaire n'est enregistré.
setErrorHandler public void setErrorHandler (ErrorHandler handler)	Permet à une application d'enregistrer un gestionnaire d'événements d'erreur. Si l'application n'enregistre pas de gestionnaire d'erreurs, tous les événements d'erreur signalés par le parseur SAX sont ignorés. Cependant, le traitement ne peut pas continuer normalement. Il est souhaitable que toutes les applications SAX implémentent un gestionnaire d'erreurs pour éviter les bogues inattendus. Les applications peuvent enregistrer un nouveau gestionnaire ou un gestionnaire différent en cours d'analyse et le parseur SAX doit commencer à l'utiliser immédiatement. **Paramètres :** `handler` : gestionnaire d'erreurs. **Lance :** `java.lang.NullPointerException` : si l'argument de gestionnaire est null.

(Suite du tableau)

getErrorHandler	Renvoie le gestionnaire d'erreurs courant.
public ErrorHandler **getErrorHandler**	**Renvoie :** Le gestionnaire d'erreurs courant ou null si aucun gestionnaire n'est enregistré.
parse	Analyse un document XML.
public void parse (InputSource input)	L'application peut utiliser cette méthode afin de demander au reader XML de commencer l'analyse d'un document XML à partir d'une source d'entrée valide, soit un flux de caractères ou d'octets, ou bien un URI. Les applications ne peuvent pas appeler cette méthode durant l'analyse. Elle doivent créer un nouveau XMLReader à la place pour chaque document XML imbriqué. Une fois l'analyse terminée, une application peut réutiliser le même objet XMLReader, éventuellement avec une source d'entrée différente. Au cours de l'analyse, le XMLReader fournira des informations relatives au document XML à l'aide des gestionnaires d'événements enregistrés. Cette méthode est synchrone, elle n'est pas renvoyée tant que l'analyse n'est pas terminée. Si une application client veut terminer l'analyse plus tôt, elle doit lancer une exception. **Paramètre :** `source` : source d'entrée pour le niveau supérieur du document XML. **Lance :** `SAXException` : toute exception SAX comprenant éventuellement une autre exception. `java.io.IOException` : une exception d'ES provenant du parseur, éventuellement d'un flux d'octets ou de caractères fourni par l'application.
parse	Analyse un document XML à partir d'un identifiant système (URI).
public void **parse** (String systemId)	Si l'identifiant système est une URL, il doit être totalement résolu par l'application avant d'être transmis au parseur. **Paramètre :** `systemId` : identifiant système (URI).

(Suite du tableau)

Parse (suite)	**Lance :** `SAXException` : toute exception SAX comprenant éventuellement une autre exception. `java.io.IOException` : une exception d'ES provenant du parseur et éventuellement d'un flux d'octets ou de caractères fourni par l'application.

Tous les XMLReaders sont obligatoires si vous souhaitez reconnaître les noms de fonctionnalité de `http://xml.org/sax/features/namespaces` et de `http://xml.org/sax/features/namespace-prefixes`.

Certaines valeurs de fonctionnalité sont parfois disponibles dans des contextes spécifiques avant, au cours de ou après une analyse.

Les responsables d'implémentation sont libres d'inventer leurs propres fonctionnalités à l'aide de noms construits à partir de leurs propres URI. Ils sont même encouragés à effectuer cette opération.

ParseEvent	Lance
	... exception SAX comprenant éventuellement une ...
	... peuvent ...

Configurer un répertoire virtuel pour SQL Server 2000

Introduction

Cette annexe aborde les principes de base permettant de configurer un répertoire virtuel pour SQL Server 2000, répertoire nécessaire à l'exécution de certains exemples de ce livre. Un répertoire virtuel est un serveur grâce auquel vous pouvez exécuter des exemples (requêtes XPath, requêtes modèle, etc.). Il est identique au serveur web dont vous avez besoin pour exécuter du code ASP.

Paramétrer un répertoire virtuel

Le paramétrage d'un répertoire virtuel SQL comporte les étapes suivantes :

1. Dans le menu Démarrer de SQL Server 2000, cliquez sur l'option Configurer la prise en charge de SQL XML dans IIS. Vous obtiendrez alors l'écran suivant :

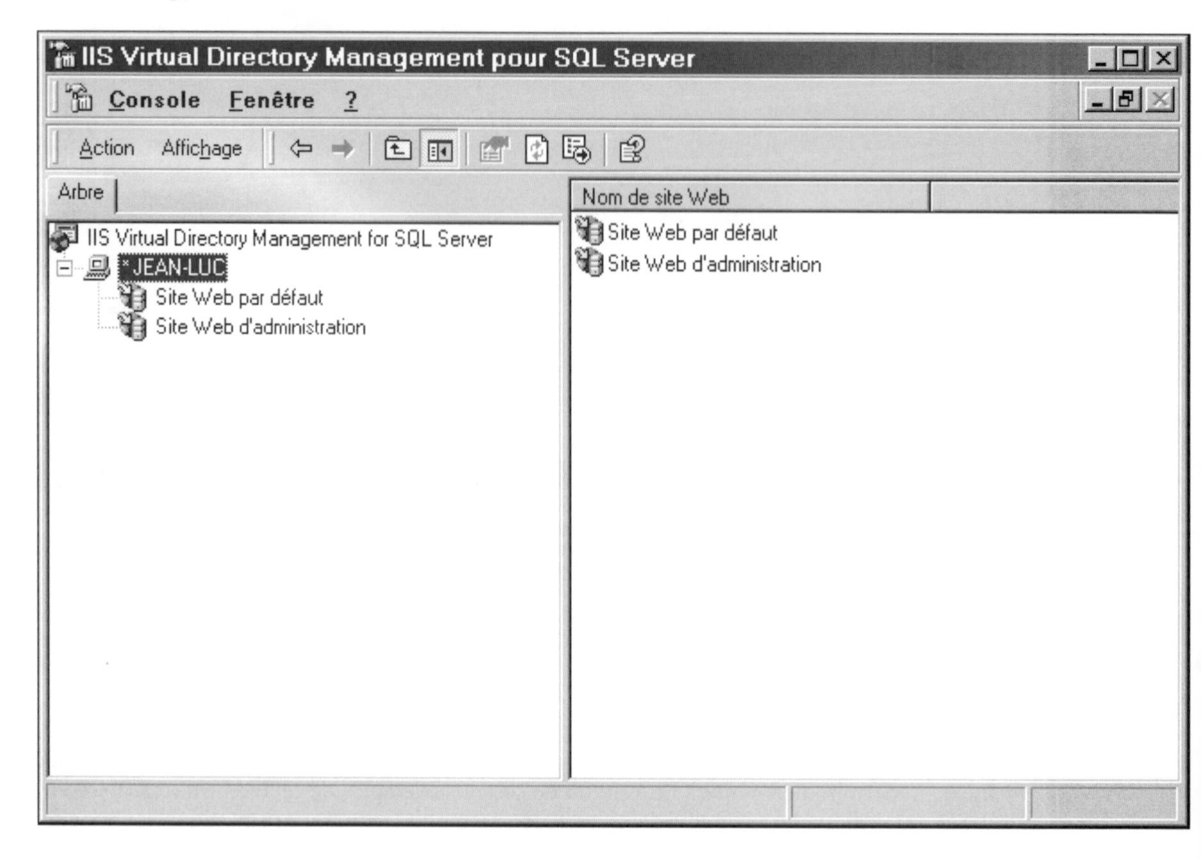

2. Cliquez maintenant avec le bouton droit de la souris sur l'icône Site Web par défaut et sélectionnez Nouveau, puis Répertoire virtuel. L'écran Propriétés de Nouveau répertoire virtuel apparaît. Nous allons maintenant détailler les six onglets de cet écran en vous expliquant les opérations à effectuer dans chacun des cas.

Onglet Général

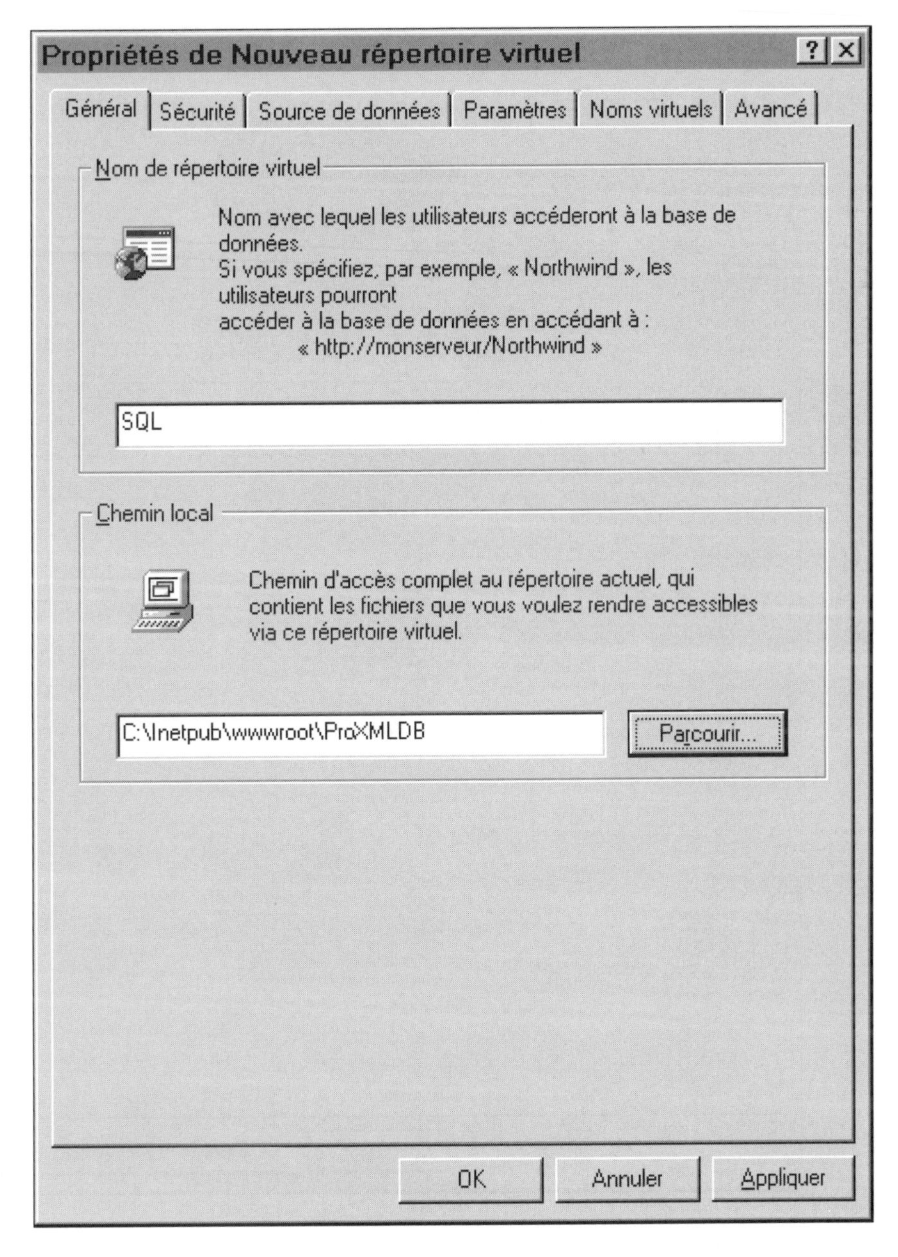

Cet onglet permet de spécifier le nom du répertoire virtuel (ici SQL), puis le chemin d'accès au répertoire sur votre disque dur. Ce répertoire correspond à l'emplacement physique de stockage du code qui agira sur la ou les base(s) de données, par exemple les modèles et les schémas.

Onglet Sécurité

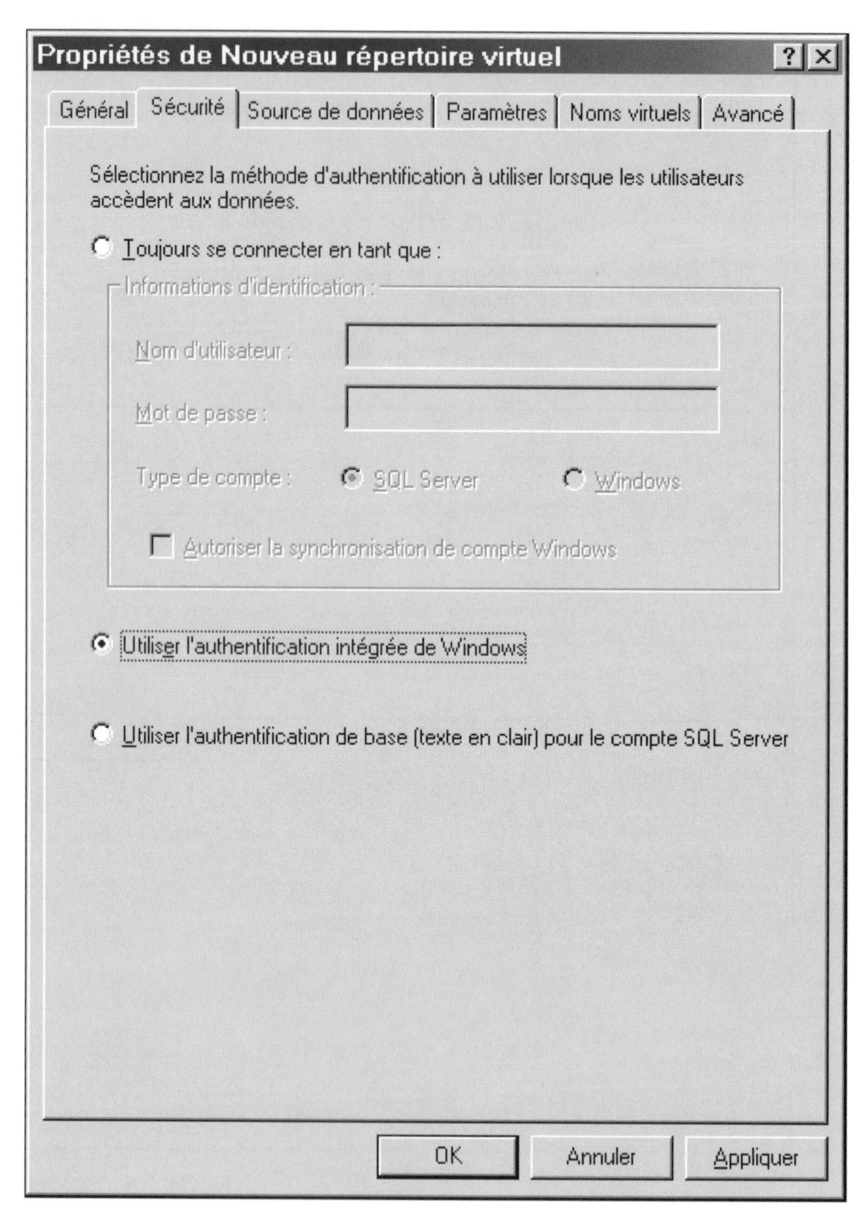

Cet onglet permet de sélectionner les options de sécurité de votre répertoire virtuel. Veuillez noter que l'option Utiliser l'authentification intégrée de Windows est sélectionnée, c'est la méthode la plus simple qui se contente de votre connexion Windows pour la sécurité, et elle est recommandée pour les exemples de ce livre.

Les autres options à votre disposition sont les suivantes :

Toujours se connecter en tant que vous permet de paramétrer un mot de passe différent pour ce répertoire, de type de compte SQL ou Windows.

Utiliser l'authentification de base (texte en clair) pour le compte SQL Server autorise un système de simple mot de passe avec un texte en clair.

Onglet Source de données

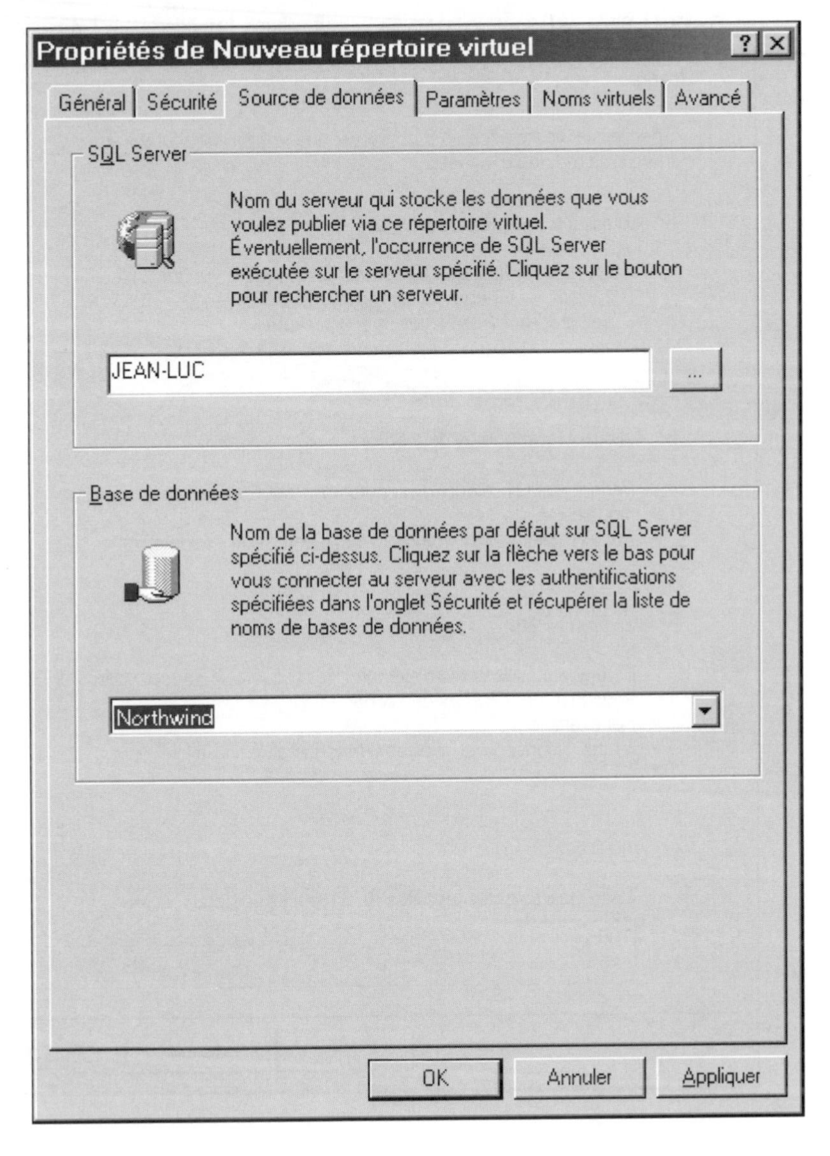

Cet onglet permet de spécifier tout d'abord le SQL Server stockant les informations publiées à l'aide du répertoire virtuel, puis la base de données d'où les schémas extrairont les données à afficher. Dans le cas présent, c'est la base de données Northwind qui est sélectionnée puisque de nombreux exemples de ce livre l'utilisent.

Onglet Paramètres

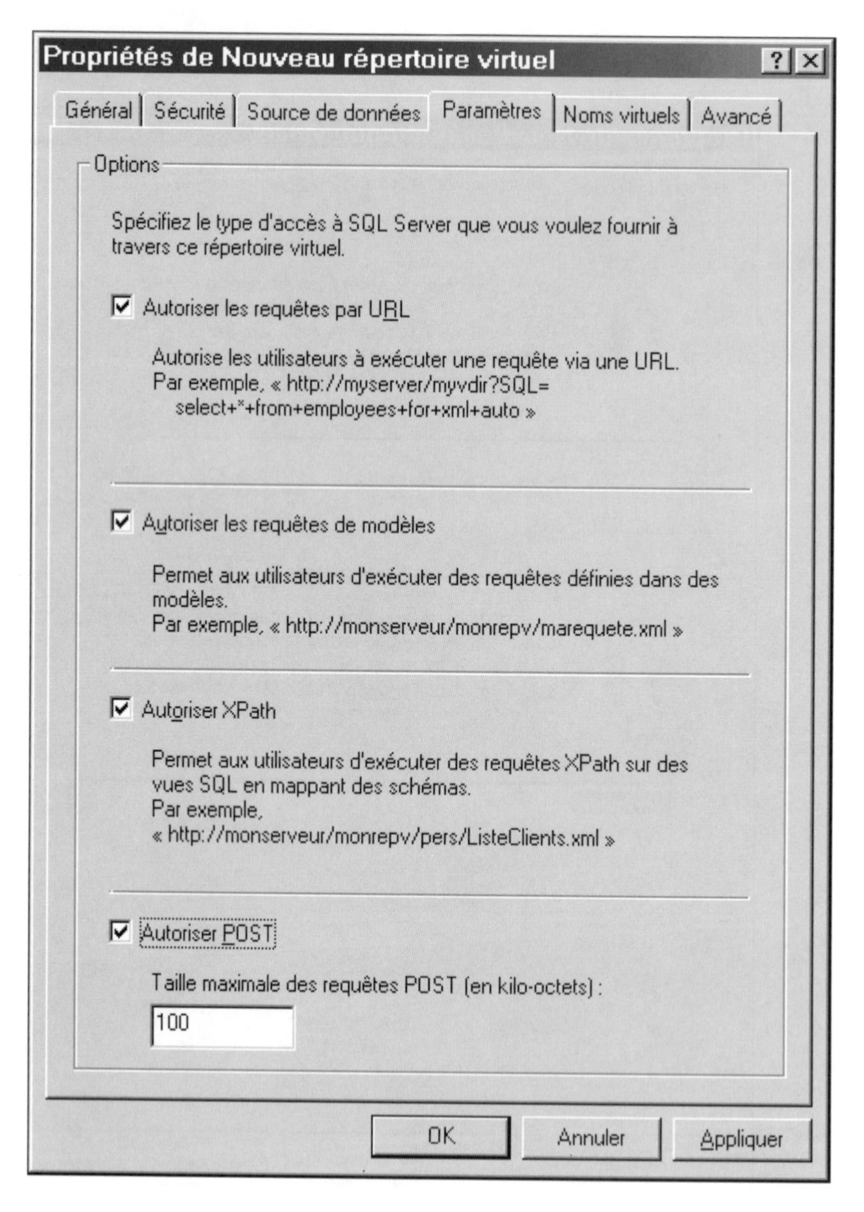

Comme vous pouvez le constater, cet onglet permet de configurer le type d'accès à la base de données sélectionnée proposé via le répertoire virtuel. Il s'agit également d'une autre mesure de sécurité, ainsi que d'un moyen de tester votre système. Ici tous les types d'accès sont sélectionnés dans la mesure où ils sont utilisés afin de tester les exemples.

Onglet Noms virtuels

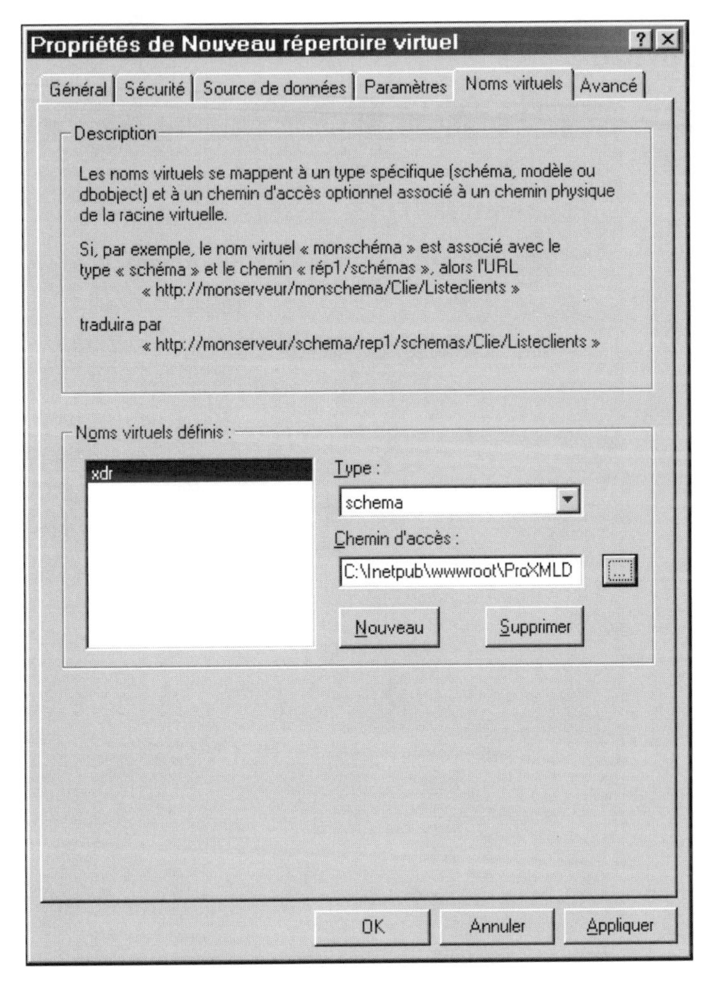

Dans cet onglet, vous devez paramétrer les noms virtuels et les chemins d'accès de vos requêtes, qu'il s'agisse de schémas, de *dbobjects* ou de *templates* (modèles). Le nom virtuel est le nom à inclure dans l'URL utilisée pour exécuter ces requêtes dans votre base de données. Le chemin d'accès correspond à l'emplacement de stockage de ces requêtes sur votre disque dur. Prenons l'exemple de l'URL suivante :

```
http://localhost/sql/xdr/ch19_ex01.xdr/Clients
```

En supposant que vous utilisiez notre configuration, cette URL exécuterait le schéma `ch19_ex01.xdr` par rapport à la table `Clients` de la base de données Northwind. Reportez-vous au chapitre 15 pour plus d'informations sur les schémas XDR.

Le nom virtuel de notre schéma XDR est tout simplement xdr. Le chemin d'accès de ce type de nom virtuel est identique à celui du répertoire virtuel dans la mesure où il s'agit de l'emplacement de stockage des exemples de ce type.

Onglet Avancé

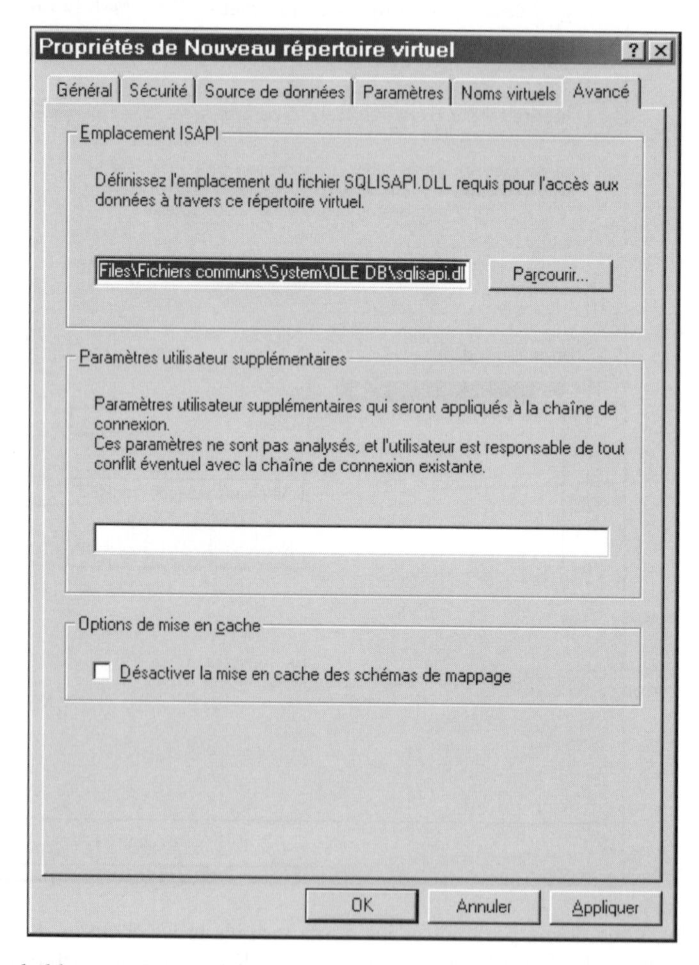

Vous ne devrez probablement rien modifier dans cet onglet à ce stade. En effet, il permet de configurer le chemin d'accès à la DLL principale à laquelle les données accèdent en fonction des paramètres de ce répertoire virtuel et de paramètres utilisateur supplémentaires.

Une fois ces données entrées, vous serez prêt à exécuter tous les exemples de ce livre nécessitant un répertoire virtuel.

Index

Symboles

A

C

D

E

F

G

H

I

J

K

L

M

N

O

P

Q

R

S

T

U

V

W

X

Achevé d'imprimer le 4 avril 2001
sur les presses de l'imprimerie "La Source d'Or"
63200 Marsat

Dépôt légal : 2ème trimestre 2001
Imprimeur n° 11053
N° d'éditeur : 6644